新疆树木志
SYLVA XINJIANGENSIS

杨昌友　主编

中国林业出版社

图书在版编目(CIP)数据

新疆树木志/杨昌友主编. —北京:中国林业出版社,2010.12
ISBN 978-7-5038-5957-1

Ⅰ.①新… Ⅱ.①杨… Ⅲ.①木本植物 – 植物志 – 新疆 Ⅳ.①S717.245

中国版本图书馆 CIP 数据核字(2010)第 192118 号

中国林业出版社 · 自然保护图书出版中心
策划、责任编辑：李 敏

出版	中国林业出版社(100009 北京西城区德内大街刘海胡同7号)
	http：//lycb. forestry. gov. cn 电话：(010)83280498
	E-mail：lmbj@ 163. com
发行	新华书店北京发行所
印刷	北京中科印刷有限公司
版次	2012 年 10 月第 1 版
印次	2012 年 10 月第 1 次
开本	889mm×1194mm 1/16
印数	1～1500 册
印张	36.25
彩插	56 面
字数	1080 千字
定价	290.00 元

内容简介

本志是一部关于新疆野生和引种的乔灌木树种分类和分布的论著。记载产于新疆和引入新疆的乔灌木树种，包括裸子植物门3纲3目5科12属52种15变种、被子植物门1纲10亚纲30超目50目70科171属819种44变种。

本志以科为单位，科以上分目(或亚目、超目)、亚纲、纲，科以下用检索表分属(少分亚属或组、系)，属以下用检索表分种。每一树种在原始文献引证之后，都有形态特征、产地、生境、分布、模式标本产地、利用价值、繁殖方法等描述，便于读者对每种树有全面的认识。

另外，对产于天山、阿尔泰山、昆仑山等有地区特色的古老树种和引种于新疆的名贵树种，如水杉、银杏、雪松、梧桐、杜仲、夏橡等，多有彩色图片；对某些难以识别的树种，如杨、柳、锦鸡儿、忍冬、蔷薇等，附有墨线图。全书彩图341幅、墨线图297幅。

本志主要读者对象是新疆林业、园林、植保、植物学、治沙、中药、草原工作者，林业院校学生、研究生，大学生物系学生、研究生等。对于从事自然地理学、生物学、地质学、生物多样性和自然保护工作者，以及全国林业、园林工作者、树木学爱好者也有参考价值。

序

　　新疆是一块神奇的土地，她从亘古至今历经地史的沧桑巨变，从而形成了特殊的生物区系。

　　新疆在白垩纪与第三纪之交期间曾经过古地中海（特提斯）的浸泡和沉积，其陆地形成和发育了古地中海和泛地中海的藜科、蒺藜科和菊科等植物的旱生区系，从而奠定了其现代区系和植被的旱生荒漠基调。但在第三纪中期后发生的青藏高原及其边缘山地的强烈抬升，使当时新疆几乎已被剥蚀夷平的昆仑山、天山和阿尔泰山返老还童，因新的造山运动复而隆起。这一巨大的地壳构造运动固然在新疆南部造成了西北喜马拉雅山和喀喇昆仑山之间高耸入云的冰峰雪岭，阻断了南亚山地与昆仑山和天山森林植物区系的联系，却在新疆北部促进了横贯欧亚的山链，使得欧亚山地森林和草甸区系发生了交流，部分的欧洲树木和草本植物如：欧洲五针松、欧洲山杨、黑杨、银白杨、欧洲英蒾等，以及大量西伯利亚，甚至远东森林的落叶松、云杉、冷杉、桦木和小灌木和草类成分进入了新疆。一些北极和泰加林的小灌木，如仙女木、施巴德木、越橘和草类，也在第四纪冰川时期跨过山岭、穿过山间低地达到新疆和青藏高原的高山带。在第四纪的数百万年期间，由于反复发生的冰期和间冰期，气候寒冷干旱，大陆性强，欧亚和北美北方大陆发生了寒旱化的适低温和干旱的草原化过程，形成了草原区系和植被，新疆固难辞其侵入。大量的草原草类、旱生落叶灌木，如锦鸡儿属的许多种，还可能包括白榆在内，都是来自亚洲温性草原的史前移民。

　　时至今日，当人们爬上阿尔泰山的南坡直到山顶的国境和分水界就可以十分清晰地见到含有丰富的欧洲、西伯利亚泰加林和北极成分的山地森林、山地草甸和高山—亚高山草甸的普遍分布。但是在低处的沙漠和戈壁滩上铺展着的干旱和盐渍化的荒漠盆地则为地中海的干旱耐盐成分的半乔木、灌木、半灌木和小半灌木占统治地位。在荒漠盆地和被中生区系和植被染绿的中高山地之间，则是蒙古型的草原区系和植被的中间地带占据的中低山带。在新疆的绿洲中则有千百年来引进的大量栽培的佳果美木，大大丰富了树种的多样性，对发展新疆的园林业有重大贡献。

　　因此，新疆树木的历史地理性质是生物区系随地质历史变迁而进退与复杂交替的结果，形成了复杂的历史起源和与干湿冷热相对应的地理地带的水平和垂直分布。新疆的树种及其群落就是这一段多姿多彩的生物和地质进化史的鲜活见证，它们鲜明地反映了新疆地史和古气候变化的图景。

　　杨昌友教授集毕生精力所奉献的巨作《新疆树木志》集多源多态的新疆树种之大成，终将出版，可谓新疆植物学界和林学界的一件大事。杨昌友教授自 1955 年进疆从事树木的采集、调查和研究工作，绝大多数标本是他亲自采集和鉴定的，这一巨作的出版是他治学 50 余年的心血结晶，也是他对新疆植物学和林学的重大贡献，对今后多代植物学和林学的研究与管理者是必备和必读的学术巨著和实用的典籍。实为功垂当代，利泽长远。我作为与杨昌友教授同年进疆的学友和同事，在学术上对他十分尊崇，对他的治学精神更是至为钦佩。谨对杨教授致以真诚的感谢和祝贺，并为新疆植物分类学界和林学界有了这样一本经典之作而感到由衷的高兴，乐而为序，忝作为巨木增一叶之幸。

2009. 1. 14

于北京中国科学院植物研究所

编写说明

　　《新疆树木志》(拉丁名：Sylva xinjiangensis)是以新疆农业大学(原新疆八一农学院)1974 年在玛纳斯平原林场办学期间，给林学系学生学习《树木学》的油印教材为基础，历经几次国家自然科学基金及自治区科委、自治区林业厅的科考经费资助，几届研究生的多次标本采集、论文写作，同时增加了近期国内外大批新资料和新标本【中国植物志，中国树木志，苏联植物志，苏联树木志，哈萨克斯坦植物志，塔吉克斯坦植物志，吉尔吉斯斯坦植物志，阿尔泰山－萨彦山区树木区系(俄文)，准噶尔阿拉套山植物区系，北天山植物区系，中亚天山植物区系，亚洲中部植物(俄文)】修订补充而成。

　　本书沿用塔赫他间新系统，是首创。《树木学(北方本)》当时用克朗奎斯特系统，未有超亚纲超目等级。本志包括产于新疆和引入于新疆栽培开花结实的乔木、灌木和半灌木树种：裸子植物门 3 纲 3 目 5 科 12 属 52 种 15 变种；被子植物门 1 纲 10 亚纲 30 超目 50 目 70 科 171 属 819 种 44 变种。两者合计：4 纲 10 亚纲 30 超目 53 目 75 科 183 属 871 种 59 变种。

　　就涵盖范围而言，本志包括产于阿尔泰山、天山、昆仑山、阿尔金山、帕米尔高原、准噶尔盆地、塔里木盆地、塔克拉玛干大沙漠等地的乔木、灌木和半灌木树种资源，以及南北疆城镇园林绿化树种和果园栽培的各种林果树种及特种经济树种，这是对新疆林木资源的统计总汇。从区系特色而言，本志包含有阿尔泰山、天山、昆仑山等山系的吐尔盖植物区系残遗树种：西伯利亚五针松、西伯利亚冷杉、西伯利亚云杉、西伯利亚落叶松、雪岭云杉、昆仑圆柏、昆仑方枝柏、野核桃、天山野苹果、天山李、天山槭、天山桦、天山卫矛等有新疆特色的古老树种；就实用价值而言，本志收录了新疆野生和栽培的林果树种，著名的有：巴旦木(扁桃)、欧洲甜樱桃、天山樱桃、天山李、哈密大枣、和田石榴、开心果(阿月浑子)、黑加仑等；本志对新疆栽培的葡萄种类，记载尤为详尽；本志对于有新疆特色的防风固沙树种——胡杨和梭梭等，记载尤详，对梭梭的分类、分布、年龄测定、种子采集、繁殖方法、林型划分、经营利用等都有详尽论述；对于用作新疆速生用材和防护林树种的杨、柳等，篇幅尤多，种类尤详。本志对新疆著名的特色树种都有详细论述，如阿尔泰前山额尔齐斯河河谷形成片林的欧亚黑杨、银白杨和银灰杨，以及昆仑山下的阿富汗杨；盛传于俄罗斯民间谜语"有风无风都跳舞，日出日落不息步"的舞迷——野生于天山和阿尔泰山的欧洲山杨；

遍及平原荒漠绿洲，由新疆杨、箭杆杨、钻天杨等组成的行行列列、整整齐齐、阵容威武的绿色万里长城的防护林带。

对新疆引种的园林绿化树种：古老的银杏，天香的牡丹，孑遗的水杉，驰名于世界庭园的喜马拉雅山神的雪松，招财进宝的金凤凰——梧桐，紫枝、绿叶、乳白果的珍奇花木——红瑞木，始皇尊师跪拜的黄荆条，被武则天驱出上林苑的木槿花，歌颂太平盛世的太平花，美惠女神米仔兰等等均有描述。新疆特色的灌木树种：锦鸡儿、忍冬、蔷薇、枸杞等，记载亦甚详尽。这些是新疆园林绿化的基础资料。对新疆的古树名木也有论述，如哈密城内的"左公柳"，虽很古老，但尚健壮，郁郁葱葱，生机盎然，文史资料详尽，当地保护得力，是入选新疆古树名木的不二选择，以铭记清朝征西大将军左宗棠(1812~1885年)的历史功勋。伊宁市一株被当地称为"林公树"的古橡树，苍劲古老，高大挺拔，枝繁叶茂，老当益壮，文史资料充实，当地保护很好，为铭志民族英雄林则徐(1785~1850年)在新疆的历史功勋，"林公树"(夏橡)入选新疆古树名木也是顺理成章的。就上述内容而言，说它填补了新疆历史上一项空白也不为过。但本志对栽培林果树种的种下等级(品种)，仍很不够，有待深入调查研究。

①本志的系统排列：裸子植物门，按《中国植物志》第七卷裸子植物系统排列；被子植物门，部分按俄罗斯植物学家塔赫他间教授1979年新系统排列，部分按我国植物学家吴征镒教授2003年新系统排列，只有少数科目例外。

②本志以科为单位，各科均署命名人，以区别某些科名的有效或无效命名人。科以上分目、超目、亚纲、纲，使读者了解各种树木之间的亲缘关系。科以下用检索表分属。属以下用检索表分种。每一种都有拉丁学名和中文名称，拉丁学名之后，均有原始文献引证和近期国内外经典文献，读者若对某一种种名有疑问，可查多本文献对照，使读者能深入认识某一种，这是本志的特点之一。

③种的描述：每一树种在文献引证之后，均有形态特征、产地、生境、国内外分布、模式标本产地、经济价值、繁殖方法等描述，使读者正确认识某个种的发生发展、区系成分、演化系统、利用价值等。种名右上角带"＊"的为引入新疆栽培种。

④彩图及墨线图：对于山区和荒漠区有代表性的树种，以及引入栽培的名贵树种，如雪松、水杉、梧桐、夏橡等，都有彩图和墨线图。其中彩图上都标注了此树种在正文中详细描述的位置，如"西伯利亚冷杉 P/10"表示西伯利亚冷杉的详细描述见正文第10页。全书墨线图297幅、彩图341幅，可谓图文并茂。

⑤标本：每一种的形态特征、产地、生境，都是根据标本描述，少数只是依据资料，这在每种之下均有说明。全书依据的标本，均藏于新疆农业大学植物标本馆，若有需要可以查阅。

⑥本志除纲目系统有较大变动外，对某些科的分属或分种的等级也有变动。主要有蔷薇科李亚科的榆叶梅，独立成榆叶梅属；桃属分成桃属和巴旦木属，杏作杏属，李作李属，樱桃作樱桃属等，悬钩子属改称树莓属；新增加多蕊莓属等。忍冬科分成忍冬科、荚蒾科、接骨木科等3科；琵琶柴属独立成琵琶柴科；铁线莲属分成四喜牡丹属和铁线莲属；从石竹科的无心菜属中分出半灌木的雪灵芝属(Eremogone Fenzl，1833)；蝇子草属改称为塞勒花属；藜科的新疆藜属改称为硬苞藜属(新拟)(Halothamnus Jaub. et Spach)；合头草属改称合头木属；梭梭属分为梭梭、白梭梭、黑梭梭(盐梭梭)等2种1变种，后者作为梭梭的变种；霸王属分成木霸王属和霸王属；罗布麻与茶

叶花合并为罗布麻属;绢蒿并入蒿属作为亚属;匹菊属改称除虫菊属;从女蒿属中分出半灌木的博雅菊属,等等。这些等级的变动,基本上是与国际接轨的。在本志中,原被称为"草"的属,均改称"木"或"花",而称为"菜"的猪毛菜属未变。

⑦本志的标本采集,始于20世纪50年代,当时主要是满足教学需要。1957年首次登上巍巍昆仑山和帕米尔高原,当时就曾采到树形高大挺拔的昆仑圆柏和昆仑方枝柏。1975年第三次上昆仑山、帕米尔高原的塔什库尔干,历时过半年,喜获丰收;1986年,四上昆仑山和阿尔金山,收获尤多;1992年五上昆仑山都为本志极大地丰富了标本资料,加之1972年第三次攀登阿尔金山从东到西搜索式排查,以及1974年国家自然科学基金课题"新疆额尔齐斯河杨柳林研究",极大地丰富了新疆阿尔泰山杨柳科植物标本,及至1990~1993年国家自然科学基金重大项目子课题"中国天山植物区系研究",使天山南北边远山区的标本得以大大增加。另外,1955~1957年及1980年后,原新疆荒地勘察设计局,结合土壤调查,采集了大批荒漠植物标本,现大部都藏新疆农业大学植物标本室(XJA-IAC);1981~1984年,新疆畜牧厅组织全疆各地州县市草场资源调查,采集的大批牧草标本,大部分藏于新疆农业大学植物标本室;1986~1987年,中国科学院综合考察委员会组织的天山自然资源考察,其中植物标本全部藏于新疆农业大学植物标本室。这些都是本志标本的依据。

⑧1985年硕士研究生陈礼学毕业论文《银灰杨[Populus canescens(Ait)Smit.]表型变异、数量分类研究》、硕士研究生刘建国毕业论文《新疆树木区系研究》、1988年硕士研究生李楠的毕业论文《新疆锦鸡儿属(Caragana Lam.)生物系统学研究》、硕士研究生马晓强的毕业论文《新疆柳属(Salix Linn.)生物系统学研究》、1995年硕士研究生李烨毕业论文《新疆天山黄芪属(Astragalus Linn.)生物系统学研究》、1997年硕士研究生陈文俐的毕业论文《中国阿尔泰山植物区系研究》、1999年硕士研究生王祺论文《新疆棘豆属(Oxytropis DC.)分类和区系研究》、1999年博士研究生黄俊华毕业论文《萨吾尔—塔尔巴哈台山地植物区系研究》等,都极大地充实了本志内容。

⑨本志由新疆农业大学和新疆维吾尔自治区林业厅及新疆景观设计研究院共同编写,文稿主要由新疆农业大学完成。

⑩本志在搜集标本和写作过程中,还得到新疆伊犁、阿勒泰、塔城、喀什、克孜勒苏等地州林业局领导和林业部门的支持,特致谢意!

⑪本志彩色图片由新疆林业厅陈煊、余言林、何锐、李新民及天山西部林业局王博等同志拍摄,黑白线条图由中国科学院新疆生态与地理研究所谭丽霞绘制,生态与地理研究所研究员尹林克研究员提供了柽柳属的彩图,中文名称与维吾尔文名称对照由新疆农业大学林学院买买提江翻译完成。

⑫本志承蒙中国科学院张新时院士作序,这是对新疆林业工作者的最大激励!甚感荣幸!承蒙中国工程院院士、北京林业大学教授陈俊愉,中国林业科学研究院研究员洪涛对本志提出了宝贵意见,致衷心谢意!

本书文稿,历经数载,虽经反复详细查对,但限于理论水平和实践经验不足,错误之处,仍属难免,敬希广大读者批评指正,使其日臻完善。

编著者

2009年8月

目　　录

新疆森林类型及主要树种

一、地貌

新疆位于我国西北部，地理位置在东经 73°40′~96°18′，北纬 34°25′~49°10′，面积 166.49 万 km²，占全国陆地总面积的 1/6，其中山地面积（包括丘陵和高原）约 80 万 km²，平原面积（包括塔里木盆地、准噶尔盆地和山间盆地）约 80 万 km²，绿洲面积约 7 万 km²，是我国面积最大的省区。新疆东面、南面与甘肃省、青海、西藏自治区相邻，从东北到西南与蒙古、俄罗斯、哈萨克斯坦、吉尔吉斯斯坦、塔吉克斯坦、阿富汗、巴基斯坦、印度等国接壤。国界线长逾 5600km，占全国陆地国界线总长的 1/4。

新疆地处欧亚大陆中部，远离海洋，四周被高山环抱，境内冰峰耸立，沙漠浩瀚，草原辽阔，绿洲点布，自然资源丰富，地貌轮廓是"三山夹两盆"。三大山系自北而南是阿尔泰山、天山和昆仑山。阿尔泰山与天山之间，即准噶尔盆地，面积 18 万 km² 多，盆地中的古尔班通古特沙漠是我国第二大沙漠。盆地西侧的一系列较低的山，统称为准噶尔西部山地。天山与昆仑山之间，即塔里木盆地，面积 40 万 km² 多，盆地中的塔克拉玛干沙漠，面积约 33 万 km²，是我国最大的沙漠，也是世界第二大流动沙漠。盆地西侧即天山与昆仑山交接部分即为著名的帕米尔高原。且末以东的昆仑山系的北支为阿尔金山，南支为延伸至青海境内的昆仑山主脉。阿尔泰山最高峰友谊峰海拔 4374m，天山海拔 5000m 以上的山峰有托木尔峰（7435m）、汗腾格里峰（6995m）、博格达峰（5445m）。昆仑山系平均山脊线海拔 5000m 以上，海拔在 7500m 以上的有世界第二高峰乔格里峰（8611m）、公格尔九别峰（7595m）、慕士塔格峰（7546m）、公格尔峰（7519m）。

连绵的雪岭，林立的冰峰，形成了新疆发达的冰川，共有大小冰川 18600 多条，总面积逾 2.4 万 km²，占全国冰川总面积的 42%。这些冰川是新疆比较稳定的水资源，有"固体水库"之称。冰川储水量 25800 亿 m³ 以上；冰川融水约占新疆河流年径流量的 21%（约 170 亿 m³）。

新疆境内共有河流 570 多条（不包括山泉），其中集水面积上万平方千米，或长度超过 500km、年径流量 10 亿 m³ 以上的河流，新疆北部有额尔齐斯河、乌伦古河、伊犁河、特克斯河，南部有开都河、孔雀河、渭干河、阿克苏河、塔里木河、克孜河、叶尔羌河、喀拉喀什河、玉龙喀什河、卡墙河。

新疆有大于 1km² 的天然湖泊 139 个，水域面积约 5500km²。主要湖泊有博斯腾湖、乌伦古湖、赛里木湖、艾比湖、阿牙克库木湖及艾丁湖，著名的罗布泊已干涸。吐鲁番盆地的艾丁湖低于海平面 154m，为我国陆地的最低点。位于巴音郭楞州境内的博斯腾湖，水域面积 980.4km²，是我国最大的内陆淡水湖。

二、气候

由于天山横亘新疆中部（偏北），把新疆划分成南北两大块，一般称南疆和北疆，以天山山脊线为分界线。南北疆有各自的区域特征，自然条件有明显的差异（南疆面积占全疆的 73%，北疆占 27%）。

新疆气候属温带大陆性气候，冬季长、严寒，夏季短、炎热，春秋季变化大。北疆平原年平均气温 6~8℃，属干旱中温带。南疆平原年平均气温 10~11℃，属干旱暖温带。1 月平均气温，北疆准噶尔盆地一带在 -17℃ 以下，富蕴可达 -28.7℃；而南疆一般高于 -10℃。7 月平均气温南北疆相差不大，北疆在 20~25℃ 之间，南疆在 25~27℃ 之间，吐鲁番可达 33℃。全疆各地一年内，最冷月与最热月平均气温之差多在 30℃ 以上，准噶尔盆地可达 34~35℃，而气温日较差平均可达

12～15℃，最大可达 20～30℃。

北疆盆地≥10℃的积温，北部在 3000℃以下，南部在 3000～3500℃；南疆则一般大于 4000℃，吐鲁番及哈密一带可达 4500～5000℃。北疆盆地无霜期为 150～170d，天山 3500m 以上无霜期为 0；南疆盆地无霜期一般在 200d 以上，昆仑山海拔 5000m 以上无霜期为 0。

盆地和山区在夏季气温差较大，一般是每升高 100m，温度下降 0.6～0.8℃；在冬季，天山山区和昆仑山山区的亚高山带以下和低山带以上，存在一个逆温层，它的温度较盆地高，一般在一定高程内，大约每上升 100m，温度提高 0.4～0.5℃。逆温层的存在，对林业和畜牧业发展十分有利，天山山区的森林分布带，大体在逆温层的范围内。

新疆地面空气相对湿度大体上呈北高南低、西高东低的趋势。北疆准噶尔盆地中心区年平均不足 50%，生长季节仅 30%；南疆塔里木盆地年平均相对湿度 40%～50%，生长季节 30%～40%。

由于新疆地处内陆，又高山环抱，阻挡了海洋湿气流的进入，年降水量总平均仅 150mm，为全国总平均 630mm 的 23%。降水分布规律是北疆多于南疆，西部多于东部，山地多于平原，盆地边缘多于中心，迎风坡多于背风坡。天山西部的伊犁山区迎风坡降水量可达 600mm 以上。天山北坡亚高山带到中山带一般在 400～600mm，南坡在 200～400mm，昆仑山北坡一般为 200～300mm，准噶尔盆地西缘及伊犁谷地一般为 250～300mm。塔里木盆地西缘及北缘 50～70mm，南缘及东缘 20～50mm。吐鲁番盆地的托克逊多年平均仅为 6mm，是全疆乃至全国降水量最少的地方。降水量分布差异，造成不同的植被分布形式、不同的植被类型和森林质量。

新疆地下水资源较丰富，动贮量可达 220 亿 m³，静贮量约 20 万亿 m³。

新疆降水量少、蒸发量却很大，北疆年蒸发量为 1500～2300mm，南疆为 2000～3400mm，吐鲁番地区为 3000～4000mm。山区年蒸发量，北疆在 1000mm 以下，南疆在 2000mm 以下。

新疆是个多风区，北疆因冷空气入侵，加之天山阻挡不易翻越，故大于 8 级的大风日数多于南疆。南疆由于地形闭塞，风力相对较弱。全疆著名的风区有阿拉山口、托里风口、达坂城（乌鲁木齐东南山口）、喀喇昆仑山康西瓦、吐鲁番西北的三十里风区及了墩至十三间房的百里风区等。

新疆风沙危害比较严重，不仅影响农作物生长，而且对土壤也起着风蚀和沙漠化的不良作用。新疆大范围发生干热风的趋势是：低处重于高处，盆地、谷地危害较重，在北疆海拔 1000～1400m 以上，南疆海拔 1500～2000m 以上基本不存在危害。东疆吐鲁番盆地是危害最严重的地区，平均每年将近 40d。其次是哈密盆地，日数近 10d。南疆塔里木盆地，危害天数 10～20d。

三、土壤

新疆由于受荒漠气候的影响，土壤发育慢，表现为灰化程度弱，淋溶浅，生草化过程强烈等；森林土壤退化快，一旦森林消失，土壤迅速逆转，胡杨林土壤更为典型。

(一) 盆地土壤

北疆伊犁谷地和准噶尔盆地属于温带荒漠、温带山前半荒漠和荒漠类型。与之相应地分布着棕钙土、灰钙土、灰漠土(荒漠灰钙土)和灰棕漠土(灰棕色荒漠土)。

棕钙土广泛分布于准噶尔盆地的北部和西部，南界大约至北纬 46°。灰钙土仅分布在伊犁谷地的山前平原黄土状母质上，这是中亚北部分布在黄土状物质上的北方灰钙土向东的延续。灰漠土主要分布在中部天山北麓山前，是准噶尔盆地南部平原较湿润的区域。该区是由灰钙土向更干旱气候地区的延续，由此向东进入极干旱的东疆地区。在广泛的石砾物质上分布着荒漠性更强的灰棕漠土，是北疆有名的大戈壁。

南疆塔里木盆地属暖温带荒漠类型。由于高度闭塞，水分稀少，气候极端干旱，形成了棕漠土(棕色荒漠土)、龟裂性土和残余盐土等。

棕漠土分布在未经地下水影响的山前平原和古老残丘上，是塔里木盆地的地带性土类。龟裂土是发展在洪积平原中下部和古老冲积平原细土母质上的土壤，也具有地带性。残余盐土也是经过潜水和盐化过程，不过由于气候干旱，在地下水下降后未能引起脱盐过程形成的土壤。棕色荒漠土和石膏棕色荒漠土分布在天山南麓，石膏盐盘棕色荒漠土则分布在昆仑山和阿尔金山北麓。这就形成了南疆的两个亚地带。

新疆盆地土壤肥力按全国土壤普查6级肥力标准，新疆只有3、4、5级，1、2级很少。而且新疆土壤盐渍化较严重。盐渍类型为：北疆以硫酸盐为主，南疆以氯化物为主，吐鲁番盆地以硝酸盐—氯化物为主。显示出易溶性盐类按地带性分异的规律。在含盐量上，南疆是含盐重的典型盐土，北疆则是含盐轻的草甸盐土。

（二）森林土壤

新疆山区森林土壤有山地棕色针叶林土（山地生草弱灰化土）、山地灰色森林土及山地灰褐色森林土，平原还有天然胡杨森林土壤。

1. 山地棕色针叶林土

形成于南泰加林下的山地棕色针叶林土，在新疆只分布于阿尔泰山区的西北部（即布尔津山区）的喀纳斯山地海拔 1800~2400m 森林带上，仅限于阴坡。植被以西伯利亚落叶松（Larix sibirica）、西伯利亚冷杉（Abies sibirica）、西伯利亚五针松（Pinus sibirica）等针叶树为主。林下有灌木，如红果越橘（Rhodococcum vitis-idaea）、黑果越橘（Vaccinium myrtillus）、栒子（Cotoneaster sp.），还有草本的早熟禾及大量苔藓，地被物茂密。棕色森林土较冷而湿的环境条件，是落叶松生长不良、混有冷杉的主要原因。

2. 山地灰色森林土

主要分布于阿尔泰山海拔 1400~2300m 东南坡的阴坡，与阳坡的山地黑钙土组成复合带，森林组成以新疆落叶松为主，林相稀疏，林下灌木、草本植被较多，属山地森林草原和森林草甸植被型。灰色森林土的肥力水平比灰化土高，腐殖质的含量也较高。

在阿尔泰山西南坡西北部的森林土壤，垂直分布为山地棕色针叶林土和山地灰色森林土，而在东部只有山地灰色森林土。山地灰色森林土及其生境，是落叶松生长的适宜环境。

3. 山地灰褐色森林土

主要分布于西部天山、天山南北坡和帕米尔西昆仑山地，大部分系发育于天山云杉林下。母质常为残积—坡积物、冰水沉积物或黄土状物质，剖面分化十分明显。在灰褐色森林土上主要是雪岭云杉（Picea schrenkiana）林，其伴生树种为天山花楸（Sorbus tianschanica）、天山柳（Salix tianschanica）、天山桦（Betula tianschanica）等。郁闭度较大的天山云杉纯林中无灌木层，也极少有草类植物，仅苔藓或蕨类丛生。

4. 荒漠胡杨林土（林灌草甸土）

多呈带状分布在南疆塔里木河流域两岸，北疆向北流的河流两岸有小片分布。地形较平坦的河流一级阶地，成土母质为冲积物，富含石灰，地下水位 4~7m，水质为弱度或中度矿化，生长着老龄胡杨（Populus euphratica）。林况密度不均，有林间空地。林冠下植物多为柽柳（Tamarix sp.）、铃铛刺（Halimodendron halodendron）等。在稀疏的胡杨树中间还常有骆驼刺（Alhagi mourorum var. sparsifolium）、甘草（Glycyrrhiza sp.）、苦豆子（Pseudosophora alopecuroides）及野麻（Apocynum lancifolium）等生长。

荒漠胡杨林土是伴水成型土壤，因地下水位和矿化度的不同，就会成为不同发育程度的土壤。

5. 山地土壤垂直带谱

（1）阿尔泰山山地土壤垂直带谱

自上而下为：山地漠土冰沼土、高山草甸土—亚高山草甸土、亚高山草甸草原土—山地棕色针叶林土、山地灰色森林土—山地黑钙土、山地栗钙土—山地棕钙土。

（2）天山山地土壤垂直带谱

天山北坡土壤垂直带谱为：高山草甸土—亚高山草甸土—山地灰褐土（阴坡）、山地黑钙土（阳坡)—山地黑钙土—山地栗钙土—山地棕钙土—山地灰漠土。

天山南坡土壤垂直带谱为：高山草甸土带—亚高山草甸土—山地碳酸盐灰褐土(局部分布)—山地栗钙土—山地棕钙土—山地棕漠土。

天山西部山地土壤垂直带谱为：山地草甸土(饱和的)—山地淋溶灰褐土—山地生草化灰褐土—山地黑钙土—山地栗钙土。

天山中部北坡山地土壤垂直带谱为：高山草甸土(饱和)—亚高山草甸土(饱和)—山地典型灰褐土(阳坡)、山地黑钙土(阳坡)—山地黑钙土、山地栗钙土—山地棕钙土—山地灰漠土。

(3)准噶尔盆地西部山地土壤垂直带谱

包括萨吾尔山、巴尔鲁克山、塔尔巴哈台山等，主要由古生代和中生代的砂岩、页岩、石灰岩、火山屑，变质岩所组成，山势一般不高。

萨吾尔山地土壤垂直带为高山草甸土—亚高山草甸土—山地黑钙土—山地栗钙土。

塔尔巴哈台山地土壤垂直带谱为亚高山草甸土—山地黑钙土—山地栗钙土。

巴尔鲁克山地土壤垂直带谱为亚高山草甸土—山地灰色森林土—山地黑钙土—山地栗钙土—山地棕钙土。

(4)昆仑山系的山地土壤垂直带谱

昆仑山北坡土壤垂直带谱为：高山荒漠土—亚高山草原土—山地淡栗钙土—山地淡棕钙土—山地棕漠土。

四、森林类型及主要树种

新疆森林受干旱荒漠气候的影响，分布和发育也受到影响，森林覆盖率低，分布不均，通常分布于降水量较多的山地和水量较多的河谷地带，以及地下水充沛的地段。在山区森林往往与草原、灌丛相结合，在平原常与荒漠植被或河谷草甸植被相结合，表现出复杂的镶嵌性。

新疆森林不同程度的带有干旱特征，层次结构简单，林分稀疏、树种组成单纯，天然更新不良。

由于新疆地处于中亚、亚洲中部、西伯利亚、蒙古和西藏几个植物地理区的交汇处，境内的自然条件在地质历史时期又几经变迁，因此植物区系成分十分复杂。平原荒漠以古地中海的亚洲中部区系成分占优势。准噶尔—吐兰、中亚和蒙古成分也占据重要地位。阿尔泰山主要为欧洲—西伯利亚、泛北极和北极—高山等区系成分，中亚成分和蒙古成分也有一定影响。天山以中亚成分占主导地位，而常绿针叶林和野果林则为天山特有成分。昆仑山由于旱化加强，亚洲中部区系成分占据着整个低山带、中山带甚至亚高山带，昆仑山特有成分具有重要作用，喜马拉雅成分也有一定影响。

根据《新疆森林》区划森林分区的原则，将新疆森林分为三大林区。

(一)北疆阿尔泰山地寒温带天然针叶林区

该区包括阿尔泰山、北塔山山区，阿勒泰地区的哈巴河、布尔津、阿勒泰、福海、富蕴及青河6个市、县。森林分布在海拔1300~2300m的山地垂直带谱范围的阴坡，与草甸草原相同。

1. 阿尔泰山地中西部南泰加型林区

在东经89°以西的阿尔泰山南坡，包括哈巴河、布尔津、阿勒泰及福海北部山区。海拔1200~2300m为森林草甸带，以西伯利亚落叶松(Larix sibirica)为主，西伯利亚冷杉(Abies sibirica)、西伯利亚云杉(Picea obovata)、西伯利亚五针松(Pinus sibirica)镶嵌分布，分布较少。在河谷和山坡下部有疣枝桦(Betula pendula)、欧洲山杨(Populus tremula)等次生林。海拔2300~3000m为高山草原，有苔草(Carex)、羊茅(Festuca)、燕麦草(Arrhenatherum elatius)等。海拔3000~3200m为高山裸岩及寒冻风化物，海拔3200m以上为冰雪带。

2. 阿尔泰东部山地落叶松林区

在东经89°以东的阿尔泰山的南坡，包括富蕴、青河两县北部山区，向南延伸到奇台县北部的北塔山。山地垂直带不如西段完整，山势也低于西段，落叶松林位于山地垂直带海拔1300~

2300m，中间也夹杂草甸，山麓出现荒漠草原(为蒿类等)；也出现半灌木荒漠。南泰加林建群种西伯利亚五针松及西伯利亚冷杉分布不及西伯利亚落叶松广泛。

(二)北疆温带荒漠林区

包括除阿尔泰山区以外的全部北疆行政区，是新疆天然针叶林重点分布区，除东部哈密林区为落叶松与雪岭云杉交互分布外，其余林区都是以雪岭云杉为建群种，是雪岭云杉在新疆的主要分布区。

1. 准噶尔西部山区低地位级雪岭云杉林区

包括准噶尔盆地以西各个山系，在塔城、额敏、裕民、和布克赛尔、托里、博乐等市、县境内。森林建群种以雪岭云杉为主，北部局部地区有落叶松。

2. 天山北坡雪岭云杉林区

包括西段伊犁山地林区，中段精河—乌鲁木齐一带山地林区，以及东段包括博格达峰以东至喀尔力克山段山脊线，且有山间盆地等。该区是新疆天然林集中分布区，占全疆天然林有林地总面积的36.52%。

在天山北坡东段包括米泉、阜康、吉木萨尔、奇台、哈密(天山北坡部分)、巴里坤、伊吾等县的山区林区，分布雪岭云杉、西伯利亚落叶松，呈各占一段生境或混生过渡。落叶松主要分布在山地森林带上部，构成亚高山森林上限，气候较温和的森林带下部为雪岭云杉所占有，森林带中部，海拔2200~2500m，是落叶松和雪岭云杉混交林的过渡带。

天山北坡中段包括温泉、博乐南山、精河南山、乌苏、沙湾、玛纳斯、呼图壁、昌吉、乌鲁木齐等地的南部山区，海拔1600~2700m分布着雪岭云杉纯林，云杉带下由羊茅、针茅(Stipa)组成的荒漠草原，逐渐过渡到半灌木盐柴类荒漠，800m以下为梭梭荒漠。

天山西段伊犁河谷地，北起婆罗科努山，南至哈尔克他山山坡，包括新疆境内伊犁河流域，为伊犁河西段至中亚细亚的缺口，是新疆西部地貌上的一个独立的区域。水分条件优越，谷地中上游海拔1000m处降水量可达400~500mm，个别迎风坡降水量可达1000mm，伊宁以下谷地降水量也可达200~300mm。该区域为新疆雪岭云杉生长最佳的林区，森林生态条件优越，每公顷立木蓄积量达320m³以上(最大蓄积量可达1000m³以上)，每公顷年生长量可达2.9m³，雪岭云杉分布于1400~2700m。雪岭云杉林分布带下限，条件适宜处出现野果林包括野苹果、野杏及野核桃林，还有当地引种黄檗(Phellodendron amurense)、胡桃楸(Juglans mandshurica)、水曲柳(Fraxinus mandschurica)、大叶榆(Ulmus laevis)、椴、栎、色木槭(Acer mono)等有价值的阔叶树种，组成与雪岭云杉并存的森林分布带(上层针叶林，下层硬阔叶林)。山麓各地为农业区，广泛建立了以农田防护林为主体的河谷防护林体系，包括河谷次生林、尖果沙枣林、护岸林、固沙林、果树经济林、河滩薪炭林及四旁植树。

该区域设有3个自然保护区，①巩留雪岭云杉自然保护区，保护面积280km²，为新疆质量最高的雪岭云杉林(1hm²立木蓄积达1000m³)；②巩留野苹果(包括野杏及野核桃)自然保护区，保护面积11.8km²；③新疆小叶白蜡林自然保护区，保护着全国仅有的天然新疆小叶白蜡林，面积仅4km²。

3. 北疆荒漠山前平原乔灌木林区

该区包括整个北疆沿天山山前绿洲及沿阿尔泰山前两(额尔齐斯河及乌伦古河)流域直抵古尔班通古特沙漠。这里广泛分布着天然白梭梭林，是地带性的天然植被。胡杨、柽柳也有分布，但不如南疆旺盛。白榆、尖果沙枣(Elaeagnus oxycarpa)、杨、柳及各种沙生灌木均有分布。

额尔齐斯河、乌伦古河河谷林—平原农牧防护林区。包括布尔津、哈巴河、阿勒泰、福海、青河县所属山前平原。河谷杨树林成片分布在乌伦古河和额尔齐斯河流两岸，树种有银白杨、黑杨、苦杨、杂交杨及各种柳、桦、沙枣等，林相不整齐。河流的阶地沙丘上有梭梭林，大部分为次生林，稀疏，生长不良，为梭梭在新疆自然分布的北界。绿洲人工林以农用防护林为主，栽培树种有杨、柳、榆、沙枣等，其次有一些果木经济林。该区有林地面积约2.05万hm²，其中约24%为人工林，76%为河谷次生林，并约有5873hm²灌木林。

天山北麓绿洲农、牧人工林防护林区。该区年平均气温6～7℃，无霜期超过150d，年降水量200mm左右。主要防护林树种杨、榆、沙枣等。

4. 古尔班通古特灌木—沙漠区

古尔班通古特沙漠是我国第二大沙漠，但固定半固定沙丘占绝对优势，流动沙丘约占3%，沙漠中心仍有约100mm的年降水量，虽不能形成径流，但土壤中有稳定的悬水层，厚达5～7m，加之冬季积雪及沙丘间洼地积水，可以形成天然植被，如梭梭、沙拐枣、沙蒿(Artemisia arenaria)、山道年蒿(Artemisia santolina)、麻黄等，覆盖度在固定沙丘上可达40%～50%，在半固定沙丘上也达15%～20%。

(三)南疆暖温带荒漠森林区

包括南疆全部行政区范围。天山南坡雪岭云杉向东分布至焉耆，昆仑山北坡雪岭云杉仅存在叶城—皮山的范围内。

塔克拉玛干大沙漠，基本上是流动沙丘，沙漠植被覆盖率仅10%～15%。有代表性的森林树种，在平原只有胡杨；在沙漠边缘有柽柳；在山区只有天山圆柏。胡杨也能沿河岸分布。

1. 天山南坡低地位级雪岭云杉疏林区

该区西起乌恰县西部的郭克沙勒山脊线，东至焉耆的天格尔山与库鲁克山，包括焉耆、轮台、库车、拜城、温宿、乌什、阿合奇、柯坪、阿图什、乌恰等县境的山地。山地北坡承受从天山垭口吹进来的少量湿气，局部山区的中山—亚高山带年降水量可达300～400mm，其北坡及阴坡山谷有断续的片状雪岭云杉林，但地位级不高、疏密度不大。乌恰县一片野生大果沙枣林，种类独特，无人管理，亟待保护！

2. 塔里木河流域胡杨(灰杨)荒漠河岸林区

该区包括塔里木河及其上游两岸地带，胡杨和灰杨分布的分界线大体在塔里木河三大支流即阿克苏河、叶尔羌河及和田河口上下。

叶尔羌河、和田河流域胡杨灰杨林区。分布于叶尔羌河中下游两岸，流经的地区灰杨分布于河漫滩地上，一级阶地胡杨灰杨呈镶嵌状分布；在二级阶地上，因水热条件较差，胡杨占主要地位，且有柽柳相伴。灰杨林在塔里木河的分布，基本上以阿克苏的三河汇合口(阿克苏河—叶尔羌河—和田河)为止。

塔里木河干道胡杨林区。包括自三河口向东断续分布到铁干里克一段。塔河两岸一级阶地及滩地受洪水及地下水补给，胡杨林长势较好，郁闭度可达0.5以上。在二级以上阶地因水分条件逐渐变差，林分生长衰退，有柽柳侵入。

3. 塔克拉玛干沙漠北南缘农、牧防护林区

主要位于天山南麓、帕米尔东麓及昆仑山北麓洪积扇缘位置上，包括巴音郭楞、阿克苏、喀什、和田、吐鲁番、哈密等地州的农牧区。森林以人工林为主，主要是农田防护林、防风固沙林和薪炭林。主要树种为杨、榆、桑、大果沙枣、柽柳等，还有经济林，如香梨、苹果、核桃、枣、杏、石榴、无花果、巴旦木(扁桃)、阿月浑子等。

4. 塔克拉玛干—罗布泊洼地沙漠干旱无林区

气候极端干旱，只有植物30～40种，大沙漠内几乎完全裸露，仅于沙丘下部或丘间低地有零星的柽柳、胡杨、芦苇(Phragmites)，骆驼刺和盐穗木等散生植物丛。河流深入沙漠，河岸两侧天然分布着胡(灰)杨，干河床中生长沙蓬(Agriophyllum squarrosum)、叉枝鸦葱(Scorzonera divaricata)等植物。

5. 帕米尔—昆仑山隐域森林水土保持植被区

从西向东涉及帕米尔高原、喀喇昆仑山、昆仑山及阿尔金山。在东帕米尔和昆仑山西段，有零星的天然林，作为隐域的面貌出现。东帕米尔森林主要是雪岭云杉纯林，昆仑山森林以雪岭云杉为优势树种，多与昆仑圆柏、昆仑方枝柏混生，面积很小，有林地面积仅1.6万hm²，伴生树种有天山花楸、天山柳、桦树等，需要加强保护。

裸子植物门——GYMNOSPERMAE

乔木、小灌木、亚灌木，主轴维管束排列成一环，形成层在其外边形成韧皮部，在其内边形成木质部，由管胞组成的次生木质部形成清晰的年轮，仅在麻黄科具有导管。叶多为针形、线形、条形或鳞形，故常称为针叶树种，极少退化成膜质或似双子叶植物之叶。花单性，雌雄同株，极少异株。大、小孢子叶分别组成大、小孢子叶球；大孢子叶多数或少数呈螺旋状排列在一中轴上，形成大孢子叶球（雌球果），或单生于花轴顶端，每一大孢子叶基部着生大孢子囊（胚珠），它由珠被、珠心及大孢子母细胞组成。大孢子母细胞经减数分裂形成4个大孢子，其中3个退化，仅1个正常发育形成雌配子体，经自由核时期形成多细胞配子体，其上生有3~5颈卵器，在成熟的颈卵器内形成卵；小孢子叶亦组成小孢子叶球（雄球花），每一小孢子叶具多数（少1）小孢子囊，囊内有小孢子母细胞（花粉母细胞），它分裂为2，小的为第一原叶细胞，大的细胞又分裂形成第二原叶细胞，剩下一个细胞再分裂形成一个花粉管细胞和一个生殖细胞，此时花粉粒已成熟，随风落在雌球果上，并被胚珠黏液引入到珠心顶端停留，不久花粉粒生出花粉管，生殖细胞分裂形成体细胞和柄细胞，以后体细胞分裂形成两个精子，精子由花粉管穿过珠心送到颈卵器与卵细胞融合，形成合子，另一个精子消失。受精卵经多次分裂形成胚；胚由胚根、胚轴、胚芽和子叶组成，子叶通常多数。成熟种子有种皮、胚乳和胚；种皮系由珠被发育而成，胚乳实际上是雌配子体。

裸子植物发生、发展的历史悠久，最初的裸子植物出现于古生代泥盆纪，历经古生代的石炭纪、二叠纪，中生代的三叠纪、侏罗纪、白垩纪，新生代的第三纪、第四纪。今日生存的裸子植物，仅为数量较少的一群。全世界共约4纲9目12科71属800余种。我国有4纲8目11科41属245种50变种。新疆有3纲3目5科12属52种15变种。其中引入栽培的有2科5属31种10变种，是阿尔泰山、天山和昆仑山主要成林树种，在新疆各城镇的绿化美化建设中发挥着极为重要的作用。

A. 银杏纲——GINKGOPSIDA

落叶乔木。树干通直，常有分枝。次生木质部仅由管胞组成，无导管，叶扇形，有长柄，两面具多数2歧分叉细脉，短枝叶顶端具波状缺刻，长枝叶顶端常2裂，在短枝上簇生，在长枝上者互生。花单性，雌雄异株，雄球花呈柔荑花序状，具短柄、下垂，花粉萌发时产生2个有鞭毛能游动的精子；雌球花具长梗，顶端常2分叉，每叉顶生一盘状珠座，常仅一珠座的胚珠靠风媒传粉，形成种子。种子核果状；外种皮肉质，成熟时黄色，被白粉，有臭味；中种皮白色，骨质，具2~3纵脊；内种皮淡红褐色，膜质；胚乳肉质，味甘微苦；子叶2枚，发芽时不出土，初生叶2~5片，宽条形，第五片以后的叶则形成独特的扇形叶片。

本纲现仅1目1科1属1种。中国特产，世界引种，新疆栽培。

I. 银杏目——GINKGOALES

1. 银杏科——GINKGOACEAE Engler，1897

落叶乔木。叶为互生扇形单叶，具叶柄。花雌雄异株，雄花序柔荑状，花药成对生于细瘦梗上；花粉萌发产生2个能运动精子；雌花序具长梗，通常有2胚珠。种子核果状，具肉质外种皮、骨质中种皮、膜质内种皮，含丰富胚乳；子叶2枚。本科仅1属1种，我国特产。

（1）银杏属 Ginkgo Linn.

特征同科，仅1种。

1. 银杏

Ginkgo biloba Linn. Mant. Pl. 2：313，1771；中国植物志，7：19，图版5，1978。

落叶乔木。高至40m，胸径可达4m，树冠圆锥形至广卵形，枝斜上伸展（雄株）或开展（雌株）。叶扇形，具长柄，淡绿色，光滑无毛，两面同色，具多数叉状并列细脉，顶端宽5~8cm，在短枝上者常具波状缺刻，在长枝上者顶端常2裂，基部宽楔形。花单性，雌雄异株，雄球花柔荑状，无梗；雌球花具长梗。种子核果状，花期3~4月，种子9~10月成熟。

银杏是我国特有树种，素有"活化石"之称，被多数科学家推荐为"中国国树"，它是中华民族文明而古老的象征，是中华民族巍然屹立于世界民族之林、永葆青春的象征。

银杏野生林木仅见于浙江天目山区，全国各地多有栽培。新疆在伊犁、喀什地区亦早有引种，但生长极缓慢或冬季遭冻害，随着全球气温变暖，近些年南北疆各庭院竞相引种栽培，在小气候保护条件下，生长良好，郁郁葱葱，生机盎然。

银杏树形美观，叶形奇特，叶片翠绿，深受群众喜爱，它的引种栽培，无疑会为各庭院增添了闪光的景点。

B. 松杉纲——CONIFEROPSIDA

本纲含4目7科57属约600余种，新疆产1目3科5属40种11变种（引入栽培1科5属21种6变种）。

II. 松杉目——PINALES

本目含4科44属400余种，广布南北两半球，中国产3科23属125种34变种，新疆产3科10属40种13变种（包括引种）。

2. 松科——PINACEAE Lindl.，1836

常绿或落叶乔木。叶条形或针形，基部不下延，条形叶扁平，少呈四棱形，在长枝上螺旋状散生，在短枝上呈簇生状；针形叶2~5成一束，着生于退化的短枝顶端，基部包以叶鞘。花单性，雌雄同株；雄球花（小孢子叶球）腋生或单生枝端，或多数集生于短枝端，具多数螺旋状着生的小孢子叶（雄蕊），每个小孢子叶具2个小孢子囊（花粉囊），囊内含小孢子（花粉），小孢子有气囊或否；雌球花具多数螺旋状排列的大孢子叶，每个大孢子叶基部背部具1枚分离的苞片（苞鳞），腹面具2枚倒生胚珠（大孢子囊），大孢子叶在花粉授粉后发育增大为种鳞，大孢子叶球发育成雌球果，直立或下垂，当年或次年、少在第三年成熟；种鳞扁平，革质或木质，每一种鳞基部具2枚种子。种子上端具膜质翅，少无翅。胚具2~18枚子叶。

分属检索表

1. 枝无长短之分；针叶单生，螺旋状排列于长枝上。
　2. 小枝平滑，具圆形叶痕，叶扁平，窄条状；球果直立，种鳞成熟脱落 ……………………… **1. 冷杉属 Abies** Mill.
　2. 小枝具粗糙叶枕；针叶四棱状条形，无柄，四面有气线；球果下垂，种鳞不脱落 ……… **2. 云杉属 Picea** Dietr.
1. 枝有长短之分；针叶多数簇生2~5束生短枝。
　3. 针叶坚硬，三棱形或线形扁平，多枚簇生短枝枝端。
　　4. 针叶坚硬，三棱形 ……………………………………………………………………… **4. 雪松属 Cedrus** Trew.
　　4. 针叶线形，扁平 ……………………………………………………………………… **3. 落叶松属 Larix** Mill.

3. 叶针形，2～5 束生于特化的短枝顶端，球果大，种鳞厚，木质，有鳞盾、鳞脐之分 ⋯⋯ **5. 松属 Pinus** Linn.

（1）冷杉属 Abies Mill.

常绿乔木。大枝轮生，平展，小枝对生，平滑，具圆形叶痕，基部具宿存芽鳞；冬芽具树脂，顶芽通常 3 个并列，腋芽单生。叶窄条形，扁平，内部具 2 条气孔线，顶端尖、钝、微凹或二裂，下端膨大成吸盘状。雌雄球花单生于当年枝叶腋；雄球果（雄球花）细小；常5～20 枚生于小枝上部。雌球果直立，圆柱形或卵状圆柱形，当年成熟；种鳞自宿存果轴上脱落；苞鳞露出、微露或否。种子具宽而长的膜质斧形翅，下部包卷种子。子叶 3～12 枚，发芽时出土。

本属约 50 种，新疆产 1 种，另引入栽培 1 种。

分种检索表

1. 一年生枝密被绒毛；叶背面有 2～6 条气孔线，营养枝之叶先端二裂 ⋯⋯⋯⋯ **1. 西伯利亚冷杉 A. sibirica** Ledeb.
1. 一年生枝无毛；叶背面具 2～5 条不完整气孔线，营养叶先端无凹缺 ⋯⋯⋯⋯ **2*. 辽东冷杉 A. holophylla** Maxim.

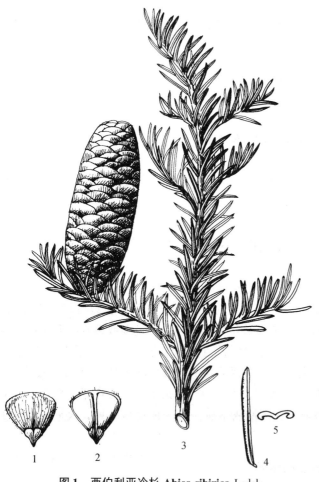

图 1　西伯利亚冷杉 Abies sibirica Ledeb.
1. 种鳞背面　2. 种鳞腹面　3. 果枝　4. 针叶　5. 叶横切面

1. 西伯利亚冷杉　新疆冷杉　图 1
彩图第 1 页

Abies sibirica Ledeb. Fl. Alt. 4：202，1833；Фл. Казахст. 1：65，1956；中国高等植物图鉴，1：291，图 582，1972；中国植物志，7：71，1978；新疆植物检索表，1：39，1982；中国树木志，1：184，1983；新疆植物志，1：54，1992。

常绿乔木，树皮光滑，灰褐色。小枝有光泽，一年生枝，淡黄褐色，密被绒毛。叶窄条形，扁平，直或微弯，长 2～3cm，宽 1～5mm，树脂管中生。球果圆柱形，长 5～9cm，径 3～4cm，无梗或具短梗，成熟时褐色；种鳞扇状四边形，长 1.5～2.5cm，宽1.5～2cm，边缘具细齿，背部露出部分被短绒毛；下部圆截形，基部缩成短柄状；苞鳞倒三角形，短小，长为种鳞 1/2～1/3，上部圆，边缘具细齿，先端具突尖，长 2～3mm。种子倒三角形，扁，长6～7mm；种翅斧形，长于种子 1.5～2 倍。

生于阿尔泰山西北部阴湿山地，常与西伯利亚云杉混生或在局部地区形成小片纯林，海拔 1900～2400m。

产阿勒泰、布尔津、哈巴河山地，克朗河上游，布尔津河上游，喀纳斯河、霍姆河流域，以及哈巴河上游的白哈巴。分布于欧洲东南、西西伯利亚、中西伯利亚和蒙古北部的广大地区。

木材质细、轻、软，供建筑及纤维工业用，树皮可提炼栲胶，种子可榨油。

2*. 辽东冷杉　杉松

Abies holophylla Maxim. in Bull. Acad. Sci. St. Petersp. 10：487，1866；中国植物志，7：69，

1978；中国树木志，1：183，1983；新疆植物志，1：54，1992。

常绿乔木，树冠尖塔形，枝条平展，一年生枝淡黄褐色，无毛。叶窄条形、直或微弯，长 2 ~ 4cm，宽 1.5 ~ 2.5mm，先端急尖或渐尖，表面深绿色，背面沿中脉两侧各有 1 条白色气孔线，果枝上的叶有 2 ~ 5 条不规则的气孔线，横切面有 2 条中生树脂道。球果圆柱形，长 6 ~ 10cm，径 3 ~ 4cm，近无梗，成熟时淡褐色；种鳞扇状四边形，上缘具细齿，基部狭成短柄状，背部露出部分密被短绒毛；苞鳞短，不露出，先端具刺状尖。种子倒三角形，长 8 ~ 9mm；种翅淡褐色，长于种子。子叶 5 ~ 6 枚。

乌鲁木齐等城市引种栽培，生长良好。分布于我国东北牡丹江流域，长白山地区；俄罗斯东西伯利亚，朝鲜也有分布。

（2）云杉属 Picea Dietr.

常绿乔木。树冠塔形，枝条轮生，小枝上有叶枕。叶螺旋状着生，四棱状条形或条形，无柄，横切面方形或菱形，四面有气孔线，或横切面扁平，仅上面沿中脉两侧有气孔线，树脂道 2，边生，少缺。球花单性，雌雄花同株；雄球花细小，椭圆形或圆柱形，单生叶腋，少生枝端，具多数螺旋状排列的小孢子叶，花粉粒有气囊；雌球花单生枝端，紫红色或绿色；大孢子叶（珠鳞）多数，螺旋状排列，腹面基部具 2 枚大孢子囊（胚珠），背面有极小的苞鳞（苞片），成熟的雌球果圆柱形或卵状圆柱形，当年秋季成熟；种鳞宿存，木质或革质，倒卵形、卵形或矩圆形，上部边缘全缘或具细齿，腹面基部有 2 粒种子；苞鳞短小，不外露。种子倒卵形，上部具膜质长翅；子叶 4 ~ 9（ ~ 15）枚，发芽时出土。

本属约 40 种，广布北半球。我国有 16 种 9 变种，另引种栽培 2 种。新疆产 2 种，另引入 8 种，是阿尔泰山和天山山地的主要成林树种和城镇庭院绿化的珍贵树种。

分种检索表

1. 叶横断面四方形、菱形或近扁平，四面有气孔线。
  2. 叶四面的气孔线条数相等或近相等，横切面四方形不为菱形。
    3. 冬芽卵圆形，枝无毛，叶具白霜 ················· 5*. 加拿大云杉 P. glauca（Moench）Voss.
    3. 冬芽圆锥形，枝被密或疏绒毛，或细小短腺毛。
      4. 枝被细小短腺毛，黄色或淡褐色，叶先端具短尖 ················· 2. 西伯利亚云杉 P. obovata Ledeb.
      4. 枝不被细小短腺毛，稀无毛。
        5. 小枝淡黄色、黄色或淡灰黄色，无毛或被疏毛，基部芽鳞不反曲，小枝下垂 ·················
        ·················· 1. 雪岭云杉 P. schrenkiana Fisch. et Mey.
        5. 小枝褐色、淡褐色、褐黄色、金黄色、橘红色，小枝不下垂，基部芽鳞常反曲。
          6. 叶先端锐尖或急尖。
            7. 冬芽的芽鳞显著反曲；一年生枝红褐色或橘红色，无毛或被疏绒毛 ·················
            ·················· 10*. 欧洲云杉 P. abies（Linn.）Karst.
            7. 冬芽的芽鳞不反曲；一年生枝黄褐色或淡橘红褐色。
              8. 一年生枝有白粉 ················· 7*. 云杉 P. asperata Mast.
              8. 一年生枝无白粉 ················· 4*. 红皮云杉 P. koraiensis Nakai
          6. 叶先端钝或微尖。
            9. 二年生枝黄褐色或淡褐色，无白粉 ················· 9*. 白杆 P. meyeri Rehd. et Wils.
            9. 二年生枝淡粉红色，被白粉，少呈黄色，不被白粉 ················· 3*. 青海云杉 P. crassifolia Kom.
  2. 叶下背面无气孔线或个别叶具不规则气孔线；叶较短，先端钝，顶端斜方形，横切面扁平；球果小，长 2 ~ 4cm ················· 8*. 紫果云杉 P. purpurea Mast.

1. 叶横切面扁平，背面无气孔线，腹面有2条白粉气孔带 ···

································· **6*. 鱼鳞云杉 P. ajanensis**（Lindl. et Gord.）Fisch. ex Carr.

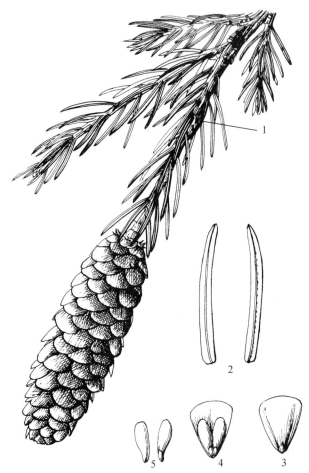

图2　雪岭云杉 Picea schrenkiana Fisch. et Mey.

1. 果枝　2. 针叶　3. 种鳞背面　4. 种鳞腹面　5. 种子

1. 雪岭云杉　天山云杉　图2　彩图第1页

Picea schrenkiana Fisch. et Mey. Bull. Acad. Petrop. 10：253，1842；Фл. СССР，1：147，1934；Фл. Казахст. 1：66，1956；中国树木分类学，39，1953；华北经济植物志要，11，1953；经济植物手册，上册，第一分册，100，1955；新疆植物检索表，1：41，1982；新疆植物志，1：57，1992——*P. schrenkiana* var. *tianschanica*（Rupr.）Cheng et S. H. Fu，中国高等植物图鉴，1：300，图599，1972；中国植物志，7：144，1978；中国树木志，1：223，1983

乔木，高30～40m，胸径70～100cm；树皮暗褐色，块状开裂。树冠圆柱形或尖塔形。大枝近平展至斜上展，暗灰色；小枝常下垂，一、二年生小枝淡黄或淡灰色，无毛或被细短柔毛。冬季圆锥状卵形，淡黄褐色，微有树脂，芽鳞背部及边缘有短柔毛。叶四棱形状条形、直或微弯，长2～3.5cm，宽约1.5mm，横切面菱形，四面有气孔线。球果成熟前暗紫色，极少绿色，成熟球果均呈褐色，圆柱形或椭圆状圆柱形，长5～8(11)cm，径2～3cm；种鳞楔状倒卵形，长约2cm，宽约1.7cm，先端圆基部宽楔形；背面露出部分平滑，苞鳞倒卵状矩圆形，长约3mm。种子黑褐色，斜卵形，长约5mm，连翅长约1.5cm；种翅淡褐色，倒卵状矩圆形，宽约6mm。花期5～6月，球果9～10月成熟。

生中山和亚高山草甸、草甸草原。在天山西部（北坡）海拔1250(1500)～2500(2700)m，中部（北坡）1500(1600)～2700m，在东部2200(2100)～2700(2900)m，天山南坡2300～3000m，西昆仑北坡为3000～3600m。

产巴尔鲁克山、阿拉套山、天山、小帕米尔和西昆仑山（北坡）；分布于准噶尔阿拉套山和中亚天山。模式标本采自准噶尔—塔尔巴卡台的库拉苏。

雪岭云杉为天山地区主要森林树种。木材优良，材质细密，纹理直，易加工，用途广泛。树皮可提取栲胶。

原苏联植物学家贝科夫（B. Bykov），在其《天山云杉林》著作中，认为雪岭云杉是第三纪渐新世图尔盖植物区系的残遗种，是一个多型种。他分出许多变种和变型：红果雪岭云杉[P. schrenkiana var. erythrocarpa B. Bykov(1950)]，幼嫩球果为红色；绿果雪岭云杉[P. schrenkiana var. chlorocarpa B. Bykov(1950)]，幼嫩球果为绿色；灰皮雪岭云杉[P. schrenkiana var. griseocortica A. Fedorov (1960)]，树皮灰色；红皮雪岭云杉[P. schrenkiana var. rubricortica A. Fedorov(1960)]，树皮红色；垂枝雪岭云杉[P. schrenkiana f. cristata Beresin et Grigoriev(1972)]，二、三级小枝下垂，长至40cm；长叶雪岭云杉[P. schrenkiana f. longifolia B. Bykov(1950)]，针叶长30～40mm；短叶雪岭云杉

[P. schrenkiana f. brevifolia B. Bykov(1950)]等。在中国天山林区亦可常见。

2. 西伯利亚云杉 新疆云杉 图3 彩图第2页

Picea obovata Ledeb. Fl. Alt. 4：201，1833；et Icon. pl. Fl. Ross. Alt. Illustr. 5：tab. 449，1834；Фл. CCCP, 1：145，1934；Фл. Казахст. 1：66，1956；经济植物手册，上册，第一分册，101，1955；中国高等植物图鉴，1：298，图596，1972；中国植物志，7：142，图版34：1～7，1978；新疆植物检索表，1：41，1982；中国树木志，1：223，图37：1～7，1983；新疆植物志，1：59，图版17，1992。

乔木，树皮深灰色。树冠塔形；小枝黄色或淡黄色，密被细短腺毛；老枝灰色。冬芽圆锥形，有树脂，淡黄褐色，芽鳞微向外展。叶四棱状条形，长1.2～2cm，微弯，宽约2mm，先端具急尖头，横断面菱形或扁菱形，背面每边有4～5条气孔线，腹面每边有5～7条气孔线。球果圆柱形或卵状圆柱形，幼时紫色或黑紫色，稀呈绿色，成熟时褐色，长5～8(11)cm，径2～3cm种鳞楔状倒卵形，长1.8～2.1cm，宽1.5～1.8cm，上部圆楔形，边缘微向内曲，排列紧密，基部宽楔形，背部露出部分近平滑；苞鳞近披针形，长约3mm。种子黑褐色，倒三角状卵圆形，长约5mm，连翅长1.5～1.6cm；种翅褐色，倒卵状矩圆形。花期5～6月，球果9～10月成熟。生阿尔泰山地。与西伯利亚落叶松、西伯利亚冷杉或疣枝桦形成混交林或成纯林，海拔1200～2200m。

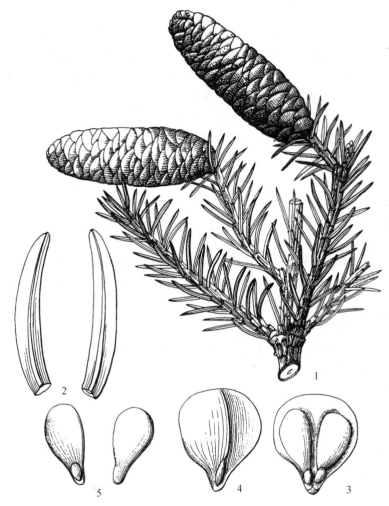

图3 西伯利亚云杉 Picea obovata Ledeb.
1. 果枝 2. 针叶 3. 种鳞腹面 4. 种鳞背面 5. 种子

产青河、富蕴、福海、阿勒泰、布尔津、哈巴河等市、县山地。国外在蒙古北部，俄罗斯中西伯利亚，乌拉尔，直到欧洲均广泛分布。

西伯利亚云杉材质细，纹理直，韧性强，供建筑、造纸、家具、电杆等用，是阿勒泰山区优良用材树种之一。树姿端正，枝叶茂密，城镇美化亦甚相宜。

3*. 青海云杉

Picea crassifolia Kom. in Not. Syst. Herb. Hort. Bot. Petrop. 4：177，1923；Bobr. in Novit. Syst. Pl. Vasc. 7：32，1970，pro syn. P. asperata；中国植物志，7：138，1978；中国树木志，1：220，1983；新疆植物志，1：59，1992。

乔木。一年生枝淡黄褐色，后变成粉红色或粉红褐色，有毛或近无毛；二年生枝粉红色或淡黄褐色，少黄色，有时微被白粉；老枝淡褐色、褐色或灰褐色。冬芽宽圆锥形，常无树脂。叶四棱状条形，直或微弯，长 1~3cm，宽 2~3mm，先端钝或具钝尖头，横切面四棱形，四面有气孔线。球果圆柱形或矩圆状圆柱形，长 7~10cm，宽 2~3cm，成熟前绿色，成熟时褐色；种鳞倒卵形，上部圆形，全缘或波状，微内曲。种子斜倒卵形，长 3~4mm，连翅长 1~1.3cm。花期 4~5 月，球果9~10 月成熟。

乌鲁木齐、昌吉、阜康等地引种。我国特有种。产祁连山区。分布于青海、甘肃、宁夏、内蒙古等地。模式标本采自青海都兰。青海云杉喜光、抗寒、抗旱，生长较快，材质优良，适应性强，树姿壮丽，形色优美，城市园林，亦甚适宜。

4*. 红皮云杉

Picea koraiensis Nakai in Bot. Mag. Tokyo. 33：195，1919 et in Journ. Jap. Bot. 17：2, tab. 2, 1941；中国高等植物图鉴，1：297，图 593，1972；中国植物志，7：133，1978；中国树木志，1：218，1983；黑龙江树木志，48，图版5：7~10，1986；新疆植物志，1：61，1992。

乔木。树冠尖塔形，树皮淡褐色或淡红褐色。一年生枝黄色或淡黄红褐色，无毛或被短柔毛；二、三年生枝淡黄褐色。冬芽圆锥形，微有树脂，芽鳞向外反曲。叶四棱状条形，长 1~2cm，宽约 1.5mm，先端急尖，横切面菱形，各面有气孔线，上面每边 5~8 条，下面每边 3~5 条。雌球果成熟前绿色，成熟时褐色，卵状圆柱形，长 5~8cm，径 3~4cm；种鳞倒卵形或三角状倒卵形，长1.5~2cm，宽 1~1.5cm，先端圆，基部阔楔形；苞鳞条形，长约 5mm，先端钝或微尖，中下部渐狭，边缘有细小齿。种子灰黑褐色，倒卵圆形，长约 4mm；种皮淡褐色，倒卵状矩圆形，长约2mm，先端圆，连翅长约 1.3~1.6cm。子叶条状锥形，6~9 枚。花期 5~6 月，球果 9~10 月成熟。

乌鲁木齐、昌吉、石河子、伊宁等城市引种栽培，生长尚好，已开花结实。分布于黑龙江、吉林、辽宁、内蒙古等地。朝鲜北部、俄罗斯远东地区也有。模式标本采自朝鲜北部。

红皮云杉系浅根性树种，较耐荫，喜深厚、湿润、肥沃土壤，枝叶稠密，冠形整齐，四季常绿，是优良的城市庭院园林绿化树种。

5*. 加拿大云杉（新拟）　苍白云杉　白云杉

Picea glauca（Moench）Voss. Mitt. Deutsch. Dendr. Ges. 16：93，1907；Man. Cult. Trees and Shrubs ed. 2：28，1940；Novit. Syst. Pl. Vasc. 7：34，1970；新疆植物志，1：61，1992—Pinus glauca Moench，Verz. Ausl. Baume，73，1785。

乔木。高 15~25m，树皮灰棕色，光滑或有鳞片。树冠圆锥形，稠密；幼树主枝斜上展；老枝水平展或斜下展。针叶四棱状条形，长 1~2cm，钝至渐尖，蓝灰绿色或银灰色。球果长 3~6cm，长圆状圆柱形，顶端圆；种鳞质薄，端圆，全缘，淡棕褐色，微有光泽。

阜康、天池山区引种栽培，已开花结实。分布于北美和加拿大。欧洲各城市普遍栽培，有众多变种变型，是城市绿化美化珍贵树种。

加拿大云杉喜光，抗寒，抗旱，抗风。对土壤条件要求不严格，但在沼泽地上生长不良。20 年前生长快，以后较慢，寿命可达 300~400 年。以其端庄的宝塔形树冠和翠绿的针叶而甚富观赏，可望成为新疆有发展前途的城市园林树种。

6*. 鱼鳞云杉

Picea ajanensis（Lindl. et Gord）Fisch. ex Carr. Trait. Gen. Conif. 259，1855；Novit. Syst. Pl. Vasc. 7：37，1970；新疆植物志，1：62，1992——Abies ajaensis Lindl. et Gord. Journ. Hort. Soc. London，5：212，1850——Picea microsperma Carr. Tkaite Gen. Conif. ed. 2：399，p. p. 1867；中国高等植物图鉴，1：302，1972——P. jezoensis Carr. var. microsperma（Lindl.）Cheng et L. K. Fu in 中国植物志，7：159，1978——P. komarovii V. Vassil. Journ. Bot. 35，2：504，1950；中国高等植物图鉴，1：302，1972——P. jezoensis Carr. var. komarovii（V. Vassii.）Cheng et L. K. Fu loc. cit. 161，1978——P. jezoensis Carr. var. ajanensis（Fisch.）Cheng et L. K. Fu loc. cit. 162，1978。

乔木。树皮暗褐色，灰色，成鳞片状块裂。树冠尖塔形或圆柱形；大枝较短，平展；一年生枝褐色或淡褐色，黄色或淡黄色，无毛或疏被短绒毛，微有光泽；二、三年枝淡灰色。叶条形，微弯，长1~2cm，宽1.5~2mm，先端钝，上面有5~8条气孔线，下面亮绿色，无气孔线。球果长圆状圆柱形或长卵形，长(3)4~7(9)cm，径2~2.5cm，成熟前绿色，成熟时褐色或淡黄褐色；种鳞薄、疏松，卵状椭圆形或菱状椭圆形，菱状卵形，斜方状宽卵形，斜方状宽卵形，斜方状倒卵形，边缘具不规则细齿。种子连翅长约9mm。花期5~6月，球果9~10月成熟。

阜康和伊犁山地引种。分布于东北大、小兴安岭和吉林长白山；俄罗斯西伯利亚、朝鲜和日本也有分布。

鱼鳞云杉耐荫，耐寒，耐湿，适应性强，但以深厚、湿润、肥沃、排水良好的缓坡上生长最好，常与其他树种形成混交林。种子繁殖。木材坚韧、轻软，结构细，纹理直。可供建筑、机械、器具、家具、造纸等用。树皮可提取栲胶，树干可割取松脂，叶可提取松油。树姿秀丽甚富观赏。

7*. 云杉

Picea asperata Mast. in Journ. Soc. Bot. 37：419，1906，et in Repert. sp. nov. 4：110，1907；Man. Cult. Trees and Shrubs ed. 2：24，1940；经济植物手册，上册，第一分册，99，1955；中国高等植物图鉴，1：296，图592，1972；中国植物志，7：129，1978。

高大乔木，高至45m，胸径至1m；树皮淡灰褐色。小枝被或密或疏的短柔毛或无毛；一年生枝淡褐色、褐黄色、淡黄或淡红褐色；叶枕有白粉或不显；二、三年生枝灰褐色，褐色或淡褐灰色；冬芽圆锥形，有树脂，上部芽鳞先端微反曲或否；小枝基部宿存芽鳞，先端常向外反曲。叶四棱状条形，长1~2cm，宽1~1.5mm，微弯，横切面四棱形，四面有气孔线。球果圆柱状矩圆形或圆柱形，上端渐尖，成熟前绿色，成熟时淡褐色或栗褐色，长5~16cm，径2~3.5cm；种鳞倒卵形，长约2cm，宽约1.5cm，上部圆或截圆形，先端全缘；苞鳞三角状匙形，长约5mm。种子倒卵圆形，长约4mm，连翅长约1.5cm；种翅淡褐色，倒卵状矩圆形。子叶6~7枚，条状锥形。花期4~5月，球果9~10月成熟。

伊犁山区林场引种，生长良好。分布于陕西、甘肃、四川等地。模式标本采自四川。

云杉系浅根性树种，喜光，抗寒，抗旱，耐荫，要求气候凉爽，土层深厚，排水良好的酸性棕色森林土壤条件，生长迅速。

木材淡黄色，结构细，纹理直，有弹性，用途广泛。可用于山区造林和城镇庭院绿化树种。

8*. 紫果云杉

Picea purpurea Mast. in Journ. Soc. Bot. 37，418，1906；et in Repert. sp. nov. 4：109，1907；Man. Cult. Trees and Shrubs ed. 2：29，1940；经济植物手册，上册，第一分册，102，1955；中国高等植物图鉴，1：301，图601，1972；中国植物志，7：156，1978。

高大乔木，高至50m，胸径达1m。树皮深灰色，裂成不规则鳞片。树冠尖塔形，主枝平展；小枝被密绒毛；一年生枝黄色或淡褐黄色；二、三年枝灰黄色或灰色；冬芽圆锥形，有树脂，小枝基部宿存芽鳞不反曲或微开展。叶四棱状条形，横切面扁菱形，两面中脉隆起，直或微弯，长0.7~1.2cm，宽1.5~1.8mm，背面先端呈明显的斜方形，通常无气孔线，或个别有不完整的气孔线，腹面每边有4~6条气孔线。球果圆柱状卵圆形或椭圆形，成熟前后均呈紫黑色或淡红色，长2.5~4cm，径1.7~3cm；种鳞疏松，斜方状卵形，长1.3~1.6cm，宽约1.3cm，边缘波状，有细齿；苞鳞短圆状卵形。长约3mm。种子连翅长约9mm；种翅褐色有紫斑。子叶5~7枚，条状钻形，长1~1.3cm，全缘。花期4~5月，球果9~10月成熟。

伊犁山区林场引种，生长良好。我国特有种。分布于四川、甘肃、青海等地。模式标本采自四川松潘。

紫果云杉要求气候温暖、湿润、凉爽的山地棕色土壤条件，材质优良，生长迅速，可作山地造林和城镇庭园绿化树种。

9*. 白杆

Picea meyeri Rehd. et Wils. in Sarg. Pl. Wilson. 2：28，1914；Man. Cult. Trees and Shrubs ed.

2：24，1940；经济植物手册，上册，第一分册，101，1955；中国高等植物图鉴，1：207，图594，1972；中国植物志，7：136，1978。

乔木，高至30m，胸径50~60cm；树皮灰褐色。大枝近平展，小枝被或密或疏短柔毛，少无毛；一年生枝黄褐色；二、三年生枝淡黄褐色、淡褐色或褐色；冬芽圆锥形，褐色，微有树脂，光滑无毛，上部芽鳞先端微向外反曲，基部宿存芽鳞先端微反曲或开展。叶四棱状条形，微弯，长1.3~3cm，宽约2mm，尖端钝尖或钝，横切面四棱形，四面有白色气孔线。球果成熟前绿色，成熟时褐黄色，矩圆状圆柱形，长6~9cm，径2.5~3.5cm，中部种鳞倒卵形，长约1.6cm，宽约1.2cm，先端圆或钝三角形，下面宽楔形，背面露出部分有条纹。种子倒卵圆形，长约3.5mm；种翅淡褐色，宽倒披针形，连种子长约1.3cm。花期4~5月，球果9~10月成熟。

伊犁山地林场引种，生长良好。我国特有种。分布于山西、河北、内蒙古等地。模式标本采自山西五台山。

白杆为华北地区高山上部主要乔木树种之一，要求气温较低，雨量及湿度较平原为高，灰棕色森林土壤，常组成混交林或纯林。

木材淡黄色，材质轻，结构细，纹理直，比重0.46，可供多种用途；可作城镇庭院绿化树种，北方城市早有栽培，生长良好。

10*. 欧洲云杉

Picea abies(Linn.) Karst. Deutsch. Fl. Pharm. Med. Bot. 324，1881；Man. Cult. Trees and Shrubs ed. 2：24，1940；植物分类学报，13(4)：64，1975；中国植物志，7：150，1978——*Pinus abies* Linn. Sp. Pl. 1002，1753——*Picea excelsa* Link in Linnaea，15，517，1841；Fl. URSS，1：144，1934。

乔木。在原产地高达60m，胸径4~6m，树皮淡红褐色或灰色，幼树皮光滑，后随树林生长出现块状鳞片。主枝斜展，小枝通常下垂，幼枝淡红褐色或橘红色，无毛或被疏毛。冬芽圆锥形，先端尖；芽鳞淡红褐色；上部芽鳞反曲，基部芽鳞先端长尖，被短绒毛。叶四棱状条形、直或弯，长1.2~2.5cm，横切面斜方形，四边有气孔线。球果圆柱形，长10~15cm，少至18.5cm，成熟时褐色；种鳞较薄，斜方状倒卵形或斜方状卵形，先端截形或有凹缺，边缘有细齿。种子长约4mm；种翅长约16mm。

伊犁地区引种栽培；我国江西庐山及山东青岛也有引种。原产欧洲中部及北部，为北欧主要造林树种之一。俄罗斯各城市普遍栽培，有甚多种变型，均为珍贵观赏树种。

(3)落叶松属 Larix Mill.

落叶乔木。枝条二型；长枝和由其腋芽长出的距状短枝。芽小，近球形，先端钝，芽鳞紧密排列。叶在长枝上呈螺旋状散生，在短枝上呈簇生状，线形扁平，柔软，两侧各有数条气孔线，横断面有2个树脂道，常边生。球花单性，雌雄同株；雄球花具多枚雄蕊，花药2，药隔小，鳞片状，花粉无气囊；雌球花直立，珠鳞形小，螺旋状排列，腹面基部着生两枚倒生胚珠，背面托以大而显著的苞鳞，苞鳞膜质，直伸、反曲或反折，中肋延长成尖头，受精后珠鳞迅速长大，而苞鳞不长或略为增大。球果当年成熟；种鳞革质宿存；苞鳞短小，不露出或微露出，或苞鳞较种鳞为长，显著露出，背部常有明显的中肋，中肋常延长成尖头；发育种鳞的腹面具两粒种子，种子上部具膜质长翅；子叶6~8枚，发芽时出土。

本属有18种，广布于欧亚和北美的温带高山与寒温带、寒带地区。我国产1种引4种；新疆产1种，另引入栽培4种。在阿尔泰山、萨乌尔山和天山东部常形成大面积纯林，或与其他树种混生，是上述林区的主要树种，或作为城市庭院观赏树种。

分种检索表

1. 一年生枝，淡黄或淡红褐色，被白粉(栽培)…………………… **5*. 日本落叶松 L. kaempferi**(Lamb.) Carr.
1. 一年生枝，淡黄色、淡灰黄色，无白粉。

2. 一年生长枝较粗，径 1.5~2.5mm；球果较大。

2. 一年生枝，较细，径约 1mm，球果小。

  3. 一年生长枝，淡灰黄色；短枝顶端密被白色长柔毛；种鳞三角状，卵形，先端圆，背面密被淡褐色柔毛，少近无毛 ……………………………… **1. 西伯利亚落叶松 L. sibirica** Ledeb.

  3. 一年生长枝，淡褐色；短枝顶端密被淡褐色柔毛；种鳞近五边状卵形，先端平截或微凹，背面无毛，有光泽 …………………………………… **2*. 华北落叶松 L. principis-rupprechtii** Mayr.

    4. 一年生枝淡黄色；短枝顶端具黄白色长柔毛；种鳞五角状卵形，背面光滑无毛（栽培）………… ……………………………………………… **3*. 落叶松 L. gmelinii**（Rupr.）Rupr.

    4. 一年生长枝淡褐色；短枝顶端具淡褐色长柔毛；种鳞四方状广卵形，背部被绒毛（栽培）…………… ………………………………………………… **4*. 黄花落叶松 L. olgensis** Henry

1. 西伯利亚落叶松　新疆落叶松
图 4　彩图第 3 页

Larix sibirica Ledeb. Fl. Alt. 4：204，1833；Фл. СССР，1：155，1934；Фл. Казахст. 1：68，1956；中国高等植物图鉴，1：305，图 609，1972；中国植物志，7：182，1978；新疆植物检索表，1：40，1982；中国树木志，1：246，1983；新疆植物志，1：63，1992。

乔木。高至 40m，胸径 50~80cm，树干基部常增粗；树皮龟裂，淡棕、褐色，树冠塔形，大枝较粗，平展，嫩枝无毛，淡黄色，有光泽；短枝顶端密被灰白色长柔毛。冬芽球形，芽鳞阔圆形，先端具长尖，边缘具睫毛。叶线状条形，长 2~4cm，宽约 1mm，上面中脉隆起，无气孔线，下面沿中脉两侧各有 2~3 条气孔线。雄球花近圆形，径约 5mm；雌球花卵圆形或长卵圆形，幼时紫红或红褐色，有时绿色，成熟时褐色，长 2~4cm，径 2~3mm；种鳞三角状卵形，菱状卵形或菱形，长约 1.5cm，宽约 1.2cm，先端圆，背部密被绒毛；少几无毛；苞鳞紫红色，长约

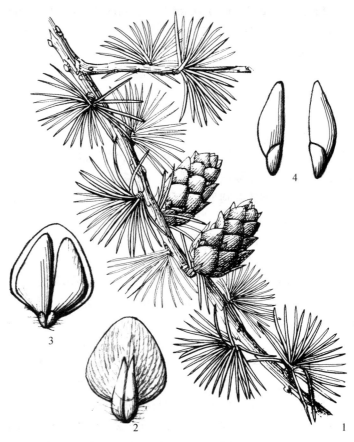

图 4　西伯利亚落叶松 **Larix sibirica** Ledeb.
1. 果枝　2. 种鳞背面　3. 种鳞腹面　4. 种子

1cm，先端微外露，中肋延长呈尾状尖。种子灰白色，具褐色斑点，长 4~5mm，径 3~4mm；种翅中下部较宽，上部三角形，宽 4~5mm，连同翅长约 1.5cm。花期 5 月，球果 9~10 月成熟。

生于阿尔泰山、萨乌尔山、北塔山和天山东部地区，形成纯林或混交种，海拔 1000~3500m。

产青河、富蕴、福海、阿勒泰、布尔津、哈巴河、木垒、奇台、吉木萨尔、阜康、和布克赛尔、伊吾、哈密、巴里坤等山区。分布于蒙古、俄罗斯、西西伯利亚、中西伯利亚、乌拉尔及欧洲部分。模式标本采自西西伯利亚。

喜光树种，速生、抗寒、抗旱，对土壤条件要求不严，但以深厚含石灰质的湿润土壤最好。30 年左右开始结实，60~80 年为盛果期。种子发芽率 30%~40%，林分自然年龄 250~350 年，在良好条件下可达 400~500 年，少数可达到 800~900 年。

球果颜色：可分为绿果、红果两种类型和介于二者之间的中间类型。绿果类型树冠大，球果小，速生，是培育大径材的良好类型；红果类型的树冠小，球果大，可作培育小径材的类型。

西伯利亚落叶松在40年以前生长很快，40～60年开始缓慢，60～80年以后高生长趋于停止。成熟材平均高度为18～23m；最高可达30m，最高单株可达40m，树干通直，干形圆满。立木形数一般为(0.3)0.44～0.52(0.6)，成熟林平均形数为0.44～0.52；立木干形指标——实验形数0.32～0.54。

心材红褐色，边材白而微带褐色，纹理直，结构较粗，质较硬，耐腐力极强。供土木建筑及造船之用，亦作枕木、矿柱、电杆、家具等用，树皮富含单宁，可提取栲胶。

西伯利亚落叶松是阿尔泰山山地珍贵造林树种和城镇建设的绿化树种。

2*. 华北落叶松

Larix principis-rupprechtii Mayr. Fremdl, Wald. – und Parkb. 309, fig. 94～95, 1906；中国高等植物图鉴, 1：304, 1972；中国树木志, 1：248, 1983；中国植物志, 7：185, 1978；新疆植物志, 1：65, 1992。

乔木。树冠圆锥形；当年生长枝淡褐色，幼时被毛，后渐脱落，有白粉，直径1.5～2.5mm；二至三年生枝，变成灰褐色；短枝灰褐色或深灰色，顶端有黄褐色柔毛。叶窄条形，长2～3cm，宽约1mm，上部稍宽，先端尖或微钝，上面平，每边具1～2条气孔线，下面中脉隆起，每边有2～4条气孔线。球花单性，雌雄同株；雄球花黄色，径5～6mm，长圆形；雌球果长卵形或卵圆形，成熟时暗褐色，有光泽，长2～4cm，径约2cm；种鳞五角状卵形，长1～1.5cm，宽0.8～0.9mm，背部光滑无毛，先端截形或微凹；苞鳞暗紫色，带状长圆形，长0.8～1cm，基部宽，中肋延成尾状尖。种子倒卵状椭圆形，灰白色，具褐色斑点，长3～4mm，径约2mm；种翅上部三角形，连翅长1～1.2cm。子叶针形，5～7枚。花期4～5月，球果10月成熟。

乌鲁木齐、昌吉、石河子、阜康等地引种栽培，已开花结实，生长良好，遍布华北山地，我国特有种。

华北落叶松喜光、抗寒、抗旱，生长快，适应性强，对土壤条件要求不严。材质优良，用途广泛。树姿优美，叶色翠绿，可引作城市园林建设的绿化树种。

3*. 落叶松　兴安落叶松

Larix gmelinii(Rupr.) Rupr. Fl. Bor – Ural., 48, 1856, nom. altern. in. Indice et in Hofmann. Nordl. Ural, 2：8, 1856；Bobr. in Novit. Syst. Pl. Vascul, 9：9, 1972；中国高等植物图鉴, 1：303, 图605, 1972；中国植物志, 7：187, 图版45：1～7, 1978；中国树木志, 1：249, 1983；新疆植物志, 1：65, 1992；——Abies gmelini Rupr. Beitr. Pflanz. Russ. Reich. 2：56, 1845, nom. seminud——Pinus dahurica Fisch. ex Turcz. in Bull. Soc. Nat. Mosc. 11：101, 1838, nom. nud.

乔木。树冠圆锥状卵形，树皮深褐色，成鳞片状块裂，枝斜展。一年生长枝淡黄褐色，纤细，粗约1mm，无毛或有毛；二、三年生枝，褐色或灰色，短枝径2～3mm，顶端有黄白色长柔毛。冬芽圆锥形，芽鳞暗褐色，边缘有睫毛。叶倒披针状线形，长1～3cm，宽约1mm，先端尖或钝，上面中脉不隆起，两侧各有1～2条气孔线，下面沿中脉两侧各有2～3条气孔线。球果幼时紫红色，成熟时褐色或紫褐色，卵形或椭圆形，长1～3cm，径1～2cm；种鳞五角状卵形，长1～1.5cm，宽0.8～1.2cm，先端微凹，背部无毛，有光泽；苞鳞三角状长卵形或卵状披针形，中脉延长成急尖。种子斜卵圆形，灰白色，具褐色斑，长3～4mm，连翅长约1cm；种翅上部斜三角形，先端钝圆。子叶针形，4～7枚。花期5月，球果9月成熟。

天山和阿尔泰山各林场引种栽培。海拔1200～1700m。福海、木垒、奇台、阜康、米泉、乌鲁木齐、昌吉、呼图壁、玛纳斯、石河子、沙湾、察布查尔、新源、巩留、哈密、巴里坤等山地栽培，生长良好，已开花结实。分布于我国东北大、小兴安岭山区；俄罗斯东西伯利亚和远东也有。模式标本采自东西伯利亚。

落叶松喜光，抗寒，抗旱，适应性强，对环境条件要求不严格，但以深厚、湿润、肥沃的砂壤土最好，深根系，侧根发达。种子繁殖。5 年前生长缓慢，6 年后生长加快，10~15 年为速生期。木材坚硬，富含树脂，年轮明显，材质坚密，耐朽力和抗压力极强，气干比重平均 0.66，木材纤维含量约 33%，纤维平均长 3.1mm，宽 53μm，可供枕木、桥梁、矿木、建筑、造纸等用。树皮可提取栲胶，含量达 8%~16%。树势优美，秋叶金黄，庭院观赏亦甚相宜。

4*. 黄花落叶松

Larix olgensis Henry in Gard. Chron. ser. 3, 57：109, fig. 31~32, 1915；中国植物志，7：190，1978；中国树木志，1：251, 1983；黑龙江树木志，38, 1986；新疆植物志，1：66, 1992。

乔木。树皮灰色、暗灰色，易脱落，树冠塔形。枝平展或斜展；当年生长枝淡红褐色或淡褐色，微有光泽，纤细，密生较长或较短之毛，有时仅在小枝下部明显，向上变为无毛，或有散生长毛或无毛，基部常具长毛；二、三年枝灰色或暗灰色；短枝深灰色，直径 2~3mm，顶端密生淡褐色柔毛；冬芽淡紫褐色，芽鳞膜质，边缘具睫毛。叶倒披针状条形，长 1.5~2.5cm，宽约 1mm，先端钝或微尖，上面平，稀每边有 1~2 条气孔线，下面中脉隆起，两面各有 2~5 条气孔线。球果成熟前淡红紫色或紫红色，熟时淡褐色，长卵圆形，长 1.5~2.5cm，径 1~2cm；种鳞背面及上部有细小瘤状突起，间或在中部杂有短毛，稀近于光滑；苞鳞暗紫褐色，矩圆状卵形或卵状椭圆形，不露出。种子近倒卵形，淡黄白色或白色，具不规则紫斑，长 3~4mm，径约 2mm；种翅先端钝，中部或中下部较宽，种子连翅长约 9mm；子叶针形，5~7 枚，花期 5 月，球果 9~12 月成熟。

天山及阿尔泰山林场引种栽培，海拔 1200~1700m，开花结实，生长良好。分布于我国东北长白山山区及老爷岭山区；朝鲜北部及俄罗斯西伯利亚地区也有。模式标本采自俄罗斯的远东的奥尔加。

黄花落叶松喜光、抗寒，适应性极强。边材淡黄色，心材红褐色，纹理直细，结构粗，用途广泛。可用作山区造林和城镇庭院绿化树种。

5*. 日本落叶松

Larix kaempferi(Lamb.) Carr. in Fl. Des. Serr, 11：97, 1856；中国植物志，7：195, 1978；中国树木志，1：252, 1983；新疆植物志，1：66, 1992——*Pinus kaempferi* Lamb. Descr. Gen. Pinus, 2：5, 1824, ——*Abies kaempferi* Lindl. Penny Cycl., 1：34, 1833——*Abies leptolepis* Sieb. et Zucc. Fl. Jap. 2：12, tab. 105, 1842——*Larix leptolepis* (Sieb. et Zucc.) Gord Pinet, 128, 1858 ed. 2：173, 1875。

乔木，树冠塔形。幼枝初被淡褐色柔毛，后渐脱落；一年生长枝淡黄色或淡红褐色，被白粉，径约 5mm；二、三年长枝灰褐色或黑褐色；短顶端有疏生柔毛；冬芽紫褐色，基部芽鳞三角形，先端具长尖，边缘有睫毛。叶倒披针状条形，长 1.5~3.5cm，宽 1~2mm，上面稍平，下面中脉隆起，两侧均有气孔线。雄球花淡褐黄色，卵圆形，长 6~8mm，径约 5mm；雌球果紫红色，卵圆形或圆柱状卵形，熟时黄褐色，长 2~3.5cm，径 1.8~2.8cm；种鳞向外反曲，背部有褐色瘤状突起和短绒毛；苞鳞紫红色，窄矩圆形，长 7~10mm，基部稍宽，先端三裂，中肋延长成尾状长尖，不露出。种子倒卵圆形。长 3~4mm，径约 2.5mm，连翅长 1.1~1.4cm。花期 4~5 月，球果 9~10 月成熟。

原产日本，天山各林场引种栽培，生长良好，已开花结果；黑龙江、吉林、辽宁、山东、河北、陕西、河南、江西、湖北、四川等地均有栽培。模式标本采自日本。树势优美，叶色嫩绿，适应性强，生长迅速，庭院绿化，亦甚相宜。

(4) 雪松属 Cedrus Trew

本属 4 种，分布于非洲北部，亚洲西部及喜马拉雅山西部。我国有 1 种，另引入栽培 1 种。

1. 雪松　彩图第 2 页

Cedrus deodara (Roxb.) G. Don. in Loud. Hort. Brit. 388, 1830, et Arb. Frut. Brit. 4：2428, cum tab. 1838；中国高等植物图鉴，1：306, 图 611, 1972；中国植物志，7：200, 1978。

乔木。高达 50m，胸径达 3m；大枝平展，微斜展或微下垂，基部宿芽鳞向外反曲；小枝常下垂；一年生长枝淡灰黄色，密被短绒毛，微有白粉；二、三年生枝呈灰色，淡褐色或深灰色。叶在长枝上辐射伸展，短枝上之叶成簇生状，针形，淡绿色或深绿色，长 2.5～5cm，宽 1～1.5mm，上部较宽，先端锐尖，下部较窄，成三棱形，腹面两侧各有 2～3 条气孔线，背面 4～6 条，气孔线有白粉。雄球花长卵圆形或椭圆状卵圆形，长 2～3cm，径约 1cm；雌球花卵圆形，长约 8mm，径约 5mm。球果成熟前淡绿色，微有白粉，熟时红褐色，卵圆形或宽椭圆状卵圆形，长 7～12cm，径 5～9cm，顶端钝圆，有短梗；中部种鳞扇状倒三角形，长 2.5～4cm，宽 4～6cm，背面密被短绒毛；苞鳞短小。种子近三角形，种翅宽大，较种子为长，连同种子长 2.2～3.7cm。

喀什、莎车、叶城、皮山等地公园露地栽培，生长良好，高大挺拔，树姿优美，针叶苍翠，生意盎然，蔚为壮观。

北京、上海、南京、杭州、徐州、武汉、长沙、昆明以及大连、青岛、庐山、南平等地普遍栽培；分布于阿富汗至印度，海拔 1300～3300m 的高山地带。模式标本采自喜马拉雅山西部山区。

雪松的花是单性，雌雄同株；雄球花常于当年秋末发生，次年早春较雌球花早 1 周开花，需经人工授粉，种子才能正常发育。球果第二年 10 月成熟。用种子或插条均能繁殖。

(5) 松属 Pinus Linn.

常绿乔木，大枝轮生，形成塔形树冠。冬芽显著，芽鳞多数，覆瓦状排列。叶二型；原生叶，呈褐色鳞片状，单生于长枝上，螺旋状排列，除苗期外，逐渐退化成膜质苞片状；次生叶，呈针状，常 2 针、3 针或 5 针一束，生于苞片腋内极不发达的特化枝顶端，每束针叶基部由 8～12 枚芽鳞组成的叶鞘所包围；叶鞘宿存或早落；针叶横断面半圆或三角形，具 1～2 个维管束及 2～10 或多的中生、边生、少内生的树脂道。球花单性，雌雄同株；雄球花着生新枝下部，多数聚生成穗状、无梗、斜展或下垂；小孢子叶多数，呈螺旋状排列，下表面有 1 对长圆形小孢子囊(花粉囊)，囊内的小孢子母细胞(花粉母细胞)，各经过两次连续分裂，形成 2 个气囊；雌球花单生或 2～4 个生于新枝近顶端，直立或下垂，由多数螺旋状排列的大孢子叶(种鳞)和贴生于其背下部的苞鳞组成；大孢子叶腹面下部有 2 枚倒生大孢子囊(胚珠)，它由珠心、珠被和大孢子母细胞组成，背面基部具一短小的苞鳞(苞片)，授粉后种鳞闭合。雌球果第二年(少第三年)成熟，即第一年雌球花授粉后，次春始受精而秋季成熟；种鳞厚木质，宿存，上部露出部分称为"鳞盾"，在其中部或顶部的瘤状凸起称为："鳞脐"，有刺或否。种子具翅或否。子叶 3～18 枚，发芽时出土。

本属约 80 余种，广布于北半球，为生产木材和松脂的主要树种。我国产 22 种 10 变种，另引入 16 种 2 变种；新疆产 1 种，另引入栽培 8 种 2 变种，均为优良的山地造林和城镇庭院绿化树种。

分种检索表

1. 针叶 5 针一束。
  2. 种子无翅；小枝密被淡黄色绒毛；针叶长 6～10cm，边缘具疏细齿，气孔线不明显 ·· **1. 西伯利亚红松 P. sibirica** Du Tour.
  2. 种子具长翅；小枝有密毛；针叶长 3.5～5.5cm，径不及 1mm，边缘具细锯齿，背面无气孔线，腹面每侧有 3～6 条白色气孔线，横切面三角形 ····························· **2. 日本五针松 P. parviflora** Sieb. et Zucc.
1. 针叶 2 针(少 3 针)一束。
  3. 枝条每年生一轮；小球果生于近枝端。
    4. 针叶 2 针一束。
      5. 针叶树脂道边生。
        6. 一年生枝被白粉，色淡，橘黄色或淡褐色 ····························· **3. 赤松 P. densiflora** Sieb. et Zucc.
        6. 一年生枝无白粉。
          7. 针叶短，长 3～9cm；鳞盾显著隆起，有锐脊，斜方形或多角形。
            8. 种鳞的鳞盾淡暗黄色 ····························· **4. 欧洲赤松 P. sylvestris** Linn.

8. 种鳞的鳞盾淡绿褐色或淡灰褐色。

　　9. 针叶粗硬，常扭曲，径1.5～2mm，横断面半圆形，微扁，种鳞淡绿褐色 ················
　　·· **4a**＊. 樟子松 **P. sylvestris** var. **mongolica** Litv.

　　9. 针叶细柔，径1～1.5mm，不扭曲 ················
　　·················· **4b**＊. 长白松 **P. sylvestris** var. **sylvestriformis**（Takenouchi）Cheng et C. D. Chu

　　7. 种鳞的鳞盾肥厚隆起，鳞脐有短刺；针叶长，粗硬·················· **5**＊. 油松 **P. tabulaeformis** Carr.

5. 树脂道中生。

　　10. 冬芽银白色；针叶粗硬，长6～12cm，径1.5～2mm，有光泽；球果长4～6cm ·············
　　··· **7**＊. 黑松 **P. thunbergii** Parl.

　　10. 冬芽褐色；针叶长9～16cm，深绿色 ················ **6**＊. 欧洲黑松 **P. nigra** Arnold.

4. 针叶3针一束，少2～3针并存；球果大，长8～20cm。种鳞先端具尖刺；芽褐色，有树脂；针叶粗硬而扭
　　曲，长12～36cm，横切面多为三角形，树脂道5～6，中生 ·········· **8**＊. 西黄松 **P. ponderosa** Dougl. ex Laws.

3. 枝条每年生长2至数轮；针叶2针一束，长2～4cm，径均2mm，球果常弯曲，成熟不开裂 ················
·· **9**＊. 北美短叶松 **P. banksiana** Lamb.

（Ⅰ）单维管束松亚属 Subgen. **Haploxylon**（Koeehne）Pilg. 1926

针叶内具一条维管束，背面无气孔线，叶鞘脱落，针叶常5针一束；鳞脐顶端无刺；木材轻软，纹理均匀，结构细致，含树脂少。

五针松组 Sect. Cembra Spach.

我国有12种1变种，其中2种为引种栽培。新疆产1种，引入栽培1种。

1. 西伯利亚红松 西伯利亚五针松 图5 彩图第3页

Pinus sibirica（Loud.）Mayr. Nouv. Dict. Hist. Nat. 18：18，1803；Фл. СССР，1：163，1934；Фл. Казахст. 1：169，1956 ut P. sibirica（Rupr.）Mayr.；中国高等植物图鉴，1：306，1972；中国植物志，7：214，1978；新疆植物检索表，1：42，1982；中国树木志，1：265，1983；新疆植物志，1：69，1992。

乔木，高至35m，胸径1.0m。树皮淡褐色。树冠塔形、卵形或阔卵形。主枝

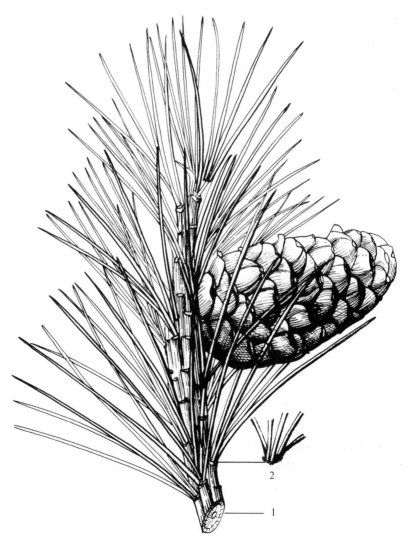

图5　西伯利亚红松 **Pinus sibirica**（Loud.）Mayr.
1. 果枝　2. 短枝

呈水平开展；小枝粗壮，淡褐色，密被淡黄色绒毛；冬芽圆锥形，淡褐色或红褐色，先端尖。针叶5针一束，较粗短，长7~12cm，粗约0.8~1.2mm。边缘疏生细齿，背面无气孔线，腹面每边具3~5气孔线，横断面近三角形；树脂道3，中生；叶鞘早落。雌球果圆锥状卵形，无柄，直立，长6~10cm，径5~6cm，不开裂；种鳞宽楔形，内弯，鳞盾紫褐色，宽菱形，密生绒毛，上部圆，微内曲，基部近平截，鳞脐黄褐色，明显。种子倒卵形，黄褐色，长约1cm，径5~6mm，微具棱脊，无翅。花期5月，球果次年8~9月成熟。

生于阿尔泰山西北哈巴河上游；喀纳斯河上游以及霍姆河流域，常组成混交林，少成块状纯林，或在干旱石坡地形成独特的矮曲林。海拔1600~2300m。

产布尔津、哈巴河县。国外分布于蒙古北部、俄罗斯中西伯利亚、西西伯利亚至欧洲部分东部和北部。西伯利亚红松喜光、抗旱、抗寒，对空气湿度要求较高，但对土壤条件要求不严。既能在干旱瘠薄土壤上，也能生长在低温、甚至沼泽化的土壤上，但以中山带排水良好的砂壤土上最好。

在优越的立地条件下20~25年开始结实，80~140年为盛果期，甚至400~500年仍能结实，寿命可达500~800年。

木材轻，结构细，有香气，耐久用，可供建筑和特殊用材，种子可食，亦可榨油。

可作为阿尔泰山区保土树种和森林更新树种，亦可引作庭院观赏树，乌鲁木齐地区引种，用樟子松作砧木，嫁接繁殖，成活率高，生长良好。

2. 日本五针松

Pinus parviflora Sieb. et Zucc. Fl. Jap. 2：27，tab. 115，1842；Man. Cult. Trees and Shrubs ed. 2：38，1940；中国树木分类学，26，1953；东北木本植物图志，100，1955；经济植物手册，上册，第一分册，109，1955；中国植物志，7：228，1978。

乔木，在原产地高至25m，胸径至1m；幼树树皮灰色，平滑，大树树皮暗灰色，裂成鳞片状脱落。树冠圆锥形，主干平展；一年生枝绿色，后变黄褐色，密生淡黄色绒毛；冬芽卵圆形，无树脂。针叶5针一束，微弯，长3.5~5.5cm，径不及1mm，边缘具细齿，背面深绿色，无气孔线，腹面每侧有3~6条气孔线；横切面三角形；叶鞘早落。球果卵圆形，几无梗，熟时种鳞张开，长4~7.5cm，径3.5~4.5cm；中部种鳞宽倒卵状斜方形，长2~3cm，宽1.8~2cm，鳞盾淡褐色，近斜方形，先端圆，微内曲。种子不规则倒卵形，近褐色，具黑斑，长8~10mm，径约7mm，种翅宽6~8mm，连种子长1.8~2cm。

原产日本。全国各大城市普遍引种栽培。新疆乌鲁木齐、石河子、伊宁、库尔勒等城市公园，用作盆景或作庭院观赏树。

（Ⅱ）双维管束松亚属 Subgen. Pinus

针叶具2条维管束，每束针叶基部的鳞叶下延生长，叶鞘宿存，少脱落；针叶2针，3针一束，少4~5针一束；种鳞的鳞脐背生，木材坚硬，富树脂。本亚属国产9种9变种，另引入栽培7种。

油松组 Sect. Pinus

种子具有节的长翅。

3. 赤松　日本赤松

Pinus densiflora Sieb. et Zucc. Fl. Jap. 2：22，tab. 112，1842；Man. Cult. Trees and Shrubs ed. 2：40，1940；中国树木分类学，21，1937；东北木本植物图志，97，图6：23，1955；中国高等植物图鉴，1：310，图619，1972；中国植物志，7：239，1978；黑龙江树木志，55，1986；中国树木志，1：280，1983；新疆植物志，1：71，1992。

乔木，树皮橘红色，裂成不规则鳞状薄片。树冠伞形，主枝平展；一年生枝橘黄或红黄色，无毛，被白粉。冬芽红褐色，长圆状卵形。针叶2针一束，长8~10cm，粗约1mm具细齿；树脂道4~6(9)，边生。球果卵状圆锥形，长3~5cm，径2.5~4.5cm，具短梗，成熟时暗褐色；种鳞薄，鳞盾扁菱形，横脊明显；鳞脐平或微凸，具短刺尖。种子倒卵状椭圆形，长 4 ~ 7mm，连翅长 1.5 ~ 2cm。花期 4 ~ 5 月，球果第二年秋成熟。

北疆地区零星引种。分布黑龙江、吉林、辽宁、山东、江苏等地；日本、朝鲜和俄罗斯也有分布。模式标本采自日本。俄罗斯等欧洲各城市普遍栽培，变形甚多，极富观赏性，是新疆珍贵庭院树种之一。

赤松是深根性喜光树种，它抗旱、抗风力强，树形美观，枝叶秀丽，是珍贵观赏树种，宜孤植、丛植。

4. 欧洲赤松

Pinus sylvestris Linn. Sp. Pl. 1000，1753；Man. Cult Trees and Shrubs ed. 2：41，1940；Фл. CCCP，1：167，1934；Фл. Казазхст. 1：69，1956；经济植物手册，上册，第一分册，112，1955；中国植物志，7：244，1978。

常绿大乔木，在原产地高 25 ~ 40m；树皮红褐色；小枝暗灰褐色；冬芽矩圆状卵圆形，赤褐色，被树脂。针叶 2 针一束，灰蓝绿色，粗硬，常扭曲，长 3 ~ 7cm，径 1.5 ~ 2mm，先端尖，两面有气孔线，边缘有细锯齿，横切面半圆形，树脂道边生，雌球花具短梗，幼果种鳞具小尖刺，成熟时球果暗黄褐色，圆锥状卵形，长 3 ~ 6cm；种鳞的鳞脐扁平或三角状隆起；鳞脐小有尖刺。种子长圆形，长 3 ~ 5mm。原产欧洲。乌鲁木齐引种，生长良好，东北各地早有引种。

4a*. 樟子松(变种)　图 6　彩图第 4 页

Pinus sylvestris Linn. var. **mongolica** Litv. in Sched. Herb. Fl. Ross. 5：160，1905；中国树木分类学，补编 1，1953；东北木本植物图志，99，图 6：24，1955；经济植物手册，上册，第一分册，113，1955；中国树木学，1：204，图 88，1961；Pl. Asi. Centr. 6：16，1971，pro syn. P. sylvestris Linn.；中国植物志，7：245，1978；新疆植物检索表，1：42，1982；中国树木志，1：284，1983；新疆植物志，1：70，1992。

常绿乔木，树皮黑褐色或灰褐色，裂成不规则厚鳞状片块。树冠尖塔形，浓密；主枝斜展或平展；一年生枝淡黄褐色、无毛；二年生枝灰褐色。冬芽长卵圆形，褐色或淡黄褐色，有树脂。针叶 2 针一束，硬直、扭曲，长 4 ~ 9cm，粗1.5 ~ 2mm，边缘有细齿，两面有气孔线，横切面半圆形、微扁；树脂道 6 ~ 11 个，边生；叶鞘黑褐色，宿存。球花单性，雌雄同株；雄球花卵状椭圆形，长 5 ~ 10mm，聚生新枝下部；雌球花淡紫褐色，具短梗。球果卵圆形，长 3 ~ 6cm，径 2 ~ 3cm，成熟前绿色，成熟时淡灰褐色；鳞盾斜方形，纵横脊显

图 6　樟子松 **Pinus sylvestris** Linn. var. **mongolica** Litv.
1. 果枝　2. 种鳞

著，肥厚隆起；鳞脐小，呈瘤状突起，具易脱落的短刺尖。种子长卵圆形或倒卵圆形，棕褐色、微扁，长 4 ~ 5mm，连翅长 1.1 ~ 1.5cm。子叶 6 至多枚，长 1.3 ~ 2.4cm。花期 5 ~ 6 月，球果次年 9 ~ 10 月成熟。

南北疆城市庭院均有引种，北疆庭院尤多，生长良好，是珍贵园林绿化树种之一。

分布于黑龙江大、小兴安岭，内蒙古等地；蒙古、俄罗斯东、西伯利亚也有分布。模式标本采自蒙古。

樟子松是浅根性喜光树种，喜光、抗寒、抗旱，能适应于土壤水分较少的山脊及阳坡地，以及较干旱的砂地及石砾砂土地区。种子繁殖。

木材软，纹理直，结构细，供建筑、枕木、家具及造纸用；树脂可提松香及松节油；树皮可提取栲胶；针叶富含蛋白质、脂肪及维生素，可作饲料资源；针叶含维生素 C，可制成浸制或浓缩剂；适应性强，可作为荒山、荒地绿化树种，树形美观，叶色深绿是珍贵城镇庭院美化树种。

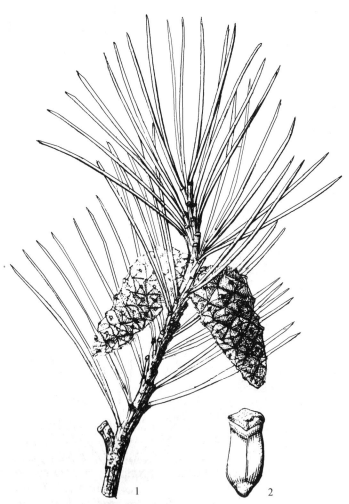

图 7　长白松（美人松）**Pinus sylvestris var. sylvestriformis**
(Takenouchi) Cheng et C. D. Chu
1. 果枝　2. 种鳞

4b*. 长白松　美人松　图 7

Pinus sylvestris Linn. var. **sylvestriformis**(Takenouchi) Cheng et C. D. Chu；中国植物志，7：246，1978—*Pinus densiflora* Sieb. et Zucc. f. *sylvestriformis* Takenouchi in Journ. Jap. For. Soc. 24：120，fig. 1，1942。

乔木，高 20m，胸径 25 ~ 30cm；树干常平滑，基部稍粗糙，棕褐黄色，上部树皮棕黄或金黄色；冬芽卵圆形，芽鳞红褐色，有树脂；一年生枝淡褐色或淡黄褐色，无白粉；二、三年生枝灰褐色或淡灰褐色。针叶 2 针一束，长 5 ~ 8cm，稍粗硬，径 1 ~ 1.5mm；横切面半圆形；树脂道 4 ~ 8，边生。一年生小球果，近球形，具短梗，弯曲下垂，种鳞具直伸短刺；成熟的球果卵状圆锥形；种鳞椭圆状卵圆形或卵圆形，长 4 ~ 5cm，径 3 ~ 4.5cm，种鳞脊部深紫褐色；鳞盾斜方形成不规则 4 ~ 5 角形，灰色或淡褐灰色，明显隆起。种子长卵圆或三角形卵圆形，长约 4mm，连翅约 2cm；种翅淡褐色，有少数褐条纹，宽约 7mm。

乌鲁木齐等城市引种，生长良好，分布于吉林长白山，形成纯林或混交林。模式标本采自长白山。

5*. 油松

Pinus tabulaeformis Carr. Traite Conif. ed. 2：510，1867；Man. Cult. Trees and Shrubs ed. 2：43，1940；中国树木分类学，22，图 12，1937；经济植物手册，上册，第一分册，112，1955；东北木本植物图志，95，图 6，1955；中国高等植物图鉴，1：311，图 622，1972；中国植物志，7：251，1978；新疆植物志，1：70，1992。

乔木，树皮灰褐色，裂成不规则鳞状块。大枝平展或斜展；小枝较粗，褐黄色，无毛；冬芽长圆状卵形，顶端尖，芽鳞红褐色。针叶 2 针一束，粗硬，长 10~15cm，粗约 1.5mm，边缘有细齿，两面具气孔线。横切面半圆形，树脂道 5~8 条或较多，边生少中生。雄球花圆柱形，长 1~1.8cm，聚生成穗状生于小枝下部。球果卵形，长 4~9cm，具短梗，向下弯垂，成熟前淡绿色，成熟时淡黄色，或淡褐黄色；中部种鳞矩圆状倒卵形，长 1.5~2cm，宽约 1.4cm；鳞盾肥厚，隆起，扁菱形或多角形；鳞脐凸起有尖刺。种子卵圆形或长卵圆形，浅褐色，有斑纹，长 6~8mm，径 4~5mm，连翅长 1.5~1.8cm。子叶 8~12 枚，初生叶窄条形，长约 4.5cm，花期 5 月。球果次年 9~10 月成熟。

新疆南北城镇多有引种栽培，生长良好。我国特有种。广泛分布于吉林、辽宁、河北、河南、山东、山西、内蒙古、陕西、甘肃、宁夏、青海等地。

油松是深根性树种，喜光，喜干冷气候，要求深厚，排水良好的土壤条件。宜孤植，丛植于庭院。

6*. 欧洲黑松

Pinus nigra Arnold. Reise Mariaz. 8. cum tab. 1785；Man. Cult. Trees and Shrubs ed. 2：42，1940；中国植物志，7：270，1978。

乔木，高 20~40(50)m，树皮黑灰色，深裂。针叶深绿色，有光泽或否，针叶每 2 针一束，坚硬，端渐尖，直或弯，常扭曲，长 8~15cm；叶鞘长 1~1.2cm，不脱落。球果每 2~4 个一起，具短梗，以后无柄。呈水平展或下展，卵状圆锥形，对称，长 5~8cm，径 2.5~3cm，淡黄褐色，有光泽，第三年开裂；种鳞的鳞盾菱形，正前面呈圆弧状，隆起；棱脊横生尖锐；鳞脐隆起，具短刺尖。种子长圆状卵圆形，长 5~7mm，烟灰色或有斑点，具有布满棕色毛的翅。

乌鲁木齐地区引种，抗寒，抗旱，生长势旺，长势喜人。分布于欧洲南部及小亚细亚半岛，南京等地也早有引种。

7*. 黑松　日本黑松

Pinus thunbergii Parl. in DC. Prod. 16(2)：388，1868；Man. Cult. Trees and Shrubs ed. 2：43，1940；中国树木分类学，23，1937；东北木本植物图志，100，图 7：25，1955；中国高等植物图鉴，1：312，图 624，1972；中国植物志，7：270，1978；新疆植物志，1：71，1992。

乔木，树木暗灰色至灰黑色，裂成鳞片状厚块。树冠圆锥形或伞形，枝开展；一年生枝淡褐黄色。冬芽银白色，圆柱形。针叶 2 针一束，深绿色，粗硬，长 6~12cm，粗约 1.5mm，边缘有细齿；树脂道 6~11 个，中生。球果圆锥状卵形，长 4~6cm，径 3~4cm，熟时褐色；鳞盾稍肥厚，横脊显著，鳞脐微凹，具短刺尖。种子长卵状倒卵形，长 5~7mm。连翅长约 1.5cm。花期 4~5月，球果次年成熟。

原产日本。乌鲁木齐、石河子、伊宁、喀什等地零星引种，生长一般。山东、湖北、江苏、浙江等地亦广泛引种栽培。黑松喜光，耐寒，耐盐碱，耐瘠薄，可作城镇庭园绿化树种。

8*. 西黄松　美国黄松

Pinus ponderosa Dougl. ex Laws. in Agr. Man. 354，1836；Man. Cult. Trees and Shrubs ed. 2：44，1940；东北木本植物图志，100，1955；中国植物志，7：273，1978。

乔木，在原产地高达 70m，胸径至 4m；枝条每年生长一轮；一年生枝橙黄色，稀被白粉；老枝灰黑色；冬芽长圆形或卵圆形，被树脂。针叶常 3 针一束，稀 2 针至 5 针一束，深绿色，粗硬且扭曲，长 12~36cm，径 1.2~1.5mm，横切面三角形；树脂道 5~6 个，中生。球果卵状圆锥形，长 8~20cm，径 6~10cm；种鳞的鳞盾红褐色或黄褐色，有光泽，沿横脊隆起；鳞脐具反刺。种子长 7~10mm，种翅长 2.5~3cm。

原产北美。乌鲁木齐地区引种，抗寒、抗旱、长势喜人。我国东北、熊岳、旅顺、大连，江苏南京及河南鸡公山等地也早已引种，用作庭院树，生长尚好。

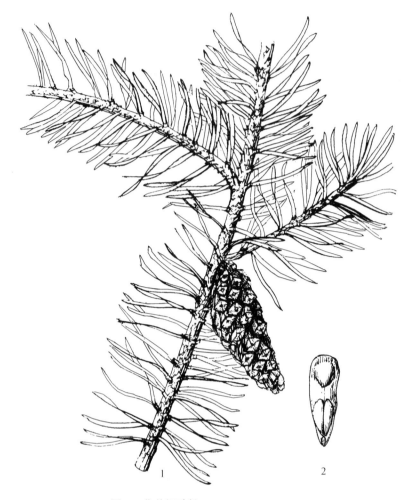

图8 北美短叶松 **Pinus banksiana** Lamb.
1. 果枝　2. 种鳞腹面

9*. 北美短叶松 短针松
图8

Pinus banksiana Lamb. Descr. Gen. Pinus 7, tab. 3, 1803; Man. Cult. Trees and Shrubs ed. 2: 46, 1940; 中国植物志, 7: 281, 1978。

乔木，在原产地高至25m，胸径60～80cm，树皮暗褐色，裂成不规则鳞状片脱落；主枝近平展，树冠塔形。每年生长二至三轮枝条；小枝淡紫褐色或棕褐色；冬芽褐色，长圆状卵圆形，被树脂。针叶2针一束，粗短，常扭曲，长2～4cm，径约2mm，先端钝尖，两面有气孔线，边缘全缘；横切面半圆形，扁，树脂道常2个，中生；叶鞘褐色，宿存，或与叶同时脱落。球果直立或向下弯曲，近无梗，基部不对称，常向内侧弯曲，长3～5cm，径2～3cm，成熟时绿黄色或淡褐黄色，经冬不凋；种鳞薄，常不开裂；鳞盾平或微隆起，成多角状斜方形；鳞脐平或微凹，无刺；种子长3～4mm，翅较长，长为种子之3倍。

原产北美东部。乌鲁木齐植物园引种。我国辽宁熊岳、抚顺，北京，山东半岛，江苏南京，江西庐山以及河南鸡公山等地也早已引种，栽培作观赏树。

3. 杉科——TAXODIACEAE Warming，1890

本科新疆仅1属。

(1) 水杉属 Metasequoia Miki ex Hu et Cheng

本属仅1种。

1*. 水杉 彩图第4页

Metasequoia glyptostroboides Hu et Cheng; 静生汇报，1(2): 154, tab. 1～2, 1948; 中国树木分类学，补编3, 1957; 中国树木学, 1: 224, 图102, 1961; 中国高等植物图鉴, 1: 315, 图630, 1972; 中国植物志, 7: 310, 1978; 中国树木志, 1: 322, 1983; 新疆植物志, 1: 72, 1992。

落叶乔木，高至35m，干基常膨大，树皮灰褐色，条裂。一年生枝淡褐色。叶条形，柔软，交叉对生，长1.5～2cm，宽约1.5～2mm，基部扭曲，羽状二列。雄球花单生叶腋或枝端，组成总状或圆锥状球花枝；雌球花单生于去年生枝端，具短梗；珠鳞交叉对生。球果当年成熟，近球形，长1.5～2.5cm，径1.5～2.5cm，梗长2～4cm；种鳞木质、盾形，顶端扁菱形，发育种鳞具5～9种子。种子倒卵形，扁平，长约5mm，径约4mm，具狭翅，先端有凹缺。子叶2枚，发芽时出土。

伊犁、喀什等地引种栽培。分布于湖北、四川、湖南等地；北方多数地区引种栽培。国外有52个国家和地区早有引种。

水杉喜光、喜水温、抗寒，冬季能耐－20℃低温。对土壤条件要求不严，但以深厚、温润、肥沃、排水良好的砂壤土生长迅速。在伊犁地区引种的水杉，平常年生长快、长势旺，也能安全越冬，但在周期性低温年份，需要作保护措施。喀什地区（包括和田地区）引种，生长良好，树势优美，针叶嫩绿，为珍贵庭院观赏树种。

4. 柏科——CUPRESSACEAE Bartling，1830

常绿乔木或灌木。叶交叉对生或3～4枝轮生，少呈螺旋状排列，叶为鳞形或刺形，或同一枝上兼有刺叶和鳞叶。球花单性，同株少异株；雄球花具3～8对交叉对生的小孢子叶，每小孢子叶具2～6小孢子囊；雄配子体（成熟花粉）无气囊。雌球花具3～16枚交叉对生或3～4枚轮生的大孢子叶，其腹面基部具1至多数大孢子囊（胚珠），少单生于两个大孢子叶之间；苞鳞（苞片）与大孢子叶（珠鳞）完全合生。雌球果圆球形、卵圆形或圆柱形；种鳞薄或厚扁平少盾形，木质或近革质，或肉质合生呈浆果状，发育种鳞具1至多数种子。种子周围具翅或缺，或上端具一长一短之翅。子叶2枚稀数枚。

本科共22属150多种，广布南北两半球。我国9属30多种，分布几遍全国；新疆有4属12种12变种，多为栽培的珍贵绿化树种。

分属检索表

1. 球果种鳞木质或近革质，成熟时开裂；种子具翅，少无翅。
　2. 种鳞盾形；球果当年成熟；鳞叶小，生鳞叶小枝扁平（栽培）⋯⋯⋯⋯⋯⋯**3. 扁柏属 Chamaecypuris** Spach.
　2. 种鳞扁平或背部隆起，但绝不为盾形。
　　3. 生鳞叶的带叶小枝平展或近平展；种鳞4～6对，薄，脊部无反钩；种子两侧具狭翅（栽培）⋯⋯⋯⋯⋯⋯
　　　⋯⋯⋯⋯⋯⋯⋯⋯⋯⋯⋯⋯⋯⋯⋯⋯⋯⋯⋯⋯⋯⋯⋯⋯⋯⋯⋯⋯⋯⋯**1. 崖柏属 Thuja** Linn.
　　3. 生鳞叶的带叶小枝直展或斜展，种鳞4对，肥厚，背部有反钩，种子无翅（栽培）⋯⋯⋯⋯⋯⋯
　　　⋯⋯⋯⋯⋯⋯⋯⋯⋯⋯⋯⋯⋯⋯⋯⋯⋯⋯⋯⋯⋯⋯⋯⋯⋯⋯⋯**2. 侧柏属 Platycladus** Spach.
1. 球果肉质浆果状，不开裂；种子无刺⋯⋯⋯⋯⋯⋯⋯⋯⋯⋯⋯⋯⋯⋯⋯⋯⋯⋯**4. 圆柏属 Juneperus** Linn.

（A）侧柏亚科——THUJOIDEAE Pilger

生鳞叶的带叶小枝扁平。鳞叶二型；球果当年成熟；种鳞扁平。薄或鳞背隆起，肥厚，张开。本亚科15属30种，广布北半球，我国产3属；新疆栽培2属。

（1）崖柏属 Thuja Linn.

常绿乔木或灌木。着生鳞叶的带叶小枝扁平；鳞叶二型，交叉对生，排列4列；两侧的叶呈船形；中央枝叶呈倒卵状斜方形，基部不下延。雌雄同株；雄球花具多数雄蕊；雌球花具3～5对交叉对生的珠鳞，仅下部的2～3对的腹面基部有1～2枚直生胚珠。球果矩圆形或长卵圆形；种鳞薄，革质，扁平，近顶端有尖头，仅下面2～3对种鳞各具1～2粒种子。种子扁平，两侧有翅。

本属约6种，分布于亚洲东部及北美。我国产2种，引入3种；新疆仅引入栽培2种。

分种检索表

1. 鳞叶先端钝；带叶小枝背面多少有白粉 ⋯⋯⋯⋯⋯⋯⋯⋯⋯⋯⋯⋯**1. 朝鲜崖柏 T. koraiensis** Nakai

1. 鳞叶先端尖；小枝下面的鳞叶无白粉；两侧鳞叶较中央鳞叶稍短或等长，尖头内弯 ………………………
……………………………………………………………………………………… **2. 北美香柏 T. occidentalis** Linn.

1. 朝鲜崖柏

Thuja koraiensis Nakai in Bot. Mag. Rokyo, 33：196，1919；中国高等植物图鉴，1：319，5，634，1972；中国植物志，7：318，1978；中国树木志，1：326，1983；新疆植物志，1：73，1992。

乔木。树皮红褐色，平滑，有光泽，老树皮灰褐色，浅裂。树冠圆锥形；枝条平展或下垂；当年生枝淡绿色；二年生枝红褐色；老枝灰褐色。叶鳞形；带叶枝侧面鳞叶船形，先端钝尖，内弯，与中央鳞叶等长或稍短；中央鳞叶近斜方形，长 1～2mm，先端钝，背部有腺点；小枝上面鳞叶绿色；下面鳞叶有白粉。雄球花卵圆形，黄色。雌球果椭圆状球形，长9～10mm，径 6～8mm，熟时深褐色；种鳞 4 对，交叉对生。薄木质；最下部的种鳞近椭圆形，中部的近矩圆形；上部的狭长，近顶端有突起尖头。种子椭圆形，扁平，长约4mm，宽 1～5mm，两侧有翅。

乌鲁木齐植物园引种栽培。分布于吉林延吉、长白山等地；朝鲜也有；欧美各国公园多有栽培。

抗寒、抗旱；性喜空气湿润、土壤肥沃。树姿优美，叶色翠绿，甚富观赏。

2. 北美香柏

Thuja occidentalis Linn. Sp. Pl. 1：1002，1753；Man. Cult. Trees and Shrubs ed. 2：51，1940；中国树木分类学，62，图 50，1937；中国植物志，7：320，1978；中国树木志，1：329，1983；新疆植物志，1：74，1992。

乔木。树皮红褐色或灰褐色，成条块状脱落。树冠塔形；大枝开展。小枝上面的鳞叶深绿色；下面的鳞叶灰绿色或淡黄绿色；鳞叶长 1.5～3mm；两侧鳞叶与中间鳞叶近等长或稍短，先端尖，内弯；中间鳞叶背部具透明圆形腺点；小枝下面的鳞叶几无白粉。球果长椭圆形，长 8～12mm，径 6～10mm；种鳞 5 对。薄木质。近顶端具突起尖头；下部 2～3 对种鳞能育，各有 1～2 粒种子；上部种鳞 2 对不育。种子扁，两侧有翅。

伊宁市庭园引种栽培，露地越冬。生长良好。原产北美；北京、青岛、庐山、南京、上海、杭州、武汉等地早有栽培。1550 年引入欧洲各国栽培。依树势高矮，树冠形状，鳞叶色泽等而分成许多栽培变种或变形。

（2）侧柏属 Platycladus Spach.

常绿乔木。着生鳞叶的带叶小枝直展或斜展，扁平，两面同型。叶鳞形，交叉对生，排列 4 列，基部下延生长，背面有腺点。球花雌雄同株。单生于小枝顶端；雄球花具 6 对交叉对生的小孢子叶，小孢子囊2～4 枚；雌球花具 4 对交叉对生大孢子叶，仅中部 2 对各生 1～2 枚直立大孢子囊。球果当年成熟后开裂；种鳞 4 对，厚木质，近扁平，背部具一弯钩状尖，中部种鳞 4 各具 1～2 粒种子。种子无翅，椭圆或卵形。子叶 2 枚，发芽时出土。

本属仅 1 种，栽培几遍全国。

1*. 侧柏 图 9 彩图第 4 页

Platycladus orientalis（Linn.）Franco in Portugaliae. Acta Biol. ser. B. Suppl. 33，1949；中国植物志，7：322，1978；新疆植物检索表，1：43，1982；中国树木志，1：329，1983；新疆植物志，1：74，1992。

乔木。树冠卵形或广圆形，树皮灰褐色，纵条裂；大枝向上伸展或斜展；生鳞叶小枝扁平细瘦，成直立羽状小枝系统。叶鳞形长 1～3mm，先端微钝，交叉对生，上下两面几同色；中间鳞叶露出部分侧卵状菱形或斜方形，背部具条状腺槽；侧面鳞叶船形，先端微内弯，背部具钝脊，尖头下方有腺槽。雌雄花同株；雄球花黄色，卵圆形长约2mm；雌球花近球形，径约2mm，深绿色，被白粉。球果卵圆形长 1.5～2cm，成熟前深绿色，肉质，被白粉。成熟后木质，棕褐色，开裂；种鳞倒卵形或椭圆形，顶端增厚，具一外弯尖钩；上部 1 对种鳞狭长，顶端具向上尖头；下部 1 对种鳞极小，长约 3mm，稍不显。种子卵圆形或近椭圆形，灰褐色或紫褐色，长 6~8mm，稍有棱，无翅或具极窄 2 翅。花期 4~5 月，球果10 月成熟。

南北疆庭园多有栽培。分布几遍全国各地；河北兴隆、山西太行、陕西秦岭以及云南澜沧江流域均有天然林；在吉林垂直分布可达海拔250m；在河北、山东、山西等海拔可达 1000~1250m；在河南、陕西等海拔达 1500m；在云南中部及西北部达 3300m。新疆用作城镇庭园绿化及山前荒漠地带造林树种。

木材淡黄褐色，材质细密，耐腐力强；坚实耐用。可作器具、家具、文具等用。种子为强壮滋补药，带鳞叶小枝作健胃药。

侧柏喜光、抗寒、抗旱、耐盐碱、喜排水良好的深厚土壤。适应力很强，既能在酸性、碱性土壤上生长，也能在干旱瘠薄的土壤条件下生长。

1a[*]千头柏 子孙柏 扫帚柏 彩图第 4 页

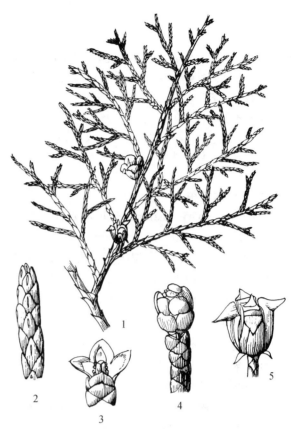

图 9 侧柏 Platycladus orientalis（Linn.）Franco
1. 球果枝 2. 小枝 3. 雌球花 4. 雄球花 5. 球果

Platycladus orientalis 'Sieboldii'，Dallimore and Jackson，rev. Harrison，Handb. Conif. and Ginkgo. ed. 4，616，1966；中国植物志，7：323，1918；中国树木志，1：320，1983；新疆植物志，1：75，1992.——*Biota orientalis* var. *sieboldii* Endl. Syn. Conif. 47，1847——*Thuja orientalis* Linn. var. *sieboldii*（Endl.）Laws. List. Pl. Fir Tribe，55，1851；Rehd. Man. Cult. Trees and Shrubs ed. 2：54，1940；*Biota orientalis*（Linn.）Endl. f. *sieboldij*（Endl.）Cheng et W. T. Wang，中国树木学，1：234，1961。

丛生灌木，无主干；枝密，上伸。形成卵圆形或球形树冠；叶绿色。

南北疆庭园栽培，南疆尤多；全国各大城市公园用作绿篱树种，深受游人欢迎。

（B）柏木亚科——CUPRESSOIDEAE Pilger

球果种鳞盾形，木质，开裂；当年或第二年成熟，球形，矩圆形或椭圆形；着生鳞叶的带叶小枝扁平，鳞叶二型；或带鳞叶小枝圆柱形、鳞叶同型。

本亚科共 4 属约 30 种，广布北半球。我国产 3 属 7 种 1 变种。引入栽培 7 种 1 变种。

（3）扁柏属 Chamaecyparis Spach.

乔木。生鳞叶的带叶小枝常扁平。雌雄球花同株，单生枝端；雌球花具 3~6 对大孢子叶，大孢子囊 1~5。球果当年成熟，球形，少长圆形；种鳞 3~6 对，木质，盾形。具 1~5 粒种子。种子卵圆形，微扁，有棱角，两侧具窄翅。子叶 2 枚。

本属 6 种。分布于北美、日本及我国台湾。我国有 1 种及 1 变种均产台湾，另引入栽培 4 种。新疆南部公园引入 3 变种。

分种检索表

1. 小枝下面鳞叶被白粉；鳞叶先端锐尖；球果径约6mm ·············· **1*. 日本花柏 C. pisifera**（Sieb. et Zucc.）Endl.
1. 枝下面鳞叶显著被白粉；鳞叶先端钝或钝尖；球果径10~11mm。
　　2. 小枝细长下垂 ··· **1a. 线柏 C. pisifera 'Filifera'**
　　2. 小枝不下垂。
　　　　3. 叶条状刺形，长6~8mm，中脉两侧有白粉带 ············· **1b. 绒柏 C. pisifera 'Squarrosa'**
　　　　3. 叶钻形，长3~4mm，开展呈羽毛状 ··············· **1c. 羽叶花柏 C. pisifera 'Pulmosa'**

1*. 日本花柏

Chamaecyparis pisifera（Sieb. et Zucc.）Endl. Syn. Conif. 64，1847；中国植物志，7：339，1978；中国树木志，1：340，1983；新疆植物志，1：75，1992。

乔木。树皮红褐色，裂成薄片状。树冠尖塔形；生鳞叶的带叶小枝扁平。有明显的白粉，排成平面；鳞叶先端锐尖；侧面鳞叶较中间者稍长。球果球形，径约6mm，成熟时暗褐色；种鳞5~6对。顶部中央微凹，内有凸起的小尖头，基部具1~2粒种子。种子三角卵形，具棱脊，两侧具宽翅，径2~3mm。

原产日本，新疆仅引入栽培其变种。

1a. 线柏（栽培变种）

C. pisifera 'Filifera'. Dallimore and Jackson，rev. Harrison，Handb. Conif. and Ginkgo. ed. 4：178，1966；中国植物志，7：339，1978——*Chamaecyparis pisifera*（Sieb. et Zucc.）Endl. var. *filifera*（Veitch）Hartwig et Rumpler，Baume Strauch，661，1875；中国树木学，1：240，1961。

原产日本。库尔勒及喀什地区公园引种栽培；我国南京、杭州、庐山等地早有栽培。

1b. 绒柏（栽培变种）

C. pisifera 'Squarrosa'. Ohwi，Fl. Jap. 117，1965；中国植物志，1：340，1978；中国树木志，1：342，1983；新疆植物志，1：76，1992。

原产日本。库尔勒及喀什地区各公园引种栽培；我国南北各城市多有栽培。以其树势优美，枝叶浓密而富观赏。生长良好。

1c. 羽叶花柏（栽培变种）　凤尾柏

C. pisifera 'Plumsoa'. Ohwi，Fl. Jap. 117，1965；Rehd. Man. Cult. Tees and Shrubs ed. 2：60，1940；中国植物志，1：340，1978；中国树木志，1：342，1983；新疆植物志，1：36，1992。

原产日本。伊犁、库尔勒和喀什地区各公园引种栽培；我国南北各城市多有栽培，生长良好。

（C）圆柏亚科——JUNIPEROIDEAE Pilger

球果圆球形或卵圆形，成熟时种鳞合生，肉质，不开裂；种子无翅；叶片鳞形或刺形，刺形叶基部具关节或否；鳞形叶同型；着生鳞叶的带叶小枝圆柱形或四棱形。

本亚科我国产2属18种5变种，引入栽培3种。新疆仅为1属10种6变种。

（4）圆柏属 Juniperus Linn.

常绿乔木或直立或匍匐的灌木。根具内生菌根。冬芽显著或不显著。成年树叶刺形或鳞形，或同一树上兼而有之；幼树叶均为刺形。球花单性。异株或同株，单生短枝顶端或叶腋；雄球花（小孢子叶球）卵圆形或长圆形，黄色。雄蕊（小孢子叶）4~8对。交叉对生；雌球花（大孢子叶球）具3~8枚轮生或交叉对生的珠鳞（大孢子叶）；胚珠（大孢子囊）1~6枚，着生于珠鳞（大孢子叶）之间或腹面基部。球果2年或3年成熟；种鳞合生，肉质，不开裂；苞鳞与种鳞连合，仅顶端尖头分离。种子 1~6 枚，无翅，具棱脊，常有树脂槽。子叶 2~6 枚。

本属世界约 60 种；新疆产 5 种 1 变种，另引入 4 种 4 变种，多为珍贵庭园绿化树种，也是阿尔泰山、天山，尤其是昆仑山高山的涵养水源林的树种，亟待加强保护。

本属植物，新疆种类不多，且多为欧亚共有种。故从国外多数资料，没独立成二属。

分种检索表

1. 叶为刺叶，基部有关节，不下延生长；球花单生叶腋；雌球花具 3 枚轮生珠鳞 ······ 刺柏亚属 Subgen Juniperus
  2. 栽培乔木，叶质厚而坚硬，腹面有一条白粉带，无绿色中脉。凹下成深槽，横切面成"V"形 ······
    ······ **1. 杜松 J. rigida** Sieb. et Zucc.
  2. 野生灌木，叶质薄，披针形或椭圆状披针形，常弯微凹，不成深槽，横切面扁平（阿尔泰山）······
    ······ **2. 西伯利亚刺柏 J. sibirica** Burgsd.
1. 叶为刺叶和鳞叶，或同一株上兼有；刺叶基部无关节，下延；球花单生枝端；雌球花具 3~8 枚轮生或交叉对生的珠鳞（大孢子叶），胚珠生珠鳞腹面基部 ······ 圆柏亚属 Subgen Sabina（Spach.）Kom.
  3. 球果全为 1 种子；刺叶或鳞叶；鳞叶小枝圆柱形或四棱形或微四棱形。
    4. 引入栽培种。
      5. 直立灌木；叶全为刺形，上下两面被白粉，长 5~10mm，轮生或交叉对生。排列紧密；小枝密集 ······
        ······ **9. 粉柏 J. squamata 'Meyeri'**
      5. 直立乔木；叶全为鳞叶，交叉对生，带叶小枝圆柱形或微四棱形，径 1~1.5mm；花雌雄同株；球果成熟时黑色，有光泽（伊犁、喀什、库尔勒各地栽培）······ **8* 蜀柏 J. komarovii** Florin.
    4. 产于阿尔泰山及天山的野生种。
      6. 末回鳞叶小枝粗约 1~1.5mm，微被灰色粉质；鳞叶长约 1~1.5mm，菱形，顶端钝，背基两侧各具 1 条腺槽，中央腺槽长圆形，常不显或较不显。球果较大褐黄色或黑褐色，被蜡粉，长约 8~11mm；径 6~7mm，顶部沿棱脊具棕色暗带，多呈扁嘴状，基部钝圆，背腹面加厚，种子卵形，硬骨质，具沟槽。直立乔木（昆仑山）······ **6. 昆仑方枝柏 J. turkestanica** Kom.
      6. 末回分枝的鳞叶呈菱形长 1~1.5mm，背腺长圆形，发亮，很明显。球果较小，黑色或黑褐色，被蜡粉，长约 8~10mm；种子球形或卵圆形，长宽几等，或长略大于宽，顶端钝圆，具棕色暗带，背腹具沟槽。少平滑、基部钝圆或具短尖。匍匐灌木（阿尔泰山、天山）······ **7. 新疆方枝柏 J. pseudosabina** Fisch. et Mey.
  3. 球果含 1~5 粒种子；带鳞叶小枝圆柱形或微四棱。
    7. 直立乔、灌木。
      8. 带叶小枝疏松，细长，下垂；鳞叶菱形，钝或稍钝，紧贴小枝，背部腺槽很明显。种子上部成锐角开展，顶端成截形（昆仑山）······ **5. 昆仑圆柏 J. semiglobosa** Regel
      8. 带叶小枝短，不下垂；叶长圆形，稍渐尖，不紧贴小枝，背部腺槽不明显。种子相互紧贴，球果上部圆形（引种栽培）······ **3*. 圆柏 J. chinensis** Linn.
    7. 匍匐灌木；末回鳞叶小枝细、密、长、细圆柱形或圆柱形。深绿色；鳞叶背腺显著。成熟球果黑色或黑褐色，基部果梗上的鳞叶，近半圆形；种子顶端或上部常具瘤点纹饰。基部具油槽，边缘略增厚（阿尔泰山、天山）······ **4. 欧亚圆柏 J. sabina** Linn.

（Ⅰ）刺柏亚属 Subgen Juniperus

小乔木或灌木；冬芽显著。叶刺形，三枚轮生，披针形或条形，基部有关节，不下延生长。上（腹）面平或凹下，具 1 或 2 条气孔带，下（背）面隆起具棱脊。球花雌雄异株或同株，单生叶腋；雄球花（小孢子叶球）具 5 对小孢子叶；雌球花（大孢子叶球）具 3 枚大孢子叶，胚珠（大孢子囊）3，生珠鳞（大孢子叶）之间。雌球果近球形，2~3 年成熟；种鳞合生，肉质；苞鳞与种鳞合生，熟时不开裂或仅顶端微开裂。种子 3 粒，有棱脊和树脂道。

本亚属约 10 种，广布于北温带，我国 3 种，引入 1 种；新疆产 1 种，引入 1 种。

1. 杜松 图 10

Juniperus rigida Sieb. et Zucc. in Abh. Math. —Phys. Akad. Wiss. Munch. 4，3：233，1846；Re-

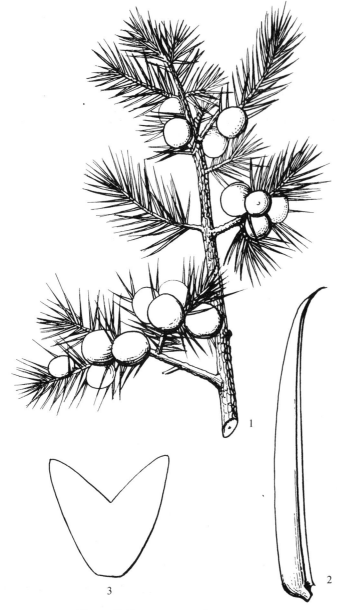

图 10 杜松 Juniperus rigida Sieb. et Zucc.

1. 果枝 2. 叶片 3. 叶横切面观

hd. Man. Cult. Trees and Shrubs ed. 2, 62, 1940；郑万钧等，中国树木分类学，68，图 54，1937；刘慎谔等，东北木本植物图志，102，图 7：26，1955；中国高等植物图鉴，1：326，图651，1972；中国植物志，7：379，1978；郑万钧，中国树木志，1：364，1983；新疆植物志，1：79，1992。

乔木或小乔木，树冠塔形或圆柱形。枝直立向上展；小枝下垂；幼枝三棱形，光滑无毛。叶 3 枚轮生，条状披针形，厚且坚硬，长 1~1.5cm，宽约 1mm，先端锐尖，上面凹陷成深槽，槽内具 1 条白粉带，下面有纵脊，横切面成"V"状三角形。雄球花椭圆形，长 2~3mm。雌球果圆球形，径 6~8mm，成熟前紫褐色，成熟时淡褐黑色或蓝黑色，被白粉。种子卵圆形，长 5~6mm，顶端尖，具棱脊。

南北疆各庭园引种栽培。分布于东北、华北各地。朝鲜、日本也有分布。模式标本采自日本。

杜松耐寒、耐荫、耐旱、适应性强；木材质硬，纹理致密；供工艺品、家具、器具等用；果实入药，有利尿、发汗、驱风之效。树姿优美是珍贵的庭园观赏树种。

2. 西伯利亚刺柏 图 11 彩图第 5 页

Juniperus sibirica Burgsd. Anleit. Sich. Erzieh. Holzart. 124，1787；Kom. Фл. CCCP，1：181，1934；Pavl. Фл. Казахст. 1：72，1956；Grubov Pl. Asiae Centr. 6：19，1971；中国高等植物图鉴，1：326，1972；中国植物志，7：390，1978；新疆植物检索表，1：44，1982；西藏植物志，1：392，1983；中国树木志，1：364，1983；内蒙古植物志，1：149，1985；新疆植物志，1：79，1992。

常绿匍匐灌木，高达 1m；树皮灰色；小枝密，粗壮，红褐色或紫褐色。刺叶 3 枚轮生，披针形或椭圆状披针形，常成镰状弯曲，长 7~10mm，宽约 1~1.5mm，先端急尖，上面微凹，中间具 1 条白粉带，下面具棱脊。球花单生于一年生枝叶腋。球果圆球形，径 5~6mm，成熟时黑褐色或黑色，被蜡粉。种子 3 粒，间或 1~2 粒。卵形，淡褐或黄褐色，3 棱，每面具树脂槽，长约 5mm，顶端尖或钝。花期 6 月。球果次年 9~10 月成熟。

生于海拔 1400~2500m 的林缘、疏林、林中空地及干燥多石山坡。中生高山寒土树种。

产阿尔泰山、萨乌尔山、天山各地；分布于黑龙江(小兴安岭)、吉林(长白山)、内蒙古(大兴安岭)、西藏(定日及珠穆朗玛峰北坡)；欧洲及中亚山地、西伯利亚、远东，朝鲜、日本、阿富汗

图 11　西伯利亚刺柏 Juniperus sibirica Burgsd.
1. 果枝　2. 果实　3. 种子　4. 一段枝叶　5. 叶正面观　6. 叶背面观

至喜马拉雅山区也有分布。刺柏喜光、耐寒、耐旱，要求寒凉、湿润气候，对土壤条件要求不严，可用于城镇庭园绿化树种。

（Ⅱ）圆柏亚属 Subgen Sabina（Spach.）Kom.

常绿乔灌木，直立或匍匐；冬芽不显著。叶刺形或鳞形，幼苗和幼树叶全为刺形；成年树之叶或全为鳞叶或全为刺叶，或同一株上兼而有之；刺叶 3 枚轮生，或交叉对生，基部下延，无关节，上（腹）面有气孔线，鳞叶菱形，背（下）面常具腺槽，交叉对生，形成四棱或圆柱的带叶小枝。雌雄球花异株或同株，单生短枝顶端；雄球花长圆形或卵圆形，黄色，雄蕊（小孢子叶）4～8 对。交互对生；雌球花具 2～4 枚，交互对生的珠鳞（大孢子叶）；胚珠（大孢子囊）1～6 枚，生珠鳞基部。球果通常第二年成熟，少当年或第三年成熟；种鳞合生，肉质，成熟时不开裂，仅苞鳞顶端尖头有时开裂。种子 1～6 粒，无翅，坚硬骨质，常具棱脊，常有树脂槽。子叶 2～6 枚。

本亚属约 50 种，广布北半球。新疆产 4 种 1 变种，另引入 3 种 4 变种，均为珍贵绿化树种。

3*. 圆柏　桧柏

Juniperus chinensis Linn. Mant. Pl. 1：127，1767；Rehd. Man. Cult. Trees and Shrubs ed. 2：65，

1940；郑万钧等，中国树木分类学，65，图52，1937；刘慎谔等，东北木本植物图志，103，1955；经济植物手册，上册，第一分册，135，1955；Grubov Pl. Asiae Centr. 6：21，1971；新疆植物检索表，1：46，1982；周以良，黑龙江树木志，67，1986；新疆植物志，1：83，1992——*Sabina chinensis*（Linn.）Ant. Cupress. Gatt. 54，tab. 75～76，78，fig. a，1857；中国高等植物图鉴，1：321，1972；中国植物志，7：362，1978；中国树木志，1：355，1989；内蒙古植物志，1：144，1985。

圆柏（原变种）

Juniperus chinensis Linn. var. **chinensis**

乔木，高至20m，胸径3～5m；树皮深灰色，纵裂。幼树枝条常斜上展，形成尖塔形树冠；小枝常直或成弧状弯曲；生鳞叶小枝近圆柱形或近四棱形，径1～1.2mm。叶二型；刺叶生于幼树上或幼苗上；刺叶3枚，轮生。斜展，披针形，长6～12mm，有两条白粉带；鳞叶生于大树上，生鳞叶的二、三级小枝近圆柱形或微四棱形。鳞叶交互对生，菱形或菱状卵圆形，长1.5～2mm，先端钝或微尖；背腺椭圆形居中。球花雌雄异株；雄球花近椭圆形，黄色，雄蕊（小孢子叶）5～7对，具3～4花药（小孢子囊）；雌球花圆球形，成熟前淡紫褐色，成熟时暗褐色，径6～8mm被白粉，微有光泽，含2～4粒种子。种子卵圆形，顶端钝，黄褐色，有光泽，长约6mm，具棱脊。子叶2枚出土，条形长1～1.5cm。宽约1mm，下面有两条白粉带，上面则不明显。花期5月，球果于次年秋成熟。

新疆各地引种，伊宁、喀什尤多，生长良好。分布于华北、西北、华东、华中、中南、华南、西南各地；朝鲜、日本也有。

圆柏喜光，喜湿凉、温暖气候及湿润土壤。中生乔木。木材淡褐红色，富香气。坚韧致密，耐腐力强，可供建筑，亦可作家具、文具及工艺用材等。枝叶可提取柏木油；种子可提制润滑油。树姿优美、端正大方，是珍贵的庭园观赏树。

新疆各地栽培的有下列栽培变种。

3a＊. 龙柏（栽培变种）

J. chinensis 'Kaizuca'—*J. chinensis* Linn. var. *kaizuca* Hort. 陈嵘，中国树木分类学，66，1937。

枝条向上直展，常有扭转上升之势；小枝疏密相间，在枝端形成等长的密簇；鳞叶排列紧密，幼时淡黄绿色，后变为翠绿色。球果蓝色，微被白粉。

南北疆公园多有栽培。生长良好。我国南北各大城市亦常见栽培。

3b＊. 塔柏（栽培变种）

J. chinensis 'Pyramidalis'—*J. chinensis* Linn. var. *pyramidalis* Carr. Traite Conif. ed. 2：2，1867。

树冠圆柱形或圆柱状尖塔形，枝向上直展；叶多为刺叶，少有鳞叶（刺叶基部无关节）。

新疆各地引种栽培，生长良好；全国各大城市多有栽培，是珍贵庭园观赏树种，以圆柱形树冠最为优美。

3c＊. 球柏（栽培变种）

Juniperus chinensis 'Globosa'，Dallimore and Jackson，rev. Harrison. Handb. Conif. and Ginkgo. ed. 4：44，1966；—*Sabina chinensis*（Linn.）Ant. 'Globosa'；中国植物志，7：65，1978。

树冠圆球形，枝密集；叶鳞形，间有刺叶。

伊宁、喀什公园引种栽培，生长良好。

3d. 金叶桧（栽培变种）

Juniperus chinensis 'Aurea'，Dallimore and Jackson，rev. Harrison. Handb. Conif. and Ginkgo. ed. 4：244，1966—*Sabina chinensis*（Linn.）Ant. 'Aurea'。

直立灌木，鳞叶初为深金黄色，后变为绿色。

4. 欧亚圆柏　新疆圆柏　爬地柏　爬山松　叉子圆柏　彩图第5页

Juniperus sabina Linn. Sp. Pl. 1039，1753；Man. Cult. Trees and Shrubs ed. 2：67，1940；Фл.

CCCP，1：190，1134；Фл. Казахст. 1：74，1956；Fl. Europ. 1：39，1964；Pl. Asiae Centr. 6：23，1971；中国树木分类学，71，1937；新疆植物检索表，1：46，1982；新疆植物志，1：84，1992—*Sabina vulgaris*(Linn.) Ant. Cupress Gatt. 58，tab. 80，82，1857；中国高等植物图鉴，1：325，1972；中国植物志，7：359，1978；中国树木志，1：353，1983。

匍匐灌木。树皮灰色或淡灰红色；主干枝蔓生铺地，侧生枝和主干枝梢部斜上展；木质化小枝上部包以干枯鳞片叶，呈棕褐色。鳞叶脱落后，小枝呈现棕红色或灰红色。圆柱形，着生在基部或中部以下，木质化的四棱形一级小枝，依次再发出二级小枝，从其叶腋再发生较短，呈二歧式的三级小枝；二三级小枝常很细长，粗约1mm，长2~3cm。全由鳞叶组成，上下叶片之间常收缩成筒状，草质，易折断，随着树龄的成长，这些小枝也将升级重发出新的二、三级小枝。叶分刺叶和鳞叶；幼苗和幼树下部枝条全为刺叶，成年树则兼有；鳞片叶呈菱形，长1~1.5mm，顶端钝少锐尖，直，不内弯；背腺长圆形。居中，显著。花雌雄异株少同株；球花均着生在三级小枝顶端；雄球花长圆形或椭圆形，淡黄色，长2~3mm，小孢子叶5~7对，各具2~4枚小孢子囊；雌球花初直立后俯垂。球果小，丰盛，新老并存，长5~7mm，径5~6mm，卵形，球形或半圆形，倒卵形，顶端圆，钝形或截形，成熟前污黑色，淡黄绿色，淡绿色，橄榄绿色，成熟时黑色，蓝黑色或淡褐色，密被白粉，含1~4粒种子。种子或2粒平行，或相互成钝角开展，或两边各2粒，或左边2粒，右边1粒，或同一枝上少数球果仅1粒，卵形，阔卵形，圆锥状卵形(1粒)，三棱状卵形，顶端钝，两侧具棱，沿顶端棱脊常具瘤点状纹饰，背或腹部常具纵沟，中部以下或仅基部具树脂槽。花期5~6月，球果2~3年成熟。

生山地干旱山坡，灌丛，林缘，海拔(900)1000~3000m。在哈巴河县界河上游已被沙质化的缓坡上(部分已被垦为耕地)，残存的一片灌丛，显示出特殊的景观。

产阿尔泰山、准噶尔西部山地、天山山地。分布于内蒙古、宁夏、甘肃、青海等地；蒙古北部，西伯利亚，中亚山地，高加索、克里米亚，远及欧洲山地均有分布。从意大利萨宾记载，模式标本在伦敦。

喜光、抗寒、抗旱、抗烟尘，适应性强，能耐干旱瘠薄土壤，是山区珍贵保土树种。枝干偃蹇多姿，浓疏相间，用作庭园观赏，亦具特色。

4a. 欧亚单子圆柏(变种)

Juniperus sabina var. **monosperma** C. Y. Yang Fl. Xinjiangensis，1：305，1992。

产阿尔泰山福海县大桥林场，呼图壁县、尉犁县等山地。

以球果圆球形全为1粒种子而不同于原变种。

5. 昆仑圆柏 天山圆柏 中亚圆柏 图12 彩图第5页

Juniperus semiglobosa Regel in Acta Horti Petrop. 6：487，1880；Фл. СССР，1：189，1934；中国树木分类学，71，1937；Фл. Казахст. 1：75；Фл. Таджк. 1：56，1957；Pl. Asiae Centr. 6：24，1971；新疆植物检索表，1：47，1982；—*J. jarkendensis* Kom. in Not. Syst. Herb. Hort. Bot. Petrop. 4：8，1923；新疆植物志，1：85，1992.—*Sabina vulgaris* var. *jarkendensis*(Kom.)C. Y. Yang，中国植物志，7：360，1978；中国树木志，1：353，1983.—*Sabina semiglobosa*(Regel)Cheng et W. T. Wang，郑万钧等；中国树木学，1：261，1961。

乔木，高10~15m，树冠阔圆锥形。小枝下垂；着生鳞叶的小枝相当细而长(径1~1.2mm)；在雄株花枝上的鳞叶小枝，较短而粗(径至1.5mm)，圆柱形，淡绿色。鳞叶菱形或近广椭圆形，钝，紧贴小枝。背部具长圆形脊腺；刺叶柔软，淡绿色，披针形，长6~8mm。具长渐尖。花雌雄异株。球果常多数，顶端截形或半球形，少近球形。长4~8mm，宽5~10mm；不成熟时，淡绿褐色，以后几黑色，被蜡粉。种子2~4粒。它们在下部相互紧贴，上部呈锐角或锐角开展；长约5mm，宽约3.3mm，不规则广椭圆形或圆状三角形，背部凸出，侧面基部具树脂槽。花期5月，球果次年秋季成熟。

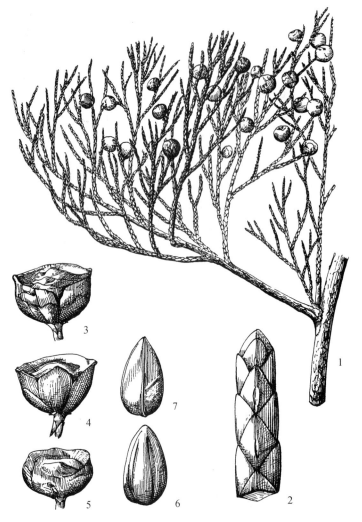

生亚高山至高山带下部的阴坡和半阴坡，碎石河谷、河滩。海拔2500～3300m。

产乌恰、阿克陶、塔什库尔干、莎车、叶城、皮山等昆仑山区；国外分布于吉尔吉斯斯坦和哈萨克斯坦的西天山，以及塔吉克斯坦的帕米尔阿赖依山区，均有分布。模式标本采自阿赖依（靠近乌恰县），保存在圣彼得堡植物研究所。

本种过去曾经叫天山圆柏。1982年又改称中亚圆柏。但在天山系统从未采到过标本。早在1957年就曾在莎车昆仑山区采到过标本。因产地不符，一直未肯定，到1975年，又曾在乌恰、阿克陶、塔什库尔干和叶城昆仑山林场、皮山桑株等山地采到标本，这就更增强了改天山圆柏和中亚圆柏为昆仑圆柏的信心。这种圆柏和球果具单种子的昆仑方枝柏一道组成了独特的昆仑山圆柏森林，是新疆山地森林的亮点，是新疆唯一的直立乔木型柏树林区，是研究帕米尔—昆仑山植物多样性的关键林区，具有保持水土涵养水源的重要意义。亦可用于城市绿化、美化。希多加保护，分类经营。

图12　昆仑圆柏 **Juniperus semiglobosa** Regel
1. 果枝　2. 一段鳞叶枝　3～5. 果实　6～7. 种子

6. 昆仑方枝柏　图13　彩图第6页

Juniperus turkestanica Kom. in Not. Syst. Herb. Hort. Bot. Petrop. 5：26，1924，KOM. во Фл. CCCP，1：183，1934；Павлов；Фл. Казахст. 1：72，1956 p. p.；Фл. Таджк. 1：51，1957；Grubov in Pl. Asiae Centr. 6：25，1971；中国树木分类学，71，1937；新疆植物检索表，1：45，1982.—*J. centrasiatica* Kom. in Not. Syst. Herb. Hort. Bot. Petrop. 5：27，1924；新疆植物检索表，1：45，1982；新疆植物志，1：81，图版21，1992—*Sabina centrasiatica* Kom. 1. c. 27；中国植物志，7：370，1978；中国树木志，1：358，1983—*Sabina pseudosabina* var. *turkestanica*（Kom.）C. Y. Yang；中国植物志，7：369，1978；中国树木志，1：358，1983。

乔木。高8～15m，胸径10～20cm，树皮灰色，灰褐色。薄条状纵裂。树冠宽阔，稀疏。主枝横展或斜上展；小枝常被灰白色粉质，被交互对生的褐色干枯鳞叶包被，鳞叶脱落后小枝成灰色或淡褐色至灰红褐色，圆柱形，从上生出基部或中下部木质化的棕褐色干枯鳞叶的一级小枝，依次生出二级、三级（末回）小枝。末回小枝全由鳞叶组成，草质，易脱落，四棱形，粗1～1.5mm，淡灰绿色，密被或疏被灰色粉质。苗期叶刺形，成年树叶异型；木质化小枝和一级小枝梢部及二级小枝基部的叶，呈三角形，扁三角形，狭椭圆形，长1～1.5mm，顶端钝，内弯，具棱脊，背部腺槽不明显，或在背基两侧各具1条腺槽。球花异株；雌球果长9～13mm，径8～10mm，褐黄色或黑褐色，微被白粉，含1粒种子。种子卵形，硬骨质，长8~11mm，径6~7mm，色淡，顶端常呈扁嘴状，沿棱脊具棕色暗带，基部钝圆，背腹加厚，具沟槽。花期4~5月，球果第二年成熟。

生亚高山至高山带阴坡、半阴坡，山脊、山谷、河谷及河滩，海拔2600~3600m，呈块状、团状、片状少呈孤立木状态生长。

产乌什、乌恰、阿克陶、塔什库尔干、莎车、叶城、皮山等昆仑山区；国外分布于哈萨克斯坦和吉尔吉斯斯坦的西天山，以及塔吉克斯坦的帕米尔阿赖依山区，均有分布。从土耳克斯坦边区（帕米尔阿赖依山系）记载，模式保存在圣彼得堡植物研究所。

本种过去曾用过伊犁圆柏，天山方枝柏之名，但在伊犁地区从未采到过标本，而天山方枝柏之名也直到1992年才在天山南坡的乌什县采到过标本。本种的大多数标本都是从帕米尔阿赖依山系和昆仑山山系的阿克陶、塔什库尔干、莎车昆仑山、叶城昆仑山、皮山县山区等地采到的，1975年在叶城昆仑山林场，也的确采过1枚褐黄色球果的标本，这与科玛洛夫命名的 *Juniperus centrasiatica* Kom. 标本产地一

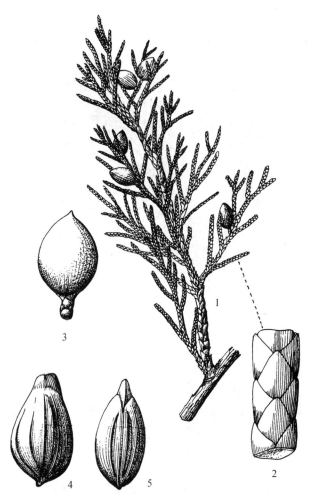

图13　昆仑方枝柏 Juniperus turkestanica Kom.
1. 果枝　2. 带鳞叶小枝　3. 球果　4、5. 种子

致，特征也很符合，但这种颜色的果实是个别的，大多数球果都是暗褐色或黑色的，故将昆仑方枝柏（*J. centrasiatica* Kom.）和喀什方枝柏（*J. turkestanica* Kom.）合并，仍命名为昆仑方枝柏，主产帕米尔高原和昆仑山区。

昆仑方枝柏喜光，耐寒，耐旱，适应性强，在山脊或沙滩均能生长。伐桩萌蘗力强，常形成独特的伐桩丛林。乌鲁木齐地区引种，生长良好，枝叶茂密，冠形整齐，四季长绿，苍翠可爱。

生长缓慢：20年高3~4m，40年高7~8m，100年高14m，尖削度大，胸径10~20cm，地径50~60cm，上部无明显主干，常由主干枝形成树丛。林地稀疏，郁闭度0.3~0.4。地位级 III 或 V，草本植被稀少。

7. 新疆方枝柏　阿尔泰方枝柏　图14　彩图第6页

Juniperus pseudosabina Fisch. et Mey. in Index Sem. Hort. Petrop. 65, 1841：KOM. во Фл. СССР, 1：184, 1934；Павлов. во Фл. Казахст. 1：72, 1956；新疆植物检索表，1：45，1982；新疆植物志，1：83，1992—*Sabina psedo-sabina*（Fisch. et Mey.）Cheng et W. T. Wang；中国高等植物图鉴，1：321，1972；中国植物志，7：368，1978；中国树木志，1：357，1983。

匍匐灌木，树干沿地面平展或斜上展；树皮灰色或灰褐色，成薄片状脱落。侧枝斜展或直立，高不及1m；木质化小枝包以交互对生的干枯鳞叶，鳞叶脱落后，小枝呈灰色或灰红褐色，圆柱形，从上生出基部或中部以下木质化的包以灰色或棕褐色干枯鳞叶的一级小枝，依次生出二级、三级（末回）小枝；末回小枝全由鳞叶组成，草质，易脱落，四棱形，粗约1~1.5mm，鲜绿色。苗期叶

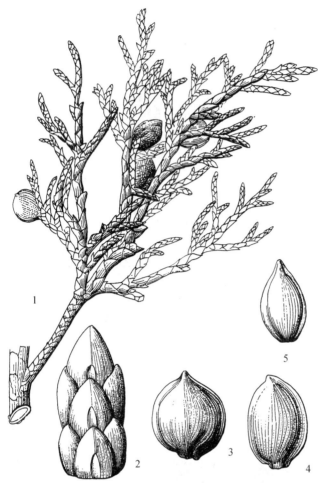

全为刺形，幼树叶异形；木质化小枝和中部以下的木质化的一级小枝的叶，呈三角形。狭椭圆形；具硬长刺尖，紧贴或在分枝处开展，基部贴生下延；腺槽几长至整个背部；末回小枝的叶呈菱形，长 1~1.5mm，顶端钝，内弯，背腺长圆形，居中部，甚明显；成年树以着生鳞叶的二、三级小枝为主，故多为菱形叶，仅在木质化小枝最上部，着生狭椭圆形，具硬长刺尖的鳞片叶。球花单性异株。球果长 7~10mm，宽 6~8mm，黑色被白粉，含 1 粒种子。种子球形或卵圆形，顶端钝圆。沿棱脊具棕色暗带，背腹面平滑或具浅沟，基部钝圆或具短尖。花期 5~6 月，球果第二年秋成熟。

生中山，亚高山至高山带林缘、灌丛和石坡，海拔 1500~3000m，常自成群落。

产阿尔泰山、准噶尔西部山地和天山北坡。国外在中亚、西西伯利亚、东西伯利亚、蒙古北部也有分布。从阿尔泰山和塔尔巴卡台山记载，模式标本保存在圣彼得堡植物研究所。

喜光，抗寒，耐干燥瘠薄，是山区珍贵保持水土、涵养水源树种，亦可用

图 14 新疆方枝柏 Juniperus pseudosabina Fisch. et Mey.
1. 果枝　2. 带鳞叶枝一段　3、4. 球果　5. 种子

于城市庭园绿化，美化树种。用种子或嫩枝插条繁殖。

新疆方枝柏的鳞叶小枝四棱形，很明显；鳞片叶的背腺很显著；球果黑色被白粉；种子较圆，较光滑，易与昆仑方枝柏区分。

8*. **蜀柏　塔枝圆柏　巴柏　蜀桧**

Juniperus komarovii Florin. in Acta Hort. Gothoburg. 3：3, tab. 1, fig. 1~3, 1927；陈嵘，中国树木分类学，72，1937；—*Sabina komarovii* (Florin.) Cheng et W. T. Wang：郑万钧等，中国树木学，1：261，1961；中国高等植物图鉴，1：325，图 649，1972；中国植物志，7：374，1978。

小乔木，高 3~10m；树皮褐灰色或灰色；树冠密，蓝绿色。枝条下垂，灰褐色，裂成薄片脱落；小枝圆柱形或近方形，径 1~1.5mm；一年生枝的二级分枝，排列疏松，与一回分枝常成锐角向上伸展，直或微成弧状弯曲；三回分枝在二回分枝上也有由下向上逐渐变短的趋势。鳞形叶呈卵状三角形，少为宽披针形，交互对生，排列较紧密或疏松，长 1.5~3.5mm，微内曲，先端钝或微尖，腹面凹，背面圆或上部有钝脊，基部或近基部有椭圆形或卵形腺体，有时腺体达中下部。球花雌雄同株；雄球花卵圆形或圆球形，长 2~2.5mm，雄蕊常 5 对，花药 2~3 枚。球果成熟前绿色，微被白粉，成熟时黄褐色至紫蓝色，干时变成黑色，有光泽，卵圆形或近圆球形，直立，长 6~9(12)mm。含 1 粒种子。种子卵圆形，长 6~8mm，具深凹或细浅树脂槽，两侧或上部具钝脊。

新疆伊宁和库尔勒、喀什地区引种栽培，生长良好。

我国特有种。产于四川岷江流域上游，大小金川及梭磨河流域，海拔 3200~4000m 高山地带。模式标本采自四川北部。

9*. 粉柏（栽培变种）　山柏树　翠柏

Juniperus squamata Buch. – Hamilt. ' **Meyeri** '；新疆植物志，1：81，1992—*Juniperus squamata*. var. *meyeri* Rehd. in Journ. Arn. Arb. 3：207，1922；Man. Cult. Trees and Schrubs ed. 2：63，1940；中国树木分类学，69，1937—*Sabina squamata* ' Meyeri '；中国植物志，7：355，1978：Dallimore and Jackson，rev. Harrison，Handb. Conif. and Ginkgo. ed. 4：276，1966。

直立灌木，小枝稠密。叶排列紧密，上下两面被白粉，条状披针形，长 6~10mm，先端渐尖。球果卵圆形，长约 6mm。

乌鲁木齐、昌吉、石河子、伊宁等城市公园栽培作庭园树或盆景。

全国各大城市公园常见栽培。行嫁接繁殖。

C. 盖子植物纲——CHLAMYDOSPERMOPSIDA

直立灌木或木质藤本，稀为乔木或草本状灌木；茎中空有节，或粗短肥大无明显节间，次生木质部常具导管，无树脂道。叶 2 枚对生或 3 枚轮生，有柄或否，叶片或为细小膜质鞘状，或为绿色扁平似双子叶植物之叶，或肉质呈带状似单子叶植物之叶。球花单性；雄球花中常有不育雌花，球花具 2 至多对苞片，交互对生，或多数轮生，各种苞片愈合成一杯状总苞；雄花单生于每一苞片上，或多数生于杯状总苞内，每花具一膜质囊状或肉质管状的无维管束的假花被；雄蕊 2~3 枚，稀 1 枚；花丝合生成单体或成二体，有时上端分离；花药 1~3 室，常顶端开裂；花粉无气囊；雌花单生于顶端 1~3 枚苞片腋部或 4~1 枚生于球状总苞内；假花被肥厚。稀膜质，具多条维管束，呈瓶状，紧包于胚珠之外；胚珠 1 枚，直立；珠被 1~2 层，上端延长成珠被管，由假花被顶端伸出，风媒或虫媒传粉。成熟雌球花呈球果状或细长穗状。种子包于由假花被发育而成的假种皮中，种皮 1~2 层，胚乳丰富，肉质或粉质。子叶 2 枚，发芽时出土。

本纲 3 目 3 科 3 属 80 余种，我国 2 目 2 科 2 属。新疆仅 1 目 1 科 1 属 10 种 2 变种。

III. 麻黄目——EPHEDRALES

本目仅含 1 科 1 属 40 余种，遍及亚洲、欧洲东南及非洲北部和南北美洲。

我国有 12 种 4 变种；新疆产 10 种 2 变种。另引入 1 种。

5. 麻黄科——EPHEDRACEAE Dumortier，1829

灌木、半灌木或草本状，少为小乔木、乔木。中轴器官的输导组织具典型的内始式真中柱，次生木质部除管胞外，还有真正的导管。茎直立或匍匐，绿色，圆筒形，多节，节间具细沟纹，中空，内具棕红色髓心，从节上分枝；小枝对生或轮生，细瘦，常重复分枝，呈绿色，能进行光合作用；表皮细胞壁厚，气孔排列在棱脊间的沟纹中，棱脊由一些厚壁细胞形成。叶退化成干膜质，细小，常为鳞片状，少较长而成丝状，在节上对生或轮生，2~3 片合生成鞘状，先端具三角形裂齿，黄褐色或淡黄白色，中部色深，具两条平行脉；气孔单唇，很小；叶痕双生。孢子叶球单性，雌雄异株少同株。有些种曾发现变态两性孢子叶球，而中麻黄甚至还发现返祖的两性孢子叶球；聚合小孢子叶球，雄球花：对生或 3~4 枚轮生于绿色小枝节上的普通叶腋，常呈二歧状分枝；每个聚合小孢子叶球都由 1 枚短轴，轴上具 2~8 对鳞叶状的对生苞叶组成，其中下部或 2 对苞叶不育，而在其他苞叶腋部，各着生 1 枚很简单的小孢子叶球（雄花）；小孢子叶球由特殊的"花被"和 1 枚"花药轴"组成；"花被"由 2 枚薄的基部连合的对生鳞片叶（小孢子叶）组成，常称假花被；"花药轴"是具有 2~8 枚小孢子囊的中心合蕊柱，这可由中麻黄的 1 枚胚珠和 2 枚倒生小孢子组成的，返祖两性孢子叶球中得到证实，"花药轴"有时分叉或裂至基部，内有 2 条独立的维管束；小孢子囊（花粒囊）2 室，有时 3 室，甚至 4 室，裂成椭圆形小孔；小孢子（花粉）椭圆形，具 5 ~ 10 条纵肋纹，肋下有曲折线状萌发孔，当小孢子萌发时，第一原叶细胞开始分裂，第二次分裂时形成第二原叶细胞，接着精子器细胞核分裂，形成生殖细胞和粉管细胞。随后生殖细胞分裂，形成柄细胞和精细胞。最后，产生两个精子或无鞭毛的游动精子；聚合大孢子叶球（雌球花）也跟聚合小孢子叶一样，每 2、3 或 4 枚着生于绿色小枝叶腋，每个聚合大孢子叶球都由短的腋生轴，几对（一般 4 对或以上）不育的鳞片状叶和 1 枚，少 2 ~ 3 枚很简化的大孢子叶球所组成；每个大孢子叶球都由特殊的厚而肉质的囊状"花被"，包围 1 个胚珠而组成，"花被"由 2 枚小块基形成，边缘连合并包围胚珠，内有 2、3 或 4 条维管束；珠被伸长，并从珠孔穿出形成珠被管，直或 1 ~ 2 回弯曲，授粉时顶端出现水珠，这是由大孢子囊顶端组织破坏产生并溢出的；每一雌孢子体中常形成 2，有时仅 1 少 3 枚颈卵器；颈卵器具长的常由 32 个以上细胞形成颈，在成熟的颈卵器内形成卵，当已形成有两个精子花粉管进入到雌孢子体内时，柄细胞和粉管细胞消失，1 个精子与卵细胞融合而形成胚。种子成熟时鳞状苞片（苞片）通常变成肉质，红色、橙色或黄色，少有时干枯或有时木质化而具棕色干膜质翅；大孢子叶球的"花被"，在果期变成木质、革质、少肉质而包围种子；珠被则变成膜质。种子包被在棕褐色，有光泽，革质囊状"花被"中，顶端有 1 小孔（珠孔），内有一层薄膜质珠被包围胚；每个雌球花含种子 1 ~ 3 粒，胚乳丰富，肉质或粉质。子叶 2 枚，发芽时出土。

本科仅 1 属 67 种 9 亚种和变种，25 种间杂种。其中 40 种分布在旧大陆，27 种在新大陆（北美 13 种，南美 12 种）。我国有 12 种 4 变种，以西北各地及四川、云南等地较多；新疆产 10 种 2 变种，另引入 1 种，多是旱生和超旱生植物，因而也是珍贵的固沙植物，应加强保护，用种子繁殖。

绿色小枝含多种生物碱，其中有左旋麻黄碱（$C_{10}H_{15}NO$）和伪麻黄碱，以及甲基麻黄碱（$C_{11}H_{17}NO$）和标准伪麻黄碱（$C_9H_{17}NO$）等。麻黄碱的制剂，用于神经和血管系统兴奋剂，治疗支气管哮喘、休克出血和用作对吗啡、莨菪的解毒剂。

雌球花的苞片成熟时肉质多汁，味甜可口，俗称"麻黄果"。

（1）麻黄属 Ephedra Tourn ex Linn.

形态特征与科相同。

本属分 5 组即（1）攀援麻黄组；（2）麻黄组；（3）单子麻黄组；（4）阿萨麻黄组；（5）翅麻黄组等。分布区由 3 部分组成：①地中海—欧洲部分；②北美；③南美。第一部分最辽阔，是主要分区。其中攀援麻黄组为地中海特有，阿萨麻黄组为北美特有。我国产其余 3 组。

分组、分种检索表

1. 球花多数密集于节上或总梗上；雌球花成熟时苞片草质而具淡灰白色膜质翅；种子 2 ~ 3 粒；珠被管较长，直立，顶端微弯；叶片 3 枚，少 2 枚 ·················· **(a) 翅麻黄组 Sect. Alatae Stapf.**
  2. 雌球花成熟时苞片具棕褐色宽膜质翅。
    3. 雌球花无梗，密集轮生节上 ·················· **1. 膜翅麻黄 E. przewalskii Stapf.**
    3. 雌花球具 1 ~ 2cm 长的总梗
      ·················· **1a. 喀什麻黄 E. przewalskii var. kaschgarica**（B. Fedtsch. et Bobr.）C. Y. Cheng.
  2. 雌球花单生或几枚簇生于 1.5 ~ 5cm 长的总梗上，成熟时苞片草质，具较窄的全缘或微有缺长淡灰白色膜质齿；叶片 3 和 2 枚并存 ·················· **2. 砂地麻黄 E. lomatolepis Schrenk**
1. 球花少数，单生，极少 3 ~ 4 朵簇生总梗上；雌球花成熟时，苞片变成橘红色，肥厚，肉质"浆果"状；种子 2 少 1 粒；叶片 2 少 3 枚。
  4. 雌球花含 2 种子 ·················· **(b) 麻黄组 Sect. Ephedra**
    5. 珠被管多回弯曲，长 3 ~ 6mm；小枝较粗，节间较长。
      6. 小枝浅灰蓝色，密被蜡粉，光滑 ·················· **3. 蓝枝麻黄 E. glauca Regel**
      6. 小枝淡绿色，极粗糙或微光滑。

7. 小枝较细，径约1.5mm，沟纹浅 ·········· **4.** 中麻黄 **E. intermedia** Schrenk et Mey.
　　7. 小枝粗，径约2mm，沟纹深 ·········· **4b.** 西藏中麻黄 **E. intermedia** var. **tibetica** Stapf.
5. 珠被管直或多回弯曲，长约2mm；植株通常矮小，小枝细。
　　8. 小枝"之"形或弓形弯曲或拳卷；雌球花生3~4枚簇生总长梗上；植株匍匐或高约10~12cm ···········
　　　　·········· **5.** 蛇麻黄 **E. distachya** Linn.
　　8. 小枝直。
　　9. 矮小灌木，当年生小枝较坚硬；雌球花2~3朵生总梗上·········· **6.** 细子麻黄 **E. regeliana** Florin.
　　9. 草木状半灌木，当年生小枝细长，柔软，草质；球花单生小枝顶端具长梗 ···········
　　　　·········· **7**[*]. 草麻黄 **E. sinica** Stapf.
4. 雌球花含单粒少含2粒种子。常无梗或具极短梗；主要是山灌木或矮小垫状半灌木 ···········
　·········· （**c**）单子麻黄组 Sect. **monospermae** Pachom.
　　10. 植株高1~1.5m；小枝细密，平行或几平行，向上排列呈帚状；叶鞘基部红色，增厚···········
　　　　·········· **8.** 木贼麻黄 **E. equisetina** Bunge
　　10. 植株矮小，铺散或垫状。
　　11. 球花雌雄异株；珠被管弯；小枝开展，光滑或微粗糙·········· **9.** 单子麻黄 **E. monosperma** Gmel. ex. C. A. Mey.
　　11. 球花雌雄同株；珠被管直；小枝向外伸展，光滑 ·········· **10.** 雌雄麻黄 **E. fedtschenkoae** Pauls.

（a）翅麻黄组 Sect. Alatae Stapf.

本组成熟雌球花干燥，苞片变硬或稍硬，边缘具宽或窄翅，大部分分离，仅基部稍合生。它跟其他组没有直接的形态联系和地理接触，是相当古老的，直接从麻黄祖先类型衍生出来的。

8种，产北美和旧大陆。新疆仅产2种1变种。

1. 膜翅麻黄 膜果麻黄 勃麻黄 图15

Ephedra przewalskii Stapf. in Denkschr. Math. – Nat. Kl. Akad. Wiss. Wien, 56（2）：40，1889；Pl. Asiae Centr. 6：27，1971；中国高等植物图鉴，1：337，图674，1972；中国植物志，7：471，图版109：1~6，1978；新疆植物检索表1：49，1982；中国树木志，1：405，图109：1~6，1983；中国沙漠植物志，1：155，图版37：1~4，1985；Определитель сосудистх растении, монголии, 25，1982；新疆植物志，1：92，图版24：1~6，1992。

灌木，高20~100cm，基径约1cm；皮灰白色或淡灰黄色，细纤维状裂。基部多分枝；老枝淡灰色或淡灰黄色；枝皮纵条裂，内含丝状纤维，皮破裂后，枝呈淡灰棕色或深灰色，密被灰粉质，具多数长圆形横生皮孔，从节上生出上年小枝；上年小枝淡黄绿色，节间径约1.5~2mm，具浅沟纹，沿棱脊上微有细小瘤点或几光滑，从节上对生或轮生出

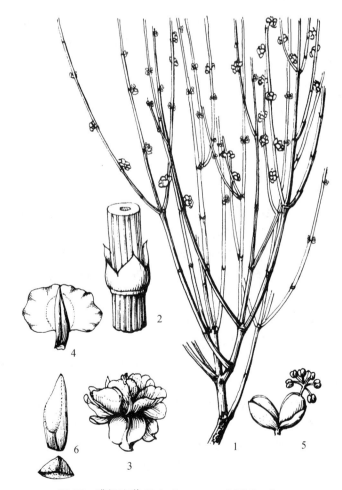

图15 膜翅麻黄 Ephedra przewalskii Stapf.
1. 花枝 2. 叶鞘 3. 雌球花 4. 苞片 5. 雄球花 6. 种子

多数当年小枝；当年生小枝淡绿色，较细，节间长 2~3cm，径约 1mm，从节上重复对生或轮生短小枝，小枝末端常呈"之"形弯曲或拳卷。叶 3 或 2 枚，下部 1/2~2/3 合生成鞘状；裂片三角形或狭三角形，背部棕红色而具膜质边缘，斜上展，外展或反卷，基部增厚而隆起有皱纹，连接叶片之间的淡白色膜上常有横皱纹。雄球花无棱，密集成团伞花序，淡褐色或淡黄褐色；苞片 3~4 轮，每轮 3 片，阔倒卵形或圆状卵形，中肋草质，绿色，边缘具宽膜质翅；假花被（由 2 枚对生小孢子叶发育成的特殊花被）宽而微拱凸呈蚌壳状；雄蕊柱（"花药轴"）仅先端分离；花粉囊（小孢子囊）7~8 枚，具短梗。雌球花幼时淡绿褐色或淡红褐色，近圆球形，径 3~4mm；苞片 4~5 轮，每轮 3 片，少 2 片对生，扁圆形或三角状扁卵形，中肋草质，绿色，具膜质翅边缘，基部狭缩成短柄状，最上一轮或一对苞片各生一雌花；胚珠顶端成短嘴状，由珠孔伸出的珠被管长 1.5~2mm，直或末端弯曲，裂口约占全长的 1/2，成熟时苞片增大，成淡棕色、干燥、半透明的薄膜片。种子常 3 粒少 2 粒，包被于暗褐色、有光泽、草质囊状"花被"（大孢子叶）中，长卵圆形，长约 3~4mm，径约 2mm，常 3 棱或平凸，顶端缩成嘴状尖，背面有细密皱纹。花期 5~6 月，种子 7~8 月成熟。

生于石质荒漠和沙地，形成大面积群落，或与梭梭、柽柳、沙拐枣、白刺等旱生植物伴生。

产木垒、奇台、吉木萨尔、阜康、乌鲁木齐、昌吉、呼图壁、玛纳斯、石河子和布克赛尔、沙湾、奎屯、乌苏、精河、鄯善、托克逊、和硕、库尔勒、尉犁、且末、若羌、于田、尼丰等地。分布于青海（模式产地柴达木）、甘肃（模式产地祁连山）、宁夏、内蒙古；蒙古也有分布。

总分布（包括喀什麻黄）：亚速海，里海，巴尔喀什湖流域，准噶尔阿拉套，费尔干盆地和阿赖依边区，以及克什米尔地区（亚洲中部植物 6：27，1971）。

1a. 喀什麻黄　喀什膜果麻黄　彩图第 7 页

Ephedra przewalskii var. **kaschgarica**（B. Fedtschenkoae et Bobr.）C. Y. Cheng. Acta Phytotax. Sin. 13（4）：80，1975；中国植物志，7：473，1978；新疆植物检索表，1：50，1982；中国树木志，1：407，1983；中国沙漠志，1：11，1985；新疆植物志，1：93，1992. —*E. kaschgarica.* B. Fedtschenk. et. Bobr. in Not. Syst. Herb. inst. Bot. Acad. Sci. URSS, 13：46，1950；Pachom. in Consp. Fl. As. Med. 1：27，1968 et Pl. Asiae Centr. 6：27，1971，pro syn. *E. przewalskii* Stapf.

小灌木，多从基部分枝，高 30~60cm。老枝淡灰或淡褐色，枝皮纵条裂，内含丝状纤维，皮破裂后，枝呈淡灰棕色或深灰色，具多数长圆形横生皮孔，从上部节上发出小枝；小枝淡黄绿色，节间长 3~4cm，径约 1.5~2mm，光滑或微粗糙，具浅沟纹，从节上发出营养枝和生殖小枝；当年小枝较细，淡绿色，末端直少弯曲。叶 3 或 2 枚，长约 2~3mm，下部 2/3 连合成鞘筒，裂片三角形或狭三角形，背部棕色，具膜质边缘，基部增厚而隆起，有皱纹；上年生小枝鳞片叶变成淡黑褐色而脱落。雌雄花球形，径约 4mm，几朵簇生在 1~2cm 长的总梗上；苞片椭圆形，长约 2mm，膜质，基部连合，雄蕊柱（花药轴）长约 3mm，全缘或上部分离；花粉囊（小孢子囊）5~7 枚，几无柄，聚集在顶端。雌球花球形或阔椭圆形，径约 5~6mm，常 3~5 朵聚成头状团伞花序，着生于长 1~2cm 的总梗上；苞片 3~4 对，对生或轮生，扁圆形或圆状倒卵形，基部呈短柄状，淡绿色，背部草质，边缘具宽膜质且有细齿的翅，最下一对较小，顶端常二浅裂；中部和内层苞片对生，分离几达基部，具较长的柄；假花被包围种子，常几对折，具短柄。种子长约 3mm，平凸少 3 棱；种皮褐色，光滑，微有光泽；珠被管直或弧状弯曲，长约 1.5mm，顶端具弯勾。花期 5 月，种子 7 月成熟。

生石质荒漠的沙地。常与柽柳、沙拐枣等半生植物混生。

产布尔津、乌鲁木齐、博乐、哈密、和静、库尔勒、阿图什、乌恰、疏附、叶城等地；国外在费尔干盆地和阿赖依边区也有分布。

模式标本由麦、格、波波夫 1929 年 7 月采自克孜勒苏河流域、保存在圣彼得堡植物研究所标本馆。

喀什麻黄在南北疆都有分布，在同一群落中，有时仅下部球花具总梗，有时整个植株的球花均具总梗，这一特征具有普遍性。

2. 砂地麻黄　沙麻黄　窄膜麻黄

Ephedra lomatolepis Schrenk in Bull. Phys. —Math. Acad. Sci. St. -Petersb. 3：210，1844；Stapf. in Denkschr. AK. Wien. Math. —Naturw. Kl. 56：90，1889；Фл. CCCP，1：197，1934；Фл. Казахст. 1：77，1956；Pl. Asiae Centr. 1：26，1971；新疆植物检索表，1：53，1982；中国沙漠植物志，1：11，1985；新疆植物志，1：94，1992。

灌木，高 20~50cm，常具地下茎。地上茎直立或斜升，主干和老枝树皮灰白色，条裂，基部多分枝；上年生枝淡黄绿色，较粗；当年生小枝坚硬，绿色，径 1~1.5mm，节间长 4~6cm，轮生或对生，光滑或粗糙，有细沟纹。叶片 2~3 枚，退化成鞘，长约 4mm，背部革质，干后淡褐色。联结处窄膜质，淡白色。下部沿节上一圈增厚，隆起，在淡白色膜下边有瘤点横纹；裂片三角形，具白膜质边；上年生枝的叶鞘常破裂，裂片残存或脱落。雄球花聚成圆头状花序，长至 5~6mm，单或 4~8 枚成对；苞片长 1.5~2mm，短渐尖，中部以下连合，具全缘的宽膜质边缘；雄蕊柱（花药轴）很少伸出，具 6~8 枚花粉囊，花丝长至 1mm。雌球花单朵或 3~4 朵簇生于 1~5cm 长的总梗上，顶端具 2 枚或 3 枚不易脱落的总苞片，苞片对生或轮生，3~4 对。覆瓦状，分离，阔卵形或近圆形，宽约 5mm，成熟时干燥，稍钝，背部较厚，草质，边缘窄膜质，全缘或具细齿。种子 2~3 粒，狭卵形，棕褐色，平凸，长 3~4mm，背面有皱纹；珠被管长约 1.5mm，螺旋状。花期 5 月，种子 7 月成熟。

生荒漠沙地上。

产青河、富蕴、阿勒泰、吉木乃、奇台、昌吉、和布克赛尔、托里、克拉玛依、奎屯、乌苏、博乐、霍城、伊宁、察布查尔、新源等地；国外在中亚也有分布。

模式从巴尔喀什湖记载，保存在圣彼得堡植物研究所标本馆。

（b）麻黄组 Sect. Ephedra

叶 2 枚，少 3 枚，长 2~4（6~8）mm；雌球花多数含 2 种子；苞片在成熟时肉质，肥厚，红色橙红色，具狭膜质边缘。

共 30 种，广布旧大陆和新大陆。分为欧亚麻黄亚组和美洲麻黄亚组，我国仅有前者，新疆产 4 种 1 变种。

3. 蓝枝麻黄　蓝麻黄　灰麻黄　图 16　彩图第 7 页

Ephedra glauca Regel in Acta Horti Petrop. 6：480 et 484，1880；Consp Fl. Asiae Medea，1：31，1968；Pl. Asiae Centr. 6：30，1971；新疆植物检索表，1：52，1982；新疆植物志，1：96，1992；Фл. Таджк. 1：68，1957。

小灌木，高 20~80cm，茎基部粗约 1cm，直立或偃卧而具上升小枝；皮淡灰色，或淡褐色，条状剥落。上年枝淡黄绿色，节间长 3~4cm；径约 2~3mm，具残存叶鞘，从节上对生或轮生出当年生小枝；当年生小枝几相互平行向上，淡灰绿色，密被蜡粉，光滑，具浅沟纹，节间长 2~3mm，径 1.5~2mm；由根状茎或匍匐茎上发出的小枝，其节间长 5~6cm，径约 2~3mm，从节上复发出细小枝。叶片 2 枚，连合成鞘，长 1.5~2mm，4/5 连合，背部稍增厚，具两条几平行而不达顶端的纵肋，形成狭三角形或狭长圆形叶片，顶端钝或渐尖，基部沿节上一圈增厚，联结叶片的膜较宽，近革质，淡黄绿色或淡黄褐色，后变淡灰白色，常具横纹。雄球花椭圆形或长卵形，无柄或具短柄，对生或轮生于节上，基部具一对几水平展或微小弯曲，背部淡绿色的总苞片；两边各具一枚基部连合，背部淡绿色具棱脊的舟形苞片；内含 3 朵花，中间 1 枚较大，最长，两侧各 1 枚较小，中间的 1 枚也具淡绿色小苞片和 3 朵花，但中间 1 朵常不育，均着生在薄膜质，中部以下连合的假花被中；在最上的一对苞片中，含 3 朵花，中间 1 朵最大，它包围在中部以下连合的 1 对苞片中，内含 2 朵花；雄蕊柱（花药轴）全缘，长 1~2mm，伸出，具 6~7 对无柄的花粉囊。雌球花含 2 种子。长圆状卵形，无柄或具短柄，对生；苞片 3~4 对，交互对生，草质，淡绿色，具白膜质边缘，成

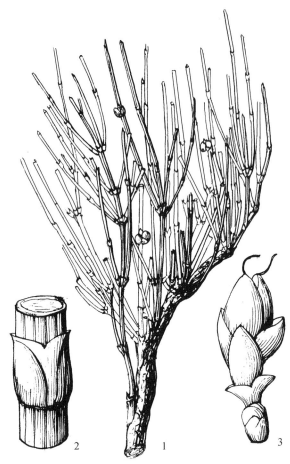

图 16 蓝枝麻黄 Ephedra glauca Regel
1. 果枝 2. 叶鞘 3. 雌球花

熟时红色；后期微发黑；最下一对总苞片叶鞘状；中部以下连合，不随雌球花脱落；第二、三对苞片依次较大、下部连合；最内层（上部）苞片最大，中部以下连合。种子 2 粒，不露出，椭圆形，长约 5mm，宽约 2mm，灰棕色，背部凸，腹面平凹；种皮光滑，有光泽；珠被管长 2～3mm，螺旋状弯曲，顶端具全缘浅裂片。花期 5～6 月，种子 7～8 月成熟。

生前山荒漠砾石阶地，黄土基质冲积扇、冲积堆，干旱石质山脊；冰积漂石坡地，石质陡峭山坡，海拔1000～3000m。

产青河、阜康、乌鲁木齐、和布克赛尔、沙湾、奎屯、乌苏、精河、伊宁、伊吾、哈密、巴里坤、鄯善、吐鲁番、和硕、和静、库车、沙雅、拜城、阿克陶、乌恰。分布于青海、甘肃和内蒙古；国外在吉尔吉斯斯坦和塔吉克斯坦也有。

模式标本：（♀），1929 年 7 月 12 日，由波波夫采自阿克陶县乌帕尔和波斯铁坦列克一带的石质河床上；（♂）由波坦宁 1877 年 6 月采自喀什东南的南山沟石缝中。

4. 中麻黄　图 17　彩图第 7 页

Ephedra intermedia Schrenk et Mey. in Mem. Ac. Sci. St. -Petersb. 6. Ser. 5：278，1846；Фл. СССР，1：198，1934；Фл. Казахст. 1：77，1956；Таджк. 1：94，1957；Pl. Asiae Centr. 6：31，1971；中国高等植物图鉴，1：337，1972；中国植物志，7：474，图版 110，1～3，1978；新疆植物检索表，1：50，1982；西藏植物志，1：400，1983；中国树木志，1：407，1983；中国沙漠植物志，1：13，图版 4：5～8，1985；内蒙古植物志，1：55，图版 37：5～7，1985；新疆植物志，1：98，1992。

小灌木，高 20～40cm；具发达的根状茎。茎不发达，粗短，树皮灰色或淡灰褐色，内层含纤维，有不规则纵深沟，后成条状剥离，裸露部分淡灰褐色，多粉质；基部径约 1～1.5cm，多分枝。主干灰色，径约 5～10mm，节间长 2～4cm，仅 2～3 节间，最上部节间停止生长，被轮生、纤细、每年干枯的嫩小枝代替，也常从下部第1～2 节上，发出的对生或轮生，具 2～3 节间的侧生木质化小枝，其上部节间亦跟主干枝同样被代替，也从这些木质棱节上轮生出较多、几平行向上生长的当年枝，从而形成了无明显主干的帚状灌丛；当年生枝单或少分枝，淡绿色有细沟纹，粗糙，沿棱脊有细小瘤点状突起，径约 1～2mm，由3～5 节间组成，每节间长 2～4cm，最下部节间较短，每 2～5 枚小枝成束对生于下部木质枝节上。叶 2 枚，4/5 或 2/3 连合成鞘筒，长 1.5～2mm，顶端钝圆；叶片不显著，仅在鞘筒对称的两侧，略增厚，有两条几平行而不达顶端的线条，联结叶片的膜质较宽，淡白或淡灰褐色，下部有细小瘤点形成的斜纹，沿鞘筒基部一圈增厚，棕褐色，有皱纹，而叶片基部增厚成三角形，以后鞘筒破裂，仅增厚部分残存节上。雄球花球形或三角卵形，长约 5mm，径约 4mm，内含 3～4 对花，无梗或具短梗，常 2～3 个密集于节上成团状；苞片 3～4 对，交互对生。圆状阔卵形，具膜质边缘，1/3 以下连合，长约 2.5mm，内层苞片较长；雄蕊柱稍伸出，全缘或分枝；花粉囊 5～7 枚，无柄或上部 3 枚具长约 1mm 长的柄。雌球花卵形，长约 5mm，径约

3mm，具短梗，有时生于具2节间的下部小枝顶端；苞片3~4对，交互对生，有时最下1对连合成鞘筒状，基部略增厚不脱落；以上2~3对苞片依次增大，草质，淡绿色，背部增厚，边缘膜质；下部1~2对基部连合，而弧状上弯包被最内层(上部)苞片，后者最长，紧包胚珠，仅中部以下连合；苞片成熟时肉质，红色，后期微发黑。种子2粒，内藏或微露出，卵形，长约5mm，宽约3mm，顶端钝，背部凸，腹面平凹，种皮栗色，有光泽，背面有皱纹；珠被管螺旋状弯曲。长2~4mm，顶端具全缘浅裂片。花期5~6月，种子7~8月成熟。

生荒漠石质戈壁，沙质，砾质和石质干旱化山坡，局部地区形成群落。

产青河、吉木乃、阜康、乌鲁木齐、玛纳斯、塔城、沙湾、奎屯、伊宁、巴里坤等地。分布于我国东北、华北、西北各地；国外在东哈萨克斯坦、吉尔吉斯斯坦、塔吉克斯坦也有分布。

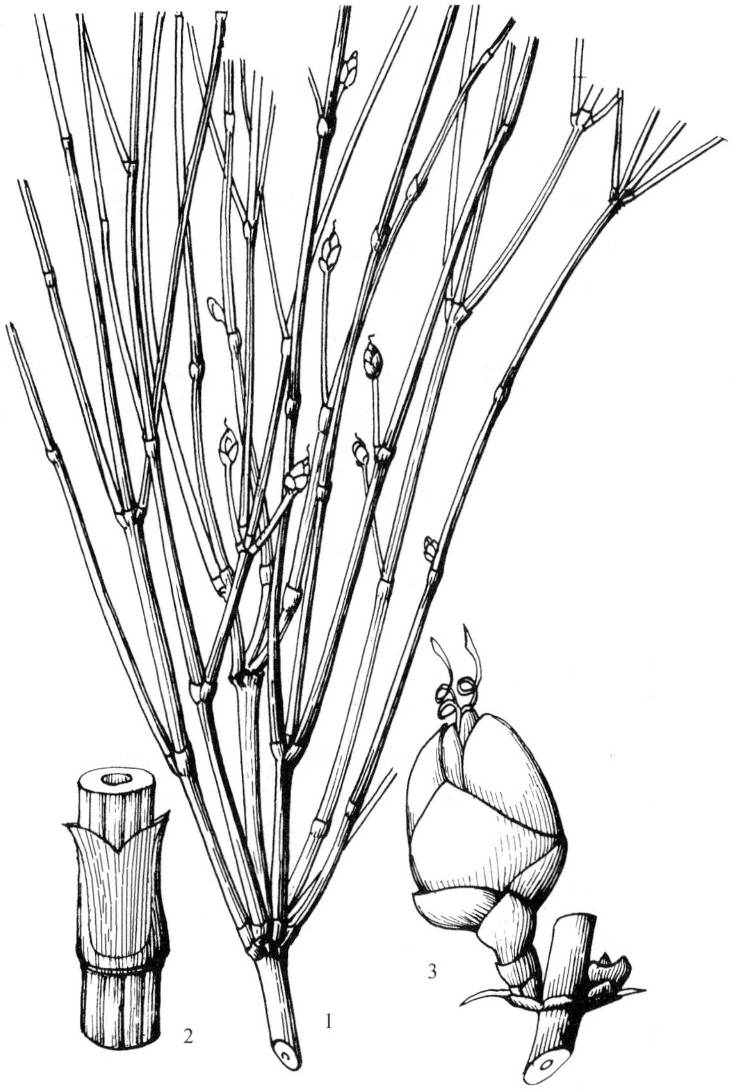

模式标本从塔尔巴卡台山记载。保存在圣彼得堡植物研究所标本馆。

图17 中麻黄 Ephedra intermedia Schrenk et Mey.
1. 果枝　2. 叶鞘　3. 雌球花

4a. 西藏中麻黄　西藏麻黄

Ephedra intermedia var. **tibetica** Stapf. in Denksch. Math. – Nat. K1. Wiss. Wien, 56(2)：63，T. 2，tab. 15，fig. 2，9，1889；植物分类学报，13(4)：80，1975；中国植物志，7：475，1978；中国树木志，1：407，1983；新疆植物检索表，1：50，1982—Ephedra tibetica (Stapf.) Nikit. in Fl. Tadjikist. 1：20，503，1957；新疆植物志，1：100，图版28，1992。

小灌木，高10~40cm。地下茎发达，垂生或斜展，有节，分枝，棕红色。叶片3或2枚，2/3连合成长鞘筒。主茎基部淡灰色或深灰色，深纵沟，后条状剥落，粗约1~2cm，仅1~3节间，后顶芽干枯，由侧生枝替代向上生长，当形成2(3)个长3~5cm的节间后，其顶芽又被替代，再以后顶芽就只发生较多较细的绿色小枝，但木质枝下部节上仍能重复发生更替新枝；木质枝一般仅4~5节间，径5~8mm，皮淡灰褐色或淡黄绿色，条状剥离，中层含纤维质，内部棕红色，枝上裸现部分棕色，多粉质；当年生枝淡绿色，节上棕色，几平行向上生长，单或重复分枝，中部节间长3~5cm，径1~2mm，光滑或微粗糙，沿棱脊具细瘤点。叶2~3枚，对生或轮生，4/5连成鞘筒，长2~3mm；叶片狭三角形或狭长圆形，具2~3条几平行的淡褐色线纹，联结膜较宽，灰白色或淡褐色，下部具横纹，基部沿节上一圈棕色，增厚，有皱纹，以后枝下部鞘筒破裂，叶裂片脱落，或成尖三角形反曲裂片，或仅在鞘筒基部残存。雄球花多数（20余枚）；常每3～4枚一束形成复团伞花序，密集于整个节上，每球花具4对苞片；苞片近圆形，背部淡绿色，边缘宽膜质，腋部具1朵花。由2枚中部以下连合的薄膜质假花被包围；雄蕊柱（花药轴）稍伸出；花粉囊7～8枚。具短柄。雌球花多至20～30朵，密集着生于节上，每3～4枚呈聚伞状生于几无柄的杯状鞘筒中；每一雌花呈椭圆形，长5～7mm。径约3mm，基部具2对包围花梗的淡棕色短鞘筒和1枚连合成杯状，肥厚，常不随球花脱落的鞘筒，在其上部具3～4对交互对生的苞片；苞片草质或薄革质，背部淡绿色，边缘宽膜质，最下一对苞片呈倒卵形，中部以下连合；而紧贴于第二对苞片；第二对苞片椭圆形，长约4mm，宽约1.5mm，几相互平行，中部以下连合；第三对苞片狭椭圆形，2/3连合。雌球花成熟时全部苞片肉质，红色或紫色。种子2～3粒，张开，几内藏，狭椭圆形，长约5mm，径约1.5mm，顶端钝，背部凸，腹面下凹，有时呈三棱形（3粒），种皮光滑，栗色，有光泽；珠被管长3～4（5）mm，螺旋状弯曲，顶端具全绿浅裂片。花期5～6月，种子7～8月成熟。生高山干旱石坡、河谷、沙滩，海拔2900～4200m。

产莎车、叶城、塔什库尔干、民丰、和田等昆仑山区。分布于西藏东、西部；国外在塔吉克斯坦也有。模式标本采昆仑山区。

本变种在《新疆植物志》第一卷中，当时曾作种等级处理。由于产区山高路远，人迹难至，难有较多标本进行深入比较，故此从多数学者意见，仍作变种等级，待进行深入研究。

5. 蛇麻黄　双穗麻黄

Ephedra distachya Linn. Sp. Pl. 1040，1753；Man. Cultr. Trees and Shrubs ed. 2：70，1940；Фл. CCCP，1：201，1934；Фл. Казахст. 1：78，1956；Fl. Europ. 1：41，1964；新疆植物检索表，1：52，1982；中国沙漠植物志，1：15，1985；新疆植物志，1：102，1992。

小灌木，高10～25cm。地下茎发达，幼茎全由叶鞘筒和联结鞘筒的表皮包被；鞘筒具2裂片，棕红色，以后节间增粗，鞘筒和表皮层破裂，形成含有纤维质的条状裂片；增粗的地下茎垂生或斜展，灰棕色或棕红色，曲折，多节，在膨大的节上发生侧枝，或在顶芽附近形成"替代顶芽"继续生长，通常每2（1）节间进行一次"顶芽更替"，因而在靠近地表或以下第一节上，发出1至多枚出土地上茎。地上茎仅1～2节间，粗5～6mm，皮淡灰色或淡棕色，纵深沟纹，后条状裂，在其顶端节上发生轮生侧枝，多铺散地面；其中1～2枚增粗，木质化，继续生长1～2节间后，又重复同样的"顶端更替"，因而形成无明显主干的垫状灌丛；由上年和当年小枝组成的同化枝，轮生或对生于节上，并重复分枝，淡绿色或淡黄绿色，末端呈螺旋状或"之"形弯曲，少直，节间长2～4cm，径约1mm，下部节间较短，具浅沟纹，光滑或微粗糙。叶2枚对生，或在枝上部3枚轮生，连合成鞘筒，长1～2mm；裂片尖三角形，背部微有色；枝下部的鞘筒破裂、裂片脱落，仅在鞘筒基部残存或有时形成三角形，干草质的残存鳞片。雄球花具梗少无梗，常3枚簇生短枝端，基部具1对阔卵形反折的总苞片；两侧各具1枚雄球花，其基部亦各具1对苞片，每苞片腋部各着生1朵花；中间的1朵球花具短梗，亦有1对总苞片，在两侧亦各有1球花，其基部各有1对苞片，内有3朵花；其中两侧的球花只含1朵花；中间1朵球花有交互对生的2朵花；居中心的1枚球花具1对总苞片和4对交互对生的苞片和花；苞片阔卵形，背部绿色，增厚，边缘膜质；假花被4/5连合成筒状，长约1.5mm；雄蕊柱（花药轴）伸出，长约2mm，不分枝；花粉囊7～8枚，顶端1～2枚具短柄。雌球花1～7朵生短枝端，下部二对各生2朵球花，最下一对生3朵花，或有时下部苞片不着生球花，每球花具4对苞片；苞片草质或薄革质，背部淡绿色，增厚，边缘薄膜质；下部苞片卵形，仅基部连合；中部苞片阔卵形，下部连合；最内层（上部）苞片最长，椭圆形，中部以下连合，成熟时雌球花苞片肉质，呈浆果状，径6～7mm，红至紫红色而微发黑，苞片明显具膜质边。种子2粒，少3粒，长卵形或阔卵形，长4～5mm，宽约2～3mm，顶端钝，背部凸，或有时3棱形，种皮栗色，光滑而有光泽，背部具浅网纹；珠被管短，长1～1.5mm，直或微弯，顶端具长圆形裂片。花期5～6

月，种子7~8月成熟。

生沙地，山前冲积扇，石质低山坡，荒漠化草原。

产青河、布尔津、木垒、奇台、阜康、米泉、乌鲁木齐、奎屯、巴里坤等地；国外分布于欧洲、地中海，克里米亚，高加索、中亚、西西伯利亚等地。模式标本系自南欧。

6. 细子麻黄　图18

Ephedra regeliana Florin in Kungl.
Sv. Vet. AKad. Handl. Ser. 3, 12, (1): 17,
tab. 3, fig. 2, 1933; Фл. Казахст. 1: 79,
1956; Фл. Таджк. 1: 76, 1957; Pl. Asiae
Centr. 6: 32, 1971; 中国植物志, 7: 486,
1978; 新疆植物检索表, 1: 51, 1982; 中
国树木志, 1: 417, 1983; 中国沙漠植物
志, 1: 12, 1985; 新疆植物志, 1: 103,
1992。

密丛小灌木，高2~10cm，无主茎。地下茎发达；幼茎纤细，有节，全由叶鞘筒和联结鞘筒的表皮层包被，棕红色，鞘筒具2枚尖三角形裂片，以后随细茎增粗，鞘筒和表皮层破裂，形成剥落的纤维质条状裂片；成长的地下茎垂生或斜展，长15~20cm，粗约2~5mm，从膨大节上发出纤维状细根，并由顶芽附近的侧芽形成二歧状分枝，几平行向斜展，向上生长，而在地表下第一节上再形成二叉状分枝；在地表处发出2~3个侧枝，仅长出1~2节间后，顶芽干枯，而从其节上成对发出新枝，以后逐年重复被更替，致使在地表形成粗至1~2cm的疙瘩状茎基；或在平原地区，地表的2~3侧枝初期匍匐生长，或有时向上生长，后者，待

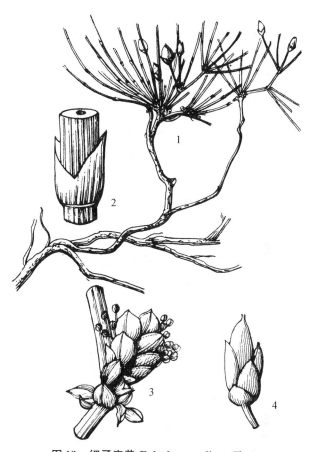

图18　细子麻黄 **Ephedra regeliana** Florin
1. 果枝　2. 叶鞘　3. 雄球花　4. 雌球花

小枝上部干枯脱落后，基部节间仍形成匍匐状，这些小枝只生长1~2节间后，逐处重复更替顶芽，而形成垫状灌木；上年小枝较粗，淡黄绿色，仅1~2节间当年生小枝绿色，纤细，微粗糙，径约1~1.5mm，节间长1.5~2cm。叶2枚，对生，连合成鞘筒，长约2mm；裂片三角形，背部略增厚，联结膜灰白色或淡棕褐色，下部具横皱纹。基部沿节上一圈增厚，微有色；枝下部叶鞘破裂，裂片残存或脱落；枝条基部叶鞘灰白色，圆筒形，浅裂，宿存。雄球花卵形或椭圆形，单生，少簇生于具有叶鞘筒长1~2cm的短枝顶端，长约4~5mm，具4~5对苞片，每苞片腋部具1朵花；苞片背部淡绿色，稍增厚，边缘膜质；下部苞片舟形，顶端渐尖；上部苞片匙形或风兜形，顶端钝圆；薄膜质假花被近倒卵形；雄蕊柱(花药轴)长2~3mm，远伸出；花粉囊6~7枚，在下部苞片中仅4~5枚，且具短柄，上部(最内部)者较多，无柄。雌球花含2种子。单或2~3枚簇生于1~2(4)cm长的短枝顶端，具3~4对苞片，苞片草质或薄革质，背部绿色，稍增厚，边缘白膜质，下部者卵形，仅基部连合，中部者阔卵形近中部以下连合，最内层苞片椭圆形，几全部连合，仅顶端有小裂缝；成熟雌球花卵形或阔卵形，长约4~5mm，径3~4 mm；苞片肉质，红色或橙红色，后期紫黑色，具狭膜质边缘。种子2粒，内藏，卵形或狭卵形，栗褐色，光滑而有光泽，长约3~4mm，宽约1.5~2mm，顶端钝，背部凸，微有皱纹，腹面平凹；珠被管内藏；或微伸出，长约1mm，直少微

弯。花期 5~6 月，种子 7~8 月成熟。

　　生平原砾石戈壁，干旱低山至高山坡、石缝。海拔 700~3200m。

　　产奇台、吉木萨尔、乌鲁木齐、玛纳斯、博乐、伊宁、察布查尔、尼勒克、特克斯、昭苏、托克逊、和静、拜城、阿克苏、阿克陶、乌恰、塔什库尔干等地。国外分布于吉尔吉斯斯坦、塔吉克斯坦、阿富汗、印度北部也有。模式从吉尔吉斯斯坦的伊塞克湖记载，保存在圣彼得堡植物研究所。

7*. 草麻黄　麻黄　华麻黄

Ephedra sinica Stapf. in Kew Bull. 1927，133，1927；中国树木分类学，74，图 56，1934；Man. Cult. Trees and Shrubs ed. 2：70，1940；中国树木学，1：292，图 139，1961；中国高等植物图鉴，1：336，图 671，1972；中国植物志，7：477，1978；新疆植物检索表，1：51，1982。

　　草本状灌木，高 20~40cm；木质茎短或成匍匐状，小枝直伸，表面细纵纹常不明显，节间长 2~5cm，径约 2mm。叶 2 裂，裂片尖三角形，先端尖。雄球花多成复穗状，常具总梗；苞片常 4 对；雄蕊 7~8 枚，花丝合生，稀先端稍分离。雌球花单生，在幼枝上顶生，在老枝上腋生，基部有梗抽出，雌球花呈侧枝顶生状，卵圆形或长圆状卵圆形；苞片 4 对；雌花 2；珠被管长约 1mm，直立或先端微弯，管口隙裂窄长，占全长 1/4~1/2，裂口边缘不整齐，常被少数毛绒。成熟时肉质，红色，长圆状卵圆形或近圆球形，长约 8mm，径 6~7mm。种子 2 粒，内藏，不露出或与苞片等长，黑红色或灰褐色，三角状卵圆形或宽卵圆形，长 5~6mm，径 2~3mm，表面具细皱纹，种脐明显，半圆形。

　　花期 5~6 月，种子 8~9 月成熟。

　　新疆博乐县引种栽培，生长良好。分布于辽宁、吉林、内蒙古、河北、山西、河南、陕西等地；蒙古也有。模式标本采自内蒙古。常生于平原、草原、山坡、河床等处。茎草质柔软、易加工提炼，生物碱含量丰富，仅次于木贼麻黄，为我国提制麻黄碱的重要植物。

　　（c）单子麻黄组 Sect. Monospermae Pachom.

　　雌球花仅含 1 种子，而区别于麻黄组。

　　共 15 种，分 2 亚组：欧亚单子麻黄组和北美单子麻黄组。我国仅有前者。

　　新疆产 3 种，均为山地小灌木和半灌木。

8. 木贼麻黄　图 19

Ephedra equisetina Bunge in Mem. Ac. Sci. St. -Petersb. Sav. Etrang. 7：500，1851；Man. Cult. Trees and Shrubs ed. 2：70，1940；Фл. СССР，1：203，1934；Фл. Казахст. 1：79，1956；Pl. Asiae Centr. 6：28，1971；中国高等植物图鉴，1：336，图 672，1972；中国植物志，7：478，1978；新疆植物检索表，1：51，1982；中国树木志，1：400，图 110：5~7，1983；中国沙漠植物志，1：13，图版 4：9~12，1985；内蒙古植物志，1：151，图版 35：5~8，1985；新疆植物志，1：106，图版 30：1~5，1992。

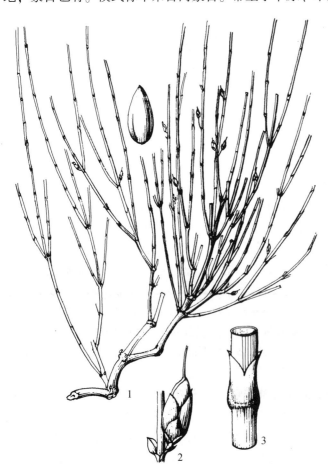

图 19　木贼麻黄 **Ephedra equisetina** Bunge
1. 果枝　2. 雌球花　3. 叶鞘

灌木，高 1~1.5m，基部粗约 1cm，灰色或灰褐色；茎皮纵深沟，后不规则纵裂。在主干下部节上，常成对发出 2 枚侧枝，它们跟主干一样，生长 1~3 节向后，顶芽被更替，由侧枝继续向上生长1~3 节间后，顶芽又重复数次被更替。已形成木质化的骨干枝，几平行地向上生长，并从各膨大节上，每年发出稠密的更新枝条，致使形成独特的无明显主干的上部稠密，下部稀疏的帚状树冠；上年生枝淡黄色，径约 1.5~2mm，节间长 2~3cm；当年生小枝淡绿色，纤细，径约 0.5~1mm，节间长 1~3cm，光滑，具浅沟纹。叶 2 枚，连合鞘筒，长 1.5~2mm，浅裂；裂片短三角形，顶端钝，背部呈三角状增厚，联结膜淡白色，下部具横纹，基部节上一圈呈棕褐色，瘤点状增厚；枝下部叶鞘破裂，裂片干枯，脱落或残存。雄球花单生或几枚簇生于节上，无梗或具短梗，卵形，长 4~5mm，宽约 2~3mm；苞片 3~4mm，最下一对细小，常不育，上部各对苞片近圆形，内凹，基部约 1/3 连合；假花被近圆形，长宽约 1mm，中部以下连合；雄蕊柱(花药轴)长约 1.5mm，伸出；花粉囊 6~7 枚，无柄。雌球花具 1~2mm 长的梗，常 2 枚对生节上，长卵圆形或椭圆形，长约 5mm，宽约 2mm，具 3 对苞片；下部 1 对苞片卵形，背部稍厚，边缘膜质，下部连合成阔漏斗形；最内层(最上)1 对苞片近椭圆形，长于第二对苞片近 4 倍，2/3 或 4/5 连合；成熟雌球花长 8~12mm，径 3~4mm，苞片肉质，红色或橙黄色，具狭膜质边。种子棕褐色，光滑有光泽，狭卵形或狭椭圆形，长 5~6mm，径 2~3mm，顶端略成颈柱状；基部钝圆，具明显点状种脐与种阜。花期 6~7 月，种子 8 月成熟。

生于干旱碎石山坡、山脊，海拔1300~3000m。

产青河、富蕴、福海、阿勒泰、布尔津、阜康、昌吉、乌鲁木齐、和布克塞尔、塔城、博乐、温泉、霍城等地。分布于河北、山西、内蒙古、陕西、甘肃等地；国外在高加索、中亚、西伯利亚、蒙古等地亦有。模式标本采自泽拉夫善边区(乌恰县西部)，保存在圣彼得堡植物研究所。

木贼麻黄为重要药用植物，能发汗、散寒、平喘、利尿，主治风寒感冒、支气管炎、水肿等；根主治自汗、盗汗。

9. 单子麻黄　图20

Ephedra monosperma Gmel. ex C. A. Mey. in Mem. Ac. Sci. St. Petersb. 6 Ser. 5：279，1846；Фл. CCCP，1：202，1954；Pl. Asiae Centr. 6：29，1971；中国植物志，7：484，1978；新疆植物检索表，1：52，1982；中国树木志，1：410，1983；内蒙古植物志，1：153，1985；新疆植物志，1：108，1992。

草本状矮小灌木，高 3~

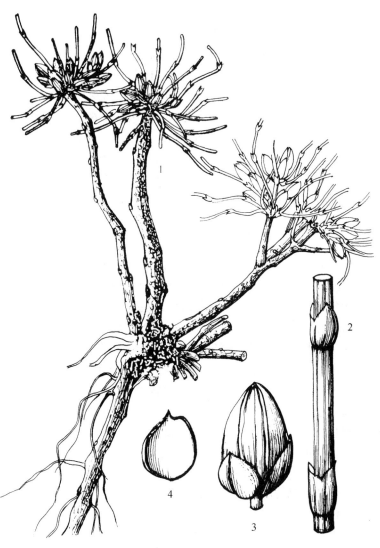

图20　单子麻黄 Ephedra monosperma Gmel. ex C. A. Mey.

1. 植株　2. 同化枝及叶鞘　3. 雌球花　4. 苞片

8cm。地下茎发达，长 10~20cm，粗 2~5mm，棕红色，分枝有节；在地表处顶芽枯死，从节上多次重复发出侧枝；侧枝长出 1~2 节间后，顶芽又被更替，重复发出侧小枝，以致在地表形成无主茎的稠密垫丛；当年生小枝淡绿色，开展，常弯，仅具 2~3 节间，每节间长 1~1.5cm，径 0.8~1mm，光滑稍微粗糙，具浅沟纹。叶 2 枚，连合成 1~2mm 长的鞘筒，上部裂至 1/3；裂片三角形，背面微增厚成狭长圆形，跟联结膜一样，均为淡绿白色；下部叶鞘干枯，破裂。脱落或残存为灰棕色有横纹的三角形鳞片；下部叶鞘仅长约 0.8mm，淡褐色，干枯，宿存。雄球花具极短梗，生下部节上，对生或单朵，少 3 枚轮生，阔卵形，长约 5mm，宽约 3mm，具 2~3 对苞片，每苞片腋部各具 1 朵花；苞片淡黄绿色，阔卵形，内凹，背部稍厚，边缘膜质，中部以下连合；假花被跟苞片同色，薄膜，阔卵形；雄蕊柱联合成单体，或有时二裂至中或下部，伸出，长约 2mm；花粉囊 6~7枚，顶端者具短柄。雌球花单或对生节上，具弯的长约 1mm 的梗；苞片 2~3 对，下面 1 对阔卵形，基部连合。边缘狭膜质，最上 1 对阔椭圆形，中部以下连合，成熟雌球花苞片肉质、淡红褐色，长约 5~6mm，径约 3~4mm。种子 1 粒，外露，狭卵形，褐色，光滑，有光泽，长 4~6mm，径约 3mm，两面微凸，基部具纵纹。花期 6 月，种子 8 月成熟。

生于干旱山坡石缝中，海拔 1400~2700m。

产布尔津(喀纳斯湖)、昌吉、和布克赛尔、托里、博乐、新源、和静等地。分布于黑龙江、河北、山西、青海、宁夏、甘肃、四川、西藏等地。国外在西西伯利亚、中西伯利亚、远东、蒙古等地也有。模式标本采自勒拿河，保存在圣彼得堡植物研究所。

10. 雌雄麻黄　昆仑麻黄

Ephedra fedtschenkoae Pauls. in Bot. Tidsskr. 26：254，1905；Фл. СССР，1：202，1934；Фл. Таджк. 1：83，tab. 9，4~8，1957；Pl. Asiae Centr. 6：28，1971；Acta Phytotax. Sin. 13，4：81，fig. 61：6~9，1975；中国植物志，7：489，1978；新疆植物检索表，1：53，1982；中国树木志，1：413，1983；新疆植物志，1：109，图版 30：6~8，1992。

草本垫状小灌木，高 3~10cm。地下茎发达，幼茎全由叶鞘和连接它的节间表皮层包被，随着茎的增粗，叶鞘和表皮层破裂，裂成含纤维质的条状裂片，残存于地下茎上，成年地下茎栗色或灰棕色，有节，多分枝，呈线索状，纵横交错地密布于地下 3~5cm 土层，当地下茎及其部分侧枝伸出地表层时，顶芽干枯，停止生长，从其周围发出 1~3 节绿色小枝，冬季顶芽又枯死，第二年又重发新枝，并从地下茎上再发出侧枝，以致在地面形成团状、块状的稠密垫状灌丛；当年生小枝对生或轮生，铺展成弧状外弯，粗 0.5~1mm，节间长约 1cm，光滑或微粗糙，具细沟纹，绿色，后淡黄绿色或黄色。叶片 2 枚对生联合成 1~2mm 长的鞘筒；裂片钝三角形，背部稍成狭三角形或狭长圆形增厚，幼时跟小枝同色。后变灰白色或淡褐色，联结膜呈灰白色，基部沿节上一圈稍增厚，下部叶鞘干枯，残存。雌雄球花同株，生于异枝或同一枝上：雄球花对生节上，卵形或倒卵形，长 3~4mm，径 2~3mm；苞片 3~4 对，微发紫，卵形或阔卵形，长约 2mm，背部稍厚，微具棱脊，基部连合；假花被近倒卵形，长约 2mm，一边连和至中部，另一边几裂至基部；雄蕊柱长约 3mm，伸出，全缘；花粉囊 5~7 枚，密集呈头状，无柄；雌球花对生少轮生于下部节上，具短柄，少无柄，具 3 对苞片：苞片草质或革质，背部淡绿色，稍增厚，边缘膜质，下部 1 对苞片最小，狭卵形，基部连合；中部 1 对苞片卵形，长约 3~4mm，中部以下连合，最上(内)1 对苞片卵状椭圆形，或长圆状椭圆形，长约 4~5mm，宽约 2mm，中部以下连合；成熟雌球花肉质，红色或橙红色，长圆状卵形，顶端钝。种子 1(2) 粒，微露，长 4~6mm，径约 2~3mm，深褐色，光滑，有光泽，两面微凸；珠被管长约 1mm，直，少裂口处弯，具浅裂片。花期 6~7 月，种子 8~9 月成熟。

生山地干旱石质山坡，石缝中，海拔 1900~3800m。

产精河、博乐、温泉、尼勒克、新源、鄯善、和静、叶城、和田等地的昆仑山区和天山南坡。分布于青海、西藏；国外在塔吉克斯坦也有。模式标本采自东帕米尔的喀拉库尔湖，保存在圣彼得堡植物研究所。

被子植物门——ANGIOSPERMAE

被子植物是白垩纪中期出现的一群最进化的高等植物。它的出现是植物界最大的飞跃，它从乔木、灌木发展到多年生和一年生草本植物，从而加强了对各种环境条件的适应能力。

孢子体发达，是被子植物系统进化的重要标志。孢子体世代通常分化成营养器官和生殖器官，营养器官包括各式根、茎、叶。叶片宽阔故常称为阔叶树林。在其体内的输导组织中，木质部有导管，韧皮部出现了筛管和伴胞。生殖器官就是花，被子植物具有真正的花，故又称为有花植物。

配子体进一步退化，是被子植物生殖进化的重要标志。花冠内方是雄蕊，每一雄蕊由一细长花丝和顶端的囊状花药组成。花药就是产生花粉的部分，花粉成熟时，花粉囊开裂散出花粉，已萌发的花粉成为一雄配子体。

花的最中心是雌蕊，因此被子植物又被称为雌蕊植物。它由心皮包裹着胚珠(大孢子囊)组成。心皮顶端膨大部分叫柱头，它承受花粉。心皮基部膨大部分叫子房，连接柱头和子房的部分叫花柱。在子房中有胚珠，它由珠被、珠心和胚囊母细胞组成。由胚囊母细胞减数分裂成一核胚囊，再发育成成熟的胚囊(雌配子体)。

由此可见，被子植物的雌、雄配子体进一步退化，均只寄生在孢子体上。

花粉管形成是被子植物生殖进化的重要标志，当成熟时花粉落到柱头上以后，就附着在上面，吸水而膨胀，形成花粉管，当其达到子房时，即向一胚珠伸进，进入胚囊以后，花粉管顶端壁破裂，将两个精子和细胞质送入胚囊内，从而实现授粉过程，而不需要水域作媒介。

双受精是被子植物遗传进化的重要标志。进入胚囊的两个精子，一个与卵细胞结合形成合子，将来发育成胚，另一个精子与胚囊中央的极核细胞融合，以后发育成胚乳。这两个融合现象，叫双受精作用。这是其他植物没有的。因为幼胚的营养物质(胚乳)具有双亲遗传特性和双亲优势，所以由这种幼胚长成的孢子体，对外界环境条件具有更广泛地适应性。

种子的出现，果实的形成，是被子植物种族繁衍的可靠保证。雌蕊子房中的胚珠，在受精以后，渐次形成种子，而包围胚珠外的珠被变为种皮，内有胚乳和胚。因种子被保护在子房内，故又称为被子植物。

被子植物起源于侏罗纪末期或下白垩纪初期，一般认为由种子蕨演化而来，距今约13500万年以上，25万~30万种以上，分布全球。从20世纪60年代以来，新提出或修订的被子植物分类系统有10多个。本书按塔赫他间(Takhtajan)1997年系统和吴征镒系统(2003)顺序排列，他们分双子叶植物为木兰纲，下分为木兰亚纲、睡莲亚纲、莲亚纲、毛茛亚纲、石竹亚纲、金缕梅亚纲、五桠果亚纲、蔷薇亚纲、牻牛儿苗亚纲、山茱萸亚纲、菊亚纲、唇形亚纲。他分单子叶植物为百合纲、鸭跖草亚纲、棕榈亚纲、泽泻亚纲、霉草亚纲、天南星亚纲等亚纲。

木兰纲——MAGNOLIOPSIDA
(双子叶植物纲 DICOTYLEDONES)

胚具2胚珠，有时具1胚珠，少具3~4胚珠。胚珠一般具3条维管束。叶具羽状掌状叶脉，有时为弧状或平行叶脉。叶脉通常不闭合。叶柄一般很明显。叶迹1~3，有时较多。先出叶和小苞片一般是成对的。茎输导系统通常由一圈输导束组成，通常具有形成层，在韧皮部常有薄壁组织。茎皮层和髓部通常区分明显。胚根常发育成主根，根冠和根表皮在个体发育中有共同起源(睡莲目Nymphneales除外)。木本或草本植物(有时是派生木本状)。花大部分5数或(少)4数，仅某些原始类群是3数，蜜腺有各种类型。花粉通常3沟或为其衍生类型，更少(少数原始类群)远离1沟的花粉。

木兰纲本书包括11亚纲28超目50目70科171属819种44变种。

A. 木兰亚纲——Subclass MAGNOLIIDAE

大部分是木本植物，薄壁组织常具球形挥发油细胞，导管在某些类群中缺乏。气孔常平列型。花两性或单性，常螺旋形或螺旋状轮列。成熟花粉2细胞或为3细胞。花粉粒1沟，2沟，3~6沟，具皱纹，具萌发孔或无孔。雌蕊群大部分离心皮，少合生心皮或并列心皮，胚珠在多数情况下具双珠被，通常具厚珠心。胚乳细胞型或核型。种子大部分具小的或很小的胚和丰富的胚乳，有时也有外胚乳。

木兰超目——MAGNODLIANAE

I. 木兰目——MAGNOLIALES

乔木或灌木。叶互生，单叶，通常全缘，具托叶或缺，具羽状叶脉。气孔平列型少(Liriodendron)无规则型。节有3叶隙的、5叶隙的或多叶隙的。导管经常有，具梯纹或少单穿孔。纤维细胞具缘纹孔。花组成花序或单花，两性，虫媒。雄蕊多数，多少呈条状，大部分3脉或在多数情况下延长到花药之上(具一延长药隔)。绒毡层分泌细胞，小孢子发生同时型。花粉粒离生，2细胞，1沟槽，无覆盖层或具覆盖层，雌蕊通常为离生心皮，少心皮多，少合生。胚珠倒生，双珠被，厚珠心，雌配子体蓼型，果实各式常为聚合蓇葖果。胚乳细胞型。种子具细小胚和丰富胚乳，具肉质覆盖层。

3科，分布热带和亚热带地区。中国仅产木兰科。

1. 木兰科——MAGNOLIACEAE A. L. de Jussieu，1789

常绿或落叶，乔木或灌木。单叶，互生，全缘，少掌状裂，羽状脉。托叶大，包被芽，脱落后在枝上留有环状痕迹。花单生，顶生，少腋生，花大而艳。花被片每3片1轮，常2~4轮。花托隆起成圆锥状，雄蕊着生于花托下部，花药2室，纵裂。雌蕊着生于花托上部，子房1室，边缘胎座，胚珠1~6。蓇葖果，翅果状坚果，胚乳油质。X = 19。

木兰科分为二亚科(木兰亚科和鹅掌楸亚科)，14属250多种，广布亚洲东部、东南部，北美南部。中国11属90多种，是组成中亚热带和南亚热带森林重要树种。新疆仅引入2属2种，均借小气候条件保护而越冬。

(1)木兰属 Magnolia Linn.

常绿或落叶乔木，叶全缘少2裂，花生枝端，先叶开放，聚合蓇葖果。

中国30余种，多为观赏树种。新疆露天栽培1种，温室盆景1种。

1*. 玉兰　白玉兰　木兰

Magnolia denudata Desr. in Lam. Encycl. Meth. Bot. 3：675，1791。

落叶乔木，高20m，胸径4~6cm。树皮平滑或粗糙。一年生枝紫褐色。花芽长卵形，被长绒毛。叶片倒卵形，长10~18cm，宽6~12cm，互生，全缘。花白色，单朵，大型，直径10~15cm，花被片大小近相等。聚合果圆柱形，蓇葖果圆形。种子宽椭圆形，微扁。

产河南、山东、江苏、浙江、安徽、江西、湖南、广东、辽宁(旅顺、大连)及北京等城市均早有栽培。乌鲁木齐在20世纪70年代曾有少量温室盆景，每年4月下旬到5月上中旬开花，深受喜爱。

2*. 望春花　望春玉兰

　Magnolia biondii Pamp in Nuov. Giorm. Bot. Ital. n. ser. 17：275，1910；树木学(北方本)，106，1997。

落叶乔木，高达 12m，小枝光滑，芽被绒毛。叶片椭圆状或卵状披针形，顶端急尖，基部圆形或楔形，长 10～18cm，宽 8.5～6.5cm，上面深绿色，无毛，下面淡绿色，沿叶脉有毛；叶柄无毛，细长；花柱弯曲。果不规则圆筒形，长 8～13cm，一部分心皮成熟，圆形，无喙；果梗密被丝状毛。种子深红色，腹面有深沟槽。花期 4～5 月，果期 9～10 月。

产河南、陕西、甘肃、湖北、湖南、四川等地。新疆石河子地区，自 20 世纪 70～80 年代，引种栽培(少量)，借小气候条件保护越冬，开花结实，每年 5 月开花，成为石河子城市旅游一大亮点。

(2)含笑属(白兰花属)Michelia Linn.

常绿乔、灌木。单叶互生，革质，全缘不裂，托叶生叶柄上。花单生叶腋，两性，整齐，花被片 9～15，雄蕊多数，花丝扁平，雌蕊群具柄，蓇葖果，每室胚珠 1 至数个。中国产 35 种，主产西南和华东，是组成常绿阔叶林的重要树种。新疆引入栽培。

1*. 含笑花

Michelia figo(Lour) Spreng. Syst. Veg. 2：643，1825；Dandy in Lingnan Sci. Journ. 7：145，1929；广州植物志，82，1956；海南植物志，1：226，1964；中国树木志，489，1983。

常绿灌木，高 3～5m，多分枝。小枝密生褐色绒毛。叶片长圆状倒卵形，顶端钝，基部楔形，长 3.5～10cm，上面无毛，背面沿中脉被黄褐色绒毛。花淡黄色，单生叶腋，极芳香，花梗长约 12mm；花被片黄绿色，卵圆形，常带紫晕，长 18～25mm。

产江西、浙江、福建、广东。长江流域各地栽培，露地越冬，新疆各地温室栽培，甚为普遍。

B. 毛茛亚纲——Subclass RANUNCULIDAE

毛茛超目——RANUNCULANAE

大部分草本植物，薄壁组织通常无挥发油细胞。导管常具穿孔。气孔大部分无规则型。花两性，或少单性，螺旋状轮列或常轮列。花粉粒 2 细胞，3 沟槽或为其衍生型。雌蕊离生心皮，合生心皮或并列心皮。胚珠大部分双珠被，厚珠心或少薄珠心。胚乳细胞型或常为核型。种子具细小或大的胚，具胚乳或缺。

毛茛亚纲近似木兰亚纲，但明显较进化，很可能它们跟八角目(Illiciaes)有共同起源。含 1 超目 9 目(1997 系统)：木通目、防己目、小檗目、毛茛目、牡丹目、罂粟目、星叶草目、北美黄莲目(Hydrastidales)、白根葵目(Glaucidialea)等。

Ⅱ. 小檗目——BERBERIDALES

含 4 科，南天竹科，小檗科，兰山科(Ranzaniaceae)，鬼臼科(Podophyllaceae)。新疆木本仅 1 科。特征同科。

2. 小檗科——BERBERIDACEAE A. L. Jussieu，1789

落叶或常绿灌木或多年生草本。叶互生或根生，单叶，或掌状分裂，或掌状或羽状或三出复叶。有或无托叶。花两性，整齐，单或成总状花序。萼片与花瓣常覆瓦状排列，成数列，稀不存。雄蕊与花瓣同数或为2倍而与之对生，下位花药纵裂或以2裂瓣开裂。花蜜腺存在或缺。子房上位，1室。花柱短或缺。果为浆果或蒴果。

新疆木本仅1属。

(1) 小檗属 Berberis Linn.

落叶或常绿有刺灌木，稀小乔木。茎具叶刺，单一或分叉。单叶互生或在短枝上簇生。花两性，整齐，组成伞形稀复总状花序，或簇生，少单生。萼片6，下部有2枚小苞片。花瓣6，基部常有2腺体。雄蕊6，有敏感。花药2裂瓣开裂。子房1至多数胚珠。柱头无柄。果为浆果，红色或黑色，含1至多数种子。

500余种，分布亚洲、欧洲、美洲和北非洲。中国约160种，主产西部和西南。新疆产5种，引入栽培3种。

分种检索表

1. 花单生，少几朵簇生，不组成总状花序 ·· 2
1. 花组成总状花序 ·· 4
2. 花单生，刺3~7分杈，果球形，红色 ·································· 1. 西伯利亚小檗 B. sibirica Pall.
2. 花2~5朵，簇生少单 ··· 3
3. 刺单，稀分杈，短于叶，叶全缘，倒卵形或矩圆形，果红色，栽培种 ·············· 9*. 日本小檗 B. thunbergii DC.
3. 刺分杈，长于叶，叶匙形，狭窄，叶缘具细齿或全缘，果蓝黑色 ·········· 2. 喀什小檗 B. kaschgarica Rupr.
4. 叶缘密生刺尖或具疏齿牙 ··· 5
4. 叶全缘稀有疏齿牙 ··· 6
5. 成熟果实紫红黑色，厚被蜡粉，叶全缘或具疏齿 ····················· 3. 黑果小檗 B. sphaerocarpa Kar. et Kir.
5. 成熟果实红色，叶缘密生刺毛细齿，叶长圆形，长3~8cm ·············· 7*. 大叶小檗 B. amurensis Rupr.
6. 叶狭窄，倒披针形或披针状匙形，刺单一或不明显、3分杈 ·············· 8*. 细叶小檗 B. poiretii Schneid.
6. 叶较大，较宽 ··· 7
7. 果紫红色，被蜡粉，长圆状卵形，长7~9mm，宽4mm，花序多花 ········· 4. 全缘叶小檗 B. integerrima Bunge
7. 果鲜红色，无蜡粉，长5~6mm，叶全缘或具疏齿。
8. 果梗长，长5~7(9)mm，长于苞片4~6倍，果淡红色，长圆状卵形 ·········· 5. 伊犁小檗 B. iliensis M. Pop.
8. 果梗短，长3~4mm，长于苞片不过2倍，果淡红色，卵状球形，长5~6mm ·······································
·· 6. 红果小檗 B. nummularia Bunge

1. 西伯利亚小檗　刺叶小檗　图21　彩图第8页

Berbris sibirica Pall. Reise 2. Anhang. 737，1778；Фл. СССР，7：554，1937；Фл. Казахст. 4：138，1961；内蒙古植物志，2：272，1978；新疆植物检索表，2：326，1983；黑龙江树木志，236，1986；新疆植物志，2(2)：2，图版1：3~6，1995。

多分枝的有刺小灌木，高至1m。嫩枝红色或淡红褐色，二年生枝灰色。叶簇生短枝，小，长2~4cm，宽至8mm，长圆状卵形，收缩成短柄，背面具突出脉网，边缘具刺状齿牙。基部着生分杈的刺。花黄色，单生，具梗；萼片卵形，钝。花瓣等长于萼，倒卵形，但顶端凹缺。果红色，广椭圆形，长约9mm，宽约7mm。花期5~6月，果期9月。

生山地石坡，灌丛，林缘，海拔1200~1800m。产青河、富蕴、福海、阿勒泰、布尔津、哈巴河、吉木乃、和布克赛尔、托里、裕民、塔城。分布于内蒙古、黑龙江；国外在哈萨克斯坦、蒙古、俄罗斯西伯利亚也有分布。模式自阿尔泰山、藏圣彼得堡植物研究所。

2. 喀什小檗　图22　彩图第9页

Berberis kaschgarica Rupr. Mem. Acad. Sc. St. Petersb. Ser. 7, 14, 4：38, 1869；Фл. CCCP, 7：555, 1937；Фл. Казахст. 4：138, 1961；Consp. Fl. As. Med. 3：234, 1972；新疆植物检索表，2：326, 1983；新疆植物志，2(2)：2, 图版1：9～11, 1995。

图21　西伯利亚小檗 Berbris sibirica Pall.

图22　喀什小檗 Berberis kaschgarica Rupr.
1. 果枝　2、3. 叶　4. 花瓣及蜜腺

　　多分枝的有刺小灌木，高至1m。小枝淡红褐色，具长于叶的3分杈的刺。叶小，长至15mm，革质，长圆状卵形，边全缘或具疏刺状齿牙，向基收缩成短柄。花单生，或2～3朵生叶腋。花梗短于叶。萼片卵形，钝。花瓣跟花萼同型，但顶端凹缺。果黑色，广椭圆形，长约8mm，被蜡粉。种子2～3粒，暗棕色，有皱纹，长圆形。花期6～7月，果实8～9月成熟。

　　生山地灌丛，林缘，林中空地。海拔2000～4200m。产库车、麦盖提、阿克陶、喀什、塔什库尔干、叶城、皮山、和田、策勒、于田、且末。中亚山地和帕米尔高原也有分布。模式自中国天山（喀什往北50～60km）记载，藏于圣彼得堡植物研究所。

3. 黑果小檗　图23　彩图第8页

　　Berberis sphaerocarpa Kar. et. Kir. Bull. Soc. Nat. Mosc. XIV；3：376, 1841；Новости сист. высш. раст. 13：249, 1976, Quoad Syn. *B. sphaerocarpa* Kar. et Kir. — *B. heteropoda* Schrenk in Fisch. et Mey. Enum Pl. Nov. 1：102, 1841；Фл. CCCP, 7：555, 1937；Фл. Казахст. 4：138,

1961；新疆植物检索表，2：327，图版 12：3，1983；中国沙漠植物志，1：514，图版89：1~2，1985；新疆植物志，2(2)：2，图版1：1~2，1995。

灌木，高至2m。嫩枝淡红褐色，老枝灰色。刺单，3分权，长1~3cm。叶灰绿色或灰蓝色，大，长7.5cm，宽至4cm，光滑无毛，倒卵形，全缘或具细浅齿牙刺，顶端具刺尖，背面具突出脉网，基部收缩成长柄。花组成疏散多花的伞房花序。花梗长4~6mm。萼片倒卵形，花瓣与之同型，但长于其2倍。浆果球状广椭圆形。紫红黑色，被蜡粉，直径达10~12mm。种子长约5mm，表面具皱纹。花期5~6月，果期8~9月。

生山地沿河岸边，灌丛，林缘，海拔1300~2500m。产富蕴、阿勒泰、布尔津、哈巴河、吉木乃、额敏、托里、裕民、塔城、和布克赛尔、博乐、温泉、精河、沙湾、乌鲁木齐、阜康、吉木萨尔、奇台、巴里坤、尼勒克、新源、巩留、特克斯、昭苏、温宿、阿克苏、阿克陶、叶城。中亚天山、蒙古和俄罗斯

图23　黑果小檗 Berberis sphaerocarpa Kar. et. Kir.

西西伯利亚也有分布。模式自准噶尔阿拉套，藏圣彼得堡植物研究所。

果实可食，亦可提取红色素，根皮和树皮含黄色染料，可入药。

4. 全缘叶小檗

Berberis integerrima Bunge in Del. Sem. Horti Bot. Dorpat. Vl. 1843；Фл. CCCP, 7：558，1937；Фл. Казахст. 4：140，1961。

落叶灌木，高至2m，多分枝。有刺。小枝淡紫红褐色，有棱角；中部和上部的刺不分权，萌发条上的刺3分权。叶革质，光滑，倒卵形，长圆形。全缘，顶端具尖头，向基部收缩成柄，背面具突出脉网，长4~5cm。宽1.2~1.8cm，表面有气孔，嫩枝和耐荫枝的叶，边缘常有粗尖齿。花序多花，单或复的总状花序，具12~25朵花，花序长于叶，果期下垂；花梗长8~10mm；苞片长1.5~2mm；萼片和花瓣同型，倒卵形。子房具短花柱和粗柱头。胚珠3~4，具柄。浆果长圆状卵形，紫红色，被蜡粉，径约7~8mm。花期5~6月，果期8~9月。

产昌吉、呼图壁、玛纳斯、沙湾、精河、博乐等地。生山地灌丛，中亚山地也有。常跟黑果小檗没分开。模式标本从准噶尔阿拉套记载。

5. 伊犁小檗　图24　彩图第9页

Berberis iliensis M. Pop. Ind. Sem. Horti Bot. Almaatensis Acad. Sc. No.3：3~4，1936；Фл. Казахст. 4：142，1961；中国沙漠志，1：516，1985；新疆植物检索表，2：327，1983；新疆植物志，2(2)：4，1995，pro syn. *B. nummularia* Bunge。

小灌木，高2~3m，多分枝，有刺。老枝灰色，嫩枝淡红褐色；刺在结实枝上不分权，在营养枝上三分权，而一年生的枝上则多分权，常5~6分权。叶革质。光滑，长圆形或披针叶匙形，在结实的枝上全缘，在营养枝上的叶有刺状齿牙，叶背面具突出脉网，表面无气孔，长1~4cm，宽

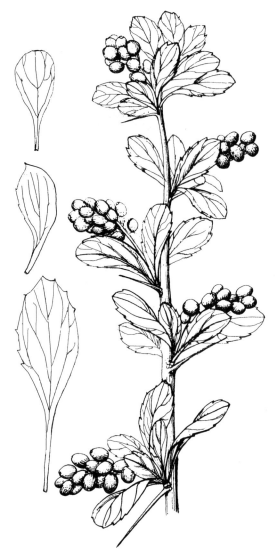

图 24 伊犁小檗 Berberis iliensis M. Pop.

0.5~2cm。花序腋生，多花总状花序，长 3~5cm，具 15~30 朵花；苞片 2，卵圆形，长约 1mm；花梗长于苞片 4~5 倍，下部的花梗长 4~7(9)mm，而花序顶端的花梗长不超过 3~5mm；花径 3~4(5)mm;萼片黄色，卵形，短于花瓣 2 倍；花瓣 3，倒卵形，上缘圆波状，长约 4mm，宽约 3mm；蜜腺跟花瓣片同形，长 3~4mm，宽 2mm；雌蕊桶状，具盘状柱头，长至 2mm；胚珠 3，少 2~4，具明显短的柄。浆果淡红色，长圆状卵形，长约 6~7mm，宽约5~4mm，干时变暗，花期 5~6 月，果期 8~9 月。

生伊犁河谷，生河岸边，灌丛，林缘，林中空地或河谷沿岸的草场、荒地。

产伊宁、新源、巩留、特克斯、昭苏、察布查尔。国外在哈萨克斯坦的伊犁河谷、巴尔哈什湖流域、准噶尔阿拉套、克特缅边区、特克斯阿拉套等地亦有分布。模式自哈萨克斯坦伊犁河谷记载。伊犁河谷特有种。

6. 红果小檗

Berberis nummularia Bunge in Del. Sem. Horti Bot. Dorpat. Ⅳ. 1843；Фл. CCCP, 7: 559, 1937；Фл. Казахст. 4: 142, tab. 19, fig. 3, 1961；Consp. Fl. As. Med. 3: 236, 1972；新疆植物检索表, 2: 327, 1983；新疆植物志, 2(2): 4, 图版 1: 7~8, 1995, excl. syn. *B. iliensis*。

灌木，高 2m，多分枝，多刺。嫩枝浅灰色，成年枝淡褐或淡红褐色。刺单或三分权。叶长 3~4cm，宽约 3cm，淡灰绿色，革质，倒卵圆形，顶端尖，基部收缩，全缘，向顶端具疏齿牙，表面光滑，背面具突出脉网，嫩枝叶缘具刺状齿。花序腋生，单，多花，直立总状花序，长至 6cm，具 20 朵花，长于叶 1~2 倍。花梗短，长 3~4(5)mm。苞片长约 2mm，短于花梗 2~3 倍。萼片和花瓣倒卵形。子房具 2~3 胚珠，具长柄。浆果球状卵形，淡红色，长 5~6mm。种子倒卵形。花期 4~5 月，果实 8~9 月成熟。

生干旱石质山地，灌丛，林缘，山地草原。海拔 1000~2000m。

产天山南坡、喀什、阿图什、乌恰、阿克陶等地。国外在中亚山地(帕米尔阿赖依)，伊朗也有。模式从塔吉克斯坦泽拉夫鄯边区记载。

7*. 大叶小檗 黄芦木

Berberis amurensis Rupr. in Bull. Phys. – Mat. Acad. St. Petersb. 15: 260, 1857；中国高等植物图鉴, 2: 773, 图 1564, 1972；秦岭植物志, 1(2): 324, 图 227, 1975；新疆植物检索表, 2: 326, 1983；山东树木志, 222, 1984；黑龙江树木志, 235, 1986；新疆植物志, 2(2): 4, 1995。

落叶灌木，高 1~3m。小枝有沟槽，灰黄色；刺常为 3 叉，长 1~2cm。叶椭圆形，矩圆形或倒卵形，长 3~6cm，先端钝圆，基部渐狭，边缘有细毛状细锯齿，背面脉网明显，有时被白粉。花淡黄色，由 10~25 朵花组成下垂总状花序，长 4~10cm；花梗长 5~7mm；小苞片 2，三角形；萼片分 2 轮，呈花瓣状；花瓣长 4~5mm，宽 2~3mm。顶端微凹；子房含 2 胚珠。浆果椭圆形，长约

1cm，径约6mm，亮红色，常被蜡粉，含2种子。花期5月，果实8~9月熟。

乌鲁木齐及周边城市均有引种，生长良好。产东北、华北及山东、陕西、甘肃等地；朝鲜、日本及俄罗斯远东地区均有分布。模式从阿穆尔河谷记载，藏于圣彼得堡植物研究所。

8*. 细叶小檗

Berberis poiretii Schneid. in Mitt. Deutsch Dendr. Ges. 15：80，1906；Фл. СССР，7：557，1937；经济植物手册，上册，第一分册，364，1955；黑龙江树木志，235，图版61：8~9,1986。

落叶小灌木，高约1m。树皮灰褐色。小枝丛生，直立，有棱，灰白或灰褐色，在短枝基部有细小的3分叉针刺，中间刺最长，长约5mm。叶簇生短枝上，倒披针形，长1.5~4.5cm，宽约5~10mm，先端钝圆，基部收缩，边缘全缘或上端具疏齿，表面绿色，背面淡绿色。总状花序长3~6cm，具4~10花。花淡黄色。萼片、花瓣、雄蕊各6枚，雌蕊1。浆果长圆形，长约9mm，红色，含1粒种子。花期5~6月，果实8~9月成熟。

乌鲁木齐引种栽培，生长良好。产东北及华北各地。朝鲜北部、蒙古、俄罗斯远东地区也有。模式从黑龙江(中国一侧)至松花江河谷沙地记载。

9*. 日本小檗　小檗

Berberis thunbergii DC. Reg. Veg. Syst. 2：9，1821；Man. Cult. Trees and Shrubs ed. 2：237，1940；经济植物手册，上册，第一分册，364，1955；中国高等植物图鉴，1：770，图1539，1972；山东树木志，222，1984；黑龙江树木志，236，1986；中国植物志，29：155，2001。

落叶灌木，高至2m。多分枝，小枝有显著沟槽，淡黄或紫红色。刺单或3分叉，长5~15mm。叶簇生短枝，倒卵形或椭圆形，长1~2.5cm，宽6~10mm，先端圆或钝尖，基部收缩成柄，全缘，表面绿色，背面淡绿色，幼叶紫红或褐色。花黄色，直径8~10mm，单生或2~4朵簇生，或成伞形花序，有总梗。花梗长6~10mm。萼片、花瓣、雄蕊均为6数。浆果椭圆形，长约1cm，鲜红色。花期5月，果实8~9月成熟。

新疆多数城市引种栽培。原产日本，中国各大城市多有栽培。模式自日本。

乌鲁木齐、伊宁、喀什各地公园栽培最普遍的是其栽培变种：矮紫叶小檗 B. thunbergii 'Atropurpurea' Nana。枝叶各部发紫红色，妍丽可爱，但种子播种苗，枝叶常变为绿色，故常用压条法繁殖。

Ⅲ. 毛茛目——RANUNCULALES

本目仅含1科。

3. 毛茛科——RANUNCULACEAE A. L. Jussieu，1789

主要分布在北温带地区。X = 6~9。

多年或一年生草本，稀直立或攀援灌木。叶为根生或互生，稀对生，掌状或羽状分裂单叶或复叶；无托叶，或托叶附生叶柄上。花两性或单性，整齐，稀不整齐；稀有苞片。萼片5枚或较多，脱落，极稀不脱落，常作花瓣状，覆瓦状，稀镊合状排列。花瓣不存，或3~5枚，或较多，覆瓦状排列。雄蕊多数。心皮多数，分离，具1或多数胚珠。果实为聚合瘦果或蓇葖果，稀浆果。种子少数，含丰富胚乳。

中国产40属1500余种。广布温带与寒带。新疆木本仅2属。

分属检索表

1. 雄蕊一部分退化成花瓣状 ·· **(1)** 四喜牡丹属 **Atragene** Linn.

1. 雄蕊全部能育 ·· **(2)** 铁线莲属 **Clematis** Linn.

(1) 四喜牡丹属 Atragene Linn.

攀援灌木，叶对生，一回或二回三出复叶。花生上年枝上，腋生，单生，下垂，钟形。具多数花瓣状退化雄蕊，雄蕊有细毛。瘦果具长羽毛状花柱。

约 10 种。新疆产 1 种。

1. 西伯利亚四喜牡丹 西伯利亚铁线莲 彩图第 10 页

Atragene sibirica Linn. Sp. Pl. 543，1753；Фл. CCCP，7：308，1937；Фл. Казахст. 4：69，1961—*A. tianschanica* N. Pavl. Вестн. АН. Казахст. СССР，4：89，fig. 23，1951；Фл. Казахст. 4：70，1961—*Clematis sibirica*（Linn.）Mill. Gard. Dict. ed. 8：12，1768；中国植物志，28：135，图版 10，1980；新疆植物检索表，2：303，1983；新疆植物志，2(1)：287，1994。

1a. 西伯利亚四喜牡丹（原变种） 图 25

Atragene sibirica var. **sibirica**

落叶攀援灌木，长 0.5 ~ 3.5m。茎分枝，匍匐或攀援，借缠绕的叶柄支撑而生长于树枝上。叶具长柄，通常二回三出，小叶片卵状披针形，常具长渐尖，边缘有锯齿，背面较淡，沿叶脉和叶柄有绒毛。花单，具长梗。萼片卵状披针形，长 3 ~ 3.5cm，下部和边缘有细柔毛，淡黄色。花瓣扁平，线形，有绒毛，顶端匙形或狭窄，短于萼片 2 ~ 3 倍。雄蕊等长于花瓣，具线形花丝，密生长

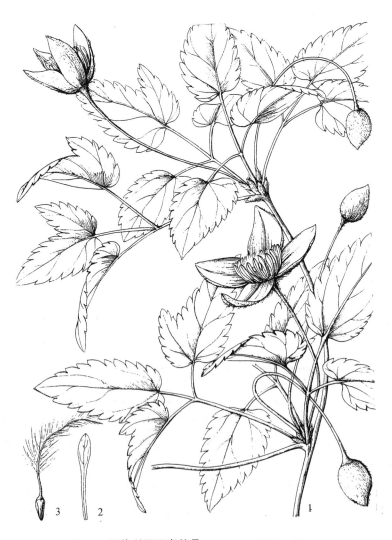

图 25 西伯利亚四喜牡丹 Atragene sibirica Linn.

1. 花枝 2. 雄蕊 3. 瘦果

绒毛。瘦果宽楔形，扁平，微有绒毛，具长羽毛状花柱。花、果期6~8月。

生阿勒泰、天山山地林缘，灌丛，林中空地，是山地针叶林的伴生种，特征种。

产青河、富蕴、阿勒泰、布尔津、奇台、乌鲁木齐、玛纳斯、塔城、托里、沙湾、博乐、霍城、察布查尔、昭苏、伊吾、巴里坤、温宿等地。分布于我国吉林、黑龙江以及国外的中亚、蒙古、俄罗斯、西伯利亚、俄罗斯欧洲部分都有分布。模式自西伯利亚。

1b. 伊犁四喜牡丹(变种)　伊犁铁线莲

Atragene sibirica var. **iliensis**(Y. S. Hou et W. H. Hou) C. Y. Yang Comb. Nov. — *Clematis iliensis* Y. S. Hou et W. H. Hou. 植物研究，Vol. 6，2：131，1986；—*Clematis iliensis*(Y. S. Hou. et W. H. Hou) J. G. Liu. 新疆植物志，2(1)：288，1994。

叶为三出复叶，小叶卵形，长4~7cm，宽2~4cm。花萼长5cm，宽2~3cm。

生天山西部云杉林下，林缘及河谷。

(2) 铁线莲属 Clematis Linn.

多年生草本或木本，通常攀援。叶互生，常为羽状复叶。顶端常有卷须，少单生。花单生或组成圆锥花序或聚伞花序，两性，稀雌雄异株，无花瓣。萼片常4数，稀5~8枚，花瓣状。雄蕊多数。心皮多数，分离，发育成1粒种子的瘦果，具羽毛状不脱落的长花柱。约300种。广布北半球温带。我国产100余种，新疆产5种2变种。

(全缘叶铁线莲系多年生未录)

分种检索表

1. 茎直立，叶为单叶，狭窄，小，长圆状披针形或披针形，全缘或不规则齿牙 ························ ·· **1. 准噶尔铁线莲 C. songarica** Bunge
　1a. 叶全缘或有锯齿 ························· **1a. 准噶尔铁线莲**(原变种)**C. songarica** var. **songarica**
　1b. 叶片深裂，小裂片具短柄 ············ **1b. 蕨叶铁线莲**(变种)**C. songarica** var. **asplenifolia** (Schrenk) Trautv.
1. 茎攀援，一至二回羽状复叶。
　2. 花单生黄色·· **3**
　2. 花组成圆锥花序·· **4**
　　3. 花梗被柔毛；萼片外面被短柔毛，萼外面顶端下无角状突起 ··· **2. 甘青铁线莲 C. tangutica**(Maxim.) Korsh.
　　3. 花梗无毛，萼片外面无毛，萼片外面顶端下有角状突起·········· **3. 角萼铁线莲 C. corniculata** W. T. Wang
　　4. 叶灰蓝绿色，明显，中部小叶片不伸长，形状跟侧生小叶片，稍有区别 ·············· ·· **4. 粉绿铁线莲 C. glauca** Willd.
　　4. 叶淡绿色，中部小叶片明显伸长，侧生小叶片甚短·············· **5. 东方铁线莲 C. orientalis** Linn.
　　　5. 花梗长2.2~4.8cm，粗0.6~1mm ···················· **5a. 东方铁线莲**(原变种)**C. orientalis** var. **orientalis**
　　　5. 花梗长3.7~7.6cm，粗1~1.5mm ··············· **5b. 粗梗铁线莲 C. orientalis** var. **robusta** W. T. Wang

1. 准噶尔铁线莲　图26

Clematis songarica Bunge Del. Sem. Horti Bot. Dorpat. 8，1893；Фл. СССР，7：316，1937；Фл. Казахст. 4：71，tab. 9，fig. 5，1961；中国高等植物图鉴，1：743，图1486，1972；中国植物志，28：89，图版23，1980；新疆植物志，2(1)：288，1994。

1a. 准噶尔铁线莲(原变种)

Clematis songarica var. **songarica**

叶灰蓝绿色，稍厚，全缘或具不规则锯齿，有柄。花多数，组成圆锥花序。萼片长1~2cm，长圆状，倒卵形或椭圆形，上部无毛，下部被短柔毛，白色。花丝窄条形，无毛，等于或稍短于萼片。瘦果扁平，密被柔毛。花柱长2~3cm，果期增大，具羽状绒毛。花、果期7~8月。

生于荒漠洪积扇，荒漠河岸以及石砾质冲积堆。

图 26　准噶尔铁线莲 Clematis songarica Bunge
1. 花枝　2. 叶

产布尔津、哈巴河、吉木乃、奇台、吉木萨尔、阜康、米泉、乌鲁木齐、玛纳斯、石河子、塔城、托里、额敏、伊宁、察布查尔、特克斯、新源、巩留、托克逊、和硕、轮台、叶城等地。国外在中亚和蒙古也有分布。

1b. 蕨叶铁线莲(变种)　图 27

Clematis songarica var. **asplenifolia** (Schrenk) Trautv. in Bull. Soc. Mat. Mosc. 33, 1：56，1860；中国植物志，28：151，图版 20，1980；新疆植物志，2(1)：290，1994，quoad Syn. songarica var. asplenifolia。

半灌木，高约 1m，具直立灰白色小枝。叶稍厚，近革质，下部和中部叶大，长至 12cm，阔披针形或条状披针形，全缘，具不规则齿牙或锯齿，基部楔形，上部也有时中部叶羽状浅裂，具发达裂片。花组成圆锥花序。萼片长圆形，灰白色。背面或仅边缘密被短绒毛；花丝条形，无毛。瘦果小，被绒毛，具 1.5～2cm 长的有羽状毛的花柱。花、果期 7～8 月。

生境和产地同准噶尔铁线莲。国外在中亚和阿富汗也有分布。

2. 甘青铁线莲　图 28　彩图第 10 页

Clematis tangutica (Maxim.) Korsh. Bull. Acad. Sc. Petersb. Ser. V. 9：575，1898；Фл. СССР，7：322，1937；Фл. Казахст. 4：74，tab. 9，fig. 7，1961；中国高等植物图鉴，1：741，图 1481，1972；中国植物志，28：144，图版 17，1980；新疆植物检索表，2：304，1983；新疆植物志，2(1)：290，1994—C. orientalis var. tangutica Maxim. Fl. Tangut. 3，1889。

图27　蕨叶铁线莲 Clematis songarica var. asplenifolia(Schrenk)Trautv.
1. 花枝　2. 花　3. 瘦果　4. 花萼　5. 雄蕊

灌木，高80~120cm。多分枝，茎匍匐或直立状，常淡红色，有棱，被绒毛。奇数羽状复叶，具很开展的小羽片，叶柄长，常弯曲，有时顶生小叶变成卷须。小羽片具柄，卵形或卵状披针形，边缘有不规则锯齿或浅裂，侧生裂片短，有时具短柄，顶端裂片较大，具长渐尖。花单生叶腋，具长梗；萼片淡黄色，卵形，外面稍被，内部密被白绒毛，边缘密被白柔毛；花丝扁平，下部密被睫毛。上部近光滑。瘦果扁，被绒毛。具长的有白绒毛的小喙。花果期7~8月。

生山地河谷，河漫滩。海拔2000~3800m。

产伊吾、巴里坤、吐鲁番、和硕、焉耆、且末、乌恰、塔什库尔干等地。分布于四川、青海、甘肃、陕西、西藏等地；国外在塔吉克斯坦也有分布。

全草入药，可祛风湿，治风湿性关节炎。

3. 角萼铁线莲

Clematis corniculata W. T. Wang；植物分类学报，29(5)：466，1991。

木质藤本。小枝粗约2.5mm，无毛，具6条纵沟。叶对生具长柄，二回羽状复叶，长约18cm，无毛。侧生羽片2片，具柄，下部羽片三出，小叶草质，顶生小叶，具柄，不等3裂达基部，中全裂片狭披针形，长约3cm，宽3~4mm，顶端锐尖，边缘全缘或下部具1小齿，侧全裂片披针形，长6~7mm，边缘或有1小齿，侧生小叶无柄或有短柄，两侧不相等，披针形或长椭圆形，长1.3~1.5cm，边缘具1~2小齿，上部羽片不等3全裂，中全裂片披针形，长约2cm，宽4mm，边缘全缘或具1小齿，侧全裂片两侧不相等，长椭圆形，长0.7~1.2cm，边缘具1小齿。顶生羽片与下部羽

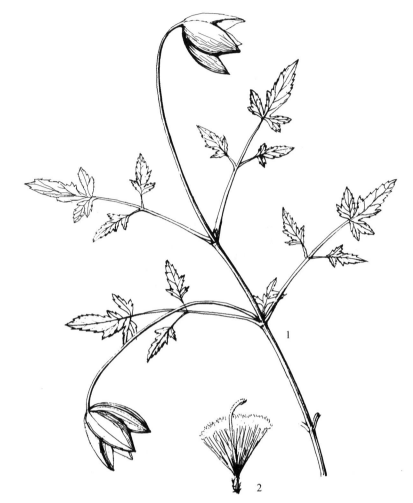

图 28 甘青铁线莲 Clematis tangutica（Maxim.）Korsh.

1. 花枝 2. 瘦果

图 29 粉绿铁线莲 Clematis glauca Willd.

1. 花枝 2. 瘦果

片相似，但较小，侧生小叶具柄，叶柄长约 7cm。花单生，顶生，具长梗，花梗长 14～20cm，基部之上粗约 2.2mm，无毛，具 6 条纵沟。花萼宽钟形，直径约 4cm。萼片 4，黄色，长圆形，长 2.6～2.8cm，宽 1.5～1.6cm，顶端微尖，外面顶端之下有角状突起（突起长约 2.5mm），外面仅沿边缘密被贴伏白色短柔毛，内面无毛。雄蕊长 8～9mm，花丝钻状条形，中部和下部被前向的白色柔毛，花药长圆形，长约 2mm，顶端具尖头，无毛；心皮多数，与雄蕊等长。子房长约 1mm，被柔毛，花柱被白色长柔毛。花果期 7～8 月。

本种近甘青铁线莲 C. tangutica（Maxim.）Korsh. 但后者花萼在外面顶端之下无角状突起。

产叶城（苏皮牙克）海拔 2880m，干旱山坡；策勒（奴尔），海拔 2930m，山河崖边。

4. 粉绿铁线莲 图 29 彩图第 10 页

Clematis glauca Willd. Herb. Baumzucht. 65, 1796；Фл. СССР，7：321，1937；Фл. Казахст. 4：

72，1961；中国高等植物图鉴，1：740，1972；中国植物志，28：143，1980；新疆植物检索表，2：304，1983；新疆植物志，2(1)：291，图版79：3~4，1994。

攀援灌木，长2~5m；茎缠绕或匍匐，有棱；淡红色，近无毛或有短柔毛。叶灰蓝绿色，一至二回羽状复叶，叶柄长、细，小叶片全缘，卵形或椭圆形，3深裂成卵圆形裂片长1~4cm。花淡黄色或淡绿白色。外面常发淡红色，组成圆锥花序，腋生；萼片卵状披针形，渐尖，边缘密被短绒毛，内部有时有绒毛，长1.5~2cm。瘦果扁平，被绒毛。花柱被羽毛状绒毛，长3~9cm。花期7~8月。

生平原河漫滩，山地灌丛，草甸，河谷。海拔1300~2500m。

产青河、富蕴、福海、布尔津、哈巴河、奇台、阜康、乌鲁木齐、玛纳斯、塔城、和布克赛尔、尼勒克、哈密、库尔勒、和硕、麦盖堤、策勒等地。分布于我国青海、甘肃、陕西、山西等省；国外在中亚、蒙古和西伯利亚也有分布。

枝叶入药，可祛风湿，关节疼痛。

5. 东方铁线莲 图30

Clematis orientalis Linn. Sp. Pl. 1：543，1753；Фл. СССР，7：322，1937；Фл. Казахст. 4：72，tab. 9：4，1961；中国高等植物图鉴，1：740，1972；中国植物志，28：140，1980；新疆植物志，2(1)：291，图版79：1~2，1994。

5a. 东方铁线莲(原变种)

Clematis orientalis var. **orientalis**

攀援灌木，长1.5~12m。茎攀援，跟整个植株一样，密被短绒毛或近光滑，有棱，淡灰色，有时淡红色，下部具坚硬主干和纤维状残存的树皮。一至二回羽状复叶，淡灰绿色，稍肉质。小叶具柄，2~3全裂，深裂或不裂，中裂片较大，狭长圆形或卵状披针形，长1.5~4cm，宽0.5~1.5cm，基部圆或阔楔形，全缘或基部1~2浅裂。叶柄长4~6cm。小叶柄长1.5~2cm。花组成圆锥状聚伞花序或单聚伞花序，苞片叶状，全缘。萼片4，黄色，淡黄色或外面呈浅紫红色，披针形或长椭圆形，长1.8~2cm，宽4~5mm，内外两面被柔毛，背面边缘有短绒毛。花丝线形，被短柔毛，花药无毛。瘦果椭圆状卵形或倒卵形，长2~4mm，宿存花柱被长柔毛。花、果期6~9月。

图30 东方铁线莲 Clematis orientalis Linn.
1. 花枝 2. 瘦果

生荒漠河谷岸边、河漫滩、灌丛。

产青河、福海、吉木乃、塔城、沙湾、博乐、温泉、尼勒克、巩留、特克斯、昭苏、哈密、吐鲁番、和硕、尉犁、叶城、和田等地。

5b. 粗梗东方铁线莲(新变种)

Clematis orientalis var. **robusta** W. T. Wang var. nov. 植物分类学报，29(5)：466，1991。

新变种花梗长3.7~7.6cm，粗1~1.5mm，而与原变种不同；在原变种花梗长2.2~4.8cm，粗0.6~1mm。

模式产地：叶城(伊力克)，海拔3800m，山地河谷。

IV. 牡丹目——PAEONIALES

塔赫他间系统置于毛茛亚纲，吴征镒系统独立成芍药亚纲。而克郎奎斯特系统则置于五桠果亚纲，五桠果目(DILLENIALES)牡丹科中。由于本科植物体内富含特有的芍药甙 Paeoniforin(Ⅰ)，牡丹酚 Paeonol(Ⅱ), 丹皮甙 Paeonoside 和牡丹酚原甙 Paeonolide 与毛茛科植物有显著区别。故多数学者主张从毛茛亚纲独立成目。

本目仅1科1属。

4. 牡丹科——PAEONIACEAE Rudolphi, 1830

多年生草本或灌木。嫩枝薄壁组织中含挥发油细胞。叶互生，具长柄，全缘。或掌状或羽状分裂，或为掌状复叶，无托叶。花通常甚大，整齐，两性，单生或成总状花序，花梗长5~10cm。花萼草质，不脱落。花瓣5~10个，在重瓣品种中则多数，螺旋状排列。雄蕊多数，离心皮发育。花丝细长，花药2室；花粉粒3沟孔。心皮1~5，分离，革质，各有多数胚珠，密被绒毛，基部具杯状花盘或否。果为1至数个革质果皮蓇葖果，腹面开裂。种子数个，甚大。

1属40种，产欧洲、亚洲和北美洲。

(1) 芍药属 Paeonia Linn.

特征同科，我国12种，其中灌木，半灌木4种4变种，新疆木本仅引入1种。

1*. 牡丹

Paeonia suffruticosa Adr. in Bot. 6：tab. 373，1804；植物分类学报，7(4)：302，1958；中国高等植物图鉴，1：651，图1301，1972；中国植物志，27：41，图版1：1~3，1979；新疆植物检索表，2：273，1983；新疆植物志，2(1)：347，1994。

落叶灌木，高至2m，分枝粗短。叶为二回三出复叶，小叶卵形至长卵形，长4.5~8cm，顶生小叶3~5裂，下部全缘，侧生小叶常全缘；叶柄长5~10cm。花单生枝端，直径10~30cm。萼片5。花瓣5或重瓣，有红、紫、黄、白、豆绿等色。雄蕊多数。心皮3~5，密生绒毛，基部具杯状花盘。蓇葖果长圆形，密被黄褐色硬毛，花期5月，果期9月。

中国特有种，全国各地栽培；新疆引种栽培，生长良好。被誉为花中之王。中国国花。

C. 石竹亚纲——Subclass CARYOPHYLLIDAE

多年生或一年生草本，半灌木，灌木或小乔木，导管具单穿孔，气孔大部分平行型，无规则型或横裂型。花两性或单性，轮列，大部分无花瓣，花粉粒2细胞或常3细胞，3沟孔或其衍生类型；雌蕊具离生心皮或合生心皮，常假单体，胚珠大部分双珠被，厚珠心；胚乳核型。种子具弯或直胚，具胚乳或缺。

塔赫他间系统(1997)含①石竹超目②蓼超目③白花丹超目④Gyrostemonales，而其1987年系统仅有前3者。

石竹超目——CARYOPHYLLANAE

仅含1目。

V. 石竹目——CARYOPHYLLALES

含21科，特征同科。

5. 石竹科——CARYOPHYLLACEAE A. L. Jussieu, 1789

一年生或多年生，稀半灌木，茎节常膨大。叶为单叶对生，全缘。花两性，稀雌雄异株，整齐；萼片4~5，不脱落，分离或连合成管；花瓣与萼片同数或不存；雄蕊为萼片2倍或较少；下位或周位；子房通常1室，极少3~5室；花柱2~5；胚珠多数，中轴胎座。果为蒴果，瓣裂或齿裂，稀成浆果状。种子弯生，具胚乳，胚弯曲或呈螺旋状。

我国产31属370多种，新疆木本(半灌木)仅2属。

分属检索表

1. 花萼离生，花柱3；蒴果6瓣裂，叶片狭条形 ……………………………… (2)雪灵芝属(新拟)Eremogone Fenzl.
1. 花萼合生，花柱3；蒴果基部3室 …………………………………………… (1)塞勒花属(新拟)Silene Linn.

(1)塞勒花属(蝇子草属)Silene Linn.

草本多年生或半灌木。茎直立或蔓延。叶对生，全缘，花两性少异株；花萼合生，5齿；花瓣5数，白色、粉红或淡黄绿色，具冠檐，上部全缘，二裂，凹缺或多裂，下部常具附器，爪瓣光滑或被绒毛，常在上部呈耳状扩展；雄蕊10，成二轮，花丝无毛或有睫毛；子房基部3室，具3花柱。蒴果基部3室，6齿开裂，通常具子房柄(果柄)；种子细小，光滑或具疣状突起，有时具膜质边缘。

本属约500种，新疆30余种，木本(半灌木)仅2种。

分种检索表

1. 叶边缘粗糙，花萼长12~14mm ……………………………………… 1. 阿尔泰塞勒花 S. altaica Pars.
1. 叶边缘光滑，花萼长14~18mm ……………………………………… 2. 阿列克塞勒花 S. alexandrae Keller

1. 阿尔泰塞勒花(新拟)　阿尔泰蝇子草

Silene altaica Pers. Synops. Pl. 1：497，1805；Фл. СССР, 6：646，1936；Pl. As. Centr. 11：74，1994；中国高等植物图鉴(补编)，1：322，1982；新疆植物志，2(1)：177，1994；—S. *fruticulosa*(Pall.)Schischk.；Фл. Казахст. 3：377，1960。

多分枝的半灌木，高20~50cm，下部密被短绒毛，上部无毛。叶坚硬，线形，渐尖，边缘粗糙，具突出中脉，呈三棱形，长1.5~4cm，宽1~2cm。总状花序；花萼管状钟形，长12~14mm，萼齿三角形，钝，边缘膜质，有睫毛；花瓣白色，深2裂，基具附器。蒴果长圆状卵形，长8~10mm，果柄长约5mm，被短绒毛。花期5~7月。

生前山干旱山坡，海拔800~1000m。

产青河、富蕴、阿勒泰、布尔津等地。国外在亚速海、里海、巴尔哈什湖、东西伯利亚、西西伯利亚、乌拉尔等地均有分布。模式自西西伯利亚(阿尔泰)。

2. 阿列克塞勒花(新拟)　埃及蝇子草　斋桑蝇子草

Silene alexandrae Keller in Trav. Soc. Natur. Kasan. 44，5：71，1912；Фл. СССР, 6：646，1936；Фл. Казахст. 3：378，1960；Pl. As. Centr. 11：74，1994；中国高等植物图鉴(补编)，1：328，1982；新疆植物志，2(1)：177，1994。

多分枝的小灌木，高30~50cm。叶线形，坚硬，无毛，基部具睫毛，长3~6cm，宽2~4mm，背面具突出中脉。总状圆锥花序；苞片卵状披针形，具膜质边缘和睫毛，基部连合成鞘；花萼圆柱状棒形，长15~20mm，被短绒毛，萼齿短三角形，端尖或稍钝，具膜质边缘和睫毛；花瓣白色，深裂成长圆形裂片，基部具副花冠。蒴果卵形，长10~15mm，长于被绒毛或无毛的果柄。花期5~7月。

生低山干旱山坡，海拔 800 ~ 1000m。

产富蕴、福海、阿勒泰、布尔津、哈巴河、托里、温泉等地。东哈萨克斯坦也有分布。模式自斋桑盆地。

（2）雪灵芝属（吴征镒）Eremogone Fenzl.

多年生垫状草本，疏丛或密丛半灌木。叶狭窄，线形、针形、细条形、钻形或刺毛状，对生，全缘；茎生叶长于、等于或短于节间；花细小，单生或组成花序；花萼离生，萼片具 1 至 3 脉或无脉；果期硬化而扁平；花瓣 5，白色，全缘或凹缺，等于或长于花萼；雄蕊 10 少 5，花药白色、黄色或紫色；花柱 3 稀 2 枚。蒴果，6 齿裂，含单粒或多粒种子；种子梨形，径约 1mm。

本属是从 Arenaria 属的半灌木种类中分出的，约 50 ~ 60 种，新疆 7 ~ 8 种。常见 1 种。

1. 雪灵芝（新拟）　高山老牛筋

Eremogone meyeri（Fenzl.）Ikonn. in Novit. Syst. Pl. Vasc. 10：139，1973—*Arenaria meyeri* Fenzl. 1842 in Ledeb. Fl. Ross. 1：368；Фл. СССР，6：531，1936；Фл. Казахст. 3：354，1960；新疆植物志，2（1）：163，1994—*A. capillaries* var. *meyeri*（Fenzl.）Maxim. 1889，Enum. Pl. Mong：88。

半灌木，形成密垫状，具粗根和多数木质化小枝。茎多数，铺展，高 5 ~ 15cm，上部被腺毛。根生叶长 1 ~ 3cm，茎生叶针状，端渐尖，长 5 ~ 10mm，短于节间。花 5 ~ 7 朵，着生于有腺毛的花梗上，形成伞房状圆锥花序；苞片披针形，膜质，长 3 ~ 4mm；萼片长 4 ~ 6mm，卵状披针形，渐尖，中脉绿色，边缘白膜质，微有腺毛；花瓣倒卵形，顶端有凹缺，长于萼片 1 ~ 5 倍。花期 6 ~ 7 月。

生前山带干旱石坡山坡，海拔 2700 ~ 2850m。

产巴里坤、伊吾等地。蒙古和俄罗斯西西伯利亚（模式产地）也有分布。

2. 亚洲雪灵芝（新拟）　亚洲无心菜

Eremogone asiatica（Schischk.）Ikonn. in Novit. Syst. Pl. Vasc. 10：136，1993；—*Arenaria asiatica* Schischk.；Фл. СССР，6：527，1936；Фл. Казахст. 3：354，1960；新疆植物志，2（1）：159，图版 41：1 ~ 3，1994。

半灌木，高约 30 ~ 40cm，不形成密丛，直立，少分枝。基部具多数不育枝。茎生叶线形，长 5 ~ 10cm，花稠密，形成短圆锥花序；萼片 5，线状披针形，或椭圆形，先端渐尖，长 3 ~ 3.5mm，具膜质边缘；花瓣 5，长圆形，中部以下收缩，基部扩展，长 5 ~ 6mm，为花萼的 1.5 ~ 2 倍，雄蕊 10，花柱 3。蒴果卵形，6 齿裂。种子多数。花果期 7 ~ 8 月。

生山地石坡，海拔 800 ~ 1500m。

产哈巴河、布尔津山地。蒙古、俄罗斯、哈萨克斯坦也有。

附：紫茉莉科——NYCTAGINACEAE A. L. Jussieu，1789

草本、灌木或乔木。单叶，对生或互生；托叶缺。花序聚伞；花整齐，两性或单性，苞片连合或离生，显呈萼状；花萼下位，常呈花瓣状；钟形，管状，或高杯状，花后宿存，包被果；雄蕊一至多数，离生或下部连合；子房上位，1 室，单胚珠，花柱 1，瘦果，有棱或凹沟，有时具翅。种子含胚乳。

本科 30 属 350 种，主产美洲热带。中国引入 2 属 4 种，均栽培观赏。新疆引入 2 属 2 种，木本仅 1 属 1 种。

叶子花属（九重葛属）Bougainvillea Comm. ex Juss.

灌木，攀援状，有枝刺。叶互生，具柄。花常 3 朵簇生，被 3 枚红色、紫色或白色叶状大型苞片包围；花萼长管状。顶端5~6裂，雄蕊7~8；子房具柄，花柱侧生。瘦果5棱形。

约18种，我国引入2种，新疆习见1种。

叶子花　九重葛

Bougainvillea glabra Choisy.；树木学(北方本)，207，1997。

攀援灌木，无毛或微有毛，茎有粗壮直刺。叶长圆状披针形，或卵状长圆形至阔卵形，长5~10cm，顶端渐尖，基部圆或楔形。花柄与苞片中脉合生；叶状苞片红色、橙色或紫红色，椭圆形；雄蕊6~8；花柱线形，花期6~12月。

原产巴西。我国各地多有栽培，深圳定为市花。新疆习见盆景。

6. 裸果木科——ILLECEBRACEAE R. Brown，1810

草本、半灌木或小灌木。茎直立或平卧。单叶对生，无柄，全缘，钻形、条形或条状匙形；托叶鳞片状，干膜质。花小，单生或组成花序，白色或粉红色，两性或单性；苞片膜质；萼片5，稀4，离生或联合；花瓣5，少缺；雄蕊2、5、8，常周位；子房1室；花柱2~3。瘦果，不开裂。

本科约14属30种，新疆木本仅1属1种。

(1) 裸果木属 Gymnocarpos Forsk.

2种，中国仅1种，特征同种。

1. 裸果木　瘦果石竹　图31　彩图第10页

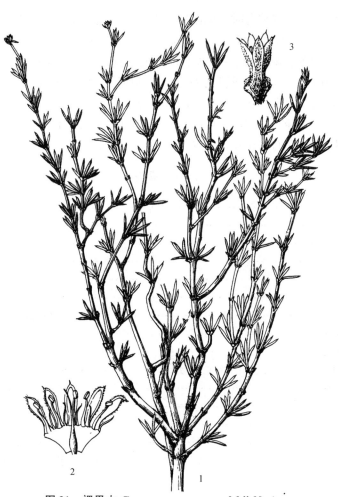

图31　裸果木 Gymnocarpos przewalskii Maxim.

1. 花枝　2. 花解剖　3. 花萼及瘦果

Gymnocarpos przewalskii Maxim. in Bull. Acad. Sci. Petersb. 26：502，1880；中国高等植物图鉴，1：619，图1237，1972；新疆植物检索表，2：235，1983；中国沙漠植物志，1：446，图版164，1985；新疆植物志，2(1)：218，图版61：1~3，1994。

灌木，高约30cm，多分枝。幼枝红褐色，老枝灰色，节间膨大。叶对生或簇生，钻形或圆筒形，长5~15mm，宽1~1.5mm，顶端锐尖。花单生叶腋或成聚伞花序；苞片白色膜质，透明，长约8mm；萼片5，披针形，先端钝，或具小尖头，边缘膜质，外面被短柔毛；雄蕊10，生肉质花盘上；子房近球形或矩圆形，胚珠基生；花柱丝状。瘦果藏于宿萼内，含1粒种子。花期5~7月。

生荒漠石砾山坡前干旱河滩。

产哈密、鄯善、库尔勒、若羌、库车、拜城、温宿、乌恰等地。分布于宁夏、青海、甘肃、内蒙古等地。

裸果木是1872年由普热瓦耳斯基(Przewalskii)在黄河中游采的标本，1880年由马克西姆莫维奇(Maximowicz)发表的。它是一种古老的植物，波波夫(Popov)认为它是前中新世纪荒漠植物区系古老残遗种，希望加以保护。

7. 藜科——CHENOPODIACEAE Ventenat，1799

一年生或多年生草本、半灌木、灌木少小乔木。单叶互生，极少对生，扁平或圆柱形、半圆柱形，极少退化成鳞片状，托叶缺。花整齐，少不整齐，1~5数，常为5数，两性或单性，雌雄同株或异株；单花被少完全缺，离生或连合，草质或膜质，3~5深裂，果期常增大硬化，形成各式刺状、翅状或其他质地的附器，花被有时变成肉质或多汁，少无变化；雄蕊1~5，常与花被片同数而对生，花丝常形成下位花盘，跟半圆形或其他形状的裂片(退化雄蕊)互生；花药2室，顶端常具各式附器(扁平或泡状)少缺如；雌蕊由2~5枚心皮形成，具上位1室子房和单胚珠；柱头2~5，无柄或变成花柱。果实为胞果，具硬化或膜质果皮，少具肉质，浆果状不开裂或开裂的果盖，或形成聚花果。种子水平、斜展或垂生，胚马蹄形、环形或螺旋形。

本科约100多属1400多种。广布世界各地，我国有40属187种，新疆有36属150多种，其中半灌木、灌木16属44种，它们在新疆植被景观中均起着重要作用。

分属检索表

(1)滨藜属 Atriplex Linn.

草本少为半灌木或灌木。叶互生，少对生，呈条形、卵形、三角形等，边缘具齿少全缘。花单性，雌雄同株或异株，花序腋生或顶生；雄花具5少3~4花被片；雌花具花被或缺；苞片离生或合生，果期增大，形态多样；子房卵形或扁球形，具2柱头。胞果藏于苞片内。种子密生倒立或横生，扁平，圆形或双凸镜形；胚环形。

本属约225种，新疆14种，其中木本仅3种。

分种检索表

1*. 四翅滨藜

Atriplex canescens James. – ; Manual Cult. Trees and Shrubs ed. 2：200，1940。

常绿半灌木，高1~2m，枝斜上或开展。叶几无柄，线状长圆形至长圆形或狭长圆形，长2~5cm，先端钝或急尖，全缘，灰绿色；花单性，雄花组成单或复圆锥花序；雌花腋生，或顶生。胞果连合至顶端，每边具2枚纵翅，波状或具齿牙，宽12~15mm。果期8月。

原产美国及澳大利亚。北疆地区有引种，生长一般。

2. 疣苞滨藜　图32

Atriplex verrucifera M. B. Fl. Taur – Cauc. 2：441，1808；Фл. СССР，6：441，1936；Фл. Казахст. 3：216，1960；Pl. As. Centr. 2：35，1966；中国植物志，25(2)：35，1979；新疆植物检索表，2：245，1983；中国沙漠植物志，1：384，1985；新疆植物志，2(1)：22，1994。

半灌木，高15~50cm，基部木质，具草质、直立的小枝，叶对生，仅最上部1~3叶互生，卵形或长圆状卵形，先端钝，有时上部叶端尖，稍厚，灰蓝或灰白色，被粉质，收缩成短柄，全缘，垂生，叶腋具短枝。花间断的假轮生，无叶穗状花序，组成圆锥花序，雄花大部分是5数，雌花无花被，苞片几无柄，基部收缩，上部具3齿，肉质，被疣点，全部连合，仅最上部有窄缝。

生荒漠地区河湖沿岸低湿盐碱地，形成群落。

产哈巴河、布尔津、奇台、乌鲁木齐、塔城、额敏、裕民、托里、察布查尔等地。俄罗斯欧洲部分、高加索、中亚、小亚细亚、伊朗、蒙古、西西伯利亚等地。

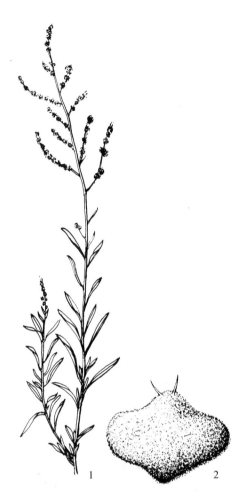

图 32　疣苞滨藜 Atriplex verrucifera M. B.
1. 花枝　2 果苞

图 33　白滨藜 Atriplex cana C. A. Mey.
1. 花枝　2. 果苞

3. 白滨藜　图 33

Atriplex cana C. A. Mey. in Ledeb. Fl. Alt. 4：311，1833；Фл. СССР，6：98，1936；Фл. Казахст. 3：214，1960；Pl. As. Centr. 2：28，1966；中国植物志，25(2)：35，1979；新疆植物检索表，3：145，1983；中国沙漠植物志，1：384，1985；新疆植物志，2(1)：35，1994。

半灌木，高 20～50cm，基部木质，具开展的木质小枝，被灰褐色纵裂树皮；一年生枝高 15～30cm，连同叶片密被银白色鳞片。叶互生，下部者常斜对生，稍厚，长 0.5～3cm，宽 2～7mm，长圆状卵形，至倒披针形，及至上部叶则为线形，顶端钝，常有凹缺，收缩成短柄，全缘或内卷，叶腋具有小叶短枝。花组成无叶的下部间断的轮生穗状花序；雄花具 5 枚膜质花被片；雌花无花被，具 2 苞片，无柄，大部分具 3 齿牙，连合至中部以下，密被白色鳞片。种子圆形扁平，褐色，宽 2～3mm。花果期 7～9 月。

生河湖沿岸低地疏松盐土，盐渍化黏土，常形成群落。

产青河、富蕴、福海、布尔津、奇台、乌鲁木齐、托里、裕民等地。俄罗斯欧洲部分、中亚、西西伯利亚；蒙古也有分布。是新疆改良盐碱地的珍贵植物资源，枝叶可作骆驼饲料，望多加保护。

（2）驼绒藜属 **Krascheninnikovia** Gueldenst

小灌木或半灌木，具互生扁平叶，被星状毛。花单性，雌雄同株；雄花具4枚花被片；4枚雄蕊，无花被片，聚成稠密、顶生、穗状花序；雌花成团伞花序，着生于雄花序下部叶腋，藏于2枚中部以上连合的苞片中；雌蕊具2枚丝状花柱。种子垂生。

本属6~7种，新疆产3种，引入1种。

分种检索表

1. 叶柄短，半圆柱形，与叶片同落；雌花苞片分离部分明显短于连合部分。
1. 叶柄长，舟形宿存；雌花苞片分离部分明显长于连合部分 ········ **3. 昆仑山驼绒藜 K. compacta**(A. Los.) Grubov
　2. 叶基部楔形或圆形 ·······························**1. 驼绒藜 K. ceraroides**(L.) Gueldenst
　2. 叶基部心形，少圆形·····················**2. 心叶驼绒藜 K. ewersmanniana**(Stschegl) Grubov

1. 驼绒藜 图34

Krascheninnikovia ceratoides(L.) Gueldenst in Novi Comm Ac. Sci. Petrop. 16：555，1772；Ball. in Fl. Europ. 1：97，1969；Grubov, Pl. As. Centr. 2：36，1966；Fl. Tadzhik. 8：344，1986—*Eurotia ceratoides*(L.)C. A. Mey.；Фл. СССР, 6：108，1936；Фл. Казахст. 3：219，1960；中国高等植物图鉴，1：582，图1164，1972；新疆植物检索表，2：140，1983—*Ceratoides latens*(J. F. Gmel.)Reveal et Holmgren in Taxon. 21(1)：209，1972；中国植物志，25(2)：26，1979；郑万钧，中国树木志，4：4999，图2757，2004；中国沙漠植物志，1：344，1985；新疆植物志，2(1)：17，1994。

半灌木，茎直立，高20~30cm。基部多分枝，枝斜展或上升，密被星状绒毛。单叶互生，具短柄；叶片条形，条状披针形，或矩圆形，长2~5cm，宽0.5~1cm，基部圆形，全缘，微反卷，两面特别是背面密被星状绒毛；雄花径约2mm，花被片圆状广椭圆形，钝，膜质，外被星状绒毛；雄蕊具短花丝，着生在花托上；雌花苞片在果期增大，管状，上部具短的狭窄的开展的被星状毛的分离的裂片，裂片短于管2~3倍，其他部分具有长的、单的多细胞的白色或后变褐色长于苞片的毛；子房侧扁，具两枚丝状花柱和长的柱头。果实倒卵形，长约3mm，被单的伏贴毛和多裂的星状毛。花果期7~9月。

生于前山荒漠，山麓洪积扇，荒漠河谷，草原石质或砾质坡地，在北疆海拔200~1200m，在天山南坡上升到海拔1800~2000m，在昆仑北坡及乌恰一带可上升到海拔500~3200m。

产青河、富蕴、阿勒泰、布尔津、哈巴河、巴里坤、哈密、奇台、乌鲁木齐、玛纳斯、克拉玛依、沙湾、乌苏、精河、博乐、温泉、伊宁、巩留、特克斯、昭苏、和硕、和静、库尔勒、拜城、温宿、阿克苏、阿合奇、乌恰、阿克陶、莎车、叶城、皮山、策勒等地。分布于我国西北其他省区及内蒙古、俄罗斯欧洲部分、高加索、中亚、西伯利亚、蒙古。西欧、北非、小亚细亚、伊朗、阿富汗也有分布。模式标本自鞑靼和摩拉维亚记载。

2. 心叶驼绒藜 图35

Krascheninnikovia ewersmanniana(Stschegl) Grubov Pl. As. Centr. 2：38，1966；中国树木志，4：4997，图版2756：7~8，2004；Fl. Tadzhik. 8：347，tab. 56，fig. 7，1986—*Eurotia ewersmanniana* Stschegl ex A. Los. in Bull. Acad. Sci. URSS. Phys. – Math. 993，1930；Фл. СССР, 6：109，1936；Фл. Казахст. 3：219，1960；新疆植物检索表，2：140，1983—*Ceratoides ewersmammiana*(Stschegl ex A. Los.) Botsch. et Ikonn.——新疆植物志，2(1)：17，图版4：3~4，1994。

半灌木，高50~120cm，上部稠密分枝。叶有短柄，卵形或长圆状卵形，端钝，基部心脏形少圆形，中脉明显分枝，两面密被星状绒毛；雌花苞片果期卵形或长圆状卵形，上部具很短的分离裂片，裂片远短于苞片连合部分。被毛特征同上种。花果期7~9月。

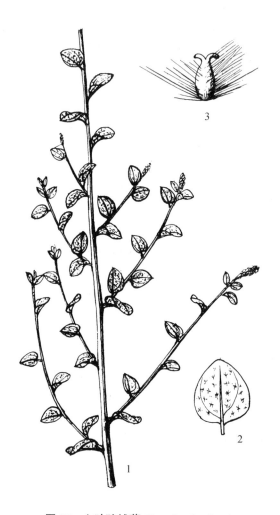

图 34　驼绒藜 Krascheninnikovia
ceratoides（L.）Gueldenst
1. 花枝　2. 胞果

图 35　心叶驼绒藜 Krascheninnikovia
ewersmanniana（Stschegl）Grubov
1. 花枝　2. 叶片　3. 胞果

生石质荒漠和半荒漠。海拔 400~2000m。

产青河、富蕴、阿勒泰、奇台、阜康、乌鲁木齐、昌吉、呼图壁、石河子、托里、裕民、沙湾、奎屯、乌苏、精河、霍城、察布查尔、特克斯、昭苏、和硕、和静、库尔勒、轮台、拜城、阿克苏。中亚、哈萨克斯坦、蒙古也有分布。模式从亚速海流域的锡尔河下游。

3. 昆仑驼绒藜

Krascheninnikovia compacta（A. Los.）Grubov Pl. Asiae Centr. 2：37，1966；中国树木志，4：5000，图 2756：3~4，2004 —*Eurotia compacta* A. Los. in Bull. Acad. Sci. URSS. Phys. — Math. 995，1930。

垫状半灌木，高 10~25cm，茎直立，极多分枝，茎皮带黄灰色；一年生枝细，淡黄色，硬直，先端针刺状，被密毛。叶倒卵形或窄椭圆形长 4~7(10)mm，宽 1~2(3)mm，边缘反卷；叶柄长 0.4~1cm。雌雄同株。雄蕊簇生枝顶，组成长 1~2cm 的总状花序；花被倒卵形，4 浅裂；雄蕊 4。雌花 1~3 个簇生叶腋；子房密生柔毛，柱头 2；果期雌花被筒椭圆形，长 4~5mm，宽约 2.5mm；中部以下合生，筒外无 4 束长柔毛，有分枝毛，花果期 6~8 月。

生高寒荒漠的山间谷地，砾石山坡。海拔 3500 ~ 5000m。

产若羌、叶城(昆仑山地)等地，青海、甘肃、西藏也有。模式自青海。是高寒山区珍贵牧草资源。

4*. 华北驼绒藜

Krascheninnikovia arborescens（A. Los.）Mosyakin—；中国树木志，4：4997，图 2756：5 ~ 6，2004。

直立灌木，高至 2m，上部多分枝，枝长 35 ~ 80cm。叶披针形或长圆状披针形，长 2 ~ 7cm，宽 0.7 ~ 1.5cm，基部宽楔形或近圆，具长柄。雄花序细，长达 8cm，雌花花被筒倒卵形，长约 3mm，离生部分为筒长 1/4 至 1/5，先端钝，稍外弯，4 束长柔毛着生花被筒中上部及下部。胞果窄倒卵形，有毛。花果期 7 ~ 9 月。

新疆作牧草引种。产吉林、辽宁、河北、内蒙古、山西、陕西北部，四川北部，甘肃东南和祁连山区，模式标本自甘肃东部记载。中国树木志四卷，将昆仑山相邻的高山区的垫状驼绒藜分为两种，即垫状驼绒藜和昆仑驼绒藜，并指明，前者产甘肃西部及青海，后者产新疆、青海和西藏，前者雌花花被筒长圆形，4 束长柔毛着生花被筒中上部，而后者雌花花被筒外无 4 束长柔毛，而与之不同，但至今未见可靠标本依据，待深入研究。

(3) 地肤属 Kochia Roth

一年生少半灌木。茎直立或斜伸，多分枝。叶互生，无柄或几无柄，披针形或狭条形，或为圆柱状或半圆柱状。花两性，无苞片，2 ~ 4 朵着生叶腋，少单个地形成带叶的穗状花序；花被 5 数，花被片内弯，果期背部形成翅状或小瘤；雄蕊 5；柱头 2 ~ 3；种子水平展，大部分卵形，无毛，光滑；胚环形。

本属约 35 种，新疆产 7 种 3 变种，半灌木仅 1 种。

1. 木地肤　图 36　彩图第 11 页

Kochia prostrata（L.）Schrad. in Neues Journ. 3：85，1809；Фл. СССР，6：128，1936；Фл. Казахст. 3：231，1960；Pl. As. Centr. 2：49，1966；中国植物志，25(2)：100，1979；新疆植物检索表，2：167，1983；中国沙漠植物志，1：371，1985；新疆植物志，2(1)：45，1994—Salsola prostrata L. Sp. Pl. 222，1753。

半灌木，高 50 ~ 80cm，茎基木质；木质茎上生出多数短的营养枝和长的花枝；当年生枝淡黄褐色或淡紫色，密被柔毛或近无毛。叶互生，半圆柱形或扁平，狭条形，常数片聚于腋生短枝而呈簇生状，长 0.5 ~ 3cm，宽 0.5 ~ 2mm，

图 36　木地肤 Kochia prostrata（L.）Schrad.
1. 植株　2. 胞果

急尖，被伏贴毛；穗状圆锥花序；花3~4朵聚成团伞花序，生于苞片腋部；花被有柔毛，果期花被片变硬，背部具有膜质翅；花丝丝状，稍伸出花被；柱头2，丝状。胞果扁球形。种子横生，宽约2mm，近圆形，两面中央微凹，褐色，光滑无毛。花果期7~9月。

生荒漠平原，干旱石质和砾质坡地。海拔900~2500m。

产富蕴、阿勒泰、布尔津、哈巴河、奇台、阜康、乌鲁木齐、塔城、额敏、裕民、托里、沙湾、精河、霍城、伊宁、新源、巩留、特克斯、昭苏、温宿、阿克苏、塔什库尔干等地。我国东北、华北、西北各地及西藏均有分布。俄罗斯欧洲部分、克里米亚、高加索、中亚、西伯利亚、西欧、地中海、小亚细亚、伊朗、蒙古也有分布。

荒漠地区珍贵保持水土资源和优良牧草。

木地肤是一个极多变化的种，在中亚分为以下变种：

1a. 木地肤(原变种)

Kochia prostrata(L.)Schrad. var. **prostrata**

1b. 绿叶木地肤(新拟)(变种)

Kochia prostrata var. **virescens** Fenzl. —Фл. Казахст. 3：231，1960；

具几无毛的绿色和很狭窄宽0.7mm的叶，花序疏松被伏贴毛。

1c. 伏毛木地肤(变种)

Kochia prostrata var. **subcanescens** Bong et Mey. —Фл. Казахст. 3：231，1960；

具很密的伏贴绒毛，叶宽至1mm，花序疏松。

1d. 灰毛木地肤(变种)

Kochia prostrata var. **canescens** Moq. Chenop. Monogr. Enum. 93，1840，et in DC. Prodr. 13(2)：132，1849；Фл. Казахст. 3：231，1960；中国植物志，25(2)：100，1979；中国沙漠植物志，1：371，1985；新疆植物志，2(1)：45，1994。

具灰色伏贴绒毛，叶宽至1.25mm，花序稠密。

1e. 展毛木地肤(变种)

Kochia prostrata var. **villosocana** Bong et Mey. —Фл. Казахст. 3：231，1960；

具有多少开展的白色绒毛，叶宽至1.75mm，花序稠密。

1f. 卷毛木地肤(密毛木地肤)(变种)

Kochia prostrata var. **villosissima** Mey. —Фл. Казахст. 3：231，1960；

具开展和卷曲的4~8mm长的白色长柔毛，叶宽至1.75mm，花序稠密。

（4）碱蓬属 Suaeda Forsk.

草本半灌木或小灌木，通常无毛，有时被蜡粉，干时经常发黑。具全缘，互生，圆筒状，有时扁平，肉质叶片。

本属约100种，新疆产18种，其中木本仅3种。

分种检索表

1. 团伞花序着生于叶腋，或腋生于短枝上，形成顶生圆锥花序，花被果期成囊状，膨胀，叶长3~6cm，宽2~3mm，种子横生 ·························· **1. 囊果碱蓬 S. physophora** Pall.
1. 团伞花序着生于叶片基部，其总花梗与叶柄合并成短枝状。
  2. 叶长5~15mm，基部渐狭，着生处膨大；团伞花序含5~10花，花被裂近基部 ······························ **2. 木碱蓬 S. dendroides**(C. A. Mey.) Moq.
  2. 叶长3~8mm，基部骤缩，着生处不膨大；团伞花序含3~5花，花被裂至中部 ···························· **3. 小叶碱蓬 S. microphylla**(C. A. Mey.) Pall.

1. 囊果碱蓬　图 37　彩图第 11 页

Suaeda physophora Pall. Illustr. 51，1803；Фл. CCCP，6：190，1936；Фл. Казахст. 3：256，1960；Pl. Asiae Centr. 2：76，1966；中国植物志，25（2）：120，1979；新疆植物检索表，2：184，1983；中国沙漠植物志，1：396，1985；新疆植物志，2（1）：62，1994。

灌木，高 30~100cm。自基部多分枝，嫩枝灰白色，无毛或被短乳点状毛。叶线形，近弧状，多汁，斜向上展，基部稍扩展，沿关节脱落。塔形圆锥花序；花生苞片腋部，单或 2~3 朵，少较多，无柄；中部两性花被球形，大部分侧生，雌花上部稍扁，整个花的花被片广椭圆形，钝，分裂至中部以下，果期膀胱状膨胀；子房具 2~3 粗，短，无毛的柱头。种子大部分水平展，宽约 2mm，微有光泽，稍具点状花纹。花果期 6~8 月。

生于戈壁，盐碱沙地。

产青河、富蕴、阿勒泰、乌鲁木齐、呼图壁、沙湾、乌苏、察布查尔等地。俄罗斯欧洲部分、高加索、前亚（伊朗）、中亚、西西伯利亚等地也有分布。模式自里海流域。

2. 木碱蓬　图 38

Suaeda dendroides（C. A. Mey.）Moq. Chenop. Monogr. Enum. 126，1840；Фл. CCCP，6：181，1936；Фл. Казахст. 3：253，1960；Pl. Asiae Centr. 2：74，1966；中国植物志，25（2）：117，1979；新疆植物检索表，2：183，1983；中国沙漠植物志，1：393，1985；新疆植物志，2（1）：59，1994—*Schoberia dendroides* C. A. Mey. Verzeichn. Pflz. Cauc. Casp. 159，1831。

小灌木，高 20~60cm，铺展分枝，嫩枝灰蓝色，被卷曲毛。叶长 5~15mm，线形，半圆筒形，

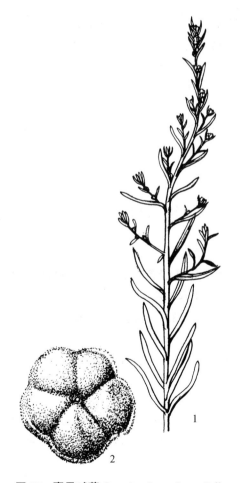

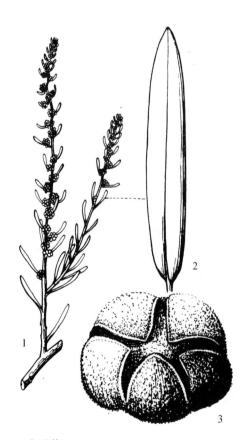

图 37　囊果碱蓬 **Suaeda physophora** Pall.
1. 果枝　2. 胞果

图 38　木碱蓬 **Suaeda dendroides**（C. A. Mey.）Moq.
1. 花枝　2. 叶片　3. 胞果

多汁，钝，基部收缩成短柄，仅最上部叶稍尖呈弧状弯。花单或 2~6 成团伞花序生叶腋；花被球形，顶端扁平，具纵的裂至基部的花被片。种子黑色，有光泽。花果期 6~8 月。

生平原荒漠盐碱地及石质山坡。

产玛纳斯、沙湾等地。分布于俄罗斯欧洲部分、黑海高加索沿岸、中亚、伊朗。模式自高加索。

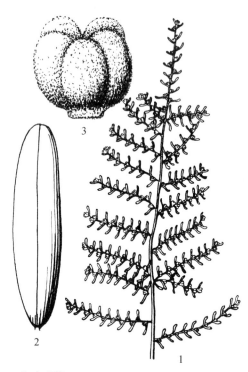

图 39 小叶碱蓬 Suaeda microphylla（C. A. Mey.）Pall.
1. 花梗　2. 叶片　3. 胞果

3. 小叶碱蓬　图 39

S. microphylla（C. A. Mey.）Pall. Ill. Pl. 52, tab. 44, 1803；Фл. CCCP, 6：179，1936；Фл. Казахст. 3：252，1960；Pl. Asiae Centr. 2：76，1966；中国植物志，25（2）：117，1979；新疆植物检索表，2：182，1983；中国沙漠植物志，1：393，1985；新疆植物志，2（1）：59，1994——*Schoberia microphylla* C. A. Mey. Verzeichn. Pflz. Cauc. Casp. 159，1831。

半灌木，高 50~100cm。茎直立，多分枝，枝条开展，被或密或疏的短柔毛及蜡粉。叶圆柱形，微弧曲，灰绿色，后变灰褐色，长 3~5mm，下部者可达 1cm，先端具短尖，基部骤缩。团伞花序含 3~5 朵花，着生于叶柄上；花两性兼有雌花，花被肉质，灰绿色，5 裂至中部；花被片矩圆形，背部隆起，果期稍增大；雄蕊 5；柱头 2 或 3。种子直立或横生，卵形，黑色，长约 4mm，有光泽，微具点状网纹。花果期 6~9 月。

生于荒漠、湖边、河谷阶地、撂荒地。海拔 600~700m。

产乌鲁木齐、昌吉、呼图壁、玛纳斯、沙湾、乌苏、精河、伊宁等地。国外在亚速海—里海、巴尔哈什湖、前亚、哈萨克斯坦、中亚、高加索也有分布。模式标本从里海西部记载。

（5）梭梭属 Haloxylon Bunge

灌木或小乔木。茎分枝；老枝灰褐色或淡褐色，圆柱状；幼枝绿色，具关节，易折断。叶对生，退化成鳞片状或几无叶，先端钝或芒状尖。花两性，单生小枝苞腋，具 2 小苞片；花瓣片 5，膜质，果期背面具平展膜质翅；雄蕊 5，着生于杯状花盘上；花药无附属物；花柱很短，柱头 2~5。胞果顶面微凹。种子横生；胚螺旋状，淡绿色，无胚乳。

本属 2 种，从亚速海、里海流域、巴尔哈什湖流域；前亚、中亚至亚洲中部，新疆均产。

分种检索表

1. 叶完全不发达或成很短的，对生瘤状突起 ·················· **1. 梭梭 H. ammodendron**（C. A. Mey.）Bunge
1. 叶鳞片状，伸延成麦秆黄色芒状尖 ······························ **2. 白梭梭 H. persicum** Bunge

1. 梭梭(胡式之)　琐琐(辍耕录)
图40

Haloxylon ammodendron (C. A. Mey.)Bunge Reliq. Lemann. (1852) 293；Фл. CCCP，6：313，1936；Фл. Казахст. 3：305，1960；Pl. Asiae Centr. 2：110，1966；中国高等植物图鉴，1：600，图1199，1972；中国植物志，25(2)：140，1979；新疆植物检索表，2：191，1983；中国沙漠植物志，1：343，1985；新疆植物志，2(1)：71，图版18：1～3，1994—*Anabasis ammodendron* C. A. Mey. in Ledeb. Fl. Alt. 1：375，1829。

1a. 梭梭(原变种)　琐琐

Haloxylon ammodendron(C. A. Mey.) Bunge var. **ammodendron**

灌木，高1～2m，树皮灰白色。多分枝；嫩枝绿色，有节，细长，多汁。叶对生，退化呈鳞片状，宽三角形，基部连合，边缘膜质，先端钝。花单生叶腋；小苞片阔卵形，膜质，与花等长；花被片5，矩圆形，果期自背部生翅状附属物；翅膜质，半圆形，褐色至淡黄褐色，至少有3片在基部明显呈心形，其余二片，在基部有时呈楔形；花被片在翅以上部分稍向内曲并围抱果实。胞果黄褐色。种子黑褐色，直径约2～5mm；胚暗绿色。花期6～8月，果期8～10月。

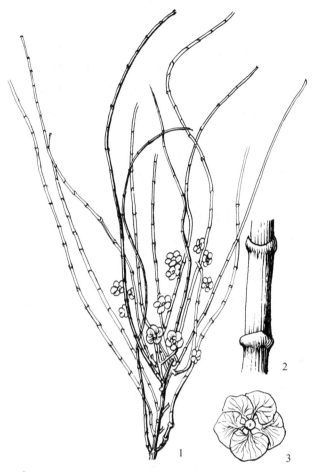

图40　梭梭 Haloxylon ammodendron(C. A. Mey.) Bunge
1. 果枝　2. 同化枝及鳞片叶　3. 胞果

生山前洪积扇和游积平原、固定沙丘、沙地、砂砾质荒漠、砾质荒漠、轻度盐碱荒漠。

产青河、富蕴、福海、布尔津、吉木乃、奇台、阜康、吉木萨尔、乌鲁木齐、昌吉、呼图壁、玛纳斯、和布克赛尔、裕民、托里、克拉玛依、沙湾、奎屯、乌苏、精河、霍城、伊宁、哈密、鄯善、托克逊、焉耆、库尔勒、若羌、轮台、库车、拜城、阿克苏等地。我国内蒙古、甘肃、青海和宁夏也有分布。哈萨克斯坦、中亚(平原)、前亚、巴尔哈什湖流域、亚速海、里海流域也有。模式自斋桑湖。

梭梭为荒漠地区优良固沙造林树种，也是良好的饲用植物，木材坚实，为优良燃料。

胡式之(1963)将中国西北地区的荒漠梭梭林，分为3群系、7亚群系、27群丛组，即梭梭柴群系(Form. Haloxylon ammodendron)；白梭梭群系(Form. Haloxylon persicum)；以及梭梭柴—白梭梭群系(Form. Haloxylon ammodendron — H. persicum)，后者为前二种的过渡群系。

1b. 盐梭梭　黑梭梭　变种(新组合)

Haloxylon ammodendron var. **aphyllum**(Minkw)C. Y. Yang comb. nov. —*Arthrophytum ammodendron* var. *aphyllum* Minkw. in Fedde Repert. ，11：478，1912。

小乔木，高7～10m，树干粗，弯，分枝，树皮泥灰色；一年生枝草质，圆筒形，多汁，灰蓝色或淡绿色，秋季部分脱落；老树枝下垂。叶片不发达，横缢状，或稍突起的对生瘤状。花细小；单生腋生，小苞片鳞片状；花被片卵形，膜质，具疏柔毛。果翅近圆形，基部楔形或圆形，果翅径

8～12mm，花被片顶端紧贴果实，果径 2～2.5mm，顶端微凹，中央具宿存花柱。花期 4～5 月，果期 9～10 月。

产准噶尔盆地乌苏县甘家湖。中亚、伊朗、阿富汗也有。

格鲁波夫（Grubov，1966）认为，梭梭和黑梭梭，是一个种的两个生活型，即灌木型和乔木型。作为恢复保护和开发利用沙漠地区的梭梭森林资源来说这样的划分是十分必要的。

（一）梭梭柴群系（Form. Haloxylon ammodendron）

1. 戈壁梭梭柴亚群系；依从属层群优势种，下分 3 类群丛组：

（1）戈壁梭梭柴荒漠群丛组；

（2）耐盐小灌木梭梭柴荒漠群丛组；

（3）超旱生灌木梭梭柴荒漠群丛组；

2. 壤土梭梭柴亚群系；依从属层群优势种，下分 6 类群丛组：

（4）壤土梭梭柴荒漠群丛组；

（5）耐盐一年生梭梭柴荒漠群丛组；

（6）短命植物，小灌木梭梭柴荒漠群丛组；

（7）耐盐一年生草本，半灌木梭梭柴荒漠群丛组；

（8）耐盐灌木梭梭柴荒漠群丛组；

（9）盐生灌木梭梭柴荒漠群丛组；

3. 沙地梭梭柴荒漠亚群系：

（10）沙生一年生草本，半灌木沙拐枣梭梭柴荒漠群丛组；

（11）沙生一年生草本，灌木沙拐枣梭梭柴荒漠群丛组；

（12）短命植物，沙生一年生，旱蒿梭梭柴荒漠群丛组；

（13）耐盐一年生草本，旱蒿梭梭柴荒漠群丛组；

（14）短命植物梭梭柴荒漠群丛组；

（15）耐盐一年生草本，梭梭柴荒漠群丛组；

（16）禾草，蒿类梭梭柴荒漠群丛组；

（17）沙地梭梭柴荒漠群丛组；

（18）盐生灌木，梭梭柴荒漠群丛组。

（白梭梭群系接白梭梭之后）

2. 白梭梭 图 41

Haloxylon persicum Bunge ex Boiss. et Buhse in Nouv. Mem. Soc. Natur. Moscou. 12：189，1860；Фл. CCCP，6：311，1936；Фл. Казахст. 3：304，1960；Pl. Asiae Centr. 2：112，1966；中国植物志，25（2）：139，1979；新疆植物检索表，2：191，1983；中国沙漠植物志，1：342，1985；新疆植物志，2（1）：69，图版 18：4，1994。

小乔木，高 1～7m，树皮灰白色；老枝淡黄褐色；当年枝淡绿色，具关节，节间长 0.5～1.5cm，纤细，径约 1～1.5mm。叶对生，退化成鳞片状，三角形，基部连合，边缘膜质，先端具芒状尖。花单生于上年生枝短枝上；小苞片卵圆形，舟状，边缘膜质，与花被等长；花被片膜质，钝圆，背部先端具翅状附属物；翅基部楔形或圆形。胞果淡黄褐色。种子直径约 2.5mm。花期 4～5 月，果期 9～10 月。

生于固定沙丘、半固定沙丘、流动沙丘上。

产奇台、吉木萨尔、玛纳斯、精河等地。中亚、前亚、巴尔哈什湖、碱海等地也有分布。模式自伊朗。

白梭梭耐旱性强，为沙漠地区固定流沙的珍贵树种。胡式之将其分为 3 亚群系、8 群丛组。

（二）白梭梭群系（Form. Haloxylon persicum）

1. **半流动沙丘白梭梭亚群系**

三芒草，沙拐枣白梭梭荒漠群丛组。

2. **半固定沙丘白梭梭亚群系**

沙生一年生草本，沙拐枣白梭梭荒漠群丛组；

短命植物，沙生一年生草本，白梭梭荒漠群丛组；

沙蒿，白梭梭荒漠群丛组。

3. **固定沙丘白梭梭亚群系**

沙生一年生草本，沙蒿类白梭梭荒漠群丛组；

短命植物，沙生一年生草本，旱蒿类白梭梭荒漠群丛组；

短命植物，麻黄，白梭梭荒漠群丛组；

禾草，旱蒿类，白梭梭荒漠群丛组。

（三）梭梭柴—白梭梭群系
（Form. Haloxylon ammodendron – Haloxylon persicum）

这一群系面积不大，为前二者之间的过渡类型，分为2群丛组：

（1）沙拐枣，梭梭柴—白梭梭荒漠群丛组；代表种白皮沙拐枣 Calligonum leucocladum。

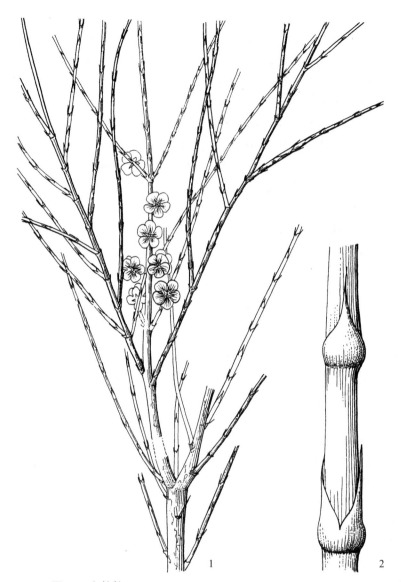

图41　白梭梭 Haloxylon persicum Bge. ex Boiss. et Buhse
1. 果枝　2. 同化枝及鳞片叶

（2）沙生一年生草本，蒿类，梭梭柴—白梭梭荒漠群丛组。

（四）荒漠梭梭林的林型学说

国内外早有许多学者都提出过荒漠梭梭林的林型学说，其中较早的是列昂捷夫的学说（1954年），他将中亚的梭梭林分为5组、15类林型：

1. 从新月形沙丘链过渡到沙地的林型组，下分4类林型：

（1）沙槐，三芒草梭梭林；

（2）固定沙丘梭梭林（盐爪爪，猪毛菜，少白梭梭）；

（3）固定沙丘白梭梭林；

（4）白梭梭，苔草沙丘林。

2. 从沙地过渡到盐沼地梭梭柴林型组，下分2类林型：

（5）荒漠苔藓和苔草白梭梭林；

（6）荒漠苔藓白梭梭林。

3. 从河床，龟裂地，交叉沙地过渡到沙地林型组，下分2类林型：

（7）洪积或淤积地梭梭柴林；

（8）沿柽柳丛淤积地混生梭梭林（梭梭柴和白梭梭）。

4. 从吐加依林过渡到沙地林型组，下分4类林型：

（9）柽柳梭梭柴林；

（10）梭梭柴柽柳林；

（11）梭梭柴纯林或梭梭柴骆驼刺林；

（12）梭梭混交林（梭梭柴，白梭梭）。

5. 从吐加依林过渡到盐沼地辅助林型组，下分3类林型：

（13）荒漠苔藓混交梭梭林（梭梭柴，白梭梭）；

（14）梭梭柴林；

（15）矮生梭梭林。

因此，列昂捷夫的梭梭林型中，有4类是白梭梭林，5类是梭梭柴林，3类是混交林，1类是沙槐林，1类是沙拐枣白梭梭林，1类是柽柳梭梭柴林。

中国学者将新疆梭梭柴分为4个组，11个林型。

1. 石质低山谷坡梭梭林林型组：

蒿类梭梭柴林。

2. 砾石戈壁梭梭柴林型组：

梭梭柴纯林。

3. 荒漠梭梭柴林型组：

短命植物梭梭柴林；

柽柳梭梭柴林；

驼绒藜梭梭柴林；

琵琶柴白梭梭林；

假木贼梭梭柴林；

草树，盐柴类梭梭柴林。

4. 风沙土梭梭柴林型组：

白沙蒿梭梭林；

沙拐枣梭梭柴林；

白梭梭—梭梭柴林。

张宏铎将新疆白梭梭林（灌丛）分为3个林型：

1. 羽毛三芒草白梭梭林

在玛纳斯以西的新月形沙丘上。

2. 白沙蒿，驼绒藜，白梭梭林

在古尔班通古特沙漠南部和东南部。

3. 短命植物，沙拐枣，白梭梭林

在古尔班通古特沙漠南部和北部。

（五）梭梭荒漠林的保护、抚育及更新

以种子天然更新为主，人工更新为辅，也能用萌发枝进行无性繁殖。当梭梭树受害或被砍伐后，其残留部分的休眠芽开始发育，常形成大量萌枝。即所谓"桩蘖"。梭梭树一般4~5月开花，花很小，淡黄色，具5枚花被片，这时的树冠好像被黄色烟雾所笼罩，开花后，在夏季炎热时期，梭梭的花不发育，只有到9月天气转凉后，才开始形成果实，9月底到10月初，在梭梭树上已有许多5个翅的透明的果实了，外形很像花。果实在枝上长得很稠密，枝条都压弯了。梭梭树的果实10月成熟，果实的中央部分由红色变为淡褐色，而花被上的翅状附属物变硬变暗，从此时起，果实开始脱落，一直持续到 12 月，在某些树上，部分果实可以保持到第二年春天。

1. 梭梭树的果实

梭梭树的果实很小，径约 10 ~ 12mm，由 5 枚膜质，半透明的果皮包被着，故称为胞果。种子圆形，水平扁，中部微凹，径 2 ~ 2.5mm，种子色透明，膜质种皮中，无内胚乳，胚呈螺旋状卷曲，具淡黄褐色胚根和两枚暗绿色子叶。种子千粒重平均 3g，1kg 种子约 25000 粒，在自然条件下，2 小时即可发芽，48 小时发芽结束，发芽率 90%，发芽最适温度为 20 ~ 25℃，最适合含水率为 10% ~ 20%。白梭梭一年生苗可达 13.5cm，二年生高度可达 53.2cm。

2. 梭梭树单株年龄及梭梭林的年龄阶

测定梭梭单株年龄最常采用的是阿尔齐霍夫斯基的方法，他发现梭梭树每一树枝，每年都分枝为二，形成树杈，故他建议由树顶端沿树干向下到基部，数出树杈数目，来测定该树年龄，这样梭梭树的树杈数就相当于它的年龄数。在中等环境条件下，由这种方法测定幼龄林的梭梭树年龄方法简便，结果可靠。

在野外调查工作中，常将荒漠林分为以下龄段：幼苗、幼龄林、中龄林、近熟林和过熟林。

幼苗是指从种子发芽到第一年结束的苗木，二年生也列入这一龄段；

幼龄林是指 3 ~ 5 ~ 9 年生的苗木，枝节较少，枝向上伸展，树冠尖，长大于宽；

中龄林是指 10 ~ 15 ~ 17 年生的梭梭林，尚未达到采伐年龄的丛林。

近熟林是指 25 ~ 30 年的梭梭林，这时树冠枯干现象严重，林内已出现枯死木或风倒木，对这类梭梭林应立即进行卫生伐，清除过熟和枯死木。

过熟林是指超过已达到最大发育年龄的梭梭林，这时树木生长很慢，树冠宽度超过高度，树冠开始倾倒，有时也枯梢。

(六)荒漠梭梭林的抚育及经济利用

荒漠梭梭林是大自然赋予人类的瑰宝，我们必须像对待山地森林那样，珍惜它、爱护它、保护它、利用它。在当前首先要对那些半流动、半固定沙丘的白梭梭林、戈壁荒漠梭梭柴林、风沙土、沙土梭梭柴林等，实行封沙育林，禁止放牧，并制订出人工抚育措施，而对于那些已固定的白梭梭林和梭梭柴—白梭梭林，则可逐步改建为沙漠梭梭林旅游林场，或沙漠梭梭林牧场，先试验后推广。

(6)节节木属 Arthrophytum Schrenk

半灌木或小灌木，垫状或直立。枝叶均对生。叶条形，半圆柱状或棍棒状，基部合生成鞘状，腋部常具棉毛。花单生于当年生枝条叶腋中，两性，有小苞片。花被近球形，具 5 裂片，先端通常内弯，果期背部生翅或翅状突起；雄蕊 5，着生于花盘上；花盘杯状或盘状，具 5 枚与雄蕊相间的裂片(退化雄蕊)，花柱极短，柱长 2 ~ 3 裂。胞果为花被包被，呈半球形，顶端平截或微凹。种子横生，胚螺旋形，无胚乳。

分种检索表

1. 植物高至 80cm，具发达主干和长的、无叶的小枝 ············ **1. 巴尔喀什节节木 A. balchaschense**(Iljin.) Botsch.

1. 植物高至 30cm，自基部分枝，具发达叶片。

  2. 植物匍匐生，具铺展小枝，形成稠密垫状灌丛。叶在基部上方收缩，纺锤状或棒状，钝或短渐尖，有时具短尖，浅蓝灰色；苞片不长于花 ············ **2. 垫状节节木 A. korovinii** Botsch.

  2. 植物不匍匐。叶棒状或锥状，急尖，绿色。

    3. 植物稠密分枝，垫状，高至 8cm；叶棒状，线形，长 8 ~ 12mm，苞片长于花 2 倍以上 ·············
    ············ **3. 长苞节节木 A. longibracteatum** Korov.

    3. 植物铺展分枝，灌木状，高 10 ~ 30cm，叶锥状，长 3 ~ 7cm，苞片不长于花 ············
    ············ **4. 伊犁节节木 A. iliense** Iljin.

1. 巴尔喀什节节木　鳞叶节节木

Arthrophytum balchaschense(Iljin.) Botsch. —；Фл. Казахст. 3：300，1960；Pl. Asiae Centr. 2：108，1966；新疆植物检索表，2：193，1983；新疆植物志，2(1)：73，1994(in adnot.)(在附录中)—*Anabasis balchaschensis* Iljin. in Тр. Бот. ИНСТ. АН СССР, Сер. 1, 2：131，1936 et Фл. СССР, 6：299，1936。

半灌木，高至80cm。多分枝，具主干和木质化小枝，树皮灰白色；当年生绿色小枝亦生枝，无毛，节间长10～20mm，粗约1～2mm近圆柱形，光滑，具顶生短枝。叶几完全不发达，呈短的三角形尖鳞片状。花单生于枝端鳞片腋部，形成很疏散的花序，侧边具几圆形，凸出的钝的稍厚，但具膜质边缘的苞片；花被片细小，近圆形或卵形，下部稍粗，上部膜质，钝，果期稍硬，长至2mm，最顶端发育成宽倒卵形或肾形的翅，宽2.5～3.5mm，长2.5～3mm，向上伸或稍倾斜，全缘；花药顶端具细小附器；花盘裂片薄膜质，边缘不增厚；子房具5枚柱头；种子平展。花期7～9月，果期9～10月。

生砾质荒漠，有时生沙地。

产库车西部(海拔1300m，n°8134，31，Vlll 1958 – 李安仁和朱家楠)总分布在巴尔哈什湖流域。模式自哈萨克斯坦楚河下游，穆容库姆沙地记载。

2. 垫状节节木　棒叶节节木

Arthrophytum korovinii Botsch. –；Фл. Казахст. 3：302，1960；Pl. Asiae Centr. 2：109，1966；中国植物志，25(2)：142，1979；新疆植物检索表，2：193，1983；新疆植物志，2(1)：72，1994。

对生分枝的半灌木，形成疏垫丛。当年生草质，短缩，有节，单或分枝。叶长5～10mm，淡绿色，对生，基部扩展，贴生，叶腋有柔毛，基部以上收缩，纺锤状，半圆形，稍尖，开展，直或微向上或下弯；苞片肉质，球形或卵形，钝，等长于花或稍长于；花被片近球形，径约1.5～2mm，具花被片，基部有柔毛，顶端内弯，果期发育成肾形，膜质向上的翅；花盘杯状，具卵形裂片，边缘具乳头状乳点；花药卵形，具短尖头附器；柱头2，顶端扩展。

生砾质荒漠低洼地边缘。

产富蕴、福海、阿勒泰、布尔津等地的黑色额尔齐斯河和乌伦古河流域沿岸。中亚和哈萨克斯坦也有。模式标本从哈萨克斯坦楚伊犁山记载。

3. 长苞节节木　长叶节节木

Arthrophytum longibracteatum Korov. in Act. Univ. Asisae Nov. Ser. VIII – B. fasc. 29：15，tab. 2，fig. a – g，1935；Фл. СССР. 6：305，1936；Фл. Казахст. 3：301，1960；Pl. Asiae Centr. 2：110，1966；中国植物志，25(2)：142，图版32：4～7，1979；新疆植物检索表，2：192，1983；中国沙漠植物志，1：343，1985；新疆植物志，2(1)：72，1994。

半灌木，有时形成疏垫丛。主干粗，短缩，常弯曲，木质小枝有节；当年生枝草质，单或少分枝，几全部着生有花。叶基部扩展，圆柱状锥形，急尖，微弯，长10～12mm；苞片披针形，长于花；花6对着生梗上，花被球形，径约1.5mm，花被片卵形，凸出，花盘不深，杯形，浅裂；雄蕊具线状锥形花丝和卵形花药；花柱2，具开展的，锐裂一针形柱头。花果期8～9月。

生砾质荒漠平原龟裂地上，有时也生长在沙漠盐地上。产拜城盆地。中亚和哈萨克斯坦也有。模式自哈萨克斯坦记载。

4. 伊犁节节木　长枝节节木

Arthrophytum iliense Iljin. in Journ. Bot. URSS, 19：171，1934；ej. in Fl. URSS, 6：303，tab. 10，fig. 6a – b. 1936；Фл. Казахст. 3：299，1960；Pl. Asiae Centr. 2：109，1966；中国植物志，25(2)：142，1979；新疆植物检索表，2：193，1983；新疆植物志，2(1)：72，图版18：12～14，1994。

半灌木，高15～30cm，淡绿色，无毛，具灰白色开裂树皮，下部具多数分枝的小枝，当年生枝近圆柱形，向上有不明显的钝四棱，由8～15节间组成。叶锥状，长3～7mm，稍硬，渐尖，但非刺毛尖或特别渐尖，开展稍弧状下弯。花腋生，单花，侧面具草质，宽，钝和钝龙骨状，膜质边缘的等长于花的苞片；花被片宽卵形，钝，膜质，以后中部硬化，腋部具簇生，果期在其顶端附近，发育成半圆形，肾形翅；雄蕊具卵形或长圆状卵形的花药和跟花盘连合的高1～1.2mm，几等长于花被的花丝，花盘裂片边缘增厚，很短，无柄。种子水平展。花期6～7月。

生石质和砾质荒漠低山山麓地，有时沿山河谷砾石坡地。

产拜城盆地和伊犁河喀什大桥以东30km。海拔980m，石质山坡。中亚和哈萨克斯坦也有。模式自东哈萨克斯坦记载。

（7）假木贼属 Anabasis Linn.

小半灌木；茎基多分枝或短缩成瘤状；当年枝绿色，有关节。叶对生，肉质，半圆柱形，钻状，鳞片状，先端钝或锐尖，有时成刺状，基部合生成鞘状，腋部常有绵毛。花两性，单生于叶苞腋内，少簇生；小苞片2；花被片5，膜质，外轮3片，内轮2片，果期外轮花被片或全部花被片发育成翅状附属物，很少缺；雄蕊5，着生于花盘上；花盘杯状，5裂；子房卵状球形，柱头2，花柱短。胞果藏于花被或突出，球形或阔椭圆形，果时肉质。种子直立，胚螺旋状，无胚乳。

本属约30种，新疆产8种。是荒漠地区防风固沙，保持水土的重要植物资源。

分种检索表

1. 植物具木质，多绵毛，粗大的茎基和易脱落的一年生草质茎。
　2. 叶完全不发达，成对生，宽三角形，鳞片状凸起；茎仅上部具1～2对侧枝，嫩枝不分枝，浅灰蓝色；根扭曲。花单生，花被片果期具发达的烟灰色翅 ………………………… **7. 展枝假木贼 A. truncata**（Schrenk）Bunge
　2. 叶大部分发达，棒状，顶端具小刺尖或刺毛；茎分枝。根不扭曲。
　　3. 叶具长的白色刚毛，上部和中部叶发达，下弯，下部叶鳞片状；茎从下部多铺展分枝；植物半球形，带白霜。花单生，果期花被片完全无翅 ………………… **4. 无翅假木贼 A. eriopoda**（Schrenk）Bunge
　　3. 叶顶端微呈棒状，具短刺尖，全为圆柱形，不弯曲，长6～10mm，密生乳点状突起。茎密生柔毛。花每3朵腋生，花被片在果期仅略增大，背面具半月形翅状突起；花盘裂片半圆形；子房卵形 ……………
　　…………………………………………………………………… **5. 粗糙假木贼 A. pelliotii** Danguy
1. 植物具木质，下部分枝的茎，无粗大、多绵毛的茎基。
　4. 叶不发达，鳞片状，钝或锥状，顶端具刺尖；茎常较高，直立，多汁，鲜绿色。花组成稠密穗状花序；花被片果期具3枚向上展的金黄色翅。
　　5. 叶呈对生鳞片状宽三角形钝凸起；植物具高度木质化的茎干，有时发育的主干，具灰白色树皮
　　…………………………………………………………… **1. 无叶假木贼 A. aphylla** Linn.
　　5. 叶呈三角状锥形，顶端具无色刺尖，贴茎；植物仅最下部木质化多分枝，常形成稠密草丛 ………………
　　…………………………………………………………… **3. 高假木贼 A. elatior**（C. A. Mey.）Schischk.
　4. 叶大部分不发达；茎常短，多节，淡绿色或灰蓝色，花疏；花被片果期具5翅或完全无翅。
　　6. 叶具脱落刺尖或刚毛，中部和下部叶长至10mm，弯曲，仅最下部叶鳞片状，贴茎；茎木质化部分短。花1～3朵腋生，花被片果期具鲜艳的黄红色翅 ……………… **2. 短叶假木贼 A. brevifolia** C. A. Mey.
　　6. 叶钝，有时具短的易脱落的刺尖，下部和中部叶短，长约2mm，少至5mm。花单，花被片果期无翅 ……
　　…………………………………………………………… **6. 盐生假木贼 A. salsa**（C. A. Mey.）Benth.

1. 无叶假木贼　图42

Anabasis aphylla Linn. Sp. Pl. 223, 1753；Фл. СССР, 6：297, 1936；Фл. Казахст. 3：295, 1960；Pl. Asiae Centr. 2：103, 1966；中国高等植物图鉴，1：600，图1200，1972；中国植物志，25（2）：146，1979；新疆植物检索表，2：196，1983；中国沙漠植物志，1：340，1985；新疆植物

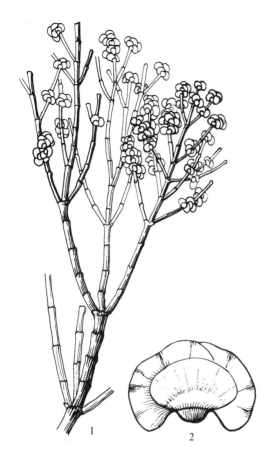

图42 无叶假木贼 Anabasis aphylla Linn.

1. 花枝　2. 胞果

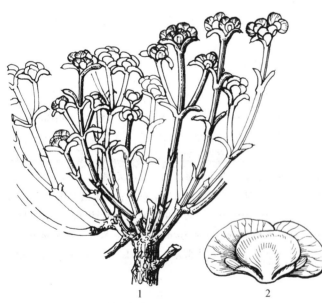

图43 短叶假木贼 Anabasis brevifolia C. A. Mey.

1. 植株　2. 胞果

志，2（1）：74，图版19：6~7，1994。

半灌木，高30~75cm，从基部分枝，无毛，具多汁，圆柱形无叶小枝。叶稍显著，鳞片状，钝，宽三角形，成对连合成短鞘状，腋部具绵毛。花聚生于茎和枝端成穗状花序；花单生于钝的，披针形，短于花的苞片腋部；花被片长1.5~2.5mm，3枚外部者呈圆形，果期发育成淡黄色或微红色，肾圆形，向上直立的翅；2枚内部者较狭窄，无翅或具退化翅。胞果多汁，短于翅。花果期7~9月。

生山前洪积扇及砾质荒漠和干旱盐渍化荒漠地区。

产奇台、阜康、乌鲁木齐、玛纳斯、莫索湾、塔城、托里、和布克赛尔、克拉玛依、奎屯、乌苏、精河、博乐、伊宁、巴里坤、和硕、焉耆、库尔勒、轮台、拜城、阿克苏、喀什等地。在准噶尔盆地西南和轮台至阿克苏、及喀什附近的山麓洪积扇，形成大面积无叶假木贼荒漠群落。国外在伊朗、西西伯利亚、中亚、前亚、俄罗斯欧洲、巴尔哈什湖、碱海－里海，均有分布。模式自里海岸。

本种幼枝含多种生物碱，主要成分新烟碱，是一种珍贵资源植物。

2. 短叶假木贼　图43

Anabasis brevifolia C. A. Mey. in Ledeb. Ic. pl. Fl. Ross. 1：10，tab. 39，1829；ej in Ledeb. Fl. Alt. 1：377，1829；Фл. СССР，6：287，1936；Фл. Казахст. 3：291，1960；Pl. Asiae Centr. 2：103，1966；中国植物志，25（2）：146，1979；新疆植物检索表，2：195，1983；中国沙漠植物志，1：340，1985；新疆植物志，2（1）：74，1994—*A. affinis* Fisch. et Mey. in Enum. Pl. Nov. Soong，1：10，in adnot，1841。

半灌木，高10~20cm。多头木质茎基形成密丛；当年枝黄绿色，草质，成对发自木质分枝顶端，具4~8节间，不分枝或上部有少数分枝；节间长5~25mm，粗约2mm，平滑或有乳点状突起，下部节间近圆柱形。叶腋有长绵毛。叶长圆柱形，肉

质，先端钝或锐尖，具半透明的刺尖，长 2 ～
10mm，中部茎叶较长，外倾，或稍下弯，最下
部叶鳞片状，卵形，贴茎。花单生叶腋，具卵
形、弯曲、钝的，有膜质边的苞片；花被片卵
形，钝，果期顶端发育成膜质，肾圆形，淡红 -
橙黄，向上直伸的翅；花盘裂片微有腺点。胞果
卵形，近干燥，长约 2.5mm，花被片具粒状纹
饰。种子近圆形，褐色，径约 1.5mm。花期 7 ～
8 月，果期 9～10 月。

生砾质黏土山坡，冲积扇。

产青河、阿勒泰、奇台、吉木萨尔、米泉、
乌鲁木齐、呼图壁、玛纳斯、塔城、裕民、沙
湾、乌苏、精河、伊宁、察布查尔、新源、托克
逊、和静、和硕等地；内蒙古、甘肃、西藏也
有。国外在蒙古、俄罗斯西西伯利亚、斋桑湖也
有分布。模式自俄罗斯阿尔泰山，楚依斯河谷。

3. 高假木贼 高枝假木贼 图 44

Anabasis elatior(C. A. Mey. ）Schischk. в
Крылов，Фл. Зап.СИБ. 4：961，1930；Фл.
CCCP，6：300，1936；Фл. Казахст. 3：296，
1960；Pl. Asiae Centr. 2：104，1966；中国植物
志，25(2)：145，1979；中国沙漠植物志，1：
339，1985；新疆植物检索表，2：195，1983；
新疆植物志，2(1)：74，1994—*Brachylepis elatior* C. A. Mey. in Bull. Acad. Sci. Petersb. 8：
341，1840。

半灌木，高 10～30cm。木质茎上具多数木
质分枝；当年枝生分枝上，直立或稍斜展，上部
具短分枝，节间圆柱形，具 10～20 节间，径约
2～3mm。叶鳞片状，三棱状锥形，具半透明刺

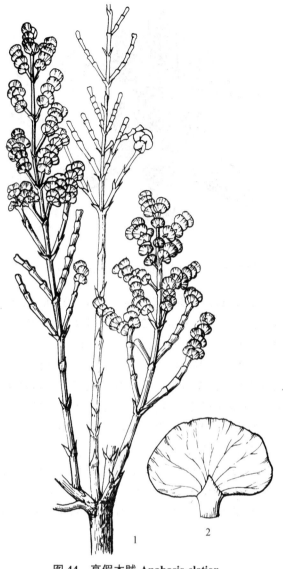

图 44 高假木贼 Anabasis elatior
（ C. A. Mey. ）Schischk.
1. 果枝 2. 花被片

尖，常贴茎，开展或外弯，腋部具白色长绵毛。花单生苞叶腋，旁边具短的舟形、膜质苞片，在茎
和小枝端形成稠密的穗状花序；花被片钝，外部 3 枚呈肾圆形，果期发育成翅，内层 2 枚无翅。胞
果多汁，球形，扁，黄色或粉红色。花果期 7～10 月。

生砾质黏土山坡，盐渍荒漠，沙地。

产青河、阿勒泰、奇台、吉木萨尔、米泉、乌鲁木齐、呼图壁、玛纳斯、塔城、裕民、沙湾、
乌苏、精河、伊宁、察布查尔、新源等地。中亚和哈萨克斯坦也有。模式自东哈萨克斯坦(斋桑湖)。

4. 无翅假木贼 毛足假木贼

Anabasis eriopoda(Schrenk)Benth. ex Volkens in Engl. u. Prantl. Nat. Pflanzenfam. 3. 1a：87，
1893；Фл. CCCP，6：290，1936；Фл. Казахст. 3：293，1960；Pl. Asiae Centr. 2：105，1966；中
国植物志，25(2)：149，1979；新疆植物检索表，2：197，1983；中国沙漠植物志，1：339，图版
124：4～6，1985；新疆植物志，2(1)：78，图版 20：6～7，1994—*Brachylepis eriopoda* Schrenk in
Bull. Phys. – Math. Acad. Sci. St. Petersb. 1：360，1843。

半灌木，高 10～30cm。根圆柱形，径 1～2cm，暗褐色。木质茎基密被白色长柔毛；白茎基发
出的多数当年生枝，直立或外倾，节间 10～15，多分枝，被白色蜡粉，成灰蓝绿色或灰绿色，干后

图 45 粗糙假木贼 Anabasis pelliotii Danguy

多皱纹及乳点状突起，四棱形，最下部节间近圆柱形。叶在当年枝的基部呈鳞片状，枝中下部的叶呈矩圆状卵形长 4～7mm，刺尖向上，枝中部叶长 2～5mm，刺尖下弯。花两性，单生叶腋；小苞片短于花被，蓝绿色或灰绿色，背部肥厚，边缘膜质，先端具长的半透明刺状尖头；花被片长 2～3mm，外轮 3 片宽椭圆形，内轮 2 片狭卵形，果期无翅。胞果宽卵形或近球形，背腹略扁，长 3～5mm，果皮肉质，橙黄色或黄色，干后发黑，花果期 6～8 月。

生砾质荒漠及干旱山坡。

产奇台北塔山、乌鲁木齐、和布克赛尔、克拉玛依、沙湾、精河、博乐。中亚、哈萨克斯坦也有分布，模式自哈萨克斯坦(楚河)记载。

5. 粗糙假木贼 图 45

Anabasis pelliotii Danguy in Not. Syst. 2，6：164，1912；Фл. СССР，6：285，tab. 15，fig. 10，1936；Pl. Asiae Centr. 2：105，1966；中国植物志，25(2)：148，1979；新疆植物检索表，2：197，1983；新疆植物志，2(1)：76，1994。

半灌木，高 10～15cm。木质茎短缩成瘤状肥大茎基；密被柔毛。当年枝具关节，自茎基发出，铺展或斜展，多分枝，密被乳点状突起，常具 4～8 节间。节间近四棱形，易脱落。叶条形。花小，常 1～3 朵生叶腋；花被片宽椭圆形，果期无显著翅，背面具半月形翅状突起；花盘裂片半月形；子房卵形或圆锥形，花柱钻状。花果期 8～10 月。

生干旱山坡。

产乌什、乌恰。吉尔吉斯斯坦和中亚山地也有。模式自阿赖依河谷。

6. 盐生假木贼 图 46

Anabasis salsa(C. A. Mey.)Benth. ex Volkens in Engl. u. Prantl. Nat. Pflanzenfam. 3，1a：87，

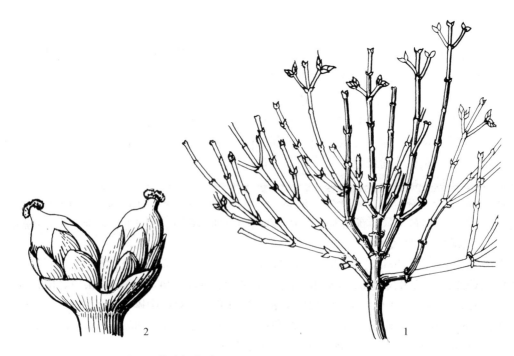

图 46 盐生假木贼 Anabasis salsa(C. A. Mey.)Benth.
1. 植株　2. 生花枝一段

1893；Фл. СССР, 6：288，1936；Фл. Казахст. 3：291，1960；Pl. Asiae Centr. 2：106，1966；中国植物志，25（2）：147，1979；新疆植物检索表，2：196，1983；中国沙漠植物志，1：340，1985；新疆植物志，2（1）：76，图版 20：1 ~ 2，1994—*Brachylepis salsa* C. A. Mey. in Ledeb. Fl. Alt. 1：372，1829。

　　半灌木，高 5 ~ 30cm。木质茎多分枝，灰白至灰褐色；当年枝直立或斜展，上部有分枝，具 5 ~ 10 节间，节间圆柱形或稍有棱，长 5 ~ 15mm。叶肉质；下部和中部的叶条形，半圆柱形，长 2 ~ 5mm，开展并向外弯，先端钝，具易脱落的短刺尖；上部叶鳞片状，三角形，无刺尖。花单生叶腋，两侧具宽卵形苞片，于枝端集成短穗状花序；花被片膜质，钝，果期无变化，无翅；花丝跟卵形，肉质，具腺睫毛的花盘裂片交互着生。胞果阔卵形，多汁，红色，稍长于花被。花期 6 ~ 7月，果期 8 ~ 9 月。

　　生于山前戈壁、荒漠平原。

　　产青河、富蕴、福海、阿勒泰、布尔津、哈巴河、木垒、奇台、乌鲁木齐、托里、克拉玛依、奎屯、沙湾、乌苏、精河、博乐等。国外在中亚、哈萨克斯坦、高加索、西伯利亚及蒙古均有分布。模式自哈萨克斯坦。

7. 展枝假木贼　图 47

Anabasis truncata（Schrenk）Bunge Anabas. revis. 38，1862；ej. Enum. Salsolae. Centrasiat. 441，1880；Фл. СССР, 6：296，1936；Фл. Казахст. 3：294，1960；Pl. Asiae Centr. 2：107，1966；中国植物志，25（2）：148，1979；新疆植物检索表，2：197，1983；中国沙漠植物志，1：338，1985；新疆植物志，2（1）：78，1994—*Brachylepis truncata* Schrenk in Bull. Phys. – Math. Acad. Sci. St. Petersb. 2：193，1844—*A. cretacea* auct. non Pall. ; Bunge Enum. Salsolae. Mong.（1879）369，quoad pl. ej. Enum. Salsolae. centrasiat.（1880）441，P. P. quoad pl. Alatau songor。

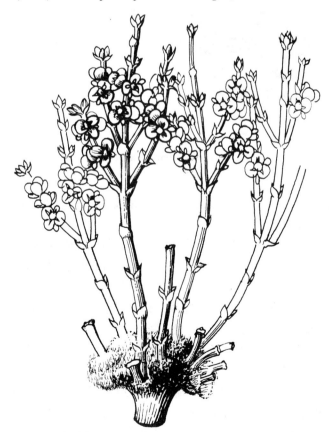

　　半灌木，高 10 ~ 20cm。根粗，垂生，圆柱状，直径达 3cm。茎基褐色，木质化瘤多头，粗大；当年枝多条，直立，平滑，具 8 ~ 12 节间，圆柱状，径约 2 ~ 3mm，上部有分枝或不分枝。叶鳞片状，宽三角形至半圆形，端钝或锐尖，无刺尖，对生节上，外倾，长 1 ~ 2mm，叶腋有长绒毛。花单生叶腋，形成短穗状花序；花苞片膜质；花被片外轮 3 片阔椭圆形至矩圆形，果期具阔椭圆形至近圆形，稍开展的翅，内轮 2 片较狭窄，无翅或具翅状突起。胞果近球形，稍扁，果皮肉质，黄褐色，干时发黑，长 2 ~ 3mm。花期 7 ~ 8 月，果期 9 ~ 10 月。

　　生砾石荒漠及干旱石坡。

　　产青河、阿勒泰、布尔津、哈巴河、福海、木垒、乌鲁木齐、托里、沙湾、精河、博乐、温泉、霍城以及库车、阿克苏、乌什、拜城等地。国外在中亚、哈萨克斯坦、巴尔哈什湖、碱海 – 里海也有分布。模式自哈萨克斯坦中部。

图 47　展枝假木贼 **Anabasis truncata**（Schrenk）Bunge

(8) 合头木属 Sympegma Bunge

本属仅 1 种。特征同种。生活型全为木本，故改称合头木属，以其 1~5 朵花聚集于仅一节间的特化短枝端而称奇。

图 48　合头木 Sympegma regelii Bunge
1. 植株　2. 特化短枝端

1. 合头木　合头草　图 48

Sympegma regelii Bunge in Bull. Ac. Sci. St. – Petersb. 25 (1879) 351 in Clave; in Acta Horti Petrop. 6: 2, 1880, 450; Фл. СССР. 6: 353, 1936; Фл. Киргиз. 5: 82, 1955; Фл. Казахст. 3: 319, 1960; Pl. Asiae Centr. 2: 118, 1966; 中国高等植物图鉴, 1: 602, 图 1003, 1972; 中国植物志, 25 (2): 152, 1979; 新疆植物检索表, 2: 199, 1983; 中国沙漠植物志, 1: 337, 1985; 新疆植物志, 2 (1): 80, 1994。

多分枝的半灌木，高 30~100cm。茎直立，多分枝；老枝灰褐色；当年枝灰绿色，被乳头状毛。叶互生，圆柱形，长 4~10mm，宽约 1~2mm，先端急尖，基部收缩，易折断，被乳头状毛。花两性，无小苞片，常 3 (1~5) 朵集生于仅一节间的短枝顶端，外有 2 枚以上的苞叶包围；花被片 5，分离近基部，外轮 2 片，内轮 3 片，草质，具膜质边缘，矩圆形，脉显著突出，先端钝，果期变硬，背面顶端生膜质翅，外轮 2 片较大；雄蕊 5，花丝狭条形，基部扩展并合生，花药长圆状卵形，上部收缩，具点状附器；子房具短花柱，具有 2 枚被乳头状突起

的柱头。胞果扁圆形，淡黄色，果皮膜质，与种子离生。种子直立，胚螺旋形，无胚乳。花果期 7~10 月。

生石质和砾质山地荒漠，洪积扇黏 – 砾质荒漠山麓和丘陵，山前石质平原，形成纯林或混交的合头木半灌木荒漠林建群种，或参与荒漠梭梭林组成。沿龟裂地，洪积平原底部和边缘，贫瘠地，岩石缝，疏松盐地和吐加依林。在昆仑山上升到海拔 3200m。

产伊吾、哈密、吐鲁番、托克逊、和硕、焉耆、库尔勒、库车、拜城、阿克苏、乌恰、喀什、吐城、策勒、于田等地。毛乌素沙漠、乌兰布和沙漠、腾格里沙漠、巴丹吉林沙漠、河西走廊沙漠、柴达木盆地也有。蒙古、哈萨克斯坦、吉尔吉斯斯坦、塔吉克斯坦(东帕米尔)也有分布。属于亚洲中部特有属和特有种。

由 A. Bunge 1879 年描述的后选模式标本 (lectotypus)，是由皮雅舍茨基 (Пясецкий) 从北山 (Бэйшань. Дачуаньцзы，16 Ⅷ 1875，fl.) 和准噶尔盆地南缘采集的 (КОТЛО – ВИНЫОЗ . Баркульподорогенагуцен)。模式藏圣彼得堡植物研究所。

(9) 戈壁藜属 Iljinia Korov.

本属仅1种，特征同种。

1. 戈壁藜 图49

Iljinia regelii (Bge.) Korov. В Тр. Среднеаэ. УНИВ. сер. Ⅷ б, 29：23, 1935；Фл. СССР, 6：309, 1936；Фл. Казахст. 3：303, 1960；Pl. Asiae Centr. 2：110, 1966；中国植物志, 25（2）：156, 1979；新疆植物检索表，2：202，1983；中国沙漠植物志，1：377，1985；新疆植物志，2(1)：83，图版21：9～11，1994—*Haloxylon regelii* Bunge in Bull. Ac. Sci. - Petersb. 25：368，1879。

半灌木，高20～50cm。多分枝，淡灰色，光滑；当年枝灰绿色，圆柱形，干枯后变黑，果期嫩枝基部具关节，易沿关节脱落。叶互生，棒状，光滑，向上弯，先端钝。基部下延，长5～15mm，宽1.5～2.5mm，叶腋具绵毛，常与膜质叶舌合生。花两性，单生于叶腋，小苞片2，半圆形，背面隆起，边缘膜质，与花被片等长或略短；花被片5，近圆形或润椭圆形，具膜质边缘，果期稍变硬，翅半圆形，全缘或具缺刻，干膜质，平展或稍反曲；雄蕊5，花柱短，丝状，具无附属物的卵形花药；花盘杯状，具5个半圆形裂片。子房球形，无毛，具极短花柱，柱头2，内侧具粒状突起。胞果半球形，果皮稍肉质，黑褐色。种子横生，黄褐色；胚螺旋状，无胚乳。花果期7～9月。

生山前洪积扇砾石荒漠，盐生荒漠，山前平原及沙丘低地。

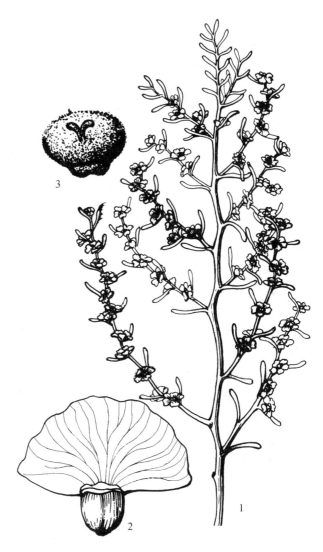

图49 戈壁藜 Iljinia regelii(Bge.) Korov.
1. 花枝 2. 花被片 3. 子房

产奇台、和布克赛尔、塔城、奎屯、精河、伊犁、新源、伊吾、哈密、和硕、和静、库尔勒、轮台、阿图什、喀什等地。常形成较大面积的戈壁藜荒漠林。甘肃西部也有。蒙古、哈萨克斯坦、中亚也有分布。模式标本自准噶尔盆地东部(Номингиин Гоъи)。

(10) 硬苞藜属 (新疆藜属) Halothamnus Jaub. et Spach.

1845，Ⅲ，Pl. Or. 2：50；Бочанцев , 1981，Бот. ЖУРН. 66, 1：133 – 134—Aellenia Ulbr. 1934, in Engler u. Prantl, Naturl. Pflanzenfam. 2 Aufl. 16c：567；Aellen, 1950, Verh. Naturf. Ges. Basel, 61：172；Фл. Казахст. 3：283，1960；中国植物志, 25(2)：157，1979；新疆植物检索表，2：203，1983；中国沙漠植物志，1：346，1985；新疆植物志，2(1)：83，1994—Salsola L. Sect. Sphragidanthus Iljin. 1936，Фл. СССР, 6：245. Deser. Ross。

小灌木，半灌木或一年生草本，具互生嫩枝、叶和花，光滑无毛或被或长或短的开展的硬糙毛。茎叶贴生或开展，扁平或半圆筒状。圆锥花序，花单生，疏展；苞叶和苞片呈叶片状，或鳞片状，腋部具卷曲绵毛；花被片5，卵形或披针形，具膜质边缘。果期发育成水平展的膜质翅，在翅下面增粗，硬化，形成平扁硬化着生面，具5枚深凹，变硬的肋条状突起；雌蕊5，花丝线形，扁平，着生于花盘外缘，花药线形，深裂近中部以下，顶端具不大的附器；花盘杯状，边缘增厚，具5枚半圆形裂片或缺，柱头2，平扁，通常等长于花柱。种子水平展，胚螺旋状。

属模式：*Halothamnus bottae* Jaub. et Spach.

本属约23种。从东非和阿拉伯到前亚和高加索，即从伊朗和中亚到阿富汗、巴基斯坦和中国（准噶尔）。荒漠和低山植物；新疆2~3种，木本2种(资料)。仅见1种，很难采到。故新疆藜之名不符实，建议以果实特征命名为硬苞藜属。

分种检索表

1. 植物具光滑无毛苍白色枝叶 ……………………………………… **1. 硬苞藜 H. glaucus**(Bieb.) Botsch.
1. 植物具光滑无毛绿色枝叶 ……………………………………… **2. 绿色硬苞藜 H. heptapotamicus** Botsch.

1. 硬苞藜(新拟)　新疆藜

Halothamnus glaucus(Bieb.) Botsch. Comb. nov. in Novit. Syst. Pl. Vascu. 18：161，1981—Aellenia glauca(M. B.) Aellen. Verhandl. Naturf. Gesellsch, Basel, 61：180，1950；Фл. Казахст. 3：283，1960；Pl. Asiae Centr. 2：100，1966；中国植物志，25(2)：157，1979；新疆植物检索表，2：203，1983；中国沙漠植物志，1：346，1985；新疆植物志，2(1)：83，1994—Salsola glauca M. B. tab. prov. occ. Casp. 112，1787；Фл. СССР，6：246，1936。

半灌木，高30~50cm，具光滑粉蓝绿色嫩枝叶和花。茎叶开展，半圆筒状，线形，渐尖，长4.5~5.5mm，宽0.7~1.5mm。下部花苞叶半圆筒状，线形，渐尖，长至40mm，宽至1.5mm，长于苞片和花被，上部花苞片鳞片状，卵形，渐尖，旁边膜质，长1.8mm，宽约2mm，短于花被。花被长3.7~4.5mm，宽11~14mm(带花被)。花被片卵形，果期中部发育成翅；花被着生面以圆状—五角形肋条状突起。花丝宽约0.6~0.9mm，基部间隔宽0.3~0.4mm；花药长1.9~2.8mm，花盘具细小半圆形裂片，柱头具弧形有齿牙的先端。

生荒漠地区，灰钙土和石灰岩山坡和洪积扇。以其光滑无毛的粉绿色嫩枝叶最为特征。

产伊犁盆地：特克斯、昭苏、伊宁、察布查尔、霍城等地。未见标本，据原文描述。国外在土耳其、伊朗、格鲁吉亚、亚美尼亚、阿塞拜疆、吐库曼等地广泛分布。一般认为，本种是从前亚一直到中国西部广泛分布的种，实际上，在如此辽阔的分布区内，相当多的彼此容易隔离的不大的分布区，其中许多是新种。

2. 绿色硬苞藜(新拟)

Halothamnus heptapotamicus Botsch. Sp. n. in Novit. Syst. Pl. Vascu. 18：161，1981。

半灌木，高至100cm，具光滑的绿色嫩枝、叶和花。茎叶开展，半圆筒状，线形，渐尖，长3~45mm，宽0.3~1.5mm。下部花的苞叶半圆筒状，线形，渐尖，长至3.5mm，宽约1.5mm，长于小苞片和花被。上部花苞叶鳞片状，披针形，渐尖，边缘膜质，长3~5mm，长于小苞片，但短于花被。下部花小苞片半圆柱状，线形，渐尖，基部扩展，边缘膜质，长至14mm，宽约1.5mm，长于花被；上部花小苞片鳞片状，卵形，渐尖，边缘膜质，长至3mm，宽约2.5mm，短于花被。花被长3.5~4.5mm，宽11~18mm(带翅)。花被片卵形，果期从中部发育出翅；花盘着生面由花被围以圆状–五角形的肋条组成。花丝宽0.7~1mm，基部间隔0.25~0.3mm。花药长2.4~3.1mm。花盘具细小半圆形裂片，柱头具弧形，有齿牙的先端。

生荒漠砾石平原，洪积扇边缘。以其光滑无毛的绿色枝叶最为特征。

产准噶尔盆地(未见标本，据原描述)。吉尔吉斯斯坦、哈萨克斯坦也有分布。模式自阿拉木图西部。

本种区别于前者的，是植物光滑无毛，枝叶绿色而不是苍白色，以及宽的花丝基部，花丝基部宽度大致是相邻花丝基部距离的 2~3 倍，和柱头狭窄，顶端不扩展。

(11) 猪毛菜属 Salsola Linn.

灌木，半灌木或一年生。叶互生，少对生或簇生，叶片圆柱形，半圆柱形，很少条形，先端钝圆或有刺尖，基部扩展，有时下延，无毛或有毛。花单或簇生苞叶腋，形成穗状或圆锥花序；花两性，辐射对称，苞片卵形或披针形，小苞片 2；花被圆锥形，5 深裂，果期自背面中部生出膜质翅状附属物，有时翅不发育，或为鸡冠状、瘤状突起，花被片在翅以上部分包被果实，常在顶部聚生圆锥体；雄蕊 5，花药矩圆形，顶端具附器；子房卵形或球形，柱头 2。果为胞果，果皮膜质，很少肉质。种子横生、斜生或直立，胚螺旋状，无胚乳。

本属约 130 种，广布于亚洲、欧洲和非洲。我国有 37 种，新疆产 33 种，木本仅 9 种（未见梯翅蓬属：**Climacoptera** Botsch.）。

分种检索表（木本）

1. 叶棒状，基部不下延，或稍下延，而上部缢缩 ··· 2
1. 叶上部近棒状，下部宽扁，不缢缩，下延直达邻近叶 ············· **8. 延叶猪毛菜 S. pachyphylla** Botsch.
　2. 半灌木，植株密生卷曲柔毛，叶片自基部脱落 ··· 3
　2. 灌木或半灌木，植株无毛；叶基扩展，叶片自缢缩处脱落 ··· 4
　　3. 花被片密被绒毛，柱头仅为花柱之半 ······················· **1. 东方猪毛菜 S. orientalis** S. G. Gmel.
　　3. 花被片仅顶端有缘毛，柱头与花柱近等长 ············· **2. 准噶尔猪毛菜 S. dschungarica** Iljin.
　　　4. 小苞片长于或等于花被，果期翅以上花被片基部包被果实，上部膜质，反折，呈莲座状 ················
　　　　 ··· **3. 木本猪毛菜 S. arbuscula** Pall.
　　　4. 小苞片短于花被，果期翅以上花被片薄革质，不反折，紧贴果实或聚集成圆锥体 ············· 5
　　　　5. 老枝及小枝上的叶均互生；花序圆锥状 ············· **4. 天山猪毛菜 S. junatovii** Botsch.
　　　　5. 老枝叶簇生，小枝叶互生；花序穗状 ·· 6
　　　　　6. 匍匐小半灌木；果翅以上部分花被紧贴果实，不形成圆锥体，花序形成密总状 ···········
　　　　　　 ··· **5. 蒿叶猪毛菜 S. abrotanoides** Bunge
　　　　　6. 多分枝小灌木，老枝黑褐或棕褐色，花被片聚成圆锥体 ································· 7
　　　　　　7. 苞片基部下延；花药附器顶端锐尖 ············· **6. 松叶猪毛菜 S. laricifolia** Turcz. ex Litv.
　　　　　　7. 苞片基部不下延；花药附器顶端锐钝 ············· **7. 白枝猪毛菜 S. arbusculiformis** Drob.

1. 东方猪毛菜　图 50

Salsola orientalis S. G. Gmel. Reise RUSS. 4：47，1784；中国植物志，25(2)：161，1979；新疆植物检索表，2：208，1983；中国沙漠植物志，1：351，1985；新疆植物志，2(1)：87，1994——*S. rigida* Pall. Illustr. 20, tab. 12, 1803；Фл. СССР, 6：251，1936；Фл. Казахст. 3：268，1960；Pl. Asiae Centr. 2：93，1966；中国高等植物图鉴，1：597，图1193，1972。

半灌木，高至 50cm，基部多分枝。木质枝灰褐色或淡黄灰色；小枝草质，淡黄色。密生卷曲短柔毛。半互生或簇生，半圆柱形，长 0.5~0.8cm，少达 1cm，密生绒毛，基部不缢缩成柄状。花生小枝上，组成穗状花序形成圆锥花序；小苞片宽卵形，边缘膜质，顶端钝，长于花被，密生绒毛；花被片长卵形，密生短绒毛，边缘膜质，背部近肉质，果期自背面生翅；翅膜质，黄褐色或暗褐色；花被片在翅以上部分聚集成矮的近扁平有绒毛的圆锥体；花药具点状附器；柱头长为花柱之半。胞果径约 7~10mm。种子横生，径约 2~3mm。花果期 7~10 月。

生山麓洪积扇的沙砾质或砾质灰棕色荒漠土上，常形成单优势种群落。是荒漠地区骆驼的优质饲料。

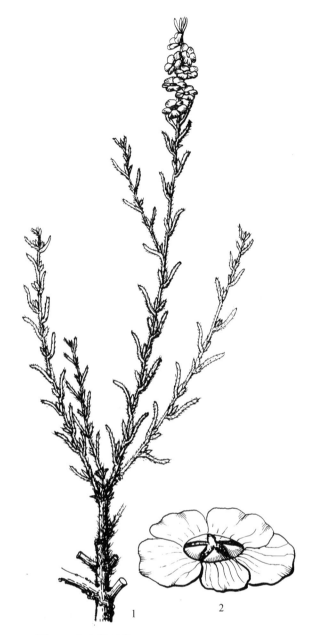

图50 东方猪毛菜 Salsola orientalis S. G. Gmel.

1. 花枝 2. 胞果

产富蕴、木垒、奇台、玛纳斯、裕民、托里、沙湾、乌苏、博乐等地。国外在哈萨克斯坦、中亚、高加索、巴尔哈什湖流域、碱海－里海流域也有分布。模式自哈萨克斯坦。

2. 准噶尔猪毛菜

Salsola dschungarica Iljin. in Act. Bot. Acad. Sci. URSS Ser. 1、2：129，1935；Фл. CCCP，6：252，1936；Фл. Казахст. 3：268，1960；Pl. Asiae Centr. 2：93，1966；新疆植物检索表，2：208，1983；中国沙漠植物志，1：351，1985；新疆植物志，2(1)：87，1994。

半灌木，高至40cm；基部多分枝，新鲜时有鱼腥味。老枝木质，粗壮，灰褐色到黑褐色，多分枝；一年生枝乳白色，密生卷曲短绒毛。叶互生或簇生，半圆柱形，长0.5～1cm，粗约0.7～1mm，被长柔毛，先端钝，基部扩展，不缢缩。花形成穗状花序或再组成圆锥花序；花苞片披针形或卵形，先端钝；小苞片宽卵形，边缘膜质；花被片狭卵形，背部近肉质，绿色，边膜质，无毛，仅顶部边缘有缘毛，果期在中上部生膜质翅；其中3枚翅肾形，黄褐色或紫褐色，密生细脉，另2翅较小，倒卵形。胞果较小，径约6～8mm(带翅)。花被片在翅以上部分向中央聚集，包被果实，形成短圆锥体；花药附器极小或不显；柱头与花柱近等长。种子横生。花期8～9月，果期9～10月。

生砾石荒漠、盐生荒漠、干旱石坡。常形成准噶尔猪毛菜优势荒漠群落。

产阿勒泰、富蕴、福海、乌鲁木齐、伊宁、巩乃斯。中亚和哈萨克斯坦也有分布。模式自哈萨克斯坦记载。

3. 木本猪毛菜 图51

Salaola arbuscula Pall. Resise，1：488，1771，et Illustr. 25，1803；Фл. CCCP，6：237，1936；Фл. Казахст. 3：266，1960；Pl. Asiae Centr. 2：89，1966；中国高等植物图鉴，1：594，图1188，1972；中国植物志，25(2)：164，1979；新疆植物检索表，2：209，1983；中国沙漠植物志，1：353，1985；新疆植物志，2(1)：89，1994。

小灌木，高约50cm。多分枝；老枝淡灰褐色；小枝乳白色或淡黄色。叶互生或簇生，半圆柱形，长1～3cm，宽1～2mm，淡绿色，无毛，顶端钝或渐尖，基部扩展并隆起，扩展处的上部缢缩成柄状，叶片自缢缩处脱落，残留于小枝上形成长1～2mm的叶基残痕。花单生于苞叶，于小叶顶形成穗状花序；小苞片卵形，端尖，等于或稍长于花被；花被片短圆形，背部具1条中脉，果期背面中下部生出黄褐色膜质翅，其中有3枚翅半圆形，2枚翅狭窄，在翅以上的花被片向中央聚集，基部包被果实，上部反折莲座状；花药附器狭披针形；柱头钻状，长为花柱2～4倍。胞果直径8～12mm(带翅)；种子横生。花期7～8月，果期9～10月。

图51　木本猪毛菜 Salaola arbuscula Pall.

1. 花枝　2. 胞果

图52　天山猪毛菜 Salsola junatovii Botsch.

1. 花枝　2. 胞果

　　生砾石荒漠的洪积扇，沙丘边缘，沙地及盐碱地。

　　产阿勒泰、布尔津、哈巴河、奇台、乌鲁木齐、克拉玛依、乌苏、博乐、霍城、伊宁、若羌等地。内蒙古、宁夏及甘肃也有。蒙古、哈萨克斯坦、中亚、前亚、巴尔哈什湖、碱海－里海流域也有分布。模式自哈萨克斯坦记载。

4. 天山猪毛菜　图52

Salsola junatovii Botsch. in Not. Syst. Herb. Inst. Bot. Kom. Acad. Sci. URSS, 22：105, 1963; Pl. Asiae Centr. 2：90, 1966; 中国植物志，25(2)：165, 1979; 新疆植物检索表，2：210, 1983; 中国沙漠植物志，1：353, 1985; 新疆植物志，2(1)：90, 1994。

　　半灌木，高20~50cm，多分枝。老枝灰褐色；小枝草质，绿色，下部近木质，乳白色或淡黄白色。叶互生，半圆柱形，长1~3cm，宽约2mm，常呈镰状弯，顶端稍膨大，钝圆或具细尖，基部扩展，略下延，扩展处上部缢缩成柄状，叶片在此脱落，仅留残痕叶基于枝上。花组成穗状再形成圆锥花序；苞片叶状；小苞片宽三角形，长约1.5mm，肥厚，锐尖，绿色，具白膜质边缘，苞腋具束生卷毛；花被片狭卵形，端钝，果期变硬，自背面中下部生翅；3翅较大，半圆形，膜质，棕褐色，具细脉；2翅较小，矩圆形。胞果直径6~9mm(带翅)；花被片在翅以上部分聚集钝圆锥体；雄蕊5；花药附器端钝；柱头长于花柱2~3倍。种子横生。花果期8~10月。

生山前平原，砾石山坡。

产和硕、阿克苏、拜城、库车、星星峡等地。新疆特有种。

5. 蒿叶猪毛菜 图 53

Salsola abrotanoides Bunge in Bull. Acad. Sci. Petersb. 25：366，1879；Pl. Asiae Centr. 2：88，1966；中国高等植物图鉴，1：595，图1189，1972；中国植物志，25(2)：164，1979；新疆植物检索表，2：210，1983；中国沙漠植物志，1：353，1985；新疆植物志，2(1)：89，1994。

图 53 蒿叶猪毛菜 Salsola abrotanoides Bunge
1. 花枝 2. 胞果

灌木，高 20~40cm。老枝灰褐色，2 年生枝黄褐色，1 年生枝黄绿色。叶互生，半圆柱形，长 1~2cm，粗约 1~2mm，先端锐尖，基部扩展，在扩展上部缢缩成柄状。花序穗状；苞片较叶小；小苞片狭卵形，短于花被片，边缘膜质；花被片卵形，背面肉质，边缘膜质，先端钝，果期自背面中部生翅，3 翅较大，膜质，半圆形，2 翅较小，倒卵形；花被果期直径 5~7mm（带翅）；花被片在翅以上部分紧贴果实，聚成扁平圆锥状；花药附器极小，柱头钻状，长为花柱之 2 倍。胞果倒卵形，种子横生。花果期 7~10 月。

生石质干山坡、沙地、砾石河滩。在若羌阿尔金山山间高平原上形成大面积蒿叶猪毛菜群落。

产奇台、巴里坤、天山南坡、昆仑山（若羌）等地。我国青海、甘肃西部也有分布。蒙古也有。模式标本是由波塔林（Potanin）采的相互隔离很远的花期标本。其中一份是 1877 年 6 月 17 日（lecto-typus：）从东天山、山麓平原、准噶尔盆地的 1 份标本最珍贵。由 A. Bunge 给以命名。所以这份标本应该是后选模式。

6. 松叶猪毛菜 图 54

Salsola laricifolia Turcz. ex Litv. Herb. Fl. Ross. 49：No 2443，1913；Фл. CCCP，6：239，1936；Фл. Казахст. 3：267，1960；Pl. Asiae Centr. 2：91，1966；中国高等植物图鉴，1：595，1972；中国植物志，25(2)：165，1979；新疆植物检索表，2：210，1983；中国沙漠植物志，1：354，1985；新疆植物志，2(1)：92，图版23：1~2，1994。

灌木，高至 50cm，自基部分枝。老枝棕褐色，常粗短；当年生枝灰白色，无毛。叶互生，老枝上叶常簇生枝端。叶片半圆柱形，长 5~20mm，粗 1~2mm，肥厚，肉质，端钝或稍尖，中部最粗，基部扩展，不下延，扩展处的上部缢缩成柄状，叶片脱落后，基部残遗于枝上。花单生于苞腋，组成顶生穗状花序；苞片条形，下延；小苞片宽卵形，背面肉质，绿色，长于花被；花被片长

图54　松叶猪毛菜 Salsola laricifolia Turcz. ex Litv.

1. 花枝　2. 胞果

卵形，背部稍坚硬，果期自背部中下部横生膜质翅。花被在果期径约 8 ~ 12mm（带翅）；翅深褐色，3 枚较长，肾形，2 枚较小，近圆形或倒卵形；花被片在翅以上部分聚成圆锥体；雄蕊 5，花药矩圆形，附器条形，端锐尖；柱头锥状，长为柱头的 2 倍。胞果倒卵形。种子横生。花果期 6 ~ 10 月。

生砾质荒漠、沙丘，直至石质山坡。

产塔城、裕民、托里、克拉玛依、奎屯、乌苏、精河、博乐等地。我国内蒙古、甘肃、宁夏也有分布。蒙古、哈萨克斯坦也有。模式自蒙古东戈壁。

7. 白枝猪毛菜

Salsola arbusculiformis Drob. in Trav. Mus. Bot. Acad. Sci. Petersb. 16：142，1916；P. P. quoad pl. n° 234；Фл. СССР，6：239，1936，P. P. ；Pl. Asiae Centr. 2：90，1966；中国植物志，25（2）：166，1979；新疆植物检索表，2：210，1983；中国沙漠植物志，1：355，1985；新疆植物志，2(1)：91，1994。

小灌木，高 50 ~ 100cm。基部多半枝；老枝灰褐色；小枝乳白色，稍有光泽。叶互生，半圆柱形，长 1 ~ 1.5cm，粗 1 ~ 2mm，肥厚，灰绿色，先端钝，基部稍扩展，不下延，在扩展上部缢缩成柄，叶片在缢缩处脱落，基部残存。花组成穗状花序；苞片基部不下延；小苞片基部近圆形，先端钝圆，具膜质边缘；花被片狭卵形，先端钝，背面黄绿色，具膜质边缘，果期自背面中部生翅；3 枚较大，肾形，黄褐色，具细密脉；2 枚较小。花被果期径约 8 ~ 10mm（带翅）；花被片在翅以上部分聚成圆锥形；花药附器钝；柱头钻状，与花柱近等长。种子横生。花期 8 ~ 9 月，果期 9 ~ 10 月。

生于砾石戈壁滩，干旱山坡。

产塔城、额敏、托里、博乐、伊宁、新源、巩留、巩乃斯、特克斯、尼勒克等地。中亚、前亚（伊朗）也有。模式自中亚费尔干。本种常跟松叶猪毛菜混淆。但本种苞片基部不下延，小苞片近圆形，而与后者苞片基部下延，小苞片卵形，很好区别。

8. 延叶猪毛菜

Salsola pachyphylla Botsch. В Бот. Матер. Герб. Бот. ИНСТ. АН СССР，22：107，1963；中

国沙漠植物志，1：351，1985；新疆植物志，2（1）：86，1994。

半灌木，高约30cm。多分枝；老枝淡褐色，不规则条裂；一年生枝绿色，无毛，多分枝。叶互生，叶腋部具卷曲毛，叶片成棒状，灰绿色，稍扁，具白膜质边缘，先端渐尖，基部沿茎下延，包茎成带状，白色脉延至枝上；茎生叶长4~26mm，宽1.5~3mm。花单生于当年生枝上，组成穗状或圆锥花序；苞叶长2~21mm，宽1.5~2mm；小苞片2，长2~3mm，长宽几相等，宽三角形，具白膜质边缘，苞腋有毛；花被片5，卵形，长约4mm，宽约2.5mm，中部绿色，边缘白色膜质，中部发育有翅，翅上部集成圆锥状；翅横生，连同花被片径约10mm；雄蕊5；花药附器长0.3mm；柱头锥状，与花柱等长。种子横生。花期9月。

生沙地。

产裕民县。中亚也有。本种系中国新疆新记录，有待进一步采集研究。

（12）盐爪爪属 Kalidium Moq.

半灌木或小灌木，枝无关节。叶互生，肉质下延，短圆筒形，甚或形成贴茎的瘤状凸起。花组成顶生穗状圆锥花序；花两性，嵌入肉质花序轴内，常3枚，稀1花生于鳞尖苞片内；苞片肉质，无小苞片；花被合生近顶端，先端具小齿，背部无附器；雄蕊2；花丝短；柱头2。胞果包于花被内。种子直立，胚半环形，具胚乳。

本属5种，广布于亚洲西北、欧洲东南、新疆均产。

分种检索表

1. 叶长4~10mm，成直角开展 ·· **1. 盐爪爪 K. foliatum**（Pall.）Moq.
1. 叶长不超过3mm，稍内弯或不发育 ·· **2**
2. 叶片完全不发育，小枝细，直；花序细，圆柱形或完全不显 ······································ **3**
2. 叶片呈瘤状或阶梯形状，长1.5~2.5mm，小枝明显呈阶梯形—念珠状 ······················ **4**
3. 植物宝绿色，秋季，开始紫红色，后变橙黄色；花单不形成花序 ············ **2. 细枝盐爪爪 K. gracile** Fenzl.
3. 植物灰蓝色或灰蓝绿色，秋季不变色，茎较高，直立，仅在上部分枝；花聚成细圆柱形穗状花序 ············
······································· **4. 里海盐爪爪 K. caspicum**（Linn.）Ung. - Sternb.
4. 植物宝石绿绿色；小枝基部叶片长至1.5~2.5mm，常渐尖或具膜质尖，先端平或微凹··············
······································· **3. 尖叶盐爪爪 K. cuspidatum**（Ung. - Sternb）Grubov
4. 植物灰蓝或浅灰蓝色；叶片长约1mm，倒圆锥形，先端凸，圆，钝 ····································
······································· **5. 圆叶盐爪爪 K. schrenkianum** Bunge ex Ung. - Sternb.

1. 盐爪爪 图55 彩图第11页

Kalidium foliatum（Pall.）Moq. in DC. Prodr. 13（2）：147，1849；Фл. CCCP，6：166，1936；Фл. Казахст. 3：244，1960；Pl. Asiae Centr. 2：64，1966；中国植物高等图鉴，1：590，图1179，1972；中国植物志，25（2）：14，1979；新疆植物检索表，2：132，1983；中国沙漠植物志，1：379，1985；新疆植物志，2（1）：9，1994—*Salicornia foliata* Pall. Resise，1：482，422，1771。

小半灌木，高30~40cm。茎直立或平卧，多分枝。木质化老枝灰褐色；当年枝淡灰色。叶互生，圆柱形，几成直角开展，灰蓝色，无毛，肉质，半抱茎，下延。穗状花序，无柄，长圆柱形或卵形，长5~20mm，脱落，无柄。花被果期4或5角形，下部舟形，海绵质，上部稍抬升，中间具不大的小瘤。胞果宽约1mm，圆形，淡红褐色，一边常被切割。种子光滑表面具细粒结构。花果期7~9月。

生潮湿盐土，盐碱地，盐化沙地，常形成盐土荒漠及盐生草甸。

产青河、奇台、吉木萨尔、精河、博乐、伊犁、吐鲁番、焉耆、库尔勒、轮台、尉犁、阿克苏等地。黑龙江、内蒙古、河北、甘肃、宁夏、青海等地也有。蒙古、西伯利亚、中亚、高加索也

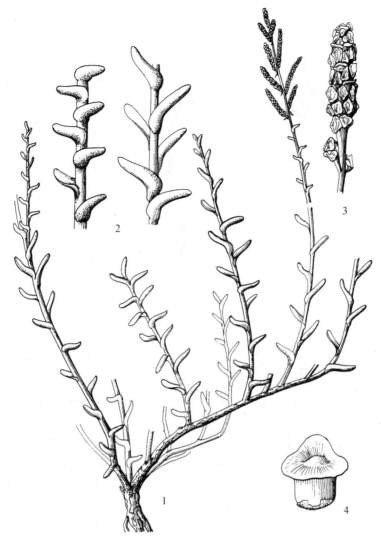

图55　盐爪爪 Kalidium foliatum(Pall.) Moq.

1. 花枝　2. 带叶小枝　3. 果序　4. 胞果

有。模式自里海流域记载。

2. 细枝盐爪爪　图56

Kalidium gracile Fenzl. in Ledeb. Fl. Ross. 3(2)：769, in adnot. 1851；Pl. Asiae Centr. 2：64, 1966；中国高等植物图鉴, 1：590, 图1180, 1972；中国植物志, 25(2)：18, 1979；新疆植物检索表, 2：133, 1983；中国沙漠植物志, 1：381, 1985；新疆植物志, 2(1)：12, 1994。

小灌木，高20~30cm。茎直立，多分枝；老枝灰褐色；小枝黄褐色，纤细。叶片不发育，瘤状，黄绿色，先端钝，叶基下延。穗状花序生枝端，圆柱形，细弱，长1~3cm，径约1.5mm，与枝区别不明显；每1朵花生于1鳞片状苞片内；花被合生，顶端具4枚膜质细齿，上部扁平成盾状，盾片宽五角形，具狭窄翅状边缘。种子近圆形，淡红褐色，密被小乳状突起。花果期7~9月。

生荒漠盐碱地，盐湖岸边，河谷沙地，常形成大面积优势群落。

产巴里坤、哈密、和静、和硕、焉耆、阿图什、墨玉等地。内蒙古、甘肃、青海、河北、陕西等地也有分布。蒙古也有分布。模式自蒙古东戈壁。

3. 尖叶盐爪爪　彩图第11页

Kalidium cuspidatum（Ung. – Sternb.）Grubov in Not. Syst. Herb. Inst. Bot. Acad. Sci. URSS, 19：103, 1959；Pl. Asiae Centr. 2：62, 1966；中国植物志, 25(2)：16, 1979；新疆植物检索表, 2：

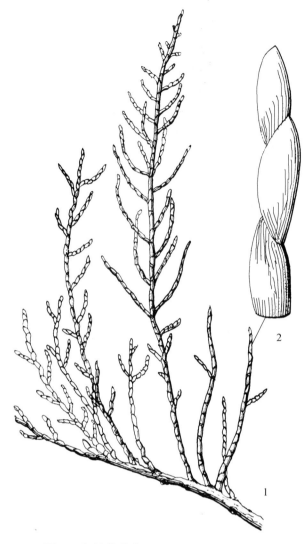

图 56 细枝盐爪爪 Kalidium gracile Fenzl.
1. 植株　2. 带叶枝一段

132，1983；中国沙漠植物志，1：381，图版141：3~4，1985；新疆植物志，2(1)：11，1994。

小半灌木，高10~40cm，基部分枝；老枝灰褐色，小枝黄绿色，卵形，长1.5~3mm，肉质，先端锐尖，内弯，基部半抱茎，下延。穗状花序生枝端，长5~15mm，宽约2~3mm；每1苞片具3花，排列紧密；花被合生，上部扁平成盾状，盾片长五角形，具狭窄翅状边缘。种子近圆形，淡红褐色，密被小乳点状突起。花果期7~9月。

生荒漠盐碱地、盐湖岸边，常形成大面积优势群落。

产乌鲁木齐、精河、博乐、库车、拜城、温宿、乌恰、喀什等地。内蒙古、甘肃、青海、河北、陕西等地也有分布。蒙古亦产，模式自蒙古东戈壁。

4. 里海盐爪爪 图57　彩图第11页

Kalidium caspicum (Linn.) Ung. – Sternb. in Atti Congr. Bot. intern. Firenze 1874. 317, 1876；Фл. СССР, 6：168, 1936；Фл. Казахст. 3：246, 1960；Pl. Asiae Centr. 2：61, 1966；中国高等植物图鉴，1：591，图1181，1972；中国植物志，25(2)：18，1979；新疆植物检索表，2：133，1983；中国沙漠植物志，1：381，1985；新疆植物志，2(1)：11，1994——

Salicornia caspica Linn. Sp. Pl. 4, 1753。

小半灌木，高20~50cm，茎直立，中上部分枝，枝密集，灰褐色；嫩枝纤细，灰白色，易折。叶片互生，不发达，瘤状，肉质，倒圆锥形，长1~1.5mm，先端钝圆，基部下延，半抱茎。穗状花序，顶生，圆柱形，长0.5~2.5cm，径约1.5~2.5mm；每一鳞片状苞片内生3朵花；花被合生，顶端具4小齿，上部扁平成盾状，盾片宽五角形，周围具狭翅边。胞果卵形，具膜质果皮。种子卵形，直立，径约1~1.5mm，密被乳头状小突起。花果期7~9月。

生山前低湿盐碱，山间盆地。

产奇台、乌鲁木齐(达坂城)、玛纳斯、和布克赛尔、新源、伊犁等地。中亚、哈萨克斯坦、高加索、伊朗也有。模式自高加索里海沿岸记载。

5. 圆叶盐爪爪 图58

Kalidium schrenkianum Bunge ex Ung. – Sternb. Versuch. Syst. Salicorn. 95, 1866；Фл. СССР, 6：168, 1936；Фл. Казахст. 3：246, 1960；Pl. Asiae Centr. 2：65, 1966；中国高等植物图鉴，1：591，图1182，1972；中国植物志，25(2)：18，1979；新疆植物检索表，2：133，1983；中国沙漠植物志，1：382，1985；新疆植物志，2(1)：11，1994。

矮小半灌木，高10~30cm。自基部分枝，枝密集，灰褐色，倾斜；嫩枝纤细，黄绿色。叶片

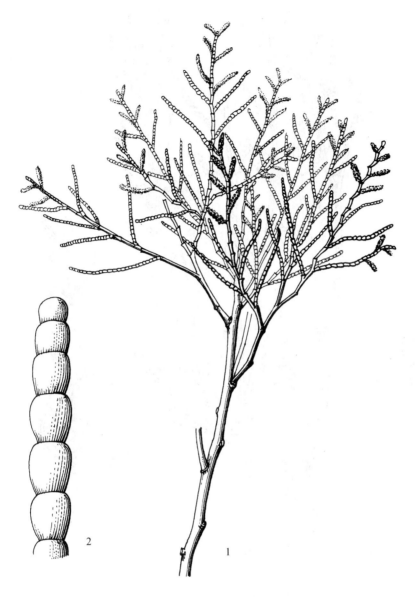

图 57 里海盐爪爪 Kalidium caspicum (Linn.) Ung. – Sternb.
1. 花枝 2. 带叶枝一段

不发达，倒圆锥形，长 1~1.5mm，肉质，先端钝圆，基部下延，半抱茎，交替向外倾斜。穗状花序生枝端，长 5~15mm，径约 2~3mm；每 1 鳞片状苞片内生 3 朵花；花被合生，顶端具 4 齿，上部成盾状，盾片宽五角形，具狭翅边缘。胞果卵形，具膜质果皮。种子卵形，直立，密生乳头状小突起。花果期 7~9 月。

生山前平原、山间盆地、砾石荒漠冲积扇，干旱山坡。

产达坂城、玛纳斯、和硕、焉耆、罗布泊、阿克苏、喀什等地。中亚、哈萨克斯坦也有。模式自东哈萨克斯坦(阿拉库勒湖)记载。

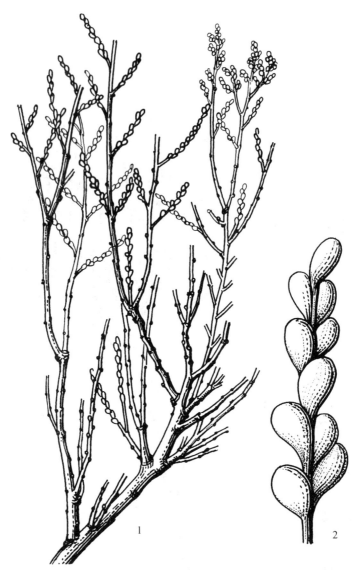

图58 圆叶盐爪爪 Kalidium schrenkianum Bunge ex Ung. – Sternb.

1. 植株　2. 带叶枝一段

(13) 盐节木属 Halocnemum M. B.

属特征同种。

本属仅1种。

1. 盐节木　图59　彩图第12页

Halocnemum strobilaceum (Pall.) M. B. Fl. Taur. – Cauc. 3：3, 1819；Фл. CCCP, 6：171, 1936；Фл. Казахст. 3：248, 1960；Pl. Asiae Centr. 2：67, 1966；中国植物志, 25(2)：19, 1979；新疆植物检索表, 2：134, 1983；中国沙漠植物志, 1：335, 1985；新疆植物志, 2(1)：12, 1994—*Salicornia strobilacea* Pall. Resise, 1：412, 431, 1771。

半灌木, 高20~50cm。茎自基部分枝；小枝对生, 灰绿色, 有关节, 圆柱形, 近直立, 肉质, 黄绿色或灰绿色；老枝木质, 近互生, 平卧或上升, 灰褐色, 枝上着生对生的缩短芽状短枝。叶对生, 退化成鳞片状, 下部连合。穗状花序长0.5~1(1.5)cm, 无柄, 交互对生于上部叶腋, 每3花少为2花, 生于肉质鳞状苞片内；苞片对生；花被3深裂, 裂片宽卵形, 两侧裂片向内弯；花被倒三角形, 雄蕊1；子房卵形, 柱头2, 钻状。种子直立, 卵圆形, 褐色, 有密集小突起；胚半环形, 有胚乳, 花果期8~10月。

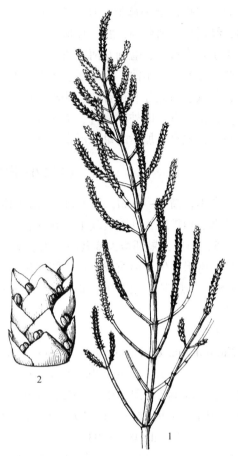

图59　盐节木 Halocnemum strobilaceum
（Pall.）M. B.
1. 枝条　2. 茎节

图60　盐穗木 Halostachys caspica
（M. B.）C. A. Mey.
1. 花枝　2. 茎节

生荒漠盐碱地，盐湖或低洼潮湿盐碱地。常以盐节木单优势种形成群落，是新疆最典型的多汁木本盐柴类荒漠景观。

产阿勒泰、布尔津、奇台、玛纳斯、石河子、克拉玛依、精河、伊犁、巴里坤、吐鲁番、和硕、焉耆、库尔勒、若羌、罗布泊、轮台、库车、拜城、阿克苏、阿图什、巴楚、喀什、莎车等地。甘肃河西走廊沙地也有。国外在碱海－里海流域，巴尔哈什湖流域，欧洲（俄罗斯欧洲部分南部和东南部）、地中海、巴尔干－小亚细亚、前亚、高加索、中亚、蒙古、西西伯利亚南部也有。模式自里海流域记载。

（14）盐穗木属 Halostachys C. A. Mey.

属特征同种。

本属仅1种。

1. 盐穗木　图60　彩图第12页

Halostachys caspica（M. B.）C. A. Mey. in Bull. Phys－Math. Acad. Sci. St. Petersb. 1：361，1843；Pl. Asiae Centr. 2：66，1966；中国植物志，25（2）：20，1979；新疆植物检索表，2：136，1983；中国沙漠植物志，1：335，1985；新疆植物志，2（1）：13，1994—*Halocnemum caspicum* M. B. Fl. Taur. － Cauc. 3：3，1819。

灌木，高0.5～2m。茎直立，多分枝。一年生枝蓝绿色，肉质多汁，圆柱状，有关节，密生小突起。叶鳞片状，对生，顶端尖，基部连合。穗状花序长1～3.5cm，径约1.5～3mm，着生于枝端，花序柄具有关节，交互对生；花两性，3朵生于苞腋内；花被合生，肉质，倒卵形，顶端3浅裂，裂片内折；子房卵形，柱头2，钻状，具小突起；雄蕊1。胞果卵形，果皮膜质。种子直立，卵形，红褐色，两侧扁；胚半环形，具胚乳。花果期7~9月。

生于荒漠盐碱、盐湖及河岸边。

产阿勒泰、布尔津、玛纳斯、伊宁、察布查尔、新源、托克逊、和硕、焉耆、库尔勒、若羌、且末、拜城、阿克苏、英吉沙、莎车、民丰等地。主要集中在塔里木盆地和焉耆盆地，准噶尔盆地较少。甘肃也有。国外在蒙古、哈萨克斯坦、高加索、前亚、巴尔哈什湖流域、碱海－里海流域也有分布。模式自高加索的里海沿岸记载。

（15）小蓬属 Nanophyton Less.

小灌木，高5~40cm，形成疏或密的铺地垫丛。茎多回分枝，具互生小枝。叶钻状或三角状卵形，基部强烈扩展，叶腋具簇毛。花两性，单生于顶部叶腋或数朵集生于枝端；苞片草质，细小；花被片5，膜质，果期增大或几不增大；雄蕊5，着生于5齿花盘内；花药具狭小附器；柱头2，短于花柱。胞果垂生，肉质或干燥。胚螺旋状。

8种，从热带荒漠到中亚和亚洲中部的中山地带，海拔2000~2200m，新疆种类待研究。列举3代表种。

1. 小蓬

Nanophyton erinaceum (Pall.) Bunge in Mem. Acad Sci. St. Petersb. Ser. 7, 4, 11：51, 1862；Фл. CCCP, 6：314, 1936；Фл. Казахст. 3：305, 1960；Pl. Asiae Centr. 2：112, 1966；中国高等植物图鉴，1：601，图1201，1972；中国植物志，25（2）：187，1979；新疆植物检索表，2：220，1983；中国沙漠植物志，1：391，1985；新疆植物志，2（1）：89，1994—*Polycnemum erinaceum* Pall. Illustr. 58, tab. 48, 1803。

小灌木，高5~20cm，自基部分枝，垫状。茎粗糙；老枝密集，具多数侧生干枯短枝；当年生枝绿色，长5~20mm。叶互生，排列紧密，叶片钻状，长1.5~5mm，宽1~1.5mm，基部扩展，边缘膜质，顶端具刺状尖，光滑或疏生乳点状小突起，叶腋具绵毛，花两性。单生于上部叶腋或数朵集生于枝端，小苞片2，基部具宽膜质边缘；花被片5，披针形，离生，成2轮，外轮2片，内轮3片，膜质，果期增大并硬化为坚纸质，麦杆色，长8~10mm，互相包被成圆锥体。胞果宽卵形，果皮膜质，黄褐色。种子直立；胚螺旋形。花果期8~9月。

生荒漠地区戈壁滩，碎石山坡，山麓洪积扇，沿河古老阶地。常形成小蓬砾石荒漠或草原化荒漠的独特景观。

产青河、富蕴、阿勒泰、布尔津、奇台、乌鲁木齐、沙湾、霍城、察布查尔、巩留等地。蒙古、哈萨克斯坦、中亚、西伯利亚也有分布。模式自南乌拉尔记载。

本种以果皮肉质棕褐色，花3~9朵，茎叶长4~8mm，而区别于他种。

2. 伊犁小蓬（新记录种）

Nanophyton iliense Pratov in Jorn. Bot. 67, 11：1527, 1982；Novit. Syst. Pl. Vascu. 22：81~88, 1985。

疏松垫状灌木。高10~15cm，宽至20cm，茎通常直立，木质，皮灰色，长10~12cm，多回分枝，嫩枝长至5（6）cm，常纤细，多分枝，上升，有较密的叶，无毛。茎生叶长约1.8mm，宽约1mm，直、互生、硬坚，稍粗糙，尖卵形，中部稍上宽膜质，叶腋有细曲柔毛和缩短的密伞花序。花在缩短的下部枝端通常1~5朵组成圆锥花序，少排列在不分枝的小枝顶端，所有的花具有苞片和小苞片，苞片长2.3~3.5mm，直立、坚硬、粗糙、锐尖、卵形，顶端具软骨质短渐尖头，基部强烈扩展，中部以上具宽膜质边，腋部具曲卷细柔毛，短于小苞片或稍等；小苞片长2~5mm，宽2mm，膜质，果期长约7mm，革质，褐色。雄蕊5。种子垂生。外果皮肉质。

产霍城县，生干旱丘陵山地。分布于中亚和哈萨克斯坦，塔拉斯阿拉套，楚伊犁山，伊犁河谷，准噶尔河拉套。模式自伊犁河谷记载。

本种以茎直立，果皮肉质，花1~5朵成总状花序最为特征。

3. 蒙古小蓬 (中国新记录种)

Nanophyton mongolicum Pratov in Jorn. Bot. 67，11：1526，1982；Novit. Syst. Pl. Vascu. 22：81~88，1985。

垫状小灌木，径约10~15cm，高至3~5(7)cm，皮灰色，多回分枝，木质，被枯枝残留物；嫩枝极短，长0.5~1cm，密生叶，互生，坚硬、粗糙，钻形，半圆柱形，顶端具长刺尖，基部扩展，边缘具狭膜质，叶腋具细卷柔毛，和短缩叶束。花1~3集生枝端，全部叶均为具双重苞叶和小苞片，茎苞叶同形，长3.5~5mm，宽约0.5mm，直立，坚硬，粗糙，钻状，半圆柱形，基部甚扩展，边缘膜质，顶端具短尖，花期长2~3mm，宽约1mm，有鳞片，果期长6~7mm，革质，褐色。雄蕊花丝线形，着生下位花盘外，花药长约1.6mm，宽约0.4mm，下位花盘深裂。裂片5，半圆形，增厚。柱头钻状，等长于花柱，种子垂生，卵形，长2.2mm，宽约1.3mm，外果皮有鳞片。

产青河、和布克赛尔。生石质—砾质山坡。分布蒙古阿尔泰(模式产地)。

本种以近圆球形垫丛，叶鲜绿色，具长刺尖，果皮干膜质，最易识别。

(16) 樟味藜属 Camphorosma Linn.

半灌木，被绒毛。叶互生，钻状或丝线状，单生或密集成簇。花两性，4基数，无苞片，单生苞叶腋内，形成紧密穗状花序；花被4齿，扁平，具长柔毛；花药长圆状卵形，无附器，花丝细长；子房具花柱和2枚长的丝状柱头。胞果垂生。种子具马蹄形胚和胚乳。

本属约10种，新疆产3种，半灌木仅2种。

分种检索表

1. 植物被短柔毛，具细长无性枝；花被4齿几等长，具绿色草质尖；花序侧枝粗约2~4mm；种子圆形，径约1mm
　　　　　　　　　　　　　　　　　　　　　　　　　　　　　　1. 细枝樟味藜 C. lessingii Litw.
1. 植物被长柔毛，具很短缩的无性枝；花被片2侧齿较长，向外弯；花序侧枝粗约4~10mm；种子广椭圆形或长圆状广椭圆形，长1.5~2mm ·············· **2. 粗穗樟味藜 C. monspeliaca** Linn.

1. 细枝樟味藜 (新拟)

Camphorosma lessingii Litw. В. Тр. бот. Музея Акад. Наук. 11：96，1905；Фл. СССР，6：113，1936；Фл. Казахст. 3：225，1960；Pl. Asiae Centr. 2：42，1966—subsp. lessingii (Litv.) Aellen in Notes Roy. Bot. Gard. Edinb. 28(1)：31，1967；中国植物志，25(2):110，1979；新疆植物检索表，2：176，1983；中国沙漠植物志，1：375，1985；新疆植物志，2(1)：55，1994。

半灌木，根粗，由很短缩的紧密交织的木质化小枝，形成密垫丛。结实茎高10~50cm，上升或直立，单或短分枝。叶钻状-刚毛状，长3~6mm，具疏柔毛。复穗状花序，在上部叶腋稠密，在下部叶腋间断；花被长2~2.5mm，卵圆形，扁平，多长柔毛；花被齿等长或边齿稍长于中齿，直立，齿约短于管2倍。种子圆形，宽约1mm，黑褐色，扁平。花果期7~9月。

生荒漠平原、荒地、盐渍荒漠、洪积扇荒漠及干旱山坡。

产青河、富蕴、阿勒泰、布尔津、奇台、阜康、乌鲁木齐、玛纳斯、塔城、额敏、托里、精河、伊宁、察布查尔、新源、昭苏等地。蒙古、哈萨克斯坦、中亚、西西伯利亚、高加索、前亚也有分布。模式自哈萨克斯坦记载。

2. 粗穗樟味藜 (新拟)

Camphorosma monspeliaca Linn. Sp. Pl. 122，1253；Фл. СССР，6：117，1936；Фл. Казахст. 3：224，1960；Pl. Asiae Centr. 2：42，1966；中国植物志，25(2)：110，1979；新疆植物检索表，2：176，1983；中国沙漠植物志，1：375，1985；新疆植物志，2(1)：53，1994。

根粗，生出木质的强烈缩短的、铺展的密垫丛。结实茎多数，高 10～30cm，圆柱形，上升，不分枝，密生叶，多柔毛。叶长 3～10mm，宽 0.5～0.7mm，钻状，直或向后弯，基部扩展，坚硬，有绒毛。花单生于等长或稍短的苞片腋部，形成稠密穗状花序，花被卵形，长 3～3.5mm，宽约 2mm，被长而密或短而疏的绒毛，具 2 枚侧生绿色草质齿，齿与花被管等长，果期弯曲，和 2 枚中部较短的膜质钝齿；雄蕊 4，花丝伸出；子房具长的红色丝状的，超过花柱的柱头。种子广椭圆形，长 1.5～2mm，褐色，多裂的腺体。花果期 7～9 月。

生荒漠平原至石质山坡。

产青河、富蕴、阿勒泰、布尔津、奇台、阜康、乌鲁木齐、玛纳斯、克拉玛依、额敏、托里等地。蒙古、哈萨克斯坦、中亚、西西伯利亚、高加索、伊朗、地中海、欧洲也有分布。模式自南欧（法国南部）记载。

蓼超目——POLYGONANE

石竹亚纲含 4 超目：石竹超目（Caryophyllanae）；环蕊超目（Gyrostemonanae）；蓼超目（Polygonane）；白花丹超目（Plumbaginanae）等。环蕊超目中国不产。

VI. 蓼目——POLYGONALES

仅含 1 科。

8. 蓼科——POLYGONACEAE Juss.，1789

草本，稀灌木、半灌木和木质藤本，通常具有异常次生生长，导管具单穿孔。单叶互生，少对生或轮生，大多数全缘，通常基部具柄间细胞联合的托叶鞘；气孔无规则性，少平列型，不等细胞型或横列型。花细小，两性，少单性异株，辐射对称；花被花瓣状 3～6；雄蕊 3～9；心皮 3（2～4）合生；子房上位，具 1 基生胚珠，着生在多少明显的相当于退化的中央合生蕊柱的柄上；胚珠直生，双珠被，具厚珠心；雌配子体蓼型。胚乳核型。瘦果三棱形或凸镜形，包于宿存花被内。种子具直或弯的偏位胚，围以大量粉质内胚乳。X = 4 – 13.17。本科 40 属 1000 余种。广布世界各地，但主要在北半球温带地区。我国有 11 属 200 余种；新疆有 9 属 50 余种，其中木本仅 3 属。

分属检索表

1. 叶不明显，通常退化成鳞片状；瘦果具 4 条肋状突起，有刺毛或翅，有时具膜质囊包 ……………………………………………………………………………………… (3) 沙拐枣属 Calligonum Linn.
1. 叶明显；瘦果两侧扁平或具 3 棱，无刺毛或翅。
　2. 花被果期不增大 …………………………………………………………… (2) 蓼属 Polygonum Linn.
　2. 花被片果期增大 …………………………………………………………… (1) 木蓼属 Atraphaxis Linn.

(1) 木蓼属 Atraphaxis Linn.

灌木或小灌木，分枝，枝端经常变成刺或无刺。叶全缘或具不明显的齿；无柄或具短柄；托叶鞘小，膜质。花序总状，顶生或侧生；花两性，花被片 4～5，花瓣状，白色或粉红色，排成两轮，通常外轮 2 片较小，在果期反折，内轮 2 片或 3 片。果期增大，直立；雄蕊 6 或 8，花丝基部增宽，并合生成环状，花药椭圆形或近圆形；子房 1 室，花柱 2～3，离生或基部合生，柱头棒状或头状。瘦果三棱形或两侧扁平成双凸形，为果期增大的内轮花被片所包被。

本属有20多种，分布非洲北部、亚洲中部。我国有12种，分布于辽宁、河北、内蒙古、宁夏、甘肃、青海、新疆等地；新疆产11种，其中包括1栽培种。

分种检索表

1. 花被片4，雄蕊6，花柱2；果实两侧扁平。
　2. 植株高10～30cm；枝短，较粗，节间短缩；叶近于簇生；花梗在上部具关节 ……………………………………………………………………………… 1. 拳木蓼 A. compacta Ledeb.
　2. 植物高30～80cm；枝长、细，节间长，明显；叶互生；花梗在中下部具关节。
　　3. 全部或大部小枝顶端无叶，成针刺状；花簇生于水平伸展的侧枝上；内轮花被片果期较小，长4～5mm，宽5～6mm ……………………………………………… 2. 刺木蓼 A. spinosa Linn.
　　3. 全部或大部小枝顶端具叶，不成针刺状；花簇生成锐角伸展的当年枝端；内轮花被片果期较大，长7～8mm ………………………………………… 3. 扁果木蓼 A. replicata Lam.
1. 花被片5，雄蕊8，花柱3；果实具三棱。
　4. 叶披针形、椭圆形、卵形或近圆形，宽不少于4mm。
　　5. 全部或大部小枝先端无叶，成针刺状；花序仅侧生。
　　　6. 叶灰蓝色或蓝绿色，叶柄短或近无柄；花梗在中部或稍上具关节 ………………………………………………………… 5. 锐枝木蓼 A. pungens(M. B.) Jaub. et Spach.
　　　6. 叶绿色，叶柄较长；花梗在中部以下具关节 ………… 6. 梨叶木蓼 A. pyrifolia Bunge
　　5. 全部或大部小枝先端具叶，不成针刺状；花序顶生和侧生，或仅为顶生。
　　　7. 叶圆形，椭圆形，卵形或倒卵形，革质，鲜绿色。
　　　　8. 当年枝和叶背面被有乳头状毛；外轮花被片果期反折；花梗在中下部具关节 …………………………………………… 4. 绿叶木蓼 A. laetevirens(Ledeb.) Jaub. et Spach.
　　　　8. 当年枝和叶光滑；外轮花被片果期水平开展或向上；花梗在中上部具关节 ……………………………………………………… 9*. 沙木蓼 A. bracteata A. Los.
　　　7. 叶披针形或长圆状倒卵形，灰绿色或灰蓝色。
　　　　9. 当年枝短，稍从植丛中伸出；花序通常不分枝；花梗中部具关节 …………………………………………………… 10. 灌木蓼 A. frutescens(Linn.) Ewersm.
　　　　9. 当年枝长，从植丛中明显伸出；花序分枝；花梗在中下部具关节 …………………………………………………… 11. 长枝木蓼 A. virgata(Rgl.) Krassn.
　4. 叶线形或线状披针形，宽少于4mm。
　　10. 植株高大，高约1m；叶长1.5～3cm；总状花序侧生，少顶生 ………………………………………………… 7. 额河木蓼 A. jrtyschensis C. Y. Yang et Y. L. Han
　　10. 植株短小，高5～30cm；叶长5～10mm；总状花序顶生 ……… 8. 美丽木蓼 A. decipiens Jaub. et Spach.

1. 拳木蓼　图61

Atraphaxis compacta Ledeb. Fl. Alt. 2：55，1930；Фл. СССР，5：509，1936；Фл. Кирг ССР. 4：119，1953；Фл. Казахт. 3：112，1960；中国沙漠植物志，1：300，图版109：1～3，1985；新疆植物检索表，2：119，1983；Pl. Asiae Centr. 9：94，1989；新疆植物志，1：258，1992。

小灌木，高10～30cm，自基部分枝，分枝开展，枝干较粗，常弯折，树皮纵裂；老枝顶端无叶，成棘刺，淡黄灰色，无毛，一年生枝短缩，顶端有叶。叶近簇生，叶片圆形，宽椭圆形或倒卵形，长4～8mm，宽3～5mm，先端钝，微凹，无小尖头或具钝齿，基部楔形，全缘或具钝齿，两面无毛，淡蓝灰色，背面网脉明显突起，具短柄；托叶鞘长1～2mm，膜质，下部淡褐色，上部白色，具2锐齿。总状花序短，花2～6朵簇生于去年老枝先端叶腋，稀生于当年枝顶端；花淡红色具白色边缘或白色，花被片4，排成两轮，外轮2片小，反折，内轮2片果期增大，圆状肾形，长7～8mm，宽8～9mm；花梗细长，上部具关节。瘦果平扁，宽卵形，淡褐黄色，有光泽。花果期6～

图61 拳木蓼 Atraphaxis compacta Ledeb.
1. 果枝 2. 瘦果

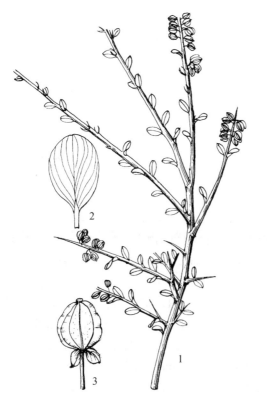

图62 刺木蓼 Atraphaxis spinosa Linn.
1. 果枝 2. 叶 3. 果

8月。

生于荒漠戈壁、冲沟边、沙地、前山干山坡，海拔 500 ~ 1150m。

产富蕴、布尔津、乌鲁木齐、沙湾、博乐、若羌等地。西西伯利亚、中亚、蒙古也有。

2. 刺木蓼 图62

Atraphaxis spinosa Linn. Sp. Pl. 475，1753；Фл. CCCP，5：505，1936；Фл. Кирг СССР，4：119，Табл. 25：1，1953；Фл. Казахт. 3：111，1960；Фл. Тадж СССР，3：217，Табл. 38：1 ~ 3，1968；中国高等植物图鉴，1：552，图 1103，1972；Опред. Сосуд. Раст. Монг. 81，1982；新疆植物检索表，2：119，1983；Pl. Asiae Centr. 9：97，1989；新疆植物志，1：258，1992。

灌木，高 30 ~ 60m，多分枝，开展；老枝木质化，顶端无叶成刺状，树皮灰褐色；当年第二次枝条也是顶端无叶。叶圆形，长 3 ~ 10mm，宽 2 ~ 5mm，先端圆钝具很短的尖，基部楔形，全缘，两面无毛，灰绿色或蓝绿色，具短柄；托叶鞘筒状，长 1 ~ 2mm，膜质，下部淡褐色，上面具 2 个短芒状的齿。总状花序间断，短，生于一年生枝的上部，花淡红色具白色边缘或白色，按 2 ~ 6 朵束生于叶腋，花被片 4，排成两轮，外轮 2 片小，广椭圆形，反折，内轮 2 片果期增大，圆状心形，宽 4 ~ 6mm；花梗长 7 ~ 9mm，中部或稍下具关节。瘦果平扁，宽卵形或卵形，长达 4mm，淡褐色，有光泽。花果期 5 ~ 8 月。

生于山地草原砾石质，石质山坡和荒漠砾石戈壁。海拔 700 ~ 2000m。

产阜康、乌鲁木齐、玛纳斯、托里、沙湾、奎屯、精河、博乐、霍城、和硕等地。分布于中亚、蒙古。

3. 扁果木蓼 图63

Atraphaxis replicata Lam. Eneycl. 1：329，1783；Фл. CCCP，5：506，1936；Фл. Казахт. 3：112，1960；中国沙漠植物志，1：300，图版109：7 ~ 9，

1985；新疆植物检索表，2：119，1983；新疆植物志，1：260，1992。

灌木，高30~80cm。分枝开展；老枝顶端具叶，无刺，淡黄褐色或淡红褐色；当年第二次草质小枝，细，直立，很快木质化，顶端具叶和花。叶圆形、卵形或倒卵形，蓝绿色或淡灰绿色，长4~10mm，宽3~7mm，先端圆钝，具短尖或渐尖，有时微凹，基部楔形，渐狭成短柄，全缘，两面无毛，背面的网脉稍突起；托叶鞘长2~3mm，淡褐色，膜质，上部裂为2齿。总状花序短，间断，2~5朵束生于短缩的一年生枝上；花淡红色具白色边缘或白色，花被片4，排成2轮，外轮2片较小，卵形，反折，内轮2片果期增大，圆状心形，长7~8mm，宽8~9mm；花梗细长，中部以下具关节。瘦果平扁，卵形，淡褐色，无毛，有光泽。花果期5~7月。

生于荒漠中的沙丘、固定沙丘、冲沟、砾石戈壁，海拔400~620m。

产奇台、乌鲁木齐、精河、博乐、霍城等地。西伯利亚、中亚也有。

4. 绿叶木蓼　图64

Atraphaxis laetevirens(Ledeb.) Jaub. et Spach. Illustr. Pl. Or. 2：14，1844~1846；Фл. СССР，5：514，1936；Фл. Казахт. 3：114，1960；Fl. Afghan，88，1960；中国沙漠植物志，1：301，图版110：7~8，1985；新疆植物检索表，2(1)：120，1983；Pl. Asiae Centr. 9：97，1989；新疆植物志，1：260，1992—Tragopyrun laetevirens Ledeb. Fl. Alt. 2：75，1830。

小灌木，高30~70cm，全株被短乳头状毛，分枝开展，老枝皮灰色，新枝皮淡黄绿色，枝的顶端具叶或花，无刺。叶鲜绿色，近无柄，叶片革质，宽椭圆形，长6~14mm，宽4~8mm，顶端圆形微凹具小尖头，基部宽楔形，表面无毛，背面网脉突起，被乳头状毛，特别在中脉基部明显，

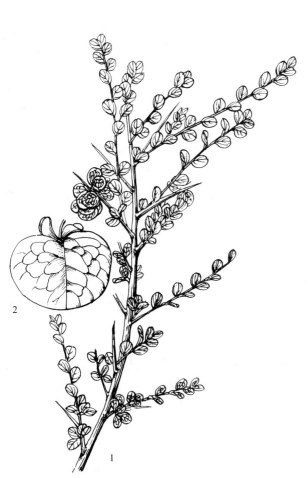

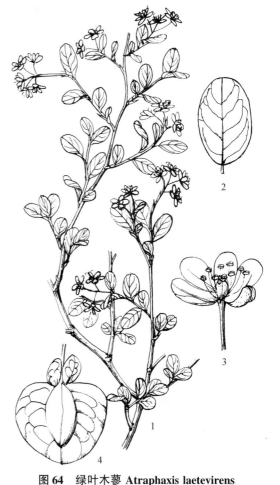

图63　扁果木蓼 **Atraphaxis replicata** Lam.
1. 果枝　2. 瘦果

图64　绿叶木蓼 **Atraphaxis laetevirens**
(Ledeb.) Jaub. et Spach.
1. 花枝　2. 叶片　3. 花　4. 果

全缘或微波状；托叶鞘筒状，膜质，长2～3mm，先端2裂成锐齿。总状花序短，近头状，主要侧生于当年生木质枝的顶端；花淡红色具白色边缘或白色，花被片5，排成两轮，外轮2片较小，圆状卵形，果期反折，内轮3片果期增大，肾心或圆状心形，长5～6mm，宽6～7mm；花梗细，中下部具关节。瘦果宽卵形，具三棱，黑褐色，光滑，有光泽。花果期5～7月。

生于砾石质或石质山坡，海拔1200m。

产青河、富蕴、阿勒泰、塔城、尼勒克、新源、巩留、特克斯等地。西伯利亚、中亚、阿富汗也有。

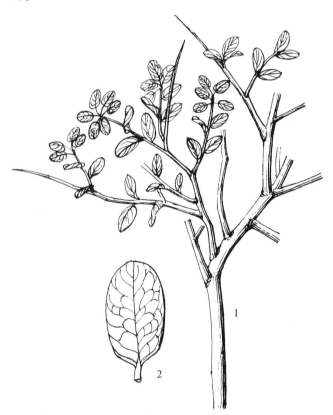

图65 锐枝木蓼 Atraphaxis pungens(M. B.)Jaub. et Spach.
1. 果枝 2. 叶片

5. 锐枝木蓼 坚刺木蓼 刺针枝蓼
图65

Atraphaxis pungens(M. B.) Jaub. et Spach. , Illustr. Pl. Or. 2：14，1844～1846；Фл. СССР，5：517，Табл. 29а：3. a，1936；Фл. Казахт. 3：114，1960；中国高等植物图鉴，1：551，图1102，1972；Опред. Сосуд. Раст. Монг. 81，1982；新疆植物检索表，2：120，1983；Pl. Asiae Centr. 9：96，1989；新疆植物志，2(1)：260，1994—*Tragopyrun pungens* M. B. Fl. Taur. - Cauc. 3：284，1819。

灌木，高30～70cm，分枝开展，树皮灰褐色，条状开裂；枝无毛，大部或全部在顶端无叶，渐尖成刺状。叶具短柄，叶片宽椭圆形，或倒卵形，蓝绿色带白霜，长1～2cm，宽4～10mm，顶端圆钝，有时具短尖，基部圆形或宽楔形，两面无毛，表面平滑，背面的网脉稍突起，全缘；托叶鞘筒状，膜质，2裂。总状花序短缩成头状，侧生于当年生的木质枝上；花淡红色或淡绿色，花被片5，排成两轮。外轮2片较小，宽椭圆形，果期反折，内轮3片果期增大，圆状肾形，长5～6mm，宽7～8mm；花梗中部或稍上具关节。瘦果卵形，具三棱，黑褐色，有光泽。花果期5～7月。

生于荒漠戈壁冲沟、河滩、砾石质山坡，海拔约1000m。

产青河、富蕴、阿勒泰、奇台等地。分布于我国内蒙古、宁夏、甘肃河西走廊、青海、柴达木盆地；国外在西伯利亚、蒙古也有。

6. 梨叶木蓼 图66

Atraphaxis pyrifolia Bunge Mem. Acad. Sci. Petersb. Sav. Etrang. 7：483，1852；Фл. СССР，5：518，1936；Фл. Кирг ССР. 4：119，Табл. 25：3，1953；Фл. Казахт. 3：114，1960；中国沙漠植物志，1：302，图版110：1～3，1985；新疆植物检索表，2：120，1983；Pl. Asiae Centr. 9：96，1989；新疆植物志，2(1)：263，1994。

灌木，高1～1.5m。分枝开展，树皮淡褐灰色，条状开裂；枝无毛，顶端无叶，渐尖成刺状。叶具短柄，长2～6mm，叶片宽椭圆形或倒卵形，长6～18mm，宽3～12mm，顶端钝状渐尖具短尖，稀圆形或微凹，基部窄楔形，两面无毛，表面鲜绿色，光滑，背面带蓝绿色，网脉突起，全缘；托叶鞘筒状，长达 5mm，膜质，3 深裂，顶端具 3 锐齿。总状花序短缩，花排列紧密，侧生于当年的木质枝上，有 20 ~ 40 朵花；花蔷薇色或淡黄色，有时沿缘呈淡红色，花被片 5，排成两轮，外轮 2 片较小，卵形，果期反折，内轮 3 片果期增大，圆状心形或圆状肾形，长 6 ~ 7mm，宽 7 ~ 8mm；花梗长，中部以下具关节。瘦果宽卵形，具三棱，黑褐色，有光泽。花果期 5 ~ 7 月。

生于砂砾质河滩，海拔可达 2800m。

产阿勒泰、霍城、察布查尔、乌恰等地。中亚、西伯利亚、蒙古、印度也有。

7. 额河木蓼

Atraphaxis irtyschensis C. Y. Yang et Y. L. Han 新疆八一农学院学报，4：25，图版 1，1981；新疆植物检索表，2：121，1983；Pl. Asiae Centr. 9：95，1989；新疆植物志，2(1)：263，1994。

灌木，高 1 ~ 1.3m，分枝开展，树皮淡灰褐色，不规则条裂。枝坚硬，无毛；小枝顶端刺状。叶具短柄，叶片线形，常微弯，长 1.5 ~ 3cm，宽 2 ~ 4mm，先端急尖，基部渐狭成柄，边缘外卷，两面无毛，绿色，背面中脉突起；叶鞘筒状，膜质，长 5 ~ 5.5mm，短于节间。总状花序侧生，少顶生，长 3 ~ 10cm，稀疏；花淡绿色，边缘白色或淡红色，花被片 5，排成两轮，外轮 2 片短小，果期反折，内轮 3 片果期增大，近圆形，长达 5mm，宽达 6mm；花梗纤细，无毛，长 5 ~ 10mm，中上部具关节。瘦果卵形，具三棱，淡褐色，有光泽。花期 5 月。

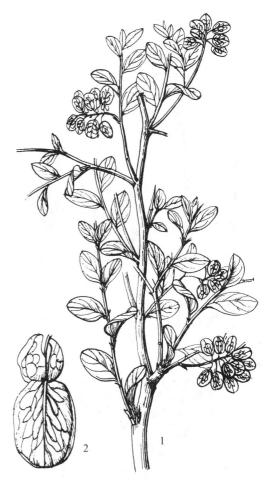

图 66 梨叶木蓼 **Atraphaxis pyrifolia** Bge.
1. 果枝　2. 果

生于额尔齐斯河南岸河边流沙地。

产布尔津县。

模式标本产新疆布尔津，存于新疆八一农学院植物标本室。

8. 美丽木蓼　反折木蓼　图 67

Atraphaxis decipiens Jaub. et Spach. Illustr. Pl. Or. 2：14，1844 ~ 1846；Фл. СССР，5：523，1936；Фл. Казахст. 3：116，1960；中国沙漠植物志，1：302，图版 110：4 ~ 6，1985；新疆植物检索表，2：121，1983；新疆植物志，2(1)：263，1994。

小灌木，高 10 ~ 30cm，老枝短而弯拐，木质化，树皮灰白色，条状开裂；当年生枝草质，淡褐色，无毛，顶端具叶或花，无刺。叶近无柄，叶片线形，绿色，长 5 ~ 10mm，宽 1 ~ 2mm，边缘稍下卷，先端渐尖，基部渐狭成短柄，两面无毛，表面光滑，背面中脉突起，侧脉稍显；托叶稍筒状，膜质，先端 2 裂，具 2 个锐齿。总状花序生于当年枝的顶端，短，稀疏，外轮 2 片较小，近成圆形，果期反折，内轮 3 片，果期增大，宽椭圆形，长 4 ~ 6mm，宽 3 ~ 5mm；花梗细，在中部或稍上具关节。瘦果长卵形，具三棱，暗褐色，光滑有光泽。花果期 5 ~ 8 月。

生于荒漠的砾石戈壁、沙地、戈壁边缘的田边和干山坡，海拔 540m。

产福海、阿勒泰、塔城、伊宁等地。西西伯利亚、中亚北部也有。

9*. 沙木蓼　图 68

Atraphaxis bracteata A. Los. in Bull. Jard. Bot. Princ. URSS，26：44，1927；Pl. Asiae Centr. 9：

图 67　美丽木蓼 Atraphaxis decipiens
Jaub. et Spach.
1. 花枝　2. 叶片　3. 瘦果

图 68　沙木蓼 Atraphaxis bracteata A. Los.
1. 果枝　2. 瘦果

94，1989；新疆植物志，2(1)：264，1994；中国沙漠植物志，1：304，图版111，7~8，1985。

灌木，高达2m，分枝开展，树皮褐色，枝在顶端具叶和花，无刺，节间长2.5~4cm。叶具短柄，叶片革质，鲜绿色，宽卵形、椭圆形或倒卵形，1.5~3cm，宽1~2cm，顶端圆钝或锐尖，有时具小尖头，基部宽楔形，全缘或呈波状皱折，两面无毛，叶脉明显；托叶鞘长6~8mm，膜质，下部褐色，上部白色，先端具2渐尖的齿。总状花序生于当年枝端，花稀疏，每一苞片内3~5朵；花淡红色，花被片5；排成两轮，外轮2片较小，近圆形，平展或向上，内轮3片果期增大，几为圆形，宽约6mm；花梗长3~4mm，在中上部具关节。瘦果卵形，具三棱，暗褐色，无毛，有光泽。花果期5~8月。

吐鲁番沙生植物园引种栽培，生长发育良好，能开花结实。野生种分布于我国内蒙古、宁夏、甘肃西部。

固沙植物，也可饲用，骆驼喜食。

10. 灌木蓼

Atraphaxis frutescens (Linn.) Ewersm. Reise. V. Orenb. Nach Buchara, 115, 1823；Фл. CCCP, 5：

520，1936；Фл. Казахст. 3：115，1960；Опред. Сосуд. Раст. Монг. 82. Табл. 35：167，1982；中国沙漠植物志，1：306，图版110：9～10，1985；新疆植物检索表，2：121，1983；Pl. Asiae Centr. 9：95，1989；新疆植物志，2（1）：264，1994—*Polygonum frutescens* Linn. Sp. Pl. 359，1753。

灌木，高30～70cm，分枝开展或向上，树皮淡灰色，枝在顶端具叶或花，无刺，当年枝短缩，稍从株丛中露出，无毛或被短柔毛。叶无柄或有短柄，叶片淡灰蓝色或浅灰绿色，从窄披针形至倒卵形，长10～20mm，宽2～8mm，先端渐尖，具软骨质锐尖，基部渐狭成短柄，全缘或稍有齿牙，两面无毛，背面网状脉突起；托叶鞘筒状，膜质，长2～3mm，下部淡褐色，上部白色，具2个渐尖的齿。总状花序生于当年枝的顶端，通常不分枝，长2～6cm，花稀疏，每一苞片2～6朵；花淡红色具白色边缘或白色，花被片5，排成两轮，外轮2片比较小。近圆形，果期反折，内轮3片果期增大，宽椭圆形，长4～6mm；花梗细长，中部具关节。瘦果卵形，具三棱，暗褐色，无毛，有光泽。花果期6～8月。

生于荒漠沙地、戈壁、荒地，山地河谷河漫滩及石质山坡，海拔500～1900m。

产布尔津、哈巴河、吉木乃、乌鲁木齐、塔城、裕民、托里、奎屯、乌苏、博乐、温泉、察布查尔、拜城、阿克苏等地。欧洲、俄罗斯、哈萨克斯坦也有。

11. 长枝木蓼

Atraphaxis virgata（Rgl.）Krassn. Scripta Soc. Geogr. Ross. 19：295，1888；Фл. СССР, 5：522，1936；Фл. Казахст. 3：116，1960；中国沙漠植物志，1：306，图版111：12，1985；Pl. Asiae Centr. 9：97，1989；新疆植物志，1：264，1992—*A. lanceolata* var. *virgata* Rgl. in Act. Hort. Petrop. 6：397，1879。

灌木，高1～2m，分枝开展，皮灰褐色；枝较长，当年枝明显伸出株丛外，顶端具叶或花，无刺。叶具短柄，叶片灰绿色，长圆状椭圆形或长圆状倒卵形，长1～3cm，宽6～12mm，先端钝状渐尖或圆钝具长0.5～2mm的锐尖，基部楔形渐窄成柄，全缘或稍有齿牙，两面无毛，背面网状脉不明显；托叶鞘筒状，长2～3mm，膜质，下部淡褐色，向上具2个三角状披针形的尖齿。总状花序生于当年枝的顶端，长5～15cm，通常分枝，花稀疏，一般每一苞片内只有2朵；花淡红色具白色边缘或白色，花被片5，排成两轮，外轮2片比较小，近圆形，果期反折，内轮3片果期增大，宽椭圆形，长5～6mm；花梗长3～5mm，中部以下具关节。瘦果长卵形，具三棱，暗褐色，光滑有光泽。花果期6～8月。

生于荒漠砾石戈壁、沙地、流水干沟和山地石质或砾石山坡，海拔400～1320m。

产富蕴、阿勒泰、布尔津、哈巴河、奇台、裕民、温泉等地。中亚、蒙古也有。

（2）蓼属 Polygonum Linn.

一年生草本或多年生草本，稀为半灌木或小灌木。茎直立、平卧、斜升或缠绕，通常节部膨大。叶互生，多为全缘；叶柄与托叶鞘多少合生，托叶鞘筒状，膜质或草质，先端截形或斜形，全缘或分裂，有缘毛或无缘毛。花序穗状，头状或圆锥状，顶生或腋生；花两性，稀为单性雌雄异株，簇生，稀单生；花梗短，通常具关节；苞片和小苞片均为膜质，花被6深裂，稀4裂或6裂，宿存；花盘通常发达，腺体状，环形，有时无花盘；雄蕊通常8，稀较少；子房具三棱或扁平；花柱2～3，分离或中部以下合生，柱头头状。瘦果卵形，具三棱或双凸镜状，包于宿存的花被内或稍从花被中露出。

本属有250种，广布全世界，主要在北温带。我国约有140种，分布于全国各地；新疆有30种1变种，木本仅3种。

分种检索表

1. 灌木，嫩枝和叶被乳头状毛；花按1～3朵簇生叶腋 ·························· **1. 天山蓼 P. tianshanicum** C. Y. Yang

1. 半灌木。
  2. 直立半灌木 ·· **2. 灰蓼 P. schischkinii** Ivan. ex Borod.
  2. 垫状半灌木 ·· **3. 垫蓼 P. pulvinatum** Kom.

1. 天山蓼 （新拟） 百里香叶蓼

Polygonum tianschanicum C. Y. Yang in Journal of Xinjiang August First Agriculture College，4：55，1983—*P. popovii* Borod. in Pl. Asiae Centr. 9：104，1989；——*P. thymifolium* 新疆植物志，1：282，1992，auctor no Jaub. et Spach. 。

灌木，高20~40cm，开展分枝，树皮灰色开裂。当年生小枝密被短的乳点状突起，有节，节间有沟槽，老枝变灰色，有长裂缝。叶鞘长3~4mm，淡白色，膜质，管状，短于叶和节间，顶端具2齿。叶淡绿色，稍厚，卵形或长圆形，长7~8mm，宽4~5mm，基部阔楔形，顶端钝，边缘外卷，两面有密的乳点状突起，中脉仅背面微显著；叶柄很短，有关节。总状花序，长5~8cm，从老侧枝上发出，中轴密被乳点状突起，花梗细很短，长2~2.5mm，无毛；花被片5，中部绿色边缘白色或粉红色。果期直立不反折；雄蕊3，粉红色。瘦果三棱状卵形，长3~4mm，宽2~3mm，棕色或淡褐色，有光泽具钝棱。花期6月，果期7~8月。

生低山至高山石质山坡，海拔1400~1500m。

产阜康、乌鲁木齐、昭苏、和静等地。模式自巴轮台记载。东天山特有种。

1989年，亚洲中部植物9卷发表的Polygonum popovii Borod. 是根据波波夫1929年在库车和库尔勒山地采的标本发表的，其产地和描述的特征与天山蓼完全一致，但这是一个晚出名，它晚出6年。

生于低山至高山的砾石质山坡和悬岩石缝中，海拔1200~2600m。

产阜康、乌鲁木齐、昭苏、和静、巴轮台等地。

2. 灰蓼 图69

Polygonum schischkinii Ivanova ex Borod. nom. nov. in Pl. Asiae Centr. 9：104，1989—*P. glareosum* Schischk. in Not. Syst. 7，6，121，1937；新疆植物检索表，2：104，1983；新疆植物志，1：282，图版86，1992。

半灌木，高10~30cm。根粗达1cm，木质，根皮棕红色，条裂，分解成纤维状，根颈多头。茎多数直立，稍呈之字形弯曲，分枝，具浅棱槽，光滑，灰绿色或灰白色，残存的老茎淡褐色。叶肥厚，革质，线状长圆形，椭圆形至宽椭圆形，长1~2cm，宽2~12mm，先端渐尖，基部楔形或宽楔形，全缘或微波状，外卷，两面无毛，灰白色或灰绿色，背面中脉突起，侧脉不明显；叶柄很短或近无柄，有关节，托叶鞘卵形或披针形，白色膜质，先端斜形，

图69 灰蓼 Polygonum schischkinii Ivanova ex Borod.
1. 枝叶 2. 花

撕裂成锐尖的流苏。花1朵单生茎枝上部叶腋，稀2朵簇生；花梗极短，明显短于花被，长1~1.5mm，顶端具关节；花被长3~3.5mm，5深裂，裂片卵形或椭圆形，紫红色，沿两侧边缘白色。瘦果椭圆形，长约3mm，具三棱，棕褐色，无毛，有光泽，藏于花被内。花果期6~8月。

生于荒漠或荒漠草原，戈壁沙地、盐碱地，海拔550~1400m。

产布尔津、福海、阿勒泰、吉木乃等地。

3. 垫蓼

Polygonum pulvinatum Kom. in Фл. СССР，5：717，1936；Фл. Казахт. 3：152，Табл. 14：3，1960；中国沙漠植物志，1：325，1985；新疆植物志，1：284，1992。

半灌木，高达5cm。根由根颈向下长出许多深色须根成束扭曲而成，木质；根皮片状剥落成网状；根颈多头。茎矮，下部在地下，木质，分枝，枝短缩，形成垫状矮丛，冠幅直径5~10cm。叶线形，长6~10mm，宽1~1.5mm，先端锐尖，边缘反卷，无毛；叶鞘灰白色，半透明，先端撕裂成流苏状。花单生叶腋，短于叶鞘，具有很短的花梗，花被淡绿色或绿色，5深裂几达甚部，裂片先端圆钝。瘦果三棱形，光滑，沿棱稍有翅。花期5~7月。

生于蒿属荒漠草原的砾石黏土山坡和沙地。

产布尔津县。中亚哈萨克斯坦和乌兹别克斯坦也有。

（3）沙拐枣属 Calligonum Linn.

灌木或半灌木。多分枝，有木质化老枝和当年生幼枝两种，木质老枝灰白色、灰褐色或暗红色，或多或少拐曲；当年生幼枝较细，灰绿色，有关节。叶对生，退化成条形或鳞片状，基部合生或分离，大多与托叶鞘连合，托叶鞘膜质，淡黄褐色，极小。花两性，单生或2~4朵生叶腋；花梗细，红色、淡红色或白色，具关节；花被片5，分离，排列2轮，外轮2片，椭圆形，内轮3片，宽椭圆形，红色、淡红色或白色，背部中央通常色较深，呈暗红色、红色或绿色，果期不扩大，通常反折，少数平展；雄蕊12~18，花丝基部连合；子房上位，具4肋；花柱较短，柱头4，头状。瘦果，通常椭圆形或长圆形，直立或向左、右扭转；果皮木质，坚硬，具4条果肋和肋间沟槽；肋上生翅或生刺，或窄翅上再生刺，极少数在刺末端罩一层薄膜而呈泡状果。果实（包括翅或刺）近球形、椭圆形、卵圆形或长圆形，径7~30mm不等。胚直立、胚乳白色。

沙拐枣属的果实特征是分种的主要依据。但果实的特征变异性很大，又常天然杂交，致使定种较为混乱。它们主要分布于亚洲、欧洲南部和非洲北部。我国有25种，产内蒙古、甘肃、宁夏、青海和新疆等干旱地区，其中新疆最多，有22种，有待深入研究。本属植物是新疆荒漠植被中重要建群种之一，又是防风固沙优良植物，鲜幼枝还是骆驼和羊只的良好饲料。花为蜜源植物。

分种检索表

1. 果实具薄膜呈泡果状；老枝"之"字形拐曲 [（a）泡果组 Sect. Calliphysa（Fisch. et Mey.）Endl.] ·················
　······················**1. 泡果沙拐枣 C. junceum**（Fisch. et Mey.）Litv.
1. 果实具翅或刺 ··· 2
2. 果实沿棱肋具翅，翅全缘或具齿，但无刺 [（b）翅果组 Sect. Ptero—Coccus（Pall.）Endl.] ············· 3
2. 果具窄翅，或刺 ·· 8
3. 老枝色淡；灰白色，淡灰色 ··· 4
3. 老枝色暗；红色，褐色，红褐色或深灰色 ·· 5
4. 枝灰白色，翅柔软，全缘或有细齿 ··························**2. 白皮沙拐枣 C. leucocladum**（Schrenk）Bunge
4. 枝淡灰色，翅坚硬，果之宽大于长 ··································**3. 宽果沙拐枣 C. obtusum** Litv.
5. 枝红色，果翅红色 ·····································**5. 红皮沙拐枣 C. rubicundum** Bunge
5. 枝红褐色或褐色 ·· 6
6. 果翅厚、硬、革质，翅表面具1列刺状、条状突起 ················**4. 重齿沙拐枣 C. crispum** Litv.
6. 果翅表面光滑，不具刺状突起 ··· 7

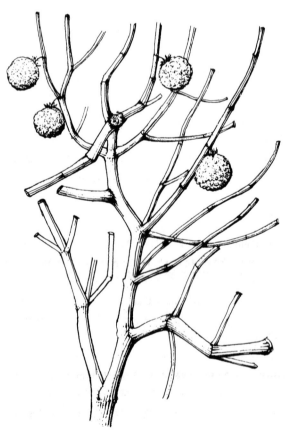

图 70 泡果沙拐枣 Calligonum junceum
(Fisch. et Mey.) Litv.

(a) 泡果组 Sect. Calliphysa (Fisch. et Mey.) Endl.

瘦果肋上生刺，刺外罩一层薄膜而成泡果状。

1. 泡果沙拐枣 图 70 彩图第 12 页

Calligonum junceum (Fisch. et Mey.) Litv. Фл. СССР, 5：594，1936；Фл. Казахст. 3：146，1960；中国高等植物图鉴，1：552，1972；新疆植物检索表，2：116，1982；新疆植物志，1：267，1992；中国树木志，4：4974，2004.—*Calliphysa juncea* Fisch. et Mey. Ind. Sem. Horti. Petrop. 2：24，1835。

灌木，高 40～100cm。多分枝，老枝黄灰色或淡褐色，呈"之"形曲折；同化枝灰绿色，有关节，节间长 1～3cm。叶条形，长 3～6mm，与托叶鞘分离；托叶鞘膜质，淡黄色。花稠密，通常 2～4 朵生叶腋，花梗长 3～5mm，中下部有关节；花被片宽卵形，鲜时白色，背部中央绿色，干后淡黄色。瘦果椭圆形，不扭转，肋较宽，每肋有刺 3 行；刺密，柔软，外罩一层薄膜呈泡果状；泡状果圆球形或宽椭圆形，长9～12mm，宽7～10mm，幼果淡黄色、淡红色或红色，熟果淡黄色、黄褐色或红褐色。花期4～6月，果期5～7月。

生于砾石荒漠，沙地及固定沙丘。

产青河、富蕴、阿勒泰、布尔津、奇台、乌鲁木齐(达坂城)、精河、博乐、吐鲁番、托克逊、鄯善及焉耆等地。内蒙古有分布，甘肃民勒引种栽培，蒙古和中亚也分布。

（b）翅果组 Sect. Pterococcus(Pall.)Endl.

瘦果沿棱肋具宽翅。

2. 白皮沙拐枣　淡枝沙拐枣　图71　彩图第12页

Calligonum leucocladum（Schrenk）Bunge Mem. Acad. St.–Petersb. Sav. Etrang. 7：485，1851；Фл. CCCP，5：545，1936；Фл. Казахст. 3：129，1960；新疆植物检索表，2：114，1983；新疆植物志，1：267，1992；中国树木志，4：4974，2004—*Pterococcus leucocladus* Schrenk Bull. Phys. Math. Acad. Petrab. 3：221，1845。

灌木，高50～120cm。老枝白色或灰白色，扭曲；当年生幼枝灰绿色，节间长1～3cm。叶条形，长2～5mm，易脱落；膜质叶鞘淡黄褐色。花较稠密，2～4朵生叶腋；花梗长2～4mm，近基部或中下部有关节，花被片宽椭圆形，白色，背面中央绿色。果(包括翅)宽椭圆形，长12～18mm，宽10～16mm；瘦果窄椭圆形，不扭转或微扭转，4条肋各具2翅；翅近膜质，较软，淡黄色或黄褐色，有细脉纹，边缘近全缘、微缺或有锯齿。花期4～5月，果期5～6月。

生于固定沙丘、半固定沙丘及沙地。

产青河、奇台、吉木萨尔、玛纳斯、沙湾、精河及吐鲁番等。中亚也有分布。

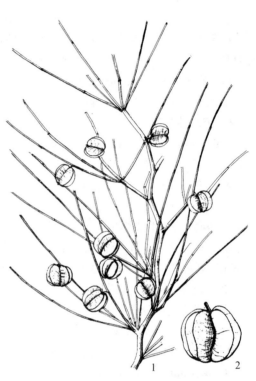

图71　白皮沙拐枣 Calligonum leucocladum
（Schrenk）Bunge
1. 果枝　2. 果

3. 宽果沙拐枣（新拟）

Calligonum obtusum Litv. Тр. бот. Муз. АН. XI（1913）56；Фл. CCCP，5：560，1936；Фл. Казахст. 3：138, tab. 12, f. 8, 1960。

小灌木，高1～2m，老枝皮淡白色、淡灰色。花腋生，花被片果期反折；果实阔椭圆形，长13～15mm，宽18～20mm；瘦果直，具狭窄棱肋；翅较硬，膜质，淡黄色，边缘叉开，基部圆形，顶端常汇合，跟花柱基部不连合，翅表面光滑，边缘有尖的、近于双重的、锯齿状齿牙。果期5～6月。

产霍城沙地。分布于中亚克孜尔阿尔津、穆容库姆、克孜尔库姆等沙地。

4. 重齿沙拐枣（新拟）

Calligonum crispum Bunge Delect. Sem. Horti Dorp. VIII.（1839）；Фл. CCCP，5：552，1936；Фл. Казахст. 3：133，1960；Pl. Asiae Centr. 9：124，1989。

小灌木，高1.5～2m，老枝褐色或淡红色；花腋生，花梗长3～5mm，花被片果期反折；果实圆状卵圆形，长15～18mm，宽10～13mm；瘦果扭曲，具钝突起棱肋；翅坚硬，近革质，稍微波状，基部圆形，向顶端稍收缩，翅表面靠近边缘着生短的、直立状的、硬尖的、披针形或刺状突起，翅边缘有短的、凹缺状齿牙。花果期6～7月。

产哈巴河、布尔津及额尔齐斯河沿岸沙地。哈萨克斯坦的斋桑、巴尔哈什湖沙地有分布。

5. 红皮沙拐枣 红果沙拐枣 彩图第 12 页

Calligonum rubicundum Bunge Delect. Sem. Horti Dorp. 8，1839；Фл. СССР，5：549，1936；Фл. Казахт. 3：131，1960；Бот. жур. 53：4，1968；Pl. Asiae Centr. 9：124，1989；中国沙漠植物志，1：308，1985；新疆植物检索表，2：114，1983；新疆植物志，1：269，1992。

灌木，高 0.5~1m。老枝紫褐色或红褐色，有光泽，同年枝绿色。叶条状披针形，长 2.5~4mm，与叶鞘结合。花 2~3 朵生于叶鞘；花梗长 4~6mm，关节居上，无毛；花被紫红色。瘦果卵形，长 10~16mm，宽 9~14mm，向右扭曲，有棱；翅常淡红色，坚硬、厚、革质，稍褶皱，先端常与花柱基部结合，翅表面光滑，边缘具不规则浅的、重的、钝的凹缺齿牙。花果期 6~7 月。

产额尔齐斯河流域的福海、布尔津、哈巴河、吉木乃等地。吐鲁番有栽培，分布于俄罗斯、西西伯利亚，蒙古、哈萨克斯坦等地。模式自东哈萨克斯坦记载。

（c）基翅组 Sect. Calligonum

果实具窄翅，在翅上生刺。

6. 密刺沙拐枣

Calligonum densum Borszcz. in Mém. Acad. St. - Pétersb. Ⅶ，sér. Ⅲ，1：36，1860；Фл. СССР，5：572，1936；Фл. Казахт，3：140，1960；新疆植物检索表，2：115，1983；新疆植物志，1：269，1992；中国树木志，4：4976。

灌木，高 1~2m。老枝淡黑灰色或黄灰色，微扭拐；幼枝节间长 1~5cm。叶鳞片状，长 1~2mm。花通常 2~4 朵簇生叶腋，花梗长 2~4mm，关节在中下部；花被片宽卵圆形，果期反折。果近球形，径 1.2~2cm，瘦果圆锥形，顶端尖，扭转，肋极突出，每肋生 2 翅；翅较硬，宽 2~2.5mm，翅缘不整齐，翅上生刺，刺扁平，较硬，稠密，近中部 2 次叉状分枝，末枝伸展交织，掩藏瘦果。花期 5~6 月，果期 6~7 月。

生于半固定沙丘及沙地。

产霍城。吐鲁番冶沙站栽培。中亚有分布。

7. 东疆沙拐枣 奇台沙拐枣 新疆沙拐枣 图 72

Calligonum klementzii A. Los. in BulL. Jard. Bot. Princip. URSS，tab. 26，6：596，fig. 1，1927；新疆植物检索表，2：116，1983；中国沙漠植物志，1：310，1985；新疆植物检索表，2：116，1983；新疆植物志，1：270，1992；中国树木志，4：4977，2004。

半灌木，通常高 30~90cm，少 1~1.5m。多分枝，老枝淡灰黄色。花 1~3 朵生叶腋，花被片深红色，宽椭圆形，果期反折。果宽卵形，淡黄色，黄褐色或红褐色，长 1~2cm，宽 1.2~2cm；瘦果长圆形，微扭曲，肋不突出，肋间沟槽不明显，翅近革质，宽 2~3mm 不等，表面有突出脉纹，边缘不规则缺裂，并过渡为刺；刺或疏或密，质硬，扁平，等于或长于瘦果之宽，为翅宽的 2.5~3.5 倍，上部 2~3 叉状分枝，顶枝短而细。花期 5~6 月，果期 6~7 月。

生于固定沙丘及砾石荒漠。

产木垒、奇台、阜康等。甘肃敦煌也有分布。

模式标本采自新疆北塔山至奇台图中（E. Klementz n°95，1898 年，Ⅷ，12，采于准噶尔盆地茇茇湖和红沟之间沙丘上，为特有种）。

（d）刺果组 Sect. Medusae Sosk. et Alexcand.

瘦果无翅，仅被一种刺。

8*. 大头沙拐枣（新拟）

Calligonum cancellatum Mattei Boll Orto Bot Univ. Messina（1925）31；Фл. Узбк. 2：160，1953；Фл. Казахст. 3：146，1960；Фл. Тадж. 3：241，1968。

小乔木，高 2~3m，树皮灰色，具几直立的枝条。花红色或白色；花药紫红色。果实无翅，具刺毛，径（20）25~30（50）mm，球形或阔卵形，刺长 12~15mm，每棱肋上成 2 行排列，刺硬，基部扩展，2~3 回从基部或从其长度1/4~1/3 分枝，具 3~4 回分枝，成 60°~90°开展，紧密交织，形成多少透亮的网络，末回分叉长 5~3mm，瘦果长 9~10(12)mm，宽 5~6mm，成 90°~120°扭曲，很透明，瘦果棱肋不光滑，不完整，凸起，不靠近。花期 5 月，果期 6~7 月。

吐鲁番治沙站引种栽培，开花结实，生长良好。中亚有分布。

根据《哈萨克斯坦植物志(第 3 卷)》记载，新疆有野生的头状沙拐枣 C. caputmedusae，但多年来均未见标本，而是将吐鲁番治沙站栽培的种称为头状沙枣拐。但从 1960 年的哈萨克斯坦植物志，1968 年的塔吉克斯坦植物志，都记载与之相似的是两种，而不是一种，即一种果实小，果径 15~20mm，刺甚密，瘦果不透亮，末回分叉刺长 2~5mm，而另一种，果实大，径 (20)25~30(50)mm，瘦果透亮，末回分叉刺长 1~1.5mm，我们从吐鲁番治沙站采回的标本均符合后一种特征，故此改为大头沙枣拐，而野生小果的头状沙枣拐，新疆未见有分布。

9*. 乔木状沙拐枣　图 73

Calligonum arborescens Litv. Sched. ad Herb. Fl. URSS, 2：28，1900；Фл. CCCP，5：592，1963；中国沙漠植物志，1：310，1985；新疆植物检索表，2：117，1983；新疆植物志，1：273，1992；中 国 树 木 志，4：4980，2004。

灌木，高 3~5m。茎和木质老枝灰白色，常有裂纹及褐色条纹。花 3~4 朵生叶腋，花梗长约 3mm，关节在中下部。果卵圆形，长 15~25mm，宽 10~20mm，幼果黄色或红色，熟果淡黄色或红褐色；瘦果椭圆形，极扭转，肋突出，刺每肋 2 行，基部稍扁，分离，中上部 2~3 次叉状分叉，稀疏，较细，质脆。花期 4~5 月，果期 5~6 月。在吐鲁番栽培者，8~9 月出现第二次花果期。

吐鲁番、精河栽培，生长良好，系从中亚引入。宁夏、甘肃也引入栽培。中亚分布。

10. 小沙拐枣

Calligonum pumilum A. Los. in Bull. Jard. Bot. Princ. URSS, tab. 26，26：600，1927；中国沙漠植物志，1：314，1985；新疆植物检索表，2：117，1983；新疆植物志，1：272，图版 83：2，1992；中国树木志，4：4978，2004。

小灌木，高 30~50cm。通常基部分枝，老枝淡灰色或淡黄灰色。花被片淡红色，果期反

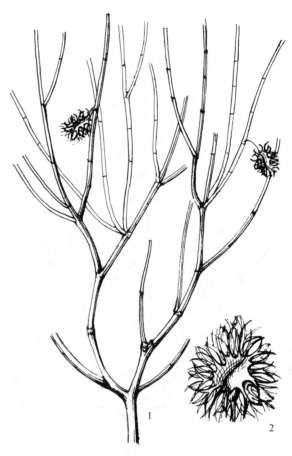

图 72 东疆沙拐枣 **Calligonum klementzii** A. Los.
1. 果枝　2. 果

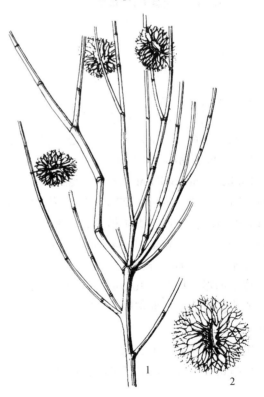

图 73 乔木状沙拐枣 **Calligonum arborescens** Litv.
1. 果枝　2. 果

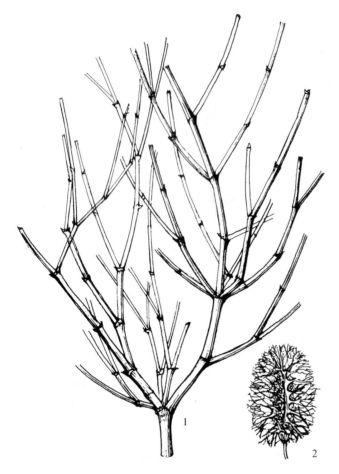

图74 沙拐枣 *Calliginum mongolicum* Turcz.

1. 植株 2. 果

折。果实宽椭圆形，长 7 ~ 12mm，宽6 ~ 8mm；瘦果长卵形，扭转，肋突出，沟槽深，刺生棱肋上成 1 行，纤细，毛发状，质脆易折断，基部分离，中下部 2 ~ 3 次分叉，顶叉交织。果期 5 ~ 6 月。

生沙砾质荒漠及沙地。

产伊吾、哈密及鄯善。

我国特有种。模式标本采自新疆鄯善县鲁克沁。

11. 沙拐枣 图74

Calligonum mongolicum Turcz. in Bull. Soc. Nat. Mosc. 5：204，1832；A Los. in Bull. Jard. Bot. Princ. URSS, 26：596，1927；内蒙古植物志，2：24，1978；中国高等植物图鉴，1：553，图1105，1972；新疆植物检索表，2：116，1983；中国沙漠植物志，1：312，图版114：1 ~ 2，1985；新疆植物志，1：271，图版83：5，1992；中国树木志，4：4979，2004。——C. jeminaicum Z. M. Mao in Acta Phytotax. Sin. 22，2：116，1983。

小灌木，高 30 ~ 60cm，分枝短，"之"形弯曲，老枝灰白色；同化枝绿色。叶细鳞片状，长2 ~ 4mm。花 2 ~ 3 朵腋生，花被粉红色，果期开展或反折，瘦果宽椭圆形，直或稍扭曲，长 8 ~ 12mm，两端锐尖，先端有时伸长，棱肋和沟不明显；刺毛很细，易折落，每棱肋 3 排，有时 1 排不发育，基部稍扩展，2 回分叉，刺毛相互交织，刺毛等长于或短于瘦果之宽。花果期 5 ~ 6 月。

生于黏质砾质荒漠或沙地。

产哈密、奇台、鄯善、若羌等地。内蒙古和甘肃也有分布。蒙古也有。

12. 戈壁沙拐枣 图75

Calligonum gobicum Bge. ex Meisn. in DC. Prodr. 14，1：29，1850；A. Los. in Bull. Jard. Bot. Princ. URSS, 26：598，1927；中国沙漠植物志，1：312，1985. cum auct.（Bge.）A. Los；Pl. Asiae Centr. 9：127，1989；新疆植物志，1：271，1992. cum auct.（Bge.）A. Los. 中国树木志，4：4978，2004。——C. mongolicum Turcz. var. gobicum Meisn 1. c. 29。

灌木，高约1m。枝细长，"之"形弯曲；老枝淡褐色或紫褐色；同化枝淡绿色。花被片果期反折。瘦果卵形，长 13 ~ 16mm；直或稍扭曲，棱肋突出，沟槽明显；刺毛沿棱肋排成 2 行，稀疏，粗，质脆易折落，基部扩展，二次二歧分叉，顶端开展，刺毛与瘦果等或稍长。花期 4 ~ 5 月，果期 6 ~ 7 月。

生于流动或半固定沙丘。

产哈密、奇台等地。甘肃(高台、临泽)有分布。

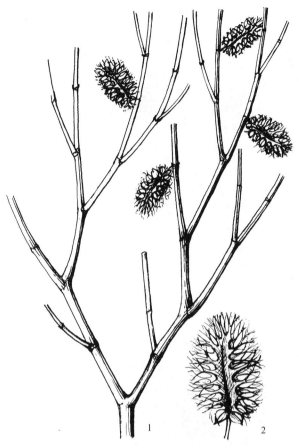

图 75　戈壁沙拐枣 Calligonum gobicum Bge. ex Meisn.
1. 果枝　2. 果

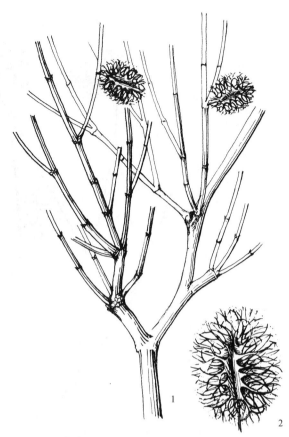

图 76　青海沙拐枣 Calligonum koslovii A. Los.
1. 果枝　2. 果

13. 青海沙拐枣　图 76

Calligonum koslovii A. Los. in Bull. Jard. Bot. Princ. URSS, 26, 6：598；1927；中国沙漠植物志, 1：312, 图版 114：3～4, 1985；Pl. Asiae Centr. 9：126, 1989—C. ruogiangense Liou. f. 中国沙漠植物志, 1：314, 522, 1985。

灌木, 高约 1m。分枝向上, 老枝淡灰黄色, 同化枝节间长 2～3cm。花被片果期反折。瘦果卵圆形, 长 13～18mm, 宽 12～15mm, 直, 棱不明显；每棱脊有 2 行刺毛, 细, 基部连合, 稍扩展, 由上部分叉, 刺毛长与瘦果近等长。花期 5～6 月, 果期 7～8 月。

生高山荒漠。

产若羌县境内的阿尔金山。青海柴达木盆地也有。

14. 精河沙拐枣　艾比湖沙拐枣　图 77

Calligonum ebinuricum Ivanov ex Soskov in Izvest. Akad. Nauk. Turkmen. SSR Ser. Biol. 6：55, 1969；中国沙漠植物志, 1：314, 1985；新疆植物检索表, 2：117, 1983；新疆植物志, 1：273, 图版 83：9, 1992；中国树木志, 4：4980, 2004。

灌木, 高 0.8～1.5m, （栽培者高达 2～3m。）分枝较少, 疏展, 幼株灌丛近球形, 老株中央枝直立, 侧枝伸展或平卧而呈塔形。花梗长 3～6mm, 关节在下部；花被片淡红色, 果期反折。果宽卵形或卵圆形, 长 10～18mm；瘦果卵圆形或长圆形, 有长 2～4mm 的喙, 极扭转。肋通常不明显, 少钝圆, 近无沟槽或具浅沟, 每肋生 2 行刺, 刺极稀疏或较稀疏, 纤细, 刺毛状或为细刺, 柔软, 中上部 2 次分叉, 末叉直展, 瘦果先端长喙的刺较粗, 成束状。花期 4～5 月, 果期 6～7 月。

生于半固定沙丘、沙砾质荒漠及流动沙丘。

产沙湾、奎屯、精河一带。吐鲁番治沙站有栽培, 生长良好。

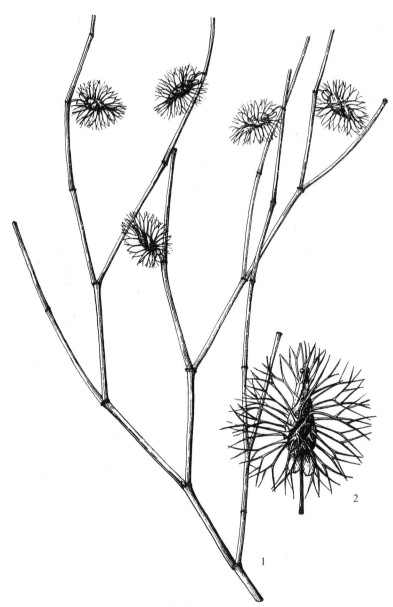

图77 精河沙拐枣 **Calligonum ebinuricum** Ivanov ex Soskov
1. 果枝　2. 果

模式标本采自精河艾比湖。

15. 中国沙拐枣（新拟）

Calligonum chinense A. Los. in Bull. Jard. Bot. Princ. URSS, tab. 26, 26: 600, 1927; 内蒙古植物志, 2: 26, 1978; 中国沙漠植物志, 1: 314, 1986; 新疆植物志, 1: 272, 1992; 中国树木志, 4: 4978, 2004。

灌木, 高0.5~1m。常2叉分枝, 老枝淡灰; 幼枝易从节处折断。花梗长3~4mm, 关节在中部; 花被片深红色或淡红色, 果期反折。果实近球形、宽椭圆形或椭圆形, 长10~15mm, 宽10~14mm。幼果红褐色或淡红色, 熟果褐色或黄褐色; 瘦果椭圆形或宽椭圆形, 长8~11mm, 宽3~5mm, 扭曲。有宽肋和深沟槽; 刺3行, 基部扩大, 扁平, 分离或稍连合, 稠密, 粗梗, 上部或中上部2~3次2~3分二叉, 顶叉交织。花期5月, 果期6~7月。

生于砾质荒漠沙地上。

产罗布泊南库木库都克。甘肃(河西走廊)及内蒙古分布。

模式标本采自甘肃(酒泉至沙河堡之闻)。

16. 昆仑沙拐枣 塔里木沙拐枣 图78

Calligonum roborovskii A. Los. in Bull. Jard. Bot. Princ. URSS, 26, 6：603, 1927；中国沙漠植物志，1：314，1985；新疆植物检索表2：117，1983；新疆植物志，1：274，图版83：11，1992；中国树木志，4：4980，2004，——*C. litvinovii* Drob. l. c.（1916）140；Фл. Таджз（1968）237——*C. trifarium* Z. M. Mao in Acta Phytotax. Sin. 22, 2.（1984）148, fig. 2——*C. yengisaricum* Z. M. Mao l. c. 199, fig. 3——*C. kuerlense* Z M Mao, l. c. 150, fig. 4

灌木，通常高0.3~1m（少数达1.5m）。老枝灰白色或淡灰色。花较疏，1~2朵生叶腋，花梗基部具关节；花被片淡红色或近白色，果期反折。果实宽卵形或宽椭圆形，长8~15mm，黄色或黄褐色；瘦果卵形，极扭转，果肋突起，沟槽深；刺每肋2行，较密或较疏，粗壮，坚硬，基部扩大，分离或稍连合，中部或中上部2~3次分叉，末叉短，刺状。花期5~6月，果期6~7月。

生于洪积扇沙砾质荒漠、砾质荒漠中的沙堆上及冲积平原和干河谷。

产托克逊、和硕、和静、焉耆、库尔勒、若羌、且末、轮台、新和、拜城、阿克苏、巴楚、莎车、叶城、民丰、于田、和田及皮山等。1968年出版的塔吉克斯坦植物志3卷和1989年出版的亚洲中部植物第9卷，均用德洛波夫（Drobov）1916年（费尔干盆地标本）发表的尼特宛诺夫沙拐枣（*C. litvinovii* Drob.）之名代替昆仑沙拐枣（*C. roborovskii* A. Los.）。我们没能见到这些标本，未能对中亚沙拐枣进行深入研究，故此仍维持洛辛斯卡娅（Losinskaia）1927年资料，待深入研究。

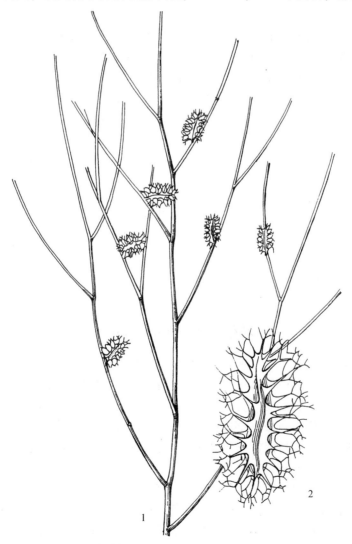

图78 昆仑沙拐枣 Calligonum roborovskii A. Los.

1. 果枝 2. 果

白花丹超目——PLUMBAGINANAE

VII. 白花丹目——PLUMBAGINALES

9. 白花丹科——PLUMBAGINACEAE A. L. de. Jussieu，1798

小灌木，半灌木，多年生或少一年生草本，叶为单叶互生，无托叶，气孔平列型（paracytic type）不等细胞型（anisocytic type）或无规则型（anomocytic tpye）。在某些属发现有同心胚型的畸形二次生长。导管具单穿孔。花两性，辐射对称，5 数，双重花被，具 1~2 小苞片。通常（1）2~5 朵集成小聚伞花序（在本科称为"小穗"），有时全部小穗均含单花；小穗常偏向于穗轴一侧成"穗状花序"；穗状花序又可在花序分枝上构成各式复花序；小穗基部有苞片 1 枚；每花基部具小苞 2 枚（白花丹族）或 1 枚（补血草族），萼下位，漏斗状，倒圆锥状或管状，上部扩展成狭钟状的萼檐，膜质或全为草质，常有色彩，具 5 脉，萼筒常沿脉隆起成棱，萼裂片 5，有时具小裂片，果期萼稍变硬，包于果实之外，常与果实一同脱落。花冠下位，较萼长，由 5 枚花瓣组成；花冠裂片在芽中旋转状，花后扭曲而萎缩于萼筒内。雄蕊 5，与花冠裂片对生，下位，花丝扁，线形，花药 2 室，平行。雌蕊 1。由 5 心皮合成，子房上位，1 室，1 胚珠，具两层珠被，悬垂于由子房基部生出的细长珠柄上；花柱顶生，5 枚，分离或基部连合，有时花柱异长；柱头 5，与萼裂片对生，扁头状，圆柱状或横的长圆形。蒴果常沿基部环状裂，然后向上沿棱角裂成 5 瓣。种子具薄层粉质胚乳。

白花丹目仅含 1 科，塔赫他间系统（1989 年）认为，白花丹科 Plumbaginaceac 与石竹科 Caryophyllaceae 有共同起源。

本科含 22 属 600 余种，世界广布，但以地中海区和伊朗—吐兰地区种类最多。国产 7 属约 580 种，新疆木本仅 3 属 12 种。

分属检索表

1. 垫状灌丛；叶互生，密集，纤细，刺状或针刺状 ………………………………… (1) 彩花属 Acantholimon Boiss.
1. 植株不形成密丛；叶不呈针刺状。
　2. 叶缘具深波状皱折不平展 ………………………………………………………… (2) 伊犁花属 Ikonnikovia Lincz.
　2. 叶全缘，平展，革质 ……………………………………………………………… (3) 补血花属 Limonium Mill.

(1) 彩花属 Acantholimon Boiss.

垫状小灌木，具多数直立、上展或平展的分枝；植丛外貌常呈半球形或平铺团块，其直径大小随年龄而有差异。老枝上具有宿存枯叶，当年枝上着生新叶，位于基部者称为春叶，位于当年枝中部以上者称为夏叶；叶互生，密集，线形、线状三棱形或近针刺状，模断面多少呈扁三棱形或近扁平，先端常具小刺尖。花序由新枝基部叶腋发出，分枝或否，上部由 2~8 个无柄小穗组成穗状花序，有时花序轴下部不发育则是穗状花序直接着生于茎枝上；小穗含单花或 2~5 花，外苞短于第一内苞，外苞先端具细短尖或缺，具窄膜质边缘；第一内苞常与外苞相似而较大，具宽膜质边缘。花萼漏斗状，或近管状，干膜质，具 5 条脉棱，萼檐紫红色，彩红色或白色，先端具 5 或 10 个宽短裂片，萼筒基部常直或向一侧偏斜；花冠紫红色、粉红色，略长于萼，由 5 枚花瓣组成，雄蕊 5，花冠裂片对生，下位，花丝扁，线形，花药 2 室平行。雌蕊着生花冠基部；子房线状圆柱形，上端过渡至花柱；花柱 5，分离，光滑，柱头扁头状。蒴果长圆状线形。

本属约 190 余种。分布于东起中国天山、帕米尔和喀喇昆仑山，西至希腊南部克里特岛和阿尔巴尼尔南部的高寒山区的砾质、石质山坡。新疆已知约 12 种。

分种检索表

(a)多花组 Sect. Glumaria Boiss. em. Bunge

小穗(1)2~4 花，成明显二列的，短的(有时无柄)。多少长圆形和稀疏的小穗，着生在单少分枝的花序轴上，小穗外苞片较宽，具宽膜质边缘；萼筒漏斗状，基部直；萼檐脉狭窄，内部无毛；全部叶边缘较粗糙，很少光滑，春叶和夏叶形状多少相似，通常甚扁，较宽。

1. 赫定彩花　彩花

Acantholimon hedinii Ostenf. , in Hedin South Tibet, VI, 3：48, 1922；Czerniak. in Act. Inst. Bot. Acad. Sci. URSS, 1, 3：260, fig. 2, 1937；Фл. СССР, 18：317, 1952；中国植物志, 60 (1)：19, 1987。

紧密垫状小灌木，呈半球形，径约 20~40(70) cm；叶灰蓝色或灰蓝绿色，扁平三棱形至几扁平，狭披针形或线形，稍坚硬，长 4~8mm，宽约 1mm，顶端钝渐尖常有小尖头，偶有较明显的很短的小尖头，无毛，边缘呈细小睫毛状粗糙。花序无花序轴，仅为(1)2~3 小穗直接簇生新枝基部叶腋，全部露于枝端叶外；小穗含 1~2 花，外苞和第一内苞被密毛或近无毛；外苞长约 3mm，阔卵形，先端渐尖；第一内苞长约 6mm，先端渐尖；萼长约 7~8.5mm，漏斗状，萼筒脉上和脉间被密短毛，萼檐白色而脉呈紫褐色，有时下部脉上被毛，先端有 10 个不明显的浅钝裂片或近截形，脉伸达萼檐顶端或略伸出顶缘之外；花冠粉红色。花期 6~8 月，果期 7~9 月。

产乌恰和塔什库尔干，生 3000 ~ 4700m 的砾石山坡上。

分布于帕米尔——阿赖依。模式从小盐湖(喀拉湖)东岸记载。

本种跟岩梅彩花很相似，但叶先端有锐尖，花萼较长而多毛，可以区别。

2. 岩梅彩花　小叶彩花　彩图第 13 页

Acantholimon diapensioides Boiss. , in DC. Prodr. 12：624，1848；Czernik in Act. Inst. Bot. Acad. Sci. URSS,1,3：258, fig. 1,1937；Фл. СССР, 18：318，1952；中国植物志，60(1)：19,1987。

紧密垫丛小灌木，径约 30 ~ 60(120) cm，很稠密。叶通常淡灰绿色，披针形至线形，长 1.5 ~ 4(5) mm，宽约 1(0.6 ~ 0.9) mm，横切面近扁平，先端急尖或钝，无锐尖，两面无毛。花序无花序轴，仅为(1)2 ~ 3 个小穗直接簇生新枝基部叶腋，全部露于枝端叶外；小穗含 1(偶 2)花，外苞和第一内苞无毛，外苞长约 3mm，阔卵形，先端急尖，第一内苞长约 4.5 ~ 5mm，先端急尖；萼长约 5 ~ 6.5mm，漏斗状，萼筒脉棱间被疏毛或几无毛，萼檐白色，无毛，先端有 10 个浅圆裂片或近截形，脉紫褐色，在接近萼檐顶缘处消失，花冠浅红色。花果期 6 ~ 9 月。

产塔什库尔干和阿克陶，生于海拔 4800m 的高山草原地带，荒土坡地上，稀见。分布：帕米尔阿赖依，伊朗。模式从阿富汗记载。

本种跟随赫定彩花很相似，但本种叶短小，先端无锐尖萼也较小。

3. 细叶彩花

Acantholimon borodinii Krassn. , Enum Pl. Tian Shan Dr. 128, 96, 1887；Gzerniak in Act. Inst. Bot. Acad. Sci. URSS, 1, 3：266, fig. 5, 1937；Фл. СССР, 18：317, 1952；Фл. Казахст. 7：51, 1964；中国植物志，60(1)：17, 1987. ——*A. roborowskii* Czerniak. 1. c. 3：267, f. 6, 1937。

垫状灌木呈半球形，径约 50 ~ 100cm；叶浅灰蓝绿色，扁平状三棱到几扁平，线状披针形或线形，坚硬，长 5 ~ 10(12) mm，宽约 1mm，无毛，常有钙质颗粒，先端具短锐尖。花序有明显花序轴，高约 2cm，稍伸出叶外，不分枝，被密毛，上部具 4 ~ 7 个小穗成二列组成穗状花序(长 1 ~ 5cm)；小穗含 1 ~ 2 花，外苞和第一内苞背面草质部分通常被密毛；外苞长约 4mm，宽卵形或长圆状卵形，先端近圆形或近截形；第一内苞长约 6mm；萼长约(6)7 ~ 8mm，漏斗状，萼筒长约 4 ~ 5mm，沿脉和脉间密被短毛，萼檐宽约 3mm，白色，下部脉间和脉上多少被毛，顶端具 10 个裂片，脉紫褐色，伸达或几达萼檐顶缘；花冠粉红色。花、果期 6 ~ 8 月。

产天山南坡、温宿、乌什、阿合奇。生 2900m 的高山草原山坡上。

分布：中亚天山也有，模式自温宿县阿克苏河上游。

4. 乌恰彩花　彩图第 13 页

Acantholimon popovii Czerniak. in Act. Inst. Bot. Sci. URSS, 1, 3：264, fig. 4, 1937；中国植物志，60(1)：18，1987。

疏松垫状小灌木，新枝长约 3 ~ 5mm。叶绿色或淡灰绿色，线形，长 1 ~ 2cm，宽 0.8 ~ (1)1.5mm，横切面近扁平，两面无毛，常有细小的钙质颗粒，先端具短锐尖。花序有明显花序轴，高约 4.5 ~ 6cm，伸出叶外，不分枝，被密毛，上部由 2 ~ 4 个小穗偏于一侧排列成近头状的穗状花序，小穗含 2 ~ 3 花；外苞长 4 ~ 5mm，宽倒卵形，先端急尖，背面被密毛，第一内苞长约 8 ~ 9.5mm，先端钝，沿脉被密毛；萼长 10 ~ 12mm，漏斗状，萼筒长约 8 ~ 9mm，沿脉被密毛，萼檐白色，宽约 3mm，沿脉多少被毛，先端有 10 个浅裂片，脉暗紫红色，略伸出萼檐顶缘之外。花冠粉红色。花、果期 6 ~ 9 月。

产乌恰县，生高山草原台地上，稀见。

模式自乌恰县。本种从 1937 年发表至今，原苏联及中亚各共和国植物志均未见出现此种。很可能为一狭域的地区特有种，有待深入调查研究。

5. 石松彩花　彩图第 13 页

Acantholimon lycopodioides (Girard) Boiss. in DC. Prodr. 12：632, 1848；Hook, Fl. Brit Ind. 3：

479；Линч. В Бот. Мат. Герδ. Бот. ИНСТ. АН. СССР, 14：278, 1951；中国植物志，60(1)：18, 1987, 附录；Фл. СССР, 18：314, 1952。

垫丛甚紧密，近半球形，径约 10～30cm；叶灰蓝色或淡绿灰蓝色，扁平，线状披针形或线形，坚硬，长(1)1.5～2(3)cm，宽(1)1.5～2(3)mm。顶端具短硬尖头，无毛或少很短绒毛，沿边缘具很细和很疏的睫毛状粗糙或几光滑。花梗稍伸出叶或近等，高 3～5cm，不分枝，有密且很短的绒毛；花不大，长约 1.5～2cm，含 5～8 穗，紧密且明显呈二列状的顶生穗状花序中；小穗长约 10mm，含 2～3 花(外花常在长约 1mm 的花梗上)；外苞片长约 4～5mm，明显短于内苞和萼管或有时近等长，不规则卵形，顶端短渐尖，具短直小尖头，狭窄膜质边缘，常有很短绒毛；第一内苞常长于萼管，有时达萼檐中部，具短小尖头；最内层苞片等长于萼管，膜质，具狭窄棱。萼长 6～8 (10)mm，漏斗状；萼管长约 4～5mm，脉间被短绒毛，少儿无毛；萼檐宽 2～3(5)mm，粉红色，不明显浅裂，或近截形，萼脉紫红色，不达边缘，中部以下具短密绒毛，少近无毛；花瓣粉红色或淡粉红色(近白色)，花期 7～8 月。

产乌恰、阿克陶、塔什库尔干等帕米尔高原，海拔 3000～4000m，石坡，稀见。

分布：南起印度河上游，沿喀喇昆仑山脉至帕米尔高原，西藏也有。伊朗(阿富汗)、印度、喜马拉雅山也有，模式自印度河上游。如此广域的种有待深入研究。

6. 天山彩花

Acantholimon tianschanicum Czerniak. in Act. Inst. Bot. Acad. Sci. URSS, 1, 3：262. fig. 3. 1937；Фл. СССР, 18, 319, 1952；中国植物志，60(1)：21, 1987。

密垫状小灌木。叶淡灰绿色，披针形至线形，长 3～7mm，宽约 1mm，横切面扁三棱形至近扁平，先端渐尖，具明显短锐尖头，两面无毛，常有细小钙质颗粒。花序无花序轴，仅为单个小穗直接着生新枝基部叶腋，全部露于枝端叶外；小穗含 1～3 花，外苞和第一内苞无毛；外苞长约 3mm，阔卵形，先端急尖；第一内苞长 5～6mm，先端急尖；萼长 7～8mm，漏斗状，萼筒脉上被疏短毛少几无毛，萼檐暗紫红色，无毛，先端具 10 个，浅圆裂片或近截形，脉伸达萼檐边缘；花冠淡紫红色或淡红色。花期 6～8 月，果期 7～10 月。

产乌什和乌恰县，生高山草原带砾石山坡，稀见。

分布：帕米尔—阿赖依，模式自阿赖依河谷记载。

(b)单花组 Sect. Staticopsis em. Bunge

穗状花序经常单花，具 3 苞片，在短的多少密的头状或稀疏的长圆形穗中，在单或多少多分枝的花轴上；外苞常具不宽的膜质边缘；萼漏斗状，基部直；萼檐脉细，内部无毛；叶边缘一般都粗糙，春叶和夏叶形状多少相似，夏叶常扁三棱形、细线形、锥形或针形，春叶仅稍宽短。

7. 帕米尔彩花(新拟)

Acantholimon pamiricum Czerniak. in Kom Fl. URSS, 18：738, 358, 1952。

紧密垫丛，呈半球形，径约 20～40cm；夏叶绿色，扁平状三棱形，狭线状披针形或锥形，坚硬，长(1)1.5～2(3)cm，宽约 1mm，顶端具硬尖，无毛(或有时仅顶端有疏毛)，边缘细睫毛状粗糙，春叶(一年生枝基部的叶)明显短而宽(至 1.5～2mm)，其他都相似；花序轴远长于叶，高 6～12cm，不分枝或上部具 1～2 分枝，无毛；花不大，长约 1.5～2cm，甚紧密，5～7 穗的穗状花序；小穗长约 11～12mm，均为一花，苞片全光滑无毛；外苞长约 2.5～4mm，短于内苞约 2～3 倍，阔卵形，顶端钝圆或稍渐尖，具很短锐尖头，狭膜质边缘，内层苞片稍长于萼管或几等长，宽膜质边缘，顶端钝渐尖或钝圆，有时微二浅裂，无锐尖头或具很短锐尖头；萼长约 10～11mm，漏斗状；萼管长约 6mm，脉间(常在中部以上)有短的疏绒毛；萼檐宽约 4～5mm，白色，10 浅裂，具达到边缘的无毛的脉；花瓣粉红色。花期 7～8 月。

产乌恰县，生高山草原带砾石山坡，常见。

分布：帕米尔—阿赖依，伊朗(东阿富汗)也有。模式自南帕米尔记载。

图79 浩罕彩花 Acantholimon kokandense Bunge

1. 花枝 2. 萼筒

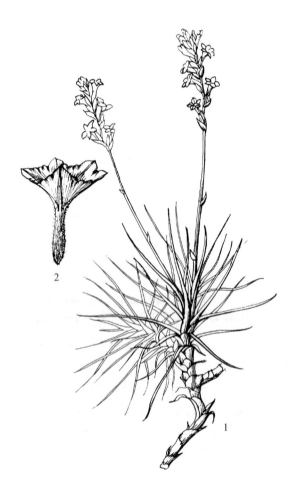

图80 刺叶彩花 Acantholimon alatavicum Bunge

1. 花枝 2. 萼筒

本种近似刺叶彩花 *A. alatavicum* Bunge，但花序轴无毛。

8. 浩罕彩花 图79

Acantholimon kokandense Bunge in Acta Horti Petrop. 3（2）：99，1875；Фл. СССР，18：395，1952；中国植物志，60(1)：18，1987。

垫状小灌木，新枝长约 3～7mm。叶淡灰绿色、线状针形，夏叶长约（1）1.5～2cm，宽不及 1mm，横切面扁三棱形，质硬，微被柔毛或几无毛，具细小钙质颗粒，尖端具短锐尖，春叶(新枝基部)显然较短略宽，常不及中部夏叶长度的一半，长 4～7mm，宽约 1mm。花序有明显花序轴，高约 3～6cm，伸出叶外。不分枝(偶见基部小穗具短柄)，被毛，上部由4～7小穗组成二列组成穗状花序(长约 1.5～2cm)，有时只具 1 个顶生小穗；小穗含单花，外苞和第一内苞无毛或被稀疏微柔毛；外苞长约 5～6mm，长圆状卵形，先端渐尖；第一内苞长 7～8mm，先端急尖，短渐尖或近钝圆，有时浅 2 裂，萼长约 10～12mm，漏斗状，萼筒长约 6～7mm，上部脉间被疏毛；萼檐宽约 4～4.5mm，白色，脉纹紫褐色，伸达萼檐顶端，无毛，先端具 5 个浅裂片；花冠粉红色。花、果期 6～9 月。

产乌恰、阿克陶和塔什库尔干。生高山、石质坡地。

分布帕米尔—阿赖依，模式自阿赖依边区。

9. 刺叶彩花 图80

Acantholimon alatavicum Bunge in Mem Acad. Sci. St Petersb. VII，18（2）：40，1872；Фл. СССР，18：356，1952；中国高等植物图鉴，3：287，图 4528，1974；中国植物志，60（1）：17，图版 3：9～10，1987—*A. alatavicum* Bunge var. *a atypicum* Regel in Act. Hort. Petrop. 6：390，1880。

9a. 刺叶彩花(原变种)

A. alatavicum var. **alatavicum**

垫状小灌木，叶为灰绿色，针状或线状锥形，夏叶长约1.5～4cm，宽约 1～1.5mm，横切面扁三棱形，坚硬，两面无毛，而常有钙质颗粒，先端钝尖，春叶较夏叶略短。花序有明显花序轴，不超出或稍超出叶，高约 3～6(9)cm，不分枝，多少被密短毛，上部由(1～2)5～8 个小穗组成三列状穗状花序；小穗含 1 花；外苞和第一内苞无毛，外苞长约 5～6mm，长圆状卵形，先端渐尖，第一内苞长约7~8mm，先端钝或急尖；萼长约10~12mm，漏斗状，萼筒长约6~7mm脉间被疏短绒毛（有时仅上半部），萼檐宽约4~5mm，白色，无毛或下部沿脉有毛，先端有5~10个浅圆裂片，脉紫褐色，伸达萼檐顶端；花冠淡紫红色。花、果期9~10月。

产巴里坤、木垒、塔城、鄯善、拜城、乌什、乌恰等地。生荒漠草原地带的石质山坡，中亚也有分布。为本属常见种。模式自准噶尔阿拉山脉和伊塞克湖地区。

9b. 光萼彩花(新变种)

A. alatavicum var. **laevigatum** Peng in Guihaia, 3(4)：291, 1983；中国植物志，60(1)：17，987。

与原变种不同的是：本变种叶近扁平，淡绿色，长1~2.5cm；苞较小，外苞长约3~5mm，第一内苞长约6~6.5mm；萼长约8~9mm，光滑无毛。

产温泉县，模式标本产地。

10. 塔城彩花(新拟)

Acantholimon tarbagataicum Gamajun Бот. Мат, Герб БИН АН СССР, XIII：204, 1950；Фл. СССР, 8：357, 1952；Фл. Казахст. 7：56, 1964。

小灌木，形成平扁而稀疏的垫丛，高10~20cm，在石缝中形成匍匐生根的小枝；叶鲜绿色，扁平状三棱形，线状锥形，稍坚硬，长2.5~5cm，宽约0.5~1mm，顶端具细锐尖，无毛或很短疏毛，边缘细睫毛状粗糙，春叶(新枝下部者)水平展和下弯，较短较宽；花序轴远高出叶，高18~15cm，近无毛，仅花序中有较密毛。中部以上具短的嫩枝或缺；花在稀疏长3cm。排成二列状的穗状花序中，小穗长约12mm，含5~11朵花；苞片无毛，外苞长约6mm，短于内苞1.5倍，卵形，顶端渐尖，具短尖头，狭膜质边缘，内苞等长于萼管或稍短，具宽白膜质边缘，顶端钝渐尖或钝圆，具短锐尖头；萼长约11mm，漏斗状，具细管，脉间有密毛，萼檐白色，5齿，萼脉暗色，明显到达顶端；花冠深紫红色，明显出于萼。花、果期6~9月。

产塔城北山及和丰萨吾尔山，生山地草原带灌丛中，较常见，常跟刺叶彩花(A. alatavicum Beg)混生，但本种垫丛疏松，叶鲜绿色，花葶远高出叶，而很好区别。产区可用于居民区绿化。

11. 喀什彩花(新拟)

Acantholimon kaschgaricum Lincz. in Novit. Syst. Pl. Vas. Tom. 17：209, 1980.

小灌木，形成疏垫丛，径约10~15cm，夏叶变苍白色，扁状三棱形或扁状圆柱形，线状锥形，坚硬，通直，长(3)3.5~4(4.5)cm，宽约1mm，顶端针状，无毛。边缘仅下部具细睫毛状粗糙；春叶明显较短(至2cm)，基部较宽(至1.5~2mm)，狭三角状锥形。花葶远超出叶，高12~5cm，繁多，纤细，稍曲折，不分枝，少在顶端分枝，小枝单，短，具穗状花序，近光滑，稀疏短柔毛。穗状花序长3~5cm，稍稀疏，含7~12个小穗，花序轴被密而短的曲折白柔毛。小穗单花，苞片无毛；外苞长5.5~6.5mm，内苞较短，几无柄，宽卵形，顶端长(至1~5mm)硬尖，无宽膜质边。萼长10~11mm；漏斗状；萼管长6.5~7.5mm，中部以上脉间有疏柔毛；萼檐长3.5~4mm，白色，明显10浅裂，裂片圆形，无毛，脉暗紫红色，直达边缘或伸达边缘上方。花冠粉红色。花、果期6~9月。

产乌什县(模式产地)生前山荒漠，石质坡地。

本种很近似刺叶彩花(A. alatavicum Bge.)但叶明显较长，花葶远长于叶而好区别。

(2)伊犁花属 Ikonnikovia Lincz.

矮小灌木，具多个粗短分枝。叶为单叶，硬革质，边缘有波状皱褶，先端具短尖，集生成稠密的莲座状。花序由叶腋生出，通常成圆锥花序，在花序轴上具一顶生和数个侧生穗状花序，或仅为顶生穗状花序，侧生穗状花序几无柄，着生于鳞片腋内；小穗常含3(2~4)花，外苞和第一内苞均有宽膜质边缘；外苞先端具硬尖，第一内苞短于外苞，先端具硬尖；萼管状，膜质，基部直，具5

脉；萼檐狭钟状，先端5裂片；花冠紫红色，由5枚花瓣组成，上端分离而外展；雄蕊略与花冠基部联合；子房线状圆柱形；花柱5，分离，下半部具疣状突起；柱头扁头状。蒴果长圆状线形。

单种属。产伊犁河流域。

1. 伊犁花

Ikonnikovia kaufmanniana Lincz. in Kom. Fl. URSS, 18：381. tab. 19, fig. 3；Фл. Казахст. 7：60. tab. 7, fig. 6, 1964；中国植物志, 60(1)：22, 图版4：4, 1987。

草本状小灌木，高约35(50)cm。枝常粗短，长1~6(10)cm，密被残存叶柄。叶灰绿色，下面常变紫色，线状披针形、披针形至倒披针形。长3~7(10)cm，宽0.5~1.5(2.5)cm，先端渐尖而具小硬尖，基部渐狭成扁柄，两面有细小钙质颗粒，边缘有起伏而常卷褶成弯缺的波状皱褶。花序由莲座叶丛基部叶腋生出；花序轴具顶生穗状花序，并常有或多或少的侧生穗状花序；穗状花序稍弓曲，由4~11个小穗偏于一侧紧密排列而成；小穗2~4花；外苞长约9~11mm，宽卵形至椭圆状倒卵形，先端具一伸出的长硬尖，被毛少无毛；第一内苞与外苞相似而略短；萼长8~9mm，萼筒径约1mm；沿脉和脉间棱上密被短柔毛，萼檐膜质白色至淡黄褐色，沿脉被毛，先端有5个长约2mm的直立裂片，有时具小裂片；花冠紫红色。花、果期6~9月。

产伊犁盆地，生低山砾石山坡。模式采自尼勒克县喀什河沿岸山坡。哈萨克斯坦山地也有。

（3）补血花属（补血草属）Limonium Mill.

多年生草本(少一年生)，半灌木或小灌木。叶基生少有互生或集生枝端，单叶，全缘。花序伞房状或圆锥状，少为头状；花序轴单生或丛生，常作数回分枝，有时部分小枝不育；穗状花序生分枝上部或顶端；小穗含1至数花；外苞短于第一内苞，具窄膜质边缘，或有时几全为膜质，先端多有小尖头，第一内苞常与外苞相似而多有宽膜质边缘；萼漏斗状，倒圆锥状或管状，干膜质，具5脉，萼筒基部直或偏斜；萼檐先端具5裂片，有时具小裂片，或呈锯齿状；花冠由5个花瓣组成，下部以边缘密接成筒，上端分离而外展，雄蕊着生花冠基部；子房倒卵圆形；花柱5，分离，光滑，柱头伸长，圆柱形或丝状圆柱形。蒴果倒卵圆形。

本属约300种，主产欧亚大陆的地中海沿岸，多生于海岸和盐性草原地区，我国约17~18种，主要产于新疆，其中木本仅3~4种。

分种检索表

1. 植株具长的，多狭窄叶的木质化的小灌木；叶柄基部具2个耳状、膜质突起 ··························
   ··· **1. 木本补血花 L. suffruticosum** (Linn.) Kuntze
1. 植株仅基部木质化，枝上部草质的半灌木；叶柄基部不具膜质突起。
   2. 花序轴多少具细密疣点；外苞和第一内包无毛 ·········· **2. 疣点补血花 L. chrysocomum** (Kar. et Kir.) Kuntze
   2. 花序轴无疣点；外苞和第一内苞密被长绒毛 ············· **3. 西敏补血花 L. semenovii** (Herd.) Kuntze

1. 木本补血花　图81

Limonium suffruticosum (Linn.) Kuntze Rev. Gen. Pl. 2：369, 1891；Фл. СССР, 18：458, 1952；Фл. Казахст. 7：86, 1964；中国植物志, 60(1)：45, 图版8：4~7, 1987—*Statice suffruticosum* Linn. Sp. Pl. 276, 1753。

矮小灌木，由基部分枝，老枝上残存叶柄基部膜鞘。叶互生，成簇状，质厚，长圆状匙形至披针状匙形，长1~4.5(7)cm，宽2~7(10)mm，先端圆，基部收缩成柄，叶柄基部扩大成半抱茎而具宽膜质边缘的鞘，鞘端有2直立耳膜片，花序轴由当年枝叶腋生出，高5~35cm，圆柱状，无毛，具少数1~2级分枝，节间长；穗状花序由2~5个小穗组成，单个或2~3个呈簇状，着生于花序分枝各节和顶端；小穗含2~3(5)花；外苞长约1~1.5mm，阔卵形，先端钝圆，无毛；第一内苞长约2~3mm，阔卵形至近圆形，先端圆，无毛。萼长3~4mm，倒圆锥形，筒部多少被毛，少无毛；

图81 木本补血花 Limonium suffruticosum(Linn.) Kuntze

1. 带叶枝 2. 花枝 3. 花萼

萼檐白色，裂片卵状三角形，脉伸达裂片基部，常有间生细裂片。花冠淡紫至蓝紫色，花、果期8～10月。

产布尔津、吉木萨尔、精河等地，稀见。生砾石荒漠沙地。

分布：俄罗斯欧洲部分、高加索、中亚、伊朗、蒙古。模式标本由 Gmelin 采自里海北岸。

2. 疣点补血花(新拟) 簇枝补血草

Limonium chrysocomum (Kar. et Kir.) Kuntze Rev. Gen. Pl. 2：395，1891；Фл. CCCP, 18：458，1952；Фл. Казахст. 7：86，1964— Statice chrysocoma Kar. et Kir. Bull. Soc. Nat. Mosc. 15：429，1842—L. chrysocomum (Kar. et Kir.) Kuntze var. chrysocomum；中国植物志，60(1)：39，1987。

半灌木，茎基粗，木质，从基部发出分枝，枝端具一顶芽或再由多芽簇集成多头茎基，其上端密被白色膜质鳞片和残存叶柄。叶线状披针形至长圆状匙形，长5～20(25)mm，宽0.5～1.5(4)mm，先端渐尖至钝圆，下部狭缩成柄。花序呈顶生头状花序，花序轴纤细，高7～20(25)cm，稍有棱角，被疣状突起，各节的膜质鳞片腋部，簇生出针状不育枝；不育枝长约1～1.5(2)cm，细而直；穗状花序由5～7个小穗组成，单个或2～3个集于花序轴顶端呈紧密头状花序；小穗含2～3(5)花；外苞长4～5mm，阔卵形，先端急尖或钝，无或局部有短毛，第一内苞长8～10mm，先端圆，无毛，少局部有短毛；萼长9～12mm，漏斗状，萼筒径约1.5mm，沿脉和脉间均被毛，萼檐鲜黄色，裂片先端钝或有短尖，脉伸至裂片基部而消失，有时具间生小裂片；花冠橙黄色。花、果期6～9月。

产精河、博乐等地。生干旱石质山坡上，稀见。哈萨克斯坦和蒙古也有。模式采自哈萨克斯坦的阿雅古斯附近。

本种以花序轴上密被疣点最好区别，故以"疣点"特征命名。

3. 西敏补血花 大簇补血草

Limonium semenovii(Herd.) Kuntze Rev. Gen. 2：396，1891；Фл. CCCP，18：432，1952；Фл. Казахст. 7：78. tab. 18，fig. 12. 1964；—*Statice semenovii* Herd. Bull. Soc. Mosc. 41：398，1868；—*Limonium chrysocomum* var. *semenovii*(Herd.) Peng，中国植物志，60(1)：40，1987。

矮小半灌木，高 10 ~ 25(40) cm，根状茎粗，木质，上部过渡成多头茎基，密被残存叶柄和膜质鳞片。叶全部根生，甚多，灰蓝绿色，线状披针形到长圆状匙形，长 1 ~ 1.5(2.5) cm，宽约 0.2 ~ 0.9cm，先端渐尖或钝圆，具短尖或缺，向基部收缩成扁平，几等长于叶片的柄，花序轴 10 ~ 25 枚，直立状或上升，上部稍有棱角，光滑无疣点；花序大，长约 1.5 ~ 2cm；小穗 2 ~ 5(10)花，花梗长约 1 ~ 1.5mm；外苞长 2 ~ 4mm，短于第一内苞 2 ~ 3 倍，阔卵形或近圆形，稍钝或短渐尖，宽膜质边缘，具长而密的绒毛；第一内苞跟外苞相似，但远较大；萼长 9 ~ 11mm，阔漏斗形；萼管倒圆锥形，长约 4 ~ 5mm，全长沿脉或脉间密被长绒毛；萼檐宽约 5 ~ 7mm，柠檬黄色，5 浅裂，脉伸达边缘，有短绒毛，花冠橙黄色。花、果期 6 ~ 9 月。

产精河、博乐、温泉等地。生低山干旱石质坡地，稀见。模式采自博乐赛里木湖周围山上，待深入研究。

本种外形跟疣点补血花很相似，但花序轴无疣点而很好区别。花序大，金黄色，用作居民区绿化，会有绝妙特色。

D. 金缕梅亚纲——Subclass HAMAMELIDIDAE

乔木或灌木，很少半灌木草本。叶互生少对生，全缘可浅裂，羽状脉少掌状脉，具托叶或少缺，具导管或缺，具梯形或少单穿孔。气孔平列型、环列型、侧列型或无规则型。花两性或单性，轮列，无花瓣或完全为无花被。花粉通常 2 细胞，3 沟槽或为其演生物。雌蕊离心皮或常合生心皮，有时假单基数。胚珠具双珠被或单珠被具厚珠心，胚乳细胞型或核型。种子具细小或大的胚，具胚乳或少缺。

金缕梅亚纲是由古木兰超目，很可能是木兰目发生的古老类群，其演化方向是虫媒花到风媒花。最原始的目是水青树目(Trachodendrales)、连香树目(Cercidiphyllales)和领春木目(Eupteleales)。塔赫他间系统(1997)，含 9 超目 17 目 22 科，新疆仅有 4 超目 9 目 14 科。

金缕梅超目——HAMAMELIDANAE

VIII. 金缕梅目——HAMAMELIDALES

10. 悬铃木科——PLATANACEAE Dumortier，1829

落叶乔木，树冠宽阔，树皮光滑，苍白色，质薄光亮，具斑点，常成块状削落，基部树皮不剥落，暗灰色，常龟裂。嫩枝被星状柔毛；一年生枝无毛而有光泽；皮孔细小，几不显著；芽在落叶前包藏于扩展的几达柄基部，被称为柄下芽，二列互生于长枝上，阔圆锥形，淡绿褐色，无毛，有光泽。叶互生，具长柄，掌状浅至深裂，掌状脉，幼叶密被星状柔毛；叶痕马蹄形，具 5 条叶迹，边缘具细齿；托叶基部连合，果枝上者常细小，膜质，早落，长枝上者成叶状，宿存。花后叶开放，单性，雌雄同株而异枝，聚成圆球形头状花序；雄花序无苞片，细小，黄色；雌花序具苞片，较大，紫红色，单或2~7枚成穗状或念珠状着生于长而下垂的总梗上；萼片3~8枚，三角形，具细绒毛；花瓣与萼片同数，细小，匙形。雄花具雄蕊3~8枚，与萼片对生；花丝极短；花药棒状，二室，黄色，顶端具增大的盾状药隔。雌花具3~8枚，离生心皮；子房长圆形，1室，含1~2枚悬垂胚珠；花柱细长，柱头生内侧。聚花果圆球形，由多数细小瘦果组成，瘦果（或称小坚果）倒圆锥形，褐色，基部围以硕长毛。种子1粒，具内胚乳，胚细小；子叶线形。

　　1属10种。间断分布于欧洲东南。亚洲西南至印度，以及北美至中美墨西哥。我国引入3种。新疆均有栽培。

　　悬铃木树势雄伟，树皮奇特，叶形雅致，故为世界珍贵庭园树木之一。以其生长迅速，适应性强，抗烟尘，耐修剪，易繁殖，易成活，适于公园、花园、行道、住宅周围种植。但嫩枝叶被星状柔毛，早春开叶时，对眼视网膜和呼吸道有刺激应采取预防措施。

1. 悬铃木属 Platanus Linn.

分种检索表

1. 叶5~7深裂，中裂片之长大于宽，聚花果常3枚一串 ………………………… **1. 三球悬铃木 P. orientalis** Linn.
1. 叶3~5浅或深裂，中裂片之长与宽相等或长稍大于宽；聚花果1枚，少3枚一串。
　2. 叶掌状深裂，中裂片长略大于宽；聚花果常2枚一串 ……………… **2. 二球悬铃木 P. acerifolia**(Ait.) Willd
　2. 叶掌状浅裂，中裂片宽大于长；聚花果常单生(1)球……………… **3. 一球悬铃木 P. occidentalis** Linn.

1[*]. **三球悬铃木**　法国梧桐　悬铃木　图82　彩图第13页

Platanus orientalis Linn. Sp. Pl. 2：999，1753；中国植物志，35(2)：120，1979；新疆植物检索表，2：183，1983；中国树木志，2：1923，1985；新疆植物志，2(2)：268，1995。

　　落叶乔木，高20~30m（至50m），胸径可达12m，树冠宽阔；侧枝成钝角或几直角开展，下部枝有时几下垂；树皮淡灰色或淡灰绿色，成片状剥落，内皮白色或淡灰黄色。叶5~7深裂，少为3深裂，长12~15cm，宽10~18cm，基部楔形或阔楔形；裂片长圆形，具凹缺粗齿牙，每边2~5齿，少儿全缘；齿短渐尖，顶端具水孔；一级叶脉5少3条；裂片间凹缺圆形，深达中部或以上；幼叶两面密被星状柔毛，后表面暗绿色，有光泽，背面较淡，无毛或沿脉有星状柔毛；叶柄长5~7cm，初被星状柔毛，后

图82　三球悬铃木 **Platanus orientalis** Linn.
1. 果枝　2. 瘦果　3. 聚花果

无毛。聚花果圆球形，常 3 枚生于总梗上，径约 2 ~ 5cm。瘦果基部围有硬长毛，顶端圆锥形，具长约 4mm 的花柱。花期 5 ~ 6 月，果期 9 ~ 10 月。

伊宁、库尔勒、阿克苏、喀什、莎车、和田等城市栽培。和田墨玉县有一株大树，高约 30m，胸高直径可四人合围，跟陕西户县的鸠摩罗什庙的一株三球悬铃木的大小差不多。我国南北各省市以及欧、亚、美洲各地，均栽培作庭园树或行道树。

天然分布于巴尔干半岛（阿尔巴尼亚、希腊、土耳其），爱琴海岛屿，小亚细亚（柯彼达格，吉沙尔边区）和外高加索则与核桃、无花果、葡萄、柿子等树种混生成片林，生长在吐加依林（荒漠河谷林）中。海拔 800 ~ 1500m。

2*. 二球悬铃木 英国悬铃木 彩图第 13 页

Platanus acerifolia (Ait.) Willd. Sp. Pl. 4(1)：474，1805；中国高等植物图鉴，2：170，1972；山东树木志，294，1984；中国树木志，2：1924，1985，pro syn *P. hispanica* Muench；新疆植物志，2(2)：1995——*P. orientalis* var. *acerifolia* Ait.。

落叶大乔木，高至 40m，树干通直，树冠宽阔而具下垂小枝；树皮成大块剥落。叶长 15 ~ 17cm，宽 18 ~ 20cm，萌枝上的叶更大，3 ~ 5(7) 浅裂，基部截形至心形；裂片阔三角形，长宽几相等，少长大于宽，具 1 ~ 3 枚尖齿牙或全缘；裂片凹缺尖或钝，深不及裂片中部，背面沿叶脉和叶柄常有星状柔毛。聚花果常 2 少 1 或 3 枚一串，径约 2 ~ 5cm；瘦果顶端阔圆锥形，基部围以硬长毛，花柱宿存。花、果期 6 ~ 10 月。

伊宁、库尔勒、阿克苏、喀什、莎车、和田等城市栽培。生长良好。

本种约在 1640 年前起源于英国。是三球悬铃木和一球悬铃木的杂种，没遇见野生。由于其抗逆性、抗寒性、速生性、易繁殖、富观赏，极大的超过了其他悬铃木，因而在 18 世纪，不仅很快到欧洲各地，甚至传到了北美和地中海。

3*. 一球悬铃木 美国悬铃木

Platanus occidentalis Linn. Sp. Pl. 9999，1753；中国树木分类学，406，1952；山东树木志，294，1984；中国树木志，2：1926，1985；新疆植物志，2(2)：269，1995。

落叶大乔木，原产地高至 45m，树干通直，圆满，胸径可达 3.5m，树冠长圆形或卵形；树皮淡灰色，成细薄片剥落，内皮淡黄色。小枝色较暗，橙色至棕色，有光泽。叶长宽几相等或宽大于长，径约 12 ~ 15cm，3 浅裂，萌条叶有时 5 裂，径约 20mm，基部截形或阔心形，裂片阔三角形，宽大于长，裂片凹缺浅，边缘具疏齿可全缘，中裂片较大，侧裂片较小，斜展，具钝圆凹缺；齿牙顶端具细渐尖；叶脉 3 或 5；幼叶两面被疏毛；后表面无毛，暗绿色，有光泽，背面较淡，沿脉和脉腋有星状柔毛；叶柄被星状柔毛；托叶长 2.5 ~ 3cm，漏斗状，边缘具齿牙。聚花果单很少 2 枚一串，径约 2.5 ~ 3cm，瘦果先端钝，宿存花柱很短。花期 5 ~ 6 月，果期 9 ~ 10 月。

原产北美。伊宁、库尔勒、阿克苏、喀什、莎车、和田等城市栽培。我国南北各大城市都有栽培，生长良好。

黄杨超目——BUXANAE

IX. 黄杨目——BUXALES

塔赫他间系统（1997）的黄杨超目，含 3 目 3 科，中国仅有 1 目黄杨目 1 科。

乔木和灌木，少多年生草本。叶为单叶互生或常对生，全缘或有锯齿，羽状脉或弧状脉，无托叶。气孔侧列型、环列型或有时无规则型。单叶隙节。导管一般具梯纹穿孔。花组成穗状花序或密总状花序或头状花序，生苞片腋部，细小，单性有时具退化雌蕊或雄蕊，少数为两性，雌雄同株或异株，辐射对称，无花瓣。花萼 4 或 5 或 6，常缺。雄蕊 4 或 6 以上，与萼对生；花丝分离，常较宽；花药常背着，内向纵深裂。绒毡层有分泌细胞，小孢子发生同时型。花粉粒2细胞，3沟孔或多沟化。雄花中有退化雌蕊或缺。雌蕊合生心皮，少分离，每室具2下垂胚珠。胚珠倒生，弯生，双珠被，厚珠心。胚囊蓼型。内胚乳细胞型。果实为室脊背开裂蒴果少小核果。蒴果内壁跟外壁有弹性分离。种子黑色或褐色，有光泽，具直或弯胚。胚具薄而平扁的子叶和富含油脂的内胚乳，大多具细小种子。成熟种子具外胚乳。

塔赫他间系统(1997)在金缕梅亚纲下建立的黄杨超目(Superorder BUXANAE)包含3目3科，中国仅产1目1科。他与Novak(1961)系统不同的是将黄杨科独立成目(BUXALES)，并靠近金缕梅目而不是大戟目。

11. 黄杨科——BUXACEAE Dumortier，1822

常绿灌木或小乔木，单叶，无托叶。花单性，花序总状，穗状或簇生，具苞片；萼片4(6或12)，无花瓣；雄蕊4或6，与萼片对生；子房上位，3(2～4)室，花柱2～3，宿存，每室具2(1)悬垂倒生胚珠。蒴果室背开裂，或核果状浆果。种子具胚乳。

5属约100种，分布于热带及亚热带，少数至温带。我国3属约40余种，新疆露天栽培1种1属。温室盆景2种。

(1) 黄杨属 Buxus Linn.

灌木或小乔木。叶对生，全缘革质，羽状脉，具短柄，花序总状或头状，雌雄花同株同序，顶端生1雌花，余为雄花；雄花具1小苞片，萼片4，雄蕊4；雌花具3小苞片，萼片6。子房3室，花柱3。蒴果，3瓣裂，花柱宿存。种子黑色，有光泽。

约70种。我国约30种，主产长江以南，北方各城市均为栽培，新疆栽培3种。露天越冬者仅1种。

1. 锦熟黄杨

Buxus sempervirens Linn. Sp. Pl. 983，1753；Фл. СССР，14：509，1949；Деревья И Кустарники СССР，Ⅳ：292，1985；中国树木分类学，637：1953；经济植物手册，下册，第一分册，878，1957；华北经济植物志要，266：1963；中国树木志，2：1933，1985。

常绿小乔木，常成灌木状，具稠密垂直排列的四棱形小枝和绿色幼时被两行绒毛，密生枝的嫩枝。树皮淡灰黄色，光滑，老枝上则有细裂缝。叶长圆状卵形或椭圆形，菱形至圆形，长1.5～3cm，宽0.5～1.3cm，表面暗绿色，有光泽，背面较淡，较暗，具短柄。花簇生叶腋；雌花在花序中通常1枚，有时不育；雄花外面一对花被片很弯，几对折，内层花被片长2～2.5mm，倒卵形或圆形，顶端钝圆可尖；雄蕊长于内层花被片1.5～2倍，而退化子房短，长0.75～1.5mm，等于内层花被片的1/3～1/2。蒴果卵状球形，长5～10mm，宽5～6mm，具弯勾状宿存花柱(长1.5～2mm)。

产欧洲南部、亚洲西部、非洲北部；久经栽培，有约20个栽培类型(F)，我国南北各地公园多有栽培，乌鲁木齐地区引种，在精细管理下亦能很好越冬，唯因繁殖困难，未能得到推广。

壳斗超目——FAGANAE

X. 壳斗目(水青冈目，山毛榉目)——FAGALES

乔木，少灌木，更少小灌木。叶互生，或很少轮生，羽状脉，单叶，全缘至羽状浅裂，具线形通常早落的托叶。三叶隙节，导管具梯纹和单穿孔或常具单穿孔。花成多少退化的二歧聚伞花序，细小；不鲜艳，单性(同株或异株)，或其中某些为两性，无花瓣。雄花序通常聚成柔荑状花序或有时成小头状花序。每一雄花序由1~7(~15)花组成，基部围以盘状壳斗。壳斗就是变形的花序末端不育枝，变形的苞片通常成鳞片状、刺状、瘤状、刺毛状。壳斗裂片数目通常依花序中花的数目而定。在花中通常具有另一性别的退化器管。花萼6，可较少(2)或较多(8)，鳞片状，覆瓦状，多少连合。雄蕊4~40，大多为6~12，具细柔的分离的花丝；花药纵裂。绒毡层有分泌细胞。小孢子发生同时型。花粉粒2细胞，3沟或沟孔。雌蕊合生心皮，由3心皮少5~9(12)心皮组成，而南方水青冈属Nothofagus仅2心皮，子房下位3(2~12)室，每室仅2下垂胚珠，其中仅1枚发育；花柱分柱。胚珠倒生至弯生，双珠被或可单珠被，厚珠心。雌配子体蓼型，合点受精，内胚乳核型。果实为一种子的坚果，具硬石质或革质果实，全部或部分包被在通常是木质化的斗壳中。种子无内胚乳，具大而直的胚。

哈钦松系统(1959年版)的壳斗目FAGALES(水青冈目，山毛榉目)，是包括：壳斗科(FAGACEAE)，桦木科(BETULACEAE)和榛科(CORYLACEAE)。1987年的塔赫他间系统在金缕梅超目之下，建立了壳斗目(FAGALES)和桦树目(BETULACEAE)。1997年的塔赫他间系统，在金缕梅亚纲之下建立了壳斗超目(FAGANAE)，包括壳斗目(FAGALES)和榛目(CORYLALES)。壳斗目(FAGALES)(水青冈目)含壳斗科(FAGACEAE)(水青冈目)和南方水青冈科(NOTHOFAGACEAE)。榛目(CORYLALES)含榛科(CORYLACEAE)、桦木科(BETULACEAE)和昆栏树科(TICODENDRACEAE)3科。

12. 壳斗科——FAGACEAE Dumortier, 1829

常绿或落叶乔木，稀灌木，芽鳞覆瓦状排列。单叶，互生，羽状脉，具叶柄，托叶早落。花单性，雌雄同株；单被花，形小，雄花多为柔荑花序，稀头状花序；雌花1~3(5)朵生于总苞内，总苞单生，簇生或集生成穗状，在果实成熟时木质化形成壳斗；壳斗被鳞形，线形小苞片，瘤状突起或针刺，每壳斗着生1~3(5)坚果。每果具1种子。种子无胚乳。子叶肉质，平、波状或皱折。

本科8属900多种，广布热带和亚热带以及温带地区。我国产7属，主产南方各地区，新疆仅引入1属。

(1)栎属(麻栎属) Quercus Linn.

我国产90余种，新疆仅引入栽培1种。

1*. 夏橡 图83 彩图第14页

Quercus robur Linn. Sp. Pl. 996, 1753; Фл. СССР, 5: 339, 1936; Фл. Казахст. 3: 67, 1960; 中国植物志，22: 50, 1979; 新疆植物检索表，2: 74, 1983; 中国树木志，2: 2339, 1985; 新疆植物志，1: 212, 图版62, 1992.

落叶乔木，高达40m。嫩枝无毛，红褐色；芽卵形或近球形，小枝被灰色长圆形皮孔。叶倒卵形或长圆状倒卵形，长6~20cm，宽4~7cm，先端钝圆，基部近耳状，边缘具4~7枚不整齐浅裂片，侧脉6~9对；叶柄长3~5cm。果序细，长4~10cm，径粗1.5mm，具果2~4枚；壳斗钟形，包围果实基部约1/5，灰黄色，小苞片三角形，排列紧密，背面绒毛。坚果椭圆形，光滑，径1~1.5cm，长2~3.5cm。花期4~5月，果期9~10月。

原产欧洲。新疆伊犁和塔城，乌鲁木齐以及南疆各地区引种栽培，以伊犁和塔城地区引种最早，栽培最多。有100多年的大树，甚为壮观。

图 83 夏橡 Quercus robur Linn.

1. 果枝 2. 叶柄 3. 壳斗

XI. 榛目——CORYLALES

乔木和灌木。叶为单叶，互生，有锯齿或齿牙，羽状叶脉，托叶常早落。气孔不规则形，三叶隙节，导管具梯纹穿孔，梯纹和单穿孔或仅单穿孔。花细小，不鲜艳，无花瓣，单性，雌雄同株，但雄花和雌花常在不同花序中；雄花序柔荑状；雌花序短，侧生，头状，下垂或直立状，球果状。雄花序和雌花序同样很复杂，由很退化的二歧聚伞花序组成。整个二歧聚伞花序主轴的第一级苞片，呈螺旋状排列，在每苞片腋部，理论上是着生 3 朵花的二歧聚伞花序；花萼很退化，常完全不发育；雄蕊 2 ~ 14，少仅 1；花药纵深裂；绒毡层有分泌细胞。小孢子发生同时型。花粉粒 2 细胞（但榛子 Corylus 有 3 细胞花粉），2 ~ 7 沟孔，赤道面；花粉表面具细瘤点状或多棱角皱纹的雕纹。雌蕊合生心皮，由 2(3) 心皮组成；子房下位，下部 2(3) 室，上部 1 室，每室具 1 ~ 2 悬垂胚珠。胚珠倒生或弯生（榛子 Corylus），上转生，通常双珠被，厚珠心。雌配子体蓼型。合点受精，内胚乳细胞型，果实为坚果，无壳斗，但常具膜质或革质翅。种子无内胚乳，具大而直的胚。

13. 榛科——CORYLACEAE Mirbel，1851

落叶乔灌木。单叶互生，有锯齿，羽状脉。花单性，雌雄同株；雄花为柔荑花序，风媒花，无花被，每苞片具 3 ~ 14 枚雄蕊；雌花有花被；与子房贴生，子房下位。坚果，由果苞所包被；果苞钟状或管状，叶状，囊状。种子无胚乳，子叶肉质，胚直伸。

4 属 67 种，主产北半球温带、亚热带地区。我国产 4 属 46 种，新疆仅引入栽培 1 属 1 种。

(1) 榛属 Corylus Linn.

约 20 种，分布亚洲、欧洲和北美洲。我国有 8 种。产东北、华北、华中、华东及西南各地；新疆引入栽培 1 种，形态特征同种。

1*. 榛子　榛　平榛

Corylus heterophylla Fisch. ex Trautv. Pl. Imag Deser Fl. Ross. 10, tab. 4, 1844; 东北木本植物图志, 214, 1955; 中国植物志, 21: 50, 1979; 内蒙古植物志, 1: 284, 1958; 中国树木志, 2: 2154, 1985; 黑龙江树木志, 204, 1986; 山东树木志, 128, 1984; 新疆植物志, 1: 211, 1992。

灌木, 高达 2m。树皮灰褐色, 小枝红褐色, 被腺毛。叶倒卵状长圆形, 长 4.5~10cm, 宽 4~7cm, 先端平截, 具三角表尖头, 基部心形或钝圆, 上面无毛, 下面沿叶脉被柔毛, 侧脉 6~7 对, 边缘具不规则重锯齿。雄花序 2~7 排成总状腋生。雌花无梗, 1~6 簇生枝端。果苞钟状, 外被腺毛及短柔毛, 边缘浅裂, 裂片钝圆或三角形, 近全绿。坚果近球形, 长 7~15mm, 无毛或顶端被长柔毛。花期 5~6 月, 果熟期 9~10 月。

伊犁、石河子地区引种栽培, 生长良好。分布于黑龙江、吉林、辽宁、内蒙古、河北、山西、陕西等地。日本、朝鲜、蒙古、俄罗斯也有。

喜光, 耐寒, 耐干旱, 对气候适应性很强, 根蘖力强。用种子及分蘖繁殖。3~4 年即开始结实。

木材坚硬致密, 可作细木工用材; 种仁含油 48%, 可供食用或榨油; 树皮、枝、叶、果苞可提制栲胶; 对土壤适应性强, 生长快, 萌芽力强, 可用于干旱坡地绿化。

14. 桦木科 BETULACEAE S. F. Gray, 1821

落叶乔木或灌木, 常具树脂点; 小枝无顶芽。雄花序裸露越冬。3 叶隙节。单叶, 互生, 羽状脉, 侧脉直伸, 多具重锯齿, 稀单锯齿; 托叶早落。花单性, 雌雄同株, 风媒花, 花小; 雄花序为下垂柔荑花序, 每 3 朵组成小聚伞花序, 具苞片 3~5 片; 花被 1~4 裂; 雄蕊 1~4 枚; 花丝短; 雌花序为圆筒形成球果状的穗状花序, 具覆瓦状排列的苞片 (果苞); 每苞片腋部具 2~3 朵花; 雌花无花被, 子房裸露, 2 室, 每室 1 胚珠。果苞片 (果苞) 木质或革质, 先端 5 或 3 裂, 宿存或脱落, 每苞片腋部具 2~3 枚扁平小坚果。种子无胚乳, 胚直伸, 子叶扁平, 发芽出土。

本科据新的分类系统, 仅有 2 属 150 多种, 主产温带和亚热带; 新疆有 2 属。

分属检索表

1. 冬芽具柄或无柄, 芽鳞 2 枚; 果穗球果状, 果苞木质, 顶端 5 裂, 熟时宿存, 每果苞具 2 枚扁平狭翅小坚果 ………………………………………………………… (1) 赤杨属 **Alnus** B. Ehrhart
1. 冬芽无柄, 芽鳞 3~10 枚; 果穗穗状, 果苞革质, 顶端 3 裂, 熟时脱落, 每果苞具 3 枚扁平带翅小坚果 ……………………………………………………………… (2) 桦木属 **Betula** Linn.

(1) 赤杨属 Alnus Mill.

落叶乔或灌木。芽有柄, 稀无柄; 芽鳞 2~3 少为多数, 覆瓦状排列。单叶互生, 边缘有锯齿或浅裂; 叶脉羽状; 托叶早落。花单性, 雌雄同株; 雄柔荑花序夏秋出现, 裸露越冬, 圆柱形, 长而下垂, 生二年生枝端; 雌花序圆锥状或长圆形, 秋季出自叶腋或短枝上; 苞鳞覆瓦状排列, 每苞鳞内具 2 朵雌花; 雌花无花被; 子房 2 室, 每室具 1 枚倒生胚珠; 柱头 2。果序球果状, 果苞木质, 宿存, 由 3 枚苞片和 2 枚小苞片愈合而成, 顶端 5 浅裂, 每果苞内具 2 枚小坚果。坚果小, 扁平, 具窄翅。种子单生, 具膜质种皮。

40 余种, 多分布于温带地区。我国 8 种, 除西北外, 南北均产; 新疆仅引入栽培 1 种。

1*. 日本赤杨　日木桤木

Alnus japonica (Thunb.) Steud. Nomencl Bot. ed. 2, 1: 55, 1840; Man. Cult. Trees and Shrubs ed. 2: 138, 1940; 山东树木志, 136: 1984; 黑龙江树木志, 182, 1986。

乔木, 高可达 25m; 树皮灰褐色; 幼枝有棱, 皮孔显著, 有油腺点, 无毛或具黄褐色短柔毛。

芽具柄，芽鳞2光滑。叶窄椭圆形，窄卵形，椭圆形或卵形，长3~12cm，宽2~5cm，先端渐尖，基部楔形或近圆形，边缘有锯齿，齿端具腺点，侧脉8~10对，叶柄细长，仅幼时有毛。雄花序2~6个排成总状，下垂，先叶开放。果序2~6个集生；果序卵圆或椭圆形，长1~2cm，常下垂。小坚果卵形或倒卵形，具狭翅。花期4~5月，果熟期9~10月。

伊宁市引种栽培。产吉林、辽宁、河北、山东等省。朝鲜、日本、俄罗斯远东也有。模式自日本。

喜光，喜深厚、湿润、肥沃土壤，耐寒，根株萌芽力强，生长快，可用于绿化树种。

木材供建筑、造船、乐器、器具、火柴杆等用。果实树皮含鞣质，可提取栲胶。为速生用材及防堤护岸树种。

（2）桦木属 Betula Linn.

乔木或灌木，树皮平滑，纸质，分层剥落或鳞状开裂。冬芽无柄；芽鳞3~6枚。雄花序细圆柱形，下垂；雄蕊2，药室分离，顶端钝；雌花序圆柱形，长圆形，稀近球形；每苞具3朵雌花。果序单生或2~5成总状；果苞革质，鳞片状，3裂，果熟时脱落，基部具3枚小坚果。小坚果具膜质翅和宿存花柱。

分种检索表

（a）白桦亚组

Subsect. Albae Regel in Bull. Soc. Nat. Moscou，38，396，1865 et in DC. Prodr. 16(2)：162，1868；Фл. CCCP，5，201，1936；中国植物志，21：112，1979。

乔木或小乔木，树皮白色，小枝仅有疣点，无绒毛。叶为各式三角状卵形至菱状卵形。果序直立或下垂；果苞侧裂片通常斜展，横展及至下弯。小坚果之翅与果等宽或较宽。

本组新疆产1种，另引入1种栽培。

1. 疣枝桦　垂枝桦　芬兰桦　图84　彩图第15页

Betula pendula Roth. Tentan, Fl. Germ. 1：405，1788；Фл. CCCP，5，291，1936；Фл.

图84 疣枝桦 Betula pendula Roth.
1. 果枝 2. 果苞 3. 带翅小坚果

Казахст. 3：57，1960；中国高等植物图鉴，1：389，图777，1972；中国植物志，21：115，1979；新疆植物检索表，2：70，1980；中国树木志，2：2143～2144，1985；新疆植物志，1：204，图版58，1～3，1992。

乔木，高可达25m，树皮白色，薄片剥落。芽无毛，含树脂。老树枝条细长下垂，红褐色，皮孔显著；小枝被树脂点，无绒毛。叶菱状卵形，三角状卵形，长3～7cm，先端渐尖或长渐尖，基部宽楔形，少楔形，下面有树脂点，侧脉5～7对，边缘具粗重锯齿；叶柄长2～3cm，无毛。果序圆柱形长2～4cm，径约1cm；果序梗长1～2cm；果苞长约5mm；中裂片三角形或条形，先端钝；侧裂片长圆形，较中裂片稍长或近等长，下弯。小坚果侧卵形，翅较果宽1～2倍。花期4～5月，果期7～8月。

产青河、富蕴、福海、阿勒泰、布尔津、哈巴河、奇台、吉木萨尔、塔城、精河、博乐等地。国外分布于哈萨克斯坦（东部）、蒙古、俄罗斯、西西伯利亚以及欧洲、巴尔干、地中海等地。

疣枝桦喜光，抗寒、喜湿润、肥沃土壤。生长快，5年生，高5.6m，胸径3.6cm；10年生，高10.6m，胸径15.8cm；15年生，高14.3m，胸径23.8cm；20年生，高18m以上，胸径30cm。10～15年开始结实，在林缘7～8年开始结实，80年后衰老，寿命可达140年以上。

疣枝桦被誉为"大地裂裟"、"森林皇后"。她树皮雪白，树干通直，被誉为"白衣使者"、"体操明星"。她的木材是胶合板生产工业的重要树种。她的树液称为"桦树液"，是珍贵的富含多种维生素的保健饮料，也是广泛应用于美容业，作为提高皮肤紧张度的很好药物。含1.0%～2.9%的糖、维生素和酶、有机酸、微量元素和抗生素等物质。

木材较坚硬，结构均匀，但抗腐性差。可供胶合板、滑雪板、家具、农具、体育器材、细木工等用。木材可提取甲醇、醋酸、丙酮、糠醛等。1m³木材可提取150g糠醛，相当于60kg尼龙，可织800m布匹。糠醛也是生产超强度布匹、防蚀橡胶、塑料的原料。从糠醛中还可以得到肥料、植物生长素、杀虫剂以及用于治疗灼伤、创伤等的新药物，如呋喃西林、呋喃卡音等等。

2*. 白桦

Betula platyphylla Suk. in Trautv. Mus. Bot. Acad. Imp. Sci. St. Petersb. 8：220，tab. 3，1911；Фл. СССР，5：292，1936；东北木本植物图志，196，图版69，图98，图版70，2，图1～6，1955；中国高等植物图鉴，1：388，图776，1972；中国植物志，21：112，图版25，1979；黑龙江树木志，198，图版50：1～5，1986；山东树木志，138，1984。

乔木高20m余，胸径50cm；树皮幼时暗赤褐色，老时白色，光滑，有白粉，纸状分层剥落。小枝红褐色，无毛，被白色蜡粉，具圆形皮孔及油腺点；冬芽卵圆形，先端尖，芽鳞边缘具睫毛。叶三角状卵形或三角形，菱状三角形，菱状阔卵形，长3~9cm，宽2.5~6cm，先端渐尖或尾状尖，基部截形或宽楔形，稀近心形，边缘不整齐重锯齿，上面深绿色，无毛，侧脉有腺点，下面淡绿色无毛，侧脉5~8对，叶柄长1~2.5cm，无毛。雄花序常成对顶生，长约7cm；果序圆柱形，单生叶腋，下垂，长2~3(4.5)cm，径0.8~1cm。果苞长宽约4mm；中裂片三角形，先端尖，侧裂片横展，先端微下弯；果翅较小坚果为宽或稀近等宽。花期6月，果熟期7~8月。

乌鲁木齐各庭园引种栽培(引种自东北哈尔滨)。我国东北、华北、河南、陕西、宁夏、甘肃、青海、四川、云南、西藏等地广布。俄罗斯、远东、东西伯利亚、蒙古东部、朝鲜北部及日本也有。模式自俄罗斯远东地区。

白桦材质坚硬，有弹性，色泽均匀，黄白色，纹理直，结构细，但易腐朽和翘裂。主要为胶合板用板，亦可供造纸、枕木、矿柱、车辆、箱板、火柴杆、卫生筷、建筑等用。树皮可提取桦皮油，且入药；芽为健胃利尿良药；树皮含单宁11%，可提取栲胶。树液可做饮料或发酵可制酒；种子可榨油，作肥皂原料；木材和树叶还可作染料；亦是优良的城市观赏绿化树种。

(b)小叶桦亚组 Subsect. microphyllae C. Y. Yang et J. Wang Subsect. nov.

小乔木，树皮灰白色，淡灰色，淡灰褐色。小枝密被疣点和短绒毛。结果枝叶菱状卵圆形，卵圆形或椭圆状卵形；侧脉4~7对。果穗矩圆状长圆形或矩圆状圆柱形；果苞匙形或楔形，被绒毛少无毛；侧裂片斜上展少横展。小坚果上部被毛少无毛，具较宽或较窄的翅。

本组桦树是阿尔泰山和天山山区参与形成针阔叶混交林或片林的主要成林树种，在种类组成上，占据阿尔泰山(包括俄罗斯、哈萨克斯坦、蒙古)的是小叶桦及其变种，而占据天山(包括哈萨克斯坦、吉尔吉斯斯坦)的则是天山桦，就在两山交汇处也非常清楚。但这两种也是很多型的，需要深入研究。根据现有新资料和标本，它们被分成5个变种等级，必将更好地推动各地林业工作的大发展。

3. 小叶桦 图85 彩图第14页

Betula microphylla Bunge Mem. Sav. Acad. Sc. Petersb. 2：606，1853；Фл. CCCP，5：301，1936；Фл. Казахст. 3：60，1960；中国植物志，21：55，1979；新疆植物检索表，2：72，1983；中国树木志，2：2147，1985；新疆植物志，1：208，1992；Pl. Asiae Centr. 9：57，1989。

3a. 小叶桦(原变种)

Betula microphylla Bunge var. **microphylla**

小乔木，树皮灰白色。当年生小枝灰褐色或黄褐色，密生树脂点和绒毛。叶菱形、菱状卵圆形或倒卵形，基部楔形、阔楔形，全缘，基部以上有锯齿，顶端短渐尖，少钝，长1.5~3.5cm，宽1~1.5cm，幼叶稍有绒毛，后近光滑无毛；叶柄长0.5~1cm，稍有毛或无毛。果穗长圆状圆柱形，长1~2.2cm，径约7~8mm；果梗长2~9mm，被绒毛少无毛；果苞片两面被绒毛，边缘具睫毛。小坚果阔椭圆形，长2.5~3mm，翅稍宽或等宽于小坚果，少具狭翅。

产阿尔泰山，生山地河谷和针阔叶混交林林缘。俄罗斯阿尔泰及西西伯利亚、蒙古北部、东哈萨克斯坦也

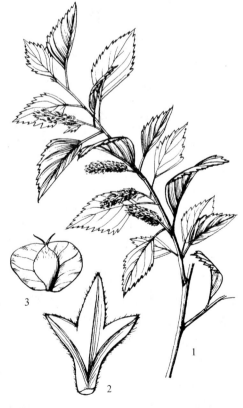

图85 小叶桦 Betula microphylla Bunge
1. 果枝 2. 果苞 3. 带翅小坚果

有。模式自俄罗斯阿尔泰山区。

3b. 宽苞小叶桦(新变种)

Betula microphylla var. **latibracteata** C. Y. Yang var. nova in Bull. Bot. Research，26，6：650，fig. 1~4，2006。

本变种与原变种区别在于：叶为卵形，果苞楔形，苞片约4mm长，3mm宽，具宽裂片；中裂片直立，狭椭圆形，较长；侧裂片水平展或斜上展，顶端楔形，较中裂片宽且短，而不同于原变种。

产阿尔泰山阿勒泰县大河林场。生山地河谷，海拔1300m。模式产地，模式存新疆农业大学植物标本室。

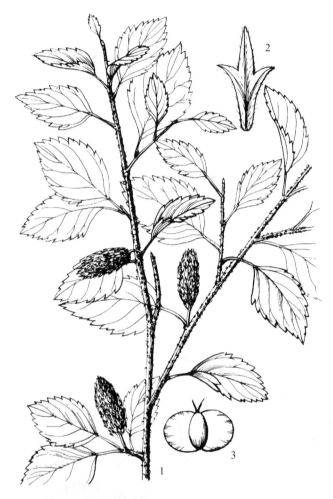

图86　喀纳斯小叶桦 Betula microphylla Bunge var.
harasiica C. Y. Yang et J. Wang
1. 果枝　2. 果苞　3. 带翅小坚果

3c. 喀纳斯小叶桦(新变种)　图86

Betula microphylla Bunge var. **harasiica** C. Y. Yang et J. Wang var. nov. in Bull. Bot. Research，26，6：651，fig. 2，82：2~8，2006。

小乔木，树皮棕栗色。小枝密被树脂点和绒毛。叶菱形，具尖锯齿；叶柄多为紫红色，疏被绒毛。果穗长圆形，呈棕褐色；果苞棕褐色，中裂片披针形，甚长于横展和斜上展的侧裂片。小坚果于花柱基部具簇毛。翅等于或窄于小坚果。花期6月，果期7~8月。

产阿尔泰山、喀纳斯湖，生山地河谷岸边。

本变种以棕红色树皮(非灰白色)，紫红色的叶柄和棕褐色的果穗以及具甚长中裂片的棕褐色果苞而很好区别于原变种。

3d. 沼泽小叶桦(新变种)　彩图第15页

Betula microphylla Bunge var. **paludosa** C. Y. Yang et J. Wang var nov. in Bull. Bot. Research，26，6：652，2006。

小乔木，树皮灰白色。小枝密被树脂点和绒毛。叶菱状卵圆形，长约4cm，宽约3cm，侧脉4~5对，基部阔楔形，全缘，基部以上具重锯齿，顶端短渐尖，

表面绿色，无毛，背面淡绿色，密被亮色树脂点无毛；叶柄长约1cm疏被绒毛。果穗矩圆状长圆形。斜上展；果梗长1~1.8cm，密被绒毛；果苞匙形，两面被极短绒毛，边缘有短睫毛。小坚果倒卵形，近光滑。翅宽于小坚果，超出花柱。花期6月，果期7~8月。

产吉木乃、克孜尔柯音，生荒漠沼泽地，和布克赛尔县城郊沼泽也有。

本变种以大面积生于荒漠沼泽地而不同于原变种。

3e. 吐曼特小叶桦(新变种)

Betula microphylla Bunge var. **tumantica** C. Y. Yang et J. Wang var. nov. in Bull. Bot. Research，26，6：653，fig. 3：1~6，2006。

本变种与原变种的区别在于矮生，小叶，苞片宽，侧裂片水平展或斜上展。小乔木或小灌木，树皮灰褐色。当年生小枝密被树脂点和短绒毛；叶菱状卵形，长1～2cm，宽1～1.5cm，顶端钝，基部楔形、阔楔形，边缘具钝锯齿；上面绿色，无毛，下面淡绿色，沿脉疏生柔毛，侧脉4～5对。果序单生，直立或斜展，矩圆形，长1～1.5cm，径约7～8 cm，果序梗长5～6cm，密被绒毛和树脂体。果苞长约4～5mm，被极短绒毛，边缘具睫毛，中裂片长圆形，长约1mm，侧裂片斜展或横展，顶端斜切或钝圆，小坚果倒卵形，长约1mm，宽约1mm，翅与小坚果等宽或稍宽。

产吉木乃县，生荒漠灌木草原、小河岸边，形成片状灌木林。极少见到小乔木。模式自吐曼特。

3f. 艾比湖小叶桦（新变种）
图87

Betula microphylla Bunge var. **ebi-nurica** C. Y. Yang et W. H. Li var. nov. in Bull. Bot. Research, 26, 6：653，fig. 2，2006。

小乔木，高5～8m，胸径10～12cm，树皮灰白色。当年生小枝被短绒毛和树脂点，后近光滑无毛。叶卵圆形、卵状椭圆形，长2～3cm，宽1.5～2cm，基部楔形、阔楔形，全缘，基部以上具钝锯齿；侧脉4～5对，背面疏被短绒毛和树脂体。果序长1.5～2.5cm，粗约1cm；果穗梗长5～10mm，密被短绒毛和树脂体；果苞楔形，长约4～5mm；侧裂片斜上展，短于中裂片。小坚果倒卵形，长约2mm，宽约4～5mm（带翅），花柱基部被短绒毛。翅与小坚果等宽或稍宽。花、果期6～9月。

产精河县，艾比湖上游，生荒漠前山潜水沼泽地。形成小片林，破坏严重，亟待保护。

本变种树皮很像阿拉套山的小叶桦（B. microphylla Beg. ）但卵形叶和楔形果苞，又像天山桦（B. tianschanica Rupr. ），生境特殊，故作小叶桦变种处理，待深入研究。

4. 列氏桦（新拟）　　图88

Betula rezniczenkoana (Litv.) Schischk. В крыл. Фл. эап. сиб. 4：

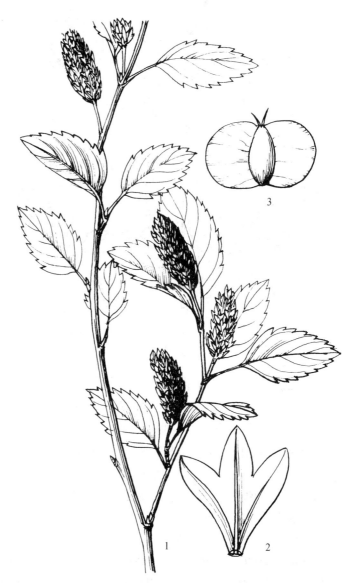

图87　艾比湖小叶桦 Betula microphylla Bunge
var. **ebi-nurica** C. Y. Yang et W. H. Li
1. 果枝　2. 果苞　3. 带翅小坚果

793，1930；крыл. Во Фл. СССР，5：302，1936；Фл. Казахст. 3：61，1961；Pl. Asiae Centr. 9：59，1989—B. microphylla var. rezniczenkoana Litv. InTrav. Mus. Bot. Ac. Sci. Petersb. 12，97，1914—B. kelleriana Suk—；Кузен Во Фл. СССР，5：302，1936；Фл. эап. сиб. 4：794，1930；中国植物志，21：117，1979，pro syn. B. microphylla。

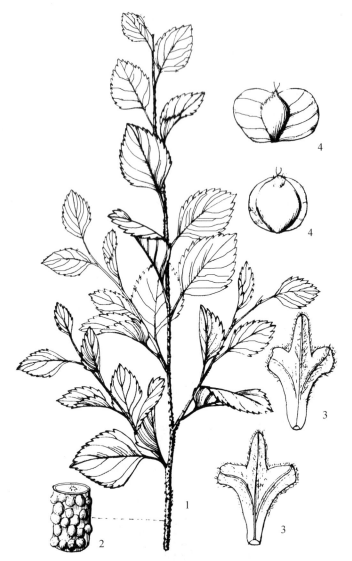

图 88 列氏桦 **Betula Rezniczenkoana**（Litv.）Schischk.
1. 枝　2. 枝一段　3. 果苞　4. 带翅小坚果

小乔木高 5 ~ 13m，胸径 12 ~ 15cm，树皮灰白色。当年生小枝密被树脂体和短绒毛。叶菱状卵形，长 2.5 ~ 3.5（4）cm，宽 1.5 ~ 2.5（3）cm，顶端渐尖，基部楔形、阔楔形，上面无毛，背面密生黄色树脂体和短绒毛，侧脉 5 对，叶柄长约 1cm，密被短绒毛。果序长圆形，长 1.5 ~ 2cm，粗约 8mm，果苞匙形或楔形，长约 5 ~ 7mm，两面密被短绒毛，边缘具睫毛；中裂片长圆形；侧裂片斜上展或横展，顶端斜切形。小坚果倒卵形，长约 2mm，宽约 1 ~ 5mm，上部密被短柔毛，翅等于或窄于小坚果。花、果期 6 ~ 9 月。

产吉木乃县北沙窝，平均海拔 680m，最低处为 480m，为固定、半固定沙丘，地下水位高，个别地方的洼地常有积水，形成大小不一的湖泊，这里不仅有沙柳、梭梭、花棒、沙枣拐、沙棘、沙米、驼绒藜等沙生植物，还有银白杨、红果山桂、绣线菊、蔷薇、铃铛刺、桦树等非沙生植物，这里桦树有 7 个居群，面积最大的居群在玛依喀英，占地 3013hm²，最小的面积为 86hm²，平均郁闭度为 40%，桦树所占比例为 5% ~ 10%，平均高度 8m，最低 5m，最高为 13m，林下未见幼树、幼苗。

列氏桦是中国桦木属的新记录种，她接近盐生桦（B. halophila Ching et P. C. Li）但后者为灌木状，树皮灰褐色，而与之不同。在新疆荒漠平原地区，有如此规模的荒漠河谷林资源是十分珍贵的。不仅需要保护，更需要发展，通过栽培试验，选育一批更能适应于防风固沙和庭院绿化的优良类型，为林业可持续发展服务。

5. 天山桦 图 89 彩图第 16 页

Betula tianschanica Rupr. Sc. Petersb. 7，ser. 14，4：72，1860；Фл. CCCP，5：361，1936；Фл. Казахст. 3：60，1960；中国植物志，21：56，1979；中国高等植物图鉴，1：388，1972；新疆植物检索表，2：73，1983；中国树木志，2：217，1985；Pl. Asiae Centr.，9：60，1989；新疆植物志，1：208，1992—*B. jarmolenkoana* Golosk，Вестн АН Каз СССР，2：20，1956。

乔木，小乔木，高 4 ~ 12m；树皮淡黄褐色，少有红褐色，成层剥落；小枝褐色，密被柔毛及树脂体。叶卵状菱形，长 2 ~ 7cm，宽 1 ~ 6cm，顶端锐尖或渐尖，基部楔形或宽楔形，下面沿脉疏被毛或近无毛，侧脉 4 ~ 6 对，具重锯齿；叶柄长 5 ~ 7mm，初被毛后光滑。果序矩圆状圆柱形长 1 ~ 4cm，径约 5 ~ 10mm；果序梗长 5 ~ 15mm，被短柔毛；果苞长 4 ~ 5mm，楔形，背面被细柔毛；中裂片三角状或椭圆形，较侧裂片稍长，侧裂片斜展。小坚果倒卵形，果翅较小坚果宽或近等宽。

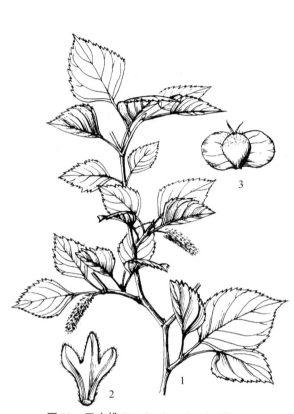

图 89　天山桦 **Betula tianschanica** Rupr.
1. 果枝　2. 果苞　3. 带翅小坚果

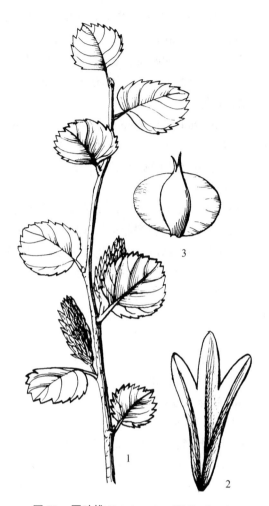

图 90　圆叶桦 **Betula rotundifolia** Spach.
1. 果枝　2. 果苞　3. 带翅小坚果

花、果期 6~8 月。

产天山各地。中亚山地也有。模式自吉尔吉斯斯坦天山(中天山)。

(c)圆叶桦亚组(矮桦组)

Subsect. Nanae Regel in DC. Prod. 16，2：162，1868。

叶圆形，顶端圆或钝，具钝锯齿，叶脉 2~4 对。

4 种，新疆阿尔泰山产 1 种。

6. 圆叶桦　图 90

Betula rotundifolia Spach. Ann. Sc. Nat. Mosk. 2, ser. 15：194, 1841；Фл. CCCP, 5：283, 1936；Фл. Казахст. 3：65, 1960；中国植物志, 21：52, 1979；新疆植物检索表, 2：70, 1983；中国树木志, 2：2148, 1985；新疆植物志, 1：286, 1992。

小灌木，高 20~100cm，无明显主干，树皮黑褐色或棕色，密被树脂点和绒毛。叶小，长 1~2.5cm，宽 8~20mm，圆形，下部有时收缩成阔楔形，边缘具粗钝锯齿，幼叶密布树脂点，成熟叶无毛，有光泽具细脉纹；叶柄长 2~5mm，被短绒毛。果穗直立状，长 10~15mm，粗约 6~8mm，卵形；果序梗有绒毛；果苞长 3.5~5mm，宽 2.5~4mm，褐色，边缘具睫毛。小坚果椭圆形或倒卵形，长约 2.5mm，宽 1.5mm；翅窄于小坚果 1 倍，顶端超出小坚果。花、果期 6~8 月。

产青河、富蕴、福海、阿勒泰、布尔津、哈巴河等地山区，生高山林缘，沼泽地，常形成大面积群落。国外在蒙古、俄罗斯、西西伯利亚、东西伯利亚、萨彦岭均有。模式自西西伯利亚。

(d)灌木桦亚组(柴桦亚组)(中国植物志: 21 卷)

Subsect. Fruticosae Rgl. in DC. Prod. 16, 2: 162, 1868。

灌木, 叶长卵圆形, 长过于宽, 顶端尖或稍尖, 尖齿牙, 叶脉 4 ~ 7 对。

4 种, 新疆有 3 种(其中有 2 种系统位置暂定)。

7. 矮桦

Betula humilis Schrank Baier Fl. 1: 421, 1789, excl. syn. B. gelinii; Фл. CCCP, 5: 286, 1936; Фл. Казахст. 3: 64, 1960; Man. Cult. Trees and Shrubs ed. 2: 132, 1940; 中国植物志, 21: 54, 1979; 新疆植物检索表, 2: 72, 1983; 中国树木志, 2: 2147, 1985; 新疆植物志, 1: 206, 1992。

小灌木, 高 1 ~ 2m, 树皮暗褐色枝条直立, 黑褐色, 密被树脂体, 无毛; 小枝褐色密被树脂体和短绒毛。叶卵形, 宽卵形或长卵形, 长 1.5 ~ 3.5cm, 宽 6 ~ 15mm, 先端尖, 基部楔形, 宽楔形, 边缘具不规则粗锯齿, 两面近无毛或幼时疏被短柔毛, 下面无树脂点或幼时被疏树脂点, 侧脉 4 ~ 5 对; 叶柄长 2 ~ 5mm, 疏被短柔毛或无毛。果序单生, 直立, 长圆形, 长 1 ~ 1.5cm, 径约 5mm; 果序梗极短, 疏被短柔毛和树脂体; 果苞长 3 ~ 4mm, 边缘具睫毛, 其余无毛; 中裂片窄长圆形, 稍长于侧裂片; 侧裂片卵形或长圆形, 斜展。小坚果椭圆形, 长约 2mm, 宽约 1.5mm, 顶端被短柔毛; 果翅约为小坚果宽的 1/2 ~ 1/3。花期 6 月。果熟期 7 ~ 8 月。

产青河、富蕴、福海、阿勒泰、布尔津、哈巴河等地山地, 生山间沼泽及低湿地。自成群落。国外分布于蒙古及俄罗斯、西伯利亚及远东和欧洲各地。模式自欧洲记载。

8. 盐桦　盐生桦

Betula halophila Ching ex P. C. Li, 植物分类学报, 17, 1: 88, 1979; 中国植物志, 21: 54, 1979; 新疆植物检索表, 2: 72, 1983; 新疆植物志, 1: 208, 1992; ——*B. rezniczenkoana* (Litv.) Schischk. —; Pl. Asiae Centr. 9: 59, 1989。

灌木, 高 2 ~ 3m; 树皮灰褐色; 枝条褐色, 无毛; 小枝密被白色短柔毛及树脂腺体。芽卵形, 芽鳞褐色, 无毛。叶卵形, 少菱状卵形, 长 2.5 ~ 4.5cm, 宽 1.2 ~ 3cm, 顶端渐尖或锐尖, 基部近圆形、宽楔形或楔形, 上面无毛或疏被短柔毛, 下面疏生腺点, 幼时沿脉疏被长柔毛, 侧脉 6 ~ 7 对; 叶柄长 5 ~ 10mm, 密被短柔毛, 少近无毛; 果苞长约 7mm, 两面均密被短柔毛, 边缘具睫毛; 中裂片近三角形, 顶端渐尖; 侧裂片长卵形, 顶端渐尖或钝, 下弯。小坚果卵形, 长约 2mm, 宽约 1.5mm, 两面上部疏被短柔毛; 翅宽为小坚果的 1.5 倍, 并伸出果之上。花期 6 月, 果熟期 7 ~ 9 月。

产阿勒泰县(巴尔巴盖: 模式产地), 生潮湿盐碱及盐沼泽附近。其他地方尚未见到。格鲁博夫在亚洲中部植物第 9 册(1989 年), 将此种作为列氏桦(B. rezniczenkoana)的异名。所以, 对格鲁博夫的观点, 是难以接受的。经多年调查, 这种桦树在模式产地已经不存在了。

9. 吐曼特桦(新种)

Betula tumantica C. Y. Yang et J. Wang sp. nov.

小灌木, 高 1 ~ 2.5m。树皮灰褐色。当年生小枝密被树脂体和短绒毛。叶菱状卵圆形, 长 1 ~ 2cm, 宽 1 ~ 1.5cm, 顶端钝, 基部楔形, 边缘具钝锯齿, 上面绿色, 无毛, 下面淡绿色, 沿脉疏生柔毛, 侧脉 4 对。果序单生, 直立或斜展, 矩圆形, 长 1 ~ 1.5cm, 径约 7 ~ 8mm; 果序梗长 5 ~ 6mm, 密被绒毛和树脂体; 果苞长约 4mm, 被极短绒毛, 边缘具短睫毛; 中裂片长圆形, 长约 1mm; 侧裂斜展或横展, 顶端斜切或钝圆。小坚倒卵形, 长约 2mm, 宽约 1mm; 翅与小坚果等宽或稍宽。

产吉木乃吐曼特, 生低山荒漠灌木草原, 小河岸边, 形成小片灌木林, 林牧矛盾, 破坏严重, 亟待保护。

本种接近砂生桦 *Betula fusca* Pall. ex Georgi (*B. gmelinii* Bge.), 但树皮为灰褐色(非为灰黑色), 叶为菱状卵形(非椭圆形), 侧脉 4 对(非 4 ~ 6 对), 而很好区别。多数学者认为, 砂生桦是东西伯利亚种。

胡桃超目——JUGLANDANAE

XII. 胡桃目——JUGLANDALES

落叶或常绿乔木稀灌木,含单宁。裸芽或鳞芽,羽状复叶,稀单叶。花单性,柔荑花序或穗状花序;风媒花,心皮2~5合生,1室1胚珠。种子无胚乳。

本目仅含1科。

15. 胡桃科——JUGLANDACEAE A. Richard ex Kunth,1824

落叶乔木,少为灌木状;枝具片状髓心。叶互生,奇数羽状复叶;小叶片对生,全缘或有锯齿。花单性,雌雄同株;雄花成下垂柔荑花序,具1枚苞片,2枚小苞片和1~2枚花被片;雄蕊8~10枚;雌花数朵集生成总状花序,具1枚苞片和2枚小苞片和4裂的花被片,共同包围于子房之外,子房下位,1室1胚珠。果实为核果或坚果,种子2~4裂,无胚乳,子叶有皱褶,富含油脂。

本科8属60多种,主产北温带。我国有7属25种,新疆栽培2属3种。

分属检索表

1. 叶轴无翅;花苞片与小苞片结合,贴生于子房,形成核果 ················· (1)核桃属 Juglans Linn.
1. 叶轴具翅;花苞片与小苞片分离,小苞片伸延,形成果翅向西侧伸展的小坚果 ··· (2)枫杨属 Pterocarya Kunth

(1)核桃属 Juglans Linn.

落叶乔木。枝具片状髓心。小叶全缘或有锯齿。雄花序单生或簇生于当年枝叶腋;雌花花被1~4片,雄蕊8~12枚,雌花序生枝端;花被4裂,柱头羽状,子房下位,1室1胚珠。核果外果皮肉质,内果皮硬骨质,有纵脊及刻纹。子叶不出土。

本属16种广布欧亚及南北美洲。我国有6种,新疆2种。

分种检索表

1. 小枝无毛,叶片全缘,光滑无毛 ······················ 1. 核桃 J. regia Linn.
1. 小枝有毛,叶片有锯齿,叶面粗糙 ················· 2*. 核桃楸 J. mandshurica Maxim.

1. 核桃 彩图第16页

Juglans regia Linn. Sp. Pl. 997,1753;Фл. Казахст. 3:53,1960;新疆植物检索表,2:68,1983;中国树木志,2:2360,1985;新疆植物志,1:202,1992。

乔木,高达20(30)m;树皮灰色。新枝无毛。小叶5~9枚,椭圆状卵形或椭圆形,长5~10cm,先端钝圆或微尖,侧脉15对,边全缘,少幼树枝叶具不整齐锯齿,下面沿脉腋有时簇生淡褐色毛。雄花序长13~15cm;雌花1~3集生枝端;总苞被白色腺毛;柱头淡黄绿色。果序轴长4~6cm,绿色,被柔毛。果球形,幼时被毛,后无毛,径约3~4cm,基部平,具2纵棱及浅刻纹。花期4~5月,果期9~10月。

产巩留县及霍城县。生前山沟谷中,形成小面积野核桃林,海拔1300~1500m。南疆各地广泛栽培;我国各地区亦多有栽培。国外在吉尔吉斯斯坦、伊朗、阿富汗均有野生。

新疆优良核桃品种(均为栽培),可以大力发展。

1. 隔年核桃：2 ~ 3 年生结实，10 年后进入盛果期，9 月中旬果实成熟。

2. 露仁核桃：壳薄，种仁露出，含油率 76.95% 。树势生长旺，较耐寒。

3. 纸皮核桃：壳很薄，种仁甜，含油率 71.46% 。

4. 早熟丰产核桃：8 月中旬成熟，含油率 67.74% ，年年丰产，产和田等地。

核桃是新疆重要经济树种，种仁含脂肪 60% ~ 80% ，蛋白质 17% ~ 29% ，以及钙、磷、铁、胡萝卜素、硫胺素、核黄素等多种营养物质。

2*. 核桃楸

Juglans mandshurica Maxim. in Bull. Phys. Mat. Acad. Petersb. 15：127，1857；东北木本植物图志，189，图 66，1955；中国高等植物图鉴，1：382，图 763，1972；新疆植物检索表，2：68，1983；中国树木志，2：2364，1985；新疆植物志，1：203，1992。

乔木，多分枝，树皮灰色或暗灰色，纵裂。顶芽大，被黄褐色绒毛。小枝粗，被淡黄色毛。小叶 9 ~ 17 枚，近无柄；叶片长圆形，长 6 ~ 18cm，先端尖，边缘具细锯齿，幼叶上面密被柔毛及星状毛，后脱落，仅中脉被毛，下面被星状毛及柔毛。雄花序长 10 ~ 25cm；雌花序长 3 ~ 7cm，序轴密被柔毛，具花 5 ~ 10 朵；总苞密被腺毛；柱头面暗红色。果卵形或近球形，绿色，先端尖，被褐色腺毛；果核长卵形或长椭圆形，长 2 ~ 5cm，先端锐尖，具 8 条纵脊。花期 5 月，果期 9 月。

乌鲁木齐等城市引种栽培。在玛纳斯一带生长较好，唯 7 ~ 8 月需要充足的水分条件。可引作城市绿化树种。国外在俄罗斯、远东、朝鲜、日本也有。

（2）枫杨属 Pterocarya Kunth

落叶小乔木，鳞芽或裸芽，具长柄。奇数羽状复叶；小叶具细锯齿。柔荑花序下垂；雄花序单生；雄花无柄；花被片 1 ~ 4 枚；雄蕊 6 ~ 18 枚，基部具 1 苞片及 2 小苞片；雌花序单生新枝上部；雌花无柄；贴生于苞腋，具 2 小苞片；花被 4 裂。果序下垂，小坚果具 2 翅。种子 1，子叶 4 裂出土。

本属 12 种，分布亚洲西部及日本。我国产 9 种；新疆仅引种及栽培 1 种。

1. 枫杨　彩图第 17 页

Pterocarya stenoptera DC. in Ann. Sci. Nat. Bot. ser. 4，18：34，1862；中国高等植物图鉴，1：379，图 758，1972；秦岭植物志，1(2)：50，1974；新疆植物检索表，2：68，1983；中国树木志，2：237，图 2368，1985；新疆植物志，1：203，1992。

乔木，幼树皮红褐色，平滑，老树皮淡灰色至深灰色。裸芽密被锈褐色腺鳞。小枝灰色或淡绿色，被柔毛。叶柄及叶轴被柔毛；叶轴具狭翅；小叶片 10 ~ 28 枚，长圆形或长圆状披针形，长 4 ~ 11cm，先端钝或短尖，具细锯齿，两面被腺毛，沿脉被褐色毛，脉腋具簇毛。雌花序生新枝顶端，花序轴密被柔毛。果序长 20 ~ 40cm，小坚果具 2 斜展翅，形如飞燕，翅长圆形或长椭圆状披针形，长 1 ~ 2cm，无毛。花期 4 ~ 5 月。

乌鲁木齐市和伊宁市以及喀什以下各县城栽培，开花结实。分布于东北、华北、华中、华南和西南各地。国外在朝鲜、日本亦有。

E. 五桠果亚纲——Subclass DILLENIIDAE

木本或草本。单叶少复叶，具托叶可缺。花两性少单性，离瓣少合瓣。子房上位，多为侧膜胎座，胚珠双珠被或单珠被，厚珠心或薄珠心。内胚乳核型或少细胞型，果实各式类型。

塔赫他间系统(1997)含 10 超目 40 目 108 科。新疆仅有 5 超目 9 目。

杜鹃花超目——ERICANAE

XIII. 杜鹃花目——ERICALES

小乔木或灌木，稀多年生草本。叶互生，少对生或轮生，单叶；全缘，无托叶。气孔平列形，无规则形有时不等细胞形或四轮列形。叶柄维管束和小枝节部的叶隙具单隙节，或3隙节或多隙节。导管常具梯纹穿孔，花通常成总状花序，两性或单性，辐射状。花萼(3~)5(~7)，分离或基部连合，覆瓦状或镊合状；花瓣(3~)5(~7)，连合成合瓣花冠，覆瓦状或蔗卷状，或缺；雄蕊跟花瓣同数或较多，少仅2或20，着生花托少在花管上；子房上位或7位，1~10室，每室具多数少几枚或1胚珠；胚珠倒生，半倒生，弯生，单珠被，薄珠心；雌配子体蓼型，具内壁层，内胚乳常为细胞型(Vaccinium 为核型)。果实为室背开裂或室间开裂的蒴果，浆果或核果。种子细小；具丰富胚乳和细小胚。

16. 杜鹃花科——ERICACEAE Jussieu，1789

常绿或落叶灌木少乔木。单叶、互生稀对生或轮生；无托叶。花组成花序或单生；两性，整齐或不整齐；萼片5，少4(3~7)，下部连合；花瓣5，稀4(3~7)，合生稀离生；雄蕊2轮，为花冠裂片2倍，花丝与花冠分离或从花盘基部生出；花药2室，孔裂或短纵裂，有时具芒；子房上位或下位。心皮5稀4，中轴胎座，每胎座具1至多数胚珠。蒴果、浆果。种子具胚乳 X = 8~23。

140属3500种，广布热带、亚热带山区。有的学者将本科分为4亚科或将其各自独立成科，而塔赫他间系统(1997)更将水晶兰科(Monotropaceae)、鹿蹄草科(Pyrolaceae)都包括在杜鹃花科中去，则难为更多学者赞同。

分属检索表

1. 果为浆果状核果(北极果亚科) ·· (3)北极果属 Arctous Nied.
1. 蒴果，室间开裂(杜鹃花科)。
  2. 花瓣分离，花组成顶生伞形花序 ·· (1)杜香属 Ledum Linn.
  2. 花瓣连合，花冠整齐，花梗俯垂，多腺毛 ···························· (2)松毛翠属 Phyllodoce Salisb.

(1)杜香属 Ledum Linn.

常绿小灌木，单叶互生，边全缘，两面及幼枝密被褐色绒毛和腺体，富有香味。伞房花序，着生于上年枝顶端；萼片5，宿存；花瓣5；雄蕊10，花药顶孔开裂；子房上位，5室，含多数胚珠。蒴果，室间开裂。种子细小。

10种，分布于北半球温带或寒带地区。我国东北产1种。

1. 杜香

Ledum palustre Linn. Sp. Pl. 1573；Фл. CCCP, 18：28, 1952；Фл. Казахст. 7：17, 1964；黑龙江树木志，460，图版141：1~3。

小灌木，高约50cm，多分枝，幼枝密生锈褐色或白色绒毛。叶互生，有强烈香味，狭线形，长1.5~4cm，宽1.5~3mm，先端钝，基部狭成短柄，上面深绿色，中脉凹陷，有皱纹，下面密生锈色和白色绒毛及腺鳞，中脉凸起，边全缘反卷。伞房花序，生于上年枝端；花梗细，长1~2cm，密生锈色绒毛；花多数，小形，白色；萼片5，宿存；花冠5深裂，裂片长卵形；雄蕊10，花丝基部有细毛。蒴果卵形，被细毛，长3.5~4mm，粗约2mm，5室，由基部向上开裂。花期6~7月，果期 7~8 月。

产阿尔泰山。青河、富蕴、福海、布尔津、哈巴河等高寒山区(据资料)。生藓类沼泽、潮湿针叶林，极少见。黑龙江省的大小兴安岭、吉林长白山区均有分布。模式自北欧瑞典。朝鲜北部、蒙古、俄罗斯、西西利亚、东西伯利亚、乌拉尔、俄罗斯欧洲部分。

(2)松毛翠属 Phyllodoce Salisb.

萼宿存，5 深裂；花冠卵状坛形，5 齿，脱落；雄蕊 10；花药顶孔开裂；花腋生枝顶，伞形花序，花梗俯垂，多腺毛。蒴果壁开裂成 1 层。

北极高山寡种属，我国产 1 种。

1. 松毛翠

Phyllodoce coerulea(L.) Bab. Man. Brit. Bot. ed. 1：194，1843；Фл. СССР，18：64，1952；东北植物检索表，273，1959；中国高等植物科属检索表，322，1979；中国高等植物图鉴，**3**：166，图 4285，1980。

常绿小灌木，地面上直立枝条高 10~30cm，多分枝。叶互生，硬革质，近无柄，条形，长 5~10mm，宽 1.2~1.8mm，边缘有细尖锯齿，两面亮绿色，仅中脉明显。花 1 或 2~5 朵生枝顶，多腺毛；花梗细长，长约 2cm，稍下弯，基部有 2 片宿存苞片；花萼裂片 5，披针形，长 3~4mm，紫红色，有腺毛；花冠壶状，长约 10mm，口部有 5 齿，带红色或紫黄色，外面疏生腺毛；雄蕊 10，花丝基部有腺毛，花药长圆形，紫色，顶孔开裂；子房 5 室，上部有腺毛，花柱不伸出。蒴果近球形，长 3~4mm，直立，从顶端室间 5 瓣开裂。

产阿尔泰山。青河、富蕴、福海、布尔津、哈巴河等地。生高山冻原灌丛中(资料)。我国东北长白山高山冻原亦有分布。朝鲜、日本、俄罗斯、西伯利亚、北欧、北美也有。模式自斯勘底纳维亚。

(3)北极果属 Arctous Nied.

落叶，平卧，无毛，矮灌木；花少数，簇生枝顶，花萼宿存，5 锐裂，花后不膨大，花药有 2 反折芒或 2 突起。

本属 4 种我国产 3 种，新疆产 1 种。

1. 北极果 图 91

Arctous alpinus(L.) Nied. in Engl. Bot. Jahrh. 12：180，1890；Фл. СССР，18：85，1952；Фл. Казахст. 7：18，1964；中国高等植物图鉴，3：190，图 4333，1980。

匍匐落叶矮灌木，长 20~40cm，无毛；枝淡黄棕色。叶倒卵形至倒披针形，

图 91 北极果 Arctous alpinus(L.) Nied.

1. 花枝 2. 花冠

长 1.3～4cm，宽 7～12mm，钝尖头或锐尖头，其疏长毛，边缘有细锯齿，下面灰绿色，脉网显著但不隆起。花少数，组成短总状花序，生于上年枝端，基部具 3～4 枚叶状苞片；花梗长约 5mm；花萼小，5 裂，光滑无毛；花冠坛状，长 4～6mm，淡绿白色，口部齿状 5 浅裂；雄蕊短于花冠 2 倍；花药具芒状附属物，花丝有毛；花柱长于雄蕊，短于花冠。浆果球形，径约 6～8mm，初红色，后变黑紫色，有毒。花期 5～6 月，果期 8～9 月。

产天山、萨乌尔出、阿尔泰山。生高山冻原，碎石山坡，藓类沼泽，甚少见。内蒙古、甘肃、青海、四川西北部也有分布。北极、俄罗斯欧洲部分、东西伯利亚、西西伯利亚东、中亚高山，远及北美也广泛分布。模式自斯勘底纳维亚记载。

17. 越橘科——VACCINIACEAE S. F. Gary，1821

花两性，整齐；花萼跟子房连合，4～5 裂，有时不裂；花冠合瓣，4～5 锐裂或 4 深裂，花后脱落；雄蕊分离；子房下位，4～5 室。浆果多种子。直立小灌木或半灌木。

本科约 20 属，新疆产 2 属。

分属检索表

1. 果红色，簇生枝端 ·· (1) 红果越橘属 Rhodococcum (Rupr.) Avr.
1. 果蓝黑色，单生叶腋 ·· (2) 越橘属 Vaccinium Linn.

(1) 红果越橘属(新拟) Rhodococcum(Rupr.) Avr.

花冠钟形，4 齿；花丝有柔毛；花药无附器。浆果深红色，4 室。

叶革质，宿存，仅 1 种。

1. 红果越橘(新拟)　图 92　彩图第 17 页

Rhodococcum vitis-idaea (L.) Avr. Бот. Жур. 43，12：1723，1958— *Vaccinium vitis-idaea* Linn. Sp. Pl. 351，1753；Фл. СССР，18，100，1952；Фл. Казахст. **7**：22，1964；中国高等植物图鉴，**3**：196，图 4346，1980；黑龙江树木志，**476**，图版 146：5～8，1986；新疆植物志，4：11，图版 4：1～4，2004。

小半灌木，高 10～25cm，小枝圆筒形，被白柔毛。叶革质，越冬，椭圆形或倒卵形，顶端钝或有凹缺，浅锯齿或全缘，边缘反卷，长 5～25mm，宽 3～12mm，上面深绿色，下面较淡，具暗褐色腺点。叶柄短，有绒毛，长 1～3mm，花梗短，被绒毛，淡红色，生上年枝上，形成稠密下垂的总状花序；花萼 4 浅裂，具细短齿，花冠钟形，淡红色，长 4～6.5mm，具 4 裂片；雄蕊 8，花丝有柔毛，花药无附器；花柱伸出；子房 4 室。浆果近球形，成熟时暗红色，可食。花期 5～6 月，果期 8～9 月。

产布尔津县和哈巴河县山区，生针叶林或针阔叶混交林下的苔藓丛中。我国东北和内蒙古山

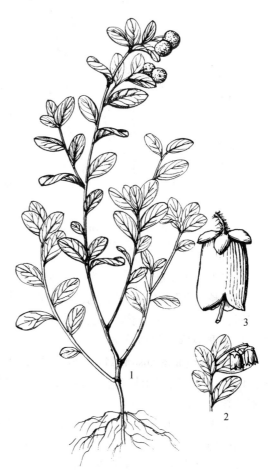

图 92　红果越橘 Rhodococcum vitis-idaea(L.) Avr.
1. 植株　2. 花枝　3. 花

地也有。朝鲜、蒙古、日本、俄罗斯，哈萨克斯坦、西伯利亚、欧洲、北美广布。模式自欧洲。

红果越橘的浆果味酸甜，可酿酒或制果酱；叶供药用，主治尿道疾病。我区尚未开发利用。

（2）越橘属 Vaccinium Linn.

落叶小灌木，多分枝。单叶互生。花腋生或顶生，组成总状花序；花萼4～5裂；花冠钟形，壶形或筒状，裂片4～5；雄蕊8～10，生花冠筒部，花丝通常有柔毛，花药长，背部有芒状附属物，下方有距或缺；子房下位，4～5室，稀8～10室，每室具2至多枚胚珠。浆果黑色或蓝黑色。

本属约300种，我国约45种，新疆1～2种，仅产阿尔泰山。

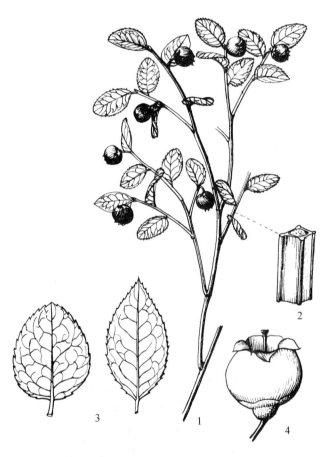

图93 黑果越橘 Vaccinium myrtillus Linn.
1. 果枝　2. 枝一段(示棱角)　3. 叶　4. 果

1. 黑果越橘　图93　彩图第17页
Vaccinium myrtillus Linn. Sp. Pl. 349，1753；Фл. СССР，18：97，1952；Фл. Казахст. 7：20，tab. 2，fig. 3. 1964；中国高等植物图鉴，3：212，图4377，1980；新疆植物志，4：11，图版4：5～8，2004。

落叶小灌木，高15～30(40)cm；茎和枝淡绿色，光滑无毛，具锐棱。叶卵圆形或椭圆形，钝或渐尖，长10～28mm，宽6～8mm，边缘细锯齿，顶端钝基部近圆形；叶柄短，长1～1.5mm。花单生叶腋，下垂，花梗长2.5～3.5mm；花萼狭窄具几全缘萼簷，花冠长3～4.5mm，淡绿色带粉红色，坛状球形，具4～5齿；雄蕊8～10，花丝无毛，向基扩展，花药具2枚长附器；子房5室。浆果径约6～8mm，球形，黑色被淡蓝色粉，果肉淡红色。花期5～6月，果期7～9月。

产布尔津县、哈巴河县山区，生山地针叶林下。北极、俄罗斯欧洲部分、高加索、西西伯利亚、东西伯利亚、斯勘底纳维亚、西欧、西部地中海、巴尔干、小亚细亚、伊拉克、伊朗、蒙古、北美等地广泛分布，模式自北欧。

黑果越橘在阿尔泰山区少见，繁殖也困难，尚未得到开发利用。根据俄罗斯资料，果实可作食品利用，既可鲜食又可干食，也可作果酒、果酱、果冻，是健胃的滋补品，果酒是滋补饮料。

2. 蓝果越橘　笃斯越橘

Vaccinium uliginosum Linn. Sp. Pl. 350，1753；Фл. СССР，18：96，1952；Фл. Казахст. 7：20，1964；中国高等植物图鉴，3：21，图4376，1980；黑龙江树木志，474，图146：1～4，1986；新疆植物志，4：11，2004。

小灌木，高50～100cm；茎和枝圆筒形，棕褐或暗灰色。叶长5～40mm，宽4～25mm，倒卵形，顶端钝圆，有时急尖，全缘，反卷，光滑无毛，上面淡绿色，上面淡灰蓝色，具突出叶脉。花1～3朵，生上年枝端，具短柄；花萼具4～5短齿；花冠长3.5～5.5mm，坛状，淡白或淡红色，具4～5枚弯齿；雄蕊8～10，花丝光滑，基部稍扩展，花药具短附器。浆果径约9～12mm，4～5室，圆形，带青色被蓝粉，内部具绿色果肉。花期 6~7 月，果期 8~9 月。

产青河县、富蕴县、福海县山区，生潮湿针叶林下、沼泽地，有时在低湿灌丛中。黑龙江、吉林和内蒙古东部的大兴安岭也有，很普遍，成大片生长为东北珍贵野生果树之一。国外在北极、俄罗斯欧洲部分、高加索、西西伯利亚、东西伯利亚、远东、斯勘底纳维亚、西欧、伊朗、库尔德斯坦、朝鲜、日本、蒙古、北美广泛分布。

蓝果越橘在阿尔泰山分布，至今我们仅是依据资料，因距阿尔泰山相邻的国家都有分布，因此，需要对中蒙、中俄、中哈边境的沼泽地，高山冻原进行深入调查。根据资料，此种果实含 86.9% 的水分，6.56% 的糖，葡萄糖占 2%，果糖占 3.47%。西伯利亚民间作果冻、果馅、果酱等。

18. 岩高兰科——EMPETRACEAE Lindl.

常绿匍匐状小灌木。单叶密集，轮生或近轮生，或近互生，狭椭圆形至线形，无柄；无托叶。花腋生，近无柄，整齐，单性，雌雄同株或异株，或为两性花，重花被，离生，(2)3 数；雄蕊通常 3 枚，具长花丝和 4 室少 2 室花药；子房上位，3~9 室，每室具 1 倒生胚珠，花柱短，柱头幅状浅裂。果实为多汁小核果，种子 3~9 枚，具丰富胚乳和直胚。

本科共 3 属，中国仅 1 属，产新疆阿尔泰山和内蒙古东部及黑龙江的大兴安岭。

(1) 岩高兰属 Empetrum Linn.

特征同科。

本属约 7~8 种，我国产 1 种及 1 变种。新疆产 1 种。

1. 欧亚岩高兰 图 94

Empetrum nigrum Linn. Sp. Pl. 1022, 1753; Vassil. in Fl. URSS, 14: 512, 1949; M. Pop. Fl. Sib. Med. 1: 550, 1957; Orlova in Fl. Murman, 4: 184, tab. LVⅡ, fig. 2, 1959; 新疆植物检索表，3: 264, 图版 17, 图 1, 1983; 黑龙江树木志，361, 1986; 吴征镒等，中国种子植物科属综论，602, 2003。

常绿小灌木。茎细长，蔓生，鞭状，在地表生根，从节上发出几枚直立状小枝；嫩枝有光泽，棕褐色，具淡黄色腺点。叶水平状开展，长 3~7mm，宽 1~1.5mm，狭椭圆形，顶端渐尖，基部渐狭，表面平坦，具凹陷中脉，背面具凸起中脉。花生二年枝上部叶腋，单性，雌雄异株，苞片 4~5 枚，卵形，匙形，弯曲，顶端疏齿，紧贴花萼，萼片阔卵形，顶端钝，有睫毛，短于花瓣，花瓣狭倒卵形或匙形，长约 2mm，顶端钝，雄花具长的

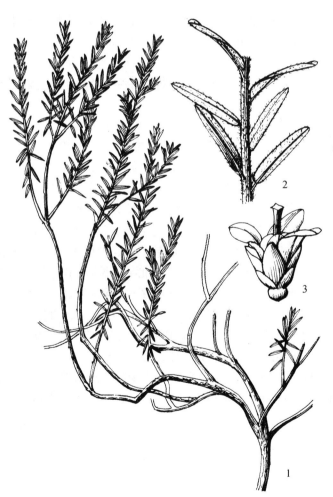

图 94 欧亚岩高兰 **Empetrum nigrum** Linn.
1. 植株 2. 枝、叶 3. 雄花

花丝和椭圆形花药，雌花具退化雄蕊，子房球形，花柱短，柱头具有齿的裂片。果实为浆果状核果，黑色。果期 8 月。

生高山带古冰川遗址的巨型鹅卵石缝中，匍匐生，极少见。

产布尔津县喀纳斯湖高山。分布于蒙古阿尔泰山、俄罗斯西西伯利亚、中西伯利亚、欧洲至北极均有分布。模式标本自欧洲记载。

附：岩高兰花果很难采到，但分类很重要，迄今，我们未见较多的花果标本，故分类等级暂从波波夫的《中西伯利亚植物志》，待深入研究。

本科可能起源于石南状（ericoid）祖型（吴征镒，2003），它们在（白垩）第三纪（或以前）起源于但是还未远距离分开的太平洋和大西洋两岸。以后在第四世纪冰期前分化，而在冰期后退缩到两极。所以本科分化扩散路线是在第二次泛古大陆期间从泛古大陆到古大陆两部（现在欧洲和北美洲东部）。中国已知有两种，即东北岩高兰 Empetrum nigrum var. japonicum K. Koch.（分布于大兴安岭，海拔 800~1500m 的石山落叶松林下）和欧亚岩高兰 Empetrum nigrum Linn.。

堇菜超目——VIOLANAE

含 10 目，新疆木本 3 目。

XIV. 杨柳目——SALICALES

杨柳目跟大风子目关系很密切，特别是跟大风子科（FLACOURTIACEAE）而种子的解剖又跟柽柳目接近，它们可能有共同起源。

19. 杨柳科——SALICACEAE Mirbel，1815

落叶乔木或直立灌木，少匍匐灌木；树皮光滑或粗糙。顶芽发达或无顶芽，芽由 1 至多数鳞片包被。单叶互生，稀对生，不分裂或浅裂，边全缘，有锯齿或齿牙；托叶鳞片状或叶状，早落少宿存。花单性，雌雄异株，风媒或虫媒传粉，柔荑花序，直立或下垂，先叶或与叶同时开放，稀后叶开放；花着生于苞片基部；苞片脱落或宿存，分裂或全缘；花被变为杯状花盘或腺体，稀缺如；雄蕊 2 至多枚，花药 2 室，纵裂，花丝分离至合生；子房无柄或具柄，由 2~4 心皮合成一室，侧膜胎座，胚珠多数，花柱 1~2，连合或分离，短至很长，柱头 2，全缘或 2 裂。蒴果 2~4 瓣裂。种子细小，种皮薄。胚直立，无胚乳，或具少量胚乳，基部围以由株柄细胞发生的多数白色丝状长毛。

本科有 3 属 400 多种，广布北半球温带和寒带。从北极圈到北纬 30°。有的种分布更南，甚至在南半球出现。我国有 3 属 300 多种；新疆 2 属 70 种，遍及全疆各地，是珍贵的用材及绿化树种。

多数学者认为杨柳科起源于劳亚古陆。关于它的系统位置，曾是假花学说和真花学说争论的焦点。恩格勒系统赞成假花学说，认为它是被子植物中最原始的类群，而真花学说系统则反是。近年来，根据化学（与大风子科的山桐子属 Ideaia 均含水杨苷 Salicin，其他被子植物无此物质）、寄生真菌（柳锈菌 Melampsom 同时可寄生杨柳科及山桐子属植物上），及其花被具畸形花等的研究工作（Takhtajan，1980；Cronquist，1981），杨柳科起源于大风子科的问题，得到多数学者赞同。

分属检索表

1. 枝髓心五角形，具顶芽；芽具数鳞片；花成总状下垂柔荑花序；苞片先端锐裂；花被变成杯状花盘；叶片常宽大，柄长 ………………………………………………………………………… (1) 杨属 **Populus** Linn.
1. 枝髓心圆形，多无顶芽；芽具 1 鳞片；花成穗状直立柔荑花序；苞片全缘不裂；花被变成腺体；叶片常狭长，柄短 ………………………………………………………………………………… (2) 柳属 **Salix** Linn.

(1) 杨属 Populus Linn.

乔木，树干通常端直；树皮光滑或纵裂；芽鳞多数，被绒毛或有胶质。枝有长短之分，圆柱状或具棱。叶互生，卵圆形、近圆形、卵圆状披针形或三角形、菱形；幼苗、幼树和成年树叶常不同型；叶柄长，侧扁或圆柱形，有时先端有腺点。柔荑花序下垂，常先叶开放；苞片先端锐裂或条裂，膜质，早落；雄花花盘杯状，盘状或斜切；雄蕊4~60枚，着生于薄片状花盘内，花药暗红色，二室，花丝较短，离生；花柱短，柱头2~4裂。蒴果2~4裂，种子细小，多数，长圆形或长圆状卵形，基部有丝状毛。

本属约110种，广布北半球温带。我国约50种，分布在西北、东北及西南各地；新疆天然分布和引入栽培约22种及变种(不计人工杂种)，其生长快，对环境条件要求不严，是林业上重要的用材及绿化树种。

分种检索表

1. 叶两面同为灰蓝色，先端有粗齿牙或全缘；花盘脱落，有尖齿或深裂 ·················
   ·················（Ⅰ）胡杨亚属 Subgen. Turanga (Bunge) Dode，2
1. 叶两面异色；表面绿色，背面淡绿色；花盘宿存 ·······················**3**
2. 短枝叶有明显齿牙；幼苗和根条叶披针形或线形；花盘裂至中部或稍深 ········· **1. 胡杨 P. euphratica** Oliv.
2. 短枝叶全缘少有疏齿牙；幼苗和根条叶广椭圆形；花盘几裂至基部 ············· **2. 灰叶胡杨 P. pruinosa** Schrenk
3. 花盘斜切形；树皮光滑，仅老树干基部粗糙；冬芽有绒毛；叶柄侧面扁压；叶片掌状浅裂或边缘有粗齿牙，背面被白绒毛或无毛 ···········（Ⅱ）白杨亚属 Subgen. Populus 4
3. 花盘几平截，具齿或深凹；树皮常粗糙，灰色或灰白色；冬芽有黏质。叶菱形、三角形、卵圆或披针形，边缘有细锯齿，表面绿色，背面淡白或浅绿色，光滑无毛或微有绒毛；叶柄圆筒形或侧面扁压 ···········**10**
4. 幼叶背面有白色或灰色绒毛；嫩枝常有绒毛 ···········（Ⅱa）银白杨组 Sect. Populus 5
4. 叶圆形或近圆形，成熟叶无毛；叶具长而上部扁的柄 ·······（Ⅱb）山杨组 Sect. Trepidae Dode 9
5. 长枝叶浅至深裂 ···**6**
5. 长枝叶不裂，具不规则粗齿牙 ··**8**
6. 长枝叶浅裂；短枝叶基部圆或微心形，两侧齿牙常不对称，树冠开展，树皮粗糙 ·················
   ·················**3a. 银白杨 P. alba** Linn. var. **alba**
6. 长枝叶深裂；短枝叶基部常截形；初有薄绒毛，旋即光滑无毛，两侧齿牙常对称；树皮光滑 ···········**7**
7. 树冠圆柱形或尖塔形，侧枝呈锐角开展，苗条常呈"之"形弯曲 ········ **3c. 新疆杨 P. alba** var. **pyramidalis** Bunge
7. 树冠卵圆形或开展，侧枝呈钝角开展；苗条直 ········ **3b. 光皮银白杨 P. alba** var. **bachofenii**(Wierzb.) Wesm.
8. 叶形大，边缘具缺刻或粗齿牙；枝较粗 ····················**5˚. 毛白杨 P. tomentosa** Carr.
8. 叶形小或较小，边缘具不规则凹缺钝齿；枝细 ········ **4. 银灰杨 P. canescens**(Ait.) Smit.
9. 叶先端钝圆，边缘有凹缺状齿；产阿尔泰山和天山 ········ **6. 欧洲山杨 P. tremula** Linn.
9. 叶先端渐尖，边缘浅齿；广东北各省，新疆引种 ········ **7˚. 山杨 P. davidiana** Dode
10. 叶三角形、菱形、菱状卵圆形，常具半透明边缘 ·······（Ⅲ）黑杨亚属 Subgen. Aegeiros (Duby) R. Kam. 11
10. 叶卵圆形或长卵形，萌条叶披针形少卵圆形，边缘不透明；叶柄圆筒形 ·················
    ·················（Ⅳ）青杨亚属 Subgen. Tacamahacae (Spach.) R. Kam. 19
11. 叶缘半透明，无睫毛，基部无腺点 ··········（Ⅲa）欧亚黑杨组 Sect. Euroasiaticae (Bugala) Yang Comb. 12
11. 嫩枝有棱角；叶缘有睫毛，基部多有腺点 ········（Ⅲb）美洲黑杨组 Sect. Americanae (Bugala) Yang Comb. 18
12. 叶菱形或三角形 ····································**13**
12. 叶常为卵圆形少菱状卵圆形或三角形；叶柄几不扁；小枝多少有毛 ····································**16**
13. 树冠开展；野生种 ····································**14**
13. 树冠圆柱形或尖塔形，栽培种 ····································**15**
14. 叶具长尾尖；叶柄侧扁 ····································**8. 黑杨 P. nigra** Linn.
14. 叶不具长尾尖，长宽近等长或宽大于长 ········ **9. 阿富汗杨 P. afghanica**(Aitch. et Hemsl.) Schneid.
15. 树皮光滑；叶之长大于宽；雌株 ········ **8c. 箭杆杨 P. nigra** var. **thevestina**(Dode) Bean

15. 树皮粗糙发黑；叶之宽大于长；雄林 ······························· **8b.** 钻天杨 **P. nigra** var. **italica** Munchhausen
16. 树冠圆柱状或塔形，叶卵圆形或菱状卵圆形，长渐尖；栽培种····· **12**[*]**.** 中东杨 **P. berolinensis**(C. Koch) Dipp.
16. 树冠开展；野生种 ··· **17**
17. 萌条叶菱状倒卵形；短枝叶长卵形或菱状卵圆形。基部楔形········· **10.** 额河杨 **P. jrtyschensis** Ch. Y. Yang
17. 萌条叶披针状长圆形；短枝叶卵圆形或阔卵形，基部阔楔形、圆形或平截········· **11.** 伊犁杨 **P. iliensis** Drob.
18. 叶之长宽几相等，基部具 2~4 腺点，平截或微心形，边缘密生睫毛(纯种) ·····························
  ·· **13.** 美洲黑杨 **P. deltoides** Marsh.
18. 叶之长大于宽，基部楔形或阔楔形，具 1~2 腺点或缺，边缘具疏睫毛(杂种) ·······················
  ·· **14.** 加拿大杨 **P. canadensis** Moench.
19. 小枝近圆筒形，栗色，有绒毛；叶广卵状三角形，基部心形 ········· **15**[*]**.** 欧洲大叶杨 **P. candicans** Ait.
19. 小枝多有棱角。
20. 叶之最宽处在中部以上。小枝纤细，淡褐色，无毛或有毛 ············· **16**[*]**.** 小叶杨 **P. simonii** Carr.
20. 叶之最宽处在中部或以下。
21. 枝叶花果各部光滑无毛 ··· **22**
21. 枝、叶、花、果常被密或疏毛 ··· **23**
22. 短枝叶卵圆形，先端短渐尖，基部阔楔形、圆形或微心形 ············· **17**[*]**.** 青杨 **P. cathayana** Rehd.
22. 短枝叶狭卵形，先端渐小，基部楔形 ·································· **18**[*]**.** 小青杨 **P. pseudosimonii** Kitag.
23. 叶异型，长枝和萌条叶披针形；短枝叶卵圆形 ··· **24**
23. 叶同型或几同型；圆形或卵圆形 ·· **25**
24. 萌条有尖锐棱肋；小枝淡黄色，各部密被绒毛(阿尔泰山、塔城) ········· **19.** 苦杨 **P. laurifolia** Ldb.
24. 萌条稍有棱角，小枝灰黄色，着花短枝常呈棕色；各部微被短绒毛，后几无毛(天山山地) ···············
  ·· **20.** 密叶杨 **P. talassica** Kom.
25. 短枝叶圆形，长 4~6.5cm，宽 3~6cm，基部心形，先端短渐尖 ········· **21.** 帕米尔杨 **P. pamirica** Kom.
25. 叶卵圆形或阔卵圆形，长 4.5~9cm，宽 4~6cm，基圆，心形(额尔齐斯河；北屯) ·······················
  ·· **22.** 柔毛杨 **P. pilosa** Rehd.

(I)胡杨亚属 Subgen. Turanga(Bunge) Dode

合轴分枝。木髓射线异型；芽无黏质，被毛。叶形多变化，两面同为灰蓝色，仅下面有气孔，叶柄扁圆。花序具梗，常有不脱落的叶片；花盘膜质，浅或深裂，具尖齿，早落；雄蕊 15~35，花药长圆形，先端具细尖；花粉表面有残存沟槽和纹孔；子房长卵形，3 心皮，偶见 2 或 4 心皮，每心皮上着生 35~45 枚胚珠，柱头极大，3~4 裂；苞片匙形，膜质，浅裂或仅具齿牙，有时近全缘，早落。蒴果长卵形，具柄，3(2) 瓣裂，每果含 110~160 粒种子。

本亚属比较原始，因而有人主张独立成胡杨属。它与特产于东非赤道附近(肯尼亚)的非洲杨极为近似，二者仅花柱连合程度稍有差异，而非洲杨确有"花被"存在，因而也有人主张独立成非洲杨属。但这两种意见均未受到多数学者赞同。

胡杨是上白垩纪—古第三纪的残遗物种，是热带—亚热带河湾森林植物区系的衍生物(卡麦琳 1973 年)。在渐新世末—中新世初，它就是中亚河谷林的重要分子(别斯切特洛夫和格鲁金斯卡娅，1981)。它的祖先类型化石，在天山山间盆地的中新世中期地层和库车千佛洞，都曾多次被发现。

1. 胡杨 异叶胡杨 梧桐 图 95 彩图第 17 页

Populus euphratica Oliv. Voy. Emp. Ottoman. 3：449, fig. 45~46, 1807; Repert. sp. nov. Reg. Veg. 36：20, 1934; Contr. Inst. Bot. Nat. Acad. Peip. 3：239, 1035; Gerd Krussmann, Handbuch Laubgeholze Band 2：234, 1962; Fl. Europ. 1：55, 1964; Fl, Iran. 65：4, 1969; Conspp. Fl. As. Med. 3：8, 1972; 新疆植物检索表, 2：17, 1983; 中国植物志, 20(2)：76, 1984; 中国树木志, 2：2005, 1985; 中国沙漠植物志, 1：252, 1985; 新疆植物志, 1：128, 1992。—*P. diversifoilia* Schrenk in Bull. Acad. Sc. Petersb. 10：253, 1842; Фл. СССР, 5：221, 1936; Фл. Казахст.

3：50，1960；中国高等植物图鉴，1：357，图713，1972；内蒙古植物志，1：161，1985。

乔木，高 10～20m。稀灌木状。树冠开展；主干多数明显，枝下高 0.4m 至 3m；胸高直径 30～45cm，少至 150cm；树皮淡灰褐色，深纵条裂。幼枝圆筒形，淡红—淡黄色；萌条细，无毛或有绒毛；成年树小枝泥黄色，被短绒毛或无毛。叶形多变化；苗期和萌枝叶披针形或线状披针形，长 5～12cm，宽 0.5～2.5cm，全缘或具疏波状齿；花枝叶宽卵圆形、卵圆状披针形、三角状卵圆形或肾圆形，先端有粗齿牙，基部楔形、阔楔形、圆形或截形，长 2.5～4.5cm，宽 3～7cm，两面同色；叶柄侧扁，约与叶片等长，在叶片基部的柄上，具 2 腺点；萌枝叶柄极短，长仅 1cm，被短绒毛或无毛。芽卵状圆锥形，淡褐色；花芽长 5～12cm；叶芽长 3～5mm。雄花序细圆柱形，长

图 95 胡杨 Populus euphratica Oliv.

4～4.5cm，平均着生 25～28 朵花，每花平均有雄蕊 15～25 枚，花药紫红色，花丝短，花盘膜质，碗状，边缘有不规则细齿；苞片略呈菱形，长约 3mm，上部有疏齿牙；花序轴和花梗密被开展绒毛；雌花序长约 2～3cm，果期长达 9cm，花序轴有短绒毛或无毛，平均着生 20～30 朵花；子房长卵形，由 3 心皮组成，极少 2～4 心皮；胚珠着生于内壁，每心皮生 35～45 枚，子房被短绒毛或无毛，子房柄约与子房等长，柱头 3 或 2 浅裂，鲜红或淡黄绿色，花盘碗状，边缘有细齿，被绒毛，膜质，早落。蒴果长椭圆形，长 10～12mm，宽 3～5mm，2 瓣裂，约含 110 粒种子。种子细小，淡棕褐色，长 0.7～0.8，宽 0.4～0.5mm，每克种子 11～12 千粒，绝对重 0.11～0.12mg。花期 5 月，果期 7～8 月。

生荒漠河流沿岸、排水良好的冲积沙质壤土上。海拔 800～2400m。

产北纬 36°30′～47°，东经 82°30′～96°之间的广大地区。而主要集中在塔里木河上游叶尔羌河、喀什河以及塔里木河中游一带。分布于内蒙古、宁夏、甘肃、青海等地；蒙古、中亚、高加索、埃及、叙利亚、印度、伊朗、伊拉克(模式产地：幼发拉底河)、阿富汗、巴基斯坦也有分布。

胡杨的心材褐色，不宽，边缘淡白—淡黄色，较宽，材质柔软，有韧性、易加工，但难劈，不结实。

胡杨抗盐、抗旱、抗寒、抗风、喜光、喜砂质壤土，是新疆荒漠中分布最广的落叶阔叶树种、特有的荒漠森林树种。

胡杨的生长发育规律：

1. 幼龄林期：1～10 年，叶为线形或线状披线形。第一年高 5～6cm，根系长达 15～20cm，第 2 年高 15～20cm，第 3 年高 30～40cm，第 4～5 年以后生长加快，第 10 年左右，树高 2～3m，胸径

4～5cm。开始开花结实。

2. 中龄林期：11～20年，叶披针形具疏齿牙，树冠尖卵形，为高生长高峰期和结实旺盛期，树高4～10m，胸径6～8cm。

3. 近熟林期：21～40年，异叶明显，树冠宽阔，开展，为胡杨粗生长期，树高10～15m，胸径11～15cm以上。生长中速。

4. 成熟林期：41～60年，叶主要为阔卵形，树冠开始稀疏，生长由中速趋于缓慢。

5. 老龄林期：60年以后，生长由很慢近于停滞，皮厚而粗糙剥落，心腐，枯梢。在立地条件良好条件下，可达100年或100～150年，极少达到200～300年。

2. 灰叶胡杨 灰杨 图96 彩图第18页

Populus pruinosa Schrenk in Bull. Acad. Sci. Petresb. 13：210，1845；Sarg. Pl. Wils. **3**：30，1916；Contr. Inst. Bot. Nat. Acad. Peip. 3：239，1935；Фл. СССР，5：223，1936；Фл. Казахст. 3：52，1960；Consp. Fl. As. Med. 3：8，1973；新疆植物检索表，2：18，1983；中国植物志，20（2）：78，1984；中国树木志，2：2007，1985；中国沙漠植物志，1：252，1985；新疆植物志，1：127，1992。

小乔木，高10（20）m。树冠开展；树皮淡灰黄色，深裂。萌条枝密被灰色短绒毛；小枝有灰色短绒毛。萌枝叶椭圆形，长6～7cm，宽3～4cm，两边被灰绒毛；短枝叶肾脏形，长3～5cm，宽4～7cm，全缘或先端具2～3疏齿牙，两面灰蓝色，密被短绒毛；叶柄长2～3cm；萌枝叶柄较短，微侧扁。果序长5～6cm，着生20～30朵花，果序轴、果柄和蒴果均密被短绒毛。蒴果长卵圆形，长5～10mm，2～3瓣裂；花盘深裂有时至基部，膜质，早落；每果平均含种子140～160粒。种子平均长0.9～1.3mm，宽0.5～0.6mm，千粒重0.09～0.1g，长圆形，淡黄—乳黄色。

生荒漠河谷河漫滩或水位较高的沿河地带。海拔800～1400m。

产叶尔羌河、喀什河、和田河一带，向东分布到阿拉尔、奥干河等地，南抵若羌瓦石峡之西，北达达坂城白杨河出山口，西达伊犁河谷。国外分布于中亚和伊朗。

灰杨喜光，喜砂壤土，耐低温、低热、耐大气干旱、耐盐碱，适应性强，生长迅速，和胡杨一样是荒漠河岸林的建群种之一。

灰杨林可分实生林、根蘖林和萌芽林三类。实生林材质好，10年后才开始郁闭；根蘖林生长较快，5年生即可郁闭成林；萌芽林生长最快，但材质较差。

南疆的灰杨林，可分为3个

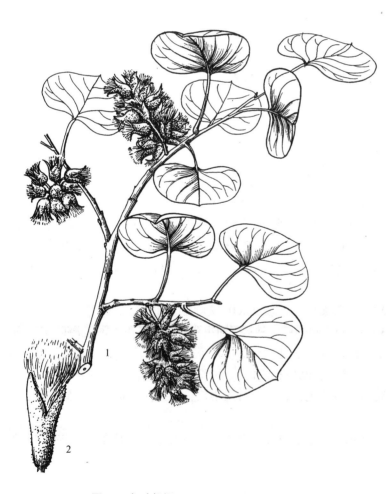

图96 灰叶胡杨 Populus pruinosa Schrenk
1. 果枝叶 2. 蒴果

地区，叶尔羌河灰杨林区，包括巴楚和阿瓦提两地的灰杨林，林分密度较大，生长也旺盛；喀什噶尔河下游灰杨林及和田河下游灰杨林，多为次生林。

（Ⅱ）白杨亚属 Subgen. Populus

树皮通常灰白色，平滑，仅老树基部粗糙。芽被绒毛或光滑。短枝叶椭圆形至卵形，浅裂，被银白或灰色绒毛或叶圆形具钝齿，无毛；叶柄侧扁或近圆柱形。苞片条状分裂，边缘有灰色长毛，柱头2~4裂；雄蕊5~20，花药不具细尖。蒴果长椭圆形，通常2瓣裂；花盘斜切。

本亚属分两组：银白杨组和山杨组。

（a）银白杨组 Sect. Populus

芽小，被绒毛。叶柄短，近圆柱形，靠近叶片处稍扁。短枝叶小，椭圆形至卵圆形；长枝叶3~5深或浅裂，背面常被白或灰绒毛。雄花序长8~10cm，具6~10枚雄蕊。雌花序长至5cm，具4柱头。蒴果2瓣裂。

我国产5种，新疆产2种2变种，引入1种。

3. 银白杨　图97　彩图第18页

Populus alba Linn. Sp. Pl. 1034，1753；Sarg. Pl. Wils. 3：37，1917；Man. Cult. Trees Shrubs 73，1927；Contr. from the Inst. of Bot. Nat. Acad. of Peip. 3：227，1935；Фл. СССР，5：225，1936；Фл. Казахст. 3：40，1960；Gerd Krussmann. Handbuch Laubgehoize Band，2：228，1972；Fl. Europ. 1：54，1964；Fl. Iran Salic. 65：12，1969；Consp. Fl. As. Med. 3：10，1972；中国高等植物图鉴，1：350，图700，1972；秦岭植物志，1(2)：10，1974；新疆植物检索表，2：19，1983；西

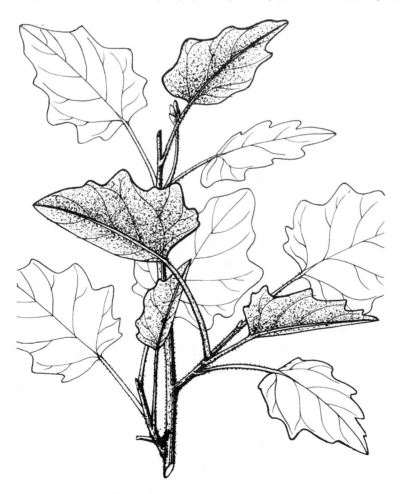

图97　银白杨 Populus alba Linn.

藏植物志，1：414，1988；中国植物志，20（2）：7，1984；中国树木志，2：1959，1985；中国沙漠植物志，1：254，1985；内蒙古植物志，1：163，1985；新疆植物志，1：129，图版34，1992。

3a. 银白杨（原变种）

Populus alba Linn. var. **alba**

乔木，高15～30m。树冠宽阔，树皮白色至灰白色，平滑，下部常粗糙，具纵沟。小枝常被白色绒毛，萌条密被绒毛，圆筒形，灰绿或淡褐色。芽卵圆形，长4～5mm，先端渐尖，密被白绒毛，后局部或全部脱落，棕褐色，有光泽。萌枝和长枝叶卵圆形，掌状3～5浅裂，长4～10cm，宽3～8cm，裂片先端钝尖，基部阔楔形、圆形或平截、或近心形。中裂片远大于侧裂片，边缘呈不规则凹缺，侧裂片几呈钝角开展，不裂或凹缺状浅裂，幼叶两面被白色绒毛，后上面毛脱落；短枝叶较小，长4～8cm，宽2～5cm，卵圆形或椭圆状卵形，先端钝尖，基部阔楔形、圆形、少微心形或平截，边缘有不规则且不对称的钝齿牙，上面光滑，下面被白色绒毛；叶柄短于或等于叶片，近叶片处略侧扁，被白色绒毛。雄花序长3～6cm，花序轴有毛；苞片膜质，宽椭圆形，长约3mm，边缘有不规则齿牙和长毛；花盘有短梗，宽椭圆形，歪斜；雄蕊8～10，花丝细长，初期花药紫红色后淡黄色。雌花序长5～10cm，花序轴有毛，雌蕊具短柄，花柱短。柱头2，具淡黄色长裂片。蒴果细圆锥形，长约5mm，2瓣裂，无毛。花期4～5月，果期5～6月。种子千粒重0.54g，发芽率96%。

生荒漠河谷岸边或在河心岛上形成片林。海拔440～580m。

产额尔齐斯河。南北疆广为栽培。山东、辽宁南部、河南、河北、山西、陕西、宁夏、甘肃、青海、西藏等地均有栽培。国外分布于东欧和中欧、地中海西岸、北非、小亚细亚、西亚和中亚、西西伯利亚、蒙古等地。

卡麦琳认为（1973）：跟大齿山杨相近的山杨祖先，可能是从大叶杨产生的。它进入古地中海以后，产生了银白杨类群。根据它的分布推测，西部地中海和亚洲中部的中国（南部），都有可能包括在这一类群的初始发生地区。

银白杨依其世界分布，可分为欧洲中东部和西部类群以及地中海西部类群。后者包括意大利、西班牙、阿尔及尔、摩洛哥等地。这两大类群均有众多的天然和栽培变种，早已用于林业生产，进行良种选育，取得了很好效果。

斯塔罗娃认为（1980年）：银白杨种子有红色和淡黄色之分，前者为雄性，后者雌性。

银白杨很喜光，不耐庇荫，稍耐盐碱；适生砂壤地，不宜黏重、瘠薄土壤；深根性，根系发达，根蘖力强，抗风力强。是北疆平原地区有发展前途的珍贵树种。

10年前生长快，年生长量可达1m，10～25年时，年生长30～60cm，25年后生长较慢。在自然群体中，常是雄株多，雌株少。木材心材、边材明显，心材褐色，边材白色，纹理直，结构细，管孔小，容重大，力学强度较高，居杨树前列。木材供建筑用，亦可作桥梁、门窗、家具、车船、胶合板、火柴杆等。纤维平均长度1.110μm，平均宽度26.91μm，可作纸浆原料。

3b. 光皮银白杨（变种）

Populus alba var. **bachofenii**（Weirzb.）Wesm. in De Candolle. Prodr. 16（2）：324，1868；Gerd Krussmann. Handbuch Laubgeholze Band，2：229，1962；新疆植物检索表，2：20，1983；中国植物志，20（2）：8，1984；中国树木志，2：1961，1985；新疆植物志，1：131，1992—P. bachofenii Wierzb. ex Rochel. Banatt. Resise，77，1838；Rchb. Icon. Fl. Germ. 11：29，1849；Фл. Казахст. 3：40，1960；Rehd. Bibliogr. Cult. Trees Shrubs，66，1949，pro syn. P. canescens（Ait.）Smith.；Фл. CCCP，5，224，1956，pro syn. P. bolleana Lauche。

树皮灰色或青灰色，光滑。树冠宽阔，枝开展。萌条和长枝叶掌状3～5深裂，基部截形，中裂片常2～3浅裂，先端尖，侧裂片几成锐角开展，基部边缘具短裂片和齿牙；短枝叶基平截，两侧缺刻状齿牙几对称，背面几无毛。仅见雄株。

南北疆常见栽培，但以南疆最普遍。国外在中亚、小亚细亚、西南欧等地均有。在南斯拉夫和罗马尼亚等地栽培的"Bachofenii"杨，有人将它作为银灰杨的栽培变种（联合国粮农组织丛书：《杨树与柳树》）。其实，二者是容易区别的，前者（光皮银白杨）萌枝叶掌状 3~5 深裂，短枝叶基部截形，边缘具几对称的粗凹缺刻，苞片深棕色，而后者（银灰杨）萌枝叶几不裂，短枝叶基部圆或阔楔形，花序苞片淡褐色。

光皮银白杨（*bachofenii*）与银白杨的区别：前者萌枝叶掌状 3~5 深裂，枝叶被灰绒毛，树干基部光滑或近光滑，青灰色，后者萌枝叶浅裂，枝叶密被白绒毛，基部树皮粗糙、发白。光皮银白杨与新疆杨区别：侧枝呈钝角或直角开展，而非呈锐角开展，故前者树冠幅大，后者冠幅小，呈塔形或圆柱形。

在中亚地区，有人将银白杨与新疆杨合称为波列杨（新疆杨）（*Bolleana*），而将光皮银白杨（*bachofenii*）作为异名，也有人则反是，将 Bolleana 作为 bachofenii 的异名，还有人将二者均作独立种对待，或将 Bolleana 作为 bachofenii 的变种，也还有人将二者均作银白杨的变种，但中亚学者多不赞同。

鉴于树冠幅大小在城市绿化的效果有明显差异，故均作银白杨变种对待。

光皮银白杨是南疆和伊犁地区很普遍也极珍贵的造林和绿化树种。

3c. 新疆杨（变种）　图98

Populus alba var. **pyramidalis** Bunge in Mem. Div. Sav. Acad. Sci. St. Petersb. **7**：498，1854；Man. Cult. Trees and Shrubs ed. **2**：73，1940；新疆植物检索表，2：20，1983；中国植物志，20（2）：9，1984；新疆植物志，1：131，1992；—*P. alba* f. *pyramidalis*（Bunge）Dippel. Handb. Laubh. 2：19，1892；Bibliogr. Cultr. Trees Shrubs，66，1949；—*P. bolleana* Lauche，Deutsch. Mag. Gart. & Blumenk，296，1878；Фл. СССР，5：224，1936；Фл. Казахст. 3：40，1960 pro syn. *P. bachofenii* Wierzb。

乔木，树冠塔形或圆柱形；树皮灰白或灰绿色，光滑或基部微浅裂。小枝圆筒形，光滑无毛或微被绒毛；嫩枝常被白绒毛。芽长 10~12mm。长圆状卵形，被薄绒毛，长枝叶长12~18cm，阔三角形或阔卵形，5~7 裂，边缘具不规则粗齿牙，表面无毛或局部被毛，背面被白绒毛；短枝叶较小，近革质，初时背面被白绒毛。以后无毛，广椭圆形，基部常平截，边缘有粗齿，齿牙常呈三角形，凹缺圆；叶柄长 4~5cm，侧扁，初被白绒毛，后无毛。雄花序长 4~5cm，粗约1cm，穗轴微有绒毛；苞片膜质，淡红褐色或深棕色，阔卵圆或近圆形。边缘具细缺刻，向基部急缩。狭楔形，边缘或仅顶部边缘具长、直、向上的灰柔毛；花盘具柄，呈阔椭圆形，肉质，内部平凹，无毛；雄蕊 10~12 枚，具纤细花丝；花药紫红色，圆形。雌花序不知。

南北疆普遍栽培，我国北方各地也有。国外在中亚、小亚细亚、伊朗、欧洲南部和西部，以及南美阿根廷也有栽培。

野生于中亚（从土库曼斯坦到乌兹别克斯坦）平原和前山湿润土壤上，主要是沿着河边，在天山，它成片生于野核桃林中（苏联观赏树木学）。根据同功酶分析结果（陈礼学，1985 年）：新疆杨和光皮银白杨的酶谱带完全一致，均为 6 条带，即 B 区（迁引力 0.21~0.30）2 条，C 区（0.31~0.40）1 条，G 区（0.71~0.88）3 条。而银白杨的酶谱带为 7 条，A 区（0.11~0.20）1 条，B 区 2 条，C 区 1 条，G 区 3 条，比新疆杨酶谱带多 1 条。银灰杨的酶谱带为 8 条，即 B 区 2 条，C 区 2 条，F 区（0.61~0.70）1 条，G 区 3 条，看来，G 区 3 条酶谱带，是银白杨组特有的。根据花粉电镜扫描观察（陈梦，1985 年）：新疆杨和光皮银白杨的花粉均为球形或近球形，表面具有均匀的颗粒状纹饰。但新疆杨花粉的颗粒状纹饰小、疏散；光皮银白杨的则较大而密集。银白杨花粉与之不同的是颗粒纹饰大小不匀，密集，但分布均匀；银灰杨花粉跟银白杨花粉一样均匀，球形，但较大，最小花粉为 23.8μm，最大为 38.3μm，平均为 27.5μm，表面颗粒纹饰大，而可与银白杨花粉区别，没有出现银白杨和欧洲山杨花粉的中间类型。

新疆杨以其塔形树冠，而为育种学家用作珍贵雄性亲本材料。新疆杨喜光，不耐庇荫，较耐寒、抗风、抗热、抗烟尘。喜深厚、湿润、肥沃土壤生长良好。1～8年生长快，年生长量可达1.5～2.5m，胸径生长以2～10年生较快，连年生长量1～1.5cm，寿命70～80年，一般25～30年生时，枯梢、心腐、宜早采伐利用。

心材和边材区分不明显，淡褐色，微发红，纹理较直，结构较细，木纤维胞壁较厚，容重大，材质较好。可供建筑部门用，亦可作桥梁、门窗、家具等。

新疆杨是南疆和伊犁地区珍贵的造林和绿化树种。

斯塔罗娃（1980年）将欧洲山杨、银白杨分别与新疆杨进行杂交，结果在杂种第一代，塔形树冠和开张型树冠的比率接近1∶1，没有中间类型。这说明新疆杨树冠的塔形性是杂合性的，并按显性型遗传（《杨柳科育种》）。

图98　新疆杨 Populus alba var. pyramidalis Bunge

4. 银灰杨　图99

Populus canescens(Ait.) Smit. Fl. Brit. 3：1080，1804；Man. Cult. Trees Shrubs ed. 2：73，1940；Фл. СССР，5：226，1936；Фл. Казахст. 3：41，1960；Fl. Europ. 1：54，1964；新疆植物检索表，2：21，1983；中国植物志，20(2)：9，1984；中国沙漠植物志，1：256，1985；中国树木志，2：1962，1985；新疆植物志，1，132，1992. —P. alba var. canescens Ait. Hort Kew，3：405，1789。

乔木，高达20m。树冠开展；树皮淡灰或青灰色，光滑，树干基部较粗糙。小枝淡灰色，圆筒形，常无毛；短枝淡褐色，被短绒毛。芽卵圆形，褐色，有短绒毛。萌条和长枝叶宽椭圆形，浅裂，边缘有不规则齿牙，上面绿色，无毛或被疏绒毛，下面和叶柄均被灰绒毛；短枝叶卵圆形、卵圆状椭圆形或菱状卵圆形，长4～8cm，宽3.5～6cm，基部阔楔形或圆形，边缘有凹缺状齿牙，齿端钝，不内曲，两面无毛，或有时背面被薄的灰绒毛，叶柄微侧扁，无毛，略与叶片等长。雄花序长5～8cm，雄蕊8～12枚；花药紫红色；花盘绿色，斜切。雌花序长5～10cm，花序轴被疏绒毛；子房具短柄，无毛。蒴果细长卵形，长2～4mm，2瓣裂。花期4月，果期5月。

生荒漠河谷岸边或在河中心岛上形成片林。海拔440～580m。

产额尔齐斯河。国外在中亚、欧洲、高加索、巴尔干、小亚细亚等地均有分布。

银灰杨喜光，喜深厚、湿润、肥沃的沙质壤土，不耐庇荫，不耐干燥、黏重、瘠薄。根系发达，根蘖力强。抗寒、抗风，但以背风河湾，生长高大，而空旷迎风之地，生长常不良。

银灰杨是额尔齐斯河珍贵的造林和更新树种。秋叶柠檬黄色或洋红色，极艳丽，亦适于作庭园观赏树种。

根据 Dode 的意见：银灰杨是一个独立的种，但多数学者认为它是银白杨和欧洲山杨的天然杂种。

1980 年，斯塔罗娃在《杨柳科育种》中指出：在用欧洲山杨×银灰杨的多次、重复杂交组合中，所有杂种（100%）在成年时都只具欧洲山杨性状，在 F₁ 中没有见到任何分离，在银白杨×银灰杨时，70% 的杂种具银灰杨性状，而30% 具银白杨性状，也没有中间类型，作者得到成千上万的杂种苗，均是如此。因此，"银灰杨杂种起源的说法值得怀疑"。

银灰杨跟河北杨非常近似，后者也很可能是天然杂种，并可能是阿拉善杨 *P. alaschanica* Kom. 的晚出异名。

图99　银灰杨 Populus canescens（Ait.）Smit.
1. 花枝　2. 果枝　3. 果　4. 叶片一段示毛

5*. 毛白杨　图100

Populus tomentosa Carr. in Rev. Hort. 10：340，1867；Man. Cult. Trees and Shrubs ed. 2：73，1940；中国高等植物图鉴，1：361，1972；秦岭植物志，1（2）：17，1974；新疆植物检索表，2：21，1983；中国植物志，20（2）：17，1984；中国树木志，2：1967，1985；中国沙漠植物志，1：256，1985；新疆植物志，1：134，1992。

乔木，高达30m。树皮幼时暗灰色，渐变为灰色，老时基部黑灰色，纵裂，粗糙；树冠圆锥形至卵圆形或圆形。小枝（嫩枝）初被灰绒毛，后光滑无毛；芽卵形，花芽卵圆形或近球形，微被绒毛。长枝叶阔卵形或三角状卵形，长 10～15cm，宽8～13cm，先端短渐尖，基部心形或截形，边缘具深齿牙或波状齿牙，上面暗绿色，光滑，下面密生绒毛，后渐脱落；叶柄上部侧扁，长 3～7cm，顶端通常具 2（3～4）腺点；短枝叶常较小，长 7～11cm，宽 6.5～10.5cm，卵形或三角状卵形，先端渐尖，上面暗绿色，有金属光泽，下面无毛，具深波状齿牙细缘；叶柄稍短于叶片，侧扁，先端无腺点。雄花序长 10～14（20）cm；苞片边缘具尖齿，密生长毛；雄蕊6～12 枚，花药紫红色。雌花序长 4～7cm；苞片褐色，尖裂，边缘有长毛；子房长椭圆形，柱头 2 裂，粉红色。果序长达14cm；蒴果圆锥形或长卵形，2 瓣裂。花期3月，果期4～5月。

乌鲁木齐、石河子、伊犁、喀什等地引种，生长良好。北方各省区普遍栽培，是我国速生用材、四旁绿化的重要树种之一。

（b）山杨组 Sect. Trepidae Dode

单轴分枝；幼苗和成年树叶异形，边缘浅波状或具钝圆齿，常近圆形，卵形或阔卵形；苞片掌

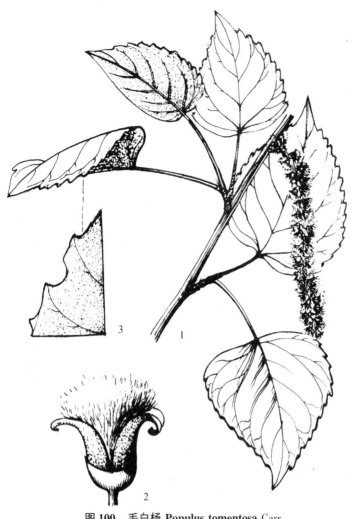

图100 毛白杨 Populus tomentosa Carr.
1. 果枝 2. 果 3. 叶片一段

状裂，边缘具长柔毛；花盘斜切形，全缘或具不规则齿，宿存；雄蕊8～10枚；蒴果细小，2瓣裂。

欧洲山杨 Populus tremula Linn. 的形态特征是本组杨树的代表。

本组是极广布的真正山地森林树种。包括：北美的美洲山杨 *P. tremuloides* Michx；大齿山杨 *P. grandidentata* Michx.；欧、亚洲的欧洲山杨 *P. tremula* Linn.；亚洲的日本山杨 *P. sieboldii* Miq.；山杨 *P. davidiana* Dode；圆叶山杨 *P. rotundifolia* Griff.；响叶杨 *P. adenopoda* Maxim.；汉白杨 *P. ningshanica* C. Wang et Tung；五莲杨 *P. wuliangensis* S. B. Liang et X. W. Li；响毛杨 *P. pseudotomentosa* C. Wang et Tung 等。

除美洲和日本山杨外，山杨和欧洲山杨系跟邻国共有种，其余5种均为我国特有，新疆产1种，引入栽培1种。

卡麦琳认为（1973年），本组的祖先类型是由大叶杨组产生的。

斯塔罗娃认为（1980年），用山杨组和银白杨组杂交时，头一年银白杨的性状占优势，随着年龄增长，白杨组性状减弱，在成年树上山杨组的性状成为显性。这个规律不会因二者父、母亲本互换而有变化。说明这两组杨树的系统发育是不同的。

6. 欧洲山杨 图101 彩图第19页

Populus tremula Linn. Sp. Pl. 1034, 1753；Man. Cult. Trees Shrubs, 73, 1940；Фл. Казахст. 3：42，1960；Gerd Krrssmann. Handbuch Laubgeholze Band, 2：237, 1962；Fl. Europ. 1：54，1964；Consp. Fl. As. Med. 3：10, 1972；新疆植物检索表，2：22，1983；中国植物志，20（2）：12，1984；中国树木志，2：1964，1985；新疆植物志，1：135，1992。

乔木，高10～20m，树冠卵圆或阔卵圆形，稀疏，树干圆筒形，树皮灰绿色，光滑，干基部不规则浅裂或粗糙。小枝圆筒形，灰褐色；当年生枝红褐色，有光泽，无毛或被短绒毛；芽卵圆形，幼期被绒毛。叶近圆形或圆状菱形，长3～7cm，先端圆形或钝圆，基部圆形或浅心形或阔楔形，边缘具疏波状浅齿或钝圆齿，两面无毛，或幼叶被柔毛；叶柄侧扁，约与叶片等长；萌枝叶较大，三角状卵圆形，基部心形或截形，具钝圆齿。雄花序多花，长5～8cm，轴有短柔毛；苞片膜质，褐色，三角形，掌状深裂成细线形、尖、向上的裂片，仅最下部裂片水平展，边缘密生向上的长直柔毛；花盘具柄，广椭圆形，肉质，内部平凹；雄蕊6～10枚或较多；花药圆形，红色，花丝细长。雌花序长5～8cm，果期长达10cm，轴有柔毛；花盘具长柄，杯状，偏斜，无毛，绿色；子房长圆锥形，花柱短，柱头具长的紫红裂片。蒴果细圆锥形，长4～5mm，具短柄或近无柄，无毛，2

瓣裂。花期 4 月，果期 5 月。种子细小，基部具簇毛，一昼夜发芽。

产阿尔泰山和天山各地。国外分布于欧洲、巴尔干、小亚细亚、北非、中亚、西伯利亚、蒙古等。

生于山地林缘，阳坡灌丛，常成群落分布。阿尔泰山海拔 1000~2000m，天山海拔 1400~2400m。

欧洲山杨生长快，20 年高 10~12m，50 年高 15~25m，50 年以后生长缓慢至停滞。寿命 80~90 年，少 100~150 年。根蘗苗寿命短。

喜光，抗寒、抗旱、抗尘埃和烟尘。浅根系，根蘗力特强，对土壤条件要求不严，但最好在湿润、肥沃砂壤土上。

秋叶洋红色或柠檬黄色，适于庭园绿化、美化之用。木材色白质软、结构均匀，是优良的火柴杆原料和造纸原料。

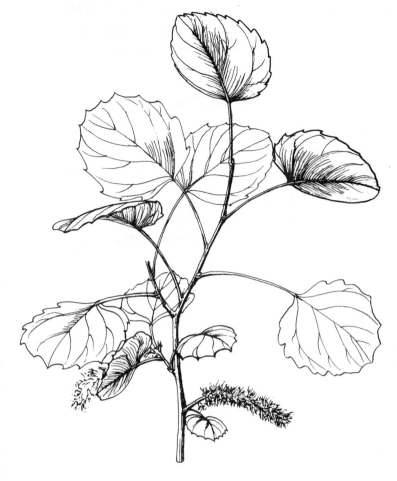

图 101　欧洲山杨 Populus tremula Linn.

卡麦琳认为(1973 年)，天山的欧洲山杨是中亚山地植物区系中最年轻的类群，当然不是绝对年龄，而是指区系发生年龄。

斯塔罗娃(1980 年)指出，欧洲山杨种子也有淡红色和淡黄色之分，发红者为雄性。

7*. 山杨

Populus davidiana Dode in Mem. Soc. Hist. Nat. Autun, 18：31，1905；中国高等植物图鉴，1：351，图 702，1972；秦岭植物志，1(2)：20，图 7，1974；新疆植物检索表，2：22，1983；中国植物志，20(2)：11，1984；中国树木志，2：1962，1985；内蒙古植物志，1：164，1985；新疆植物志，1：136，1992。

乔木，高达 20~25m，胸径约 60cm；树皮光滑，灰绿色或灰白色，老树基部黑色粗糙；树冠圆形。小枝圆筒形，光滑，紫褐色；萌枝被柔毛；芽卵形或卵圆形，无毛，微有黏质。叶三角状卵圆形或近圆形，长宽近等，长 3~6cm，先端钝尖、急尖或短渐尖，基部圆形。截形或浅心形，边缘有密波状浅齿；萌枝叶大，三角状卵圆形，下面被柔毛；叶柄侧扁，长 2~6cm。花序轴有疏毛或密毛；苞片棕褐色，掌状条裂，边缘有密长毛。雄花序长 6~9cm；雄蕊 5~12 枚，花药紫红色。雌花序长 4~7cm；子房圆锥形，柱头 2 深裂，带红色。果序长 12cm；蒴果卵状圆锥形，长约 6mm，具短柄，2 瓣裂。花期 3~4 月，果期 4~5 月。

北疆山区引种，生长一般。分布于东北、内蒙古、华北、西北、西南各地。国外在日本、朝鲜、东西伯利亚等地也有。

山杨和欧洲山杨形态很近似，仅是山杨叶片顶端具短尖，而欧洲山杨叶片顶端钝圆。故至今仍有两种观点，即主张作为欧洲山杨变种和主张作独立种。

根据花粉电镜扫描观察(陈梦，1985 年)，山杨花粉球形，直径平均 26.7(23.8~32.5)μm，外

壁颗粒纹饰小，均匀、密集，分布均匀，颗粒有联接；而欧洲山杨花粉近球形，直径平均 29.7
(22.9~34.8)μm，外壁颗粒纹饰小，均匀，疏散，分布均匀，颗粒有联接。二者花粉区别是形状、
大小和颗粒纹饰的密集和疏散之分。山杨组的花粉粒一般较大，约 30.6μm，而白杨组花粉常
仅 25.7μm。

（Ⅲ）黑杨亚属 Subgen. **Aegeiros**（Duby）R. **Kam.**

叶三角形、菱形、正三角形，边缘半透明，两面几同色，长短枝叶同型；叶柄侧扁；芽淡褐
色、栗色、橄榄褐色，具 1~3 条棱，芽鳞边缘多数种无毛，美洲黑杨芽鳞基部具绒毛；花序长 3~
10cm，每花序着生 40~108 花；花盘：雌的杯状，雄的碟状；子房阔卵形，柱头裂片贴近；花药
12~46 枚；花粉粒小，28.4μm。

黑杨 P. nigra Linn. 的形态特征是本组的代表。

包括欧亚黑杨和美洲黑杨两大类群。我国只产欧洲黑杨及其变种或天然杂种，而美洲黑杨及其
众多杂种主要引入栽培。

（a）欧亚黑杨组 Sect. Euroasiatica （Bugala）Yang Comb. nov. —Subsect. Euroasiaticae Bugala in
Arboretum Kornikie，12：130，1967。

萌枝无棱角，叶缘无睫毛，叶片基部无腺点，柱头 2 枚，雄蕊 15~30 枚，花药细小，紫红色，
每一胎座上 4~8 枚胚珠。

8. 黑杨 欧亚黑杨 图 102 彩图第 19 页

Populus nigra Linn. Sp. Pl.
1034；Man. Cult. Trees and Shrubs
ed. 2：79，1940；Фл. СССР，5：
223，1936；Фл. Казахст. 3：43，
1960；Gred Krussmann. Handbuch
Laubgeholze Band，2：236，1962；
Franco in Fl. Europ. 1：55，1964；
Consp. Fl. As. Med. 3：9，1972；
新疆植物检索表，2：23，1983；
中国植物志，20（2）：63，1984；
中国树木志，2：1996，1985；中国
沙漠植物志，1：258，1985；新疆
植物志，1：138，1992。

8a. 黑杨（原变种）

Populus nigra Linn. var.
nigra

乔木，高至 30m；树冠阔椭圆
形。树皮暗灰色；老时沟裂。小
枝圆筒形，淡灰黄色，无毛。芽
长卵形，富黏质，赤褐色，长 6~
8mm，宽 2~3mm；花芽先端常向
外弯曲。叶在长短枝上同形，薄
革质，菱形，菱状卵圆形或三角
形，长 5~10cm，宽 4~8cm，先
端长渐尖，基部楔形或阔楔形，

图 102 黑杨 **Populus nigra** Linn.

稀截形，边缘具圆锯齿，具半透明边缘，无缘毛，上面绿色，下面淡绿色；叶柄略等于或长于叶片，侧扁，无毛。雄花序长 5～6cm，花序轴无毛；苞片膜质，淡褐色，长 3～5mm，近圆形，基部尖楔形，无毛，顶端有线条状尖锐裂片；花盘杯状，绿色，具柄；雄蕊 40～45 枚，花药紫红色，长圆形，花丝乳白色，半拳卷。雌花序长 5～10cm；子房卵圆形，具柄，无毛，柱头 2 枚，淡黄色，下弯；花序轴无毛。蒴果卵圆形或近球形，具柄，长 5～7mm，宽 3～4mm，2 瓣裂，无毛，果皮具细小突起。花期 4～5 月，果期 6 月。

生荒漠河岸及沿河阶地沙丘上，海拔 400～600m。

产额尔齐斯河及乌伦古河流域；福海、北屯、布尔津、哈巴河往西到边境，是我国唯一的天然黑杨林区。国外在中亚、西伯利亚、欧洲、高加索、巴尔干和小亚细亚等均有分布。

黑杨是额尔齐斯河珍贵的造林和更新树种。它喜光、喜湿润、深厚、肥沃的砂质壤土。抗寒、抗风，根系发达，但它不耐庇荫，不耐干旱、黏重、瘠薄土壤和盐碱土壤。在背风河湾常见干形通直，圆满的参天大树，而在远离河岸的阶地或沙丘上，则干形低矮，弯曲，几成灌木状。

黑杨种子也有淡红色或淡黄色之分，发红者为雄性（斯塔罗娃，1980 年）。

黑杨甚或黑杨亚属的种类，跟胡杨亚属和杨亚属的银白杨组和山杨的亲缘关系均较疏远，故在自然界它们不产生天然杂种，即使进行人工杂交，其后代生活力低下而终至被淘汰，或其他组性状被吞噬。黑杨有时雌、雄花同株，甚至有雌雄同花的返祖现象。

8b. 钻天杨（变种）

Populus nigra var. **italica** Munchhausen, 5：230，1770；新疆植物检索表，2：24，1983；内蒙古植物志，1：167，1985 —*P. nigra* var. *italica* Duroi Harbsk. Baume. 2：141，1772 —*P. nigra* var. *italica*（Moench.）Koehne. Deutsche Dendr. 81，1893；Bibliogra. Cult. Trees Shrubs，70，1949；中国高等植物图鉴，1：356，1972；中国植物志，20(2)：64，1984；新疆植物志，1：139，1992. —*P. italica* Moench, Verzeich. Ausl. Baume Weissenst. 79，1785；Фл. Казахст. 3：43，1960 —*P. pyramidalis* Moench. Meth. Pl. 339，1794 —*P. pyramidalis* Rozier. Coursd´agric. 7：619，1790～1805；Фл. СССР, 5：230，1936；秦岭植物志，1(2)：18，1974 —*P. nigra* var. *sinensis* Carr. Rev. Hort. 340，1867；Contr. Inst. Bot. Nat. Acad. Peip. 3：231，1935；—*P. nigra* ssp. *italica* Bugala, Arboretum. Kornickie, 12：130，1967。

乔木，高达 30m；树皮粗糙，暗灰色。树冠圆柱形，侧枝呈 20°～30°角开展；小枝圆筒形，光滑，黄褐色或淡黄褐色；芽长卵形，先端长渐尖，淡红色，富黏质。长枝叶扁三角形，通常宽大于长，长约 7.5cm，先端短渐尖，基部截形或阔楔形，边缘钝圆锯齿；短枝叶菱状三角形，或菱状卵圆形，长 5～10cm，宽 4～9cm，先端渐尖。基部阔楔形或近圆形；叶柄纤细，扁平，长 2～4.5cm。雄花序长 4～8cm，花序轴光滑，淡黄绿色；苞片淡黄褐色，无毛，向基部渐狭，先端具褐色丝状裂片；花盘淡黄绿色，全缘，光滑；雄蕊 10～34 枚；花药紫红色，花丝细长，伸出花盘。花期 4 月。

全疆各地常见栽培。河北、河南、山东、山西、甘肃、陕西、安徽、江苏、浙江、江西、湖北、云南、四川等地都有栽培。据贝芮（Bailoy，1935 年）的研究，"它是在 1700～1720 年间发于意大利那布达平原（Lombardy plain）。故多称为洛布丹杨或意大利杨"。"它是起源于欧亚黑杨（P. nigra var. typcia）的一雄株芽变。"英国的 W. J. Bean（1951 年）也同意这一观点。

但是，Zygmunt Pohl（1962 年）认为它是起源于阿富汗，从那里分布到中亚、中东以至欧洲。Bugala（1967 年）认为："过去所说的它起源于喜马拉雅或阿富汗，在那里是野生的说法是完全错误的，因为这种说法实际是指的箭杆杨，那是一种雌株，而钻天杨则是雄株，仅有栽培的。钻天杨约在 17 世纪或 18 世纪早期发现于意大利北部，18 世纪传播到波兰，到 19 世纪普遍在欧洲栽培。它是经波兰、乌克兰、高加索而至中亚东部"（陕西杨树）。

钻天杨喜光、耐寒、稍耐盐碱、适应大陆性气候条件、易栽易活、生长迅速、干形通直、树冠整齐，是很理想的行道树种和防护林树种。它跟新疆杨、箭杆杨一道组成了富有新疆特色、遍及天山南北、巍峨壮丽的绿色长城。

斯塔罗娃(1980 年)用钻天杨分别跟黑杨、毛果杨和苦杨进行杂交，所得的杂种第一代，均以中间型树冠占优势，而用钻天杨雌雄株自交(雌株可能是指箭杆杨)，所得到杂种第一代全为塔形植株。作者因此认为："钻天杨的塔形性为纯合体，是多基因的。按中间型遗传，这是一种极少见的现象。"

根据同功酶的分析(陈礼学，1985 年)黑杨有 9 条酶谱带，箭杆杨 1 条。因此，钻天杨和箭杆杨可能是不同起源的。

根据花粉的电镜扫描观察(陈梦，1985 年)，钻天杨花粉球形，颗粒纹饰疏散，联接成较明显的小网，而黑杨花粉球形或近球形，颗粒纹饰密集，联接成不明显小网。

目前，在北方各地对钻天杨的认识的并不一致。在新疆地区的钻天杨，下部树皮粗糙发黑，干形不甚圆满，锐角分枝，但分枝稀疏不均匀，小枝无毛，叶之宽常大于长，呈扁圆形，又为雄株，跟近期文献资料的描述是一致的。

但是，这些特征跟西安的钻天杨枝、叶就不一样了，而差异最大的是济南、北京、沈阳各地一部分被称作的钻天杨，其下部侧枝几成直角或锐角开展，树皮较之新疆的粗糙、发黑得多，而且都是雌株。

此外，有人将钻天杨称之为美国白杨、美杨、意大利杨，还有人将钻天杨、箭杆杨视为同种的雌雄株，故在我国的杂种杨树中，名称甚为混乱，亟待统一。

8c. 箭杆杨　图 103

Populus nigra Linn. var. **thevestina**（Dode）Bean，Trees Brit. Isl. 2：217，1914；Man. Cult. Trees and Shrubs ed. 2：79，1940；Gerd Krussmann，Handb. aubgeh. 2：233，1962；新疆植物检索表，2：25，1983；中国植物志，20(2)：64，1984；中国树木志，2：1998，1985；中国沙漠植物志，1：259，1985；内蒙古植物志，1：167：1985；新疆植物志，1：140，1992；—P. thevestina Dode in Bull. Soc. Amis des Arbres，52，1903；Idem，in Bull. Soc. Hist. Nat. Autun，18：210，tab. 12，fig. 80，1905；Fedde，Rep. sp. nov. 3：216，1907；—P. gracilis A. Grossh. in Izm. Azerb. Fil. Akad. Nauk. SSSR，n. 6，1940—P. usbekistiancia Kom. ssp. usbekistiancia 'Afghanica' W. Bugala in Arboretum kornikie 12：164，1967；—P. nigra var. thevestina 'Hamoui'，Poplars and Willows 33，1979。

乔木，高 20～30m；树冠圆柱形，侧枝成 20°～30°角开展，几与主干平行；树干端直、圆满，树皮灰白或灰绿色，幼树时平滑，老树干基部暗灰色，微粗糙。小枝细长，灰白色，光滑无毛；一年生枝淡绿褐色。叶三角状卵形、三角形、菱状卵形，长 3～5cm，先端长渐尖，基部楔形或阔楔形，边缘

图 103　箭杆杨 **Populus nigra** Linn. var. **thevestina**（Dode）Bean
1. 果枝　2. 果

具钝锯齿；叶柄扁平，长2~3cm，侧扁，无毛。雌花序长5~6cm，果期伸长，无毛；花梗长1~2mm；苞片具淡褐色深裂片；花盘杯状，边缘波状；子房具2柱头。蒴果每序30~70枚，卵形，2瓣裂。种子狭倒卵形，长约2.5mm，宽约1mm，乳白色，顶端具突尖，基部平截形，具簇毛。千粒重0.84g。

新疆各地广为栽培，是城镇绿化、行道树和护田林带的重要树种；在塔什库尔干县城和各地居民点，海拔3000~3200m栽培，生长良好，西北各地普遍栽培。国外在中亚各地及近东（从巴尔干到北非）各地的叙利亚、黎巴嫩、约旦、伊拉克、伊朗、希腊、南斯拉夫、保加利亚、阿尔及利亚（模式产地：梯威斯特）等地，以及欧洲各地广为栽培。

箭杆杨喜光，对气候条件要求不严，在年降水量70~170mm，蒸发量3000mm，最高气温40℃，最低气温-50℃的条件下正常生长，耐轻度盐碱，要求深厚、湿润、肥沃的砂壤土。3月下旬花芽膨大，4月初开花，5月上旬果实成熟。

木材淡黄白色，纹理直，结构较细，年轮明显。木材易干燥，易加工，胶结性能及油漆性能良好。木材容重0.417g/cm³，物理性能中等，供建筑、造纸工业用，亦可作家具、箱、柜、橼以及火柴，还可作农村电杆。

箭杆杨是我国北方极普遍而又深受欢迎的树种。《白杨礼赞》赞美它是"树种的伟丈夫。"清人肖雄的《西疆杂述诗》，对它作了精辟的描述："白杨葱茏勿曲，枝丫稠密，附干直上，无离披歧出者，状甚樕（音裒niao，木长多貌），高者十数丈，望若攒笔，圆匀挺秀，皮多白色，叶薄而稍圆，自生者少，每于人家屋前或茔圆城市间，偶见数株，皆排列整齐，大都栽植使然也。"可见新疆很早就有栽培。关于它的起源，目前众说纷纭，有人认为它起源于摩洛哥，有人认为起源于阿尔及利亚，有人认为起源于阿富汗。由于在自然界未发现其野生群体，故有人认为它是黑杨的变种或栽培变种，或是阿富汗杨的栽培变种等等，但都未受到多数人赞同。在伊宁、察布查尔和新源等地，从20世纪50年代开始就发现箭杆杨和钻天杨的天然杂种，或箭杆杨接受附近其他杨树的花粉而形成树形、树皮几跟箭杆杨无异的天然杂种，故对这些钻天杨、箭杆杨仅能从性别上区分。

9. 阿富汗杨　图104　彩图第20页

Populus afghanica (Aitch. et Hemsl.) Schneid. in Sarg. Pl. Wils. 3：36，1916；Contr. Inst. Bot. Nat. Acad. Peip. 3：232，1935；Fl. Iran. 65：6，1969；Consp. Fl. As. Med. 3：910, p. p. 1972；新疆植物检索表，2：26，1938；中国植物志，20(2)：71，1984；中国树木志，2：2000，1985；新疆植物志，1：141，1992. —*P. nigra* var. *afghanica* Aitch. et Hemsl. Journ. Linn. Soc. Bot. 18：96，1880；—*P. usbekistanica* Kom. ssp. *usbekistanica* Bugala in Arboretum Kornikie, 12：164，1967—*P. usbekistanica* Kom. in Journ. Bot. URSS, 19：509，1934。

图104　阿富汗杨 Populus afghanica (Aitch. et Hemsl.) Schneid.

9a. 阿富汗杨(原变种)

Populus afghanica var. **afghanica**

中等乔木。树冠宽阔,开展;树皮淡灰色,基部较暗。小枝淡灰色,圆筒形,一年生枝,色较深,淡棕褐色或淡黄褐色,微有棱,无毛或微有毛;萌枝有细棱,暗色。萌枝叶菱状卵圆形或倒卵形,基部楔形;短枝叶下部者较小,长 2~3cm,倒卵圆或卵圆形,基部楔形;中部者长 4~5cm,长宽近相等,圆状卵圆形;上部叶较大,长 6~7cm,三角状卵圆或扁圆形,宽等于或略大于长,先端渐尖或短渐尖,基部阔楔形、圆形或截形,边缘具钝圆锯齿,微半透明,两边无毛,叶柄侧扁,无毛或有时有微毛,近等长或稍长于叶片。雄花序长至 4cm,轴无毛或有时微有毛;雌花序长 5~6cm,果期增长,轴光滑或有时稍有毛,柱头 2。蒴果长 5~6mm,花柱短,2 瓣裂,果柄长 4~5mm。花期 4~5 月,果期 6 月。

生山河岸边,海拔 1400~3000m。在塔什库尔干沿叶尔羌河上游海拔 2800~2900m 的石质河谷岸边散生,高 8~10m,林下有水柏枝、西藏麻黄等几种灌木;在阿克陶,沿克孜勒河及盖孜河沿岸散生,或居民点周围栽培,海拔 1400~1800m,在吾依地克镇的皮拉力村三组的一个清真寺旁,有一株大树,高 27m,周长 7.5m,胸高直径需 5 人合围,是新疆也是国内最大的一颗阿富汗杨,希望多加保护。在皮山桑株乡,生海拔 1800~1900m 的小河沿岸沙地,形成片林,受到当地保护;在和田和墨玉,沿喀拉喀什河和玉龙喀什河,零散生于昆仑高山河岸;在叶城,沿提孜那甫河岸散生。

产阿克陶、叶城、和田、墨玉、皮山、乌恰、克孜勒苏自治州等地。国外分布于中亚南部、伊朗、阿富汗、巴基斯坦等地。

阿富汗杨叶柄顶端侧扁,叶片长、宽几相等或宽略大于长,顶端短渐尖,而很好区别于黑杨。

9b. 毛枝阿富汗杨(变种)

Populus afghanica var. **tadishistanica**(Kom)Z. Wang et C. Y. Yang comb. n.;新疆植物检索表,2:26,1983;中国植物志,20(2):71,1984;中国树木志,2:2001,1985;新疆植物志,1:141,1992.—P. tadishistanica Kom. in Journ. Bot. URSS,5:509,fig. 2,1934—P. usbekistanica ssp. tadishistanica(Kom.)Bugala in Arboretum Kornikie,12:182,1967;Fl. Iran. 65:7,1969。

与原变种的区别在于:一、二年枝,叶、柄及果序轴均有绒毛。

在克孜勒河沿岸或居民点附近栽培,生长良好。海拔 1400~1800m。

产阿克陶;国外在塔吉克斯坦也有分布。

9c. 尖叶阿富汗杨(新变种)

Populus afghanica var. **cuneata** Z. Wang et C. Y. Yang var. n.;新疆植物志,1:306,142,1992。

与原种的区别在于:叶基部窄楔形。

产叶城昆仑山林场,生于山地河谷。

10. 额河杨 图 105 彩图第 21 页

Populus jrtyschensis Ch. Y. Yang Bull. Bot. Resear. 2(2):112,1982;新疆植物检索表,2:28,1983;中国植物志,20(2):67,1984;中国树木志,2:1999,1985;新疆植物志,1:142,图版 37,1992。

乔木。树皮淡灰色,基部不规则开裂,树冠开阔。小枝淡黄褐色,被疏毛少无毛,微有棱角。叶卵圆形,菱状卵圆或三角状卵圆形,长 5~8cm,宽 4~6cm,先端渐尖,基部楔形、阔楔形、稀圆或截形,边缘半透明,具疏浅钝锯齿,表面淡绿色,两面沿脉有疏柔毛,背面毛较密;叶柄侧扁,有毛少无毛,约与叶片等长。雄花序长 3~4cm;雄蕊 30~40 枚,花药紫红色;雌花序长 5~6cm,有花 15~20 朵,穗轴被稀毛,少无毛。蒴果卵圆形,2~3 瓣裂。花期 5 月,果期 6 月。

生河湾林缘、林中空地及沿河沙地,自成群落,少与苦杨混生。树形、叶形甚多变化,是杨树选育良种的珍贵材料。

产克朗河及额尔齐斯河（北屯）。

额河杨为苦杨和黑杨的天然杂种。仅分布于克朗河、额尔齐斯河及其支流，是额尔齐斯河的优势树种，在河漫滩或阶地形成大面积片林或散生。对土壤条件要求不严，但以冲积沙壤上生长良好，抗寒性强，能耐 - 44.8℃ 的低温，喜光，不耐庇荫。

在额尔齐斯河(北屯黑岛)有两株大树，一株高 33m，胸径 134.9cm，主干材积 13.0912m³；另一株高 32.3m，胸径 114.4cm。至今生长旺盛，树干通直，被称为树王。

生长进程是：5 年生高 7.3m；胸径生长 6.8cm；10 年高 13.3m；胸径生长 6.2cm；5 年生高 16.1m，胸径生长 26.8cm；10 年生高 18.1m，胸径生长 35.4cm；22 年生高 18.9m，胸径生长 39.7cm。15 年生长较快，材积生长率为 21.7% ~ 32.4%，高和胸径生长年平均生长量分别为 0.91 ~ 1.3m 和 0.62 ~ 1.77cm，15 年以后开始下降，22 年生材积生长率只有 2.58%。因此，额河杨的合理经营期为 15 ~ 20 年。

图 105　额河杨 Populus jrtyschensis Ch. Y. Yang

11. 伊犁杨

Populus iliensis Drob. in Not. Syst. Herb. Inst. Bot. Srct. Uzbek. Ac. Sc. URSS, 6：12, 1941；Not. Syst. Herb. Inst. Bot. Acad. Sc. Kazachst. 4：37, 38, 1966；Фл. Казахст. 3：44, 1960 pro syn. *P. kanjilalliana* Dode；Consp. Fl. As. Med. 3：10, 1972, pro syn. *P. afghanica* (Aitch - Hemsl.)C. Schneid；新疆植物检索表，2：29, 1938；中国植物志，20(2)：44：46, 1984；新疆植物志，1：142, 图版 38, 1992。

乔木，高 10 ~ 15m。树皮灰色，纵裂。一年生小枝褐色，具细绒毛或有时光滑；2 ~ 8 年生枝淡褐色。萌枝叶或长枝叶卵圆形或阔卵圆形，长 3 ~ 7cm，宽 3 ~ 6cm，先端短渐尖或突尖，常扭曲，基部阔楔形、圆形或截形，边缘具蜜腺齿，齿端尖而弯曲，初时具缘毛，上面绿色，下面色淡，沿脉被柔毛；叶柄侧扁，幼时具短柔毛，短枝叶卵圆形或卵形，长 3 ~ 7cm，宽 2 ~ 5cm，先端短渐尖，基部圆形或阔楔形，边缘细锯齿，初时具缘毛，上面绿色，下面淡绿色；叶柄侧扁，长 2 ~ 4cm。果序长 5 ~ 10cm，果序轴光滑或有短柔色。蒴果卵圆形，长 6mm，宽 4mm，光滑，2(3)瓣裂；花盘圆形，黄白色；果柄长 3 ~ 4mm。

生伊犁河沿岸。

产伊宁(雅马渡)、巩留(卡甫齐海)，国外分布于哈萨克斯坦。

伊犁杨在伊犁河沿岸已不多见了，20 世纪 50 年代调查的杨树片林现多被伐去，建议对其加强保护。

国外学者有人将此种作为阿富汗杨的异名，待深入采集研究。

12*. 中东杨

Populus berolinensis (C. Koch) Dipp. Handb. Laubholzk, 2：210，1892；Man. Cult. Trees Shrubs，79，1927；Фл. СССР，5：234，1936；Fl. Europ. 1：55，1964；Fl. Iran. Salic. 5：8，1969；新疆植物检索表，2：29，1983，中国植物志，20(2)：69，1984；新疆植物志，1：145，1992. —— *P. hybrida* var. *berolinensis* C. Koch. Wechenschr. Garr. Pflanzenk，8：239，1865。

乔木。枝斜上，树冠广圆锥形；树皮灰绿色，老皮的沟裂，色暗。小枝粗壮，有棱、黄灰色。芽长卵形，先端长渐尖，无毛，带绿色，有黏性；花芽特大，多着生于树冠上部。叶卵形或菱状卵形，长 7～10cm，宽约 5cm，先端长渐尖，基部宽楔形或圆形，边缘圆锯齿，具极狭半透明边缘，无缘毛，上面深绿色，下面绿色或淡白色；叶柄圆形，有稀疏的短柔毛。雄株，花序长 4～7cm，无毛；雄蕊 14～15 枚。

乌鲁木齐和玛纳斯等地引种，生长不良。我国北方多有栽培。起源于德国柏林植物园的苦杨和钻天杨杂种。

（b）美洲黑杨组 Sect. Americanae(Bugala) Yang Comb. n. — Subsect. Americance Bugala in Arboretum Kornikie，12：30，1967。

萌条具显著棱角，常有栓质棱肋；叶缘具显著钩状锯齿，幼叶边缘具睫毛；叶柄基部具 1～3 腺点，少较多；柱头 3～4 枚；子房 3～4 室，胚株多数；雄蕊较多，花药暗紫色。

美洲黑杨 *P. deltoides* Marsh，又称北美洲黑杨或三角叶杨，依其分布区可分为北美美洲杨（念株杨）*P. deltiodes* ssp. *monilifora* Henry；中美美洲杨（密苏里杨）*P. deltoides* ssp. *missouriensis* Henry；南美美洲杨（棱枝杨）*P. deltoides* ssp. *angulata* Ait.；东美美洲杨（美东杨）*P. deltoides* 'Virginiana' 等。

13. 美洲黑杨

Populus deltoides Marsh. Arb. Amer. 106，1785；Man. Cult. Trees and Shrubs ed. 2：31，1940；Фл. СССР，5：234，1936；Gerd Krussmann，Handbch Laubgeholze，2：234，1962；Fl. Europ. 1：55，1964；新疆植物检索表，2：30，1983；新疆植物志，1：145，1992。

乔木，高 30m；树冠广阔。小枝光滑，微具棱或近圆筒形，初绿色，后变淡褐绿色至红褐色；皮孔白色，线形；冬芽淡褐色，具胶黏，细圆锥形，渐尖，紧贴或上部离生。叶三角状卵形，先端突尖，基部微呈心形或截形，具 2～3 罕 4 腺，长宽各约 7～12cm，两面均绿色，几光滑，边缘具内曲圆钝粗锯齿和宿存细密缘毛，每厘米内约具 2～4 齿；叶柄扁平，长 4～9cm，微被短柔毛，后变几光滑。雌雄株都有；雄花序长 7～10cm，雄蕊 40～60 枚；雌蕊柱头 3～4。果序长达 20cm；蒴果 3～4 瓣裂，具短梗。

北疆地区引种；我国北方省区也有。原产北美，现欧洲各地广泛栽培，是重要速生用材树种之一。

我国南方引入的美洲黑杨栽培型有："69 杨"（雌）和 "63 杨"（雄），是大力发展的速生良种。

新疆引入的美洲黑杨包括：心叶棱枝杨，密苏里杨和念珠杨；前者叶之长大于宽，叶基心形，雄株；密苏里杨叶基阔楔形，具 3～4 腺点，雄株；念珠杨的叶长宽近相等，先端突长渐尖，基部具 2 腺点，雌株。生长中等。

美洲黑杨引入欧洲后跟欧亚广布种——欧亚黑杨（简称黑杨）产生的天然杂种，通称欧美杨或加拿大杨。

14. 加拿大杨 加杨

欧 美 杨 卡 洛 林 杨

图 106

Populus canadensis
Moench. Baume Weissenst. 81, 1785; Man. Cult. Trees and Shrubs ed. 2: 81, 1940; 中国高等植物图鉴, 1: 356, 1972; Fl. Tsinling, 1(2): 17, 1974; 新疆植物检索表, 2: 30, 1983; 中国植物志, 20（2）: 71, 1984; 中国沙漠植物志, 1: 261, 1985; 内蒙古植物志, 1: 167, 1985; 新疆植物志, 1: 146, 1992. —*P. euramericana*（Dode）Guinier in Act. Bot. Neerland. 6（1）: 54, 1957。

大乔木，高30m多。干直，树皮粗厚，色暗，深沟裂，下部暗灰色，上部褐灰色。大枝向上斜伸，树冠卵形；萌枝及苗条有棱角；小枝圆柱形，

图106 加拿大杨 Populus canadensis Moench.

稍有棱角，无毛，稀微被短柔毛；芽大，先端反曲，初为绿色，后变为褐绿色，富黏质。叶三角形或三角状卵形，长7~10cm；长枝和萌枝叶较大，长10~20cm，一般长大于宽，先端渐尖，基部截形或宽楔形，无或有1~2腺体，边缘半透明，有圆锯齿，具短缘毛，上面暗绿色，下面淡绿色；叶柄侧扁而长，带红色(苗期特明显)。雄花序7~15cm，花序轴光滑，每花有雄蕊15~20(40)；苞片淡褐色，不整齐，丝状深裂；花盘淡黄绿色，全缘，花丝细长，白色，超出花盘；雌花序具花45~60朵，柱头4裂。果序长达27cm；蒴果卵圆形，长约8mm，先端锐尖，2~3瓣裂。雄株多，雌株少。花期4月，果期5~6月。

全疆各地城镇引种栽培。北至黑龙江、内蒙古，经河北、山东、山西、河南、甘肃，南达江苏、江西、福建北部、贵州、广西、湖北、四川等地均有栽培。我国新中国成立前即已经引种成功。新疆地区欧美杨主要引种集中在玛纳斯平原林场栽培。

欧洲、亚洲、美洲广泛栽培。

这种由美洲黑杨 P. deltoides 和欧亚黑杨 P. nigra 的杂交种，最早（1785 年）是从加拿大记载的，故通称加拿大杨、加拿大白杨、加杨等。但这学名没有突出杂种的亲本来源，故有人建议改称欧美杨，表示这杂种是由欧亚黑杨和美洲黑杨杂交产生的，并于1955 年在西班牙召开的杨树委员会第八次会议上通过。

欧美杨的栽培品种比较多，学名较长，为了方便起见，可以简写。例如，健杨的全名是：Popolus × euramericana(Dode) Guinier 'Robusta'。可以简写为 P. 'Robusta'；再如意大利 214 杨的全名是：Populus euramericana(Dode) Guinier 'I-214'可简写为 P. 'I-214'。"I"是代表意大利。

欧美杨喜光，耐寒，耐旱，要求深厚、湿润、肥沃土壤，在低洼、盐碱、黏重土壤上生长不良。速生，2~6 年生较快，年生长量 1.6~2.6cm，7 年后生长较慢；胸径生长在 3~8 年生较快，年生长量 2~4cm，9 年后较慢。通常 20 年左右可采伐利用。木材乳白带淡黄褐色，纹理直，易干燥，易加工。供建筑用，亦可作家具、包装箱、火柴等。

栽培变种检索表

14a. 马里兰杨　马里兰德杨　五月杨

Populus canadensis 'Marilandica'

P. × marilandica Bosc. ex Poiret, Encycl. Meth. Bot. Suppl. 4：378, 1816. ; *P.* × *canadensis* Moench var. *marilandica*(Poir.) Rehd.

乔木，树冠开展，在欧美杨无性系中是较大的。枝条稀疏，多呈 45°~80°角开展；小枝圆筒形，灰白色；萌条具棱，皮孔不明显；老枝灰绿色，皮孔明显。叶菱状卵形，先端长渐尖，某部楔形或狭楔形，具 1~2 腺点少缺，长 8~15cm，宽 5~10cm，边缘具钝圆内曲锯齿；叶柄淡绿色，侧扁，长 4~8cm。雌株，花序长 10~15cm，柱头 2~3 枚。

本变种与尤金杨和晚花杨相似，但后者均为雄株，其中尤金杨的叶基楔形，而晚花杨的叶基为截形而很好区别。

14b. 尤金杨　欧根杨　尖叶加杨

Populus canadensis 'Eugenei'

P. ×eugenei Simon – Louis ex Schelle in Beissner et al. Handb. Lanbh. – Ben. 16, 1903 – *P. canadensis* Monech var. *eugenei* (Schelle) Rehd.

乔木，树冠圆柱形，侧枝近轮生，树皮灰白色，基部浅裂。小枝光滑，1~2年生枝淡褐色，3年生灰色。叶广三角形，先端短渐尖，基部阔楔形或近截形，具1~2腺点或缺，表面鲜绿，背面淡绿；叶柄微扁，光滑。雄株，雄花序长约6~8cm，苞片褐色，具不整齐丝状条裂片，长约7mm，长宽几相等，基部逐渐收缩，花盘全缘或微呈波状，雄蕊多数，花药紫红色，花丝细长。花期4月。

14c. 波兰15号杨

Populus canadensis 'Polska 15A'

P. euramericana (Dode) Guinier 'Polska 15A'

乔木，高至20m，干形端直，树冠椭圆形，枝层明显；树皮灰白色，基部色深，浅裂。小枝淡黄褐色，长枝具棱。短枝叶三角形或三角状卵形，长5~15cm，宽4~8cm，先端渐尖，基部楔形或阔楔形，具1~2腺点少缺，表面绿色，背面淡绿色，叶柄侧扁，长3~7cm。雄株；苞片具深裂片，黄褐色；花盘碗状。花期4月。'15A'杨苗期生长极快，一年生高至4~5m，容易繁殖，少病虫害，生活力很强，是速生用材的珍贵树种。材质近于沙兰杨，可供造纸和家具等用。

14d. 格尔里杨　格利卡杨　格鲁德杨

Populus canadensis 'Gelrica'

P. ×gelrica Houtzag. ; P. ×canadensis var. gelrica G. Krus. ; P. ×euramericana (Dode) Guiner 'Gelrica'

树冠茂密，树干常弯曲，树皮光滑，灰白色，老树皮灰白色，基部深裂，具黑色条纹突起。侧枝斜上伸，约成30°~40°角开展；小枝淡灰色，具棱。叶三角状，先端短渐尖；基部截形，长4~8cm，宽3~7cm，表面绿色，有散生白点，背面淡绿色，边缘具钝圆齿和睫毛；叶柄绿色，坚韧直挺。雄株多，雌株少。

14e. 晚花杨　迟叶杨　意大利黑杨

Populus canadensis 'Serotina'

P. serotina Hartig. ; P. ×canadensis var. serotina (Hartig) Rehd.

乔木，高达40m，树冠开展，枝粗而长，呈45°角开展；树干端直而细，树皮厚，似栎树。小枝淡黄褐色，微具棱，后变淡灰色。叶为卵状三角形，先端渐尖，基部截形，常宽大于长，两面同色，光滑；叶柄侧扁，淡红色，顶端具1~2腺点或缺，长4~6cm。雄株，花序长约8~10cm，红色，光滑，雄蕊20~25枚，花药深红色。

晚花杨喜光、抗寒、抗病虫、耐旱、耐涝，适应性强，在深厚肥沃的砂壤土上生长很快。

14f. 新生杨　再生杨　油加利杨

Populus canadensis 'Regenerata'

P. ×canadensis var. regenerata (Schneid.) Rohd. ; P. ×regenerata Henry ex Schneidd.

树干端直，树皮灰色，侧枝约成35°~40°角度开展，常轮生，至顶端分叉，形成帚形或椭圆形树冠。一年生枝淡褐绿色，近圆筒形，光滑，长枝微具棱。叶三角形，先端短渐尖，基部截形，长5~10cm，宽5~9cm，基部具1~2腺点或缺；叶柄仅上部侧扁，光滑。雌株，花序长7~8cm，苞片宽，丝状条裂，花盘边缘截形；子房近圆形，光滑，柱头2~3。果序长15~20cm；蒴果2瓣裂。花期4月，果期5月。

有人认为，新生杨是马里兰和晚花杨的杂交组合。

14g. 意大利 214 杨

Populus canadensis 'I – 214'

P. ×euramericana（Dode）Guinier '1 – 214'

乔木，侧枝约成 40°~45° 角开展，树冠长卵形，浓密。树皮灰褐色，浅裂。叶三角形，幼叶红色，长至 15cm，长大于宽；叶柄侧扁，带红色。雌株，果序长 15~25 cm；苞片淡褐色，近膜质，基部带褐色，顶端具条状细裂片，柱头 2 裂，肥厚，淡黄绿色。

I – 214 杨开叶早，落叶迟，生长迅速。对水肥要求较高。较不耐寒，适于南疆地区推广。

14h. 沙兰杨

Populus canadensis 'Sacrau 79'

P. ×euramericana（Dode） Guinier 'Sacrau 79'

乔木。树干微弯，树冠圆锥形，宽阔；树皮灰白色或灰褐色，皮孔菱形，大而明显。侧枝稀疏，枝层明显，短枝黄褐色。叶三角形或三角状卵形，长 8~10cm，宽 6~9cm，先端渐尖，基部截形或阔楔形，幼叶橙红色，后变为绿色；叶柄侧扁，光滑，淡绿色，常带红色，先端常有 1~4 腺点。雌株，花序长 3~8cm，每穗有小花 30~40 朵；苞片白色，边缘具淡褐色细裂片；花盘碗形，淡黄绿色，边缘波状，子房淡黄褐色，球形，柱头 2 裂。蒴果长卵圆形，长约 1 cm，2 瓣裂，具柄。种子灰白色，长椭圆形，长约 2mm。花期 4 月，果期 6 月。

沙兰杨要求深厚、湿润、肥沃的砂壤土。抗寒性较差，适于喀什、和田地区栽培。可作为南疆地区重要用材和城乡绿化树种。

有人认为 1 – 214 = 沙兰杨。也有人认为沙兰杨类似 'I – 214'。

14i. 莱比锡杨　里普杨

Populus canadensis 'Leipzig'

P. ×euramericana（Dode） Guinier 'Leipzig'；P. ×canadensis 'Leipzig'

乔木。树冠近卵形，侧枝呈 40°~45° 角开展，树干稍弯，下部树皮灰白色，上部淡绿色。萌条微有棱角；一年生枝圆筒形，淡黄绿色，光滑。叶三角形，先端渐尖，基部截形，常具 2 腺，长 5~12cm，宽 5~11cm，长宽略等，表面绿色，散生细小白点，背面淡绿；叶柄侧扁，顶端被疏柔毛。雌株，花序长 7~8cm，轴光滑；苞片三角形，长约 3mm，宽约 4mm，先端具淡褐色条状细裂片；花盘淡黄绿色；边缘波状；子房卵圆形，长约 2mm，柱头 8 裂；花梗 1.5~2mm。花期 4 月，果期 5 月。

莱比锡杨冠形狭窄，材质较好，抗寒、抗病虫害能力都较强。但发芽迟，落叶早，生长慢，适于北疆地区城乡绿色之用。本种叶柄顶端被疏柔毛；而区别于上述各种。

14j. 健杨

Populus canadensis 'Robusta'

P. robusta（Simon – Louis） Schneid.；P. ×euramericane（Dode） Guiiner 'Robusta'；P. angulata, cordata，robusta（Simon – Louis） ex Schneid.

乔木。树干端直；树皮光滑，淡灰白色。树冠塔形或圆锥形，枝层明显，约呈 40°~45° 角开展，在树冠上部枝条呈小于 45° 角开展。小枝淡绿色，被疏柔毛；一年生枝圆筒形，无毛。叶三角形，先端短渐尖，基部截形或近圆形，具 1~2 腺点少缺，长 7~11cm，宽 6~9cm，两面沿中脉和侧脉被疏柔毛，边缘具钝圆齿和疏睫毛；叶柄侧扁，被疏柔毛。雄株，花序长 7~8cm，轴无毛；苞片扇形，宽过于长，顶端具丝状条裂片，基部渐狭成细柄；花盘浅盘状，褐色，边全缘；雌蕊 30~40 枚，花丝细长，白色，花药紫红色。花期 4 月。南北疆广泛用于城乡绿化树种；东北、华北、西北、华中各地均有栽培，生长良好。

健杨喜光，抗寒，抗旱，抗病虫害，对土壤条件要求不严。木材供建筑、造纸工业之用，亦可作家具、矿柱、胶合板和火柴杆等，是重要的速生用材和绿化树种。

健杨被认为是以棱枝杨为母本，以枝、叶被柔毛的普兰特黑杨为父本的天然杂种(P. angulata ×
P. nigra Piantierensis)选出来的。以其嫩枝叶被疏柔毛而很好区别。

14k. 隆荷夫健杨

Populus canadensis 'Robusta – Naunhof'

P. × euramericans(Dode)Guinier 'Robustta – Naunhof'

乔木。耐冠塔形、嫩枝微有短绒毛，具棱角；一年生枝圆筒形，无毛。叶三角形，先端短渐
尖，基部阔楔形或近圆形，常具 1～2 腺点少缺，长 5～12cm，宽 4～10cm，中部最宽，表面微被散
生白点，背而淡绿色，微被短柔毛；叶柄长 3～7cm，微有短柔毛，红色或淡绿色；初展叶褐色或
淡红色，落叶时全为绿色。雄株，花序长 7～10cm；苞片淡褐或淡黄绿色，长宽略等，顶端具丝状
条裂片，基部渐缩成柄；花盘全缘；雄蕊多数(20～30 枚)；花药紫红色。花期 4～5 月。

北疆地区(玛纳斯平原林场)栽培。生长同健杨。

(Ⅳ)青杨亚属 Subgen. Tacamahacae(Spach.)R. Kam.

—Sect. *Tacamahaca* Spach. Aun. Sci. nutur. 15：32；1841.

本亚属分**大叶杨组 Sect. Leucoides** Spach. 和**青杨组 Sect. Tacamahaca** Spach. 新疆仅产后者。

(a)青杨组 Sect. Tacamahaca Spach.

叶卵形、心脏形、长椭圆形或披针形，边缘有锯齿，不透明，表面暗绿色，背面淡绿色或苍白
色，叶柄圆筒形，横切面四角形；芽橄榄栗色或橄榄绿色，具黏质，有棱角，鳞片被绒毛或具睫
毛，花序长 4～8cm，每花序 40～90 朵，苞片掌状，具丝状条裂片；花盘：雌的碗状，雄的碟状；
子房球形或梨形，柱头 2～4 裂，裂片直立；雄蕊 20～75 枚，花药椭圆形至球形，花粉粒大，直径
31.8μm。蒴果 2～4(5)瓣裂，花盘宿存。

本组形成的中心是东亚(柯玛洛夫)。是中国山区类最多，特有种也最多的一组杨树。共 37 种
(1 杂交种)20 变种 11 变型，新疆产 4 种，另引入 12 种。

本组与大叶杨组的显著区别，除叶较小外就是花序较短，果较小，花盘宿存，不裂。这两组杨
树的亲缘关系十分密切，相互交流基因也是早已存在的。

卡麦琳(1973)将大叶杨组分为二亚组。即异叶杨亚组 Subsect. Leucoides；包括异叶杨
P. heterophylla、缘毛杨 P. ciliata 和东喜马拉雅杨 P. gamblie；大叶杨亚组 Subsect. lasiocarpae R. Kam,
包括大叶杨 P. lasiocarpa、椅杨 P. Wilsonii、灰背杨 P. glauca、长序杨 P. pseudoglauca 和云南杨
P. yunnanensis(卡麦琳意见)等。大多数种集中在喜马拉雅山和我国西南，仅 1 种在北美——异
叶杨。

由此可见，卡麦琳认为由原始的大叶杨组产生较进化的青杨组的祖先类型观点和柯玛洛夫认为
青杨组起源于东亚的观点，都是有道理的。

因此，由我国西南地区青杨组的原始种类，产生较进化的东部、北部和西部的青杨组种类，如
青杨 P. cathayana，冬瓜杨 P. purdomi，苦杨 P. laurifolia 和密叶杨 P. talassica 等。这也说明，阿尔泰
山和天山的青杨组种类是较进化的。

15*. 欧洲大叶杨

Populus candicans Ait. Hort. Kew, 3：406, 1789；Фл. CCCP, 5：242, 1936, Man. Cult. Trees
and Shrubs ed. 2：77, 1940；新疆植物检索表，2：31, 1983；中国植物志，20(2)：41, 1984；中
国树木志，2：1982, 1985；新疆植物志，1：151, 1992. —*P. balsamifera* var. *candicans* (Ait.) A.
Gray, Man. Bot. N. U. S. ed. 2：419, 1856；Gerd Krussmann, Handbuch Laubgeholze, 2：230, 1962。

乔木。枝粗壮而开展；树冠宽阔，小枝圆筒形，栗色，有绒毛。芽大，多黏质。萌条和大树叶
几同型，广卵状三角形，长 12～16cm，宽至 10cm，先端渐尖，基部心形，稀截形，边缘有圆锯齿，
具缘毛，表面暗绿色，背面微发白，两面被疏毛，沿脉更密；叶柄圆柱形，长 3～5cm，有绒毛。

果序长至16cm，轴密被毛；蒴果卵圆形，具柄，2瓣裂，常不育。未见雄株。花期5月。

北疆地区常见栽培。欧洲、亚洲、美洲及澳大利亚均有。起源不明。

喜光、喜凉爽气候及深厚土壤，不耐盐碱和干旱瘠薄，海拔1000~1200m。欧洲大叶杨是世界性的栽培杨树，而且仅见雌株。因此，受到很多学者的关注，将它与多种杨树杂交授粉，但均未能成功。

喜光、抗寒、易栽易活，叶大浓荫，可用作四旁绿化树种。

16*. 小叶杨

Populus simonii Carr. in Revue Horticole，360，1867；Sarg. Plantae Wils. 3：21，1916；Man. Cult. Trees and Shrubs ed. 2：76，1940；中国高等植物图鉴，1：353，图706，1972；秦岭植物志，1(2)：22，1974；新疆植物检索表，2：31，1983，中国植物志，20：(2)：23，1984；中国树木志，21：1970，1985。

乔木，高达20m，树皮幼时灰绿色，老时暗灰色，沟裂，树冠近圆形。幼树小枝及萌枝有明显棱脊，常为红褐色，后变黄褐色；老树小枝圆形，细长而密，无毛。芽细长，先端长渐尖，褐色，有黏质。叶菱状卵形、菱状椭圆形或菱状卵形，长3~12cm，宽2~8cm，中部以上较宽，先端突急尖或渐尖，基部楔形、宽楔形或窄圆形，边缘平整，细锯齿，无毛，面淡绿色，背面灰绿色或微白，无毛；叶柄圆筒形，长0.5~4cm，黄绿带红色。雄花序长2~7cm，花序轴无毛；苞片细条裂，雄蕊8~9(25)枚。雌花序长达2.5~6cm；蒴果小，2(3)瓣裂，无毛。花期3~4月，果期4~6月。

北疆地区(玛纳斯平原林场)引种栽培，生长良好。分布于东北、西北、华东、华东、西南各地，欧洲各国多有引种。

耐寒、耐旱，能忍受40℃高温和-36℃低温。雄株耐盐性大于雌株。根系发达，抗风力较强。供建筑、造纸工业用，亦可作器具、胶合板、火柴杆等。

17*. 青杨

Populus cathayana Rehd. in Journ. Arn. Arb. 7：59，1931；Man. Cult. Trees and Shrubs ed. 2：77，1940；中国高等植物图鉴，1：354，1972；秦岭植物志，1(2)：224，1974；新疆植物检索表，2：32，1983；中国植物志，20(2)：31，1984；中国树木志，2：1977，1985；新疆植物志，1：152，1992。

乔木。高达30m，树冠阔卵形；树皮光滑，灰褐色，老时暗灰色，沟裂。枝圆柱形，有时具角棱。幼时橄榄绿色，后变为橙黄色至灰黄色，无毛。芽长圆锥形，无毛，紫褐色或黄褐色，多黏质。短枝叶卵形、椭圆状卵形、椭圆形或狭卵形，长5~10cm，宽3.5~7cm，最宽处在中部以下，先端渐尖或突渐尖，基部圆形，稀近心形或阔楔形，边缘具钝圆锯齿，表面亮绿色，背面淡绿白色，脉两边隆起，尤以下面为明显，具侧脉5~7条，无毛；叶柄圆柱形，长2~7cm，无毛；长枝或萌枝叶较大，卵状长圆形，长10~20cm，基部常微心形；叶柄圆柱形，长1~3cm，无毛。雄花序长5~6cm，雄蕊30~35枚；苞片条裂；雌花序长4~5cm，柱头2~4裂。果序长10~15(20)cm；蒴果卵圆形，长6~9mm，3~4瓣裂。花期3~5月，果期5~7月。

北疆地区(玛纳斯平原林场)引种，生长一般。分布于东北、华北、西北、西南各地，栽培或野生。中国特有种。

喜温凉气候，适生于土层深厚、肥沃、湿润地方，不耐盐碱和积水地。

木材轻软，纹理细直，易干燥、易加工，供做家具、板料及造纸工业等用。

18*. 小青杨

Populus pseudosimonii Kitag. in Bull. Inst. Sci. Res. Manch. 3(6)：601，1939；秦岭植物志(2)：23，1974；新疆植物检索表，2：32，1973；中国植物志，20(2)：29，1983；中国树木志，2：1975，1985；新疆植物志，1：152，1992。

乔木。树冠广卵形；树皮灰白色，老时浅沟裂。幼枝绿色或淡褐绿色，有棱角，萌枝棱更显著；小枝圆柱形，淡灰色或黄褐色，无毛。芽圆锥形，较长，黄红色，有黏性。叶菱状椭圆形、菱状卵圆形、卵圆形或卵状披针形，长4~9cm，宽2~5cm，先端渐尖或短渐尖，基部楔形，广楔形或少近圆形，边缘具细密锯齿，有缘毛，表面深绿色，无毛，罕脉上被短柔毛，背面淡绿色，无毛；叶柄圆柱形，长1.5~5cm，顶端有时被短柔毛；萌枝叶较大，长椭圆形，基部近圆形，边缘呈波状皱曲；叶柄较短。雄花序长5~8cm；雌花序长5.5~11cm，子房圆形或圆锥形，无毛，柱头2裂。蒴果近无柄，长圆形，长约8mm，先端渐尖，2~3瓣裂。花期3~4月，果期4~5(6)月。

乌鲁木齐和玛纳斯平原林场引种，生长较好。分布于吉林、黑龙江、河北、内蒙古、山西、甘肃等地。

耐寒，能耐-39℃以下低温，耐轻度盐碱，要求湿润，肥沃、排水良好的砂壤土。

木材较软，易干燥、易加工，供建筑、造纸工业用，亦可作家具用。

19. 苦杨 图107 彩图第20页

Populus laurifolia Ldb. Fl. Alt. 4：297，1933；Sarg. Pl. Wils. 3：35，1916；Фл. CCCP，5：236，1936；Man. Cult. Trees and Shrubs ed. 2：78，1940；Фл. Казахст. 3：46，1960；Gerd Krussmann. Handbuch Laubgeholze，2：236，1962；新疆植物检索表，2：32，1983；中国植物志，20(2)：42，1984；中国树木志，2：1983，1985；新疆植物志，1：153，1992。

乔木，高10~15m，树冠宽阔；树皮淡灰色，下部较暗有沟裂。萌枝有锐棱肋，姜黄色；小枝淡黄色，有棱，密被绒毛或稀无毛。芽圆锥形，多黏质，下部芽鳞有绒毛。萌枝叶披针形或卵状披针形，长10~15cm，先端急尖或短渐尖，基部楔形，圆形或微心形，边缘有蜜腺锯齿；短枝叶椭圆形、卵形、长圆状卵形，长6~12cm，宽4~7cm，先端急尖或短渐尖，基部圆形或楔形，边缘有细钝齿，有睫毛，两面沿脉常有疏绒毛；叶柄圆柱形，长2~5cm，上面有沟槽，密生绒毛。雄花序长3~4cm；雄蕊30~40枚，花药紫红色；苞片长3~5mm，近圆形，基部楔形，裂成多数细窄的褐色裂片，常早落；雌花序长约5~6cm，果期增长，轴密被绒毛。蒴果卵圆形，长5~6mm，初有柔毛，后无毛或被疏毛，3瓣裂。花期4~5月，果期6月。

生于山地河谷和额尔齐斯河湾。

产青河、富蕴、福海、阿勒泰、布尔津、哈巴河、吉木乃、木垒、奇台、和布克赛尔、塔城、裕民、伊吾、巴里坤等地。西伯利亚也有（模式产地）。

苦杨喜光、耐寒、喜水湿，要求湿润肥沃的砂壤土，不耐干旱瘠薄，不耐盐碱。可用于阿尔泰山地河谷造林更新树种。以其姜黄色或淡黄色多绒毛的小枝和具锐棱

图107 苦杨 Populus laurifolia Ldb.
1. 果枝 2. 萌条叶

图 108 密叶杨 Populus talassica Kom.

1. 果枝叶　2. 蒴果

肋的萌发条，而区别于他种。

20. 密叶杨　图 108　彩图第 21 页

Populus talassica Kom. in Journ. Bot. URSS, 19：509, 1934；Фл. CCCP, 5：237；1936；Фл. Казахст. 3：4, 1960；A. Skv. in Consp. Fl. As. Med. 3：9, 1973；新疆植物检索表, 2：33, 1983；中国植物志, 20（2）：46, 1984；中国树木志, 2：1985, 1985；新疆植物志, 1：153, 1992. —P. cathayana auct non Rehd：Фл. Казахст. 3：49, 1960。

20a. 密叶杨（原变种）

P. talassica var. **talassica**

乔木，树皮灰绿色，树冠开展。萌条微有棱角，棕褐色或灰色，初有毛，后几无毛；小枝灰色，近圆筒形，无毛；带叶短枝棕或栗色，叶痕间常有短绒毛。萌枝叶披针形至阔披针形，长 5 ~ 10cm，宽 1.5 ~ 3cm，基部楔形或圆形；短枝叶卵圆形或卵圆状椭圆形，长 5 ~ 8cm，宽 3 ~ 5cm，先端渐尖，基部楔形、阔楔形或圆形，边缘浅圆齿，表面淡绿色，无毛，背面较淡，常沿脉有疏毛；叶柄圆，长 2 ~ 4cm，近无毛。雄花序长 3 ~ 4cm，花序轴无毛，花药紫色；雌花序 5 ~ 6cm，果期长至 10cm，果序轴有疏毛，下部较密。蒴果卵形，长 5 ~ 8mm，3 瓣裂，裂片卵圆形，无毛，多皱纹。花期 5 月，果期 6 月。

生于山地河谷及前山带河谷沿岸。

产天山中部和西部地区，海拔可至 2400m。国外在中亚天山山区亦有（模式标本产地：塔拉斯阿拉套）。

密叶杨在乌鲁木齐、昌吉、呼图壁、玛纳斯、石河子、沙湾、乌苏、精河、博乐、温泉、霍城、伊宁、察布查尔、尼勒克、新源、巩留、特克斯、昭苏等地的标本，其短枝（果枝）均为棕色或栗色（苦杨、柔毛杨的短枝是姜黄或淡黄色），仅初期微有短绒毛，后仅局部被毛或全无毛，或几全无毛，因而，1960 年《哈萨克斯坦植物志》第 3 卷，将其作为广泛分布于中国的杨树—青杨的异名。然而，在天山南坡如和静、阿克苏、温宿等地的标本，则一年生短枝、叶柄、叶脉和果序轴均密被灰绒毛，与北坡各地标本明显有别。这有待于深入采集。

密叶杨实生苗，根蘖条和幼树的叶都很狭窄，卵状椭圆形，阔披针形或披针形，各部无毛或几无毛；成年树的长枝叶长卵形、长圆形或长圆状椭圆形；成年树的短枝叶(果枝叶)较宽短，卵形或阔卵形，基部楔形或圆形等。因而根蘖条和成年树枝叶的形状变化，是区分本种及其种下等级的依据。

20b. 托木尔峰密叶杨(新变种)　彩图第 21 页

P. talassica var. **tomortensis** C. Y. Yang var. nov；新疆植物志，1：305，156，1992—*P. pilosa* var. *leiocarpa* C. Wang et Tung. Bull. Bot. Research，2(2)：116，1982；中国植物志，20(2)：44，1984；中国树木志，2：1984，1985。

叶阔卵形，基部圆形或微心形、短枝、叶柄、叶脉及果序轴密被绒毛，而不同于原变种。

产阿克苏、温宿。

生山河岸边或云杉林缘，海拔 2300~2400m。

20c. 心叶密叶杨(新变种)

P. talassica var. **cordata** C. Y. Yang var. nov. 新疆植物志，1：156，305，1992。

以小枝褐色或淡褐色，无毛，叶心形长 7~12cm，宽 7~9.5cm，基心形或圆形，叶柄无毛，而不同于原变种。

以枝、叶无毛而不同于柔毛杨 *P. pilosa* Rehd.

产新疆精河、三台林场，生山地河边，海拔 1000m。

21. 帕米尔杨

Populus pamirica Kom. in Journ. Bot. URSS，19：510，1934；Фл. СССР，5：236，1936；Фл. Казахст. 3：109，1968；A. Neumann. in Fl. Iran. Salic. 65：10，1969；A. Skv. in Consp. Fl. As. Med. 3：9，1972；pro syn. P. talassica Kom. ；新疆植物检索表，2：33，1983；中国植物志，20(2)：44，1984；中国树木志，2：1984，1985；新疆植物志，1：156，图版41，1992。

乔木。高 10~15m，树冠宽阔、开展，下部树皮灰色、纵裂。枝淡黄绿色或淡褐色，具棱；小枝具柔毛。萌枝叶长椭圆形，先端短渐尖，基部楔形，无毛，边缘近重锯齿，齿深，先端尖；短枝叶圆形，长宽近等，长 5~8cm，先端突尖，基部圆形或阔楔形，边缘波状具细缘毛，表面绿色，背面色淡，沿脉微有柔毛；叶柄长 3~7cm，圆柱形，被柔毛，几等或长于叶片。果序长 6 cm，果序轴有毛；蒴果卵圆形，3 瓣裂，长 4mm。花期 5 月，果期 6 月。

生于林缘或山河岸边，海拔 2000m。

产阿克陶。塔吉克斯坦山地亦有(模式标本采自帕米尔)。

本种以其短枝叶片大，具长柄、近圆形。萌条叶椭圆形，具短柄，且均具锐齿，和密被灰色绒毛的淡褐色短枝和果穗，而很好区别于密叶杨。

阿. 斯克沃尔乔夫(A. Skv. 1972)将此种作为 P. talassica 的异名，看来，难以赞同。

21a. 阿合奇杨(新变种)

P. talassica var. **akqiensis** var. nov. 新疆植物志，1：156，305，1992。

枝淡褐色，一年生枝密被绒毛；芽鳞被绒毛。叶卵形，长 7~9cm，宽 5~6cm，中部最宽，基楔形，边缘具粗细不整齐锯齿；叶柄圆筒形，几等长或长于叶片。果序轴被绒毛；蒴果 3 瓣裂。

产新疆，阿合奇，生河边，海拔 1950m。

以叶卵形，中部大而不同于原变种。

22. 柔毛杨　彩图第 21 页

Populus pilosa Rehd. in Amer. Mus. Novit. 29，2：1，1927；Фл. СССР，5：240，1936；Фл. Казахст. 3：45，1960；A. Skv. in Consp. Fl. As. Med. 3：8，1972，pro syn. P. laurifolia Ldb. ；新疆植物检索表，2：34，1983；中国植物志，20(2)：144，1984；中国树木志，2：1984，1985；新疆植物志，1：158，图版39：3，1992。

乔木。高 5~12m，树皮深纵裂，灰白色。小枝粗，节间短，叶痕较密，具密毛；三年枝无毛，黄白色。芽有黏质，被柔毛。叶卵形或广卵形，长 4.5~8cm，宽 4~6cm，先端短渐尖，基部浅心形、截形或圆形、边缘圆波状锯齿、表面被毛，背面黄色或淡绿色，沿脉有毛；叶柄近圆形，长 1~2.5(4)cm，被黄毛。苞片宽大于长；花盘具波状齿。果序长 5~8cm，轴有毛；蒴果 3~5 瓣裂，无柄，圆球状卵圆形，有毛，径 4~6mm。花期 5 月，果期 6 月。

生于山地河谷沿岸。蒙古亦有分布。模式标本采自蒙古西南边境。

产青河、富蕴、福海、阿勒泰、布尔津、哈巴河、吉木乃、塔城和伊吾、巴里坤等地。

本种仅以叶片基部圆形或微心形，心形而区别于苦杨，由于没有独立群体组成分布区，故近年多有主张作苦杨的异名或种下等级者。

（2）柳属 Salix Linn.

乔木或匍匐状、垫状、直立灌木。枝圆柱形，髓心近圆形。芽鳞单一。叶互生，稀对生，通常狭而长，羽状脉，有锯齿少全缘；叶柄短；托叶多有锯齿，常早落，稀宿存。柔荑花序直立或斜展，先叶或与叶同时开放，稀后叶开放；苞片全缘，有毛或无毛，宿存，稀早落；雄蕊 2~多数，花丝离生或部分或全部合生，花药多黄色；腺体 1~2；位于花序轴与花丝之间者为腹腺，近苞片者为背腺；雌蕊由 2 心皮组成，子房无柄或有柄，花柱长或短，少缺，单 1 或分裂，柱头 1~2，分裂或全缘。蒴果 2 瓣裂；种子小，多暗褐色。

世界约 320 种，主产北温带。我国约 260 种；新疆约 60 种及变种，未计近期引种。遍布全疆各地区。

柳属木材轻软，易干燥、易加工，供作矿柱、小木器等，也可作民用建筑材料和小板材。枝条细柔，可编制筐、篮、柳条箱、安全帽；树皮含单宁，供工业或药用。

柳属树种喜光、喜水湿，抗寒，速生，易栽易活，是四旁绿化、保持水土、防堤固岸的优良树种，有的是早春蜜源植物。

分种检索表

11. 托叶卵形，边缘有齿；叶柄上面有时具腺点及短绒毛；叶片披针形，长 8～10cm，背面苍白色，无毛，栽培 …… …………………………………………………………………………………… **6. 爆竹柳 S. fragilis** Linn.

11. 托叶披针形，常早落；叶柄无腺点 …………………………………………………………………… **12**

12. 幼叶两面有白色绒毛或随即消失，叶片宽大，长 5～15cm；苞片披针状长圆形，褐色，果期脱落 ………… …………………………………………………………………………………………… **5. 白柳 S. alba** Linn.

12. 叶片披针形；苞片卵形或披针形，淡黄色，不脱落，栽培种 …………………………………………… **13**

13. 枝下垂；叶常具长尾尖；苞片线状披针形；雄花具 1 腺体；雌花具 2 腺体，栽培 …………………………… ………………………………………………………………………… **7*. 垂柳 S. babylonica** Linn.

13. 枝不下垂；叶不具长尾尖；苞片卵形，先端钝；雌雄花都具 2 腺体，栽培 …… **8*. 旱柳 S. matshudana** Koidz.

14. 叶背面密被白绒毛 ……………………………………………………………………………………… **15**

14. 叶背面无毛或被灰色毛 …………………………………………………………………………………… **22**

15. 叶披针形，线状披针形 …………………………………………………………………………………… **16**

15. 叶倒卵形或长圆状倒卵形，背面被绢毛；花柱和柱头较短 ……………………………………………… **20**

16. 沼泽地灌木；枝干时常发黑，下部枝常对生；花序短；子房柄较长；花柱和柱头 ………………………… ………………………………………………………………… **41. 细叶沼柳 S. rosmarinifolia** Linn.

16. 非为沼泽地灌木；花序细长；子房柄；花柱和往头长；腹腺长于子房柄 ……………………………………… **17**

17. 枝红褐或栗色；叶之最宽处在中部以上；苞片先端尖 ……………………………………………………… **18**

17. 枝淡黄或橄榄—砖红色、叶之最宽处在中部以下；苞片先端钝，褐色或暗褐色 …………………………… **19**

18. 叶背面密被银白色绢毛，有光泽；柱头裂片横展 ………………… **43. 毛枝柳 S. dasyclados** Wimm.

18. 叶背面疏被灰色绒毛，无光泽；柱头裂片短而直 ……………… **45. 萨彦柳 S. sajanensis** Nas.

19. 叶表面绿色，有皱纹；花柱短于柱头少等长 …………………… **44. 蒿柳 S. viminalis** Linn.

19. 上年和当年生枝密被灰绒毛，叶表面灰色，密被灰绒毛；苞片色暗；花柱远长于柱头 ……………………… ………………………………………………………………………… **42. 吐兰柳 S. turanica** Nas.

20. 天山中山带林缘的中等灌木；叶背面银白色，有光泽 ………… **46. 银柳 S. argyracea** E. Wolf.

20. 阿尔泰山低湿山间沼泽地灌木 ………………………………………………………………………… **21**

21. 叶匙形，背面密被灰色卷曲绒毛；子房短柄；花柱短 ………… **48. 克氏柳 S. krylovii** E. Wolf.

21. 叶阔卵圆形，背面被银白色绢毛；子房无柄；花柱明显 ……… **47. 绢柳 S. neolapponum** Ch. Y. Yang

22. 叶圆形、椭圆形、长圆状倒卵形至阔披针形，宽 1～4(6)cm ………………………………………… **23**

22. 叶线形或披针形，宽 0.2～1cm。 ……………………………………………………………………… **38**

23. 山地林缘上限或高山低湿地矮小灌木 ………………………………………………………………… **24**

23. 山地河谷或林缘的中等至大灌木 ……………………………………………………………………… **31**

24. 子房或果实无毛 ……………………………………………………………………………………… **25**

24. 子房或果实有毛 ……………………………………………………………………………………… **27**

25. 叶两面同色；塔什库尔干高山灌木 …………………………… **23. 菲氏柳 S. fedtschenkoi** Goerz.

25. 叶两面异色；产天山和阿尔泰山 ……………………………………………………………………… **26**

26. 天山针叶林上限(海拔2700～2800m)的灌木；叶小，卵圆形；托叶不发达，常早落 ……………………… ………………………………………………………………… **22. 枸子叶柳 S. karelinii** Turcz.

26. 阿尔泰山地河岸植物；叶大，椭圆形；托叶发达，有锯齿 ……… **21. 戟柳 S. hastata** Linn.

27. 叶片细小，长 0.8～3cm，宽 0.3～1cm，边全缘；花丝合生至顶部；阿尔泰山和天山(伊犁)山间低湿地灌木 ………………………………………………………………………… **29. 欧杞柳 S. caesia** Vill.

27. 叶片较大，边缘有齿 …………………………………………………………………………………… **28**

28. 花序梗上小叶全缘；花柱纤细，2 深裂 ……………………… **14. 灰蓝柳 S. glauca** Linn.

28. 花序梗上小叶片边缘有齿；花拄较粗，浅裂。 …………………………………………………………… **29**

29. 花序梗上小叶片长圆形，边缘有疏齿，叶两面同色；阿尔泰山灌木 …… **13. 绿叶柳 S. metaglauca** C. Y. Yang

29. 叶两面异色；天山或阿尔泰山植物 …………………………………………………………………… **30**

30. 叶长倒卵形，质厚、硬，边缘密生细尖；天山植物 ………… **12. 阿拉套柳 S. alatavica** Kar. et Kir. ex Stschegl.

30. 叶长圆状椭圆形，边缘有细锯齿或几全缘；阿尔泰山地林缘小灌木 …… **17. 灌木柳 S. saposhnikovii** A. Skv.

31. 叶背面密被灰柔毛；子房细长，具长柄和短花柱 …………………………………………………………… **32**

31. 叶无毛，少幼叶微有柔毛 ·· 34
32. 叶卵圆或椭圆形，大，表面无毛；生阿勒泰和塔城山地林缘 ·············· 24. 黄花柳 S. caprea Linn.
32. 叶倒卵形或倒卵状长圆形，较小，生河谷 ·· 33
33. 叶倒卵状长圆形，长 4~12cm，宽 1~4cm，两面被泥灰色短绒毛 ········ 25. 灰毛柳 S. cinerea Linn.
33. 叶倒卵形，小，长 0.8~4cm，宽 0.5~3cm，表面微有短毛，背面被淡灰色毛(仅见额尔齐斯河及富蕴、布尔津标本) ··· 26. 耳柳 S. aurita Linn.
34. 叶圆形或阔卵圆形，基圆至微心形，托叶发达，肾脏形，边缘有齿 ·········· 20. 鹿蹄柳 S. pyrolifolia Ldb.
34. 叶不为圆形；托叶较小 ··· 35
35. 嫩枝无毛；子房具短柄 ··· 36
35. 嫩枝有毛少无毛，子房具长柄 ··· 37
36. 小枝红褐色，叶缘密生腺齿，花梗鳞片叶边缘有细齿，背面无毛(天山植物) ··············
　　 ··· 18. 天山柳 S. tianschanica Rgl.
36. 小枝黄褐色；叶缘疏钝齿；花梗鳞片边缘全缘，背面密被长柔毛(阿尔泰山植物) ··········
　　 ··· 19. 光叶柳 S. paraphylicifolia Ch. Y. Yang
37. 枝叶有毛，叶全缘或几全缘，天山植物 ················ 27. 伊犁柳 S. iliensis Rgl.
37. 枝叶无毛，叶缘有齿牙至缺刻状，阿尔泰山地植物 ·········· 28. 谷柳 S. taraikensis Kimura
38. 叶线形，宽仅 2~3mm，两面尤其背面密被绢毛 ·········· 31. 线叶柳 S. wilhelmsiana M. B.
38. 叶较宽，无绢毛。 ··· 39
39. 倒卵状长圆形或倒披针形，全缘，光滑无毛 ·············· 30. 塔城柳 S. tarbagataica Ch. Y. Yang
39. 叶具深或浅齿，有毛或无毛 ··· 40
40. 子房或果实无毛 ··· 41
40. 子房或果实有毛 ··· 44
41. 苞片大，棕褐色，背面有皱纹；果期不脱落 ·············· 32. 密穗柳 S. pycrostachya Anderss.
41. 苞片较小，淡黄色，背面无皱纹；果期全部或部分脱落 ································· 42
42. 苞片先端尖；果枝叶长过于宽 10~15 倍 ·············· 33. 米黄柳 S. michelsonii Goerz ex Nas.
42. 苞片先端钝或截形 ··· 43
43. 树皮灰色；叶发灰蓝色；果实正常发育，山河谷野生灌木 ·········· 34. 蓝叶柳 S. kililowiana Stschegl
43. 树皮黄绿色，光滑，叶发淡绿色；果实不育；南疆庭院栽培的大灌木 ········ 35*. 黄皮柳 S. carmanica Bornm.
44. 花序无梗或具短梗，基部仅有鳞叶状叶片；花柱很短至几缺；苞片同色 ·········· 40. 油柴柳 S. caspica Pall.
44. 花序具梗和小叶片；花柱较长 ··· 45
45. 花枝叶上部较宽 ··· 46
45. 花枝叶线形，上下等宽 ··· 47
46. 苞片棕褐色，不脱落 ···································· 32. 密穗柳 S. pycrostachya Anderss.
46. 苞片淡黄色，脱落 ······································ 35. 黄皮柳 S. carmanica Bornm.
47. 当年生枝有绒毛 ··· 48
47. 当年枝无毛 ··· 49
48. 枝栗褐色，干时变黑；花序长 5~8cm ·················· 36. 二色柳 S. albertii Rgl.
48. 枝黄色，干时不变黑，花序长 2~3cm ················ 37. 细穗柳 S. tenuijulis Ldb.
49. 苞片同色 ··· 38. 黄线柳 S. linearifolia E. Wolf.
49. 苞片二色 ··· 39. 齿叶柳 S. serrulatifolia E. Wolf.

（a）五蕊柳组 Sect. Pentandrae(Hook)Schneid

乔木。芽和幼叶常有黏质。叶披针形或宽椭圆形；叶柄具腺点。花与叶同时开放，具总梗；雄蕊 5~12 枚，有背腹腺；苞片淡黄绿色；子房无毛，具柄；腺体 1~2，分裂或否。

我国产 3 种 6 变种 2 变型；新疆产 2 种 1 变种。

1. 五蕊柳 图 109　彩图第 21 页

Salix pentandra Linn. Sp. Pl. 1016, 1753；Anderss. Monogl. Salic. 34, fig. 23, 1867；Ej. in

DC. Prodr. 16. 2, 206, 1868; Фл. СССР, 5：205, 1936; Man. Cult. Trees and Shrubs ed. 2：92, 1940; Фл. Казахст. 3：15, 1960; Consp. Fl. As. Med. 3：17, 1972; 中国高等植物图鉴, 1：360, 1972; 秦岭植物志, 1 (2)：30, 1974; 新疆植物检索表, 2, 40, 1983; 中国植物志, 20 (2)：115, 1981; 中国树木志, 2：2041, 1985。

1a. 五蕊柳（原变种）

Salix pentandra var. **pentandra**

灌木或小乔木, 高 1 ~ 5m。树皮灰色或灰褐色; 一年生枝褐绿色, 灰绿色或灰棕色, 无毛, 有光泽。芽卵形或披针形、披针状长圆形, 具黏质, 有光泽。叶草质, 阔披针形、卵状长圆形或椭圆状披针形, 长 3 ~ 13cm, 宽 2 ~ 4cm, 先端渐尖, 基部钝或楔形, 表面深绿色, 光泽。背面淡绿色, 无毛, 边缘有腺齿; 叶柄长 0.2 ~ 1.4cm, 无毛, 上端具腺点, 托叶长圆形或宽卵形, 宿存或脱落。雄花序长 2 ~ 4 (7) cm, 粗 1 ~ 1.2cm, 密花; 轴有柔毛, 雄蕊 (5) 6 ~ 9 (12) 枚, 花丝长约

图 109　五蕊柳 Salix pentandra Linn.
1. 花枝　2. 雌花　3. 雄花　4. 蒴果

4.5mm, 不等长, 中部以下有曲毛, 苞片绿色, 长约 2.5mm, 披针形、长圆形或椭圆形, 先端圆或钝, 边缘具腺齿稀全缘, 具 2 ~ 3 脉; 雄花有背腺和腹腺, 离生, 背脉棒状, 长 0.8 ~ 1mm, 腹腺略短小, 常 2 ~ 3 深裂; 雌花序长 2 ~ 6cm, 粗 8mm; 子房卵状圆锥形, 无毛, 近无柄; 花柱和柱头明显, 2 裂; 苞片常于花后渐落; 腹腺 1 或 2 裂, 或为 2, 狭卵形或卵形, 先端截形。蒴果卵状圆锥形, 长约 9mm, 具短柄, 光滑无毛, 有光泽。花期 6 月, 果期 8 ~ 9 月。

生于山地河岸、低湿地、荒漠河谷。海拔 500 ~ 1500m。

产青河、富蕴、福海、阿勒泰、布尔津、古木乃等地。分布于内蒙古、黑龙江、吉林、辽宁、河北、山西、陕西等地。朝鲜、蒙古、西伯利亚以及欧洲各地均有分布。

1b. 白背五蕊柳（亚种）

S. pentandra subsp. pseudopentandra Flod. in Ark. Bot. 20A. N6：57, 1926—var. *intermedia* Nakai, Fl. Sylv. Kor. 18：80, tab. 10, 1930; 中国植物志, 20 (2)：117, 1984; 新疆植物志, 1：164, 1992。

一年生枝为橄榄色或淡黄褐色; 叶下面发白, 低出叶顶端下面有须状绢毛; 无托叶; 冬芽多黏质。

生阿尔泰山山间沼泽地。海拔1700～1800m。

产福海大桥林场。分布于西伯利亚。

（b）紫柳组 Sect. Wilsonlanae Hao

乔木或灌木。叶倒披针形、披针形、椭圆形至阔椭圆形，先端长渐尖至急尖，齿缘有齿或近全缘。花与叶近同叶开放，花序梗明显较长；雄蕊(3)4～6(～8)枚；苞片淡黄绿色，有背腺和腹腺；子房披针形至卵形，无毛，具长柄；花柱短，柱头头状或2浅裂。

我国产14种4变种2变型；新疆产1种。

2. 布尔津柳（新种） 图110

Salix burqingensis C. Y. Yang Bull. Bot. Research. 9：102，1980；新疆植物检索表，2：41，1983；中国植物志，20(2)：113，1984；中国树木志，2：2039，1985。

乔木，高10～15m。小枝淡褐色或淡黄绿色，初有短绒毛，后无毛；芽卵状长圆形，被短绒毛。叶披针形，阔披针形，长6～10cm，宽1.5～3cm，先端长渐尖，基部楔形或阔楔形，边缘密生腺齿，表面暗绿色，背面较淡，幼叶被短绒

图110 布尔津柳 Salix burqingensis C. Y. Yang
1. 花枝 2. 枝一段示叶柄腺点 3. 叶片 4. 雄花，示雄蕊

毛，后无毛；叶柄长0.5～1cm，上端有腺点和绒毛。花序几与叶同时开放；雄花序长3～5cm，粗0.5～1cm，花梗密被绒毛，具3～4小叶片；苞片披针形，淡褐色，两面有柔毛，内面较密；腺体2，腹生和背生；雄蕊3～8枚，花丝离生，最基部有绒毛，花药黄色；雌花序长4～5cm，粗0.8～1cm，果期长7～8cm，粗约2cm，花序梗密被灰绒毛，具3～6枚小叶片；子房卵状圆锥形，无毛，长约6～7mm，粗1～1.5mm，子房柄长约1mm，花柱短，柱头微凹；苞片披针形，淡褐色，两面被毛，内面基部尤密，常早落，腺体2，腹生和背生。花期5月，果期6月。

生于河湾。海拔470m。雄株多，雌株极少。

产布尔津。特有种。

模式标本，采自布尔津。

布尔津柳可能是五蕊柳和白柳的天然杂种（在布尔津河湾，白柳是优势树种，但五蕊柳极少见，生长也低矮，几成灌木状）。它喜光，抗寒，要求深厚、湿润的砂质壤土，不耐干旱瘠薄。它生长快，冠幅小，干形直，是珍贵的速生用材和绿化树种。

（c）三蕊柳组 Sect. Amygdalinae Koch

小乔木或灌木，小枝无毛，柔软。叶披针形，两面同色或背面发白，无毛；叶柄常有腺点；通

常有托叶。花序与叶同时开放，总梗
具小叶片；苞片黄色或淡黄色；雄蕊
3~4枚，离生，腺体2；子房无毛，
具长柄，花柱和柱头短；腺体1。

我国产3种2变种。新疆产
1种。

3. 三蕊柳　图111

Salix triandra Linn. Sp. Pl.
1016，1753；Фл. СССР，5：184，
1936；Фл. Казахст. 3：15，1960；
Not. Syst. Herb. Inst. Bot. Ac. Sc.
URSS，20：75，1960；Fl. Europ. 1：
46，1964；Fl. Iran. Salic. 65：24，
1969；Consp. Fl. As. Med. 3：16，
1972；新疆植物检索表，2：42，
1983；中国植物志，20（2）：1210，
1984；中国树木志，2：2041，1985；
新疆植物志，1：165，图版42：5~
8，1992。

灌木，高达2~3m。树皮暗褐
色，有沟裂；小枝褐色或灰绿褐色。
芽卵形，急尖，有棱，无毛，褐色，
紧贴枝上。叶长圆状披针形、披针形
至倒披针形，长7~10cm，宽1.5~
3cm，先端常有突尖，基部圆形或楔
形，上面深绿色，有光泽，背面苍白

图111　三蕊柳 Salix triandra Linn.
1. 雌花枝　2. 雌花　3. 雄花序　4. 雄花

色，边缘锯齿有腺点，幼时稍有短柔毛，成叶无毛；叶柄长5~6(10)mm，上部常有2腺点；托叶斜
阔卵形或卵状披针形，有明显齿牙缘；萌发枝叶披针形，先端长渐尖，长可达15cm，宽2cm；有肾
形至卵形的托叶。花序与叶同时开放，具花梗，基部具2~3小叶片；雄花序长3~5cm；轴有长毛；
雄蕊3(稀为2、4、5)，花丝基部有短柔毛；苞片长圆形或卵形，长1.5~3mm，黄绿色，两面有疏
短柔毛，或外面近无毛；腺体2，背生或腹生，有时2裂或4~6裂；雌花序长3.5~6cm，具梗，
着生具锯齿的小叶片；子房卵状圆锥形，长4~5cm，无毛，绿色多少呈苍白色；子房柄长1~
2mm，花柱短，柱头2裂；苞片长圆形，长为子房的1/2，两面有疏短柔毛，或外面近无毛；腺体
2，背腺较小，常较子房柄短。花期4月，果期6月。

生河湾沙滩上，较不常见。海拔500m。

产阿勒泰、布尔津和塔城南湖。分布于我国东北各省及河北、山东等地；国外在中亚、西伯利
亚、欧洲各地均有分布。

4. 准噶尔柳　图112

Salix songarica Anderss. Monogr. Salic. 53，fig. 34，1867；Фл. СССР，5：204，1936；
Фл. Казахст. 3：16，1960；Fl. Iran. Salic. 65：25，1969；Cosp. Fl. As. Med. 3：16，1972；新疆植
物检索表，2：42，1983；中国植物志，20(2)：122，1984；中国树木志，2：2042，1985；新疆植
物志，1：165，图版43，1992。

小乔木，高达4~6m，胸径可达20~30cm；树皮淡褐色，片状剥落。一年生小枝细长，淡褐

色。芽小，贴生，长圆形。叶披针形或狭披针形，长3~7.5cm，宽0.5~1.2cm，先端渐尖，基部楔形，两面无毛，同为绿色，侧脉12~16对，成40°~45°角开展，全缘或微有浅齿；叶柄有腺点，长0.3~1cm；托叶披针形，有腺点，早脱落。花序与叶同时开放，较细，长5~7cm；花序梗基部具2~3小叶片，花序轴有毛或近无毛；雄蕊3(4)枚，花丝下部有毛；苞片阔倒卵形，淡黄色，有疏毛；腺体2背生和腹生；子房卵状圆锥形，长约4mm，具短柄，无毛，绿色，后变褐色，花柱极短，柱头粗，近全缘或4裂；苞片狭倒卵形，淡黄色，有疏毛；腺体2，背生和腹生，腹腺短于子房柄。蒴果长达5~5.5mm。花期5月，果期6月。

生于荒漠河流和水渠边。是具新疆特色的珍贵树种，建议多加保护，大力发展。

图 112　准噶尔柳 Salix songarica Anderss.
1. 花枝　2. 叶片示叶脉　3. 叶片示叶缘　4. 蒴果

产奇台、昌吉、玛纳斯、沙湾、奎屯、察布查尔、新源等地。国外在中亚和伊朗也有。

(d)柳组 Sect. Salix

乔木。叶披针形或阔披针形，边缘有细锯齿，幼叶微有毛或密白绒毛。花与叶同时或先叶开放；雄蕊2枚，花丝离生，花药黄色；具背腹腺；苞片同色，果期常脱落。子房无毛。

中国产21种12变种6变型；新疆产1种，引入栽培1种。

5. 白柳　图 113

Salix alba Linn. Sp. Pl. 1021, 1753；Фл. СССР, 5：188, 1936；Man. Cult. Trees and Shrubs ed. 2：95, 1940；Фл. Казахст. 3：17, 1960；Fl. Iran. Salic. 65：25, 1969；Fl. Europ. 1：45, 1964；Consp. Fl. As. Med. 3：17, 1972；新疆植物检索表，2：43, 1983；中国植物志，20(2)：128, 1984；中国树木志，2：2043, 1985；新疆植物志，1：167, 图版44：1~6, 1992。

乔木，高达20(25)m，胸径达1m。树冠开展；树皮暗灰色，深纵裂。幼枝有银白色绒毛，老枝无毛，淡褐色。芽贴生，长6mm，宽1.5mm，急尖。叶披针形、线状披针形、阔披针形、倒披针形或倒卵状披针形，长5~12(15)cm，宽1~3(3.5)cm，先端渐尖或长渐尖，基部楔形，幼叶两面有银白色绢毛，成叶表面常无毛，背面稍有绒毛或近无毛，侧脉12~15对，成30°~45°角开展，边缘有细锯齿；叶柄长0.2~1cm，有白色绢毛；托叶披针形，有伏毛，边缘有腺点，早脱落。花序与叶同时开放，梗长 5~8mm，基部有长圆状倒卵形小叶片；轴上密被白色绒毛；雄花序长 3~5cm，较疏，花药鲜黄色；雄蕊 2 枚，离生，花丝基部有毛；苞片卵状披针形或倒卵状长圆形，淡黄色，全缘，内面无毛，外面近无毛或基部有疏毛，具缘毛；腺体 2，背生和腹生；雌花序长 3~4.5cm，花较疏；子房卵状圆锥形，长 4.5~5mm，具短柄或近无柄，无毛，花柱短，常 2 浅裂，柱头 2 裂；苞片披针形或卵状披针形，全缘，淡黄色，内面有白色绵毛，外面仅基部有毛，具缘毛，早脱落；腺体 1，腹生，稀具 1 不发达的背腺。花期 4~5 月，果期 5 月。

生额尔齐斯河及其支流以及塔城南湖。

产青河、富蕴、福海、阿勒泰、布尔津、哈巴河、塔城(南湖)等地河、湖岸边。全疆各地镇、居民点均有栽培，最高海拔 3100m 的塔什库尔干栽培，跟喀什等平原地区的白柳同样良好。在国外中亚、印度、阿富汗、伊朗、地中海、高加索、巴尔干、欧洲各地均有栽培或天然分布。有人主张将栽培白柳作另一种或变种，有待深入研究。

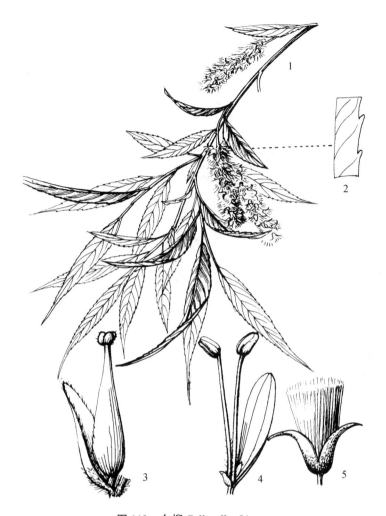

图 113 白柳 Salix alba Linn.
1. 果枝 2. 叶片一段示锯齿 3. 雌花 4. 雄花 5. 蒴果

白柳喜光，抗寒，耐轻度盐碱，是新疆地区最普遍而又最珍贵的速生用材树种之一。木材轻软，无气味，纹理直，结构细，油漆性能好，不易劈裂。供建筑、家具、农具、胶合板等用。

白柳也是一种观赏树种和早春的蜜源植物。

白柳在新疆栽培历史悠久，早有"九龙树"、"蟠柳"、"左公柳"的生动记载。清人肖雄在《西域杂术诗》草木篇记载："往日南路洋萨尔(即洋霞)，有古树一丛，大者十围，垂阴深暗，皆蟠柳一株发出之枝也。老干离土二三尺处有眼，孔中出清泉涌喷，甘芳如醴(甜酒)，人皆颂为灵泉，而于树亦尊之若神，未悉何人手植"。

"又乌什城之西南四五公里，有蟠柳绕干发出百余枝，高者十数丈。古峭纵横之状，无所不备，抱澄潭，隆冬不凌，有素特胡玛杂尔在焉"。

据调查，这两处的蟠柳，今已不存在了。乌什县的蟠柳是"文革"中砍伐的，今日仍见其残存粗根沉于清澈水底，即肖雄所记载的"抱澄潭，隆冬不凌"之景色仍然存在，树旁的小庙亦尚存，只是颓垣断壁了。

另外，在温宿县托木休克麻札上有一片人工白柳林，大者卧地而生，"有如群龙野战久"、"横奔数亩无羁腾"，景色独特、壮观，可谓今日尚存的"蟠柳"。建议加强科学管理和保护。

哈密的古柳，就是今日广泛栽培于全疆各地的白柳，清人宋伯鲁在其《海棠仙馆诗集》的"回城

图 114　爆竹柳 Salix fragilis Linn.
1. 花枝　2. 雄花

古柳"诗中，对一株大白柳（古称九龙树）作了一首绝妙的诗，"回城斗大西南隅，中有古柳偃赌衢，此柳相传越千载，过者一见皆嗟吁……有若群龙野战久，飞鳞断甲沾泥汙……"。可见，哈密的白柳在一千多年前就有名了（"越千栽"）。而哈密今日保存的白柳古树，在全疆也是首屈一指的，这些可能就是"左公柳"了。

6. 爆竹柳　图 114

Salix fragilis Linn. Sp. Pl. 1017, 1753；Ander. Monog. Salic. 41, 1867；Ejusd. in DC. Prodr. 16, 2：209, 1868；Фл. CCCP, 5：202, 1936；Фл. Казахст. 3：16, 1960；Man. Cult. Trees and Shrubs ed. 2：93, 94, 1940；新疆植物检索表, 2, 43, 1983；中国植物志, 20（2）：130, 1984；中国树木志, 2：2045, 1986；新疆植物志, 1：169, 图版 44：7～8, 1992。

乔木，高达 20m，胸径可达 50～100cm。树冠圆形或长圆形，树皮厚，纵沟裂，暗黑色。小枝粗壮、无毛，淡褐绿色，有光泽；萌发枝初有短柔毛，后光滑。芽长圆形，先端急尖，初时上部有短柔毛，后无毛。叶披针形或宽披针形，长 8～10cm，宽 1～16cm，先端渐尖，基部楔形，表面暗绿色，有光泽。沿中脉有短柔毛，背面苍白色，无毛，边缘具腺锯齿；叶柄长 2～7mm，上部有腺点及短柔毛或无毛；托叶小，卵形，或无托叶。花序与叶同时开放；雄花序长 3～5cm，粗 4～6mm，有短梗，长约 1cm，具 1～3 小叶片，或脱落。轴有短柔毛；雄蕊 2 枚，花丝下部有时具短柔毛，花药黄色；苞片黄色或暗黄色；腺体 2，腹生和背生；雌花序未见。花期 5 月。

乌鲁木齐引种，生长一般。东北亦有引种。伊朗、高加索以及欧洲各地广泛分布。

爆竹柳喜光、抗寒、速生，可用作观赏树种。木材轻软，可供建筑工业用，亦可作器具、板料等。

（e）垂柳组 Sect. Subalbae Koidz.

乔木。花序与叶同时开放；雄蕊 2，花丝离生少下部合生；雌花具 2 腺体；子房无柄或近无柄；花柱短或长。柱头 2～4 裂。

新疆栽培 2 种 3 变种。

7*. 垂柳

Salix babylonica Linn. Sp. Pl. 1017, 1753；Repert. sp. nov. Beih. 93：5, 1936；Фл. CCCP, 5：196, 1936；Man. Cult. Trees and Shrubs ed. 2：95, 1940；中国高等植物图鉴, 1：362, 1972；秦岭植物志, 1（2）：23, 1974；新疆植物检索表, 2：44, 1983；中国植物志, 20（2）：38, 1984；中国树木志, 2：2048, 1985；新疆植物志, 1：169, 1992。

乔木，高达 10 ~ 18m，树冠开展。树皮灰黑色，不规则开裂。小枝细，下垂，淡褐黄色、淡褐色或带紫色。无毛。芽线形。先端尖。叶狭披针形或线状披针形，长 9 ~ 26cm，宽 0.5 ~ 1.5cm，先端长渐尖，基部楔形，两面无毛或微有毛，表面绿色，背面色较淡，锯齿缘；叶柄长 5 ~ 10mm，有短柔毛；托叶边缘有齿牙。花序先叶或与叶同时开放；雄花序长 2cm，具短梗，轴有毛；雄蕊 2 枚，花丝与苞片近等长或较长，基部多少有长毛，花药红黄色；苞片披针形：外面有毛；腺体 2。雌花序长达 2 ~ 3cm，具梗，基部有 3 ~ 4 小叶片；轴有毛；子房椭圆形，无毛或下部稍有毛，无柄或近无柄；花柱短，柱头 2 ~ 4 深裂；苞片披针形，长约 1.8 ~ 2mm，外面有毛，腺体 1。蒴果长 3 ~ 4mm，带绿黄褐色。花期 3 ~ 4 月，果期 4 ~ 5 月。

南北疆均有引种，生长良好。广布于我国南北各地及世界多数国家普遍栽培，原产我国，是珍贵的观赏树种。

8*. 旱柳

Salix matshudana Koidz. in Bot. Mag. Tokyo, 29：3212，1915；Repert. sp. nov. Beih. 93：66，1936；中国高等植物图鉴，1：363，1972；秦岭植物志，1（2）：34，1974；新疆植物检索表，2：44，1983；中国植物志，20（2）：132，1984；中国树木志，2：2045，1986；新疆植物志，1：170，1992。

8a. 旱柳（原变种）

S. matshudana var. **matshudana**

乔木，高至 18m，大枝斜上，树冠广圆形；树皮暗灰黑色，有裂沟。枝细长，直立或斜展，浅褐黄色或带绿色，后变褐色，无毛；幼枝有毛。芽微有短柔毛。叶披针形，长 5 ~ 10cm，宽 1 ~ 1.5cm，先端长渐尖，基部楔形，表面绿色，无毛，有光泽，背面苍白色，细腺锯齿缘，幼叶有丝状柔毛；叶柄短，长 3 ~ 5mm，具长柔毛；托叶披针形或缺，边缘有细腺锯齿。花序与叶同时开放；雄花序圆柱形，长 2 ~ 3cm，粗约 6 ~ 8mm，具花序梗，轴有长毛；雄蕊 2 枚，花丝基部有长毛，花药卵形，黄色；苞片卵形，黄绿色，先端钝，基部微有短柔毛；腺体 2。雌花序长达 2cm，粗 4mm，3 ~ 5 小叶片生于花序梗上，轴有长毛；子房长椭圆形，近无柄，无毛；花柱缺或很短，柱头卵形，近圆裂；腺体 2，背生和腹生。花期 4 月，果期 4 ~ 5 月。

乌鲁木齐、石河子、伊犁各地引种，速生，生长良好。分布于我国南北各地。为早春蜜源植物，可作速生用材、行道树、护岸林、护堤林和庭园树种。

8b. 馒头柳（变型） 彩图第 22 页

Salix matsudana f. **umbraculifera** Rehd. in Journ. Arn. Arb. 6：205，1925；中国植物志，20（2）：134，1984；新疆植物志，1：170，1992。

与原变种的主要区别，为树冠半圆形，如同馒头状。

新疆各地多有引种。唯乌鲁木齐地区 20 世纪 60 ~ 70 年代常受冻寒。我国北方常见栽培。

8c. 龙爪柳（变种）

Salix matsudana var. **tortuosa**（Vilm.）Rehd. in Loc. Cit. 206，1925；中国植物志，20（2）：133，1984；新疆植物志，1：170，1992。

与原变种的区别在于：枝卷曲。

新疆各地多有引种。乌鲁木齐地区 20 世纪 60 ~ 70 年代常受冻寒。我国北方庭园普遍栽培。

8d. 绦柳（倒栽柳）

Salix matsudana f. **pendula** Schneid. in Bailey. Gentes Herb. 1：18，1920；中国植物志，20（2）：133，1984；新疆植物志，1：170，1992。

与原变型的主要区别：枝长而下垂，黄色，雌花为 2 腺体，苞片无毛。

乌鲁木齐地区引种，生长一般。我国东北、华北、西北各地均有栽培。

（f）长白柳组 Sect. Retusae A. Kerner

图 115 蔓柳 Salix turczaninowii Laksch.
1. 植株 2. 雌花 3. 雄花

高山匍匐灌木。叶近革质，圆形、卵形。花与叶同时开放，生于枝端；花丝和子房均有毛，花柱明显，柱头短，深 2 裂，仅有腹腺。

我国产 3 种 2 变种。新疆产 1 种。

9. 蔓柳（新拟） 图 115

Salix turczaninowii Laksch. Herb. Fl. ROSS, 50：2495, 1914；Фл. СССР, 5：37, 1936；Фл. Казахт. 3：37, 1960；新疆植物检索表, 2：46, 1983；中国植物志, 20(2)：275, 1984；新疆植物志, 1：171, 图版 45：5~6, 1992。

草本状匍匐灌木。枝淡褐黄色，长 6~10cm，稀达 30cm。芽小，棕色，无毛。叶椭圆形或阔倒卵状椭圆形或卵状椭圆形，长 1.5~2.5cm，宽 0.7~10mm，先端急尖或钝头，基部楔形，两面无毛，边缘有细锯齿；叶柄长 6~7mm，无托叶。花序生枝端，与叶同时开放，长 1~2cm，宽 3~7mm，花序梗有毛，基部具 2 小叶片，多花，疏松，雄蕊 2 枚，花丝基部有毛；苞片倒卵圆形，淡黄色，先端紫红色，外面无毛，内面有疏毛，上缘有缘毛；腺体 2；子房卵状圆锥形，有短柄，无毛，花柱短，柱头 2 裂；苞片倒卵形；腺体 2，背生和腹生，长于子房柄 4~5 倍；果序长达 5cm。花期 6~7 月，果期 7 月。

生于阿尔泰高山砾石带，海拔 2600~2800m。

产青河、富蕴、福海、阿勒泰、布尔津。国外在蒙古和西伯利亚也有。

（g）皱纹柳组 Sect. Chamaetia Dum.

蔓生灌木。叶革质，近圆形，两面有明显脉纹，被绢毛。花序生枝端，具长梗，雄蕊 2，花丝有毛；子房被毛，柱头短，深 2 裂，仅具 1 腹腺。

本组新疆产 1 种。

10. 皱纹柳 图 116 彩图第 22 页

Salix vestita Pursch. Fl. Amer. sept. 2：610, 1814；Anderss. in DC. Prodr. 16, 2, 300, 1868；Schneid. in Bot. Gaz. 67：45, 1919；Фл. СССР, 5：34, 1936；Man. Cult. Trees and Shrubs ed. 2：98, 1940；新疆植物检索表, 2：46, 1983；中国植物志, 20(2)：278, 1984；中国树木志, 2：2081, 1985；新疆植物志, 1：171, 图版 45：5~6, 1992。

小灌木，高约 1m，小枝直立状或升起，较粗、无毛、栗褐色，有光泽。芽卵圆形，褐色、被疏绒毛。叶椭圆形、卵圆形、倒卵圆形，长 4~5cm，宽 1~2cm，先端钝，基部圆形或阔楔形，全缘或具疏钝齿、上面鲜绿色、叶脉凹陷、具鳞斑状皱纹，下面密被白色细长毛，侧脉和网脉突出；叶柄长约 5mm，上面有沟槽、无毛、下面常有白色长毛。花与叶近同时或后叶开放，花序梗具小叶片，被丝状柔毛，侧生于小枝上，花序细圆柱形，长 1~2cm、粗 3~4cm；雌花序在果期长达 3~4cm；苞片近倒卵圆形，先端钝、褐色或棕色，边缘密生短缘毛；雄蕊 2，花丝离生、基部密生白

色柔毛、花药圆形、黄色；子房长
卵圆形，密被绒毛，具子房柄、花
柱几缺，柱头 2 深裂，淡黄褐色；
腺体 1、腹生，2 浅裂，长约 1mm。
蒴果卵圆形，长 3～5mm，黄褐色，
被柔毛。花期 6 月，果期 7～8 月。

生于阿尔泰山西北的西伯利亚
红松或落叶松林下，海拔 1600～
1700m，极少见。

产布尔津县叶门盖迪及红毛
河。蒙古、西伯利亚、远东、北美
亦有分布。

（h）灰绿柳组 Sect. Glaucae Pax

蔓生或直立小灌木，枝被绒毛
少无毛。叶质厚，全缘或有齿，灰
绿色，被绵毛少无毛，花序生枝
端，总梗长，雄蕊 2，花丝离生，
密生绒毛；子房有绵毛，花柱明
显，柱头开展。

本组我国 4 种，产阿尔泰山和
天山高山地区。

11. 北极柳　彩图第 22 页

Salix arctica Pall. Fl. ROSS,
1，2：86，1788；Фл. CCCP，5：
44，1956；Consp. Fl. As. Med. 3：
18，1972；新疆植物检索表，2：
47，1983；中国植物志，20（2）：

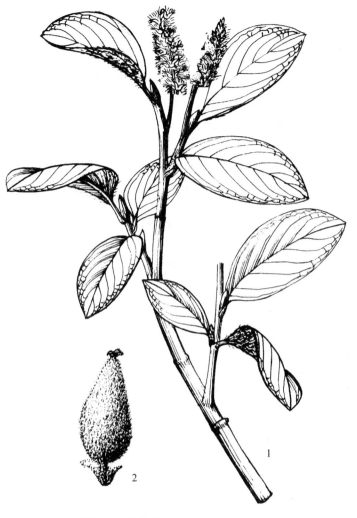

图 116　皱纹柳 **Salix vestita** Pursch.
1. 果枝　2. 蒴果

283，1984；中国树木志，2：2082，1985；新疆植物志，1：173，图版 46：6～7，1992。

小灌木。小枝淡黄色，后成棕褐色或栗色，无毛。叶长倒卵形、椭圆形或卵圆形，长 2～3cm，
宽 1～2cm，先端钝，基部阔楔形，上面绿色，下面较淡，全缘，幼叶微有柔毛，后仅沿下面中脉
有疏长毛或无毛；叶柄长（3）5～10mm，较粗，基部扩展，上面有沟槽，被疏柔毛。

花序生于小枝上部，细圆柱形，长 2～3cm，雌花序果期伸长、花序梗具小叶片，被绒毛；苞
片长椭圆形，棕褐色，内面有长柔毛；腺体 1，腹生，全缘或 2 浅裂（雄花）；雄蕊 2，花丝离生，
无毛；子房长圆锥形，被短绒毛，花柱长约 1mm，柱头 2 深裂。蒴果长 5～6mm，棕褐色，微有毛。
花期 6～7 月，果期 8 月。

生阿尔泰高山砾石带，少见。

产青河、布尔津等地；国外在西伯利亚，远东及欧洲北部地区也有。

12. 阿拉套柳

Salix alatavica Kar. et Kir. ex Stschegl. in Bull. Soc. Nat. Mosc. 27，1：197，1854；Фл. CCCP，
5：60，1936，excl. syn. S. karelinii et S. prunifolia；Фл. Казахст. 3：35，1960；Consp. Fl. As.
Med. 3：17，1972；新疆植物检索表，2：47，1983；中国植物志，20（2）：281，1984；中国树木
志，2：2082，1985；新疆植物志，1：173，1992。

灌木，高 1～1.5m。小枝淡褐色或栗色，嫩枝发紫红色，初有短绒毛，后无毛。芽渐尖，紫红

色，有光泽。叶长圆状卵圆形或椭圆形，长 3 ~ 6cm，宽 2 ~ 2.5cm、顶端具偏斜短渐尖，基部楔形，边缘有细腺齿，上面绿色，下面较淡，幼叶有丝状柔毛，成熟叶两面无毛；叶柄长 2 ~ 5mm，基部扩展，初有毛，后无毛；托叶卵圆形，很小，膜质，常早落。花序侧生于小枝上部，与叶同时开放或叶后开放，长 4 ~ 5cm，雌花序果期伸长，花序梗具 2 ~ 4 小叶片，被灰绒毛；苞片长圆形，淡褐色，上部稍暗，两面被绒毛；腺体 1，腹生，长圆形，淡褐色；雄 2，花丝离生，被灰绒毛，花药黄色，圆球形，先端钝，子房长卵圆形，常弯曲，密被灰绒毛，柄很短，柱头 2 裂。花期 6 ~ 7 月，果期 7 ~ 8 月。

生天山高山地区林缘或阴湿石缝中，海拔 2700 ~ 2900m。

产木垒、昌吉、新源、巩留、昭苏等地。国外在中亚天山也有。

13. 绿叶柳（新种） 图 117

Salix metaglauca C. Y. Yang，东北林学院植物研究室汇刊，9：89，1980；新疆植物检索表，2：47，1983；中国植物志，20（2）：281，1984；新疆植物志，1：173，1992。

灌木，高约 1m。小枝栗色，有光泽，初有短绒毛后无毛。芽卵圆形，初有毛后无毛。叶椭圆形或长圆状倒卵形，长 3 ~ 5cm，宽 1 ~ 2cm，先端短渐尖，基部楔形，边缘有疏浅细齿，两面同为灰绿色，幼叶被短绒毛，后无毛或下面沿中脉有毛，叶脉两面明显，侧脉呈锐角开展；叶柄长 2 ~ 3mm，被绒毛；托叶卵圆形，偏斜，边缘有锯齿，常

图 117 绿叶柳 Salix metaglauca C. Y. Yang
1. 花枝 2. 雌花 3. 雄花

早落。花在叶后开放，花序长 2 ~ 4cm，粗 8 ~ 13mm，花序梗被绒毛，基部具 3 ~ 4 枚小叶片；苞片卵状椭圆形先端钝或渐尖，暗棕色至黑色，两面被长毛；腺体 1，腹生，褐色，长方形，短于子房柄；雄蕊 2，花丝离生，密被绒毛，花药黄色，卵圆形，先端尖；子房长圆锥形，密被灰绒毛，具短柄，花柱短，柱头深 2 裂。蒴果灰绿色，长 6 ~ 7mm，密被绒毛。花期 6 月，果期 7 ~ 8 月。

生阿尔泰山高山石缝中，海拔 2700 ~ 2800m，少见。

产福海。模式采自大桥林场。

14. 灰蓝柳

Salix glauca Linn. Sp. Pl. 1019, 1753; Man. Cult. Trees and Shrubs ed. 2：98, 1940; Фл. СССР, 5：58, 1956; Фл. Казахст. 3：35, 1960; 中国植物志，20（2）：280，1984；新疆植物志，1：175，1992。

灌木，高约 1m。小枝红褐色，无毛或被柔毛。叶长圆状倒卵形，长 3 ~ 5cm，宽 1 ~ 2.5cm，先端短渐尖，边缘全缘，两面被疏柔毛，背面灰蓝色。花与叶同时或后叶开放，花序具梗，长 2 ~ 4cm，果序伸长；苞片长倒卵形，先端钝，两面被长柔毛；雄蕊 2；花丝离生，下部有柔毛；腺体 2；子房长圆状卵形，被白绒毛，具短柄，花柱深 2 裂，裂至中部以下；柱头具开展裂片。蒴果长 5 ~ 8mm，被灰绒毛。花期 6 ~ 7 月。

生阿尔泰山西北高山砾石带，海拔 2500 ~ 3000m。

产布尔津山地。蒙古、西伯利亚、欧洲、北美高山也有。

（i）欧越橘柳组 Sect. MyrtosaIix A. Kerner

垫状灌木。叶革质，凋存，边缘有锯尖或刺尖齿。花序生枝端；苞片顶端黑色或紫色，基部常有长毛；腺体1，全缘；花丝无毛；子房有或无毛，常发紫色，具短柄，花柱较短，褐色，柱头2裂。

我国产2种，均产新疆。

15. 直穗柳　欧越橘柳 图118

Salix rectijulis Ledeb. ex Turcz. in Nouv. Mem. Soc. Nat. Mosc. 2：313，1832，p. p.；ивы. CCCP，143，1968；新疆植物检索表，2：48，1983；中国植物志，20（2）：284，1984；新疆植物志，1：175，1992. —S. myrsinites auct. non L. Фл. CCCP，5；49，1936，p. p.；Фл. Казахст. 3：36，1960。

垫状灌木。小枝斜展或直立，淡黄色或栗褐色。叶椭圆形或卵形，长 1~3cm，宽 0.5~2cm，顶端钝或渐尖，基部楔

图118 直穗柳 Salix rectijulis Ledeb. ex Turcz.
1. 花枝 2. 雄花

形，边缘有细腺齿，幼叶有灰柔毛，后无毛。花几与叶同时或叶后开放；花序近枝顶侧生，花梗粗长，具小叶片，被长柔毛；苞片倒卵圆形或宽椭圆形，色暗，密生长柔毛，腺体1，腹生；雄蕊2，花丝离生，基部无毛，花药暗紫红色；子房被绒毛，具短柄，花柱短，柱头2裂。果实圆锥形，有绒毛。花期6~7月。

生于阿尔泰山高山砾石带，海拔2700~2800m 以上。常形成高山垫状群落。

产青河、富蕴、福海、阿勒泰、布尔津；国外在西伯利亚和蒙古也有。

16. 小檗叶柳　彩图第22页

Salix berberifolia Pall. Resise，3：321，1776；Фл. CCCP，5，55，193；Фл. Казахст. 3：36，1960；新疆植物检索表，2：49，1983；中国植物志，20（2）：282，1984；中国树木志，2：2082，1985；新疆植物志，1：175，图版47：3~5，1992。

垫状灌木。枝淡褐色，无毛。叶椭圆形或倒卵圆形，长 0.5~2cm，宽 0.4~1cm，顶端钝或渐尖，边缘有尖锐锯齿，革质，有光泽。花与叶同时或叶后开放，花序近在枝顶侧生，花梗长 1~2cm，具小叶片，花密生；苞片倒卵形，暗褐色，密生长柔毛；雄蕊2，花丝离生，无毛，花药黄色；子房长圆形，柄短，花柱2裂。蒴果淡褐色，无毛。花期6~7月。

生于阿尔泰山高山砾石带，海拔2700~2800m 以上，常组成优势垫状植被。

产青河、富蕴、福海、布尔津。国外分布于蒙古、西伯利亚、远东等地。

（j）灌木柳组 Sect. Arbuscella Ser. Ex Duby

图 119 灌木柳 Salix saposhnikovii A. Skv.
1. 花枝 2. 雄花

灌木。枝和芽红褐色，无毛。叶较小，椭圆形、长圆形，有锯齿，表面常有光泽，背面灰蓝色，花序无或具短总梗，基部具鳞片状小叶；苞片色淡，几同色或顶端较暗；雄蕊 2，花丝离生，无毛；腺体 1；腹生；子房有毛，几无柄或具短柄；花柱明显或较长。

我国产 3 种 1 变种；新疆产 3 种。

17. 灌木柳 图 119

Salix saposhnikovii A. Skv. in Fodde Ropert. 64, 1, 77, 1961；新疆植物检索表，2：49，1983；中国植物志，20(2)：290，1984；中国树木志，2：2084，1985；新疆植物志，1：177，图版 48：4~5，1992。

灌木，高约 1m。当年生小枝常有短绒毛，后无毛，栗色，有光泽。叶长椭圆形至披针形，或长圆状倒卵形，长 2~6cm，宽 0.5~2cm，先端渐尖，基部楔形，边缘有疏齿，稀几全缘，上面绿色，下面淡绿色，成熟叶两面无毛；叶脉明显。花与叶同时或叶后开放；雄花序短圆柱形或长圆形，长 1~2cm，粗约 0.6cm；雄蕊 2，花丝离生，无毛；苞片披针形或长圆状倒卵形，顶端钝，淡褐色或暗褐色，两面有长毛；腺体 1，腹生；果序长 3~3.5cm，果序梗有绒毛，基部具小叶片；子房卵状圆锥形或长卵圆形，具短绒毛，子房柄和花柱均短，长约 0.5mm，柱头 2 裂；苞片和腺体同雄花。蒴果褐色，被短绒毛。花期 5~6 月，果期 6~7 月。

生阿尔泰山西北河谷、林缘，常与欧杞柳同一生境，海拔 1500~1600m。产布尔津县叶门盖迪、喀纳斯等地。国外在蒙古和西伯利亚也有。

18. 天山柳 图 120

Salix tianschanica Rgl. in A. H. P. 7, 2：471, 1880；Фл. CCCP, 5：84, 1936；Consp. Fl. As. Med. 3：20, 1972；新疆植物检索表，2：50，1983；中国植物志，20(2)：291，1984；新疆植物志，1：177，图版 48：1~3，1992。

灌木，高 1~3m，多分枝，小枝栗红色，无毛，有光泽。芽小，披针形，具微弯的嘴尖，叶椭圆形或倒卵状椭圆形，先端钝或具短尖，基部楔形，上面绿色，下面较淡，幼叶两面被疏毛，沿叶脉尤密，成叶无毛，边缘有密的弯尖齿；托叶斜卵形，边缘有腺齿。花几与叶同时开放，花序长 2~3cm；花序梗短，基部具鳞片状叶片，早落；苞片长卵圆形，栗色至近黑色，有长毛；腺体 1，腹生；雄蕊 2，花丝离生(稀部分合生)，基部有柔毛，花药黄色；子房卵形，被绒毛，具柄，花柱长约 1mm，柱头短。蒴果长约 5mm，褐色，有疏毛。花期 5 月，果期 6 月。

生天山山地林缘，海拔 1900~2700m。

产昌吉（南山林场）、新源、巩留等地。国外分布于中亚天山。

19. 光叶柳（新种）

Salix paraphylicifolia Ch. Y. Yang，东北林学院植物研究室汇刊，9：92，1980；新疆植物检索表，2：50，1983；中国植物志，20（2）：291，1984；新疆植物志，1：177，1992。

灌木，高 3～4m。小枝褐色、淡褐色或红褐色，无毛。幼芽卵圆形，扁平，具柔毛，先端具较密且长的簇毛，后变为长卵圆形，具扁嘴尖，黄褐色，少毛或无毛。叶椭圆形，长 3～7cm，宽 2～3cm，萌枝叶长 9～10cm，宽 3～4cm，先端钝，基部楔形、阔楔形，边缘具疏浅细齿或全缘，上面淡绿色，下面较淡，仅上面中脉基部具短绒毛，小枝最下部的 1～2 叶片很小，下面和叶柄密生长柔毛；叶柄长 1～1.5cm，上面有沟槽，被短绒毛，基部

图 120　天山柳 Salix tianschanica Rgl.
1. 带叶枝　2. 雄花

常扩展；托叶斜卵形，边缘有细齿，常早落。花几与叶同时开放，花序长 2～4cm，粗 0.7～1cm；花序梗密生灰绒毛，基部具小叶片（下面和叶柄有长毛）；苞片阔卵形，先端钝，褐色，两面有长柔毛；腺体 1，腹生，长圆形；雄蕊 2，花丝离生，基部有疏柔毛，花药黄色；子房细圆锥形，密被绒毛，子房柄长 0.7～1mm，被绒毛，花柱长 1～1.5mm，具 2～3 裂片。蒴果淡黄色，有绒毛。花期 5～6 月，果期 7 月。

生于阿尔泰山山河谷及林缘，海拔 1800～2000m。

产福海、布尔津（喀纳斯湖）等地。模式标本采自福海大桥林场。

本种近 *Salix jenissensis*（F. Schmidt）Flod，但叶缘齿浅，花序、子房柄和花柱均较短，子房密生绒毛，而很好区别。

过去，在我国柳属资料中，多提到 *Salix phylicifolia* Linn.，但近年一些研究者意见，认为这是欧洲种，没有越过鄂毕河。

（k）鹿蹄柳组 Sect. Hastatae A. Kerner

叶椭圆形、卵形、倒卵形或圆形；托叶大，卵形、肾形或近圆形。花序先叶或与叶同时开放；腺体 1，腹生；雄蕊 2，离生；子房卵状圆锥形，无毛，具柄，花柱明显。

我国产 4 种，均产新疆。

20. 鹿蹄柳　图 121　彩图第 23 页

Salix pyrolifolia Ldb. Fl. Alt, 4：270，1833；Фл. CCCP，5：115，1936；Фл. Казахст. 3：38，

图 121　鹿蹄柳 Salix pyrolifolia Ldb.
1. 果枝，示肾形托叶　2. 蒴果

1960；Consp. Fl. As. Med. 3：18，1972；新疆植物检索表，2：52，1983；中国植物志，20（2）：287，1984；中国树木志，2：2084，1985；新疆植物志，1：179，图版49：1～4，1992。

大灌木或小乔木。小枝淡黄褐色或栗色，嫩枝有疏柔毛。芽黄褐色，卵圆形，初有毛，后无毛。叶圆形、卵圆形、卵状椭圆形，长2～8cm，宽1.5～6cm，先端短渐尖至钝圆，基部圆形或微心形，少阔楔形，边缘有细锯齿，上面绿色，下面淡白色，两面无毛，叶脉明显；叶柄长2～7mm，初有短柔毛，后无毛；托叶大，肾形，边缘有锯齿，花先叶或与叶同时开放，花序长3～4cm；果序伸长，花序梗短，具有早落的鳞片状叶或缺；苞片长圆形或长圆状匙形，先端钝或渐尖，棕褐色或褐色，有长柔毛，腺体1，腹生，长圆形；雄蕊2，花丝离生，无毛，花药黄色；子房圆锥形，无毛，柄长约0.5mm，花柱明显，柱头2裂。蒴果长6～7mm，淡褐色。花期5～6月，果期6～7月。

生阿尔泰山、萨乌尔山、塔城北山以及天山中山带河谷。

产青河、富蕴、福海、阿勒泰、布尔津、和布克赛尔、塔城、托里、新源、巩留、昭苏等地。国外在俄罗斯欧洲部分、西西伯利亚、东西伯利亚、中亚山地、远东、蒙古等地都有分布。

21. 戟柳

Salix hastata Linn. Sp. Pl. 1017, 1753；Man. Cult. Trees and Shrubs ed. 2：105，1940；Фл. СССР, 5：116，1936；Фл. Казахст. 3：28，1960；新疆植物检索表，2：51，1983；中国植物志，20（2）：287，1984；新疆植物志，1：179，图版49：5，1992。

灌木，高1～2m，稀较高。小枝淡黄色、栗色或灰黑色，初有短柔毛，后无毛或几无毛。叶卵形、长圆形或长圆状倒卵形，长2～8cm，宽1～4cm，先端短渐尖，基部楔形至阔楔形，边缘有细锯齿，上面绿色，下面较淡；叶柄长2～5mm，常短于托叶；托叶斜卵形或半心形，边缘有细锯齿。花与叶同时开放，花序长2～4cm；果序伸长，花序梗具小叶片和绒毛；苞片长圆形，淡褐色，密被灰白色长柔毛；腺体1，腹生；雄蕊2，花丝离生，稀基部合生，无毛，花药淡黄色；子房卵形，无毛，有短柄，花柱明显，有时2裂，柱头短，2裂。蒴果绿色或褐色，无毛，花期5～6月，果期6～7月。

生阿尔泰山山地河岸或低湿地，较普遍。

产青河、富蕴、阿勒泰、布尔津(喀纳斯湖)等地；国外分布于蒙古、西伯利亚以及欧洲各地。

22. 枸子叶柳

Salix karelinii Turcz. ex Stschegl. in Bull. Soc. Nat. Mosc. 27，1：196，393，1854；Not. Syst. Herb. Inst. Bot. Ac. Sc. Vzbek. 17：63，1962；Fl. Iran. Salic. 65：30，1969；Consp. Fl. As. Med. 3：18，1972；新疆植物检索表，2：53，1983；中国植物志，20(2)：287，1984；新疆植物志，1：181，1992。

灌木，高20~120cm。小枝褐色或栗色，初有短绒毛或绵状毛，后无毛。芽卵形，棕褐色，无毛。叶长圆状倒卵形或椭圆形，长1~5cm，宽0.5~2cm，先端钝，基部阔楔形或圆形，边缘有细锯齿，上面绿色，下面较淡，两面常有短毛，成叶仅中脉有毛；叶柄粗短，长2~5mm；托叶细小，披针形或长卵形，边缘有腺状锯齿。花与叶同时开放。花序长2~3cm，密被绵状毛，花序梗具小叶片和绒毛；苞片褐色至棕色，长圆形，先端尖，有长柔毛；腺体1，腹生；雄蕊2，花丝离生，无毛，长4~5mm；子房长卵形，无毛，有短柄，花柱明显，柱头2裂，蒴果长5~6mm，淡褐色。花期6月，果期7月。

生天山高山林缘或石缝中，海拔2700~2900m以上。

产昌吉(南山林场)、新源、巩留等地。国外分布于中亚山地。

23. 菲氏柳　山羊柳

Salix fedtschenkoi Goerz. Salic. Asiat. 1：21，1931；Goerz, in Fedde Repert. 32：121，1933；Фл. СССР，5：118，1936. quoad Pl. e pamiro-Alaj；Not. Syst Herb. Inst. Bot. Ac. Sc, Uzbek. 17：64，1962；Fl. Iran. Salic. 65：30，1969；Consp. Fl. As. Med. 3：18，1972；新疆植物检索表，2：51，1983；中国植物志，20(2)：289，1984；新疆植物志，1：181，1992。

灌木，高1~1.5m。小枝淡褐色，无毛。芽近圆形，先端钝，无毛。叶椭圆形或长圆状倒卵形，先端短渐尖，常偏斜，基部楔形或圆形，边缘有锯齿，两面近同色，成叶两面无毛；柄短，基部扩展，有沟槽，初有短绒毛，后无毛；托叶斜卵形或披针形，边缘有齿，常早落，花与叶同时开放，花序圆柱形，长2~3cm，粗0.8~1cm；果序伸长，花序梗短(雄花序无梗)，具鳞片叶，稀具小叶片；苞片卵圆形，淡褐色，有长毛；雄蕊2，花丝离生，长4~5mm。蒴果圆锥形，无毛，具短柄或几无柄。花期6月，果期7月。

生帕米尔高山河岸边，海拔3200~3300m，极少见(仅见到雌株标本)。

产塔什库尔干。国外分布在中亚南部高山。

(1)黄花柳组 Sect. Vetrix Dum.

(Sect. Lividae Nym)

灌木或小乔木。小枝暗褐色或红黑色，嫩枝被毛。叶卵形、椭圆形、倒卵形至倒卵状披针形；托叶肾脏形或半圆形。花序先叶开放；苞片常2色，两面密披长毛；腺体1，腹生；雄蕊2，花丝离生，少部分合生；子房圆锥形，少卵状圆锥形，被柔毛，有长柄，花柱短，果瓣开裂时向外卷曲。

我国产13种8变种2变型；新疆产5种。

24. 黄花柳　图122　彩图第23页

Salix caprea Linn. Sp. Pl. 1020，1753；Man. Cult. Trees and Shrubs ed. 2：99，1940；Фл. СССР，5：90，1936；Фл. Казахст. 3：30，1960；Fl. Europ. 1：50，1964；新疆植物检索表，2：53，1983；中国植物志，20(2)：301，1984；中国树木志，2：2086，1985；新疆植物志，1：182，图版50，1992。

灌木或小乔木。小枝黄绿色至黄褐色，有毛或无毛。叶卵状长圆形、宽卵形至倒卵状长圆形，长5~7cm，宽2.5~4cm，先端急尖或渐尖，常扭转，基部圆形，上面深绿色，鲜叶明显发皱，幼叶被柔毛，成熟叶无毛，下面密被白绒毛或柔毛，网脉明显，侧脉近叶缘处常相互联结，呈"闭锁

图 122 黄花柳 Salix caprea Linn.

1. 果枝 2. 蒴果 3. 雄花

脉"状，边缘有不规则缺刻，或有牙齿，少全缘，微反卷，质稍厚；叶柄长约 1cm；托叶半圆形，先端尖。花先叶开放；雄花序椭圆形或宽椭圆形，长 1.5～2.5cm，粗约 1.6cm，无梗；雄蕊 2，花丝细长，离生，花药黄色，长圆形；苞片披针形，长约 2mm，上部黑色，下部较淡，2 色，两面密被白长毛；仅 1 腹腺；雌花序短圆柱形，长约 2cm，粗 8～10mm，果期可达 6cm，粗达 1.8cm，具短梗；子房狭圆锥形，长 2.5～3mm，有柔毛，具长柄，长约 2mm，果柄更长，花柱短，柱头 2～4 裂。蒴果长可达 9mm。花期 4 月下旬～5 月上旬，果期 5 月下旬～6 月初。

生于阿尔泰山、萨吾尔山、巴尔鲁克山山河谷或林缘。

产青河、富蕴、福海、阿勒泰、布尔津、和布克赛尔、额敏、裕民、托里等地。国外分布于蒙古、西伯利亚及欧洲各地。

25. 灰毛柳

Salix cinerea Linn. Sp. Pl. 1021，1753；Фл. CCCP，5：99，1936；Фл. Казахст. 3：32，1960；Man. Cult. Trees and Shrubs ed. 2：100，1940；Consp. Fl. As. Med. 3：19，1972；新疆植物检索表，2：53，1983；中国植物志，20(2)：303，1984；中国树木志，2：2086，1985；新疆植物志，1：182，1992。

大灌木，高至 4～6m，树皮暗灰色。小枝密被灰色绒毛。芽扁长圆形，褐色，被灰绒毛。叶长倒卵形、倒卵状披针形，长 4～10cm，宽 1～1.5cm，上面暗绿色或灰绿色，下面密被灰绒毛，侧脉突出；萌条叶较大；托叶肾形或半卵形，边缘有齿牙。花先叶或与叶同时开放；雄花序长 1～2cm；雄蕊 2，离生，无毛；苞片匙形，褐色，有长毛；腺体 1，腹生；雌花序长 3～4cm；子房长圆锥形，密被灰绒毛，柄较长，花柱短，柱头具直立或开展的裂片。花果期 5 月。

生于额尔齐斯河、乌伦古河、布尔根河、塔城南湖、伊犁河等河谷岸边、苇湖及沿河低湿地。普遍。

产青河、富蕴、福海、阿勒泰、布尔津、哈巴河、塔城、察布查尔等地。国外分布于中亚、西伯利亚以及欧洲各地。

26. 耳柳

Salix aurita Linn. Sp. Pl. 1019，1753，Фл. CCCP，5；101，1956；Фл. Казахст. 3：30，1960；Man. Cult. Trees and Shrubs ed. 2：100，1940；Fl. Europ. 1：50，1964；新疆植物检索表，2：53，

1983；中国植物志，20(2)：301，1984；新疆植物志，1：184，1992。

灌木，高1～2m。小枝细，栗色或黄褐色，密被灰绒毛。芽卵圆形，栗色，无毛或微有毛。叶倒卵形或长圆状倒卵形，长1～4cm，宽1～2cm，先端具短尖，常偏斜，边缘有不整齐细齿牙，上面灰绿色，下面密被灰色绒毛，叶脉突出；叶柄短而有绒毛；托叶肾形，边缘有齿。花先叶开放；雄花序无梗，长1～2cm，粗0.7～1.1cm；雄蕊2，离生，花丝无毛；苞片长圆形，淡褐色或先端较暗，同色，具长柔毛；仅1腹腺；雌花序具短梗，果序长2～3cm；子房狭圆锥形，密被灰绒毛，约与子房柄等长，花柱短，柱头近头状。花期5月，果期6月。

生额尔齐斯河及其支流的山河谷岸边。

产青河、富蕴、福海、阿勒泰、布尔津等地。国外分布在欧洲各地。

27. 伊犁柳

Salix iliensis Rgl. in A. H. P. 6：464，1880；Wolf in A. H. P. 21：2，174，1903；Фл. CCCP，5：111，1936；Not. Syst. Herb. Inst. Bot. Ac. Sc. Uzbek. 17：5，1962；Fl. Iran. Salic. 65：32，1969；Consp. Fl. As. Med. 3：19，1972；新疆植物检索表，2：54，1983；中国植物志，20(2)，303，1984；新疆植物志，1：184，1992。– *S. depressa* auct. non L. Фл. Казахст. 3：29，1960。

大灌木，树皮深灰色。小枝淡黄色，初有短绒毛，后光滑无毛。芽扁长圆状披针形，具钝嘴。叶椭圆形、倒卵状椭圆形、阔椭圆形或倒卵圆形，长3～7cm，长大于宽1.5～2.5倍，先端具短尖，基部楔形或宽楔形，全缘，或有不规则疏齿，上面暗绿色，下面淡绿色，无毛，幼叶有短绒毛；叶柄长3～4mm，微有毛；托叶肾形，有齿牙。花先叶或近与叶同时开放，雄花序无梗；雄蕊2，离生，花丝某部有柔毛；腺体1；雌花序具短梗和小叶片，长1～2cm，果序长达4cm，轴有毛；苞片倒卵状长圆形，先端钝，暗棕色至近黑色；子房长圆锥形，密被灰绒毛，柄长约1mm，花柱短，柱头头状。蒴果长约5mm，灰色。花期5月，果期6月。

生于雪岭云杉林缘、疏林、混交林及山河岸边。

产天山各地，自东至西，从北坡到南坡，一直到喀什附近的吾依塔克。国外分布于中亚、巴基斯坦、阿富汗等地。

28. 谷柳　图123

Salix taraikensis Kimura in Journ Fac. Agricult. Hokkaido Univers. Sapporo, 26, 4：419，1934；Фл. CCCP，5：210，1936；新疆植

图123　谷柳 **Salix taraikensis** Kimura

1. 果枝　2. 雄花

物检索表，2：54，1983；中国植物志，20(2)：296，1984；中国树木志，2：2085，1985；新疆植物志，1：184，图版51，1992。

灌木或小乔木，高3~5m，树皮暗褐色。小枝无毛，栗褐色。叶椭圆状倒卵形或椭圆状卵形，长2~10cm，宽1.5~5cm，先端急尖，或钝圆形，基部圆形或阔楔形，上面绿色，下面苍白色，两面无毛或幼叶稍有短柔毛，全缘，或萌枝或小枝上部有不规则齿牙；叶柄长5~7mm，无毛；托叶肾形或斜卵形，具齿牙缘。花与叶同时或先叶开放；雄花序椭圆形或短圆柱形，长约1.5~2.5cm，粗约10~12mm，具短梗，基部具数小叶片，轴有疏长毛；雄蕊2，花丝无毛，长于苞片4~6倍；苞片椭圆状倒卵形，先端淡褐色或近黑色；腺体1，腹生；雌花序长1~3cm，粗约8~10mm，花序梗长0.5cm，果期可伸长达1cm，被短柔毛，基部有数小叶片；子房狭圆锥形，长约2mm，有柔毛，具长柄，与子房近等长，被毛，花柱短，柱头2裂；腺体1，腹生，短于子房柄4~6倍。蒴果长约7mm，被毛。花期4月下旬，果期6月。

生于阿尔泰山山河谷及林缘。疏林、混交林种。

产青河、富蕴、福海、阿勒泰、布尔津、哈巴河等山区。分布于黑龙江、吉林、辽宁、内蒙古等地；国外在蒙古、西伯利亚、远东、日本等地也有分布。

图124 欧杞柳 Salix caesia Vill.

1. 果枝 2. 雄花 3. 蒴果

（m）杞柳组 Sect. Caesiae A. Kerner

灌木。叶长矩圆形、倒卵形或倒状披针形，全缘。花序与叶同时开放，矩圆柱形，有极短的总梗；腺体1，腹生；雄蕊2，花丝合生，花药4室；子房有毛，无柄或有短柄，花柱短，柱头头状。

我国产4种；新疆产2种。

29. 欧杞柳(拟) 图124

Salix caesia Vill. Hist. pl. Dauph. 3，768，tab. 50，1989；Repert. sp. nov. Beih. 93：109，1936；Man. Cult. Trees and Shrubs ed. 2：111，1940；Фл. СССР，5：177，1936；Фл. Казахст. 3：19，1960；Fl. Iran. Salic. 65：36，1969；Consp. Fl. As. Med. 3：21，1972；新疆植物检索表，2：55，1983；中国植物志，20(2)：345，1984；新疆植物志，1：186，图版52，1992。

小灌木。嫩枝红褐色或栗色，有丝状毛；老枝淡黄色，无毛。叶卵形、椭圆形或披针形，长5~30mm，宽3~10mm，先端短渐尖，基部阔楔形，全缘，上面绿色，下面灰白色，成熟叶无毛；叶柄短，被短绒毛；托叶披针形，膜质，常早落。花后叶开放，花序粗短，长 5～20mm，基部具鳞状小叶片；苞片长圆形或倒卵形，钝，密生灰绒毛稀无毛；雄蕊 2，花丝全部或仅中部以下合生，基部有柔毛，花药黄色；腺体 1，腹生，全缘或 2～3 浅裂，长于子房柄；子房卵状圆锥形，被绒毛，长约 3～4mm，柄短，花柱短，柱头全缘或 2 裂。蒴果淡黄色至红褐色，密被绒毛。花期 5 月，果期 6 月。

生于阿尔泰山和天山各山间低湿地，常成群落性。

产布尔津、和布克赛尔、新源、巩留等地。国外分布于中亚、蒙古、西伯利亚、南乌拉尔、西欧等地。

30. 塔城柳　图 125

Salix tarbagataica Ch. Y. Yang，东北林学院植物研究室汇刊，9：96，1986；新疆植物检索表，2：55，1983；中国植物志，20(2)：347，1984；新疆植物志，1：186，图版 53，1992。—S. ledebouriana Trautv. Salic. (1936) 25；Pl. Asiae Centr. 9：40，1989。

大灌木，高 4～5m。小枝淡黄色，无毛。芽卵形，淡褐色，叶倒卵状长圆形或倒披针形，长 4～6cm，宽 1～1.5cm，先端渐尖，基部楔形，全缘，或上部有疏浅齿，两面淡绿色，无毛，中脉淡黄色，明显，测脉呈 45°～60°角开展；叶柄长 3～8mm，无毛；托叶细小，长卵圆形，早落，花先叶或与叶同时开放；花序圆柱形，长 2～3cm，花密生，花序梗很短，基部具鳞状小叶片；苞片椭圆形，先端圆，褐色至棕色，被柔毛；腺体 1，腹生，长方形；雄蕊 2，花丝全部合生，中部以下有密绒毛，花药 4 室；子房卵圆形，密被绒毛，几无柄，花柱短或缺，柱头 2 裂。蒴果密被灰绒毛。花期 5 月，果期 6 月。

生塔城北山山地河谷或河岸边，海拔 400～1500m。产塔城。

列氏柳 S. *ledebouriana* Trautv 根据资料主要分布于阿尔泰山，而塔城柳 S. *tarbagataica* Ch. Y. Yang 则只从塔城北山采到标本。前者枝和芽被白粉，后者枝和芽无白粉，故此，对二者不进行合并。

（n）乌柳组 Sect. Cheilophilae Hao

灌木。叶线形，长 3～10cm，宽 2～4mm，花序与叶同时或后叶开放，具总梗；苞片

图 125　塔城柳 **Salix tarbagataica** Ch. Y. Yang
1. 带叶枝　2. 雄花

同色，先端有齿或钝圆，仅基部有毛；雄蕊 2，花丝合生成单体，花药 4 室；子房具短柄或无柄，花柱和柱头均短。

我国产 3 种 9 变种；新疆产 1 种 1 变种。

31. 线叶柳　图 126

Salix wilhelmsiana M. B. Fl. Taur. - Cauc. 3：627，1819；Man. Cult. Trees and Shrubs ed. 2：110，1940；Фл. CCCP, 5：164，1936；Фл. Казахст. 3：23，1960；Fl. Iran. Salic. 65：40，1969；Consp. Fl. As. Med. 3：25，1972；新疆植物检索表，2：57，1983；中国植物志，20(2)：356，1984；新疆植物志，1：189，图 127，1992。

图 126　线叶柳 **Salix wilhelmsiana** M. B.
1. 花枝　2. 雌花　3. 雄花　4. 叶片一段示锯齿

31a. 线叶柳(原变种)

S. wilhelmsiana var. **wilhelmsiana**

灌木或小乔木，高达 5~6m。小枝细长，末端半下垂，紫红色或栗色，被疏毛，稀近无毛。芽卵圆形，钝，先端有绒毛。叶线形或线状披针形，长 2~6cm，宽 2~4mm，嫩叶两面密被绒毛，后仅下面有疏毛，边缘有细锯齿，稀近全缘；叶柄短，托叶细小，早落。花序与叶近同时开放，密生于上年枝上；雄花序近无梗；雄蕊 2，连合成单体，花丝无毛，花药黄色，初红色，球形；苞片卵形或长卵形，淡黄色或淡黄绿色，外面和边缘无毛，稀有疏柔毛或基部较密；仅 1 腹腺；雌花序细圆柱形，长 2 ~ 3cm，果期伸长，基部具小叶片；子房卵形，密被灰绒毛，无柄，花柱较短，红褐色、柱头全缘或 2 裂；苞片卵圆形，淡黄绿色，仅基部有柔毛；腺体 1，腹生。花期 5 月，果期 6 月。

生南北疆荒漠、沙地，昆仑北坡山河谷尤为普遍。

产霍城、伊宁、察布查尔、和硕、且末、和田等地。国外分布于中亚、伊朗、阿富汗、巴基斯坦、印度、高加索、欧洲等地。

31b. 宽叶线柳（变种）

Salix wilhelmsiana M. B. var. **latifolia** Ch. Y. Yang，东北林学院植物研究室汇刊，9：96，1980；新疆植物检索表，2：58，1983；中国植物志，20（2）：358，1984；新疆植物志，1：189，1992。

与原种的区别：叶片较宽，枝、叶、果各部无毛或几无毛。

生荒漠河边或渠边。

产且末、和硕。模式标本采自且末郊区。

（o）筐柳组 Sect. Helix Dum.

灌木。叶披针形或线状披针形。花与叶同时或先叶开放，具花序梗或缺；苞片同色或二色；腺体 1，腹生；雄蕊 2，花丝合生成单体，少仅中部以下合生，花药 4 室少 2 室；子房具长或短柄，有毛或无毛，花柱和柱头短。

我国产 18 种 2 变种 2 变型；新疆产 8 种，引入栽培 1 种（近期引入种未计），是防堤固岸、防风固沙和编织筐具珍贵材料。

32. 密穗柳

Salix pycrostachya Anderss. in Journ. Linn. Soc，4；44，1860，Фл. CCCP，5：163，1936；Fl. Iran. Salic. 65：38，1969；Consp. Fl. As. Med. 3：22，1972；新疆植物检索表，2：58，1983；中国植物志，20（2）：368，1984；新疆植物志，1：191，1992。

大灌木，高 5 ~ 6m，树皮淡黄绿色。小枝淡黄绿色，无毛，有光泽；当年枝初有短绒毛。芽黄褐色，被短绒毛。叶披针形，长 8 ~ 10cm，宽 1 ~ 1.5cm，常上部较宽，先端渐尖，基部楔形，全缘或有疏浅齿，两面几同色，幼叶微有毛，成叶无毛；叶柄长 5 ~ 10mm，无毛；托叶线形，常早落。花与叶几同时开放，花序长 2 ~ 3cm，粗约 5mm，花序梗长约 1cm，基部具 2 ~ 3 小叶片，轴有柔毛，苞片淡褐色，匙形或长卵圆形，先端圆，褐色或棕色，外面常无毛，有皱纹，基部和边缘有长柔毛，内面基部毛较密（雌花的苞片至果期不脱落）；腺体 1，腹生，椭圆形；雄蕊 2，花丝合生，基部有柔毛，花药 4 室，近球形，黄色，子房尖，圆锥形，无毛或有毛，柄短，花柱短，柱头 2 裂。花期 6 月，果期 7 月。

在塔什库尔干居民区栽培。海拔 3100m。是当地最普遍的柳树。国外在中亚、伊朗、阿富汗、印度等均有分布。

33. 米黄柳

Salix michelsonii Goerz ex Nas. in Фл. CCCP，5：711，1956；Not. Syst. Herb. Inst. Bot. Ac. Sc. Uzbek. 17：71，1962；Consp. Fl. As. Med. 3：24，1972；新疆植物检索表，2：58，1983；中国植物志，20（2）：365，1984；新疆植物志，1：191，1992。

大灌木，高 3 ~ 4m。皮青灰色；小枝黄色，细长下垂，无毛，有光泽。芽细小，黄褐色，先端尖，梢有绒毛。叶线状披针形，长 4 ~ 10cm，宽 4 ~ 6mm，先端渐尖，基部楔形，边缘微骨质增厚，有疏尖齿，幼叶微有短绒毛，成叶无毛，两面几同色，中脉淡黄色，侧脉呈锐角开展。花序先叶或几与叶同时开放，长 3 ~ 5cm，粗约 4mm，花序梗长 5 ~ 10mm，具 2 ~ 3 枚小叶片；苞片长圆形，先端尖，淡褐色，外面无毛，内面基部有白柔毛，果期全部或部分脱落；腺体 1，腹生；雄蕊 2，花丝合生，中部以下被柔毛，花药黄色；子房卵状圆锥形，无毛，柄长 0.5 ~ 2mm，花柱短或缺，柱头 2 裂。蒴果长约 5mm，褐色，无毛。花期 5 月，果期 6 月。

生荒漠河谷岸边。

产精河、博乐、霍城、察布查尔等地。国外分布于中亚各地。

米黄柳以其枝黄、细柔，叶之长过于宽 10 倍以上，果实无毛等，而易于识别。

34. 蓝叶柳

Salix kilirowiana Stschegl. in Bull. Soc. Natur. Moscou, 27, 1(1854)148；Фл. CCCP, 5：(1936) 91；A Сквор ивы CCCP, (1968)233；онже в опред. раст. ср Азии 3：(1972)23 —*Salix capusii* Franch in Ann. Sci. Nat. (Paris) 6. ser. 18：254, 1884—*S. coerulea* E Wolt, in A. H. P. 21：157, 1903—*S. niedzwieckii* Goerz Salic. 1：18, 1931。

大灌木，高达 5~6m，皮暗灰色。小枝纤细，栗褐色，无毛，当年生枝淡黄色，有疏短毛。叶线状披针形或狭披针形，长 4~5cm，宽约 6mm，先端短渐尖，常中部以上宽，全缘或有细齿，基部楔形，两面近同色，灰蓝色，幼叶有短绒毛，成叶无毛；叶柄长 2~4mm，初有毛，后无毛；托叶线形，早落，花与叶近同时开放；花序长 1.5~2.5cm，果期伸长，基部具短梗和小叶片，轴有绒毛；苞片长圆形或长圆状倒卵形，先端近截形，淡黄绿色，外面无毛，内面基部有白柔毛，果期全部或部分脱落；腺体 1，腹生，淡褐色；雄蕊 2，花丝合生，基部有毛，花药黄色，球形；子房细圆锥形，无毛，柄长约 1mm，花柱短，柱头长约 0.4mm。蒴果长 45 mm，淡绿或淡黄色。花期 5 月，果期 5~6 月。

生中山至前山河谷岸边，是新疆最常见柳树之一，以其枝叶发蓝而引人注目。

产吉木萨尔、阜康、米泉、乌鲁木齐、昌吉、呼图壁、玛纳斯、石河子、乌苏、精河、博乐、温泉、霍城、伊宁、尼勒克、新源、巩留、特克斯、昭苏、哈密、吐鲁番、和静、库车、塔什库尔干等地。国外分布于中亚山地。

本种以其小枝栗色或棕褐色(不像米黄柳那样发黄色)，叶之长过于宽 6~7 倍，果实光滑无毛，易与他种区别。但枝有时被蜡粉，有时并不显著，而在干标本上均不显著。另外，在塔城巴尔鲁克山和塔城北山的标本，也跟这种很相似，但有的叶较长，果较长。《中亚植物检索表》、《准噶尔阿拉套植物区系》、《塔尔巴卡台–萨乌尔山树木区系》将其作为长蓝叶柳 S. kirilowiana，故此，遵从上述作者意见，一律称作蓝叶柳。

35*. 黄皮柳　彩图第 23 页

Salix carmanica Bornm. in Sched. et Bot. Centrabl. Beih. 33(2)：202, 1915；Goerz in Fedde Repert. sp. nov. 35, 285, 1934；Fl. Iran. Salic. 65：37, 1969；新疆植物检索表，2：60, 1983；中国植物志，20(2)：368, 1984；新疆植物志，1：193，图版 55：4~6, 1992。

灌木，高 5~6m，皮青绿色，光滑。小枝淡黄色，无毛，纤细下垂，有时萌发枝上密被白粉。叶倒披针形，长 3~5cm，宽 5~7mm(萌条叶稍大)，先端短渐尖，基部楔形，边缘有细疏齿，两面近同色，幼叶微有短绒毛，成叶近无毛；托叶线形，长约 2mm，边缘有细齿，早落。花与叶近同时开放；雌花序长 1~2.5cm，花序梗长约 1cm，有绒毛，具 2~3 小叶片；苞片淡黄绿色，长倒卵形，长约 1~5mm，先端截形而微凹，外面无毛，果熟时脱落；腺体 1，细小，腹生；子房细圆锥形，微有毛或无毛，柄长约 1mm，花柱长约 0.4mm，柱头 2~4 裂。雄株未见。花期 5 月。

巴仑台、喀什、莎车、叶城、策勒、洛浦、和田、墨玉、皮山等地庭园栽培，未见野生。国外在伊朗、阿富汗一带公园也常栽培，亦仅有雌株(据阿富汗植物志记载)。

黄皮柳树皮无滑，小枝细柔下垂，甚富观赏，但在乌鲁木齐地区受冻，需要保护越冬。

36. 二色柳

Salix albertii Rgl. in A. H. P. 6, 2：462, 1880；E. Wolf. in A. H. P. 21, 2：170, 1903；Фл. CCCP, 5：172, 1936；A. Skv. in Not. Syst. Herb. Inst. Bot. Ac. Uzbek. 17：69, 1962, pro syn. S. tenuijulis Ledeb.；新疆植物检索表，2：60, 1983；中国植物志，20(2)：372, 1984；新疆植物志，1：193, 1992。

灌木，高 3~4m。当年生枝初时被绒毛，上年生枝红褐色，无毛。芽长圆形，栗褐色，无毛。叶披针形，长 3~7cm，宽 6~10mm（枝上部叶常较长和宽），边缘密生腺齿，上面绿色，下面灰蓝色，幼时被短绒毛，成叶无毛或几无毛；中脉淡黄色，侧脉呈锐角开展。花几与叶同时开放，花序长 5~6cm，粗约 5mm，果期常伸长，花序梗长 5~6mm，具 2~3 枚披针形小叶片，轴密生绒毛；苞片卵形或椭圆形，长约 2mm，褐色，顶端较暗，两面被长柔毛，或仅内面有毛；腺体 1，细长圆形，长约 0.5mm；子房大，长 4~5mm，被绒毛，柄短或近无柄，花柱短，长 0.3~0.4mm，柱头长圆形，红褐色。蒴果长 6~7mm，被绒毛。花期 5 月，果期 5~6 月。

生伊犁地区山河岸边或林缘，较为普遍。

产霍城、伊宁、察布查尔、尼勒克、新源、巩留、特克斯、昭苏等地。国外分布在哈萨克斯坦。

本种模式采自霍尔果斯。近年来，一些学者将它作为模式采于阿尔泰山的细穗柳的异名或作为其变种。但从伊犁地区标本看，枝发黑，叶两面明显二色，故仍作为独立种处理，待深入研究。

37. 细穗柳

Salix tenuijulis Ledeb. Fl. Alt. 4：262，1833；Ldb. Ic. pl. Fl. ROSS，5：16, tab. 453，1834；Фл. СССР，5：158，1936，excl. syn. S. Capusii Franch；Фл. Казахст. 3：211，1960，Excl. var. alberlii (Rgl.) Poljak. ；Consp. Fl. As. Med. 3：21，1972，excl. syn. Albertii Rgl. et S. serrutilafolia E. Wolf；新疆植物检索表，2：61，1983；中国植物志，20（2）：373，1984；新疆植物志，1：194，1992。

灌木，高 3~4m，树皮灰色。小枝淡黄色，初被短绒毛，后无毛。芽卵形，先端尖，淡黄色或淡褐色，无毛。叶倒披针形、长圆状匙形或线状披针形，长 5~10cm，宽 0.7~1.5cm，先端短渐尖，基部楔形或阔楔形，边缘密生细腺齿，上面淡绿色，下面灰白色或灰绿色，成叶两面无毛，幼叶微有短绢毛，稀成叶两面有绢状绒毛，叶脉明显；叶柄长 2~5mm，被短绒毛；托叶卵状披针形，短于叶柄，边缘有锯齿，常早落。花序与叶近同时开放，细圆柱形，长 2.5~3.5cm，粗 3~5mm。花序梗长 5~10mm；苞片椭圆形，淡褐色，同色，或先端较暗，基部有白色长毛，内面较密；腺体 1，腹生，长于子房柄；子房卵形，无柄或有短柄，密被绒毛，花柱几缺，柱头粗短，黑褐色，深裂。未见雄株。花期 5 月，果期 6 月。

生于前山至荒漠河谷，海拔 1200~1500m。

产哈巴河、和布克赛尔、额敏、塔城、裕民、托里等地。国外分布在哈萨克斯坦和西伯利亚各地。

本种模式采自阿尔泰山。我们仅从哈巴河边境地区采到近似的标本，塔城地区标本也基本类似，但共同特征是枝黄，初有毛，叶较宽，锯齿明显，跟伊犁山地标本明显可以区分。

这群植物变化较大，各学者分种标准也不一致，待深入采集。

38. 黄线柳

Salix linearifolia E. Wolf. in A. H. P. 21，2：160，1903；Nas. in Fl. URSS，5：169，1936；Fl. Iran. Salic. 65：38，1969；Consp. Fl. As. Med. 3：23，1972；新疆植物检索表，2：61，1983；新疆植物志，1：194，1992。

大灌木，高 4~5m。小枝细，淡褐色，无毛。叶线状披针形或线形，长 4~8cm，宽约 5mm，长过于宽 10 倍以上，先端长渐尖，基部楔形，全缘或有细齿，上面暗绿色，下面较淡，两面无毛，幼叶有绢毛，侧脉呈锐角开展，不明显。花与叶几同时开放；雄花序未见。雌花序长 3~4cm，果期伸长，花序梗长 5~10mm，具披针形小叶片，轴有灰绒毛，苞片长倒卵形，具 3 条脉，淡褐色，同色，外面无毛，基部和边缘有柔毛，果期全部或部分脱落；腺体 1，腹生，短于子房柄；子房长圆锥形，基部大，向上部渐尖，被灰绒毛，有时基部近无毛，短柄，有绒毛，花柱与柱几等长，柱头褐色，具开展裂片。花期 4 月，果期 5 月。

生于河边、沟渠边或居民区栽培。海拔 500~600m。

产伊宁。国外分布在中亚、伊朗、阿富汗等地。

本种仅见北京植物所标本。它与蓝叶柳区别是果实有毛，待深入采集。

39. 齿叶柳

Salix serrulatifolia E. Wolf. in A. H. P. 21, 2: 163, 1903; Фл. СССР, 5: 165, 1936; Фл. Казахст. 3: 24, 1960; Consp. Fl. As. Med. 3: 22, 1972, pro syn. S. tenuijulis Ledeb. ; 新疆植物检索表, 2: 61, 1983; 中国植物志, 20(2): 372, 1984; 新疆植物志, 1: 195, 1992。

39a. 齿叶柳(原变种)

Salix serrulatifolia E. Wolf. var. **serrulatifololia**

大灌木，高 3~4m，树皮灰色。小枝淡黄色，无毛，有光泽。芽大，长卵形，无毛。叶披针形，长至 12cm，宽 1~1.5cm，先端渐尖，基部楔形，边缘稍成骨质增厚，有凹缺状腺齿，上面绿色，下面灰蓝色，中脉淡黄色，侧面成锐角开展，幼叶微有绒毛，后无毛；叶柄长约 1cm，无毛；托叶锥状或线状披针形，有疏齿，短于叶柄，常早落。花先叶开放，花序长 2~4cm，粗约 4~5mm，基部具短梗，有易脱落的小叶片；苞片倒卵形，先端圆，黑色，基部褐色，有灰色长柔毛，内面较密；腺体 1，腹生，长圆形；雄蕊 2，花丝合生，基部有柔毛，花药 4 室，球形，黄色；子房卵状圆锥形，淡褐色，有短绒毛，柄根短，几短于腺体，花柱和柱头短。蒴果长约 5mm，有疏毛至近无毛。花期 4 月，果期 5~6 月。

生荒漠河、湖岸边。

产吉木萨尔、阜康、米泉、乌鲁木齐、昌吉、呼图壁、玛纳斯、石河子、乌苏、精河、博乐、温泉、霍城、察布查尔等地。

模式标本采自博乐(E. Wolf 的原描述)(A. Regel, 15 Ⅵ 1879)。

39b. 疏齿柳(变种)

Salix serrulatifolia E. Wolf var. **subintegrifolia**, C. Y. Yang, 东北林学院植物研究室汇刊, 9: 95, 1980; 新疆植物检索表, 2: 62, 1983; 中国植物志, 20(2): 372, 1984; 新疆植物志, 1: 195, 1992。

与原变种的区别：在于枝下部叶全缘，而上部叶或萌条叶具疏齿。

生于前山或荒漠水渠边。

产乌鲁木齐、玛纳斯、托克逊等地。

本种跟细穗柳、二色柳的区别在于：枝黄色，无毛，果实微有绒毛。近年一些俄罗斯学者主张将三者(细穗柳、二色柳、齿叶柳)合并，待深入采集阿尔泰山标本，深入研究。

40. 油柴柳

Salix caspica Pall. Fl. ROSS, 1, 2: 74, 1788; E. Wolf. in A. H. P. 28, 3: 405; Фл. СССР, 5: 157, 1936; Фл. Казахст. 3: 20, 1960; Consp. Fl. As. Med. 3: 24, 1972; 新疆植物检索表, 2: 62, 1983; 中国植物志, 20(2): 374, 1984; 新疆植物志, 1: 195, 1992。

大灌木，高 3~5m，树皮灰色。小枝细长，淡黄色，有光泽。芽长约 5mm，先端急尖。叶线状披针形或线形，长 5~8cm，宽 4~5mm，常上部较宽，先端长渐尖，基部楔形，全缘，两面同色，无毛，幼叶微有绒毛；叶柄长 3~5mm，无毛；托叶线形，早落。花先叶开放，花序近无梗，基部具易脱落的鳞片状小叶片，花密生，轴被绒毛；苞片淡褐色，同色，先端钝，有疏毛；腺体 1，腹生；雄蕊 2，花丝合生，下部有柔毛，花药黄色；子房卵状圆锥形，密被绒毛，近无柄，花柱根短，柱头头状，全缘或浅裂。蒴果淡褐色，有短柔毛。花期 4~5 月，果期 6 月。

生于额尔齐斯河及其支流河谷及沿河砂地。

产青河、富蕴、福海、阿勒泰、布尔津、哈巴河、吉木乃等北疆地区。国外分布在斋桑盆地及中亚荒漠地区。

本种以其小枝姜黄色，叶披针形，果实密生，几无柄，密被白绒毛，而易与其他种区分。

但叶形、叶之长宽比例及果实毛被情况亦多变化，待深入研究。

（p）沼柳组 Sect. Incubaceae A. Kerner

小灌木。叶互生或下部近对生，披针形至卵圆状长圆形，两面或仅背面密被白色或黄色绢毛，全缘；有托叶。花序先叶或与叶同时开放，具短总梗或缺；苞片2色，腺体1，腹生；雄蕊2，离生，稀部分含生；子房有绢毛，具短柄，花柱短，柱头长圆形。

我国产1种4变种；新疆产1种。

41. 细叶沼柳　图127

Salix rosmarinifolia Linn. Sp. Pl. 1020，1753；Фл. CCCP，5：123，1936；Фл. Казахст. 3：27，1960；Fl. Europ. 1：51，1964；Consp. Fl. As. Med. 3：21，1972；新疆植物检索表，2：63，1983；中国植物志，20(2)：336，1984；新疆植物志，1：196，图128，1992。

灌木，高0.5～1m，树皮褐色。小枝纤细，褐色或淡黄色，无毛，幼枝有白绒毛或长柔毛。芽卵形，钝头，微赤褐色，初有白绒毛或短柔毛，后无毛。叶线状披针形或披针形，长2～6cm，宽3～10mm，先端和基部渐狭，上面常暗绿色，无毛，下面苍白色，或有长柔毛或白绒毛，嫩叶两面有丝状长柔毛或白绒毛，侧脉10～12对；叶柄短；托叶狭披针形或披针形，早脱落，有时无托叶。

花序先叶开放或与叶同时开放；雄花序近无花序梗，长1.5～2cm；雄蕊2，花丝离生，无毛，花药黄色或暗红色；苞片倒卵形，钝头，先端暗褐色，有毛；腺体1，腹生；雌花序近圆形，后为短圆柱形，花序梗很短；子房卵状短圆锥形，具长柔毛，柄较长，花柱短，柱头全缘或浅裂；苞片同雄花；腺体1，腹生。花期5月，果期6月。

生于河湾低湿地、苇湖或高山小河及溪流边(塔什库尔干)。

产额尔齐斯河、乌伦古河、昭苏、呼图壁、乌鲁木齐、塔什库尔干等地；国外分布在中亚、西伯利亚、欧洲等地。

（q）蒿柳组 Sect. Vimen Dum

小乔木或灌木，一年生枝有毛。叶线形至披针形，表面深绿色，背面被银白色绢毛，全缘或浅波状，常反卷。花序先叶或与叶同时开放，无总梗或具短梗；苞片2色，两面有长白毛；腺体1，腹生，长于子房柄；雄蕊2，花丝离生，花药金黄色；子房被绢毛，花柱长，柱头深2裂，具平展棒状裂片。

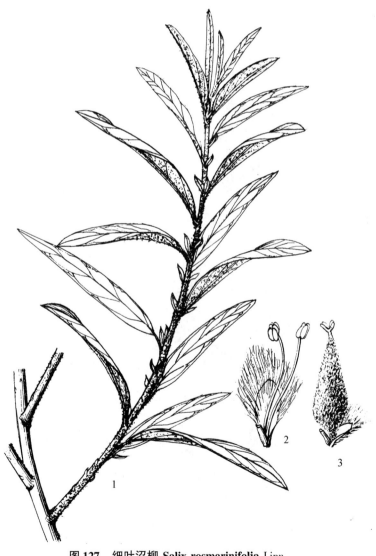

图127　细叶沼柳 **Salix rosmarinifolia** Linn.

1. 枝叶　2. 雄花　3. 雌花

我国产8种5变种；新疆产4种。

42. 吐兰柳　土伦柳

Salix turanica Nas. in Фл. СССР, 5：709，138，1986；Фл. Казахст. 3：26，1960；Fl. Iran. Salic. 63：34，1969；Consp. Fl. As. Med. 3：20，1972；新疆植物检索表，2：64，1983；中国植物志，20(2)：327，1984；新疆植物志，1：196，1992。

大灌木，高2~3m。小枝淡黄褐色，密被灰白色绒毛。叶宽披针形，长圆形或卵圆状圆形，下部较宽，长4.5~14cm，宽1~3cm，先端渐尖，基部宽楔形，上面污绿或灰绿色，被密绒毛或疏毛，下面有暗银白色绢毛，边缘内卷，全缘或微波状，叶脉褐色，成钝角开展；叶柄长2~5mm，有密绒毛。花先叶或与叶近同时开放，无梗，轴有长绒毛；雄花序长2~4cm；雄蕊2，离生，花丝无毛；苞片长圆形，先端钝或急尖，棕色或近黑色；腺体1，腹生，线形，长0.8~1.6mm；雌花序长3~4cm，果期伸长；子房长圆锥形，无柄，长5~6mm，密被灰绒毛，花柱长0.8~1.5mm，长于柱头，柱头2裂；苞片同雄花；腺体1，腹生。花期4月，果期5月。

生于北疆荒漠河谷沿岸，较普遍。

产青河、富蕴、福海、阿勒泰、布尔津、哈巴河、吉木乃、乌苏、精河、博乐、察布查尔等北疆地区(南疆的喀什、和田也有栽培)。国外在中亚吐兰低地普遍。模式产地。

43. 毛枝柳　图128

Salix dasycladus Wimm. in Flora，32：35，1849；Фл. СССР，5：147，1936；Consp. Fl. As. Med. 3：20，1972；新疆植物检索表，2：64，1983；中国植物志，20(2)：324，1984；新疆植物志，1：198，1992。

灌木或乔木，高5~8m。树皮褐色或黄褐色，小枝棕褐色或栗色，被灰白色长柔毛后无毛。芽卵圆形，褐色，有白柔毛。叶阔披针形或倒披针形、长椭圆状披针形或倒卵状披针形，长5~20cm，宽2~3.5cm，最宽处一般在中部以上，先端短渐尖，基部楔形，侧脉10~12对，上面污绿色，稍有短柔毛或近无毛，下面灰色，有绢质短柔毛，全缘或具腺锯齿，反卷；叶柄短，有短柔毛；托叶较大，卵状披针形，边缘有锯齿。花序先叶开放，较大，几无花序梗；雄花序较长，长达2.5~4cm，径约1.8cm；雄蕊2，花丝离生，无

图128　毛枝柳 Salix dasycladus Wimm.
1. 花枝　2. 雌花

毛，花药黄色；苞片2色，先端黑色，有长毛；腺体1，腹生；雌花序较长，粗圆柱形，长4~5.5cm，粗1.2cm；子房卵状圆锥形，具短柄，有长柔毛，花柱长，柱头2裂，平展或外曲；腺体1，腹生，长为子房柄的2倍。花期4月，果期5月。

生于阿尔泰山山地河谷岸边。

产音河、富蕴、福海、阿勒泰、布尔津、哈巴河等地。分布于黑龙江、吉林、辽宁、山东、陕西、内蒙古等地；国外在蒙古、西伯利亚以及欧洲各地广泛分布。

44. 蒿柳

Salix viminalis Linn. Sp. Pl. 1021, 1753; Man. Cult. Trees and Shrub ed. 2：108, 1940; Фл. СССР, 5：132, 1936; Фл. Казахст. 3：25, 1960; Consp. Fl. As. Med. 3：20, 1972; 新疆植物检索表, 2：65, 1983; 中国植物志, 20(2)：327, 1984; 新疆植物志, 1：198, 1992。

灌木或小乔木，高可达10m，树皮灰绿色。枝无毛，或有极短的柔毛；幼枝有灰短柔毛或无毛。芽卵状长圆形，紧贴枝上，带黄色或微赤褐色，多有毛。叶线状披针形，长15~20cm，宽0.5~1.5(2)cm，最宽处在中部以下，先端渐尖或急尖，基部狭楔形，全缘或微波状内卷，上面暗绿色，无毛或稍有短柔毛，下面密被丝状长毛，有银色光泽。叶柄长0.5~1.2cm，有丝状毛；托叶狭披针形，有时浅裂，或镰状，长渐尖，具有腺的齿缘，脱落性，较叶柄短。花序先叶开放或同时开放，无梗；雄花序长圆状卵形，长2~3cm，宽1.5cm；雄蕊2，花丝离生，罕有基部合生，无毛，花药金黄色，后为暗色；苞片长圆状卵形，钝头或急尖，淡褐色，先端黑色，两面有疏长毛；腺体1，腹生；雌花序圆柱形，长3~4cm；子房卵形或卵状圆锥形，无柄或近无柄，被密丝状毛，花柱长0.3~2mm，长约为子房的1/2，柱头2裂或近全缘；苞片同雄花；腺体1，腹生；果序长达6cm。花期4~5月，果期5~6月。

生于荒漠河谷岸边，较普遍。

产北疆各地；分布于黑龙江、吉林、辽宁、内蒙古等地。国外分布于中亚、西伯利亚、欧洲各地。

本种生荒漠河各岸边，跟吐兰柳区别是叶表面深绿色，花柱和柱头等长或短于柱头。

45. 萨彦柳

Salix sajanensis Nas. in Фл. СССР, 5：141, 1936; 新疆植物检索表, 2：26, 1983; 中国植物志, 20(2)：322, 1984; 新疆植物志, 1：198, 1992。

灌木或小乔木，高2~4m。小枝较粗，褐色或栗色。初有短绒毛，后无毛而有光泽。芽栗色，长卵圆形，初有灰绒毛。叶倒卵状披针形，长4~8cm，宽0.9~1.5cm；萌枝叶较长且宽，中部以上较宽，先端短渐尖，基部长楔形，上面暗绿色，下面淡绿色，有短绒毛，幼叶两面有绢毛，叶脉褐色，锐角开展，两面均明显，边缘常外卷，全缘或有不明显的疏腺齿；托叶披针形，常早落。雌花序具短梗，果期长4~5cm，粗约1cm，子房柄短至几无柄，密被绒毛，花柱长，柱头线形，几与花柱等长；苞片卵圆形，顶端尖，棕褐色，基部较淡，密被灰色长毛；腺体1，长圆形。蒴果长圆形，灰色。花期6月，果期6~7月。

生于阿尔泰山西北针叶林缘或山河岸边。

产布尔津县。国外分布于西伯利亚、蒙古北部。

本种枝栗色，多节，无毛，叶背面被灰色绒毛，无银白色光泽，以及柱头重复深裂，可与毛枝柳区别，但所见标本产地不多，待深入研究。

（r）银柳组 Sect. Argyraceae C. Y. Yang

灌木。叶倒卵形或长圆状倒卵形，全缘，背面密生绢毛。花序具短梗或无梗；苞片黑色，先端尖少钝，两面被毛；腺体1，腹生，矩圆状；雄蕊2，花丝离生，无毛；子房无柄，密被绒毛；花柱明显，柱头2裂。

我国产1种，仅产新疆。

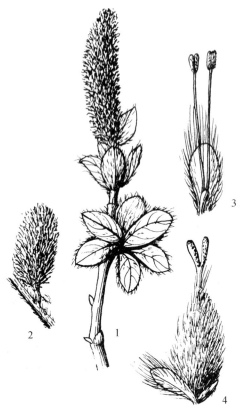

图 129 银柳 Salix argyracea E. Wolf.
1. 花枝 2. 花序 3. 雄花 4. 雌花

46. 银柳　图 129

Salix argyracea E. Wolf. in Izv. Liesn. Inst. 13：50，57，tab. 3，1905；Ejusd. Repert. sp. nov. 35：27，1934；Фл. СССР, 5：143，1936；Фл. Казахст. 3：27，1960；Consp. Fl. As. Med. 3：20，1972；新疆植物检索表，2：66，1983；中国植物志，20(2)：316，1984；新疆植物志，1：199，1992。

大灌木，高至 4～5m；树皮灰色。小枝淡黄至褐色，无毛，嫩枝有短绒毛。芽卵圆形，钝，褐色，初有短绒毛，后脱落。叶倒卵形、长圆状倒卵形，稀长圆状披针形或阔披针形，长 4～10cm，宽 1.5～3cm，先端短渐尖，基部楔形，边缘有细腺锯齿，上面绿色，初有灰绒毛，后脱落，下面密被绒毛，有光泽，中脉淡褐色，侧脉 8～18 对，成钝角开展；叶柄长 5～10mm，褐色，有绒毛；托叶披针形或卵圆状披针形，边缘腺锯齿，早落。花先叶开放；雄花序几无梗，长约 2cm；雄蕊 2，离生，无毛；腺体 1；雌花序具短花序梗，长 2～4cm，果期伸长；子房卵状圆锥形，密被灰绒毛，子房柄远短于腺体，花柱长约 1mm，褐色，柱头约与花柱等长；苞片卵圆形，先端尖或微钝，黑色，密被灰色长毛；腺体 1，腹生。花期 5～6 月，果期 7～8 月。

生于天山山地的雪岭云杉林缘或疏林，是极普遍的柳树之一。海拔 1700～2900m 以上。

产木垒、奇台、吉木萨尔、阜康、米泉、乌鲁木齐、昌吉、呼图壁、玛纳斯、石河子、乌苏、精河、尼勒克、新源、巩留、特克斯、昭苏、阿克陶等天山地区。国外分布在中亚山地。

（s）绢柳组 Sect. Villosae Anderss.

灌木。枝常被灰白色绒毛，叶大，质较厚，有皱纹，椭圆形或长圆形，边全缘，有细齿，微反卷，背面被灰白色绢毛。花序侧生，具短梗，长 2～4cm，较粗，苞片二色，腺体 1，腹生；雄蕊 2，离生，无毛；子房被灰白色绒毛，具短柄或无柄，花柱较长或短，柱头 2 深裂。

我国产 2 种，均产新疆。

47. 绢柳

Salix neolapponum Ch. Y. Yang, 东北林学院植物研究室汇刊，9：91，1980；新疆植物检索表，2：66，1983；中国植物志，20(2)：318，1984；新疆植物志，1：201，图版57：5～7，1992。

灌木，高 30～40cm。枝较粗，淡褐色或栗色，当年生枝被短绒毛，后无毛，或局部有毛。芽长卵圆形，被短绒毛，叶长圆状倒卵圆形，先端短渐尖，基部楔形，全缘，稀有疏细腺齿，上面淡绿色，下面灰色，被疏毛或无毛，幼叶两面密被绢毛；叶柄短，有绒毛；托叶披针形，密被绒毛，常早落。花与叶近同时开放，花序圆柱形，长 2～3cm，粗 0.8～1cm，果序长 4～5cm，花序梗短，密被绒毛，基部具易脱落、下面密被长毛的披针形鳞片，苞片阔卵圆形，先端尖，暗褐色或棕色，密被白色长毛；腺体 1，腹生，长方形；雄蕊 2，花丝离生，无毛，花药椭圆形，黄色；子房卵状圆锥形，密被绒毛，柄短，花柱长 1～1.3mm，柱头 2 裂，具横展或下弯裂片。蒴果灰色，密被绒毛。花期 6 月，果期 7 月。

生阿尔泰山区海拔 1900～2300m 的山间低湿地。

产福海。模式标本采自福海大桥林场（阿兹拜）。

本种叶形与北美产的 Salix sitchensis Sans. 相近，但花药黄色，子房柄短，另外，也近似 Salix krylovii E. Wolf，但本种是花柱长而子房柄短，叶背面被灰白色绢毛而非卷曲毛。

48. 克氏柳（新拟）　图 130　彩图第 23 页

Salix krylovii E. Wolf. Act. Hort. Peter. 28，4，537，1911；Фл. СССР，5：65，1936；Фл. Казахст. 3：34，1960；新疆植物志，1：201，1992。

灌木，约 1m。枝深褐色，有光泽；当年生枝有短绒毛。叶长倒卵形，长 5～6cm，宽 1～2cm，先端短渐尖，基部收缩，边全缘，表面暗绿色，微有短绒毛，背面密被灰色卷曲绒毛；托叶披针形。花与叶同时开放，花序较粗，雌花序长 5～6cm；苞片广卵圆形，先端稍尖，暗褐色，被长柔毛；子房卵状圆锥形，被卷曲白柔毛，子房柄长 1～1.6mm；花柱短，全缘；柱头深 2 裂，腺体 1，长约 1mm，腹生。

生阿尔泰山西北山间沼泽地，少见。

图 130　克氏柳 Salix krylovii E. Wolf.
1. 花枝　2. 果　3. 苞片

图 131　粉枝柳 Salix rorida Lakch.
1. 花枝　2. 雄花　3. 雌花

产布尔津（喀纳斯湖）。国外分布在西伯利亚、远东等地。

（t）粉枝柳组 Sect. Aphnella Ser. ex Duby

49. 粉枝柳　图 131　彩图第 24 页

Salix rorida Laksch. in Sched. ad Herb. Fl. ROSS，7：131，1911；Фл. СССР，5：182，1936；Фл. Казахст. 3：1，1960；东北木本植物图志，169，1955；中国植物志，20（2）：313，图版 90：1～3，1984。

小乔木，高 8～15m；小枝细长，暗褐色，无毛，被蜡粉少缺。叶披针形，长 4～8cm，宽 1～2cm，背面灰蓝色，无毛，表面暗绿色，有光泽。柔荑花序先叶开放，无柄，基部具叶状苞片；雄花序长 1.5~3.5cm，雌花序果期长至 5cm，序轴有毛；苞片倒卵形，顶端常有二短尖，全缘或有腺点，有长毛，边缘具腺齿，有毛；雄蕊 2，花丝分离，无毛；腺体 1；子房 2~3mm，卵状圆锥形，侧扁，无毛，柄长约 1~1.5mm；花柱短于子房 2 倍，柱头长圆形，2 浅裂。花期 5 月。

生山地小河岸边。

产哈巴河县（北哈巴）。分布于黑龙江、吉林、辽宁、内蒙古等地。国外在哈萨克斯坦、朝鲜北部、俄罗斯西伯利亚和远东也有。模式标本自俄罗斯远东记载。新疆为新记录种。

XV. 柽柳目——TAMARICALES

塔赫他间 1987 年系统，含柽柳科（Tamaricaceae）和瓣鳞花科（Frankeniaceae），而 1997 年系统则将红砂属升为科，使变成 3 科：琵琶柴科（Reaunwriaceae）；柽柳科（Tamaricaceae）；瓣鳞花科（Frankeniaceae），木本仅 1 属 1 种，未见标本，未收录。本志从后者。仅收录 2 科。乔木，灌木或半灌木。

20. 柽柳科——TAMARICACEAE Link，1821

乔木，灌木或半灌木。叶互生，常细小，鳞片状；托叶缺。气孔无规则型。导管具单穿孔。花通常细小，单或各式花序，两性，辐射对称，重花被；花萼，花瓣均 4~5，分离，覆瓦状或镊合状。腺盘存在或缺；雄蕊 4~10，分离或基部连合；花药纵裂。绒毡层分泌。小孢子发生同时型。雌蕊平行心皮，由 2~5（常 3~4）心皮组成；子房上位，通常具多数胚珠。胚珠倒生，双珠被，厚珠心；雌配子体蓼型（Polygonum）或贝母型（Fritillaria），内胚乳核型。果实为室背开裂的蒴果。种子被长的单细胞毛（Reaumuria），或仅上部具毛芒（Tamarix，Myricaria）。种子具直胚，含很少的内胚乳（Reaumuria），甚或缺内胚乳（多数柽柳科）。

2 属 120 种，广布欧洲、亚洲或非洲。中国产 2 属 30 种，常生于干旱荒漠地区。

分属检索表

1. 花成柔荑总状花序，侧生或顶生成圆锥花序；种子具芒，从芒基部着生长绒毛 ………… **(1)柽柳属 Tamarix** Linn.
1. 花成穗状花序，粗而长，常单生枝端；蒴果较大；种子具长芒，从芒中部以上生长绒毛 …………………………
………………………………………………………………… **(2)水柏枝属 Myricaria** Desv.

(1)柽柳属 Tamarix Linn.

小乔木或灌木。枝 2 型；木质化枝经冬不落；绿色营养小枝冬季脱落。叶鳞片状，互生，无柄；无托叶。总状或圆锥花序，两性；苞片 1；花萼 4~5 裂，宿存；花瓣与萼片同数，脱落或宿存；花盘 4~5 裂；雄蕊 4~5，与萼片对生；雌蕊 1，由 3~4 心皮组成，子房上位，圆锥形，1 室，具多数胚珠。蒴果 3 裂。种子细小；多数，顶端具短芒，从芒基部生长柔毛。

本属约 100 种，广布欧洲、亚洲和北非以及热带和南部非洲的荒漠、半荒漠和草原地带。中国产 18 种，其中新疆产 12 种。

分种检索表

1. 花 4(5)基数；总状花序生去年枝上，侧生或顶生[1. 侧花组 Sect. Oligadenia (Ehrenb) Baum] …………………… **2**
  2. 花 4 少 5 基数；雄蕊 6~8 ………………………………………………………………………………… **3**
    3. 花序长 6~15cm，宽 4~7mm；树皮淡黄或灰褐色 ………………… **1. 长穗柽柳 T. elongata** Ledeb.
    3. 花序长 2~6cm 或更短 ………………………………………………………………………………… **4**
      4. 花序长 0.3~3cm，宽 0.5~1.5cm；花梗等于或长于萼片；树皮淡灰色或淡红褐色 …………………

....**2. 疏穗柽柳 T. laxa** Willd.

4. 花序长3~5cm, 宽3~4mm, 大部分簇生; 苞片长圆形具锥状尖; 大灌木或小乔木 ....

....**3. 中亚柽柳 T. androssowii** Litv.

2. 花常为5基数(甘肃柽柳有4数花混生)。

5. 花多为5数, 但混有4数花 ....**14. 甘肃柽柳 T. gansuensis** H. Z. Zhang

5. 花全为5数, 花序长3~9cm, 宽3~5mm, 苞片线状长圆形, 长于花梗; 花瓣宿存; 花盘5裂 ....

....**4. 多花柽柳 T. hohenacheri** Bge.

1. 花常为5基数, 花序生当年枝, 顶生少侧枝(2. 顶花组 Sect. Tamarix)植株密被绒毛; 树皮红褐色 ....

....**5. 毛柽柳 T. hispida** Willd.

6. 植株无毛 **7**

7. 叶呈鞘状抱茎 **8**

8. 花较大, 直径4~5.5(7)mm, 花瓣脱落 ....**6. 塔克拉玛干柽柳 T. taklamakanensis** M. T. Liu

8. 花较小, 直径不超过4mm, 花瓣宿存 ....**13. 莎车柽柳 T. sachuensis** P. Y. Zhang et M. T. Liu

7. 叶不抱茎。

9. 花穗顶生, 少侧生, 长1~4(6)cm, 宽4~5mm; 花4~5基数; 花瓣脱落; 苞片线状锥形 ....

....**7. 细枝柽柳 T. gracilis** Willd.

9. 花穗经常顶生, 大部分较长少较短; 花5基数, 雄蕊5。

10. 花盘5角形, 跟花丝扩展的基部相连。

11. 枝开展或多少被短绒毛, 花序成伸展的圆锥花序; 花药稍尖 ....**8. 短毛柽柳 T. karelinii** Beg.

11. 枝光滑无毛, 紧缩成稠密圆锥花序, 花药稍钝 ....**9. 细穗柽柳 T. leptostachys** Beg.

10. 花盘5裂或10裂, 在花盘裂片与齿之间有细花丝。

12. 叶半抱茎 **13**

13. 二年生枝深红色 ....**10. 多枝柽柳 T. ramosissima** Ledeb.

13. 二年生枝紫红色 ....**11. 桧状柽柳 T. arceuthoides** Beg.

12. 叶片2/3贴茎, 无耳, 花密, 花序长3~5(8)cm ....

....**12. 塔里木柽柳 T. tarimensis** P. Y. Zhang et M. T. Liu

1. 长穗柽柳　图132　彩图第24页

Tamarix elongata Ledeb. Fl. Alt. 1：421, 1829；Фл. СССР, 15：297, tab. 15, fig. 1, 7, 1949；Фл. Казахст. 6：180, 1963；中国高等植物图鉴, 2：891, 5, 3512, 1972；中国沙漠植物志, 2：372, 1987；新疆植物检索表, 3：309。图版21, 图4, 1985。

灌木或小乔木, 高1~3(5)m。枝粗壮, 老枝灰色, 二年生枝淡黄色或灰棕色。叶披针形或矩圆形, 长1~9mm, 宽0.3~3mm, 锐尖, 基部宽心形, 半抱茎。总状花序侧生于去年枝上, 粗壮, 圆柱形, 长6~15(28)cm, 宽达8mm, 总花梗长1~2cm; 苞叶条状披针形, 长3~6mm, 明显长于花萼; 花4数, 密生; 萼筒钟形, 边缘膜质; 花瓣倒卵形或椭圆形, 长2~2.5mm, 淡红色, 花后脱落; 花盘4裂; 雄蕊4, 花丝基部扩展着生于花盘裂片顶端, 与花瓣等长, 花药粉红色; 子房圆锥形, 柱头3, 长为子房的1/6~1/5。蒴果长至6mm, 淡黄色, 麦杆黄色或橙黄色, 含种子40粒, 种子保持发芽率到5个月。幼苗第三年开花。花期4~5月, 果期5~6月。

生河、湖岸边沙地或少丘, 冲积平原。

产南北疆各地。巴丹吉林沙漠、腾格里沙漠、乌兰布和沙漠。蒙古、中亚、西伯利亚均有分布。模式标本自哈萨克斯坦斋桑湖附近记载。

2. 疏穗柽柳　短穗柽柳

Tamarix laxa Willd. Abhandl. Physik. Kl. Akad. Wissensch. 82, 1816；Фл. СССР, 15：302, 1949；Дерев. и Кустарн. 4：804, 1958；Фл. Казахст. 6：179, 1963；中国高等植物图鉴, 2：892, 图3513, 1972。

灌木高1~1.5cm。老枝灰色或灰褐色; 幼枝淡紫灰色, 枝硬而脆, 易折断; 嫩枝叶卵状菱形,

图 132　长穗柽柳 Tamarix elongata Ledeb.

1. 花枝　2. 枝一段　3. 花　4. 蒴果

长 1~2mm，基部较窄，稍下延；木质化一年生枝叶，菱形，先端渐尖，基部下延。总状花序侧生于二年生枝上。粗且短，长 1~3cm，宽 5~7mm，稀疏；花梗长 3~4mm，较花萼长 2~3 倍；苞片卵形或矩圆形；萼片宽卵形，渐尖，边缘膜质；花瓣长圆状卵形，长约 2mm，粉红色稀白色，花后脱落；花盘 4 裂；雄蕊 4，稍长于花瓣，基部扩展，着生于花盘裂片顶端；花药心形，深紫色；花柱 3，短。蒴果圆锥形，长约 4mm，少较长，平均含种子 19 粒，种子保持发芽率 4 个月。花期3~4月，果期 5 月。

生于盐碱沙地，河、湖岸边，河流阶地，河漫滩。

产北疆准噶尔盆地、吐鲁番盆地、塔里木盆地。往东达柴达木盆地、河西走廊沙地、巴丹吉林沙漠、腾格里沙漠、乌兰布和沙漠等也有。伊朗、阿富汗、蒙古、中亚、俄罗斯、西伯利亚、高加索、俄欧洲南部等均有分布。模式标本采自里海流域。

3. 中亚柽柳　紫杆柽柳　直立紫杆柽柳　图 133

Tamarix androssowii Litv. in Herb. Fl. ROSS, 27, n°1317, 1905; Фл. CCCP, 15：300，1949；Дерев и Кустарн. 4：800 tab. 121, fig. 1, 1958；新疆沙漠，1：51，1979；中国沙漠植物志，2：372，图版 132：8~14，1987。

大灌木或小乔木，高 2 ~ 4(5)m，树皮褐红色或黑紫色，有光泽。叶革质，稀疏，稍抱茎，卵形；绿色枝上卵圆形，基部抱茎，下延，2/3 贴生枝上。总状花序春季侧生于上年枝上，1 ~ 3 个簇生，常与当年绿色枝同时发生；花序长 3 ~ 5cm，宽 3 ~ 5mm；苞片矩圆状卵形，先端钝，具钻状尖，内弯，花梗长约 1mm，花 4 数；萼片卵形，长为花瓣的 2/3，先端锐尖；花瓣白色，倒卵形，长 1.5mm，半开张，花后常脱落；花盘 4 裂，紫红色；雄蕊 4；花柱 3，棍棒状，长为子房的 1/4 ~ 1/3。蒴果圆锥形，长 4 ~ 5mm，含约 10 粒种子。种子黄褐色，保持发芽率 2 月。花期 4 ~ 5 月，果期 5 月。发芽的幼苗在第 4 年开花。

生沙漠地区盐渍化洼地、盐湖边缘沙地。

产民丰县塔里木盆地。往东到河西走廊沙地、巴丹吉林沙漠、腾格里沙漠均有。往西到中亚亦有。模式自中亚阿姆河流域的法拉布。

4. 多花柽柳　霍氏柽柳

Tamarix hohenackeri Bge. Tentam. Gen. Tamar. Sp. 44, 1852；Фл. СССР, 15：305, tab. 15, fig. 2, 1949；中国高等植物图鉴，2：893, 图 3513, 1972；新疆沙漠，1：54, 1979；新疆植物检索表，3：311, 1985；中国沙漠植物志，2：377, 图版 134：9 ~ 12, 1987。

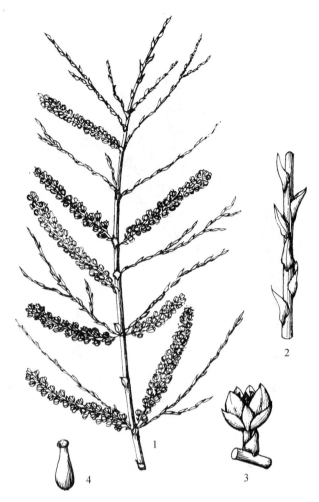

图 133　中亚柽柳 Tamarix androssowii Litv.

1. 花枝　2. 枝一段　3. 花　4. 雌蕊

灌木或小乔木，高 2 ~ 5(7)m。老枝灰褐色；二年生枝暗紫红色。叶条状披针形或卵状披针形，长 2 ~ 5mm，渐尖，内弯，半抱茎。总状花序侧生于上年老枝上，常 1 ~ 5(6) 簇生。花序长 5 ~ 6(7)cm，宽 5 ~ 6mm；夏、秋季总状花序生当年生枝端，形成大型圆锥花序；苞片宽条形，披针形或倒卵形，膜质；花 5 数；萼片卵形，边缘膜质；花冠球形，花瓣倒卵形或近圆形，粉红色或淡紫红色，很少白色，花后宿存；花盘多型。雄蕊 5，花丝着生在花盘裂片间或顶端；花柱长为子房 1/2。蒴果长 4 ~ 5mm，含 27 粒种子。花期 4 ~ 5 月，果期 5 ~ 9 月。

生荒漠河、湖岸边沙地或盐渍地。

产塔里木盆地。往东到柴达木盆地，河西走廊沙地、腾格里沙漠也有。往西到中亚、伊朗、高加索以及俄罗斯欧洲部分均有分布。模式自外高加索。

5. 毛柽柳　刚毛柽柳　图 134

Tamarix hispida Willd. Abhandl Physik Kl. Akad. Wissensch. 77；1816；Фл. СССР, 15：308, tab. 16, fig. 2, 1949；Фл. Казахст. 6：182, 1963；新疆沙漠，1：53, 1979；新疆植物检索表，3：311, 1985；中国沙漠植物志，2：376, 图版 133：9 ~ 11, 1987。

灌木，高 1 ~ 4m。老枝灰紫色、淡紫色或灰色密被绒毛，叶蓝绿色或淡绿色被绒毛，当年生枝叶狭披针形或卵状被针形，渐尖，基部宽，扩展成耳状，半抱茎。

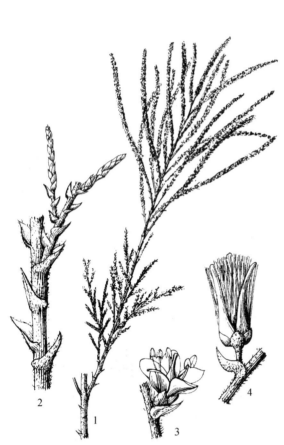

图 134　毛柽柳 **Tamarix hispida** Willd.

1. 花枝　2. 枝　3. 花　4. 蒴果

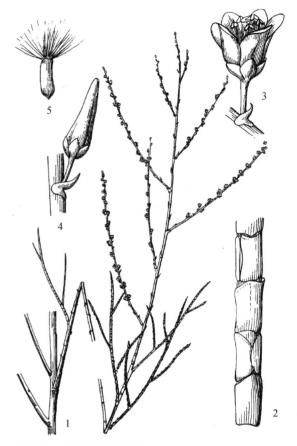

图 135　塔克拉玛干柽柳 **Tamarix taklamakanensis**

M. T. Liu

1. 花枝　2. 枝一段示叶　3. 花　4. 蒴果　5. 种子

总状花序顶生组成大型圆锥花序；总状花序长 4~7(10) cm，宽 4~5mm；苞片披针形；花梗与萼片近等长；花 5 数，萼片长 1~1.3mm，披针形；花瓣卵形或狭椭圆形，长约 2mm，先端圆形，反卷，紫红色或红色，花后脱落；花丝基部扩展，着生于花盘顶部；柱头 3，无花柱。蒴果长至 8mm，淡红紫色、金黄色或淡黄色，约含 15 粒种子。种子保持发芽0~1 年，紫黑色。花期 5~6 月，果期 6~9 月。

生荒漠地区河、湖岸边重盐碱地，为本属中最抗盐的树种。

产准噶尔盆地、塔里木盆地。往东到柴达木盆地、河西走廊沙地、巴丹吉林沙漠均有。往西到中亚、伊朗、阿富汗、高加索、俄罗斯欧洲部分南部也有分布。模式自里海沿岸。

6. 塔克拉玛干柽柳　沙生柽柳　图 135

Tamarix taklamakanensis M. T. Liu 植物分类学报，17(3)：120，1979；新疆沙漠，1：52，1979；新疆植物检索表，3：312，1985；中国沙漠植物志，2：375，图版 132：15~17，1987。

灌木或小乔木，高 3~5(7) m。杆直立。黑紫色；二年生枝淡褐色。细软，下垂。叶退化，1~2 年生枝上叶全部抱茎，呈鞘状；萌枝上叶黄绿色，尖部外伸。总状花序长 6~8(12) cm，宽 6~8mm，生于当年生枝顶，形成圆锥花序；苞片心形，长约 1mm，不超过花梗之半，基部抱茎；花梗长约 2mm；花 5 数，稀疏；萼片卵形，淡黄绿色，较花柱短；花冠直径 4~5(7) mm，花瓣倒卵形或长倒卵形，长 3~4mm，宽 2~2.5mm，粉红色，并开张，花后不久脱落；花盘 5 裂；雄蕊 5，着生在花盘裂片顶端，花丝粗壮，比花柱短，基部稍扩展，花药顶端钝圆，花柱 3；基部联合，常弯曲。蒴果泥黄色或黄灰色，长 5~7mm，宽 2.5mm。种子长 2~2.5mm，宽 0.7mm，黑紫色。花期 7~9 月，果期 9~10 月。

生于低湿沙丘间。

产新疆和田河、塔里木河、安迪尔河。塔克拉玛干沙漠特有种。

适于极端干燥的地下水位高的流动沙丘固沙用。材质坚硬，可做农具用；小枝细长柔软坚韧，可供编织用；木材比重大，可沉水，含水率仅20%，做燃料火力旺，可与梭梭柴比美；杆皮含单宁8.9%，可提制鞣料；嫩枝可做饲料；根部常寄生管状苁蓉 Cistanche tubulosa（Schrenk）R. Wight 为沙区著名的药材资源。

7. 细枝柽柳　异花柽柳

Tamarix gracilis Willd. Abhand Physik Kl. Preuss. Akad Wissensch. 81，1816；Фл. CCCP，15：307，1949；Фл. Казахст. 6：181，1963。

灌木，高 1～3（4）m。树皮紫红色或淡灰褐色。叶线状披针形，卵圆状披针形或卵圆形，长 1～4mm，宽 0.5～1（2）mm，锐尖，基部下延，有时具耳。总状花序有时侧生，大部分顶生，长 1～4（6）cm，宽 3～4（5）mm，组成稀疏圆锥花序；苞片披针形，长 1.5～2mm，尖锐，几等于或短于花萼（带花梗）；花梗长 0.5～1.5（2）mm；花 4～5 数，花萼长 1～1.5mm，短于花瓣 1.5～2.5 倍；花瓣倒卵状长椭圆形或倒卵状长圆形，长 1.5～2.5（3）mm，宽（0.7）1～1.5mm，粉红色，开展，花后脱落；雄蕊 4～5；花盘 4～5 角，花丝基部扩展，生于花盘凹缺间，等于或长于花瓣 1.5 倍，紫红色或淡紫红色。蒴果长 4～6mm，宽 2mm，长于花萼 4 倍。花期 5～6 月，果期 7～8 月。

生荒漠河岸沙地，湖边盐渍化沙地。

产准噶尔盆地（青河及额尔齐斯河南北岸）。往东到柴达木盆地，河西走廊沙地。往北到蒙古、俄罗斯、西伯利亚。往西到中亚、高加索、俄罗斯欧洲部分南部等地区均有分布。模式自俄额尔齐斯河沿岸。

8. 短毛柽柳　图136

Tamarix karelinii Bge. Tentam. Gen Tamar. Sp. 68，1852；Фл. CCCP，15：315，149；新疆沙漠，1：55，1979；新疆植物检索表，3：312，1985；中国沙漠植物志，2：375，图版 133：12～15，1987。

灌木或小乔木，高 2～4（6）m。杆灰褐色；一年生木质枝灰紫色或淡褐色，常被短

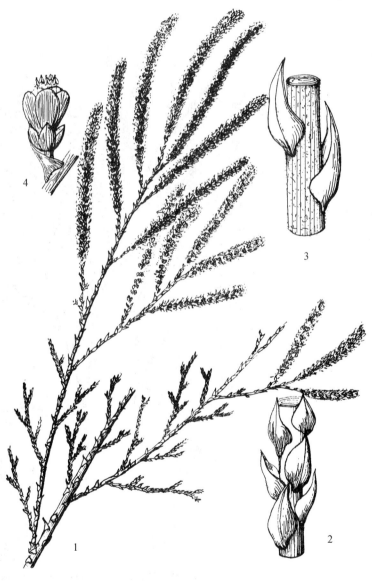

图 136　短毛柽柳 Tamarix karelinii Bge.

1. 花枝　2、3. 枝一段　4. 花

绒毛。叶短，卵形，半抱茎，钝，下延。花 5 数，组成大型开展着生枝端的圆锥花序；苞片披针形，急尖，基部扩展，等于或长于花萼；花梗（花几无梗）短于萼，萼甚短于花瓣，具圆形，钝的边缘膜质，粉红或淡紫色裂片；花瓣粉红或紫红色，椭圆形，钝，部分或全部宿存，花冠在花期闭合，半开张或开张；花盘 5 或 10 裂，随形状有变异；雄蕊 5，花丝等长于花冠；花柱 3。蒴果长 5 ~ 6mm。种子紫黑色，长 0.5mm。

生荒漠河、湖沿岸，盐渍化土壤。

产准噶尔盆地（克拉玛依一带）、塔里木盆地。分布于河西走廊沙地、柴达木盆地、巴丹吉林沙漠也有。国外在蒙古、中亚广泛分布。模式自里海沿岸。

9. 细穗柽柳　图 137

Tamarix leptostachys Beg. in Mem. Acad. Sci. Petersb. 7：293，1851；Фл. CCCP，15：310，1949；Фл. Казахст. 6：184，1963；中国高等植物图鉴，2：894，图 3517，1972；新疆植物检索表 3：313，1985；中国沙漠植物志，2：377，图版 134：5 ~ 8，1987。

灌木，高 2 ~ 3(5)m。多分枝，树皮黑褐色或红灰色。一年生枝灰紫色或黄褐色。叶在一年生

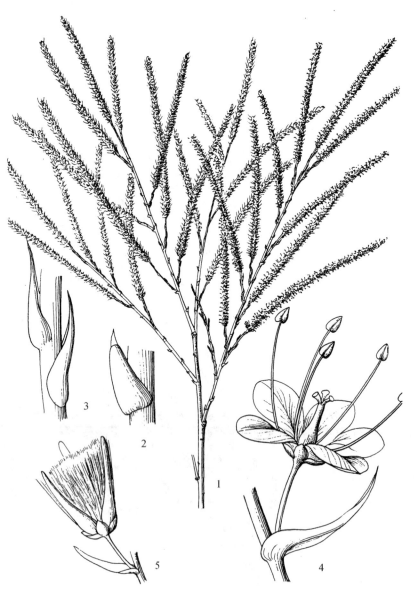

图 137　细穗柽柳 Tamarix leptostachys Beg.

1. 花枝　2、3. 枝一段示叶　4. 花　5. 蒴果

枝上呈卵形，先端渐尖，基部抱茎；在嫩枝上呈卵状披针形，长 1～4(6) mm，先端锐尖基部下延。总状花序细长，长 6～8(12) cm，宽 2～3mm，向上直伸，夏季侧生老枝上，组成复总状大型圆锥花序，苞片狭披针形，基部稍宽，与花梗等长或稍长；花梗长于花萼；花 5 数，萼片卵形，先端渐尖；花瓣倒卵形，紫色或粉红色，花后脱落；花盘 5 裂，有时 10 裂；雄蕊与花丝生于花盘裂片顶端；花药钝，稍渐尖，心形，淡白色；子房狭窄，具有叉开的倒卵形几等长于子房 1/3 的花柱。蒴果长塔形，长约 18mm，平均含种子 15 粒。花期 5～6 月，果期 6～8 月。

生盐渍化沙地，湖盆边缘。

产南北疆各地。准噶尔盆地(克拉玛依)尤多。甘肃、青海、宁夏也有。蒙古、中亚均广泛分布。模式自沿海沿岸沙地。

10. 多枝柽柳 图 138

Tamarix ramosissima Ledeb. Fl. Alt. 1：424，1829；Фл. CCCP，15：311，1949；Фл. Казахст. 6：186，1963；中国高等植物图鉴，2：894，图 3518，1972；新疆植物检索表，3：313，1985；中国沙漠植物志，2：379，1987。

灌木或小乔木，高 2～4(6) m，树皮暗灰褐色。二年生枝红棕色或深红色，当年生枝淡红色。叶在 2 年生枝上呈条状披针形，基部变宽，半抱茎，略下延；在绿上枝上呈宽卵形或三角形，半抱

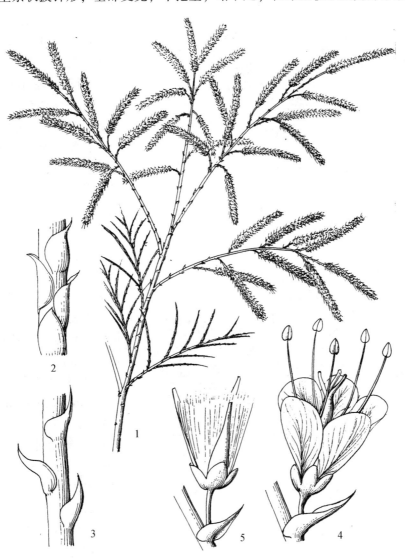

图 138 多枝柽柳 Tamarix ramosissima Ledeb.
1. 花枝 2、3. 枝一段示叶 4. 花 5. 蒴果

茎下延，内弯，先端尖。总状花序生当年枝顶，组成大型圆锥花序，长 1.5 ~ 3(5)cm，宽 3 ~ 5mm，排列紧密；花梗等于或短于萼片；苞片卵圆状披针形，长 1.5 ~ 2mm；花 5 数；萼片广椭圆状卵形，渐尖或钝，具半透明膜质边缘；花瓣倒卵形长 1 ~ 1.5mm，宿存，粉红色、紫红或淡白色；花盘 5 裂；雄蕊 5，花丝基部不扩展，着生于花盘裂片间；花柱 3，棍棒状。蒴果三角状圆锥形，长 3 ~ 4mm。花、果期 6 ~ 8 月。

产南北疆各地，是最普遍的柽柳，生于荒漠、沙地和盐碱地。广布于我国西北、华北各地。国外在蒙古、中亚、伊朗、阿富汗、俄罗斯、高加索、俄罗斯欧洲部分均广泛分布。模式自哈萨克斯坦斋桑湖沿岸。

11. 桧状柽柳 山川柽柳 密花柽柳

Tamarix arceuthoides Bge. in Mem. Acad. Sc. Petersb. 7：225，1854；Фл. СССР，15：312，1949；Фл. Казахст. 6：185，1963；中国高等植物图鉴，2：892，图 3512，1972；新疆沙漠，1：53，1979；新疆植物检索表，3：313，1985；中国沙漠植物志，2：377，图版 134：1 ~ 4，1987。

灌木或小乔木，高 2 ~ 5(7)m。老枝淡红色或淡灰色。木质化枝向上直伸，红紫色。叶在木质化枝上呈宽卵形或三角形，淡黄绿色，渐尖，外伸，下延，具耳；在绿色营养枝上呈长卵形披针形，长 1 ~ 2mm。总状花序春季侧生于上年枝上，花序长 4 ~ 5cm；夏秋总状花序生当年枝端形成大型圆锥花序。总状花序长 2.5 ~ 3.5cm；苞片条状披针形，长于花梗；花梗长不及 1mm；萼片卵状三角形，花后贴向子房；花瓣 5，倒卵形或椭圆形，紫色或粉红色，很少白色，脱落；花盘多型，10 裂或 5 裂。蒴果长 3 ~ 4mm，3 瓣裂。

产伊犁河上游，生沿河两岸和塔里木盆地、吐鲁番盆地(中国沙漠植物志，2：377，1987)。分布于甘肃、青海、内蒙古。国外在中亚、伊朗、阿富汗等地均有分布。模式自中亚卡拉套山。

12. 塔里木柽柳 图 139

Tamarix tarimensis P. Y. Zhang et M. T. Liu 中国植物志，50(2)；中国沙漠植物志，2：380，图版 135：7 ~ 9，1987。

灌木高 2 ~ 4m，老枝灰褐色。叶在绿色枝上者排列稀疏，2/3 以上贴茎，但不呈鞘状。叶在小枝下部者呈卵形，锐尖，基部下延；在小枝上部者呈长卵形，基部钝。总状花序生当年枝端，集成圆锥花序；

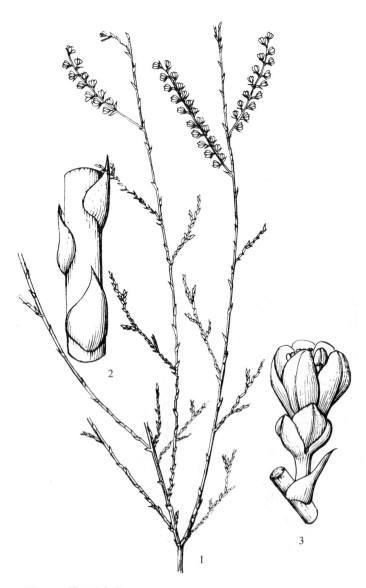

图 139 塔里木柽柳 Tamarix tarimensis P. Y. Zhang et M. T. Liu
1. 花枝 2. 枝一段示叶 3. 花

苞片卵状披针形，渐尖，基部下延，较花梗长；花梗长不及1mm；花5数，密；花瓣淡紫色或粉红色，长1.5~2mm，半开张或稍开张，花后大部分宿存，部分脱落；雄蕊5，花药红色，花丝着生于花盘裂片之间。蒴果3瓣裂。种子紫红色或紫黑色。花期6~8月。

产塔里木盆地安迪尔河下游，生流动沙丘及河岸沙地。

13. 莎车柽柳

Tamarix sachuensis P. Y. Zhang et M. T. Liu 中国植物志，50(2)：165，1990；中国沙漠植物志，2：373，1987。

灌木高2~3(5)m，树皮灰褐色或深灰色。嫩枝上的叶大部分抱茎几成鞘状，灰绿色。总状花序组成顶生圆锥花序；总状花序长3~5(8)cm，宽4~6mm；苞片长于花梗，长不及1mm；花5数；萼片卵圆形，长于花梗，淡绿色，具膜质边缘；花瓣倒卵形，淡紫红色，半张开，花瓣宿存。蒴果长约5mm。种子长0.6mm，黑紫色。果期6~9月。

产塔克拉玛干沙漠西南缘——莎车县，生沙漠沙丘间重盐碱沙地。狭域特有种。

14. 甘肃柽柳　混花柽柳

Tamarix gansuensis H. Z. Zhang 中国植物志，50(2)：154，1990；中国沙漠植物志，2：373，图版133：5~8，1987。

灌木，高2~3(4)m，老枝紫褐色或灰褐色，枝条稀疏。营养枝绿色或灰绿色。叶披针形，长3~6mm，宽0.5~1mm，先端渐尖，基部半抱茎，具耳。总状花序侧生于去年枝上，长6~8(12)cm，宽约5mm；苞片锥形或宽披针形，先端钝，长于花萼，膜质，易脱落；花梗长1~2mm，稍长于花萼；花5数，混有不少4数花；萼片先端渐尖，长约1mm，绿色，边缘膜质；花瓣长卵圆形，淡紫色或粉红色，长约2mm，宽1~1.5mm，先端钝，花后多数脱落；花盘棕红色，5裂，裂片钝或微凹；雄蕊5，花丝细长，长达3mm，长于花瓣，着生于盘裂片间或裂片顶端；4数花的花盘4裂，花丝着生于花盘裂片顶端；子房狭圆锥形；花柱3，柱头明显，伸出花冠外。蒴果圆锥状，种子含25~30粒。花期4~6月。

产塔里木河中下游，生河湖岸边，潮湿盐渍化沙地。可作为沙漠地下水位高的地区的固沙植物。分布于柴达木盆地、河西走廊、乌兰布和沙漠、巴丹吉林沙漠。

(2) 水柏枝属 Myricaria Desv.

半灌木或灌木，基部多分枝。叶互生鳞片状，无托叶。总状花序顶生或侧生。花两性，粉红色或白色；萼片及花瓣5数；雄蕊10枚，不等长，花丝由1/3~2/3以下合生，稀由基部合生；子房1室，雌蕊无花柱；柱头3。蒴果3瓣；种子具长芒，从芒中部以上生长绒毛。

本属约10种，分布欧洲、亚洲；我国有10种，分布各地，新疆产6种。

分种检索表

1. 茎匍匐；2~4花的总状花序侧生于上年枝上 ………………………………………………………………………………
　　………………………………… **1. 匍匐水柏枝 M. prostrata** Hook. f. et Thoms. ex Benth. et Hook. f.
1. 茎直立。
　2. 叶较大，长0.4~1.5cm，宽1~2.5mm ……………………………………………………………… **3**
　2. 叶较小，长2~4mm，宽0.5~1mm ………………………………………………………………… **5**
　　3. 花序顶生 …………………………………………………… **2. 美丽水柏枝 M. pulcherrima** Batalin
　　3. 花序侧生 ……………………………………………………………………………………………… **4**
　　　4. 花丝仅基部合生；苞片长2.5mm；花萼长1.5mm，短于花瓣3倍(帕米尔，昆仑山) …………
　　　………………………………………………………………… **3. 秀丽水柏枝 M. elegans** Royle
　　　4. 花丝合生至1/2~3/4；苞片长4~8mm；花萼长3~4mm(阿尔泰山地) …………………………
　　　……………………………………………………… **4. 达乌里亚水柏枝 M. dahurica** (Willd.) Ehrenb.
　　　　5. 花序顶生，基部无鳞片 ……………………………………… **5. 长序水柏枝 M. bracteata** Royle

5. 花序侧生，基部具多数鳞片 ·························· **6. 鳞叶水柏枝 M. squamosa** Desv.

1. 匍匐水柏枝

Myricaria prostrata Hook. f. et Thoms. ex Benth. et Hook. f. Gen Pl. 1：161，1825；中国高等植物图鉴，2：897，图3523，1972；新疆植物检索表，3：314，1985。

伏地矮灌木，高约10cm。以不定根固着地面；老枝棕褐色至暗红色，光滑无毛；去年生枝纤细，淡棕色。叶矩圆状条形，长3~5mm，宽约1mm，钝。总状花序圆球形，侧生于去年枝上，由2~4花组成；花几无梗；苞片椭圆形，长约3~5mm，具狭膜质边缘；萼片5，矩圆形，长约7mm，具狭膜质边缘，短于花瓣1/3；花瓣5，淡紫色，倒卵形，雄蕊10，花丝基部合生；子房卵形。蒴果圆锥形，长8mm。

产昆仑山；生海拔4000~5200m的河谷沙滩、砾石堆、砾石山坡，常呈片状着生。甘肃、青海、西藏也有。印度西北亦产。

2. 美丽水柏枝

Myricaria pulcherrima Batalin in Act. Petrop. 11：483，1891；Bobr. in Bot. Journ. URSS，53（7）：931，1967；新疆植物检索表，3：314，1985；中国沙漠植物志，2：382，1987；—*M. platyphylla* Maxim. in Bull. Acad. Petersb. 27：425，1881，p. p.；中国高等植物图鉴，2：899，图3527，1972，quoad pl. e xinjiang。

灌木，高1~1.5m。2年枝紫褐色，当年枝淡红或淡绿色，光滑无毛。叶较大，卵形，长4~10(15)mm，宽5~8mm，基部扩展成心形，抱茎，先端渐尖，叶腋常生绿色小枝，小枝上有密集小叶，小叶矩圆状卵形，长达5mm，锐尖。总状花序顶生，长2~12cm；苞片宽卵形，长5~6mm，先端锐尖或渐尖；花梗长2~3mm；萼片卵状矩圆形或卵状披针形，长约4mm，宽约2mm，先端钝；花瓣倒卵形或矩圆形，长约7mm，宽约3mm，紫红色或粉红色，先端钝圆；花丝自1/2以下联合。蒴果圆锥形，长15~16mm。花果期6~9月。

产塔里木盆地，生荒漠河流沿岸、河滩，常呈大面积群落分布。起着防堤护岸的重要作用。我国特有种，模式标本采自莎车。

3. 秀丽水柏枝　彩图第25页

Myricaria elegans Royle Illustr Bot Himal，1：214，1983；Фл. CCCP，15：322，1949；中国高等植物图鉴，2：898，图3526，1972；新疆植物检索表，3：315，1985；Дерев и Кустарн. IV：823，1958。

灌木，高4~5m；枝条粗壮，直立，红棕色或暗紫色，光滑无毛。叶大，扁平，生于当年嫩小枝上，披针形至矩圆状卵形，顶端钝或锐尖，向基部收缩；无柄，长0.5~1.5cm，宽2~4mm。总状花序侧生上年枝上，少有顶生，长6~14cm，宽0.5~1cm；花梗长于萼；苞片宽披针形，长约5mm；萼片长1.5mm，短于花瓣2~3倍，三角状卵形，具宽膜质边缘；花瓣粉红色，矩圆状长卵形，长约5mm；雄蕊比花瓣短，花丝基部合生。蒴果圆锥形，长5~7mm，宽约2mm，长于花萼2~4倍。种子具长芒，上部有长柔毛。花期7~8月，果期8~9月。

产塔什库尔干和昆仑北坡。生3000~4000m山河谷。西藏、青海也有。中亚、印度亦产。模式自喜马拉雅山。

4. 达乌里亚水柏枝

Myricaria dahurica (Willd.) Ehrenb. in Linnaea，2：278，1827；Фл. CCCP，15：327，1949；ДЕРЕВ. И КУСТАР. CCCP，IV：825，1958；新疆植物检索表，3：315，1985—*Tamarix dahurica* Willd. Abh. Physik. Kl. Preuss Akad. Wissensch，85，1816。

灌木，高至3m。叶扁平，线形或长圆状卵形，长4~10mm，宽约1~3mm，钝渐尖，基部收缩，贴生枝上。花序稠密，通常侧生，长4~7cm，宽1~1.5cm；花梗等于或短于萼；花瓣淡红色，长圆状卵形，长5~6mm，宽2.5~3mm。蒴果长7~10mm，长于萼2~2.5倍。花期5~7月，果期

7~8月。

产阿尔泰山地。生山河谷沿岸。蒙古、俄罗斯、西伯利亚也有。模式自西伯利亚。

5. 长序水柏枝 水柏 水柽柳 宽苞水柏枝 图140

Myricaria bracteata Royle, Illustr Bot. Himal. 214，1839；中国沙漠植物表 2：383，1987——*M. alopecuroides* auct non Schrenk；Fisch. et Mey. Enum. Pl. 1：65，1841；Fl. URSS, 15：324，1949；Fl. Казахст. 6：190，1963；中国高等植物图鉴，2：896，图3523，1972；内蒙古植物志，4：99，图465，1~5，1979；新疆植物检索表，3：316，1985。

灌木，高1~2m。基部多分枝；老枝灰褐色或紫褐色；当年枝红棕色或黄绿色。叶密生于当年绿色枝上，卵状披针形、条状披针形或窄长圆形，长2~4(7)mm，宽0.5~2mm，先端钝或锐尖，基部稍扩展，常具狭膜质边缘。总状花序常顶生当年枝上；苞片宽卵形或椭圆形，长6~8mm，宽4~5mm，先端渐尖，边缘膜质；花梗长约1mm；萼片披针形、矩圆形或椭圆形，长约4mm，宽1~2mm，短于花瓣，先端常内弯，具宽膜质边；花瓣倒卵形或倒卵状矩圆形，长5~6mm，宽

图140 长序水柏枝 **Myricaria bracteata** Royle
1. 花枝 2. 花 3. 蒴果

2~2.5mm，先端钝圆，淡红色或紫红色，宿存；雄蕊短于花瓣，花丝由1/2~2/3以下合生；子房圆锥形。蒴果细圆锥形，长8~10mm，种子窄矩圆形或窄倒卵形。花期6~7月。果期8~9月。

南北疆广泛分布。生前山河谷沿岸。我国西北各地区及西藏亦有分布。蒙古、中亚、俄罗斯、西伯利亚、高加索至欧洲南部均有分布。模式自中亚科克苏河。

6. 鳞叶水柏枝 细叶水柏枝 三春柳 山柳

Myricaria squamosa Desv. in Ann. Sc Nat. 4：350，1852；Фл. СССР, 15：325，1949；Фл. Казахст. 6：190，1963；中国高等植物图鉴，2：896，图3522，1972；新疆植物检索表，3：316，1985。

灌木，高1~3m；树皮棕色。叶小，矩圆形或披针形，长1.5~5mm，顶端钝圆。总状花序侧生于老枝上，单或几个集合在一起，长5~7cm，宽1~1.3cm，基部有多数鳞片；苞片矩圆状卵形至椭圆形，长6~8mm，先端钝或急尖，边缘宽膜质，长近等于萼；花梗等长或短于萼；萼片狭矩圆形，长3~4mm，先端急尖，具狭膜质边；花瓣粉红色，矩圆状椭圆形，长约5mm，长于萼1.5~2

倍；雄蕊 10，花丝 2/3 部分合生。蒴果狭圆锥形，长约 10mm。花期 6 ~ 7 月，果期 8 ~ 9 月。

产南北疆各地。生天山山系前山河谷沿岸。我国西北各地区也有。伊朗、阿富汗、中亚、俄罗斯、西伯利亚、高加索、欧洲南部等地均有分布。模式自"东方"。

21. 琵琶柴科——REAUMURIACEAE Ehrenbers，1827

半灌木至小灌木，高 10 ~ 80cm；枝直或弯曲，淡黄色或灰白色。叶细小，革质或肉质，被泌盐腺体，无托叶。花两性，5 数，单生或成疏总状花序；苞片覆瓦状，长于或短于花冠；花萼革质或肉质，近钟状，宿存；花瓣白色、粉红色、淡紫色或肉红色、黄色，顶端或微凹，向基收缩，脱落或少宿存，长至 15mm；雄蕊 5 至多数，分离，少花丝基部连合成 5 束；雌蕊 1，具 3 ~ 5 花柱。果实为骨质蒴果，具 3 ~ 5 裂瓣，种子被淡褐色长毛。

本科仅含 1 属 22 种，主要分布南欧，东、北非和亚洲。中国产 3 ~ 4 种；其中新疆产 1 属 2 种。

（1）琵琶柴属 Reaumuria Linn.

仅 1 属，形态特征同科。

1. 叶细小，圆柱形；花小，白色，花柱 3；蒴果 3 瓣裂 ························ **1. 琵琶柴 R. songarica**（Pall.）Maxim.
1. 叶较大，扁平，窄细线形，宽 0.5 ~ 1mm；花较大，粉红色，花柱 5；蒴果 5 瓣裂 ··· **2. 新疆琵琶柴 R. kaschgarica** Rupr.

图 141 琵琶柴 Reaumuria songarica（Pall.）Maxim.
1. 花枝 2. 花 3. 种子

1. 琵琶柴 红沙 图 141

Reaumuria songarica（Pall.）Maxim. Fl. Tangut，1：97，1889；Ej. Enum. Pl. Mongol. 1：106；Fl. URSS，15：279，tab 14，fig. 6，1949；中国高等植物图鉴，2：889，图 3508，1972；新疆植物检索表，3：307，1985；中国沙漠植物志，2：368，图版 131：1 ~ 8，1987。

小灌木，高 10 ~ 25cm。老枝灰棕色。叶肉质，圆柱形，长 1 ~ 5mm，宽约 1mm，顶端钝，常 4 ~ 6 枚簇生。花单生叶腋或为疏花穗状花序，无梗，径约 4mm；萼钟形，质厚，5 裂，下半部合生；花瓣 5，张开，略带淡红色，矩圆形，长 3 ~ 4.5mm，近中部有 1 对倒披针形附属物；雄蕊 6 ~ 8，少至 12；子房椭圆形，花柱 3 个，分离。蒴果纺锤形，长 5 ~ 6mm，宽 3 ~ 4mm，3 瓣裂。种子全部被淡褐色长毛。花期 6 ~ 8 月，果期 7 ~ 9 月。

产准噶尔盆地、塔里木盆地；生戈壁和盐渍荒漠。分布于陕西、甘肃、宁夏、青海、内蒙古等地。中亚、俄罗斯、西伯利亚、蒙古等均有分布。模式自斋桑湖。

2. 新疆琵琶柴 五柱琵琶柴 五柱红砂 图版142

Reaumuria kaschgarica Rupr. Sert Tianschan. 42，1869；Fl. Tongut. 1：98，1889；Фл. СССР，15：287，1949；中国高等植物图鉴，2：890，图3510，1972；新疆植物检索表，3：307，1985；中国沙漠植物志，2：370，图版131：12～16，1987。

小灌木，高 10～15cm，垫状。老枝灰褐色；小枝紫红色，无毛。叶扁平，条形，稍肉质，长5～9mm，宽0.6～1mm，先端钝或渐尖，基部收缩，微弯。花单生于小枝端或上部叶腋；花梗长3～5mm；苞片与叶同形，长3～4mm；萼5深裂，长3～4mm，裂片卵状披针形，花瓣5，椭圆形，长约7mm，粉红色，内侧有1对附属物，矩圆形，长约为花瓣1/3；雄蕊常为15，花丝基部合生；花柱5；蒴果矩圆状卵形，长约5mm，5瓣裂。花期6～8月，果期8～9月。

产塔里木盆地至阿尔金山。生盐化荒漠，干旱山坡，常见。分布于青海、西藏、内蒙古；国外在蒙古、吉尔吉斯斯坦也有。模式自天山南部。

Reaumuria Turkestanica Gorchk. 1923；Novit. Syst. Pl. Vascul. T. 21：128，1984，记载中国准噶尔有分布，至今未见标本，待研究。中亚琵琶柴 R. turkestanica Gorchk，叶为卵形或广椭圆状长圆形，长 5～15cm，宽 2～10mm，而新疆琵琶柴 R. kaschgarica Rupr.，叶为狭线形，宽0.5～1mm，长 0.5～1cm，花粉红色，二者不能混淆。

图 142　新疆琵琶柴 Reaumuria kaschgarica Rupr.
1. 花枝　2. 花　3. 叶片　4. 萼裂片　5. 花瓣内侧

XVI. 白花菜目——CAPPARALES

乔木、灌木或常为草本。叶互生或少对生，单叶或少复叶，通常无托叶。气孔不规则形或少不等细胞形（十字花科）。单叶隙节。导管具单穿孔。花多数成顶生总状花序，有时成圆锥花序。花两性或有时单性，辐射对称或两侧对称，多数具重花被，有时无花瓣。花被4数或少5数，花被片分离。雄蕊（2～）4或多数；花药纵裂。绒毡层分泌，小孢子发生同时型。花粉粒，2细胞，大部分3沟孔或3拟沟孔。雌蕊并列心皮，由2或少3～6（～12）心皮组成。子房上位，具几枚或多数胚珠，有时仅具1胚珠。胚珠倒生或常弯生，双珠被，厚珠心或少薄珠心（十字花科一部分）。雌配子体蓼属型。胚乳核型。果实为蒴果，长角果，短角果或浆果，有时坚果或核果。种子具大的多少弯生或内折的胚，通常无胚乳或具微薄的胚乳，少具很发育的胚乳。

白花菜目起源于原始的堇菜目 Violales，但所有的白花菜科的导管穿孔都已是单生的了。

22. 白花菜科——CAPPARIDACEAE A. L. de Jussieu，1978

一年生或多年生草本，直立或攀援灌木或乔木。叶为互生单叶或指状复叶，有或无托叶，有时具刺。花通常两性，整齐或不整齐，单生或成总状伞房或伞形花序；萼片 4 枚，分离或连合，镊合状或覆瓦状排列；花瓣 4，稀 2 或不存，下位或生于盘上；雄蕊 4 或多数，下位，或周位或生于子房柄上；花盘不存，或膨胀或贴生于花萼管内；子房有或无柄，1 室，花柱短或缺，柱头凹下或头状；胚珠多数，生于 2 至 4 侧膜胎座上。蒴果或浆果。种子无胚乳。

本科 45 属 850 种，主产热带。中国产 5 属 60 种，新疆仅 1 属 1 种。

(1) 山柑属 Capparis Linn.

乔木，灌木，草本，很少藤本。植物体具腺毛、绒毛或无毛。单叶互生。萼片 4，离生；花瓣 4；雄蕊多数，花丝长于花瓣；心皮多数；子房具柄，通常 1 室，胚珠多数，侧膜胎座。浆果状蒴果。

约 250 种，我国约 52 种，仅 1 种产新疆。

1. 刺山柑 山柑 老鼠瓜 野西瓜 彩图第 25 页

Capparis spinosa Linn. Sp. Pl. 503，1753；Фл. СССР，8：2，1978；Фл. Кахахст. 4：170，tab. 42：1，1961；中国高等植物图鉴，2：27，图 1784，1972；新疆植物检索表，2：347，1983；中国沙漠植物志，2：10，1987；新疆植物志，2(2)：36，图版9：7～8，1995。

光滑或微被柔毛的半灌木，茎多数，匍匐，长至 2m；托叶成直或弯的黄色刺。叶具短柄，圆形、倒卵形或椭圆形，顶端有时具有突尖，嫩枝和顶端叶常有白柔毛。花大，径 4～8cm，单生叶腋，花梗等长于叶或长于叶；萼片外部被短绒毛，花瓣白色或粉红色，长 3～4cm；雄蕊多数；子房柄长 3～5cm。蒴果圆状长圆形，肉质，下部稍弯，长 2～4cm。种子肾形，径约 3mm，褐色，具斑点。花果期 5～8 月。

产博乐、乌苏、沙湾、玛纳斯、乌鲁木齐、伊宁、哈密、吐鲁番、托克逊、和硕、库尔勒、阿克苏、喀什等地。甘肃、西藏也有分布。国外在哈萨克斯坦、伊朗、小亚细亚、巴尔干、南欧、高加索、克里米亚、中亚也有。

经济价值：花芽可食用，《白花菜》是早就著名的。果实幼果可腌制作泡菜食用，种子油可食用，很好的蜜源植物。

23. 十字花科——BRASSICACEAE Burnett，1853

草本稀半灌木。叶为单叶互生或对生，有时羽状分裂，无托叶。花两性，整齐稀不整齐，组成总状花序，无苞片；萼片 4，稀不存，通常具爪；花瓣展开成十字形；雄蕊 6，4 长 2 短；子房上位，1 至 2 室，具 2 心皮，侧膜胎座。果为长角果或短角果，2 裂有时在种子间横断。种子小，子叶直叠，即子叶边缘与胚茎相对或横叠，即子叶背面与胚茎相对，或褶叠，即子叶褶叠 1～2 次。

本种约 376～380 属 3200 种。我国有 95 属 430 多种。新疆约 70 属 200 种，多数为草本，其中半灌木或灌木，仅 4 属约 10 种。

分属检索表

1. 叶全缘，或有粗锯齿；植株无毛或有单毛及腺毛；长角果扁平 ⋯⋯⋯⋯⋯⋯⋯⋯ **(3) 条果芥属 Parrya** R. Br.
1. 叶全缘或有粗锯齿 ⋯⋯⋯⋯⋯⋯⋯⋯⋯⋯⋯⋯⋯⋯⋯⋯⋯⋯⋯⋯⋯⋯⋯⋯⋯⋯⋯⋯⋯⋯⋯ 2

2. 长角果开裂；植株被单毛，分叉毛或星状毛，有时具腺毛；种子每室 1 行，多数具翅 ……………………………………… (2)南芥属 Arabis Linn.

2. 长角果开裂；植株密被星状毛而成灰白色 ………………………………………………………… 3

3. 短角果有窄边 ……………………………………… (1)庭荠属 Alyssum Linn.

3. 短角果无窄边 ……………………………… (4)燥原荠属 Ptilotrichum C. A. Mey.

(1)庭荠属 Alyssum Linn.

草本或半灌木。植株被星状毛，有时杂有单毛，稠密，伏贴。萼片直立或开展，基部不呈囊状；花瓣黄色或淡黄色，顶端全缘或微缺，向下渐缩成爪；雄蕊 6，花丝具翅或齿，或有附片；侧蜜腺不汇合，呈三角形，圆锥形或圆柱形，位于短雄蕊两侧，中密源缺；子房无柄，花柱宿存，柱头头状或微凹。短角果球形、宽卵形或椭圆形，扁压，果瓣上具网状脉。种子每室 1~4 粒；子叶扁平，背倚胚根。

本属约 170 种。我国有 10 种 1 变种。其中一年生草本有 4 种；多年生到半灌木 4 种 2 变种(资料)。

分种检索表(半灌木)

1. 叶倒卵形或是匙形，钝；短角果阔椭圆形 ……………………… 1. 匙叶庭荠 A. obovatum (C. A. Mey.) Turcz.

1. 叶长圆状卵形，或线状长圆形，渐尖；果圆或椭圆形。

2. 茎高 4~15cm，直立 ……………………………………… 2. 条叶庭荠 A. lenense Adams.

2. 茎高 2~30cm，茎多"之"字形弯曲 ……………………… 3. 扭庭荠 A. tortuosum Waldst. et Kit.

1. 匙叶庭荠(新拟)

Alyssum obovatum (C. A. Mey.) Turcz. Bull. Soc. Nat. Moscou, 10, 1：51, 1837；Fl. Furop. 1：304, 1964—A. tortuosum Waldst. et Kit. ex Willd. var. obovatum (C. A. Mey.) N. Busch, 8：344, 1939—*A. biovulatum* N. Busch, Фл. СССР, 8：346, 1939；Фл. Казахст. 4：278, 1964；新疆植物检索表，2：390, 1983；中国沙漠植物志，2：41, 1987 pro syn Alyssum sibiricum Willd. 。

半灌木，高 2~15cm，茎下部木质化，铺展，单或上部呈伞房状分枝，形成密集灌丛，被星状毛。叶倒卵形或楔形，长 6~16cm，宽 1~6mm，顶端钝，基部渐缩成柄。花聚成扁平伞房状总状花序，果期伸长；花瓣圆形或长圆状倒卵圆形，长 2.5~4mm，宽 1~2mm，具爪；果梗短，长 2~5mm。短角果扁，阔椭圆形或圆状倒卵形，径 2.5~5mm，具 1~1.5mm 细长嘴，密被伏贴星状毛。种子每室 2 少 1 粒，卵形，扁平，几无边缘，长 1.5~2mm，宽约 1~1.5mm。花果期 5~7 月。

产青河、富蕴、福海、阿勒泰、哈巴河等地。生山地、草原、灌丛、林缘。蒙古北部、俄罗斯、西伯利亚也有。

2. 条叶庭荠

Alyssum lenense Adams. in Mem. Soc. Nat. Mosc. 5：110, 1817；Фл. СССР, 8：351, 1939；Фл. Казахст. 4：279, 1961；中国高等植物图鉴，2：47, 图 1823, 1972；中国沙漠植物志，2：42, 图版 13：44~50, 1987.

半灌木，高 4~15cm，基部木质化，铺展，多分枝，形成密丛，灰色而密被星状毛。叶长 5~17mm，宽 1~3mm。线状长圆形或披针形，顶端渐尖，无柄，灰白色而密被星状毛。花黄色，聚成稠密总状花序，果期伸长；花萼长 3~3.8mm；花瓣长 4.5~6mm，宽 2.5~3mm，阔倒卵形，顶端钝圆或微凹具爪。短角果径 4~5mm，圆形或圆状倒卵形，被细的星状毛，顶端稍凹，具细尖，每室具 2 少 1 粒种子。种子卵形，长约 2mm，宽约 1.5mm。花果期 4~7 月。

产青河、富蕴、福海等地山地。生低山至中山山地草原、石坡、灌丛、林缘。我国东北、内蒙古、甘肃也有。蒙古北部、俄罗斯、西伯利亚、远东、哈萨克斯坦东部阿尔泰山均有分布。

3. 扭庭荠

Alyssum tortuosum Waldst. et Kit. ex Willd. Sp. Pl. 3：466，1800；Фл. CCCP，8：344，1939；Фл. Казахст. 4：278，1961；新疆植物检索表，2：390，1983。

半灌木，高 8～30cm。茎基部木质化，上升，"之"字形弯曲，密被星状毛。叶倒卵状长圆形、圆状卵圆形或长圆状倒卵形，向基部收缩，灰白色而被星状毛。花聚成伞房状圆锥花序；花萼长约 2mm；花瓣长 2.5～3mm，少至 4mm，倒卵形，金黄色；花梗长 0.2～0.6mm，斜上展。短角果，长 2.5～4.5mm，宽 1.5～2.5mm，有时较大较宽，扁平，椭圆形或倒卵状椭圆形，灰白色而被星状毛。种子长 1.2～1.5mm，宽 0.5～1.25mm，棕黄褐色，无翅，每室 1 粒。花果期 5～7 月。

产青河、富蕴、福海、阿勒泰等地山地。生低山至中山带草原、干旱石坡、灌丛、林缘。俄罗斯欧洲部分、高加索、西西伯利亚、西欧、巴尔干、小亚细亚、东地中海等地均有广泛分布。

图 143　灌木南荠 Arabis fruticulosa C. A. Mey.
1. 植株　2. 叶片　3. 果序　4. 花

（2）南荠属 Arabis Linn.

草本，少小灌木。单叶互生，椭圆形，全缘或有齿，具短柄少无柄。总状花序顶生或腋生，萼片显著，基部内轮成囊状，花瓣白色少紫色或淡红色，基部具爪；雄蕊 6，花药顶端钝，常反曲。长角果线形，直立或下垂，果瓣开裂，扁平。种子每室 1～2 行，表面具小颗粒状突起；子叶背倚胚根。

本属约 100 种。我国 21 种 8 变种；新疆木本仅 1 种。

1. 灌木南荠　图 143

Arabis fruticulosa C. A. Mey. in Fl. Alt. 3：19，1831；Фл. CCCP，8：158，1939；Фл. Казахст. 4：222，1961；Fl. West. Pakist. 55，181，1973；新疆植物检索表，2：408，1983；中国植物志，33：261，图 70：7～14，1987；新疆植物志，2（2）：138，图 39：5～8，1995。

半灌木，高 10～15cm，全株密被单毛，星状毛。叶长椭圆形至倒披针形，长 1～5cm，宽 2～7mm，顶端急尖，边全缘，基部渐狭成柄。总状花序顶生，聚成伞房状；萼片长椭圆状倒卵形，长 2～5mm，内轮基部囊状；花瓣淡紫红色，长倒三角状卵形，长 8～12mm，宽 3～4mm，顶端钝，基部宽楔形；雄蕊 6，花丝细。长角果密被毛，窄条形，长 3～7cm，宽 1～1.5mm，略作弧曲或波状曲。种子褐色，椭圆形，长约 2mm。花期 6～7 月。

生森林草原带，阳坡石缝，海拔 800～1200m。

产青河、塔城、乌鲁木齐、伊宁、巩留等地。中亚山地、蒙古西部、俄罗斯西伯利亚也有。

（3）条果芥属 Parrya R. Br.

草本，少小灌木，具根状茎。基生叶莲座状，全缘或羽状裂。花葶偶生 1 叶，花少数到多数，或为单花；花梗粗，果期伸长；萼片直立，内轮基部囊状；花瓣粉红色，紫色或白色，倒卵形，顶端钝圆或微凹；花丝分离，花药线形，侧蜜腺联合成环状，有时外侧不联合，中蜜腺有或缺；子房线形，花柱短，柱头2裂，圆锥形。长角果条形至条状长圆形，扁压，2室，开裂，常光滑无毛，果瓣扁平，中脉明显。种子每室2或1，卵形，扁压；子叶缘倚胚根。

本属约30种，主产中亚。我国产8种；新疆木本仅1种。

1. 灌木条果芥

Parrya fruticulosa Rgl. et Schmalh. in Act. Hort. Petrop. 5：237，1877；Фл. CCCP，8：263，1939；Фл. Казахст. 4：249，tab. 32，fig. 4，1961；新疆植物检索表，2：410，1983；中国植物志，33：356，1987；新疆植物志，2(2)：175，1995。

小灌木，高10~30cm，丛生分枝，近于无毛；老枝木质化，灰色，多弯曲。叶条状长圆形或线状披针形，长1~4cm，宽1.5~3mm，全缘或具疏齿，或浅裂具锯齿，先端急尖，基部渐缩成柄。花葶高10~25cm，超出叶丛，花数朵，很少1朵；花梗长5~10mm；萼片直立，紫色，长圆形或条形，长9~12mm；花瓣紫色或淡紫色，长10~25mm，宽5~7mm，基部渐窄成爪；花丝扁，窄条形，分别长6~8mm，基部稍叉开；子房线形，长约7mm，花柱短，柱头2浅裂。长角果线状长圆形，果梗长15~24mm，具短2裂浅裂花柱。花果期5~8月。

产霍城(果子沟，大西沟)、温泉等地，生低山至中山，向阳坡、石坡等少见，海拔1000~2000m。

(4) 燥原荠属 Ptilotrichum C. A. Mey.

多年生草本或半灌木，被分枝毛或星状毛；茎直立，多分枝。叶狭窄，全缘，无柄。花序总状，无苞片；萼片基部不成囊状；花瓣粉红色或白色，具爪；雄蕊花丝无齿；子房无柄，每室含2胚珠，花柱短，柱头钝，浅2裂。短角果圆形或宽卵形，果瓣膨胀或稍扁，每室只含1发育种子。种子扁平，子叶缘倚胚根。

约12种，我国产2~3种；新疆木本仅1种。

1. 燥原荠　图144

Ptilotrichum canescens (DC.) C. A. Mey., in Fl. Alt. 3：64，1831；Фл. CCCP，8：360，1939；Фл. Казахст. 4：284，1961；中国植物志，33：126，图版30：1~6，1987；新疆植物志，2(2)：105，图版30：8~13，1995。

半灌木，高5~10cm，被细小星状毛，植株呈灰绿色。茎直立或基部铺展而上部直立，近地面处多分枝，基部木质化。叶密生，条形或条状披针形，长7~15mm，宽0.7~1.2mm，顶端急尖，边全缘。花序伞房状，果期伸长为总状；花梗长1~4mm；萼片长1~3mm，外轮宽于内轮，被星状毛，灰绿色或淡紫色；花瓣白色，宽倒卵形，长

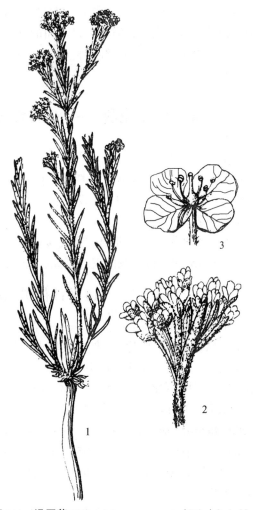

图144　燥原荠 **Ptilotrichum canescens**(DC.) C. A. Mey.
1. 植株　2. 植株上部放大　3. 花

3～5mm，宽2～3mm，顶端圆，基部渐缩成爪；子序密被星状毛，花柱长，柱头头状。短角果卵形，长3～4mm，宽2～3mm；花柱长约2mm宿存；果梗长2～5mm。种子每室1粒，长圆状卵形，长约2mm，暗棕色。花、果期6～8月。

产吉木乃、和布克赛尔、和田等地。生山地草原、干旱石坡、灌丛、林缘。海拔1000～2200m。我国东北、华北、西北各地及西藏也有。俄罗斯西伯利亚也有。

锦葵超目——MALVANAE

XVII. 半日花目——CISTALES

乔木、灌木、半灌木和草本。单叶互生或对生（多数是半日花科），全缘或羽状浅裂，托叶存在或缺如，气孔不规则，导管具单穿孔。3腔隙节或1腔隙节（半日花科）。花组成各式花序少单（某些半日花科），两性，辐射对称或少二侧对称。萼片5或少3（某些半日花科），分离，覆瓦状或螺旋状褶叠（半日花科），脱落或宿存（多数半日花科）。花瓣5少3，分离，覆瓦状或螺旋状。雄蕊多数或少6～3（某些半日花科），分离；花药纵裂。绒毡层分泌。小孢子发生同时型。花粉粒2细胞或3细胞，（2）3（4）沟孔。雄蕊并列心皮，由5～3心皮或仅2心皮组成（红木科），少心皮数目达到10枚（某些半日花科）；子房1室或有时3或5～10室，每室具多数胚珠，少具2或1胚珠。胚珠倒生或多少直生，（少数半日花科）。双珠被，厚珠心。雌配子体蓼型，内胚乳核型。果实为室背开裂蒴果。种子有时具直胚，但通常是弯曲的甚或各式卷曲的胚和胚乳。

本目包括很相近的3科：红木科（Bixaceae），弯胚树科（Cochlospermaceae）和半日花科（Cistaceae）。新疆只有后者。

24. 半日花科——CISTACEAE A. L. de Jussieu，1789

小灌木、半灌木或草本。叶对生少互生，单叶全缘。花成聚伞状圆锥花序或聚伞状总状花序或单生，辐射对称，两性，5基数，具重花被；萼片5，外2枚较小或不存；花瓣2，白色、黄色或粉红色；雄蕊多数；心皮4或3；子房上位，1室或不完全3～10室。果实为蒴果，3～10瓣裂。种子多数，富含胚乳。

本科8属200种，主产北温带和温暖热带地区，特别是地中海区和美国东部，某些种见于东印度—南美。X=5～9，11，我国仅产1属，产西北干旱地区。

（1）半日花属 Helianthemum Mill.

半灌木或小灌木，稀多年生或一年生草本。叶通常对生，有时上部叶互生；具托叶或缺。花单生，聚伞或总状花序；萼片5，外2枚较小，花瓣5，淡黄色、橘黄色或紫红色；雄蕊多数；子房1室或不完全3室，花柱丝状，柱头头状。蒴果3瓣裂。种子数粒。

本属约70种，主产地中海区。新疆仅产1种。

1. 半日花 图145 彩图第25页

Helianthemum soongoricum Schrenk in Fisch Enum Pl. 1：94，1841；Фл. СССР，15：338，1949；Дер. И Кустар. 4：835，1958；Фл. Казахст. 6：191 tab. 24，fig. 5，1963；中国高等植物图鉴，2：899，图3528，1979；新疆植物检索表，3：317，图版23，图1，1983；中国沙漠植物志，2：384，1987。

矮小灌木，高10～15cm，多分枝，小枝铺展，下部木质化，具片状剥落树皮。单叶对生，线状披针形，长1～2cm，宽2～3mm，边缘常反卷，两面被白绒毛，具短柄。托叶线形，渐尖。花单

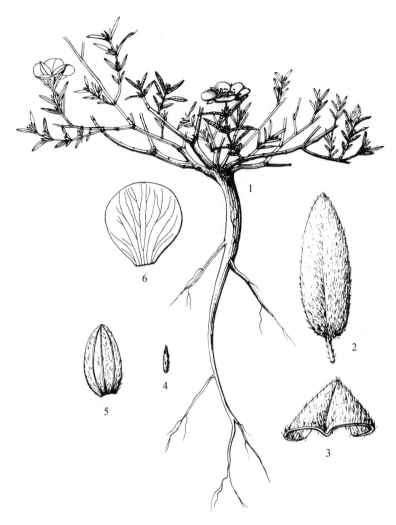

图 145　半日花 **Helianthemum soongoricum** Schrenk
1. 植株　2. 叶片　3. 叶片横切　4. 外萼　5. 内萼　6. 花瓣

或 2~3 朵，在枝端聚成卷伞花序；外轮萼片窄线形，长 4~5mm，内轮萼片卵形具 3~7 条突起、不分枝的棕黄色脉；花瓣橙黄色，楔形，长约 8mm。蒴果卵形，长 5~8mm，被短绒毛。种子长约 3mm，卵形，具棱角。花期 5~7 月。

产伊犁地区，生伊犁河沿岸（黑山头）干旱石坡，少见。为古老残遗物种。甘肃和内蒙古也有。国外中亚天山和帕米尔阿赖依也有。模式自准噶尔。

极耐干旱，残遗种，国家列为保护植物，建议各地多加保护。

XVIII. 锦葵目——MALVALES

木本或草本。常含脂肪酸(fatty acid)，茎皮纤维发达，常被星状或鳞片状毛。叶互生少对生，单叶或掌状复叶；具托叶。花两性或单性，整齐，5 基数；雄蕊 5 至多数，花丝连合成管状或成 5~15 束；雌蕊常 5 心皮，中轴胎座，每室 1 至多数胚珠。蒴果，核果，蓇葖果，翅果。

塔赫他间系统（1997）；含 12 科约 4000 种。分布全世界。新疆木本仅栽培有 3 科。

25. 椴树科——TILIACEAE A. L. de Jussieu，1789

乔木或灌木少草本。树皮富含纤维，皮层具黏液细胞，常被星状毛。单叶互生；托叶细小，常早落。花两性少单性，整齐，聚伞花序；萼片 3~5 镊合状排列；花瓣 5 或缺；雄蕊 10 至多数，花丝基部合生成束；子房上位，2~10 室，每室 1 至数胚珠。坚果，核果，浆果，蒴果。种子有胚乳。X = 7，9，16，18，41

52 属 500 种，新疆仅引入栽培 1 属。

（1）椴树属 Tilia Linn.

落叶乔木。单叶互生，叶缘具芒状齿或全缘；具长叶柄；托叶早落。花两性组成聚伞花序，花梗下半部与带状苞片合生；花萼、花瓣 5，覆瓦状排列；雄蕊多数；子房 5 室，每室 2 胚珠。坚果状核果或浆果状，常不开裂。种子 1~3。

80 种。中国 32 种，新疆仅引入栽培 2 种。

分种检索表

1. 叶背面粉白色，叶缘无芒尖 ·· 1. 心叶椴 T. cordata Mill.
1. 叶背面淡绿色，叶缘有芒尖 ·· 2. 紫椴 T. amurensis Rupr.

1. 心叶椴　图 146

Tilia cordata Mill. Gard. Dict. ed. 8：n°1，1768；Фл. СССР，15：20，1949；Man. Cult. Trees and Shrubs ed. 2：642，1940；华北经济植物志要，307，1953；经济植物手册，下册，第一分册，972，1957；新疆植物检索表，3：288，1985。

落叶乔木，高至 30m。小枝光滑或微有细毛。叶近圆形，长 3~6cm，有时宽过于长；顶端急尖，边缘细锯齿，上面暗绿色，无毛，微有光泽，下面多少有白霜，有腋生簇毛；叶柄细，长 1.5~3cm。花白色，芳香，5~7 朵组成聚伞花序；雄蕊与花瓣等长；花苞长 3~8cm，无毛。果球形，径 5~7mm，被薄绒毛。花期 6~7 月，果期 10~12 月。果实千粒重 26~37g，1kg 约 32300 粒。子叶

图 146　心叶椴 Tilia cordata Mill.　　　　图 147　紫椴 Tilia amurensis Rupr.

5~7 掌状浅裂，长宽 1.5~2cm；幼苗第一片叶三角形，基部心形。

原产欧洲，伊宁、塔城和乌鲁木齐市均有栽培。生长良好，树形美观，是城市园林绿化珍贵树种。模式自英国记载。

2. 紫椴 图147

Tilia amurensis Rupr. Mem. Acad. Sci. Petersb. ser. 7，15，2：253，1869；中国树木分类学，784，图677，1953；华北经济植物志要，307，1953；东北木本植物图志，419，1955；经济植物手册，下册，第一分册，973，1957；中国高等植物图鉴，2：791，图3312，1972；新疆植物检索表，3：288，1985。

乔木，高至25m，直径可达1m。树皮暗灰色，纵裂，呈片状剥落。一年生枝黄褐色或赤褐色，无毛；二年生枝紫褐色。芽卵形，黄褐或赤褐色，长3~6mm，先端钝，芽鳞3片，表面光滑。叶阔卵形或近圆形，长3~8cm，宽3~7cm，基部稍偏斜，心形至截形，先端长尾尖，边缘有不整齐锯齿及小刺芒状尖，偶具大裂齿，叶质薄，上面光滑，仅基部脉腋具少数星状毛；叶柄圆柱状，纤细，光滑，长3~6cm。聚伞花序长4~8cm，花3~20朵，花序轴无毛；苞片倒披针形，先端圆渐尖，基部狭，具柄，两面无毛，长4~5cm，宽8~10mm；萼片阔披针形，先端尖长5~6mm，宽2~3mm，外被白色星状毛；花瓣5，黄色，条形，先端尖，稍长于萼片，无毛；雄蕊约20枚，花丝细长，伸出花冠，光滑；子房球形，密被白色星状毛，花瓣无毛，柱头5浅裂。果近球形或倒卵形长，5~8mm，径5~6mm，被褐色毛，平滑或有不明显纵棱，基部圆形，先端具小突尖，果壳薄。花期6~7月，果期9~10月。

伊宁市、乌鲁木齐市引种栽培，耐寒，生长良好，分布于我国东北、华北各地区。朝鲜、俄罗斯也有。模式自阿穆尔（俄罗斯）。

喜光树种。深根性，萌芽力强，抗烟，抗毒性强。用播种，压条。根蘖和分株繁殖。

26. 梧桐科——STERCULIACEAE Bartling，1830

落叶或常绿乔灌木，多具柔软木材，多有星状毛。叶为互生稀对生的单叶或掌状复叶，常具托叶。花组成各式腋生花序，少顶生；萼片3~5连合，镊合状排列，常有彩色；无花瓣；雄蕊连合成筒状；花药2室；心皮2~5，少10~12，或仅有1枚；每心皮具2少1胚珠，生侧膜胎座上；花柱单生或浅裂。果为蒴果或蓇葖果，极少为浆果或核果。种子有或无胚乳。

本科约68属1100种。中国19属80余种，新疆仅引入1属。

（1）梧桐属 Firmiana Marsigli

本属约10种，我国产6种，主产广东、广西及云南，新疆仅栽培1种。

1. 梧桐 图148 彩图第26页

Firmiana platanifolia (L. f.) Schott. et Endl. Melet. Bot. 33，1832；Дерев И. Кустар. СССР，4：740，1958；Flora Japonica：—*F. platanifolia* (L. f.) Mars—；中国树木志，3：2831，1985；—*F. simplex* W. F. Wight—；Man. Cult. Trees and Shrub ed. 2：630，1940；中国树木分类学，789，1953；经济植物手册，下册，第一分册，992，1957；中国高等植物图鉴，2：823，图3376，1980；中国高等植物图鉴，补编，第二册，406，1983。

落叶乔木，高可达15m。树冠圆形，树干挺拔，幼时树干皮青绿色，光滑，老树皮呈灰色，浅纵裂。小枝粗壮，绿色，无毛。芽圆锥形，被赤褐色毛。叶大，宽卵圆形或圆形，3~5掌状深裂，边缘无锯齿，长15~20cm，长宽略等；裂片卵状三角形，先端渐尖，基部心形，两面光滑或略被短柔毛，基出掌状脉7条；叶柄几与叶片等长。顶生圆锥花序，长20~30cm；花萼5裂，深裂至近基部，淡黄色，基部淡红色，条形或狭矩圆形，先端渐尖，长约2cm，宽2~3mm，外被淡黄色柔

毛，里面仅基部有柔毛，向外反卷；雄蕊柄与花萼等长，下部较粗，光滑；花药15枚，聚集在雄蕊柄顶端，呈球形；雌花具雌蕊柄，子房球形，5室。心皮离生，花柱合生，柱头5裂。子房基部有退化雄蕊附生，外被毛。果膜质，具柄，开裂后船形，先端舌状，基部圆，长6～10cm，宽3～4cm。种子球形，棕黄色，径约6mm，表面有皱纹，着生于心皮边缘。花期6～7月，果期9～10月。

中国特有种；喀什公园少量栽培，开花结实，生长良好。我国南北各地区，从华北到海南均有栽培。国外在中亚的塔什干、撒玛尔汗、杜尚别、阿什哈巴德以及高加索。格鲁吉亚、克里米亚也有栽培。

喜光树种。深根性，喜湿润肥沃砂壤土，不耐盐碱。用种子繁殖。木材黄白色，

图148 梧桐 Firmiana platanifolia（L. f.）Schott. et Endl.
1. 花枝叶 2. 花 3. 果表示种子

质轻软，可做家具、乐器、箱盒等用。树皮富含纤维，供造纸原料。种子可榨油，供食用或制肥皂用，亦可炒食。刨花浸水可洗发。花、果、茎皮、根皮及叶均可入药。树冠开展，叶大挺拔，可作城市庭园绿化树种。

27. 锦葵科——MALVACEAE Juss., 1789

木本或草本，常被星状毛。单叶互生，全缘或分裂，多具掌状叶脉；托叶2，早落。花常整齐，两性，少杂性或雌雄异株，单生，簇生成或成聚伞状圆锥花序；总苞又称副萼，位于萼之基部，苞片3～5，有时缺，萼片，花瓣各5，后都常以基部连合于雄蕊柱，覆瓦状或旋转状排列；雄蕊多数，花丝合生成管状，雌蕊含2至多数结合心皮；子房上位2至多室；花柱与心皮同数或为其2倍，分离或基部合生。果实为蒴果，分果，或浆果。种子肾形、倒卵形或扁圆形；胚乳有或无，胚弯曲。

本科50余属1000多种。中国有16属90余种，新疆有7属；木本仅1属。

（1）木槿属 Hibiscus Linn.

草本，灌木或小乔木。冬芽小，为叶柄基部所包被。叶互生，掌状分裂或全缘，具叶柄及托叶。花通常大而美丽，两性，单生于叶腋；副萼5至多数，分离或基部连合成总苞状；花萼有5齿

或 5 裂，镊合状排列；花冠常为钟状，红、白、紫等色；花瓣 5，离生，基部与雄蕊柱相连；雄蕊多数，花丝合生成筒，包被花柱。先端截形或 5 齿，花药肾形；子房 5 室，每室具 3 至多数胚珠；花柱顶端 5 裂，柱头头状。蒴果 5 裂，胞背开裂，有时具分离内果皮，或因有假隔膜而成 10 室，种子无毛或有毛。

本属约 300 种，中国有 24 种；新疆栽培 3 ~ 4 种。

<h3 align="center">分种检索表</h3>

1. 花瓣深裂 ·· 4 *. 吊橙花 H. schizopetalus Hook. f.
1. 花瓣不裂或微有缺裂。
  2. 雄蕊柱甚为伸长 ···································· 1 *. 扶桑 H. rosa－sinensis Linn.
  2. 雄蕊柱不较花瓣为长。
    3. 叶无毛，基楔形，3 裂 ···························· 2 *. 木槿 H. syriacus Linn.
    3. 叶有毛，基心形 ·································· 3 *. 木芙蓉 H. mutabilis Linn.

1 *. 扶桑　图 149

Hibiscus rosa－sinensis Linn. Sp. Pl. 694，1753；Фл. СССР，15：156，1949；Дерев И Кустар. СССР，4：737，1958；中国树木分类学，756，图 652，1953；华北经济植物志要，314，1953；中国高等植物图鉴，2：816，图 3362，1972；新疆植物检索表，3：299，1985。

灌木，高达 5 ~ 6m，叶宽卵形或狭卵形，长 4 ~ 9cm，宽 2 ~ 5cm，两面无毛。花单生上部叶腋，下垂近顶端有节；小苞片 6 ~ 7，条形，长 8 ~ 15mm，疏生星状毛；萼钟形，长 2cm，被星状毛，裂片 5；花冠漏斗形，径约 6 ~ 10cm，玫瑰色，淡红色或淡黄等色。蒴果卵形，长 2.5cm，具喙。

全疆各城市盆景花卉。北方城市秋季珍贵花卉灌木。原产我国南部，野生或栽培。

2 *. 木槿　图 150　彩图第 26 页

Hibiscus syriacus Linn. Sp. Pl. 695，1753；Фл. СССР，15，152，1949；Дерев. И. Кустар. СССР，4：737，1958；中国树木分类学，764，图 650，1953；华北经济植物志，314，1953；中国高等植物图鉴，2：817，图 3364，1972；山东树木志，670，1984；新疆植物检索表，3：299，1985。

落叶灌木，高 3 ~ 4m。叶菱状卵圆形，长 3 ~ 6cm，宽 2 ~ 4cm，常 3 裂，基部楔形，下面被毛或近无毛；叶柄长 5 ~ 25mm；托叶条形，长为花萼之半。花单生叶腋；花梗长 5 ~ 10mm，被星状短柔毛；小苞片 6 ~

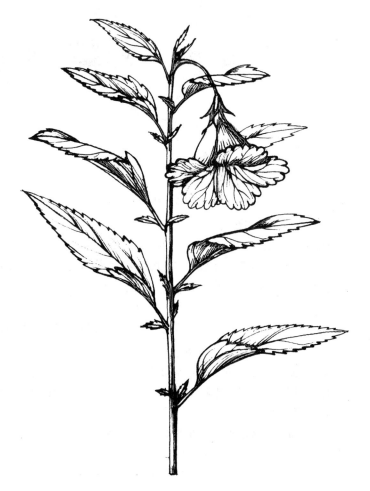

图 149　扶桑 Hibiscus rosa－sinensis Linn.

7，条形，长 5 ~ 15mm，被星状毛；萼钟形，裂片 5；花冠钟形，裂片 5；花冠钟形，淡紫、红色、白色等，径 5 ~ 6cm。蒴果卵圆形，径约 12mm，密被星状绒毛。

伊犁和喀什庭园栽培，耐寒，越冬，结实。全国各地公园均有栽培，南北两半球热带、亚热带地区广泛栽培。茎皮纤维供造纸原料；花白色者常作蔬菜；全株入药，有清热、凉血、利尿之效。

图 150　木槿 Hibiscus syriacus Linn.

1. 花枝　2. 叶片　3. 蒴果

图 151　木芙蓉 Hibiscus mutabilis Linn.

3*. 木芙蓉　图 151

Hibiscus mutabilis Linn. Sp. Pl. 694，1753；Дерев И. Кустар. СССР，4：737，1958；中国树木分类学，756，图 651，1953；华北经济植物志要，314，1953；中国高等植物图鉴，2：817，图 3363，1973；新疆植物检索表，3：300，1985。

落叶灌木，高 2 ~ 5m；茎具星状毛及短柔毛。叶卵圆状心形，径 10 ~ 15cm，常 5 ~ 7 裂，裂片三角形，边缘钝齿，两面均被星状毛；主脉 7 ~ 12 条；叶柄长 5 ~ 20cm。花单生枝端叶腋；花梗长 5 ~ 8cm，近端有节；小苞片 8，条形，长 10 ~ 15mm；萼钟形，长 2 ~ 3cm，5 裂；花冠白色或淡红色、深红色，径约 8cm。蒴果扁球形，径约 2cm；被黄色硬毛，果瓣 5。种子多数，肾形。

原产我国。全国各地都有栽培；新疆各城市公园亦常见。唯冬季需要保护越冬。

4*. 吊橙花

Hibiscus schizopetalus Hook f. —；经济植物手册，下册，第一分册，984，1957；中国高等植物图鉴，2：816，图 3361，1972。

大灌木，高至 3m，有多数细瘦下垂枝条。叶卵状椭圆形。具粗齿，长 5 ~ 7cm，宽 1 ~ 4cm，顶端短尖，基部钝圆，两面光滑无毛；叶柄长 1 ~ 2cm；托叶钻形，长约 2mm，早落。花单生枝端叶腋；花梗细瘦下垂，长 8 ~ 15cm，中部具关节；小苞片 5，披针形，长 1 ~ 2mm；萼管状，长

1.5cm，具5浅齿；花瓣5，红色，长5cm，深细裂，向上反曲；雄蕊柱长而突出，下垂，长9~10cm。蒴果长圆柱形，长约4cm，径约1cm。

原产非洲热带地区；新疆常作公园盆景花卉；南方各地城市常见栽培。

附：芙蓉葵　北美草芙蓉　草芙蓉

Hibiscus moscheutos subsp. palustris——；中国农业百科全书，观赏园艺卷，99，1996。

多年生草本，株高约2m，呈落叶灌木状。叶大，广卵形，叶柄及叶片密被灰色星状毛。花大，单生于上部小叶腋；花瓣5，径可达15~20cm，有白色、粉红色、紫色等。蒴果扁球形。花期(乌鲁木齐市)6~8月，果期9~10月。

原产北美。我国南北各地多有引种栽培。乌鲁木齐市种苗场栽培在砂质壤土上，生长良好，入冬地上部分枯萎，翌年由基部萌发新枝，萌发力强，生长势旺，当年开花，花大色艳，花期较长，是夏季珍贵观花植物，值得推广。

荨麻超目——URTICANAE

XIX. 荨麻目——URTICALES

木本或草本，通常含钟乳体或乳汁管。单被花；雄蕊与萼片同数而与之对生。子房2心皮，1室，每室1胚珠。胚珠倒生、半倒生或直生，双珠被，厚珠心。雌配子体蓼型(Polygonum 型)或少葱型(Allium 型)。胚乳核型。果实多样。种子具直或弯胚，具胚乳或缺。

本目与金缕梅目有联系，或者直接衍生于金缕梅目。塔赫他间系统(1997)含5科，中国产4科。

28. 榆科——ULMACEAE Mirbel，1815

木本，常具黏液细管或黏液道。小枝细，无顶芽。单叶，常2列互生，叶缘锯齿，少全缘，基部通常不通称，羽状或三出脉；托叶早落。花小，两性或单性，雌雄同株，单生，簇生成短的聚伞花序或总状花序；单被花；花萼近钟形，4~8裂，宿存；雄蕊4~8，与花萼裂片对生，花药在芽内直伸；子房上位，2心皮，1~2室，每室1胚珠，花柱2，翅果、坚果或核果。种子无胚乳。

本科16属230余种，主产温带地区，中国产8属50多种，新疆有3属。

分 属 检 索 表

1. 叶为羽状脉，侧脉在7对以上。
　　2. 枝无刺，翅果 ·· (1)榆属 Ulmus Linn.
　　2. 枝有枝刺，小坚果 ······································· (2)刺榆属 Hemiptelea Planch.
1. 叶为三出羽状脉，叶缘仅中部以上有疏齿或全缘，侧脉不达叶缘；核果球形 ············· (3)朴属 Celtis Linn.

(1)榆属 Ulmus Linn.

乔木，稀灌木。叶缘多为重锯齿，稀单锯齿，羽状脉，直伸叶缘。花两性簇生成短的聚伞花序或总状花序；花萼近钟形，4~(9)裂，雄蕊与萼片同数而对生。翅果，果核扁平，周围具膜质翅，顶端具缺口，基部具宿萼。

本属40种，主产温带。我国有25种；新疆产1种，引入7种。

分 种 检 索 表

1. 秋季开花，花簇生于当年生枝叶腋 ······························· 7*. 榔榆 U. parvifolia Jacq.

1. 春季开花，花萼裂至花萼筒中部以上。

  2. 花排成短聚伞花序；翅果具细长花梗，边缘具长睫毛。

    3. 叶中部或中下部较宽，先端渐尖，下面被疏绒毛；花被筒圆；花梗长 5~10mm；果梗长至 15mm ………… …………………………………………………………………… 3*. 美国榆 U. **americana** Linn.

    3. 叶中上部较宽，先端短急尖，基部甚偏斜；花被筒扁；花梗长 5~20mm；果梗长至 30mm ………… …………………………………………………………………… 2*. 欧洲大叶榆 U. **laevis** Pall.

  2. 花组成簇状或簇生聚伞花序，花序轴极短，翅果无毛或仅果核部分有毛。

    4. 果核部分位于翅果中部或近中部，上部不接近缺口(少数例外)。

      5. 翅果两面及边缘有毛，果较大；当年枝被疏毛或无毛 ……… 5*. 黄榆 U. **macrocarpa** Hance

      5. 翅果仅顶端缺口柱头面被毛，其余平滑无毛。

        6. 叶片先端通常 3~7 裂，粗糙，基部明显偏斜；果梗无毛 ……… 8*. 裂叶榆 U. **laciniata** (Trautv.) Mayr.

        6. 叶片先端不裂，长 2~8cm，宽 1~3cm；果梗被短柔毛；翅果近圆形，翅薄 ………… ……………………………………………………………………… 1. 白榆 U. **pumila** Linn.

    4. 果核部分位于翅果上部，中上部或上部，上端接近缺口(少有例外)。

      7. 叶缘锯齿较深，尖锐，叶通常倒卵形；翅果倒卵形；树冠疏展 ……… 6*. 春榆 U. **japonica**(Rehd.) Sarg

      7. 树冠稠密，叶卵形，先端渐尖，基部多少偏斜；翅果长圆状倒卵形、长圆形或长圆状椭圆形 ………… ………………………………………………………………………… 4*. 圆冠榆 U. **densa** Litv.

1. 白榆　榆　家榆　榆树　彩图第 26 页

Ulmus pumila Linn. Sp. Pl. 1：266，1753；Фл. CCCP，5：369，1936；Man. Cult. Trees and Shrubs ed. 2：181，1940；东北木本植物图志，226，1955；中国高等植物图鉴，1：463，1972；新疆植物检索表，2：76，1983；山东树木志，167，1984；内蒙古植物志，1：244，1985；黑龙江树木志，223，1986；新疆植物志，1：214，1992。—*U. pinnato – ramosa* Dieck ex Koehne in Fedde Repert sp. nov. 8：74，1910；Фл. CCCP，5：370，1930；Фл. Казахст. 3：72，1960。

1a. 白榆(原变种)

Ulmus pumila Linn. var. **pumila**

乔木，高达 25m，胸径 1m；树冠卵圆形，树皮暗灰色，纵裂而粗糙；枝条细长，灰色。叶椭圆状卵形或椭圆状披针形，长 2~7cm，先端尖或渐尖，基部近对称，叶缘常具单锯齿，侧脉 9~14 对，无毛或叶下面脉腋微有簇毛。花先叶开放，两性，簇生；花萼 4 裂，雄蕊 4。翅果近圆形或卵圆形，果核位于翅果中部，长约 1~2cm，熟时黄白色，无毛。花期 3~4 月，果实 5~6 月成熟。

生于南北疆各地的山前冲积扇和荒漠绿洲。西北、华北、东北各地区普遍分布；华中至西南各地亦有栽培。国外在西伯利亚、中亚、蒙古、朝鲜也有分布。根据 Drudzimkaja 的研究，白榆是喀什噶尔准噶尔起源的种，它拥有广大的分布区，是新疆重要造林树种之一。

1b*. 倒榆　垂枝榆

Ulmus pumila Linn. var. **pendula**(Kirchn.)Rehd. Man. Cult. Trees and Shrubs ed. 2：181，1940。枝细柔而下垂。产黄河流域各地，新疆引种栽培，生长良好，形态特异，观赏甚宜，嫁接繁殖。

1c*. 钻天榆　河南钻天榆

Ulmus pumila Linn. ‘**Pyramidalis**’ Wang.

枝向上，分枝角度小，树冠较狭窄，生长快。

南北疆多有少量引种。原产河南孟县一带。

2*. 欧洲大叶榆　欧洲白榆　新疆大叶榆　图 152　彩图第 26 页

Ulmus laevis Pall. Fl. ROSS, 1：75，1784；Man. Cult. Trees and Shrubs ed. 2：175，1940；Фл. CCCP，5：363，936；Фл. Казахст. 3：70，1960；新疆植物检索表，2：76，1983；新疆植物志，1：214，1992。

乔木，高达 30m；树冠半球形。树皮灰褐色，枝被绒毛或光滑，暗褐色。叶卵圆形或倒卵圆形，长 6~12cm，宽 3~6cm，先端渐尖，基部心形，甚偏斜，边缘具重锯齿，上面光滑，暗绿色，下面稍有毛，淡绿色；叶柄长 4~8mm，被绒毛。花 20~30 朵，成短聚伞花序，具细长花梗；花萼 5~7 浅裂，淡红色，边缘有睫毛。翅果广椭圆形，长 12~16mm，边缘密生睫毛，果核居中或稍下。花期 4 月，果实 5 月成熟。

北疆地区栽培。以伊犁、乌鲁木齐为多。国外分布于欧洲各地，喜光、抗寒，速生，是北疆较常见的绿化树种之一。

3*. 美国榆

Ulmus americana Linn. Sp. Pl. 1：226，1753；Man. Cult. Trees and Shrubs ed. 2：175，1940；中国树木分类学，214，1953；山东树木志，176，1984；新疆植物志，1：216，1992。

乔木，高至 40m，树冠开展。嫩枝被绒毛，芽卵圆形，钝或尖。叶长圆状卵形，长 7~15cm，先端渐尖，基部偏斜，边缘具重锯齿，表面光滑或微粗糙，背面被绒毛或近光滑；叶柄长 5~8mm。花梗长 1~2cm；雄蕊 7~8 枚，伸出。翅果椭圆形，长约 10mm，边缘密生睫毛，果核居中。花期 4 月，果实 5 月成熟。

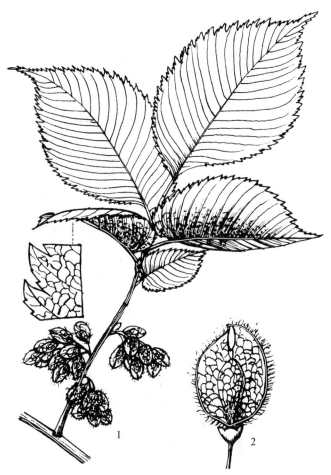

图 152　欧洲大叶榆 **Ulmus laevis** Pall.
1. 果枝　2. 翅果

昌吉、阜康和乌鲁木齐、吉木萨尔等地引种，生长尚好。南京也有栽培。原产美国。现欧洲各庭园多有栽培，用途同欧洲大叶榆。

4*. 圆冠榆　图 153　彩图第 27 页

Ulmus densa Litv. Sched. HFR. 6：163，1908；Фл. СССР，5：369，1936；Фл. Казахст. 3：71，1960；新疆植物检索表，2：76，1983；新疆植物志，1：216，1992。

乔木，高至 30m，树冠半球形，稠密。树皮龟裂，灰褐色；嫩枝淡黄褐色或灰色；芽长 3~4mm，卵形，无毛，仅鳞片边缘有睫毛。叶质厚，长 5~7cm，宽 3~5cm，阔卵形，基部阔楔形，不对称，顶端尖，边缘重锯齿，叶柄长 6~7mm，微有绒毛；托叶线状长圆形，顶端有长毛，早落。花簇生短梗上；花被 4~5 裂，边缘有睫毛；雄蕊 4。翅果长圆状倒卵形，基部楔形或圆形，长约 2cm，宽 1.2cm，无毛，小坚果居翅中部以上靠近顶端凹缺。花 3~4 月，果 4~5 月。

乌鲁木齐和伊犁以及南疆各地常见栽培。国外分布在中亚各地。

喜光、抗寒，树冠稠密，是很好的观赏树种。但因种子不育，仅能嫁接繁殖。

5*. 黄榆　大果榆　彩图第 27 页

Ulmus macrocarpa Hance in Journ. Bot. 6：332，1868；东北木本植物图志，229，1955；中国高等植物图鉴，1：464，图 928，1972；秦岭植物志，1（2）：85，1974；新疆植物检索表，2：77，1983；内蒙古植物志，1：242，1985；新疆植物志，1：216，1992。

乔木，高达 20m，树皮灰黑色。小枝常有两条规则木栓翅，稀具 4 条木栓翅，淡黄褐色，有毛，

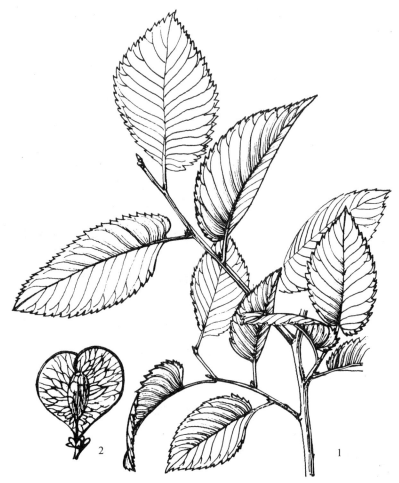

图 153 圆冠榆 Ulmus densa Litv.
1. 带叶枝 2. 翅果

叶倒卵形或椭圆形，长 5~9cm，先端突短尖，基部不对称，边缘具重锯齿，两面粗糙，具短硬毛。翅果大，近卵形，长 2.5~3.5cm，宽 2.2~2.7cm，有毛，果核位于翅果中部。花期 3~4 月，果 5~6 月成熟。

北疆各地引种栽培，生长良好。分布于东北、华北各地区以及陕西、山东和安徽等地。

国外在朝鲜、蒙古也有分布。

6*. 春榆

Ulmus japonica（Rehd.）Sarg. —；黑龙江树木志，216，1986；—*U. propinqua* Koidz. —；新疆植物检索表，227，1983；新疆植物志，1：216，1992。

乔木，树皮灰白色，不规则开裂。幼枝密被灰色毛，小枝有时具木栓翅。叶倒卵形或椭圆形，长 8~12cm，先端突短尖，基部楔形或近圆形，不对称，边缘具重锯齿，侧脉 10~16 对，上面具短硬毛，粗糙，下面被灰毛，脉有簇毛。花簇生。翅果倒卵形或倒卵状椭圆形，长 1.5~2cm，无毛，果核位于翅缺口附近。花期 4~5 月，果期 5~6 月。

北疆城镇少量栽培，生长一般。分布于东北、华北和西北各地区。国外在俄罗斯、蒙古、朝鲜、日本也有分布，模式标本自日本记载。

7*. 榔榆

Ulmus parvifolia Jacq. Pl. Rar. Hort. Schonbr. 3：6，Pl. 262，1798；中国高等植物图鉴，1：467，图 934，1972；秦岭植物志，1（2）；83，图 74，1974；新疆植物检索表，2：77，1983；新疆植物志，1：217，1992。

落叶或常绿乔木，高达25m。树皮灰色、红褐色或黄褐色，平滑，老枝呈圆片状剥落。小枝灰褐色。叶革质，较厚，窄椭圆形、卵形或倒卵形，较小，长2~5cm，先端短渐尖或钝，基部楔形，不对称，单锯齿。秋季开花，簇生叶腋；花萼4~8深裂。翅果长椭圆形或卵形，较小，长0.8~1.0cm，果核位于果翅中间，无毛。花期8~9月，果10月成熟。

伊犁地区引种栽培，生长一般。分布于华北、华东、中南及西南各地区。国外在朝鲜、日本也有，乌兹别克斯坦引种生长良好。

8*. 裂叶榆 大叶榆 彩图第27页

Ulmus laciniata(Trautv.)Mayr. Fiendl. Wald. & Parkb, 523, fig. 242, 1906；东北木本植物图志，230, 1955；中国高等植物图鉴，1：465，图930，1972；内蒙古植物志，1：244，1985；新疆植物志，1：217，1992。

落叶乔木，树皮暗灰色或淡灰色，不规则片状剥落。当年生枝黄褐色或灰褐色，幼时被疏毛，后光滑无毛；二年生枝灰褐色或淡灰色。叶为倒卵形或三角状倒卵形，长5~10cm，宽3~8cm，萌枝叶较大且宽，先端常3~5浅裂，裂片具长尾尖或渐尖，基部偏斜，边缘具重锯齿，上面密生硬毛，粗糙，下面被短柔毛；叶柄粗短，长2~5mm，被柔毛。聚伞花序簇生去年枝上部；萼钟形，先端5~6裂；雄蕊5~6，伸出萼外；花药紫红色。翅果椭圆形或卵状椭圆形，长1.5~2cm，宽约1cm，果核小，位于中下或近中部，无毛。花期5~6月，果期5~6月。

昌吉和乌鲁木齐地区引种栽培。分布于我国东北、华北地区。国外在日本、朝鲜以及远东地区也有栽培。

裂叶榆在昌吉地区采用白榆作砧木进行嫁接繁殖，取得了成功，由于它树大荫浓，秋叶红艳而叶片顶端尾状尖的浅裂片又为它增添了神秘的色彩，故甚适宜于庭园栽培。

（2）刺榆属 Hemiptelea Planch.

落叶小乔木。小枝常呈棘刺状卵形。叶为单生，互生，具短柄，羽状脉，单锯齿，托叶早落。花杂性，具短梗，生小枝下部叶腋；花被杯状，4~5裂，宿存；雄蕊4~5，与花被裂片对生；子房1室，具1倒生胚珠，花柱2裂。果为偏斜小坚果，上半部具鸡冠状翅，基部为宿存花被包围。

仅1种。产我国东北部、北部、中部。朝鲜也有。新疆引种栽培。

1*. 刺榆 彩图第27页

Hemiptelea davidii(Hance)Planch. in Compt. Rend. Acad. Sci. Paris. 74：132, 1496, 1872；中国树木分类学，225, 1953；山东树木志，182, 1984；黑龙江树木志，213, 1986。

小乔木或灌木状，树皮灰白色，条状剥落。小枝坚韧，常具枝刺，灰褐色，幼时有短柔毛，老枝光滑。叶椭圆形、长圆形或卵形，长2~7cm，宽1~3cm，先端渐尖，基部圆或微心形，边缘具单锯齿，上面深绿色，被硬毛，羽状脉，侧脉在下面突出，不分叉，直达齿端，沿脉被短柔毛；叶柄长3~4mm，密生短柔毛；托叶披针形。花1~4朵，簇生新枝基部叶腋，与叶同时开放，花被4~5裂，宿存；雄蕊4~5，与花被片对生。小坚果黄绿色，斜卵圆形，两侧扁。长5~7mm，上半部有鸡冠状翅，基部有宿萼；柄长2~4mm。花期5月，果期6~7月。

乌鲁木齐植物园栽培，生长良好。分布于东北、华北、西北、华中、华东各地。朝鲜也有。模式自河北记载。

喜光抗寒，耐旱瘠薄，适应性强，为荒山绿化珍贵树种。

（3）朴属 Celtis Linn.

落叶或常绿乔灌木，枝有时具片状髓。单叶互生，具三出脉，侧脉弧曲向上，叶边缘具疏齿或全缘；叶柄长。花两性或杂性同株；雄花簇生于新枝下部，雌花或两性花集生于新枝上部叶腋；花被片4~6，离生或基部连合；雄蕊4~6，与花被片对生；子房上位，无柄，1室，1胚珠。核果近球形，有柄，无宿存花萼及残存花柱。果皮坚硬，平滑或有皱纹。种子具膜质种皮。胚乳甚少或缺。胚弯曲,具折叠子叶。

80种,中国产21种。新疆仅引入栽培1种。

1*. 小叶朴 黑弹木

Celtis bungeana Blume——刘慎谔等. 东北木本植物图志,232,1955;树木学(北方本),160,图107,1997。

乔木,高至16m。树皮平滑,淡灰色。小枝无毛。芽卵形,暗红色,鳞缘有毛。单叶互生,卵形、卵状披针形,至卵状椭圆形,长4~10mm,宽2~5cm,先端渐尖、短渐尖或尾尖,基部偏斜,楔形或圆形,全缘或中部以上具疏浅钝齿,上面亮绿色,两面光滑无毛;叶柄长5~10mm,托叶披针形,早落。花被4片;雄蕊4枚;花柱2裂。核果球形,径6~7mm,成熟时黑色,单生,或2~3枚生叶腋;果柄细长,约为叶柄2倍或以上;果核白色光滑。花期4~5月,果期9~10月。

伊宁市引种栽培。分布内蒙古、辽宁、河北、山东、江苏、安徽、河南、山西、陕西、四川等地。

喜光,喜温暖、湿润和深厚肥沃土壤,在酸性土壤上亦能生长,深根性,根蘖力强。木材白色,结构细微,用途广泛,根皮入药,树皮纤维制纸、人造棉原料。

29. 桑科——MORACEAE Link,1831

乔木、灌木或木质藤本,皮部及叶内常有无节乳管,内有乳汁,稀草木。单叶,互生,稀对生;托叶早落。花小,单性,成头状、柔荑或隐头花序;萼片4(2);雄蕊4(1~6)与萼片同数对生,花药在芽内内曲或直立;子房上位至下位,2心皮,1室,1胚珠,悬垂,花柱常为2。聚花果或隐花果,单果为瘦果、核果或坚果,通常外被宿存肉质花萼。

本科60属1000余种,主产热带及温带地区。我国有16属150多种;新疆栽培2属3种。

分属检索表

1. 枝上有环状托叶痕;花着生中空的肉质花托内,形成隐头花序 ⋯⋯⋯⋯⋯⋯⋯⋯⋯⋯⋯ **(1)无花果属 Ficus** Linn.
1. 枝上无环状托叶痕;花组成柔荑花序,形成聚花瘦果 ⋯⋯⋯⋯⋯⋯⋯⋯⋯⋯⋯⋯⋯⋯ **(2)桑属 Morus** Linn.

(1)无花果属 Ficus Linn.

120多种,多产南方各地区;新疆仅栽培1种。

1*. 无花果 图154 彩图第28页

Ficus carica Linn. Sp. Pl. 2;1059,1753;中国高等植物图鉴,1:49,图981,1972;秦岭植物志,1(2):92,1972;新疆植物检索表,2,79,1983;新疆植物志,1:218,1992。

落叶小乔木,小枝粗壮,无毛。叶掌状3~5裂,稀不裂,长10~20cm,长宽几相等,基部心脏形,具掌状叶脉,裂片通常倒卵形,顶端钝,有不规则齿,两面粗糙,被硬毛;叶柄长2~5cm。隐头花序单生叶腋,梨形,成熟时淡绿色或淡褐色,可食。

伊犁和南疆各地果园栽培。我国各地均有栽培。原产地中海。

自无花果进入栽培果树以来,品种发生了很大变化,原有的地方老品种已多淘汰。代之而起的是:果实大,颜色美,成熟早的品种群,尤以果皮红色、紫色或黄色各类品种,最受欢迎。紫色品种类:果梨状花瓶形,果皮成熟前黄色,成熟时变红色至紫色,果肉黄白色,或淡红色,叶面暗绿,光滑,掌状深裂。黄皮品种类;果倒卵状长圆形,成熟前淡黄色,果肉白或淡黄色,叶形类似前品种。青皮品种类:果圆形或宽倒卵形,成熟前皮青绿色,果肉红色至紫色,叶面淡绿,粗糙,常不裂,基部深心形。

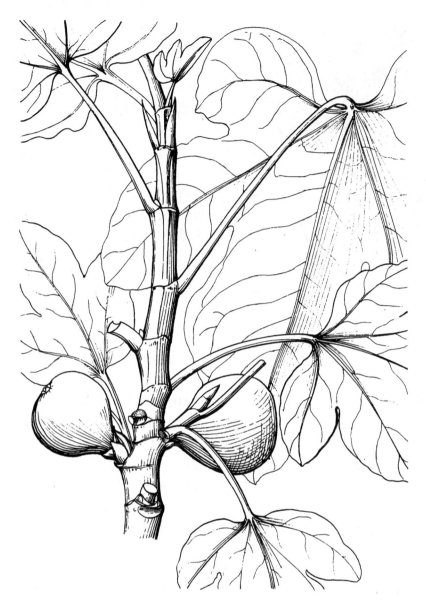

图 154　无花果 Ficus carica Linn.

（2）桑属 Morus Linn.

　　落叶乔木或灌木，芽具 3~6 个覆瓦状鳞片。叶为互生单叶，不分裂或分裂，有齿牙或有锯齿，基部 3~5 脉；托叶披针形，早脱落。花雌雄同株或异株，组成具梗、腋生、下垂柔荑总状花序；花萼 4 裂；花丝在蕾中弯曲；柱头 2。果为卵圆形扁平瘦果，包以肉质白色或黑色花萼，集合成卵圆形成圆柱形聚花果。种子有胚乳；子叶矩圆形。

　　本属约 12 种，分布于北半球温带和亚热带。我国有 9 种；新疆栽培 2 种。

分种检索表

1. 叶粗糙而被绒毛；雌花被外部被毛 ·· 1*. 黑桑 **M. nigra** Linn.

1. 叶柔软，光滑无毛；雌花被外部无毛 ·· 2*. 白桑 **M. alba** Linn.

图 155 黑桑 Morus nigra Linn.

图 156 白桑 Morus alba Linn.
1. 果枝 2. 果

1*. 黑桑 药桑 图 155 彩图第 28 页

Morus nigra Linn. Sp. Pl. 986, 1753; Фл. СССР, 5: 377, 1936; Фл. Казахст. 3; 74, 1960; 经济植物手册, 上册, 第一分册, 234, 1955; 新疆植物检索表, 2: 80, 1983; 新疆植物志, 1: 218, 图版 64, 1, 1992。

落叶小乔木, 高至 10m。小枝有细毛。叶阔卵圆形, 长 12cm, 有时达 20cm, 顶端急尖或渐尖, 基部深心脏形, 有粗锯齿, 通常不分裂, 有时 2~3 裂, 上面暗绿色, 粗糙, 下面色较淡, 有细毛, 沿叶脉尤密; 叶柄长 1.5~2.5cm。花雌雄异株有时同株; 雄花序长 2.5cm。聚花果卵圆形至长圆形, 长 2~2.5cm, 暗红色。

喀什以下地区常见栽培, 多称药桑。山东烟台也有栽培。国外分布于伊朗、中亚、地中海、高加索、西欧各地。

2*. 白桑 图 156 彩图第 28 页

Morus alba Linn. Sp. Pl. 1986, 1753; Фл. СССР, 5: 377, 1936; Фл. Казахст. 3: 74, 1960; Man. Cult. Trees and Shrubs ed. 2: 188, 1940; 经济植物手册, 上册, 第一分册, 233, 1955; 中国高等植物图鉴, 1: 478, 图 956, 1972; 秦岭植物志, 1(2): 96, 1974; 新疆植物检索表, 2: 80, 1983; 新疆植物志, 1: 220, 图版 64, 2~3, 1992。

2a. 白桑(原变种)

Morus alba var. **alba**

落叶乔木, 高至 15m。小枝淡黄褐色, 幼时微有毛, 后渐无毛。单叶互生, 叶卵形至阔卵圆形, 长 6~18cm, 宽 1~8cm, 先端渐尖或短渐尖, 基部圆形或浅心脏形, 稍偏斜, 边缘有粗或钝锯齿, 有时浅或深裂, 上面淡绿色, 平滑, 下面沿叶脉有细毛或近无毛; 叶柄长 1~4.5cm。花单性, 雌雄异株; 雌花序长 8~20mm, 具 4 枚花被片, 结果时变肉质; 雄花序长至 1~3cm。聚花果长 1~2.5cm, 白色(桑葚), 味甜而淡。最受欢迎。

全疆各地栽培, 以南疆最为普遍。原产我国中部, 现遍及全国各地区。国外在朝鲜、日本、蒙古以及中亚和高加索、欧洲均有栽培。

木材细致坚重, 可作家具、雕刻用; 叶入药、养蚕; 根皮可入药, 能利尿, 用于肺热喘咳、面目水肿; 嫩枝入药能祛风湿、利关节; 果实入药, 能补肝益肾、养血生津、目眩、耳鸣、心悸、头发早白等; 种子可榨油、供油漆等用。

桑葚已开发成饮料, 皮可造纸, 桑树是新疆有发展前途的经济树种。因花单性而雌雄异株; 故南疆地区有公桑、母桑之分。

2b. 鞑靼桑（变种） 彩图第 28 页

Morus alba Linn. var. **tatarica**(Linn.)Ser. Man. Cult. Trees and Shrubs ed. 2：188，1940。

小乔木，叶较小，长 4~8cm，分裂或不裂，果实小，长约 1cm，暗红色。

南北疆各果园栽培，是桑葚饮料的重要原料。但作水果不及白色受欢迎。

大戟超目——EUPHORBIANAE

塔赫他间系统（1997）含大戟目和瑞香目。新疆各有 1 科。

XX. 大戟目——EUPHORBIALES

木本或草本，单叶稀复叶。花单性稀两性，常无花瓣；雄蕊 1 至多数；子房上位，果实各种类型，但多数为蒴果。种子通常含丰富胚乳。本目系统位置，各家意见不一。本志从塔赫他间和吴征镒系统。

30. 大戟科——EUPHORBIACEAE Jussieu，1789

木本或草本，常含有乳汁。单叶少为复叶，互生少对生。花组成聚伞，穗状，总状或圆锥花序；花单性，雌雄同株或异株；花被常单层，呈花萼状，或有时缺，无花瓣或具花瓣；花盘存在，或退化为腺体；雄蕊常多数，或退化为 1 枚，花丝分离或合生；雌蕊具梗，子房上位，3 室，少 2~4 室，每室 1~2 胚珠。蒴果、核果或浆果状。种子常有种阜，富含胚乳。子叶宽扁。

约 300 属 2500 多种，广布全世界，主产热带。我国 66 属，主产长江以南各地，新疆木本仅 2 属。

（1）叶底珠属 Securinega Comm. ex Jussieu

落叶灌木，多分枝。单叶互生，全缘，具短柄和托叶。花小，雌雄异株或同株，淡黄绿色，无花瓣，常腋生；雄花簇生；萼片 5；雄蕊 5，长于萼片，生于五裂花盘基部；退化子房小，2~3 裂；雌花单生或数花聚生，具柄；萼片 5，宿存；花盘近全缘；子房 3 室，每室 2 胚珠，花柱 2~3 裂。蒴果，球形微扁。种子 3~6 粒。

约 25 种。分布温带和亚热带地区。我国 2 种，自西南至东北均有分布；新疆引入栽培 1 种。

1*. 叶底珠 一叶萩 图 157 彩图第 29 页

Securinega suffruticosa（Pall.）Rehd. in Journ. Arn. Arb. 13：338，1932；东北木本植物图志，370，1955；中国高等植物图鉴，2：537，图 2903，1972；内蒙古植物志，2：167，图 143，1981；新疆植物检索表，3：246，1983；黑龙江树木志，379，1986—*Pharaceum suffruticosum* Pall. Resise，Rusa，Reizh，3：716，1770。

小灌木，高 1~2m，直立，多分枝，常丛生；皮灰色；枝细，无毛，当年生枝淡黄绿色。单叶互生，椭圆形、长圆形，长 3~5mm，宽 1.5~2cm，近革质，先端钝，或具短尖，边缘或具波状锯齿，上面深绿色，下面较淡；叶柄短，长 2~4mm。花单性，雌雄异株，簇生叶腋，花小，淡黄绿色，萼片 5，无花瓣；雄蕊多数，簇生叶腋，具短柄，萼片卵圆形，长约 2mm；雄蕊 5，长于萼片，退化子房 3 深裂；雌花单生，或数花集生，花柄长 1cm，直立；子房球形，柱头 3。蒴果，三棱状扁圆形，径 3~5mm，红褐色，3 室，3 裂，内含 6 种子。种子半圆形，3 棱，光滑，褐色。花期 6~7 月，果期 8~9 月。

乌鲁木齐、昌吉、石河子、伊宁等地引种，开花结实。分布于东北、华北、西北、西南多地区。蒙古、朝鲜、日本、俄罗斯西伯利亚及远东也有。模式自贝加尔湖以东达乌里利亚地区。

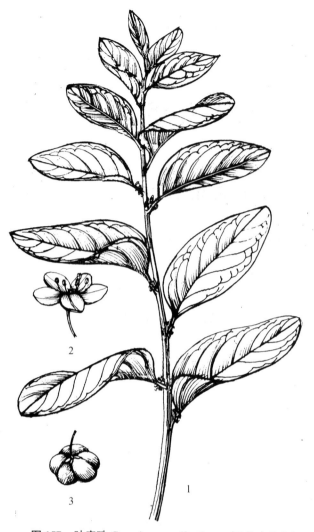

图 157 叶底珠 *Securinega suffruticosa* (Pall.) Rehd.

1. 枝叶 2. 花 3. 果

叶底珠喜光、耐寒，耐干旱瘠薄，适应性强，种子繁殖。叶和花入药，对心脏及中枢神经系统，特别是脊髓有兴奋作用。国外（俄罗斯，莫斯科医院）已有详细研究。

（2）大戟属 Euphorbia Linn.

木本或草本，或仙人掌状肉质植物，枝叶具乳汁；叶互生或对生，全缘或有锯齿。花组成顶生聚伞花序，生叶腋，或二歧分枝，由多数雄花及雌花组成；总状漏斗状，4~5裂，裂片凹处有肥厚腺体，腺体常花瓣状，带彩色，雄花具1雄蕊，有梗，无花被具极小苞片；雌花单生，位于花序中央，无花被，子房具长梗，三室，三胚珠，花柱3，离生或合生。蒴果裂成3心皮，每心皮各2裂，有弹力。

本属 1600 余种，主要分布于温带及亚热带。我国 60 余种；新疆多数为草本，木本仅栽培 2 种，观赏价值大者仅 1 种。

1*. 圣诞花 一品红 猩猩红

Euphorbia pulcherrima Willd. —；华北经济植物志，265，1953；经济植物手册，下册，第一分册，872，1957；中国高等植物图鉴，2：618，图 2966，1972；新疆植物检索表，3：262，1983。

灌木，高 1~3m。叶互生，卵状椭圆形，长 7~15cm，生于下部的叶全为绿色，全缘或浅波状或浅裂，下面被柔面；生于上部的叶较狭窄，常全缘（苞叶），开花时鲜红色。杯状花序多数，顶生于枝端；总苞坛形，边缘齿状分裂，具 1~2 枚黄色大腺体，腺体杯状，无花瓣状附属物，子房 3 室，无毛，花柱 3，顶端深 2 裂。

新疆各公园温室栽培，为最普遍花灌木。原产墨西哥。性喜温暖。我国南北各地均有栽培。

XXI. 瑞香目——THYMELAEALES

31. 瑞香科——THYMELAEACEAE Jussieu，1789

落叶或常绿乔灌木，稀草本。叶为互生稀对生。单叶；全缘；无托叶。花两性或单性，整齐，常组成顶生穗状圆锥状或簇生花序，有时腋生；花萼通常花冠状，有彩色，具长或短萼管，4~5裂，裂片覆瓦状排列；花瓣与萼片同数或不存；雄蕊 4~5 或 8~10，稀 2；子房上位，1 室稀 2 室，含 1 下垂胚珠；花柱 1，柱头常头状。果为浆果，核果或浆果，稀蒴果。种子有或无胚乳；胚直，子叶肥厚。

本科约 50 属 500 种，世界广布，但集中在热带非洲和澳大利亚，其次是地中海区、西亚、东亚、东南亚。X = 9，13，14，15，45。

中国产9属94种，主产长江以南各地；新疆仅1属2种。

（1）瑞香属 Daphne Linn.

落叶或常绿灌木。叶为互生稀对生，单叶，全缘，无托叶。花具两性或单性，整齐，通常组成顶生穗状或圆锥或簇生花序，有时腋生；花萼管短或伸长，常有彩色；萼片4~5，常作花瓣状；花瓣与萼片同数或不存；雄蕊8~10，包藏于萼管内；柱头头状；花盘不存或环状。果为革质或肉质核果，具1种子。

约95种，主要分布欧洲、亚洲。中国产35种。新疆产2种。

分种检索表

1. 花为红色，叶前开放，核果红色，暗针叶林下灌木，可能产于阿勒泰山山地针叶林下 ··· 2. 欧亚芫花 D. mezereum Linn.
1. 花为白色，叶后开放，核果黄红色，灌木草原带林下小灌木 ····················· 1. 阿尔泰瑞香 D. altaica Pall.

1. 阿尔泰瑞香 图158

Daphne altaica Pall. Fl. ROSS，1：53，1784；Фл. CCCP，15：490，1949；дер. И кустар. CCCP，Ⅳ：886，1958；Фл. Казахст. 6：216，1963；经济植物手册，下册，第一分册，1080，1957；新疆植物检索表，3：337，1985。

落叶灌木，高40~80cm，栽培条件下可至150cm。通常在中部以上着生侧枝，嫩枝树皮红褐色，老枝皮暗灰色。叶细椭圆形或几披针形，长2~7cm，宽7~15cm，弯渐尖，顶端具短尖，有时稍钝，基部楔状收缩，边全缘，上面灰蓝色，下面淡绿色。花白色，芳香，无柄，每3~7朵着生枝端，后叶开放；萼管长8~10mm，宽约2mm，被疏柔毛；萼裂片椭圆形，稍钝或短渐尖，短于萼管1.5~2倍；上列雄蕊伸出萼管，柱头头状，无柄。果卵圆形，深红色，几黑色，花期5~6月。

产塔城北山和阿尔泰山。生山地灌丛，常形成群落。哈萨克斯坦东部、俄罗斯西伯利亚也有。模式自阿尔泰山。另一种，待采到标本后描述。

图158 阿尔泰瑞香 Daphne altaica Pall.
1. 植株　2. 叶片　3. 花枝　4. 果枝

F. 蔷薇亚纲——Subclass ROSIDAE

乔木、灌木或草本。单叶或羽状或少掌状复叶，无或有托叶。气孔各式类型。导管大部分具单少具梯纹穿孔。花组成各式花序或单，两性少单性，辐射对称或两侧对称，轮列，通常具重花被，花瓣离生，或多少连合。雄蕊多数至小数，花粉粒 2 细胞，或少 3 细胞，大部分 3 沟孔。雌蕊离生心皮或少合生心皮；子房上位、半下位或下位；胚珠一般倒生，少转生或顶生；双珠被或少单珠被；胚乳核型或少细胞型。果实多型，种子具胚乳或缺。

蔷薇亚纲跟五桠果亚纲有共同起源，很可能起源于木兰亚纲。

塔赫他间系统(1997)将此亚纲分为 12 超目 45 目，基本上我国均有。

虎耳草超目——SAXIFRAGANAE

XXII. 虎耳草目——SAXIFRAGALES

32. 醋栗科(茶藨子科)——GROSSULARIACEAE De Candolle, 1805

落叶灌木，有时小枝具刺。单叶互生或簇生，常掌状分裂；无托叶。花两性或单性，雌雄异株；总状花序，稀簇生或单生；花被 4~5；花萼花瓣状；花瓣细小或鳞片状；雄蕊 4~5；子房下位，1 室，侧膜胎座；花柱 2。浆果具宿萼。种子具胚乳。胚小 。 x = 8。

2 属约 150 种，主产北温带及南美。我国有 57 种，新疆有 10 种。

分属检索表

1. 枝大部分无刺；花成总状花序，着生于花序轴上；子房柄短 ……………………………… (1) 茶藨子属 Ribes Linn.
1. 枝具刺；花 1~3 朵成束生总状花序；序轴不发达，子房柄长 ………………… (2) 醋栗属 Grossularia Mill.

(1) 茶藨子属 Ribes Linn.

灌木，小枝具托叶刺或缺。叶互生或丛生，具柄，单叶掌状分裂。花两性少单性，单生或 2~3 朵集生于叶腋，常为总状花序；花 5 数，少 4 数，萼筒与子房合生。钟状，管状或碟形，裂片 4~5，直立或开展；花瓣 4~5，细小，成鳞片状，与萼片合生；雄蕊 4~5，与花瓣互生；子房下位，1 室，侧膜胎座，胚珠多数，花柱 2。浆果具宿存花萼。

全世界约 150 种。我国有 50 种，主产西南、西北及东北各地区。新疆有 8 种，其中 1 种系引种栽培。

分种检索表

1. 叶背面密布黄色树脂点。
  2. 叶掌状肾圆形；铺展分枝灌木；花白色、果红色 ………………………………… 4. 臭茶藨 R. graveolens Bunge
  2. 叶掌状 3~5 裂，中裂片明显；直立灌木；花淡紫或粉红色。果黑色 ………… 5. 黑果茶藨 R. nigrum Linn.
1. 叶背面无黄色树脂点。
  3. 花较小，单性，组成直立总状花序；叶常较小。
    4. 枝上具 2 枚小托叶刺；叶光滑 …………………………………………… 2. 石生茶藨 R. saxatile Pall.

4. 枝上无托叶刺；叶梢有毛 ··· **1. 小叶茶藨 R. heterotrichum** C. A. Mey.

3. 花较大，两性。

5. 乌鲁木齐市园林引入栽培种；叶深裂；花金黄，萼筒管状，长 12～15mm，萼侧裂片外卷 ·············

·· **3*. 香茶藨 R. odoratum** Wendl.

5. 阿尔泰、天山、昆仑山山地野生种。

6. 天山、昆仑山植物；花陀螺状，萼片直立 ································ **8. 天山茶藨 R. meyeri** Maxim.

6. 阿尔泰山植物。

7. 花淡黄色，花序细长下垂；果实红色 ··············· **6. 高茶藨 R. altissimum** Turcz. ex Pojark.

7. 花淡红色，花序不下垂；果暗紫红色 ·············· **7. 红花茶藨 R. atropurpureum** C. A. Mey.

（Ⅰ）单性花亚属 Subgen Berisia(Spach.)Jancz.，1907

花单性，雌雄异株，总状花序，花柄具关节，无刺灌木，稀节上具一对小刺。

（a）小叶茶藨组 Sect. Euberisia Jancz.

小枝无刺，芽鳞膜质。总状花序直立；雄蕊较萼片甚短。

中国 14 种。新疆常见 1 种。

1. 小叶茶藨

Ribes heterotrichum C. A. Mey. in Ldb. Fl. Alt. 270，1829；Фл. СССР，9：258，1939；Фл. Казахст. 4：383，1961；新疆植物检索表，2：480，1983；中国树木志，2：1572，1985；新疆植物志，2(2)：263，1995。

低矮铺展小灌木，高 50～90cm；树皮灰色，片状剥离。当年生枝纤细，光滑或有开展绒毛，无刺。叶细小，宽 1～3cm，质稍厚，圆形或肾圆形，基部阔楔形或心形，近无毛或两面稍有绒毛，有时疏被树脂点，3 浅裂。边缘具粗齿牙；叶柄稍短于叶片，跟花梗一样，被开展毛，时常混生具柄的树脂毛。花序斜上展，长 2.5～5cm，少花；苞片大，长于花梗，具开展柔毛，边缘具腺点状睫毛；花碟形，浅紫色，多少被毛，径约 6mm；萼片阔卵形。雌雄异株；花瓣细小，顶端匙状扩展；花柱短，光滑，柱头近头状。浆果球形。径 5～7mm，橙黄色。被绒毛或光滑，无树脂腺。花期 5～6 月，果熟期 7～8 月。

产阿尔泰山、天山和塔城各地。生山地森林草原带至亚高山带，生干旱石坡、灌丛、林缘。中亚山地和西伯利亚亦产。

（b）二刺茶藨组 Sect. Diacantha Jancz.

小枝节上具有 1 对托叶刺。

2. 石生茶藨

Ribes saxatile Pall. Nov. Act. Acad. Petrop. 10：376，1797；Фл. СССР，9：265，1939；Фл. Казахст. 4：384，1961；新疆植物检索表，2：480，1983；中国树木志，2：1576，1985；新疆植物志，2(2)：264，1995 ——*R. pulchellium* auctor non Turcz.，新疆植物志，2(2)：264，1995。

小灌木，高 50～90cm；树皮灰褐色。嫩枝棕褐色，被绒毛或无毛，通常在节上具 1 对托叶刺。叶小，长 1～2.5cm，稍厚，浅灰蓝绿色，成熟叶两面无毛。少沿背面被短绒毛，圆状倒卵形，基部阔楔形，顶端 3 浅裂，具 3 枚大的浅裂片，浅裂片钝或稍尖，边缘具尖齿。花序上展，长 2～3cm；序轴和花梗密被短绒毛；苞片大，长于果梗；花细小，径约 4mm，碟形，淡绿色，无毛；萼片卵形。雌雄异株；花瓣细小，短于萼片 3～4 倍，匙形；花柱光滑，仅下部连合。浆果球形，径 6～7mm，光滑，开始红色，后暗樱色。花期 6 月，果熟期 8 月。

产阿尔泰山、塔城和天山各地。生山地干旱石质坡地、灌丛、林缘。中亚和西伯利亚山地也有。

（Ⅱ）两性花亚属 Subgen Ribes

无刺灌木。芽鳞草质或膜质。花两性，总状花序；花梗具关节。

图159 香茶藨 Ribes odoratum Wendl.

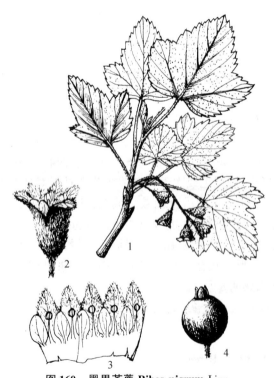

图160 黑果茶藨 Ribes nigrum Linn.

1. 枝 2. 花 3. 花纵切面 4. 果

（c）黄花茶藨组 Sect. Symphocalyx Berl.

花黄色，总状花序，花托管状，子房无毛，果实光滑，黑色或黄色。叶在芽中旋卷。

3*. 香茶藨 图159 彩图第29页

Ribes odoratum Wendl. f. in Bartl et Wendl. f. Beitr. Bot. 2：15，1825；Man. Cult. Trees and Shrubs ed. 2：298，1940；黑龙江树木志，262，1986；山东树木志，282，1984。

灌木，高约1.5m；树皮灰褐色，被短绒毛，或光滑无毛。叶倒卵形或肾圆形，长3～4cm，宽3～5cm，3～5深裂，基部宽楔形、截形或近圆形，裂片先端钝，边全缘或有齿，具睫毛，两面无毛或被短柔毛。花两性，金黄色，芳香，总状花序，具5～10花；花序轴密生柔毛；苞片卵状披针形，长6～7mm，宽1.5～2mm，密被柔毛；萼筒管状，长12～15mm；萼裂片长圆形，长5～6mm、外卷；花瓣小，淡红色，卵状长圆形，长2～3mm；雄蕊短，花丝长约1mm，生萼裂片上；花药长1.5mm；花柱长1.4cm，长于雄蕊。浆果球形或椭圆形，黄色或黑色，长8～10mm，无毛，花果期5～7月。

乌鲁木齐各公园栽培，抗寒、喜光，生长良好，5月开花，花繁而浓香，令人赏心悦目。哈尔滨、沈阳、济南、烟台、青岛等地均有栽培，原产美国。

（d）臭茶藨组 Sect. Botrycarpum A. Rich.

枝、叶、花及果密或疏被黄色树脂点，有臭味。芽鳞草质。叶3～5裂，花两性，总状花序。

4. 臭茶藨 彩图第30页

Ribes graveolens Bunge Suppl. Fl. Alt. 19，1835；Фл. СССР，9：256，1939；Фл. Казахст. 4：383，1961；新疆植物检索表，2：478，1983；新疆植物志，2(2)：264，1995。

铺地灌木，高30～70cm；树皮淡灰色。芽鳞、花梗，叶柄和叶背面密被黄色树脂点，因而整个植物发臭味。叶小，宽1～3(5)cm，质稍厚，上面阴暗而光滑，有皱纹，下面除树脂点外，密被白柔色，肾圆形，基部深心形，浅3裂。花序开展或斜上展，长2～4(5)cm，着生4～7(10)花；苞片卵形，边缘具细锯齿，有绒毛；花平扁，白色，具扇形花瓣；萼筒密被树脂点，萼裂片两面密被短绒毛；花柱圆柱形，平滑；柱头2裂；子房下位。果球形，径8~10mm，芳香、红褐色、光滑、疏被树脂点。花期6~7月，果期8月。

产富蕴、福海、阿勒泰、布尔津等地。生高山和亚高山石坡、石缝、流沙滩。蒙古西北和俄罗斯、哈萨克斯坦也有分布。

5. 黑果茶藨　黑加仑　图160　彩图第29页

Ribes nigrum Linn. Sp. Pl. 201, 1753；Фл. CCCP, 9：252, 1939；Man. Cult Trees and Shrubs ed. 2：301, 1940；经济植物手册，上册，第二分册，513, 1955；Фл. Казахст. 4：382, 1961；黑龙江树木志，260, 1986；新疆植物检索表，2：478, 1983；新疆植物志，2(2)：264, 1995。

灌木，高100~150 cm；小枝直立，被短绒毛；短枝淡灰褐色。叶掌状裂，暗淡，上面无毛，下面沿脉有绒毛，被黄色树脂点，3(少5)浅裂，基部心形，边缘尖齿牙，裂片阔三角形，中裂片稍长；叶柄几与叶片等长，生5~10朵花；花长7~9mm，淡紫或粉红色；花托半球状钟形，宽大于高1.5倍，外部密被绒毛和树脂点；萼片外弯，稍尖；花瓣短于萼片1/3；花柱大部分全缘。浆果球形，径约10mm，黑色，芳香，少褐色或绿色。花期5~6月，果熟期7~8月。

产青河、富蕴、福海、阿勒泰、布尔津、哈巴河等地阿尔泰山，生亚高山森林带、林缘、河谷草甸，林中空地，山河岸边，常形成群落，甚为普遍。蒙古北部、西欧、俄罗斯亚洲和欧洲部分森林带和北极。模式自欧洲。

本种是栽培黑加仑品种的亲本祖先。浆果富含维生素C，除鲜食外，还可利用加工成果酱、果胶、罐头、醋汁、糖浆、果酒等等，叶用于盐腌蔬菜，少作茶的代用品(哈植)。

阿尔泰山地野生类群，引入平原栽培，果实产量很低，甚至完全不结实。新疆农科院果树研究所，分别从东北哈尔滨和欧洲波兰引入的黑加仑栽培新品种(附醋栗属之后，)在北疆地区栽培，生长良好，果实产量高，鲜果亩产可达600kg以上，很有发展前途。

（e）高茶藨组 Sect. Ribes

6. 高茶藨

Ribes altissimum Turcz. ex Pojark. in. Act. Inst. Bot. Acad. Sci. URSS, Ser. 1, 2：179, 1936；Фл. CCCP, 9：243, 1939；Фл. Казахст. 4：399, 1961；新疆植物检索表，2：481, 1983；新疆植物志，2(2)：265, 1995。

灌木，高2~3m；树皮淡红褐色，成条片状剥落。当年生小枝光滑或有腺毛。叶长宽3~6cm，稍厚，上面暗绿色，有光泽，下面淡绿色，两面无毛，或下面沿脉有柔毛。而上面仅有腺毛，常3浅裂，具阔三角形浅裂片，基部浅心形；叶柄通常淡红色。总状花序下垂，长2.5~6cm，花7~25朵；花梗长1~2mm，被绒毛；花冠钟形，细小，宽约4~4.5mm，淡黄色，具污紫色斑点；萼片外弯；子房半下位；花柱阔圆锥形。浆果黑紫色，紫红色被蜡粉，径5~7mm。花期6月，果期8月。

产青河、富蕴、福海、阿勒泰等地山地。生山地针叶林缘，林中空地，海拔1800m。蒙古、俄罗斯和哈萨克斯坦也有。

7. 红花茶藨

Ribes atropurpureum C. A. Mey. in Ldb. Fl. Alt. 1：268, 1829, ex Parte；Фл. CCCP, 9：244, 1939；Фл. Казахст. 4：380, 1961；新疆植物检索表，2：481, 1983。

灌木，高1~1.5m；树皮淡灰黄色。叶圆状肾形，宽8~10cm，质薄，两面无毛或背面有柔毛，3或5浅裂，边缘具粗重齿牙。总状花序，长2~5cm，具4~15朵花，花钟形，细小，长4~5mm，紫红色，少淡色，具淡紫色脉；萼片外弯；子房半下位；花柱阔圆锥形。浆果红色，径8~10mm，有时较大。花期5~6月，果期7~8月。

产布尔津西北阿尔泰山地。生针叶林缘、林中空地、山河岸边。蒙古北部、哈萨克斯坦东部(萨乌尔山)、俄罗斯西伯利亚等均有。

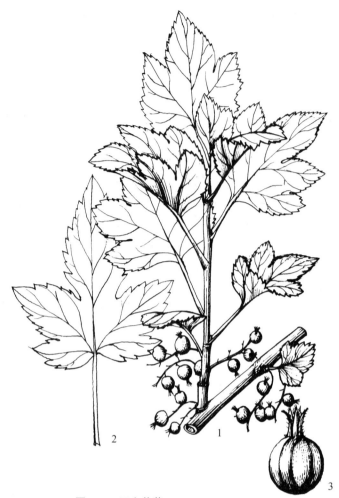

图 161　天山茶藨 Ribes meyeri Maxim.
1. 果枝　2. 叶　3. 果

8. 天山茶藨　图 161

Ribes meyeri Maxim. in Bull. Acad. Sci. Petersb. 19：260，1874；Mel. Biol. 9：232，1873，ex parte；Schneid，Ⅲ，handb. Laubh. 1：403，1905；Jancz. in Monog. Groseill. 297，298，fig. 35，1907；Фл. СССР，9：241，1939；Фл. Казахст. 4：379，1961；中国高等植物图鉴，2：113，1972；新疆植物检索表，2：480，1983；新疆植物志，2(2)：265，1995。

灌木，高 1~1.5m；树皮灰褐色或暗褐色，有光泽。嫩枝黄色，无毛，有树脂点，或稍有绒毛。果枝上叶长 2.5~5cm，营养枝上叶长 6cm，圆形，基部心形或截形，5(少 3)浅裂，具不发达的钝或短渐尖裂片，两面无毛或背面密被绒毛，甚或叶两面，叶柄、枝均被腺点状硬毛。总状花序短，长 2~4(6)cm，稠密，4~12 朵花，下垂；萼片卵形，短于花梗 1 倍，长 1.5~2mm；花陀螺状；淡褐色，具淡紫色斑点和条纹，或暗紫色；花萼钟状，具倒卵形有睫毛直立状裂片；花柱圆柱形，向基部不扩展。浆果紫黑色，径 7~8mm，味酸。花期 6 月，果期 8 月。

产天山、昆仑山、准噶尔西部山地、阿尔泰山等地，主要在天山。生亚高山森林带山地、河谷、林缘、林中空地，亚高山草原，草甸，灌丛。甘肃、青海、四川等地也有（R. meyeri var. tanguticum Jancz.），国外在中亚山地、哈萨克斯坦东部、俄罗斯阿尔泰山区，所以，对本种的形态特征，地理变异，有待深入研究。

9. 毛茶藨（新记录种）

Ribes hispidulum（Jancz.）Pojark.；Фл. СССР，9：238，1939；Фл. Казахст. 4：378，1961——*R. rubrum* var. *hispidulum* Jancz.；Monogr. 290，1907——*R. meyeri* var. *tianshanicum* C. Y. Yang et. Y. L. Han；Claves Plantarum，2：481，1983——*R. meyeri* var. *pubescens* L. T. Lu；植物分类学报，31(5)：453，1993；新疆植物志，2(2)：266，1995。

小灌木，高 1.5~2m；树皮暗褐色或灰色。嫩枝具淡色，通常有柄腺毛和柔毛。叶宽阔，长 3~8cm，宽 4~9cm，基部截形或浅心形，暗淡，上面光滑或有疏毛，下面多数有绒毛，少无毛或仅具有柄腺毛，3 少 5 浅裂，具宽阔且钝的裂片，边缘粗齿牙；叶柄几等长于叶片，常有腺毛和绒毛。花序开始斜上展，后下垂，长 3~7cm，稠密，花 6~12(16)朵，花序轴和花梗疏被腺毛；萼片阔卵形，边缘有腺毛，短于花梗；花梗长 2~5mm；花细小，淡黄绿色；花萼碟形，微内弯，底部平坦光滑；萼片边缘无毛；雌蕊完全下位。子房圆柱形，向基部扩展。浆果球形，红色，径 8~10mm。花期 5~6 月，果期 7~8 月。

产天山、阿拉套山、萨乌尔山、阿尔泰山等山地。生山地河谷、灌丛、林缘、林中空地。但不常见，亦不多见。常易混作各地某一建群种的变异类群，唯花部结构较其他种突出，有待深入研究。中亚山地、哈萨克斯坦东部、蒙古北部、俄罗斯西伯利亚、俄罗斯欧洲部分东北部也有。

（2）醋栗属 Grossularia Mill.

我国约 5～6 种，新疆有 2 种，其中 1 种系引种栽培。

1. 枝密生细刺毛，叶和花无毛，阿尔泰山、哈密、塔城山地种 ……………………… **1. 刺醋栗 G. acicularis**(Smith.) Spach.
1. 枝仅一年枝节间有刺，叶和花有绒毛，引入栽培种 ……………………… **2*. 圆醋栗 G. reclinata**(L.) Mill.

1. 刺醋栗　彩图第 30 页

Grossularia acicularis(Smith.) Spach. , Hist. Veg. Phan. 6：173，1838；Фл. CCCP，9：269，1939；Фл. Казахст. 4：384，1961；新疆植物检索表，2：482，1983；中国树木志，2：1585，1985；新疆植物志，2(2)：266，1995。

多分枝灌木，高 50～100cm；树皮淡灰色。小枝密生细刺，节上的刺常常分叉，长约 1cm。叶近圆形，宽 1.7～3cm，无毛少被疏绒毛，坚硬，3 或 5 浅裂；裂片具重尖齿；叶柄稍短于叶片。花单生叶腋，少花梗具 2 花，淡绿白色或淡红色，无毛；花萼钟形，长 10～12mm，近中裂成长圆形，渐尖的平铺裂片；花瓣短于萼片之半；子房无毛；花柱连合到中部。浆果光滑少有腺点，广椭圆状球形或球形，径 12～15mm，淡黄色。花期 6 月，果熟期 7～8 月。

产阿勒泰、哈密、塔城等山地。生山地林缘、灌丛、石质山坡，常形成群落。果实除生食外，还可加工成糖浆、果酱、果酒等。

2*. 圆醋栗

Grossularia reclinata(L.) Mill. Gard. Dict. ed. 8：No：12，1768；Фл. CCCP，9：268，1936；新疆植物检索表，2：482，1983；中国树木志，2：158，1985；新疆植物志，2(2)：267，1995。

灌木，高 1.3～1.5m。枝节上着生 2～4 分叉的刺；刺长 2～2.5cm，叶宽 1～5cm，3～5 裂，裂片钝圆。花 1～2(3)朵簇生叶腋，下垂；绿色或淡红色；苞片被短柔毛。浆果球形或广椭圆球形，带绿色、黄色或紫红色。

伊犁地区和奎屯、石河子市果园引种栽培。河北、山东也有记载。广布北非、欧洲、北美各国或栽培。

新疆已引入的黑加仑优良品种介绍。

（a）世纪星（新加 2 号，20～1）

引自波兰的自然杂交实生苗。1989 年引入新疆农科院园艺所，1991～1995 年，在吉木萨尔县泉子街进行品种比较实验，1995 年选出。

栽培第二年结果，第三年亩产 464.5kg；第四年亩产 1297.12kg；第五年亩产达 1658.07kg。平均单果重 1.9g，最大果重 3.5g。大小整齐，无果粉，果皮厚，耐贮运，可溶性固形物含量 13.5%，维生素 C 185.5mg/100，蛋白质 3.68%；总酸 3.05%；总糖 7.6%，果胶 4.57%；干物质 18.04%。

在实验试地区，5 月 8 日始花期，5 月 20 日盛花期，7 月 13 日果实开始成熟，7 月 24 日盛熟。果实发育期 67 天，自然坐果率 63.8%，果穗长 6.1cm，每穗平均 7.5 粒。抗白粉能力特别强，抗寒力强。

总评：长势旺，极丰产，果粒大。单产、单果平均重，最大果重均属参试的 12 个品种之首位。果皮厚，耐贮运。抗白粉病能力特别强，抗寒力强，是极优良的中晚熟品种，可作新疆第一主栽品种，加速发展。

（b）世纪光（新加 3 号，17～29）

引自波兰的自然杂交实生苗。1989 年引入新疆农科院园艺所。1991～1995 年，在泉子街进行品种比较实验。1995 年选出。

五年生亩产达 1460.83kg，在 12 个参试品种中名列第二位。果粒大，单果平均重 1.4g，最大果重 2.5g。可溶性固形物 14.8%，维生素 C 215mg/100g，蛋白质 3.38%，总酸占 3.65%；总糖占 8.66%，果胶 2.78%，干物质 18.85%。

在泉子街地区，5 月 4 日始花；5 月 10 日盛花，7 月 9 日果实始熟，7 月 19 日盛熟。果实发育期 67 天。自然坐果率为 54.9%，果穗长 6.7cm，每穗平均 5.9 粒果实。抗白粉能力特强，抗寒力与亮叶厚皮等同。

总评：长势旺，极丰产，果粒大，果型整齐，成熟期一致。抗白粉能力特强。为优良中熟品种。可作主栽品种发展。

（c）奥依宾（Ojebyn）

原产瑞典。欧洲主栽品种。1989 年引入新疆农科院。1991～1995 年在泉子街参加品种比较试验，1995 年选出。

该品种丰产。五年生亩产 1364.37kg，在 12 个参试品中名列第三位。果粒大，单果平均重 1.2g，最大果重 2.3g，整齐一致。可溶性固形物 16.5%，维生素 C 120mg /100g，蛋白质 7.3%，总酸 2.85%，总糖 6.595%，果胶 7.33%；干物质 18.9%，果实糖酸比高，香味浓郁，鲜食可口。

在泉子街地区，5 月 6 日始花，5 月 14 日盛花，7 月 9 日始熟，7 月 16 日盛熟。果实发育期 64 天，成熟期一致，适于机械化采收。自然坐果率 61.6%。果穗长 5.5cm，单穗平均着果 6.1 粒。抗白粉能力强，抗寒力强。

总评：长势强健，株丛矮小紧凑，可密植。丰产。果大，果型整齐，熟期一致，枝条粗壮直立，适于机械化采收。抗白粉病能力和抗寒能力均强。为优良早熟品种。在北疆地区可适量发展。

（d）黑丰

原产波兰。1989 年引进，1995 年选出。该产品较丰产，五年生亩产 1059.9kg，果粒大，单果平均重 1.5g，最大果重 1.9g，大小整齐，熟期一致。含可溶性固形物 19.1%，在参试品种中居首位，维生素 C 138mg /100g，蛋白质 6.36%，总酸 3.55%，总糖 8.65%，果胶 4.9%，干物质含量高达 21.41%，是参试品种中最高者。果实糖酸比高，香味浓郁，鲜食可口，加工性能好。

在泉子街地区。5 月 4 日始花，5 月 10 日盛花，7 月 10 日始熟，7 月 17 日盛熟，熟期一致。果实发育期 68 天，自然坐果率 47.9%，平均果穗长 6cm，每穗平均着果 5.6 粒。抗白粉能力强，抗寒力中等。

总评：长势强健，较丰产，果实大，整齐，熟期一致。可溶性固形物和干物质含量高，果实品质好，鲜食可口，加工性能好，抗白粉能力强，综合性状良好。在北疆地区可适量发展。

蔷薇超目——ROSANAE

塔赫他间新系统（1997）分为 3 目 4 科，中国仅产 1 目 1 科。

XXIII. 蔷薇目——ROSALES

木本或草本，单叶或复叶。互生，少对生；有托叶。花两性，稀单性，辐射对称，花部 5 基数，轮生；雄蕊多数至定数；子房上位至下位；心皮离生到合生，或仅 1 心皮；胚珠多数至少数。

塔赫他间新系统仅含 2 科，中国仅产 1 科。

33. 蔷薇科——ROSACEAE Jussieu，1789

落叶或常绿、乔木、灌木或草本。有刺或无刺。叶互生，稀对生，单叶或复叶；常具托叶。花两性，辐射对称；花萼裂片 4～5，有时具副萼；花瓣 4～5，分离，稀缺，覆瓦状排列；雄蕊常多数，花丝分离；子房上位、半下位或下位；心皮 1 至多数。分离或合生，每心皮具 1 至多数胚珠。果实为核果、梨果、瘦果、蓇葖果，稀为蒴果。种子无胚乳，x = 7、8、9、15、17。

本科约有 124 属 3000 ~ 3300 余种，广布全世界，但主要在北半球、温带和亚热带。我国 51 属 1000 余种；新疆 28 属 134 种，木本仅 29 属 127 种。

分属检索表

1. 果实为开裂的蓇葖果，心皮 1 ~ 5，具托叶或缺 ………………………………… Ⅰ. 绣线菊亚科 Spiraeoideae
　2. 单叶。
　　3. 蓇葖果膨大，沿背腹两侧开裂，心皮 1 ~ 5；基部合生；具托叶 …………………………………………
　　　………………………………………………… (1) 风箱果属 **Physocarpus** (Cambess) Maxim.
　　3. 蓇葖果不膨大，心皮 5 离生，无托叶。
　　　4. 叶长圆形，全缘且全边。花单性，着生在长的总状花序，在聚成的圆锥花序上，雌雄异株 ………………
　　　　………………………………………………………… (2) 鲜卑花属 **Sibiraea** Maxim.
　　　4. 叶另外形状。花两性，雌雄同株 …………………………………… (3) 绣线菊属 **Spiraea** Linn.
　2. 复叶；大型圆锥花序；心皮 5，基部合生 …………… (4) 珍珠梅属 **Sorbaria** (Ser.) A. Br. ex. Aschers.
1. 果实不开裂；全具托叶。
　5. 子房下位或中下位；心皮 2 ~ 5，花托与子房壁愈合，形成梨果 ………… Ⅱ. 苹果果亚科 **Maloideae** (Pyoideae)
　　6. 心皮成熟时变为骨质果实内含 1 ~ 5 小核；单叶。
　　　7. 叶全缘，枝无刺，梨果小，心枝 2 ~ 5 ……………………… (5) 枸子属 **Cotoneaster** B. Ehrhart.
　　　7. 叶有锯齿或裂片，枝常具刺，梨果稍大 …………………… (6) 山楂属 **Crataegus** Linn.
　　6. 心皮成熟时为革质或纸质；梨果 1 ~ 5 室每室含 1 或多数种子。
　　　8. 花单生。
　　　　9. 叶全缘，枝无刺，果期萼片宿存 ………………………… (7) 榅桲属 **Cydonia** Mill.
　　　　9. 叶缘具细尖齿，枝有时具刺，萼片脱落 ……………… (8) 木瓜属 **Chaenomeles** Lindl.
　　　8. 花序伞形、伞房或总状。
　　　　10. 奇数羽状复叶；顶生复伞房花序 ……………………… (9) 花楸属 **Sorbus** Linn.
　　　　10. 叶为单叶。
　　　　　11. 花为伞房花序，梨果大型。
　　　　　　12. 花柱离生；果多数含石细胞 …………………… (10) 梨属 **Pyrus** Linn.
　　　　　　12. 花柱基部合生；果不含石细胞 ……………… (11) 苹果属 **Malus** Mill.
　　　　　11. 总状花序；果小，近球形，紫红或黑色 ……………… (12) 唐棣属 **Amelanchier** Medic.
　5. 子房上位，少为下位。
　　13. 心皮多数，瘦果，着生于花托上或膨大肉质花托内，多复叶、稀单叶 ………… Ⅲ. 蔷薇亚科 **Rosoideae**
　　　14. 瘦果或小核果，着生于扁平或凸起的花托上。
　　　　15. 小核果聚合成聚合果；茎常具刺，稀无刺 ………… (13) 树莓属 **Rubus** Linn.
　　　　15. 瘦果相互分离，心皮各有 1 枚胚珠。
　　　　　16. 花柱顶生；单叶全缘具钝圆齿；果实顶端具羽毛状，宿存花柱 ……… (14) 仙女木属 **Dryas** Linn.
　　　　　16. 花柱侧生或基生或顶生，花托成熟时干燥。
　　　　　　17. 雌雄蕊多数，花具副萼。
　　　　　　　18. 矮小稠密垫丛，羽状复叶，柄具关节；花白色，具长梗；瘦果基部胼胝质增厚 …………
　　　　　　　　………………………………………………… (15) 多蕊莓属 **Tylosperma** Botsch.
　　　　　　　18. 植株较高，不成密垫丛。
　　　　　　　　19. 花金黄色，花瓣长于或等于萼片。
　　　　　　　　　20. 小灌木，具有关节的指状复叶 ………… (16) 金露梅属 **Pentaphylloides** Ducham.
　　　　　　　　　20. 半灌木，掌状或羽状复叶，无关节 ……… (17) 委陵菜属 **Potentilla** Linn.
　　　　　　　　19. 花紫色、稀白色，花瓣短于萼片，奇数羽状复叶，半灌木…………………………
　　　　　　　　　……………………………………………… (18) 沼委陵菜属 **Comarum** Linn.

17. 雄蕊 4~5 或缺副萼，雌蕊 4~20。

   21. 雄蕊与花瓣互生；高山垫状密丛，三小叶复叶 ················ **(19) 高山莓属 Sibbaldia** Linn.

   21. 雄蕊与花瓣互生；荒漠半灌木。小叶 3 裂。具条形细裂片 ························

       ························· **(20) 地蔷薇属 Chamaerhodos** Bge.

14. 瘦果着生在杯状或坛状花托内。

   22. 单叶；花托球形，外被针状刺 ················ **(21) 单叶蔷薇属 Hulthemia** Dumort.

   22. 羽状复叶；花托坛状，成熟时肉质有光泽 ············· **(22) 蔷薇属 Rosa** Linn.

13. 心皮常一；核果。萼片常脱落，单叶，具托叶 (李亚科 Prunoideae)

   23. 核果表面光滑无毛 ·· **24**

   23. 核果表面被短茸毛或有绒毛 ································· **26**

     24. 花束生或成短伞房状总状花序；核果各种颜色，少黑色 ············ **25**

     24. 花组成长的下垂的总状花序；小核果紫红黑色 ········· **(26) 稠李属 Padus** Mill.

      25. 核果被蜡粉；核球形或卵形；叶在芽中卷旋 ········· **(28) 李属 Prunus** Linn.

      25. 核果无蜡粉；核球形或卵形；叶在芽中折叠 ········· **(24) 樱桃属 Cerasus** Mill.

     26. 核有深洼痕或网状沟槽，少近光滑；叶在芽中折叠 ········· **26**

     26. 核光滑；叶在芽中管状卷旋 ················· **(23) 杏属 Armeniaca** Mill.

      27. 核球形，中果皮肉汁可食 ················· **(27) 桃属 Persica** Mill.

      27. 核长圆形，少球形，中果皮干燥不能食 ····················· **28**

       28. 核长圆形，在果实成熟时果皮干燥开裂，果实萌发时子叶留土 ········

        ················ **(29) 巴旦属 Amygdalus** Linn.

       28. 核球形；果皮薄，成熟后开裂，果实发芽时子叶出土········ **(25) 榆叶梅属 Louiseania** Carr.

(A) 绣线菊亚科 SPIRAEOIDEAE

    灌木、半灌木或草本。叶为单叶或羽状复叶，互生，常有锯齿；托叶发达，少缺。花序总状，伞房状或圆锥花序；花多数，白色或粉红色；花托平坦、漏斗状或钟状；花萼和花瓣 5 数，少 4 或 6 数；雄蕊 10~20~70 枚，螺旋状排列；心皮 5，少 1~2；子房具数枚或 2~5 枚胚珠。聚合蓇葖果，开裂或基部连合。

    22 属，我国 8 属，新疆 4 属，引入 2 属。

(1) 风箱果属 Physocarpus (Gambess) Maxim.

    落叶灌木，枝条开展。单叶，互生，有锯齿；叶柄较长；具托叶。花组成顶生伞形总状花序；萼筒杯状，萼片 5，镊合状排列；花瓣 5，长于萼片，白色，稀粉红色；雄蕊 20~40 枚；雌蕊 1~5，基部合生。蓇葖果膨大，沿背腹线开裂。种子 2~5 粒。胚乳丰富。

    约 20 种，主产北美。中国仅产 1 种，另引入 1 种；新疆 2 种均为引入。是城市园林绿化珍贵树种。

分种检索表

1. 叶三角状卵形或宽卵形，3~5 浅裂，基部心形。果密被星状毛 ········ **1*. 风箱果 P. amurensis** (Maxim.) Maxim.

1. 叶阔披针形，下部叶 3 浅裂，上部叶不分裂，基部楔形。果无毛 ·······

     ·· **2*. 无毛风箱果 P. opulifolius** (Linn.) Maxim.

1*. 风箱果

Physocarpus amurensis (Maxim.) Maxim. in Acta. Hort. Petrop. 6：221，1879；中国植物志，36：81，图版 15：1~4，1974；黑龙江树木志，284，图版 77：1~3，1986；新疆植物志，2(2)：276，1995。

    灌木，高 1~3m，树皮片状剥离。枝条开展，小枝无毛，稍弯曲，幼时紫红色，老时灰褐色；

冬芽被短绒毛。叶三角状卵形或宽卵形，3～5浅裂，长3.5～5.5cm，宽3～5cm，先端尖或渐尖，基部心形或近心形，边缘有重锯齿，下面疏被星状毛及短柔毛，沿叶脉尤密；叶柄长1.2～2.5cm。疏被柔毛，或近于无毛；托叶线状披针形，早落。伞房状花序，径3～4cm；花梗长1～1.8cm，总花梗和花梗密被星状毛；花径8～13mm；萼片三角形，内外两面均被星状毛；花瓣倒卵形，白色；雄蕊20～30，花药紫色；雌蕊2～4，外被星状毛。蓇葖果膨大，卵形，开裂，密被星状毛。种子2～5，黄色，有光泽。花期6月，果期7～8月。

产黑龙江及河北省。乌鲁木齐、石河子、伊宁市等地引种，抗寒越冬，生长良好。模式自俄罗斯远东地区。

2*. 无毛风箱果

Physocarpus opulifolius(Linn.)Maxim. in Acta. Hort. Petrop. 6：220，1879；山东树木志，313，1984；黑龙江树木志，86，1986。——*Spiraea opulifolia* Linn. Sp. Pl. 489，1753。

灌木，高至2～3cm；树皮片状剥裂。小枝圆柱形，疏被短柔毛，幼时绿色，老时黄褐色；冬芽长卵形，先端尖，被短柔毛。叶阔披针形，长约7cm，宽约4cm，先端锐尖，基部楔形，边缘有重锯齿，下部叶3浅裂，上部叶不分裂，上面深绿色，无毛或仅沿脉处被短柔毛，下面灰绿色，沿主脉腋被黄色星状簇毛；叶柄长1～2cm，疏被短柔毛；托叶披针形，先端渐尖，边缘近全缘，长2～5mm，被短柔毛或星状毛。伞房花序，直径2～4cm；花梗长1～3cm，总花梗和花梗密被星状毛；萼片披针形，全缘，被星状毛；花白色，花蕾稍粉红色，花径5～10mm；萼筒杯状，萼片三角形，两面密被星状毛；花瓣倒卵形，长4mm，宽2mm，雄蕊20～30枚，长于花瓣，花药紫色；子房2～3，外被密毛。蓇葖果无毛，幼时先端淡红色。花期6～7月，果期8月。

原产北美。哈尔滨、长春、沈阳、青岛、济南等城市均有栽培。乌鲁木齐、石河子等城市引种，抗寒越冬，生长良好，为珍贵城市园林绿化树种。模式自北美。

（2）鲜卑花属（中国高等植物图鉴）Sibiraea Maxim.

2种。产西伯利亚和中亚山地。新疆阿尔泰产1种，特征同种。

1. 阿尔泰鲜卑花（新拟）

Sibiraea altaiensis(Laxm.)C. K. Schn. Illustr, Handb. Laubholz. 1：486，1906；Фл. СССР，9：306，1930；Фл. Казахст. 4：393，1961；—*Spiraea altaiensis* Laxm. Nov. comm. xv(1771. juni)554—*Sibiraca laevigata* Maxim. A. H. P. VL(1879)215。

直立灌木高60～150cm，枝粗，树皮暗褐色。叶无柄，全缘和全边，向基部逐渐收缩，顶端钝圆，最顶端具短小细尖，长3～12cm，宽0.7～2.5cm。花单性，雌雄花异株，花着生在3～10cm长的总状花序，再聚成圆锥花序上；每一总状花序基部具叶状苞片；每花梗基部具细小、披针形或条形苞片；花萼阔钟形，内面底部被长毛，裂片阔卵形，钝，比较短，短于萼管；花冠白色，径约6mm。雌花稍小，花瓣圆形。蓇葖果光滑，直立状，长约6mm，宽约2.5mm，远超过直立的萼片。花期5～6月，果期7～8月。

产阿尔泰山西部山地。生开阔的山河谷和石质山坡，林缘、林中空地和灌丛。有时形成优势群落。哈萨克斯坦的阿尔泰山地、俄罗斯西西伯利亚也有。

本属仅根据俄文资料描述，有待深入调查、采集研究。另一种：天山鲜卑花 *S. tianschanica*(Krassn.)Pojark. 东天山植物名录，49，1887，待研究。

（3）绣线菊属 Spiraea Linn.

落叶灌木。单叶互生，边缘有锯齿或缺刻，稀全缘或顶端3浅裂，羽状脉或基部3～5出脉，无托叶。花两性，稀杂性，组成伞形、伞房或圆锥花序；萼筒钟状或杯状；萼片5；花瓣5；雄蕊15～60；雌蕊常5数，离生。蓇葖果沿腹缝线开裂。种子细小，线形或长圆形，种皮膜质，胚乳少或缺。

本属约 100 余种，我国 50 余种；新疆产 6 种，引入 4 ~ 5 种。

分种检索表

1. 花序具叶，自老枝或基部发出。
  2. 花组成长圆形或塔形圆锥花序。花粉红色 ……………………………………… **13***. 柳叶绣线菊 **S. salicifolia** Linn.
  2. 花组成复伞房花序。花白色、粉红或紫色。
    3. 花序被短柔毛；花粉红色 ……………………………………………… **9***. 日本绣线菊 **S. japonica** Linn. f.
    3. 花序无毛；花白色 …………………………………………………… **10***. 华北绣线菊 **S. fritschiana** Schneid.
1. 花序出自去年生枝上，花着生在有叶或无叶的短枝顶端。
  4. 花序为无总梗的伞形花序，基部无叶或具极小叶。
    5. 叶片卵形至长圆状披针形，下面具短柔毛 …………………… **11***. 李叶绣线菊 **S. prunifolia** Sieb. et Zucc.
    5. 叶片无毛。
      6. 叶片条状披针形，先端常渐尖，边缘尖锯齿 ………………… **12***. 珍珠绣线菊 **S. thunbergii** Sieb. ex Blum.
      6. 叶片倒卵状披针形，先端钝边全缘 ……………………………… **1**. 金丝桃叶绣线菊 **S. hypericifolia** Linn.
  4. 花序为有总梗的伞形花序或伞形总状花序，基部常有叶片。
    7. 叶片较宽，长圆状卵形或卵状披针形，边缘具粗齿，少全缘。
      8. 叶片、花序和蓇葖果无毛。
        9. 叶片先端尖。
          10. 小枝有棱角，叶阔卵形或长圆状卵形，边缘有粗锯齿 ……… **2**. 大叶绣线菊 **S. chamaedryfolia** Linn.
          10. 小枝圆柱形。
            11. 叶椭圆形或长圆状披针形，具疏齿或全缘(阿尔泰山) ………… **3**. 欧亚绣线菊 **S. media** Schmidt.
            11. 叶片菱状披针形或菱状长圆形，上部具缺刻状锯齿(栽培) ……………………………………………
            ………………………………………… **8***. 麻叶绣线菊 **S. cantoniensis** Lour.
        9. 叶片尖端钝，三浅裂，基部圆形或心形(阿尔泰山) ………………… **6**. 三裂绣线菊 **S. trilobata** Linn.
      8. 叶片下面有毛 ………………………………………………………… **7***. 土庄绣线菊 **S. pubescens** Turcz.
    7. 叶片狭窄，披针形或条状披针形，全缘或具细锯齿。
      12. 叶线状披针形或倒披针形，先端尖 …………………………………… **4**. 高山绣线菊 **S. alpina** Pall.
      12. 叶长圆状倒披针形，先端钝 ……………………………………… **5**. 天山绣线菊 **S. tianschanica** Pojark.

1. 金丝桃叶绣线菊　兔儿条　彩图第 30 页

Spiraea hypericifolia Linn. Sp. Pl. 489，1753；Фл. Казахст. 4：392，1961；中国高等植物图鉴，2：185；图 2099，1972；中国植物志，36：65，1974；新疆植物检索表，2：488，1983；新疆植物志，2(2)：272，1995。

小灌木，高 1 ~ 1.5cm，枝条直展，小枝圆柱形，棕褐色；冬芽小，卵形，棕褐色。叶倒卵状披针形或长圆状倒卵形，或呈匙形，长 1.5 ~ 3cm，宽 5 ~ 7mm，顶端钝圆，基部楔形，全缘，少在无性枝上叶有疏细齿，两面通常无毛，灰绿色，无柄或近无柄。伞形花序无总梗，基部有少数鳞片状叶；花梗无毛；花直径 5 ~ 7mm，萼筒钟状，萼片三角形，先端尖；花瓣近圆形，白色；雄蕊 20，与花瓣等长或稍短；花盘 10 浅裂；子房被短柔毛或近无毛。蓇葖果直立，张开，无毛，花柱顶生于背部；萼片直立。花期 4 ~ 5 月，果期 6 ~ 9 月。

生于荒漠草原地区干旱山坡，海拔 500 ~ 2400m。

产青海、富蕴、福海、木垒、乌鲁木齐、玛纳斯、托里、新源、特克斯、巴里坤等地，分布于我国西北、华北、东北各地区。蒙古、俄罗斯西伯利亚，欧洲和中亚亦产。

2. 大叶绣线菊　石蚕叶绣线菊　图 162　彩图第 30 页

Spiraea chamaedryfolia Linn. Sp. Pl. 489，1753；Фл. Казахст. 4：388，1961；中国高等植物图鉴，2：182，图 2093：1972；Consp. Fl. As. Med. 5：120，1976；新疆植物检索表，2：488，1983；新疆植物志，2(2)：272，1995。

灌木，高 1~1.5m。小枝有棱角，无毛，淡黄色或浅棕色。叶片阔卵形或长圆状卵圆形，长 1.5~5cm，宽 1~3cm，基部圆形或阔楔形，边缘具不整齐的锯齿，无性枝上叶有缺刻状齿牙，具短柄，无毛。花序伞房状；花梗无毛，长 1~2cm，苞片线形，早落；花白色，直径 8~12mm；萼筒宽钟状，萼片三角形；花瓣宽卵形或近圆形；雄蕊 30~50，长于花瓣；子房腹面微具柔毛。花期 5~7月，果期 7~8月。

图 162 大叶绣线菊 Spiraea chamaedryfolia Linn.
1. 花枝 2. 果

图 163 欧亚绣线菊 Spiraea media Schmidt.
1. 果枝 2. 蓇葖果

生亚高山林缘、林中空地。河谷灌丛。

产阿尔泰山各县山地：青河、富蕴、福海、阿勒泰、布尔津、哈巴河、阜康(天池)等。较普遍，常形成群落。白花累累、枝繁叶茂。珍贵庭院树种。

3. 欧亚绣线菊 石棒绣线菊 图 163

Spiraea media Schmidt. Oesterr Baumz. 1：53，1792；Фл. СССР，9：294，1939；Фл. Казахст. 4：388，1961；黑龙江树木志，348，1986；树木学(北方本)，290，1997。

小灌木，高 50~200cm。枝无毛或幼时被细绒毛。叶椭圆形、长圆形或近披针形。花枝叶全缘；无性枝叶通常顶端具疏齿牙，两面无毛或下面具疏毛，边缘有睫毛。花枝长 3~8cm；花梗长 7~20mm；花冠白色，径 7~9mm。蓇葖果无毛或有毛。花期 5~7月，果期 7~8月。

生山地灌丛、林缘、林中空地。

产阿尔泰山、福海、阿勒泰、布尔津、哈巴河。分布于黑龙江、吉林、辽宁、河北、内蒙古等地区；蒙古、朝鲜、俄罗斯西伯利亚、日本等，哈萨克斯坦及欧洲东南也有。模式标本自西伯利亚记载。

枝繁叶茂，是珍贵城市绿化树种。种子繁殖。

图 164 高山绣线菊 Spiraea alpina Pall.

1. 果枝 2. 果

4. 高山绣线菊(新拟) 图 164 彩图第 31 页

Spiraea alpina Pall. Fl. ROSS. 1：35，1784；Фл. СССР，9：298，1939；Фл. Казахст. 4：384，1961；新疆植物检索表，2：489，1982；新疆植物志，2(2)：274，1995。

小灌木，高 50～80cm，具纤细箒状、有时呈弧状弯的小枝，有时长达 25～35cm，被片状剥落的淡褐色树皮。叶上面暗绿色，下面较淡，淡白色，披针形或披针状线形，顶端短渐尖，基部楔状收缩，无显著叶柄，长 8～20mm，宽 1.5～4mm，全缘；无性枝上叶长至 25mm，宽约 8mm，有时有细齿牙。花梗通常多数，短，长 1～3cm；花梗长 2.5～6mm，果期长至 10～13mm；花冠白色，直径 5～6(7)mm，具倒卵形或圆形花瓣。蓇葖果沿腹线和顶端稍有毛。花期 5～7 月，果期 8 月。

生于山地灌丛。

产于阿尔泰山、青河、富蕴、福海、阿勒泰、布尔津、哈巴河各地。分布于甘肃、青海、四川、西藏等地区；蒙古、哈萨克斯坦、俄罗斯亦有分布。模式自西伯利亚。

5. 天山绣线菊(新拟) 图 165

Spiraea tianschanica Pojark. Фл. СССР，9：490，290，1939；Фл. Казахст. 4：389，1961；新疆植物检索表，2：489，1982；新疆植物志，2(2)：274，图版 73：8～9，1995。

矮小灌木。枝灰褐色，片状剥落。叶片长圆状倒卵形，长 6～20mm，宽 2～20mm，稀较狭窄，顶端钝，甚或圆，具短尖，楔状收缩成短柄，上面灰蓝绿色，下面淡白色，无毛，稀有毛。花梗长 2.5～5mm；花冠径 5～6mm；花瓣在芽中鲜玫瑰色，蓇葖果无毛。花期 5～7 月，果期 8 月。

图 165 天山绣线菊 Spiraea tianschanica Pojark.

1. 果枝　2. 叶片

生山地灌木草原带灌丛中。海拔 2000m。

产新源、特克斯、昭苏等地，中亚天山也有分部。

6. 三裂绣线菊 图 166

Spireae trilobata Linn. Mant. Pl. 2：244，1771；Фл. CCCP, 9：294, 1939；Фл. Казахст. 4：388, 1961；新疆植物检索表，2：489，1983；新疆植物志，2(2)：275，1995。

小灌木，高 20～100cm，具宽阔稠密树冠和淡褐色枝条。叶具短柄，叶片圆形或倒卵形，基部楔形或圆形，上部具不规则齿牙和大部分三浅裂，长 5～20mm，宽 4～20mm。花枝淡黄或褐色；花梗长 8～18mm，中部或下部具细线形苞片；花冠径 7～8mm。花瓣白色，顶端微凹。蓇葖果长 2～5mm，无毛或沿腹线和顶端有细毛。花期 5～7月，果期 8月。

生山地、石坡、灌丛。

产青河、富蕴、福海、阿勒泰、布尔津、

图 166 三裂绣线菊 Spireae trilobata Linn.

1. 果枝　2. 果　3. 花　4. 叶

哈巴河及塔城等地，分布于黑龙江、辽宁、内蒙古、山东、山西、河北、河南、陕西、甘肃、安徽等地；中亚和俄罗斯西伯利亚也有分布。模式自西伯利亚记载。

本种耐寒、喜光、稍耐荫，种子繁殖。珍贵城市园林绿化树种。

6a. *绣球绣线菊

Spiraea blumei G. Don. Gen. Hist. Diclam. Pl. 2：518，1832；黑龙江树木志，337，图版97：1～3，1986。

灌木，高1～2m；小枝细，稍弯曲，深红褐色或暗灰褐色，无毛。叶菱状卵形至倒卵形，长2～3.5cm，宽1～2cm，先端钝或微尖。基部楔形，中部以上边缘具疏缺刻状锯齿或3～5浅裂，两面无毛、下面淡绿色。伞形花序无毛，具总梗；花梗长6～10mm，无毛；苞片披针形，无毛；花白色，径5～8mm；萼筒钟形，外面无毛，内面有短柔毛，萼片三角形或卵状三角形；花瓣宽倒卵形，先端微凹，长宽近相等，白色；雄蕊8～20，短于花瓣；子房无毛或仅腹面微有短柔毛。蓇葖果直立，无毛，宿萼直立。花期5～6月，果期8～10月。

乌鲁木齐、石河子等地少量引种，开花结实，生长良好。分布于黑龙江、辽宁、内蒙古、华北、西北、华东各地；四川、广东、广西、福建等地。朝鲜、日本也有分布。模式自日本记载。

本种花序为伞形，跟三叶绣线菊相似，但叶基部楔形不为圆形至近心型，而有区别。

6b. *美丽绣线菊

Spiraea elegans Pojark. in Fl. URSS，9：293，490，tab. 17：7，1939；黑龙江树木志，343，图版100：3～5，1986。

直立灌木，高1～2m。小枝稍有棱角。幼时无毛，红褐色，老时灰褐色或深褐色。叶长圆状椭圆形、长圆状卵形，长1.5～3.5cm，宽1～1.8cm；无性枝的叶长至5.5cm。先端锐尖或稍钝，基部楔形，边缘具不整齐锯齿，下面仅脉腋间有短柔毛，叶柄长4～6mm，无毛。伞房花序无毛，直径2～3.5cm；花梗长1～2cm，无毛；花白色。直径10～15mm。蓇葖果被黄色短柔毛。花期5月，果期7～8月。

乌鲁木齐、昌吉、石河子等地少量引种，开花结实，生长一般。分布于黑龙江、吉林、内蒙古；蒙古、俄罗斯、东西伯利亚及远东也有分布。模式标本自黑龙江流域记载。

本种近似三裂绣线菊，但花组成伞房花序不为伞形花序；雄蕊长于花瓣而非短于花瓣而很好区别。

7＊. 土庄绣线菊

Spiraea pubescens Turcz. in Bull. Soc. Nat. Mosc. 5：190，1832；黑龙江树木志，350，图版99：2～4，1986。

灌木，高1～2m，小枝开展，稍弯曲，幼时被短柔毛，后无毛。叶倒卵形或椭圆形，长2～4.5cm，宽1～2.5cm，先端尖，基部宽楔形，中部以上边缘具粗锯齿，有时3裂，上面疏被短柔毛，下面被灰色短柔毛；叶柄长2～4mm。伞形花序，具总花梗；花径5～7mm；萼筒钟状，内面被灰白色短柔毛，萼齿卵状三角形，内面被短柔毛；花瓣卵形、宽倒卵形或近圆形，长与宽近相等，白色；雄蕊25～30，与花瓣近等长。蓇葖果开张，仅沿腹缝被短柔毛。花期5～6月，果期7～8月。

乌鲁木齐、石河子、伊宁等地少量引种，生长良好。珍贵城市园林绿化树种。

8＊. 麻叶绣线菊

Spiraea cantoniensis Lour. —；山东树木志，303，304，1984。

落叶灌木，高至1.5m。小枝细瘦，圆柱形，微拱曲，幼时红褐色，无毛。叶菱状长圆形，长2～3.5cm，宽1～1.5cm，先端急尖，基部楔形，边缘有缺刻状锯齿，上面深绿色，下面灰蓝色，无毛或上面微被柔毛；叶柄长4～8mm，无毛。伞形花序生侧枝顶端，无毛，紧密，直径2～3cm，花径5～7mm；花梗长8～14mm；苞片条形；萼筒钟状，外面无毛，内被短柔毛；萼片三角形，急尖；花瓣近圆形或倒卵形，先端微凹或圆；长宽各2.5～4mm，白色；雄蕊20～28；稍短于花瓣或几等长；子房无毛。花柱短于雄蕊。蓇葖果直立开张，无毛；花柱顶生。花期4~5月，果期7~9月。

乌鲁木齐、石河子、伊宁等地引种。原产广东、广西、福建、江西、河北、山东、河南、陕西各地均有栽培。日本亦有栽培。

早春开花宛如积雪，为优良城市园林绿化树种。

9*. 日本绣线菊　粉花绣线菊

Spiraea japonica Linn. f. —；山东树木志，299，300，1984.

直立灌木，高至1.5m。枝细长，开展，小枝密被短柔毛，叶片卵状椭圆形，长2~8cm，宽1~3cm，先端急尖至短渐尖，基部楔形，边缘有缺刻状锯齿。上面暗绿色，沿脉被短柔毛。下面色淡或白霜，常沿叶脉短柔毛；叶柄长1~3mm，被短柔毛。复伞房花序生当年枝端；花梗长4~6mm；苞片披针形；花径4~7mm；花萼外被短柔毛。萼筒钟形，内面被短柔毛；花瓣卵形至圆形，先短圆钝，长2.5~3.5mm，宽2~3mm。粉红色；雄蕊25~30，长于花瓣。蓇葖果半开张，无毛或沿腹缝被疏柔毛；花柱顶生。花期6~7月，果期8~9月。

乌鲁木齐植物园和人民公园少量引种栽培，冬季需保护越冬。

10*. 华北绣线菊

Spiraea fritschiana Schneid. —；山东树木志，299，302，1984。

落叶灌木，高1~2m。枝粗壮，小枝具棱角，紫褐色。叶片卵形、椭圆状卵形或椭圆状长圆形，长5~8cm，宽1.5~3.5cm。先端急尖或渐尖，基部宽楔形，边缘具不整齐锯齿，上面深绿色，无毛。稀沿叶脉被短柔毛，下面淡绿色，被短柔毛；叶柄长2~5mm，幼时被短柔毛。复伞房花序顶生于新枝上，花梗长4~7mm；苞片披针形，被短柔毛，花直径5~6mm；萼筒钟状，内面被短柔毛；花瓣卵形，先端圆钝，长2~3mm，白色；雄蕊25~30，长于花瓣；子房被短柔毛；花柱短于雄蕊。蓇葖果直立，开张，无毛或沿腹缝被短柔毛；花柱顶生。花期6月，果期7~8月。

乌鲁木齐植物园少量引种，抗寒，开花结实，生长良好。分布于辽宁、河北、山西、山东、河南等地。黑龙江也有栽培，华东亦产，朝鲜也有，模式标本自山东烟台。

11*. 李叶绣线菊

Spiraea prunifolia Sieb. et Zucc. —；山东树木志，309，311，1984。

落叶灌木。多枝丛生，高至3m。小枝细长，有棱角，当年枝密被短柔毛。叶卵形至长圆状披针形，长1.5~3cm，宽0.7~1.4cm，先端急尖。基部楔形，边缘有细锯齿，上面幼时被短柔毛，下面密生短柔毛；叶柄长2~4mm，被短柔毛。伞形花序无总梗，基部具小叶片；花梗长1~2cm，被短柔毛；花重瓣，径至1cm；萼筒被短柔毛；花瓣近圆形至倒卵形，长2~4mm，白色。花期4~5月，果期7~8月。花与叶同时开放。

乌鲁木齐市植物园少量引种。青岛市公园有栽培，美丽观赏花木。

12*. 珍珠绣线菊

Spiraea thunbergii Sieb. et Blume—；山东树木志，309，312，1984。

小灌木，高至1.5cm。枝纤细而开展，弧状弯曲；小枝有棱角；幼时密被柔毛，老时红褐色，无毛。叶条状披针形，长2~4cm，宽0.5~0.7cm，先端长渐尖，基部楔形，边缘有尖锯齿；叶柄极短，被短柔毛。伞形花序无总梗，基部丛生小叶片；花梗长6~10mm，无毛；花白色；径6~8mm；花瓣倒卵形或近圆形，长2~4mm；雄蕊18~20，短于花瓣。蓇葖果无毛，开张，花与叶同时开放。花期4~5月，果期7~8月。

乌鲁木齐、昌吉、石河子、伊宁市等地引种，山东各公园栽培。喜光、喜温暖，较耐寒，性健强，易栽培。秋叶变红色，美丽观赏花木。分株、插条、播种均能繁殖。

13*. 柳叶绣线菊　绣线菊

Spiraea salicifolia Linn. Sp. Pl. 489，1753；黑龙江树木志，350，图版103：3~4，1986。

直立灌木，高1~2m。小枝有棱角，嫩枝被短柔毛。叶片长圆状披针形。长4~8cm，宽1~

2.5cm，先端渐尖，具锐锯齿，两面无毛。圆锥花序长圆形或金字塔形，长 6 ~ 13cm；花密集，径 5 ~ 7mm；萼筒钟状；花瓣卵形，粉红色。雄蕊约 50，长于花瓣；子房疏被短柔毛。蓇葖果直立，无毛或沿腹线有短柔毛。花期 6 ~ 7 月，果期 8 ~ 9 月。

乌鲁木齐、昌吉、石河子、伊宁市，均有引种。开花结实，生长良好，珍贵城市园林绿化树种。

（4）珍珠梅属 Sorbaria（Ser.）A. Br. ex Aschers.

落叶灌木。奇数羽状复叶，小叶边缘有锯齿，具托叶。顶生圆锥花序；萼筒杯状，萼片 5，反折，花瓣白色；雄蕊多数；心皮 5，基部合生。果，沿腹缝线开裂。种子多种。

约 10 种，分布于亚洲、欧洲。我国产 4 种；新疆引入 2 种。

分种检索表

1. 雄蕊 40 ~ 50 枚，长于花瓣；花柱顶生；蓇葖果长圆形 ·················· 1*. 珍珠梅 S. sorbifolia（L.）A. Br.
1. 雄蕊 20 枚，与花瓣等长或短于花瓣；花柱侧生；蓇葖果长圆柱形 ··· 2*. 华北珍珠梅 S. kirilowii（Rgl.）Maxim.

1*. 珍珠梅 彩图第 31 页

Sorbaria sorbifolia（L.）A. Br. in Aschrs. Fl. Brandenb. 177，1864；东北木本植物图志，290，图版 102：202，1955；中国植物志，36：76，图版 11：1 ~ 2，1974；新疆植物志，2（2）：275，1995—*Spiraea sorbifolia* Linn.，Sp. Pl. 490，1753。

落叶灌木，高 1 ~ 2m，枝条开展，小枝黄褐色，羽状复叶，小叶 5 ~ 9 对，披针形或卵状披针形，边缘有锯齿；托叶卵状披针形或三角形披针形，边缘有锯齿。顶生大型密集圆锥花序；花梗被毛；萼筒钟状，被毛，萼片三角状卵形；花瓣长圆形或倒卵形，白色，雄蕊 40 ~ 50 枚，长于花瓣 1 ~ 2 倍；心皮 50。蓇葖果长圆形，花柱顶生，弯曲；萼片反折，宿存。花期 7 ~ 8 月，果期 9 月。

产辽宁、吉林、黑龙江及内蒙古。乌鲁木齐、昌吉、石河子、伊宁市、库尔勒、喀什等地引种。

2*. 华北珍珠梅

Sorbaria kirilowii（Rgl.）Maxim. in Acta. Horti Petrop. 6：226，1879；中国高等植物图鉴，2：186，图 2102，1972；中国植物志，36：77，图版 1：3 ~ 6，1974；新疆植物志，2（2）：275，1995—*Spiraea kirilowii* Rgl. in Regel et Tiling，Fl. Ajan. 81，1858，in adnot。

灌木，高 1 ~ 2m，枝条开展，无毛，嫩枝绿色，老枝红褐色。羽状复叶，小叶 6 ~ 8 对，披针形或长圆状披针形，先端渐尖，边缘具尖锐重锯齿；托叶线状披针形，全缘或有疏锯齿，顶生大型密集圆锥花序；苞片线状披针形，渐尖，全缘；萼筒钟状，无毛；萼片长圆形，与萼筒边近等长；花瓣倒卵形或宽卵性，白色；雄蕊 20 枚，与花瓣等长或稍短；心皮 5。蓇葖果长圆柱形，无毛，花柱侧生，萼片反折，宿存。花期 6 ~ 7 月，果期 9 ~ 10 月。

乌鲁木齐、昌吉、石河子、伊宁市、阿克苏、喀什等地引种栽培，生长良好，产华北各地。

（B）苹果亚科 MALOIDEAE

乔木或灌木，叶为单叶全缘或浅裂，或为奇数羽状复叶；托叶发达。花单或组成伞房花序，总状花序、圆锥花序，后叶少先叶开放，两性少单性；花萼 5；花瓣 5；雄蕊 20，少 10 或 5；雌蕊由 2 ~ 5 心皮跟肉质杯状花托内壁连合；子房下位、半下位、稀上位，（1）2 ~ 5 室，每室各具 2 稀 1 至多数直立胚珠。梨果，稀浆果或小核果。X = 17。

20 属，我国有 16 属，新疆有 8 属。

（5）栒子属 Cotoneaster B. Ehrhart

常绿或半常绿灌木。单叶互生，具短柄，全缘；托叶早落。花组成聚伞花序少单生；萼筒钟状，萼片5；花瓣5，白色或粉红色，直立或开展；雄蕊20枚；花柱2～5；心皮背面与萼筒合生，腹面分离，每心皮具2胚珠；子房下位或半下位。果实小，梨果状，红色、褐红色或紫黑色，萼片宿存，内含2～5小核，小核骨质，常具1扁平种子。

本属约90种，分布于亚洲、欧洲和北非温带地区。我国60余种，主产西南和西部。新疆约10种。生天山和阿尔泰山区。

分种检索表

1. 花单生叶腋，稀2朵簇生 ·· **3. 单花栒子 C. uniflorus** Bunge
1. 花多数，组成疏散聚伞花序。
  2. 花粉红色，花瓣直立；叶下面密被绒毛，叶质厚。
    3. 果红色，2核；花序2～4朵；叶下面被灰色毛 ·········· **2. 少花栒子 C. oliganthus** Pojark.
    3. 果黑色，3～4核；花序3～15朵；叶下面密被灰白色绒毛 ··········· **1. 黑果栒子 C. melanocarpus** Lodd.
  2. 花瓣白色，花期平展；果实红色或紫红色；叶下面被短柔毛，叶质薄。
    4. 叶片下面光滑无毛或被柔毛。
      5. 花序5～20朵花；花梗和萼筒光滑无毛；叶片初被短柔毛，后光滑无毛 ·········· **4. 多花栒子 C. multiflorus** Bunge
      5. 花序含3～5朵花，花梗和萼筒外被疏毛；叶片下面被短柔毛；果实倒卵形，径6～7mm，红色 ··········· **5. 异花栒子 C. allochrous** Pojark.
    4. 叶片下面密被柔毛。
      6. 果球形，较大，径10～11mm，樱红色，肉质，含两核 ········· **6. 大果栒子 C. megalocarpus** M. Pop.
      6. 果较小，红色或紫红色。
        7. 叶片下面灰白色；果球形或倒卵形，鲜紫红色，径7～9mm ·········· **8. 甜栒子 C. suavis** Pojark.
        7. 叶质薄，上面灰绿色，无光泽，具疏柔毛或无毛，背面灰色，疏被稀伏毛 ·········· **7. 梨果栒子 C. roborowskii** Pojark.

1. 黑果栒子 图167

Cotoneaster melanocarpus Lodd. Bot. Cab. 16. sub. tab. 1531，1829；Фл. СССР，9：320，1936；Фл. Казахст. 4：395，1961；中国植物志，36：156，1974；新疆植物检索表，2，492，1983；新疆植物志，2(2)：279，图版74：10～12，1995。

灌木，高至2m。小枝红褐色，无毛，有光泽，幼时有柔毛。叶片卵圆形或椭圆形，长2～4cm，宽1.5～3cm，基部圆形，顶端急尖或凹缺。上面绿色，被疏柔毛，下面被灰白色绒毛；叶柄被毛。花5～15朵，组成下垂总状花序或伞房状圆锥花序，花序轴有柔毛；萼筒无毛或微有柔毛；叶片阔三角形。微有毛或仅顶端有毛；花瓣粉红色。果实径5～9mm，倒卵状球形，黑色，被蜡粉，含2～3种子。花期5～6月，果期7～8月。

生山地，从灌木草原带到亚高山带，生山地河谷、灌木草原、林缘、灌丛、林中空地。

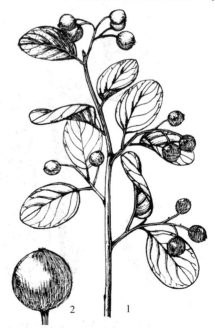

图167 黑果栒子 Cotoneaster melanocarpus Lodd.
1. 果枝　2. 果

产青河、富蕴、福海、阿勒泰、布尔津、哈巴河、巴里坤、哈密、木垒、阜康、乌鲁木齐、玛纳斯、沙湾、塔城、额敏、乌苏、精河、新源、巩留。甘肃、河北、内蒙古、辽宁、吉林、黑龙江等地有分布。蒙古北部、哈萨克斯坦及中亚山地俄罗斯西伯利亚、高加索、欧洲部分也有。

喜光稍耐荫、耐寒、耐旱，种子繁殖。花实累累，枝繁叶茂。可用于城市园林绿化。

2. 少花栒子

Cotoneaster oliganthus Pojark. in Not. Syst. Herb. Inst. Bot. URSS, 8：141, 1940；Фл. СССР, 9：326, 1939；Фл Казахст. 4：397, tab. 49, fig. 3, 1961；中国植物志，36：148, 1974；新疆植物检索表，2：491, 1983；新疆植物志，2(2)：278, 1995。

灌木，高至1m。小枝暗褐色，嫩枝被灰绿色硬毛。叶椭圆形或卵形，长0.8～2cm。宽0.6～1.8cm，基部阔楔形或圆形，顶端成圆形，少急尖，有时有凹缺，具短细尖头，表面鲜绿色，具疏伏毛，下面被淡灰色绿绒毛。花生很短侧枝上，几成2～4朵簇生或成很短的一直立状的总状花序；花梗长2～5mm，被细柔毛；花冠径约8mm，具多少开展的淡红色花瓣；雄蕊20枚，花柱20。果实长4～5mm，宽3～4mm，近球形，径约8mm，红色，含2核，核具平的腹面，凸的背面，具短盾片；花柱几成顶部生出。花期5～6月，果期8～9月。

生山地灌木草原带至亚高山带的河谷、灌丛、林缘，海拔1000～2100m。

产巴里坤、阜康、乌鲁木齐、塔城、新源等地。内蒙古有分布。哈萨克斯坦山地也有。模式自中亚。

3. 单花栒子　图168　彩图第34页

Cotoneaster uniflorus Bunge in Ledeb. Fl. Alt. 2：220, 1830；Фл. СССР, 9：324, 1939；Фл Казахст. 4：396, 1961；中国植物志，36：176, 1974；新疆植物检索表，2：491. 图版23，图4，1983；新疆植物志，2(2)：279，图版74：7～9，1995。

小灌木，高30～40cm，铺展，多分枝，具纤细小枝；嫩枝被淡黄色伏毛。叶具短柄，长1～3(4) cm，宽0.6～2.5cm，长圆状或阔卵形或椭圆形，具急尖或钝，少凹缺的顶端，上面暗绿色，无毛。下面较淡，无毛或有疏毛。花单少2朵生叶腋，具短的无毛花梗；萼筒无毛；萼片宽舌状，钝，边缘有睫毛；花瓣略长于萼片，淡绿白色或粉红色，雄蕊20枚；花柱3～4。果实径6～8mm，卵形、球形、紫红色或橙红色，含3～4核。花期6月，果期8～9月。

生山地灌木草原带至亚高山森林带。生山地草原、灌丛、林缘、河谷。海拔1500～2100m。

产阿勒泰、福海、布尔津、塔城。我国青海及国外中亚山地和蒙古地也有。

图168　单花栒子 Cotoneaster uniflorus Bunge

1. 果枝　2. 果实

4. 多花栒子

Cotoneaster multiflorus Bunge in Ledeb. Fl. Alt. 2：220，1830；Фл. CCCP，9：329，1939；Фл. Казахст. 4：397，1961；中国树木分类学，438，图 334，1953；中国高等植物图鉴，2：101。图 2110，1972；中国植物志，36：131；图版 21：1~3，1974；新疆植物检索表，2：491，1983；新疆植物志，2(2)：277，1995。

灌木，高 0.5~1.5cm。小枝红褐色，无毛，有光泽，嫩枝被疏柔毛。叶片到卵形或阔椭圆形，长 1.5~4cm，宽 1.2~3cm。先端钝或凹缺，基部圆形或宽楔形，上面绿色，无毛，下面初被柔毛后无毛；叶柄长 0.5~1cm；托叶披针形，早落。花组成多花、叉状分枝、直立状的伞房圆锥花序。花序轴、花梗和萼筒稍有毛；花冠白色，径约 1cm，具圆形开展的花瓣；花柱 3。果实长 6~10mm。鲜红色，长圆状卵形。含 2 枚腹面平扁的小枚。花期 5~6 月，果期 8~9 月。

生山地灌木草原带至亚高山带、生山地河谷、草原灌丛、林缘、石质山坡。海拔 1200~1800m。

产阿勒泰、福海、布尔津、塔城等地。我国东北、华北、西北、西南各地区有分布。国外在高加索、中亚、西伯利亚也有。

喜光、稍耐荫、耐寒、耐旱。灌丛茂密。花实累累，可用于城市园林绿化。

5. 异花栒子　图 169

Cotoneaster allochrous Pojark. in Not. Syst. Herb. Inst. Bot. Acad. Sci. URSS，21：171，1961；Опред. Раст. Средн. Азии，5：141，1976；新疆植物检索表，2：492，1983；新疆植物志，2(2)：281，图版 74：1~3，1995—*C. soongorica*（Rgl. et Herd.）M. Pop. in Bull. Soc. Nat. Moscou. n. ser. 44，128，1935.—*C. submultiflorus* M. Pop. 1935. loc. cit. 126。

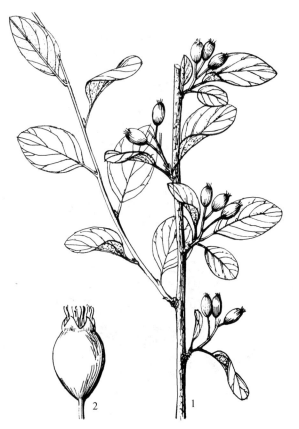

灌木，高 1.5~2m。多分枝。小枝纤细，直立，幼枝被短伏毛。一年生枝暗褐色，有光泽，有淡白色皮孔。叶片阔椭圆形或椭圆形，有些叶是倒卵形甚或是卵形，上面淡绿色，无毛，或具疏短伏毛，下面淡绿色，被疏散的伏贴毛，长 1.5~2.5cm，宽 0.8~1.7cm；叶柄被短柔毛。花序直立，短于上部叶，花期稠密，果期疏散，由(4)5~9(11)花组成伞房状聚伞花序；花序轴长 6~13mm；花梗长 3~7mm，花期密被纤细，向上的毛，果期通常疏被绒毛；萼筒和萼齿初被纤细稀疏毛，但很快就消失无毛；萼齿三角形或宽三角形；花冠径约 10~12mm，花瓣白色，长 3~4.5mm，宽 3~4mm，圆形或圆状卵形，基部收缩成很短的爪，边缘具不整齐齿；雄蕊 17~20 枚；花柱 2，子房顶端密被绒毛。成熟果实淡紫红色，倒卵形，长 7mm，径 4~4.5mm，中果皮薄，具 2 枚倒卵形核。花期 5~6 月，果期 8~9 月。

图 169 异花栒子 Cotoneaster allochrous Pojark.
1. 果枝　2. 果

生山地灌木草原带至亚高山带。生山地河谷、草原灌丛、林缘、石质坡地。海拔 1000~2100m。

产巴里坤、木垒、阜康、乌鲁木齐、新源、巩留、特克斯等地、中亚山地也有。

6. 大果枸子

Cotoneaster megalocarpus M. Pop. in Bull. Soc. Nat. Mosc. Biol. 44. 3：128，1935；Фл. Казахст. 4：396，1961；Опред. Раст. Средн. Азии，5；138，1976；新疆植物志，2（2）：281，1995。

灌木，高至 1~2m，铺展分枝。枝暗灰褐色，当年生枝被绒毛。叶小，长圆形，长 2~3cm，宽 1~2cm，钝少渐尖或短尖头，很少有凹缺，背面淡绿色，密被绒毛，上面暗，被短绒毛，鲜绿色。花序直立状，伞房花序，(5)7~12 朵花，着生在有叶的小枝顶端；花序轴长 9~15mm，花梗长 3~8mm，疏被开展柔毛；萼筒和萼齿疏被短柔毛，有时无毛；萼片三角形，急尖，具宽膜质紫红色边缘，顶端和边缘有蛛丝状柔毛；花瓣白色，圆形，长和宽 3~4mm，下部内面有柔毛，顶端有凹缺；雄蕊 20 枚；花柱 2，少 1。果实径约 10~11mm，球形，葡萄红色，肉质，含 2 少 1 核；核长 5~5.5mm，长圆状卵形。花期 5~6 月，果期 8~9 月。

生山地灌木草原带、石质坡地及林缘、灌丛。

产阿勒泰、塔城和伊犁山地。甚为少见。蒙古和中亚山地也有。

图 170 梨果枸子 Cotoneaster roborowskii Pojark.
1. 花枝　2. 果

7. 梨果枸子　图 170

Cotoneaster roborowskii Pojark. in Not. Syst. Herb. Inst. Bot. Acad. Sci. URSS, 21：190. fig. 4；Опред. раст. Средн. Азии, 5：138，1976；新疆植物检索表，2：494，1983；新疆植物志，2（2）：283，图版 74：4~6，1995。

灌木，少高 2~3m。具帚状开展的枝条，暗紫色，有光泽；当年生枝纤细，初被密绒毛，下面很快脱落；老枝暗灰色。叶片椭圆形或长圆状椭圆形。长 1.2~2.2cm，宽 0.6~1.2cm，无性枝上叶更长更宽，上面无毛，下面被灰柔毛；叶柄长 2~6mm，花序直立状。聚伞花序，稀疏开展，花 4~8 朵；花梗密被绒毛；花径约 1cm，萼筒与萼片被毛；花瓣近圆形，平展或下弯，白色；雄蕊 18~20 枚；花柱 2；子房顶端有密绒毛，不成熟果实长圆状椭圆形，完全成熟果实倒卵形，长 7mm，宽 6~7mm，红色或紫红色，具 2 核。花期 6~7 月，果期 8~9 月。

生山地灌木草原带至亚高山带。海拔 1200~2700m。石质坡地河谷灌丛或林缘。

产奇台、阜康、乌鲁木齐、霍城、特克斯等地天山山地。中亚也有。模式自中亚。

本种喜光、耐旱、耐寒，但不耐荫蔽，也不耐盐碱、种子繁殖。灌丛茂密，花实累累。很可用于城市园林绿化。

8. 甜果枸子　甜枸子

Cotoneaster suavis Pojark. in Not. Syst. Herb. Inst. Bot. Acad. Sci. URSS, 16：118，fig. 5~6，1954；Фл. Казахст. 4：398，1961；Опред. раст. средн. Азии，5：137，1976；新疆植物检索表，2：494，1983；新疆植物志，2(2)：279，1995。

灌木，高 1～1.5m。小枝初被绒毛，后脱落；老枝紫灰或紫红色。叶片椭圆形或阔椭圆形，稀菱状椭圆形，长 2～4cm，宽 1～2cm，基部楔形，先端尖或钝，具细短尖头，少有凹缺，上面无毛，下面被灰白色绒柔毛。短的聚伞花序，直立状，有花 6～12 朵；花序轴、花梗、萼筒、萼片均密被灰色绒毛；花径 8～12mm，开展；花瓣圆形、平展、白色；雄蕊 20；花柱 2。果球形或倒卵形，鲜紫色，含 2 核，花期 7～8 月，果期 8～9 月。

生山地灌木草原带到亚高山和高山带。生干旱石质坡地、草原灌丛、林缘、山地河谷。海拔 1400m。

产塔城及伊犁天山山区。中亚和高加索也有。

（6）山楂属 Crataegus Linn.

落叶灌木或小乔木。常具枝刺；冬芽卵形或近圆形。单叶互生，边缘有锯齿或裂片，具托叶。顶生伞房花序，稀单生；萼筒钟状或杯状；萼片 5，花瓣 5，白色；雄蕊 15～25；心皮 1～5，基部与花托连合，仅上部腹面分离，子房下位或半下位，每室 2 胚珠。梨果，内含 1～5 枚骨质小核，各具 1 种子。

约 1000 种，广布北半球。尤以北美洲居多。我国约 17 种；新疆产 3 种，引进 1 种。山楂果含维生素、有核酸等营养物质，可食用或药用，消积化滞，舒气散瘀，对心血管病有一定疗效。栽培供观赏。

分种检索表

1. 叶片羽状深裂至几全裂，基部楔形；果充分成熟为黑紫色，含 2～3 小核 ······························· ··· **1. 准噶尔山楂 C. songorica** C. Koch.
1. 叶片羽状深裂至几全裂，基部宽楔形或圆形；果实红色或橙黄色。
 2. 叶片深裂，基部截形或宽楔形；果实红色，有灰白色斑点，引种栽培 ·········· **4*. 山楂 C. pinnatifida** Bunge
 2. 叶片深裂或基部一对深裂；果实橘黄或红血色，无斑点。
  3. 果实橘黄色（花药白色或淡黄色）核 3～5；叶片浅裂至深裂，萌条叶深裂················ ··· **2. 黄果山楂 C. chlorocarpa** Lenne et C. Koch.
  3. 果实红色；花药粉红色或紫红色；核 3 少 5；叶片浅裂，宽楔形或圆形 ··· **3. 红果山楂 C. sanguinea** Pall.

1. 准噶尔山楂　图 171　彩图第 34 页

Crataegus songorica C. Koch. Crat. et Mesp. 67, 1854；Фл. CCCP, 9：449, 1939；Фл. Казахст. 4：410, 1961；中国植物志，36：205，图版 26：11～13，1974；Опред. раст. Средн. Азии, 5：162, 1976；新疆植物检索表，2：495, 1983；新疆植物志，2(2)：282, 1995。

小乔木，稀灌木，高 3～5m。当年生枝紫红色；多年生枝灰褐色；刺粗壮。叶片阔卵形或菱形，常 2～3 羽状深裂，顶端裂片具不规则缺刻状粗齿牙，基部楔形，幼叶有毛后脱落；托叶镰刀状弯曲，边缘有细齿。多花的伞房花序，序轴有柔毛；萼齿阔三角形，花后反折，有绒毛；花冠径约 16mm；雄蕊 18～20 枚；花柱 2～3。果实紫黑色，长 9～14mm，宽 8～10mm，圆形或阔椭圆形，具稀疏白斑点。花期 5 月，果期 7～8 月。

生灌木草原带低山至中山带，生河谷、干旱石坡。海拔 700～2000m。

产霍城、新源、伊宁等地。中亚山地及伊朗、阿富汗也有。

准噶尔山楂、喜光、耐旱、耐寒，适应性强，夏天白花满树，宛如积雪，秋日红果累累，酷似珍珠玛瑙，繁华吉祥。是新疆珍贵的城市园林绿化树种。

图 171　准噶尔山楂 Crataegus songorica C. Koch.

1. 果枝　2. 托叶　3. 果实　4. 种子

2. 黄果山楂　阿尔泰山楂　图 172　彩图第 34 页

Crataegus chlorocarpa Lenne et C. Koch. Append. Gen. Sp. Nov. Horti Berol：17，1855；Опред. Раст. Средн. Азии，5：155，1976；新疆植物检索表，2：496，1983；新疆植物表，2(2)：284，1995—*C. altaica* (Loud) Lange, Rev. Sp. Gen. Crataeg. 42, 1897, p. p.；Фл. Казахст. 4：407，1961；中国高等植物图鉴，2：206，图 2141，1972；中国植物志，36：202，1974；中国果树分类学，162，1972。

小乔木，高 3~7m，无刺或具少数直短刺；一年生枝有光泽，棕红色，有淡白色皮孔，无毛，老枝淡黄灰色或灰淡红色；托叶大，镰刀状，边缘有粗齿牙。叶宽三角状卵形到圆形，长 3.5~10cm，宽 2.5~9cm，顶端急尖，基部宽楔形，7~9 浅裂，具水平展的下一对裂片，少基部截形到心形，边缘具尖锯齿，表面灰蓝绿色，背面较淡，有时被细短柔毛。花序伞房状；花梗长 7~8mm；花白色；花药白色或淡黄色；萼片三角状卵形，弯曲，短于萼筒；花冠白色，径 13~16mm；花柱 5 少 4。果球形或扁球形，径 8~12mm，橘黄色，果肉柔软，粉质，味美；萼片宿存，反折；小核 4~5，

图172 黄果山楂 **Crataegus chlorocarpa** Lenne et C. Koch.

1. 果枝　2. 托叶　3. 果实　4. 种子

内面两侧有洼痕。花期5~6月，果期8~9月。

生山地，从灌木草原带到亚高山森林带，生山地河谷、草原灌丛、林缘，疏林、林中空地。平原地区常见栽培。

产乌鲁木齐、昌吉、玛纳斯、新源、特克斯等地。中亚也有。

关于本种的野生种和栽培种的关系，需要深入研究。

3. 红果山楂　辽宁山楂　图173

Crataegus sanguinea Pall. Fl. Ross, 1(1): 25, 1784; Фл. СССР, 9: 422, 1939; Фл. Казахст. 4: 407, 1961; 中国果树分类学, 443, 1953; 内蒙古植物志, 3: 41, 1977; 中国果树分类学, 159, 图73, 1979; 新疆植物检索表, 2: 469, 1983; 黑龙江树木志, 279, 图版74: 4, 1986; 新疆植物志, 2(2): 282, 图版75: 1~4, 1995—*Crataegus pseudo-sanguinea* M. Pop. ex Pojark. Novit. Syst. Pl. Vasc. 7: 195~201, 1970。

小乔木，高2~4m；刺粗壮，锥形；当年生枝紫红色或紫褐色，有光泽，多年生枝灰褐色。叶卵形、宽卵形或菱状卵形，基部楔形，边缘有3~4对浅裂片，两面散生短柔毛，下面沿脉尤多；托叶镰刀形或卵状披针形，边缘有锯齿。伞房花序，花梗无毛；苞片线形，边缘有腺齿，早落；花径约8mm；萼筒钟状，萼片三角状卵形，全缘；花瓣长圆形，白色；雄蕊20枚，与花瓣等长，具淡红色或紫色花药；花柱3稀5，子房顶端被柔毛。果实近球形，血红色，径约1cm；萼片宿存，反折，小核3稀5，两侧有洼痕。花期5~6月，果期7~8月。

生山地，从灌木草原带到亚高山森林带，生河谷、草原灌丛、林缘、林中空地。

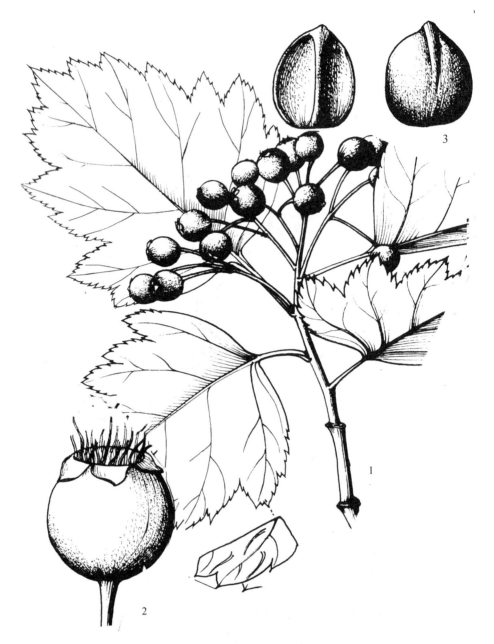

图173 红果山楂 Crataegus sanguinea Pall.
1. 果枝 2. 果实 3. 种子

产阿勒泰(额尔齐斯河河谷)、富蕴、塔城等地。分布于我国东北、华北各地及内蒙古。俄罗斯西伯利亚、哈萨克斯坦东部以及蒙古也有。模式自俄罗斯乌拉尔南部。

波雅尔瓦娃(Pojarkova),1970年发表的假红果山楂(*Crataegus pseudo-sanguinea* M. Pop. ex Pojark.)的花药为粉红色或紫红色,果为红色,具橙黄色果肉,亦产额尔齐斯河(中亚部分)及与我国接壤的塔尔巴哈台山和萨乌尔山区。但仅从描述,难与红果山楂区分,待深入研究。

本种在陈嵘教授的《中国树木分类学》1953年版本中,称其为"辽宁山楂",至今多有从之。但此种分布范围如此辽阔,用"辽宁"地名,怎能代表,故此建议用本种拉丁学名种加词简化以名之。

4*. 山楂 山里红(东北) 彩图第34页

Crataegus pinnatifida Bunge in Mem. Div. Sav. Acad. Sci. St. Petersb. 2:100, 1835;中国树木分类学,441,图336,1953;中国高等植物图鉴,2:204,图2137,1972;中国植物志,36:189,图版26:9~10,1974;新疆植物检索表,2:469,1983;新疆植物志,2(2):284,1995。

小乔木，高3~5m，树皮暗灰色，粗糙，有刺。当年生小枝紫褐色，多年生枝灰褐色。叶片卵圆形或三角状卵形，基部宽楔形或截形，3~5深裂，裂片具不规则重锯齿，上面深绿色，有光泽，下面色淡，沿脉有柔毛；托叶镰形，边缘有锯齿，多花的伞房花序；花序轴和小花梗初被柔毛，后光滑；苞片条状披针形，边缘有腺齿，早落。萼筒钟形，密被灰白色柔毛；萼片三角形披针形，两面无毛；花瓣倒卵形或近圆形，白色；雄蕊20枚，短于花瓣，花药粉红色；花柱3~5，基部有柔毛，柱头头状。果球形或梨形，径8~15mm，深红色，有褐色斑点；小核3~5；背部具棱，两侧平滑。花期5~6月，果期8~9月。

乌鲁木齐、昌吉、石河子、伊宁等城市栽培。分布于黑龙江、吉林、辽宁、内蒙古、河北、河南、山东、山西、陕西、江苏等地。朝鲜、俄罗斯远东地区也有。模式自北京郊区。

山楂常称山里红，喜光、耐旱、耐寒、抗风沙。适应性很强。种子繁殖。灌丛密集，枝繁叶茂，花实累累。是珍贵城市园林绿化树种，现已遍及南北疆多数城镇。果味酸甜，适于生吃及加工成山楂酱、山楂糕，果切片晒干入药，有散瘀，消积、化痰、消毒、降血压等作用。

山里红（变种）

Crataegus pinnatifida Bunge var. **major** N. E. Br.

为常见的栽培品种，果大型，直径在2.5cm左右，熟时亮红色。

（7）榅桲属 Cydonia Mill.

落叶灌木或小乔木，枝条无刺。单叶互生，全缘；具叶柄和托叶。花单生枝端；萼片5，有腺齿；花瓣5，倒卵形，白色或粉红色；雄蕊20；心皮5，花柱离生；子房下位，5室，胚珠多数。梨果萼片反折，宿存。

本属仅1种，产中亚。

1*. **榅桲** 图174 彩图第32页

Cydonia oblonga Mill. Gard. Dict. ed. 8, 1, 1768; Фл. СССР, 9: 334, 1939; 中国高等植物图鉴, 2: 242, 图2213, 1972; 中国果树分类学, 169, 1979; 中国植物志, 36: 345, 图版55: 5~7, 1974; 新疆植物检索表, 2: 499, 1983; 新疆植物志, 2(2): 287, 1995。

灌木或小乔木，高3~6m。嫩枝密被灰黄色绒毛，二年生枝无绒毛，紫褐色。单叶互生，叶片卵形或长圆形，长4~6cm，宽3~4cm，先端凸尖，基部圆形或近心形，上面灰绿色，下面密被绒毛；托叶卵形，早落。花单生枝端，直径4~5cm；萼筒钟形，外面密被绒毛，萼片卵形或宽披针形，边缘具腺齿，反折，稍长于萼筒，两面均被柔毛；花瓣倒卵形，白色；雄蕊20，短于花瓣；花柱5。离生，基部密被长绒毛。果实梨形，径4~5cm，密被土黄色绒毛，富香味；

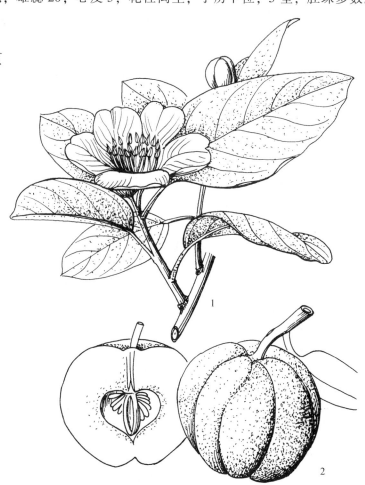

图174 榅桲 Cydonia oblonga Mill.

1. 花枝　2. 果实

萼片宿存，反折；果梗粗短，被绒毛。花期4～5月，果期10月。

喀什、莎车、和田等果园栽培。陕西、江西、福建、云南、贵州等地也有栽培。中欧、地中海、高加索、中亚、小亚细亚、伊朗等地均有。

榅桲果实芳香，可供食用或药用；花大，洁白，可供观赏。

（8）木瓜属 Chaenomeles Lindl.

落叶或长绿乔灌木。枝有刺或缺。单叶互生，叶缘有锯齿或全缘；托叶明显。花两性，单生或3～5朵簇生，花梗粗短，萼筒钟状；萼片5；花瓣5；雄蕊20或多数，成两轮；花药黄色；复雌蕊，子房下位，3～5室，每室具胚珠多数；花柱3～5，基部多合生；柱头3～5裂。梨果大型，3～5室，每室有多数种子；果皮木质，萼片脱落，花柱宿存；种子褐色，革质，无胚乳。

计5种，主产亚洲东部，我国5种；新疆仅栽培1种。

1*. 贴梗海棠

Chaenomeles speciosa（Sweet）Nakai—；山东树木志，377，1984。

落叶灌木，高至2m。枝条较开展，小枝圆柱形，常具刺状短枝，紫褐色，无毛，具淡褐色皮孔。叶卵圆形至椭圆形，稀长椭圆形，长3～9cm，宽1.5～5cm，先端急尖，基部楔形至阔楔形，边缘具锐锯齿，厚革质，上面绿色，无毛，下面淡绿色，无毛或沿脉上有短毛；叶柄长约1cm；托叶大，肾形或半圆形，边缘有细尖锯齿。花3～5朵簇生，先叶开放；萼筒钟状，萼片直立，长3～4mm；花瓣倒卵形或近圆形，基部具爪，先端钝圆，长10～15mm，鲜红色、粉红色及白色；雄蕊45～50枚，长为花瓣之半；花柱5，基部连合。果球形，径2～3cm，常3～5棱，黄色或黄绿色，有稀疏斑点，萼片脱落，果梗极短。花期4～5月，果期9～10月。

乌鲁木齐、昌吉、石河子各公园引种栽培。陕西、甘肃、四川、贵州、云南、广东等地区也有。

喜光、耐寒、适应性强，可用于公园及庭院内作丛式栽培，枝密刺多，亦可栽作绿篱，早春先花后叶，花色艳丽，极富观赏，果实含皂苷、黄酮类、维生素C、苹果酸、酒石酸等大量有机酸，入药。

（9）花楸属 Sorbus Linn.

落叶乔木或灌木，枝常无刺。冬芽膨大。单叶或奇羽状复叶；有托叶。顶生复伞房花序；萼片和花瓣各5；雄蕊15～25枚；心皮2～5，部分离生或全部合生；子房下位，2～5室，每室2胚珠。梨果。

本属约80余种。中国有50余种；新疆产2种。

分种检索表

1. 小叶片下面灰绿色；花小，径约9mm；花丝等于或稍长于花瓣；阿尔泰山植物 ··························
··· **1. 西伯利亚花楸 S. sibirica** Hedl.
1. 小叶片下面绿色；花大，径1.5～2cm；花丝短于花瓣；天山植物 ·········· **2. 天山花楸 S. tianschanica** Rupr.

1. 西伯利亚花楸

Sorbus sibirica Hedl. Sv. Vet. Acad. Handl. 35，1：44，1901；Фл. СССР，9：378，1939；Фл. Казахст. 4：405，1961；新疆植物志，2（2）：285，1995—*S. aucuparia* L. Sp. Pl. 477，1753；Опред. Раст. Средн. Азии，5：148，1976；新疆植物检索表，2：498，1983。

小乔木，高3～10m；冬芽无毛或被疏短柔毛，夏芽跟嫩枝一样被短柔毛。叶长10～20cm，宽8～12cm；小叶片5～10对，长圆状披针形，长3.5～5cm，宽1～1.5(2)cm，上面绿色，光滑，下面灰绿色，表皮具乳点。沿中脉稍有短柔毛，边缘有锥状齿牙。花序稠密，宽阔，长6～8cm，宽

8～12cm，花序轴无毛或被疏毛；雄蕊长于白色圆形花瓣1/4，花冠径7～9mm；花萼近光滑无毛，萼齿阔三角形；雌蕊3～4；子房顶端和花柱基部有长柔毛。果球形，径5～7mm，鲜红色，无蜡粉。花期5～6月，果期8～9月。

生阿尔泰山，生云杉与冷杉混交林下，少见，海拔1900～2400m。

产哈巴河、布尔津等县山地。蒙古北部。哈萨克斯坦东部、北极、俄罗斯西伯利亚、远东、欧洲部分均有。模式自西伯利亚。

1a. 西伯利亚花楸(原变种)

Sorbus sibirica Hedl. var. **sibirica**

小叶长圆状披针形，长3.5～5cm，宽1～1.5cm，产哈巴河、布尔津山区。

1b. 萨乌尔山花楸(新变种)

Sorbus sibirica var. **sawurensis** C. Y. Yang var. nov. in addenda.

小叶片长圆形，长约5cm，宽约2cm。产和布克赛尔萨乌尔山。

2. 天山花楸 图175

Sorbus tianschanica Rupr. in Mem. Acad. Sci. St. Petersb. ser. 7，14：46，1869；Фл. Казахст. 4：406，1961；中国高等植物图鉴，2：225，1972；中国植物志，36：316，1974；新疆植物检索表，2：497，1983；新疆植物志，2（2）：285，1995。

小乔木，高5～8m。小枝粗壮，褐色或灰褐色；嫩枝红褐色，初时有绒毛后光滑；芽长卵形，较大，被白色柔毛。奇数羽状复叶，小叶6～8对，卵状披针形，长4～6cm，宽1～1.5cm，先端渐尖，基部圆形或宽楔形，边缘有锯齿，近基部全缘，或有时仅中部以上有锯齿，两面无毛，下面色淡；叶轴微具窄翅，上面有沟，无毛；托叶线状披针形，早落。顶生复伞房花序，花序轴和小花梗常带红色，无毛，萼片三角形；花冠径1.5～2cm；雄蕊稍短于花瓣；花柱常5，基部被白色绒毛。果球形，径约1cm，初为淡黄红色，后为暗红色，被蜡粉。花期5月，果期8～9月。

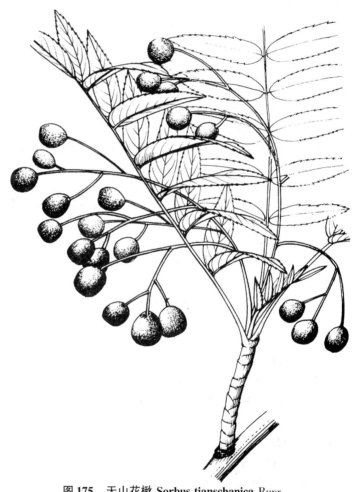

图175 天山花楸 Sorbus tianschanica Rupr.

生山地亚高山森林带。生山河谷、林缘、林中空地。海拔1800～2800m。

产巴里坤、木垒、阜康、乌鲁木齐、玛纳斯、新源、巩留、昭苏等地。中亚山地也有。天山花楸，性喜光，喜山地凉爽气候，不耐干旱，不耐盐碱，种子易繁殖，惟在平原地区，在7～8月，苗木易在根颈处，受伤而倒伏致死，常用黄果山楂作钻木，嫁接繁殖，效果较好，但难开花结实。

2a. 天山花楸(原变种)

Sorbus tianschanica Rupr. var. **tianschanica**

枝叶各部分光滑无毛。

2b. 天山毛花楸(变种)

Sorbus tianschanica Rupr. var. **tomentosa** Yang et Han——*S. tapashana* auct，non Schneid，中国植物志，36：317，1974。

本变种叶轴密被灰白色绒毛，叶下面沿中脉多绒毛；芽鳞亦被绒毛。极易区别。

产巴里坤、昭苏、特克斯等地。

(10)梨属 **Pyrus** Linn.

落叶乔木或灌木，有时具刺。单叶互生，革质，有锯齿或全缘，稀分裂，具叶柄与托叶。花先叶或与叶同时开放，伞房花序；花萼与花瓣各5，白色，稀粉红色；雄蕊15～30，花药暗红色或紫色；花柱2～5，离生；子房2～5室。梨果，果肉多汁，内含石细胞，子房壁软骨质，种子黑褐色，平滑。

本属约25种，分布亚洲、欧洲及北美洲。中国有14种，新疆有9种，均为引种果树。

分种检索表

1. 果实萼片宿存；花柱4～5。
  2. 叶缘具刺芒状尖锐锯齿，刺芒长 ……………………………………………… 1*. 秋子梨 **P. ussuriensis** Maxim.
  2. 叶缘具细锐锯齿或钝圆锯齿。
    3. 叶缘具细锐锯齿；果实卵形或倒卵形，黄绿色。果梗先端肥厚，长4～5cm ………
    ………………………………………………………………………… 2*. 新疆梨 **P. sinkiangensis** Yu
    3. 叶缘具钝或圆钝锯齿。
      4. 果实褐色，叶片卵形或长卵形；叶缘具钝锯齿 ………………… 5*. 木梨 **P. xerophila** Yu
      4. 果实黄绿色；叶缘具圆钝锯齿。
        5. 果实扁球形；叶片宽卵形或近圆形，叶柄粗短，长2～3cm ………… 4*. 杏叶梨 **P. armeniacaefolia** Yu
        5. 果实倒卵形或近球形；叶片椭圆或卵圆，叶柄细长，长1.5～5cm ………… 3. 洋梨 **P. communis** Linn.
1. 果实萼片脱落；花柱2～5。
  6. 叶缘具刺芒状尖锐锯齿；花柱5稀4。
    7. 果实黄色；叶基宽楔形 ………………………………………………… 6*. 白梨 **P. bretschneideri** Rehd.
    7. 果实褐色；叶基圆或近心形 ……………………………………… 9*. 沙梨 **P. pyrifolia**(Burm.) Nakai.
  6. 叶缘具尖锐粗锯齿；果实褐色。
    8. 嫩枝叶，花梗密被绒毛；果小于1cm …………………………………… 7*. 杜梨 **P. betulaefolia** Bge.
    8. 枝叶花梗被初毛后光滑；果大于2cm ………………………………… 8*. 褐梨 **P. phaeocarpa** Rehd.

1*. 秋子梨 花盖梨 图176

Pyrus ussuriensis Maxim. in Bull. Acad. Sci. St. Petersb. 15：132，1857；东北木本植物图志，299，图版105～212，1955；中国植物志，36：356，1974；新疆的梨，18，1978；新疆植物检索表，2：502，1983；山东树木志，387，1984；黑龙江树木志，311，1986；新疆植物志，2(2)：289，1995。

落叶乔木，高可达15m。树皮灰黑色，粗块状开裂，树冠扁球形。小枝黄褐色至灰紫褐色，微有绒毛或无毛，冬芽肥大，卵形，鳞片边缘有睫毛少近无毛。叶宽卵形至椭圆状卵形，长5～10cm，宽4～6cm，先端长渐尖，基部圆形或近心形，叶缘具刺芒状尖锯齿，芒多向外直伸，上下两面无毛或仅幼叶有毛，革质；叶柄长2～5cm，无毛；托叶膜质，条状披针形，边缘有腺齿，早落。伞房花序，花5～7朵；萼片三角状披针形，外面无毛，内面密被绒毛；花瓣倒卵形，白色；

雄蕊短于花瓣；花药紫红色，花柱5，离生，基部有疏柔毛。果实近球形，绿色或稍褐或黄色，果皮有斑点，味酸，石细胞大而多；萼片宿存。花期4月，果期9月。

乌鲁木齐、昌吉、石河子、奎屯、精河、霍城、伊宁、阿克苏等南北疆城镇引种栽培，产我国东北、华北各地区。朝鲜、俄罗斯乌苏里地区也有。模式自俄罗斯乌苏里江流域。

秋子梨性喜光，喜深厚肥沃土壤，很耐寒，种子繁殖，生长快，花期早，是新疆珍贵城市园林绿化树种之一。

栽培的地方品种有：库尔勒勾勾梨；莎车克什米尔；霍城二秋子黄梨等。

引入的秋子梨优良品种：京白；南果、大香水；小香水；平顶香；巴里香，花盖；古高；软儿梨；尖把梨等20余种（新疆的梨）。

2*. 新疆梨

Pyrus sinkiangensis Yu，植物分类学报，8：233，1963 "sinki-angensis Yu"；中国高等植物图鉴，2：230，图2190，1972；中国植物志，36：359，1974；新疆的梨，18，1978；中国果树分类学，162，图53，1979；落叶果树分类学，54，1984；新疆植物检索表，2：501，1983；新疆植物志，2(2)：289，1995。

图176　秋子梨 Pyrus ussuriensis Maxim.

小乔木，高6~9m；树冠半圆形，枝条密集，开展；小枝圆柱形，稍有棱角，无毛，紫红色或黑褐色；芽卵圆形，芽鳞边缘具睫毛。叶片卵圆形或阔卵圆形，长6~8cm，宽3~5cm，先端短渐尖，基部圆或宽楔形，上半部分边缘具尖锐细锯齿，下半部或近基部具浅锯齿或近全缘锯齿，初被白色绒毛，后光滑无毛；托叶线状披针形，边缘具疏腺齿和白色长绒毛，早落。伞房花序，着生4~7朵花；花序轴和小花梗初被毛后光滑无毛，长1.5~3cm；萼片三角状卵形，渐尖，边缘具腺齿，长于萼筒2倍，外部近无毛，内面密被黄色绒毛；花瓣倒卵形，白色，长1.2~1.5cm，宽0.8~1cm，基部具短爪；雄蕊20枚，长不及花瓣之半；花柱5，基部有柔毛，稍短于雄蕊。果实卵圆形或倒卵形，直径3~5cm，黄绿色，果心大，石细胞多；果梗长4~5cm。先端肥厚；萼片宿存。

产伊宁、鄯善、吐鲁番、库尔勒、轮台、阿克苏等地，果园栽培。青海、甘肃、陕西等省也有，模式自新疆轮台县。

本种果形似洋梨，惟果柄特长，先端肥厚，而叶片具有细锐锯齿，是其特点。形态变异很大，可能为洋梨和白梨的天然杂交种。

地方品种约有19个：鄯善的禾曼、索格、斯尔克浦、早句句梨、野句句梨；库尔勒的卡拉阿木特、塞莱克阿木特；阿克苏的阿木特、句句梨；轮台的句句梨等。

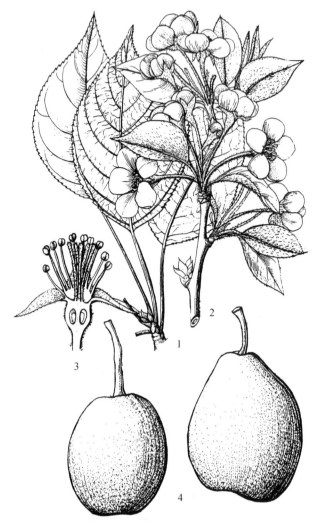

图 177 洋梨 Pyrus communis Linn.

1. 叶枝　2. 花枝　3. 花　4. 果

3*. 洋梨　图 177

Pyrus communis Linn. Sp. Pl. 459, 1753；Фл. СССР, 9：338, 1939；Фл. Казахст. 4：401, 1961；中国植物志, 36：361, 1974；新疆的梨, 17, 1978；中国果树分类学, 130, 图 55, 1979；新疆植物检索表, 2：510, 1983；落叶果树分类学, 56, 1984；新疆植物志, 2(2)：290, 1995。

乔木, 高 10～15m。小枝有时具刺；芽和枝条无毛, 少被短柔毛。叶卵形, 全缘, 有细锯齿或具圆齿, 革质, 幼叶下面通常被蜘丝状绒毛, 后光滑, 或仅沿中脉有柔毛；叶柄细长；托叶条状披针形, 早落。伞房花序, 花梗长 2～4cm, 有毛或无毛；苞片条状披针形, 早落；花直径 2～3cm；萼筒外被柔毛, 萼片三角状披针形, 两面均被短柔毛；花瓣倒卵形, 白色；雄蕊 20 枚, 长约花瓣之半；花柱 5, 基部有柔毛, 果实倒卵形或近球形, 黄色或带红晕；萼片宿存。

伊犁、塔城及喀什地区果园普遍栽培, 我国其他地区也有栽培。中亚、欧洲和伊朗尤多。

本种栽培历史悠久, 新疆地方品种有 18 个：鄯善的晚句句梨、伊米西；策勒的伊耐克、克其米克；喀什的奴格阿木特；阿克苏的野生阿木特；和田的其里根阿木特；轮台的阔他阿木特；伊宁的杜霞西；塔城十月梨等。

引入的品种有：巴黎、三季梨、日面红、冬季梨、客发、伏茄等。

4*. 杏叶梨

Pyrus armeniacaefolia Yu, 植物分类学报, 8：231, 图版 27：2, 1963；中国植物志, 36：362, 1974；新疆的梨, 18, 1978；中国果树分类学, 130, 图 56, 1979；新疆植物检索表, 2：501, 1983；新疆植物志, 2(2)：290, 1995。

小乔木, 高 8～12m。枝条稍有棱角, 当年生枝紫红色, 无毛、皮孔散生。叶片宽卵形或近圆形, 长和宽各 4～5cm, 顶端尖或钝, 基部圆形或截形, 边缘有细钝锯齿, 上面暗绿色, 下面苍白色, 两面无毛；叶柄长 2～3cm, 无毛。伞房花房, 有花 6～8 朵；花梗无毛, 长 2～3cm；苞片条状披针形, 早落；萼筒杯状, 外面无毛；萼片卵状披针形, 与萼筒等长或稍长, 内面被灰色绒毛；花瓣倒卵形, 白色；雄蕊 20～22 枚；短于花瓣之半；花柱 5 或 4, 无毛, 与雄蕊近等长。果实扁球形, 径 2.5～3cm, 黄绿色；萼片宿存；果柄长 2.5～3cm。种子倒卵形, 栗色。

塔城果园栽培, 未见野生。伊宁、喀什也有。数量很少。

地方品种有：塔城杏叶梨、伊宁五月梨；喀什八角梨等。

5*. 木梨　酸梨　野梨

Pyrus xerophila Yu, 植物分类学报, 8：233, 1963 年；中国高等植物图鉴, 2：231, 图 2192,

1972；新疆的梨，20，1978；中国果树分类学，134，图58，1979；落叶果树分类学，57，1984；新疆植物志，2(2)：290，1995。

小乔木，高8~10m；小枝粗壮，微屈曲，无毛或疏被柔毛，叶片卵形或长卵圆形，先端渐尖少急尖，基部圆形至宽楔形，边缘具圆钝锯齿，稀先端具少数细锐锯齿，两面均无毛；萌枝上叶片具柔毛。伞房花序，有花3~6朵；总花梗和花梗初被疏柔毛，后光滑无毛；花梗长2~3cm；花径2~2.5cm；萼筒无毛或近无毛；萼片三角形，稍长于萼筒，先端渐尖，边缘有腺齿，内面被绒毛，外面无毛；花瓣宽卵形，白色；雄蕊稍短于花瓣；花柱5，稀4，与雄蕊近等长，基部被疏柔毛。果实卵球形或椭圆形，径1~1.5cm，褐色，有稀疏斑点；萼片宿存；果梗长2~3.5cm。花期4月，果期8~9月。

库尔勒地区果园引种。原产山西、陕西、甘肃、宁夏等地区。

本种抗干旱、耐瘠薄、寿命长、抗赤星病，常用作栽培梨的砧木。

6*. 白梨

Pyrus bretschneideri Rehd. in Proc. Am. Acad. Arts. Sci. 50：231，1915；中国树木分类学，412，图311，1937；中国高等植物图鉴，2：232，1972；中国植物志，36：364，1974；新疆的梨，17，1978；落叶果树分类学，57，1984；新疆植物检索表，2：502，1983；新疆植物志，2(2)：291，1995。

小乔木，高5~8m，树冠开展。小枝粗壮；嫩枝密被柔毛以后脱落；二年生枝紫褐色或暗褐色。叶片卵形或椭圆状卵形，长5~11cm，宽3~6cm，先端渐尖，基部宽楔形，边缘有刺毛状细锯齿，幼毛被毛，成熟叶无毛；叶柄长2.5~7cm，初具毛后脱落；托叶条状披针形，边缘具腺齿。伞房花序；花梗初具毛后脱落；花径2~3.5cm；萼片三角形，边缘有腺齿，外面无毛，内面密被褐色长绒毛；花瓣卵形，白色；雄蕊20枚；花柱5或4，与雄蕊等长，无毛。果实倒卵形、圆卵形或球形，黄色，有细斑点；萼片脱落，种子倒卵形，褐色。花期4月，果期8~9月。

南疆地区及伊犁各地果园普遍栽培。产于河南、河北、山东、山西、陕西、甘肃、青海、江苏北部、辽宁南部等地。

白梨属温凉气候区的梨树。栽培性强，稍耐寒，抗旱。要求深厚，湿润肥沃，排水良好的土壤，一般3~4年即可结实，20年左右进入盛果期，管理良好的果树，结实可维持百年以上。

地方品种：库尔勒香梨(彩图第35页)、叶城棋盘梨、霍城冬黄梨、阿拉尔黄梨、霍城八月梨、鄯善阿尔马梨等品种。

引入品种：鸭梨、慈梨、冬果梨、雪花梨等品种。

7*. 杜梨　　图178　彩图第35页

Pyrus betulaefolia Bge. in Mem. Div. Sav. Acad. Sci. St. Petersb. 2：101，1835；中国高等植物图鉴，2：233，图2195，1972；中国植物志，36：366，图版50：1~4，1974；新疆的梨，18：1978；新疆植物检索表，2：502，1983；落叶果树分类学，58，1984；新疆植物志，2(2)：291，1995。

小乔木，高6~8m。树冠多开展，小枝通常具刺，黄褐色至深褐色，幼时密被灰白色绒毛，后脱落。叶菱状卵形至长卵形，长5~8cm，宽3~5cm，先端渐尖，基部宽楔形，稀近圆形，边缘具粗锐锯齿，近芒状，两面无毛或仅在幼叶密被灰色绒毛，厚纸质；叶柄长3~4.5cm，被柔毛；托叶膜质，条状披针形，两面被绒毛，早落。伞房花序，花10~15朵；总花梗及花梗密被柔毛；花直径1.5~2cm；萼筒与萼片均密被灰白色绒毛；萼片三角形，全缘；花瓣宽卵形，先端圆钝，白色；雄蕊20，花药紫色；花柱2~3，基部微具毛。果实近球形，径5~10mm，褐色，有淡色斑点；萼片脱落。花期4月，果期8~9月。

乌鲁木齐以及昌吉、石河子、霍城、伊宁、喀什等地引种栽培，生长良好。产于华北、东北、西北和华东各地。

本种抗旱，耐寒，耐水淹，多用作栽培梨的砧木。结实早、丰产、寿命长。亦为蜜源植物和庭

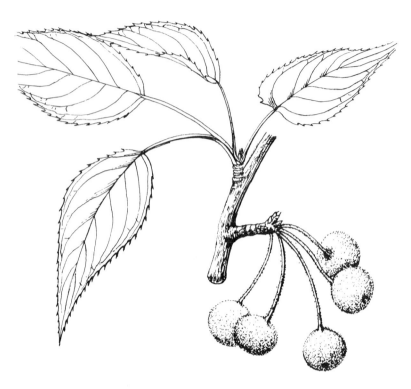

图 178 杜梨 Pyrus betulaefolia Bge.

园观赏树种。

8 *. 褐梨

Pyrus phaeocarpa Rehd. in Proc. Am. Acad. Arts. Sci. 50：235，1915；中国植物志，36：367，1974；新疆的梨，18，1978；中国果树分类学，138，图 62，1979；落叶果树分类学，59，1984；山东树木志，384，1984；新疆植物志，2(2)：291，1995。

小乔木，高 5 ~ 8m。当年生小枝被白绒毛。叶片椭圆状卵形或长卵形，先端长渐尖，基部宽楔形，边缘有尖锐锯齿，齿尖向外。伞房花序，有花 5 ~ 8 朵；总花梗和花梗初被毛，后逐渐脱落，花梗长 2 ~ 2.5cm；花径约 3cm；萼筒外被白绒毛，萼片三角状披针形，内面密被绒毛；花瓣卵圆形，白色；花柱 3 ~ 4，基部无毛。果实球形或卵形。直径 2 ~ 2.5cm，褐色，有斑点；萼片脱落，果梗长 2 ~ 4cm。花期 4 月，果期 8 ~ 9 月。

库尔勒、叶城等地果园引种栽培，产于华北各地。

果形小，品质不佳。常作栽培梨的砧木，嫁接后结实早，连年丰产，寿命较长。

9 *. 沙梨 砂梨 图 179

Pyrus pyrifolia (Burm.) Nakai. (*P. serotina* Rehd.)；新疆的梨，18，1978；落叶果树分类学，58，1984；山东树木志，381，1984。

落叶小乔木，高 7 ~ 15m。树冠球形，扩展。小枝紫褐色或暗褐色，具稀疏灰白色皮孔点，嫩时密被绒毛。叶窄卵圆形至卵形，长 7 ~ 12cm，宽 4 ~ 6.5cm。先端长渐尖，基部圆形或近心形。革质，边缘具刺芒状锯齿，齿尖略向内弯，两面无毛或仅嫩时具绒毛；叶柄长 3 ~ 4.5cm，仅嫩叶有毛；托叶膜质，条状披针形，全缘，具长柔毛，早落。伞房花序，有6 ~ 9 朵花；花总梗及小花梗幼时微具柔毛；小花梗长 3.5 ~ 5cm；苞片条形，边缘有长柔毛；花径 2.5 ~ 3.5cm；萼片三角状卵形，先端渐尖，腺齿缘，外面无毛，内被褐色绒毛；花瓣圆状卵形，长 1.5 ~ 1.7cm，基部具爪；雄蕊 20，花柱 5，稀 4。无毛。果近球形或卵形，径 2 ~ 3cm，顶端凹陷，萼片脱落，成熟时锈褐色或绿黄色，具白色斑点，果心较大，果肉细，多汁；果梗长 4 ~ 7cm。种子卵形、微扁、深褐色，长 8 ~ 10mm。花期 4 月，果期 8 ~ 9 月。

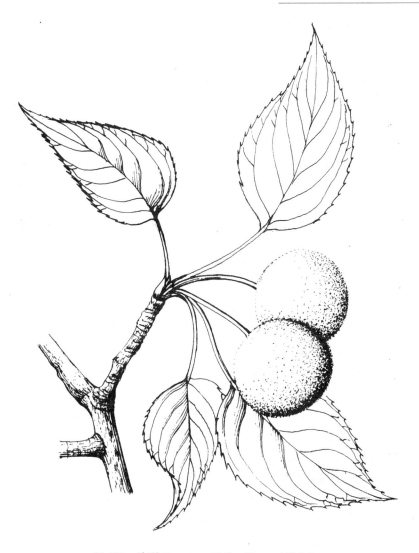

图 179 沙梨 **Pyrus pyrifolia**（Burm.）Nakai.

南疆各地果园引种栽培。产于我国中部、南部、西部各地。

引入品种有：苍溪梨、施家梨、二宫白，明月、二十世纪、世界一、太白长十廊、王冠、菊水等品种。适宜生长在温暖多雨的气候区域。

本种与白梨相近，惟后者叶基部呈广楔形，花较小，果皮黄色，可以区别。

（11）苹果属 Malus Mill.

落叶灌木，常无刺。冬芽卵形，鳞片覆瓦状排列。单叶互生，边缘有锯齿，在芽中呈席卷状或对折；具叶柄和托叶。伞房花序；萼筒钟状；萼片 5，花瓣 5，白色或粉红色；雄蕊 15～50，花药黄色，花柱 3～5，基部合生，子房下位 3～5 室，每室 2 胚珠，梨果，萼片宿存或脱落；子房壁软骨质，每室 1～2 种子；种子褐色。

本属约 35 种，广布北温带。我国产 20 种，新疆有 6～7 种。

分种检索表

1. 萼片果期宿存；花柱 4～5，果径 2cm 以上。
  2. 叶缘具钝圆锯齿，果实扁圆或球形；萼洼下陷。
    3. 花淡紫色；叶柄与叶脉淡紫红色；果紫红色 ························· **2. 红肉苹果 M. niedzwetzkyana** Dieck
    3. 花白色；叶柄与叶脉不带紫红色。

4. 叶柄短，叶片下面密被绒毛；果径大，果梗短 ·· 3*. 苹果 **M. pumila** Mill.

4. 叶柄细长，叶片下面疏被柔毛；果径小，果梗长，野生种 ··································

·· 1. 天山野苹果 **M. sieversii**（Ledeb.）M. Roem.

2. 叶下面无毛或仅在叶脉上有短柔毛；果实圆形，萼片基部连合，宿存 ·····················

·· 4*. 海棠果 **M. prunifolia**（Willd.）Borkh.

1. 萼片果期脱落或部分脱落；花柱 3～5；果形小；果径在 2cm 以下。

5. 萼片披针形，通常长于萼筒。

6. 叶柄、花梗和花萼光滑无毛 ·································· 5*. 山荆子 **M. baccata**（L.）Borkh.

6. 叶柄、花梗和花萼外被疏毛；果实椭圆形或倒卵形 ······ 6*. 毛山荆子 **M. mandshurica**（Maxim.）Kom.

5. 萼片三角状卵形，通常短于萼筒；叶柄、花梗和花萼外面被疏毛；果径 1～2cm ··············

·· 7*. 樱桃苹果 **M. cerasifera** Spach.

1. 天山野苹果 赛威苹果 新疆野苹果 彩图第 31 页

Malus sieversii（Ledeb.）M. Roem. Syn. Rosifl. 216, 1830；Фл. СССР, 9：363, 1939；Фл. Казахст. 4：404, 1961；中国植物志，36：383, 1974；中国果树分类学，98，图 38, 1979；落叶果树分类学，40, 1984；新疆植物检索表，2：502, 1983；新疆植物志，2(2)：293，图版 78：1～5, 1995；中国果树志·苹果卷，40, 1999。——*Pyrus sieversii* Ldb. Fl. Alt. 2：222, 1830。

小乔木，高 4～12m。树冠开阔；树皮暗灰色。小枝稍粗，萌条常具刺。当年生枝淡绿—棕褐色，疏被短柔毛；二年生枝灰色。叶片阔披针形或长圆状椭圆形，长 5～10cm。宽 3～5cm，先端尖，基部楔形，边缘具钝锯齿，下面有疏绒毛，幼叶毛较密；叶柄长 1.5～4cm，疏被柔毛；托叶膜质，披针形，边缘有毛，早落。伞房花序，3～5 朵花；花梗粗短，长 1.5～4cm，密被白色绒毛；花径 3～3.5cm；萼筒钟状，被短柔毛；萼片三角形，全缘；花瓣倒卵形，淡白至粉红色或白色；雄蕊 20 枚；花柱 5，基部密被白绒毛。果实球形或扁球形，或长圆状卵形，两端有浅洼，长 2～5cm，宽 3～4cm，黄绿色、黄色、红色等。花期 5 月，果期 7～9 月。

生山地间台地、阴坡和半阴坡，海拔 1100～1400m，常形成片林。

产塔城、霍城、伊宁、新源、巩留等地山地。东哈萨克斯坦及中亚山地也有。

天山野苹果从生物多样性方面，对其生活型、生态型、果实多样性等方面，需作深入研究，找出规律。因为"吉尔吉斯斯坦野苹果"就是以叶片质薄，少绒毛而分出的。

2. 红肉苹果

Malus niedzwetzkyana Dieck Neuh Offerte Nat. Arb. Zoschen. 16, 1891；Фл. СССР, 9：364, 1939；Фл. Казахст. 4：404, 1961；Опред. Раст. Средн. Азии, 5：147, 1976；新疆植物检索表，2：504, 1983；新疆植物志，2(2)：293, 1995——*M. pumila* var. *niedzwetzkyana*（Dieck）Schneid Ⅲ, Handb. Laubholzk, 1：716, 1906；中国果树分类学，98, 1979；中国果树志·苹果卷，40, 1999。

小乔木，高 5～8m，树冠球形，树皮褐红色。嫩枝淡红至棕褐色，被细柔毛。叶椭圆形或倒卵形，长 7～10cm，宽 3～6cm，基部圆或楔形，边缘有锯齿，致密有红晕，背面有疏柔毛，叶脉淡红色；叶柄淡红色。花鲜紫红色，径约 3～5cm。果紫红至暗红色，果肉粉红至紫红色，种子暗棕色。花期 4～5 月，果期 8 月。

野生山地或果园栽培。抗寒、喜光、可作栽培苹果砧木。

花、果鲜艳美丽，又为珍贵的园林观赏树种。通过引种驯化(山地)良种繁育，培养出新疆珍贵花木——新疆红海棠花是完全可能的。

红肉苹果，以其枝叶花果特征，无疑是天山野苹果的一个红花类型，但从其观赏价值考虑，以成独立等级、分类经营为好。

3*. 苹果 图 180

Malus pumila Mill. Gard. Dict. ed. 8. M. no. 3：1768；中国高等植物图鉴，2：236. 图 2201,

1972；新疆植物检索表，2：504，1983；新疆植物志，2(2)：293，1995；中国果树分类学，93，图 37，1979；落叶果树分类学，39，1984——*M. domestica* Bork. Handb. Forstb. 2：1272，1803；Фл. СССР，9：365；Фл. Казахст. 4：405，1961；中国果树志·苹果卷，32，1999；Rehd，1949，Bibliogr. Cult Trees Shrubs，267，pro syn. *Malus pumila* Mill.。

　　落叶小乔木或乔木，高 4～12m，树干短，树冠圆，嫩枝密被绒毛，老枝无毛，紫褐色。冬芽肥大，外被短柔毛。叶片椭圆形或卵圆形至宽椭圆形，边缘有钝锯齿，幼时两面被短柔毛，成熟叶上面近无毛；叶柄粗短，被短绒毛。伞房花序具 3～4 朵花；花梗和萼筒密被绒毛；花瓣白色，含苞未放时带粉红色；花柱5，下半部密被柔毛。果实近扁圆形，直径在 2cm 以上。形状，颜色，风味，成熟期，常因品种而有差异。萼洼下陷，萼片宿存，果梗粗短，花期5月，果期 7～10 月。

　　全疆各地果园均有栽培。我国东北南部、华北、西北及西南等地区也广泛栽培，原产欧洲及中亚。栽培历史悠久，品种千余种，经济价值很高，全世界温带地区均有。

图 180　苹果 Malus pumila Mill.

1. 枝叶　2. 花　3. 果

4*. 海棠果　楸子　海红　图 181

Malus prunifolia（Willd.）Borkh. Theor. Prakt. Handb. Forst. 2：1278，1803；中国高等植物图鉴，2：327，图 2203，1972；中国植物志，36：384，1974；新疆植物检索表，2：506，1983；新疆植物志，2(2)：292，1995；落叶果树分类学，41，1984；中国果树志·苹果卷，36，1999。

　　落叶小乔木，高 3～8m。小枝圆柱形；嫩枝密被柔毛；老枝灰褐色，无毛。叶片卵圆形或椭圆形，长 5～10cm，宽 4～6cm，先端渐尖或急尖，基部圆形或宽楔形，边缘有细锯齿，嫩叶密被短柔毛，成叶脱落，仅叶背沿脉有柔毛；叶柄长 1.5cm；托叶早落。伞房花序，着生 4～5 朵；花梗长 2～3cm，密被柔毛；花径 4～5cm；萼筒钟状，外被柔毛；萼片三角状披针形，长 7～9mm，两面均被柔毛，萼片长于萼筒；花瓣倒卵形或长倒卵形，基部有爪，淡粉红色；雄蕊20，花丝不等长；花柱4～5，基部具长柔毛；花柱高于雄蕊。果实卵形或圆锥形，直径2～2.4cm，黄绿色或有红晕；果梗细长，萼洼隆起

图 181　海棠果 Malus prunifolia（Willd.）Borkh.

1. 花枝　2. 果

并有宿存肥厚萼片。花期4~5月(4月中下旬),果期8~9月。

新疆各地果树普遍栽培。分布于内蒙古、辽宁、河北、河南、山东、山西、陕西、甘肃等地区。

本种抗寒、耐旱,适应性强,生长势旺,是苹果的优良砧木,久经栽培,品种很多。果可生食或加工成果品。春天,白花满树,秋日红果累累,是很好的城市园林绿化树种。

5*. 山荆子　山定子　图182

Malus baccata(L.) Borkh. Theor. Prakt. Hamdb. Forst. 2:1280,1803;中国树木分类学,420,图318,1953;中国高等植物图鉴,2:234,图2198,1972;中国植物志,36:375,图版5:1~3,1974;新疆植物检索表,2:506,1983;落叶果树分类学,37,1984;新疆植物志,2(2):295,1995;中国果树志·苹果卷,41,1999—*Pyrus baccata* L. Mant. Pl. 25,1767;*M. baccata* var. *sibirica*(Maxim.) Schneid.

小乔木,高6~12m。树冠开展,树皮灰褐色。小枝红褐色,无毛。叶片椭圆形或卵形,长3~7cm,宽2~4cm,先端渐尖,基部圆形或楔形,边缘有细锯齿,无毛或幼时稍有毛;托叶披针形,全缘有细锯齿,早落。花序伞房状;花梗细长,无毛;苞片线状披针形,边缘有腺齿,早落;花径3~3.5cm;萼筒外面无毛;萼片披针形,长于萼筒;花瓣倒卵形,白色;雄蕊15~20枚;花柱5或4,基部合生,被长柔毛。果实球形,径8~10mm,红色或黄色,柄洼与萼洼微凹。萼片脱落,果梗细长,长3~4cm,无毛。花期5月,果期8~9月。

新疆各果园普遍引种栽培。自然分布于中国东北、华北及西南。现吉林、黑龙江、内蒙古、河北、山东、山西、陕西、甘肃、四川、云南、贵州及西藏等地均有。朝鲜及俄罗斯西伯利亚也有。

山荆子性喜光、抗寒,要求深厚、肥沃土壤,不耐盐碱,不耐干旱瘠薄。花枝累累,玉锦团团,是珍贵的城市园林绿化树种。

6*. 毛山荆子

Malus mandshurica(Maxim.) Kom.;Фл. CCCP,9:371,1939;山东树木志,404,1984;落叶果树分类学,37,1984;中国果树志·苹果卷,41,1999—var. *mandshurica*(Maxim.) Schneid. Ⅲ. Handb. Laubh. 1:721,1906;—*Pyrus baccata* Linn. var. *mandshurica* Maxim. in Bull. Acad. Sci. St. Petersb. 19:710,1873。

乔木,高可至15m;小枝幼时被短柔毛,老时脱落,紫褐色;多年生枝深灰色。树皮深褐色或近于

图182　山荆子 **Malus baccata** (L.) Borkh.
1. 花枝　2. 果枝

黑色。幼叶在芽中呈席卷式。叶片卵圆形、椭圆形至倒卵形，长 5~8cm，宽 3~4cm，先端急尖或渐尖，基部楔形或近圆形，边缘有细锯齿，下面中脉及侧脉上具短柔毛；叶柄长 3~4cm，具疏柔毛；托叶线状披针形，长 5~7mm，先端渐尖，早落。伞房花序，具 3~6 花，集生小枝端，花序直径6~8cm，无总梗；花梗长 3~5cm，被疏短柔毛；花径 3~3.5cm；萼筒疏生短柔毛；萼片披针形，全缘，长 5~7mm，内面被绒毛，比萼筒稍长；花瓣长倒卵形，长 1.2~1.5cm，基部具爪，白色；花蕾粉红色；雄蕊 20~30；花丝不等长，约为花瓣之半或稍长；花柱 4，稀 3 或 5，基部具绒毛。果实椭圆形或倒卵形，直径 8~12mm，红色，萼片脱落；果梗长 3~5cm。花期6月，果熟期8~9月。

阿勒泰县果园栽培，开花结实，生长良好。辽宁、吉林、黑龙江、内蒙古、山西、河北、陕西、甘肃、四川等地区有分布。朝鲜、日本、俄罗斯远东也有。

本种跟山荆子近似，惟叶片边缘的锯齿较细钝，叶柄、花梗及萼筒外面均有短柔毛，果形稍大，呈椭圆形，用途与山荆子同。

本种跟山荆子一样，是珍贵的城市园林绿化树种。

7*. 樱桃苹果（新拟）

Malus cerasifera Spach. Hist. Vegest. 2：152，1834；Rehd，1940. Man. Cult. Trees Shrubs，393，pro syn. M. b. var. mandshurica(Maxim.) Schneid；Дерев. и Кустарн. СССР，3：440，1954；新疆植物检索表，2：506，1983；新疆植物志，2(2)：295，1995。

本种与海棠果 M. prunifolia Borkh 相似，其区别在于花梗、花托和花萼多少被毛；果期萼片，全部或部分脱落；果实较小，直径 1~2cm，黄色或粉红色。花期 5 月，果期8~9月。

塔城和伊犁各果园常见栽培叫做海棠果，常作苹果砧木，果实鲜食或加工。本种特征按原"苏联乔灌木"第三卷记载。美国树木学家 Rehder 是将这种作为"毛山荆子"的异名，但比较塔城（樱桃苹果）和阿勒泰引种的（毛山荆子）标本，明显有别。所以，伊犁和塔城果园称作"海棠果"的一类标本，是完全正确的。

（12）唐棣属 Amelanchier Medic.

落叶灌木或小乔木。单叶互生，有锯齿或全缘，具叶柄和托叶。顶生总状花序；萼筒钟状；萼片 5，全缘；花瓣 5，白色，匙形；雄蕊 10~20；花柱 2~5，基部合生或离生；子房下位或半下位，2~5 室；每室 1 胚珠。梨果近球形，浆果状，内果皮膜质，萼片宿存，反折。

本属约 25 种，主产北美。我国有 2 种；新疆引入栽培 1 种。

1*. 圆叶唐棣

Amelanchier alnifolia (Nutt.) Nutt. in Jour. Acad. Nat. Sci. Philad.；7：22，1834；Дерев. и Кустарн. СССР，3：504，1954；新疆植物检索表，2：499，1983；新疆植物志，2(2)：295，图版 76：5，1995。——Aronia alnifolia Nutt. Gen. N. Am. Pl. 1：306，1818。

灌木高 2~3m。树皮光滑，暗灰色。小枝棕色，当年生枝被柔毛，后脱落。叶片椭圆形或近圆形，长 3~5cm，宽 2~4cm，顶端圆钝，基部圆或微心形，上面暗绿色，平滑，下面色淡，被绒毛，后无毛；托叶线形，早落。总状花序；萼筒钟形，萼片三角状披针形；花瓣白色，长倒卵形或倒卵形；雄蕊 20，花柱 5 稀 4，中部以下连合；子房顶端被白绒毛。梨果球形或倒卵形，径约 1~1.2cm，紫红色至紫黑色。种子椭圆形，平滑，棕色。花期 5 月，果期 6~7 月。

塔城、伊宁市果园有少量栽培。莫斯科和圣彼得也有栽培。原产北美。

圆叶唐棣性喜阳光，但也能耐荫、抗寒、抗旱，根蘖力很强，常形成密集灌丛。枝叶繁茂，花实累累，是珍贵的城市园林绿化树种。

（C）蔷薇亚科 ROSOIDEAE

常绿或落叶乔灌木、半灌木或草本。叶为单叶、三出复叶，羽状或掌状复叶；托叶发达。花组成各式花序，少单、两性或单性，辐射对称；花托杯状、壶状、扁平或隆起；花萼5(4)或具副萼；花瓣5(4)或重瓣；雄蕊多数；雌蕊多数，心皮分离，每子房具 1 垂悬或直立胚珠；子房上位少下位，花柱侧生，顶生，少从子房基部生出。聚合瘦果，花托肉质或干燥。

本亚科约30属。我国有19属；新疆15属；其中半灌木或灌木共9属。特征见前分属检索表。

(13) 树莓属（悬钩子属）Rubus Linn.

落叶稀常绿灌木，稀多年生草本。茎直立，匍匐或攀援，具皮刺、刺毛或腺毛。单叶羽状或掌状复叶，边缘有锯齿或裂片；具叶柄，托叶与叶柄合生或离生。花两性，稀单性而雌雄异株，聚散花序、圆锥花序、伞房花序，簇生少单生；花托球形或圆锥形；萼片5，直立或反折；花瓣5，白色或粉红色；雄蕊多数，分离；花柱近顶生，子房1室，胚珠2。果实为聚合核果，红色或黑色。

本属约700余种，主产北温带。我国194种；新疆3种，近期引入种未计。

分种检索表

1. 茎蔓生；果蓝黑色，被蜡粉 ·································· **1. 黑果树莓 R. caesius** Linn.
1. 茎直立；果红色。
　　2. 果梗被刺毛或短柔毛，无腺毛 ························ **2. 树莓 R. idaeus** Linn.
　　2. 花梗被刺毛或腺毛 ···························· **3. 库页岛树莓 R. sachalinensis** Levl.

1. 黑果树莓　黑果悬钩子　欧洲木莓　图 183　彩图第 35 页

Rubus caesius Linn. SP. Pl. 706, 1753；Фл. СССР, 10：56, 1941；Фл. Казахст. 4：415, 1961；中国果树分类学，219, 1979；新疆植物检索表，2：525, 1983；中国植物志，37：119，图版 14：6～9, 1985；落叶果树分类学，174, 1984；新疆植物志，2(2)：300, 1995。

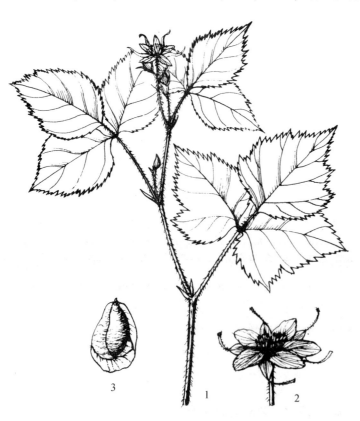

蔓生灌木，茎长 0.5～1.5m。小枝黄绿色或淡褐色，常被白色蜡粉，具直刺，弯刺和刺毛。三出复叶，稀5。阔卵形或菱状卵形，长 4～7cm，宽 3～5cm，灰绿色，两面被疏毛，边缘有缺刻状粗锯齿或重锯齿，有时 3 浅裂；叶柄被短柔毛和皮刺；托叶宽披针形，被柔毛。伞房花序或少花腋生；花梗和萼片被柔毛和细刺，有时混生腺毛；苞片宽披针形，被柔毛和腺毛。花径 2～3cm；萼片卵状披针形，具尾尖；花瓣白色，宽椭圆形，基部具短爪；雄蕊多数，花丝线形，几与花柱等长；花柱与子房光滑无毛。果实近球形，黑色。无毛，被蜡粉，花期6月，果期7～8月。

生山地河谷、灌丛、林缘、林中空地。

产塔城、额敏、伊宁、新源等地山地。广布于欧洲、中亚、西伯利亚山地，久经栽培。

图 183　黑果树莓 Rubus caesius Linn.
1. 花枝　2. 花　3. 小核果

2. 树莓 覆盆子 图 184 彩图第 35 页

Rubus idaeus Linn. Sp. Pl. 492, 1753；Фл. СССР, 10：16, 1941；Фл. Казахст. 4：412, 1961；中国高等植物图鉴, 2：284, 图 2298, 1972；新疆植物检索表, 2：524, 1983；中国植物志, 37：55, 1985；落叶果树分类学, 173, 1984；新疆植物志, 2(2)：300, 图版 80：5, 1995。

灌木, 高 0.5～1.2m。枝具扁刺, 幼时被短绒毛。羽状复叶有 3 小叶；或在新条上具 5 小叶, 边缘具粗重锯齿, 上面被细短柔毛, 下面被白绒毛；顶生小叶片宽卵形, 长 5～10cm, 短渐尖, 基部微心形, 侧生小叶稍小, 基部圆形。花为顶生短总状花序或伞房状圆锥花序, 有时少花腋生；花梗被短柔毛和刺毛；萼片灰绿色, 卵状披针形, 具尾尖, 边缘具灰白色绒毛, 直立或开展；花瓣匙形或长圆形, 白色, 基部有宽爪；花柱基部和子房密被白色绒毛。聚合果球形, 多汁, 径约 1cm, 红色或橙黄色, 有黄色、白色变种, 密被短绒毛, 核面具明显洼孔。花期 5～6 月, 果期 7～8 月。

图 184 树莓 Rubus idaeus Linn.
1. 花枝 2. 花 3. 花柱、子房

生山地河谷、林缘、草原灌丛、林中空地。海拔 1400～1800m。

产阿勒泰、布尔津、乌鲁木齐和布克赛尔、塔城、霍城、新源年、特克斯等地。我国华北各地区也有分布。广布于欧洲、北美洲和东亚各地。在欧洲久经栽培, 品种很多。果鲜食或加工, 又可供赏及药用, 是珍贵的城市园林绿化树种。

3. 库页岛树莓 库页岛悬钩子 图 185

Rubus sachalinensis Levl. in Fedde Repert Sp. nov. 6：332, 1909；东北本植物图志, 308, 图版 107, 图 220, 1955；Фл. Казахст. 4：4, 1961；新疆植物检索表, 2：525, 1983；中国植物志, 37：59, 1985；新疆植物志, 2(2)：300, 1995；黑龙江树木志, 328, 1986 pro syn. *Rubus matsumuranus* Lev. et Van.

灌木, 高 0.3～1m。根状茎倾斜。枝条紫褐色, 被蓝色蜡粉, 具针刺和混生腺毛。三出复叶；小叶片卵形、卵状披针形或长圆状卵形, 长 3～7cm, 宽 2～4(5)cm, 顶端渐尖, 基部圆形或微心形, 上面绿色, 具疏毛, 下面密被灰白色绒毛, 沿脉有针刺, 边缘有不规则粗锯齿；顶生小叶具长柄；侧生小叶近无柄, 均被柔毛及刺毛或腺毛；托叶披针形有毛。伞房状花序, 顶生或腋生, 稀单生；花梗、苞片、花萼均被柔毛, 刺毛和腺毛；萼片三角状披针状, 边缘具灰白色绒毛；花瓣白色, 匙形, 短于萼片, 基部具爪；雄蕊多数；雌蕊多数, 离生；花柱基部和子房被绒毛。聚合果球形, 紫红色, 被白绒毛, 核面有皱纹。

生山地石坡, 灌丛、林缘。海拔 1400～1500m。

产青河、福海、奇台、乌鲁木齐、塔城、新源、巩留等地山地。黑龙江、吉林、辽宁、内蒙古

图 185 库页岛树莓 **Rubus schalinensis** Levl.
1. 花枝 2. 叶片一段 3. 花 4. 花瓣

也有。朝鲜、日本、俄罗斯远东也有。模式标本采自日本。

（14）仙女木属 Dryas Linn.

矮小半灌木。茎直立或丛生或呈匍匐状。单叶互生，全缘或浅裂，下面白色，边缘反卷；托叶贴生于叶柄，宿存。花单朵顶生，两性，稀杂性花；萼筒杯状被腺毛，萼片 6～10，宿存；花瓣 6～10。白色或淡黄色，倒卵形；雄蕊多数，离生或 2 轮。瘦果多数，顶端具白色羽毛状宿存花柱。

本属 10 种。新疆产 1 种。

1. 仙女木 图 186 彩图第 36 页

Dryas oxyodonta Juz. in Bull. Jard. Bot. Princinp. 28，3～4，313，1929；Фл. CCCP，10：273，1941；Фл. Казахст. 4：458，1961；Опред. Раст. Средн. Азии，5：196，1976；新疆植物检索表，2：525，1983；新疆植物志，2（2）：301，1995。—*D. octopetala* Linn. Sp. Pl. 501，1753；中国植物志，37：219，1985。

常绿半灌木，高 3～10cm。茎丛生、匍匐状，基部多分枝。单叶革质，椭圆形或长圆状椭圆形，长 0.5～6cm，宽 0.3～1.5cm，基部宽楔形或微心形，先端钝圆，边缘具钝圆齿，向上反卷，上面深绿色，无毛或被疏柔毛，下面被白绒毛，叶脉隆起；叶柄密被白绒毛及棕色长柔毛；托叶膜质，狭披针形，被白色长柔毛。花葶长 2～7cm，果期可达 8～10cm，密被白绒毛及长柔毛和腺毛，花径 2～3.5cm；萼片卵状披针形，长 0.5～1cm，先端尖，外面被白色长柔毛及分枝毛；花瓣椭圆形或倒卵形，白色；雄蕊多数；花柱顶生，有绢毛。瘦果圆状卵形，褐色，被毛，先端具宿存羽毛状花柱。花期6~8月。

生于高山森林上限（林缘、草甸、石坡），海拔2400~3200m。

产青河、富蕴、阜康、乌鲁木齐、昌吉。蒙古北部、俄罗斯西伯利亚也有。

（15）多蕊莓属（新拟）
Tylosperma Botsch.

稠密垫丛小灌木。由曲折、多头木质茎基发出多数小枝形成密垫丛。叶有柄，在鳞片状淡棕色托叶之上具关节，奇数羽状复叶，由2对小叶组成。花5数，两性，单生，具细长花轴，基部具细茎，沿关节折断；花萼甚大于副萼片；花瓣白色，稍长于花萼；花托干燥，不增大，稍突出，有柔毛；雄蕊20；花柱脱落，纤细。长于子房1.5~2倍，侧生。瘦果多数，被柔毛状刚毛，在花托固定处具胼胝质增厚。

本属2种，新疆只产1种。

1. 多蕊莓（新拟）
Tylosperma lignosa (Willd.) Botsch. in Not. Syst. Herb. Inst. Bot. Ac. Sc. Uzbek. 13：17, 1952; Fl. Uzbek. 3：304, 1955; Fl. Tadzhik, 8：386, tab. 88：2~4, 1986——*Potentilla lignose* Willd. ex. Schlecht. in Mag. Ges. Naturf. Fr. Berl. 7：293, 1816; Th. Wolf. Monogr. Pot. 67, 1908。

图186　仙女木 Dryas oxyodonta Juz.
1. 花枝　2. 花柱

垫丛，高至15cm，多头木质茎基，具淡棕褐色片状剥落树皮。叶长（1）2~4cm，短柄，由5枚圆状倒卵形（少较狭窄）顶端具细齿牙的小叶片组成，下面密被伏贴绢毛；托叶棕褐色，具宽三角形近尖的耳，膜质，边缘无毛，中部被伏贴毛。花径12~15mm；花梗纤细，长3~5cm，超出或不超出叶，结实后沿基部关节折断；副萼线状倒披针形，近尖，长约4mm，宽约1mm；萼片长约6mm，宽约2mm，卵状披针形，急尖；花瓣长约8mm，宽约5mm。倒卵形，顶端圆弧状；基部具短爪；花药广椭圆形，花柱长纺锤形，顶端近不扩展。瘦果不规则长圆状椭圆形，密被刺毛（胼胝增厚除外），花期6月，果期6~8月。

生于雪岭云杉林上部高山带，海拔2800~3200m。

产乌什县。分布于乌兹别克斯坦、塔吉克斯坦；伊朗也有。模式标本自乌兹别克斯坦记载。中国新记录种。

（16）金露梅属 Pentaphylloides Ducham.

落叶小灌木。枝直立或铺散。叶为奇数羽状复叶；小叶3~7，常5，小叶片与叶柄连接处有关节；托叶与叶柄下部合生。花两性。单生，组成聚伞花序；花托杯状；副萼片、萼片、花瓣各5；

花黄色；花瓣圆形；雄蕊25，着生于花盘边缘；雌蕊多数，分离；花柱棒状，基生，柱头扩大；子房被毛。瘦果被长柔毛。

本属6种。新疆产4种，为珍贵城市园林绿化树种。

分种检索表

1. 花较大，直径通常1.5～3cm。
  2. 小叶片长圆形或卵状披针形；萼片常为绿色，副萼片全缘，直立灌木 ······················· ···················· **1. 金露梅 P. fruticosa**（L.）O. Schwarz.
  2. 小叶片椭圆形或窄椭圆形；萼片常带紫色；副萼片叶状，2～3裂，铺散灌木 ················ ···················· **3. 紫萼金露梅 P. phyllocalyx**（Juz.）Sojak.
1. 花较小，直径长为1～1.5cm。
  3. 小叶椭圆形，边缘平坦或卷 ············ **4. 帕米尔金露梅 P. dryadamthoides**（Juz.）Sojak.
  3. 小叶狭披针形，两面绿色，边缘明显反卷 ············ **2. 小叶金露梅 P. parvifolia**（Fisch. ex Lehm.）Sojak.

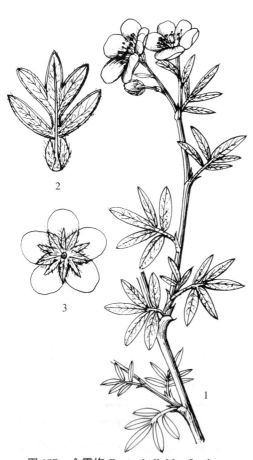

图187 金露梅 Pentaphylloides fruticosa
（L.）O. Schwarz.
1. 花枝 2. 复叶 3. 花示正副萼

1. 金露梅 图187 彩图第36页

Pentaphylloides fruticosa（L.）O. Schwarz. Mitt. Thuring. Bot. Ges. 1：105，1949；Опред. Раст. Средн. Азии，5：169，1976；新疆植物检索表，2：531，1983；新疆植物志，2(2)：305，1995—*Potentilla fruticosa* L. Sp. Pl. 495，1753；中国植物志，37：245，图版36：1～2，1985—*Dasiphora fruticosa*（L.）Rydb in Mem. Dep. Bot. Columb. Univ. 2：188，1898；Фл. Казахст. 4：417，1961；中国高等植物图鉴，2：287，图2304，1972。

小灌木，高0.5～1.5m，树皮剥落。小枝红褐色或淡灰褐色，幼时被绢状柔毛。奇数羽状复叶；小叶5或3，上面一对小叶片基部下延与叶轴汇合；叶柄被绢毛或疏柔毛；小叶片长圆形、倒卵状长圆形或卵状披针形，长0.7～2cm，宽0.7～1cm，全缘，边缘平坦，顶端渐尖，基部楔形，两面绿色，疏被绢毛或几无毛，沿脉较密；托叶膜质，卵状披针形，基部与叶柄合生。花单生叶腋，数朵组成顶生聚伞花序；花梗被长柔毛；花较大，直径1.5～3cm；萼片卵圆形，顶端短渐尖；副萼片披针形或倒卵状披针形，顶端渐尖，有时2裂，与萼片近等长，外面疏被绢毛；花瓣黄色，宽倒卵形，顶端圆形，长于萼片；花柱近基生，棒状，柱头扩大。瘦果卵形，棕褐色，被长柔毛。花期6～7月，果期8月。

生山地、灌木草原带、亚高山森林带直至高山带，生山地河谷、草原灌丛、草甸、林缘。海拔1000～2800m。

产富蕴、阿勒泰、布尔津、哈巴河、木垒、阜康、乌鲁木齐、马纳斯、和布克赛尔、塔城、精河、霍城、新源、和静等地山地。我国东北、华北、西北各地区及四川、云南、西藏等也有。北温带山区也广泛分布。

本种枝繁叶茂，金花朵朵，甚富观赏，是珍贵城市园林绿化树种。

1a. 金露梅（原变种）

P. fruticosa（L.）O. Schwarz. var. **fruticosa**

产阿尔泰山、天山。我国东北、华北、西北各地区也有。欧洲、北美广泛分布。

1b. 白毛金露梅（新变种）

P. fruticosa（L.）O. Schwarz. var. **albicans**（Rehd. et Wils）Y. L. Han. 在新疆植物检索表，2：531，1983；新疆植物志，2（2）：305，1995——*Potentilla fruticosa* L. var. *albicans* Rehd. et Wils. in Rehder Man. Cult. Trees and Shrubs ed. 2：422，1940；经济植物手册，上册，第二分册，601，1955。

本变种产托木尔峰、博乐县；生于山地河谷及干旱坡地，少见。小叶椭圆状矩圆形，叶下面被白丝状绒毛，易于识别。

本变种内蒙古也有，供观赏用。

2. 小叶金露梅　图188

Pentaphylloides parvifolia（Fisch. ex Lehm.）Sojak. Folia Geobot. Phytotax. 4，2：208，1969；Опред. Раст. Средн. Азии，5：170，1976；新疆植物检索表，2：532，图版29，图2~4，1983；新疆植物志，2（2）：306，1995。

小灌木，高至1m，树皮条状剥落，多分枝，枝条开展；小枝灰褐色或棕褐色，幼时被灰白色柔毛。奇数羽状复叶，具5或7小叶片；小叶片披针形、条状披针形或倒卵状披针形，长0.5~1cm，宽0.2~0.3cm，顶端渐尖，基部楔形，边缘全缘，向下反卷，两面绿色，被绢毛或疏柔毛；托叶膜质，披针形，全缘。花单生叶腋或数朵组成顶生聚伞花序；花径约1~1.5cm；花萼与花梗均被绢毛；副萼片披针形，顶端有时2裂，萼片卵形，等于或长于副萼片；花瓣黄色，宽倒卵形，顶端微凹，比萼片长1~2倍；花柱近基生，棒状，柱头扩大。瘦果被毛。花期6~8月，果期9~10月。

生于山地，灌木草原带至亚高山森林带。生山地、河谷、草原灌丛，海拔1100~1800m。

产阿勒泰、塔城、温泉等山地。分布于黑龙江、内蒙古、甘肃、青海、四川、西藏等地区。中亚、蒙古北部、俄罗斯西伯利亚也有。

图188　**小叶金露梅** Pentaphylloides parvifolia（Fisch. ex Lehm.）Sojak.

1. 花枝　2. 枝　3. 叶

3. 紫萼金露梅

Pentaphylloides phyllocalyx （Juz.）Sojak. Folia Geobot. Phytotax. 4，2：208，1969；Опред. Раст. Средн. Азии，5：169，1976；新疆植物检索表，2：531，1983；新疆植物志，2(2)：306，1995——*Dasiphora phyllocalyx* Juz. in Fl. URSS，10：607，1941；Фл. Казахст. 4：418，1961；中国高等植物图鉴，2：288，图 2305，1972。

小灌木，高 10～30cm。枝条铺展，带花枝条直立。奇数羽状复叶，小叶 5，长圆形或窄披针形，长 0.5～0.8cm，宽 0.3～0.4cm，两面被短柔毛，边缘反卷。花单生叶腋，较大，直径可达 3cm，萼片三角状卵形，顶端渐尖，带紫色；副萼片叶状，2 或 3 深裂，裂片短于或等于萼片，密被白色长柔毛；花瓣黄色，圆形，长于萼片 2 倍；花柱近基生，棒状，柱头扩大。瘦果棕色，褐色，密被长柔毛。花期 7～8 月。

生于高山草甸。海拔 2400～2900m。产巩留县。分布于中亚山地。

4. 帕米尔金露梅　图 189　彩图第 36 页

Pentaphylloides dryadanthoides （Juz.）Sojak. Folia Geobot. Phytotax. 4，2：208，1969；Опред. Раст. Средн. Азии，5：170，1976；新疆植物检索表，2：532，1983；新疆植物志，2(2)：306，图版 83：1～3，1995——*Dasiphora dryadanthoides* Juz. in Fl. URSS，10：608，1941。

矮小灌木，高 10～15cm。枝条铺展；嫩枝棕黄色，疏被柔毛。奇数羽状复叶，具 5 或 3 小叶片，椭圆形，顶端钝圆，基部楔形，边缘平坦或微反卷，两面被白毛绢状柔毛，下面沿叶脉被开展长柔毛；托叶卵形，膜质，淡棕色。花单生叶腋，花梗短；花直径 1～1.5cm；萼片宽卵形；副萼片披针形或卵形，短于萼片，花瓣黄色，宽椭圆形，长于萼片，花柱近基生，棒状，柱头扩大，瘦果被毛。花期 6～7 月。

生高山地带的干旱草原及石质坡地。海拔 3800～4500m。

产塔什库尔干及皮山县。帕米尔高原特有种。分布中亚。

图 189　帕米尔金露梅 Pentaphylloides dryadanthoides（Juz.）Sojak.
1. 花枝　2. 复叶　3. 花示正副萼片

(17) 委陵菜属 Potentilla Linn.

多年生稀一年或二年生草本，茎直立，斜展或匍匐。叶为奇数羽状复叶或掌状复叶；托叶与叶柄合生。花两性，单生或聚合成聚伞花序；花萼片5，镊合状排列，副萼片5，互生，花瓣5，黄色，稀白色；雄蕊10～30枚，常20枚，雌蕊多数，离生，着生于隆起的花托上，花柱顶生，侧生或基生，每心皮1胚珠，胚珠侧生、横生或近直生。瘦果多数着生于干燥花托上，萼片宿存。种子7枚，种皮膜质。

200余种，主产北温带，我国80余种，新疆28种，其中多年生半灌木者仅1种。

1. 双花委陵菜

Potentilla biflora Willd. ex Schlecht. in Mag. Ges. Naturf. Fr. Berl. 7：297，1816；Фл. СССР，10：84，1941；Фл. Казахст. 4：426，1961；新疆植物检索表，2：536，1983；新疆植物志，2(2)：312，图版84：1～3，1995。

丛生垫状半灌木，高约10cm，根粗壮，圆柱形。茎直立，下部木质化，密被褐色残存托叶。基生叶羽状或掌状深裂，叶柄被白色长柔毛，上面一对小叶，基部下延，下面一对小叶深裂几达基部，小叶片线形，长0.8～1.8cm，宽约0.2cm，顶端渐尖，边缘全缘，向下反卷，上面暗绿色，被疏毛，下面沿中脉密被白色长柔毛，托叶膜质，褐色，被白色柔毛，花1～2朵；花梗被疏毛，长1～2cm，下面有条形苞片；花径1.2～1.5cm，萼片三角状卵形，顶端急尖，副萼片披针形，外被疏柔毛，花瓣黄色，长倒卵形，顶端凹，长于萼片，花柱近顶生，丝状，瘦果基部有毛，表面光滑。花期6～7月。

生高山碎石山坡，常生石缝中，海拔2000～3000m。

产乌鲁木齐、昌吉、玛纳斯、沙湾、巩留、等山地，中亚山地、西伯利亚、蒙古北部，北美均有（北极山地至北极种）。

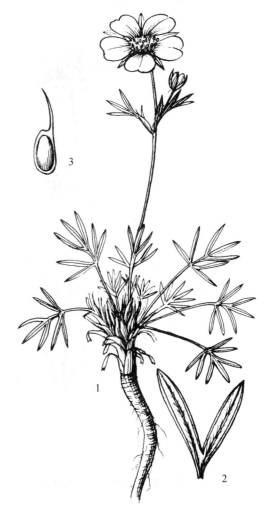

图190 双花委陵菜 Potentilla biflora

Willd. ex Schlecht.

1. 花枝 2. 叶片背面 3. 小瘦果

(18) 沼委陵菜属 Comarum Linn.

半灌木，根状茎匍匐，木质化。茎直立。奇数羽状复叶，小叶5～11，边缘有锯齿。聚伞花序顶生或腋生；萼片和副萼片各5枚，宿存；花托平坦或呈蝶状，果期稍隆起，呈半球形，如海绵质；花瓣5，红色、紫色或白色；雄蕊20～50枚，花丝丝状，宿存；心皮多数，花柱侧生。瘦果无毛或有毛。

本属5种。产北半球温带。新疆产2种。

分种检索表

1. 小叶5～7，花瓣深紫色，瘦果无毛 ·························· **1. 沼委陵菜 C. palustre** Linn.

图 191　沼委陵菜 Comarum palustre Linn.　　图 192　白花沼委陵菜 Comarum salesovianum
(Steph.) Asthers. et Grachn.

1. 小叶 7～11 枚；花瓣白色或淡粉红色；瘦果被白色长柔毛 ··
··························· **2. 白花沼委陵菜 C. salesovianum**(Steph.) Aschers. et Grachn.

1. 沼委陵菜　图 191

Comarum palustre Linn. Sp. Pl. 502, 1753；Фл. СССР, 10：74, 1941；Фл. Казахст. 4：419, 1961；中国高等植物图鉴，2：301, 图 2332, 1972；新疆植物检索表，2：545, 1983；新疆植物志，2(2)：328, 图版 89：3～4, 1995。

半灌木，高约 50cm；根状茎匍匐，木质化，深褐色。茎中空，下部弯曲，近基部分枝，淡褐色，下部无毛，上部密被柔毛及腺毛。奇数羽状复叶，小叶 5～7 片，彼此靠近，椭圆形或长圆形，长 4～7cm，宽 1.2～3cm，先端钝圆，基部楔形，边缘有尖锯齿，下部全缘，上面绿色，下面灰绿色，被柔毛；托叶卵形，膜质。花序顶生或腋生，花数朵；花梗被柔毛和腺毛；苞片锥形；花径 1～1.5cm，花托平坦，外面被柔毛；萼片深紫色，三角状卵形，开展，先端渐尖，两面均被柔毛；副萼片披针形，先端渐尖，外面被柔毛；花瓣卵状披针形，短于萼片；深紫色，雄蕊 15～25 枚，花丝花药均为深紫色，短于花瓣；子房卵形，深紫色，无毛；花柱线形，侧生。瘦果卵形，黄褐色，扁平，无毛，着生于膨大的花柱上。花期6~7月，果期8~9月。

生于河边、湖岸边，沼泽地及低湿地。海拔1200~1700m。

产富蕴、阿勒泰、塔城等地。分布于我国东北及华北地区。北温带广布种。

2. 白花沼委陵菜　图192　彩图第36页

Comarum salesovianum（Steph.）Aschers. et Grachn. Syn. 6：663，1904；Фл. СССР，10：77，1941；Фл. Казахст. 4：420，1961；Опред. Раст. Средн. Азии. 5：171，1976；中国高等植物图鉴2：301，图2331，1972；新疆植物检索表，2：545，1983；新疆植物志，2（2）：328，图版89：1~2，1995。

半灌木，高至1m。茎直立，多分枝，下部木质化，幼茎被白色蜡粉及长柔毛。奇数羽状复叶，长4~9.5cm；小叶7~11枚，长圆状披针形或倒卵状披针形，边缘具尖锯齿，上面绿色，无毛。下面被白蜡粉及伏生柔毛；复叶柄带红色，被长柔毛；托叶膜质，具长尾尖，多与叶柄合生，上部叶具3小叶。聚伞花序，具10~20朵花；花径3~4cm；花托肥厚；萼片三角状卵形，长约1.5cm，淡紫红色，先端渐尖；副萼片线状披针形，紫色，先端渐尖，被白色蜡粉及柔毛；花瓣倒卵形，长1~1.5cm，与萼片等长，白色，有时带红色，先端钝圆，基部具短爪；雄蕊15~20；子房长圆形，被长柔毛；花柱侧生。瘦果长圆形，被长柔毛。花期6~8月，果期8~10月。

生山地灌木草原带至亚高山森林带，生河谷、灌丛、石坡，海拔1800~3000m。

产玛纳斯、沙湾、尼勒克、伊吾、和静、乌恰等地。分布于我国西北各地区及西藏。蒙古、哈萨克斯坦、俄罗斯西伯利亚等地也有。

（19）高山莓属（山莓草属）**Sibbaldia** Linn.

半灌木或多年生草本。三出或掌状复叶或羽状复叶。聚伞花序，顶生；单性或雌雄异株；花托碟形或半球形；萼片5，稀4；副萼片5，稀4；花瓣黄色或淡黄色，5或4，花盘明显宽阔；雄蕊5或10或4；雌蕊4~15枚，分离；花柱侧生，柱头头状，瘦果卵形；萼片宿存。种子1枚。

约20种，我国14种，主要分布于华北、西北及西南高山地区。新疆有3种。

分种检索表

1. 基生叶为掌状复叶，具3小叶片。
　2. 花瓣5，短于萼片；雄蕊5；聚伞花序多花 ……………………………… **1. 高山莓 S. procumbens** Linn.
　2. 花瓣4，长于萼片；雄蕊4；花单生，稀2~3朵 ……………………………… **2. 四蕊高山莓 S. tetrandra** Bunge
1. 基生叶为羽状复叶，具2对小叶片；花5数；雄蕊10枚 …………………………… **3. 十蕊高山莓 S. adpressa** Bunge

1. 高山莓　山莓草

Sibbaldia procumbens Linn. Sp. Pl. 307，1753；Опред. Раст. Средн. Азии. 5：192，1996；新疆植物检索表，2：528，1983；新疆植物志，2（2）；330，1995。

垫状半灌木，高约10cm，根状茎呈匍匐状，木质；茎丛生，基部被密集残存枯叶片，褐色。基生叶为3出复叶，具长柄，被疏柔毛；小叶片倒卵形，长1~3cm，宽0.6~1.5cm，顶端平截，具3~5齿，基部楔形，上面被散生疏柔毛；下面被贴伏状短柔毛；茎生叶1枚，与基生叶相似；基生叶托叶膜质，褐色，被毛；茎叶生托叶披针形或卵形；全缘，被毛。伞房花序具短梗；萼片尖卵形或三角状卵形；副萼片小，披针形，短于萼片；花瓣5，淡黄色，倒卵形，短于萼片；雄蕊5；雌蕊5，花柱侧生。瘦果光滑，花期6~7月，果期8月。

生于森林带上线高山，干旱坡地或碎石坡地，常形成大面积的高山垫状植被。

产青河、富蕴、福海、阿勒泰、布尔津、哈巴河等地高山。分布于吉林、内蒙古。蒙古、俄罗斯西伯利亚及远东地区也有，北极高山种。

2. 四蕊高山莓　高山山莓草　四蕊山莓草　彩图第36页

Sibbaldia tetrandra Bunge Verzeichn. Alt. Geb. Pflanz. Sep. 25, 1856; Опред. Раст. Средн. Аэии, 5: 192, 1976; 新疆植物检索表, 2: 527, 1983; 新疆植物志, 2(2): 330, 1995——*Dryadanthe tetrandra* (Bge) Juzep. Фл. СССР, 10: 229, 1941; Фл. Казахст. 4: 450, 1961; 中国植物志, 37: 337, 1985。

垫状半灌木。茎丛生, 木质。三出复叶, 叶柄短, 被白色疏柔毛; 小叶片倒卵状长圆形, 顶端平截, 具3齿, 基部楔形, 两面绿色, 疏被白色柔毛; 托叶膜质褐色被毛。花1~2朵, 顶生, 单性或雌雄异株; 花径7~8mm; 萼片4, 三角状卵形; 副萼片细小, 披针形或卵形, 被毛, 与萼片近等长; 花瓣4, 淡黄色, 倒卵状长圆形, 顶端微凹, 稍长于萼片; 雄蕊4, 在雄花中雌蕊不育; 雌蕊4, 在雌花中, 雄蕊无花药。瘦果光滑。花期7月, 果期8月。

生高山森林带上限, 海拔2800~4000m, 生山坡石缝、高山草原、草甸, 形成高山独特景观。

产乌鲁木齐、昌吉、托克逊、和田等地, 分布于青海、西藏等地区。中亚、喜马拉雅也有。

3. 十蕊高山莓　十蕊山莓草

Sibbaldia adpressa Bunge in Ldb. Fl. Alt. 1: 428, 1829; 内蒙古植物志, 3: 110, 图版57: 1~3, 1977; 中国植物志, 37: 341, 图版53: 11, 1985; 新疆植物志, 2(2): 331, 1995 —*Sibbaldianthe adpressa*(Bge.)Juz.

半灌木, 高3~15cm。根茎木质化。茎平卧或外倾。基生叶具细长叶柄, 被糙伏毛; 三出复叶, 顶生小叶片阔卵形, 三深裂; 中裂片到披针形或倒卵状长圆形, 顶端平截, 具2~3齿, 稀全缘; 侧裂片披针形或长圆状披针形, 全缘, 灰绿色。两面被糙伏毛。茎生叶1~2, 与基生叶相似; 托叶窄披针形, 有睫毛。聚伞花序, 少花或单生; 花5数, 直径0.6~1cm; 萼片三角状卵形; 副萼片长圆形, 被糙伏毛, 花瓣黄色或白色, 长圆状倒卵形, 与萼片几等长; 雄蕊10枚; 雌蕊9~15; 花柱基生, 长于子房。瘦果有皱纹。花期5~6月。

生高山森林带上限, 海拔1800~2800m, 生碎石坡地。

产乌什。分布于我国西藏。蒙古、俄罗斯西伯利亚也有。

(20) 地蔷薇属 Chamaerhodos Bge.

多年生或半灌木。茎直立, 被腺毛或柔毛。叶互生三裂或2~3回全裂, 裂片线形; 托叶膜质, 与叶柄合生。花细小, 两性, 组成聚伞或圆锥花序; 萼筒钟状; 萼片5, 直立; 花瓣5, 白色或粉红色; 雄蕊5, 与花瓣对生; 花盘边缘肥厚, 具长刚毛; 心皮4~10或更多, 花柱基生, 脱落, 柱头头状, 胚珠1枚。瘦果卵形, 无毛, 具宿存花萼。

8种。分布于亚洲及北美, 新疆3种, 木本仅1种。

1. 阿尔泰地蔷薇　彩图第37页

Chamaerhodos altaica (Laxm.) Bge. in Fl. Alt. 1: 429, 1829; Фл. Казахст. 4: 452, 1961; 内蒙古植物志, 3: 114, 图版59, 图1~8, 1977; 新疆植物检索表, 2: 546, 1983; 新疆植物志, 2(2): 332, 1995.——*Sibbaldia altaica* Laxm. n. Nov. Comm. Acad. Sci. Petrop. 18: 529, 1774。

垫状半灌木, 高约10cm。茎密集丛生。全株被长柔毛及腺毛。基生叶三深裂, 裂片条形, 两面灰色, 聚伞花序, 3~5朵, 稀单生。苞片卵形, 三深裂或全裂。萼筒钟状, 绿色或带紫红色; 萼片卵状披针形, 与萼筒等长或稍短; 花瓣紫色或紫红色, 宽倒卵形; 雄蕊5, 短于花瓣; 雌蕊5~10, 离生; 花柱基生。瘦果长圆形, 褐色, 无毛。花期6月, 果期7~8月。

生前山带碎石坡地。

产阿勒泰。分布于我国内蒙古。东哈萨克斯坦、蒙古、俄罗斯西伯利亚也有。

(21) 单叶蔷薇属 Hulthemia Dumort.

矮小灌木, 枝具刺。单叶互生, 无托叶。花单生枝端; 花托球形; 萼片5, 全缘; 花瓣5, 黄色，基部具紫斑，宽倒卵形；雄蕊多数；雌蕊多数，花柱离生。蔷薇果球形。新疆产1种。

1. 单叶蔷薇 彩图第37页

Hulthemia berberifolia (Pall.) Dumort. Not Nour. Gen. Pl. 13，1824；Фл. СССР，10：506，1941；Фл. Казахст. 4：502，1961；新疆植物检索表，2：510，1983，pro syn. *Rosa persica*；新疆植物志，2(2)：334，1995—*Rosa berberifolia* Pall.，1797；中国植物志，37：371，1985。

矮小灌木，高20~40cm。枝条黄褐色，粗糙，无毛，皮刺黄色，散生或成对生于叶片基部，弯曲或直展，有时混有腺毛。单叶互生，革质，椭圆形或卵形，长1~2cm，宽0.5~1cm，先端尖或钝圆，基部圆形或宽楔形，边缘有锯齿，近基部全缘，两面无毛或幼时下面被疏短柔毛，无柄；无托叶。花单生，径约2~2.5cm；花梗长1~1.5cm；花瓣黄色，基部具紫色斑点，倒卵形，长于萼片；雄蕊黑紫色，多数；心皮多数，花柱离生，短于雄蕊，密被长柔毛。果实球形，径约1cm，无毛，密被针刺，萼片宿存。花期5~6月，果期7~8月。

生荒漠平原，干旱弱盐和碎石土壤上或石质黏土坡地，普遍。

图193　单叶蔷薇 Hulthemia berberifolia (Pall.) Dumort.

产乌鲁木齐、昌吉、玛纳斯、精河、博乐、伊宁等地，甚普遍，中亚、伊朗、西伯利亚也有。

(22) 蔷薇属 Rosa Linn.

落叶或长绿灌木。茎直立或攀援，常具皮刺或刺毛，稀无刺。叶互生，奇数羽状复叶；托叶贴生于叶柄，先端分离。花两性，辐状，单生或成伞房状花序，或圆锥花序；有苞片或缺；花托球形、壶形、卵圆形或瓶状；萼片5稀4，全缘或羽状裂；花瓣5，稀4，单或重瓣，白色、红色或黄色，全缘或先端微凹；雄蕊多数；心皮多数、离生；子房无柄或具柄，包于花托内，1室，具下垂胚珠；花柱顶生或侧生，分离或结合成柱状，伸出或不伸出花托筒口外，柱头头状。瘦果多数，包于花托内，形成聚合果(称蔷薇果)，成熟时花托肉质或革质，红色、紫红色、橙色或黑色；萼片宿存或脱落。

约200种，广泛分布于北半球温带及亚热带。我国约100种，新疆有20多种，多为珍贵观赏花卉。有的花可以提炼芳香油，有的果实可提取维生素C，花、果、根、还可作药用。

分种检索表

1. 花柱离生，不伸出花托口外或稍伸出。
　2. 花单生，稀数朵聚生；花梗基部无苞片。
　　3. 花黄色、淡黄色、稀白色；小叶7~9片，多为小形 ······················ **(a) 黄刺玫组 Sect. Pimpinellifoliae DC.**
　　　4. 托叶有1/2附着于叶柄上，不脱落。

5. 小叶片两面无毛，或下面仅沿脉有毛，边缘单锯齿，无腺体。

  6. 枝具直而宽扁的皮刺，不混生针状刺；花鲜黄色。

    7. 小叶 5～9，果实紫黑色，萼片向上展 ………………………… **2. 宽刺蔷薇 R. platyacantha** Schrenk

    7. 小叶 7～15，果实红色，萼片反折；栽培种 ………………… **3*. 黄刺玫 R. xanthina** Lindl.

  6. 枝具较细皮刺，并混生密集针状刺；花淡黄色，果紫褐色，果梗上部加粗 …………………………

    ………………………………………………………………… **1. 多刺蔷薇 R. spinosissima** Linn.

  5. 小叶两面被短绒毛，下面尤密，沿脉有散生腺毛，边缘有重锯齿；果实扁球形，红色；栽培种 ………

    …………………………………………………………………………… **4*. 臭蔷薇 R. foetida** Herrm.

  4. 托叶分离，早落，常绿攀援灌木 ……………………………… **(b) 木香花组 Sect. Banksiae** Crep.

3. 花粉红色或深红色，少白色；小叶 3～5，大而质厚，栽培种（Ⅷ）法国蔷薇组 Sect. Rosa—Sect. Gallicanae. DC. ex ser. DC。

  8. 刺同型；小叶单锯齿，无腺齿。

    9. 花托被腺毛；小叶倒卵状长圆形，两面被毛；花粉红色 ………… **17*. 突厥蔷薇 R. damascena** Mill.

    9. 花托光滑无毛；小叶宽卵形或宽椭圆形，经常无毛，花白色 ………… **18*. 白花蔷薇 R. × alba** L.

  8. 刺不同型；小叶经常具重锯齿，有腺齿。

    10. 小叶革质，下面被绒毛；花梗粗壮、直立；果实萼片脱落 ………… **15*. 法国蔷薇 R. gallica** Linn.

    10. 小叶质薄，有时单锯齿；花梗细长、下垂；果实萼片宿存 ………… **16*. 百叶蔷薇 R. centifolia** Linn.

2. 花组成伞房花序，稀单生；花梗基部具苞片 ………………… **(i) 桂味组（樟味组）Sect. Cinnamomeae** DC.

11. 小叶和皮刺被绒毛；小叶上面有皱纹，下面密被灰白绒毛和腺毛。栽培种 … **14*. 玫瑰 R. rugosa** Thumb.

11. 小叶和皮刺无毛，小叶上面无皱纹。

  12. 皮刺粗、坚硬、基部扩展，散生或成对。

    13. 皮刺呈镰刀状弯曲，嫩枝刺细瘦，微弯，在叶柄基部常成对生；伞房花序有时单生。

      14. 萼片果期宿存；花 3～6 朵，伞房花序稀单生；小叶灰绿色。

        15. 小叶长 1.5～3cm，刺较细 …………………………… **10. 疏花蔷薇 R. laxa** Retz.

        15. 小叶较小，近革质；刺宽，粗坚硬 …………………………………………………

        10b. 喀什疏花蔷薇 R. laxa var. kaschgarica (Rupr.) Han.

      14. 萼片果期脱落，伞房花序多花。

        16. 果实红色或橙色 ………………………………………… **7. 落萼蔷薇 R. beggeriana** Schrenk

        16. 果实黑色 ……………………………………………… **8. 伊犁蔷薇 R. iliensis** Chrshan.

    13. 皮刺直，坚硬、散生或成对；花单生或 2～3 朵聚生。

      17. 花白色，直径 3～4cm，果球色，密被腺毛；皮刺基部宽扁 ……………………………

        ………………………………………………………… **23. 腺毛蔷薇 R. fedtschenkoana** Rgl.

      17. 花玫瑰红色或粉红色；果球形，被腺毛或光滑；刺圆柱形。

        18. 小叶 7～9；花玫瑰红色，直径 3.5～5cm，果球形，直径 1.5～2cm ……………………

        ………………………………………………………… **22. 昆仑蔷薇 R. webbiana** Wall. ex Royle

        18. 小叶 5～9；花白色或粉红色，直径 2～3.5cm；果小 … **24. 矮蔷薇 R. nanothamnus** Bouleng.

  12. 皮刺细瘦，常混生针状刺。

19. 刺稍弯或近直，稀疏或无刺；小叶下面密被伏贴毛，边缘单锯齿；花单生或 2～3 朵，粉红色 …………

  ………………………………………………………………… **19. 樟味蔷薇 R. cinnamomea** Linn.

19. 刺直，不弯曲、散生。

  20. 花白色；萼片果期脱落；叶缘重锯齿，齿端具腺体 ………………… **9. 腺齿蔷薇 R. albertii** Rgl.

  20. 花粉红色；萼片宿存；枝常密生针刺。

    21. 小叶下面密被绒毛，边缘单锯齿，花梗长 2～3.5cm，无毛或有腺毛 …… **20. 刺蔷薇 R. acicularis** Lindl.

    21. 小叶下面无毛，边缘锯重锯齿；花梗长 1～2cm，密被腺毛 …… **21. 尖刺蔷薇 R. oxyacantha** M. Bieb.

1. 花柱伸出花托口外；多为栽培花卉。

22. 花柱合成柱状，与雄蕊等长；小叶 5～9 ………………………… **(c) 合蕊柱组 Sect. Synstylae** DC.

  23. 花白色或淡红色，小，直径 1.5～2cm，组成圆锥花序，托叶羽状裂；刺常生于托叶基部 …………

    …………………………………………………………………… **6*. 多花蔷薇 R. multiflora** Thumb.

23. 花粉红色；小叶较大，常 5 ~ 7。

24. 茎攀援或蔓生。

25. 花单瓣，直径 2 ~ 4cm，伞房花序 ··
··········· **6b. 红刺玫**（粉团蔷薇）**R. multiflora** var. **cathayensis** Rehd. et Wils.

25. 花重瓣，直径 3 ~ 4cm，多花组成密集伞房花序。

26. 花白色 ······························· **6e. 白玉堂 R. multiflora** var. **alboplena** Yu et Ku.

26. 花红色。

27. 花深桃红色，小叶片较大 ············· **6d. 七姐妹 R. multiflora** var. **platyphylla** Thory.

27. 花粉红色，多朵成簇，小叶片较小 ········· **6c. 荷花蔷薇 R. multiflora** var. **carnea** Thory.

24. 茎直立，花梗中部小叶片 7 少 5 或 9 枚，外萼片羽状深裂 ·········· **(f) 犬齿蔷薇组 Sect. Caninae** Crep.

22. 花柱离生，短于雄蕊；小叶常 3 ~ 5 ···················· **(e) 月季花组 Sect. Chinenses** DC. ex Ser.

28. 花白色，带黄或淡红色，芳香，甚大；萼片全缘；果球形或扁球形 ·················
··· **12*. 香水月季 R. odorata**（Andr）Sweet.

28. 花红色或淡红色，稀带白色，径约 5cm；萼片羽状，果卵形或梨形；托叶有腺体 ·····················
·· **11*. 月季花 R. chinensis** Jacq.

（a）黄刺玫组 Sect. Pimpinellifoliae DC.

枝具直刺或混生有针状刺毛；小叶片长 7 ~ 9。花单生，无苞片，花黄色、淡黄色；萼片全缘；花柱离生，不外伸。果初为紫色，后变为紫黑色；萼片宿存。

1. 多刺蔷薇　图 194

Rosa spinosissima Linn. Sp. Pl. 491，1755；Фл. СССР，10：470，1941；Фл. Казахст. 4：496，1961；中国高等植物图鉴，2：224，图 22018，1972；新疆植物检索表，2：511，1983；中国植物志，37：373，1985；新疆植物志，2（2）：337，图版 90：1 ~ 2，1995—— *R. primula* Boulanger，——；Man. Cult. Trees and Shrubs ed. 2：431，1940。

灌木，高 1 ~ 1.5m。当年生小枝红褐色，密生细直平展皮刺和刺毛。羽状复叶，长 4 ~ 8cm；小叶片 5 ~ 11 枚，长圆形或长椭圆形，较小，长 5 ~ 18mm，宽 4 ~ 12mm，先端钝圆，基部宽楔形，边缘具单或重锯齿，或腺齿，上面暗绿色，下面淡绿色，两面无毛；叶柄具细刺和腺毛；托叶与叶柄连合，上部具耳，边缘有腺齿。花常单生叶腋，稀 1 ~ 2 朵聚生，无苞片；花梗长 2 ~

图 194　多刺蔷薇 Rosa spinosissima Linn.

3cm，无毛或具腺毛；花托球形；萼片披针形，具尾尖，全缘或呈羽状，外面无毛，内面被白柔毛；花瓣黄色，宽倒卵形，直径 2 ~ 5cm；花柱短于雄蕊、离生。果球形，褐色或暗褐色，直径 1 ~ 2cm，成熟时果柄上部加粗；萼片直立、宿存。花期 5 ~ 6 月，果期 7 ~ 8 月。

生山地灌木草原带至亚高山森林带，海拔 1400 ~ 2200m，生山地河谷、山地草原，灌丛、林缘。

产富蕴、阿勒泰、哈密、奇台和布克赛尔、塔城、博乐等地。中亚及欧洲也有。

2. 宽刺蔷薇 密刺蔷薇 图 195

Rosa platyacantha Schrenk in Bull. Acad. Sci. St. Petersb. 10：252，1842. Фл. Казахст. 4：498，1961；Опред. Раст. Средн. Азии. 5：217，1976；新疆植物检索表，2：510，1983；中国植物志，37：376，1985；新疆植物志，2（2）：337，图版 90：3 ~ 5，1995。

灌木，高 1 ~ 2m。小枝暗红色，刺同型，坚硬，直而扁，基部宽，灰白色或红褐色。复叶连柄长 3 ~ 5cm，小叶 5 ~ 9 片；小叶片近圆形或长圆形，长 6 ~ 12mm，先端钝圆，基部宽楔形，两面无毛或下面沿脉有柔毛，边缘具单锯齿；托叶与叶柄连合，具耳，有腺齿。花单生叶腋；花梗长 1.5 ~ 4cm，无毛，果梗上部增粗；萼片短于花瓣，披针形，顶端稍扩展，内面边缘有绒毛；花瓣黄色，倒卵形，先端微凹；花柱离生，稍伸出萼筒外，短于雄蕊。果球形，直径 1 ~

图 195 宽刺蔷薇 Rosa platyacantha Schrenk
1. 果枝 2. 皮刺

2cm。成熟时黑紫色；萼片直立，宿存。花期 5 ~ 6 月，果期 7 ~ 8 月。

生山地灌木草原带至亚高山森林带。生山地河谷，山地草原灌丛，林缘。海拔 1400 ~ 2400m。

产木垒、吉木萨尔、乌鲁木齐、玛纳斯和布克赛尔、塔城、博乐、新源、巩留、特克斯等地。中亚山地也有。金花朵朵，甚富观赏，是珍贵的城市园林绿化树种。

3*. 黄刺玫

Rosa xanthina Lindl. Ros. Monogr. 132，1820；经济植物手册，上册，第二分册，626，1955；中国高等植物图鉴，2：245，图 2220，1972；山东树木志，330，1984；黑龙江树木志，321，图版 91：1 ~ 2，1985；新疆植物志，2（2）：327，1995。

灌木高 1 ~ 1.5m。小枝密集，紫褐色，无毛，具散生皮刺、刺直，基部扩大，无刺毛。小叶 9 ~ 15 枚，复叶连叶柄长 3 ~ 5cm，小叶片近圆形或宽卵形，稀椭圆形，长 8 ~ 12mm，宽 2 ~ 10mm，先端钝圆，基部圆形，边缘具钝锯齿，上面无毛，下面幼时被疏柔毛；叶柄具疏柔毛和细刺；托叶披针形，中部以上跟叶柄连合，边缘有腺毛和锯齿。花单生叶腋，径约4cm，无苞片；花梗长1.5~2cm，无毛、无腺体；花托球形；萼片披针状，全缘，先端渐尖，内面有绒毛，外面无毛；花瓣黄色，重瓣、倒卵形、先端微凹。基部宽楔形；花柱离生，稍伸出萼筒口外。果近球形，径约1cm，紫褐色，萼片反折。花期4~5月，果期7~8月。

我国北方地区城市公园普遍栽培。乌鲁木齐、昌吉、石河子、伊宁、库尔勒等地引种。抗寒性强，生长良好，是有发展前途的城市园林绿化树种。

4*. 臭蔷薇　异味蔷薇

Rosa foetida Herrm. Diss. Bot. Med. Rosa. 18, 1762；Дерев. и Кустарн. СССР，3：668，1954；Хржан. Розы，404，1958；中国植物志，37：379，1985；新疆植物检索表，2：511，1983；新疆植物表，2（2）：339，1995。

灌木，高1~1.5m，少低矮灌木，高50~60cm，或伏地生长，具弧状弯曲枝。刺一般直，锥状（少微镰状弯），在萌条上混生针状细刺。花梗中部叶长7~9cm；叶轴被短毛，混生细刺和腺毛；小叶片5~7，长15~20mm，宽10~15mm，狭椭圆形至圆形，两面被毛，下面混生有柄腺毛。花大，径约5~6cm，组成疏花序，每2~3朵，少单生；花梗长1~1.5cm，或完全光滑无毛或具腺毛；萼片宽披针形，长12~15mm，短于花瓣，具羽毛状附器，背面被腺毛，花后开展，果期向上展；花瓣鲜黄色，合蕊柱有绒毛。果球形或微盘状扁，常被有柄腺毛。花期6~7月。

轮台、库尔勒、喀什、莎车各公园引种栽培，维吾尔族老乡庭院多有栽培。中亚、伊朗也有。

（b）木香花组 Sect. Banksiae Crep.

花黄色或白色；茎无刺或疏刺；托叶早落。

本组含5种；新疆引入栽培1种。

5*. 木香花

Rosa banksia R. Br—；Фл. СССР，10：444，1941；Розы. 401，1958；中国树木分类学，448，图343，1953；经济植物手册，上册，第二分册，636，1955；山东树木志，333，1984；中国树木志，2：1070，1985。

常绿或半常绿攀援灌木，高至6m。枝有疏生弯刺或无刺。小叶3至5稀7，椭圆形或长圆状披针形，长2~6cm，顶端尖或微钝，有细锯齿，除中脉基部外无毛；叶轴被细毛；托叶分离，钻形，早落。花白色或黄色，直径2.5cm，微芳香，组成多花伞形伞房花序；萼片全缘，花后反曲、脱落。果小，球形，花期5~6月，果期7~8月。

乌鲁木齐引种栽培。此为栽培种，亦产于云南。在我国久经栽培，供观赏用。总分部：日本，中国（南方）。俄罗斯欧洲部分，高加索也有栽培。

（c）合蕊柱组 Sect. Synstylae DC. (1813)

蔓生灌木，稀直立。枝具钩状刺。小叶5~9；托叶全缘或羽状裂，贴生于叶柄。花数朵成伞房状花序；萼片常羽状裂，稀全缘，花后反折、脱落；花柱合生成柱状，伸出花托口外。

6*. 多花蔷薇　野蔷薇

Rosa multiflora Thunb. Fl. Jap. 214, 1784. Фл. СССР，10：4443，1941；Розы. 164，1985；中国高等植物图鉴，2：249，图2228，1972；中国植物志，37：428，1985；新疆植物检索表，2：516，1983；山东树木志，322，1984；新疆植物志，2（2）：346，1995。

灌木，高1~2m。茎常上升或蔓生，具皮刺。羽状复叶，小叶6~9，卵形至椭圆形，长1.5~3cm，边缘具锐锯齿，基部宽楔形或圆形，上面被疏柔毛，下面密被灰白绒毛；叶柄和叶轴常被腺毛；托叶大部分着生于叶柄上，先端裂片成披针形，边缘羽状裂，并有腺毛，刺常生在托叶下。花多朵组成圆锥状伞房花序；苞片篦齿状分裂；花托外被腺毛；萼裂片三角状卵形，先端尾尖，边缘常具1~2对裂片；花瓣白色或略带红晕，芳香，直径2~3cm；花梗被腺毛和柔毛；花柱伸出花托外结合成柱状。几与雄蕊等长，无毛。果近球形，径约6mm，萼片脱落，熟时褐红色。花期5~6月，果期9~10月。

乌鲁木齐、昌吉、石河子、伊宁、库尔勒、阿克苏、喀什等地公园引种栽培。全国各大城市公园均有栽培。日本、朝鲜也有。

喜光、抗寒，对土壤要求不严。播种、扦插、分根均能繁殖。在园林绿化中最宜植为花篱。花、果及根入药，为泻下剂，又能收敛活血，祛风活络。在栽培中常见以下变种。

6a. *多花蔷薇** 野蔷薇(原变种)

Rosa multiflora Thunb. var. **multiflora**

6b. *红刺玫** 粉团蔷薇(变种)

Rosa multiflora Thunb. var. **cathayensis** Rehd. et Wils. in Sarg. Pl. Wils. 2：304，1915；中国植物志，37：429，1985；新疆植物志，2(2)：347，1995。

花较大，径3~4cm，单瓣，粉红或玫瑰红色，数朵组成扁平伞房花序；花梗无毛，有时具腺。果较大，径约8mm。

6c. *荷花蔷薇* (变种)

Rosa multiflora Thunb. var. **carnea** Thory. in Redoute Roses. 2：67，1821；中国植物志，37：429，1985；山东树木志，322，1984；新疆植物志，2(2)：347，1995。

变种与正种区别在于：变种花淡粉红色，重瓣，多组成密集的伞房花序。

6d. *七姐妹* 十姐妹(变种)

Rosa multiflora Thunb. var. **platyphylla** Thory.

花重瓣，深红色，6~7朵组成扁平伞房花序。

(d)白花组

Sect. Leucanthae M. Pop. et Chrshan. Розы. 166，1958. in Вот. Журн. 7，32，6：261，1947；Хржан. Розы. 166，1958。

花白色，成伞房花序，稀单。花萼果期脱落或宿存。

中亚天山组。包括10种，分2系(Ser.)

(Ⅰ)落萼蔷薇系 Ser. Beggerianae Chrshan Розы. 166，1958

7. 落萼蔷薇 落花蔷薇 新植2(2)：340，图90：8~9

Rosa beggeriana Schrenk, Enum. —Pl. nov. 73：1841；Фл. Казахст，4：493，1961；Опред. Раст. Сред. Азии. 5：210，1976；中国植物志，37：393，图版60：1~3，1985；新疆植物检索表，2：514，1983；新疆植物志，2(2)：340，图版90：8~9，1995。

灌木，高1~3m，小柱圆柱形，紫褐色，无毛，具成对或散生皮刺，刺大，坚硬，基部扁宽，呈镰状弯曲，淡黄色，有时混生细刺。小叶5~11片，复叶连叶柄长3~12cm；小叶片卵圆形或椭圆形，长1~2.5cm，宽0.5~1.2cm，先端钝圆，基部近圆形或宽楔形，两面无毛或仅在下面被短柔毛，边缘具单稀锯齿；叶柄被疏柔毛和细刺；托叶与叶柄合生，离生部分卵形，边缘具腺齿。花组成伞房状圆锥花序，稀单生；苞片1~3，卵形，先端渐尖，边缘具腺齿；花梗长1~2cm，无毛，或稀有腺毛；花直径2~3cm；花托近球形，无毛；萼片披针形，先端具尾尖，稀扩展成叶状，外面被腺毛，内面密被短绒毛；花瓣白色，宽倒卵形，先端微凹，基部宽楔形；花柱离生，具长柔毛，甚短于雄蕊。果近球形或卵圆形，红色或橘黄色，萼片脱落。花期5~6月，果期7~10月。

生荒漠河谷沿岸，至山地灌木草原带和亚高山森林带，河谷草甸，山地。草原，疏林林缘。海拔1000~2400m。

产奇台、阜康、乌鲁木齐、昌吉、玛纳斯、石河子、和布克赛尔、塔城、博乐、察布查尔、新源、特克斯、哈密、伊宁等地。分部于我国甘肃省。中亚、阿富汗、伊朗也有。

8. 伊犁蔷薇(新拟)

Rosa iliensis Chrshan. Бот. Журн. СССР，XXXⅡ. 6：267，1947；Хржан. Розы. 168，1958；Фл. Казахст. 4：493，1961—R. silverhjelmii Schrenk Bull. Acad. Sc. St. Petersb. 2：195，1847；

Опред. Раст. Сред. Азии. 5：211，1976；新疆植物志，2(2)：341，1995。

　　粗壮灌木，高至 1.5m，具半缠绕枝条；上年生枝淡绿——淡褐色，当年生枝淡褐色，具稀疏、成对、同型、镰状弯的皮刺。复叶长 6～7cm；叶柄纤细，被短柔毛，具细短刺；小叶片 2～3 对，长 25mm，宽约 10mm，狭椭圆形，具单锯齿，基部全缘，光滑无毛；叶柄上微有短绒毛；托叶具狭披针形耳，无毛，有时边缘具细腺点。花纯白色，组成伞房花序，少单朵；花梗经常无毛，长 1.5～2cm，苞片或者阔披针形，长 10～12mm，或者很退化，狭披针形，长 2～4mm，被短绒毛；萼片被短柔毛，顶端渐尖，长 5～7mm，果成熟时跟花盘一同脱落；花柱被绵毛，聚成疏松合蕊柱，稍伸出花盘。果细小，径约 5～7mm。成熟时黑色。花期 5～6 月，果期 8～9 月。

　　本种近似 Rosa beggeriana 和 R. silverhjelmii. 区别于前者的，是具半缠绕的枝条，叶片无毛，单锯齿，刺同型，弯曲，果球形无毛。区别于后者的是成熟果实黑色、托叶被短绒毛，生河湾沙地。

　　生平原、荒漠河谷，沿岸沙地。

　　产巩留县(恰普齐海)。分布于哈萨克斯坦。模式自哈萨克斯坦伊犁河边。模式标本存乌克兰科学院植物研究所(基辅)。

　　（Ⅱ）腺齿蔷薇系

Ser. Albertianae Schrshan. Розы. 166，1958

　　9. 腺齿蔷薇　图 196

Rosa albertii Rgl. in. Act. Hort. Petrop. 8：278，1883；Фл. Казахст. 4：489，1961；新疆植物检索表，2：515，1983；中国植物志，37：393，图版 60：4～5，1985；新疆植物志，2(2)：341，图版 91：5～6，1995。

　　灌木，高 1～2m。枝条呈弧状开展；小枝灰褐色或紫褐色，无毛；皮刺细直，基部呈圆盘状散生或混生针状刺。小叶片椭圆形、卵形或倒卵形，长 1～2.5cm，宽 1～1.5cm，先端钝圆，基部近圆形或宽楔形，边缘具重锯齿，齿顶常具腺体，上面无毛，下面被短柔毛，沿脉较密；叶柄被短绒毛，有时混生腺毛或细刺；托叶大部分贴生于叶柄，离生部分卵状披针形，先端渐尖，边缘具腺毛。花单生或 2～3 朵簇生；苞片卵

图 196　腺齿蔷薇 **Rosa albertii** Rgl.
1. 花枝　2. 果枝示花萼　3. 托叶示腺点　4. 叶片一段示重齿

形，边缘具腺毛；花梗长1.5～3cm，具腺毛或缺；花径 3～4cm；花托卵圆形。椭圆形或瓶状，常光滑；萼片卵状披针形，具尾尖，顶端多少扩展，外面（背面）具腺毛，内面（腹面）密被短柔毛；花瓣白色，宽倒卵形，先端微凹，与萼片等长；花柱头状，被长柔毛，短于雄蕊。果实卵圆形、椭圆形，长1～2cm。橘红色，成熟时花萼连同花盘脱落。花期5～6月，果期7～8月。

生山地灌木草原带至亚高山森林带，生山地河谷，山地草原，灌丛、林缘，林中空地。海拔1300～2400m。

产阜康、乌鲁木齐、昌吉、玛纳斯、石河子、塔城、新源、特克斯等地。分布于青海、甘肃等省，中亚山地和西伯利亚也有。模式自中亚天山记载。

图 197 疏花蔷薇 Rosa laxa Retz.

1. 果枝　2. 果

10. 疏花蔷薇

Rosa laxa Retz. in Hoffm. Phytogr. Bl. 39，1803；Фл. СССР，10：461，1941；Фл. Казахст. 4：492，1961；Опред. Раст. Средн. Азии，5：212，1976；新疆植物检索表，2：513，1983；新疆植物志，2（2）：343，图版 90：6～7，1995。

灌木，高 1～2m。当年生小枝灰绿色，具有细直皮刺；老枝上的皮刺坚硬，呈镰状弯，基部扩展；淡黄色。小叶5～9，椭圆形、卵圆形或长圆形，稀倒卵形，长 1.5～4cm，宽1～2cm，先端钝圆，基部近圆形或宽楔形，边缘具单锯齿，两面无毛或下面被疏绒毛；叶柄具散生细皮刺、腺毛或短柔毛；托叶具耳，边缘具腺齿。伞房花序 3～6 朵花，少单生、白色或淡粉红色；苞片卵形，被柔毛和腺毛；花梗常有腺毛和细刺；花托卵圆形或长圆形，常光滑，稀具腺毛；萼片披针形，全缘，被疏柔毛和腺毛。果实卵圆或长圆形，直径 1～1.8cm，红色，萼片宿存。花期5～6月，果期7～8月。

生山地灌木草原带至亚高山森林带，生河谷灌丛、山地草原、林缘疏林。

产布尔津、阿勒泰、哈密、奇台、阜康、乌鲁木齐、昌吉、玛纳斯、石河子、和布克赛尔、塔城、博乐、察布查尔、新源、和硕、伊吾等。蒙古、中亚、西伯利亚也有。

10a. 疏花蔷薇（原变种）

Rosa laxa Retz. var. **laxa**

10b. 喀什疏花蔷薇（新变种）

Rosa laxa Retz. var. **kaschgarica**（Rupr.）Han.，新疆植物志，2（2）：343，1995—*R. kaschgarica* Rupr. In. Mem. Acad. Sci. St. Petersb. Ⅶ，14：46，1868。

与正种的区别在于：变种枝条上的刺宽大、粗壮坚硬；叶片较小，近革质。生于干旱荒漠及河边沙地。海拔 1200～2300m。

产阿克陶、喀什、皮山、和田等地。

(e)月季花组

Sect. Chinenses DC. ex Ser. Mus. Hist. Nat Helv. 1：2，1818；中国植物志，37：421，1985—Sect, indicae thory. Prodromus gen. Rosae，128，1820；Розы．173，1958。

直立、常绿或半常绿灌木，小叶片较大，3~5片，常绿，花柱离生，长及内部雄蕊之半，花萼同上组。

本组含5种。新疆栽培2种。

11*. 月季花

Rosa chinensis Jacq. Obs. Bot. 3：7，tab. 55，1768；中国高等植物图鉴，2：252，图2233，1972；中国植物志，37：422，图版67：4~7，1985；新疆植物检索表，2：518，1983；山东树木志，324，1984；新疆植物志，2(2)：346，1995。

小灌木。小枝粗壮，具散生、稀疏、钩状皮刺，稀无刺。小叶3~5，稀7，宽卵形或卵状矩圆形，长2~6cm，宽1~3cm，先端渐尖，基部宽楔形或近圆形。边缘具锐锯齿，两面无毛，上面暗绿色，常有光泽；叶柄常具散生细刺和腺毛；托叶具耳，边缘常具腺点。花单生或数朵聚生；花梗长3~6cm，具散生腺毛；萼片卵形，先端具尾状渐尖，边缘具羽状裂片，稀全缘，外面无毛，内面密被长柔毛；花重瓣，红色、粉红色、白色，宽倒卵形，基部宽楔形；花柱离生，伸出花托口外，约与雄蕊等长。果实卵形或梨形，成熟时黄红色，萼片宿存。花期4~9月，果期6~11月。

南北疆城市公园，庭院多有栽培。原产我国。全国各城市普遍栽培。在变种中，分3变种和几类园艺品种。

11a*. 月季花(原变种)

Rosa chinensis Jacq. var. **chinensis**

11b*. 紫花月季(变种)

Rosa chinensis Jacq. var. **semperflorens** Koehne.

小叶较薄，常带紫晕，花梗细长，花紫色或粉红色。

11c*. 小月季

Rosa chinensis Jacq. var. **minima** Voss.

矮小灌木，高不及25cm，花小，玫瑰红色，径3cm，单瓣或重瓣，多盆栽。

11d*. 绿月季花

Rosa chinensis Jacq. var. **viridiflora** Dipp.

花大，绿色，花瓣变态呈小叶状。

月季花除以上变种外，尚有几类园艺品种。

Ⅰ. 杂种长春月季类(Hybrid Perpetual Rosa，简称 HP.)

是由四季开花的中国月季花和欧洲蔷薇杂交选育出来的品种群。杂种长春月季的花朵很大，花径可达15cm以上，丰满重瓣，瓣数多达100片以上，有的品种具香味，耐寒。集中于春秋两季开花。其代表品种有"德国白"。

Ⅱ. 杂种香水月季类(Hybrid ter Rosa 简称 HT.)

是近代月季中最主要的一类，是以香水月季与杂种长春月季杂交而成。其特点是具长而挺拔的花梗，花单枝开放出优雅、艳丽的花朵；花硕大、丰满，有的花瓣还带有缎质绒毛，最大花朵直径能达15cm左右，其中不少还具有香味；具强盛的开花能力，植株抗病能力较强；有些品种尚具有较强的耐寒性。目前在公园，庭院中常见的月季花，大部分属于这一类。其代表品种有"和平"、"香云"。

Ⅲ. 聚花月季类(Floribunda Rosa 简称 FI.)

是一类强健多花性品种，花蕾较多，有成团成簇开放的花朵，花朵中型，颜色丰富，耐寒性较强。由杂种香水月季与姐妹月季杂交的改良品种。如"独立"、"冰山"等。

Ⅳ. **大花月季类**(Grandiflora Rosa 简称 GR.)

为杂种香水月季与聚花月季杂交的改良品种,是近代月季中年轻而有希望的强健花种。其特点是能开放成群的大型花朵。枝杆强硬,四季勤花,适应性强。代表品种有"伊丽莎白女王"。

Ⅴ. **微型月季类**(Mineature Roses 简称 Min)

本系统以小月季花(Rosa chinensis var. minima Voss)改良而成,具有四季开花、矮小、耐寒等特点,适合盆栽。代表品种有"红星"。

Ⅵ. **攀援月季类**(Climbing Roses 简称 Cl.)

此类月季花的枝条具有向上攀援的特点,其中也有扩张性的、攀援性的及蔓延性的品种,攀援月季大多从母本芽变而成。代表性品种有"藤和平"、"腾十全十美"。

12*. 香水月季

Rosa odorata (Andr) Sweet. Hort. Suburb Lond. 119, 1813;经济植物手册,上册,第二分册,635, 1955;中国高等植物图鉴,2:251,图2232,1972;中国树木志,2:1068,1985;中国植物志,37:423,1985;新疆植物检索表,2:518,1983;新疆植物志,2(2):346,1995.—— *R. indicaodorata* Andr. Roses, 2:tab. 77,1810。

常绿或半常绿灌木,枝蔓生攀援,疏生勾刺。羽状复叶,小叶5~7(3),椭圆形、卵形或长圆状卵形,长4~8cm。先端急尖或渐尖,基部钝圆,具尖锯齿,无毛;叶柄及叶轴被腺毛及细刺;托叶大部分与叶柄合生,离生部分耳状,边缘具腺毛。花单生或2~3朵集生;花梗短,常被腺毛;花径5~8cm;萼片披针形,全缘,边缘具腺毛;花瓣白色,粉红或橘黄色;花柱分离;具长柔毛,柱头突出。果球形或扁球形,径约2cm,红色,无毛;萼片宿存。花期4~5月,果期8~9月。

乌鲁木齐公园引种栽培。开花结实,惟冬季需要保护越冬。浙江、江苏、四川、云南等地栽培。四季开花,花季艳丽,香味甚浓,为珍贵花木。鲜花可提取芳香油。栽培有几变种。

12a. 香水月季(原变种)

Rosa odorata Sweet var. **odorata**.

12b*. 黄花香水月季(变种)

Rosa odorata var. **ochroleuca** Rehd.

花淡黄色,重瓣。

12c*. 橙黄香水月季(变种)

Rosa odorata var. **pseudoindica** Rehd.

花橙黄色,外缘带红晕,重瓣,径7~10cm。

(f)犬齿蔷薇组

Sect. Caninae Crep. in Bull. Soc. Bot. Belg. XXXⅠ,2:70,71,1892;Розы. 174,1958。真犬齿蔷薇亚组 Subsect Eucaninae Crep. loc. cit

伞房花序系 Ser. 1. corymbiferae Chrshan. Розы. 176,1958。

13*. 犬齿蔷薇(新拟)

Rosa canina Linn. Sp. Pl. 491,175. Фл. СССР,10:502,1941;Фл. Казахст. 4:500,1961;Розы,Хржан. 176,1958;经济植物手册,上册,第二分册,626,1955。

灌木,高1.5~2.5m,具弧状弯或几直的枝条;皮刺坚硬,镰状弯,但在主茎上有时近于直刺,而在花枝上的刺经常弯曲。花枝中部叶长7~9cm,无毛,仅沿叶轴有时被疏短毛;托叶经常狭窄,边缘具腺点,有尖耳;小叶片7,少5或9,两面光滑无毛,椭圆形,顶端短渐尖,长2~2.5cm,宽1~1.5cm,单尖锯齿,齿端具腺点。花序由3~5朵组成,少单或多花;花梗长12~18mm,通常无毛或腺毛;萼片下面(背)被短绒毛,上面(腹)光滑无毛,大,长20~25mm,宽披针形,具羽片状附器,花后反折贴于果,早落;花瓣到粉红色,短于萼;花盘宽,径约4~5mm,平坦或圆锥状;花托口径约1~1.5mm;花柱长,被白绒毛;合蕊柱球形、圆锥形少近球形。果大,成熟时长15~26mm。宽广椭圆形,少近球形,无腺毛。花期5~6月。

伊犁特克斯县苗圃，从哈萨克斯坦引入少量栽培。喜光抗寒，开花结实，生长良好，可繁殖推广。

（g）玫瑰花组

Sect. Rugosae Chrshan. in. Фл. YPCP. Vl：257，585，1951；Розы. 327，1958。

花枝被短绒毛和细刺，此外，也跟茎一样，密被异型的有短绒毛的皮刺。叶大，近革质，密被深皱纹。花鲜红色，组成少花的伞房花序；萼片全缘，宿存。

14*. 玫瑰（群芳谱）

Rosa rugosa Thumb. Fl. Jap. 213，1784；Фл. CCCP，10：447，1941；Фл. YPC，6：257，1954；东北木本植物图志，313，图版108，图226，1955；中国高等植物图鉴，2：247，图2223，1972；中国植物志，37：401，1985；山东树木志，327，1984；新疆植物检索表，2：516，1983；黑龙江树木志，320，1986；新疆植物志，2（2）：341，1995。

直立灌木高可达2m。茎粗壮，丛生；小枝密被绒毛，并有细刺和腺毛；皮刺淡黄色，被绒毛，直或弯曲。小叶5～9，连叶柄长5～13cm。小叶片椭圆形或椭圆状倒卵形，长1.5～4.5cm，宽1～2.5cm，先端急尖或圆钝，基部圆形或宽楔形。边缘具尖锐锯齿，上面深绿色，无毛，叶脉下陷，下面灰绿色，网脉明显，密被绒毛和腺毛。叶柄和叶轴密被绒毛和腺毛；托叶大部分贴生于叶柄，离生部分卵形，边缘具腺齿，下面被绒毛。花单生叶腋或数朵簇生；苞片卵形，边缘具腺毛，外被绒毛；花梗长5～25mm，密被绒毛和腺毛；花径4～5.5cm，萼片卵状披针形，先端尾状渐尖，常有羽状裂片而扩展成叶片状，上面疏被柔毛，下面密被柔毛和腺毛；花瓣倒卵形，重瓣至半重瓣，紫红色至白色；花柱离生，被毛，伸出萼筒口外，甚短于雄蕊。果扁球形，径2～2.5cm，砖红色，肉质；萼片宿存。花期6～9月（多次开花植物）。

新疆各地均有引种栽培。原产我国华北以及日本和朝鲜。总分布俄罗斯远东、日本、朝鲜、中国。模式标本采自日本，藏于瑞典（乌普萨拉）。

园艺品种很多，有粉红单瓣 R. rugosa thunb. f. rosea Rehd.；白花单瓣 f. alba（Ware）Rehd.；紫花重瓣 f. plena（Regel）Byhouwer；白花重瓣 f. albo-plena Rehd. 等。

鲜花可以蒸制芳香油，主要成分为左旋芳香醇，最高含量可达0.6%，供食用及化妆品用。花瓣还可以作玫瑰酒、玫瑰酱，干制后可以泡茶。果实含丰富的维生素C、葡萄糖、蔗糖、苹果酸及胡萝卜素等。用于食品及药用，又为珍贵的庭院绿化树种。

（h）法国蔷薇组

Sect. Rosa——Sect. Gallicanae. DC. ex Ser. Mus. Hist. Nat. Helv. 1：2，1818；中国植物志，37：388，1985。

直立小灌木，高不过50～60cm，具长的根状茎的根条。茎中部叶具5小叶，常近革质。花红色少白色，单很少2朵；萼片具发达的侧生羽状裂片。

本组主产欧洲和西亚。园艺品种很多。新疆栽培4种。

15*. 法国蔷薇

Rosa gallica Linn. Sp. Pl. 429，1753；Фл. CCCP，10：483，1941；Дерев. И Кустар. 3：675，1954；经济植物手册，上册，第二分册，625，1955；中国植物志，37：388，1985；新疆植物检索表，2：512，1983；新疆植物志，2（2）：339，1995。

直立灌木。高至1.5m。小枝有大小不等的皮刺并混生刺毛。小叶3～5枚；小叶片革质，卵形或宽椭圆形，长2～6cm，先端钝或短渐尖，基部圆形或心形，边缘具重锯齿，齿端常具腺，稀为单锯齿，上面暗绿色，下面淡绿色，被柔毛；小叶柄和叶轴有刺毛和腺毛；托叶大部分贴于叶柄，离生部分卵形，边缘有腺齿。花单生，稀3～4，无苞片；花梗直立粗壮，被腺毛；花直径4～7cm；萼筒和萼片外被腺毛；萼片呈羽状裂，具多数裂片；花瓣粉或深红色。果近球形或梨形，亮红色，萼片脱落。

新疆庭院少量栽培。我国各地均有栽培。供制香精原料。

原产欧洲及亚洲西部。栽培历史悠久，品种很多。

16*. 百叶蔷薇

Rosa centifolia Linn. Sp. Pl. 491, 1753；Фл. СССР, 10：484，1941；Дерев. и. Кустарн. СССР, 3：674，1954；中国树木分类学，451；图348，1953；中国植物志，37：389，1985；新疆植物检索表，2：512，1983；新疆植物志，2(2)：340，1995。

小灌木，高1~2m。具匍匐根茎。小枝上具大小不等型的皮刺。小叶常5稀7，小叶片薄，长圆形，先端急尖，基部圆形或心形，边缘常具单锯齿，上面无毛或偶有疏毛，下面有柔毛；小叶柄和叶轴被腺毛；托叶大部分贴生于叶柄，离生部分卵形，边缘有腺。花单生，无苞片；常重瓣，芳香；花梗细长，弯曲，密被腺毛；萼片卵形，先端稍扩展。果实卵圆形或椭圆形，萼片宿存。

原产于高加索。新疆庭院少量栽培，尤以南疆为多。我国其他地区也有栽培。

在欧洲栽培普遍，历史悠久，品种甚多，供观赏和制香精之用。

17*. 突厥蔷薇 大马士革蔷薇

Rosa damascena Mill. Gard. Dict. ed. 8, no, 15, 1768；Фл. СССР, 10：484，1941；经济植物手册，上册，第二分册，626，1955；中国植物志，37：389，1985；新疆植物检索表，2：512，1983；新疆植物志，2(2)：389，1995。

灌木，高约2m。小枝常被粗壮的钩状皮刺，有时混生刺毛，小叶常5稀7；小叶片卵形，卵状长圆形，长2~6cm，先端急尖，基部近圆形，边缘具单锯齿，无腺；上面无毛，下面被柔毛；小叶柄和叶轴被散生细皮刺和腺毛；托叶篦齿状，大部分贴生于叶柄，花6~12朵，成伞房状花序；花梗细长，被腺毛；花径3~5cm；萼筒被腺毛，萼片卵状披针形，尖端长渐尖，外面被腺毛，内面密被短柔毛；花瓣带粉红色；花柱分离，被绒毛。果梨形或倒卵形，红色，常被刺毛。

原产小亚细亚，在南欧广为栽培。新疆庭院早有小量栽培，近来种植面积扩大。我国其他省区也有栽培，为提取香精油的重要原料。经济价值较高。

18*. 白花蔷薇

Rosa × alba Linn. Sp. Pl. 492, 1753；Crep. in Bull. Soc. Bot. Belg. 18：356，1879；Фл. СССР, 10：485，1941；Розы. Хржан. 339，1958；中国植物志，37：390，1985。

直立灌木，高约2m。小枝具异型钩状皮刺，有时混生刺毛。小叶常5稀7，宽椭圆形或卵形，稀长圆状卵形，长2~6cm，边缘单锯齿，下面被毛；托叶宽，边缘有锯齿。花排列成伞房状；花梗有腺毛；花径6~8cm；萼筒光滑；萼片卵状披针形，具羽状裂片，外被腺毛；花瓣单或重瓣，白色稀粉红色，芳香。果实长圆卵形，长约2cm，鲜红色，萼片脱落。

塔城园艺场少量栽培。我国各地也有栽培。原产地不详，一般认为是园艺杂种(R. corymbifera × R. gallica)，南欧诸国长期栽培，供制香精之用。

（i）桂味组（樟味组）

Sect. Cinnamomeae DC. ex. Ser. Mus. Helv. Hist. Nat. 1：2，1818；Rehd. Man. Trees. Shrubs ed. 5：438，1951；Розы. Хржан. 329，1958；中国植物志，37：390，1985。

本组广泛分布亚洲、欧洲、美洲。我国产31种，分为3系。

直立灌木、具散生或成对皮刺，常具针刺；小叶片5~15；托叶贴生于叶柄上；花多朵稀单生。具宽大苞片；萼片全缘，花后直立，宿存；花柱离生，不外伸或微外伸。

（Ⅰ）桂味系 Ser. Majales. Juz. in. Фл. СССР. 10：454，1941；Розы. Хржан. 336，1958。

皮刺稀疏，多少呈镰状弯；花粉红色；萼片宿存。

19. 樟味蔷薇 图198

Rosa cinnamomea Linn. Syst. Pl. ed. 10：1062，1759；Фл. СССР, 10：454，1941；Фл. Казахст. 4：489，1961；Опред. Раст. Средн. Азии. 5：512，1976；新疆植物检索表，2：515，图版25：6，1983；新疆植物志，2(2)：343，图版91：1~2，1995。

灌木，高0.5~2m。小枝棕红色，有光泽，具细瘦皮刺，散生或成对。小叶5~7，长1.5~

3cm，宽 1～2cm，长圆状椭圆形、卵形或倒卵圆形，顶端钝，基部圆形或宽楔形，边缘具尖锐单锯齿，上面绿色，常被贴伏毛稀无毛，下面灰绿色。密被紧贴绒毛，叶脉突出。花常单生，少 2～3 朵，直径 3～6cm；花梗短，苞片披针形；花托球形或长卵形，平滑；萼片全缘，稀具丝状小羽状，长于花瓣，边缘和外面被绒毛；花瓣粉红色，宽倒卵圆形，顶端微凹；花柱头状，具常柔毛。果实球形。卵圆形或椭圆形，光滑、橘红色或红色。萼片宿存。花期 5～7 月。

生山地、灌木草原带至亚高山森林带、河谷、灌丛、林缘，海拔 1200～1800m。

产阿勒泰、塔城等地。西伯利亚、欧洲也有。供观赏及药用。

（Ⅱ）多刺系 Ser. Aciculares. Juz. in Фл. СССР，10：449，1941；Розы. Хржан. 350，1958。

枝无毛，被个别的直的细瘦皮刺和针刺；花红色或粉红色；萼宿存。

20. 刺蔷薇 图 199

Rosa aciculars Lindl. Ros. Monogr. 44，10：449，1941；Фл. Казахст. 4：487，1961；Розы. 359，1958；经济植物手册，上册，第二分册，627，1955；中国植物志，37：403；图版 62：4～5，1985；新疆植物检索表，2：515，1983；新疆植物志，2（2）：342，1995。

灌木，高 1～2m，树皮灰褐色；小枝红褐色或紫褐色，无毛，被细瘦而直的皮刺，并混生针状刺。小叶 5～9，卵圆形或椭圆形，先端圆钝，基部楔形，边缘具单锯齿，上面绿色，无毛或被疏毛，下面淡绿色，被柔毛，沿脉尤密；托叶大部分贴生于叶柄上，离生部分卵形，

图 198 樟味蔷薇 Rosa cinnamomea Linn.
1. 果枝　2. 叶片一段

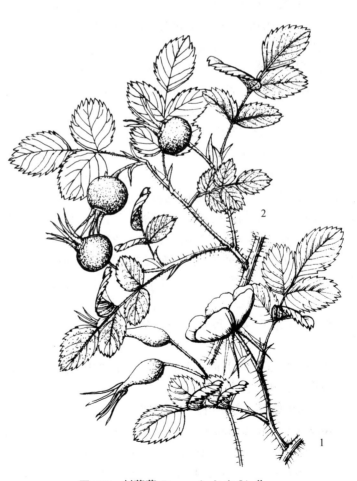

图 199 刺蔷薇 Rosa aciculars Lindl.
1. 花枝　2. 果枝

边缘具腺齿，下面被毛。花单生或 2~3 朵，花直径 3~6cm；花梗无毛或密生腺毛；花托椭圆形、卵圆形、稀球形；萼片披针形，先端扩展成叶片状，被腺毛或无毛；花瓣玫瑰红色，宽倒卵形。果实椭圆形或梨形，红色。花期 6~7 月，果期 7~9 月。

生山地、灌木草原带至亚高山带森林带河谷灌丛、草原灌丛、林缘，海拔 800~2200m。在阿尔泰山最为常见。

产阿勒泰、布尔津、哈巴河和布克赛尔、塔城、巴里坤等地。分布于黑龙江、吉林、辽宁、内蒙古、华北各地区。蒙古、朝鲜、俄罗斯远东、日本北欧、北美也有分布。模式自西伯利亚。

21. 尖刺蔷薇

Rosa oxyacantha M. Bieb. Fl. Taur —Cauc. 3：338，1819；Фл. CCCP，10：450，1941；Фл. Казахст. 4：188，1961；新疆植物检索表，2：516，1983；中国植物志，37：405，1985；新疆植物志，2(2)：342，1995。

灌木，高 0.5~1.5m。枝开展，红褐色，具稠密的细直刺，黄白色。小叶 7~9，小叶片较小，长圆形或椭圆形，边缘具重锯齿或单锯齿，齿尖常具腺点。两面无毛，下面沿中脉常具腺体；叶柄和叶轴被散生细皮刺和腺毛；托叶离生部分披针形，全缘，边缘具腺毛。花单生，稀 2~3 朵，粉红色，直径约 3cm；花梗被腺毛；花托卵状长圆形，无毛或有时被腺刺毛；萼片披针形，先端扩展成叶状，全缘，外面密被腺毛，内面密被白绒毛；花瓣与萼片等长或稍长。果实长圆形或圆形，径约 1cm，鲜红色，肉质；萼片直立，宿存。花期 5~7 月。

生山地、灌木草原带至亚高山森林带，河谷、草原灌丛、林缘。

产阿勒泰、和布克赛尔等地。蒙古、哈萨克斯坦、俄罗斯西伯利亚也有。

(Ⅲ)昆仑蔷薇系(宿萼小叶系)Ser. Webbianae Yu et Ku. 中国植物志，37：362，1985。

花单生或少花；萼片果期宿存；花瓣红色；小叶片细长。长不及 1cm。

22. 昆仑蔷薇(新拟)　大果蔷薇　藏边蔷薇

Rosa webbiana Wall. ex. Royleill. Bot. Himal. 208，tab. 42，fig. 2，1835；Фл. CCCP，10：464，1941；Опред. и Кустар. CCCP，3：657，1954；Ikonn. Consp. Fl. Pam. 158，1963；新疆植物检索表，2：515，1983；新疆植物志，2(2)：343，1995。

灌木，高 1~2m。枝条具散生或成对的皮刺；刺通常直，圆柱形，粗壮，有时细，长可达 1cm，黄白色。小叶 5~9 枚，连叶轴长 3~4cm；小叶片圆形、倒卵形或椭圆形，长 6~20mm，宽 4~12mm，先端圆钝、基部圆形或宽楔形，边缘具单锯齿，上面无毛，下面被贴伏毛，沿脉被腺毛或缺；叶柄具稀疏细刺；托叶大部分贴生于叶柄，离生部分卵形，边缘具腺毛。花单生，少 2~3 朵，直径 3~5cm；苞片卵形，边缘具腺齿；花梗长 1~1.5cm，无毛或被腺毛；萼片三角状披针形，先端具尾尖，全缘，外面具腺，内面密被短柔毛；花瓣红色，宽倒卵形，先端微凹，基部楔形；花柱离生，被长柔毛。果实球形，直径 1.5~2cm，红色，萼片宿存。花期 6~7 月，果期 8~9 月。

生于干旱石质坡地，山河岸边，灌木丛中。海拔 2800~3000m。

产阿克陶、叶城、策勒等地。分布于我国西藏。中亚、印度北部、克什米尔、阿富汗等地也有。

本种与腺毛蔷薇 R. fedtschenkoana Rgl. 的区别在于：后者刺基部宽大；花白色；成熟果实长圆状卵圆形，少球形，常被腺刺毛。

23. 腺毛蔷薇　腺果蔷薇　图200

Rosa fedtschenkoana Rgl. in Act. Hort. Petrop. 5：314，1878；Фл. CCCP，10：465，1941；Фл. Казахст. 4：494，1961；Опред. Раст. Сред. Азии. 5：213，1976；新疆植物检索表，2：514，1983；中国植物志，37：419，1985；新疆植物志，2(2)：345，图版91：7~8，1995。

小灌木，高至 2m；刺同型，大、硬、直，基部扩展。小叶常 7 片，稀 5 或 9，连叶轴长至 4cm，革质，淡灰蓝色，无毛或被毛，近圆形或卵圆形，边缘具单锯齿；叶柄具疏腺毛，托叶离生部分披针形或卵形，边缘具腺。花单生，有时 2~4 朵；苞片卵形或卵状披针形，边缘具腺齿；花梗长 1~2cm，密被腺毛；花直径 3~4cm；花托球形，外被腺毛，稀光滑；萼片披针形、外面被腺点；花瓣白色，稀粉红色，宽倒卵形，长于萼片；花柱离生，被毛。果实长圆状卵圆形，少球形，直径 1.5~2cm，深红色，常被腺刺毛。花期 6~7 月，果期 8~9 月。

生于山地灌木草带至亚高山森林带，河谷灌丛、草原、林缘。海拔 1400~2800m。

产阜康、乌鲁木齐、玛纳斯、精河、新源、巩留、阿克陶、叶城等地。中亚及阿富汗也有。

24. 矮蔷薇

Rosa nanothamnus Bouleng. Bull. Jard. Bot. Etat. Bruxelles, XIII, 3：206，1935；Фл. CCCP，10：467，1941；Фл. Казахст. 4：494，1961；新疆植物志，2(2)：345，1995。

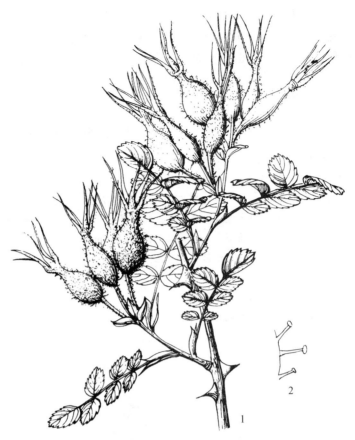

图 200　腺毛蔷薇 Rosa fedtschenkoana Rgl.
1. 果枝 2. 腺毛

小灌木，高 1~2m。铺展分枝，有刺，具很短的花枝；皮刺直、细，仅基部稍宽扁，最大的刺等长或长于小叶，散生或成对，淡白色；根蘖条密被异型刺；托叶狭窄，具三角形或渐尖，和略开展的叶耳，通常边缘具腺。复叶长 1~5.5cm；小叶片 5~9 枚，长 5~15mm，宽 5~9mm，疏展或常靠近，多少革质，无柄或具短柄，圆形或倒卵形，顶端截形，有时凹缺，两面或下面被短柔毛，少无毛，有时沿中脉或整个叶脉有腺，边缘具腺齿；叶轴被绒毛或无毛，密生腺点，被细刺或缺。花 1~3 朵，粉红色或白色，直 2~3.5cm；花梗被绒毛或无毛，长 3~6mm；花萼稍短于花瓣，外面被腺毛，边缘和内面有绒毛，果期不脱落。果球形或卵形，疏被腺刺毛，有时无毛，红色。花期 6 月，果期 8 月。

生于碎石坡地，海拔 1500~2900m，产乌鲁木齐、尼勒克、巴仑台、叶城等地。中亚山地及阿富汗也有。

(D) 李亚科 PRUNOIDEAE

乔木或灌木，落叶或常绿。单叶互生，全缘；托叶早落。花两性、单性，或组成总状花序或伞房状花序；花托平坦，陀螺状或管状；花萼、花瓣通常 5 数；雄蕊 10~20 或较多，生于花托边缘；心皮 1，少 2~5；子房 1 室，具 2 枚垂悬胚珠；花柱顶生，少侧生。核果。核含 1 种子，内果皮骨质，中和外果皮肉质，多汁少干燥；核具缝合线，发芽时成 2 瓣裂开。

11 属，新疆 7 属(包括引种)。

(23) 杏属 Armeniaca Mill.

乔木或灌木。枝无刺。叶芽和花芽并生，顶芽常缺，幼叶在芽中席卷状。单叶、互生；叶柄常具腺点，花单生，少2朵，先于叶开放，近无梗或短梗；萼5裂；花瓣5，粉红色或淡粉色，着生于花萼口部；雄蕊15～45枚；花柱顶生；子房被毛，1室，2胚珠。核果、球形，外果皮和中果皮肉质、多汁，成熟时不开裂，稀干燥开裂，外被极短绒毛，稀无毛，离核或粘核；核（内果皮）两侧扁，具棱或浅沟，表面光滑，种仁味苦或甜。

本属有10种，分布于东亚、中亚、小亚细亚和高加索。我国产9种，新疆有4种。

分种检索表

1. 果实黄色或带红晕。
　　2. 叶具细浅、单锯齿；无花梗或具短花梗。
　　　　3. 叶宽卵圆形，具短尖。果实较大，果肉多汁，不开裂 ·················· **1. 杏 A. vulgaris** Lam.
　　　　3. 叶卵圆形，具长尾尖。果实小，果皮薄，干燥，开裂 ·········· **2*. 西伯利亚杏 A. sibirica**(L.) Lam.
　　2. 叶缘具粗、深、重锯齿；具花梗，长7～10mm ···················· **3*. 东北杏 A. mandshurica** (Maxim.) SKV.
1. 果实暗紫红色；叶片下面沿脉具柔毛；果梗稍长 ···················· **4*. 紫杏 A. dasycarpa**(Ehrh.) Borkh.

1. 杏　图201　彩图第32页

Armeniaca vulgaris Lam. Encycl. Meth. Bot. 1：2，1783；Фл. СССР，10：586，1941；Фл. Казахст. 4：518，1961；中国果树分类，45，图14，1979；新疆植物检索表，2：548，1983；新疆植物志，2（2）：359，1995；中国果树志·杏卷，18，2003——*Prunus armeniaca* L. Sp. Pl. 474，1753；中国高等植物图鉴，2：307，图2343，1972。

乔木，高5～10m，树皮暗灰褐色，纵裂。多年生枝淡褐色；皮孔大而横生；一年生枝淡红褐色，无毛，有光泽；冬芽圆锥形，簇生，具褐色鳞片。叶片宽卵形或圆卵形，长5～8cm，宽4～6cm，先端具短尖，基部圆形或近心形，边缘具圆钝锯齿，两面无毛或下面脉腋有疏毛；叶柄长2～4cm，基部常具腺点，花单生，直径2～3cm，先于叶开放；花梗短，被绒毛；花萼紫绿色，萼筒圆筒形，外面基部被绒毛；萼片卵形至卵状长圆形；花后反折；花瓣圆形或倒卵形，粉红色或白色，具短爪；雄蕊多数，短于花瓣；子房被短柔毛；花柱稍长或几与萼片等长，下部具柔毛。果实球形，直径2.5cm，黄色或紫红色，少白色，常带红晕，外被极短绒毛，少无毛，果肉多汁，成熟时不开裂；核卵形或椭圆形，两侧扁压，基部对称，表面光滑，少粗糙，腹缝状具龙骨状棱；种仁扁圆形味甜或苦。花期4～5月，果期6～7月。

生山地灌木草原带的山地河谷、

图201 杏 Armeniaca vulgaris Lam.
1. 果枝　2. 花枝　3. 花横切　4. 核

灌丛。海拔 800 ~ 1400m。

产霍城、新源、巩留、特克斯等地。伊宁、霍城、喀什、莎车、叶城、和田等地普遍栽培。东北、华北各地区也有。中亚山地(吉尔吉斯斯坦)也有。

对伊犁新源、霍城、巩留的山地野杏,有人分为 44 个种下类型,甚为繁琐,难以掌握,有待深入研究。

对新疆栽培,特别是南疆果园栽培树种的杏,也跟全国一样,目前被分为三大类:即①鲜食与加工兼用类,品种最多,全国约 2000 个品种,新疆有 120 多个品种,主要栽培在南疆各地果园,如阿訇牙格玉吕克、阿洪扬来克、阿洪于力克、阿卡勒克、阿克达拉斯、阿克胡安那、阿克玛依桑、阿克苏阿克玉吕克、阿克苏克孜佳娜丽、阿克托永、阿克西米西、阿克玉吕克、阿里瓦拉、安加娜、胡安娜、加娜丽等等,在南疆地区重点发展优良食用品种,推广名牌品种,打名牌品种战略;②仁用杏类,全国有 42 品种。如 79C13(辽宁、河北),80AO3(辽、河、山东、山西),80BO5(河北、辽宁),80DO5(辽、山东、山西),白巴旦(山东)、白杏(山东)、白玉扁(北京、河北、辽、黑)、北山大扁(北京、河北、辽宁)、超仁(河北)、丰仁、国仁、油仁、苏卡加纳内、蜂窝等等。三年生结实,10 年盛果期,在北疆地区,可逐步大力发展仁用杏、黑加仑、海棠果等林果资源,是振兴新疆干旱荒漠地区林业的新途径。③观赏品种:多为新近育成的人工杂种,花重瓣,艳丽、抗寒,适于城市园林绿化之用。如北绿萼山杏(河北、辽宁、黑龙江)、重瓣山杏、辽梅杏、美人梅(1895 年法国育成),可抗 -30℃低温,以及陕梅杏、送春、小杏梅、熊岳红、燕杏梅等等。

2*. 西伯利亚杏　山杏

Armeniaca sibirica (L.) Lam. Encyl. Meth Bot. 1:3, 1789;东北木本植物图志,317,图版 110,图 232,1955;中国果树分类学,47,图 15,1979;落叶果树分类学,99,1984;新疆植物检索表,2:549,1983;新疆植物志,2(2):359,1995;中国果树志·杏卷,118,2003——*Prunus sibirica* L. Sp. Pl. 474,1753;中国高等植物图鉴,2:306,图 2342,1972;黑龙江树木志,308,1986。

灌木或小乔木,高 2 ~ 5m,树皮暗灰色。枝条开展,小枝无毛,灰褐色或淡红褐色。叶片卵形或近圆形,长 3 ~ 8cm,宽 2 ~ 6cm,先端长渐尖,基部圆形或近心形,边缘具细圆锯齿,两面无毛,少背面脉腋具短柔毛;叶柄长约 3cm,无毛,具细腺点或缺。花单生,先叶开放,径约 1 ~ 2cm,花萼紫红色;萼筒钟状,基部疏被短柔毛或缺;萼片长圆状椭圆形,先端尖,花后反折;花瓣近圆形或倒卵形,粉红色或白色;雄蕊与花瓣等长;子房被短绒毛。果实扁球形,径 1 ~ 2cm,黄色被柔毛;果肉(外果皮和中果皮)薄而干燥,开裂,核(内果皮)扁球形,与果肉易分离,两侧扁,顶端圆形,基部不对称,表面较平滑,腹面宽而锐利;种仁味苦。花期 5 月,果期 6 ~ 7 月。

乌鲁木齐、昌吉、石河子等地少量引种栽培。

分布于黑龙江、吉林、内蒙古、甘肃、河北、山西等地区。蒙古、俄罗斯、东西伯利亚及远东地区也有。模式自东西伯利亚。

本种喜光、抗寒、抗旱、适应性强,果肉苦涩不可食,但能酿酒,核仁入药为"苦杏仁",能祛痰、止咳定喘,出油率达 70% ~ 80%,可制杏仁油、杏仁露等,为工业上高级润滑油之一,又是优美观赏绿化树种及蜜源植物。

3*. 东北杏　辽杏　山杏

Armeniaca mandshurica (Maxim.) Skv. in Bull. Appl. Bot. Gen. Pl. Breed. 22(3):213,1929;落叶果树分类学,100,1984;中国果树志·杏卷,19,2003;——*Prunus mandshurica* (Maxim.) Koehne, Deutsch, Dendr. 318,1983;黑龙江树木志,300,图版 83:1 ~ 3,1986;山东树木志,411,1984——*Prunus armeniaca* Linn. var. *mandshurica* in Bull. Acad. Sci. St. Petersb. 19:84;Mel. Biol. 11:675,1883。

乔木,高达 15m,树皮暗灰色或灰黑色。小枝淡绿色,无毛。叶卵状椭圆形或长圆状卵形,长 6 ~ 10cm,宽 3.5 ~ 7cm,先端渐尖,基部宽楔形,叶缘具粗深重锯齿,上面被疏柔毛或几无毛,下面沿中脉或仅脉腋有簇生毛;叶柄长 1.5 ~ 2cm,被短柔毛;托叶早落。花单生或 2 朵;花梗长 1 ~

10mm，被短柔毛；花径约2.5cm；萼筒短筒形，无毛，萼片长圆形，先端钝，无毛；花瓣倒卵形，粉红色或白色；雄蕊30~40；花柱基部有柔毛。果球形，长2~3cm，径约2.5cm，被短绒毛，黄色，有时带红晕，基部稍偏斜。花期4~5月，果期7月。

石河子公园少量引种栽培，生长良好。分布于黑龙江、吉林、辽宁、内蒙古等地区。朝鲜北部。俄罗斯远东地区(乌苏里)也有。模式自松花江下游。

东北杏很耐寒，抗旱是栽培杏树的良好砧木，又可作城市观赏树种，杏仁可榨油，供工业用。在东疆前山高寒地区，可用作发展仁用杏的砧木。

图202 紫杏 Armeniaca dasycarpa (Ehrh.) Borkh.

4*. 紫杏 杏李 图202

Armeniaca dasycarpa (Ehrh.) Borkh. in Arch. fur Bot. (Romer)1, 2：37，1797；Дерев. и Кустарн. CCCP. 3：804，1954；中国植物志，38：29，1986；新疆植物检索表，2：549，1983；新疆植物志，2(2)：361，图版95：6~7，1995 —*Prunus dasycarpa* Ehrh. Beitr. Naturk，5：91，1790。

小乔木，高可达6m。小枝无毛，紫红色。叶片卵形或椭圆卵形，长3~6cm，宽2~5cm，先端短渐尖，基部楔形或近圆形，边缘具细锯齿，上面无毛，暗绿色，下面沿脉具柔毛；叶柄细。花常单生，径约2cm，先于叶开放；花梗被绒毛；花萼红褐色，近光滑无毛；萼筒钟形，萼片近圆形；花瓣宽倒卵形或匙形，白色或具粉红色斑点；雄蕊多数，近与花瓣等长；子房具柔毛。果实近球形，径约3cm，暗紫红色，被短绒毛；果肉多汁，味酸；核卵形，表面粗糙。花期4~5月，果期6~7月。

巩留、鄯善、喀什果园等地引种栽培。中亚、阿富汗、伊朗也有。

本种叶卵圆状椭圆形或卵圆形，具短尖，边缘细锯齿，近似杏树 Armeniaca vulgaris 的叶，但果实球形，红色或淡紫至暗紫色，果柄长，又像樱桃李 Prunus divaricata Ldb.，似为二者天然杂交种。

(24)樱桃属 Cerasus Mill.

小乔或灌木。芽单生或三枚并生，中间为叶芽，两侧为花芽。幼叶在叶中对折状，后于花或花同时开放。单生、互生，叶绿有锯齿。花单生，1~2朵簇生，或形成伞房花序，具花梗；萼筒钟状或筒状，萼片反折或直角开展；花瓣白色或粉红色，先端圆钝，微缺或深裂；雄蕊15~50；雌蕊1，花柱和子房被毛或无毛。核果球形或卵形，成熟时肉质多汁；核表面光滑，或有皱纹或凹点。

本属约100余种，分布北半球温带、亚洲、欧洲至北美均有。我国以西南各山区种类最为丰富。主要有16种(落叶果树分类学)。新疆有7种。

分种检索表

1. 花具较长花梗，形成伞形花序。
　2. 花序基部无叶状苞片；叶片宽大，椭圆形或宽卵圆形；果甜 …… **1** *. 欧洲甜樱桃 Cerasus avium（L.）Moench.
　2. 花序基部具叶状苞片。
　　3. 叶片椭圆形或倒卵形，下面初具疏毛；小乔木 ……………………… **2** *. 欧洲酸樱桃 Cerasus vulgaris（L.）Mill.
　　3. 叶片长圆状椭圆形或披针形，两面均无毛；灌木 ………… **3** *. 灌木樱桃 Cerasus fruticosa（Pall.）G. Woron.
1. 花梗短，簇生。
　4. 花几无梗；花萼筒状。
　　5. 花1~2朵，萼筒外被短绒毛；叶片倒卵形至宽椭圆形，上面多皱有毛，边缘有不整齐锯齿（果园栽培）…
　　　　……………………………………………… **4** *. 毛樱桃 Cerasus tomentosa（Thunb.）Wall.
　　5. 花4~6朵，萼筒无毛；叶倒卵形披针形，两面无毛，边缘具尖锐细锯齿（天山野生）………………………
　　　　…………………………………………………… **5.** 天山樱桃 Cerasus tianschanica Pojark.
　4. 花梗明显，花萼钟状，萼片反折。
　　6. 叶片倒卵状长圆形或倒卵状披针形，中部以上最宽；花梗短，长6~8mm，东北引进种 ………………
　　　　…………………………………………………… **6** *. 矮樱桃 Cerasus humilis（Bge.）Sok.
　　6. 叶卵状披针形，先端具长尾尖，中部以下最宽；花梗长1~2cm，东北引进种 …………………………
　　　　………………………………………… **7** *. 中井樱桃 Cerasus nakaii（Lev.）Bar. et Liou.

1 *. 欧洲甜樱桃　图203

Cerasus avium（L.）Moench. Meth. Pl. 672, 1794；Фл. СССР, **10**：556, 1941；Фл. Казахст. 4：512, 1961；中国果树分类学, 69, 图24, 1979；落叶果树分类学, 119, 1984；新疆植物检索表, 2：555, 1983；新疆植物志, 2（2）：367, 1995——*Prunus avium* L. Fl. Suec. ed. 2：165, 1755；中国树木分类学, 474, 图367, 1953；经济植物手册, 上册, 第二分册, 665, 1955。

　　乔木，高可达25m，树皮灰褐色，有光泽，具横生褐色皮孔。小枝灰棕色，嫩枝绿色，无毛。冬芽卵形，先端具短尖头。叶片倒卵状椭圆形或卵圆形，长3~13cm，宽2~6cm，先端短渐尖，基部圆形或宽楔形，叶缘具重锯齿，齿端具腺点，上面无毛，下面被疏柔毛；叶柄长2~7cm，无毛；托叶线形有腺齿。花序伞形，具3~4朵花，花叶同时开放；花梗长2~3cm，无毛；萼筒钟状无毛；萼片全缘，与萼筒近等长或稍长，花后反折；花瓣白色、倒卵圆形，先端微凹；雄蕊与花柱近等长，无毛。核果近球形或卵圆形，红色，或紫黑色，径1~1.5cm；核表面光滑。花期4~5月，果期6~7月。

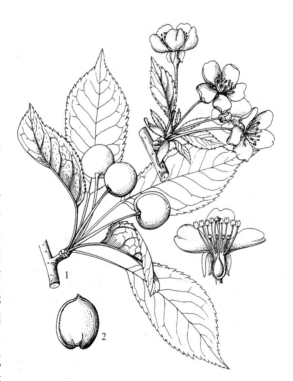

图203　欧洲甜樱桃 Cerasus avium（L.）Moench.
1. 花果枝　2. 果

　　原产欧洲及西亚。喀什地区果园有栽培。山东烟台、青岛、辽宁大连，河北昌黎、秦皇岛等地也有栽培，果实供鲜食、干制，作果酱和果酒。欧洲常用作行道树。

2 *. 欧洲酸樱桃

Cerasus vulgaris（L.）Mill. Gard. Dict. ed. 8, C. No. 1, 1768；Фл. СССР, 10：559, 1941；

Фл. Казахст. 4：513，1961；新疆植物检索表，2：555，1983；落叶果树分类学，120，1984；中国植物志，38：57，1986；新疆植物志，2(2)：367，1995—*Prunus cerasus* L. Sp. Pl. 474，1753。

小乔木，高达10m，树皮暗褐色，皮孔横生，呈片状剥落。嫩枝无毛，初绿色，后变为红褐色。叶片椭圆倒卵形或长椭圆形，长5~7cm，宽3~5cm，先端突尖，基部楔形，常具腺点；叶缘有重锯齿，下面无毛或幼时被绒毛；叶柄长1~2cm；托叶线形，具腺齿。花序伞形，有2~4朵花，与叶同时开放，径约2cm；花梗长2~4cm；萼筒钟形，无毛；萼片三角形，边缘具腺齿，向下反折；花瓣白色。核果扁球形，径约1~1.5cm，鲜红色，果肉浅黄色，味酸，粘核；核球形，褐色。花期4~5月，果期6~7月。

塔城、伊宁、喀什等地果园均有栽培。喀什果园用作欧洲甜樱桃的砧木，效果很好。辽宁、山东、河北、江苏等地也有栽培。欧洲及西亚自古栽培，可能为欧洲甜樱桃和灌木樱桃的天然杂交，未见野生。欧洲甜樱桃和欧洲酸樱桃，是1887年由塔塔尔族人旅布拉伊木采自俄国带回，在塔城栽植推广到阿克苏喀什等地。据落叶果树分类学，115页，1984年。

果实供鲜食，制作糖渍果品、果冻、果酱、罐头，也可制果汁、果酒；核仁含油35%，可制肥皂。本种也是很好的观赏植物和蜜源植物。

3*. 灌木樱桃　草原樱桃

Cerasus fruticosa（Pall.）G. Woron. in Bul. Appl. Bot. Gen. Plant. Breed. 14，3：52，1925；Фл. Казахст. 4：513，1961；新疆植物检索表，2：577，1983；落叶果树分类学，121，1984；中国植物志，38：56，图版15：5~6，1986；新疆植物志，2(2)：367，1995—*Prunus fruticosa* Pall. in Ldb. ROSS，1：19，1842。

灌木，高1~2m。根蘖繁茂成丛；小枝无毛，暗褐色，具淡黄色皮孔。叶片厚质，倒卵形至倒卵状长圆形，长2~5cm，先端急尖或圆钝，基部楔形，边缘具钝圆细锯齿，齿端有腺点，两面无毛；叶柄长3~10mm；托叶线形，具腺齿。花2~4朵，着生成无柄或短柄伞形花序，花直径1.2~1.5cm；花瓣白色，长圆状倒卵形；花梗长1.5~2.5cm；萼筒钟形，萼片圆钝，向下反折。核果卵形、球形或扁球形，径约0.8~1.5cm，红色或暗红色；核卵形或椭圆形，光滑，两端渐尖，黄褐色。花期4~5月，果期7月。

原产欧洲。乌鲁木齐、石河子、塔城、伊宁、喀什等地果园普遍栽培。

本种喜光、抗旱、抗寒，对土壤要求不严。果实供鲜食，也作糖渍果品或作饮料。为珍贵的庭院绿化树种和蜜源植物。

4*. 毛樱桃

Cerasus tomentosa（Thunb.）Wall. Cat. No. 715，1829；Дерев. и Кустарн. СССР，111：749，1954；Фл. Казахст. 4：514，1961；东北木本植物图志，362，图版112，图240，1955；中国果树分类学，73，图27，1979；落叶果树分类学，122，1984；新疆植物检索表，2：555，1983；新疆植物志，(2)：366，1995—*Prunus tomentosa* Thunb. Fl. Jap. 203，1784。

灌木，高达2~3m；枝条开张，树皮灰褐色，鳞片状开裂；枝条灰褐色，幼时密被绒毛；冬芽尖卵形，长2~3mm，褐色，外被绒毛。叶片密集，倒卵形至宽椭圆形，长3~5cm，先端突渐尖，边缘具不整齐锯齿，上面多皱纹多绒毛，下面密被柔毛；叶柄长2~4mm；托叶线形，具不规则锯齿，近于叶柄等长。花1~2朵，先于叶或与叶同时开放，直径约1.5~2cm；花梗长不足3mm；萼筒筒状，外被短柔毛；萼片有锯齿；花瓣白色，初时淡粉色。核果球形，径约1cm，深红色或黄色，被短柔毛；核球形或椭圆形，先端急尖，径约8mm，表面光滑具浅沟。花期4~5月，果期6~7月。

乌鲁木齐、昌吉、石河子、塔城、伊宁、喀什等地果园普遍栽培。

分布于黑龙江、吉林、辽宁、内蒙古、河北、河南、山西、山东、江苏、四川、云南、青海等地区。中亚也有栽培，日本也有分布。

本种喜光、抗寒、抗旱、适应性强、丰产、结实期早，是珍贵的城市园林绿化树种和果木树种。果实味酸甜，多汁，可供鲜食和加工。

5. 天山樱桃　图204

Cerasus tianschanica Pojark. in Journ. Bot. 24：242，1939；Фл. СССР，10：573，1941；Фл. Казахст. 4：516，1961；Опред. Раст. Средн. Азии. 5：244，1976；新疆植物检索表，2：577，图版30：6~8，1983；中国植物志，38：87，图版15：3~4，1986；新疆植物志，2(2)：368，图版98：1~4，1995——*Prunus tianschanica*(Pojark.) Yu et Li. 中国树木志，2：1149，1985。

灌木，高1~1.5(2~5)m。一年生枝细长，被绒毛；树皮淡灰黄色；老枝淡褐色至灰色；托叶线状锥形，基部羽状深裂，长2~3mm；叶柄被短绒毛，长1~2mm。叶狭披针形或倒卵状披针形，短枝上者长4~25mm，宽2~7mm，在长枝上者长30mm，宽9mm，基部狭楔形，顶端急尖或渐尖，边缘具细尖锯齿，两面无毛。花通常密集，每4~6枚，少1~3枚；花梗通常无毛，长1~2.5mm，花托管状圆柱形，基部膨胀，长5~8mm，外部无毛，内部有柔毛；萼片三角形，急尖、全缘，短于花托3~4倍，内层密被柔毛；花瓣粉红色，长倒卵形，长6~7mm；花柱下部和子房顶部具长柔毛。核果暗红色，无毛，球形或卵形，长7~9mm；核卵形，长5~8mm，宽5~6mm，顶端急尖，侧面光滑，顶端和缝线附近具浅沟纹。花期5~6月，果期6~7月。

图204　天山樱桃 Cerasus tianschanica Pojark.
1. 果枝　2. 一年生枝　3. 嫩枝一段　4. 托叶　5. 叶片　6. 果

生于山地、干旱石坡或草原灌丛，海拔1100~1500m。

产塔城、博乐、霍城、察布查尔、巩留、特克斯等地。中亚山地也有。

天山樱桃，喜光，抗寒、抗旱、适应能力强，粉红色花朵，艳丽可爱，可引种驯化选育出城市园林绿化树种。

6*. 矮樱桃　欧李

Cerasus humilis(Bge.) Sok. Дерев. и Кустарн. СССР，3：75，1954；中国植物志，38：83，图版14：1~3，1986；落叶果树分类学，122，1984；新疆植物志，2(2)：368，1995——*Prunus humilis* Bge.；中国树木志，2：1144，1985——*Cerasus humilis*(Bge.) Bar. et Liou，东北木本植物图志，327，图版112，图242，1955。

灌木，高0.5~1.5m。小枝灰褐色或棕褐色，被短绒毛。叶片倒卵形或倒卵状披针形，长2.5~5cm，宽1~2cm，中部以上最宽，先端急尖或短渐尖，基部楔形，边缘具单或重锯齿，两面无毛或下面被疏毛；叶柄短；托叶线形，边缘有腺点。花单生或2~3朵簇生，花叶同开；花梗长至1cm，被疏毛；萼筒长宽近相等，萼片三角状卵圆形；花瓣白色或粉红色，长圆形或倒卵形；花柱与雄蕊等长，无毛。核果球形，红色或紫红色，径约1.5cm；核果表面除背部两侧外无棱纹。花期4~5月，果期6~10月。

乌鲁木齐植物园少量引种栽培，开花结实，生长良好。分布于我国东北、华北各地区。

果味酸、可食、种仁入药。常作庭院观赏树之用。

7*. 中井樱桃　长梗郁李

Cerasus nakaii(Levl.) Bar. et Liou，东北木本植物图志，328，图版113，图243，1955；中国果树分类学，79，1979；落叶果树分类学，124，1984；新疆植物志，2(2)：368，1995——*Prunus nakaii* Levl. in Fedde，Repert. sp. nov. 7，1908；*Prunus japonica* var. *nakaii*(Levl.) Rehd. 中国树木志，2：1147，1986——*Cerasus japonica*(Thunb.) Lois. var. *nakaii*(Levl.) Yu et Li，中国植物志，38：86，1986。

灌木，高0.5~1m；树皮灰褐色。枝纤细，灰褐色；嫩枝灰黄色，无毛。叶卵形或椭圆状卵形，先端具长尾尖，基部圆形，边缘具不规则重锯齿，上面无毛，背面沿脉有绒毛，叶柄长0.5cm。花3~6朵，簇生，与叶同放；花梗长1~2cm，有毛或无毛；萼筒长宽近相等，萼片长于萼筒；花瓣白色或粉红色，倒卵状椭圆形；花柱与雄蕊近等长，无毛。核果近球形，红色，果光滑，径约1cm。花期5月，果期6~7月。

乌鲁木齐公园少量引种。分布于黑龙江、吉林、辽宁等省。

本种抗寒、耐旱、喜光、适应性强。生长良好，枝繁叶茂，花实累累，是珍贵的城市园林绿化树种。

(25) 榆叶梅属 Louiseania Carr.

本属仅1种，华北特产(中亚所产系Aflatunia)；特征同种。应作为我国北方特有的市花，而大力发展。这虽是一种小的花灌木，但它的系统演化位置，一直很受分类学家的注意，从其一长串的学名，就可以看出分类学家对它认识的分歧。

1*. 榆叶梅

Louiseania triloba (Lindl.) Carr. in Rev. Hortic(1872)；Vass. in Notulae systematicae ex Herbario Tom. 15：132，1953；——*Prunus triloba* Lindl. in Gard. Chron. 1857：268，1857；Rehd. in Journ. Arn. Arb. 5：216，1924；陈嵘，中国树木分类学，472，图365，1953；崔友文，华北经济植物志，193，1953；胡先骕，经济植物手册，上册，第二分册，655，1955；中国高等植物图鉴，2：305，图2339，1972；内蒙古植物志，3：127，1977；山东树木志，428，1984；黑龙江树木志，309，图版86：1~2，1986——*Amygdalopsis* Lindleyi Carr. in Rev. Hort. (1862)91；(1868)197——*Amygdalus triloba* (Lindl.) Ricker in Proc. Biol. Soc. Wash. 30：18，1917；中国植物志，38：14，1986；中国果树分类学，37，1979；落叶果树分类学，91，1984；新疆植物志，2(2)：357，1995；任宪威主编，树木学(北方)，326，1997——*Prunopsis* Lindley Andre in Rev. Hortic. (1883)67——*Persica triloba*(Lindl.) Drob(1955)——*Cerasus triloba* (Lindl.) Bar. et Liou，东北木本植物图志，326，图版112，241，1955；新疆植物检索表，2：577，1983。

灌木或小乔木，高2~5m。树皮深紫褐色、浅裂或呈皱皮状剥落。树形开张，常具刺状短枝。小枝深褐色或绿色，向阳面呈紫红色，无毛或幼时被细柔毛。叶宽椭圆形或倒卵形，长3~6cm，宽1~3cm，先端渐尖，常浅裂，基部宽楔形，边缘具粗重锯齿，叶脉羽状，侧脉4~6对，上面绿色，无毛或疏被细柔毛，下面淡绿色，密被短柔毛；叶柄长5~8mm，被短柔毛。花单生或2~3朵集生，直径2~3cm；花梗短；萼筒宽钟形，萼片卵状三角形，无毛或被柔毛；花瓣卵圆形，长1~1.5cm，粉红色；雄蕊约30枚，短于花瓣；子房被短柔毛，果近球形、红色、被毛，具浅腹缝线沟槽，径1~1.5cm，果肉薄，成熟时红色，开裂；核球形，具厚壳，表面有皱纹。2n=64。花期3~4月，果期5~6月。

乌鲁木齐、昌吉、石河子、阿勒泰、塔城、伊宁、阿克苏、库尔勒、喀什等地引种栽培，生长良好。我国北方地区广泛用于城市园林绿化。模式标本 1831 年由俄罗斯大植物学家 A. A. Bunge 采于北京郊区果园。Bunge 先是将这种作 Amygdalus pedunculata Bge.，这是晚出名，后被 Lindley 1857 用作模式改定名了。

根据 Bunge 的报道。榆叶梅广泛栽培于中国北方，是早春开花的珍贵花木，他分出了 3 个变种，即单瓣榆叶梅 a-simplex Bge.；重瓣榆叶梅 b-multiplex Bge.，这个变种被 Lindley，作为 Prunus triloba Lindl. 的模式；多雌蕊榆叶梅 r-polygyan Bge.，具有短缩花瓣和多数花柱(多心皮子房)的花。

根据列麦尔(Lamaire，1861)报道，榆叶梅的形态特征是根据 Robert Fortune 于 1855 年从中国北方(山东)采集的种子育苗进行描述的。

根据卡莱尔(Carrierr，1861)资料，这种植物是 Robert Fortune 于 1856 年从中国引入到英国，而 1859 年又从英国引入到法国的，它很容易嫁接到李子树上，而嫁接到桃树上则不太成功，嫁接植株生长发育不好，用嫩枝插条成活也不好，而用根蘖条，甚至根的一段繁殖则效果好。他并提出榆叶梅的新名称 Amygdalopsis Lindleyi Carr.(1862)，然而他用作描述的果实标本是一个畸形果实标本，以后他又多次作了更正报道。这个学名也就不用了。

只有到 1883 年，在欧洲得到了正常发育的榆叶梅的果实后，安德烈(Andre，1883)才作出了详细的描述，他在介绍榆叶梅引种历史时指出，1856 年曾由 Robert Fortune，从中国引入到英国，1857 年曾由 Lindley 根据英国栽培的植株作了描述。在此基础上，Andre 1883 提出了 Prunopsis Lindleyi Andre 的新属名，但这属名比 Carrier 的新属名 Louiseania triloba (Lindl.)Carr. 要晚 11 年。

(26) 稠李属 Padus Mill.

小乔木或灌木，多分枝。叶片在芽中对折状，单叶互生，具齿稀全缘，叶柄通常在顶端具 2 腺点；托叶早落。花组成总状花序，顶生，基部常具小叶片；苞片早落，萼筒钟状，萼片 5；花瓣 5，白色；雄蕊 10 至多数；雌蕊 1，周位花，子层上位；心皮 1，具 2 胚珠，柱头平。核果卵球形，核表面光滑或有皱纹。

本属约 20 种，主要分布北温带。我国产 14 种，以西南种类最多。新疆有 2 种。

分种检索表

1. 萼筒内被毛，叶厚纸质，背面粗糙；枝粗，嫩枝多绒毛(阿尔泰、塔城山地)…… **1. 欧洲稠李 Padus avium** Mill.
1. 萼筒内无毛。叶质薄，光亮；枝细，嫩枝无毛或有毛(乌鲁木齐市公园栽培)。
  2. 叶背面无腺点 ……………………………………………… **2. 亚洲稠李 Padus asiatica** Kom.
  2. 叶背面被暗褐色腺点 …………………………………… **3. 斑叶稠李 Padus maackii**(Rupr.)Kom.

1. 欧洲稠李 图 205 彩图第 33 页

Padus avium Mill. Gard. Dict. ed. 8, p. No. 1, 1768；新疆植物志，2(2)：370，图版 30：1~4，1995—*Padus racemosa*(Lam.)Gilib. P. Rar. Comm Lithuan. 74，No. 310，1785(in Linnaeus Syst. Pl，Eur. l.)；Фл. Казахст. 4：517，1961；新疆植物检索表，2：552，1983；中国植物志，38：96，1986——*Prunus padus* L. Sp. Pl. 473，1753；中国高等植物图鉴，2：315，图 2360，1974——*Prunus racemosa* Lam. Fl. France，3：107，1778.

小乔木，高可达 10m。树皮暗灰色；皮孔明显。小枝黄褐色或红褐色，内皮黄色，有臭味，幼时被短绒毛，后光滑无毛；冬芽卵圆形，无毛或边缘有睫毛。叶片长圆状倒卵形或卵状披针形，长 4~10cm，宽 2~4cm，先端尾尖，基部圆形或宽楔形，边缘具不规则锐锯齿或重锯齿，上面暗绿色，下面灰绿色。脉明显突起，两面无毛；叶柄长 1~1.5cm，幼时被短柔毛，顶端两侧各具 1 腺点；托叶膜质，线形，早落。总状花序长 7~10cm，下垂，基部常具 2~3 小叶片；花梗通常无毛；花直径 1~1.5cm；萼筒钟状，比萼片稍长；萼片三角状卵形，先端尖或圆钝；花瓣白色，长圆形，

图 205 欧洲稠李 Padus avium Mill.
1. 果枝 2. 叶柄 3. 叶缘一段

较雄蕊长近 1 倍；雄蕊多数，排成 2 轮，花丝不等长；雌蕊 1，子房无毛，柱头盘状，花柱较雄蕊短近 1 倍。核果卵球形，顶端尖，直径 8~10mm，红褐色至黑色，光滑；果梗无毛；萼片脱落，萼筒宿存；核有皱纹。花期 5~6 月，果期 8~9 月。

生山地灌木草原带河谷、溪旁、林缘或灌丛，海拔 1600~2800m。

产哈巴河、布尔津、塔城、额敏、巩留、新源等地。中亚山地、俄罗斯欧洲也有。模式自欧洲。

欧洲稠密、喜光、抗寒、适应性强，是珍贵的城市园林绿化树种和蜜源植物，用种子繁殖，乌鲁木齐植物园引种栽培，生长良好，白花满树，倍增春色，望多加发展。

2. 亚洲稠李

Padus asiatica Kom. Fl. URSS, 10：578, 1941；东北木本植物图志, 322, 图版 111, 图 236, 1955；新疆植物检索表, 2：552, 1983；新疆植物志, 2(2)：572, 1995——*Prunus padus* var. *pubescens* Regel et Tiling in Nouv Mem. Soc. Nat. Moscou, 11：79, 1858；中国树木分类学, 3：120, 1977；中国树木志, 2：1126, 1985——*Prunus padus* f. *pubescens*(Regel et Tiling)Kitag. Neo—Lineam, Fl. Mansh. 379, 1979；黑龙江树木志, 305, 1986——*Padus racemosa*(Lam.)Gilib var. *pubescens*(Rege et Ting)Schneid Ⅲ, Handb. Lajbh. 1：640, 1906；中国植物志, 38：97, 1986——*Padus racemosa*(Lam.)Gilib. var. *asiatica*(Kom)Yu et Lu；中国植物志, 38：98, 1986——*Prunus padus* auct. non. L.；中国高等植物图鉴, 2：315, 图 2360, 1972；山东树木志, 445, 1984；黑龙江树木志, 304, 1986；中国树木志, 2：1126, 1985。

乔木，树皮粗糙，暗褐色或黑色。嫩枝被短柔毛或多少有毛，橄榄绿色或淡灰绿色，皮孔明显。叶椭圆形或倒卵形，具短尖，基部宽楔形或近圆形，叶缘具尖锐齿，上面暗绿色，下面灰绿色，沿脉具黄色毛丛；托叶膜质，线状披针形，早落。总状花序，长 10~15cm，基部具 4~5 小叶片；花径 8~15mm；萼筒杯状，无毛；花瓣白色；花柱无毛，短于雄蕊。核果黑色，核面有皱纹，花期 5~6 月，果期 8~9 月。

乌鲁木齐、昌吉、石河子、伊宁等地引种栽培，生长良好。分布于黑龙江、吉林、辽宁、河北、山东、山西、内蒙古、陕西、甘肃等地区。俄罗斯中西伯利亚、东西伯利亚、远东地区也有。模式自远东地区。

本种抗寒喜光、开花期早，是新疆早春观花树种之一，"五一"前后白花满树，倍添春色。

3*. 斑叶稠李 山桃稠李

Padus maackii(Rupr.)Kom. in Kom. et Alis. Key. Pl. Far East. Reg. USSR, 321, 1955；Fl. USSR, 10：579, 1941；东北木本植物图志, 321, 1955；树木学（北方本），336, 1997——*Prunus maackii* Rupr. in Bull. Phys—Math. Acad. Sci. St. Petersb. 15：361, 1857；中国树木分类学, 483, 1953；中国树木志, 2：1129, 1985；黑龙江树木志, 298, 1986。

小乔木，高 4~10m。叶椭圆形，菱状卵形，稀矩圆状倒卵形，长 4~8cm。叶缘具不规则锐锯腺齿，背面沿中脉被短柔毛，被紫褐色腺体。总状花序，基部无叶，花白色，多花密集；花柱和雄蕊近等长。果近球形，紫褐色，径 5 ~ 7mm。

产黑龙江、吉林和辽宁。乌鲁木齐植物园引种栽培，生长良好。分布于俄罗斯和朝鲜，模式标本自俄罗斯远东地区。喜光、喜湿润土壤。稍耐荫，种子繁殖。材质好，可制小器具及家具用材，又可作城市观赏绿花及蜜源树种。

（27）桃属 Persica Mill.

小乔木少灌木状，枝无刺稀有刺；腋芽 3，具顶芽。幼叶在芽中呈对折状。叶后于花或与花同时开放，每芽内 1 花，稀为 2 花。花无柄或具短柄，花萼，花瓣 5 数，雄蕊多数，雌蕊 1 枚，子房被毛极稀无毛，1 室含 2 胚珠。果实为肉质多汁核果；外果被短柔毛极少无毛；中果皮肉质多汁不开裂；内果皮硬骨质，具深沟纹和孔纹；种皮厚，种仁苦或甜。

桃属或与巴旦属（扁桃属）合成桃属，或分为扁桃亚属和真正桃亚属，亦或单独分成二属，本志从后者。

分种检索表

1. 叶片下面和萼筒外面均无毛；中果皮薄而干燥，核球形 ………………………………… 1. 山桃 P. davidiana Carr.
1. 叶片下面和花萼外面均有短柔毛；果实具肉质多汁中果皮，核两侧扁 …………………………………… 2
  2. 果核表面具不规则沟纹和孔穴；叶侧脉不直达叶缘 ……………………………… 2*. 桃 P. vulgaris Mill.
  2. 果核表面具纵向平行沟纹和稀疏小孔；叶脉直达叶缘，不结合成网状……………………………………
  ………………………………… 3*. 费尔干桃 P. ferganensis（Kost. et Rjab）Kov. et Kost.

1. 山桃

Persica davidiana Carr. in Rev. Hort. 1872：74，fig. 10，1872. —*Prunus davidiana*（Carr.）Franch. in Nouv. Arch. Mus. Hist. Nat. Paris. ser. 2，5：255，1883；中国高等植物图鉴，2：304，图 2338，1972—*Amygdalus davidiana*（Carr.）Yu；中国果树分类学，29，1979；落叶果树分类学，87，1984；新疆植物检索表，2：551，1983；新疆植物志，2（2）：357，1995。

小乔木，高可达 10m。树冠开展，树皮暗紫色，有光泽。枝细长，灰褐色，嫩枝深褐色，无毛，叶片卵状披针形或椭圆状披针形。长 5 ~ 12cm，宽 1 ~ 3cm，先端长渐尖，基部楔形或宽楔形，两面无毛。叶缘具细锐锯齿；叶柄常具腺点。花单生，先于叶开放，直径 2 ~ 3cm，花梗较短；萼筒钟状，萼片卵圆形，紫色；花瓣倒卵形，粉红色或白色，先端钝圆或微凹；雄蕊多数，几与花瓣等长或稍短；子房被毛，花柱长于雄蕊或近等长。果实球形，直径约 3cm。淡黄色，表面被毛。果肉干燥不可食；核球形，具沟纹。花期 3 ~ 4 月，果 7 ~ 8 月。

乌鲁木齐、昌吉、石河子等地引种，生长良好。原产我国华北及东北南部，主要用作桃、梅、李等果树砧木，抗寒耐旱，耐盐碱土壤，愈合良好。也作观赏树种。有白花山桃 f. alba（Carr.）Rehd. 和红花山桃 f. rubra（Bean）Rehd. 两变型。

2*. 桃

Persica vulgaris Mill. Gard. Dict. abridg. ed. 8，465，1768；Kost. in Kom. Fl. URSS，10：601，1941；东北木本植物图志，319，图版 110，图 234，1955——*Prunus persica*（L.）Batsch. Beytr. Entw. Pragm. Gesch Natur，1：30，1801；Hook. f. Fl. Brit Ind，2：313，1878；Hand. Mazz. Symb. Sin，7：534，1933；中国高等植物图鉴，2：304，图 2338，1972；内蒙古植物志，3：123，图版 63，图 5 ~ 6，1997——*Prunus persica*（L.）Stokes，Bot. Mat. Med. 3：101，1812；Koehne in Sarg. Pl. Wils. 1：273，1913——*Amygdalus persica* L. Sp. Pl. 677，1753；中国果树分类学，28，1979；落叶果树分类学，85，1984；中国植物志，38：17，1986；新疆植物检索表，2：549，1983；新疆植物志，2（2）：357，1995。

小乔木，高 3 ~ 8m。树冠平展，树皮暗红褐色，粗糙。嫩枝无毛，有光泽，向阳面带红色；冬芽圆锥形，顶端钝，外被短柔毛，常 2 ~ 3 枚簇生，中间为叶芽，两侧为花芽。叶片长圆状披针形、椭圆状披针形或倒卵状披针形，长 7 ~ 15cm，宽 3 ~ 4cm，先端渐尖，基部宽楔形，上面无毛，下面沿脉腋疏被短柔毛；叶缘具粗或细锯齿，齿端有时具腺点；叶柄粗，长 1 ~ 2cm，常具 1 至数枚腺体，极稀缺。花单生，先于叶开放，直径 2 ~ 3cm；花梗短或极短；萼筒钟状，被短柔毛，稀几无毛，绿色而具红色斑点；萼片卵形或至长圆形，顶端圆钝，外被短柔毛；花瓣长圆状椭圆形至宽倒卵形，粉红色，稀白色；雄蕊 20 ~ 30 枚，花药绯红色；花柱几与雄蕊等长或稍短；子房被短柔毛。果实卵形、宽椭圆形或扁圆形，直径 5 ~ 7cm，淡绿白色至橙黄色，常在向阳面红晕，外面密被短柔毛，稀无毛，腹缝明显，果肉白色、浅绿白色、黄色、橙黄色或红色，多汁有香味，甜或酸甜；核大，离核或粘核，椭圆形或近圆形，两侧扁平，顶端渐尖，表面具纵横沟纹和孔穴；种仁味苦，稀味甜。花期 4 ~ 5 月，果期 8 ~ 9 月。2n = 16。

原产我国，各地区广泛栽培，新疆各地果园多有栽培，尤以南疆喀什及和田尤多。世界各地多有栽培。

桃的食用品种分为：粘核油桃（P. vulgaris var. scleronucipersica Rehd.）、离核油桃（P. vulgaris var. agano nucipersica Rehd.）、粘核毛桃（P. vulgaris f. scleropersica Voss.）、离核毛桃（P. vulgaris f. aganopersica Voss.）、蟠桃（P. vulgaris var. compressa Loud）等类群。伊犁、喀什、和田等地，果园多有栽培。

3*. 费尔干桃　新疆桃

Persica ferganensis（Kost. et Rjab.）Kov. et Kost., Bull. Appl. Bot. 8；Pl. Breed. VIII, 4：4, 1935；Zamysl. in Tree Shrubs URSS, 3：811, 1954——*Prunus persica*（L.）Batsch. ssp., *Ferganensis* Kost. et Rjab in Bull, App, Bot. Gener. ser. 8, 1：318, 1932——*Amygdalus ferganensis*（Kost. et Rjab.）Kov. et Kost；中国果树分类学，32，图 8，1979——*Amygdalus ferganensis*（Kost. et Rjab.）Yu et Lu，中国植物志，38：20，1986；新疆植物检索表，2：551，1983；新疆植物志，2（2）：358，1995。

小乔木，高可达 8m，树皮暗红褐色，粗糙。枝条光滑无毛，绿色，向阳面带红色；冬芽被毛，2 ~ 3 枚簇生叶腋。叶片披针形，长 7 ~ 15cm，宽 2 ~ 3cm，先端渐尖，基部宽楔形或圆形，上面无毛，下面脉腋具疏毛，叶缘具锯齿或腺点，侧脉呈弧形上升，直达叶缘，但不结合成网状；叶柄粗短，具腺体。花单生，直径 3 ~ 4cm，先于叶开放；花梗很短；萼筒钟状，外面绿色而具淡红色斑点，萼片卵形或卵状长圆形，外被短柔毛；花瓣近圆形或长圆形，粉红色；雄蕊多数，几与雌蕊等长；子房被短柔毛。果实扁圆形或近圆形，表面被短柔毛，淡绿色，稀黄色；果肉多汁，微甜有香味，离核，成熟时不开裂；核球形、扁球形或宽椭圆形，长 1.5 ~ 3.5cm，顶端具长尖头，表面具纵向平行沟槽；种仁味苦或微甜。花期 3 ~ 4 月，果期 7 ~ 8 月。

库车、阿克苏、阿合奇、阿图什、喀什等地，私人果园少量栽培。有待进行品种调查，良种选育，形成本地区优良品种。中亚（吉尔吉斯斯坦）果园也大量栽培。模式标本自费尔干盆地。

本种叶片侧脉直达叶缘，在叶缘不结合成网状；果核表面纵向平行沟纹，与其他种类容易区别。

（28）李属 Prunus L.

小乔木或灌木。枝无刺少有刺；顶芽常缺。单叶互生，幼叶在芽中席卷或对折；具叶柄，叶片基部边缘或叶柄常有腺体；托叶早落。花单生或 2 ~ 4 朵簇生，具短梗，先叶或与叶同时开放；小苞片早落；萼筒杯状、钟状或管状，萼片 5；花瓣 5，白色；雄蕊多数，着生于萼筒边缘；雌蕊 1，子房上位，无毛，胚珠 2。核果表面有沟，常被蜡粉；核两侧扁平，具沟槽或皱纹。

本属约 30 种，主要分布于北半球温带地区。新疆有 7 种（已知）除 1 种为天然生长于天山外，其余种均为早期或近期引入的果园栽种。

分种检索表

1. 嫩枝被短柔毛，极稀无毛，叶片多皱纹，叶片下面常有绒毛，极稀无毛；花常单或2朵。
  2. 花单生，果直立，核果浅沟纹，枝具刺 ………………………………… 1*. 刺李 P. spinosa Linn.
  2. 花2朵，果下垂，核光滑或有皱纹 …………………………………… 2*. 欧洲李 P. domestica Linn.
1. 嫩枝无毛，或叶下面沿脉具疏柔毛。
  3. 花单朵(少2朵)。
    4. 叶、花、果均为紫红色(伊宁果园市区栽培) ………… 3*. 紫叶李 P. cerasifera Ehrh. f. atropurpurea Jacq.
    4. 叶、花、果均不为紫红色(天山野生果) ……………………………… 4. 天山李 P. sogdiana Vass.
  3. 花1~3朵或2~4朵簇生(果园栽培种)。
    5. 花2~4朵，果近球形，紫黑色；叶片椭圆形，两面无毛 ………… 5*. 丰收李(阿伯特) P. bessyi ×golden
    5. 花1~3朵。
      6. 果实卵圆形或近球形，黄色，径2~3cm；叶片长圆状倒卵形 ……………… 6*. 李子 P. salicina Lindl.
      6. 果实扁圆形，红色，径3~5cm，果梗很短；叶片长圆状披针形 …………… 7*. 杏李 P. simonii Carr.

1*. 刺李

Prunus spinosa Linn. Sp. Pl. 1753：475；Фл. СССР，10：551，1941；Фл. Казахст. 4：504，1961；落叶果树分类学，111，1984；中国植物志，38：35，1986。

多分枝的多刺的灌木少小乔木。嫩枝被短柔毛，少无毛，紫红色或淡黄褐色，顶端刺化。叶长圆状倒卵形、椭圆形或披针形，长2~5cm，宽1~3cm，顶端钝，基部楔形，边缘具尖或钝锯齿，幼叶被硬毛。后几无毛，暗绿色，无光泽，革质，侧脉4~5对。花先叶开放，单、少2朵，细小，径1.5~1.8cm，白色或淡绿色；萼片三角形，边缘有细腺锯齿；花梗长5~7mm，直立，被绒毛或几无毛。果实黑色，被浅蓝色果粉，圆形或长球形，径约10~15mm，具淡绿色、酸甜，很苦涩的果肉；核球形或卵形，微扁，具起伏不平的皱纹，2n=32，花期4~5月，果期7~8月。

塔城果园有少量栽培。哈萨克斯坦有栽培。分布于俄罗斯欧洲部分、高加索、西欧、巴尔干半岛、小亚细亚、伊朗等地。

果实供制干果、糖渍、果酱、果汁、果酒、叶可代茶。耐寒性强，可作李树杂交亲本。在城市绿化建设中可作刺篱护坡护岸林和农田防护林树种。

2*. 欧洲李　西洋李　洋李　酸梅　图206　彩图第33页

Prunus domestica Linn. Sp. Pl. 1753：475，1753；Фл. СССР，10：515，1941；Фл. Казахст. 4：504，1961；中国果树分类学，57，1979；新疆植物检索表，2：553，1983；落叶果树分类学，108，1984；中国植物志，38：38，1986；新疆植物志，2(2)：362，图版96：1~4，1995——*P. insititia* L. Amoen. Acad. 4：273，1755；中国植物志，38：37，1986；落叶果树分类学，112，1984。

小乔木，高5~12m。小枝无刺或稍有刺。嫩枝无毛或被短柔毛，淡红褐色或淡绿黄色，有棱角。叶椭圆形或倒卵形，质厚，多皱纹，长4~10cm，宽2~6cm，钝或尖有时有重锯齿，上面几无毛，下面有柔毛，沿脉尤密，叶脉5~9对，花后叶或与叶同时开放，通常每2朵，直径1.2~2.5cm，花梗光滑或被短柔毛；花瓣白色或淡绿色，少乳黄色；萼片宽卵形，被短柔毛。果实从长卵形、卵形到扁圆形，具明显的侧沟，淡绿色、绿色、黄色、红色、淡紫色，常被蓝色果粉，果肉有各种风味，但无苦涩味；核卵形、广卵形、凹凸不平或微有洼点，离核或粘核。花期4~5月，果期7~9月。

和田、伊犁、喀什、塔城、石河子、昌吉、乌鲁木齐等地果园多有栽培，以伊宁市果园栽培较多。欧洲、北美和南非均广泛栽培，已有两千年以上历史。品种很多，现在世界各地均有栽培。已从中选出若干优良无性系，如Brompton，Damasc. Common Mussel等。

某些系统家(C. Linney，1755；Rehder，1927；Medwegew，1927；Hedrick，1911)将乌荆子李

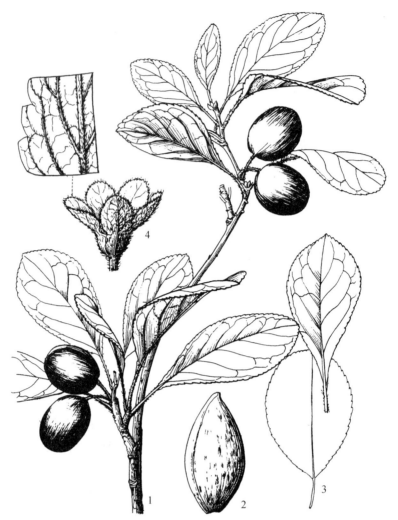

图 206　欧洲李 Prunus domestica Linn.

1. 果枝　2. 果核　3. 叶　4. 花

P. insititia L. 作为独立种，另一些系统学家(Paschikewicz，1895；Schneider，1906)则将乌荆子李归属于欧洲李 P. domestica L. H. B. Kovalew(1935)，根据形态学和细胞学特征的分析，也认为不能分出乌荆子作为独立种。他认为，乌荆子李 P. insitia L. 上实际是欧洲李的劣值类型。

　　欧洲李果实供鲜食，味甜多汁，风味独特，也可制作糖渍、蜜饯、果酱、果酒、含糖量高的品种作李干。果实含糖6%～7%，酸0.2%～1.5%，维生素 A 10mg/100g，维生素 C 11.2mg/100g等。是伊犁地区大有发展前景的林果业树种。

　　欧洲李至今尚未发现野生种，起源问题争论很久。多数学者认为她是由欧洲果园栽培的樱桃李和黑刺李的天然杂交种。现有俄罗斯国家注册品种约60种。

3°. 紫叶李

Prunus cerasifera Ehrh. f. **atropurpurea** Jacq.；Man. Cult. Trees and Shrubs ed. 2：456，1940；落叶果树分类学，111，1984——*Prunus pissardii* Carr.，*P. cerasifera* var. *pissardii* Bailey.

　　灌木，枝条开展、细长、直立或下垂，暗灰色；小枝淡红褐色，无毛。叶片卵形、椭圆形、倒卵形、少椭圆状披针形，长4.5～6cm，先端急尖，基部楔形或近圆形，边缘具钝或锐锯齿，有时具重锯齿，侧脉5～8对；叶柄长0.5～2cm，稍被柔毛或无毛，无腺点。花1朵罕为2朵，与叶同时开放，粉红色；花梗长1～2cm，无毛稀微被短柔毛；萼钟状，无毛，萼片卵形，下弯。果实球形或椭圆形，红色，被蜡粉；核卵球形或椭圆形，表面光滑或粗糙。

　　伊宁市区常见栽培，叶片终年呈紫红色，为边城增添了一道闪光景点；在华北园林中用作观赏树种，生长也良好。

4. 天山李 野樱桃李 图 207

Prunus sogdiana Vass. Рефераты Научно-исслед., работ. эа, 1945；отд. биол. наук.（1947）5，1947；Фл. узбек 3：358，1955；Фл. Казахст. 4：505，Табл. 63：f. 1，1961—*P. divaricata* Ledeb. Ind. Sem. Horti；Bot. Dorpat.（1824）6；Фл. СССР, 10：516，1941—*P. cerasifera* auct. Fl. As. Med. p. p. non Ehrh.；中国植物志，38：38，1986；落叶果树分类学，110，1984；树木学（北方本），331，图213，1997。

小乔木或灌木，高 2~8m。枝条开展，常具刺，老枝暗灰色，小枝暗红色，无毛；芽卵圆形，紫红色。叶片椭圆形、卵形或倒卵形，长 3~6cm，宽 2~4cm，先端急尖，基部楔形或近圆形，边缘有钝锯齿，上面深绿色，无毛，中脉下陷，下面淡绿色，仅沿中脉和脉腋有柔毛；叶柄长 0.6~1.2cm，幼时被短绒毛，无腺点；托叶膜质，披针形，早落。花 1 朵，少 2 朵；花梗长 1~2cm，无毛或稍有毛；花径 2~2.5cm；萼筒钟形，萼片长卵形，先端圆，与萼筒近等长。萼筒和萼片外面无毛，内面疏生短柔毛；花瓣白色，长圆形或匙形，基部楔形，着生于萼筒边缘；雄蕊 25~30 枚。比花瓣稍短；雌蕊 1，子房被柔毛，柱头盘状，花柱稍长于雄蕊。核果球形或椭圆形，直径 2~3cm，

图 207 天山李 Prunus sogdiana Vass.
1. 果枝 2. 果核 3. 花

黄色、红色或淡紫色，稍被蜡粉，具浅侧沟，味酸、甜、粘核；核卵形或卵球形，表面平滑或粗糙，有时具浅洼点，背缝具沟。腹缝有时具 2 侧沟。花期 4~5 月，果期 7~8 月。

生山地灌木草原带，灌丛中，海拔 1000~1400m。产霍城大西沟。分布于中亚南部山地。吉尔吉斯斯坦阿拉套、卡拉套、西天山也有，即北纬 40°~43°，东经 72°~78°之间，亦即阿克苏往西靠国境一带山地。

天山李的果实，可食。中亚供制果脯、果酱、果泥、软果糕、水果罐头等。新疆伊犁地区，用作饮料和水果罐头。甚畅销，希扩大发展。

这种李子很像北高加索野生的樱桃李 *Prunus divaricata* Ldb.，但跟欧洲果园栽培起源于北美的樱桃李 *P. cerasifera* Ehrh. 则有很多区别。

目前，关于这片野李的起源问题，有多种意见，有人认为是清朝时候到大西沟朝圣的人丢下种子长起来的；有人认为是人工种植的；也有人认为是天然生的。在没有可靠的"人工输入"前提下，我们只能认为它是天然生长，而其枝叶、花果的形态特征，又跟中亚南部吉尔吉斯斯坦野果林的野樱桃李 *Prunus sogdiana* Vass. 极为相似。这样一来，野李就是整个天山的特有种了（中国天山及中亚

天山），应该称为天山李 P. sogdiana Vass.。她既不能跟欧洲果园栽培的种群也没必要跟北高加索野生种类混为一谈。

当前，我们要深入查明其在新疆的分布(除霍城外，还有哪些地方也有天然种群)及其种类的多样性，以期选育出更多更好的优质丰产品种，为人民大众服务。

5*. 丰收李(新拟) 阿伯特

Prunus bessyi ×golden；东北中部果树资源调查，科学出版社，27，1956 年。

本种是 1908 年，由美国韩森(Hansen)在美国开始育种，1924 年结实，1925 年输入哈尔滨，1905 年引入东北中部，1960～1970 年前后引入新疆奎屯果园，1978 年后引入乌鲁木齐栽培。

本种耐寒、喜光、适应性强。丰产，早熟。品质甚佳，值得发展。

另说，本种是西沙樱桃(中国果树分类学)和金光樱桃(见前)杂交而成。

前者是欧洲果园广泛用于桃、杏、李的矮化砧木和杂交亲本，因茎通常平卧、甚耐寒，故应用地区广泛，取得效果良好。

西沙樱桃在北京引种栽培、耐寒、耐旱，生长旺盛，连年丰产。

6*. 李子 中国李 嘉庆子

Prunus salicina Lindl. in Trans Hort Soc. Lond. 7：239，1828；中国高等植物图鉴，2：316，图 2361，1972；新疆植物检索表，2：553，1983；落叶果树分类学，107，1984；中国植物志，38：39，图版5：4～5，1986；新疆植物志，2(2)：364，1995。

小乔木，9～12m。树皮灰褐色，粗糙，纵裂。老枝紫褐色或红褐色；当年小枝黄红色，均无毛；冬芽卵圆形，红紫色。叶片长圆状倒卵圆形或长椭圆形，稀长圆状卵形，长 6～8cm，宽 3～5cm，先端渐尖或具短尾尖，基部楔形，边缘具圆钝重锯齿，上面深绿色，有光泽，叶脉和主脉呈45°，两面均无毛，稀下面沿主脉有疏毛；托叶膜质、线形，早落；叶柄长 1～2cm，无毛，顶端有时具两个腺点，有时在叶片基部边缘有腺点。花常 3 朵并生，花梗长 1～2cm，无毛；花径 1～2.2cm；萼筒钟状，萼片长圆状卵形，与萼筒等长，外面无毛，内面基部被疏柔毛；花瓣白色，长圆状倒卵形，基部楔形，具明显的紫色斑纹，具短爪，着生于萼筒边缘，长于萼筒2～3 倍；雌蕊多数，花丝不等长，短于花瓣；雌蕊1，柱头盘状，花柱稍长于雄蕊。核果球形，直径 3.5～5cm，有明显侧沟，黄色或红色，有时绿黄色或紫色，先端微尖。外被蜡粉；核卵圆形或长圆形，有皱纹，粘核，少离核。花期4～5月，果期 7～8 月。

我国原产，世界多数国家引种。用着杂交育种亲本。新疆南北各地农村、果园多有栽培，但未见形成规模，有待于引入良种，实行规模化、集约化经营。

7*. 杏李 红李 秋根子

Prunus simonii Carr. in Rev. Hort. 3. tab. 1872；Дерев и Кустарн СССР，3：711，1954；中国果树分类学，57，图 19，1979；中国植物志，38：35，图版5：1～2，1986；新疆植物志，2(2)：362，1995。

小乔木，高 5～6m，树冠塔形，枝条上升，无刺。叶片长圆状披针形，至长圆状倒卵形，长7～10cm，先端短渐尖，基部宽楔形，边缘有钝圆锯齿，下面无毛；叶柄短，具 2～4 腺。花 2～3朵簇生，径约 20～25mm；花梗长 2～4mm，无毛。果实扁球形，径约 3～5cm，红色。果肉淡黄色，质地紧密，有浓香，粘核，微涩，核小，扁球形，有纵沟。

原产我国北方。新疆石河子、玛纳斯、昌吉、乌鲁木齐等地引种栽培，抗寒、抗旱，生长良好。

(29)巴旦属 Amygdalus Linn.

灌木或小乔木。单叶互生，全缘。花两性，无柄或具短柄；萼管钟形、圆柱形。果实为核果，具干燥、成熟时开裂，被短绒毛的果皮，核有曲折或网纹状沟槽，少光滑，有时多沟孔，果熟时跟外果皮分离，果实发芽地下。

本属约15种，新疆2种。

1*. 巴旦 扁桃 图208

Amygdalus communis Linn. Sp. Pl. 473，1753；Фл. СССР，10：524，1941；Фл. Казахст. 4：506，1961；中国果树分类学，35，图9，1979；新疆植物检索表，2：551，1983；落叶果树分类学，89，1984；中国植物志，38：11，图版2：1~3，1986；新疆植物志，2(2)：353，图版93：1~4，1995—*Prunus dulcis*（Mill）D. A. Webb；中国树木志，2：1155，1985。

小型乔木，高4~8m。枝条向上斜展或平展，具多数短小枝；嫩枝无毛，一年生枝淡褐色或灰黑色；冬芽卵形，鳞片棕褐色。叶片披针形或椭圆状披针形，长4~6(9)cm，宽1.5~2cm，先端急尖或渐尖，基部圆形或宽楔形，边缘具浅钝锯齿，仅幼时被疏柔毛；叶柄长1.5~2(3)cm，具2~4腺点；托叶圆锥形，长3~5mm，

图208 巴旦 Amygdalus communis Linn.
1. 果枝 2. 果核

边缘具腺点。花单生于短枝端；花梗长3~5mm；萼筒圆筒状；萼片宽披针形，先端圆钝，边缘具毛，稍短于萼筒；花瓣宽卵形，具短爪，白色或淡粉色。果实外被短绒毛，扁圆形或长圆状卵形，长3~4cm，先端渐狭或圆钝，基部近截形；核广椭圆形，扁平，长2.7~3.3cm，先端渐尖，基部截形，两侧不对称，有时呈马刀形，背缝线直，具明显沟槽或缺，腹缝线弯，具龙骨状突起，有浅沟或缺；核壳质脆，质薄，少坚硬，表面具浅沟或不规则洼点，核仁甜（**A. communis** var. **dulcis**）或苦（**A. communis** var. **amara** DC.）。花期4~5月，果期7~8月。

原产小亚细亚、伊朗以及中亚细亚一带。新疆伊犁及喀什地区早有栽培。我国陕西、甘肃、山东、河北等省也有少量引种。

巴旦杏之名。可能由伊朗语"Bodan"音译而来。据考证，我国唐代著作《酉阳杂俎》（公元860年）一书中，就有"婆谈树"的名称。因而，可以推知，巴旦杏远在唐宋以前，就已由中亚、西亚传入新疆了，它无疑是新疆古丝绸之路的树种。

2. 野巴旦 图209

Amygdalus ledebouriana Schlecht. Abh. Naturf. Ges. Halle，2：21，1854；Фл. СССР，10：537，1941；Фл. Казахст. 4：508，1961；新疆植物检索表，2：522，1983；新疆植物志，2(2)：355，1995。——*A. nana* auct. non Linnaeus：中国植物志，38：14，1986。

灌木，高1~1.5m。枝开展；多年生枝灰色；一年生枝淡红褐色。叶互生，在短枝上簇生，叶片狭长圆形，长圆状披针形，长3~6cm，宽0.5~1.5cm，先端渐尖，基部楔形，两面无毛，边缘有锯齿。花单生，与叶同放，花梗短；萼筒圆筒形，无毛，萼片卵形或卵状披针形，边缘具腺点锯齿；花瓣长圆状卵形，先端钝或有凹缺，粉红色；雄蕊多数，短于花瓣；子房密被长柔毛，花柱与

图 209 野巴旦 Amygdalus ledebouriana Schlecht.

1. 果枝 2. 果核 3. 叶缘一段

雌蕊近等长。核果卵状球形, 直径 1～2cm, 密被长柔毛; 果肉干燥, 成熟时开裂, 卵球形, 两侧扁, 腹缝线粗而稍弯, 背缝线龙骨状, 顶端具小突起, 基部偏斜, 表面具浅的洼点, 粗糙, 核壳厚而坚硬。花期 5～6 月, 果期 7～8 月。

生于低山带, 干旱草原及谷地, 海拔 1200m。

产塔城北山及裕民县巴尔鲁克山及哈巴河县。国外哈萨克斯坦东部也有。

抗寒耐旱、适应性强, 可作城市园林绿化树种。

野巴旦杏仁油属于油酸—亚油酸不干性油, 含维生素 E、A, 还有锌、铜、钾、磷、镁、钠、钼、钙、钴等 11 种微量元素, 具有潜在的营养和医药价值。低凝固点、低酸价、低杂质、耐高温(450℃), 使它有可能加工成高级润滑油。芳香油、味精、化妆品等。根据 1984 年 8 月商业部南京野生植物综合利用研究所, 温光源自炜《野巴旦杏成分分析及利用的初步探讨研究》资料。

桃金娘超目——MYRTENAE

含 3 目, 新疆木本仅 1 目。

XXIV. 桃金娘目——MYRTALES

17 科, 新疆木本仅栽培 1 科。

34. 石榴科——PUNICACEAE Horaninow, 1834

落叶灌木或小乔木。单叶对生、近对生或簇生, 全缘, 无托叶。花经常两性, 1～5 朵集生枝端或叶腋; 萼筒钟状或漏斗状钟形, 革质、宿存; 花瓣 5～7, 覆瓦状排列; 雄蕊多数, 着生于萼筒喉部周围; 子房下位, 多室, 排列成 2 轮, 上为侧膜胎座, 下为中轴胎座; 胚珠多数。浆果球形、革质, 内含多数带肉质种皮的种子。X = 8, 9。

本科仅 1 属 2 种。一种在南欧, 在亚洲到喜马拉雅; 另一种在索科特岛。

（1）石榴属 Punica Linn.

1. 石榴　彩图第 37 页

Punica granatum Linn. Sp. Pl. （1753）472。

落叶小乔木，高 5（10）m，具球形树冠，被棕褐色龟裂树皮。老枝具细瘦泥灰色或棕黄色；嫩枝具疏稀点状皮孔；短枝顶端具刺。叶对生，在短枝上簇生，椭圆形到披针形，长 2 ~ 8cm，宽 1 ~ 2cm，顶端钝，基部狭楔形，全缘，革质，上面有光泽。下面具突出叶脉；柄短。花径 2 ~ 5cm，单生或 2 ~ 5 朵生枝端或叶腋短花梗上；花萼 1 ~ 2cm，革质，具 5 ~ 7 枚宽三角形肥厚裂片，下部跟子房联合，宿存在果实顶端；花冠鲜红色，少白色或淡黄色，具 5 ~ 7 枚倒卵形花瓣；雄蕊多数，着生于花萼喉部；花柱 1；子房下位，2 轮；上部具侧膜胎座，下部为中轴胎座；胚珠多数。花二型，一部分罐状，长花柱，结实；另一部分钟状，短花柱，不结实。果实假浆果，球形，直径至 7 ~ 8cm，有时稍有棱，鲜红色，淡绿色，少白色，果皮革质。种子有棱角，长 8 ~ 14mm，宽 5 ~ 8mm，种皮多汁，种子多数。花期 5 ~ 8 月，果期 9 ~ 10 月。

石榴属的拉丁学名是：Punica，即古之迦太基国，今日之北非突尼斯国，故其总分布包括：北非、南非、地中海、巴尔干—小亚细亚、伊朗、印度、南美、北美。从欧洲记载，模式在伦敦。

我国栽培的石榴可追溯到汉代。据《群芳谱》载，它是西汉时张骞出使西域从安石国（今伊朗附近）带回来的，在中国安家落户已 2000 多年，现遍及全国各地区。其中陕西临潼石榴果实大，籽粒多，香甜可口，产量高，最有名的品种是"三白甜"。新疆以和田、皮山石榴面积较大，最有名的是"皮亚曼"石榴，果实大、味香甜、产量高。新疆纵横股份有限公司。已开发成"升奇"产品（石榴汁饮料），市场前景看好。

石榴性喜光、喜温暖、喜排水良好的砂壤土。秋季用种子播种或种子沙藏春播，扦插和压条，栽培品种多用嫁接法繁殖。扦插前用 ABT 生根粉处理，效果良好。

石榴种子占重量的 17% ~ 58%；石榴汁占 14% ~ 50%，石榴汁含 8.22% ~ 19.70% 的多糖；含 0.20% ~ 9.05% 的纯柠檬酸和少量苹果酸；含 3% ~ 13.6% 的维生素 C。它用于生食和加工成清凉饮料、加工成干葡萄酒。

石榴果皮和枝皮可用于鞣制羊皮，使之染成黑色，还可以加工成棕色地毡染料。种子可以榨油，花浸剂作为咽喉炎的漱口药。石榴汁是抗坏血病药。果皮浸剂作为发烧、痢疾的驱虫药，叶可加工成茶叶饮料代用品。有一种果实叫"海石榴"，果实小，不作食用，用于观赏和入药。花榴又称"看石榴"其花瓣为重瓣，不结果实，花色较多，有深红、淡红、白、黄、黄白杂色等。

石榴树干苍劲古朴，花红似火，是珍贵的城市观赏树种和制作盆景的好材料，是新疆南部各地重要林果树种和特色绿化美化树种。

豆超目——FABANAE

塔赫他间系统，将豆超目分为 1 目 1 科，即豆目豆科。吴征镒系统将豆目分为 3 科，即云实科（苏木科）、含羞草科、蝶形花科等，本志从后者。

XXV. 豆目——FABALES

木本或草本，常具根瘤。气孔很多型。二叶隙节，少五叶隙节。导管具单穿孔。花常组成穗状、总状或头状花序，两性，少单性，辐射对称或两侧对称，多为 5 基数，通常双被花，雄蕊常 10 枚，多成二体，雌蕊 1 心皮，1 室。荚果，种子多无胚乳。

35. 含羞草科——MIMOSACEAE R. Brown，1814

木本稀草本，一至二回羽状复叶，花辐射对称，组成穗状、总状或头状花序；花瓣镊合状排列；雄蕊多数，分离或合生成管。荚果。种子具少量胚乳或无胚乳。

本科约56属，主产热带和亚热带。新疆仅引入栽培1属1种。

（1）合欢属 Albizia Durazz

约15种，产亚洲、非洲及美洲热带、亚热带地区。我国有17种，主产南方。新疆仅引入栽培1种。

1*. 合欢　绒花树　彩图第38页

Albizia julibrissin Durazz. in Mag. Toscan. 3. 4：11，1772；Palib. in Fl. URSS, 11：10, 1945；陈嵘，中国树木分类学，197，图390，1937；中国主要植物图说——豆科，13~14，图12，1955；刘慎谔等，东北木本植物图志，337，1955；中国高等植物图鉴，2：323，图2376，1972；新疆植物检索表，3：2，1983。

乔木，树冠宽广而开展。二回羽状复叶，羽片4~12对，小叶10~30对，镰状矩圆形，顶端锐尖，基部截形，边缘全缘。头状花序，多数；花萼筒钟形；花冠筒长于萼筒2~3倍；雄蕊多数，花丝细长，淡红色。荚果扁平，淡黄褐色。种子扁平，椭圆形。花期6~7月，果期8~10月。

喀什、莎车、叶城、和田等城市公园栽培，开花结实，生长良好。我国南北诸省多有栽培和野生。朝鲜、日本、印度、伊朗也有。

合欢喜温、喜光、适应性强，生长迅速，绒花满树，有色有香，是珍贵城市美化绿化和行道树种。

36. 云实科——CAESALPINIACEAE R. Brown，1814

木本稀草本，常绿或落叶。一至二回羽状复叶，稀单叶；托叶早落或缺。花两侧对称；两性少单性或杂性。花瓣常成上升覆瓦状排列，即上方的1花瓣位于最内方，较小；雄蕊10，分离。荚果不开裂，稀开裂。种子具胚乳或缺。

本科约180属3000种，主产热带和亚热带。新疆引栽2属3种。

分属检索表

1. 叶为一回或二回羽状复叶，枝常具分枝硬刺；花成穗形总状花序，杂性或单性异株。果实为大型带状荚果 …………………………………………………………………………（1）皂荚属 Gleditsia Linn.
1. 单叶全缘；花紫红色，组成总状花序；果实扁平，不裂 …………………………………（2）紫荆属 Cercis Linn.

（1）皂荚属 Gleditsia Linn.

落叶乔木或灌木，枝条具分枝的枝刺，叶为1~2回偶数羽状复叶。花为杂性或单性异株，组成总状花序，稀圆锥花序；萼片及花瓣各3~5；雄蕊6~10，花丝分离。荚果带状。种子具角质胚乳。

约16种，中国有9种。新疆引栽2种。

分种检索表

1. 刺基圆筒状，叶缘细锯齿 …………………………………………………… 2*. 皂荚 G. sinensis Lam.
1. 刺基部略扁，叶缘波状齿 …………………………………………………… 1*. 三刺皂荚 G. triacanthos Linn.

1*. 三刺皂荚 美国皂荚 图210

彩图第38页

Gleditsia triacanthos Linn. Sp. Pl. 1056，1753；Rehd. Man. Cult. Trees and Shrubs ed. 2：485，1940；Palib. in Fl. URSS，11：22，1945；陈嵘，中国树木分类学，508，图403，1953；新疆植物检索表，3：4，图版4，图3，1983。

乔木，高至40m。树冠开展、宽阔，树皮暗褐色。小枝具长的分枝的基部略扁的枝刺，叶为1回和二回羽状复叶，前者具10~24对小叶，后者具8~16对小叶；叶柄和叶轴疏被绒毛；小叶片长圆状披针形或长圆状卵形，长1.5~4mm，边全缘或具细锯齿，近无柄，顶端钝，常具短尖，下面(背)稍被绒毛。花序短，无毛，总状，长3~7cm；花多为单性，细小，长4~5mm，被短柔毛；花萼阔钟形；花瓣和花萼等长；花丝有柔毛，从花中伸出；子房有长柔毛，具宽阔柱头。荚果线状长圆形，长20~40cm，宽2.5~4cm，扁平，边缘常波状内卷，革质，暗棕色，向下伸缩成长柄，内部具果肉。种子长椭圆形，光滑无毛，暗淡褐色，坚硬，长至1.5cm。花期5~6月，果期8~9月。

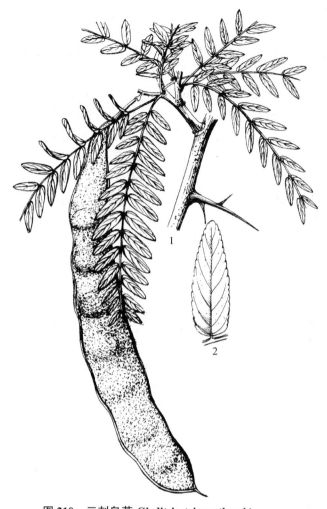

图210 三刺皂荚 Gleditsia triacanthos Linn.
1. 枝 2. 叶

乌鲁木齐、伊宁市及南疆各地常见栽培，北疆各城市也有栽培，原产北美。欧洲各地及俄罗斯克里米亚、高加索和中亚各地均有栽培。模式标本自美国弗吉尼亚州。

三刺皂荚性喜光，较耐寒，适应性强，生长迅速，种子繁殖。是城市绿化和防护林带的珍贵树种，木材坚硬，可供家具、农具等用。枝叶浓密，是很好的防污染树种。

2*. 皂荚

Gleditsia sinensis Lam.；中国树木志，2：1202，图543，1985；山东树木志，460，图461，1984。

乔木，高至30m，胸径1.2m。树皮暗灰色；刺常分枝。一回偶数羽状复叶，长8~12cm，小叶3~7对，卵形、倒卵形、长圆状卵形或卵状披针形，长2~8.5cm，先端钝，具短尖头，锯齿细钝，沿中脉被柔毛；叶轴及叶柄被柔毛，花杂性，总状花序，花梗密被绒毛；小花梗长3~5mm；花萼钟状，具4裂片，密被绒毛；花瓣4，白色；雄蕊6~8；子房长条形，沿边缘被白色短柔毛。荚果平直或略弯，长10~30cm，宽2~4cm，稍肥厚，成熟黑褐色或紫红色。种子多数，长圆形，扁平，长约1cm，亮棕色。花期5~6月，果期9~10月。

乌鲁木齐市种苗场引种栽培。生长良好。产河北、山西、山东、河南、陕西、甘肃以及长江流域以南。多栽培于低山丘陵、平原地区。喜光、喜深厚肥沃土壤。在干燥瘠薄地方生长不良。种子繁殖。

（2）紫荆属 Cercis Linn.

约 11 ~ 12 种，分布于南欧、东亚、北美。我国 6 种。新疆引入 1 种（中国树木志，2：1225，1985，记载新疆喀什引入南欧紫荆 Cercis siliquastrum L. 我们尚未见过，待深入调查）。

1*. 紫荆

Cercis chinensis Bunge in Mem. Sav. Etr. Ac. Sc. Petersb. 2：95，1835；陈嵘，中国树木分类学，521，图 418，1953；汪发钻、唐进，中国主要植物图说——豆科，39，图 34，1955；新疆植物检索表，3：4，1983；中国树木志，2：1228，图 558，1985。

灌木或小乔木，高 2 ~ 4m，通常丛生灌木状。小枝被毛或无毛，叶近圆形，长 6 ~ 13cm，先端骤尖，基部心形，无毛或下面微被毛。先叶开花，5 ~ 8 朵簇生；花梗长 0.5 ~ 1.5cm；花萼红色；花冠紫红色。荚果长 3 ~ 10.5cm，宽 1.3 ~ 1.5cm，腹缝具窄翅，网脉明显。花期 4 月，果期 9 ~ 10 月。

喀什和伊宁市公园有引种栽培。产于黄河流域以南各省。

喜光、喜温暖、喜肥沃土壤。萌芽性强。多用于种子繁殖，亦可插条或压条。为著名早春赏花树种。

37. 蝶形花科——PAPILIONACEAE Lindley，1836

乔木、灌木或草本，直立或藤本。复叶稀单叶；具托叶，偶成刺化。花两性，两侧对称；萼片 5，合生成管；花冠蝶形，有旗瓣、翼龙骨瓣之分；雄蕊 10，二体或单体；子房上位，1 室，1 心皮，边缘胎座。荚果。种子无胚乳或仅具少量胚乳。X = 5 ~ 13。

约 480 属 12000 种，主产北温带。我国约 110 属 1100 种，木本约 57 属 450 种；新疆木本约 19 属 46 种。

分属检索表

1. 叶不发育，呈鳞片状 ······································· (1)无叶豆属 Eremosparton Fisch. et Mey.
1. 叶片发达，不为鳞片状。
 2. 雄蕊 10 枚，离生或仅基部连合。
  3. 叶为羽状复叶。
   4. 奇数羽状复叶，荚果念珠状 ······································· (21)槐属 Sophora Linn.
   4. 偶数羽状复叶；荚果条形或矩圆形 ····················· (3)沙槐属 Ammodendron Fisch.
  3. 叶为 3 小叶形成掌状复叶稀单叶；托叶合生；常绿灌木 ·········· (4)沙冬青属 Ammopiptanthus Cheng f.
 2. 雄蕊 10 枚，连合成 1 或 2 组，具显著雄蕊管。
  5. 雄蕊合生成单体；花腋生 ······································· (5)芒柄花属 Ononis Linn.
  5. 雄蕊连合成 9 与 1 两组。
   6. 单叶，枝端刺化 ······································· (6)骆驼刺属 Alhagi Gagneb
   6. 羽状复叶，叶轴刺化宿存不落，萼基偏斜，囊状下垂 ·········· (22)海绵豆属 Spongiocarpella Yakovl.
    7. 三小叶或羽状复叶，叶轴脱落。
    7. 叶为 3 小叶，荚果 1 粒种子 ······································· (7)胡枝子属 Lespedeza Michx.
     8. 羽状复叶。
     8. 小叶片互生；芽叠生；荚果开裂 ······················· (8)香槐属 Cladrastis Raf.
      9. 小叶对生。
      9. 柄下芽，具托叶刺或缺 ······································· (9)刺槐属 Robinia Linn.
       10. 近柄芽。
       10. 叶具油腺点，花紫色，仅有旗瓣；荚果 1 种子 ·········· (2)紫穗槐属 Amorpha Linn.

11. 叶不具油腺点，花具旗瓣、翼瓣、龙骨瓣。

11. 枝、叶被丁字毛；果圆筒形 ………………………………………… (10) 木蓝属 **Indigofera** Linn.

　12. 枝、叶无丁字毛；果扁平或膨胀。

　12. 枝不具刺，引种乔木，奇数羽状复叶，花白色，荚果扁平，被毛…………………………

　　　……………………………………………………… (11) 山槐属 **Maackia** Rupr. et Maxim.

　　13. 枝具托叶刺或叶轴刺的灌木，小灌木。

　　13. 萼筒基部倾斜与花梗不成一直线。

　　　14. 托叶与叶柄基部不连合，呈针刺状，荚果仅 1 组的萼基倾斜…………………………

　　　　　……………………………………………………… (12) 锦鸡儿属 **Caragana** Lam.

　　　14. 托叶与叶柄基部连合，膜质或革质。

　　　　15. 枝、叶、花序、花萼、荚果均被腺毛 ……………… (13) 丽豆属 **Calophaca** Fisch.

　　　　15. 枝、叶、花、果均无腺毛 ……………… (20) 雀儿豆属 **Chesneya** Lindl. ex Endl.

　　16. 萼筒与花梗成一直线，荚果扁平，具关节。

　　　17. 带刺灌木，奇数羽状复叶，紫红花；果阔线形、扁、弯、无毛…………………………

　　　　　……………………………………………………… (14) 刺枝豆属 **Eversmannia** Bunge

　　　17. 无刺灌木，荚果扁平，节间缩成念珠状，逐节脱落………………………………………

　　　　　……………………………………………………… (15) 岩黄芪属 **Hedysarum** Linn.

　　16. 荚果不具关节，细圆筒形或微扁或膨胀。

　　　18. 荚果膨胀，具较长柄。

　　　　19. 荚果革质，花紫红色，叶轴刺化………………………………………………………

　　　　　……………………………… (16) 铃铛刺属（盐豆木属）**Halimodendron** Fish. ex DC.

　　　　19. 荚果膜质；花鲜黄色；奇数羽状复叶 ……………… (17) 鱼鳔槐属 **Colutea** Linn.

　　　18. 荚果圆筒形或微扁，不膨胀。

　　　　20. 龙骨瓣先端具喙尖 ………………………………………… (18) 棘豆属 **Oxytropis** DC.

　　　　20. 龙骨瓣先端不具喙尖 ………………………………………… (19) 黄芪属 **Astragalus** Linn.

（1）无叶豆属 **Eremosparton** Fisch. et Mey.

灌木或小乔木。叶不发育、鳞片状。花多数，组成疏长总状花序；萼筒钟状、萼齿 5 裂；旗瓣圆形或肾圆形，先端凹，具短爪；龙骨瓣短于翼瓣。荚果圆形或卵圆形，有时膨胀，不开裂，被短柔毛。种子 1~2 粒。

本属约 3 种。新疆仅见 1 种。

1. 准噶尔无叶豆　图 211　彩图第 39 页

Eremosparton songoricum（Litv.）Vass. in Fl. URSS, 11：311, 1945；Фл. Казахст. 5：69, 1961；新疆植物检索表，3：47~48，图版 4，图 2，1983；中国沙漠植物志，3：174，图版 65：1~5，1987；中国植物志，42（1）：9，图版 3：1~9，1993——*E. aphyllum* var. *songoricum* Litv.

灌木。基部多分枝；老枝黄褐色，嫩枝绿色，疏被短柔毛，纤细。叶退化，鳞片状，长 1~2mm。花单生叶腋，形成总状花序，长 10~15cm；花梗长 1~1.5mm；萼筒长约 2mm，萼齿三角形，被贴生短柔毛；花冠紫色，旗瓣宽肾形，长约 4mm，宽约 7mm，先端凹缺，具短瓣柄；翼瓣长圆形，柄长约为瓣片的 1/2；龙骨瓣较短，先端锐尖，瓣柄较瓣片稍长。荚果稍膨胀，卵形或圆状卵形，长 6~13mm，宽 5~18mm，具喙，被短柔毛，果瓣膜质。种子 1~3 粒，肾形。花期 5~6 月，果期 6~7 月。

产奇台北沙窝，生流动或半固定沙地。国外分布于哈萨克斯坦、巴尔哈什湖沙地和中亚其他沙地引种，在奇台北沙窝的无叶豆共生境，破坏严重，需要采取保护措施。本种植物与原资料描述比较，花果变异极大，有待深入研究。

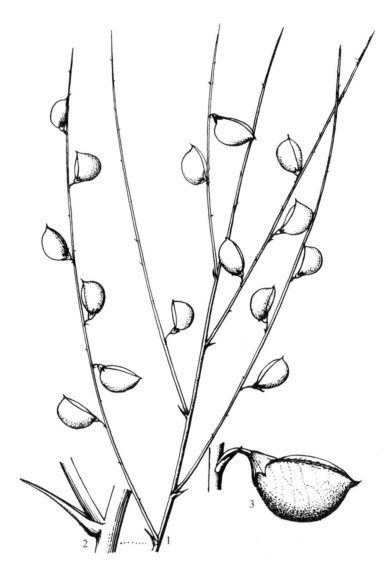

图 211　准噶尔无叶豆 Eremosparton songoricum（Litv.）Vass.

1. 果枝　2. 叶柄　3. 果

（2）紫穗槐属 Amorpha Linn.

灌木，被油腺点。叶为奇数羽状复叶，互生；托叶披针形；小叶对生，全缘。花紫色，聚成顶生总状花序；萼筒钟形，5 齿；花冠蓝紫色；旗瓣包围雄蕊，缺翼瓣和龙骨瓣；雄蕊为 9 与 1 两组，具 2 胚珠。荚果含 1 种子，不开裂，种子小，有光泽。

约 15 种，主产北美及墨西哥；我国引入 1 种；新疆栽培 1 种。

1*. 紫穗槐　彩图第 39 页

Amorpha fruticosa Linn. Sp. Pl. 1：713，1753；中国主要植物图说，豆科，263，图 360，1955；中国高等植物图鉴，2：391，图 2511，1972；新疆植物检索表，3：49，1985；中国沙漠植物志，2：204，1987。

灌木，小叶 11～25 枚，卵形，椭圆形，长 1.5～4cm，顶端钝或微凹，基部圆形，两面被白色短柔毛。花紫色，集生枝端成总状花序。荚果弯曲，长约 8mm，棕褐色，具瘤点腺体。花期 5～7 月，果期 9～10 月。

新疆南北各地多有栽培。原产美国东部。

耐寒、耐旱、耐涝、耐瘠薄，耐轻度盐碱，萌蘖性强，生长快。为优良绿肥及水土保持树种。

干叶是家禽好饲料，果荚含油8.7%～22%，可作甘油及润滑油，亦为蜜源树种。

（3）沙槐属 Ammodendron Fisch.

灌木或小乔木。叶轴刺化，偶数羽状复叶，密被银白色绒毛。花在枝端形成疏总状花序；花萼短钟形，5裂，2上裂片短连合；花冠黑紫色；旗瓣圆形；龙骨瓣钝，具稍连合的瓣片；雄蕊分离；子房无柄，荚果线形或长圆形，水平扁，有翅，不开裂。种子1～2(3)粒。

本属6～7种，分布中亚和伊朗。新疆产1种。

1. 银沙槐　图212　彩图第39页

Ammodendron bifolium（Pall.）Yakovl. in Bot. Journ. URSS, 57(6)：592, 1972；Pl. Asiae Centr. 8a：11, 1988；新疆植物检索表，3：7，图版1，图3，1985；中国沙漠植物志，2：178，图版65：6～10, 1987——*Sophora bifolia* Pall. Astrag. 124, 1800——*Ammodendron argenteum*（Pall.）Kuntze in Act. Petrop. 10：180, 1887；Fl. URSS, 11：32, 1945；Фл. Казахст. 5：16, 1961；新疆植物检索表，3：7，图版1，图3，1985。

灌木，高150cm。老枝淡褐色，新枝灰白色。托叶针刺状，长1～2.5cm，硬化，宿存；叶轴长1～3cm，先端针刺状，硬化、宿存。叶为偶数羽状复叶，小叶1对，矩圆状倒卵形，长15～25mm，宽5～8mm，先端有小刺尖，两面被银白色绢毛。花成顶生或侧生总状花序；花梗长4～8(10)mm，萼筒长约3mm，被白绒毛，萼齿三角形，与萼筒近等长；花冠淡紫色，长5～7mm；旗瓣近圆形，长5～6mm；翼瓣长圆状倒卵形，长6～7mm；龙骨瓣顶端结合。荚果矩圆形，长12～18mm，宽4～6mm，边缘具翅、无毛。种子常1粒。花期5月，果期6～7月。

产霍城，生于流动沙地。分布于中亚，模式从东哈萨克斯坦(斋桑)记载。珍贵的国沙植物。希望能建立伊犁河谷银沙槐种源保护区。认真保护这一珍贵资源。

图212　银沙槐 Ammodendron bifolium（Pall.）Yakovl.

1. 枝　2. 叶

（4）沙冬青属 Ammopiptanthus Cheng f.

常绿小灌木，枝开展。叶革质，密被银白色绒毛。复叶具 3 小叶，单叶，具 1 或 3 条脉；托叶小，分离，三角形或条形，与叶柄结合。总状花序；花互生；苞片小，脱落；萼筒钟形，具 5 短钝齿；翼瓣与龙骨瓣近等长，龙骨瓣背部不结合；雄蕊 10，离生。荚果扁平，具喙。种子具小附属物。

3 种。分布于中国、蒙古和中亚（中国产 2 种，新疆产 1 种。中亚 1 种已独立成种）。

分种检索表

1. 叶为复叶，具 3 小叶；小叶菱状椭圆形到披针形 ………… 2*. 沙冬青 A. mongolicus（Maxim. ex Kom.）Cheng f.
1. 叶常为单叶，宽椭圆形、宽倒卵形或倒卵形 ……………………… **1. 新疆沙冬青 A. nanus**（M. Pop.）Cheng f.

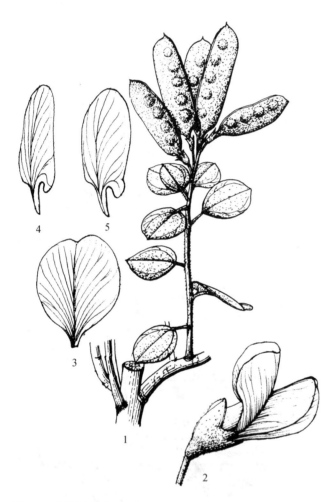

图 213　新疆沙冬青 Ammopiptanthus nanus（M. Pop.）Cheng f.
1. 果枝　2. 花　3. 旗瓣　4. 翼瓣　5. 龙骨瓣

1. 新疆沙冬青　图 213　彩图第 40 页
Ammopiptanthus nanus（M. Pop.）Cheng f. in Bot. Journ. URSS，44（10）：1384，1959；Consp. Fl. As. Med. 6：16，1981；新疆植物检索表，3：9，图版 1，图 1，1985；中国沙漠植物志，2：180，图版 66：8 ~ 10，1987 —*Piptanthus nanus* M. Pop. in Bull. Appl. Bot. Gen. Pl. Breed. 26。

常绿小灌木，高 20 ~ 70cm，形成球形灌丛。树枝橙黄色，不开裂或具栓质翅状突起；小枝被绒毛。托叶披针形，被短柔毛；叶柄长 3 ~ 6mm，单叶，极少 3 小叶；小叶片宽椭圆形、宽倒卵形或倒卵形，长 2 ~ 2.5cm，宽 1 ~ 2cm；先端锐尖或渐尖，基部楔形或阔楔形，三出脉，两面密被短柔毛，呈灰白色。总状花序顶生或侧生；花梗长 6 ~ 9mm，被短柔毛；萼筒钟形，长 3 ~ 4mm，被疏毛，萼齿三角形；花冠黄色，长约 2cm；雄蕊 10 枚，离生。荚果扁平、线状长圆形，长 4 ~ 5cm，宽 1 ~ 1.5cm，被疏毛或近无毛。种子 6 ~ 19 粒，肾圆形。花期 5 ~ 6 月，果期 7 ~ 8 月。

产克孜勒苏自治区（乌恰、康苏）。与之交界的吉尔吉斯斯坦共和国也有。

在乌恰至康苏地区，这种植物也很少见，极难见到天然更新幼苗，亟待保护。需要进行人工育苗造林，保存种群，对巴音布鲁提山谷现有的成片植株，实行封山育林 3 ~ 5 年。

附：中亚沙冬青 Ammopiptanthus kamelinii Lazk. 是从新疆沙冬青独立出去的，产吉尔吉斯斯坦中天山。

2*. 沙冬青　彩图第 40 页
Ammopiptanthus mongolicus（Maxim. ex Kom.）Cheng f. in Bot. Journ. URSS，44（10）：1382，

1959；中国高等植物图鉴，2：364，图2458，1972；内蒙古植物表，3：139，1977；新疆植物检索表，3：11，1985；中国植物沙漠志，2：178，图版66：1~7，1987——*Piptanthus mongolicus* Maxim. ex Kom. in Journ. Bot. URSS，18：56，1933。

常绿灌木，高1~2m，干径至6cm。小枝粗壮，皮黄绿色，嫩枝被灰白色毛；木质枝具暗褐色髓。托叶小，三角状披针形，与叶柄结合；复叶具3小叶；叶柄长5~10mm；小叶片菱状椭圆形或宽披针形，长1.5~4cm，宽6~20mm，先端锐尖，主脉1，两面密被银白色绒毛。总状花序顶生或侧生；花互生，具8~12朵花；苞片宽卵形，长5~6mm，被白色绒毛；花梗近无毛，长约4~8mm，果期伸长，萼筒钟形，长5~7mm，萼齿三角形，有时二齿结合；花冠黄色，旗瓣倒卵形，长20~22mm，翼瓣长于旗瓣，矩圆形，具爪长约瓣爪1/4；龙骨瓣分离，长约1.5mm；子房具柄无毛。荚果矩圆形，扁，长5~8cm，宽1.5~2cm，先端锐尖，果颈长8~12mm，含种子2~5粒。种子肾圆形，径约6mm，花期4~5月，果期5~6月。

吐鲁番治沙站引种。产内蒙古、甘肃、宁夏等地区。蒙古也有分布。

优良固沙植物，容器育苗栽培成活率可达90%以上。又可作沙区观赏植物及绿篱，各种家畜都不吃。

（5）芒柄花属 Ononis Linn.

灌木或多年生草本，单叶或复叶，具3小叶，萼5深裂；花冠紫红色，花瓣离生；龙骨瓣楔形；雄蕊10，结合成管状。荚果卵形、条形或稍膨胀。

本属约10种，产亚洲及欧洲。新疆产2种。

分种检索表

1. 花大，长15~20mm；花萼长10~12mm；植株有刺或无刺 ·························· **1. 大花芒柄花 O. arvensis** Linn.
1. 花较小，长7~13cm；花萼长5~6(7)mm；植株经常具硬刺 ·················· **2. 刺芒柄花 O. antiquorum** Linn.

1. 大花芒柄花　田芒柄花

Ononis arvensis Linn. Syst, Nat. ed. 10，2：1159，1759；Fl. URSS，11：96，1945；Фл. Казахст. 5：25，1961；新疆植物检索表，3：24，1985；中国沙漠植物志，2：181，图版65：11~15，1987；Pl. Asiae Centr. 8a：81，1988。

小灌木，高40~80cm，分枝，具直或上升的枝；茎周围被单毛或腺毛，无刺（O. arvensis var. inermis Ldb.）或具刺（O. arvensis var. spinescens Ldb.），下部和中部茎叶三出，上部茎叶具1小叶，叶片卵形或长圆状椭圆形，长1.5~3cm，宽5~15mm，边缘具尖齿，两面被腺毛，因而发粘，有臭味；托叶大，阔卵形，抱茎，几等长于叶柄。花每两枚具短梗，生叶腋，在茎和侧枝端形成稠密穗状花序；花萼长约10mm；花冠长于花萼2倍；旗瓣阔卵形，长15~20mm，基部收缩成短爪；翼瓣短于旗瓣约近2倍。瓣片长卵形，长于爪近4倍；龙骨瓣等于或稍短于翼瓣。荚果卵形或阔卵形，长约7mm，宽5~6mm，短于萼齿，被绒毛，含2~4种子。

产北疆各地。生河湾、草甸、河岸、低湿地。中亚、西西伯利亚、高加索，前亚、地中海、欧洲，模式自欧洲记载。

2. 刺芒柄花　芒柄花

Ononis antiquorum Linn. Sp. Pl. ed. 2：1006，1763；Фл. СССР，11：100，1945；Фл. Казахст. 5：26，1961；新疆植物检索表，3：24，1985；Pl. Asiae Centr. 8a：81，1988。

小灌木，高50~80cm；茎周围被短绒毛或近光滑无毛，多分枝，有明显的弯曲，具多数二型的刺。叶被腺毛，具短柄，大部分是单叶，有时下部叶为三出叶，叶片变化从长圆形和卵形到倒卵形，具近截形顶端，长0.5~1.5cm，宽2~5mm。花小，长7~10mm，单生苞叶腋或在枝端形成少花的总状花序；花萼长7~8mm，被单毛和腺毛或仅被腺毛；花冠长约萼筒1/3；旗瓣阔卵形或近圆形，长9~10mm；翼瓣和龙骨瓣近等长于旗瓣。荚果不规则卵形，长5~6mm，稍短于萼齿，具1~2种子。种子有细条纹或近光滑。花、果期5~8~9月。

产奎屯、博乐、柴窝铺、博格达山、伊犁喀什河谷、天山南坡。国外在中亚、高加索、前亚、巴尔干至小亚细亚、地中海、欧洲都有分布。模式从南欧记载。

（6）骆驼刺属 Alhagi Gagneb

带刺多年生或半灌木。茎具针刺。单叶、全缘，总状花序腋生，先端针刺状；萼筒钟状，5齿；花冠红色，旗瓣倒卵形，向外反卷，先端微凹；翼瓣矩圆形；龙骨瓣钝，短于旗瓣；雄蕊为2体雄蕊；子房线形多种子。荚果不规则收缩或念珠状，坚硬，不开裂。种子肾圆形或近四方形。

本属仅1种，有的学者在其种下分出2变种等级。

1. 骆驼刺　彩图第41页

Alhagi maurorum Medic. in Vorles, Churpfi Phys. Ges. 2：397，1787；Henderson a. Hume, Lahore to Yarkand(1873) 318；Pampanini, Fl. Carac(1930) 153；Яковлев в Бот. ж. 64. 12(1979) 1798；Pl. Asiae Centr. 8a：46，1988；王祺，在国际植物园协会亚洲分会(1ABG—AD)，第三届学术研讨会论文摘要汇编，130，1997—*A. spasrsifolia*（Keller et Shap.）Shap. in Fl. URSS, 13(1948)，370；Фл. Казахст. 5(1963)，448；新疆植物检索表，3：174，1985；中国沙漠植物志，2：182，图版67：17~24，1987—*A. pseudoalhagi*(M. B) Fisch.，1(1841)72；Фл. СССР, 13(1948)，368；中国主要植物图说—豆科，462，1995；中国高等植物图鉴，2：441，1972——*Hedysarum alhagi* L. Sp. Pl. (1753)745, excl. syn.

半灌木。茎多分枝，绿色，无毛；针刺长2.5~3.5cm，硬直，开展，木质化。叶卵形或矩圆形，为刺长的1/3~1/2，长1.5~3cm，宽8~15mm，先端钝，无毛，叶脉不明显。花着生针刺上，每针刺有3~6朵花；苞片钻形；萼筒无毛，齿锐尖；花冠红色，长9~10mm；旗瓣阔倒卵形，宽5~6mm，爪长约2mm，翼瓣矩圆形，与旗瓣近等长，稍弯；龙骨瓣最长，爪长约3mm；子房无毛。荚果念珠状，直或微弯，长1.2~2.5cm，宽约2.5mm。种子1~6粒，肾形，长约3mm，花期6~7月，果期8~9月。

生荒漠地区河岸湖边，盐渍化沙地，撂荒地。

南北疆平原绿洲广布。我国甘肃、内蒙古也有，国外分布于蒙古、俄罗斯、哈萨克斯坦、吉尔吉斯斯坦、乌兹别克斯坦、土库曼斯坦、土耳其、伊拉克、伊朗、阿富汗、巴基斯坦、塞浦路斯、北非等地，模式标本从鞑靼记载。模式标本藏伦敦。

本属仅1种。新疆只产1变种。

疏叶骆驼刺（变种）

Alhagi maurorum var. **sparsifolium**（Shap.）Yakovl. in Pl. Asiae Centr. 8a：47，1988。

形态特征同种。产南北疆平原绿洲。

（7）胡枝子属 Lespedeza Michx.

灌木或半灌木。叶具3小叶，全缘；托叶钻状，脱落。总状花序腋生或顶生；花梗不具关节，每苞片具2花；萼筒钟形，5裂；花瓣具爪；雄蕊为9与1两组，上面1雄蕊分离。荚果短，卵形或椭圆形，扁。种子1粒，不开裂。

60余种，分布欧洲、亚洲、北美洲及澳大利亚；我国40余种；新疆引入1种。

1*. 胡枝子

Lespedeza bicolor Turcz. in Bull. Soc. Nat. Mosc. 13：69，1840；中国主要植物图说，豆科，519，图510，1955；中国高等植物图鉴，2：458，图2646，1972；新疆植物检索表，3：174，1985；中国沙漠植物表，2：186，图版68：11~15，1987。

灌木，高1~2m。枝具棱，无毛或被短柔毛。托叶很小，叶柄基部膨大，长1~3cm；中间小叶较大，卵圆形或椭圆形，长 1~5cm，宽 8~25mm，先端钝或微凹，两面无毛或疏被柔毛。总状花序腋生，长于叶，长 4~15cm，形成顶状圆锥花序，每苞两花；花梗长 4~8mm；萼筒管状，齿 4~5 裂，被柔毛；花冠紫色；旗瓣长于龙骨瓣；翼瓣最短。荚果不规则卵形，长约 10mm，宽约 4mm，具短喙，密被柔毛，网脉明显。花期 6~7 月，果期 8~9 月。

乌鲁木齐、昌吉、石河子、伊宁、喀什等地引种栽培。分布于我国东北、华北及河南、陕西、甘肃等地。日本、朝鲜、俄罗斯也有。

胡枝子喜光，适应性强，每年开花结实，生长良好，可用于城市绿化和观赏树种。

（8）香槐属 Cladrastis Raf.

乔木。无顶芽，侧芽为柄下芽，芽常数个叠生。奇数羽状复叶；小叶互生，全缘。圆锥花序，常下垂；花萼筒状或钟状，5 裂；花冠白色，稀淡红色；雄蕊 10 枚，分离。荚果扁平、无翅或两侧具狭齿，果皮薄，开裂。

约 12 种。产亚洲及北美。我国有 4 种，新疆引栽 1 种。

1*. 小花香槐　彩图第 41 页

Cladrastis sinensis Hemsl. ——；中国树木分类学，528，1953；中国树木志，2：1334，1985；树木学（北方本），348，1997。

乔木，高 5~20m。小叶 9~13 枚，长椭圆状披针形，长 4~9cm，顶端渐尖，基部圆形，无毛或背面沿脉被柔毛。花冠白色或粉红色；子房线形或扁平，长 3~8cm，无翅或被疏毛。花期 6~8 月，果期 9~11 月。

乌鲁木齐植物园引种，分布于河南、陕西、甘肃、湖北、四川、云南、贵州等省，生于山谷杂木林中。喜光、耐寒，在酸性、中性及石灰岩山地均能生长，在乌鲁木齐条件下开花结实，未见冻害，种子繁殖。

木材供建筑用，亦可提取黄色染料。可作城市绿化、美化、观赏树种。

（9）刺槐属 Robinia Linn.

乔木或灌木，柄下芽。奇数羽状复叶，小叶对生；托叶刺状。总状花序下垂；萼钟状，5 齿裂，稍二唇；花冠白色、粉红色或淡紫色；雄蕊(9)+1 二体。荚果扁平，开裂。

约 20 种，产北美。新疆引栽 2 种。

分种检索表

1. 花白色，枝无刺毛 ·· 1*. 刺槐 R. pseudoacacia Linn.
1. 花紫红色，枝密生刺毛 ·· 2*. 毛刺槐 R. hispida Linn.

1*. 刺槐

Robinia pseudoacacia Linn. Sp. Pl. 772, 1753；Gorshk. in Fl. URSS, 11：306, 1945；Golosk. in Fl. Kazachst. 5：66, 1961；中国主要植物图说，豆科，302，图 302，1955；中国高等植物图鉴，2：400，图 2529，1972；新疆植物检索表，3：49，1985；树木学（北方本），349，1997。

乔木，高 10~20m。树皮褐色，纵裂。小叶 7~25，对生；椭圆形，长 2~5cm，顶端圆或微凹，基部圆形，无毛；具宽扁托叶刺。总状花序腋生；花萼钟形，被柔毛；花冠白色，芳香。荚果扁平，长 3~10cm，褐色。种子肾形黑色。花期 4~5 月，果期 7~8 月。

原产北美阿巴拉契亚山脉。我国 18 世纪末首先在青岛引种栽培，后遍及全国各地。新疆南北各城市均有栽培，是习见城市绿化美化树种，木材坚硬，可供建筑、家具等用。种子含油量约 12%，可制肥皂及油漆原料。亦为优良蜜源树种。

1a*. 伞刺槐 伞槐 伞洋槐

Robinia pseudoacacia f. **umbraculifera**(DC.)Rehd.；中国树木志，2：1361，1985。

小乔木，分枝密，树冠近球形。开花少，无刺或具很小软刺。

原产北美。南疆各城市栽培。青岛、太原、旅大、武功等城市也有。嫁接、分根或扦插。

1b*. 无刺槐 无刺洋槐

Robinia pseudoacacia f. **inermis**(Mirbel.)Rehd.；中国树木志，2：1361，1985。

无刺，树形美观。扦插繁殖。南疆各城市公园栽培。原产北美。青岛作行道树及庭园树。

2*. 毛刺槐

Robinia hispida Linn. Mant. Pl.（1767）101；Дерев. и Кустарн. CCCP，4：153，1958；中国树木志，2：1362，1985；树木学(北方本)，349，1997。

灌木或小乔木，高达3m。小枝总花梗及叶柄密被棕色细刺毛。小叶7~13，近圆形或宽矩圆形，长2~4cm，顶端钝，具短尖头，基部圆形，两面无毛。总状花序腋生，具2~7花；花瓣玫瑰紫色或淡紫色。荚果长5~8cm，具腺状刚毛。花期5~7月。

南北疆城市公园，行道栽培。北京、河北、河南、山东等省均有栽培。嫁接繁殖，是城市绿化美化树种。

（10）木蓝属 Indigofera Linn.

灌木、半灌木或草本。植株常被丁字毛。奇数羽状复叶，稀为三出或单叶，小叶全缘；托叶细小，常针状。总状花序腋生；萼钟形，5齿等长或最下1齿较长；花冠常淡红色至紫色，稀白色或蓝色；雄蕊二体。荚果圆柱形或有棱角，中间有隔膜，开裂。

约800种，主产热带至温带。我国70种，新疆引栽1种。

1*. 花木蓝

Indigofera kirilowii Maxim. ex Palibin in Act. Hort. Petrop. 14：114，1895；Craib, in Not. Bot. Garb. Edinb. 8；66，1913；中国主要植物图说，豆科，238，图224，1955；秦岭植物志，1(3)：35，1981；中国沙漠植物志，2：204，图版81：1~5，1987。

小灌木，高30~80cm。嫩枝被白色丁字毛，老枝无毛。奇数羽状复叶；叶柄、叶轴和小叶柄均被丁字毛；小叶(3)4~5对，椭圆形、菱状卵形、倒卵形，长1~2.5cm，宽8~20mm，先端圆形，具短尖，基部圆形或阔楔形，两面疏丁字毛。总状花序腋生，常长于叶；花多数，萼筒杯状，疏被短柔毛；花冠淡紫红色；旗瓣矩圆形，长约11mm，宽约7mm；翼瓣矩圆形，稍短于旗瓣，先端锐尖；龙骨瓣与旗瓣近等长。荚果圆柱形，长2.5~4cm，宽约5mm，先端尖。种子5~8粒。表面被毛。花期6~7月，果期8~9月。

乌鲁木齐、昌吉、石河子、伊宁等地引种，开花结实，生长良好。我国东北、华北、陕西、山东、浙江均有分布。日本、朝鲜亦有。种子繁殖。珍贵的城市绿化树种。

（11）山槐属 Maackia Rupr. et Maxim.

落叶乔木或灌木。芽鳞2，无顶芽。奇数羽状复叶；小叶片对生，全缘。圆锥或总状花序顶生，直立；萼钟形。4~5齿裂；花冠白色或绿白色；雄蕊10，基部合生；子房具柄，常被毛。荚果扁平，开裂。种子1~5。

约12种，广布于东亚。我国7种；新疆引栽1种。

1*. 山槐 怀槐 朝鲜槐

Maackia amurensis Rupr. et Maxim. in Bull. Acad. Sci. St. Petersb. 15：128，143，1856；中国树木志，2：1336，图版625，1~2，1985；黑龙江树木志，372，1986。

乔木，高至25m，胸径60cm。小叶(5)7~11枚，卵形、倒卵形或椭圆形，长3.5~8cm，先端钝或渐尖，基部圆形或宽楔形，不对称，上面无毛，下面幼时被柔毛，后脱落。花梗细，长3~

6mm；萼长约 4mm；花冠白色；旗瓣长约 7mm，倒卵形，顶端微凹，具爪；翼瓣具两耳；龙骨瓣长约 8mm。荚果黄褐色，近无毛，长圆形或条形，长 3~5cm，宽约 1cm，腹缝线具狭翅。种子 1~6 粒，黄褐色，肾形，长约 8mm。花期 6~7 月，果期 8~9 月。

伊宁市引种栽培。产东北小兴安岭、长白山、吉林、辽宁、内蒙古、河北、山东。俄罗斯远东、朝鲜及日本亦有分布。模式标本自黑龙江流域。

喜光，喜湿润肥沃土壤，耐寒，稍耐荫，萌芽性强，种子繁殖。

材质坚硬，致密。边材红白色，心材黑褐色，有光泽，比重 0.89，供建筑，器具、细木工等用。树皮作黄色染料及药用；蜜源植物，又为城市绿化树种。

（12）锦鸡儿属 Caragana Lam.

Encycl. Meth. Bot. 1：615，1785；Kom in Acta Horti Petrop. 29，2：179~399，1908；Фл. СССР，11：327~368，1945；中国主要植物图说，豆科，314，1955。

灌木及小乔木。叶为偶数羽状复叶或假掌状复叶；叶轴脱落或宿存硬化成针刺；托叶脱落或宿存；小叶 2~10 对，全缘，顶端常具刺尖。花梗单生或簇生，具关节；萼筒状或钟状，基部偏斜或成囊状突起；萼齿 5；花冠黄色，少白色或玫瑰色，具蜜腺；旗瓣倒卵形或近圆形，基部具爪；翼瓣长椭圆形，顶端斜截；龙骨瓣钝或尖；雄蕊 2 体，9 枚成 1 束，1 枚分离；子房近无柄，具多数胚珠。荚果线形，圆筒形或扁平，二瓣裂。

本属约 100 余种，广布欧亚。我国 80 余种；新疆 35 种，多生于荒漠及前山带。

属模式种：树锦鸡儿 *Caragana arborescens* Lam.（*Robinia caragana* Linn.）

分种检索表

1. 叶假掌状排列或彼此靠近，呈簇生状。
　2. 花萼基部扩展，呈囊状，光滑无毛。
　　3. 花梗、花萼、子房均光滑无毛。
　　　4. 花梗长 6~8mm；枝少刺 ……………………………………………… 24. 吉尔吉斯锦鸡儿 C. **kirghisorum** Pojark.
　　　4. 花梗长 15~20mm；枝多刺 ………………………………………………………………………………………………
　　　　………… 24b. 长梗吉尔吉斯锦鸡儿 C. **kirghisorum** var. **longipedunculata** C. Y. Yang（见第 523 页附录）
　　3. 花梗、花萼、子房均被伏毛；枝无刺或少刺。
　　　5. 花冠长 32~37mm ……………………… 26. 霍城锦鸡儿 C. **shuidingensis** C. Y. Yang et N. Li
　　　5. 花冠长 23~27mm ……………………… 25. 尼勒克锦鸡儿 C. **pseudokirghisorum** C. Y. Yang et N. Li
　2. 花萼基部不呈囊状扩展。
　　6. 小叶无明显叶柄，呈簇生状着生，叶狭窄，披针形，倒披针形或近披针形。
　　　7. 骨干枝鲜黄色，亮褐色，荚果、花萼、叶片通常被绒毛；花萼管状或管状钟形。
　　　　8. 叶狭窄，宽 1~2.5mm，线形或线状披针形；翼瓣爪短于瓣片 1.5 倍，耳短于爪 4~5 倍…………………
　　　　　…………………………………………………………………… 28. 矮锦鸡儿 C. **pygmaea**（L.）DC.
　　　　8. 叶阔披针形，宽 1.5~3mm；翼瓣爪短于瓣片 2.5 倍，耳短于爪 2~4 倍…………………………………
　　　　　……………………………………………………………………… 29. 戈壁锦鸡儿 C. **gobica** Sancz.
　　　7. 骨干枝淡黄色，淡黄白色，褐色，暗褐色或淡灰绿色，常发暗；叶、花、果常无毛；花萼钟形，少管状钟形。
　　　　9. 长枝叶片聚生于叶轴刺顶端；花萼长 8~10mm，花冠长 18~20mm … 35. 密叶锦鸡儿 C. **densa** Kom.
　　　　9. 长枝叶着生在叶轴刺中下部或基部。
　　　　　10. 树皮色淡，光亮。
　　　　　　11. 花梗单生，长 3~8（10）mm，中部以上关节 ……………… 31. 白皮锦鸡儿 C. **leucophloea** Pojark.
　　　　　　11. 花 2~3 朵簇生，少单，长梗长 11~17mm，上部具关节 ………………………………………………
　　　　　　　…………………………… 34. 哈密锦鸡儿 C. **hamiensis** C. Y. Yang et N. Li
　　　　　10. 皮色暗，无光泽。

12. 叶狭窄，镰刀状弯 ·· **30.** 镰叶锦鸡儿 **C. aurantica** Koehne

12. 叶较宽阔，且不内褶，不扭曲。

   13. 树皮褐色或淡灰褐色；小叶通常线状披针形 ·········· **33.** 狭叶锦鸡儿 **C. stenpohylla** Pojark.

   13. 树皮色较暗，灰绿色或绿褐色；叶线状倒披针形 ············ **32.** 草原锦鸡儿 **C. pumila** Pojark.

6. 腋生枝叶具明显叶柄，呈假掌状排列。

  14. 小叶较小，几与叶轴变成的针刺等长；花冠长 20~25mm。

    15. 树皮灰白色。枝叶、花梗和花萼密被白毛 ·············· **27.** 昆仑锦鸡儿 **C. polourensis** Franch.

    15. 树皮色较暗，各部无毛或近无毛。

     16. 叶之长宽，几相等；花梗长 8~14mm ······

      ··········· **27b.** 叶城锦鸡儿 **C. polourensis** var. **jarkendensis** C. Y. Yang et N. Li

     16. 叶之长明显大于宽。

      17. 花冠长 25~35cm ································· **22.** 阿拉套锦鸡儿 **C. laeta** Kom.

      17. 花冠长 16~22mm；花梗等长于花萼或稍长 ········ **23.** 乌什锦鸡儿 **C. turfanensis**(Krassn.) Kom.

  14. 小叶较大，较叶轴形成的针刺长；花冠长 25~30mm。

    18. 花梗长于花萼 2~4 倍。

     19. 花萼，花梗、子房均光滑无毛。花冠长 18~25mm。旗瓣阔卵形，翼瓣向上明显加宽成三角形 ······

      ·· **19.** 金雀花 **C. frutex**(Linn.) C. Koch

     19. 子房被绒毛。

      20. 新枝叶密被软柔、卷曲长柔毛；小叶质厚，浅灰蓝色或灰蓝色，具红褐色脉状网 ·············

       ·· **21.** 吉木乃锦鸡儿 **C. zaissanica** Sancz.

      20. 新枝叶不被卷曲长柔毛。

       21. 花冠长(55)18~22(25)mm(塔城) ·············· **20.** 塔城锦鸡儿 **C. media** Sancz.

        22. 花萼长 8~10mm，萼齿长 2~3mm，花冠长 20~25mm

        ·· **20b.** 大花塔城锦鸡儿 **C. media** var. **macrocalyx** Sancz.

        22. 花萼长 5~7mm，萼齿长 1.5~2.5mm，花冠长 18mm

        ·· **20c.** 小花塔城锦鸡儿 **C. media** var. **fuscata** Sancz.

       21. 花冠长 25~30mm(阿尔泰山) ·······················

        ·········· **19a.** 毛果金雀花 **C. frutex** var. **lasiocarpa** C. Y. Yang et N. Li var. nov.

    18. 花梗与花萼近等长或稍长，子房密被毛 ·········· **18.** 伊犁锦鸡儿 **C. camilli-schneideri** Kom.

1. 全部叶或仅长枝叶均为羽状复叶。

 23. 小叶 2~4 对，在长枝上者为羽状着生，而在腋生短枝上者为假掌状着生。

  24. 翼瓣爪与瓣片等长或稍长，耳短且钝，仅为爪 1/5。

  24. 翼瓣爪长为瓣片 1/3，耳线形，几与爪等长，龙骨瓣的爪长为瓣片 1/2

  ·· **15.** 糙毛锦鸡儿 **C. dasyphylla** Pojark.

   25. 萼及子房光滑无毛，针刺褐色，长 15~60mm，叶狭倒披针形，疏被伏贴毛，7~23mm ·············

   ·· **17.** 多刺锦鸡儿 **C. spinosa**(Linn.) DC.

   25. 萼及子房无毛或疏被柔毛，针刺被白粉，长 15~25mm，小叶较宽，倒卵形或倒披针形，两面密被毛，长

    5~18mm ·· **16.** 粉刺锦鸡儿 **C. pruinosa** Kom.

 23. 小叶在长短枝上均为羽状着生。

  26. 叶轴全部硬化宿存成针刺，或仅长枝叶轴硬化成针刺；花萼之长明显大于宽。

   27. 长短枝小叶 2 对，或长枝小叶 2~3 对。

    28. 长短枝叶均为 2 对，植株灰白色，密被白绢毛 ·········· **14.** 绢毛锦鸡儿 **C. hololeuca** Bunge ex Kom.

    28. 长短枝小叶 2~3 对，植株灰绿色或黄褐色。

     29. 花冠长 20~22mm，长枝叶柄硬化成弯曲刺，长 6~15mm ···············

     ·· **13.** 中亚锦鸡儿 **C. tragacanthoides** (Pall.) Poir.

     29. 花冠长 27~30cm，刺长 10~20mm ·········· **9.** 邦卡锦鸡儿 **C. bongardiana**(Fisch. et Mey.) Pojark.

   27. 长短枝小叶均为 3 对以上，长短枝叶无区别。

    30. 荚果内被柔毛；花梗短；花冠长 25mm；小叶 4 对 ·········· **6.** 白刺锦鸡儿 **C. leucospina** Kom.

30. 荚果内无毛。
  31. 花冠白色或粉红色；萼管钟形；小叶 5~8 ················ **8. 鬼见愁锦鸡儿 C. jubata** (Pall.) Poir.
  31. 花冠黄色，萼长 14mm 以下，叶轴刺亦明显较短。
    32. 叶轴在长枝上者硬化成粗壮针刺，宿存，短枝叶轴下不刺化或弱刺化，当年或次年枝发育时脱落。荚果光滑无毛。
      33. 花梗长 10~20mm，关节居中上；萼筒长 6.5~8cm，萼齿三角形，急尖，短于管 3 倍；花冠长 20mm；翼瓣爪短于瓣片 3 倍，翼瓣甚狭窄，耳线形，短于瓣片 1/3 ················ **7. 刺叶锦鸡儿 C. acanthophylla** Kom.
      33. 花梗长 12~20mm，关节居中部以上，花萼管状钟形，长 10~12mm；花冠长 23~28mm；翼瓣爪等于或稍短于瓣片，翼耳粗齿形，长不及 2mm ········ **7a. 新疆刺叶锦鸡儿 C. acanthophylla** var. **xinjiangensis** C. Y. Yang et N. Li var. nov.
    32. 叶轴在长短枝上均硬化成针刺，宿存；花梗很短，最长不超过 7mm。
      34. 小叶 3~6 对，翼瓣单耳 ················ **12. 荒漠锦鸡儿 C. roborovskyi** Kom.
      34. 小叶 4~6 对，翼瓣双耳。
        35. 小叶片淡绿色，长 5~10mm，坚硬，两面被伏贴毛，长倒广椭圆形或倒披针形或椭圆形，花梗长 5~7mm，关节近基部；花萼管状，长 15~21mm，花冠长 30~36mm，翼瓣双耳。子房被长柔毛 ················ **10. 多叶锦鸡儿 C. pleiophylla** (Regel) Pojark.
        35. 小叶 3~6 对，椭圆形，长 5~7mm，宽 2~3mm，密被长柔毛。花梗长 4mm，关节近基部；花萼筒状钟形，长 10~15mm，萼齿长 3mm，旗瓣长 1.5~2cm，宽 6~8mm；翼瓣具双耳。子房无毛 **11. 特克斯锦鸡儿 C. tekesiensis** Y. Z. Zhao et D. W. Zhou
26. 叶轴全部或大部分脱落；花萼长、宽几相等。
  36. 花较小，长 15(20)mm，2~5 朵簇生叶腋；萼钟形；荚果圆柱形，高至 5m 的大灌木 ················ **1. 树锦鸡儿 C. arborescens** Lam.
  36. 花较大，长(19)20~28(33)mm，1~2 朵生叶腋，萼管状或管状钟形，荚果线形，长圆状椭圆形。
    37. 龙骨瓣无耳，子房被绒毛，花长 26~30mm ················ **2. 准噶尔锦鸡儿 C. soongorica** Grubov
    37. 龙骨瓣具耳，子房无毛或有毛。
      38. 小叶长 5~10mm，宽 2~5mm，花萼长 8~12mm(栽培) ······ **4*. 小叶锦鸡儿 C. microphylla** Lam.
      38. 荚果长圆状椭圆形，披针形或椭圆形。
        39. 子房无毛，荚果膨胀，阔椭圆形，小叶通常具突出脉网，小叶 2~4 对 ················ **3. 宾吉锦鸡儿 C. bungei** Ledeb.
        39. 子房密被毛，荚果不膨胀，长圆状椭圆形，小叶 5~9 对，叶脉不突见 ················ **5*. 柠条锦鸡儿 C. korshinskii** Kom.

(a)树锦鸡儿组

Sect. Caragana, Gorbunova 1984. ——Sect. Altaganae(Kom.)Sancz.

叶偶数羽状，多数；叶柄脱落，有时宿存成刺状。花梗长，苞片缺；萼齿甚短，翼耳短；龙骨瓣钝。

模式：属模式种。

13 种，分布于东古北极。分 3 系(Ser)。

(Ⅰ)树锦鸡儿系 Ser. Caragana Y. Z. Zhao 1993—Ser. Arborescentes(Kom.) Pojark. 1945.

系模式：同属模式

7 种，分布于西伯利亚、蒙古北部、中亚、亚洲中部和东亚。

新疆 2 种：1. 树锦鸡儿 C. arborescens Lam.；2. 准噶尔锦鸡儿 C. soongorica Grubov

(Ⅱ)宾吉锦鸡儿系 Ser. Bungeanae Pojark. 1966.

系模式：C. bungei Ledeb.

单种组。分布于南西伯利亚和蒙古阿尔泰山，以及新疆富蕴、青河边境。果膨胀，广椭圆形，长过于宽 1.5~2 倍；叶片 2~4 对，顶端凹或截形，脉突出，两面多毛。

3. 宾吉锦鸡儿 C. bungei Ledeb.

（Ⅲ）小叶锦鸡儿系 Ser. Microphyllae（Kom.）Pojark.，1945.

系模式：C. microphylla Lam.

5 种，分布于南西伯利亚、亚洲中部，中国北部和西北部。

新疆仅引入栽培 2 种：4*. 小叶锦鸡儿 C. microphylla；5*. 柠条锦鸡儿 C. korshinkii Kom.

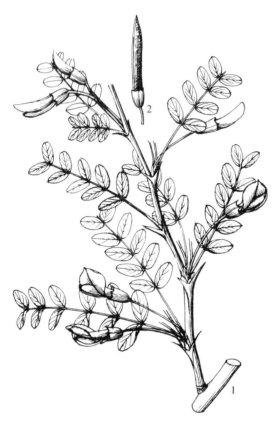

图 214　树锦鸡儿 Caragana arborescens Lam.

1. 枝　2. 果

1. 树锦鸡儿　图 214

Caragana arborescens Lam.，Encycl. Meth. Bot. 1：615，1783；Kom. Monogy. in A. H. P. 29，2：321，1909；Pojark. in Fl. URSS，11：362，1945；Rehd. Man. Cult. Trees and Shrubs ed. 2：514，1940；Фл. Казахст. 5：84，tab. 9，fig. 5，1961；中国主要植物图说，豆科，346. 图 340，1955；中国高等植物图鉴，2：411，图 2551，1972；中国沙漠植物志，2：266，图版 80，图 1~5，1987；新疆植物检索表，2：62，图版 4，图 1，1983；中国植物志，42（1）：40，图版 11：8~14，1993；Pl. Asiae Centr. 8a：28，1988；Novit. Syst. Pl. Vascul. 24：126，1987——*Caragana sibirica* Fabr；树木学（北方本），354，1999。

高灌木或小乔木，高 2~5（7）m，具光滑，有光泽，淡绿色树皮；枝细柔，幼枝常被贴生柔毛，淡绿色或淡褐色；托叶针刺状，纤细，脱落，少宿存；叶柄常被绒毛，纤细，有沟槽，末端具细刺，脱落，长至 9cm；小叶 4~7 对，长圆状椭圆形或卵形，两端钝或基部阔楔形，顶端具短刺尖，长 8~35mm，宽 5~13mm，幼叶多少有柔毛，以后几光滑无毛（f. typica

C. K. Schn）或幼叶密被绢毛，成熟叶常被长柔毛（f. sericea Kryl.）。花梗大部分单花少 2 花，常 2~5 成簇生。少单，长 2~5cm，关节居上，被绒毛；苞片细小，锥状；花萼钟状，被绒毛，边缘尤多，长约 6mm，具宽短齿，齿短于管 6 倍；花冠长于萼 3 倍；旗瓣长 17~19mm，急缩成短爪；翼瓣稍长于旗瓣，具有短于瓣片 1.5 倍的爪和较短的短于瓣片 3~3.5 倍的距状耳；龙骨瓣稍短于旗瓣，钝，具宽三角形耳；子房光滑或被绒毛。荚果线状圆柱形，长 3.5~6.5 cm，宽 3.5~5mm。花期 5~6 月，果期 7 月。

产阿勒泰县，生山地河谷沿岸。蒙古阿尔泰和俄罗斯西伯利亚均有分布。模式标本自西伯利亚记载。是新疆城市绿化的珍贵树种。南北疆城镇多有引种栽植，但天然种群，仅见阿尔泰山，希望多加保护，早日推广于全疆园林绿化美化事业中。

2. 准噶尔锦鸡儿　图 215

Caragana soongorica Grubov in Not. Syst. Herb. Inst. Bot. Acad. Sci. URSS，19：543，1959；中国沙漠植物志，2：224，图版 79，图 11~15，1987；Novt. Syst. Pl. Vascul. 24：127，1987；中国植物图鉴，42（1）：38，1993。

灌木，高至 2m。老枝深灰色或紫黑色；嫩枝细，绿褐色，有棱、无毛，羽状复叶；小叶 2~4 对，轴长 1.5~4.5cm，脱落；托叶在长枝者宿存，长 3~6mm，具刺尖，小叶倒卵形，长 7~

15mm，宽5～9mm，先端微凹或截形，具刺尖，无毛或嫩叶被疏状柔毛。花梗长1～3.5cm，常单生，中部以上具关节，每梗二花，很少1花；小苞片钻形，长1～2mm；萼筒钟形，长7～9mm，长宽近相等，基部具尖；齿短，长约1mm，无毛或近无毛；花冠绿色，长30～35mm，旗瓣宽卵形，长2.7～3.3cm，宽2.3～2.6cm，下部急窄成短粗爪，长至1cm；翼瓣较旗瓣长2～3mm，瓣柄长为瓣片1/2，耳线形，长2～3mm；龙骨瓣较翼瓣短3～5mm，基部截平，无耳，瓣柄长为瓣片4/5；子房被绢毛。荚果线形，长4～5cm，宽5～6mm。花期5月，果期7～8月。

产天山北麓：玛纳斯、新源、尼勒克等地，生山地河谷、灌丛。模式自玛纳斯三道河子。本种子房被绒毛，龙骨瓣无耳，而区别于其他种。

3. 宾吉锦鸡儿（新拟）

Caragana bungei Ledeb. in Fl. Alt. 3：264，1831；Kom. in Acta Horti. Petrop. 29，2：317，1908；Фл. СССР，11：366，1945；中国主要植物图说，豆科，352，1955；Novt. Syst. Pl. Vascul. 24：131，1987。

多分枝有刺灌木，高至1.5m，具淡灰或淡绿黄色树皮，嫩枝被贴伏柔毛，一年生枝淡黄色；托叶在长枝上者硬化成刺，长5～15mm，在短枝上者大部分脱落，长10～30mm；小叶2～4对，质厚，具突出脉网，两面被伏贴毛，倒卵状广椭圆形，顶端圆，稍凹或截形，具短刺尖，长1～2cm，宽0.5～1cm。花梗单，少2枚，长12～20mm，关节居中上，少居中或下；萼被疏绒毛，长10mm，钟状管形；萼齿阔膜质，具绒睫毛边缘，顶端具刺尖，短于管4倍；花冠黄色，旗瓣长19～21mm，宽15～20mm，具阔卵形或近圆形管簷，收缩成短爪，翼瓣稍长于旗瓣，具长圆形瓣片，长于爪1.5倍或稍长，具相当短的矩状耳，长2～2.5mm；龙骨瓣几跟旗瓣等长，具有较短的爪和短钝耳；子房无毛。荚果广椭圆形长18～21mm，宽6～7mm，渐尖，具1～3种子。花期5～7月，果期7～9月。

产青河、富蕴、福海、阿勒泰。生荒漠草原灌丛中和石质山坡，形成群落。蒙古阿尔泰和俄罗斯西伯利亚也有。模式自俄罗斯阿尔泰山记载。

4*. 小叶锦鸡儿

Caragana microphylla Lam. Encycl. Meth. Bot. 1：615，1785；Kom. in Acta Horti. Petrop. 29：344，1904；Pojark. in Fl. URSS，11：367，1945；中国主要植物图说，豆科，355，图351，1955；中国高等植物图鉴，2：412，图2553，1972；中国沙漠植物志，2：228，1987；新疆植物检索表，3：05，1983；Pl. Asiae Centr. 8a：37，1988；中国植物志，42(1)：46，图版13：1，1993。

灌木，高1～2m；老枝深灰色或黑绿色；嫩枝被毛。羽状复叶具5～10对小叶；托叶长3～10mm，宿存，叶轴长15～50mm，脱落；小叶5～10对，倒卵形或倒卵状矩圆形，长5～10mm，宽2～8mm，先端圆形或钝或微凹，具短刺尖，幼时被短柔毛。花梗长约1cm，或达2.5cm；关节居中部，被柔毛。萼筒管状钟形，长9～12mm，宽5～7mm；齿宽三角形，长1～2mm；花冠黄色，长约25mm，旗瓣宽卵形，先端凹，基部具爪；翼瓣爪长为瓣片1/2，耳短齿状；龙骨瓣爪与瓣片等长，基部截形，耳不明显。荚果圆筒形，长4～5cm，宽4～5mm，具锐尖头。花期5～6月，果期7～8月。

图215　准噶尔锦鸡儿 Caragana soongorica Grubov
1. 花枝　2. 小叶片　3. 花萼　4. 旗瓣
5. 翼瓣　6. 龙骨瓣

北疆各地引种，生长良好。产东北、华北及山东、陕西、甘肃。蒙古和俄罗斯也有。模式标本自外贝加尔湖记载。

5*. 柠条锦鸡儿

Caragana korshinskii Kom. Monogr. in Acta Horti. Petrop. 29. 2：307，1909；中国主要植物图说，豆科，355，图352，1955；中国高等植物图鉴，2：412，图2554，1972；新疆植物检索表，3：65，1983；中国沙漠植物志，2：228，图版80，图12~17，1987；中国植物志，42(1)：49，1993。

灌木，高1~4m，少较高；老枝金黄色，有光泽；嫩枝被白色柔毛。羽状复叶具6~8对小叶；托叶在长枝上者硬化成针刺，长3~7mm，宿存；叶轴长3~5cm，脱落；小叶披针形或狭长圆形，长7~8mm，宽2~7mm，先端锐尖，具刺尖，基部宽楔形，灰绿色，两面密被伏贴白柔毛。花梗长6~15mm，密被柔毛；关节居中，花萼管状钟形，长8~9mm，宽4~6mm，密被伏贴短柔毛；萼齿三角形；花冠长20~23mm，旗瓣宽卵形或近圆形，先端截平而稍凹，宽约16mm，具短瓣柄；翼瓣柄稍短于瓣片，耳短小，齿状；龙骨瓣具长柄；子房披针形，密被短柔毛。荚果扁，披针形，长2~2.5cm，宽6~7mm，无毛或疏被柔毛。花期5月，果期6月。

北疆沙区引种，生长良好。产内蒙古、宁夏、甘肃。模式标本自内蒙古鄂尔多斯。优良固沙和水土保持植物。

（b）印度锦鸡儿组 Sect. 2 Gerardianae Sancz.

组模式：印度锦鸡儿 C. gerardiana Royle ex Benth.

白刺锦鸡儿系 Ser. Leucospinae Y. Z. Zhao 1993.

系模式：白刺锦鸡儿 **C. leucospina** Kom.

单种，新疆1种：6. 白刺锦鸡儿 Caragana leucospina Kom.

6. 白刺锦鸡儿

Caragana leucospina Kom. in Acta Horti. Petrop. 29：248，1909；中国植物图说，豆科，341，1955；新疆植物检索表，3：61，1985；Pl. Asiae Centr. 8a：37，1988；中国植物志，42(1)：32. 1993——*C. laetevirens* Pojark.

灌木，高70~100cm。枝条直立，密被白色短柔毛。树皮灰黄色。羽状复叶长至2cm；托叶三角形，被柔毛。先端具刺尖；叶轴硬化成针刺，宿存，针刺密，粗壮；被白色短柔毛，水平伸展，长约3cm；小叶长圆状披针形，长5~10mm，宽约3mm，先端圆，密被短柔毛。花梗极短；花萼管状，长约13mm；密被柔毛，萼齿宽三角形，锐尖，长为萼筒1/3；花冠黄色，长约25mm；旗瓣倒卵形、具狭瓣柄；翼瓣长圆形，先端钝，耳线形，短。龙骨瓣先端锐尖，基部近截形；子房长圆形，密被柔毛。花期6月。

产天山南坡。拜城、阿克苏、库车、温宿、乌什、阿合奇等山地，生于山坡、林缘、灌丛中。中亚山地也有。模式自中国天山南坡(托什干河上游)。

（c）刺叶锦鸡儿组

Sect. Occidentales(Kom.)Sancz.

组模式：刺叶锦鸡儿 **C. acanthophylla** Kom. 新疆种类：1种1变种。

7. 刺叶锦鸡儿 C. acanthophylla Kom.；7b. 新疆刺叶锦鸡儿 C. acanthophylla var. xinjiangensis C. Y. Yang et N. Li var. nov.

7. 刺叶锦鸡儿 图216　彩图第41页

Caragana acanthophylla Kom. Monogr. in Acta Horti. Petrop.29：2：311，1908；Фл. Тадж. 5：382，1978；Фл. СССР，11：361，1945；Фл. Казахст. 5：83，1961；中国主要植物图说，豆科，344，图337，1955；新疆植物检索表，3：62，1983；中国沙漠植物志，2：220，图版78：8~14，1987；Pl. Asiae Centr. 8a：27，1988；中国植物志，42(1)：24，图版9：20~25，1993——C. arcuata Liou f.

多分枝灌木，树皮深灰色。嫩枝被短伏毛，一年生枝浅褐色。托叶宿存并硬化成粗壮而直或稍弯的针刺，长 13～15mm；短枝上叶柄细瘦，长 7～20mm，硬化成针刺，直至第二年枝条发育时才脱落；小叶 4 对，少 3 对，倒卵形或狭倒卵形，长 4～9mm，宽 2～4mm，两面被短伏毛。花梗单生，长 10～20mm，关节居中上；萼筒钟状，长 6.5～8mm，萼齿狭三角形，长为萼筒的 1/3；龙骨瓣钝长，爪长约为瓣片 3/4，耳短；子房无毛。花期 4～5 月。荚果长 27～32mm，阔 3～5mm，扁平。果期 6～7 月。

产伊犁、玛纳斯、乌鲁木齐、阜康、库车等地。生山地河谷沿岸石坡、灌丛。中亚也有。模式标本采自阿赖依边区。

刘瑛心教授将从巩留县，莫合区恰普齐海渡口（分类学报文章称可不基盖）采的一份标本命名发表的弯枝锦鸡儿（Caragana arcuata Liouf. f.）（分类学报，1984，三期），当地林业部门（伊犁林科所）在 1985～1990 年间，曾由专人（鲜景明所长）调查多次，杨昌友在此前后期间也曾几次采集过，均未发现，并到北京植物所和兰州沙漠研究所查看模式均未果。现只好作存疑种了。待以后深入采集。

7a. 刺叶锦鸡儿（原变种）

7b. 新疆刺叶锦鸡儿（新变种） 见第 523 页附录

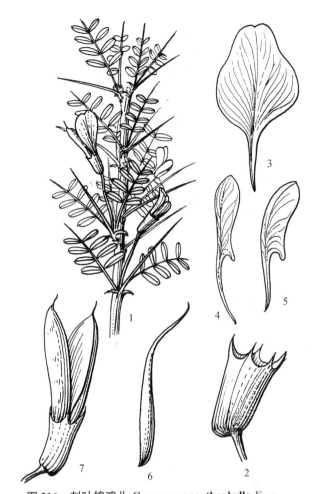

图 216 刺叶锦鸡儿 Caragana acanthophylla Kom.
1. 枝 2. 花萼 3. 旗瓣 4. 翼瓣 5. 龙骨瓣 6. 子房 7. 果实

Caragana acanthophylla Kom. var. **xinjiangensis** C. Y. Yang et N. Li var. nov. ——subsp. *macrocalyx* Yakovl. subsp. , nov. in Pl. Asiae Centr. 8a；28. in Observatione, 1988. 小叶长（7）8～13（10）mm；花萼长约 10mm。

多刺灌木，高 60～70cm，树皮灰色。枝条灰色，幼枝黄褐色，被伏贴短柔毛。托叶刺化，针刺长 3～10mm；长枝叶柄硬化成针刺，长 15～30mm；短枝脱落。叶羽状排列；小叶 3～5 对，倒卵形或椭圆状倒卵形，长 4～13mm，宽 2～6mm，先端钝圆，具短刺尖，基部楔形或阔楔形。花梗单生或成对生，长 12～20mm，中部以上具关节，被伏贴柔毛；花萼管状钟形，长 10～12mm；萼齿三角形，具短针尖，长为管的 1/6～1/7，无毛；花冠黄色，长 23～28mm；旗瓣圆倒卵形，基部渐狭成长爪，爪长于瓣片 1/2；翼瓣中部以上渐宽，顶端截形，翼瓣宽约为 1/3，爪略短或瓣片几等长，瓣耳极短几呈斜截形；子房无毛。荚果长 30～41mm，宽 4～5mm，侧扁。花期 4～5 月，果期 6～7 月。

本变种与原变种区别在于花大，花冠长 23～28mm（非为 20mm），花萼长 10～12mm（非 6.5～8mm）；翼瓣爪几等于或稍短于瓣爪（爪非为瓣片 1/3）。

广泛分布于阜康、乌鲁木齐、玛纳斯等地。生山谷、石坡、河岸、林缘灌丛。模式标本采自阜康天池毛毛沟。

俄罗斯植物学家 Yakovlev，在"亚洲中部植物"（Pl. Asiae Centr. 8a：28，1988）上发表的，大萼刺叶锦鸡儿亚种：subsp. macrocalyx 是在文章评论中提到未作详细描述，更未指出花冠特征，容易

图 217 鬼见愁锦鸡儿 Caragana jubata(Pall.) Poir.

与原亚种混淆，故作重新命名。

（d）鬼见愁锦鸡儿组 Sect. Jubata（Kom.）Y. Z. Zhao 1993.

组模式：鬼见愁锦鸡儿 C. jubata（Pall.）Poir.

新疆 1 种。8. 鬼见愁锦鸡儿 C. jubata（Pall.）Poir.

8. 鬼见愁锦鸡儿 图 217

Caragana jubata（Pall.）Poir. in Encycl Meth. Bot. Suppl. 11：89，1811；Kom. in Acta Horti. Petrop. 29，2：287，1908；Фл. CCCP，11：359，1945；中国主要植物图说，豆科，342，1955；Фл. Казахст. 5：82，1961；中国高等植物图鉴，2：408，图 2546，1972；Pl. Asiae Centr. 8a：33，1988；新疆植物检索表，3：61，1983；中国植物志，42（1）：26，1933。

灌木，直立或伏地，高 30 ~ 200cm，基部多分枝。树皮深褐色、灰绿色或灰褐色。羽状复叶，具 4 ~ 6 对小叶；先端不硬化成针刺；叶轴长 5 ~ 7cm，宿存，被疏柔毛；小叶长圆叶，长 11 ~ 15mm，宽 4 ~ 6mm，先端圆或尖，具刺尖头，基部圆形，绿色，被长柔毛。花梗单生，长约 0.5mm，基部具关节，苞片线形；花萼钟状管形，长 14 ~ 17mm，被长柔毛，萼齿披针形，长为筒的 1/2；花冠玫瑰色、淡紫色、粉红色或近白色，长 27 ~ 32mm；旗瓣宽卵形，基部狭成长瓣柄，翼瓣近长圆形，瓣柄长为瓣片 2/3 ~ 3/4，耳狭线形，长为瓣柄的 3/4，龙骨瓣先端斜截，耳稍凹，瓣柄与瓣片近等长，耳短，三角形，子房被长柔毛。荚果长约 3cm，宽 6 ~ 7mm，密被丝状长柔毛。花期 6 ~ 7 月，果期 8 ~ 9 月。

产阿尔泰山(少见)、天山和帕米尔高原(塔什库尔干县)。我国甘肃、四川、山西、河北、西藏等地区也有。蒙古、俄罗斯、中亚、西伯利亚、远东等地均产。模式标本从贝加尔湖记载。

生山地云杉林缘。在天山南坡常在高山林缘，在塔什库尔干在高山河谷(海拔 3100m)，比一般的锦鸡儿分布都要高，很难能见到开花植株。而在天山中部一些地方见到白花或淡黄花，一直未见开玫瑰色花的。这一问题只有待进一步研究了。

（e）中亚锦鸡儿组 Sect. **Tragacanthoides**（Pojark.）Sancz. 1979.

组模式：中亚锦鸡儿 Caragana tragacanthoides（Pall.）Poir.

新疆种类：9. C. bongardiana（Fisch. et Mey.）Pojark.

10. C. pleiophylla（Regel）Pojark. ；

11. C. tekesiensis Y. Z. Zhao et D. W. Zhou；

12. C. roborovskyi Kom.

13. C. hololeuca Bge. ex Kom.

14. C. tragacanthoides（Fisch. et Mey.）Pojark.

（f）粗毛锦鸡儿组 Sect. Dasyphyllae（Pojark.）Sancz. 1979.

组模式：粗毛锦鸡儿 Caragana dasyphylla Pojark.

新疆种类：1 种。15. 粗毛锦鸡儿 Caragana dasyphylla Pojark.

（g）粉刺锦鸡儿组 Sect. Pruinosae（Gorbunova）Sancz.

组模式：粉刺锦鸡儿 C. pruinosa Kom.

新疆1种。16. 粉刺锦鸡儿 Caragana pruinosa Kom.

（h）多刺锦鸡儿组 Sect. Spinosae（Kom.）Y. Z. Zhao

组模式：多刺锦鸡儿 C. spinosa（L.）DC.

新疆1种。17. 多刺锦鸡儿 Caragana spinosa（L.）DC.

（i）金雀花锦鸡儿组 Sect. Frutescentes（Kom.）Sancz. 1979.

组模式：金雀花锦鸡儿 C. frutex（L.）C. Koch

（Ⅰ）金雀花锦鸡儿系 Ser. Frutescentes Kom. 1909.

系模式：同组模式

新疆种类：18. C. camilli - schneideri Kom.

19. C. frutex（L.）C. Koch

20. C. media Sancz.

21. C. zaissanica Sancz.

22. C. laeta Kom.

23. C. turfanensis（Krassn.）Kom.

（Ⅱ）大花锦鸡儿系 Ser. Grandiflorae Pojark. 1996.

系模式：大花锦鸡儿 Caragana grandiflora（M. B.）DC.

新疆种类：24. C. kirghisorum Pojark.

25. C. pseudokirghisorum C. Y. Yang et N. Li

26. C. shuidingensis C. Y. Yang et N. Li

（Ⅲ）昆仑锦鸡儿系 Ser. Polourenses C. Y. Yang et N. Li ser. nov.

系模式：昆仑锦鸡儿 C. polourensis Franch.

新疆种类：1种1变种：27. C. polourensis Franch

27a. C. polourensis Franch var. jarkendensis C. Y. Yang et. N. Li var. nov.

（j）矮锦鸡儿组 Sect. Pygmaeae（Kom.）Sancz.

组模式：矮锦鸡儿 C. pygmaea（L.）DC.

新疆种类：2种。28. 矮锦鸡儿 Caragana pygmaea（L.）DC.

29. 戈壁锦鸡儿 C. gobica Sancz.

（k）白皮锦鸡儿组 Sect. Leucophloeae（Gorbunova）Sancz.

组模式：白皮锦鸡儿 Caragana leucophloea Pojark.

新疆种类：30. C. aurantiaca Koehne.

31. C. leucophloea Pojark.

32. C. pumila Pojark.

33. C. stenophylla Pojark.

34. C. hamiensis C. Y. Yang et N. Li sp. nov.

（l）密叶锦鸡儿组 Sect. Densae（Sancz.）Sancz.

组模式：密叶锦鸡儿 C. densa Kom.

新疆种类：1种。35. 密叶锦鸡儿 Caragana densa Kom.

9. 邦卡锦鸡儿（新拟）　边塞锦鸡儿　图218

Caragana bongardiana（Fisch. et Mey.）Pojark. in Fl. URSS, 11：357, 1945；Фл. Казахст. 5：81, 1961；新疆植物检索表，3：60, 1983；中国沙漠植物志，2：220, 图版77：22 ~ 28, 1987；Pl. Asiae Centr. 8a：29, 1988；中国植物志，42（1）：35, 图版9：1 ~ 5, 1993。

灌木，高50 ~ 150cm。老枝淡褐色；嫩枝粗壮，具棱，被柔毛。羽状复叶，具2 ~ 3对小叶；托叶狭披针形，硬化成短针刺，宿存；叶轴全部硬化宿存，被短柔毛，长枝者15 ~ 30mm，粗壮；短

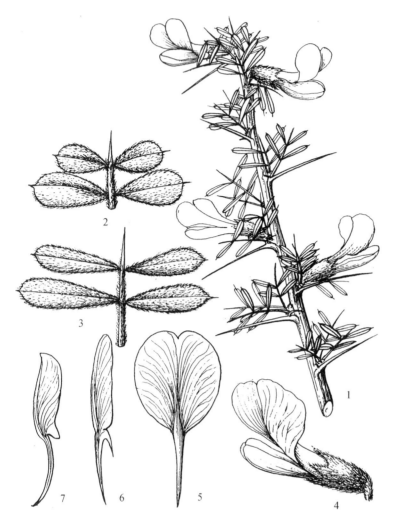

图 218 邦卡锦鸡儿 Caragana bongardiana（Fisch. et Mey.）Pojark.
1. 花枝 2、3. 叶 4. 花 5. 旗瓣 6. 翼瓣 7. 龙骨瓣

枝者长 8～15mm；小叶狭倒卵形或线状倒卵形，长 7～15mm，宽 1.5～3.5mm，先端锐尖，具刺尖，基部楔形，两面被贴伏柔毛。花梗长 2～5mm，关节居基部，密被绒毛；花萼管状，长 8～10mm，宽约 6mm；萼齿狭三角形，长 4～5mm，被绒毛；花冠黄色，长 25～30mm；旗瓣宽倒卵形，瓣柄较瓣片稍短；翼瓣线形，瓣柄超过瓣片 1/2；龙骨瓣先端尖，瓣柄稍短于瓣片；子房密被白柔毛。

产和布克赛尔、吉木乃。生荒漠草原和低山石质坡地。哈萨克斯坦也有。模式标本采自斋桑湖。

10. 多叶锦鸡儿

Caragana pleiophylla（Regel）Pojark. in Kom. Fl. URSS, 11：357，401，1945；Фл. Казахст. 5：82. tab. 9，fig. 3，1961；中国主要植物图说，豆科，338，图 330，1955；中国沙漠植物表，2：221，1987；新疆植物检索表，3：60，1983；中国植物表，42（1）：32，图版 9：6～12，1993。

灌木，高 80～100cm，老枝黄褐色，剥裂；嫩枝被柔毛。羽状复叶，具 4～7 对小叶；托叶宽卵形，膜质，红褐色，脱落，被柔毛；叶轴灰白色，硬化成针刺，长 1～4(5.5)cm，宿存；小叶长圆形，倒卵状长圆形，长 6～12mm，基部阔楔形，两面被伏贴柔毛，老时近无毛。灰绿色。花单生，花梗长 5～7mm，被长柔毛；关节居基部；花萼管状，基部不为囊状凸起，长 15～16mm，宽 5～6mm，密被长柔毛；萼齿三角形或狭三角形；花冠黄色，长 30～36mm；旗瓣椭圆状卵形，先端微凹，瓣柄长为瓣片 1/3～1/2，翼瓣先端圆形，瓣柄长为瓣片 2/3，耳长为瓣柄的 1/5～1/3，线形，常有上耳，长 1～2mm；龙骨瓣稍短于翼瓣。瓣柄稍长于瓣片；子房密被灰白色柔毛。荚果圆筒形，长 3～3.5cm，先端渐尖，外被短柔毛，里面密被褐色绒毛。花期 6～7 月，果期 8～9 月。

产新源、伊宁、和静、阿克苏等地。生山地灌木草原带灌丛中，中亚也有。模式标本采自吉尔吉斯斯坦共和国依塞克湖附近。

11. 特克斯锦鸡儿

Caragana tekesiensis Y. Z. Zhao et D. W. Zhou 植物研究，10，2：83～84，图版 1，1990。

灌木，树皮灰黄色，幼枝密被柔毛。叶轴全宿存。硬化成细针刺，幼时被长柔毛，绿色。老时毛脱落，变成灰白色，直立或开展，长 1.5～3cm；托叶膜质，被毛，先端具刺尖；小叶羽状，3～

6 对，椭圆形，长 5 ~ 7mm，宽 2 ~ 3mm，绿色，密被长柔毛。花单生或 2 ~ 3 朵簇生；花梗长约 4mm，关节居基部，被长柔毛；花萼筒状钟形，长 10 ~ 15mm，宽 3 ~ 5mm，被柔毛；齿三角形，先端具刺尖，长约 3mm；花冠黄色；旗瓣宽倒披针形或狭倒卵形，长 1.5 ~ 2cm，宽 6 ~ 8mm；翼瓣具两耳，下耳狭条形，与爪近等长，上耳齿状，三角形，爪为瓣片长的 1/4；龙骨瓣耳短小，齿状，先端钝；子房无毛。荚果圆柱形，长 2.5 ~ 4cm，宽约 4mm。花期 6 月，果期 7 ~ 8 月。

产特克斯县、昭苏县、尼勒克县等地。模式由刘公润采自特克斯（1976 年 8 月 18 日，无号）由赵一之和周道玮研究发表。模式藏内蒙古大学标本室。

原作者认为：本新种近似荒漠锦鸡儿（Caragana roborovskyi Kom.），但后者并未分布到伊犁地区，只在乌鲁木齐近郊荒漠石质戈滩二者灌丛外貌全然不同，故与之比较是欠妥的。实则，特克斯锦鸡儿跟多叶锦鸡儿 C. pleiophylla(Ral.) Pojark. 是非常相似的，我们早在 20 世纪 60 年代初，就已从新源县野果林改良场采到过标本，只是当时未发表，而新源、特克斯和昭苏都是相连的。再者，多叶锦鸡儿 C. pleiophylla(Rl.) Pojak. 的翼瓣也具双耳，只是子房密被灰白色长柔毛，而与特克斯锦鸡儿有别。伊犁地区这一类锦鸡儿有待深入研究。

12. 荒漠锦鸡儿 洛氏锦鸡儿 图 219

Caragana roborovskyi Kom. Monogr. in Acta. Horti. Petrop. 29，2：274，1909；中国主要植物图说，豆科，340，图 332，1955；内蒙古植物志，3：172，图 87，1977；中国沙漠植物志，2：221，图版 79，图 1 ~ 5，1987；新疆植物检索表，3：61，1983；Pl. Asiae Centr. 8a：40，1988；中国植物志，42（1）：36，图版 9：13 ~ 19，1993。

灌木高 30 ~ 100cm，在基部多分枝。老枝黄褐色，树皮深灰色；嫩枝密被白色柔毛。羽状复叶具 3 ~ 6 对小叶；托叶膜质，被柔毛，先端具刺尖；叶轴宿存，全部硬化成针刺，长 1 ~ 2.5cm，密被柔毛；小叶宽倒卵形或长圆形，长 4 ~ 10mm，宽 3 ~ 5mm，先端锐尖，具刺尖，基部楔形，密被白色柔毛。花梗单生，长约 4mm，关节居中到基部，密被柔毛；花萼管状，长 11 ~ 12mm，宽 4 ~ 5mm，密被白色柔毛；萼齿披针形，长约 4mm；花冠黄色；旗瓣有时带紫色，倒卵圆形，长 23 ~ 17mm，宽 12 ~ 13mm，基部渐狭成瓣柄；翼瓣片披针形，瓣柄长为瓣片 1/2，耳线形，较瓣柄略短；龙骨瓣先端尖，瓣柄与瓣片近等长，耳钝圆，小；子房被密毛。荚果圆筒状，长 2.5 ~ 3cm，被白色长柔毛，先端具尖，花萼常宿存。花期 5 月，果期 6 ~ 7 月。

产哈密、托克逊、巴里坤、乌鲁木齐等地。内蒙古西部、宁夏、甘肃、青海等地区也有。模式标本采自青海

图 219　荒漠锦鸡儿 Caragana roborovskyi Kom.
1. 花枝　2. 旗瓣　3. 翼瓣　4. 龙骨瓣

祁连山。

13. 中亚锦鸡儿

Caragana tragacanthoides (Pall.) Poir. in Lam. Encycl. Meth. Suppl. 2：90，1811；Pojark. in Kom. Fl. URSS，**11**：354，1945；Rehd. Man. Cult. Tree Shrubs，516，1940；中国主要植物图说，豆科，336，图329，1955；Фл. Казахст. 5：81，1961；R. M. Vinogradova in Consp. Fl. As. Med. 6；60，1981；新疆植物检索表，3：60，1983；Pl. Asiae Centr. 8a：43，1988；中国植物志，42(1)：19，1993——*Robinia tragacanthoides* Pall. in Nov. Acta Acad. Petrop. 10：371，tab. 7，1797。

灌木，高 0.5～1m。树皮黄色，有光泽，多分枝。枝条粗壮，具纵沟，被柔毛。托叶三角形，基部膜质，先端具针刺，硬化宿存，长 5～7mm；叶轴在长枝者粗壮，长 8～25mm，被柔毛，在短枝者脱落或宿存，针刺长 5～12mm；小叶在长枝者 2～3 对，羽状，在短枝者 2 对，密接羽状或假掌状，狭倒披针形，长 6～12mm，宽 1.5～2mm，先端具刺尖，基部渐狭，被伏贴柔毛。花梗单生，长 2.5～4mm，每梗 1 花，密被柔毛；关节居基部；花萼管状，长 10～12mm，宽约 5mm；萼齿狭三角形，具刺尖；花冠黄色，长 20～22mm；旗瓣倒卵形，基部楔形，瓣柄稍短于瓣片；翼瓣的瓣柄与瓣片近等长，耳长为翼瓣 1/2；龙骨瓣短于翼瓣，耳短，瓣柄与瓣片近等长；子房被密毛。荚果圆筒形。长约 1.5cm，密被长柔毛，先端具硬尖。花期 5 月，果期 7～8 月。

产和布克赛尔、布尔津、吉木乃等地，生荒漠季节性洪水沟，低山石质干旱山坡地。中亚也有。模式标本采自哈萨克斯坦斋桑湖盆地。

图220 绢毛锦鸡儿 Caragana hololeuca
Bunge ex Kom.
1. 花枝 2. 花萼 3. 旗瓣 4. 翼瓣 5. 龙骨瓣

14. 绢毛锦鸡儿　白毛锦鸡儿　图220

Caragana hololeuca Bunge ex Kom. Monogr. in Acta. Hort. Petrop. 29，2：275，1909；Pojark. in Kom. Fl. URSS，11：353，1945；Фл. Казахст. 5：80，1961；中国沙漠植物志，2：218，1987；新疆植物检索表，3：59，1983；Pl. Asiae Centr. 8a：43，pro syn. C. tragacanthoides (Pall.) Poir.；中国植物志，42(1)：29，图版15：16～22，1993。

多分枝灌木，高 0.5～2m，树皮灰褐色。老枝黄褐色或淡黄褐色；小枝粗壮，幼时密被短柔毛。托叶三角形，先端成针刺，长 2～6mm，宿存；长枝叶轴长 7～15mm，粗壮，被短柔毛，硬化宿存；短枝叶柄很短，脱落；小叶 2 对，羽状，短枝小叶靠近，有时簇生，倒卵状矩圆形，长 6～11mm，宽 2～4mm，先端锐尖，具刺尖头，基部楔形，密被伏贴绢毛。花单生，梗短，关节居基部；萼筒管状钟形，长约 8mm，密被白色绒毛；萼齿三角形，长为筒 1/5～1/4，先端渐尖；花冠黄色；旗瓣宽卵形，爪长为瓣片之半；翼瓣上部较宽，爪稍短于瓣片，耳稍短于爪；龙骨瓣的爪与瓣片近等长，耳齿状；子房密被绢毛。荚果扁，长于萼筒 1 倍，表面密被绒毛。花期 5～6 月，果期 7～8 月。

产布尔津、吉木乃、哈巴河等地。生额尔齐斯河右岸沙地。中亚也有，模式标本采自额尔齐斯河上游。

《亚洲中部植物》(Pl. Asiae Centr. 8a：43，1988)将此种与中亚锦鸡儿合并，认为二者生境相同。因之，额尔齐斯沙地的锦鸡儿有待深入研究。

15. 粗毛锦鸡儿　图221

Caragana dasyphylla Pojark. in Kom. Fl. URSS，11：350，tab. 24，fig. 2，1945；中国主要植物图说，豆科，334. 图325，1955；新疆植物检索表，3：58，1983；中国沙漠植物志，2：216，图版

76：16 ~ 20，1987；Pl. Asiae Centr. 8a：31，1988；中国植物志，42（1）：17，图版5：8 ~ 15，1993。

矮小灌木，高 20 ~ 30cm。树皮褐色或灰褐色，具不规则条棱。长枝粗壮，具灰白色条棱。托叶在长枝者刺状宿存，长 2 ~ 3mm；叶轴在长枝者硬化成针刺，长 8 ~ 25mm，短枝上叶无轴，密集，长枝上叶羽状；小叶 2 对，排列紧密，倒披针形或倒卵形，长 3 ~ 12mm，宽 2 ~ 3mm，先端圆钝或截形，基部楔形，两面被伏贴柔毛，呈灰白色。花梗单生，长 2 ~ 4mm，关节居基部，密被柔毛；花萼管状钟形，长 6 ~ 7mm，宽 2 ~ 4mm，萼齿短小约为萼筒长的 1/4，密被柔毛；花冠黄色，长 16 ~ 18mm；旗瓣近圆形或宽卵形，瓣柄长 2 ~ 3mm；翼瓣上部较宽，瓣柄长为瓣片的 1/3，耳与瓣柄近等长；龙骨瓣上部具短喙，瓣柄长为瓣片的 1/2，耳短小；子房无毛。荚果圆筒状，长 2 ~ 3.5cm，宽 2.5 ~ 2.8mm，无毛，先端尖。花期 4 ~ 5 月，果期 6 ~ 7 月。

产拜城、库车、轮台、温存、乌恰、阿克陶等地。生低山干旱石坡，山地河谷。模式从喀什西部波斯坦特里克记载。新疆特有种。

16. 粉刺锦鸡儿　图222

Caragana pruinosa Kom. in Acta. Horti. Petrop. 29：265，1909；Pojark. in Kom. Fl. URSS，11：352，1945；中国主要植物图说，豆科，335，1955；Фл. Казахст. 5：80，tab. 9（1），1961；Consp. Fl. As. Med. 6：60，1981；新疆植物检索表，3：59，1983；Pl. Asiae Centr. 8a：39，1988；中国植物志，42（1）：22，图版5：1 ~ 7，1993。

灌木，高 50 ~ 100cm。老枝绿褐色或黄褐色，具条纹；一年生枝褐色，嫩枝密被短柔毛。托叶卵状三角形，褐色，被短柔毛，先端具刺尖宿存或脱落；叶轴在长枝者长 1 ~ 2cm，硬化成粗壮针刺，宿存，被柔毛，短枝上叶轴长 3 ~ 7mm，脱落；小叶在长枝者 2 ~ 3 对，羽状，短枝者 2 对，假掌状，倒披针形或倒卵状披针形，长 5 ~ 10mm，宽 1 ~ 3mm，先端锐尖或钝，具刺尖，两面绿色，幼叶被短柔毛。花梗单生，长 2 ~ 3mm，被短柔毛；花萼管状，长 10 ~ 13mm，被短柔毛；萼齿三角形；花冠黄色；旗瓣近圆形，长 22 ~ 27mm，宽 11 ~ 15mm，具狭瓣柄；翼瓣线形，钝头，瓣柄与瓣爪近等长，耳长约 1mm，钝；龙骨瓣先端尖或圆，瓣柄稍长于瓣片，耳不明显，基部截形；子房被柔毛或无毛。荚果线形，长约 2cm，宽约 3mm，被疏柔毛或无毛。花期 5 月，果期 7 月。

图 221　粗毛锦鸡儿 Caragana dasyphylla Pojark.

1. 花枝　2. 花萼　3. 旗瓣　4. 翼瓣　5. 龙骨瓣

图 222　粉刺锦鸡儿 Caragana pruinosa Kom.

1. 花枝　2. 花萼　3. 旗瓣　4. 翼瓣　5. 龙骨瓣

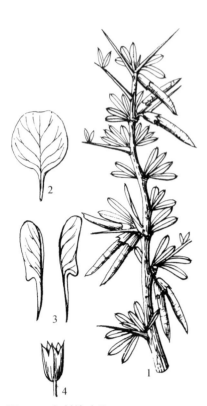

图 223　多刺锦鸡儿 Caragana spinosa
(Linn.) DC.
1. 花枝　2. 旗瓣　3. 龙骨瓣、翼瓣　4. 花萼

图 224　伊犁锦鸡儿 Caragana camilli-schneideri Kom.
1. 花枝　2. 旗瓣　3. 翼瓣　4. 龙骨瓣

产天山南坡。乌洽、阿合奇等地，生山地、干旱石坡，中亚也有。模式自吉尔吉斯斯坦、阿拉套记载。

本种与多刺锦鸡儿 C. spinosa(L.) DC. 相似，但叶小；长 5~10mm，倒卵形或倒披针形，被短柔毛，后叶面近无毛。

17. 多刺锦鸡儿　图 223

Caragana spinosa(Linn.) DC. Prodr. 3：269，1825；Kom. in Acta. Hort. Petrop. 29：260，1909；Pojark. in Kom. Fl. URSS, 11：351，1945；中国主要植物图说，豆科，334，图 326，1955；中国沙漠植物志，2：218，图 77：1~6，1987；新疆植物检索表，3：59，1983；Pl. Asiae Centr. 8a：41，1988；中国植物志，42(1)：21，图版 5：22~29，1993。

多分枝灌木，常高达至 1~2m，树皮黄绿色或红棕色，有光泽，具灰色线条。枝直立或弯曲，幼枝被短绒毛。托叶三角形卵状，无针刺或极短，边缘有毛；叶轴在长枝者 1~5cm，红褐色或黄褐色，粗壮，嫩时有毛，硬化宿存，短枝上叶无柄；小叶在长枝者常 3 对，羽状，短枝者 2 对，簇生或具 2~3mm 叶柄，狭倒披针形或线形，长 1.5~2(3)cm，宽 2~3(5)mm，被贴生柔毛，灰绿色。花梗单生或 2 并生，长 2~3mm；关节居中下；花萼管状，长 7~10mm，宽约 4mm；萼齿三角形，边缘有毛；花冠黄色，长 20~22mm；旗瓣倒卵形，先端钝圆，瓣柄长 3~4mm；翼瓣柄与瓣片近等长，瓣片长圆形，近无耳；龙骨瓣先端尖，瓣柄与瓣片近等长，无耳；子房近无毛。荚果长 2~2.5cm，宽 3~4mm。花期 6~7 月，果期 8~9 月。

产富蕴、青河北塔山。生山地、河谷及荒漠低湿地。蒙古和俄罗斯西伯利亚也有。模式自外贝加尔记载。

18. 伊犁锦鸡儿　图 224

Caragana camilli-schneideri Kom. in Acta. Hort. Petrop. 29：217. tab. 6(A) 1909；Pojark. in

Kom. Fl. URSS, 11：335，1945；中国主要植物图说，豆科，324，图316，1955；Фл. Казахст. 5：74，1961；中国高等植物图鉴，2：405，图2539，1972；Consp Fl. As. Med. 6：57，1981；新疆植物检索表，3：65，1983；Pl. Asiae Centr. 8a：31，1988；中国植物志，42（1）：60，图版18：8～14，1993。

矮小灌木，具淡黄或灰绿色树皮，被灰白色栓质条棱。嫩枝被疏绒毛；一年生枝淡褐色。托叶宿存，刺状，长2.5～7mm，少脱落；长枝叶柄硬化宿存成粗短的针刺长3～11mm；小叶片长5～20mm，宽2～9mm，绿色或淡绿色，下面较淡，无毛或多少被柔毛，楔形，倒卵形，顶端锐尖，具刺尖。花梗被伏贴绒毛，单生或成对，每梗1花，花梗长5～9mm；关节或居上或居中部以下；苞片2，很细小；花萼被短伏贴绒毛，钟状管形，长8～10mm。宽5～6mm；齿长2～3mm，三角形，渐尖，具针刺尖；花冠长22～30mm。黄色或金黄色，花期少发红色；旗瓣具宽的卵状菱形瓣片，急缩成短爪；翼瓣向上稍扩展，爪短于瓣片2倍，耳矩状，下弯，短于爪2.5～3倍；龙骨瓣钝，瓣片基部具短矩耳，爪约等长于瓣片；子房密被柔毛。荚果疏被短柔毛，条形，斜渐尖，长4～5cm，宽1.5～6mm。花期5～6月，果期7～8月。

产伊宁、霍城、尼勒克、察布查尔等地，生山前荒漠平原、石质干旱山坡。西西伯利亚和中亚（巴尔哈斯湖）也有。模式自伊犁地区记载。

19. 金雀花　黄刺条

Caragana frutex(Linn.)C. Koch Deutsch. Dendr. 1：48，1869；Kom. in Acta Hort. Petrop. 29：224，1909；Pojark. in Kom. Fl. URSS, 11：333，1945；中国主要植物图说，豆科，327，图319，1955；Фл. Казахст. 5：74，1961；新疆植物检索表，3：54，1983；中国沙漠植物志，2：215，图75：14～18，1987；Pl. Asiae Centr. 8a：32，1988；中国植物志，42（1）：65，图版4：1～7，1993—*Robinia frutex* Linn. Sp. Pl. 1，723，1753。

灌木，高0.5～2m，多分枝。树皮暗灰色、淡黄色或淡绿色。枝细，有细棱无毛，一年生枝黄褐色或黄白色，2年生枝栗褐色或灰褐色。托叶三角形，顶端钻状，在长枝上者硬化成针刺，长1.5～5mm；叶轴短，长1.5～10mm，在短枝上者脱落；小叶4枚，假掌状，硬纸质或革质，亮绿色，无毛或稀被毛。倒卵形，基部楔形，先端圆或微凹，具细尖头，长1.5～2.5cm。花梗单生，少2朵，花梗长为萼2～4倍，中部以上具关节；花萼管状钟形，长6～8mm，基部偏斜，萼齿很短，具刺尖；花冠黄色，长20～22mm，旗瓣近圆形，宽约16mm，瓣柄长约5mm；翼瓣长圆形，先端稍凹入，瓣柄长为瓣片1/2，耳长为瓣柄的1/3～1/4；龙骨瓣长约22mm，瓣柄稍短于瓣片，耳不明显；子房无毛。荚果筒状，长2～3cm，宽3～4mm。花期5～6月，果期7～8月。

产阿勒泰、福海、青河等地。生山地林缘、石质山坡。蒙古和俄罗斯西伯利亚也有。模式从西伯利亚记载。

19a. 金雀花(原变种)**C. frutex** var. **frutex**

19b. 毛果金雀花(新变种)**C. frutex** var. **lasiocarpa** C. Y. Yang et N. Li var. nov. 图225，杨昌友 A 730699. in Addenda. 第523页。

与原变种区别，在于花梗、花萼，子房被伏毛；花冠长25～30mm（非18～25mm），旗瓣阔卵形（非倒卵形），翼瓣向上不很加宽（非向上加宽）。与伊犁锦鸡儿区别，在于花梗长于萼2～4倍（非花梗与花萼等长或稍长）花梗上部具关节（非近中部）。

产阿勒泰福海县大桥林场，生山地林缘、灌丛中，海拔1900m。

20. 塔城锦鸡儿(新拟)

Caragana media Sancz. in Novit. Syst. Pl. Vascul. 32：72，2000. —新疆植物检索表，3：54，p. p.；中国沙漠植物志，2：215，p. p.；Pl. Asiae Centr. 8a：32，p. p. quoad pl. e Songar.；中国植物志，42（1）：65，p. p. quoad. pl. e Songar.。

多分枝不高的灌木，具淡黄、金黄或淡褐黄色，有时发亮的褐色或淡褐、棕色树皮（C. media

图 225 毛果金雀花 Cargana frutex(L.)C. Koch. var. lasiocarpa C. Y. Yang et N. Li

1. 花枝 2. 花萼 3. 旗瓣 4. 龙骨瓣 5. 翼瓣

var. fuscata)。托叶三角状锥形，狭披针形，脱落或针刺状宿存，长 1~5mm；短枝上叶柄脱落，短，长 1.5~10mm，长枝叶柄宿存，较长，长 15mm。小叶片细长，长圆状倒卵形，阔和狭楔形，长圆形或倒披针形(C. media var. fuscata)，长 5~25(30)mm，宽 2~10(13)mm，常细小；顶端急尖或钝，常具细短或硬长尖，绿色、灰和淡黄绿色，草质至近革质，被柔毛少光滑。花梗单，1花。被柔毛或无毛，长于花 1.5~2(3)倍，有时短于或等于；关节居中或稍上；花萼长(5)6~7(8)mm，或长 8~9(10)mm(C. media var. macrocalyx)。管状钟形或钟状管形，光滑或迅即光滑，萼齿尖三角形，短刺状，长 1.5~2.5(3)mm，短于管 2~3 倍；花冠黄色，长(15)18~22(25)mm；旗瓣具近圆形阔倒卵状瓣片，下部急缩成爪，爪短于瓣片(2)3~4倍；翼瓣耳短于爪 2~4(5)倍或等于(var. fuscata)；子房被绒但迅即消失。荚果圆柱形，无毛或被毛，很少银白色或被棉状毛，长 4~4.6cm，宽 4mm。花期 5~7 月，果期 6~8 月。

产塔城、额敏、裕民山地，生前山旱坡和灌丛。分布于哈萨克斯坦(穆哥查尔、哈萨克斯坦小丘。阿勒泰西部和西北部、塔尔巴卡台南部、准噶尔阿拉套东部，巴尔喀什—阿拉库勒盆地)模式标本采自哈萨克斯坦，准噶尔荒漠、阿牙古兹河流域。中国为新纪录种。

21. 吉木乃锦鸡儿(新拟)

Caragana zaissanica Sancz. in Novt. Syst, Pl. Vascul. 32：75，2000.—*Robinia frutescens* Pall.，1784—*Caragana frutescens* auct. Non (L.) DC.：Bong. et Mey. 1845, Mem. Acad. Sci. Petersb. 6, 2：18—*C. frutex* var. *xerophytica* auct non C. K, Schneid；Kom. 1909, Acta Horti. Petrop. 29, 2：226. P. P. quoad pl. e Songar. (loc. zaissan).

低矮分枝灌木，高至 1m，具淡黄或金黄色树皮。植株主要被柔软、卷曲的柔毛，生长期末迅速消失。小叶被长柔毛。短柔毛或秃净，质厚。浅灰蓝色或灰蓝色，具红褐色脉网；翼耳宽于爪瓣 2 倍。

产塔城及和布克赛尔、吉木乃、哈巴河等地。哈萨克斯坦也有分布。模式标本自斋桑盆地。中国尚未采到标本志之备查。

22. 阿拉套锦鸡儿

Caragana laeta Kom. Monogr. in Acta Horti. Petrop. 29，2：215，1909；Фл. Казахст. 5：75，1961；中国主要植物图说，豆科，326，图318，1955；新疆植物检索表，3：55，1983；Pl. Asiae Centr. 8a：35，1988。

灌木，高1~2m，树皮淡白或灰褐色。小枝细长，无毛，具白色纵条棱，黄褐色，多刺尖。托叶宿存并硬化成针刺，长达5mm；叶轴长7~15mm，在长枝上者宿存并硬化成灰白色的针刺，在短枝上者脱落；小叶4枚，假掌状排列，楔状倒卵形，顶端圆或微凹，具针尖头，长4~13mm，少较长，宽2.5~7mm，两面淡绿色，无毛或疏被细伏毛。花梗单生或成对，被绒毛，关节居中上，长5~10mm；萼筒管状钟形或管状，长10~14mm；萼齿阔三角形，具长刺尖；旗瓣长26~35mm，宽13~20mm，瓣片倒广椭圆形，基部楔形，渐缩成大约3倍的短爪；翼瓣条形，向上收缩，具有短于瓣片1/4的爪和短于瓣片4~5倍的矩状耳，龙骨瓣钝，爪长等于瓣片，后者基部斜截或形成细耳；子房常无毛，少被柔毛。荚果条形，斜渐尖，长3~5cm，宽3~4.5mm。花期7~8月，果期8月。

产温宿、乌什、阿合奇山区。生干旱石坡和山河岸碎石堆中。中亚山地也有。模式标本自吉尔吉斯斯坦伊塞克湖。

23. 乌什锦鸡儿　伊犁锦鸡儿　图226

Caragana turfanensis（Krassn.）Kom. Monogr. in A. H. P. 29，2：213，1909；Фл. СССР，11：337，1945；中国主要植物图说，豆科，325，1955；新疆植物检索表，3：55，1983；中国植物志，42（1）：65，图版18：1~7，1993；Pl. Asiae Centr. 8a：35，1988，pro syn. Caragana laeta Kom. —*C. frutescens* Linn. var. *turfanensis* Krassn. in Mem. Soc. Russ. d. geogr. 19：336，1888。

灌木，高达1m，基部多分枝，树皮黄褐色，有光泽。小枝多针刺，淡褐色，无毛。具白色木栓质条棱。托叶及长枝叶轴刺化，宿存，长4~13mm，短枝叶轴刺化，宿存；小叶4枚，假掌状排列，长约6mm，宽3mm，深绿色，革质，无毛或被疏伏毛，楔状倒卵形，顶端圆或微凹，具针尖。花梗单生，具单花，长2.5~4mm，关节居上；萼管状，疏被短绒毛，长8mm，基部稍成浅囊状；萼齿短，三角形，具针尖头；花冠黄色；旗瓣倒卵形，长16~22mm，宽12~13mm，爪长为瓣长的1/2~1/3；翼瓣线状长椭圆形，顶端斜截形，爪长不足瓣长的1/2，耳为爪长的1/4；龙骨瓣具短爪，耳极短；子房线状披针形，无毛。荚果长30~45mm，宽4~6mm。花期5月，果期7月。

产乌什、阿合奇。生山前洪积扇。至低山石质坡地，常成群落。中亚也有。模式自乌什吐鲁番，即今之乌什县（非吐鲁番县）。故应为乌什县特有种。

图226　乌什锦鸡儿 Caragana turfanensis（Krassn.）Kom.

1. 枝　2. 旗瓣　3. 翼瓣　4. 龙骨瓣　5. 花萼

24. 吉尔吉斯锦鸡儿 囊萼锦鸡儿

Caragana kirghisorum Pojark. in Fl. URSS, 11：396，342，1945；新疆植物检索表，3：56，1983；中国沙漠植物志，2：214，图版 75：12，1987；Consp. Fl. Asiae Med. 6：59，1981；Pl. Asiae Centr. 8a：34，1988；中国植物志，42(1)：56，1993。

灌木，高 50～100cm，多分枝。老枝灰褐色，一年生枝灰褐色至灰白色，幼枝无毛。托叶在长枝者长 1～3mm，硬化成针刺；叶轴在长枝者长 4～12mm，硬化成针刺；短枝者长 2～3mm，脱落；小叶 4 片，假掌状，楔形或倒披针形，长 6～9mm，宽 2～3mm，锐尖，具短刺尖，基部狭楔形，绿色，无毛。花梗单生或并生，长 12～14mm，关节居中部，无毛；萼筒钟状，基部偏斜成囊状，长 12～14mm，宽约 5mm；萼齿三角形，长 1.5～2.35mm；花冠黄色，花期旗瓣及龙骨瓣带紫色；翼瓣爪等于或稍短于瓣片，耳短小；龙骨瓣钝；子房无毛。荚果条形，渐尖，长约 2.5cm，宽约 2mm。花期 5～6 月，果期 6～7 月。

产霍城、伊宁、特克斯。生山前洪积扇，灌木草原，中亚也有。模式自吉尔吉斯斯坦依塞克湖。

25. 尼勒克锦鸡儿(新种)　图 227

Caragana pseudokirghisorum C. Y. Yang et N. Li sp. nov. in Addenda. 第 523 页。

多分枝灌木，树皮灰黑色，平滑，有光泽。幼枝暗灰色，具木栓棱。托叶硬化成细针刺，长约 6mm，短枝叶柄脱落，部分宿存至次年；长枝叶柄宿存，硬化成细针刺；小叶 4 枚，假掌状着生，具明显叶柄，小叶倒卵形或狭倒卵形，长 8～15mm，宽 2.5～6mm，顶端钝圆或稍尖，具长约 1mm，具刺尖，基部楔形，鲜绿色，下面微被柔毛。花梗单生，少对生，长 14～16mm，被绒毛，

图 227 尼勒克锦鸡儿 Caragana pseudokirghisorum C. Y. Yang et N. Li
1. 枝　2. 花萼　3. 旗瓣　4. 翼瓣　5. 龙骨瓣

关节居中部；花萼狭钟状，长 11 ~ 13.5mm，基部突出，成明显囊状，被短柔毛；萼齿狭三角形，长为管的 1/3，具缘毛；先端刺尖；花冠黄色，长 25 ~ 27mm；旗瓣宽卵形，基部骤缩成爪，爪长为瓣长 1/2；翼瓣椭圆形，两边近平行，爪长于瓣片 1/2，耳齿形，长约 2mm；龙骨瓣圆钝尖，稍短于翼瓣，爪略长于瓣片 1/2；子房线形，密被伏贴绒毛。荚果不知。花期 6 ~ 7 月。

产尼勒克县。生山地河流沿岸灌丛中。特克斯河也有。

本种与吉尔吉斯锦鸡儿 *C. kirghisorum* Pojark. 相似，但后者花小，花冠长 25 ~ 27mm（非 27 ~ 32mm），花梗长 6 ~ 8mm（非 14 ~ 16mm），花梗、花萼、子房均被毛（非光滑无毛）。与伊犁锦鸡儿 *C. camilli-schneideri* Kom. 的区别是：花萼是钟状管形，长 11 ~ 13.5mm（而非 8 ~ 10mm），花梗长 14 ~ 16mm（非 5 ~ 9mm）。

26. 霍城锦鸡儿（新种） 图 228

Caragana shuidingensis C. Y. Yang et N. Li sp. nov. in Addenda. 第 524 页。

灌木，高 1 ~ 2m，树皮灰绿色，具发达的木栓条棱。托叶脱落或宿存，变成极弱的刺，长约 2.5mm；长枝叶柄木质，宿存，成弧状弯曲的刺，长 6 ~ 14mm；短枝叶柄脱落；小叶 4 枚，假掌状着生，具明显叶柄；小叶片倒披针形，长 5 ~ 24mm，宽 2.5 ~ 8mm，顶端钝圆或尖，具刺尖，基部楔形，下面无毛或被疏柔毛，上面淡绿色。花梗对生，少单生，长 10 ~ 17mm，被短柔毛，中部以上具关节；花萼狭管状，长 10 ~ 12mm，长为宽之 2 倍或稍多，基部突起成明显的囊状；萼齿狭三角形，长为管的 1/4 ~ 1/3，具缘毛；花冠黄色，长 33 ~ 37mm；旗瓣呈紫红色，阔卵形，基部骤狭成长爪，爪长稍短于瓣片；翼瓣中部以上扩展，爪长为瓣长 3/4，耳矩状，长为爪的 1/4 ~ 1/3；龙骨瓣稍短于翼瓣，爪与瓣片近等长；子房线形，密被伏贴短绒毛。荚果不知。花期 6 ~ 7 月。

图 228 霍城锦鸡儿 *Caragana shuidingensis* C. Y. Yang et N. Li
1. 花枝 2. 花萼 3. 旗瓣 4. 翼瓣 5. 龙骨瓣

产霍城县、大西沟。生灌木草原带灌丛中。

本种与吉尔吉斯锦鸡儿 *C. kirghisorum* Pojark. 相似，但花大，花冠长 33～37mm，花梗长 11～16mm，被短伏毛，子房密被绒毛，而很好区别。与尼勒克锦鸡儿 *C. pseudokirghisorum* 的区别，是花大，花冠长 33～37mm，旗瓣的爪长约长瓣片的 3/4，翼瓣上部明显扩展。

27. 昆仑锦鸡儿　图229

Caragana polourensis Franch. Bull. Mus. 321, 1897；Kom. in Act. Hort. Petrop. 29, 2：89. tab. VIII, A. 1909；中国主要植物图说，豆科，323，图315，1955；中国高等植物图鉴，2：404，图2538，1972；新疆植物检索表，3：56，1983；中国沙漠植物志，2：212，图版76：1～5，1987；Pl. Asiae Centr. 8a：38，1988；中国植物志，42(1)：62，图版17：22～28，1993。

矮小灌木，高约 1m。树皮灰绿色，有光泽，具龟裂，白色纵裂纹，密被灰白色伏贴短绒毛。小枝密被白色短柔毛。托叶及叶轴硬化成针刺；叶轴长约 5～6mm；小叶 4 枚，假掌状着生，三角状倒卵形，顶端具刺尖，基部楔形，侧脉弯曲成网状，两面被灰白色绒毛。花梗单生，具 1 花；梗长约 6mm，关节居中；花萼圆筒状，半膜质，灰黄色，长约 10mm，宽 5mm；萼齿短，三角形，长约 2mm；花冠黄色，长至 2cm；旗瓣倒卵形，基部具橙黄斑；翼瓣爪与瓣片等长或稍长，耳短钝；子房圆筒形，有毛或无毛。荚果长 5cm，无毛或稍被伏毛。花期 4～5 月，果期 6～7 月。

产新疆昆仑山北坡(乌恰至且末)。生山地石坡及干河谷。甘肃祁连北坡(山丹)也有。模式自昆仑南坡普鲁。

27a. C. polourensis var. **polourensis**(原变种)

27b. 叶城锦鸡儿(新变种)　图230

Caragana polourensis Franch var. **jarkendensis** C. Y. Yang et N. Li. var. nov. in Addenda

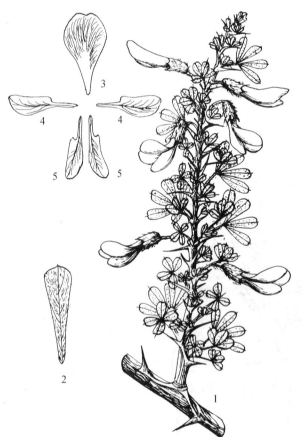

图229　昆仑锦鸡儿 Caragana polourensis Franch.
1. 花枝　2. 叶片　3. 旗瓣　4. 翼瓣　5. 龙骨瓣

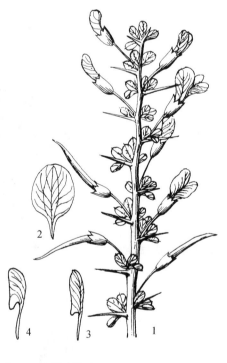

图230　叶城锦鸡儿 Caragana polourensis
Franch var. **jarkendensis** C. Y. Yang et
N. Li. var. nov. in Addenda
1. 花枝　2. 旗瓣　3. 翼瓣　4. 龙骨瓣

与原变种区别，在于植株无毛，却仅被很少疏柔毛；树皮黄绿色，长枝针刺水平展；叶三角状倒卵形，长宽近相等，近无毛；花梗长 8~14mm，无毛；萼筒无毛；萼齿被伏毛。花期 8 月，果期 8~9 月。

产叶城棋盘公社，生撂荒地，海拔 2450m。

28. 矮锦鸡儿

Caragana pygmaea(L.) DC. Prodr. 2：268，1825；Kom. in A. H. P. 29，2：240，1909 P. P；Фл. CCCP，11：343，1945；中国主要植物图说，豆科，329，图 322，1955；中国沙漠植物志，2：210，1987；中国植物志，42(1)：51，1993；Pl. Asiae Centr. 8a：39，1988—*C. altaica*(Kom.) Pojark. in Fl. URSS，11：397，1945；新疆植物检索表，3：57，1983—*Robinia pygmaea* L. Sp. Pl. 723，1753。

多分枝灌木，树皮黄褐色。枝红褐色；幼枝被疏伏毛。托叶和长枝叶柄刺化，宿存，托叶刺长约 6mm；叶轴长至 10mm；叶片深绿色，两面同色，光滑无毛，有光泽，狭倒卵形，顶端钝具短刺尖，长 6~19mm，宽 1.5~2.5mm，有时可长达 23mm，宽至 3mm。花梗短，无毛，关节居中或稍下；花萼无毛，钟状管形，上部加宽，长 6~7mm，宽 4.5~6mm；萼齿卵状三角形，长 1.5~2mm，常弯曲；花冠黄色，花期变成红色，长 18~20mm；旗瓣倒卵形，爪长为瓣片 2/3~1/3；翼瓣狭，宽为长的 1/4，两边平行，少向上稍宽，宽为爪的 2/5，爪短于瓣片 1.5~2 倍，耳短，粗齿状，长为爪 1/5~1/4；子房无毛。荚果长 2.5~4cm，宽 2.5~3.5mm。

产青河山区。生山地河谷沿岸及干旱山坡。蒙古和俄罗斯西伯利亚也有。模式标本在外贝加尔湖。

29. 戈壁锦鸡儿(新拟)

Caragana gobica Sangcz. Pl. Asiae Centr. 8a：33，1988。

分枝灌木，树皮亮褐色或棕褐色。叶片阔披针形，宽 1.5~3mm，花单生；花萼钟形或管状钟形，无毛；翼爪短于瓣片 2~2.5 倍，耳短于爪 2~4 倍；子房和果实无毛，有时被毛，但很快消失。花期 5~6 月，果期 7~8 月。

产青河县布尔根河流域的中蒙边境。蒙古也有，模式自蒙古戈壁阿尔泰。未见标本、志之待查。

在我国阿尔泰山的山前地带至平原荒漠戈壁地带，有着大面积的种类丰富的锦鸡儿灌木群落，它们在生物多样性保护方面，在春冬季牧场和保持水土方面都有着重要意义，需要深入研究和保护。

30. 镰叶锦鸡儿 图 231

Caragana aurantiaca Koehne Deutsch. Dendr. 340，1893；Kom. in Acta. Horti. Petrop. 29，2：250，1908. p. p.；Фл. CCCP，11：348，1945；Фл. Казахст. 5：78，1961；Consp. Fl. As. Med.，6：59，1981；新疆植物检索表，3：58，1983；中国沙漠植物志，2：210，图版 74：17~21，1987；Pl. Asiae Centr. 8a：29，1988；中国植物志，42(1)：54，图

图 231 镰叶锦鸡儿 *Caragana aurantiaca* Koehne
1. 枝　2. 旗瓣　3. 翼瓣　4. 龙骨瓣

版 15：7～11，1993。

灌木，高约 1m。树皮绿褐色或深灰色，有光泽；小枝粗壮，伸长，具明显条棱，无毛。假掌状复叶具 4 片小叶；托叶针刺长 1～2mm，脱落或宿存；叶柄在长枝者长 3～5mm，宿存，硬化；短枝者无叶柄，簇生；小叶线形或线状披针形，长 4～16mm，宽 1～2mm，无毛，常呈镰状弯曲。花梗单生，长 6～9mm，关节居中下；花萼钟形，长 6～7mm，宽约 5mm，无毛，萼齿宽短；花冠橘黄色，长 18～20mm；旗瓣近圆形，下部渐缩成短瓣柄，先端钝圆或稍凹，瓣片之长宽近相等，瓣柄长为瓣片 1/2；翼瓣线形，瓣柄较瓣片短 1/2。耳与瓣柄等长或为瓣柄 3/4；龙骨瓣的瓣柄较瓣片短，耳短；子房无毛。荚果筒状，稍扁，长 2.5～4cm，宽 3～4mm，无毛。花期 6 月，果期 8 月。

产昭苏、特克斯、和静（巴伦台）。生山河岸边（昭苏、特克斯）。干旱石坡（巴伦台）。中亚山地亦有。

31. 白皮锦鸡儿　图 232

Caragana leucophloea Pojark. in Fl. URSS, 11：394，347，tab. 24(1)，1949；中国主要植物图说，豆科，331，图 323，1955；Фл. Казахст. 5：78，1961；中国高等植物图鉴，2：407，图 2544，1972；Consp. Fl. As. Med.，6：59，1981；新疆植物检索表，3：57，1983；中国沙漠植物志，2：209，图版 74：7～11，1987；Pl. Asiae Centr. 8a：36，1988；中国植物志，42(1)：51，图版 14：1～7，1993。

灌木，高 1～1.5cm。树皮黄色或黄白色，有光泽；小枝有条棱，嫩枝被短柔毛。常发紫红色。假掌状复叶具 4 小叶；托叶在长枝者硬化成针刺，长 2～5mm，宿存；在短枝者脱落；叶柄在长枝

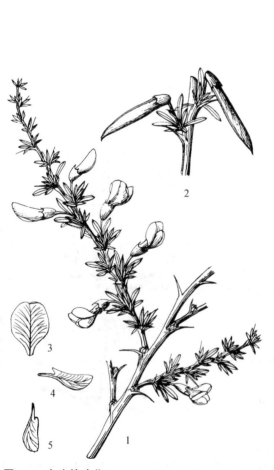

图 232　白皮锦鸡儿 Caragana leucophloea Pojark.
1. 花枝　2. 果枝　3. 旗瓣　4. 翼瓣　5. 龙骨瓣

图 233　草原锦鸡儿 Caragana pumila Pojark.
1. 花枝　2. 翼瓣　3. 荚果

者硬化成针刺，长 5~8mm，宿存；短枝叶无柄，簇生。小叶狭倒披针形，长 4~12mm，宽 1~3mm，先端锐尖或钝，具短刺尖，两面绿色，稍苍白色或发淡红色，无毛或被短伏贴柔毛。花梗单生或并生，长 3~15mm，无毛；关节居中上或下；花萼钟状，长 5~6mm，宽 3~5mm，萼齿三角形，锐尖或渐尖；花冠黄色；旗瓣宽倒卵形，长 13~18mm，瓣柄短；翼瓣向上渐宽，瓣柄长为瓣片 1/3，耳长 2~3mm；龙骨瓣的瓣柄长为瓣片 1/3，耳短，子房无毛，荚果圆筒形，内外无毛，长 3~3.5cm，宽 5~6mm，花期 5~6 月，果期 7~8 月。

产温泉、博乐、乌鲁木齐、哈密、伊吾等地。生山前荒漠至山地草原灌丛。中亚也有。模式自外伊犁阿拉套山。

32. 草原锦鸡儿 图233

Caragana pumila Pojark. in Fl. URSS, 11：398. 346, 1945；Фл. Казахст. 5：77, tab. 8, fig. 4, 1961；新疆植物检索表，3：57, 1983；Consp. Fl. As. Med., 6：59, 1981。

低矮的分枝灌木，高 20~60cm，具灰绿色或褐绿色树皮。嫩枝红褐色，被短绒毛，具木栓质条棱。托叶刺化，长 3~5mm；叶假掌状排列；小叶狭窄，线状倒披针形，长 3~12mm，宽 1~2mm。先端尖或钝，具针尖，被伏贴短柔毛，下面通常发红色。花梗单生，长 2.5~12mm，被绒毛，近中部或中部以上具关节；花萼管状钟形，长5.6~6.6mm，宽3.5~4.5mm，光滑无毛，向上明显加宽，萼齿三角形，具渐尖头；花冠鲜黄色，长 13~20mm，后期变红色；旗瓣宽倒卵形，爪短于瓣片 3.5~5 倍，耳为爪的 1/3~1/2；龙骨瓣的爪为瓣片之半；子房无毛。黄果线形，长 2.5cm。花期 6~7 月，果期 8 月。

产富蕴、布尔津、塔城、博乐、和静、乌鲁木齐、奇台、巴里坤、伊吾等地。中亚也有。模式标本自北哈萨克斯坦。

本种在天山、阿尔泰山、前山带草原最为常见。它灌丛低矮，枝条粗短，树皮颜色暗，它与白皮锦鸡儿的系统位置，有待深入研究。

33. 狭叶锦鸡儿 图234

Caragana stenophylla Pojark. in Kom. Fl. URSS, 11：397, 344, 1955；中国主要植物图说，豆科，331, 1955；中国高等植物图鉴，2：406，图 2542, 1972；内蒙古植物志，3：168, 1972；Pl. Asiae Centr. 8a：42, 1988；中国植物志，42(1)：56, 1993。

矮小灌木，高 30~80cm。树皮灰绿色、黄褐色或淡褐色；小枝细长，具条棱，嫩时被短柔毛。

图234　狭叶锦鸡儿 Caragana stenophylla Pojark.

1. 枝　2. 旗瓣　3. 翼瓣　4. 龙骨瓣　5. 果

假掌状复叶具4片小叶；托叶在长枝者硬化成针刺，刺长2~3mm；长枝上叶柄硬化成针刺，宿存，长4~7mm，直伸或下弯；短枝上无柄，簇生；小叶线状披针形或线形，长4~11mm，宽1~2mm，两面淡色或灰淡色，常由中脉向上折叠。花梗单生，长5~10mm；关节居中稍下；花萼钟状管形，长4~6mm，宽约3mm，无毛或疏被毛；萼齿三角形，长约1mm，具短尖头；花冠黄色；旗瓣圆形或宽倒卵形，长14~17(20)mm，瓣柄短宽；翼瓣上部较宽，瓣柄长约为瓣片1/2，耳长圆形；龙骨瓣柄较瓣片长1/2，耳短钝；子房无毛。荚果圆筒形，长2~2.5cm，宽2~3mm。花期4~6月，果期7~8月。

产新疆东部及北部。生沙地、低山阳坡，前山丘陵。甘肃、宁夏、陕西、山西、河北、内蒙古等地也有。模式标本采自黑龙江呼龙池附近。未见标本志之备查。

图235 哈密锦鸡儿 Caragana hamiensis C. Y. Yang et N. Li
1. 花枝 2. 旗瓣 3. 翼瓣 4. 龙骨瓣

34. 哈密锦鸡儿（新种） 图235

Caragana hamiensis C. Y. Yang et N. Li sp. nov. in Addenda.

分枝灌木，高约1m，树皮黄白色，平滑，有光泽，具木栓质纵棱。幼枝疏被柔毛。托叶在长枝者刺化，长2~6mm，长枝叶轴硬化成针刺，宿存，长5~11mm，水平展；短枝叶无叶轴；小叶着生成簇生状，线状倒披针形，先端渐尖或钝，长3~10mm，宽1.5~2.5mm，淡绿色，疏被短伏毛。花2~3朵簇生，少单生，长11~17mm；关节居上部，花萼钟形，长4~5mm，宽3~4mm，萼齿三角形，齿长3mm，齿长约为筒的1/2，齿内密被白绒毛，萼筒棕色，有时基部黑褐色，无毛；花冠淡黄色，长18~21mm；旗瓣阔倒卵形或圆形，爪长为瓣片1/5~1/4；翼瓣上部稍加宽，长为宽的2~3倍，爪长为瓣片的1/3。耳矩状，长为爪的3/4；龙骨瓣较翼瓣稍短，爪长为瓣长1/2；子房线状披针形。

产伊吾县，生荒漠，模式730041。采集人：尤鲁斯1973，6，5。

本种与白皮锦鸡儿 C. leucophloea Pojark. 近似，但花梗长，长11~16mm[非3~8(10)mm]，花2~3朵(非单花)。关节居上部(非中或下部)而很好区别。

35. 密叶锦鸡儿

Caragana densa Kom. in Acta. Hort. Petrop. 29：258. tab. 7, 1909；Rehd. Man. Cult. Trees Shrubs, 517, 1940；中国植物志，42(1)：64，图版16：8~14, 1993；Pl. Asiae Centr. 8a：32, 1988。

灌木，高1~1.5m。树皮暗褐色、绿褐色或黄褐色，有光泽或暗淡，片状剥落；小枝常弯曲，具条棱。假掌状复叶具4枚小叶；托叶在长枝者硬化成针刺，长2~4mm，宿存；在短枝者脱落。小叶倒披针形或线形，长6~13mm，宽2~3mm，先端锐尖，具刺尖，基部狭楔形，两面绿色，上面无毛。下面疏被短柔毛；长枝者叶柄长10~12mm，宿存；短枝者叶柄较细，长5~10mm，常脱落。花梗单生，长 3~4mm，被柔毛，关节在基部；花萼钟状，长 7~10mm，宽 4~5mm，萼齿三角状卵形，长 2~3mm；花冠黄色，长 18~23mm；旗瓣宽卵形，具长瓣柄，瓣柄较瓣片短；翼瓣长圆形，瓣柄较瓣片稍长，耳线形，长为瓣柄 1/3；龙骨瓣柄与瓣片近等长，耳长圆形；子房无毛。荚果圆筒状，稍扁，长 3~4mm。内外无毛。花期 5~6 月，果期 7~8 月。

产天山东端，生海拔 2300~3400m 的山坡林中或干旱山坡。四川北部、甘肃南部、青海东部也有。模式标本自甘肃洮河流域。未见标本志之备查。

（13）丽豆属 Calophaca Fisch.

灌木，叶为奇数羽状复叶；小叶 5~27 片，革质，全缘，不具小托叶；叶轴常脱落；托叶大，膜质或革质。花组成总状花序；花萼管状，斜生于花梗上，萼齿 5，近等长；花冠黄色，颇大，旗瓣卵形或近圆形，直立边缘反折，翼瓣倒卵状长圆形，或近镰形，分离，龙骨瓣内弯，与翼瓣近等长；雄蕊二体，子房无柄，被有柄腺毛或柔毛。荚果圆筒形或线形，被柔毛及腺毛，先端尖，1 室，内部具柔毛或无毛，2 瓣裂，具宿存花萼。种子近肾形，大，光滑，染色体基数：X = 8。

约 10 种。中亚山地有 7 种。我国有 3 种，新疆产 2 种。

分种检索表

1. 植物具腺毛；花序轴和花萼无腺体；旗瓣外被绒毛；荚果长 2~4cm，被腺毛 ···································
··· **1. 新疆丽豆 C. soongorica** Kar. et Kir.
1. 植物无腺毛；旗瓣外面密被绒毛；荚果长 15~18mm，密被白绒毛 ··········· **2. 中国丽豆 C. chinensis** Boriss.

1. 新疆丽豆 图 236

Calophaca soongorica Kar. et Kir. in Bull. Soc. Nat. Moscou, 14（3）：401, 2. 7, 1841；Фл. CCCP, 11：371, 1945；Фл. Казахст. 5：88, 1961；新疆植物检索表，3：65，图版 1（2），1985；中国植物志，42（1）：68，1993。

灌木，高 20~100cm。茎自基部分枝，树皮淡灰黄色，无毛，开裂；幼茎淡褐色，被绢状短柔毛。羽状复叶长 3~7cm；小叶 7~11 片；叶柄与叶轴被短柔毛；托叶膜质，淡褐色，线状披针形，长 5~8mm；小叶圆形或长圆状宽椭圆形，灰蓝色被蜡粉，长 4~14mm，宽 4~10mm，先端钝，具小尖头，基部圆形，两面网状凸起，被伏贴短柔毛。总状花序，生 5~8 花；总花梗长 9~10cm，坚硬，密被绵毛；花梗长 2~4mm；小苞片 2，位于花萼基部，三角形，长 2~3mm，密被绵毛；花萼钟形，长约 10mm，基部偏斜，外被疏毛，内密被绢毛；萼齿尖，三角形或三角状披针形，长为萼之半；花冠黄色，旗瓣长 20~25mm，外面密被短柔毛，翼瓣略短于旗瓣，瓣片长圆形，龙骨瓣短于翼瓣。荚果细圆柱形，长 2~3cm，宽 6~8mm，先

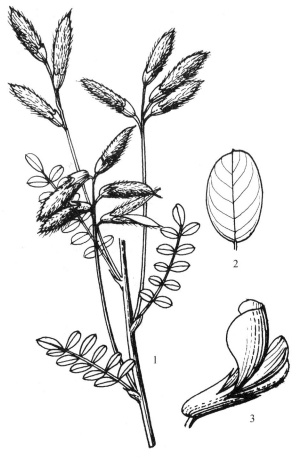

图 236 新疆丽豆 Calophaca soongorica Kar. et Kir.

1. 果枝 2. 叶片 3. 蝶形花

端尖，被硬腺毛，背部被短柔毛。种子肾形，棕褐色，长 3～6mm，宽 2～4mm，光滑无毛。花期 5～7 月，果期 7～8 月。

生灌木草原、干旱石坡灌丛中。常与锦鸡儿、忍冬、绣线菊等灌木形成群落，对于保护山地土壤有重要作用。

产塔城北山。哈萨克斯坦也有。模式自东哈萨克斯坦（阿雅古什）。

2. 中国丽豆　华丽豆

Calophaca chinensis Boriss. in Not. Syst. Herb. Inst Bot. Acad. Sci. URSS, 21：243, 1961；新疆植物检索表, 3：66, 1985；中国植物志, 42(1)：68, 1993。

灌木，高 20～40cm，自基部分枝，树皮淡黄色、光亮、条裂。嫩枝淡棕色或淡灰色，密生短绒毛。奇数羽状复叶，长 2～4cm，小叶 2～5 对，卵圆形，长 4～9mm，宽 3～6mm，基部圆，顶端具短尖，两面被银灰色贴生毛。厚革质；叶柄短于叶片 3～4 倍，跟叶轴一样密被绒毛。花 4～5 朵成腋生总状花序，花梗长 3～4cm，密被绒毛；花萼阔钟形，基部囊状，长 7～9mm，密被白绒毛；花冠黄色，长约 2cm，旗瓣外被密绒毛。荚果长 15～18mm，上部稍宽，密被白绒毛。花期 5～6 月，果期 7～8 月。

生于海拔 880m 的干旱山坡，具有绣线菊、蒿子、禾草草原中。

产于塔城、托里等地。特有种。模式自托里铁厂沟。中国丽豆的种群已很稀少了。亟需要加强保护。

（14）刺枝豆属 Eversmannia Bunge

有刺的小灌木，叶为奇数羽状复叶。花萼钟状管形，具披针形齿牙，上方齿较短；旗瓣倒卵形，向基部收缩，跟斜的龙骨瓣等长；翼瓣细小；短于旗瓣 3～4 倍。荚果革质、条形、扁平、弯曲、无毛，成熟时裂成单种子节荚。

单种属，1 种仅产伏尔加河下游、哈萨克斯坦和新疆。

1. 刺枝豆（新拟）

Eversmannia subspinosa(Fisch.) B. Fedtsch. in A. H. P. 24：1905；Фл. СССР, 13：258, 1948；Фл. Казахст. 5：417, 1961；新疆植物检索表, 3：175, 1985；Pl. Asiae Centr. 8a：51, 1988——*Hedysarum subspinosum* Fisch. ex DC. Prodr. 343, 1825。

灌木，高 12～60cm。枝开展而具尖刺。叶为基数羽状复叶，长 3～8cm；小叶 3～7 对，长圆形、椭圆形或倒卵形，顶端具短刺尖，两面被短绒毛。花组成密的总状花序，花序梗长 7～10cm，长于叶；苞片膜质，长圆形，短于小花梗；花萼长 4～5mm，具披针形尖齿，基部具 2 枚线形长约 2mm 的小苞片；花冠紫红色；旗瓣倒卵形，长 12～17mm，宽 6～7mm，顶端微凹或全缘，基部收缩；翼瓣很短，短于旗瓣 3～5 倍，基部具长圆形耳；龙骨瓣长约 15mm，宽约 4mm。子房无毛。荚果伸长，长 30～50mm，宽 4～5mm，光滑，不规则弯。种子较大，卵形，长约 3mm，稍扁，淡褐色，光滑有光泽。花期 5～6 月，果期 6～7 月。

生沙质草原和黏土荒漠。

产吉木乃、哈巴河、博乐和霍城等地。国外分布于亚速海、里海和哈萨克斯坦也有。模式自中亚、英德尔湖。本种有待深入采集研究。

（15）岩黄芪属 Hedysarum Linn.

小灌木或半灌木。奇数羽状复叶，具小叶 4～8 对(20)；托叶含生或分离，披针形。总状花序顶生或腋生，花梗具苞片；萼基部具小苞片；翼瓣短于旗瓣和龙骨瓣。子房无柄或具柄。荚果具 1～6 荚节，荚节扁平或两面凸起，由节间脱落，具肋纹或针刺或边缘具齿。

约 100 种，多为草本，新疆木本仅 3 种。

分种检索表

1. 细枝岩黄芪　图237

Hedysarum　scoparium
Fisch. et Meyr. Enum Pl.
Schrenk, 1：87, 1841；Фл.
CCCP, 13：267, 1948；Фл.
Казахст. 5：420, 1961；中国
高 等 植 物 图 鉴, 2：437,
图2630, 1972；新疆植物检索
表, 3：178, 图版10, 图2,
1985；中国沙漠植物志, 2：
237, 图版83, 1～6, 1987；
Pl. Asiae Centr. 8a：61, 1988。

灌木，高90～180cm，多
分枝，下面具有淡黄色树皮，
上部叶跟嫩枝一样被细少伏贴
柔毛；托叶合生，卵状披针
形；下部叶具3～5对小叶；
小叶片长圆形或披针形，长
2～3cm，宽4～6mm，两面被
贴伏柔毛或上面无毛；上部枝
小叶较少，较窄也常有上部叶
轴完全无小叶。花梗长于叶；
总状花序疏花，花梗短，宽；
花萼被贴伏绒毛，二唇，二枚
上方齿阔三角形，具很短的分
离的齿，下方齿具三角形基
部，锥形，短于管1.5～2倍；
花冠长15mm，紫红色；旗瓣
宽倒卵形，长18～20mm，先
端稍凹，爪长为瓣片的1/4～
1/5；翼瓣长10～12mm，爪长

图237 细枝岩黄芪 Hedysarum scoparium Fisch. et Meyr.
1. 花枝　2. 叶片　3. 花冠　4. 荚果

为瓣片的1/3，耳长为爪之半；龙骨瓣长17～18mm。爪稍短于瓣片。荚果具2～4荚节，荚节圆状
卵形，具横肋纹被绒毛。种子耳状，淡褐色，长2.5～3mm。花期6～7月，果期8～9月。

生于流动沙地。

产于哈巴河、吉木乃、布尔津。分布于内蒙古、宁夏、青海、甘肃等地区。蒙古、哈萨克斯坦
也有。模式自斋桑湖记载。

本种在新疆分布范围很狭窄，种群也不多，变化也不大，是沙区需要保护的珍贵的固沙灌木。

2. 红花岩黄芪

Hedysarum multijugum Maxim. in Bull. Acad. Sci. St. Petersb. 27：464，1881；中国高等植物图鉴，2：436，图 2602，1972；新疆植物检索表，3：178，1985；中国沙漠植物志，2：236，1987；Pl. Asiae Centr. 8a：59，1988。

半灌木，高 60 ~150cm，茎下部木质化，具纵沟纹。一年生小枝被短柔毛。小叶 10 ~20 对，卵形、椭圆形或倒卵形，长 5 ~12mm，宽 3 ~6mm，先端钝或微凹，上面无毛，背面被短柔毛。总状花序生上部叶腋，长 20 ~35cm，长于叶，具 9 ~25 花，稀疏；苞早落；花梗长 2 ~3mm；萼筒钟状，长 5 ~6mm，齿短于萼筒，外被短柔毛；花冠红紫色，具黄色斑点；旗瓣倒卵形，长 18 ~19mm，先端微凹，爪短；龙骨瓣较旗瓣稍短或近等长，爪为鳞片 1/2；翼瓣长 6 ~9mm，爪长为瓣片之半，耳稍短于爪，荚果扁平，具 2 ~3 节，荚节斜圆形，长宽约为 4mm，表面具横肋纹和柔毛，中部有极细针刺或边缘有刺毛。花期 6 ~7 月，果期 8 ~9 月。

生于干燥寒冷高山、沙砾石坡、河岸。

产昆仑山北坡、莎车、叶城、民丰等地。分布于青海、甘肃、内蒙古和西藏等地区。蒙古也有，模式自青海。

3. 昆仑岩黄芪　彩图第 41 页

Hedysarum krassnovii B. Fedtsch. in Bull. Herb. Boiss. 2 ser. 4：916，1904；Фл. СССР，13：67，948；Фл. Казахст. 400，1957；Consp. Fl. Asiae Med. 6：292，1981；新疆植物检索表，3：178，1985；Pl. Asiae Centr. 8a：58，1988。

半灌木，高 60 ~100cm，下部木质，具短节间；淡白至绿色。托叶短连合，褐色、披针形；小叶 8 ~15 对，具短柄，长 3 ~5mm，宽 3 ~4mm，卵形或近圆形，上面无毛，下面被伏贴绢毛。花梗很长，长于叶 2 倍以上；总状花序很稀疏，具 8 ~12 朵花；花梗短；花萼明显二唇，下唇近 3 裂；花冠紫红色，长 15 ~18mm；旗瓣稍长于龙骨瓣；翼瓣狭窄，不超过龙骨瓣之半。荚果具 1 ~2 枚荚节，被伏贴柔毛，荚节表面有网纹，具 1 ~2 很短皮刺，边缘皮刺较多。花期 6 ~7 月，果期 8 ~9 月。

生于灌木草原带、干旱石坡、干河谷、干旱草原。

产于新疆天山南坡和昆仑山北坡、莎车、叶城、民丰、乌恰等地。中亚山地吉尔吉斯斯坦也有。模式自天山南坡、科克萨尔边区、别德尔山口。模式标本存圣彼得堡植物研究所。

（16）铃铛刺属（盐豆木属）Halimodendron Fisch. ex DC.

落叶灌木，偶数羽状复叶，具 2 ~4 片小叶，叶轴硬化成针刺；托叶宿存并硬化成针刺。总状花序生于短枝上，具少数花；总花梗细长；花萼钟状，基部偏斜，萼齿极短；花冠淡紫色至紫红色；雄蕊二体；旗瓣圆形；翼瓣的瓣柄与耳几等长；龙骨瓣近半圆形，先端钝；子房胀大，1 室，具长柄，具多粒胚珠；花柱内弯，柱头小。荚果膨胀，果瓣较厚。种子多粒。染色体基数 X = 8。

单种属。

1. 盐豆木　铃铛刺　图 238　彩图第 42 页

Halimodendron halodendron(Pall.) Voss. in Vilm. Ill. Blumeng. 3 Aufl. 215，1896；Фл. СССР，11：323，tab. 20(2)，1945；中国主要植物图说，豆科，313，图 310，1955；中国高等植物图鉴，2：403，图 2535，1972；新疆植物检索表，3：51，图版 10，图 1，1985；中国沙漠植物志，2：199，图版 69(13 ~17)，1987；Pl. Asiae Centr. 8a：19，1988。

1a. 盐豆木(原变种)

Halimodendron halodendron var. **halodendron**

灌木，高 50 ~200cm，树皮暗灰褐色。多分枝；长枝褐色至灰黄色，无毛或被银白色绒毛，多刺；刺长2~6cm；托叶三角形或锥状，变成1~4mm长的刺。偶数羽状复叶，长3~4cm，枝端刺化，具1~5对小叶；小叶长圆状倒卵形或倒楔形，长1.5~3.5cm，宽5~10mm，顶端圆或微凹，具短刺尖，花梗腋生，短；总状花序长3~4cm，具梗；萼片长3~6mm，宽3~5mm，具宽三角形萼齿和2枚狭窄披针形苞片；花冠粉红色；旗瓣近圆形，长14~18mm，宽约15mm，微凹，收缩成短楔形爪，几等长于翼瓣和稍长于龙骨瓣；翼瓣镰状—长圆形；龙骨瓣弯。荚果膨胀、无毛、革质，多皱纹，倒卵形，长1~3cm，宽5~15mm，沿缝线有沟槽。1室，开裂，果柄长3~5mm，顶端具短尖。种子光滑，棕褐色，肾形，长2~3mm。花期5~6月，果期7~8月。

生于荒漠盐渍化沙地和荒漠河、湖岸边，常形成大面积群落。

产于全疆各地，分布于甘肃和内蒙古。蒙古和中亚也有。模式自东哈萨克斯坦记载。

图238　盐豆木 Halimodendron halodendron (Pall.) Voss.

1. 枝　2. 叶尖

1b. 白花盐豆木(变种)

Halimodendron halodendron var. **albiflorum**(Kar. et Kir.)Prjach in HEF, 101 no 5030, 1970；中国沙漠植物志，2：200，1987；中国植物志，42(1)：13，1993。—*H. argenteum* DC. var. *albiflorum* Kar. et Kir. in Bull. Soc. Nat. Mosc. 15：323，1842。

本变种与原变种区别于花为白色，其他与原变种相同。

产阿勒泰、布尔津、哈巴河、吉木乃等地。

(17) 鱼鳔槐属 Colutea Linn.

落叶灌木或小乔木。奇数羽状复叶，稀羽状3小叶；托叶小，小叶全缘，对生，无小托叶。总状花序腋生，具长总花梗；苞片及苞片很小或缺；花萼钟状，萼齿5，近相等或上方2齿短小，外面被毛；花冠多为黄色或淡褐色；旗瓣近圆形，在瓣柄上具二折或胼胝体；翼瓣狭镰状长圆形，具短瓣柄；龙骨瓣宽，多内弯，先端钝，具长而合生的瓣柄；雄蕊二体上方1枚分离，9枚合生成管，花药同形；子房具柄，具多数胚珠；花柱内弯，沿上部腹面具髯毛，柱头内弯或钩曲。荚果膨胀如鱼鳔状，先端尖或渐尖，不开裂或仅在顶端2瓣裂，基部具长果颈，果瓣膜质；种子多数，肾形，无种阜，具丝状珠柄。染色体基数：X=8。

约28种。分布于欧洲南部、非洲东北及亚洲西部至中部。我国引入2种。新疆引入栽培1种。

1*. 鱼鳔槐　彩图第42页

Colutea arborescens Linn. Sp. Pl. 723, 1753；Rehd. Man. Cult. Trees and Shrubs ed. 2：512，1940；中国主要植物图说，豆科，312，图309，1955；中国植物志，42(1)：3，图版8~15，1993。

落叶灌木，高1~4m。小枝幼时被白伏细毛。叶为羽状复叶，具有7~13片小叶，长6~15cm，叶轴上面具沟槽；托叶三角形，披针状三角形，长2~3mm，被白色柔毛；小叶片长圆至倒卵形，长1~3cm，宽6~15mm，先端钝圆或微凹，具小尖头，上面绿色，无毛，下面淡绿色，疏生短伏毛，薄纸质。总状花序长达5~6mm，具4~6朵花；苞片细小。卵状披针形，长约2mm，先端锐尖；花梗长约 1cm；花萼长约 5mm，萼齿三角形，为萼筒的 1/4~1/3，先端锐尖，疏被黑褐色及白色伏毛；花冠鲜黄色；长 15~17mm，先端微凹，基部圆，瓣柄长 2~4mm. 胼胝体新月形，稍隆起；翼瓣长 11~14mm，近基部最宽，宽达 4mm，上部渐狭，基部一侧具弯曲耳，与瓣柄等宽，瓣柄长约 4mm；龙骨瓣半圆形至三角状半圆形，先端宽达 11mm，稍凹，基部宽 5mm，瓣柄长 8~9mm，耳状三角状半圆形；子房密被短柔毛，花柱弯，近轴面被白色髯毛。荚果长卵形，长 6~8cm，宽 2~3cm，两端尖，带绿色或基部稍带红色，无毛至近无毛。种子扁，淡黑色至绿褐色。花期 5~7 月，果期 7~10 月。

伊宁市和乌鲁木齐地区少量引种。开花结实，生长良好。大连、青岛、武汉、南京等地也早有引种栽培。原产欧洲，中亚各大城市阿拉木图、比斯凯克、塔什午、萨玛尔罕、杜尚别等地也有栽培。

（18）棘豆属 Oxytropis DC.

小灌木或半灌木，多为多年生草本。奇数羽状复叶，小羽片对生少轮生，被单毛少被腺毛。花组成总状花序，多花或疏花(少有 1~2 朵)，花冠有各种颜色；龙骨瓣顶端具尖。荚果从长圆形至球形，膨胀、膜质或革质，开裂或否一室或半二室。种子肾形。无种阜，珠柄线形。

本属约 300 余种，分布欧洲、亚洲和北美洲。中国有 150 种，其中新疆有 17 组，110 种。灌木仅 4 种。

分组、种检索表

1. 偶数羽状复叶，小叶顶端具刺尖 ·· **1. 刺叶棘豆 O. aciphylla** Ledeb.
1. 奇数羽状复叶，小叶顶端无刺，荚果膜质、膨胀 ·················· **多刺棘豆组 Sect. Hystrix** Bunge
  2. 小叶 3~6 对 ··· **2. 胶黄芪棘豆 O. tragacanthoides** Fisch.
  2. 小叶 8~16 对。
    3. 刺细短，长 2~3cm；花萼长约 12mm ······························ **3. 多刺棘豆 O. hystrix** Schrenk
    3. 刺粗长，长 4~8cm；花萼长约 15~20mm ······················ **4. 长刺棘豆 O. spinifer** Vass.

1. 刺叶棘豆　猫头刺　图 239　彩图第 42 页

Oxytropis aciphylla Ledeb. Fl. Alt. 3：279，1831；Фл. CCCP, 13：225. tab. 9, fig. 1, 1948；Фл. Казахст. 5：410，tab. 50，fig. 1，1961；中国主要植物图说，豆科，419，图 413，1955；中国高等植物图鉴，2：425，图 2579，1972；新疆植物检索表，3：76，图版 6，图 3，1985；Pl. Asiae Centr. 8B：72，1998。

小灌木，具甚开展的茎，形成紧密半球形"垫丛"。托叶膜质，跟叶柄连合至中部以下；叶沿轴和叶柄淡灰绿色而被伏贴毛，偶数羽状复叶，具 2~3 对小叶；小叶片狭线形，端渐尖，有刺，两面银白色被伏毛，长 7~15(25)mm，宽 1~1.5mm；叶柄宿存，硬化成细刺，长 2~5cm，基部变粗逐渐向上收缩，枝下部分向一面伸展。花梗短于叶，具 1~2(3)花；苞片膜质，细小，披针形至锥状，长 2~3(5)mm；花萼管状钟形，被白色开展或伏贴毛，长 10~12mm，萼齿锥状，长于管之半；花冠紫红色；旗瓣长(17)20~24mm，卵形，顶端全缘或微凹，中部以下宽至 12~15mm；翼瓣短于旗瓣，微凹；龙骨瓣甚短于翼瓣。荚果呈小坚果状，硬革质长(10)12~15mm，宽 3~4(5)mm，灰色而被白伏贴绒毛，顶端具短直嘴，腹面具深裂沟槽，背部稍龙骨状突起，具很发达的腹膈膜近二室。花期 6~7 月，果期 8~9 月。

生荒漠地区、沙质或沙砾质高原和山坡。

产巴里坤、哈密、伊吾、木垒、吐鲁番以及阿尔金山。分布于内蒙古、甘肃、青海和陕西等省区。蒙古、俄罗斯、西西伯利亚、哈萨克斯坦也有。模式标本自俄罗斯阿尔泰额尔齐斯记载。

2. 胶黄芪棘豆　黄芪棘豆

Oxytropis tragacanthoides Fisch. in DC. Prodr. 2：280, 1825；Fl. URSS, 1：583；中国主要植物图说，豆科，415, 1955；Фл. СССР, 13：223, 1948；Фл. Казахст. 5：409, tab. 50, fig. 2, 1961；新疆植物检索表，3：76, 1985；Pl. Asiae Centr. 8B：74, 1998。

多分枝的球形小灌木，形成直径达30cm 的"垫丛"；一年生枝短；托叶膜质，锈褐色，疏被贴生白柔毛，跟叶柄连合至中部或 1/3 以下，分离部分三角形，边缘具白睫毛；叶长 1.5～7cm；叶柄稍短于叶轴，基部扩展，向上逐渐收缩，表面有沟槽，被伏贴白柔毛，小叶脱落后硬化成针刺；小叶 3～5（6）对，卵形至长圆形，长 5～15mm，宽 1.5～5mm，两面被贴生绢毛。花梗短于叶，密被柔毛，长 1.5～3cm；总状花序短，具 3～4 花，小苞片线状披针形，长 3～5mm，被白色和黑色柔毛；花萼管状，长 15～18mm，被短的黑色和长的白色柔毛，萼齿线状锥形，长 4～5mm；花

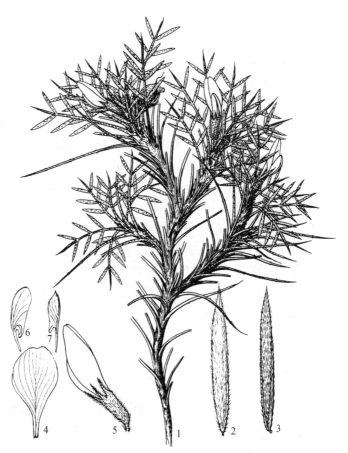

图 239　刺叶棘豆 Oxytropis aciphylla Ledeb.
1. 枝　2、3. 叶　4. 旗瓣　5. 花萼花冠　6. 翼瓣　7. 龙骨瓣

冠紫红色，旗瓣长 20～26mm，瓣片阔卵形，顶端圆，基部急缩成近与瓣片等长的爪，翼瓣长 20～23mm，瓣片上部扩展，顶端斜切，凹陷，龙骨瓣长 18～20mm，具尖头，长 2.5～3mm；子房近无柄，密被白柔毛，具 32～38 胚珠。荚果球状卵形，长 17～25mm，宽 10～12mm，近无柄，顶端具 2～3mm 的锥状嘴，腹面具沟槽，沿腹缝具发达的 1.5～2mm 宽的隔膜，近于单室。密被白柔毛。花期 5～7 月，果期 8～9 月。

生砾石山坡及荒漠河谷草原。

产和布克赛尔、和静、鄯善、托克逊、哈密等。分布于内蒙古、甘肃、青海、陕西等地区。蒙古、俄罗斯和哈萨克斯坦也有。模式标本自俄罗斯西西伯利亚(阿尔泰山)记载。

3. 多刺棘豆　针刺棘豆

Oxytropis hystrix Schrenk in Bull. Ac. St. Petersb. 10：254, 1842；Фл. СССР, 13：222, 1948；Фл. Казахст. 5：408, 1961；新疆植物检索表，3：76, 1985；Pl. Asiae Centr. 8B：74, 1998。

小灌木，高 10～15cm，形成密垫丛。托叶膜质，有柔毛，边缘具睫毛，跟叶柄高度连合。叶长 2～4cm，叶柄跟叶轴一样，被贴生白柔毛，小叶脱落后，硬化成尖针刺；小叶 9～11 对，线形或长圆形，两端尖，无刺，长 7～12mm，宽 1～2mm，两面被白绢毛。花梗被贴生柔毛，短于叶，花 1～2 朵；小苞片披针形，有柔毛；花萼管状，长 9～11mm，被贴伏柔毛，混生开展白柔毛，萼齿线状锥形，长 1.2～2mm；花冠紫红色。荚果球状卵形，长约 20mm，宽约 10～12mm，沿腹缝有深沟槽，具有宽约 2.5mm 的隔膜，基部完全二室，顶端短渐尖，微薄黑白柔毛，后光滑无毛。花期 5～7 月，果期 8～9 月。

生砾石山坡。

产塔城托里县。哈萨克斯坦和俄罗斯西西伯利亚也有。模式标本从哈萨克斯坦塔尔巴卡台(萨

依阿苏)记载。

本种在塔城山地所见标本不多,有待深入研究。

4. 长刺棘豆

Oxytropis spinifer Vass. in Not. Syst. Herb. Inst. Bot. Acad. Sci. URSS, 20:249, 1960; Vass. et B. Fedtsch. in Fl. URSS, 13:222, 1948; Фл. Казахст. 5:408, 1961; 新疆植物检索表, 3:77, 1985; Pl. Asiae Centr. 8B:74, 1998, pro syn. O. hystrix Schrenk

多分枝小灌木,形成较紧密垫丛,刺斜上展或斜展,下部稍粗,向上渐尖,长 4~8cm,被贴生白柔毛,末端发褐色而光滑无毛;托叶膜质,被贴生白柔毛,到中部和稍上跟叶柄连合,分离部分三角状披针形,叶和柄长(3)4~10cm,硬化成针刺,小叶 8~10 对,长圆状广椭圆形或长圆形至长圆状线形,5(3)5~12(15)mm,宽(1.5)2~3mm,两面被贴生白柔毛。花梗短于叶,被半贴生白柔毛;总状花序 2 花;苞片线状披针形,被黑色和白色柔毛,长 5~7mm;花萼管状,长 15~20mm,被开展黑色和白色柔毛,萼齿短于管 2~3 倍,披针状锥形;花冠紫红色;旗瓣长 25~30mm,瓣片广椭圆形,顶端钝,无明显凹缺,瓣片和瓣爪等长;翼瓣长约 25mm;龙骨瓣稍短于翼瓣,龙骨瓣的小尖长约 2mm。荚果球状卵形,长 25~30mm(无嘴,嘴长 5~7mm),疏被白色柔毛(幼果时被较密绒毛),具发达(宽至 3~4mm)腹隔膜。花期 6~7 月,果期 8~9 月。

生石质山坡。

产温泉县(哈夏林场)。哈萨克斯坦也有。模式自哈萨克斯坦准噶尔人阿拉套记载。

本种在温泉、博乐、精河以及塔城山地,有待深入采集研究。

(19) 黄芪属 Astragalus Linn.

灌木、半灌木或草本,通常具单毛或丁字毛,稀无毛。茎发达或短缩,稀无茎或不明显。叶为羽状复叶,稀三出或单叶;托叶与叶柄离生或贴生,相互离生或合生,而与叶对生;小叶片全缘,不具小托叶。总状花序或密集呈穗状、头状与伞形花序,稀花单生,腋生;花紫红色、紫色、青紫色、淡黄色或白色;苞片常很小,膜质;小苞片极小或缺,稀较大;花萼管状或钟状,萼筒基部近偏斜,顶端具 5 齿;花瓣近等长或翼瓣和龙骨瓣较旗瓣短,下部常收缩成瓣柄;旗瓣直立、卵形、长圆形或提琴形;翼瓣长圆形;翼瓣长圆形、全缘,稀顶端 2 裂,瓣片基部具耳;龙骨瓣内弯,近直立,先端钝稀尖,一般上部黏合;雄蕊二体,极少合生为单体,均能育,花药同型;子房有或无子房柄,含多数或少数胚珠,花柱丝状,直或弯,极稀上部内侧有毛,柱头小、顶生、头状、无髯毛、稀具画笔状毛。荚果多样,线形至球形。常肿胀,先端喙状,1 室或因背缝隔膜侵入而分为不完全假二室或假二室,有或无果颈,开裂或不开裂,果皮膜质、革质或软骨质。种子通常肾形,无种阜,珠柄丝状。染色体基数 X = 8,11,12。

约 2000 多种,广布世界各地,但主要分布于北半球温带地区。我国有 278 种 3 亚种和 35 变种 2 变型。新疆约 120 种,但木本包括半灌木仅 14 种。

分种检索表

1. 植物被丁字毛;花萼在花后无变化 ·················· 丁字毛黄芪亚属 **Subgen Cereidothrix** Bunge
  2. 带刺簇状灌木(Sect. Bulimioides Bunge) ························· **1. 二叶黄芪 A. unijugus** Bunge
  2. 具另外特征的灌木。
    3. 沙生灌木,叶轴硬化而宿存。
      4. 小叶 3~4 对;花序梗长或短于叶 ····················· **2. 毛豆黄芪 A. cognatus** C. A. M.
      4. 小叶 1~2 对。
        5. 叶轴不硬化成刺,叶线形或长圆状线形 ··················· **3. 伊犁黄芪 A. iliensis** Bunge
        5. 叶轴顶端刺化,小叶长圆形或线形,密被白绒毛·········· **4. 格布黄芪 A. gebleri** Fisch. ex Bong. et Mey.
    3. 植物具另外特征;花紫红色、白色、紫色。

　6. 花萼管状，具长管，后期不膨胀；茎发达，各部被伏毛。

　　　7. 小叶 2 ～ 4 对，花冠紫红色，荚果线状锥形，长 2 ～ 3cm，被黑色绒毛 …………………………………………………………………… **5. 木黄芪 A. arbuscula** Pall.

　　　7. 小叶多数，另样。

　　　　8. 小叶 3 ～ 9 对，上面无毛，荚果具锥状喙尖 ………………… **6. 角黄芪 A. cornutus** Pall.

　　　　8. 小叶 5 ～ 9 对，两面被绒毛，荚果无喙尖 ………………… **7. 灌木黄芪 A. suffruticosus** DC.

　6. 花萼微膨胀，花冠淡紫色，小叶 5 ～ 7 对，荚果扁圆柱形，弧状上弯 …………………………………………………………………… **8. 巴甫洛夫黄芪 A. pavlovianus** Gamajun.

1. 植物被丁字毛，花萼在花后膨胀而包被果实 ………………………………… 囊萼亚属 **Subgen Calycocystis** Bunge

　9. 荚果小，长约 5mm，密被半贴生，黑白绒毛 ………………… **9. 小果黄芪 A. tytthocarpus** Gontsch.

　9. 荚果长 6 ～ 12mm，卵状长圆形。

　　10. 一年生枝被白绒毛。

　　　11. 花序长圆形，单侧、多花、具花花梗，后硬化宿存 ………… **10. 侧花黄芪 A. scleropodius** Ledeb.

　　　11. 花序圆柱形或卵形。

　　　　12. 花蓝色，小叶卵形，4 ～ 5 对 ……………………… **11. 树黄芪 A. dendroides** Kar. et Kir.

　　　　12. 花冠淡黄色，小叶长圆状椭圆形 ……………………… **12. 泡萼黄花 A. cysticalyx** Ledeb.

　　10. 一年生枝被白色和黑色绒毛。

　　　13. 托叶披针形；花序长圆形，长达 10cm，花下垂；小叶狭椭圆形 ………………………………………………………………… **13. 马耶夫黄芪 A. majevskianus** Kryl.

　　　13. 托叶三角形；花序圆形或卵圆形，少花；小叶 4 ～ 6 对，披针形或长圆状椭圆形 …………………………………………………………… **14. 黑枝黄芪 A. melanocladus** Lipsky.

（a）二叶黄芪组 Sect. Bulimioides Bunge

多分枝，带刺的矮小灌木，被伏贴柔毛。叶具 2 小叶，叶柄和叶轴宿存硬化成针刺；托叶与叶柄贴生。花 1 ～ 2 朵，腋生，花梗甚短，无小苞片；花冠小，粉红色。荚果下垂，假二室，少种子。

1 种，分布亚速海——里海，巴尔喀什湖。

1. 二叶黄芪　对叶黄芪

Astragalus unijugus Bunge in Mem. Acad. Sci. St. Petersb. VII. 15(1)：228，1869；Фл. CCCP，12：780，1846；Фл. Казахст. 5：298，tab. 37(5)，1961；植物研究，3(1)：70，1983；新疆植物检索表，3：146，1985；中国沙漠植物志，2：276，图版 97(1 ～ 7)，1987；Pl. Asiae Centr. 8B：95，2000。

半灌木，高 10 ～ 30cm。多分枝，小枝短缩，密被宿存长叶轴，被白色丁字毛。托叶与叶柄连合 1/3 ～ 1/2，上部分离，披针形或条形，基部宽三角形，长 3 ～ 4mm，被贴生白色丁字毛。叶长 3 ～ 8cm，叶柄被白色丁字毛；小叶 1 对，条形，长 1 ～ 1.5cm，宽 1 ～ 2cm，生于叶轴上部，疏被短伏毛。叶早落，叶轴宿存，硬化成刺。花 1 ～ 2 朵，生于叶腋，花梗很短，长 1 ～ 1.5mm，密被白伏毛；花萼长 7 ～ 8mm，密被白伏毛，萼齿条形，长约 2mm；花冠粉红色或蓝紫色，旗瓣长 10 ～ 12mm，瓣片矩圆状卵形，先端钝圆或稍凹，爪宽短，长为瓣片 1/4，翼瓣与旗瓣近相等，龙骨瓣钝，长 9 ～ 10mm。子房疏被毛。荚果宽卵形，长 6 ～ 9mm，宽 2 ～ 3mm，三棱，直，疏被短毛。种子椭圆形。花期 5 ～ 6 月，果期 7 ～ 8 月。

生于沙丘、沙质荒漠。

产福海、乌鲁木齐，分布于哈萨克斯坦、巴尔喀什流域（模式产地）。

本种在新疆甚稀见，有待深入采集。

（b）沙生黄芪组 Sect. Ammodendron Bunge

沙生无刺的半灌木或灌木，具很发达的直立的灰白色枝条。叶轴大部分宿而硬化，但无刺。花 5 ～ 7 朵组成疏总状花序或扁平的总状花序。荚果长圆形或广椭圆形，侧扁。

本组约 25 种。新疆产 3 种 1 变种。

2. 毛豆黄芪 沙丘黄芪

Astragalus cognatus C. A. Mey. in Fisch. et Mey. Enum. Pl. Nov. 1：81，1841；Фл. CCCP, 12：770，1946；Фл. Казахст. 5：292, tab. 38, fig. 2. 1961；植物研究，3(1)：67，1983；新疆植物检索表，3：148，1985；中国沙漠植物志，2：277，图版97，22~28；Pl. Asiae Centr. 8B：102，2000。

半灌木，高30~50cm。枝干低矮；老枝扁平；当年生枝多数，平展，密被灰白色伏贴短绒毛。羽状复叶具7~9片小叶，长4~10cm，叶柄粗壮，密被灰白色伏贴短绒毛；托叶长2~3mm，稍与叶柄连合；小叶卵圆形，近无柄，先端钝，具短渐尖头，长5~20mm，宽3~13mm，两面被灰白色伏贴毛。总状花序具疏花；总花梗短于叶，被灰色短绒毛；苞片卵圆形，长1~2mm，被灰白色短绒毛；花萼管状钟形，长6~8mm，密被灰白色伏贴毛，萼齿锥形，长为筒部1/5~1/3；花冠淡紫红色；旗瓣长13~15mm，瓣片卵状长圆形，先端微凹；翼瓣长10~11mm，瓣片长圆形；龙骨瓣较翼瓣稍短；子房无柄，被柔毛。荚果阔椭圆形，长6~8mm，宽3~4mm，胀大，密被白色开展毛，假二室。花期5~6月，果期7月。

生半固定沙丘或流动或固定沙丘上。

产霍城和察布查尔。分布于中亚山地。模式自巴尔喀什湖流域。

本种是一种珍贵的固沙植物，需要保护生境，使之保护种群，固定流沙，改善环境。

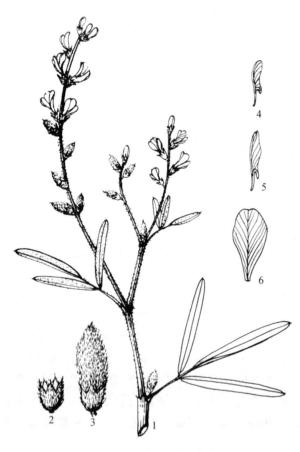

图240 伊犁黄芪 Astragalus iliensis Bunge

1. 枝 2. 花萼 3. 荚果 4. 龙骨瓣 5. 翼瓣 6. 旗瓣

3. 伊犁黄芪 图240

Astragalus iliensis Bunge in Bull. Soc. Nat. Mosc. 39，2：20，1866；Фл. CCCP, 12：778，1946；Фл. Казахст. 5：295, tab. 38, fig. 6. 1961；植物研究，3(1)：68，1983；新疆植物检索表，3：149，1985；中国沙漠植物志，2：276，图版97，8~14，1987；中国植物志，42(1)：321，图版83：10~17，1993；Pl. Asiae Centr. 8B：103，2000— *A. iliensis* var. *macrostephanus* S. B. HO. in Bull. Bot. Research. 3，1：68，1983。

半灌木，高50~80cm。干粗壮，常埋沙中。叶长3~15cm；小叶片1~2对，条形或椭圆形，长1.5~4cm，宽2~4cm。总花梗与叶近等长，被伏贴白绒毛；总状花序长5~12cm，多花，稀疏，苞片披针形，长1.5~2mm，被白色伏毛；萼筒钟状，长约4mm，密被伏贴短毛，萼齿披针形，花冠紫色，旗瓣长8~9mm，翼瓣长7~8mm，龙骨瓣长6~7mm。荚果近无柄，长圆状卵形，长4~5mm，密被白色长绵毛。种子褐红色，长约2mm。花期4~5月，果期6~7月。

生于半固定沙丘。

产霍城县。分布于中亚沙地。模式自哈萨克斯坦、伊犁河流域。

本种在霍城固定沙丘很普遍，植株高矮，叶片大小；随沙丘水分而多变化。这是一种珍贵固沙植物。

4. 格布黄芪 准噶尔黄芪

Astragalus gebleri Fisch. ex Bong. et Mey. Verz. PFl. Saissang—Nor. gesamm. 24，1841；Bunge

Astr. Gergont 2：225，1869；Фл. СССР，12：769，1946；Фл. Казахст. 5：290，1961；植物研究，3（1）：68，1983；新疆植物检索表，3：149，1985；中国沙漠植物志，2：277，图版97：15～21，1987；中国植物志，42（1）：322，1993；Pl. Asiae Centr. 8B：103，2000。

半灌木，高30～50cm；树皮灰黄色；老枝粗壮，木质化。羽状复叶具5(7)片小叶，长3.5～10cm；叶轴硬坚、宿存、刺状、被灰白色细绒毛；托叶基部和叶柄贴生，上部两齿状，长3～5mm，被淡黄色伏贴毛；小叶线状披针形，长1～3cm，宽2～5mm，先端锐尖，两面被银白色绒毛。总状花序具5～6花，稀疏，与叶近等长；总花梗被伏贴白绒毛；苞片卵圆形，长约1mm，稍短于花梗；花萼管状钟形，长5～6mm，密被伏贴白色短绒毛，萼齿线形，长约2mm；花冠紫红色；旗瓣阔菱形，长13～14mm，宽5～6mm，先端微凹；翼瓣长12～13mm；龙骨瓣长8～10mm。荚果卵圆形，长7～8mm，宽3～5mm，密被白色长柔毛。薄革质。花期5～6月，果期7～8月。

生流沙地上。

产布尔津、吉木乃、阿勒泰。分布于东哈萨克斯坦(模式产地)。

（c）木黄芪组 Sect. Xiphidium Bunge

灌木、小灌木或半灌木，具很发达的木质化茎干和茎基；叶和茎被二歧视(丁字形)伏贴毛。荚果狭窄、狭线形或稍粗，被绒毛，少或无毛。

约55种，新疆小灌木，常见1种。

5. 木黄芪

Astragalus arbuscula Pall. Astrag. 19，1800；Bunge Astr. Geront. 1：124. 1868；Фл. СССР，12：667，1946；Фл. Казахст. 5：241. tab. 32，fig. 4，1961；植物研究，3（1）：62，1983；新疆植物检索表，3：150，1985；中国沙漠植物志，2：270，图版95（12～18），1987；中国植物志，42（1）：306，图版78：1～9，1993；Pl. Asiae Centr. 8B：97，2000。

灌木，高50～100cm，树皮黄褐色；当年枝粗壮，被灰色伏贴毛。羽状复叶，具5～13小叶片，长3～5cm，具短柄；叶柄被灰色伏贴毛；托叶下部与叶柄贴生，上部三角状卵形，被黑色混生毛；小叶片线形，稀线状披针形，长8～20mm，宽1.5～3mm，两面被伏贴毛，黄绿色。总状花序呈头状，具8～20花，紧密排列；花梗长于叶2～3倍，被伏贴毛；苞片卵圆形，长1～3mm，被黑色混生毛；花萼短管状，长5～7mm，密被黑白混生绒毛；萼齿钻形，长为萼筒的1/3～1/4；花冠淡红紫色；旗瓣菱形，先端微凹，长15～19mm；翼瓣长14～17mm，瓣片线状长圆形与瓣柄等长；龙骨瓣较翼瓣短。荚果平展或下垂，线形，劲直，长1.7～3cm，宽1.5～2mm，革质，被黑色绒毛，假2室。花期5～6月，果期6～7月。

生荒漠，草原至灌木草原带前山干旱石质山坡灌丛中。

产布尔津、乌鲁木齐、塔城、伊犁。分布于中亚、西西伯利亚。模式自东哈萨克斯坦、巴尔喀什湖流域记载。

（d）亚灌木黄芪组 Sect. Paraxiphidium R. Kam.

花萼管状，大部分具长管，被伏贴或开展毛。植株大多数具木质茎干。叶和茎被丁字状伏毛。荚果线形，线状长圆形，宽3～4mm，被开展毛。

本组共12种，主要产中亚山地。新疆产2种(见检索表)。

6. 角黄芪

Astragalus cornutus Pall. Resise. 1. Anhamg. 499，1771；Фл. СССР，12：704，1946；Фл. Казахст. 5：259，1961；Consp. Fl. As. Med. 6：186，1981；新疆植物检索表，3：150，1985；Pl. Asiae Centr. 8B：96，2000。

小灌木，高30～70cm，直立，多分枝；2～3年生枝纤细，被灰白色条裂树皮，一年生枝有沟槽，疏被白伏毛；托叶分离，至1/3或1/2处跟叶柄连合，长圆状三角状卵形或卵状披针形；渐尖，长4～6mm，被疏伏贴。叶近无柄，长3.5～5cm，小叶片5～9对，狭线形少披针状线形，急尖，表面近光滑无毛，下面被伏贴白柔毛。花梗长3～10cm，坚硬，有沟槽，疏被伏贴白绒毛；总状花序头状，扁平，长 2～4cm，具 10～20 朵花；苞片线状披针形，长 3～5mm，长于花梗，跟萼一样被黑白绒毛；花萼管状，长 10～11mm，萼齿线状锥形，短于萼管 3～4 倍；花冠淡紫或紫色；旗瓣长 18～20mm，具长圆状倒卵形瓣片，翼瓣长 16～18mm；龙骨瓣长 14～16mm。荚果线状长圆形，直、长约 10～18mm，宽 3～3.5mm，喙长 2～4mm。种子暗褐色，卵状耳形，长 2.8mm，宽 1.5mm。花期 5～6 月，果期 7～9 月。

生山地灌木草原带、草原和森林草原灌丛中。

产青河、富蕴、布尔津、塔城、托里等。哈萨克斯坦和俄罗斯西西伯利亚、高加索及欧洲部分也有。模式自东西伯利亚(勒拿河)记载。

7. 灌木黄芪

Astragalus suffruticosus DC. Astrag. 103，1802—*A. fruticosus* Pall. Astrag. 21，1800，non Forskal 1775；Фл. CCCP，12：706，1946；Фл. Казахст. 5：259，1961；Consp. Fl. As. Med. 6：186，1981；新疆植物检索表，3：150，1985；Pl. Asiae Centr. 8B：96，2000。

小灌木，高 10～90cm。一年生枝被白色或黑白绒毛；托叶分离，披针形卵状三角形，长 2～4mm，被白色或黑色柔毛。叶长 2～7cm，绿色，具短柄，连同叶柄疏被细小伏贴白绒毛；小叶皮 5～9 对，披针状线形，少长圆形或线形，急尖少钝，长 5～20mm，宽 1～4mm，疏被伏贴柔毛，下面(背面)较密。花梗长 4～10cm，等长于叶或长于叶 1.5～2 倍，被白伏贴毛，花序下被黑绒毛；总状花序头状伞形，短 5～8 花，长 2～2.5cm；苞片披针形，长 1～2mm，被黑柔毛；花萼管状，萼齿锥状，长 1～2mm；花冠。红色至淡紫色；旗瓣长 18～23mm，瓣片长圆状倒卵形、圆形，微凹，翼瓣长 15～20mm；龙骨瓣长 12～18mm，荚果向上直立、无柄，长圆形，微凹，腹面圆，背部有沟槽，长 10～17mm，宽 4mm，急缩成斜锥状喙，喙长 1～3mm，密被开展白柔毛，不完全二室。花期 5～6 月，果期 7～8 月。

生山地草原灌丛、干旱山坡、林缘和落叶松林下。

产青河、富蕴、布尔津、哈巴河、哈密和萨乌尔山。蒙古、哈萨克斯坦和俄罗斯西西伯利亚、东西伯利亚、远东地区也有分布。模式自东西伯利亚(勒拿河)记载。

(e)囊萼黄芪组 Sect. Cysticalyx Bunge

落叶或小灌木，常具发达的枝干。托叶离生，稀基部稍合生，与叶柄贴生，总状花序头状，密集或延伸。总花梗长于叶或稍短；无小苞片；花萼管状，后膨胀状膨大；花冠黄色或淡紫色。荚果被藏在宿萼内，长圆形，被开展短绒毛，革质。

约 10 种，新疆产 9 种(见前检索表)。

8. 巴甫洛夫黄芪

Astragalus pavlovianus Gamajun. in Fl. Казахст. 5：492，286，1961；Consp Fl. As. Med. 6：219，1981；新疆植物检索表，3：161，1985；Pl. Asiae Centr. 8B：101，2000—*A. pavlovianus* Gamajun var. *longirostris* S. B. HO in Bull. Bot. Research，3，1：67，1983；中国沙漠植物志，2：274，1987；中国植物志，42(1)：319，1993。

半灌木，高 10～20cm。一年生枝多数。纤细，被伏贴白绒毛，节上被直或弯的黑绒毛；托叶基部跟叶柄连合，长三角形，近水平状弯，密被黑色和少数白色柔毛，长 0.8～2.5mm。叶长 2.5～5cm，被伏贴白绒毛，银白色，叶柄短于叶轴之半，宿存，纤细小叶片 5～7 对，长椭圆形或长圆状线形，短渐尖长 4～17mm，宽 1.5～3mm；花梗坚硬，被短绒毛，白色，混生黑绒毛，长于叶 2～3 倍。花序几头状，短缩，苞片长约 2mm，被开展黑毛；花萼管状，长 11～13mm，宽 2.5～3mm，不明显黑色柔毛，萼齿锥状短于管 4～4.5 倍，直或微弯；花冠淡紫色，长 17～18mm，旗瓣具倒卵形瓣片，顶端圆弧形，边缘波状，长于爪 2～3 倍；翼瓣稍短，瓣片顶端全缘，基部囊状，稍短于爪，龙骨瓣长 15mm，具钝瓣片，长 6～6.5mm。荚果近无柄，扁圆柱形，弧状上弯，长 3.5～5(6.5)cm，宽 4.5～5mm，密被开展白绒毛，向上渐缩成 6mm，硬喙，二室。成熟种子椭圆形，顶端具细洼痕，基部圆弧形，深橄榄色，有黑色斑点，长 4mm，宽约 1.5mm。花期 5~6 月，果期 6~7 月。

生山地干旱石坡。

产乌鲁木齐市郊、妖魔山（雅玛里克山）、燕尔窝、玛纳斯平原林场等地。分布于东哈萨克斯坦。模式自准噶尔阿拉套。

9. 小果黄芪

Astragalus tytthocarpus Gontsch. in Not. Syst. Herb. Inst. Bot. Acad. Sc. URSS, 9：148, 1964；Фл. СССР, 12：837, 1946；Фл. Казахст. 5：319, 1961；新疆植物检索表, 3：165, 1985；中国植物志, 42(1)：329, 331, 1993；Pl. Asiae Centr. 8B：141, 2000——*A. woldemari* var. *atrotrichocladus* S. B. HO in Bull. Bot. Research, 3, 1：56, 1983。

小灌木，高 20~50cm；树皮棕褐色；一年生枝长 5~15cm，密被白色绒毛，在节上也混有较多的黑色绒毛；托叶卵状三角形，长 4~5mm，下部跟叶柄结合。叶长 4~7cm，小叶 5~8 对，线形长 12~20mm，宽 2~4mm，两面被伏贴柔毛。花梗长于叶 1.5~2 倍，被白色或黑白色混合伏贴生；花序稠密长圆形，长 6~10cm，多花；苞片线状披针形，长 4~5mm；花萼在果期长圆状卵圆形，长 8~10mm，疏被半开展的白色和黑色长柔毛，萼齿线状锥形，长约 2mm；花冠淡黄色；旗瓣长 17~20mm；翼瓣长 15~16mm；龙骨瓣长 14~15mm。荚果长圆状卵形，长约 5mm，宽约 2mm，腹面龙骨状，背面有浅沟，果喙长约 1mm，无柄，革质，二室，被短的白色和黑色伏贴柔毛。花期 6 月，果期 7 月。

生高山圆柏灌丛中和干旱石坡。

产阿克苏和阿合奇、青河、哈巴河等地。分布于中亚山地。模式自吉尔吉斯斯坦、阿拉套山。

10. 侧花黄芪

Astragalus scleropodius Ledeb. Fl. Alt. 3：326, 1831；Фл. СССР, 12：836, 1946；Фл. Казахст. 5：318, 1961；Consp. Fl. As. Med. 6：190. 981；新疆植物检索表, 3：165, 1985；Pl. Asiae Centr. 8B：142, 2000。

多分枝的半灌木，高 30~50cm。茎干高 15~20cm，被棕色光亮的树皮；一年生枝长 5~25cm，纤细，疏被白柔毛；托叶披针形，长 6~8mm，基部跟叶柄连合被伏贴黑绒毛。叶长 2.5~6cm，叶柄长 0.5~1cm，小叶 5~10 对，长圆形，钝或披针形，具短尖头，长 10~28mm，宽 4~7mm，上面近光滑无毛，背面疏被伏贴柔毛。花梗常等于叶，少长于叶 1.5 倍，疏被黑白色绒毛，果期硬化，宿存而成刺状；花序长圆形，单侧生，长 4~8cm，多花。苞片披针状线形，长 5~7mm，渐尖，被灰色或白色和黑色绒毛；花萼果期卵圆形，长约 13mm，被黑色或白色和黑色伏贴毛，萼齿刺毛状，短于管 3~4 倍；花冠黄色；旗瓣长 15~16mm，瓣片倒卵圆形；翼瓣长 14~15mm，瓣片长圆形；龙骨瓣长 13~14mm。荚果长圆状卵圆形，背部有沟槽，收缩成锥状，微弯，长 1~1.5mm 的喙，革质，二室，无柄，被开展的黑色和白色硬毛。花期 5~6 月，果期 6~7 月。

生前山和低山灌木草原带石质山坡、灌丛。

产青河、富蕴、福海、布尔津和布克赛尔等地。分布于哈萨克斯坦和俄罗斯西西伯利亚。模式自东哈萨克斯坦（巴特）记载。

11. 树黄芪

Astragalus dendroides Kar. et Kir. in Bull. Soc. Natur. Moscou, 15：339, 842；Bunge Astrag sp. Geront. 1：135, 1868 et 2：233, 1869；Фл. СССР, 12：838, 1946；Фл. Казахст. 5：319, 1961；Consp. Fl. As. Med. 6：191, 1981；植物研究, 3, 1：56, 1983；新疆植物检索表, 3：165, 1985；中国沙漠植物志, 2：290, 图版 102：1~4, 1987；中国植物志, 42(1)：331, 图版 89：1~6, 1993；Pl. Asiae Centr. 8B：141, 2000。

灌木，高约 1m，树皮灰褐色。小枝密被黑、白伏贴毛。羽状复叶具 9~15 片小叶，长 3~7cm，被白色伏贴毛；托叶披针形，长 5~7mm，下部与叶柄贴生，被伏毛；小叶倒卵圆形或椭圆形，长

8~17mm，先端钝圆，具短尖，两面疏被伏贴毛。总状花序塔形、紧密排列；总花梗长 3~15cm，被黑、白伏贴毛；苞片线状钻形，被黑伏毛；花萼管状，后膨大成卵圆形。长 10~12mm，被黑、白伏贴毛，萼齿钻形，长约 2mm；花冠淡紫蓝色，干后变黄色；旗瓣长 15~25mm，瓣片长圆形；翼瓣长 15~20mm，瓣片狭长圆形；龙骨瓣长 14~16mm，瓣片近倒卵形。荚果长圆形，长 9~11mm，革质、侧扁，被黑色短绒毛和白色长绒毛。花期 6~7 月，果期 7~8 月。

生山地灌木草原带灌丛中。

产温泉、博乐、霍城等地，分布于中亚山地。模式自东哈萨克斯坦（准噶尔阿拉套）记载。

12. 泡萼黄芪

Astragalus cysticalyx Ledeb. Fl. ROSS, 1, 3：643，1843；Bunge Gen. Astrag. Sp. Geront. 1：135，1868 et 2：234，1869；Фл. CCCP，12：834，1946；Фл. Казахст. 5：317，1961；Consp. Fl. As. Med. 6：190，1981；植物研究，3，1：57，1983；新疆植物检索表，3：166，1985；中国植物志，42（1）：328，1993；Pl. Asiae Centr. 8B：142，2000。

小灌木，高 50~60cm；枝干短，不分枝；树皮褐至棕色；一年生枝长 7~17cm，疏被白伏毛；托叶长圆状三角形，长 7~8mm，渐尖，疏被伏贴白柔毛。叶长 7~9cm，无柄；小叶 4~5 对，长圆状椭圆形，长 20~35mm，急尖，具短尖头，上面无毛，下面疏被伏贴绒毛。花梗长 10~20cm，长于叶 1.5~2 倍；花序卵圆形，长 4~6cm，多花；苞片狭线形，长 7~9mm，被黑色开展毛；花萼管状，长约 12mm，萼齿短于管 1.5 倍，后膨胀成球状卵形，长 13~14mm，具线状锥形. 萼齿短于管 1~2 倍，被白色和黑色及白色开展毛；花冠污黄色，旗瓣长 10~20mm，瓣片长圆状倒卵形，凹缺；翼瓣等长于旗瓣；龙骨瓣长 15~16mm，瓣片稍钝。荚果长圆形，长约 10mm，无柄，密被白色开展毛。花期 5~6 月。

生山地灌木草原带、灌丛和林缘。疏林、林中空地。

产塔城、裕民、托里和布克赛尔、吉木乃萨乌尔山等地。分布于东哈萨克斯坦。模式自东哈萨克斯坦（塔尔巴哈台山）记载。

13. 马耶夫黄芪 富蕴黄芪 哈巴河黄芪 图 241 彩图第 43 页

Astragalus majevskianus Kryl. in Animadv. Syst. Herb. Univ. Tomsk. 3：1，1932；Фл. CCCP，12：835，1946；Фл. Казахст. 5：318，1961；植物研究，3，4：56，1983；新疆植物检索表，3：168，图版 9，图 3，1985；中国植物志，42（1）：329，图版 86，1~12，1993；Pl. Asiae Centr. 8B：142，2000。

半灌木，高 50~100cm。幼枝被白色和黑色伏贴。羽状复叶长 3~

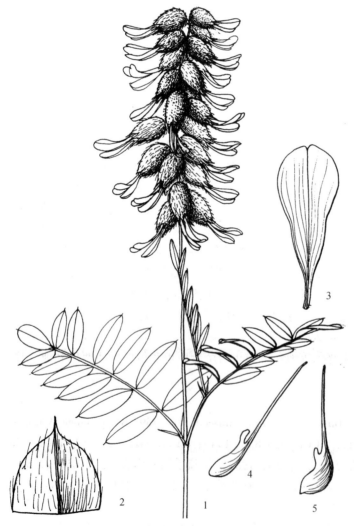

图 241 马耶夫黄芪 Astragalus majevskianus Kryl.

1. 花枝 2. 叶片一段 3. 旗瓣 4. 翼瓣 5. 龙骨瓣

7cm，具 5～8 对小叶；叶柄与叶轴等长或稍短，托叶披针形，长 3～5mm，基部与叶柄贴生，先端渐尖，被黑白色伏贴毛；小叶狭椭圆至长圆形，长 7～20mm，宽 3～10mm，两面或仅下面散生白色毛。总状花序的花排列紧密；花序轴长 4～5cm，后期伸长至 10cm；总花梗长 6～17cm，疏被黑、白色伏贴毛；苞片线形，长 2～3mm，被黑白色毛；花萼后期卵圆形，长 10～13mm，密被黑、白色绒毛，萼齿丝状，长为萼筒1/4～1/3；花冠黄白色；旗瓣长 15～17mm，瓣片倒卵状长圆形，先端微凹；翼瓣长 14～15mm；龙骨瓣较翼瓣稍短。荚果长圆形，长约 8mm，腹线龙骨状突起，背部具沟槽，革质，被黑色和白色半开展柔毛。花期 6～7 月，果期 8 月。

生灌木草原带灌丛中。海拔 1500～1600m。

产青河、富蕴、福海、阿勒泰、布尔津、哈巴河等地。分布于哈萨克斯坦、俄罗斯西西伯利亚。模式自俄罗斯阿尔泰山(纳里姆边区)记载。

14. 黑枝黄芪

Astragalus melanocladus Lipsky. in Act. Hort. Petrop. 26：272，1907；Фл. CCCP，12：831，946；Фл. Казахст. 5：314，1961；Consp. Fl. As. Med. 6：189，1981；新疆植物检索表，3：168，1985；Pl. Asiae Centr. 8B：141，2000。

小灌木，高 50～75cm，被淡褐色条裂树皮。一年生枝长 10～20cm，密被白色和疏散黑色绒毛；托叶长圆状卵形或披针形，下部跟叶柄贴生，主要被伏贴黑色绒毛。羽状复叶长5～8cm，近无柄，叶轴被伏贴白绒毛；小叶 4～6 对，披针形或长圆状椭圆形，长 9～18mm，急尖，上面稀疏下面松软的伏贴毛。花梗长于叶 2～2.5 倍，长 13～15cm；花序圆形或卵圆形，长 4～5cm，疏花；苞片披针形，长5～7mm，渐尖，基部被黑色混以白色绒毛；花萼管状，长 11～12mm，具短于管 1～2 倍的萼齿，后膨胀成卵形，长 15～18mm，具线状锥形萼齿，被开展的短的白色和黑色绒毛；花冠黄色；旗瓣 20～21mm，宽约 10mm，瓣片倒卵形；翼瓣长 18～20mm，瓣片长 7～9mm，顶端凹缺；龙骨瓣长 15～16mm，瓣片钝。荚果长圆形，长 10～12mm，宽约 3.5mm，急缩成 2～3mm 的喙，腹缝线龙骨状突起，背缝线有沟槽，革质，二室，无柄，密被开展的短的、交织的白色混以黑色的毛。花期 6～7 月，果期 8 月。

生山地灌木草原带灌丛中、林缘、林中空地。

产塔城、裕民、额敏、托里、吉木乃萨乌尔山和布克赛尔等地。分布于东哈萨克斯坦。模式自东哈萨克斯坦(萨乌尔边区)记载。

(f)金雀黄芪组 Sect. Cytisodes Bunge

小灌木、半灌木或多年生。羽状复叶被白伏毛；托叶合生，稀离生或仅基部连合。总状花序头状，排列紧密；花萼钟状，无小苞片；花冠黄色或淡紫色。荚果线状长圆形，通常具长喙，稀较短，硬革质，被开展长柔毛。

本种约 10 种，主产中亚，新疆现知 1 种。

(20)雀儿豆属、(21)槐属、(22)海绵豆属的详细介绍见第 526、527 页附录的补遗。

芸香超目——RUTANAE

XXVI. 无患子目——SAPINDALES

本目接近于蔷薇目，但它是一个有复叶的有花盘类群。雄蕊数目减少，花多两轮，下位花盘，合生心皮，中轴胎座，每室 1～2 胚珠。多数植物学家认为，本目可能从蔷薇目演化而来。

本目含 15 科，中国产 6 科，新疆仅引进 2 科。

38. 无患子科——SAPINDACEAE Jussieu，1789

常绿或落叶，乔木或灌木，稀藤本。叶为互生羽状复叶，稀掌状复叶或单叶，无托叶，花单性或杂性，形成总状花序、伞房花序或圆锥花序；花萼4~5；花瓣4~5或缺；雄蕊8~10，花丝分离，花盘发达；子房上位，3室或1~4室，每室具1~2胚珠或更多，中轴胎座或侧膜胎座。蒴果、坚果、核果。种子具假种皮或缺。X=11、15、16。

约150属2000多种，广布热带和亚热带。我国25属50余种。新疆引进栽培1属1种。

（1）文冠果属 Xanthoceras Bunge

本属仅1种，为我国特产，特征同种。

1*. 文冠果

Xanthoceras sorbifolia Bunge in Mem. Acad. Sci. St. Petersb. Sav. Etrang，2：85，1843；中国树木分类学，685，图576，1953；中国高等植物图鉴，2：725，图3179，1972；内蒙古植物志，4：64，图30，1979；山东树木志，612，1984；新疆植物检索表，3：277，1985；中国被子植物科属综论，693，2003。

落叶灌木或小乔木，高可至8m。树皮灰褐色。小枝粗壮，褐紫色，光滑无毛或被短柔毛。基数羽状复叶，互生；小叶9~19片，无柄，狭椭圆形至披针形，长2~6cm，宽1~2cm，先端尖，基部楔形，边缘具锐齿，上面暗绿色，下面较淡，疏生星状柔毛。总状花序长15~25cm；花梗纤细，长约2cm，直立；杂性花，可孕花子房正常而雄蕊退化，不孕花雄蕊正常而子房退化；萼片5，长椭圆形；花瓣5，白色，长卵形，内侧基部具有由黄变紫红的斑纹；花盘5裂，裂片5，长椭圆形；裂片背面具一角状橙色的附属体，长为雄蕊之半；雄蕊多数，长为花瓣之半；子房长圆形，具粗短花柱。在通常情况下，仅顶生花序的花可受粉结实而侧生花序的花很少能受粉结实。蒴果，果皮厚，木栓化，长3.5~6cm，径4~6cm，3~4室，稀为2~5室，每室含种子4~6粒，少为1粒，或多至8粒。种子球形，黑褐色，径1~1.5cm，种子千粒重759~1175g；种仁乳白色。花期4~5月，果期7~8月。

我国华北特有种。南北疆引种栽培。我国东北、华北及陕西、甘肃、宁夏、河南等均有分布。

喜光树种，喜光、耐寒，耐干旱，耐轻盐碱，深根性，适应性强。喜背风向阳坡地，喜土层深厚的砂壤土。根系发达，萌芽力强，结实早，产量高，三年开始结实，寿命可达100年以上。

文冠果是新疆城镇绿化珍贵树种和木本粮油树种。种子含油30.8%，种仁含油56.3%~70%，油渣含丰富的蛋白质和淀粉，可加工成精饲料。果皮可提取糠醛。花朵繁茂而艳丽可供观赏。

39. 槭树科——ACERACEAE Jussieu，1789

落叶稀常绿乔木或灌木，叶为对生的单叶或羽状复叶，无托叶。花两性或单性，通常为雄花杂性、雄花同株或雌雄异株，组成顶生或侧生总状花序或圆锥花序，萼片4~5，覆瓦状排列；或不存；花盘扁平，稀不存；雄蕊4~10，常8；子房上位，2裂，2室；花柱2柱头，每室2胚珠。果扁平，具翅，分裂为2翅果。种子无胚乳，具薄种皮；子叶扁平，褶叠或卷褶。

2属200余种。我国2属140余种，新疆仅引入栽培1属。

（1）槭属 Acer Linn.

落叶稀常绿乔灌木。冬芽具覆瓦状或2外鳞片，叶为对生单叶，通常掌状分裂，少有3~7小叶。花杂性，雄花与两性花同株或异株，少单性异株；花被辐射对称，花萼、花瓣各为5，稀4或稀无花瓣；花盘环状，微裂，稀缺；雄蕊4~12，常8；子房常2室，花柱或柱头2。翅果，2室对生，稀3室轮生，在果体一端延伸成翅，果体扁平或两面突起。

200余种，主产北温带，中国140余种，新疆产1种，引入7种。

分种检索表

1. 叶为单叶；花常5数，稀4数，具花瓣和花盘，两性或杂性，稀单性 ……………………（槭亚属 Subgen Acer）
　2. 叶3裂。
　　3. 叶片全缘无锯齿，或仅上部裂片具疏齿 ……………………………………… 6*. 三角枫 A. buergerianum Miq.
　　3. 叶片边缘有锯齿。
　　　4. 叶片大，长(7.5)8~18cm，叶裂片急尖，侧裂片从中部或上部，常从叶片顶端发出，叶上面暗绿色，有光泽，下面灰蓝色，叶柄红色。花先叶开放，簇生细长柄上 ……………… 7. 加拿大红枫 A. rubrum Linn.
　　　4. 叶片较小，长1.5~8cm，侧裂片从中部或下部发出。
　　　　5. 叶侧裂一般斜向前展，基部心形成圆形，表面暗灰蓝绿色 ………… 4. 天山槭 A. semenovii Regel et Herder
　　　　5. 叶侧裂片横展，表面暗绿色，有光泽 ……………………………… 5*. 茶条槭 A. ginnala Maxim.
　2. 叶5~7裂。
　　6. 叶裂片边缘具1~2对粗凹缺齿，上部三裂片近等 ……………………… 1*. 尖叶槭 A. platanoides Linn.
　　6. 叶裂片全缘，叶片较小。
　　　7. 叶片及翅果基部心形；果翅长于果核1.5~2倍……………………………… 2*. 五角枫 A. mono Maxim.
　　　7. 叶片及果核基部常为截形；果翅与果核近等 ……………………………… 3*. 元宝枫 A. truncatum Bunge
1. 羽状复叶，小叶7~9(3~5)；花常4数，花盘和花瓣不发育或微发育，单性。雌雄异株，花序常侧生，复叶槭亚属(Subgen Negundo)。小叶3~5；雌花成下垂总状花序，雄花成下垂伞房花序，侧生，花无花瓣和花盘 ……
　…………………………………………………………………………… 8. 复叶槭 A. negundo Linn.

（Ⅰ）槭亚属 Subgen Acer

乔木或灌木。单叶、稀复叶。花杂性，雄花与两性花同株或异株，稀单性异株。萼片5，花瓣5，稀不发育；雄蕊8(4~12)；花盘杯状或盘状。

18组，广布于亚洲、欧洲及北美。我国有13组，新疆有4组。

(a)尖叶槭组 Sect. Platanoidea Pax

落叶乔木，单叶，3~5浅或不裂，裂片全绿；叶柄有乳液。花杂性，雄花与两性花同株；伞房花序，顶生，雄蕊5~8，生花盘内绿。小坚果扁平，脉纹不明显。

2系25种，分布于亚洲和欧洲。我国约21种，新疆1系3种，均引植。

1*. 尖叶槭(新疆植物检索表)　挪威槭(经济植物手册)　彩图第43页

Acer platanoides Linn, Sp. Pl. 1055, 1753; Rehd. Man. Cult. Trees and Shrubs ed. 2: 568, 1940; Фл. СССР, 14: 592, 1949; 经济植物手册，下册，第一分册，919, 1957; ДЕРЕВ. И KYCTAP. CCCP, Ⅳ: 426, 1958; 新疆植物检索表，3: 275, 1985。

乔木，在原产地可高至30m，胸高直径可达1m。嫩枝淡红至灰色，光滑，小枝通常无毛，褐色至橄榄色或淡红色，有光泽，具淡灰色条纹和稀疏皮孔。芽卵形或椭圆形，长7~10mm，具6~8对对生芽鳞，侧芽倒卵形，贴枝上，具4~6对芽鳞。单叶(3)5~7浅裂，轮廓呈圆形，掌状脉，长5~12(18)cm，宽8~13(22)cm，3枚上方裂片相互近等长，而下方裂片甚短，均有粗钝凹缺齿，裂片和齿牙顶端伸延成细尖头，叶片基部常为心形，少在短枝上者为截形或楔形，叶片上面光滑无毛，暗绿色，有光泽，下面稍淡，无毛，少沿叶脉有柔毛，秋叶金黄色或红色；叶柄长4~18cm，侧扁，淡红色。花序顶生直立状，无毛，淡黄绿色，雄花和假两性花(雌花)通常在同一树上，但有时在一株上仅为雄花或仅为两性花，花早于或几与叶同时开放；花萼 5，倒卵形，钝；花瓣 5，与萼片近等长；雄蕊 8(5～10)，跟花瓣等长，而在假两性花中的雄蕊则较短；雌花具扁平无毛的子房，具长花柱和 2 枚外弯的柱头。翅果呈锐角或近水平展的翅，翅脱落时，分散成 2 枚，单种子长 4～5cm，宽 1～1.5cm 的单翅果；小坚果(去翅部分)厚 1～2mm，长 12～20mm。种子千粒重(50) 100～190g，1kg 种子(5)7～13(20)千粒。花期 5 月，果期 9 月。

塔城、伊宁市和乌鲁木齐市公园少量引种。耐寒越冬，结实。分布于欧洲、中亚地区也有引种。模式欧洲记载。

2*. 五角枫　地锦槭　色木槭　水色树　彩图第 43 页

Acer mono Maxim. in Bull, Acad. Petersb. 15：126，1856；Rehd. Man. Cult. Trees and Shrubs ed. 2：569，1940；东北木本植物图志，387，1955；经济植物手册，下册，第一分册，286，1957；ДЕРЕВ. И КУСТАР. СССР，IV：420，1958；中国高等植物图鉴，2：699，图 3127，1972；中国植物志，46，94，1981；山东树木志，590，592，图 1～6，1984；新疆植物检索表，3：275，1985；黑龙江树木志，404，1986；中国树木志，4：4258，图 2238，2004。

落叶乔木，高 10～20m，胸径可达 1m。树皮暗灰色或灰褐色。小枝灰色，具淡褐色卵状皮孔；嫩枝灰黄或浅棕色，初被疏毛，后脱落。单叶，宽矩圆形，掌状 5 裂，稀 7 裂，长 3.5～9cm，宽 4～12cm，裂片宽三角形，先端尾尖或长渐尖，叶基部心形或稍截形，上面暗绿色，无毛，下面淡绿色，除脉腋外均无毛；叶柄较短，长 2～11cm。花两性，常组成顶生伞房花序；萼片淡黄绿色，长椭圆形或长卵形，长 2～3mm，花瓣黄白色，阔披针形，长约 3mm；雄蕊 8，生于花盘内缘；子房光滑无毛，柱头 2 裂，反卷。翅果淡黄褐色，有时微带红色，长约 2.5cm，宽约 0.8cm；果体扁平或微凸；翅较果体长约 1 倍。两翅成钝角开展。花期 4～5 月，果期 8～9 月。

乌鲁木齐、昌吉、石河子、伊宁、库尔勒、阿克苏、喀什等地引种。广布于我国东北、华北、西北、华东、华中和西南地区。蒙古、朝鲜、日本、俄罗斯东西伯利亚等均有分布。模式自东西伯利亚。

3*. 元宝枫

Acer truncatum Bunge in Mem. Acad. Sci. St. Petersb. Sav. Etrang，2：84，1831；Pax in Bot. Jahrb. 29：449，1900；Rehd. Man. Cult. Trees and Shrubs ed. 2：569，1940；中国树木分类学，705，图 592，1953；东北木本植物图志，388，1955；中国植物志，46：93，1981；新疆植物检索表，3：275，1985；山东树木志，589，1984；黑龙江树木志，410，1986；中国树木志，4：4257，图 2838，2，2004。

落叶乔木，高至 10m。小枝绿色，无毛。叶长 5～10cm，宽 8～12cm，5(7)裂，基部平裂，稀近心形。裂片三角状卵形或披针形，先端渐尖或尾尖，全缘，下面淡绿色，幼叶脉腋被簇生，余光滑无毛，成熟叶全光滑无毛；叶柄长 3～5(9)cm，无毛。萼片长圆形，长 4～5mm；花瓣长圆状侧卵形，长 5～7mm；雄蕊 8。翅果淡黄或淡褐色，长 1.3～1.8cm，翅呈长圆形，成锐角或钝角开展。花期 4～5 月，果期 9～10 月。

乌鲁木齐、昌吉、石河子、伊宁等地引种。开花结实，分布于东北、华北及河南、陕西、山东等省。模式标本采自北京郊区。

(b)茶条槭组 Sect. Ginnala Nakai

花杂性，雄花与两性花同株。伞房花序顶生；花瓣 5，长圆形，或长圆状卵形，与花萼等长或稍长。翅果长 2.5～3.5cm，翅成锐角或近直立。小乔木或灌木，冬芽小，芽鳞 8～10，覆瓦状排列，叶之中裂片长于侧芽片，具不整齐重锯齿或重齿。

1 系 3 种，欧洲 1 种，亚洲 2 种，中国均有。新疆仅产 1 种，引入 1 种。

4. 天山槭　图 242　彩图第 43 页

Acer semenovii Regel et Herder in Bull. Soc. Nat. Mosc. 39, 1：556, 1866；Фл. СССР, 14：602, 1949；ДЕРЕВ. И КУСТАР. СССР, 4：451, fig. 58, 1958；中国高等植物图鉴，2：704, 图 3138, 1972；中国植物志，46：138, 1981；新疆植物检索表，3：273, 图版 18, 图 3, 1985；中国树木志，4：4277, 图 2257, 2004。

小乔木，常呈灌木状，具球状卵形树冠，具灰色纵裂树皮，具无毛的褐色或棕色小枝。结实枝上的叶 3 浅裂，长 1.2~4.5cm，宽 1~3.2cm，质薄、坚实，无毛，上面暗淡灰蓝绿色，下面较淡；裂片卵形，常在中部具 2 不发育的 2 回小裂片，侧裂片较小；斜向前展，少近水平展；叶基部浅心形或圆形，下部叶常全绿，而有时近全边；萌条叶长至 10cm，深裂，具浅裂状有齿牙的裂片和深心形少近截形的基部；叶柄长 3~4cm。稠密伞房状圆锥花序，长约 6cm，宽约 5(5.5)cm，花序轴和花梗，密生有柄腺毛；花淡黄色。翅果长 2.8~3.5cm，成锐角开展，常近平行，而互相接触，甚或边缘重叠；翅顶端钝圆而扩展，幼果鲜粉红色，成熟果实淡黄色；果核(去)翅部分，幼时被绵

图 242　天山槭 **Acer semenovii** Regel et Herder

1. 果枝　2. 翅果

状柔毛和腺毛，成熟时光滑无毛。幼苗具长圆状椭圆形 14mm 长，5mm 宽具 3 条平行脉的子叶。花期 5～6 月，果期 9～10 月。

生山地河谷岸边。

产巩留和特克斯县。中亚天山也有。模式自外伊犁阿拉套。在哈萨克斯坦和中亚许多城市多有栽培；塔什干、撒马尔汗、费尔干、阿什哈巴德、阿拉木图、奇姆肯特等。

天山槭为新疆城镇绿化、美化珍贵树种。

5*. 茶条槭　彩图第 43 页

Acer ginnala Maxim. in Bull. Acad. Petersb. 126, 1856；Фл. СССР, 14：601, 1949；ДЕРЕВ. И КУСТАР, СССР, 4：450, 1958；中国树木分类学，698，图 584，1953；东北木本植物图志，390，1955；中国高等植物图鉴，2：704，图 3137，1972；中国植物志，46：136，1981；新疆植物检索表，3：273，1985；中国树木志，4：4276，图 2256，2004。

落叶小乔木，高达 6m。叶长圆状卵形或长圆状椭圆形，长 6～10cm，宽 4～6cm，3～5 深裂，中裂片渐尖或长渐尖，侧裂片钝尖，前伸，具不整齐钝尖锯齿，下面近无毛，叶基部圆，平截或微心形；叶柄长 4～5cm。伞房花序长 6cm，无毛，多花；花梗长 3～5cm；萼片卵形，黄绿色；花瓣长圆状卵形，淡白色。翅果长 2.5～3cm，翅近直立或成锐角。花期 5 月，果期 9～10 月。

乌鲁木齐、昌吉、石河子、伊宁等地引种，耐寒、越冬，开花结实，生长良好。分布于黄河流域、长江流域及东北各省。日本、朝鲜、俄罗斯远东也有。模式自俄罗斯东西伯利亚。

（c）全缘叶槭组 Sect. Integrifolia Pax

花杂性，雄花与两性花同株，顶生伞房或圆锥花序；萼片 5；花瓣 5；雄蕊 8（5～10）着生于花盘内侧。翅果长 2.5～3.5cm，成锐角或钝角开展，稀近直立，果核凸起。乔木，芽鳞覆瓦状排列。单叶，不裂或 3 裂，全缘。

3 系 35 种，中国均有。新疆仅引入栽培 1 种。

6*. 三角枫　三角槭

Acer buergerianum Miq. in Ann. Mus. Bot. Lugd. Bat, 2：88, 1865；中国树木分类学，700，fig. 586，1953；经济植物手册，下册，第一分册，923，1957；中国高等植物图鉴，2：705，图 3139，1972；中国植物志，46，183，1981；新疆植物检索表，3：273，1985；中国树木志，4：4297，图 2275，2004。

落叶乔木，高达 20m。小枝近无毛。叶椭圆形或侧卵形，长 6～10cm，3 浅裂，裂片前伸，中裂片三角状卵形，全缘，稀具少数锯齿，下面被白粉，基脉 3（5），基部近圆形或楔形；叶柄长 2.5～5cm，淡紫绿色。萼片黄绿色，卵形，无毛；花瓣淡黄色，披针形或匙状披针形。翅果黄褐色，长 2～2.5cm，翅成锐角或近直立。花期 4～5 月，果期 8～9 月。

伊宁和喀什城市引种栽培，开花结实。广布于长江流域各省市，北达山东，南至广东和台湾。日本也有。

木材黄白色，坚硬致密，适于各种器具及细木工之用。种子可榨油，树势优美，秋叶红艳，是城市园林美化的重要树种。

（d）美国红枫组（新拟）Sect. Rubra Pax

芽卵形具几对芽鳞。叶 3～5 浅裂，具有齿芽的裂片。雌雄异株，雄花和雌花具不发育的雄蕊，萼片分离或连合；花瓣发育或缺；雄蕊 5～8，着生于花盘外缘。花叶前开放，翅果具椭圆形薄皮小坚果。

2 种均产北美，我国均有引种，新疆仅引入 1 种。

7. 加拿大红枫(新拟)

Acer rubrum Linn. Sp. Pl. 1055, 1753; Rehd. Man. Cult. Trees and Shrubs ed. 2：583, 1940; ДЕРЕВ. И КУСТАР. CCCP, 4：490, 1958。

乔木, 在原产地高至40m, 胸高直径120cm, 树皮暗灰色, 片状削落, 树冠宽阔。小枝无毛, 一年生枝橄榄绿色或淡红色。冬芽细小, 椭圆形, 具6对芽鳞。叶3~5浅裂, 长7~10cm, 基部微心形稀圆形, 上面暗绿色, 无毛, 有光泽, 下面灰蓝色或灰白色, 沿脉被疏毛或无毛, 春叶淡红绿色, 秋叶红色或橙红色; 裂片三角状卵形, 短渐尖, 不规则近二回圆齿状锯齿, 叶柄长5~10cm, 通常淡红色或红色。花红色或淡黄色, 具细花梗, 先叶开放; 花萼和花瓣等长, 长圆状椭圆形; 花瓣稍窄; 雄花中的雄蕊长于花被; 雌花中的柱头远伸出花被。翅果长1.5~2cm, 无毛, 幼时通常鲜红。种子千粒重14g。花期4~5月, 果期6~8月。

原产北美和加拿大, 新疆近年引种, 在北疆有冻害, 须保护越冬。中亚各城市也早有引种。是珍贵观赏树种适于伊犁和喀什地区城市园林绿化之用。

(Ⅱ)复叶槭亚属 Subgen Negundo(Boehmer) Raf

(e)复叶槭组 Sect. Negundo(Boehm) Pax

乔木, 羽状复叶, 3~7小叶。花单性, 雌雄异株, 先叶开放, 雌花成下垂总状花序, 雄花成下垂伞房花序, 均侧生, 无花瓣, 无花盘; 花梗长1.5~3cm。果核凸起, 长卵圆形, 翅近直立或成锐角。

1系2种, 原产美国, 新疆栽培1种。

8. 复叶槭 梣叶槭 美国槭 白蜡槭 糖槭 彩图第44页

Acer negundo Linn. Sp. Pl. 1：1056, 1753; Rehd. Man. Cult. Trees and Shrubs ed. 2：585, 1940; ДЕРЕВ. И КУСТАР. CCCP, 4：496, 1958; 中国树木分类学, 720, 图612, 1953; 东北木本植物图志, 393, 1955; 经济植物手册, 下册, 第一分册, 290, 1957; 中国高等植物图鉴, 2：715, 图3159, 1972; 新疆植物检索表, 3：272, 1985; 山东树木志, 603, 1984; 黑龙江树木志, 406, 1986; 中国树木志, 4：4336, 图2302：2, 2004。

落叶乔木, 原产地高可达20m, 树皮黄褐色或灰褐色。小枝无毛, 被白粉。小叶3~7(9), 卵形或椭圆状披针形, 长8~10cm, 宽2~4cm, 先端渐尖基部楔形, 具3~5粗齿, 稀全缘; 顶生小叶柄长3~4cm, 侧生小叶柄长3~5mm, 下面淡绿色, 仅脉腋有丛毛, 侧脉5~7对, 总柄长5~7cm, 仅幼时被稀疏柔毛。翅果长3~3.5cm, 翅成锐角或近直角。花期4~5月, 果期8~9月。

原产北美, 全疆各城镇均有引种栽培, 喜光、耐寒、耐水湿、耐修剪、抗烟尘。

主要害虫有: 天牛、瘤纹蝙蝠蛾幼虫钻蛀树干、蚜类及槐介壳虫吸食树液; 主要病害是树干流胶病, 需要加强防治。

银边花叶复叶槭 Acer negundo var. **variegatum** Jacq. 彩图第44页 叶具宽白边缘, 大型复叶, 甚为壮观。乌鲁木齐植物园和石河子园林研究院所引种。

XXVII. 芸香目——RUTALES

塔赫他间系统(1997)本目接近无患子目, 可能有共同起源。

40. 芸香科——RUTACEAE Juss. ，1789

木本或草本，叶互生少对生，单叶或复叶，常具挥发油腺点，无托叶。花组成顶生或腋生聚伞圆锥、伞房圆锥花序、总状花序、穗状花序或单生叶腋；两性少单性；萼片 4~5，分离或连合；花瓣与萼片同数，离生；雄蕊与花瓣同数或为其倍数，分离少连合；子房上位，心皮连合成 4~5 室或向基部分离；花柱离生或合生；花盘细小、环状、杯状。果实为蓇葖果、蒴果，小核果、浆果或柑果。种子有或无胚孔，胚直或弯。

本种约 150 属 1500 多种。主产热带及亚热带。新疆木本仅引入栽培 2 属。

分属检索表

1. 叶为对生奇数羽状复叶，乔木 ·· (1) 黄檗属 Phellodendron Rupr.
1. 叶为互生奇数羽状复叶，带刺灌木 ·· (2) 花椒属 Zanthoxylum Linn.

(1) 黄檗属 Phellodendron Rupr.

落叶乔木，树皮纵裂，具发达的木栓层，内层黄色，味苦。无顶芽，侧芽为叶柄下芽。奇数羽状复叶，对生小叶对生，有锯齿，具透明油点。单性，雌雄异株；聚伞花序组成圆锥或伞房状复花序。花 5 数；子房 5 室，每室 2 胚珠，花柱短，柱头头状。核果近球形，熟时蓝黑色，果肉黏胶质，具 2~8 小分核。胚乳肉质，子叶扁平。

约 8 种，主产亚洲东部。我国 2 种，新疆引入栽培 1 种。

1*. 黄檗　檗木　黄檗木　黄波罗　彩图第 44 页

Phellodendron amurense Rupr. in Bull. Phys. – Math. Acad. Sci. St. Petersb. 15：353，1857；中国高等植物图鉴，2：551，图 2832，1972；山东树木志，527，1984；黑龙江树木志，372，图版 112，1986；新疆植物检索表，3：241，1985；中国树木志，4：4073，图版 2131，2004。

乔木，高 10~15m，胸径 20~30cm。树皮淡灰褐色，不规则纵裂沟裂，外层皮厚，木栓层发达，内层皮薄，鲜黄色。小枝橙黄色或黄褐色，无毛；叶柄下芽，密被黄褐色短柔毛。复叶具 5~13 小叶片，卵形或卵状披针形，长 5~12cm，宽 3.5~4.5cm，先端长渐尖，基部不对称，锯齿细钝而不明显，边缘具睫毛，纸质；幼叶两面无毛，或仅下面沿中脉有长柔毛。聚伞圆锥花序，顶生长 6~8cm，宽 3~4cm，花序轴及小花梗被细毛；花萼与花瓣各 5 片，黄绿色；雄蕊 5，花丝基部有毛。浆果状核果，成熟时紫黑色，径约 1cm，破碎后有特殊酸臭味道。种核扁卵形，长约 5~6mm，灰黑色，外皮骨质。花期 5~6 月，果期 9~10 月。

产东北、华北各地区。新疆引种，生长良好。朝鲜、日本、俄罗斯远东地区也有。模式标本自黑龙江流域。

木材黄色至黄褐色，坚韧有弹性、耐腐朽，为优质用材，可供家具、农具胶合板等用材；树皮可剥取木栓皮，供制绝缘配件瓶塞、救生圈及其他工业原料；内皮味苦，黄色，可作染料，可提取黄连素；果实可作驱虫剂；花为蜜源；枝叶秀丽是珍贵庭园绿化树种。

(2) 花椒属 Zanthoxylum Linn.

约 250 种，主要分布于热带及亚热带地区。中国约有 45 种，新疆引入 1 种。

1*. 花椒

Zanthoxylum bungeanum Maxim. in Bull. Acad. Sci. St. Petersb. 16：212，1871；中国高等植物图鉴，2：539，图 2808，1972；山东树木志，518，1984；新疆植物检索表，3：242，1985；中国树木志，4：4049，图 2118：5~8，2004。

落叶小乔木或灌木状，通常栽培者高 1~3m。树干淡灰色，粗糙，具扁刺及木栓质瘤状突起。

小枝灰褐色，被疏毛或无毛。托叶刺基部宽扁。复叶总叶柄两侧具狭翅，小叶 5 ~ 11 片，卵圆形或卵状长圆形，长 1.5 ~ 7cm，宽 1 ~ 3cm，先端尖或微凹，基部圆形，边缘有钝锯齿，上面平滑，极少有刺状刚毛，下面沿脉上被细刺及褐色簇毛，纸质或厚纸质，无柄或近无柄。花序顶生，单被花，花被片 4 ~ 8，长 2 ~ 3mm，黄绿色；雄花的雄蕊 5 ~ 7；雌花 3 ~ 4(稀 7)心皮结合而成。子房无柄，花柱多侧生，弯生。果圆球形，2 ~ 3 个集生，成熟时外果皮红色或紫红色，密生疣状油点。种子卵圆形。花期 4 ~ 5 月，果期 7 ~ 8 月或 9 ~ 10 月。

伊宁市和喀什市公园少量引种栽培，开花结实。分布于辽宁南部、华北、陕西、甘肃东部，南至长江流域各地，西至四川，西南至云南、贵州、西藏东南部，多为农村栽培。陕南、鲁中南、四川等地为主要产区。我国已有 2000 余年栽培历史，各地多有优良品种。

41. 苦木科——SIMAROUBACEAE A. de Candolle，1811

乔木或灌木，树皮有苦味。叶互生，少对生，复叶少单叶。总状、圆锥状或聚伞花序；两性或单性，整齐；花萼、花瓣均 3 ~ 5；雄蕊通常高于花瓣；子房上位，常围以花盘，心皮 2 ~ 5。果实为核果或翅果，种子具胚乳或缺。

约 30 属 150 种，分布于热带、亚热带地区，少数至温带。我国 5 属 11 种。新疆产 1 属 1 种。

(1) 臭椿属 Ailanthus Desf.

约 11 种，主产亚洲东南及大洋洲北部。中国产 4 种，多分布在华南及西南山区。新疆仅 1 种，特征同种。

1. 臭椿　图 243　彩图第 45 页

Ailanthus altissima（Mill.）Swingle in Journ. Wash. Acad. Sc.，6：495，1916；中国树木分类学，590，图 490，1953；中国高等植物图鉴，2：561，图 2852，1972；山东树木志，533，图 1 ~ 5，1984；新疆植物检索表，3：243，图版 17，图 2，1985；树木学(北方本)，428，图 295，1997；中国树木志，4：4109，图 2149，2004—*Toxicodendron altissima* Mill. —*Ailanthus glandulosa* Desf.

落叶乔木，高至 30m，胸径至 90cm。树皮灰色至灰黑色，平滑或微纵裂。树冠扁球形或伞形。小枝黄褐色至红褐色，初被细毛，后无毛；皮孔点状疏生、灰黄色。复叶连总柄可长至 1m；小叶 13 ~ 25 片，互生或近对生，披针形或卵状披针形，长 7 ~ 14cm，宽 2 ~ 5cm，先端渐尖基部圆形或宽楔形，略偏斜，边基部常有 1 ~ 2 对腺齿，上面深绿色，下面淡绿色，常被白粉及短柔毛；小叶柄短。花序长 10 ~ 25cm，顶生直立；花萼三角状卵形，长 1 ~ 2mm，绿色或淡绿色；花瓣近矩圆形，长 3 ~ 5mm，宽 2 ~ 3mm，淡黄色或淡黄白色，具恶臭味，雄花臭味尤浓。翅果扁平，纺锤形，长 3 ~ 5cm，宽 8 ~ 12mm，两端钝圆，成熟果实淡褐色或灰黄褐色。种子扁平，圆形或侧卵形，径 6 ~ 8mm。花期 5 ~ 6 月，

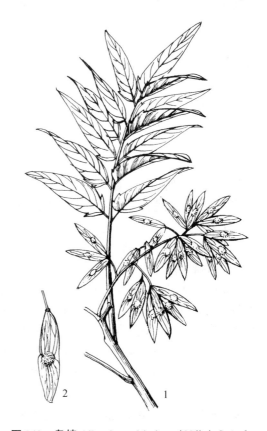

图 243　臭椿 Ailanthus altissima（Mill.）Swingle
1. 果枝　2. 翅果

果期 9~10 月。

　　乌鲁木齐、昌吉、石河子等地少量栽培，主要产吐鲁番、库尔勒、阿克苏、喀什、莎车、叶城、皮山、墨玉、和田、于田、民丰、且末等地。分布于辽宁南部、河北、山西、山东、陕西汉水流域、甘肃东部，南至长江流域各地。中亚各大城市和俄罗斯欧洲部分各城市早有引种栽培。在国外如印度、英、法、美、德、意大利等引作行道树。

　　模式标本大约是 1750 年，传教士(Incarville)从中国寄来种子在英国育成的苗木而描述(苏植 14 卷)。

　　喜光、喜温暖，耐干旱、耐瘠薄，不耐严寒，不耐水湿。对土壤要求不高，在中性土、酸性土、沙地、河滩地均能生长。能耐 -35℃低温，对烟尘和二氧化硫抗性很强，深根性，萌蘖力强，生长较快，一年生苗高 1~1.5m，10 余年即可成材。常用播种分蘖和根插繁殖。

　　臭椿在我国有着悠久的栽培历史，有着若干变型及优良品种。

　　1a[*]. **白椿 A. altissima 'Baichun'** 树干高而通直，树皮灰白色。

　　1b[*]. **千头椿 A. altissima 'Qiantouchum'** 树冠分枝细密，叶片腺齿不显，库尔勒市区行道少量栽培。

42. 楝科——MELIACEAE Juss. , 1789

　　落叶或常绿，乔木或灌木。叶互生，稀对生，羽状复叶稀单叶，无托叶。花两性或杂性，异株，多为圆锥状聚伞花序；花萼 4~5 裂；花瓣与萼片同数，分离或基部合生；雄蕊 4~12，花丝连合成筒状，稀分离；子房上位，与花盘离生或合生，常 2~5 室，每室 2 胚珠。蒴果、核果或浆果。种子有翅或无翅。X=14。

　　50 属 1400 余种。主要分布于热带和亚热带地区，我国产 15 属 59 种，新疆引入木本 3 属。

分属检索表

1. 花丝分离。一回羽状复叶 ·· (1) 香椿属 Toona Roem.
1. 花丝合生。
　2. 二回羽状复叶，小叶有锯齿 ·································· (2) 楝属 Melia Linn.
　2. 一回羽状复叶，小叶全缘 ·································· (3) 米仔兰属 Agalaia Lour.

(1) 香椿属 Toona Roem.

　　落叶乔木。偶数或奇数羽状复叶，小叶全缘或具不明显锯齿。花小，两性，白色或黄绿色，组成复聚伞花序，顶生或腋生；花 5 基数，花丝分离；花盘 5 棱；子房 5 室，每室 8~12 胚珠。蒴果，5 裂。种子多数，形扁，具翅。

　　15 种。我国 3 种，新疆引进栽培 1 种。

　　1[*]. **香椿 椿芽树**

Toona sinensis (A. Juss.) Roem. ; 经济植物手册，下册，第一分册，856，1957；中国高等植物图鉴，2：573，图 2876，1972；山东树木志，537，图 1~5，1984；树木学(北方本)，432，图 298，1997；中国树木志，4：4153，图 2177，2004—*Cedrela sinensis* A. Juss.

　　落叶乔木，树皮赫褐色，片状剥落，幼枝被柔毛。偶数羽状复叶，长 25~50cm，有特殊气味，小叶片 10~22，对生，纸质，矩圆形至披针状矩圆形，花萼短小，花瓣 5，白色，卵状矩圆形，具退化雄蕊 5，与 5 枚发育雄蕊互生；子房具 5 条沟纹，蒴果狭椭圆形或近卵形，长 1.5~2.5cm，5 瓣。种子椭圆形，一端具膜质长翅，花期 6~7 月，果期 9~10 月。

　　乌鲁木齐、昌吉、石河子、伊宁、库尔勒、阿克苏、喀什等地少量引种栽培。原产于我国中部和南部，北自辽宁南部，西至甘肃，北至内蒙古南部，南到广东、广西，西南至云南均有栽培，以山东、河南、河北栽培最多。

喜光，喜温暖，生深厚肥沃砂壤土，在酸性、中性及钙质土均生长良好。速生，一年生实生苗可高至1m以上，三年生可高至4~5m以上，7至8年开花结实。

木材红褐色，富弹性，有"中国桃花心木"之美称，幼芽，嫩叶可食，称"香椿尖"，味鲜美，生食、熟食或腌食均可，各地作蔬菜栽培已选育出许多优良食用栽培品种，江南大城市有专门培植食用香椿的园圃。

（2）楝属 Melia Linn.

落叶或常绿乔木，二至三回羽状复叶，小叶全绿或有锯齿。花两性。复聚伞花序，腋生；花萼5~6裂；花瓣5~6片，分离；雄蕊10~12，花丝合生成筒状，顶端具齿；子房3~6室，每室2胚珠。核果，种子无翅。

20种，广布东南亚及大洋洲，我国3种，新疆引入1种。

1. 苦楝　楝树

Melia azedarach Linn. Sp. Pl. 384，1753；经济植物手册，下册，第一分册，850，1957；中国高等植物图鉴，2：566，图2862，1972；山东树木志，539，1984；树木学（北方本），430，图297，1997；中国树木志，4：4128，图2159，1~3，2004。

落叶乔木，高至20m，胸径至1m。树皮灰褐色，纵裂，小叶卵形，椭圆形或披针形，长3~7cm，先端渐尖，基部常偏斜，边缘有锯齿，老叶无毛。花芳香，花瓣淡紫红色；花丝筒紫色，花药10；子房4~5室，核果椭圆形或近球形，长1~2cm，熟时黄色，核4~5室，每室1粒种子。种子椭圆形。花期5~6月，果期9~10月。

吐鲁番、伊宁、库尔勒、阿克苏、喀什、和田等城市庭院零星引种。分布于黄河以南，长江流域及福建、广东、海南、广西、台湾。热带、亚热带、亚洲广布，温带地区常见栽培。中亚各大城市早有引种，开花结实。

喜光和温暖气候，耐盐碱能力较强，也耐水湿，用种子繁殖。

木材淡红褐色，结构粗，纹理直，易加工，抗虫蛀，耐腐朽，供细木工用材，皮含苦楝素，可作驱蛔虫药，根、茎含鞣质，可提取栲胶，种子含油达39%，可制肥皂等用。

树势优美，叶形雅致，花味清香，花色艳丽，是珍贵城市绿化树种。

（3）米仔兰属 Agalaia Lour.

乔木或灌木，羽状复叶或3小叶，稀单叶，小叶全缘。花小球形，杂性异株；圆锥花序；花萼4~5齿裂或深裂；花瓣3~5，覆瓦状排列，分离或下部与花丝筒合生；花丝筒短于花瓣，坛状；花药5~6，花盘不明显，子房1~2胚珠，无花柱，浆果，果皮革质，种子无胚乳，假种皮肉质。

约250种，分布于热带地区。我国12种，主产西南及东南，新疆栽培1种。

1*. 米仔兰

Agalaia odorata Lour.；经济植物手册，下册，第一分册，852，1957；中国高等植物图鉴，2：569，图2867，1972；中国树木志，4：4135，图2163：1~2，2004。

常绿灌木。幼枝被锈色星状鳞片，叶轴具狭翅；小叶3~5，倒卵形或椭圆形，长(2)4~12cm，宽1~5cm，先端钝，基部楔形，无毛。花序腋生，长3~14cm，花黄色或淡黄色，有香气，径约2mm，雄花梗纤细，长1.5~3mm，两性花花梗稍粗短；花萼5裂；花瓣5；花丝筒较花瓣稍短；子房密被黄色糙毛。果卵形或近球形，长5~12mm，花期5~12月，果期7月至翌年3月。

南北疆城镇公园均有栽培。产于我国南部、西藏东南部。生于低海拔疏林中，中南半岛也有分布。北方城市普遍栽培，温室越冬，花可提取芳香油，或晒干制花茶。枝叶茂密，四季长绿，是城市珍贵观赏树种。

XXVIII. 橄榄目——BURSERALES

薄壁组织具分散胶汁细胞，导管单孔板，纤细通常具分隔，髓线异型或同型，节多为 5 隙，绒毡层分泌型，小孢子发生连续型，花粉 2 细胞，通常三孔沟，双珠被少单珠被，厚珠心，胚囊蓼型，珠孔受精，胚乳核型。

塔赫他间系统(1997)认为，本目接近无患子目和芸香目。新疆仅引种栽培 1 科。

43. 漆树科——ANACARDIACEAE Lindley，1830

常绿或落叶，乔木或灌木，韧皮部具树脂。叶互生，稀对生，单叶，羽状复叶或掌状三小叶。花单性异株，杂性同株或两性，组成顶生或腋生总状或圆锥花序，双被花，稀单被或无被花；花萼 3 ~ 5 裂，花瓣 3 ~ 5，稀缺；雄蕊 10 ~ 15，稀更多；花盘环状或杯状；子房上位，1 室，每室 1 胚珠。核果。种子无胚乳或具少量薄胚乳。X = 10，12，20，21，30。

约 60 属 600 余种，广布热带、亚热带。我国 16 属 50 余种。新疆引种 3 属。

分属检索表

1. 花无花瓣，花序腋生，复叶，具全缘小叶片 ················· (1) 黄连木属 Pistacia Linn.
1. 花具花瓣，花序顶生，单叶全缘或有锯齿。
   2. 单叶全缘，小核果肾形 ················· (2) 黄栌属 Cotinus (Tourn.) Mill.
   2. 羽状复叶，小核果被腺毛 ················· (3) 盐肤木属 Rhus Linn.

(1) 黄连木属 Pistacia Linn.

图 244　阿月浑子 Pistacia vera Linn.

落叶或常绿乔灌木，树皮有树脂，芽有数外芽鳞，叶为互生单叶，或羽状复叶或仅 3 小叶，花雌雄异株，成侧生圆锥花序，无花瓣或亦无花萼；雄花基部具 2 小苞片，萼片 1 ~ 2 雄蕊 3 ~ 5，花丝短，雌花具 2 ~ 5 萼片，子房上位，球形或卵圆形，胚珠单生；花柱短，3 裂。核果斜卵形；种子扁压，子叶扁而凸起。

6 ~ 10 (12) 种，中国 3 种，新疆仅引入 1 种。

1*. 阿月浑子　开心果　彩图第 45 页

Pistacia vera Linn. Sp. Pl. 1025，1753；Фл. СССР，14：520，tab. 28，fig. 1，1949；Дерев. и КУСТАР. СССР，4：306，1958；中国树木分类学，651，1953；经济植物手册，下册，第一分册，883，1957；新疆植物检索表，3：267，图版 18，图 1，1985；树木学(北方本)，423，1997；

中国树木志, 4: 4229, 2004。

小乔木, 高至 5~7m, 常成灌木状, 树皮灰色, 老枝淡灰色, 一年生枝淡红褐色, 疏被绒毛或无毛, 叶三出或 1~5(7) 小叶, 叶柄长 3~7cm, 小叶片革质, 阔椭圆形或卵形, 基部楔形, 不对称, 下延成短柄, 顶端短渐尖, 长 5~11cm, 宽 3~5cm, 上部小叶片经常较大, 上面深绿色, 有光泽, 下面淡绿色, 暗淡。花雌雄异株, 雄花组成稠密圆锥花序, 长 4~6cm, 花被 3~5 片, 长圆形, 膜质, 不等长, 边缘被卷曲绒毛, 长 2~2.5mm, 雄蕊 5~6, 近无柄, 花药长 2~3mm, 雌花组成狭窄圆锥花序, 长 4~6cm, 花被 3~5 片, 长圆形, 膜质, 不等长, 边缘具卷曲绒毛; 子房上位, 核果狭或宽卵圆形, 长约 2cm, 宽约 1cm, 成熟时果皮干燥开裂或不裂。

伊宁和喀什引种栽培, 西安植物园和北京也有少量引种。分布于中亚细亚、小亚细亚、伊朗和阿富汗。

阿月浑子在很早以前, 就曾作为果树在地中海国家栽培, 特别在意大利、地中海岛上, 在叙利亚、土耳其、伊朗以及印度、北美—加利福尼亚、德克萨斯、新墨西哥和阿利桑那等。一些中亚国家也早有栽培。少有野生(塔吉克斯坦有野生)。

据《原苏联树木志》(4; 311)记载, 阿月浑子在原苏联共有 8 个类型或品种(f), 我国是从中亚引种的, 也可能含有这些类型或品种。

1. 矮生型 f. nana Kor 生长低矮

2. 大叶型 f. macropylla Kor 叶片较大

3. 早熟型 f. praecox Kor 果实 7 月成熟

4. 晚熟型 f. serotina Kor 果实 9 月下旬成熟

5. 大果型 f. macrocarpa Kor 果实长 1~2cm, 宽 0.5~1cm

6. 裂果型 f. dehiscens Kor 内果皮开裂(商品名: 开心果)

7. 不裂果型 f. indehiscens Kor 内果皮不裂或少裂

(2) 黄栌属 Cotinus(Tourn.) Mill.

落叶乔木或灌木, 高达 8m, 树汁有臭味, 单叶, 全缘或具疏齿。花小淡绿色, 组成顶生圆锥花序, 不育花的花梗变成羽毛状细长花梗, 花萼 5 裂; 花瓣 5; 雄蕊 5, 子房 1 室, 花柱 3, 侧生, 核果小, 肾形, 直径 3~4mm, 无毛或被毛。

约 5 种, 分布于南欧、亚洲东部和北美温带地区, 我国无正种, 仅 1 种 2 变种, 产华北、西北至西南部。新疆均有引种。

1. 黄栌 红色黄栌

Cotinus coggygria Scop. var. **cinerea** Engl.; 中国高等植物图鉴, 2: 639, 图 3008, 1980; 山东树木志, 565, 图 1~4, 1984; 树木学(北方本), 424, 1997; 中国树木志, 4: 4230, 2004。

灌木, 高至 5m, 叶纸质, 卵圆形或倒卵形, 长 3~8cm, 宽 2.5~6cm, 顶端圆形或微凹, 基部圆形或宽楔形, 全缘, 两面被灰色柔毛, 背面尤密, 叶柄短, 圆锥花序被柔毛; 花萼无毛, 花瓣倒卵形或卵状披针形, 长 2~2.5mm, 花盘 5 裂, 果肾形, 长约 4.5mm, 宽约 2.5mm, 无毛, 花期 4~5 月, 果期 6~7 月。

伊宁市区公园引种栽培。分布于河北、山东、河南、湖北、四川, 间断分布于东南欧。

喜光, 耐寒, 耐干旱瘠薄和碱性土壤, 以深厚、肥沃、排水良好的砂质壤土生长最好, 对二氧化硫有较强抗性, 对氯化物抗性较差, 根系发达, 萌蘖性强, 种子繁殖。压条、根插、分株也可。是园林绿化和荒山绿化先锋树种, 可逐步推广。

2. 毛黄栌

Cotinus coggygria Scop. var. **pubescens** Engl.

跟黄栌很相似, 但叶背多绒毛, 而花序却无毛, 故观赏较差, 二者分布用途均相同。

（3）盐肤木属 Rhus Linn.

落叶灌木或小乔木。奇数羽状复叶，3 小叶或单叶，叶轴具翅或缺。花杂性或单性异株，花序顶生；花部 5 基数，子房 1 室。小核果球形，略扁，被腺毛或具节毛或单毛，外果皮与中果皮连合。约 250 种，广布于热带、亚热带和暖温带。我国 6 种。新疆引入 1 种。

1*. 火炬树 鹿角漆 彩图第 46 页

Rhus typhina Linn. Gent. Pl. 11：14，1756；经济植物手册，下册，第一分册，886，1957；山东树木志，567，1984；树木学（北方本），426，1997。

落叶小乔木，高达 8m。小枝粗壮，密被长绒毛。小叶 9~23 枚，长椭圆状披针形或披针形，长 5~12cm，顶端长渐尖，基部圆形或宽楔形，叶缘有锯齿，幼枝两面被毛；叶轴无翅。花序密被毛。小核果深红色，密被绒毛，密集成火炬形，花期 6~7 月，果期 8~9 月。南北疆城镇庭院多有栽培，耐寒越冬，开花结实，生长良好。原产北美洲，现欧洲、亚洲和大洋洲许多国家多有栽培。我国自 1959 年引种，迄今已遍及全国许多地区。枝叶变红甚艳丽，花序密集成火炬，是珍贵庭院绿化树种。

G. 牻牛儿苗亚纲——Subclass GERANIIDAE

牻牛儿苗超目——GERANIANAE

XXIX. 薰倒牛目——BIEBERSTEIBALES

44. 薰倒牛科——BIEBERSTEINIACEAE J. G. Agardh，1858

草本或半灌木。茎被具头和柄的多细胞腺毛，托叶和叶柄连合，花组成顶生总状花序，花具 5 枚雄蕊的外蜜腺，花粉粒 3 沟孔，具条纹装饰外膜，雌蕊具有分离、丝状有头状花柱的花柱枝，子房具短柄，5 室，每室具 1 枚倒生、顶生胚珠，种子具有比牻牛儿苗科原始的结构。染色体较大，数目是 2n=10，是牻牛儿苗中最低的。

本科仅 1 属。

（1）薰倒牛属 Biebersteinia Steph. ex Fisch.

计 5 种。国产 4 种，产西北各地区及西藏。新疆产 3 种，半灌木仅 1 种。

1. 香倒牛

Biebersteinia odora Steph. in Mem. Soc. Nat. Mosc. 1, tab. 9, 1806；Vved. in Fl. URSS, 14：74, 1949；Фл. Казахст. 6：15, 1963；新疆植物检索表，3：212，图版12，图1，1985。

矮小半灌木，密被具柄腺毛，很臭，叶线状披针形，羽状全裂，被柔毛，短于茎，裂片多数，密生；叶柄甚短；托叶有毛，常有腺毛，全缘或顶端稍浅裂。总状花序下垂，花不多；苞片倒卵形，钝，全缘或浅裂，花梗多毛，长于萼，下部具 2 枚披针形苞片；花萼椭圆形，长 7~9mm；花瓣黄色，阔倒卵形，花丝具长毛；子房具毛。花期 7~8 月。

产和布克赛尔蒙古自治县萨乌尔山，生高山石质坡地。哈萨克斯坦和俄罗斯西伯利亚也有分布，模式标本采自俄罗斯西西伯利亚山地阿尔泰山（楚雅河）。

XXX. 蒺藜目——ZYGOPHYLLALES

塔赫他间系统(1997年)分5科,新疆产3科。

45. 蒺藜科——ZYGOPHYLLACEAE R. Brown,1814

接近芸香科 RUTACEAE 和苦木科 SIMAROUBACEAE,区别主要在于缺乏含有挥发油的硬化细胞以及固有的托叶,就整体而言,蒺藜科要比芸香科 RUTACEAE 和苦木科 SIMAROUBACEAE 进化得多。

22/220,主产热带和亚热带以及温带干旱和半干旱地区,新疆木本仅1属。

(1)木霸王属(新拟)Sarcozygium Bunge

灌木,复叶1对,小叶片长于、等于或短于叶柄。蒴果具3翅。

1种。亚洲中部,中亚也有。

1. 木霸王 喀什霸王　霸王　图245　彩图第46页

Sarcozygium xanthoxylon Bunge Linnaea, 17:8, 1843; Hance, Journ. Bot. (London), 20:258, 1882; Forbes a Hemsl., Index Fl. Sin. 1:97, 1886; Danguy, Bull. Mus. Hist. Nat. (Paris), 17:268, 1911;中国植物志, 43 卷 1 分册, Fl. Reipub Pop Sin. 43(1):139, 1998;云南植物研究, 25 卷 2, Acta. Bot. Yunnanica, 25(2):113~121, 2003; Novit. Syst. Pl. Vas. 7:243, 1970; 31:177, 1998, Pro syn Subg. Zygophyllum—*Zygophyllum xanthoxylum*(Bunge) Engler 1897 in Nat. Pflanzenfam, 3, 4:81; Hedin 1922, S. Tibet, 6, 3:57—*Zygophyllum xanthoxylum*(Bge.) Maxin Fl. Tangut, 103, 1889;中国高等植物图鉴, 2:537,图2803, 1972;新疆植物检索表, 3:234, 1985;中国沙漠植物志, 2:318, 图版112:3~7, 1987—*Zygophyllum kaschgaricum* Boriss 1949, Bo Фл. CCCP, 14:728, 187;新疆植物检索表, 3:234, 1985;中国沙漠植物志, 2:318, 图版

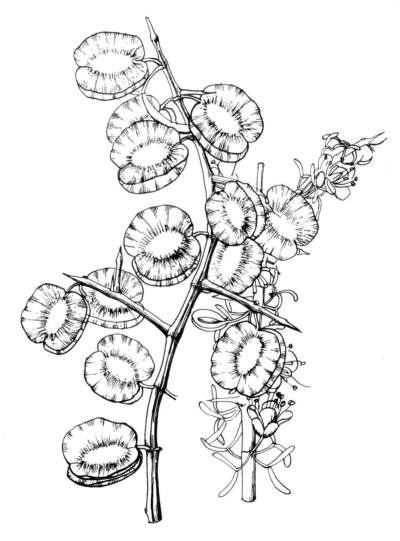

图 245　木霸王 Sarcozygium xanthoxylon Bunge

112：1~2，1987。

灌木。枝先端刺状，皮灰绿色，节间短缩。叶在老枝上簇生，嫩枝上对生，叶柄长 8~25mm；小叶 1 对，长匙形、狭矩圆形、条形，先端尖，基部渐狭，长 8~24mm，宽 2~5mm。花生于老枝叶腋；萼片绿色，长 4~7mm；花瓣黄色，长 8~11mm；雄蕊长于花瓣。蒴果近球形，长 18~40mm，翅宽 5~9mm，常 3 室，每室 1 种子。种子肾形，长 6~7mm，宽约 2mm。花期 4~5 月，果期 7~8 月。

生于干旱荒漠地区，盐化沙地，砾石戈壁，石质山坡。

产于奇台、伊吾、巴里坤、巴仑台、托克逊、和静、库尔勒、喀什、阿克陶、乌恰、尉犁、民丰。蒙古也有，模式标本自内蒙古。

木霸王在我国从内蒙古、宁夏、青海，一直到新疆的辽阔区域内，其植株高低，叶片长短，果实大小，甚多变化，故就全国而言，合并为一种从理论和实践上都是可行的，但今后，随着治沙植物研究的深入，选育出一些固沙效果优良的新的种下等级也是可能的。

46. 白刺科——NITRARIACEAE Lindley，1830

Lindley 1830—；Тахтаджян СИСТЕМА МАГНОЛИОФИТОВ 177，1987；吴征镒等，中国被子植物科属综论，764，2003。

接近芸香科（RUTACEAE）和蒺藜科（ZYGOPHYLLACEAE）。特殊的是：互生、单生、全缘或有时顶端具 2~3 齿牙的肉质叶；具很小的托叶。合被片的花萼，独特的 3 沟孔花粉，3（~6）合生心皮，雌蕊逐步向上形成短卵形柱头，具 3（~6）下延的柱头冠，被有细小乳头，特殊的 1 种子的核果状果实，具多少肉质的外果皮，内果皮发育成木质化组织（硬化中果皮）和石质的薄层有坑洼的内果皮。种子无胚乳。本科仅 1 属。

（1）白刺属 Nitraria Linn.

1/10，从北非和欧洲东南到西西伯利亚，亚洲中部和澳大利亚西南，新疆产 6 种。或 4 种 2 变种。

X = 12、15（n = 12、30，可能为 6 的古 4 倍体或 10 倍体）（根据吴征镒 2003 年）。

分种检索表

1. 叶狭窄线形或线状倒披针形，核果干燥，泡状球形，核狭窄，几为梭形 ⋯ **1. 泡果白刺 N. sphaerocarpa** Maxim.
1. 叶较宽，顶端通常较钝；核果多汁，核卵状圆锥形。
　2. 帕米尔高原特有的矮小铺散小灌木，高 12~30cm，枝短，密集，多刺；叶线状披针形，全缘；核表面具网状脉，具浅沟洼，狭窄，花序被贴伏毛 ⋯⋯⋯⋯⋯⋯⋯⋯⋯⋯⋯⋯⋯ **2. 帕米尔白刺 N. pamirica** Vassil.
　2. 南北疆平原，沙地，盐碱地小灌木。
　　3. 叶片和果实明显较大。
　　　4. 叶长椭圆状匙形，或长倒卵状，全缘或顶端具 2~3 钝齿牙，铺展分枝灌木，无明显主干；果实大，紫红色，果汁淡红 ⋯⋯⋯⋯⋯⋯⋯⋯⋯⋯⋯⋯⋯⋯ **3. 大果白刺 N. roborowskii** Kom.
　　　4. 叶长圆状匙形，或长倒披针形，直立小灌木，具明显主干，果熟时深红色，果汁玫瑰色 ⋯⋯⋯⋯⋯⋯⋯⋯⋯⋯⋯⋯⋯⋯⋯⋯⋯⋯⋯ **4. 唐古特白刺 N. tangutorum** Bobr.
　　3. 叶片和果实明显较小。
　　　5. 果较大，深红色，果汁淡红色，核卵圆形，长 6~7mm，宽 2~3mm，核光滑中部以下具圆形深凹 ⋯⋯⋯⋯⋯⋯⋯⋯⋯⋯⋯⋯⋯⋯⋯⋯ **5. 白刺 N. schoberi** Linn.
　　　5. 果较小，近圆球形，两端钝圆，熟时暗红色，果汁暗蓝紫色，核卵形，长 4~5mm ⋯⋯⋯⋯⋯⋯⋯⋯⋯⋯⋯⋯⋯⋯⋯⋯⋯⋯ **6. 西伯利亚白刺 N. sibirica** Pall.

1. 泡果白刺　图 246　彩图第 46 页

Nitraria sphaerocarpa Maxim.
in Mel. Biol. 11：657，1883；Bobr.
В Сов. бот. 14（1）：24，1946；Bo-
br. in Journ. Bot. URSS，8：1058，
1965；内蒙古植物志，4：17，
1979；中国沙漠植物志，2：304，
1987；新疆植物检索表，3：232，
1985；Novit. Syst. Plant Vascul. 31：
186，1998。

灌木，枝直立或铺展，多分枝，
不育枝先端针刺状，叶 2～3 片簇
生，近无柄，条形或倒披针状条形，
长 5～25mm，宽 2～4mm，先端锐尖
或钝，全缘。花序长 2～4cm，密被
短柔毛，花梗长 1～5mm，花 5 数，
萼片绿色被柔毛，花瓣白色，长约
2mm。幼果密被黄褐色柔毛，成熟
时果皮膨胀成球形，干膜质，径约
1cm；果核长 8～9mm，先端渐尖，
表面具蜂窝状小孔，花期 5～6 月，
果期 6～7 月。

生于荒漠戈壁滩上及沙丘上。

产伊吾、哈密、乌鲁木齐、库
尔勒、莎车、英吉沙等地。甘肃西
北、内蒙古西部，蒙古也有。模式
标本由普热瓦尔斯基采自哈密戈壁。

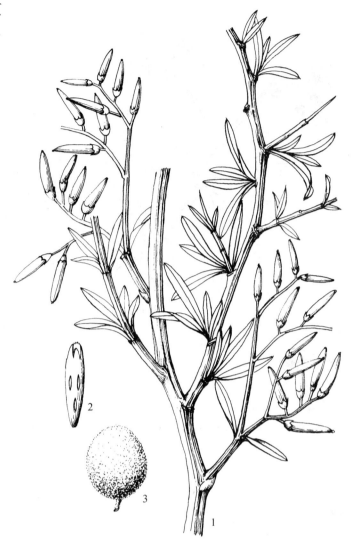

图 246　泡果白刺 **Nitraria sphaerocarpa** Maxim.
1. 枝　2. 果枝　3. 果

2. 帕米尔白刺

Nitraria pamirica Vassil. in Novit. Syst. Plant Vascul. 11：341，1974；Fl. Tadzhik. 6：398，
1981；Novit. Syst. Plant Vascul. 31：185，1998；新疆林业科技，2：11，1991。

矮小灌木，高 12～30cm，茎铺散，密分枝，不育枝顶端刺化，老枝皮灰色，开裂，嫩枝皮白
色，有光泽，常被贴伏毛，叶长 1～2cm，宽 1.5～3.5mm，线状匙形，顶端急尖或钝，下部逐渐收
缩，全缘，灰蓝绿色，被贴伏毛，少无毛，花序长 1～1.5cm，花梗密被贴伏绒毛，花萼长 1.5～
2.5mm，连合几达中部，分离部分阔三角形，急尖，边缘有睫毛，疏柔毛，或几无毛，宿存，花瓣
长 3～4mm，宽 1.5～2mm，长圆状椭圆形，子房被绒毛，柱头短，卵形，小核果长 8～9mm，宽
5～6mm，多汁，樱红色，成熟时发黑，具淡樱红色果汁，被贴伏绒毛，核长（5）6.5～7.5（8）mm，
宽 2～3mm，长圆锥形，具网状脉和不深的洼凹，花果期 7～9 月。

生帕米尔高原、高山荒漠带，海拔 3800～4300m。

产塔什库尔干。塔吉克斯坦东帕米尔也有（模式产地）。我们自塔什库尔干布仑库勒采到标本，
此种在产区标本不多，分布不广，有待深入采集研究。

3. 大果白刺

Nitraria roborowskii Kom. in Act. Hort. Petrop. 1：168，1908；Bobr. in Sovet. Bot. 14，1：24，
27，1946；Bobr. in Journ. Bot. URSS，8：1055，1965；新疆植物检索表，3：232，图版 15，图 5，

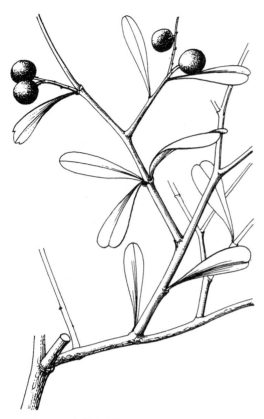

图 247 大果白刺 *Nitraria roborowskii* Kom.

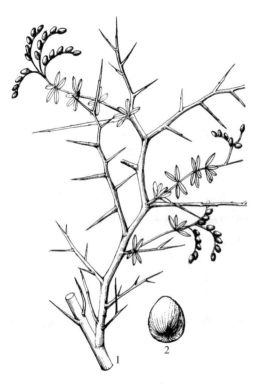

图 248 西伯利亚白刺 *Nitraria sibirica* Pall.

1. 枝 2. 果

1985；中国沙漠植物志，2：305，1987；新疆林业科技，2：10，1991；Novit. Syst. Plant Vascul. 31：184，1998 pro var. schoberi。

灌木，枝多数，平展，先端刺状尖，叶 2～3 片簇生，矩圆状匙形，或窄倒卵形，长 25～40mm，宽 7～20mm，先端钝圆或平截，全缘或先端具不规则 2～3 齿牙，花序稀疏，核果卵形，长 12～18mm，径 8～15mm，熟时深红色，果汁紫黑色，核长卵形，长 8～10mm，宽 3～4mm，花期 6 月，果期 7～8 月。

生盐碱化荒漠地及河流湖泊边缘。

产奇台、鄯善、尉犁、叶城、民丰等。甘肃、青海、宁夏、内蒙古也有。蒙古西部也有，模式标本采自新疆且末绿洲，藏圣彼得堡植物标本馆。

本种白刺虽是采自新疆且末绿洲标本建立的，但在北疆荒漠盐渍化沙地上均较常见，也是很容易识别的好种，虽然有人对其分类等级有不同意见，但还是以尊重科玛洛夫意见保持其种的等级。

4. 唐古特白刺

Nitraria tangutorum Bobr. in Sovet. Bot. 14，1：24～26，1946；Bobr. in Journ. Bot. URSS，8：1058，1965；新疆林业科技，2：10，1991；中国沙漠植物志，2：306，1987；Novit. Syst. Plant Vascul. 31：185，1998。

灌木，高 1～2m，多分枝，平卧，先端针刺状。叶通常 2～3 片簇生，阔倒披针或倒披针形，长 18～25（30）mm，宽 6～8mm，先端钝圆。花序稠密。核果卵形或椭圆形，熟时深红色，果汁玫瑰色，长 8～12mm，径 6～9mm，果核窄卵形，长 5～6mm，先端短渐尖，花期 5～6 月，果期 7～8 月。

生荒漠地区湖盆边缘，河流阶地及洪积扇。

产乌鲁木齐、精河、和硕、轮台、阿合奇、阿克陶等。陕西北部、内蒙古西部、甘肃、青海和西藏也有，模式标本自青海柴达木盆地。

根据格鲁波夫在亚洲中部蒺藜科概要文中记载，唐古特白刺是"大灌木，大部分具发达的高至 4m，基部直径达 25cm 的主干，核果皮薄，易开裂，长 5～6mm"。

《中国沙漠植物志》记载（2：306，1987）是"灌木，高 1～2m，多分枝，平卧"，而在新疆多数地区见到的也都是平卧的，但也确曾在野外见到过高约 1～2m 橘红色果实的白刺，所以，这是新疆值得深入研究的一种白刺。

5. 白刺　泡泡刺　盐生白刺　彩图第 46 页

Nitraria schoberi Linn. Syst. Nat. ed. 10, 2：1044, 1759；Фл. CCCP, 14：197, 1949；Bobr. in Journ. Bot. URSS, 8：1058, 1965；新疆植物检索表, 3：233, 1985；新疆林业科技, 2：11, 1991；Novit. Syst. Plant Vascul. 31：181, 1998。

灌木，枝铺展，枝端尖刺状，叶在短枝上 2～3 枚簇生，线状倒披针形，长 2～3cm，宽 3～5mm，端锐尖，无毛。花序顶生，花白色。核果卵形，深红色，径 9～13mm，果汁淡红色，核卵形，长 6～7mm，宽 2～3mm，花期 6 月，果期 8 月。

生荒漠河湖岸边沙地。

产阿勒泰(盐池)布尔津沙地。国外在俄罗斯，哈萨克斯坦及蒙古也有。模式自伏尔加河下游，藏林奈标本馆。

6. 西伯利亚白刺　西伯利亚泡泡刺　小果白刺　图 248

Nitraria sibirica Pall. Fl. Ross, 1：80, 1784；Bobr. in Fl. URSS, 14：197, 1949；Фл. Казахст. 6：52, tab. 5, fig. 5, 1963；中国高等植物图鉴, 2：536, 图 2802, 1972；内蒙古植物志, 2：304, 图版 106：4～6, 1987；新疆林业科技, 2：10, 1991；Novit. Syst. Plant Vascul. 31：184, 1998 Pro *N. schoberi* var. *sibirica* Pall.。

灌木，枝弯曲或直立有时横卧，小枝灰白色，先端刺状尖，托叶细小。叶无柄，在嫩枝上 4～6 簇生，倒披针形，端锐尖或钝，基部逐渐收缩，长 6～15cm，宽 2～5mm，无毛或幼嫩叶被绒毛。聚伞花序嫩枝端，长 1～3cm，被疏柔毛；萼片 5，绿色，花瓣长圆形，长 2～3mm，白色。核果近圆形，两端钝圆，长 6～8mm，熟时暗红色，果汁蓝紫色，味甜而微咸。核卵形，端尖，长约 4～5mm，花期 5～6 月，果期 7～8 月。

生盐渍化沙地，耐盐碱耐沙埋，喜生地下水约 1m 的沙地。

产全疆各地。我国西北、华北、东北各地区沙地或海边均有分布。蒙古、哈萨克斯坦和俄罗斯也有，模式自西伯利亚。

卫矛超目——CELASTEANAE

塔赫他间系统(1997 年和 1987 年)的超目，分 7 目 16 科。

XXXI. 卫矛目——CELASTRALES

木本或藤本，单叶互生或对生，花两性或单性，具花盘，子房上位，具 4 轮 5 数花，可能起源于蔷薇目中的 5 数花的代表。

47. 卫矛科——CELASTRACEAE R. Brown，1814

乔木、灌木或藤本。单叶，互生或对生，托叶小或缺。花两性或单性，形小，组成腋生或顶生聚伞花序或总状花序，稀单生。花萼 4～5 裂，宿存；花瓣 4～5，稀无瓣，雄蕊 4～5，与花瓣互生，常生于花盘上，子房上位，2～5 室，每室 1～2 胚珠，中轴胎座，蒴果、核果、浆果或翅果。种子常有橘红色假种皮，子叶叶状，扁平。

本科 42 属 450 种，广布于热带和温带地区。我国 12 属 200 余种。新疆有 2 属。

分属检索表

1. 直立灌木；叶对生极少互生，蒴果通常分裂 ·················· **(1) 卫矛属 Euonymus** Linn.
1. 缠绕藤本；叶互生蒴果近球形，不裂 ·················· **(2) 南蛇藤属 Celastrus** Linn.

(1) 卫矛属 Euonymus Linn.

灌木，乔木，稀藤本。叶对生，稀互生及轮生。花两性，组成腋生聚伞或复聚伞花序，花5数，花盘扁平，全缘，子房与花盘结合。蒴果，种子常有橘红色或橘黄色假种皮。

170种，广布北温带，我国约90种，新疆有5种，野生仅1~2种。

分种检索表

1. 野生于天山林下小灌木。
  2. 叶对生，披针形或卵状披针形，花4数，暗紫色，蒴果4浅裂，无翅，成熟时蔷薇色 ……………………………………………………………………… **1. 天山卫矛 E. semenovii** Rgl. et Herd.
  2. 叶互生，有时轮生，叶狭披针形或线状披针形，基部心形，花序2~3花或单花，具细长花梗，花4数，径约5mm ……………………………………… **2. 库普曼卫矛 E. koopmannii** Lauche
1. 栽培于城市公园庭院植物。
  3. 常绿灌木，叶革质，倒卵形 ……………………………………… **3*. 冬青卫矛 E. japonica** Thunb.
  3. 落叶灌木。
    4. 叶柄较长，长7~30mm，约为叶片长1/4~1/3；花丝极短 ……………… **4. 桃叶卫矛 E. bungeana** Maxim.
    4. 叶柄较短，长5~10mm，约为叶片长的1/6~1/5；花丝较长。
      5. 叶披针状长圆形或卵状长圆形，长为宽的2.5倍，边缘具锐尖细锯齿，叶柄长5mm …………………………………………………………………… **5. 华北卫矛 E. maackii** Rupr.
      5. 叶椭圆形，或长椭圆形，长为宽的1.5~2倍，边缘具钝细锯齿，叶柄长5mm …………………………………………………………… **6. 短柄卫矛 E. sieboldianus** Blume

1. 天山卫矛　图249

Euonymus semenovii Rgl. et Herd. in Bull. Soc. Nat. Mosc. 39：557，1866；Фл. СССР，14：559，1949；Дер. И куст. СССР，4：378，1958；Fl. Tadzhik. 6：485，tab. 1~2，1981；新疆植物检索表，3：269，图版18，图2，1985。—E. przewalskii auct non Maxim.；中国高等植物图鉴，2：675；图3079，1972；树木学（北方本），389，1997，excl pl e xinjiang。

灌木，高20~100cm，常匍匐性，嫩枝直立，橄榄绿色，圆状四棱形，老枝淡灰绿色，树皮有皱纹，叶长7(9)cm，宽1~2cm，对生，卵状披针形，顶端长渐尖，基部圆或楔形，边缘具圆齿状锯齿，叶柄长2~5cm，花序3~7花，具纤细、丝状长4~5cm的花梗，苞片和小苞片鳞片状，宿存；花径6~8mm，萼片长圆形，绿色，花瓣近圆形，全缘，紫色，具绿色边缘，雄蕊具淡白色花药；花盘径约2mm，淡红色，蒴果干燥，革质，梨形径约1cm，4浅裂，裂片钝，成熟时深红色，以后变褐色，无毛。种子长约3mm，具有侧生假种皮孔，褐色，花期5月，果期8~9月。

图249　天山卫矛 **Euonymus semenovii** Rgl. et Herd.

生于山地林缘和灌丛中。

产于伊犁天山山区，中亚山区也有。模式标本采自阿拉木图附近。

2. 库普曼卫矛(新拟)

Euonymus koopmannii Lauche in Wittmack's Gartenzeit. 2：112，1883；Фл. СССР，14：565，1949；Дер. И Куст. СССР，4：382，1958；Фл. Казахст. 6：118，1963。

常绿小灌木，通常高不及1m，具有蔓生的地下或地上短缩的茎，形成上升的枝。嫩枝多方面有棱肋，有时沿棱肋上有翅，淡绿色；较老枝灰色，有时近黑色而有多数纵向多疣点的皮孔带。芽圆状卵形，长约2mm。叶序呈不规则互生，上部有时轮生(每3～4枚1轮)或对生。叶狭披针形或线状披针形，长1.5～7.5cm，宽0.2～1.5cm，顶端具圆形，钝的排扰有时具不大的短尖头，基部心形常扩展，边缘下弯，不明显尖齿，革质，上面暗绿色，有光泽，下面带苍白色。聚伞花序2～3花，或单朵，具细长花梗，腋生，花4数，径约5mm。蒴果4浅裂，高10～15mm，成熟时蔷薇色，裂片具边缘，明显有棱瘤(近狭窄翅)。种子长圆状圆形，长4.5～5mm，有光泽，淡紫色，围以宽的、碟形的橙色假种皮达1/3。花期6月，果期8～9月。

生山地林缘和灌丛中。山河岸边阴湿地，常跟天山卫矛同一生境。

产伊犁天山山区。中亚山地也有。模式自中亚阿赖依边区。

3*. 冬青卫矛　大叶黄杨　正木

Euonymus japonica Thunb. Nova Acta. Soc. Sci. Upsal. 3：208，1780；中国高等植物图鉴，2：665，图3059，1972；新疆植物检索表，3：269，1985；山东树木志，581，1984；树木学(北方本)，388，1997。

常绿灌木，高4～5m。小枝圆筒状，微具四棱。叶对生，革质，上面光亮，倒卵形或椭圆形，长3～5cm，宽2～3cm，先端圆或钝尖，基部楔形，边缘有锯齿。叶柄长7～10mm。聚伞花序，由5～12花组成，总花梗长2～4cm，小花梗长3～5mm，花淡绿色，径5～7mm，4数，花瓣圆形或卵圆形，长宽约2mm，雄蕊细，长约3mm，花药近圆形，子房每室1胚珠。蒴果近球形，径约8mm，暗红色，花柱宿存。种子椭圆形，全包于橘红色假种皮中。花期6～7月，果期11月。

原产日本。我国各地常栽培作绿篱。新疆各城镇公园栽培，除伊犁、南疆各地露天越冬外，北疆多为温室越冬。

4. 桃叶卫矛　彩图第47页

Euonymus bungeana Maxim.，Prim. Fl. Amur.（1859）470；中国高等植物图鉴，2：670，图3070，1972；新疆植物检索表，3：270，1985。

树高4～6m，有时灌木状，嫩枝微有4棱。叶卵形或长圆状卵形，有时近圆形，长3～10cm，宽1.5～6cm，顶端具突尖，有时达到叶片长度1/3，具阔楔形或圆形基部，尖锯齿，坚实，光滑，浅灰蓝色，叶柄长0.5～2.5cm。聚伞花序，二回三出分枝，花7～15朵，花梗细长，长2～5cm，花4数，直径6～10mm，淡白色或淡黄色，或新紫色。蒴果4棱，径约10mm，无翅，成熟果实淡红或淡黄红色；种子淡红色被橘红色假种皮。花期6月，果期9月。

哈密、乌鲁木齐、石河子、伊犁、阿克苏、喀什、和田等地均有栽培。广布我国北部、中部及南部各地。模式标本自我国北方。

5*. 华北卫矛　马氏卫矛

Euonymus maackii Rupr. in Bull. Phys – Math. Acad. Petersb. 15：358，1857；中国树木分类学，663，图554，1953；华北经济植物志要，276，1953；经济植物手册，下册，第一分册，902，1957；Дер. И Куст СССР，4：374，fig. 43，2，1958；新疆植物检索表，3，270，1985；黑龙江树木志，388，图版116：3～5，1986。

落叶小乔木，高约4m，树皮暗灰色，浅纵裂，枝圆柱状，近四棱形，无毛，一年生枝绿色或淡褐色，秋季变紫红色或紫褐色，二年生枝灰褐色；芽小，卵状圆锥形。叶对生，披针状长圆状形或长圆形，长5～10cm，宽2～4cm，先端渐尖或长渐尖，基部楔形或近圆形，边缘具锐尖细锯齿，常呈波状，质地微密，稍革质，上面有光泽，无毛，叶柄长 5~10mm，为叶身长的 1/6 或 1/4，托叶小，聚伞花序，具 10 余花，花径 1~1.2cm；萼裂片 4，三角状卵圆形，较短；花瓣 4，长圆状倒卵形，先端钝，淡黄白色；雄蕊长 2~4mm，淡绿色，具暗紫红色花药；子房光滑，花柱圆筒状，淡绿色，钝头，与雄蕊等长或稍长；花盘绿色。蒴果无翅，倒圆锥形，深 4 裂，径约 1cm，粉红色；种子 2~8 粒，粉红色，假种皮橘红色。花期 6 月，果期 8~9 月。

南北疆城镇公园少量引种栽培。我国东北、华北各地区均有。俄罗斯、朝鲜、日本也有，模式标本采自黑龙江中游。

本种与桃叶卫矛（丝棉木）甚相似，但叶多为披针状长圆形，基部楔形，叶柄短，仅为叶片 1/6~1/5，假种皮顶端也不开裂，是珍贵城市绿化树种。

6. 短柄卫矛

Euonymus sieboldianus Blume Bijdr Fl. Ned. Ind. 17: 1147, 1826；Фл. СССР, 14: 556, 1949；Дер. И Куст. СССР, 4: 373, 1958；黑龙江树木志, 394, 图版 116, 6, 1986。

灌木，高 1.5~2m，枝圆筒形，嫩枝有时稍 4 棱，具 4 条纵木栓翅，绿色，较老枝褐色或几黑色。芽卵形，长 3~5mm，叶阔椭圆形或稍倒卵形，长 5~17cm，宽 3~8cm，顶端短渐尖，少钝，基部楔形或阔楔形，不均衡的有锯齿的边缘，革质，上面无毛，下面沿叶脉被绒毛，叶柄长 5mm，花序单或 2~3 分叉，3~15 朵花，腋生，花 4 数，径约 5~8mm，2 型：短雄蕊和长雄蕊，花瓣淡绿白色，长圆状倒卵形，花药紫色。蒴果无翅，4 浅裂，宽至 13mm，高至 11mm，顶端凹，成熟时深红色，裂片三角状圆形，稍有棱。种子卵圆形或三棱状卵形，长 3~6mm，淡紫色，几全部被橙黄色假种皮包被。花期 6 月，果期 8~9 月。

乌鲁木齐、昌吉、石河子、伊宁等地少量引种，生长良好。黑龙江、辽宁、山东、河南、江苏、浙江均有引种。俄罗斯也有引种。模式自日本，是城市园林绿化珍贵树种。

（2）南蛇藤属 Celastrus Linn.

落叶或常绿藤本，单叶，互生，有锯齿。花组成复总状或聚伞花序，杂性异株；花部 5 数，内生杯状花盘。蒴果，3 瓣裂，每瓣具 1~2 种子，具红色肉质假种皮。

约 50 种，产温带和亚热带。我国产 30 种，新疆仅引入栽培 1 种。

1*. 南蛇藤

Celastrus orbiculatus Thunb. Fl. Jap. 42, 1784；东北木本植物图志, 381, 1955；中国高等植物图鉴, 2: 658, 图 3045, 1972；新疆植物检索表, 3: 270, 1985；黑龙江树木志, 384, 1986；树木学（北方本）, 390, 图 260, 1997。

藤本，长达 12m，丛生，树皮黄褐色、灰褐色或淡紫褐色，小枝近圆柱形，灰褐色；芽细小，褐色，扁卵形。叶互生，近圆形至卵圆形或长圆状倒卵形，长 4~8cm，宽 3~6cm，先端锐尖或钝尖，基部宽楔形至近圆形，边缘有粗钝锯齿，上面绿色，下面淡绿色，无毛，叶柄长 1~15cm，托叶细小，深裂，后脱落。聚伞花序腋生，花 3~7 朵，总花梗长 2~3mm，雌雄异株，花小，淡绿色。雄花：萼片 5，花瓣 5，长圆状卵形，雄蕊 5，着生于杯状花盘边缘，退化雌蕊呈柱状；雌花：子房上位，3 室，基部包被于杯状花盘中，花柱短，柱头 3 裂。蒴果球形，径约 8mm，顶部刺尖，橘红色，3 瓣裂，每室具 1~2 粒种子，花柱宿存。种子着生于蒴果基部，白色，假种皮深红色。花期 6~7 月，果期 9~10 月。

乌鲁木齐、昌吉、石河子、奎屯、伊宁等地引种栽培。耐寒，开花结实。分布于我国东北、华北、西北、华东各地区。俄罗斯远东和日本也有。模式标本采自日本。

南蛇藤耐寒、耐旱，适应性强。树皮含优质纤维，可做人造棉，种子含油率可达 50%，可供工业用。

鼠李超目——RHAMNANAE

塔赫他间系统(1987和1997)分2目2科，新疆均产。

XXXII. 鼠李目——RHAMNALES

木本或藤本。稀草本。花与卫矛目相似，但雄蕊与花瓣对生或花瓣缺而与萼片互生。

鼠李目起源于蔷薇目，可能与卫矛目来源于共同祖先。由于卫矛目的对萼雄蕊消失产生鼠李目，或鼠李目的对瓣雄蕊退化产生卫矛目，二者具有平行发展势态。

48. 鼠李科——RHAMNACEAE Juss.，1789

乔木、灌木，稀藤本和草本，常具枝刺或托叶刺。单叶互生，稀对生。花小，两性或杂性异株，常组成聚伞花序，穗状花序或圆锥花序，稀单生或簇生；花萼4~5；花瓣4~5或缺；雄蕊4~5，与花瓣对生；花盘肉质；子房上位，2~3室，稀4室，每室1胚珠；基底胎座，花柱2~4裂。核果，蒴果，胎大而直。

约58属900余种，广布全球。我国14属130种，新疆有3属。

分属检索表

1. 托叶变成刺；叶基三出脉；核果肉质核果状，含1核 ……………………………… (1)枣属 Zizyphus Mill.
1. 托叶不成针刺；叶为羽状脉；果实浆果状核果，含2~4小核。
  2. 冬芽裸露，叶全缘 ………………………………………………… (2)药绿柴属 Frangula Mill.
  2. 冬芽有鳞片，叶有锯齿或全缘 ……………………………………… (3)鼠李属 Rhamnus Linn.

(1)枣属 Zizyphus Mill.

落叶或常绿乔灌木，冬芽小，具2至数个外鳞片。叶互生，有短柄，基部有3~5脉，托叶通常成刺状，花小，黄绿色，两性，5基数，腋生聚伞花序，萼片卵状三角形或三角形，花瓣倒卵形或匙形，稀无花瓣，花盘厚，肉质；子房下半部藏于花盘中内，2室，花柱2裂，果实为核果。

约100种，主要分布在亚洲和美洲热带和亚热带，少数种在非洲，两半球温带也有分布。我国有18种(包括台湾及其引入种)，以西南地区种类最多，新疆仅栽培2种。

1*. 大红枣

Zizyphus jujuba Mill. Gard Dict, 8, 7(1)：1768；Фл. CCCP, 14：637, 1949；中国树木分类学，749, 1953；经济植物手册，下册，第一分册，946, 1957；中国高等植物图鉴，2：753，图3236, 1972；新疆植物检索表，3：282, 1985；山东树木志，629, 1984；中国果树志·枣卷，25，图4~1, 1993。

落叶小乔木，高达10m。小枝呈"之"字形曲折，褐红色或紫红色，托叶刺红色；长者直伸，短者钩曲；栽培品种托叶刺不发达或缺。无芽小枝3~7簇生于短枝上。叶椭圆状卵形、卵状披针形或卵形，长3~8cm，顶端钝尖，基部宽楔形或近圆形，叶柄长2~7mm。果椭圆形、长卵形或长椭圆形，长2~4cm，径1.5~2cm，熟时红色，果核两端尖。花期6月，果期8~9月。

哈密、南疆及伊犁各地均有栽培。东北南部，黄河、长江流域各地，南至广东均产，以河北、山西、河南、山东、陕西、浙江、安徽等地为主要产区，广为栽培，本种原产我国，现亚洲、欧洲和美洲常有栽培。

枣树在我国已有 3000 多年历史，鲜果含糖量约 24%，干果约 60%，特别是维生素 C 含量丰富，每百克鲜果肉含 380~600mg，比苹果高 70~80 倍，可生食，又可加工成多种美味食品，木材坚重，纹理细致，可供各种细木工用材，花为良好的蜜源。"枣花蜜"深受国内外群众欢迎。

枣树在我国长期的栽培，形成了许多优良的品种和品种群，现已选出约 700 个品种，其中制干品种 224 个，鲜食品种 261 个，蜜枣品种 56 个，兼用品种 159 个，在此仅介绍产于新疆的品种和引入新疆的优良品种。

大红枣 Z. jujuba Mill. 'jujube'（原栽培变种）

1a. * 哈密大枣（新栽培品种）　敦煌大枣　彩图第 47 页

Zizyphus jujuba Mill. 'Hamiensis' C. Y. Yang cv. nov. in Addenda—敦煌大枣 Dunhuangdazao 中国果树志·枣卷，387，1993，excl. pl e xinjiang.

哈密大枣 Hamiensis 与敦煌大枣（Dunhuangdazao）无疑是有共同起源的历史祖先，但前者并非出自后者，而后者也并非出自前者。它们不仅各有其形态特征，而且也各有其适生区域。故不必混为一谈，而以各自称谓为好。

哈密大枣'Hamiensis'在哈密地区栽培，已有 100 多年历史了。目前主要在哈密市五堡、四堡一带，以及陶家宫、回城、黄田、大泉湾、大南湖等栽培。面积还在逐步扩大，已被列为自治区重要发展的优良果树品种之一。

该品种树体高大，适宜鲜食和制干，也可做酒枣。是新疆枣中之极品。

落叶乔木，树体高大，树势开展。枝有长、短枝和脱落枝之分，长枝呈"之"曲枝，红褐色，有枝刺和托叶刺之分。托叶刺位于枣头二次枝基部两侧，等长或向下弯钩，长刺直向斜上方，针刺长 3~3.5cm，枣股（短枝）在二年生以上的长枝上互生，圆柱形，长 5~15mm，每股具脱落性的小枝（枣吊）3~5 个，每枣吊通常有果 3~5 个。叶卵圆形或长卵形，革质，边缘具钝锯齿，三出脉。花小淡黄色，组成腋生短聚伞花序，花萼、花瓣、雄蕊均 5 数，子房上位，合生心皮，花盘黄绿色。核果大，椭圆形，果面平滑，有光泽，具细密黄白色果点，果皮厚，暗红色，鲜果横径 3.6~3.0cm，鲜果平均重 12~15g，最大重 22g，大小均匀，果肉白色，香甜可口，含糖量 70%。每百克 Vc 含 2345mg，果核纺锤形，核纹较深。

1b. 阿拉尔枣（新栽培品种）　阿拉尔圆脆枣

Zizyphus jujuba Mill. 'Aralica' C. Y. Yang cv. nov. —阿拉尔圆脆枣 Alaeryuancuizao，中国果树志·枣卷，370，图 8~138，1993。

本品种为新疆农一师园林试验站，1963 年由山西文水的云周西村西城子苗圃引进的壶瓶枣、骏枣苗木中选出的一个优良单株，1977 年定名为阿拉尔圆脆枣。现已在阿拉尔地区繁殖推广。

果中等大，短柱形，纵径 3.3cm，横径 3.0cm。平均果重 14.4g，果面平整，果皮较薄，深红色，果肉黄白色，质地致密细脆，汁液较多，香甜可口，可食率 96.7%，鲜食率 96.7%，鲜食品质上等。干枣肉厚，褶皱少，含糖总量 76%，还原糖 50.6%，品质上。果核中等大，纺锤形，两端突尖，平均核重 0.47g，核含 1 粒种子，稀 2 粒。

适应性强，在 pH 8.2，总盐量 0.092% 的土壤条件下，生长良好。结果较晚，开始结果后，产量增长迅速，坐果部位以枣吊第五至第九节为多，在株行距 3m×2.5m 的密植条件下，平均株产 6 年生 5.31kg，7 年生 13.96kg，8 年生 15.04kg，9 年生 16.3kg，折合亩产 1434.04kg。在水肥管理良好情况下，产量高而稳定。在产区 4 月下旬萌芽，6 月初始花，10 月上旬完全成熟，果实生长期 110 天左右。该品种树姿直立，树势较强，在产区产量高而稳定。果实中等偏大。肉质细脆，含糖量高，为鲜食、制干兼优的新品种，适宜在南疆地区推广。

本品种名称及描述，主要根据《中国果树志·枣卷》，但品种名称改为汉语拼音拉丁化命名，以利推广交流。

1c. * **新疆长圆枣**(新疆栽培新品种)

Zizyphus jujuba Mill. 'Oblongo – xinjiangensis' C. Y. Yang cv. nov. —Xinjiangchangyuanzao 中国果树志·枣卷，147，图 8～176，1995。

别名长枣，维吾尔语阿艾其郎，主产喀什、阿克苏地区，在叶尔羌河流域也有栽培，栽培历史 200 余年。

果实小，长圆形，纵径 2.5cm，横径 2cm，平均果重 4.3g，果皮红褐色，有光泽，果点黄色，不甚明显，果肉白色，质脆，味甜，品质中等，可鲜食和制干，果核短，纺锤形，核纹浅，种子饱满，含仁率 95%。

适应性强，耐旱较耐盐碱，抗病虫能力强，树体高大，树势强，枣吊通常结果 5～9 个，丰产稳产，产地 6 月进入盛花期，9 月中旬果实成熟，10 月中旬落叶。叶片较小，卵圆形，较厚，有光泽，长 4～5cm，宽 2～3cm，顶端渐尖，基部圆形，叶缘细尖锯齿。

该品种适应性强，树体高大强健，丰产稳产，但果实小，品质中等，经济价值较低，有待于进行品种改良工作。

1d. * **喀什小枣**　喀什噶尔小枣

Zizyphus jujuba Mill. 'Microcarpokashigarica' C. Y. Yang cv. nov. —Kashigeerxiaozao 中国果树志·枣卷，408，图 8～141，1993。

别名长枣，集中产于喀什平原绿洲，迄今已有 200 余年栽培历史。

果实小，卵圆形，纵径 2.6cm，平均果重 4.48g，果面平整，果皮红褐色，果点小，不明显，果内绿白色，质地脆，汁多，味甜，品质上，宜鲜食和制干，果核小，梭形，种子饱满，含仁率 90%。适应性强，较耐盐碱，抗病虫能力强，产量中等。4 月下旬萌芽，5 月底始花，9 月中下旬果熟，10 月下旬落叶，果实生长期 105 天。

树势强壮，树体变高，树姿直立，干性强，枝系较密，粗壮。枣头红褐色，被灰白色蜡粉，节间长 3～6cm，有针刺，枣股圆柱形，枣吊 2～5 枚。叶片小，卵状披针形，深绿色，长 4.3cm，宽 1.5cm，顶端渐尖，基部圆形，边缘波状，花量中等，每序着花 3～5 朵，花甚小，蜜盘黄绿色。

该品种适应性强，树体高大，产量中等，果实小，品质优，为鲜食，制干兼用品种，可用作生产栽培。

1e. * **吾库扎克小枣**

Zizyphus jujuba Mill. 'Ukuzhakiana' C. Y. Yang cv. nov. —Wukuzhakexiaozao 中国果树志·枣卷，436，图 8～171，1991。

仅产于疏附县吾库扎克，栽培约 200 余年历史。

果实较小，卵圆形，纵径 3.5cm，横径 2.3cm，平均果重 6.4g，果面平整，果皮棕色，果点不明显，果肉黄绿色，较厚，质脆，汁多甜，略带酸味，品质中上，果核梭形，先端急尖，核纹浅，核面光滑，核仁饱满，含仁率 92%。

树势强，树体大，树姿直立，干性强，树皮粗燥，成不规则纵裂。枣头褐红色，被灰白色蜡粉，节间长 5～9cm，针刺发达，老枝灰色，枣股圆柱形，长 2.5cm，枣股抽生枣吊 3～5 个，枣吊长 25～30cm，着叶 15 片。叶片中等大，卵状披针形，深绿色，有光泽，长约 5cm，先端长渐尖，基部圆形，边缘波状，具尖锐锯齿。

本品种适应性强，耐旱，耐涝，耐盐碱，抗病虫害，结果性能较好。产量中等较稳定，深受当地群众的欢迎，可适当发展。

1f. * **赞新大枣**(新疆栽培新品种)

Zizyphus jujuba Mill. 'Zanxinica' C. Y. Yang cv. nov. —Zanxindazao 中国果树志·枣卷，192，图 8～74，1993。

产阿克苏地区，为阿拉尔农科所 1975 年引入的赞皇大枣中选出的一个优良株系，1985 年命名，已在当地繁殖推广。

果实大，倒卵圆形，纵径 4.1cm，横径 3.6cm，平均果重 24.4g，最大果重 30.1g，果柄粗长，果径圆，果面平整，有粗糙感，果皮较薄，棕红色，果点小，果肉绿白色，质地致密，细脆，汁液中，味甜，略酸，含糖量 27%，酸 0.42%，Vc 含量 120.1mg/100g，可食率 96.8%，宜制干，品质上等，干枣含糖量 72.9%，果核大，长纺锤形，两端突尖，核纹粗深，核内无种子。

适应性强，较抗病虫，嫁接繁殖，结果期早，嫁接后 2～3 年结果株率 95%，丰产性强，5 年生树平均株产 11.2kg，合亩产 943.9kg，在阿拉尔，4 月下旬萌芽，5 月底始花，8 月下旬着色，9 月底至 10 月上旬果实成熟，10 月中旬落叶，果期生长期 100～105 天。

树势强，干性强，树姿直立，树冠半圆形，六年生高 3.2m，冠径约 3m，树干棕褐色，皮纵条裂，容易剥落。枣头红褐色，长势强，平均枝长 62.8cm，皮孔小，卵圆形，针刺不发达；二次枝长 42～54cm。枣吊粗壮，平均长 15cm，偶有分枝现象，叶大而厚，卵圆形，叶面深绿色，叶长 5.3cm，宽 3.2cm，叶尖短，先端圆，叶基浅，心、叶缘粗锯齿。花量大，枣吊着花 60～70 余朵，平均每花序 6 朵，花大，直径 7～8mm，蜜盘宽，浅黄色。

该品种适应性强，抗病虫能力强，结果早，产量高而稳定。果实大，糖分和制干率较高，为优良制干品种，适宜于南疆地区发展。

2*. 酸枣

Zizyphus acidojujuba C. Y. Cheng et M. J. Liu—；树木学（北方本），408，1997—Z. jujuba var. spinosa Hu—；中国树木分类学，750，图 639，1953；经济植物手册，下册，第一分册，946，1957；山东树木志，632，图 633，1984。

灌木，稀乔木，长枝具较长的托叶刺，叶较小，长 1.5～3.5cm，果较小，近球形，径约 7～15mm，味酸，果核两端钝圆。

引种栽培于喀什地区，我国东北南部和东部、华北、华东省市也有。核仁入药，为强壮、镇静剂，常作大红枣之砧木用，新疆为其栽培变种。

2a. 酸枣

Zizyphus acidojujuba ' Acidojujuba '（原变种）

2b. 新疆小圆枣（栽培新变种） 圆枣 小红果

Zizyphus acidojujuba ' Rotundicarpo xinjiangensis ' C. Y. Yang Xinjiangxiaoyuanzao 中国果树志·枣卷，172，图 8，62，1993。

主产东疆和南疆各地，栽培距今已有 200 多年。

果实小，近圆形，纵径 2.1cm，横径 2.2cm。平均果重 4.5g，果扁圆，梗洼浅窄，果顶微凹，柱头宿存，果面平滑，果皮厚，赭红色，果点小，黄色，较明显，果肉薄，黄绿色，质地粗松，汁液少，味甜微酸，风味不良，干果含总糖 74%，但果肉少，品质中下，果核较大，卵圆形，先端尖锐，呈短针状，核纹中等粗深，种子饱满，含仁率高 96%。

适应性强，耐旱、耐涝、耐盐碱，抗病虫害能力强，根蘖力强，繁殖容易，嫁接亲和力强，结果早，丰产性强，枣吊结果 3～7 个，在喀什地区，4 月中旬萌芽，5 月下旬始花，9 月中旬果实成熟，10 月中旬落叶，果实生长期 100 天。

树势强，树体高大，树姿开张，枝粗壮稠密，树冠半圆形，树皮灰褐色，纵条裂，枣头紫红色，被白色蜡粉，节间短，长 3～5mm，针刺发达，直刺长 2.5～3cm，枣股抽生枣吊 3～5 个，枣吊长 12cm，托叶针状，叶片较小，卵圆形或长卵圆形，先端渐尖，基部圆形或宽楔形，长 3.5～5.5cm，宽 2～3cm，边缘具刺芒锯齿，花每序 5～7 朵，花径 5～6mm，花盘较大，黄色，本品种以枝有刺、果小、圆形、味酸为特点。

该品种适应性强，高产丰产，是制干的优良品种，适于南疆地区发展。

（2）药绿柴属（黎辣根属）Frangula Mill.

落叶少常绿小乔木或灌木，具互生，无刺的枝，冬芽裸露，无鳞片。单叶互生，叶脉平行。花组成腋生聚伞花序，两性，5 数，花萼钟状，肉质，萼裂片卵状三角形，花瓣宽短，包围雄蕊，具瓣爪，花柱单，柱头 3 浅裂，子房 3 室。果实核果状，具 3 枚相互联结的小核。种子扁豆状，具骨质喙状小喙，无沟槽，具厚的凸出的发芽时不出土的子叶，内果皮质薄致密不开裂。

约 50 种，主产美洲和亚热带地区。我国产 1 种（有人并入鼠李属，但为裸芽，故作独立属为好），产生于太平洋扩转早期，并向古地中海扩散而在北美西南早期隔离分化的属。是鼠李属的祖先类型。

1. 药绿柴　药炭鼠李　图250

Frangula alnus Mill. Gard. Dict. ed. 8，1768；Фл. СССР，14，642，1949；Дер. И Куст. СССР，4：540，1958；中国被子植物科属综论，786，2003——Rhamnus frangula Linn. Sp. Pl. 193，1753；Man. Cult. Trees and Shrubs ed. 2：604，1940；中国树木分类学，743，图631，1953；经济植物手册，下册，第一分册，953，1957；新疆植物检索表，3：283，1985。

灌木或小乔木，皮光滑，几黑色，一年生枝棕红色，具披针形白色皮孔，嫩枝无毛或被淡褐色绒毛。冬芽棕褐色，被绢毛。叶长椭圆状倒阔卵圆形，长 3～8cm，宽 1.5～4.5cm，稀少长至 12cm，宽至 6cm，急缩成短渐尖或圆形，基部多为楔形至圆形，全缘，坚膜质，上面深绿色，有光泽，无毛，下面淡黄绿色，无毛或沿脉被铁锈色绒毛，具 6～8 对微弯叶脉，叶柄长至 1～5cm，花 2～7 朵生叶腋，狭钟形，细小，外面淡白色，内面黄色，花梗长约 1cm。果球形，径约 8mm，初红色，后淡紫黑色，具 3 枚扁豆状，光滑的，棕色，长约 5mm，具楔形喙的小核，花期 4 月底至 7 月初，第二次花 8～9 月，果期 7～9 月到冬季。

产布尔津县，生河湾林缘及林中空地。分布于俄罗斯欧洲部分，除极北地区外，高加索、西伯利亚（南到北纬60°）东到叶尼塞河、哈萨克斯坦，西欧，小亚细亚北部。模式标本自欧洲。

此种产欧洲，亚洲与北非洲。久经栽培，也供观赏

图 250　药绿柴 Frangula alnus Mill.

1. 枝　2. 果

用。树皮用作泻药，成熟果实是最好的绿色染料，在服用时，少量剂使人强烈呕吐，大量剂则中毒。木材供制上等木炭用。

乌鲁木齐植物园引种。已开花结实，生长良好，是俄罗斯早已入药典的传统药用植物。

(3) 鼠李属 Rhamnus Linn.

落叶或常绿乔灌木，无刺或枝端常变针刺。叶互生，稀近对生，全缘或有锯齿。花小，两性或单性，单生或数朵簇生，或组成腋生聚伞花序，圆锥花序。花部4~5基数，子房着生于花盘之上，不为花盘包围。2~4室。小核果，具3~4分核，基部为宿存萼管包围。种子具纵沟，稀无沟。

约200种，分布于温带至热带，我国50多种，以西南和华南最多，新疆5~6种。

分种检索表

1. 叶宽阔，从阔卵形至椭圆形，常宽于1cm，具2~6对侧脉。
  2. 叶较厚，常为革质，较小，长1.5~2.5cm，枝叶无毛……………………… 1*. 小叶鼠李 Rh. parvifolia Bunge
  2. 叶一般较薄，较大，长5~12cm。
    3. 叶对生或簇生，阿尔泰和塔城山地灌木，叶具3对突出侧脉 ……………… 2. 药鼠李 Rh. cathartica Linn.
    3. 枝、叶对生或近对生，新疆引种灌木。
      4. 枝端常无刺，有大顶芽，有时仅分叉处具短刺 ……………………… 3*. 兴安鼠李 Rh. davurica Pall.
      4. 枝端有刺，叶较宽大，长2~8(10)cm。
        5. 叶宽卵形，卵圆状菱形或倒卵形，长2~7cm，…………………… 4*. 金钢鼠李 Rh. diamantica Nakai.
        5. 叶狭椭圆形或狭长圆形，长4~10cm ……………………… 5*. 乌苏里鼠李 Rh. ussuriensis J. Vass.
1. 叶较狭窄，从线状披针形到匙形，少宽于1cm，天山和帕米尔灌木。
  6. 叶经常全缘，长1.5~2.5cm，宽6~10mm，天山植物 ……………… 6. 新疆鼠李 Rh. songorica Gontsch.
  6. 叶缘具疏细尖齿，长5~10mm，宽2.5~6mm，塔什库尔干植物 ……… 7. 帕米尔鼠李 Rh. minuta Grubov

1*. 小叶鼠李

Rhamnus parvifolia Bunge Enum Pl. Chin. Bor. 14, 1831; Фл. CCCP, 14；663, 1949; 中国树木分类学, 742, 1953; 华北经济植物志要, 293, 1953; 东北木本植物图志, 405, 1955; 中国高等植物图鉴, 2：761, 图3252, 1972; 新疆植物检索表, 3：284, 1985。

灌木，高1.5~2m。枝叶对生或近对生，或叶在短枝上簇生，枝端及分叉处有针刺。叶菱状倒卵形或菱状椭圆形，大小变异甚大，长1.2~4cm，宽8~2(3)mm，顶端钝尖或近圆形，基部楔形或近圆形，叶缘具圆齿状细锯齿，两面无毛或表面疏被短柔毛，背面脉腋被疏绒毛。花常数朵簇生于短枝上，4基数。果倒卵状球形，径4~5mm，具2分核。种子背侧有纵沟。花期4~5月。果期6~9月。

乌鲁木齐、昌吉、石河子、伊宁等地引种，分布于东北、华北各地。蒙古、朝鲜、俄罗斯、西伯利亚亦产。模式自北京附近。

喜光，耐寒，耐旱，树皮果实供药用或作染料用。种子榨油供工业用。

2. 药鼠李 图251

Rhamnus cathartica Linn. Sp. Pl. 193, 1753; Rehd. Man. Cult. Trees and Shrubs ed. 2：599, 1940; Фл. CCCP, 14：660, tab. 37, fig. 3, 1949; 中国树木分类学, 740, 图626, 1953; 华北经济植物志要, 298, 1953; 经济植物手册, 下册, 第一分册, 950, 1957; 新疆植物检索表, 3：284, 1985; Дер. И Куст. CCCP, 4：570, 1958。

小乔木，高至8m，常成灌木状，具有粗糙开裂剥落几乎黑色的树皮，小枝有刺，对生，具棕红色有光泽的树皮。冬芽长圆状卵形，长3~7mm，具淡紫至棕色或褐色的芽鳞。叶在嫩枝上对生，在果枝上簇生，叶形变化大，从椭圆形至圆形，通常是阔椭圆形，长3~5(6)cm。宽1.5~3cm，顶端短渐尖，钝或具短小尖，基部楔形，圆形少阔心形，具钝圆齿，革质或厚革质，上面鲜绿色或淡灰色，暗淡或微有光泽，下面较淡，无毛或两面被薄绒毛，具3对突出的叶脉，叶脉从叶片中部以下弧状伸出到顶端，叶柄长1~2cm。花狭钟形，长4~5mm，具三角状披针形小尖头，萼裂片内弯，花梗长5~8mm，每10~15朵成簇。果实球形，径6~8mm，黑色，有光泽。种子卵形，长约5mm，具细侧裂缝，具凸出的背面和稍突出的腹面，内果皮质薄，坚固不开裂。花期5~6月，果期8~9月。

产阿尔泰山西部、塔城和伊犁地区，生山河谷岸边，灌丛中。分布于俄罗斯欧洲部分，西伯利亚、高加索、中亚山地、西欧(到斯堪底纳维亚)小亚细亚。

此种在欧洲久经栽培，供作绿篱用，果供药用，嫩枝作染料用。

3*. 兴安鼠李　鼠李

Rhamnus davurica Pall. Resise Russ. Reich. 3, append. 721，1776；黑龙江树木志，415，图版126：1，1986。

灌木或小乔木，高至10m。枝对生或近对生，无毛，顶芽大即不形成刺，或仅分叉处具短针刺，

图251　药鼠李 Rhamnus cathartica Linn.

叶对生或近对生，或簇生，卵圆形或宽椭圆形，稀倒披针状椭圆形，长4~13cm，叶缘具圆齿状细锯齿，上面无毛或沿脉被疏柔毛，下面常沿脉被白色疏毛。花3~5朵，4基数。果球形，径5~6mm，具2分枝，种子背侧具狭沟，花期5~6月，果期8~9月。

乌鲁木齐、昌吉、石河子、伊宁等地少量引种，开花结实，生长良好。分布于东北、华北各地区。蒙古、朝鲜、俄罗斯、远东也有。模式标本自俄罗斯乌苏里地区。

木材坚硬，结构细，纹理直，供制车辆，细木工及器具等用，树皮和果实可提制黄色染料，果实还可入药，种子榨油作润滑油。

4*. 金钢鼠李

Rhamnus diamantica Nakai. in Bot Mag Tokyo，31：98，1917；黑龙江树木志，417，图版127：1~2，1986。

灌木，高1~3m，多分枝，小枝对生或近对生，具长枝和短枝，小枝暗紫色，有光泽，末端具针刺，腋芽小，卵形，锐尖，灰褐色。叶纸质或薄纸质，在长枝上对生或近对生，偶有互生，在短枝上簇生，宽卵形、卵状菱形或倒卵形，长2~7cm，宽1.5~3.5cm，先端突尖或短渐尖，基部楔形，边缘具圆齿锯齿，两面无毛或上面沿中脉有疏柔毛。下面脉腋有疏柔毛，上面暗绿色，下面淡绿色；叶柄长1~2cm，淡紫红色，无毛。花单性，雌雄异株，4基数，具花瓣，数朵簇生，花冠漏斗状钟形，长2.5~3.5mm，具退化雄蕊，果球形或倒卵形，长6~7mm，径4~6mm，黑色或紫黑色，具2或1分核，基部具宿萼，果梗长7~8mm，种子倒卵形，黑褐色，背侧具短沟，花期5~6月，果期8~9月。

乌鲁木齐、昌吉、石河子、伊宁等地引种，开花结实，生长良好，分布于东北各地区。朝鲜、日本、俄罗斯远东也有。模式标本自朝鲜金钢山。

5*. 乌苏里鼠李

Rhamnus ussuriensis J. Vass. in Not. Syst. Herb. Inst. Bot. Acad. Sci. URSS，8：115，1940；Фл. CCCP，14：659，1949；东北木本植物图志，407，1955；中国高等植物图鉴，2：759，fig. 3247，1972；新疆植物检索表，3：284，1985。

落叶灌木或小乔木，高3~5m，小枝对生或近对生，灰褐色或紫褐色，无毛，末端具针刺。腋芽卵形，长4~6mm，先端锐尖，鳞片淡紫褐色，无毛或近无毛。叶纸质，在长枝上对生或近对生，在短枝上簇生，狭椭圆形或长圆形，稀披针状椭圆形，长4~10cm，宽2~4cm，先端突尖或短渐尖，基部楔形，有时近圆形，边缘具细钝锯齿，齿端常有紫红色腺点，上面暗绿色，无毛，下面淡绿色，无毛或仅下面脉腋被疏柔毛，两面突起明显网脉；叶柄长1~2.5cm。花单性，雌雄异株，4基数，有花瓣，花梗长6~10mm，雌花数朵至20朵簇生，萼片卵状披针形，直立，较萼筒长3~4倍，具退化雄蕊。核果球形或倒卵形，直径5~6mm，成熟时黑色具2分核，基部具宿萼，果梗长6~10mm。种子卵圆形，黑褐色，背侧具短沟，内果皮与种子难分离，花期5~6月，果期9月。

乌鲁木齐、昌吉、石河子、伊宁等地引种栽培，开花结实，生长良好，分布于东北、华北各地区。日本、朝鲜、俄罗斯、西伯利亚和远东也有，模式自俄罗斯。

图252 新疆鼠李 Rhamnus songorica Gontsch.
1. 枝 2. 果

6. 新疆鼠李 图252

Rhamnus songorica Gontsch. in Act. Inst. Bot. Acad. Sci. URSS, 1, ser. 2: 243, 1936；Фл. СССР, 14: 673, 1949；中国高等植物图鉴，2: 763，图3256，1972；Дер. И Куст. СССР，4: 584，fig. 87，6，1958；新疆植物检索表，3: 285，图版19，图4，1985。

粗糙分枝有刺的灌木，高约1m，老枝具几黑色树皮，小枝灰褐色被薄绒毛，冬芽细小。叶簇生短枝，互生于嫩枝上，长圆形，匙状披针形或匙状椭圆形，长1.5~2.5(4)cm，宽6~10mm，顶端圆或钝，基部楔形，全缘或有疏齿，边缘稍卷，厚硬革质，无毛，仅基部和叶柄被薄绒毛，上面淡灰绿色，下面淡黄色，常有光泽，中脉在上面凹陷，下面突起，具4对不显著侧脉，叶柄长1cm，花漏斗状钟形，长约2~5mm，每3~6朵1簇。果实圆形，长4~6mm，少汁，黑色，或半干燥，棕褐色，3~4分核，种子背面有宽纵沟。花期4~5月，果期6~8月。

产新源、巩留、特克斯、尼勒克、玛纳斯等地山地，生山地河谷，沿河灌丛，海拔1000~1500m，中亚天山也有，模式标本自伊犁山区。

7. 帕米尔鼠李

Rhamnus minuta Grubov in Not. Syst. Herb. Inst. Bot. Acad. Sci. URSS，12: 131，1949；Grubov in Fl. URSS，14，673，1949；新疆植物检索表，3: 285，1985。

极多分枝，匍匐生根，垫状密丛灌木，高10~25cm，具暗灰色或灰褐色树皮，极多的针状无毛的刺。叶簇生短枝，倒卵形或阔椭圆形，长5~12mm，宽2~6mm，顶端圆、钝、稀渐尖，基部阔楔形，边缘具疏、细尖齿，具突出中脉和4对不显著的侧脉，薄革质，鲜绿色，同色，疏被薄绒毛，具短柄。花宽钟形，长约1.5~2mm，每2~5朵1束。果倒卵形，长约4.5~5mm，暗棕褐色或黄色，具2~3分核。种子长圆状卵形，偏斜，扁平，长约3mm，淡棕褐色或黄色，内种皮硬骨质，成熟时开裂。花期5月，果期8~9月。

产塔什库尔干。生高山石坡，分布于塔吉克斯坦和阿富汗，模式从中国帕米尔记载。

XXXIII. 胡颓子目——ELAEAGNALES

塔赫他间 1997 年新系统，是在蔷薇亚纲之下，鼠李超目下含鼠李目鼠李科和胡颓子目胡颓子科，跟他 1987 年系统是一致的。

灌木或小乔木，密被盾状鳞片和星状毛。叶互生稀少对生(shephedia)，单叶，全缘，羽状脉，无托叶，气孔无规则型，单叶隙节，特殊的是具有固氮作用的根瘤。导管具单穿孔，纤维分子具缘壁纹孔。花组成总状类花序，或有时单生叶腋，两性(Elaeagnus)，或稀有杂性(Elaeagnus)或雌雄异株(Shephdia，Hippophae)，辐射对称，大多 4 基数，无花瓣，两性花和雌花萼多少呈管状，雄花花萼呈盔状或几平坦，通常 4 浅裂，稀具 2(Hippophae)或 6 浅裂，镊合状；雄蕊着生于萼管喉部，跟萼裂片同数，而互生(Elaeagnus)或为其裂片 2 倍而互生或对生(Hippophae，Shephdia)，花丝很短，花药纵裂，绒毡层有分泌物。小孢子发生同时型，在花萼内部具有发达的呈腺状突起的蜜腺盘。雌蕊由 1 心皮组成，具长丝状生有头状或丝状柱头的花柱枝，具 1 基生胚珠，胚珠倒生，双层珠被，厚珠心，具珠孔塞，雌配子体蓼型，胚珠核型，果实坚果，藏于宿存且通常是肉质的萼管内(假核果)。种子具直胚，具贫乏的胚乳或缺。

鼠李目和胡颓子目，很可能起源于多心皮目的祖先。它们有许多共同特征，包括种子结构，但胡颓子目花果结构突出，故作超目排列。

胡颓子目仅含 1 科。

49. 胡颓子科——ELAEAGNACEAE Jussieu，1789

乔木或灌木，常绿或落叶，叶及嫩枝多少被银灰色或褐色盾状或星状鳞片，单叶，全缘，无托叶，花单性或簇生于叶腋，或排成聚伞、穗状或短总状花序；花辐射对称，雄花花被片 2~4，两性花，雌花花被管状，先端 4 裂，稀 2 或 6 裂，子房上位，花盘高于子房或退化，瘦果或坚果，包于肉质被筒内，呈浆果状或核果状。

有 3 属 80 多种，分布于北温带和亚热带，我国 2 属 60 种，新疆有 2 属。

分属检索表

1. 花两性或杂性，单生或 2~4 簇生于叶腋内，花被片 4 裂 ················· **(1) 胡颓子属 Elaeagnus** Linn.
1. 花单性，多雌雄异株，组成短总状花序，花被片 2 裂 ················· **(2) 沙棘属 Hippophae** Linn.

(1) 胡颓子属 Elaeagnus Linn.

落叶或常绿乔、灌木，枝叶花果常被白色银灰色或淡褐色盾状或星状鳞片，单叶互生，具短叶柄。花单生或 2~4 朵簇生于叶腋内，花被筒钟状或管状，在子房之上收缩，先端常 4 裂；雄蕊 4，着生于花被筒喉部。核果状果实。

约 80 余种，广布于亚洲东部及东南部的亚热带和温带，少数种类分布于亚洲其他地区及欧洲温带地区，北美也有。我国有 50 多种。新疆产 2 种 1 变种。

分种检索表

1. 花盘圆柱形，圆锥形或鳞茎状；顶端有簇毛，少缺；果小；叶窄；野生 ······ **1. 尖果沙枣 E. oxycarpa** Schlecht.
1. 花盘短圆柱形，具长管，包围花柱 1/2 或以上，仅顶端裂片内面被短白毛；果大；叶宽；栽培 ················ **2. 大果沙枣 E. moorcroftii** Wall. ex Schlecht.

1. 尖果沙枣(新疆植物检索表)　图253　彩图第47页

Elaeagnus oxycarpa Schlecht. in Linnaea 30：344，1860；Fl. et Syst. Pl. Vasc. 12：93，1958；Фл. Казахст. 6，223，1963；中国植物志，52(2)：42，1983；中国沙漠植物志，2，393，图版140：6~10，1958；中国高等植物图鉴，补编，3：57，1983；新疆植物检索表，3，340，1983。

乔木或大灌木，高3~7m。树皮红褐色。嫩枝、叶、花、果常被鳞片，在下部无性枝上叶有时被星状毛；小枝具硬刺。花枝下部叶矩圆形，阔披针形，叶长3.2~5cm，宽2~2.8 cm，先端钝或渐尖，全缘；果期叶较大，条状矩圆形。花被筒外银白色，内面金黄色；花盘先端具白色束毛，稀缺。果实球形，椭圆形至卵形，长0.7~1.1 cm，黄色或淡黄色；果核椭圆形或梭形，两端渐尖。

产吉木乃县、哈巴河县、布尔津县、福海县、和布克赛尔蒙古自治县、乌苏县(甘家湖)等地。野生于胡杨林下或山河岸边，呈野生状态。以吉木乃县一片面积最大，希望加强管理。这是接近模式产地的标准种群。国外在哈萨克斯坦也有。模式自东哈萨克斯坦的列普西和阿亚古斯荒漠河谷记载(塔城西面)。

图253　尖果沙枣 Elaeagnus oxycarpa Schlecht.

1. 果枝　2. 花枝　3. 花剖面　4. 果核　5. 鳞片

图254　大果沙枣 Elaeagnus moorcroftii
Wall. ex Schlecht.

1. 果枝　2. 花解剖　3. 鳞片　4. 果核

2. 大果沙枣(中国树木分类学)　图254　彩图第48页

Elaeagnus moorcroftii Wall. ex Schlecht. in DC. Prodr. 14，610，1857；H. B. Kozlovs in Fl. et Syst. Pl. Vasc. 12，97，1958；刘国钧，新疆药用植物，2，80，1981；中国沙漠植物志，2，图版140：1~5，394，1987；新疆植物检索表，3，340，1983；树木学(北方本)，363，1997——*E. angustifolia* auct. non L.

乔木，高达10m。嫩枝、叶、花、果被白色腺鳞，小枝淡红色，少具刺或无刺。花枝的叶卵形或阔披针形，长3~4 cm，宽1.5 cm，全缘。花被筒外面银白色，内面黄色；花被裂片近三角形，先端伸长，达花被筒的1/3~1/2，内面具3脉；花盘短圆柱形，具长管，包围花柱1/2或以上，仅顶端裂片内面被短白毛。果实较大，椭圆形至阔椭圆形，长 1.7～2.6 cm，发黄或红色；果核窄椭圆形，先端钝，基部尖。

南北疆各地栽培，以南疆最多。内蒙古西部和甘肃河西走廊也有。蒙古也有。模式自西藏（拉达克）记载。而莎车，内蒙古西部；以及国外的蒙古，都是科孜洛夫斯卡娅研究本种的标本产地。本种是亚洲中部特有种，往西未分布到中亚地区，与之相近的是土库曼胡颓子。

（2）沙棘属 Hippophae Linn.

落叶灌木，稀小乔木；枝有刺；植物体被银白色星状毛或腺鳞。叶互生，有时对生。花单性，雌雄异株，单生，簇生，或为短总状花序；花萼 2 裂；雄蕊 4，花丝短。浆果状，球形或卵圆形，成熟时橘黄或橘红色。

3 种，分布欧洲、亚洲。我国均产。新疆 1 种。

1. 沙棘 酸柳 酸刺 黑刺 图 255 彩图第 48 页

Hippophae rhamnoides Linn.,
Sp, Pl. 1023, 1753; Rehd. Man. Cult.
Trees and Shrubs ed. 2：663，1940；
Gorschk. in Fl. URSS, 15：516,
1949；中国树木分类学，876，1953；
中国高等植物图鉴，2：972，图
3673，1972；新疆植物检索表，3：
339，1983。

落叶灌木或小乔木；枝灰色，被银白色腺鳞，有刺；冬芽赤褐色。叶条形或条状披针形，长 2～6 cm。两面均被银白色腺鳞，后上面变光滑，暗绿色；叶柄短。花先叶开放，小形，黄色。果球形或卵圆形，长 0.6～0.8cm。种子 1 枚，骨质。花期 4～5 月，果期 9～10 月。

南北疆广泛分布。生前山河谷、塔什库尔干各河谷尤多。我国西南至西北、华北各市区均有分布。印度、伊朗、蒙古、中亚、西伯利亚、高加索、欧洲各地都有，模式标本采自欧洲。

图 255 沙棘 **Hippophae rhamnoides** Linn.
1. 果枝 2. 枝刺

葡萄超目——VITANAE

XXXIV. 葡萄目——VITALES

小乔木，直立状灌木和草本或常为木质藤本。叶互生，稀对生，多为单叶，常为掌状浅裂，具掌状脉，稀羽状脉或为掌状复叶；托叶通常脱落或稀无托叶，或极退化。导管具单穿孔。纤维分子有隔膜，具单或具缘纹孔。花多组成聚伞花序，通常细小，多为淡绿色，杂性，雌雄同株或雌雄异株，5～4 基数；花萼通常不发达，不明显 4～5 齿或浅裂，或常退化成花冠周围的花盘；花瓣 4～5（稀 3 或 6～7）镊合状，分离，少在基部联合成管，或以其顶端联合而呈帽状体全部脱落；雄蕊 5～

4，着生于腺盘基部，分离或联合成管；花药纵裂，内向或外向；绒毡层有分泌物，小孢子发生同时型；花粉粒 2~3 细胞；3 沟孔，具雕纹；腺盘大部分很发达，由 5 枚分离或联合的通常多少贴生于子房的蜜腺组成；雌蕊合生心皮由 2~6(~8) 心皮组成，具有花柱枝，它通常由具头状或盘状有时 4 浅裂，稀无柄的柱头的花柱联合而成；子房上位，或多少跟腺盘连合，每室具 1 或 2 直生胚珠；胚珠有棱角、基生、倒生向下转，双珠被厚珠心；雌配子体蓼属型；胚乳核型；胚囊吸收，有或缺。果实为肉质、多汁或近干燥的浆果，具 1~2 或 3~6(~8) 室。种子具细小直胚，围以嚼烂状丰富胚乳。

塔赫他间 1997 年新系统，将蔷薇亚纲鼠李超目下设鼠李目鼠李科和胡颓子目。胡颓子科在葡萄超目下设葡萄目、葡萄科、火筒树科等与他 1987 年系统是一致的。吴征镒系统的鼠李目、葡萄目与塔赫他间系统也是一致的，但胡颓子目则是直接独立于蔷薇纲之下。

本目包括两科：葡萄科和火筒树科。新疆仅有前者。

50. 葡萄科——VITACEAE Jussieu，1789

藤本，常具与叶对生的卷须，稀直立灌木。单叶或复叶，互生花小，两性或杂性；聚伞、伞房或圆锥花序，常与叶对生；花 4~5 基数，萼片分离或基部连合，花瓣分离或有时呈帽状黏合而整体脱落，花盘环状或分裂，子房上位，2(3~6) 室，每室两胚珠。浆果。

12 属 7000 种，主产热带与亚热带地区。我国 7 属 100 余种。新疆栽培 3 属。

分属检索表

1. 花瓣顶端黏合成帽状而整体脱落，圆锥花序，树皮无皮孔，枝髓褐色 ························· (1) 葡萄属 Vitis Linn.
1. 花瓣分裂。
　2. 卷须分叉，顶端扩大为吸盘 ··· (2) 地锦属 Parthenocissus Planch.
　2. 卷须分叉，顶端无吸盘 ··· (3) 蛇葡萄属 Ampelopsis Michx.

(1) 葡萄属 Vitis Linn.

藤本，有卷须。单叶、常掌状分裂，稀为掌状复叶。花杂性异株，稀同株。圆锥花序，常与叶对生，花 5 基数，花瓣在顶部黏合成帽状而整体脱落；子房 2 室。浆果，含 2~4 粒种子。

约 70 种，广播温带和亚热带地区。我国 25~27 种，新疆原有葡萄品种 50 多个。以伊犁、喀什、和田等地较多。而新中国成立后又从国内外引进了约 200 以上品种。与葡萄栽培有关的种，依据其地理分布，大致可以分为 3 个种类群，即欧亚种群、东亚种群和北美种群。共约 30 种群。

分种检索表

1. 枝和叶柄光滑，无刺毛和细刺。
　2. 叶无毛或被绒毛，嫩叶无绒毛。
　　3. 直立状或柔弱附着的灌木；卷须通常缺或不发达；叶大部分肾圆形(宽大于长)，基部宽凹缺或近截形···
　　·· 8. 沙地葡萄 V. rupestris Scheele
　　3. 藤本，具很发达卷须。
　　　4. 叶基部凹缺大部分狭窄或近闭合。
　　　　5. 叶圆形，深 3~5 裂到羽状深裂，稀全缘，大部分具钝锯齿，无毛或下面稍有密的蛛丝状绒毛···········
　　　　·· 1. 葡萄 V. vinifera Linn.
　　　　5. 叶阔卵形，全缘稀 3 浅裂，具尖锯齿，下面通常无毛，稀沿脉上被刺状绒毛·······························
　　　　·· 3. 霜葡萄 V. vulpina L.
　　　4. 叶基部凹缺宽阔开展。
　　　　6. 叶上面深绿色，下面灰蓝色、银白色，沿脉被蛛丝状绒毛，阔卵形，通常 3 浅裂，徒长枝叶长至 10~

25cm ……………………………………………………… **12. 银叶葡萄 V. argentifolia** Muns.

6. 叶两面绿色。

  7. 嫩枝被锈色绒毛；叶卵状三角形，顶端伸长，基部凹缺宽阔至近截形 ……………………………………

     …………………………………………………… **7. 葛蕾葡萄 V. flexuosa** Thunb.

  7. 嫩枝不为锈色绒毛。

    8. 叶缘具细小凹缺状齿牙。

      9. 叶粗糙，多皱纹，暗淡，下面密被短硬毛 …………… **2. 山葡萄 V. amurensis** Rupr.

      9. 叶光滑，有光泽，无毛，径 5～10cm …………… **6. 北美野葡萄 V. monticola** Buckl.

    8. 叶缘具尖锐粗锯齿。

      10. 叶长 8～18cm，有光泽，具直齿 …………………… **4. 河岸葡萄 V. riparia** Michx.

      10. 叶长 7～12cm，暗淡，具弯齿 ………………………… **5. 槭叶葡萄 V. acerifolia** Raf.

2. 嫩枝密被贴生绒毛，白色、灰色、粉红色或棕黄色，成熟叶被毛或消失。

    11. 卷须连续，每节均有；叶全缘或 3 浅裂，基凹缺开张下面被淡白色或淡灰色，后成棕黄褐色

      绒毛 …………………………………………………… **19. 美国葡萄 V. labrusca** Linn.

    11. 卷须间断，小枝每第三节不生卷须。

      12. 嫩枝被白色或灰色绒毛。

        13. 成熟叶仅沿下面脉上被绒毛；叶阔卵形至圆形，3 浅裂 ………………………………

         …………………………………………… **10. 冬葡萄 V. berlandieri** Planch.

        13. 成熟叶下面密枝绒毛。

          14. 叶五角形，基部近截形 ………………… **16. 五角叶葡萄 V. quinquangularis** Rehd.

          14. 叶另外形状。

            15. 嫩枝圆筒形，被蛛丝状绒毛；叶三角状卵圆形，3 浅裂或 3～5 深裂，凹缺状细齿牙

              …………………………………… **18. 圆枝葡萄 V. candicans** Engelm Gray

            15. 嫩枝有棱角。

              16. 叶阔卵圆形至近圆形，明显 3 浅裂，边缘具凹缺状细钝锯齿 ……………………

                …………………………………………… **9. 灰毛葡萄 V. cinerea** Engelm.

              16. 叶阔卵圆形，全缘或微 3 浅裂(幼叶有时 3 浅裂)，边缘尖锯齿 …………………

                …………………………………………… **11. 棱枝葡萄 V. arizonica** Engelm.

      12. 嫩叶枝被白色—粉红色或棕黄色绒毛。

        17. 叶全缘或不是 3～5 浅裂，圆形或卵圆形，嫩枝密被棕黄卷曲毛 …………………

         …………………………………… **15. 黄毛葡萄 V. coignetiae** Pull ex Planchon

        17. 叶 3～5 深裂。

          18. 叶基凹缺狭窄，常闭合；嫩枝无毛或疏毛；叶阔卵形 ……………………………

            …………………………………………… **13. 夏季葡萄 V. aestivalis** Michx.

          18. 叶基凹缺拱形，宽阔。

            19. 叶阔卵形到圆形，径 5～12cm，3～5 浅裂，细齿牙；果穗串截圆锥形，稠密……

              …………………………………… **14. 密穗葡萄 V. lincecumii** Buckl.

            19. 叶圆状卵形，径 6～10cm，宽大于长，通常 3～5 深裂 ……………………………

              …………………………………………… **17. 琐琐葡萄 V. adstricta** Hance

1. 嫩枝和叶柄被刺或腺毛。

  20. 叶一部分为复叶 ……………………………………… **22. 复叶葡萄 V. piasezkii** Maxim.

  20. 叶全为单叶，全缘或分裂。

    21. 小枝有刺；叶下面有白霜 ……………………………… **20. 刺葡萄 V. davidii** Foex.

    21. 小枝具腺刺毛；叶下面被腺毛 ………………………… **21. 秋葡萄 V. romaneti** Roman.

1*. 葡萄 图 256

Vitis vinifera Linn. Sp. Pl. 293，1753；Фл. СССР，14：686，1949；中国树木分类学，755，1953；华北经济植物志要，300，1953；经济植物手册，下册，第一分册，956，1957；Дер. И

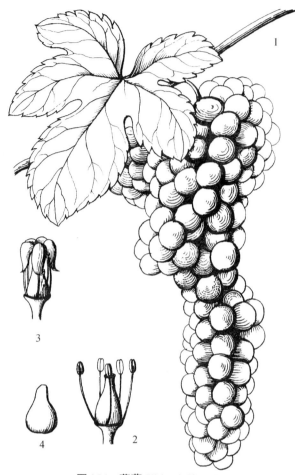

图 256　葡萄 Vitis vinifera Linn.
1. 果序　2. 花　3. 花示花瓣　4. 种子

Куст. СССР, 4：612, fig. 91, 1, 1958；中国高等植物图鉴, 2：769, 图 3268, 1972；山东树木志, 684, 1984；新疆植物检索表, 3：286, 1985；黑龙江树木志, 426, 图版 130, 1986。

高大落叶攀援灌木, 茎长 15～20m。小枝淡红或淡黄色, 无毛或被卷曲毛。卷须间断。叶近圆形, 径 5～20cm, 3～5 浅裂或深裂, 稀全缘, 基部凹缺狭窄或有时关闭, 边缘具锯齿状的齿牙, 无毛或被毛, 通常下面较密。花成圆锥花序, 两性或功能性雌花, 具短弯雄蕊。浆果圆形、椭圆形、长圆状圆柱形、卵圆形或倒卵形, 浅紫黑色、紫红色、暗红色、粉红色、黄绿色、淡绿色或绿色, 味甜或酸, 具3～4 粒种子, 种子梨形, 具长小喙。花期 5～6 月, 果期 8～9 月。

本种是欧亚古老的栽培植物之一, 初生基因中心有几个; 中亚、前亚和地中海, 前亚是最古的, 现全疆普遍栽培。品种繁多, 为著名果品。可大力发展。

2[*]. 山葡萄

Vitis amurensis Rupr. in Bull. Acad. Sc. Petersb. 15：266, 1857；华北经济植物志要, 300, 1953；经济植物手册, 下册, 第一分册, 956, 1957；中国高等植物图鉴, 2：770, fig. 3269, 1972；新疆植物检索表, 3：286, 1985；黑龙江树木志, 426, 图版 130：1～2, 1986。

藤本, 枝条粗壮, 长达 15m 以上; 幼枝淡紫色、绿色或黄褐色, 初被细毛, 后光滑, 有不明显的棱角, 有与叶对生的卷须。叶互生, 广卵形, 长 10～15cm, 宽 8～14cm, 先端锐尖, 不分裂或 3～5 裂, 有时 3～5 中裂, 边缘具粗齿, 上面深绿色, 无毛, 下面浅绿色, 沿脉被柔毛, 基部宽心形, 两侧分开, 凹缺宽广, 叶柄长可至 15cm, 柄上有毛。圆锥花序与叶对生, 雌雄异株, 花小型, 黄绿色; 雌花序成圆锥状而分枝, 长 9～15cm, 疏被长毛; 萼片小, 5 裂; 花瓣 5, 顶部黏合, 下部分离, 具 5 退化雄蕊; 子房短; 雄花序形状不等, 长 7～12cm, 疏被绒毛, 雄蕊 5, 雌蕊退化。果实为浆果, 球形, 黑色, 被白粉。种子 2～3 粒, 卵圆形, 稍带红色。花期 5～6 月, 果期 8～9 月。

分布于我国东北及山西、河北、山东等地区。新疆各地引种栽培, 开花结实, 生长良好。是葡萄育种的重要亲本, 亦为著名果品。

3. 霜葡萄

Vitis vulpina L. Sp. Pl. 203, 1753；经济植物手册, 下册, 第一分册, 956, 1957；Дер. И Куст. СССР, 4：624, fig. 93：2, 1958；山东树木志, 636, 图版 638, 1984, pro syn. *V. riparia* Michx.

强壮高大落叶攀援灌木。枝具厚隔膜和很发达的间断二分叉的卷须。叶阔卵形, 径 10～12(15)cm, 浆果球形, 径约 10mm, 黑色, 被薄层蜡粉。种子细小喙尖, 具喙尖。花期 7 月, 果期 9～10 月。

原产北美。俄罗斯欧洲部分、中亚各国和俄罗斯沿海边区, 均早有引种栽培, 作葡萄育种亲本。我国山东也有引种。新疆在伊犁、喀什零星栽培。

4. 河岸葡萄

Vitis riparia Michx. Fl. Bor. Am. 2：231，1803；Man. Cult. Trees and Shrubs ed. 2：611，1940；经济植物手册，下册，第一分册，957，1957；山东树木志，636，图版638，1984。

粗壮高大攀援落叶藤本。枝圆或稍有棱角，具很薄的隔膜，无毛。卷须间断。叶阔卵形或卵圆形，径8～18cm，通常3浅裂，具短浅3尖裂片，具宽阔凹缺的基部，边缘具不均匀三角形粗齿牙，鲜绿色，有光泽，无毛，下面有时沿叶脉有绒毛，具很大的托叶，长保持到果期。花雌雄异株，花序长8～18cm，具很香的花。浆果球形，径约8mm，紫红黑色，厚被蜡粉，具有色有香草味的果汁。种子2～4粒，细小，具短喙尖。花期6月，果期8～9月。

原产北美。俄罗斯欧洲部分，中亚各国(阿拉木图、塔什干)以及西伯利亚和远东均有引种。山东亦有引种。新疆伊犁和南疆果园零星栽培。

5. 槭叶葡萄(新拟)

Vitis acerifolia Raf. Med. Fl. 2：130，1830；Дер. И Куст. СССР，4：626，fig. 94，1，1958——*V. longii* Prince——；Man. Cult. Trees and Shrubs ed. 2：611，1940。

多分枝不高的稍攀援的灌木。枝具短节间和薄层隔膜，幼时具疏柔毛或灰绒毛。卷须短。叶阔卵形，径7～12cm，浅3裂，基部凹缺宽阔，边缘具不规则，弯曲粗齿牙，顶端渐尖的裂片，暗淡，下面沿叶脉被绒毛。花雌雄异株，花序长3～7cm，花梗很短。浆果大，黑色被蜡粉，径8～12mm，皮薄，味甜。花期6月，果期9月。

原产北美。俄罗斯1830年引种。俄罗斯欧洲部分中亚各国，塔什干、阿拉木图等城市早有栽培。我国山东亦有栽培。新疆伊犁和喀什、和田地区农家果园可能有栽培。

6. 北美野葡萄(新拟)

Vitis monticola Buckl. in Rep. U. S. Comiss. Patents Aric，1861(1862)，485；Man. Cult. Trees and Shrubs ed. 2：611，1940；Дер. И Куст. СССР，4：628，fig. 94，2，1958；Fl. СССР，14：683，1949，pro syn. V. berlandieri Planch.

藤本，高达10m具长和细的枝条，幼时多有卷曲柔毛，具2～3mm厚的隔膜和发达的间断的卷须。叶卵形或肾形，径5～10cm，明显浅裂，具锐尖稍渐狭的顶端，基部具宽阔凹缺状齿牙，上面暗绿色，有光泽，下面淡灰绿色，幼时多少沿叶脉被绒毛。花雌雄异株。果串短宽，多分枝。浆果黑色到淡色，味甜。种子阔梨形，长5～7mm，花期6月，果期8～9月。

原产北美。伊犁地区果园栽培。俄罗斯1887年引种。作为砧木和育种亲本而栽培。

7. 葛蕾葡萄 图257

Vitis flexuosa Thunb. in Trans. Linn. Soc. 2：103，1793；Man. Cult. Trees and Shrubs ed. 2：612，1940；中国树木分类学，755，图642，1953；Дер. И Куст. 4：629，fig. 94，4，1958；经济植物手册，下册，第一分册，957，1957；中国高等植物图鉴，2：773，图

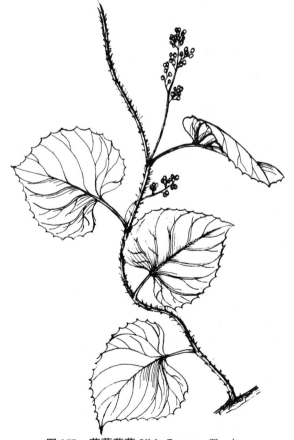

图257 葛蕾葡萄 Vitis flexuosa Thunb.

3275，1972；山东树木志，636，图640，1984；新疆葡萄栽培及贮藏加工，42，1987。

木质藤本；枝条细长，幼枝有灰白色绒毛。叶宽卵形或三角状卵形，长 3.5 ~ 11cm，宽 2.5 ~ 9.5cm，顶端渐尖，基部宽心形或三角状卵形，边缘具不等的波状牙齿，上面无毛，下面多少有毛，沿脉有柔毛；叶柄长 3 ~ 7cm，被灰白色蛛丝状绒毛。圆锥花序细长，长 6 ~ 12cm，花序轴被白色丝状毛；花小，直径 2mm，黄绿色。浆果球形，直径 6 ~ 8mm，黑色。

南疆各地果园零星栽培。分布于云南、四川、陕西、湖北、湖南江西、广东、广西、山东等地区。朝鲜、日本也有。果生食或酿酒。根、茎和果作药用。

8. 沙地葡萄

Vitis rupestris Scheele in Linnaea，21：591，1848；Man. Cult. Trees and Shrubs ed. 2：612，1940；Дер. И Куст. СССР，4：630，fig. 95，2，1958；山东树木志，639，图641，1984。新疆葡萄栽培与贮藏加工，42，1987。

落叶灌木状或稍攀援，长 3.6 ~ 5m，暗紫褐色节间较短，隔膜薄。卷须少或缺。叶肾形到圆卵形，宽 7 ~ 10cm，较厚硬，基部宽心形或近截形，边缘粗齿牙有时微 3 裂，上面有光泽，下面无毛，或沿脉上有短柔毛，有时两面稍带灰蓝色。圆锥花序细，长 4 ~ 10cm。果实紫黑色，稍被白粉，径 7 ~ 14mm，种子细小而宽。花期 6 月，果期 9 月。

新疆南部各地农家果园零星栽培。原产北美。俄罗斯早在 1885 ~ 1886 年即有引种。俄罗斯欧洲部分和中亚各国城市，均作葡萄育种亲本栽培。山东亦有引种。新疆伊犁和喀什地区亦有零星栽培。

9. 灰毛葡萄（新拟）

Vitis cinerea Engelm. —；Дер. И Куст. СССР，4：632，fig. 95，3，1958；新疆葡萄栽培及贮藏加工，42，1987。

粗壮藤本。小枝具较长节间和厚的隔膜层，有棱角或条纹，幼枝被灰柔毛。卷须 2 分叉，间断。叶形多变化，多为阔卵圆形至近圆形，径 8 ~ 20cm，明显 3 浅裂或三角形，具深的拱形的阔展凹缺，幼时，上面淡绿色，被蛛丝状绒毛，以后边暗淡、暗绿色，无毛，下面被灰色蛛丝状绒毛。圆锥花序稀疏，不规则，长 10 ~ 15（30）cm，花梗稍有毛，多花。浆果球形，黑色，径 4 ~ 10mm，无蜡粉或疏被蜡粉，晚熟，霜后味甜。种子长 4 ~ 5mm 具短喙。花期 6 月，果期 10 月。

原产北美。俄罗斯 1883 年引种。塔什干结实。新疆伊犁和喀什地区农家果园可能零星栽培。

10. 冬葡萄

Vitis berlandieri Planch. in Compt. Rend. Acad. Paris，91：425，1880；Man. Cult. Trees and Shrubs ed. 2：612，1940；Дер. И Куст. СССР，4：633，fig. 95，4，1958；新疆葡萄栽培及贮藏加工，42，1987。

粗壮藤本。枝条具短节间和厚隔膜，五棱，幼时被绒毛。卷须 2 ~ 3 分叉，间断。叶阔卵形或圆形，径 8 ~ 12cm，3 浅裂，基部具圆形或渐尖的呈拱形的凹缺，锯齿状齿牙具宽阔的基部，上面绿色，有光泽，无毛，下面幼时被灰绒毛，后无毛，叶脉除外。花雌雄异株。果串紧密。浆果紫红黑色，径 4 ~ 7mm，多汁，稍酸带涩，但成熟后香甜可口，通常 1 种子。花期 6 月，果期 9 月。

原产北美。俄罗斯 1883 年引种。作为育种亲本而栽培在全国。塔什干结实，无冻害。新疆伊犁和喀什地区农家果园零星栽培。

很相似的种是贝利葡萄（V. baileyana Muns.），但是上面无光泽，叶下面有灰绒毛，成熟果实味甜，塔什干栽培，结实。

11. 棱枝葡萄（新拟）

Vitis arizonica Engelm. in Am. Naturalist. 9：268，1875；Man. Cult. Trees and Shrubs ed. 2：613，1940；Дер. И Куст. СССР，4：633，fig. 95，1，1958。

低矮多分枝灌木。卷须稍发达，在不用支架时近于直立状，小枝近黑色。有棱角，具很短节间和厚隔膜，幼时被白绒毛或灰色绒毛。叶阔卵形，径 4~8cm，全缘或 3 浅裂，具三角形急尖的裂片，在徒长枝上有时几不显著，在幼树上有时深 3 裂，基部具宽阔凹缺，有时近截形，边缘细齿牙具短的急尖或短尖头的齿牙，上面幼时被白绒毛，以后消失。花雌雄异株，花序短宽，多少被绒毛。浆果球形，黑色，径 6~8mm，被薄层蜡粉，味甜可口，具 2~3 粒种子。种子长 4~5mm，具短喙，花期 6 月，果期 9 月。

原产北美。俄罗斯 1890 年引种。俄罗斯欧洲部分，中亚各国均有栽培。塔什干开花结果。主要用砧木和育种亲本。新疆伊犁和喀什地区农家果园零星栽培。

12. 银叶葡萄（新拟）

Vitis argentifolia Muns. in, Proc. Soc. Prom. Agric. Sci. 59, 1887; Man. Cult. Trees and Shrubs ed. 2: 613, 1940; Дер. И Куст. СССР, 4: 634, fig. 96, 2, 1958。

粗壮落叶攀援灌木。枝具长节间和厚隔膜，幼时通常灰蓝色或浅红色，无毛。叶阔卵形，径 (8)10~25(30)cm，通常 3 裂，在徒长枝上深 3~5 裂，基部深凹缺，边缘具不深、凹缺状有锯齿的齿牙，表面暗淡绿色，无毛，下面灰蓝色，银白色，被蛛丝状绒毛，沿脉上有细刺毛，具长叶柄。花雌雄异株，花序长 7~15cm，无绒毛。浆果球形，径约 5~10mm，紫红黑色，密被蜡粉，酸，但成熟后味甜可口。种子长 5~6mm。花期 6 月，果期 9 月。

原产北美。俄罗斯 1739 年引种。新疆伊犁和喀什地区农家果园可能栽培。是葡萄育种亲本和城市观赏植物。

13. 夏季葡萄

Vitis aestivalis Michx. Fl. Bor. Am. 2: 230, 1803; Man. Cult. Trees and Shrubs ed. 2: 613, 1940; Дер. И Куст. СССР, 4: 634, fig. 96, 5, 1958; 新疆葡萄栽培及贮藏加工，42, 1987; 经济植物手册，下册，第一分册，958, 1957。

粗壮落叶攀援灌木。枝暗红色，具短节间和厚隔膜；嫩枝无毛或有卷曲绒毛。卷须在每第三节通常缺乏。叶阔卵形，径(4)10~20(30)cm，深 3~5 裂，基部常常闭合狭窄凹缺，边缘具疏齿牙，上面暗绿色，光滑，背面被锈色卷曲绒毛，局部保持于脉上不脱落，叶柄无毛或多少被卷曲绒毛。花雌雄异株，花序长 10~25cm，纤细，少分枝。浆果球形，径 5~12mm，黑色被蜡粉，硬皮异味，从干涩到甜而多汁。种子长 6~7mm，具短喙，花期 6 月，果期 9 月。

原产北美。俄罗斯 1748 年引种。用作育种亲本而广泛栽培。塔什干开花结果实，无冻害。新疆伊犁和喀什地区果园可能零星栽培。

14. 密穗葡萄（新拟）

Vitis lincecumii Buckl. in Rep. U. S. Comiss. Patents Agric. 1861, (1862)485; Man. Cult. Trees and Shrubs ed. 2: 613, 1940; Дер. И Куст. СССР, 4: 636, fig. 96, 4, 1958; 新疆葡萄栽培及贮藏加工，42, 1987。

粗壮落叶攀援灌木。枝条具短节间；隔膜厚 2~3mm；嫩枝被棕黄色绒毛，卷须间断。叶阔卵形到圆形，径 5~12cm，3~5 浅裂，具钝圆形浅裂片和宽阔拱形的基部凹缺，边缘具细齿牙，上面暗绿色，无毛，下面被棕黄色不脱落的绒毛。果串截状圆锥形，稠密，长 5~10cm。浆果凹陷，径 10~25mm，黑色、紫红色或暗红色，被蜡粉，香甜可口，常 2~3 粒种子。种子梨形，具短缘。长 6~10mm。花期 6~7 月，果期 9~10 月。

原产北美。俄罗斯 1860 年引种。用作观赏和育种亲本。在阿拉木图地区，开花结果实，新疆伊犁地区农家果园可能零星栽培。

15. 黄毛葡萄（新拟）

Vitis coignetiae Pull ex Planchon in Vigne Amer, 7: 186, 1803; Man. Cult. Trees and Shrubs ed. 2: 614, 1940; Дер. И Куст. СССР, 4: 637, fig. 96, 3, 1958。

嫩枝稍有棱角，被棕褐色卷曲绒毛。卷须间断，2 分叉，被同样绒毛。叶圆形或卵形，径 10~

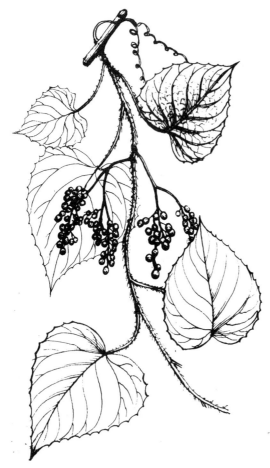

图 258 五角叶葡萄 Vitis quinquangularis Rehd.

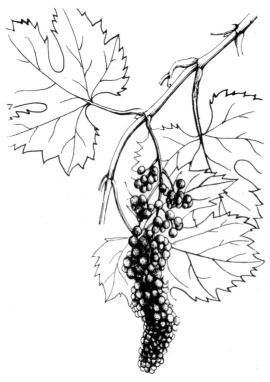

图 259 琐琐葡萄 Vitis adstricta Hance

30cm，全缘或 3 ~ 5 浅裂，具开阔的拱形的顶端渐尖的基部凹缺，边缘具不均匀浅齿牙，有皱纹，早期被白色到粉红色绒毛，以后，上面无毛或几乎无毛，暗淡绿色，下面被棕黄色绒毛，秋天鲜红色。花雌雄异株，花序被柔毛，长 6 ~ 10 (15) cm，果串圆柱形。浆果球形，紫红黑色或淡紫红黑色，径 8 ~ 12mm，少汁甜涩，可食，具 2 ~ 4 种子。种子长约 4mm，具短缘。花期 6 ~ 7 月，果期 9 ~ 10 月。

原产哈萨林南部，日本北部。生山地河岸。俄罗斯 1875 年引入欧洲部分，在塔什干露天越冬。新疆伊犁和喀什地区农家果园可能引种栽培。

16. 五角叶葡萄　毛葡萄　图 258

Vitis quinquangularis Rehd. in Journ. Arnold Arbor. 26：480，1945；Дер. И Куст. CCCP，4：637，fig. 97，1，1958；中国高等植物图鉴，2：771，1972；山东树木志，639，图 642，1984；新疆葡萄栽培及贮藏加工，42，1987—*V. pentagona* Diels et Gilg. non Voigt，nec Laws.

落叶藤本，长可达 8m。枝棕褐色；嫩枝带红色，幼枝叶柄和花序轴密生白色或褐色蛛丝状柔毛。叶卵形或五角状卵形，长 10 ~ 15cm，宽 6 ~ 8cm，全缘或不明显 3 裂，顶端急尖，基部近截形或浅心形，边缘具波状细牙齿，嫩枝上面被绒毛，后光滑，下面密生淡褐色绒毛；叶柄长 3 ~ 7cm。圆锥花序，长 8 ~ 11cm；花细小淡绿色，无毛；花萼不明显；花瓣 5，长约 8mm；雄蕊 5。浆果球形，黑紫色，径 6 ~ 8mm。具 1 ~ 3 种子。花期 6 月，果期 9 月。

乌鲁木齐地区引种栽培，开花结实生长良好。分布于江苏、安徽、江西、云南、陕西、河南、山东等地区。俄罗斯 1890 年引种。

17. 琐琐葡萄　野葡萄　翁恰玉助姆 图 259

Vitis adstricta Hance；中国高等植物图鉴，2：771，图 3271，1972，—*V. thunbergii* Sieb. et Zucc. var. *adstricta* (Hance) Gagnep.

木质藤本。幼枝被锈色或灰色绒毛；卷须具 1 分枝或不分枝。叶为宽卵形，长 4 ~ 8cm，宽 2.5 ~ 5cm，3 深裂，中裂片菱形，3 裂或不裂，具少数粗齿牙，侧裂片不等二裂或不裂，上面稀生短毛，下面被锈色或灰色绒毛；叶柄长 1 ~ 3cm。圆锥花序长 5 ~ 8cm，花序轴被锈色短绒毛，花径约 2mm，无毛；花萼盘形，全缘；花瓣 5，早落；雄蕊 5。浆果紫色，径约 8 ~ 10mm。

吐鲁番盆地栽培。南疆也有。分布于湖北、江西、浙江、安徽、江苏、山东。国外在朝鲜、日本、俄罗斯远东地有。果实含糖分，可酿果酒；制干入药；藤条供造纸根及全株药用，能祛风湿，消肿毒。

18. 圆枝葡萄(新拟)

Vitis candicans Engelm et Gray. in Boston Journ. Nat. Hist, 6：166, 1850；Man. Cult. Trees and Shrubs ed. 2：614, 1940；Дер. И Куст. СССР, 4：640, fig. 97, 2, 1958；新疆葡萄栽培及贮藏加工, 42, 1987。

粗壮落叶攀援灌木。嫩枝圆筒形，具厚隔膜，密被白色蛛丝状绒毛。卷须在第 3 节缺。叶三角状卵形到肾形，径 6 ~ 14cm，不显著 3 浅裂或具棱角到多少深 3 ~ 5(7) 裂，在徒长枝上的叶基部具宽阔凹缺或近截形，边缘具凹缺状细齿牙，幼时两面，以后仅下面被白柔毛，上面无毛，暗淡，深绿色；叶柄长 3 ~ 6cm，被不脱落的白绒毛。花序通常多分枝，长 5 ~ 12cm。浆果球形，径 1.5 ~ 2cm，紫红黑色或淡红色，具厚皮和不愉快味道。种子梨形，具短嘴，长 6 ~ 7mm。花期 6 月，果期 7 ~ 8 月。

原产北美。俄罗斯 1860 年引种。主要用于葡萄育种和观赏，因其叶被白绒毛很像银白杨而富观赏。栽培于俄罗斯欧洲部分，高加索和中亚各地。新疆伊犁和喀什地区农家果园零星栽培。

19. 美国葡萄　美国蘷奥

Vitis labrusca Linn. Sp. Pl. 203. 1753；Man. Cult. Trees and Shrubs ed. 2：615, 1940；Дер. И Куст. СССР, 4：641, fig. 97, 3, 1958；经济植物手册, 下册, 第一分册, 958, 1957；山东树木志, 644, 1984；新疆葡萄栽培及贮藏加工, 42, 1987。

粗壮落叶攀援灌木。小枝圆柱形，幼时多少稠密绒毛，以后被蛛丝状绒毛，具厚隔膜，卷须 2 ~ 3 分叉，在各节上都很发达，除具有花序的节除外，亦被与枝条同样的绒毛。叶阔卵形或圆形，径 7 ~ 17(25)cm，全缘或不深 3 裂，稀少(在营养枝上)深裂，基部具拱形宽阔凹缺，形状多变化，边缘具不深凹缺齿牙，裂片顶端常全缘，宽厚多皱纹，上面暗淡，暗绿色，光滑，下面幼时被白色或灰色蛛丝状绒毛，以后被棕褐色绒毛，有时是很稀疏的毛；叶柄等长于叶片 1/2，被叶片下面相同的毛。花雌雄异株，花序长 5 ~ 8cm，花梗粗短，雌花序较稠密，雄花序较稀疏。果串不大，通常不分枝。浆果通常紫红黑色，稀少淡红褐色，粉红色，淡黄绿色或很少白色，球形，少椭圆形，径(12)15 ~ 20mm，具厚果皮，被相当密的蜡粉和黏汁的果肉，味甜，具独特的麝香香味。种子大，长 5 ~ 8mm，具短嘴。花期 5 ~ 6 月，果期 8 ~ 9 月。

原产北美。俄罗斯 1656 年引种。是重要的葡萄育种亲本，而栽培于俄罗斯欧洲部分，中亚各国。在塔什干、阿什哈巴德、阿拉木图等城市均开花结实。新疆伊犁地区大面积引种，生长良好。

20. 刺葡萄

Vitis davidii Foex. Cours. Compl. Vitic. 44, 1886；Man. Cult. Trees and Shrubs ed. 2：615, 1940；经济植物手册, 下册, 第一分册, 959, 1957；Дер. И Куст. СССР, 4：642, fig. 97, 7, 1958；中国高等植物图鉴, 2：772, 图 3274, 1972；山东树木志, 644, 图 647, 1984；新疆葡萄栽培及贮藏加工, 42, 1987。

木质藤本。幼时生皮刺；刺直立或先端稍弯曲，长 2 ~ 4mm；卷须分枝。叶宽卵形至卵圆形，长 5 ~ 15cm，宽 6.5 ~ 14cm，顶端短渐尖，有时具不显 3 浅裂，基部心形，边缘具深波状齿牙，除叶下面沿脉被短柔毛外，无毛；叶柄长 6 ~ 13cm，通常疏生细皮刺。圆锥花序与叶对生，长 5 ~ 15cm；花细小；萼不明显 5 浅裂；花瓣 5，上部互相合生，早落；雄蕊 5。浆果球形，蓝紫色，径

图260 秋葡萄 Vitis romaneti Roman.

图261 复叶葡萄 Vitis piasezkii Maxim.

1~1.5cm。

吐鲁番盆地及南疆零星栽培。分布于云南、贵州、四川、湖北、湖南、江西、福建、江苏等地区。山东亦有栽培。俄罗斯1885年引种。在圣彼得堡受冻，在塔什干冬季在保护下越冬。

21. 秋葡萄 图260

Vitis romaneti Roman. du caill. in Compt, Rend. Acad. Sci. Paris. 92：1096, 1881；Man. Cult. Trees and Shrubs ed. 2：615, 1940；Дер. И Куст. СССР, 4：643, fig. 97, 5, 1958；经济植物手册，下册，第一分册，959，1957；中国高等植物图鉴，2：772，图3273，1972；新疆葡萄栽培及贮藏加工，42，1987。

强壮落叶攀援灌木。嫩枝被蛛丝状绒毛和腺刺毛，紫红色。卷须间断。叶卵圆形，长10~25cm，全缘或3浅裂，基部具不宽的凹缺，有时三出，边缘具浅齿，齿端具刺毛状尖，上面暗绿色，无毛或沿脉有疏绒毛，下面被灰柔毛，沿脉有柔毛，或多或少有腺毛；叶柄等于叶片1/3~1/2，被绒毛和腺刺毛。花雌雄异株，花序近无毛。果串不大，具长梗，通常长于叶。浆果球形，径7~10mm，黑色或浅紫黑色，多种子。种子球状卵形，长3~4mm，花期5~6月，果期7~8月。

和田地区零星引种栽培。分布于甘肃和陕南、四川、湖北、河南、江苏等地。俄罗斯1881年引种。主要用作育种亲本。在塔什干在1950~1951年最寒冷的冬天遭受冻害。是很有观赏价值的葡萄之一。

22. 复叶葡萄 图261

Vitis piasezkii Maxim. in Act. Hort. Petrop. 11：102, 1890；Man. Cult. Trees and Shrubs ed. 2：615, 1940；经济植物手册，下册，第一分册，959，1957；华北经济植物志要，301，1953；中国高等植物图鉴，2：775，图3279，1972；新疆葡萄栽培及贮藏加工，42，1987。

落叶攀援灌木。小枝被棕褐色绒毛和腺刺毛。卷须二叉，间断。叶卵形，浅裂或深裂，长4~8cm，多变化。常三出，稀少主要在枝条下部，浅或深3裂，基部心形，有时仅具1侧生裂片，间或叶为5出，中间三出小叶片卵状棱形，渐尖，基部楔形，具短柄，侧生小叶片卵形，偏斜，无柄边缘具不等大粗齿牙，上面无毛，稍粗糙，下面在幼时被蛛丝状棕褐色或灰色绒毛，沿叶脉的毛不脱落；叶柄被棕褐色绒毛和腺刺毛。花雌雄异株，花序多花，果期长于叶。浆果球形，径 8～10mm，黑色或浅紫红黑色，被薄层蜡粉。果实成熟不脱落，多种子。种子梨形，长约 6mm。花期 5～6 月，果期 8～9 月。

和田地区零星引种栽培。分布于陕西、四川、湖北、山西、河南等地。俄罗斯 1885 年引种。中亚各城市均有栽培。塔什干在个别严寒冬季曾受冻害。主要用做育种亲本。果供食用或酿酒。

（2）地锦属（爬山虎属）**Parthenocissus** Planch.

落叶或常绿藤本；树皮具皮孔、小枝具白色髓心。卷须先端具黏性吸盘；冬芽圆形。具 2～4 鳞片。花两性与单性共存，组成复伞房花序，花序梗与叶对生，或生于小枝顶端而成圆锥花序；花萼细小；花瓣通常 5 片，稀 4 片，雄蕊 5；花盘与子房贴生，花柱短而厚；子房二室，每室 2 胚珠。果实为浆果。蓝色或蓝黑色，含种子 1～4 粒。

约 15 种。国产 9 种。主产长江以南。新疆有 2 种，皆为栽培。

分种检索表

1. 叶为单叶，3 裂（3 全裂成 3 小叶状）…………………… 2. 地锦（爬山虎）**P. tricuspidata**(Sieb. et Zucc.)Planch.
1. 叶为掌状复叶，具 5 小叶 …………………………………………… 1. 五叶地锦 **P. quinquefolia**(Linn.) Planch.

1 *. 五叶地锦　彩图第 48 页

Parthenocissus quinquefolia(Linn.)Planch. in DC. Monongr. Phaner. 5：448，1887；Man. Cult. Trees and Shrubs ed. 2：619，1940；Фл. CCCP，14：709，1949；东北木本植物图志，411，1955；经济植物手册，下册，第一分册，962，1957；新疆植物检索表，3：287，1985；黑龙江树木志，424，图版 129：1，1986。

攀援性藤本；幼枝发红色；卷须与叶对生，5～8 分枝，先端有吸盘。叶互生，具长柄，掌状复叶，具 5 小叶，小叶具短柄，长圆状披针形，长 4～10cm，基部通常楔形，先端锐尖，边缘具粗齿牙，叶上面暗绿色，平滑无毛，下面淡绿色，无光泽。圆锥状二歧聚伞花序，与叶对生，花轴与花梗无毛；萼近 5 齿，截形，花瓣 5，黄绿色；雄蕊 5；雌蕊 1，子房 2 室。果实为浆果，球形，径约 6mm，成熟时蓝色，稍被白霜，含 2～3 粒种子，种子坚硬。花期 7 月，果期 9～10 月。

原产北美。我国引种。伊宁、塔城、石河子、乌鲁木齐等城市公园均有栽培。模式自北美。

攀援爬生于墙壁上及公园之棚架上，甚美观植物，经抗寒，秋叶红艳，甚富观赏，用插条繁殖。

2. 地锦　爬山虎

Parthenocissus tricuspidata(Seib. et Zucc.)Planch. in DC. Monogr. Planer，5（2）；452，1887；Man. Cult. Trees and Shrubs ed. 2：620，1940；经济植物手册，下册，第一分册，963，1957；中国高等植物图鉴，2：775，图 3280，1972；山东树木志，651，1984；黑龙江树木志，424，图版 129：2～3，1986；树木学（北方本），411，图 281，1997。

落叶藤本，枝条粗壮，多分枝。小枝灰褐色，具多数短小而分枝的卷须；卷须顶端具吸盘；短枝粗而短，布满叶痕。叶互生，广卵形，长 10～20cm，宽 8～17cm，先端通常 3 裂（有时在幼枝上的叶较小而裂成掌状 3 小叶），三深裂而部分叶不分裂，基部心形，边缘具粗锯齿，上面平滑，无毛，暗绿色，有光泽，下面暗绿色，沿脉上被柔毛；叶柄长 8～20cm。聚伞花序腋生，花梗短而无毛，常较叶柄短；花两性，黄绿色，细小；萼片 5，截形；花瓣 5，长圆形，雄蕊 5，雌蕊 1；子房 2 室，每室含 2 胚珠。果实为浆果，球形，径 6～8cm，蓝黑色，被白粉。种子 1～2 粒。花期 6～7 月，果期 9～10 月。

乌鲁木齐市引种栽培。产于辽宁，华北、华东及中南等地。朝鲜、日本也有。模式标本自日本。

(3) 蛇葡萄属 Ampelopsis Michx.

落叶木质攀援藤本。卷须顶端不扩大。枝具皮孔及白色髓心。冬芽具鳞片。叶互生，单生或复叶，具长柄。花两性，细小，绿色，聚伞花序与叶对生或顶生；花部5出或稀4出；花萼不明显；花瓣开张；雄蕊短；子房2室，着生于明显的杯状花盘上，浆果球形，具1~4粒种子。

约25种，主产北美及亚洲中部和东部，少数产热带。中国产15种。新疆仅引种栽培3种。

分种检索表

1. 指状复叶，叶轴具宽轴，羽叶具关节，果熟时白色或蓝色 ·················· **3. 白蔹 A. japonica**(Thunb.) Makino.
1. 单叶。
  2. 叶下面绿色，质薄，3~5裂，稀几不裂；果最后蓝色 ········ **1. 蛇葡萄 A. brevipedunculata**(Maxim.) Trautv.
  2. 叶下面带白色，质坚韧，不分裂或微分裂，幼叶上面有绒状闪光；果暗蓝色 ··············
  ·················· **2. 闪光蛇葡萄 A. bodinieri**(Levl. et Vant.) Rehd.

1. 蛇葡萄

Ampelopsis brevipedunculata (Maxim.)Trautv. В Тр. С. Летерб. бот. сада, 8：176, 1883；Man. Cult. Trees and Shrubs ed. 2：617, 1940；Дер. И Куст. CCCP, 4：649, fig. 98, 3, 1958；经济植物手册，下册，第一分册，961，1957；中国高等植物图鉴，2：778，图3285，1972；山东树木志，648，图649，1984。

木质藤本。枝条粗壮，具皮孔，髓白色；幼枝有毛；卷须分叉。叶纸质，宽卵形，长宽6~12cm，顶端三浅裂，少不裂，边缘粗锯齿，上面深绿色，下面稍淡，疏生短柔毛或变无毛；叶柄有毛或无毛。聚伞花序与叶对生；花黄绿色；萼片5，花瓣5；花盘杯状；雄蕊5；子房2室。浆果近球形，径6~8mm，熟时鲜蓝色。花期7~8月，果期9~10月。

乌鲁木齐引种栽培。分布于俄罗斯远东地区、朝鲜。我国辽宁、吉林、河北、山东等省。俄罗斯于1870年引种，现俄欧洲部分，中亚各国城市，阿拉木图、塔什干等均开花结实。

蛇葡萄果实可酿酒。根、茎入药，有清热解毒、消肿祛湿之效。

2. 闪光蛇葡萄

Ampelopsis bodinieri(Levl. et Vant.) Rehd. in Journ. Arnold. Arb. 15：23, 1934；Man. Cult. Trees and Shrubs ed. 2：616, 1940；Дер. И Куст. CCCP, 4：646, 1958；经济植物手册，下册，第一分册，960，1957。

落叶攀援灌木，高至6m。幼枝叶带紫色；小枝无毛。叶三角状卵圆形，不分裂，或阔卵圆形，微分裂，长5~10cm，基部心形或近截形，顶端短渐尖，侧裂片顶端急尖，具浅粗圆锯齿，上面暗绿色，幼时有绒毛闪光，下面带白霜。裂伞花序具长梗，稠密。果暗蓝色。

乌鲁木齐引种栽培少量。分布于陕西、湖北等省。用途同上种。

3. 白蔹(本草经)

Ampelopsis japonica (Thunb.) Makino, in, Bot. Mag. Tokgo, 17：113, 1903；Man. Cult. Trees and Shrubs ed. 2：618, 1940；Дер. И Куст. CCCP, 4：652, fig. 99, 3, 1958；经济植物手册，下册，第一分册，961，1957；中国高等植物图鉴，2：180，图3290，1972；山东树木志，648，图653，1984；黑龙江树木志，421，图版128，1986。

藤本根块状。叶为掌状复叶，长6~10cm，宽7~12cm，小叶3~5，一部分羽状分裂，一部分羽状缺裂，裂片卵形至披针形，中间裂片最长，两侧裂片很小，常不分裂，叶轴具阔翅，裂片基部具关节，两面无毛；叶柄短于叶片，无毛。聚伞花序，花梗长3~8cm，缠绕；花细小，黄绿色；花萼五浅裂；花瓣5；雄蕊5，花盘边缘浅裂。浆果球形，径约6mm，熟后白色或蓝色，具小凹点。种子1~2粒。花期6~7月，果期9~10月。

乌鲁木齐植物园引种栽培。开花结实。分布于东北南部、华北、华东及中南各地区。俄罗斯远东地区及日本也有。1867年引入俄欧洲部分，现中亚各国城市亦有，开花结实。可作保护地被植物，亦可作观赏。全株及块根入药，有清热解毒、消肿止痛之效。

H. 山茱萸亚纲——Subclass CORNIDAE

山茱萸超目——CORNANAE

XXXV. 绣球花目——HYDRANGEALES

乔木或灌木，稀少半灌木和根状茎草本。叶互生、对生，或稀轮生，单叶全缘或少浅裂，或有齿牙，具托叶或常缺；气孔平列型或无规则型，3叶隙节或有时单叶或多叶隙节。导管具梯纹穿孔或具单穿孔；纤维分子具有缘壁孔或稀少单孔，常有隔膜，其中某些就是真正的管胞。花组成各式花序少单，两性或有时单性，辐射对称或多少两侧对称；花萼(3)4~5(~12)，镊合覆瓦状，分离或多少连合形成短管；花瓣(3)4~5，镊合覆瓦状或扭曲，分离或连合成短管；雄蕊4~5(或8~10，或较多)，有时雄蕊多数，少至200；花丝分离，基部连合或着生于花管上；花药纵裂，绒毛层有分泌，小孢子发生同时型；花粉粒2细胞或3细胞，大部分3沟孔，有时2~3沟槽。雄蕊内腺盘发达或少缺。雌蕊合生心皮，由(2)3~5或少至12心皮组成；花柱枝分离或常多少连合成具有柱头的分枝或浅裂成头状的花柱分枝；子房上位，或常半下位，具1至几枚或多数胚珠；胚珠倒生，单珠被，薄珠心。雌配子体蓼型或葱型和五福花型，通常具内皮。胚乳细胞型。果实为室间或室背开裂蒴果，或少浆果或核果状果实。种子具直胚，围以肉质胚乳或少缺。

塔赫他间系统(1997年)将山茱萸亚纲分为3超目16目，新疆木本仅8目。

51. 绣球花科——HYDRANGEACEAE Dumort.，1829

乔木或灌木，有时攀援状。单叶，对生或互生，稀轮生；无托叶。花细小，两性或杂性，组成伞房状花序，有时花序周边具花萼扩大的不孕性花；花萼4~10；花瓣4~10；雄蕊5至多数；子房半下位，心皮2~5(10)合生。蒴果，顶部开裂，稀浆果。

16属200余种。主产北半球温带及亚热带。我国11属110种。新疆仅引入栽培。

分属检索表

1. 花同型，无不孕性花。
　2. 萼片、花瓣均为4。叶对生，枝叶通常无星状毛 ································· **(1)山梅花属 Philadelphus** Linn.
　2. 萼片、花瓣为5，枝叶被星状毛 ································· **(2)溲疏属 Deutzia** Thunb.
1. 花二型，可育花细小，不育花大，着生花序边缘，叶对生 ················· **(3)绣球属 Hydrangea** Linn.

(1)山梅花属 Philadelphus Linn.

落叶灌木。枝具坚实白色髓心。单叶对生，基部3~5主脉，全缘或有齿；无托叶。花白色，常组成总状或聚伞花序，稀为圆锥花序；萼片4；花瓣4；雄蕊20~40；子房下位或半下位，4室。蒴果，常4瓣裂。种子多数。

共70余种，产北温带。我国约12种。新疆仅引入2~3种，多为珍贵观赏植物。

分种检索表

1. 花萼外面无毛，叶通常两面均无毛，或仅幼叶下面有毛；叶柄带紫色，花乳白色 ························ ·· **1. 太平花 P. pekinensis** Rupr.
1. 花萼下部被疏绒毛，叶下面密被灰色柔毛，脉上尤多 ··················· **2. 东北山梅花 P. schrenkii** Rupr.

1. 太平花　北京山梅花

Philadelphus pekinensis Rupr. in Bull. Phys. – Math. Acad. Sci. St. Petersb. 75：365，1857；经济植物手册，上册，第二分册，486，1955；中国高等植物图鉴，2：95，图1920，1980；山东树木志，265，图267，1984；黑龙江树木志，247，图版65：1~3，1986。

丛生灌木，高至2m。小枝光滑无毛，常带紫褐色。叶卵状椭圆形，长1.5~9cm，基出三出脉，先端渐尖，基部阔楔形或近圆形，边缘疏生细锯齿，通常两面无毛，或有时脉腋有毛；叶柄带紫色。花5~9朵成总状花序，花径2~3cm，有香气；花序轴和花梗光滑无毛，花梗长3~8mm；花瓣4，乳白色，倒卵形，长9~12mm；雄蕊多数，长达9mm；子房下位，4室；胚珠多数；花柱上部3裂，柱头近匙形。蒴果球状倒卵形，径5~7mm。花期6月，果期8~9月。

乌鲁木齐、昌吉、石河子、伊宁等各地引种栽培。开花结实，抗寒，喜光，生长良好。分布于辽宁南部、华北地区。朝鲜也有。模式自北京附近。

太平花喜光，耐寒，耐旱，花乳白色而清香，为我国著名观赏花木。宜植于草地，林缘、园路转角和建筑物前，亦可作自然或花篱或大型花坛之中心栽植材料。用种子、分根、扦插繁殖。

2. 东北山梅花

Philadelphus schrenkii Rupr. in Bull. Phys. —Math. Acad. Sci. St. Petersb. 15：365，1875；经济植物手册，上册，第二分册，487，1955；中国高等植物图鉴，2：96，图1921，1980；黑龙江树木志，247，图版65：4~6，1986。

灌木，高至2m；树皮灰色；枝条对生，小枝褐色，有毛或后变无毛。叶对生，卵形，广卵形或椭圆状卵形，长4~12cm，宽2~6cm，革质，基部宽楔形或近圆形，先端短渐尖，边缘疏生钝圆锯齿具睫毛，上面绿色，无毛，下面淡绿色，无毛或叶脉上有疏毛。总状花序5~7花；花轴与花梗密生短柔毛；花梗长6~11mm；萼筒钟形，疏被柔毛，裂片4，三角状卵形，外面无毛或疏被毛，里面密被毛；花瓣4，白色，倒卵状圆形，长12~15mm，宽1~12mm；花盘无毛；花柱下部被毛，上部4裂；柱头钝圆。蒴果球状倒圆锥形，长6~9mm。花期6月，果期8~9月。

乌鲁木齐、昌吉、石河子、伊宁等地区引种。开花结实，生长良好。分布于黑龙江、吉林、辽宁。朝鲜、日本、俄罗斯也有。模式自黑龙江下游。

东北山梅花耐寒，喜光，喜阴，花洁白芳香，是城市庭院绿化珍贵树种。用种子、分根、扦插繁殖。

（2）溲疏属 Deutzia Thunb.

落叶或常绿灌木，被星状毛；小枝褐色；芽无毛，具多数覆瓦状鳞片。叶对生，具短柄，边缘有锯齿；无托叶。花两性，常组成圆锥花序或聚伞花序或伞房花序，稀单生，白色或带紫色；萼筒钟状，5裂；花瓣5，镊合状或覆瓦状排列；雄蕊10(12~15)，排成两轮，内外轮形状及长短常相异；花丝上部两侧常具齿状翅，有时无齿。子房下位，花柱3~5，分离。蒴果3~5瓣裂。种子细小。

约40种，主产北温带。我国约40种。新疆均为引种栽培。

分种检索表

1. 花较大，常1~3朵，直径2.5~3cm；叶下面灰白色，密被星状毛 ········ **1. 大花溲疏 Deutzia grandiflora** Bunge
1. 花较小，常多数，组成伞房花序；叶下面密被星状毛，沿主脉被单毛 ······ **2. 小花溲疏 Deutzia parviflora** Bunge

1. 大花溲疏

Deutzia grandiflora Bunge in Mem. Div. Sav. Etr. Acad. Sci. St. Petersb. 2：104，1833；经济植物手册，上册，第二分册，496，1955；中国高等植物图鉴，2：103，图1935，1980；山东树木志，272，图273，1984；黑龙江树木志，243，图版64：1~3，1986。

灌木，高1~2m，树皮灰褐色。小枝褐色。叶对生，卵形，长2~5cm，宽1~2cm，先端渐尖或急尖，基部圆形，边缘具不整齐细锯齿，上面粗糙，散生星状毛，下面密被白色星状短绒毛。聚伞花序侧生枝端，具1或2花；萼筒密被星状毛，长2~3mm，裂片5，披针状条形，长约5mm；花瓣5，白色，椭圆形或狭倒卵形，长1~1.5cm；雄蕊10，花丝上部具2长齿；子房下位，花柱3，长于雄蕊。蒴果半球形，径4~5mm。花期4~5月，果期6~7月。

乌鲁木齐、昌吉、石河子、伊宁等地区引种栽培。分布于辽宁、内蒙古、河北、山东、陕西等地。朝鲜也有。是珍贵的城市园林绿化观赏树种。

2. 小花溲疏

Deutzia parviflora Bunge in Mem. Sav. Acad. Sci. St. Petersb. 2：105，1833；经济植物手册，上册，第二分册，496，1955；中国高等植物图鉴，2：97，图1923，1980；山东树木志，272，图274，1984；黑龙江树木志，244，图版63：8~10，1986。

灌木，高1~2m，树皮灰褐色，小枝褐色，散生星状毛；老枝灰色，条裂；芽卵状圆锥形，有棱角，密被星状毛。叶对生，卵形或狭卵形至倒卵形，长3~8cm，宽2~5cm，基部宽楔形或圆形，先端渐尖，边缘具不规则细锯齿，上面暗绿色，被5~6条放射状星状毛，下面色稍淡，沿主脉被单毛；叶柄长3~5mm，花序伞房状，径2~5cm，花梗与花萼密被星状毛；萼筒钟状，具5裂片；花瓣5，白色，圆状倒卵形，长4~6mm，有星状毛；雄蕊10，花丝上部具短钝齿；子房下位，花柱3，短于雄蕊。蒴果扁球形，长2~3mm，宽3~4mm，3瓣裂，被星状毛。种子多数，细小。花期6月，果期8~9月。

乌鲁木齐、石河子、伊宁等地引种栽培。开花结实。内蒙古、辽宁和华北各地分布。朝鲜、俄罗斯远东也有。模式标本自华北。

（3）绣球属 Hydrangea Linn.

落叶灌木，稀藤本；枝通常具白色或黄色髓心。叶对生，无托叶。伞房花序或圆锥花序；萼片和花瓣各为4~5；雄蕊8~10(20)；子房下位或半下位，花柱2~5，花序边缘常具大型不育花。蒴果，顶端开裂，2~5室。种子细小繁多，有翅或无翅。

约85种。国产25种。新疆仅引入栽培2种。

分种检索表

1. 伞房花序，扁平半球形，花一型；全为不孕花 ················· **1. 绣球花 H. macrophylla**(Thunb.) Seringe.
1. 圆锥花序，顶生常15~25cm，花二型；不孕花和孕育花 ···················· **2. 圆锥绣球 H. paniculata** Sieb.

1. 绣球花　八仙花

Hydrangea macrophylla(Thunb.) Seringe.；中国高等植物图鉴，2：106，图1941，1980；山东树木志，276，图277，1984；树木学(北方本)，282，1997。

落叶灌木；小枝粗壮，具明显皮孔，叶大而对生，椭圆形至宽卵形，长7~20cm，宽4~10cm，先端短渐尖，基部宽楔形，边缘有锯齿(基部除外)，无毛或有时背面沿脉上有粗毛，上面鲜绿色，下面淡绿色；叶柄长1~3cm。顶生伞房花序，球形，直径可达20cm，花梗被柔毛；花白色、粉红或变蓝色。全部花不孕，萼片4枚，宽卵形或圆形，长1~2cm，极美丽。

乌鲁木齐引种栽培。我国南北各省多有栽培。变种很多，是珍贵观赏灌木，性喜温暖，喜湿润，排水良好的砂壤土，用扦插、压条、分株等法繁殖。

2. 圆锥绣球花

Hydrangea paniculata Sieb.；经济植物手册，上册，第二分册，502，1955；中国高等植物图鉴，2：106，图 1942，1980；山东树木志，276，图 278，1984。

落叶灌木，高可达 8m。小枝粗壮，被短柔毛。叶对生，稀上部为 3 叶轮生，椭圆形或卵形，长 5 ~ 12cm，宽 3 ~ 5cm，边缘具内弯细锯齿，幼叶上面被短柔毛，下面有短刺毛或仅沿脉上有毛，具短柄。顶生圆锥花序，长 15 ~ 25cm；花序轴和花梗被毛；花二型；不孕花具 4 萼片，萼片卵形至近圆形，全缘，初白色，后变淡紫色；孕性花白色，芳香；萼筒近无毛，具 5 枚三角形裂片；花瓣 5，离生，早落；雄蕊 10，不等长；子房半上位；花柱 3，柱头下延。蒴果球形，长约 4mm，顶端孔裂。种子两端具翅。花期 6 ~ 7 月，果期 8、9 月。

乌鲁木齐、石河子、伊宁庭院零星栽培。主产华东、华南各省，河南、陕西、甘肃南部都有分布。山东有栽培，性喜光，喜温暖、湿润，珍贵庭院观赏树，种子及插条繁殖。

XXXVI. 山茱萸目——CORNALES

木本，稀草本。通常具环烯醚萜化合物。叶对生稀互生，单叶；无托叶。每心皮具 1 胚珠，单被珠被。核果稀浆果。

塔赫他间系统的山茱萸目包括 6 科；但中国仅产 5 种，即珙桐科、蓝果树科、马蹄参科、山茱萸科、八角枫科等；吴征镒系统（2003）包括 7 科，除此 5 科外，还有 2 科，但均不产新疆。新疆仅引入栽培 1 科。

52. 山茱萸科——CORNACEAE Dumort，1829

乔木或灌木。单叶对生稀互生；无托叶。花两性，稀单性，组成聚伞圆锥花序或头状花序；花萼 4 ~ 5 齿裂或不裂；花瓣 4 ~ 5；雄蕊与花瓣同数而互生；花盘内生；子房下位，2 室，每室具 1 下垂倒生胚珠。核果或浆果状核果。种子具胚乳。

14 属约 100 种，分布于北温带及亚热带。国产 6 属约 50 种，新疆仅 1 属 2 种。

1. 梾木属 Swida Opiz.（Cornus L.）

乔木或灌木，落叶稀常绿。芽鳞 2，先端尖。枝叶常被丁字毛。叶对生，全缘，羽状侧脉弧状上弯。花两性，顶生伞房状复聚伞花序，无总苞；花萼 4 裂；花瓣 4，镊合状排列；雄蕊 4；花盘垫状；子房 2 室。核果。

约 30 种，分布北温带。我国约 20 种，以西南部最多。新疆引入 2 ~ 3 种。

分种检索表

1. 枝血红色，叶对生，两面无毛，核果白色 ·················· **1. 红瑞木 S. alba** Opiz.
1. 枝黄绿呈红褐色，叶对生，背面被柔毛，核果黑色 ·················· **2. 油树 S. walteri**（Wanger.）Sojak.

1. 红瑞木 彩图第 49 页

Swida alba Opiz. in Seaman. 94，1852；树木学（北方本），375，1997；中国植物志，56：43，1990；中国被子植物科属综论，822，2003。——Cornus alba L. Mant. Pl. 40，1767；中国高等植物图鉴，2：1100，图 3930，1972；山东树木志，726，图 726，1984；黑龙江树木志，454，图版 130：1 ~ 4，1986；新疆植物检索表，3：427，1985。

灌木，高可达 3m；树皮暗红色；枝血红色，无毛，初时常被蜡粉，皮孔明显，灰白色，散生；芽卵状披针形，长约 5mm，先端尖，淡紫红色。叶对生，卵形、椭圆形，长 4 ~ 10cm，基部常为圆形、阔楔形，先端渐尖，边全缘，上面绿色，散生伏毛，下面被伏毛，叶脉明显，5～6 对；叶柄长 5～25mm，疏生毛。顶生圆锥状聚伞花序；花梗长 2～10mm；花轴与花梗被毛；花萼筒卵状球形，被白毛，萼齿不明显；花冠白色，花瓣 4，长圆状卵形，长约 3mm，宽约 2mm；雄蕊 4；子房近倒卵形，柱头头状。核果长圆形，长 5～8mm，成熟时白色或稍带蓝色，扁平，两端尖。花期 6～7 月，果期 7～8 月。

乌鲁木齐、昌吉、石河子、伊宁等地引种。开花结实，生长良好。分布于黑龙江、吉林、辽宁、内蒙古、河北、山东、江苏、陕西等地。蒙古、朝鲜、俄罗斯远东地区也有。模式自俄罗斯东西伯利亚。

喜阴，喜排水良好的砂壤土。种子繁殖。优美的城市庭院观赏树种。种子含油率 30%，供工业用。

2. 油树(陕西) 毛梾 车梁木

Swida walteri (Wanger.) Sojak.；中国植物志，56：78，1990；树木学(北方本)，375，1997。Cornus walteri Wanger. in Repert. sp. nov. 6：99，1908；中国高等植物图鉴，2：1103，图 3935，1972；山东树木志，730，图 731，1984；新疆植物检索表，3：428，1785。

落叶乔木。树皮黑褐色；枝黄绿色至红褐色，被灰白色状毛，后脱落。叶椭圆形，长 4～13cm，顶端渐尖，基部楔形，上面被贴伏柔毛，下面密被伏毛，侧脉 4～5 对。花白色，芳香，径约 9.5mm；花萼被白色柔毛，花瓣舌状披针形，疏被柔毛；雄蕊短于花瓣；花柱棍棒状，柱头头状。核果球形，黑色，径 6～8mm。花期 5～6 月，果期 8～9 月。

伊宁市引种栽培。分布于华东、华北、中南、西南各地区。

喜光，对气温适应幅度较大，能忍耐 -23℃ 低温和 43.4℃ 高温。喜深厚湿润肥沃土壤，但也耐干旱瘠薄，根系发达，萌芽性强，生长快，寿命可达 500 余年。果肉和种仁均含油脂，果含油量 13.8%～41.3%，其中果皮含油量率达 24.86%～25.7%，果肉出油率约 15%。油供食用及工业用，花为蜜源。可作荒山造林及城市园林绿化树种。

XXXVII. 杜仲目——EUCOMMIALES

落叶乔木，仅一科 1 种。早期，有的学者将杜仲置于荨麻目中，但以后一些学者又认为杜仲具含硬橡胶的乳管，合成环烯醚萜化合物，储藏菊糖，单珠被胚珠，果具薄的外果皮，1 种子具膜质种皮，丰富胚乳和一个而在中心与胚乳等长的胚，因而主张将杜仲置于山茱萸亚纲中。吴征镒系统 (2003) 将杜仲置于山茱萸亚纲中的杜仲目，排在五加目之前，作为山茱萸目与五加目之间的纽带。与塔赫他间系统基本一致。

53. 杜仲科——EUCOMMIACEAE Engler，1909

落叶乔木，小枝髓心片状。植物体内具乳白色胶质；无顶芽。单叶，互生，边缘有锯齿，羽状脉；无托叶。花单性，雌雄异株，无花被，先叶或与叶同时开放；雄花簇生，每花具 4～10 枚雄花，生短柄上，雌蕊由 2 心皮合成，子房上位，1 室，具 2 倒生胚珠。果为不开裂翅果，果皮及果翅薄革质，内含 1 粒种子。含丰富胚乳。胚直立。子叶扁平。

(1) 杜仲属 Eucommia Oliv.

1. 杜仲 彩图第 49 页

Eucommia ulmoides Oliv.；经济植物手册，上册，第一分册，242，图 40，1955；中国高等植物图鉴，2：170，图 2069，1980；山东树木志，290，图 291，1984。

乔木，高可达 20m，胸径 1m。树皮暗灰色，幼时光滑，老树皮纵裂。小枝灰褐色或黄褐色，光滑。嫩枝初被黄褐色毛，后脱落；髓心白色或灰色。叶长圆状卵形或长圆形，长 6 ~ 18cm，宽 3 ~ 8cm，先端渐尖，基部圆形或宽楔形，边缘具内弯锯齿，上面深绿色，下面淡绿色，网脉明显；脉上有毛。花先叶或与叶同时开放；花苞匙状倒卵形，长 6 ~ 8mm；雄蕊线形，长约 1cm，花丝长约 1mm；雄花梗长约 9mm；雌花梗长约 8mm，子房狭长，扁平，顶端 2 裂。翅果长椭圆形，基部楔形，顶端 2 裂，长 3 ~ 4cm，宽 1 ~ 1.2cm；果翅狭长，宽 3 ~ 4mm。种子长椭圆形，扁平，花期 4 ~ 5 月，果期 9 ~ 10 月。

玛纳斯、石河子地区以及阿克苏和喀什地均引种栽培。幼苗藉小环境或人工保护条件下越冬。分布于甘肃、陕西、河南、湖北、四川、贵州云南等地。山东也有栽培。喜光，喜温暖，也能耐寒 −40 ~ −38℃ 低温。在湿润肥沃，深厚的土壤条件下生长良好。用种子繁殖。也可插枝、压条及分根繁殖。

杜仲的叶、果、皮都含杜仲胶。成熟叶含胶量 3% ~ 5%，成熟果含胶量 10% ~ 18%，树干皮中含 6% ~ 10%，根皮中含 10% ~ 12%。杜仲胶是一种硬橡胶，具有高度绝缘性，耐碱，耐腐蚀。李时珍在《本草纲目》中指出"昔有杜仲，服此得道，因此名之。"近代研究发现杜仲对治疗血压病有双向调节作用，杜仲制剂可以预防太空骨质疏松，有防衰老作用。

五加超目——ARALIANAE

XXXVIII. 五加目——ARALIALES

本目与无患子目有密切关系，因为两者均有复叶、托叶或叶鞘基，多叶隙节，三核花粉，裂生分泌道，环管薄壁组织，导管具单穿孔和雄蕊具中央纤维束等特征。因之，可能伞形目是通过无患子目来自蔷薇目的。

54. 五加科——ARALIACEAE Juss.，1789

木本，攀援藤本，稀多生草本，植物体常被星状毛。叶互生，单叶，掌状或羽状复叶，常集生于枝端；托叶与叶柄基部合生，稀无托叶。花两性或杂性，稀单性异株，形小，组成伞形花序或圆锥花序；花萼 5，齿裂或不裂；花瓣 5，稀 10，常分离，稀结合成帽状；雄蕊与花瓣同数而互生，有时为花瓣 2 倍或不定数，花盘上位；花粉(2)3 粒，3 沟孔，表面具网纹，有时穿孔。雌蕊由 2 ~ 5 心皮组成，稀更多，子房下位，1 ~ 5 室，中轴胎座，每室 1 胚珠。浆果或核果。种子扁形，具胚乳。

约 60 属 800 种，产温带至亚热带。我国 24 属 170 多种。新疆引入 3 属。

分属检索表

1. 茎以气根攀援；叶为单叶，通常 3 ~ 5 裂 ·················· (1)常春藤属 Hedera Linn.
1. 茎直立。
　2. 叶为指状复叶 ······································· (2)鹅掌柴属 Schefflera Ferst.
　2. 叶为掌状分裂，大型 ···················· (3)八角金盘属 Fatsia Decne. et Planch.

(1)常春藤属 Hedera Linn.

常绿灌木，以气根攀援，冬芽卵圆形，具数个外部鳞片。叶为互生单叶，具粗齿或分裂。花两性，组成顶生总状复伞形花序；花梗无关节；花萼 5 齿；花瓣镊合状，5 枚；雄蕊 5；子房 5 室；花柱连合成短柱状。果为 3 ~ 5 核浆果状核果。

此属 5 种，产于欧洲、亚洲与北非。新疆栽培 1 种。

1. 常春藤(中国树木分类学)　洋常春藤

Hedera helix Linn.；Sp. Pl. ed. 1，1：202，1753；中国树木分类学，935，图 829，1953；经济植物手册，下册，第一分册，1133，1957；华北经济植物志要，358，1953。

攀援灌木，高至 30m 或匍行。不孕小枝上叶 3～5 裂，长 4～10cm，上面暗绿色，叶脉带白色，下面淡绿色或黄绿色，花枝上卵圆形至菱形，基部圆形或楔形，全缘。伞形花序球形，通常合成总状复花序；总根细；花萼与花梗及细小枝端均被灰白色星状毛，通常具 5 或 6 星芒。果黑色，球形，直径 6mm。

新疆公园习见之盆景。叶形叶色多变化，极富观赏。

原产欧洲至高加索。

（2）鹅掌柴属 Schefflera Ferst.

灌木或乔木。叶为互生指状复叶，小叶片全缘或分裂或有疏齿；托叶显著，常连合。花成伞形花序，头状花序或总状花序，再合成总状复花序；苞片脱落或否；花梗无小苞片；花萼边缘有齿或截形；花瓣 5～15 枚，通常 5～6 枚，常成帽状脱落；雄蕊与花瓣同数，常 5 个；子房下位，花柱连合成柱状。果球形，具 5～6 棱，具肉质外果皮和压扁骨质内果皮。

本属 150 种。产东半球热带，我国 15 种。新疆仅公园温室栽培 1 种。

1. 鹅掌柴　鸭母树

Schefflera octophylla (Lour.) Harms；Engl. & Prantl. Nat. Pflanzenfam. 3 (8)：38，1894；中国树木分类学，936，图 830，1953；经济植物手册，下册，第一分册，1135，1957；中国高等植物图鉴，2：1028，图 3786，1980。

乔木或灌木，高 2～15m。掌状复叶，小叶 6～9，革质或纸质，椭圆形，长 9～17cm，宽 3～5cm，幼时密生星状短柔毛，后光滑无毛，全缘，侧脉 7～10 对，网脉不明显；小叶柄不等长。花序由伞形花序聚生成大型圆锥花序，顶生，初密被星状短柔毛，后毛渐疏；花白色，芳香；花萼疏生星状短柔毛至无毛，边缘具细齿；花瓣 5，无毛；雄蕊 5；子房下位，5～7 室，花柱合生成柱状。果球形，径 4～5mm。乌鲁木齐市常见花木盆景。广布于华南各地区及台湾。印度支那、日本也有。

（3）八角金盘属 Fatsia Decne. et Planch. in Rev. Hort. (Paris)，ser. 4，3：105，1854

常绿灌木或小乔木，无刺。叶大，掌状 7～9 深裂，无托叶；叶柄基部膨大。花两性或杂性，5 出，伞形花序组成顶生大型圆锥复花序；花梗微有关节；花盘阔圆锥形；花柱 5，叉分，具小头状柱头。果球形，黑色，肉质。种子扁平。

此属仅 1 种。

1. 八角金盘

Fatsia japonica Decne. et Planch.；in Rev. Hort. (Paris)，sex. 4，3：105，1854；中国树木分类学，932，图 827，1953；经济植物手册，下册，第一分册，1135，1957。

常绿灌木，高至 5m，茎粗壮。叶革质，7～9 裂，常宽大于长，长 15～35cm，基部心脏形，分裂至中部以下成矩圆状卵形顶端渐尖有锯齿裂片，凹处圆形，上面暗亮绿色，下面色较淡；叶柄长 10～30cm。花白色，组成伞形花序，直径 3～4cm；花梗长 1～1.5cm。果径约 8mm。

原产日本，新疆公园习见温室花木盆景，以其叶型大，形态奇特而受欢迎。

XXXIX. 海桐花目——PITTOSPORALES

55. 海桐花科——PITTOSPORACEAE R. Brown，1814

常绿灌木，茎皮具树脂道。单叶互生或近轮生，全缘，稀具齿；无托叶。花两性，稀单性或杂性，组成圆锥，总状或伞形花序，偶单生；花萼，花瓣5，分离或基部合生；雄蕊5，花药纵裂或孔裂；心皮2~3(~5)合生，子房上位，1~5室。蒴果或浆果状。种子藏于黏质果肉中，胚小，胚乳丰富。

9属约200种，主产大洋洲。我国1属34种，新疆引入1种供观赏。

(1)海桐花属 Pittosporum Banks ex Soland

乔木或灌木。叶全缘或具波状锯齿。花组成顶生圆锥花序，或单生顶端或腋间；花5数，花瓣先端常向外反卷；子房不完全2室，稀3~5室，蒴果，球形至倒卵形，2~5瓣裂。种子2~多数，有黏质。

我国44种8变种，分布西南至台湾。陕西、甘肃亦有分布。新疆仅引种。

1. 海桐

Pittosporum tobira (Thunb.) Ait. in Hort. Kew. ed 2，2：37，1811；中国树木分类学，403，图306，1953；经济植物手册，上册，第二分册，518，1955；树木学(北方本)，278，图178，1997。

灌木，高2~6m。叶互生，集生枝端；狭倒卵形，长5~12cm，宽1~4cm，革质，全缘，顶端圆或微凹，无毛，或近叶柄处疏生短柔毛；叶柄长3~7mm。伞形花序，多少密生短柔毛，花白色或淡黄绿色，芳香；花梗长8~15mm，子房短，被短柔毛。蒴果近球形，径约1.5cm，果皮木质。种子长3~7mm，暗红色。花期5~6月，果期9~10月。

新疆多数城镇的盆景花木或公园栽培。喜光，喜温，耐荫，耐修剪。主产华东、华南。北方多栽培或盆景。

川续断超目——DIPSACANAE

塔赫他间系统(1997)置川续断超目。包括荚蒾目、五福花目、川续断目。吴征镒系统(2003)，设荚蒾目和川续断目，二系统很相近。克朗奎斯特系统(1981)则将川续断目，置于菊亚纲中，也只有忍冬科、荚蒾科、接骨目科。

XL. 荚蒾目——VIBURNALES

56. 荚蒾科——VIBURNACEAE Dumortier，1829

小乔木或灌木，落叶或常绿。鳞芽或裸芽。单叶对生稀轮生。花两性，辐射对称，组成顶生或侧生伞形、圆锥或伞房状花序，有时具大型不孕边花或全部由大型不孕花组成。苞片与小苞片通常小而早落；萼5齿，宿存；花冠钟状、漏斗状或高脚碟状，裂片5，开展，在芽中覆瓦状排列；雄蕊5，着生于花冠筒内，与花冠裂片互生，花药内向；子房1室1胚珠，花柱很短，柱头常(2)3裂。核果。具1种子。种子扁平稀圆形。种子具直胚。

1属约200余种。产北半球温带和亚热带。中国产74种，新疆产1种，引入数种。

（1）荚蒾属 Viburnum Linn.

形态特征同科。

分种检索表

1. 裸芽。
　　2. 花序全部由大型不孕花组成 ·· **5. 绣球荚蒾 V. macrocephalum** Fort.
　　2. 花序由两性花组成，无大型不孕花，花冠筒辐射状，小枝黄白色，果核扁具2条背沟 ·······················
　　·· **4. 修枝荚蒾 V. burejaeticum** Regel et Herd.
1. 鳞芽。
　　3. 叶椭圆形，不分裂，花序无大型不孕边花，圆锥花序 ··················· **3. 香荚蒾 V. farreri** W. T. Stearn.
　　3. 叶3~5裂，叶柄顶端具腺体。
　　　　4. 花药白色，树皮薄 ·· **1. 欧洲荚蒾 V. opulus** Linn.
　　　　4. 花药紫色，树皮厚，木栓质 ·································· **2. 天目琼花 V. sargentii** Koehne.

1. 欧洲荚蒾　图262　彩图第50页

Viburnum opulus Linn. Sp. Pl. 268, 1753；
Фл. СССР, 23：456，1958；Фл. Казахст. 8：
217, tab. 24, fig. 2, 1965；中国高等植物图鉴，
4：321，1975；中国植物志，72：100，1988。

灌木，高1.5~4m。当年生枝有棱，无毛，
具明显凸起的皮孔，二年生枝带黄色或红褐色，
近圆柱形，老枝和茎干暗灰色，树皮质薄而纵
裂。冬芽卵圆形，具柄。叶阔卵形至圆形，长
和宽4~10cm，3（5）浅裂，稀最上部叶全缘，
椭圆形，具圆形、截形或楔形，稀浅心形的基
部，具3枚基出脉；叶柄短于叶片4~5倍；中
裂片通常四边形，基部稍收缩；侧裂片卵形，
中裂片上部和侧裂片，通常具粗的锐尖齿，少
缺，裂片顶端急尖或具短尖头，上面暗绿色，
无毛，下面淡灰绿色，无毛，或沿脉具毛，稀
整个表面被短绒毛。花序疏散，伞形状圆锥形，
宽5~10cm，基部具叉开的两对叶，花序轴长
2.5~5cm，无毛或被疏展的细腺体；苞片狭
窄，无毛，花后脱落；边花无性，具不发育的
雌雄蕊，白色，辐状，平扁，径约（1）1.5~
2.5cm，具5枚不规则倒卵形裂片，花梗纤细，

图262　欧洲荚蒾 Viburnum opulus Linn.

长1~2cm；中心花结实，白色或粉红白色，短钟状，径约5mm，具5枚钝裂片，长于管1.5倍，
着生于短的长约2mm的花梗上；雄蕊长于花冠1.5倍，花药圆形，黄色；子房圆柱形，具短花柱
和3裂柱头。果实鲜红色球形或阔椭圆形，长10~12mm；核阔心形或圆形，扁，长7~9mm，顶端
短渐尖。花期5~6月，果期7~8月。

产布尔津县、哈巴河县、吉木乃县、塔城县、裕民县、巩留县（莫合林场）等地。生银白杨，银
灰杨林下（额尔齐斯河、布尔津河、哈巴河流域）或山地河岸苦杨林下，或天山山地雪岭云杉林下
（莫合林场）。分布于俄罗斯欧洲部分、高加索、西西伯利亚、欧洲、小亚细亚、中亚等地。模式自

欧洲记载。

欧荚蒾果实打霜后可食，利用作果冻、馅饼等。在医学上利用树皮治疗内部出血、溢血。种子含脂肪油。观赏植物，常植于公园和庭院。是新疆城市珍贵观赏树种。可大力发展。

2*. 天目琼花　鸡树条荚蒾

Viburnum sargentii Koehne；in Gardenfl. 48：341，1899；山东树木志，858，图859，1984；黑龙江树木志，542，图版169，1986；树木学（北方本），486，图337，1977——*V. opulus* var. *calvescens* Rehd.

灌木，高 2 ~ 3m；树皮灰褐色；小枝褐色至赤褐色，光滑无毛。叶对生，阔卵形至卵圆形，先端 3 中裂，侧裂片微外展，长 2 ~ 12cm，宽 5 ~ 10cm，基部圆形或截形，先端渐尖或突尖，掌状 3 出脉，边缘具不整齐粗齿牙，上面暗绿色，无毛，或沿脉被疏毛，下面淡绿色，无毛或沿脉有毛，通常枝上部叶不分裂，长圆形或长圆状披针形；叶柄长 1 ~ 4cm，上部有腺点，近无毛；托叶钻形。复伞形花序生长枝端，常由 6 ~ 8 小伞花序组成，直径 8 ~ 10cm，外围具不孕性辐射白花，径约1.5 ~ 2cm；中央为孕性花，杯状，5 裂，径 5mm；雄蕊 5，花药紫色，长于花冠。核果球形，鲜红色，径约 8mm；核扁圆形。花期 6 ~ 7 月，果期 8 ~ 9 月。

乌鲁木齐、石河子、伊宁等地引种。分布于黑龙江、吉林、内蒙古、华北和西北各地。朝鲜、日本和俄罗斯东西伯利亚及远东地区也有。模式标本自北京附近栽培植物。

3. 香荚蒾（中国北部植物图志）

Viburnum farreri W. T. Stearn. ；in Taxon 15：22，1966；中国高等植物图鉴，4：307，图 6028，1975；中国植物志，72：42，1988。

落叶灌木，高 3m。叶椭圆形，长 4 ~ 7cm，叶缘有锯齿，侧脉 5 ~ 7 对。圆锥花序，长 3 ~ 5cm；花冠高脚碟形，筒长 7 ~ 10mm，裂片长约 4mm，白色，芳香。果红色，矩圆形，长 8 ~ 10mm。花期 4 ~ 5 月，果期 6 ~ 7 月。

乌鲁木齐市植物园引种栽培。产河北、河南、甘肃各地有栽培。模式标本自北京。中国植物志，72：43，1988，记载此种；产甘肃、青海及新疆（天山）。但至今在天山未见任何标本，可能系野外记录之误。

喜光，稍耐荫、耐寒，喜深厚，湿润肥沃土壤，压条或播种繁殖，花期早，花洁白，芳香，是华北地区早春优良花木。

4*. 修枝荚蒾（中国北部植物图志）　暖木条荚蒾

Viburnum burejaeticum Regel et Herd. ；in Gartenfl. 11：407，tab. 384，1862；郝景盛，中国北部植物图志，3：25，图版30，1934；中国植物志，72：27，图版5：3 ~ 6，1988；黑龙江树木志，540，图版168：1 ~ 3，1986。

灌木，高至 5m，树皮暗灰色；幼枝被星状毛；二年生枝无毛，淡灰色。叶对生，圆卵形，椭圆形或椭圆状倒卵形，长 4 ~ 10cm，宽 1.8 ~ 4cm，先端尖或钝，基部圆形或近心形，边缘有齿，上面疏被毛，下面疏被星状短柔毛，后无毛；叶柄长 2 ~ 10mm，被粗短星状毛。花组成紧密聚伞花序，密被星状毛；花冠钟形，花瓣 5 裂，幅状开展，白色；雄蕊 5，花药黄色；子房长圆形，微被毛。核果椭圆形，长约 1cm，蓝黑色；核两侧具纵沟。花期 5 ~ 6 月，果期 8 ~ 9 月。

乌鲁木齐市植物园引种栽培。分布于黑龙江、吉林、辽宁、内蒙古以及华北各地。朝鲜、日本、俄罗斯远东地区也有。模式自俄罗斯远东地区。

5*. 绣球荚蒾　木绣球

Viburnum macrocephalum Fort. in Journ. Soc. Lond. 2：244，1847；中国植物志，72：24，1988；山东树木志，848，图850，1984；树木学（北方本），484，1997。

落叶灌木，高 4 ~ 5m。冬芽为裸芽，无芽鳞；芽、幼枝、叶柄均被簇毛。叶卵形至椭圆状卵形，长 5 ~ 11cm，基部圆形或微心形，叶缘细锯齿。上面初被簇状短毛，后仅中脉有毛，下面被簇状短毛，侧脉 5 ~ 6 对，连同中脉上面略凹陷，下面凸起；叶柄长 10 ~ 15mm。聚伞花序直径 8 ~

15cm，全部由大型不孕花组成，总花梗长1~2cm，第一级辐射枝5条，花生于第三级辐射枝上；萼筒钟状，长约2.5mm，无毛，萼齿与萼筒等长，矩圆形；花白色，辐状，径约1.5~4cm，裂片圆状倒卵形；雄蕊长约3mm，花药小，近圆形；雌蕊不育。花期4~5月。

乌鲁木齐市植物园少量引种栽培。北京、河北、河南、江苏、浙江、江西、山东等地区均有栽培。模式标本采自上海凤凰山。

XLI. 五福花目——ADOXALES

57. 接骨木科——SAMBUCACEAE Link，1829

大灌木。叶对生，奇数羽状复叶，托叶细小，早落，稀叶状宿存或肉质腺点状。花序伞形或圆锥聚伞花序；花辐射对称；萼齿5；花冠辐状；雄蕊5，花药外向；子房半下位，3~5室，花柱短，柱头3裂。浆果核果状，具3~5核。种子三棱形或椭圆形，胚与胚乳等长。

1属28种，主产东亚和北美洲。东非1种，澳大利亚和塔斯马尼亚有两种。中国有4~5种。新疆产1种，引入1种。

1. 接骨木属 Sambucus Linn.

形态特征同科。新疆2种，其中1种引入栽培。

分种检索表

1. 嫩枝被绒毛；叶柄和叶片下面沿脉被水平展稠密刚毛；花序轴和分枝被较短的乳头状毛 ························ **1. 西伯利亚接骨木 S. sibirica** Nakai
1. 嫩枝无毛；叶柄和叶轴无毛；花序轴无毛 ························· **2. 接骨木 S. williamsii** Hance.

1. 西伯利亚接骨木 图263 彩图第50页

Sambucus sibirica Nakai；Tokyo. Bot. Mag. 40：478，1926；Фл. СССР，23：434，1958；Фл. Казахст. 8：216，tab. 24，fig. 1，1965；中国植物志，72：11，1988；树木学（北方本），487，1997。

灌木，高2~4m，具淡红褐色纵裂树皮和淡褐色或淡紫色嫩枝，布满疏散的皮孔。嫩枝被水平展粗糙，近刚毛状长毛；枝条髓心淡褐色；托叶呈肉质大腺体状。叶具5~7小叶；叶柄和叶轴密被水平展长毛；小叶片披针形，卵状披针形，稀卵圆状椭圆形，长5~14(18)cm，宽1.5~5.5cm，逐渐收缩成长1~2cm的短尖头，边缘锯齿状齿牙，或粗锯齿，具直或紧贴的每边(22)25~40枚齿牙；叶柄长2~4(8)mm，上面淡绿色，近无毛或主脉有短柔毛，脉间具疏长毛，下面较淡，沿脉特别沿中脉具长的水平展直刚毛，有时整个下面都有

图263　西伯利亚接骨木 Sambucus sibirica Nakai

这样的毛并混生卷曲毛，但果实成熟时通常近于光滑无毛。花序多花，直立状，致密，圆锥形、卵形或半球状卵形，长 3~5(8)cm，宽 3~8(11)cm；花序轴长(2)3~5cm，被水平展长毛；小枝和花序嫩枝被较短的乳头状毛，有时混生较长的毛；萼齿三角形，渐尖，长约 0.6mm；花冠淡白绿色或浅黄色，径约 4.5~6mm，花冠裂片长圆状卵形或椭圆形，近尖或钝，全缘，长于子房；子房长 2~2.5mm；花柱阔圆锥形，短；雄蕊短于花冠裂片 2 倍，具球形花药。果实鲜红色，长 3.5~4mm，核淡棕褐色，窄椭圆形。花期5~6月，果期7~8月。

生山地灌木草原带河谷岸边，灌木丛中。海拔 1200~1500m。

产青河、富蕴、福海、阿勒泰、布尔津等地山地。种群不多，需要保护。分布于俄罗斯欧洲部分、西西伯利亚、东西伯利亚、远东、哈萨克斯坦、蒙古和朝鲜等地。在哈萨克斯坦民间将花序、果实和树皮用作发汗和轻泻药。花期是很好的蜜源植物和观赏植物。

2*. 接骨木　彩图第 50 页

Sambucus williamsii Hance. ; in Ann. Sci. Nat. IV, 5：217, 1866；中国高等植物图鉴，4：321，图 6056, 1975；中国植物志，72：8，图版 2, 1988；黑龙江树木志，538，图版 167：2~3, 1986。

落叶灌木，高达 6m。小枝红褐色，无毛；髓心粗，浅褐色。小叶 2~3 对，侧生小叶卵圆形或狭椭圆形，长 5~15cm，宽 1~7cm，叶缘具不整齐锯齿；托叶条形或退化。花叶同时开放；圆锥状聚伞花序，长 5~11cm，宽 4~14cm，无毛；萼筒长约 1mm，花冠初为粉红色，后为白色或淡黄色；花药黄色；子房 3 室。果红色，近球形，径 3~5mm。核 2~3 枚，长 2.2~3.5mm。花期 4~5月，果期9~10月。

乌鲁木齐、昌吉、石河子、奎屯、伊宁等地区均引种栽培，开花结实，生长良好。分布于东北、华北、华东、华中、华南及西南各地。模式自北京附近山区。

XLII. 川续断目——DIPSACALES

58. 忍冬科——CAPRIFOLIACEAE Jussieu，1789

灌木，稀小乔木或草本。单叶对生；通常无托叶。花两性；花萼与子房合生，顶端 3~4 裂；花冠管状或钟状或漏斗状，4~5 裂，二唇形或辐射对称；雄蕊与花冠裂片同数而互生；子房下位，每室 1 至多数胚珠。浆果或蒴果。种子具胚乳。

13 属，主产北温带，少数至亚热带高山。中国产 10 属 120 多种。新疆 2 属，引入 2 属。

分属检索表

1. 常绿匍匐小灌木；花具细长梗，成对生于小枝端；叶细小；广倒卵形或近圆形，径不及 1cm ·········
 ··· **(1)北极花属 Linnaea** Gron. ex Linn.
1. 落叶灌木，叶较大，超过 1cm。
 2. 浆果；一个总梗上并生 2 花，2 花筒多少合生 ···················· **(2)忍冬属 Lonicera** Linn.
 2. 瘦果状核果或蒴果，相邻 2 花萼筒不合生。
  3. 蒴果圆柱形，2 瓣裂；花序聚伞状，花冠稍不整齐或近整齐 ········· **(3)锦带花属 Weigela** Thunb.
  3. 相邻 2 果实合生，外被长刺刚毛；果实近圆形 ··············· **(4)蝟实属 Kolkwitzia** Graebn.

（1）北极花属 Linnaea Gron. ex Linn.

矮生灌木，具纤细、多分枝，蔓生茎和对生，常绿，全缘或具疏齿牙叶片。花两性，稍不整齐，聚成 2(3~4)花聚伞花序，着生于直立状下部着生叶的枝上；花萼管状，全部跟子房连合，果期不脱落，深裂成 5 枚窄裂片的管檐；花冠漏斗状钟形，5 浅裂；雄蕊 4，不等长，藏于花管内部；

子房卵形，3室，仅1室发育，具1胚珠；花柱丝状，具头状柱头。果卵形，1种子，干燥瘦果状小核果。

3~4种。欧洲、亚洲仅产1种。新疆仅产1种。

1. 北极花 图264 彩图第51页

Linnaea borealis Linn.；Sp. Pl. 631，1753；Фл. CCCP，23：465，1958；Фл. Казахст. 8：220，tab. 24，fig. 4，1965；中国高等植物图鉴，4：307，图6023，1975；黑龙江树木志，520，图版161：1~3，1986；中国植物志，72：112，图版27，1988。

蔓生灌木，长15~120cm，具纤细，木质化枝条，粗约1mm；嫩枝被短伏卷曲毛，有时混生具柄腺体。叶阔卵形或圆形稀椭圆形，长4~20(25)mm，宽3~12(15)mm，顶端短渐尖，钝圆或具短渐尖头，基部楔形，收缩成有毛的长1~4mm的柄，叶片上部通常每边具1~3急尖或钝齿，有时全缘，革质，越冬，上面暗绿色，下面较淡，浅蓝灰色，两侧具疏腺和伏贴直毛，下面沿中脉尤密，有时近光滑无毛，边缘具疏睫毛；花枝上升，下部具2~4对叶，在上部苞片状顶生叶中，长1.5~2(4)mm，生出长的丝状花序轴，在上部下垂部分花稍下处，具一对长1~2mm的小苞片；小苞片卵形，肉质，跟子房基部连合成十字形交叉的一对，内部1枚大于外部者1.5~2倍，果期发育达到果实长度，连合至中部；萼齿狭披针形或楔形，长2~2.5mm；花序轴，小苞片和子房密被长柄腺毛，混生单生，顶生叶，苞片和萼齿被单直、透明毛，有时混生腺毛；花白色—粉红色或白色，具强烈的红色，黄色和粉红色斑点和条纹，芳香，下垂，花冠漏斗状钟形，长7~10mm，外部

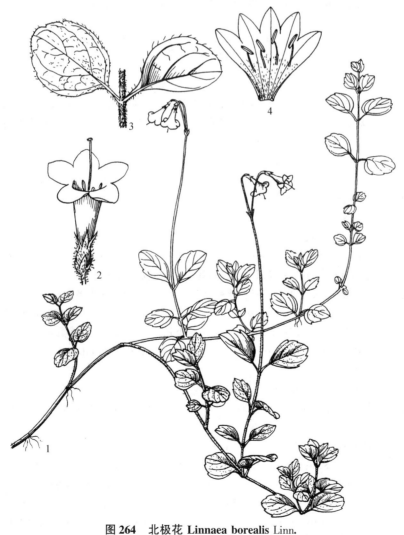

图264 北极花 Linnaea borealis Linn.

1. 花枝　2. 花　3. 叶　4. 花解剖图

光滑，内部有长毛；雄蕊具很细花丝，前方两枚雄蕊稍短，子房卵形或圆锥状卵形。果实单种子，干燥的瘦果状核果，长约 3mm，被短柔毛；核椭圆形，黄色，长约 2mm，宽约 1.2mm。花期 6~8月，果期 8~9 月。

生于藓类云杉林下，云杉、冷杉林下，云杉西伯利亚松林下，落叶松林下。

产于青河、富蕴、阿勒泰、布尔津、哈巴河等地山区。分布于俄罗斯欧洲部分、高加索、西西伯利亚和东西伯利亚、远东、北极、蒙古北部、朝鲜、日本、北美等地。

（2）忍冬属 Lonicera Linn.

直立灌木，有时为缠绕藤本，落叶稀常绿；小枝髓部白色或褐色，枝有时中空，老枝树皮常为条状剥落。冬芽具 1 至多对鳞片，内鳞片有时增大而反折，有时顶芽退化而代以 2 侧芽。叶对生，很少 3 枚轮生，纸质、革质，全缘，极少具齿或分裂，无托叶，有时花序下的 1~2 对叶相连成盘状。花通常成对生于腋生的总花梗顶端，简称"双花"，每双花具苞片和小苞片各 1 对；苞片小或形成大叶状；小苞片有时连合成杯状或坛状而包被萼筒；相邻两萼筒分离或部分至全部连合；萼檐 5裂；花冠白色、黄色、淡红色或紫红色，钟状、筒状或漏斗状，整齐或近整齐，5(~4)裂，或二唇形而上唇 4 裂，花冠筒长或短，基部常一侧肿大或具囊，很少有长距；雄蕊 5，花药丁字着生；子房 3~2(~5)室，花柱纤细，有或无毛，柱头头状。果实为浆果，红色、黄色、蓝色或黑色，具少或多数种子。

约 200 种，主产北温带地区。我国约 98 种，以西南地区种类最多。新疆仅 20 种(包括引入种)。

分种检索表

1. 直立灌木。
  2. 叶狭线或长圆状条形，长 10~30mm，宽 1~3.5mm；花冠淡紫—粉红色，辐射对称，具细直管檐，至基部裂成 5 枚长圆形裂片；小苞片连合成杯状总苞，包围子房基部；果白色 ·················· **1. 线叶忍冬 L. alberti** Rgl.
  2. 叶另外形状，较宽，较大；花冠多少两侧对称。
    3. 枝中空；子房(果实)完全分离，或仅最基部连合。
      4. 花梗很短，长 1~3mm，萼檐大；等于子房或稍长，膜质，向上漏斗状扩展；花冠白色，后期淡黄色，被疏展毛和腺点；叶较大，长至 8.5cm ·················· **19＊. 金银木 L. maackii** (Rupr.) Maxim.
      4. 花梗发达，不短于(8)10mm。
        5. 冬芽大，长 8~10mm，狭长渐尖；花冠黄白色，后变黄色，唇形，长约 1~1.5cm，裂片为筒长 2~3倍；叶菱状卵形，被硬状毛 ·················· **18＊. 金花忍冬 L. chrysantha** Turcz.
        5. 冬芽小，长 1.5~3mm，卵形；花冠白色或粉红色；子房完全分离。
          6. 嫩枝，花梗，苞片和小苞片，花冠，叶片均光滑无毛；花冠管基部具囊状突起 ·················· ·················· **17. 鞑靼忍冬 L. tatarica** Linn.
          6. 嫩枝和花梗密被而叶下面疏被短绒毛；苞片和小苞片外部被毛；边缘具单毛和腺睫毛；花冠外部被毛；花管无囊状突起或不显 ·················· **17b. 小花忍冬 L. tatarica** Linn. var. **micrantha** Trautv.
    3. 枝中实，具白色髓心。
      7. 小苞片分离，或多少成对连合，或完全缺如。
        8. 小枝具 2 枚对生腋芽；苞片大，叶片状，卵形，小苞片缺；果实分离鲜红色。
          9. 冬芽长于叶柄或等长。
            10. 花冠管状漏斗形，具几整齐短于管 1.5~3 倍的管檐。
              11. 叶大，长 3~8cm；苞片长 15~25cm；花冠长 25~35mm；直立粗枝灌木 ·················· ·················· **9. 刺毛忍冬 L. hispida** Pall. ex Roem. et Schult.
              11. 叶较小，长至 2cm；花冠 15~25mm；蔓生灌木，枝叶无毛或被单刺毛 ·················· ·················· **11. 蔓生忍冬 L. semenovii** Rgl.
            10. 花冠具二唇管檐；等于管或稍长或稍短；花冠管细柱形，管檐下稍扩展，长于管檐 1.5 倍；叶鲜绿色，无短绒毛，仅疏被开展硬刺毛，或光滑无毛，边缘扁平 …………………………………………………………… **13. 奥尔忍冬 L. olgae** Rgl. et Schmalh.

9. 冬芽短于叶柄，卵形。

　　12. 花梗单花，单苞，单果；果实圆球形，径 4~5mm，果梗长 5~7mm

　　………………………………………………… **10. 萨吾尔山忍冬 L. subrotundata** C. Y. Yang et J. H. Fan

　　12. 花梗具 2 花，2 苞 2 果。

　　　13. 叶下面被灰色短绒毛，沿叶脉被长硬刺毛；叶通常卵状椭圆形或椭圆形；花管檐短于花管1.5~

　　　2 倍 ……………………………………………… **15. 灰毛忍冬 L. cinerea** Pojark.

　　　13. 叶下面光滑或被硬刺毛。

　　　　14. 花冠管狭窄，圆柱形，长于管檐 1.5 倍；外芽鳞长于其他；高山低矮垫状灌木……………

　　　　……………………………………………… **14. 矮忍冬 L. humilis** Kar. et Kir.

　　　　14. 花冠管狭窄，漏斗形；外芽鳞短；直立灌木；叶质薄，通常两面被状贴绒毛，叶缘被长睫毛，

　　　　不增厚；雄蕊长于花冠 ……………… **12. 阿特曼忍冬 L. altmannii** Rgl. et Schmalh.

　8. 小枝具 1 枚顶芽 …………………………………………………………………………………………… **15.**

　15. 叶片大，长 4~10cm，椭圆形 ……………………………………… **16. 加里忍冬 L. karelinil** Bunge ex P. Kirilov.

　15. 叶片小，长 0.6~2cm …………………………………………………………………………………… **16.**

　　16. 花冠淡白色至淡黄色，具二唇管檐和圆柱形花管，成熟果红或黄色 ………………………………………

　　………………………………………………… **3. 小叶忍冬 L. microphylla** Willd. ex Roem. et Schult.

　　16. 花冠淡白色，有时稍粉红色、管状漏斗状，成熟果实由红变黑色 … **2. 权枝忍冬 L. simulatrix** Pojark.

7. 整个两孕花的 4 枚小苞片连合成球形总苞。全部包围其内部分离的子房，并跟果实一道发育，结果形成蓝黑色或复合浆果。

　A. 果蓝黑色，不开裂，花冠筒状漏斗形 ……………………………… **3. 蓝果亚组 subsect. 3**, Caeruleae Rehd.

17. 雄蕊伸出花冠，花冠管檐裂片狭窄，披针形或狭椭圆形。

　18. 叶狭窄，长圆形，披针形，狭椭圆形或长圆状椭圆形，通常急尖，复合浆果长，圆柱形，可食，大部

　　分无苦味 ……………………………………… **5. 蓝靛果忍冬 L. edulis** Turcz. ex Freyn.

　18. 叶较宽，长圆状倒卵形和椭圆形；枝叶均无毛；复合浆果较大，长圆状椭圆形，味苦 ………………

　　…………………………………… **5a. 宽叶蓝靛果 L. edulis var. turczaninowii** (Pojark.) Kitag.

17. 雄蕊藏于花冠内部，或至多是花药伸出外面。

　19. 嫩枝和叶柄密被短绒毛，无开展长毛；叶细小；线状长圆形或披针形，至狭椭圆形 …………………

　　………………………………………………………… **8. 伊犁忍冬 L. iliensis** Pojark.

　19. 嫩枝和叶柄被稠密或多少疏展的长硬毛，少细长毛，此外，还有短绒毛，叶远较大较宽。

　　20. 嫩枝和叶柄最初光滑无毛，少具疏展刺毛，无混生短绒毛，叶光滑无毛或被疏刺毛，通常仅沿叶中

　　　脉 ……………………………………………… **6. 阿尔泰忍冬 L. altaica** Pall.

　　20. 嫩枝和叶柄被短绒毛，混生较长毛，甚少几无毛，叶被疏展细伏毛或稠密开展硬刺毛。

　　　21. 叶被成片的长柔毛，下面密被短绒毛；花管漏斗状，具短管，逐渐从中部向管檐扩展 ……………

　　　…………………………………………………… **4. 西伯利亚忍冬 L. pallasii** Ldb.

　　　21. 叶稍粗糙，疏被伏贴硬直毛；花冠管状漏斗形，具细长管，在上部管檐附近突急扩展 ………………

　　　………………………………………………………… **7. 细花忍冬 L. stenantha** Pojark.

　A. 果红色，开裂，花冠唇形。

1. 常绿或半常绿藤本 …………………………………………………… **22. 葱皮忍冬 L. ferdinandii** Franch.

22. 花通常 2 至数枚轮生小枝顶，花冠外面橘红色，内面黄色，花冠整齐或稍不整齐，长约5cm，非唇形 ………

………………………………………………………………… **21* . 贯月忍冬 L. sempervirens** Linn.

22. 花通常单生小枝上部叶腋，花冠白色，后变黄白色，长 3~4cm，唇形；萼筒无毛，幼枝暗红褐色 ………

………………………………………………………………… **20* . 忍冬 L. japonica** Thunb.

（Ⅰ）忍冬亚属 Subgen. **Chamaecerasus** (Linn.) Rehd. syn. Lonicera 39，1903

组 1. **直管组** Sect. **Isoxylosteum** Rehd.

花冠辐射对称，管状钟形，具 5 浅裂平铺管檐，花管基部具 5 枚腺窝；花每二枚在腋生花梗

上；叶在芽中扁平或对摺；枝具髓心，无叠生芽。

亚组 1. 枝刺忍冬亚组 Subsect. **Spinosae** Rehd.

小苞片连合成杯状总苞，包围于子房下部；雄蕊着生于花管喉部边缘，就像花柱一样，几等于管檐；浆果白色。

本亚组包括 2 种。新疆仅 1 种。亚洲中部特有的高山小灌木。

1. 线叶忍冬 沼泽忍冬

Lonicera alberti Rgl.；A. H. P. Vll, 2：550, 1881；Фл. СССР, 23：478, 1958；Фл. Казахст. 8：224, 1965；中国植物志，72：162, 1988。

小灌木，高 1 ~ 1.2m，无毛，无刺疏展多分枝；嫩枝纤细，柔软，草质，无毛，偶尔具很细绒毛，具淡灰褐色条裂树皮，以后小枝变硬，变成淡黄色或淡灰至淡紫色，老枝灰色，光滑。叶线形或长圆状线形，长 10 ~ 25(35)mm，宽 1.3 ~ 3.5mm，基部有时每边具 1 ~ 2 齿，短柄，叶片脱落时具宿存叶柄，叶片基部楔形，顶端急缩，钝或渐尖，质薄，紧密，具狭窄反卷边缘，上面淡绿色，下面较淡，具突出中脉和较暗侧脉。花 2 朵形成聚伞花序，具 3 ~ 5mm 长的短梗，从嫩枝下部叶腋发出；苞片叶状，线形，长 5 ~ 17mm，宽 0.7 ~ 2.5mm，等长于子房或长于 1.5 ~ 2 倍；小苞片通常 4 枚相互连合，形成膜质总苞，包围于子房下部；萼檐钟状，果期宿存，锐裂成 5 枚披针形齿或裂片，有时边缘稍有锯齿；花冠整齐，长(10)15 ~ 23mm，淡紫至粉红色，芳香，管状钟形，具狭窄，内部有毛的管，上部稍扩展，下部具 5 少 3 枚狭线形窝的蜜腺，管檐铺层，5 浅裂，裂片椭圆形或长圆状椭圆形，稍钝，短于管 1.5 倍；雄蕊短于管，着生于管檐裂片基部稍下，具纤细无毛花丝，长于椭圆形花药 1.5 ~ 2 倍；花柱稍长于雄蕊，具头状 3 浅裂的柱头，子房仅基部连合。浆果球形，径 5 ~ 8mm，白色，具浅蓝灰色至淡红色色彩。种子淡黄色，椭圆形，长约 2.3mm，宽约 1.5mm。花期 6 ~ 7 月，果期 7 ~ 8 月。

生河谷岸边灌丛中。

产昭苏、察布查尔县。国外在哈萨克斯坦、吉尔吉斯斯坦也有。模式自新疆记载（据苏植）。保藏于是圣彼得堡植物研究所。

组 2. 囊管组 Sect. **Isika** (Adans.) Rehd.

花冠两侧对称，常明显二唇形，稀稍两侧对称，花冠管基部通常具囊状扩展，包含有 1 ~ 3 个蜜腺窝；子房 2 ~ 3 室，分离或连合；小苞片常缺或若具有，那相邻花的小苞片部分或全部相互连合，（很少小苞片分离）；花每 2 朵在腋生花梗上；叶在芽中席卷；枝充满白色髓心，常形成叠生芽。

亚组 2. 紫花亚组 Subsect. **Purpurascentes** Rehd.

小苞片常缺，如具有，那也细小，部分或全部连合；花冠正整或多少二唇形；子房 2 室，或稀不完全 3 室，或多少连合或分离；枝端 1 顶芽；芽细小，卵形，具几对外芽鳞，基部宿存嫩小枝。

系 1. 权枝忍冬系 Ser. **obovatae** Pojark.

花冠淡黄白色，外部多少呈淡红色，管状漏斗形，具管，基部具明显囊状突起，和稍两侧对称的管檐，具短的近直立状的裂片；浆果黑色，小苞片常具有。

新疆和中亚山地产 1 种，另一种(L. obovata Royle)产喜马拉雅西北。

2. 权枝忍冬(新拟)

Lonicera simulatrix Pojark. Фл. СССР, 23：727, 480, 1958；Фл. Казахст. 8：225, 1965；Consp. Fl. As. Med. 9：331, 1987。

多分枝灌木，高 1 ~ 2.5m，具几球形树冠；嫩枝淡绿色或淡紫色，被蜡粉，疏被细绒毛，稀无毛，老枝淡褐色或灰色具纵条裂树皮；冬芽长圆状卵形，长约 2mm，急尖。叶长圆状倒卵形或倒披针形，长 0.8 ~ 3cm，宽 3 ~ 10mm，上面淡绿色，下面带苍白色，具较暗叶脉，上面被疏，下面被较密的细小半开展毛，有时混生细腺。花每 2 朵聚生嫩枝下部叶腋；花序轴长于叶 1.5 倍，无毛或具疏细腺点；苞片锥状，长于子房 1.5 倍，或近等长，边缘具细腺点；小苞片细小，部分或全部连合，无毛稀被细睫毛；萼檐短，全缘或稍5齿；花冠管状漏斗形，稍不整齐，长9~13mm，淡黄白色，外部通常淡红色，无毛，具狭窄内部有毛的管，逐渐向管檐扩展，基部具大的囊状突起，管檐正整，短于管4~5倍，具短的阔卵形直立状开展的裂片，雄蕊等长于花冠，着生于管扩展部分基部，具无毛花丝和椭圆形花药；花柱有毛，稍长于雄蕊；子房至顶连合。复合浆果球形，径7~8mm，多汁，初为黄色，后为红色，充分成熟时为黑色。花期5~6月，果期7~8月。

产乌恰县和阿克陶县，生低山灌木草原带石质坡地。塔吉克斯坦、吉尔吉斯斯坦、乌兹别克斯坦、哈萨克斯坦等地也有。模式自河赖依边区记载。

本种很接近小叶忍冬，区别在于整齐的花管檐和充分成熟的黑色果实，以及极短的通常混有腺毛的毛被。所见标本不多，有待深入采集研究。

系2. 小叶忍冬系 Ser. **Microphyllae** Pojark.

花冠淡黄色，具近圆柱形管，基部具有多少显著的囊状突起，和具有二唇管檐，具直立状4裂的上唇和多少下弯的下唇。果实红或黄色；小苞片常缺。

本系包括2种，即小叶忍冬和帕米尔忍冬，后者因未见花期标本，待深入采集。

3. 小叶忍冬　图265

Lonicera microphylla Willd. ex. Roem. et. Schult. Syst. Veg. 5：258，1819；Фл. CCCP，23：482，1958；Фл. Казахст. 8：226，1965；中国高等植物图鉴，4：286，1975；Consp. Fl. As. Med. 9：331，1987；中国植物志，72：174，1988。

落叶灌木，高达2(~3)m。幼枝无毛或疏被短柔毛，老枝灰褐色。叶纸质，倒卵形、倒卵状椭圆形或矩圆形，有时倒披针形，长5~20mm，顶端或稍尖，有时圆形至截形而具小凸尖，基部楔形，具短柔状睫毛，两面被密或疏的微柔状毛或有时近无毛，下面常带灰白色；叶柄很短。总花梗成对生下部叶腋，长5~12mm，稍弯或下垂；苞片钻形，长稍超过萼檐或达萼筒2倍；相邻两萼筒几乎全部合生，无毛，萼檐短浅，环状或浅波状，齿不明显；花冠黄色或白色，长7~10mm，外面疏生短糙毛或无毛，唇形，上唇裂片直立，矩圆形，下唇反曲；雄蕊着生于唇瓣基部，

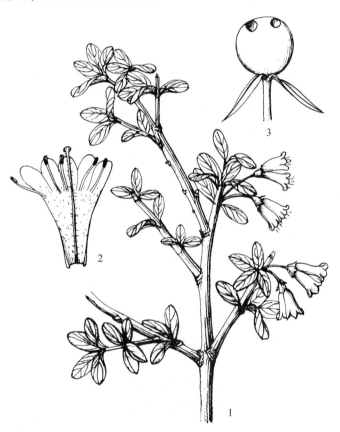

图265 小叶忍冬 Lonicera microphylla Willd.
1. 花枝　2. 花剖面　3. 果

与花柱均稍伸出，花丝有短粗毛，花柱有粗毛。果实红色或橙黄色，圆形，径5~6mm。种子淡黄褐色，光滑，矩圆形或卵状椭圆形，长2~3mm。花期5~6月，果期7~8月。

产阿尔泰山、萨吾尔山、塔尔巴哈台山、天山、昆仑山、帕米尔等山地。生山地草原带，亚高山森林带至高山带的林缘、河谷灌丛、石质干旱山坡、常形成灌丛。

分布于内蒙古、河北、山西、宁夏、甘肃、青海及西藏等地区。蒙古、俄罗斯、哈萨克斯坦、吉尔吉斯斯坦、乌兹别克斯坦、塔吉克斯坦以及阿富汗和印度也有。模式从栽培标本记载（本种果有红色和橙黄之分，花冠形态有否差异待研）。

亚组 3. **蓝果亚组** Subsect. 3. **Caeruleae** Rehd.

苞片跟子房基部连合，狭窄丝状或锥状；小苞片连合成管状，上部张开，内含分离子房的总苞。以后子房跟总苞一同发育，因而形成蓝黑色被有蜡粉的多汁复合浆果；萼檐短，向上扩展；花冠淡黄色，不明显二唇形、管状漏斗形至漏斗状钟形，具管，基部呈囊状突起，枝条具致密的淡黄色或淡灰色髓心；小枝端具一单芽；冬芽狭窄，四棱形，具两枚龙骨状外芽鳞，嫩枝基部芽鳞宿存；徒长枝上常有叠生副芽(1~3)，托叶或相互连合或跟叶柄连合，形成宽盘。

系 3. **西伯利亚忍冬系** Ser. **Pallasianae** Pojark.

花冠漏斗形，具管，至少从中部逐渐向管檐扩展；管檐裂片宽，卵形，短于管 2~3 倍；雄蕊等长于花冠，花药全部或部分伸出。嫩枝，叶柄花梗、苞片密被细绒毛和开展的长毛；叶开始淡灰色，密被细绒毛。部分一直保持不落。

本系包括 3 种，新疆仅产 1 种。

4. 西伯利亚忍冬(新拟)

Lonicera pallasii Ldb. Ind. Sem. Hort. Dorpat. Append. (1821)20；Фл. СССР, 23：489, 1958；Фл. Казахст. 8：227, 1965——*L. caerulea* auct. non L.

多分枝灌木，高 1~2m。嫩枝坚硬，通常淡红色，密被细绒毛和较长的开展毛，一直保持到第二年生枝上；老枝淡灰色或淡褐色；托叶仅在徒长枝上；芽被短柔毛，有时混生长硬刺毛。叶椭圆形；倒卵形或长圆状倒卵形，长 3~6cm，宽 2~3cm，营养枝上叶较大，长至 9cm，宽至 6cm，稀长圆状椭圆形或披针形，长 1.5~2.5cm，宽 6~8mm(窄叶型)，钝或短渐尖，基部楔形或阔楔形，收缩成密被细柔毛的短柄，上面鲜绿色，背面较淡，通常两面密被淡灰色细柔毛，边缘具开展硬刺毛，以后毛被稀疏。花序轴短，长 2~7mm，花期斜上展，果期下弯；苞片丝状，长 5~8mm，具细长毛，上部通常混生具柄腺点；花冠漏斗形，稍二唇，长 10~15mm，淡黄色，外部疏被开展毛，管基部具囊状突起，从管中部逐渐扩展，内部雄蕊着生处有毛，管檐裂片宽，卵形，或长圆状卵形，钝，短于管 2~3 倍，狭窄部分长于管檐扩展；雄蕊着生于喉部边缘 2~3mm 处，通常等长或稍长于花冠；花柱长于花冠，无毛；总苞跟子房一同发育，并与之连合，形成多汁，味苦，黑蓝色，椭圆形、球形，稀长圆状椭圆形，复合浆果，长 8~12mm。花期 5~6 月，果期 7~8 月。

产青河、富蕴、福海、阿勒泰、布尔津、哈巴河等地山地。生山地林缘，林中空地，河谷灌丛，山河岸边，沼泽地，低湿地。俄罗斯欧洲部分、西西伯利亚、东西伯利亚、哈萨克斯坦也有。模式自俄罗斯阿尔泰山。

本种近阿尔泰忍冬(L. altaica Pall.)，区别于枝条密被开展细长毛和细密短柔毛。

系 4. **蓝靛果忍冬系** Ser. **Edules** Pojark.

花冠漏斗形，具短管，逐渐向管檐扩展；管檐裂片狭窄，长圆状椭圆形或披针形，短于管 1.5~2 倍；花药连同花丝上部远远伸出花冠。嫩枝和叶柄被短柔毛和不长的刺毛；叶初密被后疏被至近无毛，但叶下面常沿中脉密被绒毛。

本系仅分布于东西伯利亚，满洲里和远东，新疆仅引入栽培 1 种。

5*. 蓝靛果忍冬

Lonicera edulis Turcz. ex Freyn, in Oesterr. Bot. Zeitsehr. 52：111, 1902；Фл. СССР, 23：492, 1958；黑龙江树木志，525，图版 162：1~3, 1986。——*Lonicera caerulea* Linn. var. *edulis* Turcz. ex Herd. in Bull. Soc, Nat, Mosc. 37(1)：205 et 207, 1864；Rehd. Synops. Lonicera, 72, 1903；东北木本植物图志，511, 1955；中国植物志，72：194，图版 49：1~2, 1988。

灌木，高 1~1.5m。幼枝被柔毛，红褐色；老枝红棕色，树皮片状剥裂；芽开展，外有 2 枚舟形鳞片，有时有副芽，暗紫褐色。叶长圆形，长卵形或倒卵状披针形长 2~7cm，宽1~2cm，基部楔形，有时阔楔形，先端钝尖或微钝，全缘，有睫毛，上面疏生短柔毛，有时仅沿脉上有毛，稀无毛，下面淡绿色，被毛；叶柄短，被长毛；具托叶，但在营养枝或徒长枝上者，基部常连合。花生于叶腋；花梗长 7~15mm，下垂；相邻 2 花之萼筒 1/2 至全部合生；萼齿小，疏生柔毛；花冠黄白色，常带粉红色或紫色，长 10 ~ 12mm，花筒基部扩大呈囊状，裂片 5；雄蕊 5，长于花冠或稍短；花柱长于雄蕊，无毛或中下部有毛。浆果椭圆形或长圆形，长 6 ~ 12mm，暗蓝色，被白粉，酸甜可食。花期 5 ~ 6 月，果期 8 ~ 9 月。

乌鲁木齐植物园引种栽培，喜光，耐寒，开花结实，生长良好。分布于黑龙江、吉林、辽宁、内蒙古、华北各地区。朝鲜、日本、俄罗斯东西伯利亚及远东地区也有。模式自俄罗斯远东地区。蓝靛果忍冬浆果果味酸甜，可供饮料，酿酒或制果酱，民间用果入药，可清热解毒。

5a.*宽叶蓝靛果(变种)

Lonicera edulis var. **turczaninowii** (Pojark.) Kitag. Neo—Lineam, Fl. Mansh. 588, 1979；黑龙江树木志，525，图版 162：4，1986.—*Lonicera turczaninowii* Pojark. Фл. СССР, 23：494, 731, 1958。

本变种与原种的主要区别为：枝、叶均无毛，叶较宽，宽卵圆形或近圆形，先端钝圆或稍短尖状，有睫毛；花柱全部有毛；果长圆形，味较苦涩。

乌鲁木齐植物园自哈尔滨引入栽培。黑龙江、吉林。蒙古、朝鲜、俄罗斯东西伯利亚，远东也有。模式自外贝加尔湖记载。

系 5. **细花忍冬系** Ser. **Stenanthae** Pojark.

花冠管状漏斗形，具细长管，上部明显向管檐扩展；管檐裂片宽卵形或椭圆形，短于管 2 ~ 4 倍；雄蕊等长于稀稍短于花冠，或部分或全部伸出的花药。枝条无毛，或具稍舒展短刺毛。叶最初即无毛，或具不显著稍疏展伏贴直毛。

本系 3 种。新疆产 2 种。引入栽培 1 变种(见前分种检索表)。

6. 阿尔泰忍冬(新拟)　图 266　彩图第 51 页

Lonicera altaica Pall. Fl. Ross, 1：58. tab. 37, 1784；Фл. СССР, 23：496, 1958；Фл. Казахст. 8：227, 1965—*Lonicera caerulea* Linn. var. *altaica* Pall. Fl. ROSS, 1：58 (in textu)；中国植物志，72：196，1988。

小灌木，高 30 ~ 100cm。嫩枝纤细，淡紫或淡红色，无毛，具疏刺毛；老枝灰色或淡黄棕色，具片状条裂树皮；托叶仅在营养枝上；芽无毛或被疏展毛。叶长圆状椭圆形、长圆形或披针形，稀混生长圆状倒卵形或狭倒卵形，长 2.5 ~ 7cm，宽 13 ~ 20mm，营养枝较大，长至 9cm，宽至 3cm，通常顶端急尖或钝，具楔形或圆形基部，收缩成短的无毛或具刺毛和腺毛的柄，纸质，上面浅灰蓝色或鲜绿色，下面较淡，无毛或疏被硬伏毛，下面尤密，以后近变无毛，边缘无毛，或具疏长睫毛。花序轴(花梗)长 5 ~ 10mm，无毛，稀具腺毛或疏展毛；苞片丝状，长 3 ~ 9mm，无毛或具疏展细长毛，边缘有时具小腺点；小苞连合成管状总苞，苞藏于内部分离的子房，萼檐半裂，无毛，或边缘具疏腺点；花冠管状漏斗形，稍二唇，长 13 ~ 18mm；淡黄白色，外部通常无毛，稀具疏展毛，具细的内部有毛的管，基部囊状

图 266　阿尔泰忍冬 Lonicera altaica Pall.
1. 花枝　2. 花

突起，管上部扩展，狭窄部分约等长于具有萼檐的扩展部分，裂片卵形，短于管 2.5 ~ 4 倍，雄蕊具无毛花丝，着生于花冠喉部下部 1.5 ~ 2.5mm，通常具伸出花冠的花药；花柱无毛，伸出花冠；总苞果期跟子房一同发展，全部与之连合，形成多汁、苦味，黑蓝色、长圆状椭圆形或圆柱形复合浆果，长 10 ~ 16mm，宽 6 ~ 10mm，两端钝或顶端渐尖。种子椭圆形，稍扁，长 2 ~ 2.5mm，具细小凹点。花期 6 ~ 7 月，果期 7 ~ 8 月。

产富蕴、福海、阿勒泰、布尔津、哈巴河等地山地。蒙古、哈萨克斯坦、俄罗斯欧洲部分、西西伯利亚、东西伯利亚也有分布。模式从俄罗斯阿尔泰山记载。

7. 细花忍冬(新拟)

Lonicera stenantha Pojark. Bot. Journ. 20，2：145，1935；Фл. СССР，23：497，1958；Фл. Казахст. 8：228. tab. 25，fig. 1，1965；Consp. Fl. As. Med. 9：332，1987。

开展分枝灌木，高 1 ~ 2m，具纤细通常下垂的枝条。嫩枝紫红色或淡黄褐色，被细短柔毛，有时混生细刺毛，稀完全无毛；老枝淡灰色或淡黄色，具片状条裂树枝；托叶不常发达；芽被细柔毛。叶狭椭圆形或长圆状椭圆形，长 1.5 ~ 5cm，宽 5 ~ 20mm，两端尖，营养枝上叶较大，披针形，具圆形或微心形基部，叶通常硬革质，浅灰蓝色，背面较淡，幼叶被不密或疏被短伏毛，后毛被消失，边缘具刺状睫毛，稀叶最初即无毛，叶柄短，长 1.5 ~ 3mm，密被绒毛稀近无毛。花序轴(花梗)短，长 3 ~ 6mm，下垂，被绒毛，有时混生开展刺毛，稀无毛；苞片丝状，长 3 ~ 5mm，被细柔毛，通常混生短毛或具柄腺点；小苞片连合成管状椭圆形总苞，包藏内部分离的子房，有时全部包被花萼；花萼稍半裂，通常无毛；花冠管状漏斗形，稍二唇，长 14 ~ 18mm，淡黄色，外部有不密的细的开展毛，具细长内部有毛的管，基部囊状，向上急扩展，具椭圆形或卵形裂片，管檐短于管 2.5 ~ 4 倍；雄蕊具无毛花丝，着生于管檐基部 1 ~ 2mm 处，等长于花冠，稀短于它；花柱无毛，等长于花冠或从中伸出；总苞果期全部跟子房连合，形成多汁，苦味，黑蓝色，通常球形或稍长的复合浆果，长 7 ~ 14mm。种子长椭圆形，长 2.2 ~ 2.5mm，有不明显小凹点。花期 5 ~ 6 月，果期 7 ~ 8 月。

产萨乌尔山、塔尔巴哈台山、天山、帕米尔高原等山地。国外哈萨克斯坦、吉尔吉斯斯坦、乌兹别克斯坦、塔吉克斯坦、伊朗、阿富汗也有分布。模式自塔吉克斯坦西帕米尔记载。

蓝果忍冬的分类问题，一直存在争议。1958 年出版的《苏联植物志》23 卷，分为 4 系(ser.)10 种，中国产 6 种，新疆产 4 种，黑龙江产 2 种(或 1 种 1 变种)。但另一些学者持大种观点，只承认 1 种，即蓝果忍冬(L. coerulea Linn.)余均为其种下等级。本志从《苏联植物志》23 卷系统，待深入采集研究。

系 6. 伊犁忍冬系 Ser. Ilienses Pojark.

花冠漏斗形，具管，中部以上逐渐向管檐扩展；管檐裂片长圆状卵圆形，短于管 2 ~ 2.5 倍；雄蕊等长于花冠；花柱顶端有毛。嫩枝和叶柄密被很短细柔毛，无开展长毛。叶细小，狭窄，线状长圆形至长圆状椭圆形。

本系 1 种。产中亚和新疆。

8. 伊犁忍冬(新拟)

Lonicera iliensis Pojark. in Fl. URSS，23：734，1958；Фл. Казахст. 8：229，tab. 25，fig. 2，1965；Consp. Fl. As. Med. 9：332，1987。

开展灌木，高至 1.5m，具纤细，坚硬近直角开展的枝条。嫩枝到生长期末变粉红灰色，被很短绒毛，通常不混生长毛，毛被物一直保持到 2 ~ 3 年生枝上，嫩的结实枝纤细，粗约 0.5mm，短，长 2.5 ~ 5cm，稀较长，被灰色短绒毛；老枝淡灰色，被片状条裂树皮；托叶常不发达，下部跟叶柄连合；芽稍尖，不大，长约 5mm，被淡灰色短柔毛。叶狭窄，线状长圆形、线状披针形、狭椭圆形、稀长圆状椭圆形，长 2 ~ 2.5cm，宽 2 ~ 10mm，顶端急尖或钝，稀渐尖，基部圆形—楔形，有时狭楔形或圆形；叶柄短，被绒毛，长 1.5 ~ 2.5mm，叶上面鲜绿色，下面较淡，具突出叶脉，两面密被短绒毛，通常保持到生长期末，边缘被细短睫毛。花序轴发自下部叶腋，较粗，长5～10mm，被极细短绒毛，混生较长毛；苞片线状或丝状线形，长4～5mm，边缘具开展短睫毛；小苞片连合成管状球形，卵形或椭圆形总苞，包被于内部分离的子房，萼檐微凹，疏被短绒毛，从总苞中稍伸出，少全部包被它；花冠漏斗形，稍不整齐，长9～11mm，淡黄色，外被疏展细毛，具管，通常被密毛，中部以上逐渐向管檐扩展，管檐裂片长卵形，钝，短于管2～2.5倍，内部疏被细毛；雄蕊等长于花冠，着生于管檐基部0.5～1.5mm处，花丝无毛；花柱伸出1～2mm，无毛，仅在上部被短柔毛；总苞果期全部跟子房连合，形成多汁，黑蓝色，球形或稍长的复合浆果，长5～7mm。种子长圆状椭圆形，长约2mm，宽约1mm。花期5～6月，果期7～8月。

产呼图壁县(红旗公社)、察布查尔县，生荒漠沼泽地和荒漠河流岸边，不常见。东哈萨克斯坦也有。模式自中哈交界的霍尔果斯河(伊犁河支流)记载。

亚组4. **大苞亚组** Subsect. **Bracteatae** Hook. f. et Thoms.

苞片大，常叶状；小苞片缺；花冠具近正整或明显二唇管檐；雄蕊无毛；花柱无毛或有毛；子房3室，完全分离。浆果红色。枝端二腋芽，因而顶芽不发育，枝具白色髓心，低矮或中等灌木，很少小乔木，被单毛大多数是刺毛，通常还有腺毛。

亚洲的亚组，分布于日本、朝鲜和中国西南至喜马拉雅、中亚、阿尔泰和外高加索。

系1. **刺毛忍冬系** Ser. **Hispidae** Pojark.

花序轴2花，下垂；苞片长于子房5～6倍；花冠管状漏斗形，大，长2.5～3cm，具宽的向上逐渐扩展的管和近于正整地具直立裂片的短管檐；花后于叶开放。芽大，长至1.5cm，长于叶柄，具2外鳞片。直立灌木，具大的长至8cm的长叶。本系新疆仅1种。

9. 刺毛忍冬　刚毛忍冬　图267
彩图第51页

Lonicera hispida Pall. ex Roem et Schult. Syst, Veg. 5：258，1819；Фл. СССР，23：509，1958；Фл. Казахст. 8：230. tab. 25，fig. 3，1965；Consp. Fl. As. Med. 9：332，1987；中国植物志，72：204，图版51：3～5，1988。

小灌木，高80～150cm。嫩枝密被开展刺毛，通常混生短柔毛；老枝淡褐色至灰色，或灰色，具片状剥落树皮；芽长圆状卵形，大，长至18mm，急尖，长于叶柄2～2.5倍，具2枚上部无毛的芽鳞，连合成帽状。叶卵状椭圆形、椭圆形或长圆形，长3～8cm，宽15～45mm，急尖或短渐尖，具圆形稀心形或阔楔形基部，质致密稍厚甚或坚硬，上面鲜绿色，下

图267　刺毛忍冬 Lonicera hispida Pall. ex Roem
1. 花枝　2. 果　3. 刺

面较淡，两面无毛，或仅下面沿叶腋有刺毛，有时两面密被伏刺毛，边缘具硬睫毛；叶柄被刺毛，长 2~6mm，花序轴下垂，长 6~15mm，无刺或有刺毛；苞片阔卵形或圆卵形，大，长 1.5~2.5cm，弯曲，急尖或钝，长于子房 3~5 倍，边缘具刺毛；小苞片缺；花萼长 0.5~1mm，具 5 枚宽三角形齿；花冠近整齐，管状漏斗形，长 25~35mm，淡黄色，外被疏刺毛和腺毛，具管，内部有毛，逐渐向上扩展，基部具囊状突起，长于管檐几倍，管檐近整齐，宽约 2cm，具宽钝、直立裂片；雄蕊稍短于花冠裂片，着生于花冠上部，花药狭窄，长 3~4mm，等于或长于无毛的花丝；花柱无毛或下部有绒毛；子房分离，不连合，3 室。果实成对，长圆状卵形，浆果，长 10~15mm，珊瑚状红色，包被于淡黄色苞片中，种子椭圆形，扁平，长 2~2.7mm，棕色。花期 6~7 月，果期 7~8 月。

产阿尔泰山、萨吾尔山、塔尔巴哈台山、天山等地。分布于河北、山西、陕西、宁夏、甘肃、青海、四川、云南、西藏等地区。国外在蒙古、俄罗斯、哈萨克斯坦、吉尔吉斯斯坦、塔吉克斯坦也有，模式自俄罗斯阿尔泰山记载。

系 2. 单花系 Ser. **Subhispidae** Pojark.

花序轴 1 花，具 1 苞片或 2 花具 2 苞片；苞片卵状披针形；花冠管状漏斗形，具管，向上逐渐扩大，具近于整齐的短管檐，锐裂成卵形，稍开展的裂片；花早于叶开放；花序轴(1 稀 2 对生)从带叶枝 1 个芽发出；冬芽小，卵状球形，具几对交互对生芽鳞，直立中等灌木。

这是远东的系(远东和华北)，中亚和新疆没有分布。新疆近年发现 1 种具有单苞，单果的小灌木，因未采到花期标本，暂置于此，待进一步研究。

10. 萨吾尔山忍冬(新拟)　圆叶忍冬

Lonicera subrotundata C. Y. Yang et J. H. Fan sp. n. in Journal of August 1st. Agricultural College，18，2：8，1995。

小灌木，高 30~50cm，树皮灰白色，条状剥离，髓中实，白色。嫩枝淡褐色或暗褐色，无毛。顶生二枚腋芽；芽卵形，无毛，淡褐色。叶近圆形或卵形，长 1.5~2.2cm，宽 8~16mm，顶端急尖，基部圆或微心形，表面深绿色，疏被贴生硬伏毛，背面淡绿色，沿叶脉疏被硬毛或无毛，叶脉隆起，叶缘具刺状睫毛；叶柄长 0.8~3.5mm，具硬毛少无毛，基部扩展，有沟槽。花未见。果实圆球形，红色，径约 4~5mm；果梗直立，粗壮，短于节间，长 5~7mm，无毛；苞片 1 枚，叶状，卵形，长约 8mm，宽约 5~6mm，边缘具硬睫毛，种子 3~4 粒，阔椭圆形，略扁，淡褐色，光滑。花期 5~7 月，果期 7~8 月。

产和布克赛尔县牧业营。生山地灌丛，海拔 1970m。

这是一个很特殊的种，即单苞、单果。新疆仅是首次发现，它跟产于俄罗斯远东和我国东北的单花忍冬 Lonicera subhispida Nakai，和产于华北等地的北京忍冬 L. elisae Franch. 都非常近似，同属于由 Pojark. 建立的单花系，但因未见花期标本，仅暂置于此。

系 3. 异毛系 Ser. **Heterotrichae** Pojark.

花序轴 2 花，生小枝下部叶腋；花冠管状漏斗形，具长的向上逐渐宽的管，和近整齐管檐，短于管 2.5~3 倍；萼檐，子房和花柱无毛，花后叶开放；芽长于叶柄，具 2 枚外芽鳞，连合成帽状。低矮蔓生或垫状高山灌木，具细叶片(长至 2cm)。本系 2 种，新疆产 1 种。

11. 蔓生忍冬　藏西忍冬　图 268

Lonicera semenovii Rgl. in AHP. 5，2：608，1878；Фл. СССР，23：513，1958；Фл. Казахст. 8：231. tab. 25，fig. 4，1965；Consp. Fl. As. Med. 9：333，1987；中国植物志，72：205，1988。

低矮灌木，高 5~10(15)cm，多分枝，具匍匐和多数蔓生交织枝条，被灰色或暗褐色，剥离片状条裂树皮。嫩枝纤细，短，无毛或具无柄细腺毛，间或疏稀细绒毛；芽长于叶柄，具 2 枚外部无毛芽鳞，连合成帽状。叶长圆形或长圆状椭圆形，枝条基部叶有时长圆状卵形，长 8~20mm，宽 3~6mm，急尖，顶端通常具胼胝尖头，基部圆状—楔形，叶柄长 1.5~2.5mm，浅灰蓝绿色，下面较淡，两面无毛或下面沿脉具稀疏向上伏贴刺毛，边缘具睫毛。花序轴粗，短，长 1.5～3mm，无毛或具疏腺点；苞片叶状，卵形，长 8～12mm，宽 4～7mm，基部连合，边缘刺毛，有时混生无柄腺点，长于无毛子房 2.5～3.5 倍；小苞片缺；花萼无毛，5 齿牙；花冠淡黄色，外部和内部无毛，向上逐渐扩展，管长，长于管檐 3～3.5 倍，基部具囊状突起，管檐具 5 枚等长卵形开展裂片；雄蕊着生于花管上部，无毛，具狭窄、线状圆柱形花药；花柱无毛，等长于花冠；子房分离，无毛。果实成双。卵形，浆果长 6～8mm，鲜红色，被蜡粉，长于苞片。种子椭圆形，扁平，长约 2.5mm，淡黑至棕褐色。花期 6～7 月，果期 8～9 月。

产塔什库尔干、派依克地区，海拔 3700～4000m，生干旱石质山坡，形成高山垫状植被；西藏西部（喜马拉雅）也有。中亚山地（天山和帕米尔）、伊朗、阿富汗、克什米尔均有分布。模式标本采自中天山（吉尔吉斯斯坦境内）。

系 4. 阿特曼忍冬系 Ser. **Altmannianae** Pojark.

花序轴 2 花；花冠具向上稍扩展的细长管和二唇管檐；管檐稍长于管或等长；上唇半裂成宽裂片或齿牙；下唇下弯；花柱稍有毛或无毛。芽细小，短于叶柄，卵形，具 2～3 对外芽鳞，分离；毛被物由单的长刺毛和短的柔毛组成，多少混生腺毛。直

图 268　蔓生忍冬 Lonicera semenovii Rgl.
1. 花枝　2. 果

立灌木，高 1～2m，具宽的长 2.5～5cm 卵形叶片。

中亚山地特有系，新疆产 1 种。

12. 阿特曼忍冬（新拟）　截萼忍冬　图 269
彩图第 51 页

Lonicera altmannii Rgl. et Schmalh. A. H. P. 5：610，1878 et 6：304，1880；Фл. CCCP，23：517，1958；Фл. Казахст. 8：231. tab. 25，fig. 5，1965；Consp. Fl. As. Med. 9：333，1987；中国植物志，72：211，图版 53：1，1988。

多分枝灌木，高 1～2m，具纤细开展或稍下垂小枝。嫩枝淡褐色，密被开展长刺毛，通常混生具柄和无柄腺毛的短绒毛；老枝灰色，具片状条裂树枝；芽细小，卵形，长 2～3mm，短于叶柄具 3～4 对外芽鳞。叶质薄，阔卵形至长圆状披针形，或椭圆形，长 2～5cm，宽 10～30mm，常短

图 269　阿特曼忍冬 Lonicera altmannii Rgl.

渐尖稀钝，具圆或微凹基部，收缩成被绒毛长 2.5~6mm 的叶柄，上面鲜绿或浅灰蓝色，下面较淡，两面密被长刺毛，此外还常混生无柄或具柄腺毛的短单毛，边缘密生长睫毛。花序轴长 5~10 (20)mm，被长刺毛和柔毛，混生腺毛，1 或 2 枚，生于下部叶腋；苞片披针形或卵形，长 8~12mm，具细长渐尖，两面被贴生长毛，混生短毛，边缘长睫毛，长于子房 2~3 倍，小苞片缺；花萼近全缘或锐裂成三角形齿牙，长约 0.5mm，边缘腺睫；花冠不整齐，二唇，管形，长 15~20mm，淡黄白色或淡黄色，外被疏展毛和腺毛，具管，内部有毛，基部具囊状突起，上唇半裂成卵状圆形齿牙，侧齿较中齿稍长，下唇下弯；雄蕊着生于花管上部，具无毛花丝，后方 3 枚较短，前方 2 枚等长于花冠，花药线状长圆形，长 3~4mm，花柱被疏毛，稍长于花冠；子房分离，被腺毛，有时混生刺毛，上部有短绒毛。果实成双，卵状球形，浆果长 8~10mm，鲜橙红色。种子阔椭圆形，长约 3mm，扁平光滑，淡黄色。花期 5~6 月，果期 7~8 月。

产萨吾尔山、塔尔巴哈台山、天山等地。生山地灌木草原带至森林带。

生山坡灌丛，山地河谷，林绿，林中空地，在灌木草原带常形成大面积灌丛，是山地重要保土植被。哈萨克斯坦、吉尔吉斯斯坦、乌兹别克斯坦、塔吉克斯坦等中亚天山和帕米尔亦有分布。模式自哈萨克斯坦准噶尔阿拉套记载。

系 5. 粗毛忍冬系 Ser. **Asperifoliae** Pojark.

花冠具狭窄向上近于不扩展的管和二唇管檐，约短于管 1 倍；子房无毛；花柱多少有毛。芽长于叶柄，狭窄，两枚外芽鳞连合成帽状。高山低矮，蔓生有时垫付灌木具小，卵圆形或椭圆形长 2~5cm 叶片。

本系两种，一种为天山和帕米尔阿赖依特有；另一种主要为西部喜马拉雅山特有。新疆产 1 种。

13. 奥尔忍冬（新拟）

Lonicera olgae Rgl. et Schmalh. A. H. P. 5：609，1878；Фл. СССР，23：524，1958；Фл. Казахст. 8：234. tab. 26，fig. 11，1965；Consp. Fl. As. Med. 9：335，1987。

矮小灌木，高 20~80cm，具铺展，匍匐有节的地下枝条。嫩枝纤细，短，淡红或棕色，无毛，稀疏被开展刺毛；老枝淡灰褐色，具片状剥离树皮；芽长圆状卵形，稍急尖，等长于叶柄或稍长，淡褐色，2 枚外芽鳞连合成帽状。叶椭圆形，两端收缩，长 0.8~2.5cm，宽 4.5~10mm，顶端具胼胝急尖头，仅在营养枝上叶为卵圆形，具阔楔形基部，起初叶质薄，后变厚变硬，具突出叶脉，叶边缘有刺毛，上面鲜绿色，疏被贴伏刺毛，下面较淡。沿脉疏被细毛或无毛，叶柄长 0.5~2.5mm，通常淡红色，无毛或边缘具疏刺毛。花序轴长 4~8mm，无毛，1 或 2 枚，对生于嫩枝中部和下部叶腋；苞片卵形或长圆状卵形，稀披针形，长 7~11mm，两面无毛，边缘具刺睫毛，长于子房 2.5~3 倍；小苞片缺；花萼长约 0.5mm，稍有齿或具 5 枚宽短齿；花冠二唇形，具细管，长 17~20mm，淡黄色，上部稍扩展，管檐短于管 1.5 倍，外部无毛，内部有毛，基部具囊状突起，上唇直立状，半裂成卵形裂片，其中 2 枚中裂片钝，而侧裂片急尖，下唇舌状，水平展；雄蕊短于花冠或等长；花药狭窄，长约 1.5mm；花柱长于雄蕊，无毛，或下部有毛；子房长圆形，分离，无毛。果实成双，球形或倒卵形，浆果长 6~10mm，红色。种子阔椭圆形，长约 3mm，淡黄色。花期 5~6 月，果期 7~8 月。

产天山（精河南山）。高山草甸，海拔 2700m。中亚天山和帕米尔阿赖依也有。模式自土耳克斯坦边区。本种所见标本不多，有待深入采集，属于中国新纪录种。天山南坡高山尤需深入调查。

系 6. 矮忍冬系 Ser. **Humiles** Pojark.

花序轴通常单花，发自嫩枝下部叶腋，2 花；苞片多为卵形，花冠具细圆形管，长于管檐 1.5~2 倍；上唇管檐锐裂至 1/3。芽卵形，细，花具 3 对外芽鳞，其中下一对芽鳞近包被其他；毛被物是由单毛组成的长或短刺毛和由无柄、短柄腺毛组成的绒毛。低矮，蔓生有时垫状的灌木，具有长 6~20mm 的小叶片。

本系 2 种, 产中亚山地和新疆天山。

14. 矮忍冬

Lonicera humilis Kar. et Kir. , in Bull. Soc. Nat. Mosc. 15: 370, 1842; Фл. CCCP, 23: 525, tab. 26, fig. 4, 1958; Фл. Казахст. 8: 235. tab. 26, fig. 2, 1965; Consp. Fl. As. Med. 9: 335, 1987; 中国植物志, 72: 211, 1988。

低矮灌木, 高 15～50cm, 具有节、短的直立枝条。下部枝条平铺, 蔓延; 嫩枝纤细, 坚硬, 淡灰绿色或淡红至淡紫色, 密被很细不显毛, 年末有时无毛; 老枝淡褐灰色或淡灰色, 具剥离条状树皮。芽卵形, 细小, 长 1～2mm, 急尖, 等长或稍短于叶柄。叶卵形, 长圆状卵形或卵状椭圆形, 长 0.7～2cm, 宽 4～10mm, 短渐尖, 基部阔楔形或圆形, 坚硬, 质厚, 具突出叶脉, 上面鲜绿色, 下面较淡, 嫩叶两面被刺毛, 以后通常具疏刺毛, 上面被疏刺毛, 下面主要沿叶脉被刺毛, 有时混生腺点, 边缘具硬睫毛; 叶柄长 1.5～2.5mm, 长刺毛, 有时混生腺点, 具扩展、连合、木质化的基部。花序轴通常 1 花, 由嫩枝下部叶腋发出, 少从上部叶腋发出另一个花序轴, 它在花期很短, 果期长至 2～5mm, 被短绒毛, 混生刺毛, 常常具短柄腺点; 苞片卵形, 稀卵状披针形, 长 6～11mm, 急尖, 基部宽, 包围子房, 外部有腺毛, 通常跟边缘一样有刺毛; 小苞片缺; 花萼长约 1mm, 锐裂成 5 枚不等长的宽齿牙, 边缘具疏长睫毛, 花冠二唇形, 细圆柱形, 长 15～20mm, 淡黄色, 上部喉部附近稍扩展, 具有短于管一倍的管檐, 基部具距状突起, 外部和内部具疏展毛, 上唇直立状, 锐裂至 1/3 成宽卵形或近半圆形钝裂片, 下唇等长于上唇或稍长, 长圆形, 钝, 稍开展; 雄蕊短于上唇 1/3～1/4, 具无毛短花丝, 着生于喉部边缘, 花药狭窄, 长约 2.5mm, 长于花丝或等长; 花柱无毛, 稍短于雄蕊; 子房分离, 无毛, 短, 具柄腺毛。果实成双, 倒卵形, 浆果长 5～8mm, 鲜红色, 被蜡粉, 种子椭圆形, 长 2.5～3mm, 淡褐色, 花期 6～7月, 果期 7～8月。

产塔城北山, 生亚高山带碎石坡地灌丛中。分布于中亚山地。模式自准噶尔阿拉套山。

15. 灰毛忍冬(新拟)

Lonicera cinerea Pojark. Фл. CCCP, 23: 736, 529. tab. 26, fig. 3, 1958; Фл. Казахст. 8: 237, 1965; Consp. Fl. As. Med. 9: 335, 1987。

低矮多分枝灌木, 高 20～70cm。枝坚硬, 有节, 铺展有时形成垫状灌丛; 嫩枝短, 密生叶, 绿色, 被灰色短绒毛, 有时混生短柄腺点和开展长毛; 老枝淡褐黄色, 剥离条状树皮。芽卵形, 细小, 长 2～3mm。急尖, 具 3 对被绒毛和腺毛芽鳞, 其中 2 对上部芽鳞包被其他。叶卵状椭圆形, 长 0.6～1.8cm, 宽 5～12mm, 顶端具短或长渐尖, 基部阔楔形稀圆形, 质厚, 具突出叶脉, 两面密被灰色短绒毛, 特别沿叶脉混生长刺毛, 此外, 下面混生无柄或有柄腺毛, 边缘硬刺毛; 叶柄短, 长 0.5～2mm, 稍粗, 常被短绒毛, 经常具长毛和腺点, 具连合的木质化包围芽的基部。花序轴通常单花, 从嫩枝下部叶腋发出, 短, 长 1～2mm, 密被短绒毛和腺毛, 混生开展长毛; 苞片披针形稀卵形, 长 5～8mm, 外被短绒毛和腺毛, 混生开展长毛, 内部有腺毛, 边缘长睫毛; 小苞片缺; 花萼短, 长 0.3～0.6mm, 微 5 裂, 边缘具疏刺毛, 黄色, 喉部稍扩展, 具管檐, 约短于管 1.5 倍, 基部距状突起, 外部密内部疏毛, 上唇裂片直立状, 阔卵形, 长约 2mm, 下唇狭椭圆形或长圆形, 稍向一面开展; 雄蕊稍短于花冠, 具无毛花丝, 花药长 2～2.5mm; 花柱无毛或有疏毛; 稍短于雄蕊; 子房分离, 无毛。果实成双, 球形, 浆果径 5～7mm, 淡黄红色。种子倒卵状椭圆形, 长约 3mm, 淡褐色。花期 5～6月, 果期 7～8月。

产塔什库尔干、派依克地区。生高山干旱石坡, 海拔 3700～3900m, 形成高山灌丛。分布于中亚天山和帕米尔河赖依山地, 模式自吉尔吉斯斯坦阿拉套记载。

亚组 5. **短管亚组** Subsect. 6. **Alpigenae** Rehd.

花序轴长, 上部肥厚; 苞片果期宿存或脱落; 小苞片细小或邻近花成对连合或全部连合成杯状; 花冠明显二唇, 具短宽管, 前方具大的囊状突起, 花柱有毛; 子房大部分 3 稀 2 室。果实鲜红色具大的黄色或褐色光滑种子。枝条具白色髓心, 枝端具卵形大顶芽, 被几对外芽鳞。叶多数都大，在营养枝上经常近全部分裂。

本亚组分布欧洲山地，中亚、亚洲中部、东南亚。新疆产 1 种。

系 1. **异叶忍冬系** Ser. **Heterophyllae** Pojark.

子房分离或有时某些种下部连合；种子大，扁；苞片果期不宿存；小苞片等长于子房 1/3 ~ 2/3 分离。叶大全缘或某些种少数叶具 1 ~ 3 不对称凹缺。

16. 加里忍冬（新拟）

Lonicera karelini Bunge ex P. Kirilov., Lonic. Russ. Reich.（1849）43；Фл. CCCP, 23：530, 1958；Фл. Казахст. 8：237, tab. 26, fig. 4, 1965；Consp. Fl. As. Med. 9：335, 1987—*L. heterophylla* auct. non Decne；中国植物志，72：176，图版 44：1 ~ 2，1988。

灌木，高 1 ~ 2m，具坚硬有节的枝条，嫩枝纤细，绿色或淡黄色，后变淡褐黄色，短腺毛或稀无毛；老枝淡白或灰色纵剥离树皮；芽长卵状或卵圆锥形，顶芽长 7 ~ 10mm，急尖，具 3 对淡黄褐色鳞片。叶从椭圆形至长圆状披针形，长 4 ~ 10cm，宽 1.5 ~ 4.5cm，急尖，延长成长的弯曲尖头，稀短尖头，具楔形基部，下部叶有时卵形，具截形或微心形基部，全缘稀某些叶具 1 ~ 2 浅凹缺，质厚，上面暗绿色，下面淡灰白色，两面被细小无柄腺点，下面尤密，此外，混生开展单毛，特别沿叶脉上，边缘通常有睫毛；叶柄较粗，短于叶片 7 ~ 8 倍，密被无柄和有柄腺点和开展单毛，叶均靠近枝端下部，或下部两对稍开展。花序轴发自嫩枝下部叶腋，长 2 ~ 6cm，短于叶 1.5 ~ 2 倍，直立状，弧状，上部明显肥厚，通常着生细小无柄腺点，稀光滑；苞片线状披针形，长 7 ~ 8mm，长于子房 1.5 ~ 2.5 倍，被腺毛，果期脱落；小苞片细小，卵形，短于子房 2.5 ~ 3 倍；花萼短，长约 0.5mm，具宽近圆形裂片，边缘有腺睫毛；花冠明显二唇，长 12 ~ 17mm，具短管，短于管檐 2 ~ 2.5 倍，基部浅囊状扩展，外部密布细小无柄腺点，通常混生开展单毛，内部密毛，上部直立状，稍下垂，近 4 角形，微锐裂成 4 枚宽卵形裂片，下唇等长于上唇，舌状，弧状下弯；雄蕊短于花冠，着生花管上缘，花丝下部被绒毛，花药线状圆柱形，大；花柱有毛，等长于雄蕊；子房分离或下部稀到中部或稍上连合，有腺毛。果实成双或部分连合，球形或稍长，浆果长 9 ~ 12mm，鲜红色有光泽。种子椭圆形，长 4 ~ 5mm，扁平，淡黄色，密布细粒点。花期 5 ~ 6 月，果期 7 ~ 9 月。

乌鲁木齐南山（昌吉）、尼勒克、新源、巩留、特克斯等山地。在乌鲁木齐南山林场，海拔（2500m）云杉林下，在伊犁林区海拔较低，植株高大，叶片大，而在乌鲁木齐南山一带高海拔林下，植株低矮，叶片小；有待深入研究。分布于中亚山地；准噶尔阿拉套、天山山地、帕米尔阿赖依山区。模式自准噶尔阿拉套记载。

多数学者认为，本种近似喜马拉雅山的异叶忍冬 L. heterophylla Decne，但各部被毛，叶片全缘，无分裂叶片。但我国忍冬科学者，则认为本种近似于川西忍冬 L. webbiana Wall. ex DC. 而异叶忍冬只是其异各而已。可见本种的区系成分是很特殊的。

组 3. **空枝组** Sect. **Coeloxylosteum** Rehd.

花冠经常二唇，具管，基部囊状或浅囊状扩展，含 1 ~ 3 蜜腺；子房分离。3 室；小苞片分离，或相邻两花大部分以边缘连合。枝中空。叶在芽中蓆卷。

亚组 6. **鞑靼忍冬亚组** Subsect. **Tataricae** Rehd.

苞片狭窄，线形或锥形，稀某些种较大，分离或仅基部连合；小苞片不宽也不长于子房，分离，或相邻两花以边缘连合；萼檐短于子房；花冠二唇，粉红色或白色，不变黄色；雄蕊和花柱短于管檐；花柱有毛。子房完全分离。果实红色或黄色。种子椭圆形，密布细小圆凹点。枝具一顶芽；芽细小，短于叶柄，卵形，具几对分离芽鳞；髓心早破坏，故枝中空。中等灌木。

寡型亚组，具 6 个相似种。种的分布区从南乌拉尔、北哈萨克斯坦和南阿尔泰伸延到西帕米尔和北伊朗。新疆 1 种和 1 变种。

17. 鞑靼忍冬　新疆忍冬　桃色忍冬　图 270

Lonicera tatarica Linn. Sp. Pl. 173. 1753；Фл. CCCP, 23：544, 1958；Фл. Казахст. 8：238, tab. 26，fig. 5，1965；Consp. Fl. As. Med. 9：336，1987；中国植物志，72：216，1988；东北木本植物图志，517，1955；中国高等植物图鉴，4：293，图 5999，1975。

17a. 鞑靼忍冬（新拟） 彩图第 52 页

Lonicera tatarica Linn. var. **tatarica**

灌木，高 1.5～3m。嫩枝淡黄褐色，无毛，中空，老枝灰色或淡黄灰色，具剥离条状树皮；或淡褐色鳞片边缘有腺毛；芽卵状圆锥形，长约 3mm，具无毛淡灰色或淡褐色鳞片，边缘有睫毛。叶长圆状卵形、卵状披针形，长 2.5～6cm，宽 1～3cm，急尖或渐尖，稀稍钝，具圆形微心形或截形基部，收缩成无毛，短，长 2～6mm 的柄，上面鲜绿色，无毛，下面较淡，通常带苍白色，无毛，稀沿脉具疏毛，边缘具睫毛。花序轴多数，发自嫩枝叶腋，除下部 1～2 对外，直立状，纤细，长 10～30mm，无毛，经常长于叶柄；苞片线形，稀披针形，等长于子房或长于它；小苞片分离，卵形或圆状卵形，无毛，通常短于子房一半；花萼无毛，具 5 枚长圆形或三角形齿；花冠明显二唇，长 12～24mm，粉红色—洋红色，稀白色，具管，通常短于管檐 1 倍，基部具囊状突起，外部无毛，花管内部有毛，上唇侧裂片裂到基部，形成 2 枚狭窄线状长圆形，铺展裂片，内部 3 裂片不深；雄蕊和花柱短于花冠，花丝基部有毛；花药狭窄，线状圆柱形，长约 3mm；花

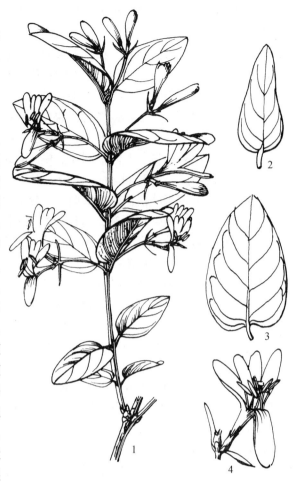

图 270 鞑靼忍冬 Lonicera tatarica Linn.
1. 花枝 2、3. 叶片 4. 花

柱至顶有毛；子房分离，不连合，无毛。果实成双球形，浆果径 6～8mm，鲜红色、橙黄或黄色。种子椭圆形，细小，长约 2mm，密布细小凹点。花期 5～6 月，果期 6～9 月。

产阿勒泰、布尔津、塔城、博乐、温泉等。海拔 1200～1800m，生山地草原、河谷灌丛。分布于中亚、西西伯利亚、欧洲东南。模式自鞑靼。

本种是城市庭院绿化珍贵树种。乌鲁木齐市各公园庭园栽培，生长良好，值得推广。

17b. 小花忍冬（变种）

Lonicera tatarica Linn. var. **micrantha** Trautv. in Bull. Soc. Nat. Mosc. 39(1)：331，1866；Rehd. Syn. Lonicera，130，1903；中国植物志，72：216，图版 54：5～6，1988——*L. micrantha* Trautv. et Rgl. A. H. P. V，2：609，1878；Фл. СССР，23：547，1958；Фл. Казахст. 8：547，1965。

灌木，高 1～3m。嫩枝淡黄色，纤细，被细展绒毛，中空；老枝淡褐或淡黄色，具剥离条状树皮；芽卵形，长约 2.5mm，具几对被绒毛淡褐色芽鳞，边缘有睫毛。叶卵圆形，长圆状卵形，椭圆形稀披针形，长 1～2.5cm，宽 7～14mm，营养枝叶长 4.5cm，宽 22mm，短渐尖，稀较钝，具圆形或楔形稀微凹的基部，收缩成被短绒毛长 2～4mm 的柄，上面暗绿色，通常疏被毛，下面疏被短绒毛，通常沿脉上，边缘具睫毛。花序轴多数，发自嫩枝叶腋，除下部 1～2 对外，直立状，纤细，长 8～15mm，通常长于花冠，密被短绒毛，混生具柄和无柄腺点；苞片狭线或锥状，长于子房 1.5～2 倍，稀披针形，长于子房至 3 倍，外被疏展毛，边缘具睫毛和腺毛；小苞片分离，长圆状卵

形、椭圆形或长圆形，边缘具睫毛和腺毛，通常短于子房之半；花萼短于子房至 2 倍，至中部裂成三角形齿，边缘有毛，有时有腺毛；花冠明显二唇，长 9～13mm，粉红色具细管，向上部甚扩展，等长于管檐，基部无囊状突起，稀具不大的浅囊状弯曲，花冠外部被短毛，具疏腺点，花管内部有毛，上唇侧裂片达基部，下唇稍长于上唇；雄蕊和花柱短于花冠，花丝基部有毛，花药狭窄，花柱到顶端有毛；子房完全分离，无毛。果实成双，球形，浆果径 7～8mm，红色，种子椭圆形，扁平，长 2.5～3mm，淡褐色。花期 6～7 月，果期 7～8 月。

产伊宁和察布查尔县。乌鲁木齐市庭院也有栽培。生山地草原、林缘、灌丛、河谷，海拔 1500～2000m。分布于中亚山地、西西伯利亚。模式自东哈萨克斯坦、阿尔卡特山记载。

亚组 7. **金花忍冬亚组** Subsect. **Ochranthae** Rehd.

花序轴长于或短于叶柄；苞片果期大部分宿存；小苞片等于子房长度 1/2～3/4，分离或相邻两花大部分连合；萼檐通常很发达，有时钟状或漏斗状；花冠白色或粉白色或淡黄白色，花期变黄色，稀一开始为黄色。果实红色具淡黄色或淡褐色种子，或白色具淡紫黑色种子。枝端具 1 顶芽，具 1～几对分离芽鳞，枝中空。

本亚组占据几乎整个欧亚温带，从西班牙到日本和中国南部至西南部。新疆仅引入栽培。

系 1. **金花忍冬系** Ser. **Chrysanthae** Pojark.

花序轴长于叶柄；小苞片卵形或圆形；萼管檐短于子房 3 倍，不急剧向上扩展。果红色或深红色，具褐色种子。冬芽大，狭窄，急尖（梭形），具 6～8 对外芽鳞，边缘具白色长刺睫毛。

18 *. 金花忍冬

Lonicera chrysantha Turcz., in Bull. Soc. Nat. Mosc. 11：93，1838；nom. nud. ex Ldb. Fl. ROSS，2(1)：388，1844；中国高等植物图鉴，4：293，图 6000，1975；黑龙江树木志，523，图版 161：4～5，1986；中国植物志，72：219，图版 55：1～3，1988。

灌木，高达 4m。幼枝，叶柄和总花梗常被开展直糙毛，微糙毛和腺。冬芽卵状披针形，鳞片 5～6 对，外面疏生柔毛，有白色长睫毛。叶纸质，菱状披针形、倒卵形或卵状披针形，长 4～8(～12)cm，顶端渐尖或急尾尖，基部楔形至圆形，两面脉上被糙状毛，中脉毛尤密，具直睫毛；叶柄长 4～7mm。花序轴（总花梗）细，长 1.5～3cm；苞片条形或狭窄条状披针形，长 2.5(～8)mm，常高出萼筒；小苞片分离，卵状矩圆形、宽卵形、倒卵形至近圆形，长约 1mm，约为萼筒的 1/3～2/3；相邻两萼筒分离，长 2～2.5mm，常无毛而具腺，萼齿圆卵形，顶端圆或钝；花冠先白色后变黄色，长 1～1.5(2)cm，外面疏生短糙毛，唇形，唇瓣长 2～3 倍于筒，筒内有短柔毛，基部具囊；雄蕊和花柱短于花冠，花丝中部以下密毛，花药上部被短柔毛；花柱全被短柔毛。果实红色，圆形，径约 5mm。花期 5～6 月，果期 7～9 月。

乌鲁木齐各庭院引种栽培，抗寒，抗旱，开花结实，生长良好。产黑龙江、吉林、辽宁、内蒙古、河北、山西、陕西、宁夏、甘肃、青海、山东、江西、河南、湖北、四川等地区。朝鲜和俄罗斯东西伯利亚也有。模式从东西伯利亚记载。

系 2. **金银木忍冬系** Ser. **Maackianae** Pojark.

花序轴（总花梗）短于叶柄，发自嫩枝叶腋；小苞片宽，成对连合；萼檐钟形，大，近等长于子房，膜质。果红色。冬芽长 4～5mm，卵形，具 4～5 对芽鳞。

东亚系，新疆不产，仅有引入种。

19 *. 金银木

Lonicera maackii (Rupr.) Maxim. in. Mem. Div. Sav. Acad. Sci. St. Petersb. 9：136，1859；中国高等植物图鉴，4：294，图 6001，1975；黑龙江树木志，527，图版 163：1～4，1986；山东树木志，864，1984；中国植物志，72：222，图版 55：4～5，1988。

落叶灌木，高至 6m。幼枝，叶两面，叶柄，苞片，小苞片及萼檐外面均被短柔毛和微腺毛。冬芽小，卵圆形，具 5～6 对芽鳞。叶纸质，通常卵状椭圆形至卵状披针形稀短圆状披针形或倒卵状短圆形，长 5～8cm，顶端渐尖或长渐尖，基部宽楔形至圆形；叶柄长 2～5mm。花生于幼枝叶腋，花序轴(总花梗)长 1 ~ 2mm，短于叶柄；苞片条形，有时倒披针形而呈叶状，长 3 ~ 6mm；小苞片多少连合成对，长为萼筒 1/2 至几相等，顶端截形；相邻两萼筒分离，长约 2mm，无毛或疏生微腺毛，萼檐钟状，长为萼筒 2/3 至相等，干膜质，萼齿宽三角形或披针形，不等长，顶尖；花冠先白色后变黄色，长约 2cm，外被短伏毛或无毛，唇形，筒长约为唇瓣 1/2，内被柔毛；雄蕊与花柱长约花冠 2/3，花丝下部和花柱均有柔毛。果实暗红色，圆形，径 5 ~ 6mm。种子布满蜂窝状微小浅凹点。花期 5 ~ 6 月，果期 8 ~ 10 月。

乌鲁木齐、昌吉、石河子、伊宁、库尔勒、喀什等地均引种栽培，抗寒耐旱，开花结实，生长良好。产黑龙江、吉林、辽宁、河北、山西、陕西、甘肃、山东、江苏、安徽、浙江、河南、湖北、河南、湖北、四川、贵州、云南、西藏等地。朝鲜、日本及俄罗斯远东地区也有。模式自黑龙江下游岸边记载。

组 4. **忍冬组** Sect. Nintooa(Sweet)Rehd. Synops, Gen, Lonic. 144，1903；Фл. CCCP，23：568，1958——Gen, Nintooa Sweet Hort. Brit. ed. 2，258，1830。

双花组成腋生小伞房花序，或在枝端组成圆锥花序，总花梗基部常具苞状小叶片；苞片条状披针形，甚至叶状；小苞片和子房分离；子房 3 室；花冠二唇。缠绕性灌木，具中空或中实的髓心，落叶或常绿，东南亚种，从喜马拉雅到朝鲜和日本，甚至马来西亚半岛。1 种在地中海西部。

亚组 8. **长花亚组** Subsect. **Longiflorae** Rehd.

花冠白色，以后变黄色，具细直(无距状扩展)长于管檐的管；子房 3 室。果黑或白色。

20[*]**. 忍冬 金银花 金银藤**

Lonicera japonica Thunb. Fl. Jap. 89，1784；中国高等植物图鉴，4：297，图 6008，1975；山东树木志，860，1984；中国植物志，72：236，图版 62：1 ~ 4，1988。

半常绿蔓生藤本，多分枝。茎褐色，条状剥落。茎枝髓心中空。冬芽具 4 对芽鳞，被毛。幼枝密生柔毛和纤毛。单叶对生，叶纸质，卵形至长圆状卵形，长 3 ~ 8cm，宽 2 ~ 2.5cm，先端短渐尖，基部圆形至浅心形，全缘，边缘呈淡紫色，常具睫毛，两面被柔毛，脉上尤密，叶脉 6 ~ 7 对，近叶缘结网；叶柄等长或稍短，密被短柔毛和腺毛；总苞片 2 枚，苞片叶状，长约 1cm，有时长达 2 ~ 3cm，两面均被毛，稀无毛；小苞片极小，长约 1mm；花萼筒近无毛，具 5 枚三角形齿，具长睫毛；花冠长 3 ~ 4cm，二唇形，上唇 4 裂而直立，下唇 1 枚反卷，裂片长椭圆形，约与管筒等长或稍短，花冠筒长 1.5cm，外被柔毛和腺毛，花期先白色，或基部略带紫色，后变为黄色，富香气；雄蕊 5，伸出花冠，花丝长，花药黄色，背着；雌蕊 1，花柱细长，高出雄蕊，柱头头状，雄蕊和花柱均伸出花冠外；子房下位，2 室，具 3 ~ 8 下垂胚珠。浆果球形，熟时黑色，径约 6 ~ 7mm，光滑。种子褐色，长约 3mm，两侧具浅横沟纹，中间脊部突出。花期 4 ~ 6 月，果期 9 ~ 10 月。

新疆南北各地多有栽培，前景看好。我国多数省区都有野生或栽培。日本和朝鲜也有，模式自日本记载。在北美洲逸生成为难除的杂草。新疆植物志四卷记载"产伊宁、尼勒克"是错误的。

金银花的适应性很强，对土壤和气候的选择并不严格，以土层较厚的砂质壤土最佳，用播种、扦插和分根等均能繁殖。

(Ⅱ)轮花亚属 Subgen. Lonicera

缠绕藤本；枝中空。花序下的 1 ~ 2 对叶基部常相连成盘状。花单生于小枝顶成 1 至数轮，每轮 3 ~ 6 花，具花序梗或缺；萼齿短；花柱无毛；子房 3 室。果实红色。

本亚属我国有 6 种。新疆仅引入 1 种。

亚组 10. 红黄花亚组 Subsect. Phenianthi(Rafin.)Rehd.

花冠近整齐或稍不整齐，不为唇形，筒比裂片长 3 ~ 6 倍。

我国有 3 种。新疆仅引入 1 种。

21[*]**. 贯月忍冬**(中国植物图鉴)

Lonicera sempervirens Linn. Sp. Pl. 173，1753；Rehd. Syn. Lonicera，167，1903；东北木本植

物图志，509，图版 CLXIV，410，1955；中国植物志，72：250，1988。

常绿藤本，全体近无毛；幼枝、花序梗和萼筒常被白粉。叶阔椭圆形、卵形至矩圆形，长 3～7cm，顶端钝或圆而具短尖头，基部常楔形，下面粉白色，有时被短柔伏毛，小枝端 1～2 对基部相连成盘状；叶柄甚短。花轮生，每轮通常 6 朵，2 至数轮组成顶生穗状花序；花冠近整齐，细长漏斗形，外面橘红色，内面黄色，长 3.5～5cm，中部向上逐渐扩展，中部以下一侧略肿大，长为裂片 5～6 倍，裂片直立，卵形，近等大；雄蕊和花柱伸出，花药远短于花丝。果实红色，径约 6mm。花期 5～8 月。

原产北美。乌鲁木齐市种苗场及植物园引种栽培，开花结实，生长良好。我国上海、杭州、沈阳等城市常有栽培。

亚组9. 葱皮忍冬亚组 Subsect. **Chamydocarp** Jaub. et Spach. 111，Pl. Or. 1：137，1847；中国植物志，72，196，1988。

落叶灌木，常被刚毛。顶芽存在。苞片大，叶状；小苞片连合成柱状或坛状壳斗，围绕或全部包被 2 枚分离的萼筒。果熟时不变肉质。花冠唇型，筒一侧稍肿大，花柱有毛。果实红色。

本亚组我国 2 种，新疆引入 1 种。

22*. 葱皮忍冬　秦岭忍冬

Lonicera ferdinandii Franch. in Nouv. Arch. Mus. Hist. Nat. Paris ser. 2，6：31，1883；中国植物志，72：197，图版49，7～10，1988，黑龙江树木志，527，图版162：5～7，1986；中国高等植物图鉴，4：288，图 5990，1975。

落叶灌木，高至 3m。幼枝被密或疏、开展或反曲刚毛，常混生细毛和红褐色腺点，很少近无毛；老枝被乳头状突起；徒长枝叶柄间有盘状托叶。冬芽叉展，长 4～5mm，具 1 对舟形外鳞片，鳞片内面密生白色棉絮状柔毛。叶纸质或厚纸质，卵形至卵状披针形，长 3～10cm，顶端尖，基部圆形、截形至浅心形，边缘有时波状，很少有不规则缺刻，有腺毛。上面疏生硬伏毛或近无毛，下面脉上连同叶柄和总花梗被硬伏毛和红色腺点；叶柄和总花枝均极短。苞片大，叶状，披针形至卵形，长 1.5cm；小苞片合生成坛状壳斗，完全包被相邻两萼筒，直径 2.5mm，果期增大至 7～13mm；萼齿三角形；花冠白色，后变淡黄色，长 1.5～1.7cm，外面密被硬伏毛，很少无毛或稍有毛，内面有长柔毛，唇形，基部一侧肿大，上唇浅 4 裂。果红色，卵圆形，长约 1cm，内含 2～7 粒种子。花期 4～6 月，果期 9～10 月。

石河子园林研究所引种。抗寒，开花结实，生长良好。产吉林长白山、河北南部、山西西部、陕西秦岭、宁夏海源、甘肃南部、青海东部、河南、四川北部。朝鲜北部也有。

珍贵花灌木，种子繁殖。

(3) 锦带花属 Weigela Thunb.

落叶灌木；幼枝呈四方形。冬芽具数鳞片。叶对生，边缘有锯齿，无托叶。花单生或 2～6 花组成聚伞花序，生于侧生短枝上部叶腋或枝端；萼筒长圆柱形，萼檐 5 裂，裂片深达中部或基部；花冠白色、粉红色至深红色，钟状漏斗形，5 裂，不整齐或近整齐，筒长于裂片；雄蕊 5 枚，着生于花冠筒中部，内藏，花药内向；子房上部一侧具 1 球形腺体，子房 2 室，含多数胚珠，花柱细长，柱头头状，常伸出筒外。蒴果圆柱形，革质或木质，2 瓣裂。种子小而多，无翅或具狭翅。

世界 12 种。我国 4 种，新疆仅引入栽培 2 种，均为观赏植物。

分种检索表

1. 萼檐裂至中部，柱头 2 裂，种子几无翅 ·················· 1*. 锦带花 W. florida (Bunge) A. DC.

1. 萼檐裂至基部，柱头头状，种子具翅。植物体近光滑，稀微有柔毛；小枝粗壮；花具梗；子房光滑 ············· ·················· 2*. 海仙花 W. coraeensis Thunb.

1*. 锦带花

Weigela florida (Bunge) A. DC. in Ann. Sci. Nat. Bot. Ser. 2, 11：241，1839；陈嵘，中国树木分类学，1167，1953；东北木本植物图志，507，1955；中国高等植物图鉴，4：283，图5979，1975；山东树木志，870，1984；中国植物志，72：132，图版34：1～2，1988；黑龙江树木志，544，图版170：1～4，1986。——*Calysphyrum floridum* Bunge，Enum. Pl. Chin. Bor. 33，1833。

落叶灌木，高至1～3m。幼枝四棱形，被二裂短柔毛；树皮灰色。芽先端尖，被3～4对鳞片，常光滑。叶对生，常为椭圆形、倒卵形或卵状长圆形，长5～10cm。先端突尖或渐尖，基部圆形至楔形，上面无毛或有散生柔毛，中脉密被短柔毛，绿色，下面常被疏毛，稀无毛，脉上被白毛，淡绿色，边缘有锯齿；叶柄短，长约5mm。花序腋生，花大；花萼近无毛或疏被毛，长约12～15mm，下部合生，上部5中裂；花冠外面紫红色，有毛，内部苍白色，漏斗状钟形，长约3～4cm，5浅裂；雄蕊5，着生于花冠中上部，稍短于花冠，花药长圆形；子房下位，柱头2裂。蒴果圆柱形，长1.5～2cm，具柄状喙，被疏毛或无毛，2瓣室间开裂。种子细小，无翅。花期6月，果期7～8月。

乌鲁木齐市植物园引种栽培。分布于黑龙江、吉林、辽宁、内蒙古、山西、陕西、河南、山东、江苏等地。俄罗斯、朝鲜和日本也有分布。模式自我国华北。

良好的观赏和蜜源植物。

2*. 海仙花　朝鲜锦带花

Weigela coraeensis Thunb.；Man. Cult. Trees and Shrubs ed. 2：850，1940；山东树木志，870，图版872，1～3，1984。

落叶灌木。小枝粗壮，光滑或微被疏绒毛。冬芽具3～4对芽鳞，鳞片边缘具毛。单叶对生，叶阔椭圆形或倒卵形，长7～12cm。宽3～7cm，先端突尖或具尾状尖，基部阔楔形，边缘具钝圆浅锯齿，上面光绿色，沿脉上被伏刺毛，下面淡绿色，疏生平伏刚毛，脉上尤密，或平滑无毛，羽状脉5～6对，两面凸起；叶柄长5～10mm，两侧被长粗毛。聚伞花序1～3花，发自短枝腋部，花无梗；苞片条形，近光滑；花萼全裂，条状披针形，长7～8mm，微被疏毛；花冠钟状漏斗形，初时淡红色或黄白色，后变深红色，花冠长3～4cm，外部平滑无毛，或有极稀散生柔毛，裂片5，长约7mm；雄蕊5；花丝光滑；花柱单一，柱头头状，雄蕊与花柱均不伸出花冠；子房光滑。蒴果柱状长圆形，长约2cm，2瓣裂，含数粒种子。种子无翅。花期5～7月，果期9～10月。

乌鲁木齐植物园引种栽培，山东各城市公园均有栽培。日本也有栽培。

良好的观赏和蜜源植物。

(4)*蝟实属 Kolkwitzia Graebn.

落叶灌木。冬芽具数对明显被柔毛的鳞片。叶对生，具短柄，无托叶。由贴近的两花组成聚伞花序呈伞房状，顶生或腋生于具叶侧枝端；苞片2；萼檐5裂，裂片狭窄，被疏柔毛，开展；花冠钟形，5裂，裂片开展；雄蕊4枚，二唇，着生于花冠筒内，花药内向；相近两花的二萼筒相互紧贴，幼时几已连合，椭圆形，密被长刺毛，顶端各具1狭长喙，基部与小苞片贴生；雄蕊二强，内藏；子房3室，仅1室发育，含1枚胚珠。两枚瘦果状核果合生，外被刺刚毛，各冠以宿存萼裂片。

我国特有单型属。产山西、陕西、甘肃、河南、湖北及安徽等省。

1*. 蝟实　彩图第52页

Kolkwitzia amabilis Graebn. in Bot. Jahrb. 29：593，1901；郝景盛，中国北部植物图志，3：89，图版37，1934；陈嵘，中国树木分类学，1166，1953；中国高等植物图鉴，4：301，图6016，1975；中国植物志，72：114，图版28，1988。

多分枝直立灌木，高至3m；幼枝红褐色，被短柔毛及糙毛，老枝光滑，茎皮剥落。叶椭圆形至卵状椭圆形，长3～8cm，宽1.5～2.5cm，顶端尖或渐尖，基部圆或阔楔形，全缘，稀有浅齿，上面深绿色，两面散生短毛，脉上被直柔毛，边缘被睫毛；叶柄长 1~2mm。伞房状聚伞花序具 1~1.5cm 长的总花梗，花梗几不存；苞片披针形，紧贴子房基部；萼筒外部密被长刺毛；裂片披针形，长 0.5cm，被短柔毛；花冠淡红色，长 1.5~2.5cm，径 1~1.5cm，基部甚狭，中部以上急速扩展，外被短柔毛，裂片不等，其中二枚稍宽短，内面具黄色斑纹；花药宽椭圆形；花柱被柔毛，柱头圆形，不伸出花冠筒外。果实密被黄色刚毛，顶端伸长如角，冠以宿存萼齿。花期 5~6 月，果期 8~9 月。

乌鲁木齐植物园引种栽培。我国特有种。产山西、陕西、甘肃、河南、湖北及安徽等省。模式自陕西华山。已开花结实，生长良好，可推广应用。

美丽的观赏植物，欧洲已广泛引种。

I. 菊亚纲——Subclass ASTERIDAE

本亚纲是双子叶植物最大亚纲之一。主要是草本，少半灌木，更少灌木和小乔木。导管具单或少梯纹穿孔，特殊地是具有碳水化合物菊糖的储藏，多数代表在营养器官中含有乳管。花组成各式花序或少单朵，大部分两性，辐射对称或两侧对称，花冠合瓣，雄蕊通常 5，大部分着生于花冠管上，花粉粒 2 或 3 细胞，具沟、具沟孔，或具沟，雌蕊通常 2 心皮，子房除少数外，都是下位，胚珠单株被和薄珠心，胚乳细胞型或核型，具吸器或经常缺。

菊目起源于最古老的山茱萸超目（Cornanae），可能更接近于现代绣球花目的祖先，仅 1 目。

XLIII. 菊目——ASTERALES

59. 菊科——ASTERACEAE Dumortier，1822，Compositae Giseke，1792（nom. altern.）

草本，半灌木或灌木。茎直立或匍匐，被毛或无毛，有些有乳汁。叶互生、对生或轮生，单叶或复叶，全缘或分裂，无托叶。花两性或单性，少雌雄异株，少数或多数集成头状花序（或篮状花序），由 1 至数层苞片组成总苞；花托扁平或突起；花萼上位，多退化成冠毛或鳞片状、刺毛状；花冠合瓣、筒状、管状或舌状，辐射对称或两侧对称；雄蕊 5，稀 4，与花冠裂片互生；花药结合成聚药雄蕊；子房下位，1 室；花柱 2 裂。瘦果，1 种子，无胚乳。

本科约 1000 属，25000~40000 种，世界广布。新疆产 115 属 538 种。其中半灌木和灌木仅 10 属约 20 种。

A. 分族检索表

1. 植物体不含乳汁，头状花序全部为同型管状花，或有异型花。
  2. 花药基部钝或微尖；叶对生。
    3. 花柱分枝一面平，一面凸，上部具尖或三角形附器，有时上端钝 ·················· I. 紫菀族 Astereae
    3. 花柱分枝通常截形，或有三角形附器，有时分枝钻形。
      4. 冠毛不存在，或为鳞片状，芒状或冠状。
        5. 总苞片叶状。
          6. 花序托通常具托片；头状花絮通常辐射状，极少盘状；叶通常对生，至少茎下部如此 ·················
          ·················· IV. 向日葵族 Heliantheae
          6. 花序托无托片，头状花序辐射状；叶互生 ·················· V. 堆心菊族 Helenieae

5. 总苞片全部或边缘干膜质；头状花序盘状或辐射状 ······························ Ⅲ. 春黄菊族 Anthemideae

 4. 冠毛通常毛状；头状花序通常辐射状 ······························ Ⅵ. 千里光族 Senecioneae

2. 花药基部锐尖，载形或尾形；叶互生。

 7. 花柱上部无被毛的节，分枝上端截形，无附器或有三角形附器。

  8. 冠毛通常毛状；有时无冠毛；头状花序盘状，或辐射状而边缘有舌状花 ······ Ⅱ. 旋覆花族 Inuleae

  8. 冠无毛；头状花序辐射状 ······························ Ⅶ. 金盏菊族 Calenduleae

 7. 花柱上端有膨大而被毛的节；头状花序有同型管状花，偶有不育辐射状花。

  9. 头状花序各有 1 朵小花，常密集成复头状花序 ······ Ⅷ. 蓝刺头族 Echinopsideae

  9. 头状花序具多数小花，不集成复头状花序 ······ Ⅸ. 菜蓟族 Cynareae

1. 植物体含乳汁，头状花序全为舌状；花柱分枝细长，无附器 ······ Ⅸ. 菊苣族 Cichorieae

B. 分属检索表

Ⅰ. 紫菀族 Astereae

国产 29 属；新疆 14 属；新疆木本仅 1 属：(1) **紫菀木属 Asterothamnus**

Ⅱ. 旋覆花族 Inuleae

国产 24 属；新疆 10 属；新疆木本仅 1 种：(2) **旋覆花属 Inula**

Ⅲ. 春黄菊族 Anthemideae

国产 33 属；新疆 19 属；新疆木本 8 属，检索表如下。

1. 头状花序较大。

 2. 瘦果无冠状冠毛，无乳头状腺毛，总苞钟状，舌状花黄色，舌片短，半灌或小灌木 ······ ············ (3) **短舌菊属 Brachanthemum** DC.

 2. 瘦果具冠状冠毛，浅裂，深至全裂，瘦果具 5~10 条椭圆形纵肋，总苞片草质；总苞浅盘状，舌状花舌片长 ······ (4) **除虫菊属 Pyrethrum** Zinn.

1. 头状花序明显较小。

 3. 头状花序全部小花两性。

  4. 瘦果顶端有冠状冠毛，瘦果背面顶端无腺体 ······ (5) **小甘菊属 Cancrinia** Kar. et Kir.

  4. 瘦果顶端无冠状冠毛。

   5. 头状花序排成穗状，总状或圆锥状 ······ (9) **绢蒿亚属 Subgen. Seriphidium** (Bess.) Petem.

   5. 头状花序在枝端排成伞房花序。

    6. 多年生草本，新疆 1 种，未收 ······ 女蒿属 **Hippolytia** Poljak.

    6. 半灌木 ······ (6) **博雅菊属 Poljakovia** Grubov et Filat. Gen. nov.

 3. 头状花序边缘花雌性或无性。

  7. 头状花序在枝端排成伞房或束状伞房状花序。

   8. 全部小花花冠外面无毛，但有腺点，瘦果 2~6 条脉纹，顶端无冠状冠毛 ······ (7) **亚菊属 Ajania** Poljak.

   8. 全部小花花冠外面散生星状毛，叶被星状毛 ······ (8) **喀什菊属 Kaschgaria** Poljak.

  7. 头状花序排成穗状，圆锥状或总状，边缘花雌性，中央花两性或雄性 ······ (9) **蒿亚属 Subgen. Artemisia** Linn.

Ⅰ. 紫菀族 Astereae

(1) 紫菀木属 Asterothamnus Novopokr.

多分枝半灌木，根状茎木质，多分枝，茎多数。叶较小，密集近革质，边缘常反卷，具 1 条脉。头状花序单生茎和枝端，或 2~3 枚排成伞房状、总苞宽倒卵形或半球形，总苞片 3 层，革质，覆瓦状，中脉淡绿色或紫红色，边缘宽膜质，白色，花序托平，边缘具不规则窝孔，花全部结实，缘花雌性，舌状，舌状开展，淡紫色或淡蓝色，花柱丝状，二裂，中央两性花，筒状，黄色或紫色，檐部钟状，具5披针形裂片，花药基部钝，顶端具披针形附片，花柱二裂，分枝顶端具短三角形附器，被微毛，冠毛白色，少淡黄褐色，二层糙毛状，外层较短，内层顶端略增粗与筒状花冠等长。瘦果长圆形，被多少上贴长伏毛，基部缩小，扁三棱形具三棱。

亚洲中部干旱草原和荒漠地区特有属，7种。我国产5种2变种，新疆只产2种1变种。

分种检索表

1. 叶线形或条形。
　　2. 叶线形，长5～15mm，宽1.5～2mm，总苞顶端淡绿或白色，少淡紫红 ……………………………………………………………… 1. 灌木紫菀木 A. fruticosus（C. Winkl.）Novopokr.
　　2. 叶条形，长6～8mm，宽2～3mm，总苞顶端常紫红色 …………… 4. 紫菀木 A. alyssoides（Turcz.）Novopokr.
1. 叶长圆形，较长较宽，总苞顶端常紫红色。
　　3. 叶长圆形，长7～15mm，宽1.5～2mm，总苞片背面疏短绒毛 …………………………………………………………… 2. 高大中亚紫菀木 A. centrali—asiaticus var. procerior Novopokr.
　　3. 叶长圆形或长圆状披针形，长13～25mm，宽2～4mm，总苞片背密被丝状短毛 ……………………………………………………… 3. 毛叶紫菀木 A. poliifolius Novopokr.

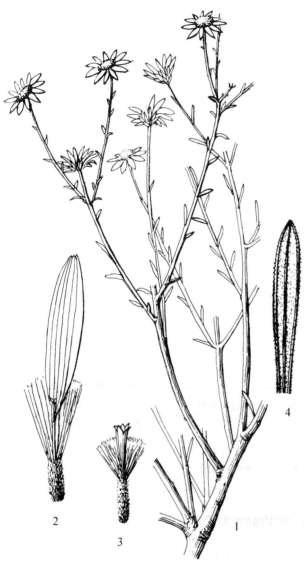

图271 灌木紫菀木 **Asterothamnus fruticosus**
（**C. Wsinkl.**）Novopokr
1. 枝　2. 花　3. 花　4. 叶

1. 灌木紫菀木　图271

Asterothamnus fruticosus（C. Winkl.）Novopokr. in Not. Syst. Herb. Inst. Bot. Acad. Sc. URSS, 13, 337, 1950；Фл. CCCP, 25：126, 1959；Фл. Казахст. 8：320, 1965；中国植物志，74：259，图版66：1～4, 1985；中国沙漠植物志，3：229，图版88：4～6, 1992；新疆植物志，5：15，图版4：11～14, 1999—*Calimeris fruticosus* C. Winkl. in Act. Hort. Petrop. 9：419, 1886。

半灌木，高20～40cm。茎呈扫帚状分枝，下部木质，坚硬，橘黄色或黄褐色，小枝灰绿色，被蛛丝状毛，近基部多少脱落。叶较密集，条形，长10～15（20）mm，宽1～1.5mm，顶端尖锐，基部渐狭，边缘反卷，两面被蛛丝状短绒毛，有时表面近无毛，无柄，往上叶渐变小。头状花序在茎端排成伞房状，径约1.5cm，花序梗细长，直立或稍弯曲；总苞片3层，外部和中层卵状披针形，较小，内层矩圆形，长渐尖，顶端绿色或白色，少紫红色，背面疏被蛛丝状短绒毛；舌状花7～10个或缺，淡紫色，长约10mm，管状花15～18个，长4～5mm。瘦果矩圆形，长3.5～4mm，冠毛白色。花果期7～9月。

生于荒漠草原，山前戈壁，干河床，河谷阶地。

产乌鲁木齐、哈密、伊犁、托克逊、吐鲁番、和硕、和静、焉耆、尉犁、库车、拜城、蕴宿、阿克苏、柯坪、乌恰、阿克陶、英吉沙、和田等地。哈萨克斯坦也有。模式自新疆记载。

2. 高大中亚紫菀木（变种）

Asterothamnus centrali-asiaticus var. **procerior** Novopokr. in Not. Syst. Herb. Inst. Bot. Acad. Sc. URSS, 13：340, 1950；中国植物志, 74：262, 图版66：6～8, 1985；新疆植物志, 5：17, 图版8～10, 1999。

较高的植物（高至40cm），头状花序多数，管状花19～26(30)，苞片淡红色。

产和静、若羌等地，生于荒漠和山地草原，海拔1800～3400m。分布于甘肃和青海。模式标本自柴达木记载。

3. 毛叶紫菀木

Asterothamnus poliifolius Novopokr. in Not. Syst. Herb. Inst. Bot. Acad. Sc. URSS, 13：343, 1950；Фл. CCCP, 25：126, 1959；中国植物志, 74：263, 1985；新疆植物志, 5：17, 图版4：1～7, 1999。

多分枝的半灌木。叶长圆状披针形、长圆形或长圆状线形，长15～25mm，宽2.5～4mm，急尖或稍钝，具短尖头，两面被蛛丝状绒毛，1条脉，具反卷边缘。头状花序多数，在枝和茎端排列成伞房状，花序梗短；总苞宽倒卵形或近半球形，长约6mm，宽8～9mm，总苞片3层，革质，覆瓦状排列，被蛛丝状毛，外层较短，披针形或卵状披针形，内层长圆形，长5～6mm，宽1～1.5mm，具膜质边缘；边花雌性，舌状，8～10朵，淡紫色，长9～10mm，宽2.5～3mm，顶端具2～3钝齿，管长约2mm，花柱分枝长1～1.5mm，伸出管；中央两性花筒状，15～20个，黄色，长5～6mm，檐部钟状，裂片5，披针形，长1～1.5mm。冠毛白色，2层，近等长，糙毛状。瘦果棕黄色，长圆形，扁平，密被白色长状毛。花果期6～9月。

生于荒漠草原及戈壁。产奇台县。分布于蒙古西部和东西伯利亚。模式标本自蒙古记载。

4. 紫菀木

Asterothamnus alyssoides (Turcz.) Novopokr. in Not. Syst. Herb. Inst. Bot. Acad. Sci. URSS, 13：336, 1950；中国植物志, 74：259, 1985；中国沙漠植物志, 3：228, 图版88：1～3, 1992。

矮小半灌木，高8～15(20)cm；叶密集，长圆状倒披针形，长6～8mm，宽约2mm，两面密被蛛丝状短绒毛。头状花序单生或伞房状，径约1.5cm，总花梗细且短；总苞径约7mm，总苞片3层；舌状花6个，淡紫色，长8～15mm；管状花约12个，长5～6mm。瘦果长圆状倒披针形，长约3mm，冠毛白色。花果期7～9月。

产柯坪县，生荒漠草原、山前戈壁、干热河谷、低山。分布于内蒙古。模式自内蒙古记载。

Ⅱ. 旋覆花族 Inuleae Cass.

(2)旋覆花属 Inula Linn.

1. 砂生旋覆花（新拟）　蓼子朴　图272

Inula salsoloides(Turcz.) Ostenf. in Sv. Hedin. South, Tibet, 4(3)：39, 1922；Фл. CCCP, 25, 476, 1959；中国高等植物图鉴, 4：480, 图6374, 1995；中国植物志, 75：278, 图版45：11～17, 1979；中国沙漠植物志, 3：327, 图版126：1～7, 1992；新疆植物志, 5：75, 图版22：4～7, 1999。——*Conyza salsoloides* Turcz. in Bull. Soc. Mosc. 5：197, 1832。

半灌木，高30～45cm。根状茎分枝长，横走，具膜质根生叶，叶长圆状三角形或长卵形，长2～2.5cm，宽4～9mm，顶端钝或尖，膜质。茎直立，斜升或平卧，基部密集分枝，中部以上有较短分枝，疏被长单毛或具乳头状毛，有时落叶均被毛。茎生叶密，披针形或长圆状线形，长5～

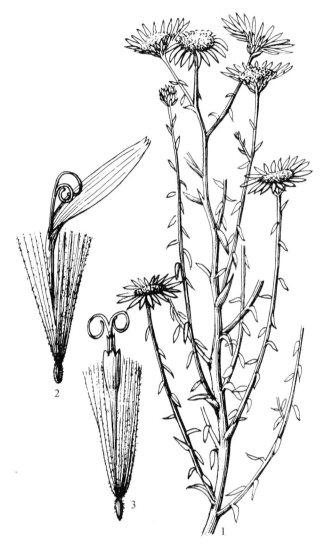

10mm，宽 1～3mm，顶端钝或稍尖，全缘，基部心形，半抱茎，边缘稍反卷，稍肉质，上面无毛，下面被短毛及腺毛。头状花序单生枝端，径 1～1.5cm；总苞倒卵形，长 3～9mm；总苞片5～6层，卵形至线形，渐尖，革质，黄绿色，长 1～9mm，宽1～1.2mm，顶端 3 齿裂。瘦果长 1mm，5 棱，被乳状腺与疏长毛；冠毛白色。花期 5～8 月。生于荒漠半荒漠干旱草原固定沙丘，河湖岸边。

产于奇台、哈密、和硕、尉犁、且莫、若羌、轮台、库车、阿克苏、乌洽、喀什、英吉沙、巴楚、泽普、麦盖提、岳普湖、莎车、叶城、和田、洛普、策勒、皮山、于田等地。分布于河北、内蒙古、山西、青海、甘肃、宁夏等地。中亚和蒙古也有。模式自蒙古记载。

图 272 砂生旋覆花 Inula salsoloides（Turcz.）Ostenf.
1. 植株 2. 花 3. 花

总苞钟状，半球形或倒圆锥形，总苞片4～5层，硬草质；花托突起，圆锥状，无托毛，或花托平面有短托毛；舌状花黄色少白色；舌片卵形或椭圆形，长 1.2～8mm，筒状花黄色，顶端5 齿裂，花柱分枝线形，顶端截形。瘦果同型，圆柱形，具 5 条脉纹，无冠状冠毛。

本属 7 种，主产亚洲中部干旱荒漠地区。国产 5 种，均在新疆。

Ⅲ. 春黄菊族 Anthemideae Cass.

新疆19 属，其中木本仅8(9)属。

(3) 短舌菊属 Brachanthemum DC.

小半灌木，被单毛，分枝毛或星状毛。叶互生或近对生，羽状或掌状分裂。头状花序花异型，单生茎端或成伞房状；边花雌性，舌状，1～15 枚，极少无舌状花而边花为筒状；中央盘花两性，筒状；

分种检索表

1. 叶片羽状分裂。
　2. 花序单一，少2～5生枝端；总苞直径5～7mm；舌状花4～15枚 ······ **1. 天山短舌菊 B. kirghisorum** Krasch.
　2. 头状花序(1)3～4排成伞房状，总苞直径4～5mm；舌状花常5～8枚 ············ **2. 短舌菊 B. titovii** Krasch.
1. 叶掌状分裂。
　3. 舌状花顶端3齿裂 ······ **3. 灌木短舌菊 B. fruticulosum**（Ledeb.）DC.
　3. 舌状花顶端2齿裂。
　　4. 叶常对生，裂片窄条型；被鳞粉状星状毛；头状花序半球形，直径6～8mm；舌状花白色，7～14个 ········
　　　······ **4. 星毛短舌菊 B. pulvinatum**（Hand. – Mazz.）Shih
　　4. 叶常互生，裂片条状锥形；被贴状单毛；头状花序倒圆锥形或钟形；舌状花约8个 ············
　　　············ **5. 蒙古短舌菊 B. mongolicum** Krasch.

1. 天山短舌菊（新拟）　吉尔吉斯短舌菊

Brachanthemum kirghisorum Krasch. in Not. Syst. Inst. Bot. Komar. Herb. Acad. Sci. URSS，9：171，1946；Фл. СССР，26：171，1961；Фл. Казахст. 9：69，1966；中国植物志，76（1）：28，1983；新疆植物志，5：111，1999。

矮小灌木，高 15～20cm。根木质，多根头。分枝扭曲，木质，有节。老枝灰色，皮条裂；幼枝长 10～15cm，皮黄褐色，被短柔毛，后变无毛。叶肥厚；下部叶长 1.5～2cm，宽 1～5cm，羽状全裂，裂片 2～4 对；叶柄长 5～10mm；上部叶 3 全裂或不裂，裂片线形，长 3～5mm，被毡状短柔毛。头状花序倒圆锥状圆柱形，直径 5～8mm，单生枝端，具长花梗；总苞片背面隆起或有脊，外层披针形，内层卵状披针形或线状披针形，边缘宽膜质，顶端钝；舌片短，长 1mm。瘦果长 1.5mm。

产库尔勒、阿克苏、阿合奇等天山南坡各地。中亚天山也有。模式标本自吉尔吉斯斯坦。

2. 短舌菊（新拟）　无毛短舌菊

Brachanthemum titovii Krasch. in Bull. Syst. Herb. Inst. Bot. Komar. Acad. Sci. URSS，2：196，1949；Фл. СССР，26：395，1961；Фл. Казахст. 9：68，1966；中国植物志，76（1）：27，1983；新疆植物志，5：109，1999。

小灌木，高 20～40cm。根木质，粗壮，多头。老枝斜升，木质，扭曲，分枝，有节，皮灰色，条纹；幼枝木质，黄褐色，被稀疏毡状短柔毛，后变无色，长 20～30cm，不分枝或上部疏散分枝。叶小，稍肉质，长 1～1.5cm，无毛或疏被短柔毛；中部叶羽状全裂或 3 裂；裂片线形，全缘，长 5～10mm。头状花序单生枝端，或 2～4 个成伞房状；总苞径 2～3mm，圆柱形；总苞片覆瓦状排列，外层较小，披针形，被短柔毛，后变无毛；内层卵状，边缘膜质，撕裂，褐色，顶端钝。舌片线状披针形，长 2～4mm。

产准噶尔盆地、塔城山地。分布于中亚山地。

3. 灌木短舌菊

Brachanthemum fruticulosum (Ledeb.) DC. Prodr. 6：44，1837；Фл. СССР，26：396，1961；Фл. Казахст. 9：69，1966；中国植物志，76（1）：28，1983；新疆植物志，5：111，1999——*Chrysanthemum fruticulosum* Ledeb. ; Fl. Alt. 4：117，1833。

多分枝灌木。幼枝斜升，长 3.5～10cm，灰白色。叶肉质，灰白色，3 深裂，裂片线形，尾状渐尖，全缘；上部叶不分裂，全缘。头状花序半球形，多数，排列成伞房状，很少单生；总苞片覆瓦状排列，中部叶质，灰白色，边缘宽膜质；边缘舌状花 8 个，舌片椭圆形，钝顶端 3 齿裂；筒状花与舌状花同色，顶端深 5 齿裂，裂片反卷。花托平无托毛。瘦果无冠毛。

产精河、博乐和伊犁山地。生山地灌木草原带干旱石坡。哈萨克斯塔，塔尔巴哈台山地 也有，模式自阿尔泰山记载。

4. 星毛短舌菊

Brachanthemum pulvinatum (Hand.-Mazz.) Shih in Bull. Bot. Ledeb. North—East. Forest. Ins. 6：1，1980；中国植物志，76（1）：27，图版 1：2，1983；中国沙漠植物志，3：257，图版 7～9，1992；新疆植物志，5：109，1999。

小半灌木，高 15～45cm。根粗壮，木质化。自颈顶端发出多数木质化枝条；老枝灰色，扭曲，皮剥落；幼枝淡褐色，全株密被贴状星状毛。枝上有发育的腋芽。叶楔形，椭圆形，长 0.5～1cm，宽 4～6mm，掌状或羽状裂，裂片线形，长 3～6mm，宽 0.5mm，顶端急尖或钝圆；柄长约 8mm，花序下部叶 3 裂；全部叶灰绿色或淡褐色，被贴状星状毛。头状花序单生或排成伞房状；花梗长 2.5～7cm，弯曲下垂；总苞半球形或倒圆锥形，直径 6～8mm；总苞片 4 层，覆瓦状排列，外层较小，卵形，长 1.5～2mm，宽 1～1.5mm；中内层椭圆形，长 4～5mm，宽 2～3mm，顶端 2 浅齿；中央两性筒状花黄色，长 1～2.2mm，顶端 5 齿裂。瘦果圆锥形，长 1.5～2mm，具 5 条脉纹，无冠毛。花期 8 ~ 9 月。

生于荒漠草原、山地草甸，海拔 1200 ~ 3000m。

产若羌县。分布于内蒙古、宁夏、甘肃、青海等地。

5. 蒙古短舌菊

Brachanthemum mongolicum Krasch. in Not. Syst. Herb. Inst. Bot. Acad. Sci. URSS, 2：196，1949；中国植物志，76（1）：26，1983；中国沙漠植物志，3：258，1992；新疆植物志，5：108，1999。

小半灌木，高 5 ~ 20cm。根粗壮，木质，自根颈发出多数坚硬木质化枝条。老枝灰色，扭曲，皮条裂；幼枝具纵棱，被贴伏单毛。叶灰绿色或绿色，偏斜椭圆形、半圆形，长 6mm，宽 5mm，掌式羽状 3 ~ 5 全裂，裂片条状钻形，宽 0.4mm；最上部叶常全缘不裂，被贴状短柔毛。头状花序单生或 3 ~ 4 个成伞房花序；总苞片 4 层，外层卵形，长 2.5mm，中层椭圆形，长 6mm，内层倒披针形，长约 5mm，中外层外部被毛，内层无毛；舌状花 8 个，舌片长 2mm，顶端 2 浅裂。瘦果长 2.8mm。花果期 9 月。

生于山地草甸，海拔 1500 ~ 1600m。

产于哈密、木垒、霍城等地。分布于内蒙古。模式自蒙古记载。

（4）除虫菊属（新拟）Pyrethrum Zinn.

多年生草本，半灌木或灌木。叶互生，一回羽状或二回羽状分裂，被长单毛、分枝毛或无毛。头状花序具异型花，单生茎端或少数头状花序排成不规则伞房状，或头状花序多数，在茎枝端排成规则伞房状；花边 1 层或 2 层，雌性，舌状；中央两性花筒状。总苞浅盘状；总苞片 3 ~ 5 层，草质，边缘白色，褐色或黑褐色，膜质；花托突起，无托毛，少有托毛而易脱落；舌状花白色、红色、黄色，舌片卵形、椭圆形或线形，筒状花黄色，具短筒部，顶端 5 齿裂；花药基部钝，顶端附片卵状披针形；花柱分枝线形，顶端截形。瘦果圆柱形，具 5 ~ 10(12) 突起纵肋，边缘瘦果纵肋常集中于腹面；冠状冠毛长 0.1 ~ 1.5mm 或较短，浅裂或深裂至基部。

约 100 种，国产 16 种；新疆产 15 种，半灌木仅 2 种。

分种检索表

1. 茎多数簇生，不分枝；茎叶少数，叶两面同为绿色 ·························· **1. 天山除虫菊 P. tianschanicum** Krasch.
1. 茎分枝；茎叶多数，叶两面异色 ································· **2. 石生除虫菊 P. petrareum** Shih

1. 天山除虫菊　天山匹菊

Pyrethrum tianschanicum Krasch. ；Фл. СССР, 26：247，1961；Фл. Казахст. 9：31，1966；新疆植物志，5：123，1999。

小灌木，高 10 ~ 25cm。茎自基部多分枝，无毛或近无毛，绿色。基生叶多数，长椭圆形，长 1 ~ 3cm，宽 0.5 ~ 1cm，一回羽状深裂至全裂，裂片 2 ~ 5 对，线形，长 2 ~ 3.5mm，宽 0.2 ~ 0.8mm；茎中部叶少数，与基生叶同形；茎上部叶线形，深裂或不裂。头状花序单生枝端，总苞钟状，长 4 ~ 5mm，宽 5 ~ 7mm；总苞片 3 ~ 4 层，覆瓦状排列，外层卵形或披针形，长 1 ~ 2.5mm，宽 0.5 ~ 1.2mm，边缘具棕色膜质，背部疏被短柔毛；中内层为披针形，长 3 ~ 5mm，宽 0.7 ~ 1.5mm，边缘具窄棕色膜质；边缘舌状花雌性，舌片白色，长椭圆形，长 7 ~ 10mm，宽 3.5 ~ 4mm；中央筒状花两性，黄色，花冠筒长 3 ~ 3.5mm。瘦果圆柱形，顶端具膜质冠毛状冠毛，浅至深裂。花期 7 ~ 9 月。

生于山地草原，海拔 1700m。

产于托里县。哈萨克斯坦也有。模式自中亚天山记载。

2. 石生除虫菊　岩匹菊

Pyrethrum petrareum Shih, in Bull. Bot. Ledeb. North—East. Forest. Inst. 6：10，1980；中国

植物志，76(1)：62，图版8：1，1983；新疆植物志，5：123，1999。

半灌木，高约40cm。茎多分枝，老枝灰色，当年枝下部紫红色，上部淡绿色，疏被短柔毛或无毛。叶卵形，倒披针形。长2～4cm，宽1.5～2.5cm，二回羽状深裂，一回侧裂片2～3对。长椭圆形或倒披针形，长0.4～0.8cm，顶端3浅裂或半裂，少数一回裂片，顶端不裂，或仅具齿；中下部叶具柄，长1.5cm，具翅，向下渐窄呈楔形，中上部叶无柄或几无柄。头状花序单生枝端或2～3个成伞房状，总苞直径约20mm。总苞片4层，外层倒披针状椭圆形，长约6mm，中内层倒披针状三角形，长7～8mm，中外层被稠密短柔毛至疏毛或无毛，全部苞片边缘黑褐色或棕褐色，膜质；边雌花舌状，粉红色，舌片长椭圆形，长1.5～2cm，顶端2齿裂；中央两性花筒状；黄色，长4～5mm，顶端5齿裂。瘦果圆柱形，长2～2.5mm，褐色，具6条椭圆形纵肋；冠状冠片长0.1mm，浅裂或深裂。花果期8月。

生于石质山坡。海拔2000m。产于富蕴、阿勒泰等地。

（5）小甘菊属 Cancrinia Kar. et Kir.

多年生草本或小半灌木，被绵毛或短柔毛，常为羽状裂叶。头状花序单生或成伞房状，花同型，具多数筒状两性小花。总苞半球形或碟状；总苞片草质，3～4层，覆瓦状，边缘膜质，淡褐色，花序托半球形，凸起或近于平，无托毛或具疏托毛，稍有点状小瘤。花冠黄色，檐部5齿裂。花药基部钝，顶端附片卵状披针形；花柱分枝线形。瘦果三棱状圆柱形，具5～6条纵肋；冠状冠毛膜质，5～10浅裂或深裂，顶端稍钝，或稍芒状尖。

约30种。国产5种。新疆产4种；木本仅1种。

1. 灌木小甘菊

Cancrinia maximowiczii C. Winkl. in Act. Hort. Petrop. 12：29，1892；中国高等植物图鉴，4：504，图6421，1975；中国植物志，76(1)：98，1983；新疆植物志，5：137，1999。

半灌木，高40～50cm，帚状分枝，枝具细棱，被白色柔毛。下部茎叶长圆形或矩圆状条形，长1.5～3cm，宽5～9mm，稍肥厚，一回羽状浅至深裂，裂片2～5对，披针形，不等大，全缘或具细齿，长1～2.5mm，宽0.5～1.2mm，端尖或稍钝，边缘常反卷；上部茎生叶线形，全缘或具细齿。头状花序单生或排成伞房状；总苞钟形，长3～4mm，宽4～7mm；总苞片3层，覆瓦状排列，外层卵形或卵状三角形，长1～2.5mm，疏被短柔毛或淡褐色腺点，边缘膜质，白色或淡棕色；中内层长卵形或长圆状倒卵形，长2.5～3.5mm，宽1～1.5mm；全部小花筒状，黄色，长约2mm，冠檐5浅齿，具棕腺点。瘦果长约2mm，具5条纵肋，具棕色腺体；冠毛膜片状，5裂近基部，长约1mm，不等大。花期7～10月。

生于荒漠草原，高山石坡砾石地，海拔2100～3000m。产乌鲁木齐县。分布于青海、甘肃等省。

（6）博雅菊属(新拟) Poljakovia Grubov et Filat. Gen. nov.

头状花序卵形或阔卵形，不多，单生枝端；总苞覆瓦状；花托半球形，无毛；花通常不多，管状，两性；花冠黄色，5齿；花药线形，急尖，聚合成管；柱头裂片线形，顶端具短睫毛；瘦果长圆形，有棱肋，具显著冠毛。半灌木，通常被绵状毛。

接近于 Tanacetum Linn. 区别在于头状花序单生，非聚成伞房状，两性，而非边缘花雌性，瘦果具微弱冠毛(而非很显著)。

属名表示对菊科研究家博尔雅科夫的崇敬。

本属3种(均为半灌木是从女蒿属分出)。

1. 喀什博雅菊(新拟)　喀什女蒿

Poljakovia kaschgarica (Krasch.) Grubov et Filat. Comb. nova. in Novit. Syst. Pl. Vascul. 33：226，2001——*Tanacetum kaschgaricum* Krasch. in Act. Inst. Bot. Acad. Sci. URSS, ser. 1. fasc. 1：

175，1933——*Hippolytia kaschgarica*(Krasch.)Poljak. in Not. Syst. Herb. Bot. Acad. Sci. URSS, 18：290，1957；中国沙漠植物志，3：254，图版97：4~6，1992；新疆植物志，5：134，图版35：1~4，1999。

半灌木，高20~30cm。茎多分枝。基部老枝黑褐色；中部二叉分枝褐色或紫褐色，上部木质化枝褐色；嫩枝淡褐色或绿色，密被白色丁字毛。短枝上叶簇生，嫩枝上叶互生；叶柄长2~5mm，叶片矩圆形，长5~10mm，宽3~6mm，羽状深裂或浅裂，侧裂片2~3对，圆形或矩圆形，先端钝圆，两面疏被丁字毛。头状花序分枝二叉状，分枝近直角，花序梗长3~12mm；头状花序卵形或矩圆状卵形，长4~5mm，宽3.5~4mm，总苞片3~4层，全部膜质，外层卵形，灰绿色，被白色丁字毛，边缘褐色；内层短距圆形，背部被毛；花托具点状小瘤；花两性，同型，花冠管状，长约2mm，5裂被腺点。瘦果矩圆形，长1~1.5mm，宽0.2~0.7mm。花果期8~9月。

生于干旱砾石质山地，海拔1700~2200m。

产于和硕、和静等地。新疆特有种。

（7）亚菊属 Ajania Poljak.

多年生草本或小半灌木。叶互生，羽状或掌状，头状花序小，异型，在茎和枝端排成伞房状，少单生。边缘雌花2~15个，筒状或细筒状，顶端2~3齿，少4~5齿裂；中央两性花多数，筒状，顶端5齿裂；全部少花结实，黄色，花冠外面有腺点；花序托突起或圆锥状，无托毛；花柱分枝线形，顶端截形，花药基部钝，无尾，上部具尖或钝附片。瘦果无冠毛，具4条脉肋。

约30种，国产29种。新疆6种；小半灌木5种。

分种检索表

1. 总苞片边缘白膜质。
  2. 叶两面同色；边缘雌花5枚 ·· **4. 灌木亚菊 A. fruticulosa**(Ledeb.)Poljak.
  2. 叶两面异色；边缘雌花约11枚 ·· **5. 策勒亚菊 A. qiraica** Z. X. An et Dilxat
1. 总苞片边缘褐色、棕褐色、黑褐色。
  3. 头状花序单生 ·· **1. 单头亚菊 A. scharnhorstii**(Rgl. et Schmalh.)Tzvel.
  3. 头状花序排成伞房状。
    4. 叶椭圆形，长1~2cm；头状花序小，苞片宽4~5mm ··
    ·· **2. 西藏亚菊 A. tibetica**(Hook. f. et Thoms. ex Clarke)Tzvel.
    4. 叶半圆形，长0.3~0.5cm，头状花序大，总苞宽5~7mm ·· **3. 矮亚菊 A. triloba** Poljak.

1. 单头亚菊

Ajania scharnhorstii（Rgl. et Schmalh.）Tzvel. Фл. СССР, 26：409，1961；中国植物志，76（1）：116，图版18：2，1983；西藏植物志，4：738，1985；新疆植物志，5：139，图版36：1~3，1999—*Tanacetum scharnhorstii* Rgl. et Schmalh. in Act. Hort. Petrop. 5(2)：620，1878。

小半灌木，高4~10cm；根木质，径约2cm。老枝短缩，基灰白色，密被伏贴短柔毛。叶小，半圆形，扁形或扇圆形，长3~5mm，宽5~6mm，二回掌状全裂；一回侧裂片3~7出，二回2~3出；叶柄长1~2mm；叶灰白色，被等量稠密短柔毛。头状花序单生枝端；总苞宽钟形，径7~10mm；总苞片4层，外层卵形，长约3mm，中层宽椭圆形至倒披针形，长3~5mm，中外层疏被短柔毛，全部苞片边缘黄褐色或青灰色，宽膜质，边缘雌花花冠长约2.5mm，细筒状，顶端3~4齿；中央两性花花冠长约3~5mm。瘦果长约2mm。花期8~9月。生于亚高山至高山草原带，山地灌木丛。海拔3500~5100m。

产且末、若羌、塔什库尔干、叶城、皮山等地。甘肃、青海、西藏等地也有。中亚山区也有。

2. 西藏亚菊

Ajania tibetica（Hook. f. et Thoms. ex Clarke）Tzvel. Фл. СССР, 26：410，1961；中国植物志，

76(1)：115，1983；西藏植物志，4：737，1985；新疆植物志，5：139，1999——*Tanacetum tibeticum* Hook. f. et Thoms. ex C. B. Clarke, Comp. Ind. 154, 1876。

小半灌木，高 4 ~ 10(20) cm。老枝褐色或黑褐色，密被短绒毛。叶椭圆形，倒披针形，长 1 ~ 2cm，宽 0.1 ~ 1.5cm，二回羽状分裂，一回为全缘，二回为浅裂或深裂，末回裂片长椭圆形；全部叶两面同色，灰白色，密被短绒毛。头状花序少数排成复伞房状；总苞钟形，径 4 ~ 6mm；总苞片 4 层，外层三角状卵形或披针形，中内层椭圆形或椭圆状披针形，长 4 ~ 5mm；全部苞片边缘具褐色膜质；边缘雌花细筒状，约 3 枚，长 2.5mm，顶端 2 ~ 4 齿。瘦果长 2.2mm。花果期 8 ~ 9 月。

生亚高山至高山带山坡砾石滩，海拔 3900 ~ 5200m。

产若羌、叶城等地。四川、西藏等地有分布。中亚山区及印度北部也有。

3. 矮亚菊

Ajania triloba Poljak. Фл. СССР, 26：880，409，1961；中国植物志，76(1)：116，图版 18：3，1983；新疆植物志，5：140，图版 36：4 ~ 5，1999。

小半灌木，高 5 ~ 15cm。老枝短缩，由不定芽发出多数花枝和不育枝；小枝灰白色，密被伏贴短柔毛。叶半圆形或扇形，长 5 ~ 10mm，宽 5 ~ 6mm，二回掌状分裂；一回侧裂片 3 ~ 7 出；二回 2 ~ 3 出，均为全裂；末回裂片卵形或椭圆形，叶灰白色，密被短柔毛；柄长 1 ~ 2mm。头状花序排成伞房状；总苞钟状，径 5 ~ 8mm，总苞片 4 层，中外层内疏短柔毛，全部苞片边缘黄褐色，宽膜质；边缘雌花花具细筒状花筒，瘦果长约 2.2mm。花果期 7 ~ 8 月。

生于亚高山至高山带山河谷缝中，海拔 2800 ~ 4800m。

产于且末、若羌、阿克陶、叶城、策勒、民丰等地。中亚山地也有。

4. 灌木亚菊

Ajania fruticulosa (Ledeb.) Poljak. in Not. Syst. Herb. Inst. Bot. Acad. URSS, 17：428，1955；Фл. СССР, 26：406，1961；Фл. Казахст. 9：71，1966；中国高等植物图鉴，4：515，1975；内蒙古植物志，6：96，1982；中国植物志，76(1)123，1983；西藏植物志，4：738，1985；中国沙漠植物志，3：261，图版 100：1 ~ 4，1992；新疆植物志，5：140，1999。——*Tanacetum fruticulosum* Ledeb. lc. Pl. Fl. ROSS, 1：10，1829。

小半灌木，高 8 ~ 40cm。老枝麦秆黄色；花枝灰白色或灰绿色被短柔毛。基生叶花期枯萎脱落；中部茎叶圆形、扁圆形、三角状卵圆形或筒状，长 1 ~ 3cm，宽 1 ~ 2.5cm，二回掌状 3 ~ 5 裂，一、二回全裂，一回侧裂片 1 对，通常 3 出；中上部和中下部叶掌状 3 ~ 4 全裂，有时掌状 5 裂或 3 裂；小裂片条形或倒披针形；全部叶具柄，灰白色或淡绿色，被等量顺向贴状短柔毛。头状花序排成伞房状；总苞钟形，径 3 ~ 4mm；总苞片 4 层，外层麦秆黄色，有光泽，卵形或披针形，长约 1mm，中内层椭圆形，长 2 ~ 3mm；全部苞片边缘白色或淡褐色，膜质，仅外层被短柔毛；边缘雌花约 5 个，花冠长约 2mm，细筒状，顶端 3 ~ 5 齿；中央两性花的花冠长 1.8 ~ 2.5mm。瘦果矩圆形，长约 1mm。花期 8 ~ 10 月。

生于荒漠及荒漠草原带，海拔 550 ~ 3200m。

产于木垒、吉木萨尔、乌鲁木齐、玛纳斯、和布克赛尔、塔城、裕民、托里、尼勒克、新源、巩留、哈密、巴里坤、吐鲁番、托克逊、和静、且末、塔什库尔干等地。内蒙古、陕西、甘肃、青海、西藏等地区有分布。中亚山地也有。

5. 策勒亚菊

Ajania qiraica Z. X. An et Dilxat in Fl. Xinjiangensis, 5：476，142，1999。

小半灌木，高约 25cm，全株被贴伏短柔毛。茎自基部分枝，多数。基生叶枯萎脱落；中部叶半圆形或圆形，长 7 ~ 12mm，宽 10 ~ 14mm，二回掌式羽状 3 裂，一、二回均全裂，末回裂片长圆形或条形，宽约 1mm；上部叶较小；通常羽状 3 裂或不裂；中下部叶具柄，上部无叶柄；叶两面异色，上面绿色，中央几无毛，边缘有毛，下面白色或灰白色，密被顺向伏贴短柔毛。头状花序多数，排成复伞房状；总苞宽钟形，径 4 ~ 7mm；总苞片 4 层，覆瓦状排列，外层三角形，长约 1.5mm，宽约 1mm，中内层卵形或椭圆形，长约 2 ~ 4mm，全部苞片中央淡黄色，边缘白色或淡黄色，宽膜质；边缘雌花 11 枚，花冠筒状，长 1 ~ 1.5mm，柱头伸出花冠；中央两性花多数，筒状，长 2 ~ 3mm，顶端 5 齿裂；两种花的花冠均为黄色，外面具 1 腺点。瘦果侧楔形，长 1 ~ 2mm，淡黄色。花、果期 8 ~ 9 月。

产策勒县。特有种。模式产地。

本种接近灌木亚菊，但叶两面异色，雌花约 11 枚(非 3 ~ 5 枚)花柱伸出花冠而很好区别。

(8)喀什菊属 Kaschgaria Poljak.

小灌木。单叶互生，无柄，条状披针形，全缘，不规则 3 裂或羽状全裂。头状花序卵形，花异型，排成束状伞房状；总苞狭杯状，总苞片 2 ~ 4 层，覆瓦状排列；花托圆锥状，无托毛；边缘雌花 3 ~ 5，花冠狭筒状，顶端 2 ~ 3 齿；盘花 11 ~ 17，两性，花冠筒状，顶端 5 齿；全部小花结实，花冠外被散生星状毛，花柱分枝线形，顶端截形，具画笔状毛，花药基部钝，顶端附片披针形，长渐尖，瘦果卵形，具钝棱，上部细纹，无冠毛。

本属 2 种，为亚洲中部特有属。

分种检索表

1. 叶条形、披针状条形、倒披针形或匙形，全缘或先端3 ~ 5 裂，茎多分枝，上部多细长侧枝 ··························
   ···**2. 密枝喀什菊 K. brachanthemoides**(Winkl.) Poljak.
1. 叶匙形或倒披针形，顶端3 ~ 5 裂，茎几乎不分枝或上部有较短侧枝 ·······························
   ···**1. 喀什菊 K. komarovii**(Krasch. et N. Rubtz.) Poljak.

1. 喀什菊 图 273

Kaschgaria komarovii(Krasch. et N. Rubtz.) Poljak. in Not. Syst. Herb. Inst. Bot. Ac. Sc. URSS, 18：283，1957；Фл. СССР，26：424，1961；Фл. Казахст. 9：75，1966；中国高等植物图鉴，4：519，图 6452，1975；中国植物志，76(1)：12，1983；新疆植物志，5：143，图版37：1 ~ 3，1999—*Tanacetum komarovii* Krasch. et N. Rubtz. in Not. Syst. Herb. Inst. Bot. Ac. Sc. URSS，9：168，1946。

半灌木，高 35 ~ 50cm。茎簇生，通常不分枝，老枝灰白色，片状剥裂，当年生枝多数，下部木质化，上部淡绿色，具细棱，常散生星状毛，下部茎叶条形，匙形或倒披针形，长 1 ~ 2.5cm，宽 0.7 ~ 1.4cm，顶端三裂，上部茎生叶条形，全缘，长 7 ~ 15mm，顶端钝或尖，全部茎生叶稍肉质，两面疏被星状毛，头状花序多数，排列复伞房状；总苞钟状，长 3 ~ 5mm，宽 2.5 ~ 4mm，总苞片 4 层，外层披针形，长 1.5 ~ 2.2mm，宽 0.5 ~ 1mm，中内层宽卵形，全部苞片草质，背面散生腺点，中脉绿

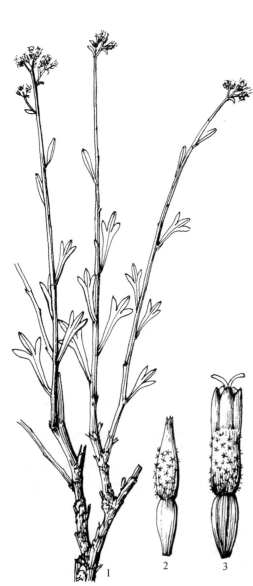

图 273 喀什菊 Kaschgaria komarovii
(Krasch. et N. Rubtz.)Poljak.
1. 植株 2. 雌花 3. 两性花

色，具白色或浅棕色膜质边缘，边缘雌蕊筒状，向基部扩展，花冠筒长1.2~1.5mm，顶端3齿裂；中央两性花筒状，筒长1.8~2mm，顶端5齿裂，全部小花花冠外面散生星状毛，被少量腺体。瘦果长卵形，长1~1.5mm，宽0.5~1mm，具纵肋，无冠毛，花果期7~9月。

生于荒漠地带山坡，山地草原，海拔700~1500m。

产于青河、富蕴、布尔津、奇台、乌鲁木齐、吐鲁番、和静、喀什等地，蒙古西部及中亚地区也有。

2. 密枝喀什菊

Kaschgaria brachanthemoides (Winkl.) Poljak. in Not. Syst. Herb. Inst. Bot. Ac. Sc. URSS，18：283，1957；Фл. СССР，26：424，1961；Фл. Казахст. 9：75，1966；中国高等植物图鉴，4：519，1975；中国植物志，76(1)：129，图版1：14~15，1983；中国沙漠志，3：264，图版99：4~6，1992；新疆植物志，5：143，图版37：8~10，1999——*Artemisia brachanthemoides* Winkl. in Act. Hort. Petrop. 9：422，1886。

小灌木，高15~50cm，茎簇生，常不分枝，少自中部以上有短花序分枝，茎基部粗壮，老枝皮灰白色，片状剥裂，当年生枝多数，光滑，具细棱，下部茎生叶条形或倒披针形，长1~3.5cm，宽5~10mm，顶端3裂，少全缘；中部茎叶与下部茎叶相似，但多全缘少3裂；上部茎叶全缘。全部茎叶稍肉质，两面无毛或被星状毛。头状花序少数或多数，在枝端排成复伞房状；总苞狭钟状，长2~3.5mm，宽1~2.2mm；总苞片3层，覆瓦状排列，外层总苞片卵形；中内层为宽卵形。全部总苞片草质，具棕色或褐色中脉，边缘雌花3~5朵，花冠筒状，向基扩展，顶端3齿裂，花冠长1.6~1.7mm，中央两性花最多，花冠筒状，顶端5齿裂，花冠长1.8~2.2mm，全部小花花冠外面散生星状毛及少数腺体。瘦果卵形，长1~1.2mm，宽0.3~0.4mm，具纵肋，无冠毛。花、果期7~9月。

生于荒漠草原，山地草原，海拔700~1100m。

产于阿勒泰、奇台、乌鲁木齐、托克逊、吐鲁番、焉耆、喀什等地，中亚也有分布。

(9)蒿属 Artemisia Linn.

草本或半灌木，小灌木，茎直立。外倾或匍匐。叶互生，掌状或羽状分裂，头状花序小，多数，排成穗状，总状或圆锥状；总苞卵形、球形或半球形；总苞片数层，覆瓦状排列，边缘常为干膜质，花托平坦或突起，有毛或无毛；花同型即全部花管状，结实；有时为异型，即边花雌性，中心花两性，全部结实或两性不结实，雌花花冠2~3齿裂，花两花冠整齐，先端5齿裂，花药基部钝，先端附片钝或钻状，雌花花柱分枝窄条形，先端尖或钝，两性花花柱条形，先端截形画笔状。瘦果倒卵形或矩圆形，无毛或有毛。

本属约300多种，主产北温带，国产187种44变种，遍及全国，新疆52种8变种，其中半灌木、灌木仅13种，其中很多是珍贵固沙植物，有些种是秋冬牧场的主要饲料，有些种可作为药用，如伊犁蒿(A. transiliensis Poljak.)可提取山道年，经济价值很高，多种含挥发油、有机酸、生物碱等。

分种检索表

1. 头状花序的花异型，边花雌性，心花两性。·· (蒿亚属 Subgen Artemisia)
  2. 花序托具托毛或鳞片状托毛，雌花花冠瓶状或狭圆锥状(蒔萝蒿组 Sect. Absinthium)。
    3. 叶羽状浅至深裂。
      4. 叶一至二回羽状深至浅裂，小裂片倒楔形 ·············· **1. 旱蒿 A. xerophytica** Krasch.
      4. 叶二至三回羽状全裂，小裂片矩圆状卵形、条状矩圆形 ·········· **2. 香叶蒿 A. rutifolia** Steph. ex Spreng.
    3. 叶匙形，全缘或顶端3~5钝圆齿 ·············· **3. 山白蒿 A. lagocephala**(Fisch. ex Bess.) DC.
  2. 花序托无托毛，半灌木。
    5. 雌花及两性花均结实，半灌木(艾蒿组 Sect. Abrotanum Bess.)。

6. 叶两面被毛，呈灰白色，二回羽状深裂，裂片浅裂；花序球形，长 2.5 ~ 3mm ·············· ·· **4. 毛莲蒿 A. vestida** Wall. ex Bess.

6. 叶上面无毛，绿色或暗绿色。

   7. 下部叶二至三回羽状全裂，头状花序，直径 4 ~ 5(6)mm ·········· ·· **5. 山道年蒿 A. santolinifolia** Turcz. ex Bess.

   7. 下部茎叶一至二回羽状全裂，叶之羽轴有齿；头状花序径 2(3) ~ 5mm ·········· ·· **6. 万年蒿 A. gmelinii** Web. ex Stechm.

5. 雌花结实，两性花不结实，花柱不伸长退化子房细小或不存在(龙蒿亚属 Subgen Dracunculus Bess. Petum)

  8. 头状花序直径 3 ~ 6mm。

    9. 头状花序卵形，直立，组成开展或狭长圆锥花序，茎下部褐色，上部红色 ·············· ·· **7. 木盐蒿 A. halodendron** Turcz. ex Bess.

    9. 头状花序球形，下垂或斜展，组成开展圆锥花序，茎灰褐或灰黄色 ·············· ·· **8. 圆头蒿 A. sphaerocephala** Krasch.

  8. 头状花序直径 1 ~ 2.5(3)mm。

    10. 半灌木或小灌木，头状花序排成密穗状。

      11. 下部茎叶二回羽状全裂，中部茎叶一至二回羽状全裂 ·········· **9. 玛尔萨蒿 A. marschalliana** Spreng.

      11. 下部与中部茎叶一至二回或一回羽状全裂，头状花序组成狭窄圆锥花序 ·········· ·· **10. 昆仑沙蒿 A. saposchnikovii** Krasch. ex Poljak.

    10. 头状花序排成疏散圆锥花序。

      12. 中部茎叶一至二回羽状全裂，基部或中部侧裂片常再次三全裂。

        13. 结实枝向上伸展，小裂片锐尖 ·············· **11. 三洲野蒿 A. campestris** Linn.

        13. 结实枝斜展至平展。

          14. 密丛植物，下部茎叶一回羽状全裂，具柄，中部茎叶三出掌状全裂，短柄·············· ·· **12. 准噶尔蒿 A. songarica** Schrenk

          14. 植物不成密丛，下部茎叶二回羽状全裂，具柄 ·········· **13. 沙蒿 A. arenaria** DC.

      12. 中部茎叶二回羽状全裂，基部与中部侧裂片常不分裂·············· **14*. 黑沙蒿 A. ordosica** Krasch.

1. 头状花序的花同形，两性结实[绢蒿亚属 Subgen Seriphidium (Bess) Petem]。

  15. 叶柄基部具假托叶(耳状体)。

    16. 下部叶一回羽状深裂，头状花序具短梗 ·············· **15. 伊犁蒿 A. transiliensis** Poljak.

    16. 下部叶二回或三回羽状全裂，头状花序无梗。

      17. 叶被蛛丝状绒毛或毡毛。

        18. 无性枝和下部茎叶具长柄，三回羽状全裂，花冠紫红色，总苞片顶端具撕裂状锐齿·············· ·· **16. 列曼蒿 A. lehmanniana** Bunge

        18. 叶二回羽状全裂，花黄色，总苞片顶齿全缘。

          19. 植株被绒毛，后局部无毛，叶卵形或圆形，二回羽状全裂，头状花序卵形，长 5mm，具金黄色膜质 总苞片。·············· **17. 金苞蒿 A. subchrysolepis** Filat.

          19. 植株密被蛛丝状绒毛，后局部无毛，叶片卵形或长圆状卵形，二回少三回羽状全裂，头状花序卵形， 长 3mm，总苞片具狭窄透明膜质边缘 ·············· **18. 短叶博乐蒿 A. elongata** Filat. et Ladyg.

      17. 叶被柔毛或长柔毛，下部茎叶二回羽状全裂，小裂片条形，头状花序卵形，长约 3mm ·············· ·· **19. 伊塞克蒿 A. issykkulensis** Poljak.

  15. 叶柄基部无假托叶(耳状体)。

    20. 下部茎叶和无性枝阔卵形或倒卵形，二回三出全裂或一回三出全裂，裂片每侧具 1 ~ 2 小裂片；中部叶三出 全裂，裂片披针形或线性，密被灰白色短柔毛，头状花序排列成总状花序·············· ·· **20. 三裂叶蒿 A. juncea** Kar. et Kir.

    20. 下部和中部茎叶一回羽状浅裂，侧裂片短缩，微弱发青，全缘或有钝圆齿牙；头状花序排列成圆锥花序··· ·· **21. 山道年蒿 A. santolina** Schrenk

1. 旱蒿　内蒙古旱蒿

Artemisia xerophytica Krasch. in Not. Syst. Herb. Hort. Bot. Petrop. 3：24，1922；内蒙古植物

志，6：155，1982；中国植物志，76(2)：19，1991；中国沙漠植物志，3：295，图版114：11~15，1992；新疆植物志，5：157，图版40：1~7，1999。

半灌木，高10~50cm，茎由基部多分枝，老枝灰褐色或灰黄色，多年生枝灰绿色，基部木质，密被绢状柔毛，叶片长4~15mm，宽3~6mm，一至二回羽状深裂或全裂。裂片倒楔形，3~5深裂，小裂片匙形，长1~2mm，宽0.5~1mm，两面密被伏生绢毛，先端钝圆，叶具柄或否，头状花序钟形或球形，径4~5mm，具短梗或无梗，在枝端排成稀疏宽展圆锥花序，苞叶小，倒披针形或匙形，总苞片3层，外层披针形，边缘窄膜质，内层卵形，宽膜质，边花雌性，花冠管状，上部紫色，基部扩展，长约2mm，中心花两性，花冠管状钟形，上部紫色，长约2mm，被腺体，花托凸起，被长毛，瘦果楔形，扁压，长约0.5mm，花、果期7~8月。

生于荒漠和半荒漠沙质土，戈壁，固定沙地。

产于青河、阿勒泰、奎屯、策勒等地，分布于内蒙古、陕西、宁夏、甘肃、青海等地区，蒙古也有。

2. 香叶蒿

Artemisia rutifolia Steph. ex Spreng. Syst. Veg. 3：488，1826；Фл. СССР，26：505，1961；Фл. Казахст，9：102，1966；中国植物志，76(2)：19，1991；中国沙漠植物志，3：196，图版114：16~20，1992；新疆植物志，5：157，图版40：8~10，1999。

2a. 香叶蒿(原变种)

A. rutifolia var. **rutifolia**

半灌木，高20~70cm，茎基粗壮，木质，多分枝，直立或稍开展，与去年生枝形成密丛，叶片圆形或肾形，长0.6~2cm，宽0.8~4cm，2(3)羽状全裂，第一回裂片5，第二回或第三回裂片条状矩圆形或条形，长2~12mm，宽1~1.5mm。先端钝或锐尖，基部具柄，无裂片状假托叶；下部苞片3裂，上部者不裂，头状花序半球形，径3.5~5mm，斜生或直立，具梗，在枝上形成总状或狭窄圆锥花序；总苞片被白绒毛，外层矩圆形，内层椭圆形或卵形，边缘膜质，花托少凸，被毛；边花雌性，细管状，基部渐狭；心花多数，约40枚，花冠管状，瘦果矩圆形，花果期7~8月。

生砾石山坡、干河谷、森林草原、草原及半荒漠草原地区，海拔1400~1500m。

产于乌鲁木齐、塔城、裕民、伊宁、若羌、轮台、阿合奇、乌恰、塔什库尔干等地。分布于甘肃、青海、西藏等地。蒙古、阿富汗、伊朗、巴基斯坦、中亚、西伯利亚也有分布。

2b. 阿尔泰香叶蒿(变种)

Artemisia rutifolia Steph var. **altaica**(Kryl) Krasch. in Kryl. Fl. Sibir. Occ. 11：2789，1949；中国植物志，76(2)：21，1991；内蒙古植物志(二版)，4：404，图版238，1993；新疆植物志，5：159，1999—*A. turczaninowiana* Bess. var. *altaica* Kryl. Fl. Alt. 3：61，1904。

本变种叶近圆形，长0.5~4cm，小裂片不向外弯曲而区别于原变种。

旱生植物。生于荒漠和戈壁。

产阿勒泰、塔城、托克逊等地。蒙古及俄罗斯西西伯利亚也有。

3. 白山蒿(内蒙古植物志)

Artemisia lagocephala (Fisch. ex Bess.) DC. Prod. 6：122，1837；Фл. СССР，26：504，1961；中国植物志，76(2)：23，图版3，图1~7，1991；内蒙古植物志(二版)，4：602，图版237，图1~7，1993。

半灌木，高30~60cm。根状茎木质，具多数短木质枝，木质营养枝灰褐色，顶端密生营养枝，茎多数，丛生，具纵棱，下部木质，上部具分枝，密被灰白色短绒毛。叶质厚，匙形，长椭圆状披针形或披针形，长2.5~6cm，宽6~18mm，下部叶先端具3~5浅圆裂齿，中部叶先端不分裂，全缘，基部楔形，密被灰白色短柔毛，上面深绿色，微白被毛或近无毛，下面密被灰白色短柔毛，上部叶条状披针形或披针形，先端钝或锐尖，头状花序半球形或近球形，径 4 ~ 7mm，具短梗，下垂或斜展，排成窄圆锥状或总状，总苞 3 ~ 4 层，外层者卵形，背部密被灰褐色柔毛，中内层者椭圆形或椭圆状披针形，背部少毛，边缘膜质，边缘小花雌性，7 ~ 10 枚，花冠细管状，中央小花两性，30 ~ 80 枚，花冠管状，花序托半球形，瘦果椭圆形或倒卵形，长约 2mm，花果期 8 ~ 10 月。

寒冷石生半灌木，生山地森林草原带及针叶林带的石质山坡和岩石裸露处，常形成小群落。

根据资料产阿尔泰山地（富蕴、青河）。俄罗斯阿尔泰山广布，待深入采集。模式自俄罗斯西伯利亚东部。

4. 毛莲蒿

Artemisia vestida Wall. ex Bess. in Nouv. Mem. Soc. Nat. Mosc. 3：25，1834；中国高等植物图鉴，4：536，图 6485，1972；中国植物志，76（2）：49，1991；中国沙漠植物志，3：289，图版 111：1 ~ 4，1992；新疆植物志，5：165，1999。

半灌木，茎直立，高 30 ~ 50cm。自下部多分枝，枝细，有棱，当年枝细长，被柔毛。下部及中部叶互生，矩圆形，长 2 ~ 4cm，宽 1.5 ~ 2cm，一至二回羽状全裂，侧裂片 3 ~ 4 时，条形，长 2 ~ 12mm，稀疏，上面无毛，下面被白色柔毛，边缘反卷，先端钝，下部叶花期常凋萎，上部叶一回羽状全裂或不裂，头状花序卵形，长约 4mm，径约 3 ~ 5mm，外倾或下垂，具短梗或无梗，在短侧枝上腋生成短总状或单生，总苞 3 层，背面被短绒毛，外层卵形，内层披针形，边缘膜质，边花雌性，8 ~ 12 枚，花冠管状圆锥形，长约 1.5mm，中心花两性，8 ~ 22 枚，管状，上部较宽，长约 2mm，全结实，花托凸起，裸露。瘦果矩圆状倒卵形，长约 1mm，深褐色，花果期 8 ~ 10 月。

生于山地、石质山坡，产木垒、塔城、裕民等地，分布于甘肃、青海、湖北、四川、贵州、云南、西藏等地区；印度、巴基斯坦、尼泊尔、克什米尔等地区也有分布，模式自喜马拉雅西部地区。

附注：据《中国植物志》记载，本种分布如此辽阔（《中国沙漠植物志》未记载产新疆），但蒙古、西伯利亚和中亚均未记载，故新疆可疑。

5. 山道年叶蒿（新拟） 细裂毛莲蒿

Artemisia santolinifolia Turcz. ex Bess. Nouv. Mem. Soc. Nat. Mosc. 3：87，1834；Фл. СССР，26：465，1961；Фл. Казахст，9：91. tab. 10，fig. 3，1963；中国高等植物图鉴，4：536，1980；中国沙漠植物志，3：290，图版 112：1 ~ 4，1992；新疆植物志，5：163，1999；中国植物志，76（2）：47，1991，pro syn A. gmelinii。

半灌木，高 15 ~ 40cm。木质茎上具多数短缩不孕枝，基部木质，开展，暗灰色，结实枝多，直立，有条棱，基部木质化。叶有腺点，上面暗绿色，无毛或疏被柔毛，下面灰色或黄灰色，被蛛丝状毛；下部叶卵形，长 2 ~ 4cm，宽 1 ~ 2cm，二至三回羽状全裂，小裂片条形或披针形，全缘或有锯齿，叶基部具羽状全裂耳，具柄；中部叶较小，二回羽状全裂，具短柄或无柄；上部叶条形，全缘或一回羽状全裂。头状花序球形，径 4 ~ 5（6）mm，无梗或具短梗，外倾或下垂，在枝上部形成狭总状或圆锥状花序；总苞无毛或疏毛；外层矩圆状披针形，革质，具狭膜质边，内层卵形，无毛，具宽膜质边，边花雌性，10 ~ 12 枚，花冠狭管状，有腺点，下部稍宽，中心花两性，52 ~ 58 枚，花冠管状圆锥形，无毛具腺点，均结实，花托微凸，无毛，花果期 8 ~ 9 月。

生于荒漠带石质，黏土质，砾质山坡，冲蚀沟石缝。

产乌鲁木齐、和布克赛尔、塔城、尼勒克、特克斯、且末、阿合奇、吐城等地。分布于内蒙古、甘肃、青海等地。俄罗斯欧洲部分、西伯利亚、中亚、蒙古也有。

6. 万年蒿（中国沙漠志） 细裂叶莲蒿

Artemisia gmelinii Web. ex Stechm.，Dissert de Artem，17，1775；Фл. СССР，26：464，1961；Фл. Казахст，9：91，tab. 10，fig. 2，1966；中国高等植物图鉴，4：535，图 6468，1980；中国植物志，76（2）：47，1991；中国沙漠植物志，3：291，图版 112：5 ~ 8，1992；新疆植物志，5：163，

图版41,1999。

半灌木,高30~80cm,老枝多数,直立,褐灰色;一年生枝多数,褐色或淡紫色,无毛或被疏毛。叶有腺点,上面绿色,无毛或稍有毛,下面被灰白色伏生绒毛,叶卵形或矩圆状卵形,长3~15cm,宽1~8cm,二回羽状深裂,裂片披针形或条状披针形。边缘有锯齿,叶轴具栉齿状小裂片,二回裂片长1~3mm,叶基部具长柄,最上部叶一回羽状裂,有时全缘,条形。头状花序近球形,径约2~3.5mm,具短梗,下垂,在短枝上排列成总状,再形成圆锥状花序,总苞外层密被柔毛或近无毛,外层披针形,内层椭圆形,边缘宽膜质,边花雌性,10~12枚,花冠狭管状,被腺点,中心花两性,多数,花冠圆锥状,被腺点,瘦果长约1~5mm,矩圆状卵形或细圆锥形,无毛,花期8~9月,果期9~10月。

生低山阳坡,固定沙丘,至灌木草原带,山地森林带,石质山坡,形成群落。

产乌鲁木齐以及和布克赛尔、塔城、尼勒克、特克斯、且末、阿合奇、吐城、塔什库尔干等地。分布于内蒙古、甘肃、宁夏、四川、青海、西藏等地。蒙古、中亚、西伯利亚也有分布。模式标本自黑海东部记载。

7. 木盐蒿(新拟)　盐蒿

Artemisia halodendron Turcz. ex Bess. in Bull. Soc. Nat. Mosc. 8；17,1835；Фл. CCCP,26：539,1961；中国高等植物图鉴,4：528,图6169,1975；中国植物志,76(2)：191,图版27：1~5,1991；中国沙漠植物志,3：277,图版105：6~10,1992；新疆植物志,5：178,1999。

半灌木,高50~100cm,根状茎木质,横生,茎基部多分枝,老枝灰褐色或暗灰色,当年枝及不孕枝紫褐色或黄褐色。叶肥厚,被长柔毛,后变无毛;营养枝叶长3~6cm,一至二回羽状全裂,侧裂片3~5对,小裂片丝状条形,叶基部具长柄,具1~2对小裂片;中部及上部叶3~5全裂或不裂。头状花序卵形,长3~4mm,径2~3mm。具梗及条状苞片叶,在茎和枝端排列成细长的圆锥花序,总苞片3~4层,外层细小,卵形,边缘膜质,内层者宽大,椭圆状卵形,宽膜质边,边缘花雌性,5枚结实,中心花两性,10枚不结实,花托凸起,裸露;瘦果矩圆形或长圆形,长1.5~2mm,黑褐色。花期7~8月,果期8~9月。

生流动沙丘下部及半固定沙地,荒漠草原,草原,砾质山坡,海拔1000~4000m。

产叶城。分布于黑龙江、吉林、辽宁、内蒙古、河北、山西、陕西、宁夏、甘肃等地区。蒙古、俄罗斯西伯利亚也有。

8. 圆头蒿　白沙蒿　籽蒿

Artemisia sphaerocephala Krasch. in Act. Inst. Bot. Acad. Sci. URSS,1(3)：348,1936；中国高等植物图鉴,4：528,1980；内蒙古植物志,6：121,1982；中国沙漠植物志,3：275,图版105：6~10,1992；中国植物志,76(2)：189,图版26：1~6,1991；新疆植物志,5：178,1999。

半灌木,高40~80cm,主根粗壮,主茎单一,明显,直立,基部粗,中上部多分枝,老枝灰白色,有光泽,条状剥落,当年枝淡黄色或黄褐色,有时紫红色,具条棱,无毛。叶一至二回羽状全裂,基部具条形假托叶;下部叶及不孕枝叶长1~8cm,侧裂2~3对,宽条形、条形或丝状条形,长0.5~3.5cm,宽0.5~2mm,裂片常具1~2对小裂片,边缘平展或卷曲,先端钝或锐尖,具柄;中部叶长2~9cm,侧裂片2~3(5)对,每裂片具1~2小裂片或否,无柄。头状花序近球形,径3~4mm,下垂,具条形苞片,在枝端排成开展大型圆锥花序;总苞片3~4层,外层短小,宽卵形,边缘膜质,内层者较宽大,宽卵形或近圆形,边缘宽膜质;边花雌性,细管状,5~10枚,结实,中心花两性,7~12枚,管状,不结实;花托球形,裸露。瘦果卵形,长1.5~2mm,黄褐色或暗黄色,花果期8~10月。

生于荒漠及半荒漠流动沙丘及半固定沙地。

产东疆地区(中国植物志)。分布于内蒙古、宁夏、甘肃等地区,模式自内蒙古阿拉善旗记载。

9. 玛尔萨蒿(新拟) 中亚旱蒿

Artemisia marschalliana Spreng. Syst Veg. 3：496，1826；Фл. Казахст. 9：107，tab. 11，fig. 4，1966 excl Syn；Novit. Syst. Pl. Vas. 23：210，1986；中国植物志，76(2)：201，1991；中国沙漠植物志，3：281，图版106，10～13，1992，pro syn. A. campestris L.；新疆植物志，5：180，图版46：8～14，1999；Novit. Syst. Pl. Vas. 24：189～191，1987。

半灌木，高30～70(80)cm，全株光滑无毛，绿色或灰绿色[A. marschalliana var. serieea(Korsh)Krasch.]被短的白色半贴生柔毛；根粗壮，木质，多头，发出几枚密生叶强短缩的无性枝和较多坚硬直立或基部升起的结实茎，常有棱角，褐色或淡红色，多叶，多分枝，无性枝叶和下部茎叶具长柄，长圆状卵形，或阔卵形，长(3)4～8～(10)cm，宽2～6cm，暗绿色，无毛，或淡灰色而被半伏贴白柔毛，二至三回羽状全裂，末回裂片丝状或狭线形，长6～10(20)mm，顶端骨质渐尖，中部基部具裂片，圆锥花序长，宽或狭窄，具短的斜向上的侧枝，侧枝上具稠密或稀疏的穗状花序；头状花序卵形，细小，长1.5～2.5mm，多数，无柄，向上或稍外倾，总苞片光滑，或被淡灰绒毛，外层卵形，内层椭圆形，膜质边缘，边雌花不多，具细管状花冠，盘花亦不多(10 个)具漏斗状花冠。瘦果卵形，花期7～8月，果期9～10月。

产阿勒泰、布尔津、哈巴河、石河子等地。分布于甘肃省。西伯利亚中亚也有分布。模式标本自俄罗斯南部，伏尔加河流域记载。

10. 昆仑沙蒿

Artemisia saposchnikovii Krasch. et Poljak. in Not. Syst. Herb. Inst. Bot. Acad. Sci. URSS，12：412，1953；Фл. CCCP，26；542，1961；中国植物志，76(2)：203，1991；新疆植物志，5：182，1999。

半灌木，高10～30cm，主根木质，粗长，根状茎粗，木质上部发出多数营养枝，茎多数，成丛，半木质，褐色具细棱。下部和中部茎叶卵形，长1～2.5cm，宽0.5～2cm，一至二回羽状全裂。侧裂片2枚，狭线形，长3～8mm，宽0.5～1mm，顶端硬头尖，叶柄长0.5～1.5cm，基部具线形假托叶，上部叶羽状全裂，每侧具1～2枚细裂片，近无柄，苞片叶3全裂或不裂，全部叶质稍厚，初时两面被灰黄色短柔毛，后脱落无毛。头状花序卵形，直径2～2.5mm，无梗，在分枝上排成穗状，在茎上部组成狭窄圆锥状，总苞片3～4层，外、中层总苞片卵形，背面无毛，具绿色中肋，边缘膜质，内层总苞片长圆形，半膜质，雌花4～5枚，具狭筒状花冠，两性花4～6枚，不育，花冠筒状，退化子房不显，瘦果长圆形，花果期8～10月。

生于高山干河谷，沙质地。海拔4000m。产且末县。吉尔吉斯斯坦也有。模式标本自吉尔吉斯斯坦记载。

11. 三洲野蒿(新拟) 荒野蒿 额尔齐斯蒿

Artemisia campestris Linn. Sp. Pl. 2：846，1753；Фл. CCCP，26：553，1961；Novit. Syst. Pl. Vas. 24：188，1987；Novit. Syst. Pl. Vas. 23：210，1986；中国植物志，76(2)：200，1991；中国沙漠植物志，3：281，图版106：10～13，1992；新疆植物志，5：1802，1999。

半灌木，高30～60cm，无毛，绿色，根粗壮，木质。营养枝短缩，多数，结实枝多数，丛生，具棱，褐色或淡红色，多叶，多分枝。营养枝和茎下叶椭圆状卵形或宽卵形，长4～8cm，宽2～6cm，深绿色，无毛，一至二回羽状全裂，稀三回羽状全裂，小裂片丝状或狭条形，长6～15mm，先端软骨质渐尖，具柄；中部及上部叶较小，一回或二回羽状全裂，无柄，基部具羽状分裂的耳，苞片单一，条形，有时基部具裂片。头状花序卵形，长1.5～2.5(4)mm，无梗，直立或稍外倾，聚成或密或疏的穗状，再形成长圆锥状花序，总苞片无毛，外层卵形，内层椭圆形，边缘膜质；边花雌性，具狭管状花冠，中心花两性，约10个，花冠漏斗状。瘦果卵形，无毛。花期7～8月。

生于干旱草原，砾质坡地，海拔500～2000m。

产新源县(新疆植物志)。额尔齐斯河流域(哈巴河，布尔津)(中国沙漠植物志)。分布于甘肃省(中国植物志)，国外在中亚。西伯利亚远及欧洲和北美也有分布。模式标本采自欧洲西部。

12. 准噶尔蒿 图274

Artemisia songarica Schrenk Enum Pl. Nov. 1：49，1984；Фл. СССР，26：543，1961；Фл. Казахст. 9：113，1966；中国植物志，26(2)：194，图版26：7～14，1991；中国沙漠植物志，3：176，图版104：11～14，1992；新疆植物志，5：179，图版37：1～7，1999。

半灌木，高30～40cm，幼时疏被柔毛。根木质，粗壮。老枝黄褐色，花枝多数，组成稀疏灌丛。中下部叶矩圆状卵形，长2～4cm，宽约2cm，一回羽状全裂或三出掌状全裂，裂片条形，长5～12mm，宽约1mm，两面无毛或被疏柔毛，具腺点，绿色，先端短渐尖，具叶柄，苞片不分裂，细条形，无柄。头状花序卵形或球形，径约1.5～2mm，无梗或短梗，外倾，形成松散开展圆锥花序；总苞片圆卵形，边缘宽膜质，外层短于内层，边花雌性，2～4枚，花冠细管状，中心花两性，6～8枚，花冠圆锥形，紫色。瘦果长1.5mm，卵形，条棱不显，褐色。花期5～6月，果期6～7月。

生于沙漠地区流动或半流动沙丘或砾石小丘上，海拔500～1650m。产阿勒泰、哈巴河、布尔津、奇台、精河、霍城、尉犁等地。中亚沙区也有。

图274　准噶尔蒿 Artemisia songarica Schrenk
1. 植株　2. 花　3. 花萼　4. 花序

图275　沙蒿 Artemisia arenaria DC.
1. 植株　2. 花序　3. 花　4. 叶片

13. 沙蒿　图 275

Artemisia arenaria DC. Prodr. 6：94，1837；Фл. СССР，26：540，1961；Фл. Казахст. 9：109，1966；Novit. Syst. Pl. Vas. 24：192，1987；中国沙漠植物志，3：279，图版 107：4～7，1992—*A. albicerata* Krasch. 1946，9：173，p. p.；Фл. Казахст. 9：110，p. p.；中国沙漠植物志，3：277，图版 105：1～5，1992。

半灌木，高(35)50～75(180)cm。根粗壮，木质，多头。结实茎多数，直立状，具棱，初被绢毛状绒毛，后无毛，乳黄色或褐色，纤细。密生叶，多枝，下部茎叶具柄，卵形，长 2～(5)6cm，宽约 3cm，生长初期被绢状绒毛，后光滑无毛或几无毛，二回羽状全裂，末回裂片线形或狭条形，长 5～15mm，宽 1～1.5mm，稍厚，顶端渐尖，中部茎叶无柄，基部具羽状全裂片，较小，一回羽状或深裂成 3～5 细裂片，苞片单，线形，长于圆锥花序。圆锥花序长，宽，具长侧枝(至16cm)从茎上开展，在侧枝上成密总状花序或团伞花序，头状花序卵形或长圆状卵形，长 2～2.5(3)cm，宽约 2mm，具柄，稍外倾或向上，总苞片疏被柔毛或无毛，光滑，革质，外层者卵形，内层者椭圆形，边缘膜质，边花雌性，不多(约 5 枚)，具管状基部扩展的花冠，盘花(花心)也不多(约 10 个)，具细漏斗状花冠，不结实。瘦果长约 1mm，长圆状卵形，稍扁，具细条棱，黑褐色，花期 7～8 月。

生沙地、沙丘、戈壁、干河床，产准噶尔盆地、呼图壁和伊犁河流域、霍城。分布于甘肃、青海等地。蒙古和中亚、土耳其、高加索也有。

14 *. 黑沙蒿　鄂尔多斯蒿　油蒿

Artemisia ordosica Krasch. in Not. Syst. Herb. Inst. Bot. Acad. Sci. URSS，9：173，1946；中国高等植物图鉴，4：528，图版 6470，1980；内蒙古植物志，6：124，1982；中国沙漠植物志，3：278，图版 106：1～4，1992；中国植物志，76(2)：195，图版 27：6，1991；新疆植物志，5：179，1999。

半灌木，高 30～100cm。主茎不明显，由基部多分枝，丛生，直立；老枝黑灰色或暗灰褐色，当年枝褐色，具条棱。营养枝下部叶长 3～9cm，一至二回羽状全裂，侧裂片 2～3 对，丝状条形，长 1.5～3cm，宽 0.3～0.5mm，每裂片常具 1～2 细裂片，上部叶 3～5 全裂或不裂，基部具条形假托叶或缺。头状花序卵形，长 3～3.5mm，径 2～2.5mm，具短梗，长达 4mm，或近无梗；苞片丝状条形，在枝端排成扩展的圆锥花序，总苞片 3～4 层，边缘宽膜质，内层矩圆形或卵状披针形，边缘宽膜质；边花雌性，4～5 枚，锥状管形，结实；中心花两性 8～11 个，管状花不结实，花托半球形，裸露。瘦果长卵形，长 1～1.5mm，黑色。花期 8 月，果期 9～12 月。

生于草原和半荒漠半固定沙地。

新疆引种栽培，分布于内蒙古、甘肃、宁夏、陕西等地区。模式标本自内蒙古鄂尔多斯地区。

15 *. 伊犁蒿

Artemisia transiliensis Poljak. in Not. Syst. Herb. Inst. Bot. Acad. URSS，16：417，1954；Фл. СССР，26：597，1961；Фл. Казахст. 9：131，tab. 14，fig. 4，1966；中国沙漠植物志，3：296，图版 115：9～12，1992—*Seriphidium transiliense*(Poljak) in Not. Syst. Herb. Inst. Bot. Acad. Sci. URSS，16：417，1954；中国植物志，76(2)：261，图版 35：6～10，1991；新疆植物志，5：192，图版 49：10～14，1999。

半灌木，高 40～70cm，初被蛛丝状绵毛，呈灰绿色。根垂生，木质，营养枝短缩，下部木质，弯，皮褐色，结实枝多数，基部稍弯或直，褐色，上部分枝。叶在营养枝上和下部茎叶具长柄，常早枯。叶片矩圆形，长 3.5～6cm，宽约 1cm，二回羽状深裂，细裂片窄条型，长 4～8mm，短渐尖，灰绿色，两面被蛛丝状绵毛；茎生叶具短柄，基部具羽状分裂的耳，一回羽状全裂，上部苞片不分裂，条形，无柄，先端钝，长于头状花序，头状花序矩圆状卵形，长 2.5～3mm，直立或外倾，具短梗，疏生花枝端，有时 2 枚并生，形成窄圆锥状花序，总苞片密被蛛丝状绵毛，灰绿色，外层卵形，稍短于内层，内层矩圆形，边缘膜质，花两性，同形，花冠或紫色，3～5 枚。花果期 9～12 月。生于荒漠草原、砾石戈壁及山间平原。

产乌鲁木齐、玛纳斯、和布克赛尔、塔城、托里、博乐、霍城、察布查尔、伊宁等地。

分布于哈萨克斯坦和吉尔吉斯斯坦，模式标本自哈萨克斯坦外伊犁阿拉套。

16. 列曼蒿（新拟）　球序绢蒿

Artemisia lehmanniana Bunge Mem. Acad. Sc. Petersb. Sav. Etrang. 7：340，1854；Фл. СССР，26：622，1961；Фл. Казахст. 9：140，1966；Novit. Syst. Pl. Vas. 19：169，1982；Novit. Syst. Pl. Vas. 21：157，179，1984；Novit. Syst. Pl. Vas. 23：238，239，1986；*Seriphidium lehmannianum*（Bqe.）Poljak，中国植物志，76(2)：285，图版 38：6～11，1991；新疆植物志，5：208，1999。

半灌木，高 20～45cm，根粗壮，木质，发出短缩、木质、上升、密生叶的无性枝，被褐色树皮。结实茎几枚，当初密被蛛丝状绒毛，后局部无毛，坚硬，上部分枝。叶在无性枝（营养枝）和下部茎上具柄，基部具羽状全裂耳状体，呈圆形，长 2～3(5)cm，宽约 2cm，淡灰色，两面密被蛛丝状绒毛，三回羽状全裂，上部苞片线形，不长于圆锥花序，圆锥花序狭窄，穗状，具短侧枝，在枝上头状花序聚成稠密头状花序，头状花序卵形，长 2.5～3mm，无柄，总苞片有腺点，外层者卵形，较小，稍短于内层，内层者长圆状卵形（顶端缺利状锐齿牙）花两性，5～7(8)枚，花冠管状，紫色。花期 8～9 月。

生于高山，砂砾质或黏土砾质山坡。

本种未见标本。根据早期和近期俄文资料，本种分布于西天山（吉尔吉斯斯坦边区）塔拉斯边区、契特卡尔边区、彼斯克姆边区、帕米尔阿赖依、阿富汗、我国西藏等地。因之很可能在新疆天山南坡，也就是库车、拜城、乌什、阿合奇、阿图什、乌恰等山地有分布，中国植物志，76(2)记载，产"新疆北部"是不确切的，插图也是与原描述不符合，故本种待深入研究。

17. 金苞蒿（新记录种，新拟）

Artemisia subchrysolepis Filat. sp. nov. in Novit. Syst. Pl. Vas. 18：224，1981。

半灌木，高 15～30cm，植株初期淡灰色而密被绒毛，以后局部无毛。根木质，粗壮，上部发出短缩多年生枝，被灰色条裂树皮，形成高出地表的灌丛，结实茎多，直或弧状弯，初期密被绒毛，以后逐步秃尽，有棱，淡褐色，中部以上分枝，叶淡灰色两面被绒毛，下部茎叶和无性枝叶具几等长于叶片的柄，卵形或近圆形，长至 4cm，宽约 3cm，二回羽状全裂，具 3～4 对三回深裂片，中部茎叶具短柄，基部具羽状全裂耳状体，（假托叶），一回或二回羽状全裂，末回裂片线形或线状披针形，长约 5mm，钝渐尖，上部茎叶和苞片较小，羽状全裂，具深长顶裂片，不超过花序，头状花序卵形，长至 5mm，无柄向上直立，每 3～5 枚聚集侧枝上，形成尖塔形或近穗状圆锥花序；总苞片 4 层，外层者稍短于内层，疏被绒毛，卵形披针形，内层者长圆状披针形，具金黄色宽膜质边缘。花两性 4～5 枚；花冠黄色，管状；花药长于花丝，花柱短，柱头 2 裂，开展，顶端具疏睫毛。

生荒漠带低山石质坡地，猪毛菜属、蒿属和蒿属、梭梭属群落中。

产精河南山：婆罗科努山，和阜康博格达山。分布于哈萨克斯坦东南和新疆西部。模式标本自哈萨克斯坦准噶尔阿拉套，准噶尔大门托赫特（TOXT）附近（即阿拉山口一带）。生于干旱石质山坡。

本种接近密头蒿 *A. sublessingiana*（Kell.）Krasch. 区别于密被绒毛，叶之末回裂片较短，较宽，较硬，稠密的圆锥花序和总苞片具金黄色宽膜质边缘。

18. 短叶博乐蒿（新拟新记录种）

Artemisia elongata Filat. et Ladyg. sp. nov. in Novit. Syst. Pl. Vas. 18：225，1981。

半灌木，高 25～40(45)cm，整个植株淡灰色密被蛛丝状绒毛，后局部无毛，根木质，发出多数密生叶的结实茎和不多的营养枝，形成疏散不高和不大的灌丛，结实枝基部弧状上升，细、直、多数，初期淡灰色，薄被蛛丝状绒毛，后局部无毛，淡褐色或褐色，从中部分枝。叶在无性枝和下部茎上具等长于或稍短的柄，卵形或长圆状卵形，长 1.5～2cm，宽约 1cm，二回少三回羽状全裂，具 3～4 对三出全裂片；末回裂片细线形，顶端稍钝，长约 3(5)mm，中部茎叶无柄，基部具羽状全裂耳状体，一回或二回羽状全裂片成 3 裂末回裂片，苞片羽状，具伸长顶端裂片，等于或稍长于头状花序。头状花序无柄,卵形,向上展,长约 3mm,在短枝上聚成稠密穗状,形成狭窄塔形圆锥花序,总苞片淡灰色,密被蛛丝状绒毛,革质,外层者卵形,稍短于内层,内层者长圆状卵形,具褐色中脉及狭窄膜质透明边缘,花期 5 ~ 7 枚,花冠黄色。

生灌木草原带山地草原,海拔 1700 ~ 2400m。

产精河南山:婆罗科努山,和阜康博格达山,分布于哈萨克斯坦特克斯阿拉套边区、克特缅边区、外伊犁阿拉套和吉尔吉斯斯坦阿拉套、纳伦河谷。模式标本自吉尔吉斯斯坦阿拉套。

本种跟博乐蒿 A. borotalensis Poljak. 相似,区别于较高和较多的结实茎,短柄叶和不很紧密的圆锥花序。

19. 伊塞克蒿

Artemisia issykkulensis Poljak. in Not. Syst. Herb. Inst. Bot. Acad. Sci. URSS, 17:415, 1955;Фл. Кирг. 11:193, 1965;Novit. Syst. Pl. Vas. 19:172, 1982;Novit. Syst. Pl. Vas. 23:227, 228;Not. Syst. Pl. Vas. 21:162, 173, 174, 1984;中国植物志,76(2):269, 1991;中国沙漠植物志,3:299,图版 116:4 ~ 6, 1992;新疆植物志,5:197,图版 50:1 ~ 5, 1999。

小半灌木,高 30 ~ 40cm,结实枝纤细,无沟槽,弱木质化,连同一年生枝形成不高的疏散灌丛,结实茎生成末期暗褐色,下部茎叶片长圆状广椭圆形,末回裂片三出全裂,稍厚。结实枝从基部分枝,下部茎叶末回裂片线形,花序呈疏散圆锥花序,总苞片 4 ~ 5 层,外层者短小,卵形或狭卵形,中层者长,披针形或椭圆状披针形,外中层者背面疏被短柔毛,边缘宽膜质,内层者通膜质,背面无毛;花两性,3 ~ 5 朵,花冠管状,黄色,瘦果卵形或倒卵形。花果期 8 ~ 11 月。生于海拔 1400m 以下,砾质山坡,戈壁,半荒漠或荒漠化草原。

产精河南山:婆罗科努山。分布于中亚天山:昆格尔阿拉套,特克斯阿拉套,克特缅边区,伊塞克湖盆地,模式标本自伊塞克湖盆地记载。

本种跟 A. heptapotamica Poljak. 相似,区别于本种的弱木质化结实枝,较厚和较短的末回叶裂片,头状花序无梗,总苞片稍被绒毛。

本种在天山南坡各县市低山区也可能有分布,待深入采集。

20. 三裂叶蒿　灯芯蒿

Artemisia juncea Kar. et Kir. Bull. Soc. Nat. Moscou, 15:383, 1842;Фл. CCCP, 26:597, 1961;Фл. Казахст. 9:116, 1966;Novit. Syst. Pl. Vas. 19:165, 1982;Novit. Syst. Pl. Vas. 23:218, 219, 1986;中国植物志,76(2):288,图版 39:10 ~ 15, 1991;中国沙漠植物志,3:301,图版 114:4 ~ 7, 1992;新疆植物志,5:209,图版 53:6 ~ 10, 1999。

半灌木,主根垂生,粗壮,木质。茎多数,直立,高 20 ~ 40cm,具纵纹,下部木质,上部半木质,茎枝均密被灰白色伏帖短柔毛,叶具柄,阔卵形或近圆形,长 1.5 ~ 2cm 或 2 ~ 5cm,宽约 3cm,叶片裂至基部成 3 裂,裂片重复 2 ~ 3 裂,裂片和细裂片线形,上部稍宽,顶端具骨质钝渐尖,下部苞片三回全裂,上部苞叶无柄,线形,不长于圆锥花序。头状花序长圆状卵形,长 4 ~ 4.5 或 5 ~ 6mm,无梗或具短梗,向上直立;总苞片 4 层,淡灰色而密被伏贴毛,外层者阔卵形,稍短于内层,内层者长圆状卵形或长圆形,边缘膜质,花两性,4 ~ 7 枚,花冠管状,黄色,花期 8 ~ 9 月。

生于草原和荒漠带砾质和石质山坡和丘陵,少在砾岩干河床。产额尔齐斯河流域(富蕴、哈巴河)准噶尔盆地、塔城盆地(塔城,托里)。分布于中亚天山、哈萨克斯坦小丘、帕米尔—阿赖依(西部)、阿富汗北部。模式标本从阿亚古斯(塔城西北)河记载(Filatova, 1982, 19:171)。

N Filatova 认为,这是广泛分布于中亚未开垦的荒漠草原种,多岩石前山的特征居住者。

21. 山道年蒿(新拟)　苦艾蒿　沙漠绢蒿

Artemisia santolina Schrenk in Bull. Phys. Math. Acad. St. Petersb. 3(7):106, 1845;Фл. CCCP, 26:625, 1961;Фл. Казахст. 9:115, 1966;Novit. Syst. Pl. Vas. 23:231, 232, 1986;

Novit. Syst. Pl. Vas. 21：155，156，1984；中国植物志，76(2)：280，1991；中国沙漠植物志，3：301，图版117：1~3，1992；新疆植物志，5：204，图版52：1~7，1999。

半灌木，高20~40cm，主根粗，木质，根状茎粗，木质，扭曲，营养枝少数，短缩；结实枝多数，直或弯曲，高25~35cm，基部木质化，上部有分枝，密被银灰色毡毛。初期叶多数，后期近无叶；结实枝及下部茎叶条形，叶片长1~7cm，羽状深裂，浅裂或全裂，裂片全缘，圆形或矩圆形，有时裂片再分裂为2~3圆形或椭圆形裂片，叶基部具柄；上部叶条形，无柄。头状花序钟形，长约3mm，下垂，伸展或外倾，具1~3mm的柄，总苞片3层，外层卵圆形，长1~1.5mm，被长柔毛及多数腺点，内层长卵形，长2~2.5mm，边缘膜质；花同形，两性，花冠管状，长约2mm，4~7枚。瘦果卵形。花期7~8月，果期9月。

生于半固定沙丘，固定沙地。

产额尔齐斯河流域(阿勒泰、布尔津、哈巴河)、准噶尔盆地(奇台、阜康、昌吉、玛纳斯、呼图壁、石河子、沙湾、精河)和伊犁河流域。中亚、伊朗及高加索也有。模式自哈萨克斯坦伊犁河下游记载。

J. 唇形亚纲——Subclass LAMIIDAE

乔木、灌木、半灌木和草本。叶为单叶或复叶，互生或常对生，有时轮生，无或有托叶。单叶隙节，有时为多叶隙节。导管多为单穿孔。花经常是合瓣；雌蕊多由2心皮组成；胚珠单珠心，常为薄珠心。胚乳通常核型。本亚纲很可能起源于蔷薇亚纲绣球花目的祖先，龙胆目接近于绣球花目。

龙胆超目——GENTIANNAE

XLIV. 茜草目——RUBIALES

木本，草本。叶对生或轮生，常具柄间托叶。花多为聚伞花序；花冠合瓣，辐射对称；子房下位，稀半下位。

4科，新疆产1科，草本多，木本仅1属1种。

60. 茜草科——RUBIACEAE Juss.，1789

草本，灌木，少乔木。叶为单叶，对生或轮生，常全缘；托叶在叶柄间或在叶柄内，有时呈叶状，宿存或脱落。花两性，稀单性，组成聚伞花序、伞房花序、头状花序等；萼管与子房合生；花冠合瓣，通常4~5裂；雄蕊与花冠裂片同数而与之互生；子房下位，1至多室，每室含1至多数胚珠。果为蒴果、浆果或核果。种子常含胚乳。

约500属6000种，主要分布于热带和亚热带地区。我国75属477种。新疆木本仅1属。

(1) 茜草属 Rubia Linn.

多年生草本，有时为半灌木。茎4棱，粗壮或被倒生细刺或短硬毛。叶全缘，轮生，具托叶。聚伞花序顶生或腋生；花两性；萼筒卵形或球形；萼片不显或缺；花冠辐状或钟形，4~5裂；雄蕊与花冠裂片同数，花丝短；子房2室或1室，每室含1胚珠；花柱2深裂，柱头头状。浆果常为球形，肉质，红色或黑色。种子具胚乳。

50 种。国产 12 种。新疆产 4 种；木本仅 1 种。

沙茜草

Rubia rezniczenkoana Litw. in Trav. Mus. Bot. Acad. Petersb. 7：25，1910；Фл. СССР，23：397. 1958；Фл. Казахст. 8：209，1965；中国沙漠植物志，3：205，图版78：5～6，1992.

半灌木，高 20～50cm。根茎粗，木质；根红褐色。茎直立或基部升起，光滑，钝 4 棱，多分枝。叶 4～6 枚轮生，长 7～14mm，宽 6～9mm；下部叶倒卵形，短渐尖，边缘具细小乳头状齿牙；上部叶长圆状倒卵形或长圆形，芒状渐尖，全缘。花组成短聚伞花序，着生于枝和茎端，形成狭窄圆锥花序；花冠黄色，漏斗状辐形，径 4～5mm，深裂成 4 稀 5 枚三角状披针形或三角状卵形，向顶端收缩成短渐尖的裂片；雄蕊着生于花冠管基部，花药椭圆形，直；子房光滑；柱头球形。果实（不熟）黑色，光滑。花期 6～8 月，果期 8～9 月。

生于固定沙地。产吉木乃县。分布于中亚。模式标本自东哈萨克斯坦斋桑湖记载。

XLV. 夹竹桃目——APOCYNALES

塔赫他间系统(1997)仅含 1 科。特征同科。

61. 夹竹桃科——APOCYNACEAE Juss.，1789

乔木，灌木或藤本，稀多年生草本，多乳汁。单叶对生，轮生稀互生，全缘，稀有细齿，羽状脉；托叶退化成腺体或缺，稀有假托叶。花两性，辐射对称；单生或成聚伞花序。花萼基部合生，(4) 5 裂，裂片常覆瓦状排列，内面基部常有腺体；花瓣合瓣，裂片(4)5，覆瓦状排列，稀镊合状排列，花冠喉部常有副花冠，鳞片、膜质毛状附属体；雄蕊 5，生于花冠筒上或喉部，内藏或伸出，花丝分离，花药 2 室，分离或粘合并贴生柱头上；有花盘，稀缺；子房下位，稀半下位，1～2 室，心皮离生或合生。浆果、核果、蒴果或蓇葖果。种子常一端被毛，稀两端被毛，或仅有膜翅，或毛翅均缺；常有胚乳，胚直伸。

约 250 属 2000 余种。分布世界热带、亚热带。我国 46 属 1760 种；新疆 1 属，另引入 2 属。

分属检索表

1. 叶对生或轮生。
　2. 对生或轮生，叶缘具细齿；花冠筒状钟形或骨盆状，具花盘 ·················· **(1) 罗布麻属 Apocynum** Linn.
　2. 叶轮生，稀对生，栽培盆景花卉 ······························ **(2) 夹竹桃属 Nerium** Linn.
1. 叶互生或散生；花黄色，花冠漏斗状 ····················· **(3) 黄花夹竹桃属 Thevetia** Linn.

(1) 罗布麻属 Apocynum Linn.

亚灌木，含乳汁。叶对生，稀近对生或互生，具细齿；叶柄基部及腋间有腺体。聚伞花序排成圆锥状；花萼 5 裂；花冠圆筒状钟形或骨盆状，裂片 5，向右覆盖，花冠筒内面基部具副花冠，副花冠裂片 5；雄蕊 5，生于花冠基部，与副花冠裂片互生；花药箭头状，基部具耳，顶端渐尖，内藏；花柱短，柱头基部盘状，顶端 2 裂；子房半下位，2 裂，胚珠多数；花盘环状，肉质，裂片离生或基部合生。蓇葖果双生。种子多粒，细小，顶端具一簇白色丝毛。

约 14 种。分布于北美洲、欧洲及亚洲温带。新疆 3 种。

分种检索表

1. 叶对生，花冠钟形 ································· **1. 罗布麻 A. lancifolium** Russan.
2. 叶互生，花冠蝶形 ·· **2**

2. 叶椭圆形或椭圆状披针形，花径 1.5～2.5cm ················ **2. 大叶罗布麻 A. hendersonii** Hook. f.

2. 叶条形或条披针形，花径 1～1.5cm ···················· **3. 线叶罗布麻 A. pictum** Schrenk.

1. 罗布麻　野麻　彩图第 52 页

Apocynum lancifolium Russan. in Acta. Inst. Bot. Acad. Sci. URSS, 1, 1：167, 1933—*Trachomitum lancifolium*（Russan）Pobed. in Fl. URSS, 18：658, 1952；Фл. Казахст. 7：124, 1964；Consp. Fl. As. Med. 8：57, 1986—*Apocynum venetum* auct. non L.：中国高等植物图鉴, 3：443, 1924；中国植物志, 63：158, 1977；中国沙漠植物志, 3：37, 图版 16：1～2, 1992；中国树木志, 4：4529, 2004。

亚灌木，高至 4m。小枝紫红或淡紫红色，无毛。叶对生，仅在分枝茎上互生，长圆形或披针形，长 2～6cm，宽 0.5～2cm，稍钝，短渐尖，具羽状脉，无毛，边缘具细骨质齿牙；短柄；叶柄长 3～4mm。花序开展，圆锥状着生于主茎和上部枝顶端；花序轴长，长 8～15cm，无毛，花排列仅在分枝顶端；花梗等于或短于花；苞片细小，膜质，披针形，稍被毛；萼裂片长圆形，稍尖，长约 2mm，边缘宽白膜质，外面和内面被短绒毛；花冠阔钟形，粉红色，两面密被短腺体，长 6～8mm，深裂至中部，花冠裂片卵形，钝，顶端圆，长约 1mm，宽约 3mm，花丝顶端具白毛簇。蓇葖果细圆柱形，长 12～20cm，宽 0.3～0.4cm，褐色，无毛。种子长圆形，长约 2mm，棕褐色，多孔，具长圆形网眼。花期 6～7 月，果期 8～9 月。

生于荒漠地带河流两岸，水渠边，丘间低地，盐碱沙地。

产准噶尔盆地、塔里木盆地、伊犁河谷。分布于东北、华北、西北各地区；国外分布于西西伯利亚、东西伯利亚和中亚地区，模式标本自伊犁河记载。

罗布麻喜湿，抗盐，喜沙质土壤。用种子、分根、压条及插条繁殖。

茎皮纤维柔韧，有光泽，耐腐、耐磨、耐拉，为高级衣料、鱼网丝、皮革线、高级图纸原料。在航空、航海、轮胎、机器传送带、橡皮艇、高级雨衣等方面有广泛用途。根及叶药用，治高血压、神经衰弱、脑震荡后遗症。花芳香、美观，蜜腺发达，花期长，为良好蜜源植物。

附：罗布麻是我区的重要资源植物，但多数国内外资料均认为是多年生草本植物，没有作木本植物收录。就连《苏联树木志》和美国的《栽培乔灌木手册》，也都如此，故此仅据《中国树木志》（第 4 卷）收录，待深入研究。

2. 大叶罗布麻

Apocynum hendersonii Hook. f. in Henders et Hume Lahore to Jarkand, 327, 1873；Beg. et Bel. in Mem. Acad. Lincei, ser. 5, 9：78, 1913；Грубов, определитель сосудлистых Растении Монголии, 204, 1982，—Poacynum hendersonii（Hook. f.）Woodson. in. Ann Missouri Bot. Gard. 17：167, 1930；Pobed. in Fl. URSS, 18：661, 1952；Somiotr. in Фл. Казхст. 7：125, 1964；Consp. Fl. As. Med. 8：59, 1986；中国高等植物图鉴, 3：444, 图 4841, 1974；中国植物志, 63：163, 1980；中国沙漠植物志, 3：40, 图版 16：3～4, 1992；中国树木志, 4：4531, 图 2432, 2004。

半灌木，高 50～100cm，茎直立，基部木质化，稍有沟槽，光滑多分枝；枝直立，长。叶互生，椭圆形，长 3～5.5cm，宽 1～1.5cm，钝或具短尖，基部渐尖，无毛，边缘粗糙而具骨质齿，上部叶较狭窄，粗糙，浅蓝灰色，短柄，具羽状脉；叶柄长 5～6mm。伞房状或总状圆锥花序，开展，着生茎和枝端；花梗长约 5～8mm，连同苞片和花萼密被短白毛；苞片狭窄，披针形，长 2～3mm，常早落，花白色，具暗红色条纹，芳香，大，长 0.5～1cm，宽 2～2.5cm，下垂，碟形；花萼很细小，深裂，裂片三角形，宽，急尖，长 2～2.5mm，宽 1～1.5mm，花冠裂成宽钝裂片，两面密被短腺体，每裂片具 3 条深紫色脉纹，副花冠裂片宽三角形。蓇葖果双生，倒垂，细圆筒状，长 10～30cm，径 3～4mm，成熟时黄褐色。花期 5～6 月，果期 7～8 月。

生于沙漠边缘，丘间低地，盐渍化沙地，河湖岸边。

产伊犁河谷、塔里木盆地（主要产地）、准噶尔盆地。分布于内蒙古西部、宁夏、甘肃西部、青海；国外在蒙古以及中亚巴尔喀什湖、帕米尔阿额依也有。模式标本自新疆莎车记载。

3. 线叶罗布麻　白麻

Apocynum pictum Schrenk in Bull. Phys. Math. Acad. Petersb. 2：115，1844；Ldb. Fl. ROSS. 111，8；43，1847；Грубов Определитель Сосудистых растении Монголии，204，1982— Poacynum pictum（Schrenk），Baill. in Bull. Soc. Linn. Paris. 1：757，1888；Fl. URSS，18：660，1952；中国高等植物图鉴，3：443，图4840，1974；中国植物志，63：161，1980；中国沙漠植物志，3：38，16：5～6，1992；中国树木志，4：4531，图2431，2004。

亚灌木，茎高0.5～1m，草质，基部木质，淡绿色，少分枝；枝贴茎。叶线形，长3～6cm，宽0.3～0.4cm，向顶端渐狭，基部楔形，边缘具骨质齿牙，叶柄长3～4mm。总状花序或伞房花序聚成圆锥花序生于茎和枝端；苞片披针形，长2～3mm，边缘膜质，连同花梗和花萼密被短白毛；花梗长4～5mm，弧状下弯；花向下，粉红色，碟形，长0.5～0.7cm，宽1～1.5cm；花萼很短，具披针形狭窄裂片；花冠近达中部裂成宽钝具暗红色条纹的裂片，两面密布细腺体；雄蕊着生花冠基部，花丝短，短于花药，花药箭头状，花盘环状，高为子房的1/2或1/3；子房半下位，由2个离生心皮组成。蓇葖果2枚，平行或稍叉生，倒垂，长16～25cm，径3～4mm。种子矩圆形，长2～3mm，顶端具淡黄色冠毛。花期5～6月，果期7～8月。

生于沙漠地带河流两岸，丘间低地，盐碱沙地。

产伊犁河谷、准噶尔盆地。分布于内蒙古、甘肃、宁夏、青海；国外在蒙古以及中亚碱海、里海、巴尔喀什湖流域也有分布。模式标本自中亚楚河流域记载。

（2）夹竹桃属 Nerium Linn.

灌木或小乔木。枝条灰绿色，含乳汁。叶轮生，稀对生，羽状脉，侧脉密生近平行。聚伞花序成伞房状，顶生；萼5裂，裂片覆瓦状排列；花冠漏斗形，花冠筒圆筒状，上部钟状，喉部具5枚鳞片状副花冠，花冠裂片5或重瓣；雄蕊5，生于花冠筒中上部，心皮2，离生，胚珠多数。蓇葖果双生，长圆状。

4种，分布于地中海沿岸及亚洲热带亚热带。我国引入2种，新疆盆景1种。

1*. 夹竹桃

Nerium indicum Mill. Gard. Dict. ed 8，no. 2，1786；中国树木志，4：4532，图2433，2004。

常绿灌木或小乔木，株高可达6m。茎直立，光滑，灰色，嫩枝带绿色。叶革质，三枚轮生，条状披针形，长10～15cm，先端锐尖，基部收缩成短柄，上面浓绿色，下面较淡，中脉显著，叶脉平行，边缘略向下方反卷。花序聚伞状，顶生，粉红色或乳白色，略有香气。蓇葖果长12～23cm，径6～10mm。花期6～10月。

原产印度及伊朗（波斯）。性喜温暖向阳，我国普遍栽培，北方需室内越冬。夹竹桃的叶、茎皮可提取强心剂，有毒，须慎用。花期长花艳丽，供观赏。

（3）黄花夹竹桃属 Thevetia Linn.

灌木或小乔木，含乳汁。叶互生，羽状脉。聚伞花序，花大；花萼5深裂，裂片内面基部有腺体；花冠漏斗状，花冠筒短，喉部5枚鳞片，花冠裂片宽；雄蕊5，生于花冠筒喉部，花药与柱头分离；无花盘，子房2室，每室2胚珠。核果，坚硬。

15种，分布于热带美洲和热带非洲。中国引入2种，新疆盆景1种。

1*. 黄花夹竹桃

Thevetia peruviana（Pers. ）K. Schum. ；中国树木志，4：4503，图2407，2004。

小乔木，高至5m；树皮棕褐色，皮孔明显，全株无毛；小枝下垂。叶条形或条状披针形，长10～15cm，宽0.5～1.2cm，近革质，边缘稍反卷，侧脉不明显。花序长5～9cm，花黄色，芳香，花梗长2～4cm；花萼绿色，5裂，裂片三角形，长5～9mm；花冠裂片长于花冠筒；花丝丝状。核果扁三角状球形，径 2~4cm，内果皮木质。花期 5~12 月，果期 8 月至下年春季。

原产美洲热带。南北各地栽培。北方需室内越冬。

喜光，喜温暖湿润气候，对土壤要求不严。种子繁殖，播前将种子用温水浸 24 小时，点播，保持苗床湿润，气温 22~28℃约 25 天可出苗。苗高 15~30cm，即可移植。

黄花夹竹桃枝叶秀丽，花色艳黄，花期长，甚富观赏。

62. 杠柳科——PERIPLOCACEAE Schlechter，1924

藤本，亚灌木或灌木，具乳汁。叶对生，全缘，羽状脉；具柄，无托叶。聚伞花序顶生或腋生。花两性，辐射对称；萼筒极短；萼片覆瓦状排列；花冠合瓣，裂片旋转，副花冠裂片离生，线形或丝状；雄蕊着生花冠筒近基部；花药连生内向；花丝离生；无花盘；心皮 2。离生，胚珠多数。蓇葖果 2 或 1 不发育。种子扁平，边缘薄，顶端具白色绢毛；胚直立，子叶扁平。

约 50 属 200 种。分布于热带、亚热带地区。我国 6 属，新疆引进 1 属。

(1) 杠柳属 Periploca Linn.

约 10 种。我国 5 种，新疆引入 1 种。特征同种。

1*. 杠柳

Periploca sepium Bunge；中国树木志，4：4560，图 2454，2004。

落叶蔓性灌木，长达 2m。茎平滑无毛。叶披针形，长 5~9cm，宽 1.5~2.5cm，聚伞花序腋生；萼片卵圆形；花冠紫红色，径 1.5cm，裂片长圆状披针形，长 8mm，中间加厚呈纺锤形，反折，内面被长柔毛；副花冠环状，10 裂。蓇葖果双生，圆柱形。长 7~12cm，径约 5mm，花期 5~6 月，果期 7~9 月。

乌鲁木齐植物园、石河子、伊宁等地引种。抗寒，耐旱，开花结实，生长良好。分布于我国东北、华北、西北、华东、西南等地，我国特有种。模式标本采自北京附近山区。

根皮入药，能祛风湿，也可作杀虫药。城市园林绿化和水土保持灌木树种。

附记：塔赫他间新系统(1997)仅有唇形花亚纲龙胆超目，包括龙胆目、茜草目、夹竹桃目等。而夹竹桃目仅含 1 科(夹竹桃科)没有萝藦科和杠柳科，故此处的杠柳科是根据吴征镒系统排列。与杠柳科相近的还有萝藦科，但新疆全为草本，没有收录。

茄超目——SOLANANAE

XLVI.　茄目——SOLANALES

木本或草本，单叶或复叶，互生；无托叶。花两性，辐射对称，单生或成各式花序；花萼 5 裂，宿存；花冠钟状或漏斗状，5 裂；雄蕊与花冠裂片同数而互生；子房上位，常 2 室，中轴胎座。浆果、蒴果。种子含胚乳。

塔赫他间新系统(1997)和吴征镒系统均含 4 科。中国仅产 1 科。

63. 茄科——SOLANACEAE Juss.，1789

木本或草本。单叶稀羽状复叶，互生；无托叶。花两性，辐射对称；花萼 5 裂，宿存；花冠钟状或漏斗状，5 裂；雄蕊与花冠裂片同数而互生；子房上位，通常 2 室。浆果或蒴果。

80 属 3000 多种，分布旧世界温带及热带地区。中国 24 属 105 种。新疆木本仅 2 属。

分属检索表

1. 多刺灌木，花1至数朵腋生，花冠漏斗形；浆果 ·· (1) 枸杞属 Lycium Linn.
1. 草本或半灌木，常无棘刺；花单生或成各式花序，花冠辐状，或漏斗状；蒴果或浆果 ·············
·· (2) 茄属 **Solanum** Linn.

（1）枸杞属 Lycium Linn.

灌木，有棘刺或稀无刺。单叶互生或于短枝上簇生。花单至数枚腋生或簇生于短枝上，具花梗；花萼具2~5齿或裂片；花冠漏斗形，檐部5裂，稀4裂，裂片具耳或不显；雄蕊5，常伸出，花丝基部具毛或否。浆果。种子数枚，胚半环形。

约80种。我国产7种2变种。新疆6种1变种。可分2组。

（a）黑果枸杞组 Sect. Ruthenica C. Y. Yang

浆果成熟后黑紫色，汁液紫色。1种。

1. 黑果枸杞　彩图第53页

Lycium ruthenicum Murr. in Comment. Soc. Gotting. 2；9，1780；Фл. Казахст. 8：14，1965；Pl. Asiae Centr. 5：99，1970；中国植物志，67(1)：10，1978；Consp Fl. As. Med. 9：182，1987；中国沙漠植物志，3：146，图版56：1~4，1922；中国树木志，4：5059，图2802：4~5，2004。

多刺的分枝灌木，高30~200cm，具坚硬淡黄色弯曲枝。叶无柄，灰蓝色，肉质，叶脉不明显，形状多变化，在幼枝上单叶互生，近棒状、条状至匙形，有时为条状披针形或条状倒披针形，长0.5~2(3)cm，宽2~5(7)mm，顶端钝，基部渐窄。花1~2朵生短枝上；花梗细，长3~10mm；花萼狭钟状，不规则2~4浅裂，裂片膜质，边缘具疏睫毛，果期萼膨大；花冠漏斗状，淡紫色，长1~1.2cm，先端5裂，裂片无睫毛，长为花筒1/3；雄蕊着生于花冠筒中部，花丝基部稍上处和花冠内壁均具疏绒毛，花柱与雄蕊近等长。浆果球形，径约4~9mm，成熟后黑紫色，汁液紫色。种子肾形，长约1~5mm。花果期5~10月。

生于荒漠地带沙地、田边、荒地和丘陵。

产额尔齐斯河流域、准噶尔盆地、伊犁河流域、塔城盆地；吐鲁番盆地、塔里木盆地、喀什河流域、和田河流域等地。分布于我国陕西、内蒙古、宁夏、甘肃、青海等地区；国外在中亚、高加索、前亚、俄罗斯欧洲部分也有分布。模式标本系从哈萨克斯坦种子育苗(亚洲中部植物)。

黑果枸杞果实和根皮药用，功效同宁夏枸杞。嫩叶可作蔬菜(中国沙漠植物志)。

（b）红果枸杞组 Sect. Eulycium C. Y. Yang

浆果成熟后红色，汁液黄色。

（Ⅰ）中国枸杞系 Ser. Chinensia Pojark.

花冠漏斗状，具管，下部圆柱形，以后突然扩展，等于或短于或长于其1/4~1/3；雄蕊着生于花冠管中部，花丝近基部具绒毛交织的椭圆形密毛丛，同高处花冠内壁密生一圈绒毛。种子黄色。浆果红色，广椭圆形或长圆状广椭圆形。

计6种，国产5种，新疆产2种，引入1种。

分系、分种检索表

1. 花冠漏斗形，下部圆柱形；花丝基部稍上处具球状毛环，花冠内壁同一水平上，密被一圈绒毛；浆果较大，长8~20mm(中国枸杞系 Ser. Chinensia Pojark.)。
　2. 灌丛高大，枝常无刺；花冠筒常2裂，花冠裂片无睫毛；叶披针形(引入栽培) ·························
　·· **2˚. 宁夏枸杞 L. barbarum** Linn.
　2. 灌丛较低矮，枝常具刺；野生种。
　　3. 枝不呈之形弯曲；叶披针形或条状披针形，最宽处在中部以下，顶端急尖；浆果顶端具胼胝质尖；雄蕊明显长于花冠；花冠裂片睫毛稀疏，基部耳不明显 ……………………………………………………………

…………………………………………………… **3. 西北枸杞 L. barbarum** var. **potaninii**（Pojark.）A. M. Lu

　　3. 枝明显之字形曲折；叶披针形或阔披针形，最宽处在中部以上，顶端短渐尖或钝，甚少圆。浆果具胼胝质

尖；雄蕊不超过花冠；花冠裂片边缘具短睫毛 ……………………………… **4. 曲枝枸杞 L. flexicaule** Pojark.

1. 花冠筒长为檐部裂片2倍。花丝基部无毛环，花冠内壁同一水平上，疏被短绒毛；浆果较小，长5~8mm（截萼枸

杞系 Ser. Truncata Pojark.）。

　　4. 叶倒披针形，椭圆状倒披针形或椭圆形；花冠裂片边缘具疏睫毛，雄蕊长于管 …………………………

………………………………………………………………………………… **5. 毛蕊枸杞 L. dasystemum** Pojark.

　　4. 叶狭披针形或披针形；花冠裂片边缘无睫毛；雄蕊短于管 ………… **6. 截萼枸杞 L. truncatum** Y. C. Wang

新疆产2种，引入1种。

2*. 宁夏枸杞　彩图第53页

Lycium barbarum Linn Sp. Pl. 192, 1753；Pojark. in Not. Syst. Herb. Bot. URSS, 13：262，1950；中国植物志，67(1)：13，1978；中国沙漠植物志，3：147，图版5~7，1992；中国树木志，4：5061，图版2802：6~8，2004；Pl. Asiae Centr. 5：97，1970。

灌木，高0.6~2m。茎较粗，分枝密集。枝具纵条纹，灰白色或淡灰黄色，具刺。单叶互生或簇生，披针形或长圆状披针形，长2~3cm，宽4~6mm，先端短渐尖，或锐尖，基部楔形或渐狭成短柄，全缘。花1~2朵腋生长枝上，2~6朵簇生短枝；花梗细，长0.5~2cm；花萼钟状。长5~6mm，常2裂，裂片边缘无睫毛；花丝基部稍上处及花冠内壁同一水平上具一圈密毛环。浆果通常椭圆形，红色，长10~20mm，宽5~10mm。种子肾形，长约2mm。花期5~10月。

新疆引种栽培于南北疆，以精河县规模较大，生长良好，但易遭根腐烂病危害，近年采取5年一次更新换代措施，效果甚好。原产我国北部，河北、内蒙古、山西、陕西、甘肃、宁夏、青海等地。近年来，我国中部和南部不少地区也已引种栽培，尤以宁夏及天津地区栽培多，产量高。

枸杞果实中药称枸杞子，性味甘平，有滋肝补肾，益精明目作用。根据理化分析，它含甜菜碱、酸浆红色素、隐黄尿圜以及胡萝卜素（维生素A）、硫胺素（维生素B$_1$）、核黄素（维生素B$_2$）、抗坏血酸（维生素C）并含烟酸。钙、磷、铁等，因此，作为滋补药物畅销国内外。根皮中药称地骨皮也作药用。

3. 西北枸杞（变种）

Lycium chinense var. **potaninii**（Pojark.）A. M. Lu，中国植物志，67(1)：16，1978；内蒙古植物志，5：233，1980；中国沙漠植物志，3：147，1992—*L. potaninii* Pojark. in Not. Syst. Herb. Inst. Bot. URSS, 13；265，1950；Pl. Asiae Centr. 5：98，1970。

多分枝密生叶小灌木，高60~120cm，具直立或稍弯枝条，小枝淡黄色，后变淡褐色，或密生刺或完全无刺；嫩枝纤细，具纵条棱，刺坚硬，长0.5~4cm。单叶互生或簇生，披针形或条状披针形，最宽处在下部，基部楔形，常不对称，顶端渐尖常弯曲。花1~2朵腋生长枝或2~6朵簇生短枝；花梗长6~12mm，顶端稍增粗；花萼短于花管1~5倍，长2.5~4mm，钟形，常3浅裂，少2浅裂，边缘无毛或稍有睫毛，顶端有柔毛；花冠长9~11mm，漏斗形，花冠稍长于萼，仅最基部狭窄，呈圆柱形，后急剧扩展，外部无毛，内部在花丝基部具一圈绒毛；萼檐5(6)深裂，裂片长圆状卵形，顶端渐尖，基部无耳，收缩成短爪，边缘具睫毛，相互紧贴；雄蕊通常长于花冠，花丝着生花管中部或稍上，花丝基部具广椭圆形绒毛环；花柱明显，长2~2.5mm，长于雄蕊，具头状柱头；子房圆锥形或广椭圆形。浆果红色，成熟时长7~17mm，广椭圆形或长圆状广椭圆形，钝，幼时很长，细圆柱状广椭圆形，急尖，但无胼胝质尖。种子淡褐黄色，圆状肾形，扁，长宽2~3mm，花期5~6月，果期9~10月。

产乌鲁木齐、昌吉、吉木萨尔、米泉、石河子等北疆地区。分布于我国北方，河北北部，山西北部、陕西、内蒙古、宁夏、甘肃、青海等地区。模式标本自呼和浩特附近采集。

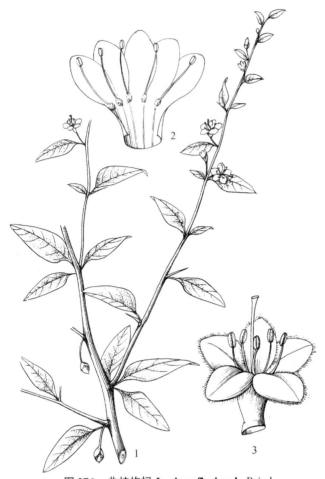

图 276　曲枝枸杞 Lycium flexicaule Pojark.

1. 花枝　2. 花内剖面　3. 花冠

4. 曲枝枸杞(新拟)　柱筒枸杞　图 276

Lycium flexicaule Pojark. in Not. Syst. Herb. Inst. Bot. Acad. Sci. URSS, 13：255, 1950；Фл. CCCP. 22：18, 1955；Pl. Asiae Centr. 5：98, 1970；Фл. Казахст. 8：15, 1965；Consp Fl. As. Med. 9：182, 1987；八一农学院学报, 2：45, 1995. — *L. cylindricum* Kuang et A. M. Lu, 中国植物志, 67 (1)：158, 14, 图版 10～11, 1978；中国树木志, 4：5060, 图 2802：10～11, 2004。

灌木, 高 1～1.4m, 多分枝, 开展, 具直展或铺展枝条, 枝顶端很细而下垂, 具枝刺, 有时刺长至 4～5cm, 具叶和花；嫩枝曲折, 有时近之字形弯曲, 无毛, 有纵条纹, 麦秆黄色或稍淡褐色；叶柄短于叶片 4～10 倍, 无毛；叶披针形或卵状披针形, 顶端渐尖, 基部楔形, 浅灰蓝色, 下面颜色较淡, 具有勉强显著的侧脉。花 1～2 朵生叶腋, 花梗细, 长 15～18 (22) mm；花萼长约 3～3.5mm, 具 2～3 枚顶端具绒毛粗齿牙；花冠淡紫红色, 长 9～11mm, 阔漏斗形, 具短管, 等长于或稍短于管檐, 基部狭窄, 圆柱形, 向上急速扩展, 内部, 在花丝着生处上方具一圈绒毛, 管檐 4～5 深裂, 具铺展向下裂开、向基部收缩、不形成耳的裂片；雄蕊等长于花冠或稍长, 花丝基部具广椭圆形绒毛环。果实卵形或长圆形, 渐尖, 顶端具胼胝质尖, 花期 6～9 月。

产霍城及伊犁河流域。分布于哈萨克斯坦外伊犁阿拉套, 吉尔吉斯斯坦依塞克湖、吉尔吉斯斯坦阿拉套、恰特喀尔边区等地也有。模式标本自依塞克湖记载。

曲枝枸杞是波雅尔科娃(Pojarkova)1950 年建立的。霍城是其新种文章中指明的模式标本产地之一, 枝条(主干枝)呈"之"字形曲折, 是识别本种的主要特征, 这是一个好种, 但现在已很少见了, 必须加以保护(列格尔于 1877 年从绥定采的标本)。我们早在 20 世纪 60 年代、70 年代、80 年代都曾从其城郊多次采到过标本。

(Ⅱ)截萼枸杞系 Ser. truncata Pojark.

花冠管长于管檐 2～2.5 倍, 狭窄, 近圆柱形, 顶端急速扩展；管檐裂片边缘密被短睫毛；雄蕊着生花冠管上部, 花丝基部被柔毛或无毛。种子长 1～2.5mm。花单生嫩枝叶腋或簇生短枝。

3 种。新疆产 2 种。见前分种检索表。

5. 毛蕊枸杞(新拟)　新疆枸杞　图 277　彩图第 53 页

Lycium dasystemum Pojark. in Not. Syst. Herb. Inst. Bot. URSS, 13：268, 1950；Pl. As. Centr. 5, 98, 1970；Фл. Казахст. 8：16, 1965；Consp. Fl. As. Med. 9：182, 1987；中国植物志, 67(1)：12, 1978；中国沙漠植物志, 3：148, 图版 57：4～6, 1992；八一农学院学报, 18, 2：45, 1995；中国树木志, 4：5060, 图 2802：9, 2004。

灌木，高至 1.5m，多分枝，有刺；树皮麦杆黄色或较老呈淡灰色，有纵条纹；嫩枝多数，纤细，有时弧状弯，无毛，无刺或顶端刺状渐尖，某些短枝变成刺；叶柄短于叶片 3~9 倍，无毛。叶在嫩枝上单生，而在老枝上 2~5 枚簇生，短枝上叶长至 4~7.5cm，宽 1.5~2.2cm，狭卵形或狭椭圆形，倒卵形或狭倒卵形和卵状椭圆形，急尖，少渐尖或钝，淡绿色，具突出脉。花生上部枝叶腋，单生或每 2 朵，或 2~6 朵簇生短枝；花梗长 4~15mm，基部具散生柔毛；花萼钟形，长 3~5mm，2~3 深裂或 4~5 齿牙，齿牙顶端有白柔毛，边缘有疏睫毛；花冠暗紫色，干燥时淡棕褐色，长 10~15mm，具狭窄近圆柱形管，管檐下急速扩展，内部，在花丝基部上方具一圈毛环，管檐短于管，5 深裂，少 4 或 6 深裂，具铺展宽卵形钝裂片，基部具耳，边缘密生睫毛；雄蕊长于花冠，着生于花冠中部，花丝下部具短绒毛；花柱等长于雄蕊，具头状柱头。浆果红色，球形或卵状球形。种子 10~20 粒，褐色。花期 4~8 月，果期 5~9 月。

产伊犁河流域、伊宁、新源、霍城、巩乃斯以及南疆乌什县。分布于哈萨克斯坦、乌兹别克斯坦、吉尔吉斯斯坦等国，模式标本自南哈萨克斯坦。

本种广泛分布于中亚各地，故不宜用"新疆"命名。

图 277　毛蕊枸杞 Lycium dasystemum Pojark.
1. 花枝　2. 花剖面　3. 果枝

6. 截萼枸杞　太原枸杞（新拟）

Lycium truncatum Y. C. Wang，北平研丛刊，2(4)：103，1934；Pojark. in Not. Syst. Herb. Inst. Bot. URSS，13：277，1950；Pl. Asiae Centr. 5：99，1970；中国植物志，67(1)：10，图版 2：1~3，1978；内蒙古植物志，5：232，1980；中国沙漠植物志，3：148，图版 56：8~10，1992；中国树木志，4：5059，图 2802：1~3，2004。

灌木，高 1~1.5m。枝条灰白色或灰黄色，棘刺较少。单叶互生或数枚簇生，叶狭披针形或披针形，长 1~4cm，宽 2~6cm，常中部较宽，先端锐尖，基部楔形下延成柄，中脉较显著，边全缘。花在长枝上 1~2 朵腋生，在短枝上 1~3 朵簇生；花梗细，长 0.5~1.5cm；花萼狭钟形，长 3~4mm，先端 2~3 裂，裂片膜质，花后常断裂成截形，花冠漏斗状，筒部长为裂片长之 2 倍，裂片无睫毛；花丝基部稍上处被疏短绒毛。浆果长圆状卵形，长 5~8mm，红色，先端不凸起。种子长约 2mm。花果期 5~9 月。

产乌鲁木齐、吉木萨尔、奇台等地。分布于山西、陕西、内蒙古、甘肃、宁夏和青海等地区。模式标本自山西太原。

附：本种枸杞是一个待深入研究的种。波雅尔科娃（Pojarkova）在 1950 年的文章中（中亚和中国红果类枸杞）引论的标本产地就包括今天的内蒙古、宁夏、甘肃、青海和新疆。就新疆而言，除文章指明的古城（奇台）、吉木萨尔、乌鲁木齐等地我们已采到标本外，还包括阿尔金山、昆仑山一些山区的标本，都没有见到，如此广域的中国特有枸杞种，作深入的研究十分必要的。

（2）茄属 Solanum Linn.

草本或木本，有时为藤本。叶互生，单叶，全缘或分裂。单花腋生，顶生或侧生聚伞花序组成蝎尾状，伞状聚伞花序或聚伞状圆锥花序；花两性或上部的花雌蕊退化而趋于雄蕊；花萼 4 ~ 5 裂，花冠辐状，星状或漏斗状，白色，蓝紫色，稀紫红色或黄色，5 浅裂。稀 4 浅裂或不裂；雄蕊 5，稀 4，花药常靠合成圆柱状；子房 2 室。浆果。种子多数，卵形或肾形，西侧扁压，具网纹状凹点。

约 2000 种，我国产 39 种 14 变种。新疆半灌木 3 种，盆景花卉 2 种。

分种检索表

1. 野生半灌木。
　2. 全部或仅 1 ~ 2 叶片，基部深裂成 2 裂片 ··················· **1. 中亚光白英 S. Asiae – mediae** Pojark.
　2. 全部叶均全缘。
　　3. 枝叶密被短绒毛；叶长圆状卵形，向顶端渐狭；花序 40 ~ 60 朵 ···············
　　················· **2. 毛叶光白英 S. persicum** Willd. ex Roem.
　　3. 植株无毛，或仅幼叶被绒毛以后秃净，叶圆状三角形或阔卵形，顶端急渐尖 ··············
　　················· **3. 光白英 S. kitagawae** Schonbeck – Temesy
1. 盆景花卉。
　4. 全株光滑无毛 ··················· **4*. 珊瑚樱 S. pseudo-capsicum** Linn.
　4. 幼枝及叶下面被树枝状蔟生 ··················· 4b* **珊瑚豆 S. pseudo-capsicum** var. **diflorum**（Vell.）Bitter

1. 中亚光白英（新拟）

Solanum Asiae – mediae Pojark. in Not. Syst. Hert. Inst. Bot. Acad. Sci. URSS, 17：330，1955；Fl. Iran. 100：16，1972；Fl. URSS, 22：21，1955；Фл. Тадж. 8：298，1986；Consp Fl. As. Med. 9：177，1987—*S. dulcamara* auct non L.；中国植物志，67(1)：82，1978；p. min p.

半灌木，具木质根状茎和长的弯曲的具细棱的附着的枝条；嫩枝微有短柔毛，后无毛，被淡褐黄色树皮。叶浅灰蓝绿色，嫩叶两面多少密被稍弯曲的绒毛，成熟叶无毛或具个别毛，长 6 ~ 9.5cm，宽 6 ~ 7cm，具短于叶片 3 ~ 9 倍的柄；上部叶或全部叶或 1 ~ 2 片叶，在下部裂成 2 枚，钝卵形水平展侧裂片，中裂片大，阔三角形，向上逐渐狭窄，具水平展或阔楔形基部；其他裂片全缘，阔或长圆状卵形，具肾形基部，花序顶生或腋外生，间或跟叶对生，15 ~ 30 朵。花序轴长 2.5 ~ 5cm，跟花梗同样无毛；花萼长约 2mm，具短齿牙或三角形裂片，花冠径约 1.5 ~ 1.8cm，蓝紫色；管檐裂片卵状披针形，外部，特别是花蕾期，上部有贴生柔毛。浆果径约 5 ~ 8mm，红色，球形。种子长约 2mm，有细网纹。花期 6 ~ 8 月，果期 7 ~ 9 月。

产于布尔津县，生河岸边灌丛中。分布中亚、吉尔吉斯斯坦、乌兹别克斯坦、塔吉克斯坦、哈萨克斯坦等地，伊朗和阿富汗也有。

2. 毛叶光白英（新拟）

Solanum persicum Willd. ex Roem. et Schult. Syst. Veg. 4：662，1819；Fl. Iran. 100：13，1972；Фл. СССР, 22：19，1955；Фл. узб, 5：419，1961；Фл. Казахст. 8：7 T. I f. 5，1965；Consp. Fl. As. Med. 9：177，1987。

半灌木，具木质根状茎和长的弯曲枝条；嫩枝被开展卷曲柔毛。老枝被红褐黄色树皮。叶全缘，上面绿色被疏短毛，下面灰色密被短柔毛，长圆状卵形，向顶端渐狭，具截形或心形基部；叶柄短于叶片 2 ~ 3 倍，被柔毛。花序顶生或腋外生，呈宽伞房状圆锥花序，基部三回叉状分枝，花 40(60) 朵。花梗长 6 ~ 11mm，跟花序总轴一样被卷曲柔毛；花萼密被伏贴毛，萼齿三角形，花冠径约 16 ~ 18mm，鲜紫色；管檐裂片披针形，边缘具短睫毛，外面上部有短绒毛。浆果径约 6 ~ 10mm，球形，红色。种子长约 2mm，密布细网纹。花期 6 ~ 8 月，果期 7 ~ 9 月。

产富蕴及和布克赛尔自治县。生河岸边灌丛中。分布于中亚、俄罗斯欧洲部分、高加索、伊朗也有。

新疆标本与描述略有差异，待深入研究。

3. 光白英　彩图第 54 页

Solanum kitagawae Schonbeck-Temesy in Fl. Iran. 100：15，1972；Фл. СССР，22：17，1955；Фл. Казахст，8：6，tab. 1，fig. 1，1965；中国沙漠植物志，3：151，图版 58：6，1992—*S. boreali-sinense* C. Y. Wu et S. C. Huang；中国植物志，67(1)：84，1978。

半灌木，具木质根状茎，具不多直立状升起或攀援状枝条，被淡黄灰色树皮；嫩枝上部疏被绒毛或无毛。叶长 7~10cm，宽 4~5cm，全缘，暗绿色，嫩叶两面多少被绒毛或几无毛，老叶大部分全无毛或下面具个别柔毛，圆状三角形或阔卵形，具急速渐狭顶端，具明显不对称或稍肾心少楔形基部，茎上部叶缩小；叶柄短于叶片 2~3 倍。花序 15~20 朵，呈伞房状圆锥花序，基部 1~2 回分枝，花序轴长 3~4.5cm，跟花梗同样，密被绒毛或近于无毛；花萼长约 2mm，多少密被绒毛或具个别毛；萼齿三角形；花冠径约 15~17mm，淡紫红色；管檐裂片宽 3~4mm，长圆状卵形，上部外被绒毛，特别花蕾期。浆果径约 7~8mm，红色，球形。种子长约 2mm，细网纹。花期 5~7 月，果期 7~9 月。

产富蕴、布尔津、乌鲁木齐、昌吉等地。生河岸边灌丛，荒漠河谷灌丛中。分布于中亚吉尔吉斯斯坦、乌兹别克斯坦、哈萨克斯坦、塔吉克斯坦等地；俄罗斯西伯利亚也有；我国东北、河北、陕西也有分布。

4*. 珊瑚樱

Solanum pseudo – capsicum Linn. Sp. Pl. ed. 1，184，1753；中国植物志，67(1)：80，图版 19：8，1978。

4a*. 珊瑚樱（原变种）

S. pseudo-capstcum var. pseudo – capsicum

直立分枝小灌木，高至 2m，全株光滑无毛。叶互生，狭长圆形至披针形，长 1~6cm，宽 0.5~1.5cm，先端尖或钝，基部下延成叶柄，边全缘或波状，两面光滑无毛，下面中脉突出，侧脉 6~7 对；叶柄长城 2~5mm，花单生，无总花梗，腋外生或近对生；花梗长约 3~4mm；花小，白色，径约 0.8~1cm；花萼绿色，径约 4mm，5 裂，裂片长约 1.5mm；花冠筒藏于萼内，长约 1mm，冠檐长约 5mm，裂片 5，卵形，长约 3.5mm，宽约 2mm；花丝长约 1mm，花药黄色，矩圆形，长约 2mm；子房近圆形，径约 1mm。花柱短，长约 2mm，柱头截形。浆果橙红色，径约 1~1.5cm，萼宿存，果柄长约 1cm，顶端膨大。种子盘状，扁平，径约 2~3mm。

新疆各城镇均有盆景。原产南美。

4b*. 珊瑚豆　冬珊瑚

Solanum pseudo – capsicum L. var. **diflorum**（Vell.）Bitter in Engl. Bot. Jahrb. 54：498，1917；中国植物志，67(1)：40，1978。

直立分枝小灌木，高 0.3~1.5m，小枝幼时被树枝状簇绒毛，后渐秃净。叶互生，大小不等，椭圆状披针形，长 2~5cm 或稍长，宽 1~1.5cm 或稍宽，先端钝或短尖，基部楔形。叶上面无毛，下面沿叶脉常有树枝状簇绒毛，边全缘或稍波状；叶柄长约 2~5mm，幼时被树枝状簇绒毛，后渐秃净。花序短，腋生，常 1~3 朵，单生或成花序；总花梗短，花梗长约 5mm；花小，径约 8~10mm；萼绿色，5 深裂，裂片卵状披针形，端钝，长约 5mm，花冠白色，筒部隐于萼内，长约 1~5mm，冠檐长约 6~8.5mm，5 深裂，裂片卵圆形，长约 4~6mm，宽约 4mm；子房近圆形，径约 1~5mm；花柱长约 4~6mm，柱头截形。浆果单生，球形，珊瑚红色或橘黄色，径约 1~2cm。种子扁平，径约 3mm。花期 4~7 月，果期 8~12 月。

原产巴西。我国南北各省多有栽培。有时归化为野生。新疆均为盆景花卉。

XLVII. 旋花目——CONVOLVULALES

塔赫他间新系统(1997)仅1科，特征同科。

64. 旋花科——CONVOLVULACEAE Juss.，1789

草本，半灌木，灌木或藤本；植株常有乳汁。茎缠绕或攀援，有时平卧或匍匐，稀直立。单叶互生，螺旋状排列，全缘，掌状或羽状分裂至全裂；无托叶。花单生或腋生聚伞花序，有时总状、圆锥状、伞形或头状。花整齐，两性，5数；花萼离生或基部连合，宿存，有时果期增大；花冠合瓣，漏斗状、钟状、高脚碟状或坛状，冠檐全缘或5裂，稀每裂片具2小裂片，花冠常具5条被毛或无毛的瓣中带；雄蕊与花冠裂片同数互生；子房上位，2心皮，1~2室或有假隔膜成4室，稀3室，花柱1~2，顶生。蒴果或肉质浆果或坚果状。

约56属1650种，主产美洲和亚洲热带、亚热带。我国22属，新疆木本仅1属。

(1) 旋花属 Convolvulus Linn.

草本，或直立半灌木或垫状灌木。单叶互生，箭形、戟形、短圆形、披针形至条形，全缘，稀浅波状或浅裂，花大，生于叶腋，具总梗，单花或少数花组成聚伞花序，或总集成具总苞的头状花序或为聚伞圆锥花序；萼片5，等长或近等长；花冠漏斗状或钟状，白色、粉红色、蓝紫色或黄色，常具5条不明显的瓣中带，冠檐浅裂或近全缘；雄蕊5，花丝丝状，等长或否，花粉粒无刺；花盘环状或杯状；子房2室，4胚珠；花柱1，柱头2。蒴果球形，2室，4瓣裂或不规则裂。种子1~4，常具小瘤状凸起。

约250种，主产两半球温带及亚热带。我国9种。新疆木本6种。

分种检索表

1. 带刺小灌木或半灌木。
　2. 花萼无毛或被散生毛，不等长，外部2枚宽，卵圆状圆形，基部心形，甚宽于内层 ················
　　··························· **1. 鹰爪柴 C. gortschakovii** Schrenk
　2. 花萼被绒毛，另外形状，外、内层少有区别。
　　3. 花2~5~6枚簇生枝端，稀单，植物形成密集少稀疏垫丛。
　　　4. 叶狭线形，或倒披针形，密被半贴毛 ············· **2. 刺旋花 C. tragacanthoides** Turcz.
　　　4. 叶近线形，边缘反卷；花萼密被开展毛 ············ **3. 展毛刺旋花 C. spinifer** M. Pop.
　　3. 花单生叶腋，植物仰卧，侧枝成直角开展 ············ **4. 木旋花 C. fruticosus** Pall.
1. 无刺半灌木
　5. 花萼无毛；花冠红色或粉红色；叶上面无毛，下面近无毛或疏被伏贴毛 ················
　　························· **5. 直立旋花 C. pseudocantabrica** Schrenk
　5. 花萼密被伏生或半伏生毛；花冠白色或浅玫瑰色；叶密被伏生短毛 ····· **6. 伏毛旋花 C. subcericeus** Schrenk

1. 鹰爪柴　铁锚刺　郭氏木旋花　图278　彩图第54页
Convolvulus gortschakovii Schrenk in Fisch. et Mey. Enum Pl. a Schrenk Lect. 1：18，1841；Фл. CCCP，19：14，1953；中国植物志，64(1)：53，1979；Consp Fl. As. Med. 8：65，1986；中国沙漠植物志，3：49，图版19：1~3，1992；中国树木志，4：5081，图2815，1~3，2004。

小灌木，高10~30cm。多分枝，近直角开展，具坚硬短刺，密被伏生银白色绢毛，后几无毛。叶倒披针形、披针形或线状披针形，长0.5~2.2cm，宽0.5~4mm，先端锐尖或钝，基部渐窄。花单生短侧枝上，侧枝末端常具2枚对生小刺；花梗长1~2mm，花萼无毛或被疏毛，外面2枚卵圆

图278 鹰爪柴 Convolvulus gortschakovii Schrenk
1. 花枝 2. 外萼片 3. 内萼片

生于荒漠带灌木草原石质低山坡、山前平原、戈壁。

产于乌鲁木齐、昌吉、阜康、吉木萨尔、奇台、玛纳斯、石河子、沙湾、精河、博乐、察布查尔、新源、巩留、特克斯等地。分布于陕西、甘肃、内蒙古、宁夏、河北、四川等地区。模式标本从恰克图到张家口途中采集(据苏联植物志,19:16,1953年)。

3. 展毛刺旋花(新拟)

Convolvulus spinifer M. Pop. in Tp Typk Yнив, 4：56，1922；V-Petrov in Bull. Soc. Nat. Mosc. 44，3：134，tab. 2，1935；Vved in Fl. Uzbek, 5：128，1961；Kinz in Фл. Тадж, 7：332，1984—*C. tragacanthoides* auct non Turcz. Grig. in Fl. URSS, 19：15，

形，基部近心形，宽于内面3枚；花冠漏斗形，长约2cm，粉红色。蒴果宽椭圆形，长约5mm，顶端具毛。

生于灌木草原带石质、砾质低山坡和沙地。

产乌鲁木齐及昌吉、玛纳斯、石河子、沙湾、精河、塔城等地，分布于甘肃、宁夏、内蒙古等地；蒙古和俄罗斯西西伯利亚及哈萨克斯坦也有。模式标本自东哈萨克斯坦巴尔喀什湖北部阿亚古斯记载。

2. 刺旋花　图279　彩图第54页

Convolvulus tragacanthoides Turcz. in Bull. Soc. Nat. Mosc. 5：201，1832；Фл. СССР，19：15，1953；中国植物志，64(1)：55，1979；内蒙古植物志，5：120，1980；Consp. Fl. As. Med. 8：65，1986；中国沙漠植物志，3：49，图版19：4~6，1992；中国树木志，4：5081，图2816，2004。

小半灌木，高至20cm，全株密被银灰色绢毛，多分枝。嫩枝灰绿色，先端刺状。叶互生，披针形或倒披针形，长0.5~2cm，宽2~3(6)mm，两面密被银灰色绢毛。花2~5朵簇生枝端，稀单生；花梗长2~5mm；萼片5，长5~7(8)mm。椭圆形或卵圆形；花冠漏斗形，长约2cm，粉红色，具5条密生毛的瓣中带，顶端5浅裂；雄蕊5，不等长，花丝基部膨大，无毛，短于花柱1/2；子房有毛，2室，每室2胚珠，柱头2裂。蒴果近球形，长约5mm，被毛。种子卵圆形，无毛。花期5~7月。

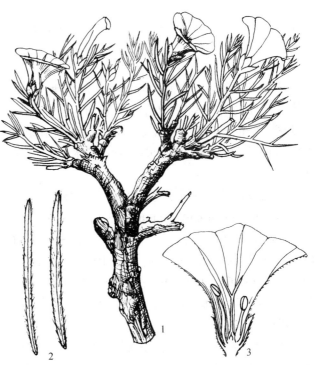

图279 刺旋花 Convolvulus tragacanthoides Turcz.
1. 花枝 2. 叶片 3. 花剖面

1953；Quoad Syn. C. spinifer et Pl. p. p.。

小灌木，高4～10(15)cm，密分枝，形成有刺垫丛。一年生枝坚硬密被伏贴白柔毛。叶长1～2cm，狭线形，稀狭倒卵形，上部圆，向基部楔状收缩(叶柄几不明显)，密被银灰色伏帖绢毛。花(1)2～6朵集生枝端；花梗长2～5mm，苞片叶状，着生花梗基部；花萼长1.5～2.5cm；5深裂，粉红色，花蕾外部密被绒毛；雄蕊长1.2～1.4cm，子房和花柱下部被绒毛；柱头长3～4mm。蒴果长4～5mm，上部具疏柔毛。种子径约3～4mm，褐色，被短绒毛。花期5～6月，果期6～7月。

未见标本。可能产库车、拜城、温宿、乌什、河合奇、乌恰等地。分布于中亚、吉尔吉斯斯坦、乌兹别克斯坦、塔吉克斯坦等地，模式标本自费尔干河谷记载。

附：本种在苏联植物志19：15，1953中作为上种(刺旋花)的异名，但在形态描述之后，又接着附录：这是一个具两个类型的多型种，其中之一具线形或倒披针形线形叶，宽0.5～2mm，分布在费尔干河谷，仅有时也到达天山。这个类型曾被描述为Convolvulus spinifer M. Pop.。第二个类型(C. spinifer var. oblanceolata G. Grig.)她具有宽的，宽1.5～5(6)mm的，倒披针形或长倒披针形叶和常常较长渐尖或短尖头的萼片。分布在天山、准噶尔阿拉套和准噶尔和喀什西部。在中国北方是两个类型。所以，第一个类型已肯定在南疆西南边境一带，而第二个类型则有待研究。

由此可见，刺旋花是一个广域种、多型种，有待深入研究。

4. 木旋花　灌木旋花

Convolvulus fruticosus Pall. Resise, 2：734, 1773；Fl. URSS, 19：14, 1953；中国植物志, 64(1)：55, 1979；Фл. Казахст, 7：134, 1964；Фл. Тадж, 7：332, 1984；Consp. Fl. As. Med. 8：65, 1986；中国沙漠植物志, 3：49, 图版19：7～9, 1992；中国树木志, 4：5082, 图2815：4～5, 2004。

小灌木，高至50cm，枝细长，分枝常近直角开展，先端刺状，嫩枝密被伏生绢毛。叶披针形或近条形，先端尖或钝，基部渐窄，近无柄。花单生于短侧枝上；花梗长2～6mm，被毛；内外萼片近等大；花冠漏斗形，长17～25mm，粉红色，具5条带毛的瓣中带；雄蕊5，长为花冠之半。蒴果卵圆形，长5～7mm，被绒毛。种子三棱形。花期5～6月，果期7～8月。

产青河、富蕴、福海、阿勒泰、布尔津、奇台、阜康、乌鲁木齐、昌吉、玛纳斯、石河子、沙湾等北疆地区。分布于内蒙古、甘肃等地区，国外在蒙古、西西伯利亚、中亚地以及伊朗。模式标本从西西伯利亚额尔齐斯河谷记载。

5. 直立旋花 (中国沙漠植物志)　图280

Convolvulus pseudocantabrica Schrenk in Fisch. et Mey. Enum Pl. Nov. 1：21, 1841；Fl. URSS, 19：20, 1953；中国植物志, 64(1)：56, 1979；Consp. Fl. As. Med. 8：67, 1986；Фл. Казахст. 7：136, 1964；Фл. Тадж. 7：336, 1984；中国沙漠植物志, 3：53, 1992。

半灌木，高30～70cm。茎几枚，细长分枝，银灰色或淡灰色，密被伏贴毛。叶长4～5cm，狭线形，向基部楔状收缩，叶柄几不明显，上面无毛，下面被

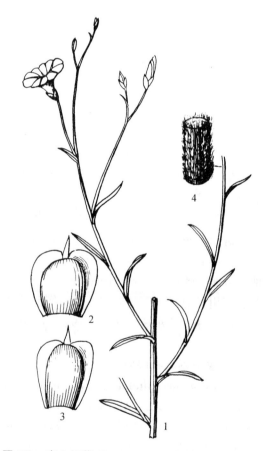

图280　直立旋花 Convolvulus pseudocantabrica Schrenk
1. 花枝　2. 花萼　3. 花萼　4. 枝上毛

伏贴毛。花1~2朵生茎和枝上部；总花梗长1~5(6)cm，被绒毛；苞片长1~3mm，阔卵形；花萼长5~6mm，倒卵形，长圆状椭圆形，革质，急缩成短尖头，无毛，果期紧贴蒴果，花冠长1.5~2.5cm，粉红色，淡紫色；雄蕊长0.9~1.1cm；雌蕊长0.9~1.2cm；子房和花柱无毛；柱头长约1~5mm。蒴果长6~8mm，渐尖，椭圆形，无毛。种子长4~4.2mm，棕褐灰色，被短绒毛。花期5~6月，果期7~8月。

生荒漠带石质低山坡及前山。产塔城和伊犁地区，分布于中亚、伊朗、阿富汗等地。模式标本自准噶尔至塔尔巴哈台(科克苏河)记载。本种植物种子含0.52%，地上部分含0.40%的生物碱，牲畜不食。但花大色艳，可供观赏，新疆产地有待深入研究。

6. 伏毛旋花(新拟)　短毛旋花

Convolvulus subsericeus Schrenk in Fisch. et Mey. Enum Pl. Nov. 1：19，1841；Fl. URSS, 19：17，1953；Фл. Казахст. 7：135，1964；Consp. Fl. As. Med. 8：66，1986；中国沙漠植物志，3：53，图版21：3，1992。

半灌木，高20~70cm。茎多数，伸长，多成锐角分枝，密被短绒毛，灰绿色。叶狭条形，宽2~5mm，长1~2.5cm，基部渐窄，密被短伏毛，早落。花单或数朵；萼长5~7mm，椭圆形、卵形或长圆状卵形，短渐尖，密被伏生或半伏生毛；花冠长12~15mm，白色或玫瑰色。蒴果长4~5mm，无毛，仅上部稍有毛。花期6月，果期7~8月。

生于流动沙地。产霍城。分布于中亚碱海盆地、巴尔哈什湖流域、楚河下游等沙区。模式标本自巴尔哈什湖沙地记载。

罗萨超目——LOASANAE

XLVIII.　木犀目——OLEACEAE

塔赫他间新系统(1977)和吴征镒系统(2003)均只1科，特征同科。

65. 木犀科——OLEACEAE Hoffmann et Link，1813

乔木或灌木，单叶或复叶，对生稀轮生或互生；无托叶。花辐射对称，两性或单性杂性或雌雄异株；花序顶生或腋生，圆锥状聚伞花序，簇生或单生；花萼4裂，稀无花萼；花冠4裂或无；雄蕊2，稀3~5；子房上位，2室，每室2胚珠，稀1或多。核果、浆果、蒴果和翅果。

30属600种，主产温带、亚热带及热带地区，中国11属200余种。新疆6属，多为栽培树种。

分属检索表

1. 果为翅果或蒴果。
  2. 果为翅果。
    3. 果翅在果周围；单叶 ··· (1)雪柳属 Fontanesia Labill.
    3. 果翅在果顶端；羽状复叶 ··· (2)白蜡属 Fraxinus Linn.
  2. 果为蒴果。
    4. 花黄色，枝中空或具片状髓 ··· (3)连翘属 Forsythia Vahl
    4. 花紫色、红色、白色，枝实心 ······································ (4)丁香属 Syringa Linn.
1. 果为浆果。
  5. 单叶；花冠漏斗形 ··· (5)女贞属 Ligustrum Linn.
  5. 单叶或复叶；花冠高脚碟形 ··· (6)素馨花属 Jasminum Linn.

（1）雪柳属 Fontanesia Labill.

2 种。中国产 1 种；新疆引种。特征同种。

1*. 雪柳

Fontanesia fortunei Carr. in Rev. Hort. Paris. 1859：43，f. 9. 1859；中国树木志，4：4388，图 2337，2004。

小乔木或灌木状，高至 7~8m。小枝无毛。叶披针形、卵状披针形或狭卵形，长 3~7cm，宽 1.5~2.5cm，边全缘，基部楔形，两面无毛；叶柄长 1~5mm。顶生圆锥花序长 2~6cm，腋生花序长 1.5~4cm；花萼杯状，4 裂，裂片卵形；花冠 4 深裂，裂片卵状披针形。翅果倒卵形、倒卵状椭圆形或阔椭圆形，扁平，长 8~9mm，宽 4~5mm，周围有翅，花柱宿存。花期 5~6 月，果期 9~10 月。

乌鲁木齐及南北疆各城镇多有引种栽培。产于吉林、辽宁、内蒙古、河北、山东、陕西、河南、安徽、江苏、浙江、江西等地区。中国特有种，北方各地区习见栽培。

喜光，喜温暖，喜湿润，肥沃，排水良好土壤。细叶酷似柳，白花如积雪，城市绿化树种和蜜源植物。播种或插条繁殖。

（2）白蜡树属 Fraxinus Linn.

落叶乔木或灌木。鳞芽，具 2~4 对芽鳞，稀裸芽。奇数羽状复叶，对生。花小，两性、杂性或单性，雌雄异株或同株；圆锥花序，着生于当年或去年枝上；苞片条形，早落或缺；花萼小，4 裂，或无花萼；花瓣 4，基部合生，离生或无花瓣；雄蕊 2，稀 3 或 4；子房 2 室，每室 2 胚珠。翅果，顶端具翅。种子有胚乳。

70 种，主产北温带。我国 20 种；新疆产 1 种。引入 5~6 种。

分种检索表

1. 鳞芽；花序顶生及腋生于当年枝上；花杂性，雄花与两性花异株；花萼钟形；无花瓣；小叶片背面及叶柄膨大部分有锈色簇毛 ······················· 1*. 花曲柳 **F. rhynchophylla** Hance
1. 鳞芽；花序侧生上年枝。
  2. 花仅具花萼，无花冠；果翅不下延［单被花组 Sect. Melioides（Endll）Vassil］。
    3. 嫩枝密被绒毛；叶脉具疏柔毛 ······················· 4. 美国毛白蜡 **F. pennsylvanica** Marsh.
    3. 嫩枝和叶脉经常无毛。
      4. 翅果长 2~5cm；果核等长于翅果之半或稍短，小叶片广椭圆形或长圆形 ····················· ······················· 3*. 美国尖叶白蜡 **F. lanceolata** Borkh.
      4. 嫩枝稍有疏柔毛或近光滑无毛，叶片宽大；翅果长 2.4~3.4cm；果核短于翅果之半。 ························ ······················· 2*. 美国白蜡 **F. americana** Linn.
  2. 花无花被；果翅下延几至基部［无被花组 Sect. Bumelioides（Endl）Vassil］
    5. 小叶片细小，基部显著具叶柄 ······················· 7. 新疆小叶白蜡 **F. sogdiana** Bge.
    5. 小叶片较大。
      6. 小叶片长 6~15cm，下面沿脉被褐色绒毛 ······················· 5*. 水曲柳 **F. mandschurica** Rupr.
      6. 小叶片长 4~11cm，下面沿脉疏被卷曲柔毛 ······················· 6*. 欧洲白蜡 **F. excelsior** L.

（Ⅰ）顶生花亚属（苦枥木亚属）Subgen. Ornus（DC.）V Vassil

—Sect. Ornus DC. Prodr. 8：274，1805。

花序顶生或腋生，但在后一情况下，花序发自当年生枝叶腋；花萼 4 齿；花冠 2~4 花瓣或缺；雄蕊在雌花中 2~4 或缺，在雄花中两枚。花晚于或与叶同时开放。

（a）白蜡树组 Sect. Ornus（Koehne et Lingelsh）V Vassil—Subsect Ornaster Koehne et Lingelsh 花无花瓣。

（Ⅰ）白蜡树系 Ser. Chinenses V Vassil.

小叶片宽，具歪偏渐狭短尖头，花与叶同时开放。

1*. 花曲柳 大叶白蜡树

Fraxinus rhynchophylla Hance in Journ. Bot. 7：164，1869；Фл. CCCP, 18：489, tab. 25, fig. q, 1952；山东树木志，758，1984；黑龙江树木志，485，图版149，1986；树木学（北方本），461，1997；中国树木志，4：4598，图2344：1～3，2004。

乔木，高达25m，胸径可至70cm。当年生枝淡绿色，后变灰色，皮孔明显。叶为奇数羽状复叶，对生，长达27cm，宽至17cm，小叶3～7，通常5，椭圆形、长圆形或倒卵形至倒卵状长圆形，长5～15cm，宽2.5～6.5cm，顶端小叶特宽大，基部的一对小叶比上部小叶明显较小，先端锐尖、渐尖或尾状渐尖，稀钝，基部楔形、宽楔形；上面绿色，无毛，下面淡绿色，网脉明显，沿中脉两侧具褐色柔毛，基部较密，边缘有不整齐的粗锯齿；小叶柄长5～35mm。圆锥花序顶生或腋生当年枝上；萼钟形，4裂；无花冠；雄蕊2；子房上位，2室，花柱短，柱头2裂。翅果倒披针形；果翅下沿至果核中部，花期5～6月，果期9～10月。

乌鲁木齐以及昌吉、玛纳斯林场、石河子、奎屯、伊宁、库尔勒等地引种栽培。分布东北以及山东、河北、陕西、甘肃、云南、四川、湖北、安徽、河南、江苏、浙江、福建。朝鲜半岛、日本、俄罗斯远东亦有分布。模式标本从华北记载。

（Ⅱ）侧生花亚属（白蜡树亚属）Subgen Fraxinaster（DC.）V Vassil.

—Sect. Fraxinaster DC. Prodr. 8：276，1844

花序经常侧生，发自上年生枝叶腋。

（b）单被花组 Sect. Melioides （Endll）V Vassil

花具花萼，无花冠。

2*. 美国白蜡 大叶白蜡
图 281

Fraxinus americana Linn. Sp. Pl. 1057，1753；Man. Cult. Trees and Shrubs ed. 2：770，1940；Фл. CCCP, 18：491，1952；树木学（北方本），462，1997；中国树木志，4：4400，2004。

乔木，原产地高至40m，具阔卵形树冠。小枝无毛，仅幼枝稍有疏柔毛，起初，淡绿褐色，以后，淡橙色或褐色，有光泽，常发浅灰蓝色；芽带黑色。复叶大，长至30cm，具7（5～9）枚全缘或有锯齿的长圆状椭圆形或长圆状卵形的小叶片；小叶片长约15cm，宽约5cm，上面暗绿色，叶脉微凹，下面淡绿色，具

图 281 美国白蜡 Fraxinus americana Linn.

纹饰或光滑；小叶柄长 4 ~ 8mm。花单性，异株；雌花序长约 10cm；雄花序短，密；花萼显著。翅果长2.4 ~ 3.4cm，果核短于翅果之半，圆柱形，果翅不下延。花期 5 月，果期 8 ~ 9 月。

原产北美。新疆南北城镇习见栽培，是许多城市行道的主要树种，是新疆城镇绿化和防护林建设的重要树种。我国北京、河北、内蒙古、山东、河南等地也有引种栽培。

3*. 美国尖叶白蜡(新拟)　美国绿梣

Fraxinus lanceolata Borkh. Handb Fortbot 826, 1800；Фл. CCCP, 18：490, 1952—*F. viridis* Mehx Hist d Arbr For, 3：115, 1813；*F. pennsylvanica* var. *lanceolata* Sarg Silv N Am, 6：50, 1894。

乔木，原产地高 30 ~ 50m，嫩枝光滑无毛。复叶具 2 ~ 3 对小叶；小叶片广椭圆形或长圆形，端渐尖，边缘有锯齿或齿牙，下面较淡长 5 ~ 18cm，宽 2 ~ 9cm，上面光滑，下面无毛或疏被柔毛，具短小叶柄。花萼在雄花序中不大，深 4 裂；雌花着生在宽阔侧生圆锥花序中；花萼大，短，浅裂。翅果细匙形或线形，端钝或凹缺，长 2 ~ 5cm，宽 0.3 ~ 0.5cm；果核凸出，等长于翅果之半或稍短，褐色。花期 5 ~ 6 月，果期 8 ~ 9 月。

原产北美，1723 年引入欧洲。新疆南北城镇普遍栽培。跟美国白蜡、美国毛白蜡一样是新疆城镇绿化和防护林建设的珍贵树种。

这种白蜡，以其枝叶光滑无毛，小叶片狭长，而与美国毛白蜡甚易区分，没有必要作其变种。

4*. 美国毛白蜡(新拟)　毛白蜡　美国红梣

Fraxinus pennsylvanica Marsh. Arb. Amer. 95, 1785；Man. Cult. Trees and Shrubs ed. 2：771, 1940；Фл. CCCP, 18：491, 1952；山东树木志，758, 1984；黑龙江树木志，485, 1986；树木学（北方本），461, 1997；中国树木志，4：4400, 2004。

乔木，原产地高 16 ~ 48m；芽褐色。当年嫩枝，复叶和小叶下面被绒毛。复叶具 2 ~ 4 对小叶，长 10 ~ 40cm；小叶片形状多变化，长 4 ~ 13cm，宽 2 ~ 8cm，具短柄或无柄，广椭圆形或长圆形，常具渐狭顶端，全缘或具细齿牙。圆锥花序长 5 ~ 20cm；花萼钟形，具整齐齿。翅果匙形，从基部逐渐扩展，顶端圆或稍渐尖，长 3 ~ 7cm，宽 0.5 ~ 1.2cm，中部以下无翅；果核甚短于翅果。花期 5 ~ 6 月，果期 8 ~ 9 月。

原产北美。新疆南北城镇普遍栽培。我国东北、华北也有栽培。模式自北美。跟美国白蜡、美国尖叶白蜡一样，是新疆城镇绿化和防护林建设的珍贵树种。她喜光、耐寒、耐旱、耐涝、耐盐碱，对土壤条件要求不严，以其枝叶被绒毛，就称之为"毛白蜡"，为表明其原产地，故冠以国名。

（c）无花被组 Sect. Bumelioides(Endl) V Vassil—Subsect Bumelioides Endl Gen Pl ed. 1：573, 1836 ~ 1940。

花无花萼和花冠，单性和两性，而且雄花具 2 枚雄蕊。花在叶前开放。

（Ⅱ）欧洲白蜡系 Ser. Excelsiores V Vassil

花着生于上年生枝叶叶腋，组成圆锥花序或部分成圆锥花序，部分成总状花序。花杂性，无花萼和花冠。气孔排列在小叶片下表面。

5*. 水曲柳　图 282

Fraxinus mandschurica Rupr. in Bull. Phys. math. Acad. Petersb. 15：371, 1857；Man. Cult. Trees and Shrubs ed. 2：173, 1940；Фл. CCCP, 18：492, tab. 25, fig. 11, 1952；山东树木志，760, 图版 762, 1984；黑龙江树木志，482, 图版 148：1 ~ 3, 1986；树木学（北方本），462, 1997；中国树木志，4：4403, 图 2347：1 ~ 2, 2004。

乔木，高达 35m，树干通直，树皮灰白色。冬芽黑褐至黑色。叶轴具窄翅，密被锈色绒毛；小叶 7 ~ 11(13) 枚，长圆状披针形或卵状披针形，长 6 ~ 16cm，宽 2 ~ 5cm，先端长渐尖，基部楔形，具细尖齿，下面沿中脉被黄褐色毛；近无柄。圆锥花序腋生于上年枝上；花单性异株，无花萼及花冠。翅果长圆形或长圆状披针形，长 3.5 ~ 4cm，扭曲，花期 5 ~ 6 月，果期 9 ~ 10 月。

乌鲁木齐及昌吉、玛纳斯林场、石河子、伊宁市等地引种，生长良好。分布于黑龙江、吉林、内蒙古、河北、河南、山西、陕西、宁夏、甘肃。俄罗斯远东、朝鲜、日本也有。模式标本自我国东北东部山区(黑龙江树木志);模式标本自河穆尔记载(苏联植物志18卷)。

6*. 欧洲白蜡(新拟)

Fraxinus excelsior Linn. Sp. Pl. (1253) 1057, 1753; Фл. CCCP, 18: 495, tab. 25, fig. 1, 1952.

乔木,高至30m。嫩枝光滑,淡灰色,具淡绿色色彩。叶大,奇数羽状复叶,具4~6对小叶片;小叶片短柄或无柄,长4~11cm,宽1.5~4cm,长圆形、狭椭圆形或长倒卵形,锐尖齿,具短尖头,上面无毛,下面沿脉疏被卷曲柔毛。花序簇生上年叶腋;雄花序短;花杂性,常两性,无花萼和花冠,柱头2深裂。翅果狭窄,线形、长圆状椭圆形,甚或狭披针形,顶端尖或钝,有时凹缺,长(2.7)3.3~4.5cm,宽0.7~1cm,果核等于或大于翅果之半。花期5月,果期8月。

喀什疏附县阿月浑子种植园引种栽培。开花结实,生长良好,20世纪70年代,引自乌克兰(雅尔塔)。分布于司堪的纳维亚半岛、欧洲、地中海、巴尔干、小亚细亚等地。模式自西欧记载。本种很像新疆小叶白蜡,但小叶片柄很短至几无柄,而很好区别。南疆地区可推广于城镇绿化美化之中。

(Ⅲ)具柄叶系 Ser. Petiolatae V Vassil

小叶具长或短柄。果实组成短总状花序,从上年生枝叶腋发出。气孔排在小叶片上表面。

7. 新疆小叶白蜡 图283 彩图第55页

Fraxinus sogdiana Bunge in Mem. Sav. etr Acad. Petersb. 7: 390, 1854; Фл. CCCP, 18: 502, tab. 25, fig. 10, 1952; Man. Cult. Trees and Shrubs ed. 2: 775, 1940; Фл. Казахст. 7: 92, tab. 10, fig. 5, 1964; Consp. Fl. As. Med. 8: 31, 1986; 树木学(北方本), 462, 1997; 中国树木志, 4: 4403, 图2347: 3 ~ 4, 2004.

乔木,高约10m。树冠圆形,树皮灰褐色,纵裂。冬芽暗棕色。小枝棕色或淡红棕色。小叶3~5对(少6对),光滑无毛,卵圆形、披针形,边缘具不整齐齿牙,顶端具长尖,长2~5cm,宽14~4cm;小叶柄长4~10mm。花序侧生,无叶,短总状花序,发自上年生枝叶腋;花2~3枚轮生,无花萼和花

图282 水曲柳 Fraxinus mandschurica Rupr.

图283 新疆小叶白蜡 Fraxinus sogdiana Bunge

冠；雄蕊 2 枝，翅果狭窄、披针形，长 3～5cm，宽0.5～0.8cm，具宿存花柱；果核短于或等长于翅果之半。花期 6 月，果期 8～9 月。

产于巩留、尼勒克和伊宁等地，海拔 400～1500m，组成纯林或混交林。伊犁河谷有天然林。南北疆城镇多有栽培。青海、甘肃及东北等地也有引种。哈萨克斯坦、乌孜别克斯坦、吉尔吉斯斯坦、塔吉克斯坦等地也有。模式标本自哈萨克斯坦伊犁河谷及卡拉套山。

这是一个很独特的第三纪古地中海的残遗种。它是大乔木，小叶片细小而具较长柄，花两性，而又无花被，翅果较短，而翅又下延。它很像喜马拉雅西北—阿富汗南部和我国西藏西部的西藏白蜡(花椒叶白蜡) Fraxinus xantho-xyloides (G Don) DC，也很像中国的象蜡树 Fraxinus platypuda Oliv 和新象蜡树 Fraxinus xinopinata Lingesh，但这两种(或认为后者是前者的异名)都有花萼。它还有一个很近缘的种—Fraxinus dimorpha Coss et Durand，分布在摩洛哥、阿尔及尔。它们都是具有典型古地中海分布的分子。

(3) 连翘属 Forsythia Vahl

落叶灌木，枝中空或具片状髓。叶对生，单叶，稀三出复叶，有锯齿或全缘。花两性，单生或 1～8(10) 朵簇生叶腋，先叶开放；萼深 4 裂；花冠金黄色，4 深裂，裂片长于花冠筒；雄蕊 2；子房 2 室，每室 4～12 胚珠。蒴果 2 裂。种子多数，具窄翅。

8 种。分布地中海，西亚和东亚。中国 7 种；新疆引入 4 种。

分种检索表

1. 枝节间中空；单叶或三出复叶 ………………………………………………… 1. 连翘 Forsythia suspensa (Thumb.) Vahl
1. 枝节间具片状髓心；叶缘具锯齿。
　2. 叶长椭圆形，两面无毛 ………………………………………………… 2. 金钟花 Forsythia viridissima Lindl.
　2. 叶卵形或近卵形。
　　3. 叶两面无毛 ………………………………………………………… 3. 卵叶连翘 Forsythia ovata Nakai
　　3. 叶下面被毛 ……………………………………………………… 4. 东北连翘 Forsythia mandshurica Uyeki

1*. 连翘

Forsythia suspensa (Thunb.) Vahl；黑龙江树木志，478，1986；树木学 (北方本)，463，图 322，1997；中国树木志，4：4406，图 2348，1～3，2004。

灌木。枝开展，拱形下垂；小枝黄褐色，皮孔明显，髓中空，单叶或三出复叶，卵形或椭圆状卵形，长 3～10cm，宽 2～5cm，边缘具粗锯齿，无毛。花单生或多朵簇生；花萼裂片长 6～7mm；花冠黄色，长 1～2cm。蒴果卵圆形，长约 1～2.5cm，具长喙，疏生疣点状皮孔。花期 4～5 月，果期 7～9 月。

乌鲁木齐以及石河子、伊宁市等地引种栽培。产河北、山西、山东、河南、陕西、安徽、湖北和四川等地。北方早春观赏花木；果实入药，有清热解毒之效。

2*. 金钟花

Forsythia viridissima Lindl. in Journ. Hort. Soc. Lond. 1：226，1848；黑龙江树木志，479，图版 147：2～4，1986；树木学 (北方本)，463，1997；中国树木志，4：4407，图版 2348：4～6，2004。

灌木，高达 3m；皮灰褐色；枝圆筒形，直立或斜展，嫩枝淡绿色，皮孔明显，髓心片状，萌发枝常呈拱形，先端常中空。单叶对生，长椭圆形、披针形或倒卵状长椭圆形，长 3.5～15cm，宽 1～4cm，基部楔形，上半部长具不规则锯齿，稀近全缘中脉和侧脉在上面凹下；叶柄长 0.6～1.2cm，花 1～3(4) 朵生于叶腋；花梗长 3～7mm；花萼长 3.5～5mm，裂片绿色，卵形，长 2～4mm，具睫毛，花冠深黄色，花冠管长 5～6mm，裂片长圆形，内面基部具橘黄色条纹，反卷；雄蕊长 3.5～5mm 或 6～7mm，雌蕊长 5.5～7mm 或长约 3mm，蒴果卵圆形或宽卵圆形，长 1～1.5cm，先端喙状渐尖，具皮孔；果柄长 3～7mm，花期 4～5 月，果期 8～10 月。

乌鲁木齐、昌吉、石河子等地引种。开花结实，生长良好，可大力发展。经济价值及繁殖方法同连翘。

3. 卵叶连翘

Forsythia ovata Nakai in Tokyo Bot. Mag. 31：104，1917；Man. Cult. Trees and Shrubs ed. 2：76，1940；黑龙江树木志，479，图版 147：2～4，1986；中国树木志，4：4408，图 2350：1～2，2004。

直立或攀援灌木，枝无毛，密生疣点皮孔，小枝淡棕色，四棱形，被短绒毛。

灌木，枝条开展，小枝无毛，具片状髓心。叶革质，卵形、阔卵形或近圆形，长 4～7cm，宽 3～6.5cm，先端尖，基部宽楔形，平截或圆，稀浅心形，边缘具锯齿，有时近全缘，两面无毛。花单生，花梗长 2～4mm；花萼绿或紫色。蒴果卵圆或椭圆状卵圆形，长 0.7～1.5cm，先端喙状渐尖，皮孔不明显，果柄长约 5mm，花期 4～5 月，果期 8～9 月。

原产朝鲜半岛，乌鲁木齐及昌吉、石河子、伊宁等引种，东北各地引种。

4. 东北连翘

Forsythia mandshurica Uyeki in Journ. Chosen. Nat. Hist. Soc. 9：2，1929；Man. Cult. Trees and Shrubs ed. 2：773，1940；黑龙江树木志，478，图 147：1，1986；中国树木志，4：4408，图 2350：3～5，2004。

灌木，皮灰褐色。枝直立或斜上，幼枝淡黄色，有棱，无毛，髓呈薄片状。芽黄褐色，卵形，芽鳞多数，具睫毛。叶纸质，卵形、椭圆形或近圆形，长 6～12cm，宽 3.5～7cm，先端锐尖，或短尾状渐尖，基部楔形至圆形，上面绿色，无毛，下面深绿色，疏被短柔毛，沿中脉的中下部尤密，边缘具不整齐锯齿，近基部全缘，叶柄长约 8～12mm，疏生短柔毛。花腋生黄色，先叶开放，萼 4 深裂，裂片卵圆形，先端钝，有睫毛，花冠 4 裂，长约 15～20mm，宽约 5mm，裂片长圆形或披针形，先端有齿；雄蕊 2，着生花管基部，雌蕊长约 3.5mm。蒴果 2 瓣裂。种子有翅。花期 4～5 月，果期 7～8 月。

乌鲁木齐及昌吉、石河子、奎屯、伊宁等地引种。分布于东北各地。模式标本自辽宁省凤凰山一带，为春季庭院观赏树种。

（4）丁香属 **Syringa** Linn.

落叶灌木或小乔木；冬芽卵形，芽鳞数枚，顶芽常缺。单叶对生，具柄，全缘，稀有时分裂，稀为羽状复叶。花两性，组成顶生或侧生圆锥花序，生于上年小枝上；花萼小，钟形，4 浅裂，宿存；花冠 4 裂，漏斗形或钟形，或高脚碟形，具管；雄蕊 2，伸出或藏于花管内，柱头 2 裂；子房上位，2 室。蒴果，果皮革质，室背开裂，每室含 2 种子。种子具翅。

约 40 种，主产亚洲，我国产 27 种。主产西南和黄河流域以北。新疆均为引入栽培种。

分种检索表

1. 花冠紫、红、粉红或白色；花药全部或部分藏于管内，稀有全部伸出 …………………………… 2
1. 花冠白色，花冠筒与花萼近等长或稍长；花丝伸出花冠筒外 ………………………………………… 12
　2. 圆锥花序顶生，叶下面多少被毛 ………………………………………………………………………… 3
　　3. 花冠筒圆筒形，裂片开展，淡紫红至近白色 …………………………… 1*. 红丁香 **S. villosa** Vahl
　　3. 花冠漏斗形。裂片直立，淡蓝紫色 ……………………………… 2*. 辽东丁香 **S. wolfii** Schneid.
　2. 圆锥花序侧生。
　　4. 单叶全缘 ……………………………………………………………………………………………… 5
　　4. 羽状复叶或单叶有 3 叶，或羽状裂片 ……………………………………………………………… 10

    5. 叶背被毛，果具疣状皮孔 ·· **6**

    5. 叶背无毛，果皮平滑 ·· **8**

      6. 花冠蓝紫色，叶基楔形 ·· **3***. 蓝丁香 **S. meyeri** Schneid.

      6. 花冠紫色或淡紫色；叶基宽楔形或近圆形。

        7. 花序轴、花梗、花萼被柔毛；叶较小，长 1~3(4)cm，近圆形、广卵圆形至椭圆状卵形 ············
        ·· **4***. 小叶丁香 **S. microphylla** Diels

        7. 花序轴、花梗、花萼无毛；叶较大，长 3cm 以上，广卵圆形或卵形，背面沿脉具灰白色短柔毛 ····
        ·· **5***. 毛叶丁香 **S. pubescens** Turcz.

        8. 叶卵状披针形或卵形，长 2~6cm，宽 1~3cm，基部楔形至圆形
    ·· **6***. 什锦丁香 **S. chinensis** Willd.

        8. 叶卵圆形、阔卵形，基部截形或微心形。

          9. 叶卵形、阔卵形或长卵形，长大于宽，基部圆形或宽楔形 ········ **7***. 欧洲丁香 **S. vulgaris** Linn.

          9. 叶阔卵形，宽大于长，基部微心形 ··············· **8***. 紫丁香 **S. oblata** Lindl.

          10. 叶为羽状复叶，小叶 7~9 ············· **9***. 羽叶丁香 **S. pinnatifolia** Hemsl.

          10. 单叶偶有 3 裂或羽状裂，或大部为羽状深裂。

            11. 叶全缘，偶有 3 裂或羽状裂 ··········· **10***. 花叶丁香 **S. persica** Linn.

            11. 叶大部或全部为羽状深裂 ··········· **11***. 裂叶丁香 **S. laciniata** Mill.

              12. 叶厚纸质，上面叶脉凹下；蒴果顶端常钝或尖，凸尖 ·············
          ··· **12***. 暴马丁香 **S. amurensis** Rupr.

              12. 叶纸质，上面叶脉平；蒴果顶端尖至长渐尖 ········· **13***. 北京丁香 **S. pekinensis** Rupr.

1*. 红丁香

Syringa villosa Vahl Enum Pl. 1：38，1804；Man. Cult. Trees and Shrubs ed. 2：779，1940；Фл. CCCP，18：504，tab. 25，fig. 3，1952；中国树木分类学，1046，1953；东北木本植物图志，472，图版 373，1955；黑龙江树木志 500，图版 154：4~6，1986；树木学(北方本)，464，1997；中国树木志，4：4414，图 2353：4~6，2004。

    灌木，高至 3m。小枝粗壮。叶椭圆形至长圆形，长 5~18cm，顶端尖，基部楔形，全缘，叶背被白粉，沿脉有柔毛。圆锥花序顶生，长 8~20cm；花冠淡紫红色至近白色，花管筒近圆筒形，长约 1.2cm，花冠裂片开展；花药黄色，位于喉部。蒴果顶端稍尖或钝。花期 5~6 月，果期 8~9 月。

    乌鲁木齐、昌吉、石河子、奎屯等地少量引种栽培。生长良好。中国特有种。分布于吉林、辽宁、内蒙古、河北、西北、陕西等地区。西北各省区多有栽培。珍贵观赏花木。

2*. 辽东丁香(中国树木分类学)

Syringa wolfii Schneid. in Fedde Repert Sp. Nov. 9：81，1910；Man. Cult. Trees and Shrubs ed. 2：778，1940；中国树木分类学，1043，图 925，1953；黑龙江树木志，502，图版 154：7~8，1986；树木学(北方本)，465，1997；中国树木志，4：4412，图 2353：1~3，2004。

    灌木，高可达 5m，树皮暗灰色；幼枝粗壮，圆柱形，灰色至灰褐色，具长圆形皮孔；芽大，广卵形，具多数芽鳞，中脉明显隆起，被灰白色短柔毛。单叶对生，椭圆形、长圆形或卵状长圆形，稀倒卵圆形，长(7)9~12cm，宽 4~7cm，先端突尖或短渐尖，基部阔楔形至圆形，上面绿色，无毛，下面淡绿色，沿脉疏生硬短毛，全缘，具睫毛；叶柄长 1~1.5cm，无毛或疏毛。圆锥花序顶生，长至 25cm，宽达 15cm，花序轴无毛或疏生短柔毛，花紫青色，芳香，花萼杯状，5 裂，裂片阔三角形或阔卵形，先端尖至圆截形，无毛或疏生毛；花冠漏斗形，长 1~1.5cm，径约 5~7mm，4 裂，裂片卵形，雄蕊 2，花丝极短，子房卵形，花柱细长，柱头 2 裂。蒴果长圆形，长 1.3~1.5cm，粗约 5mm，先端钝至锐尖，平滑或有疏疣状突起。花期 6 月，果期 8~9 月。

    乌鲁木齐、昌吉、石河子、伊宁等地引种栽培，生长良好。分布于吉林、辽宁、河北、山西等地区。模式标本自河北记载。

3*. 蓝丁香

Syringa meyeri Schneid. ; Man. Cult. Trees and Shrubs ed. 2：781，1940；中国树木分类学，1052，图935，1953；树木学（北方本），465，1997；中国树木志，4：4417，2004。

灌木。枝叶密生，幼枝淡紫色，被柔毛。叶椭圆状卵形，长2~4cm，侧脉2~3对，花序紧密，长3~8cm，花萼、花冠蓝紫色，花冠筒细长，长约1~5cm，裂片开展；花药暗紫色，位于花冠喉部2mm。蒴果长1~2cm，具瘤状突起。花期4~6月，第二次8~9月。

乌鲁木齐、昌吉、石河子、奎屯等地少量栽培。北京、西安等地栽培。树姿优美，甚富观赏。最初经麦依米（Meyeri）在北京京郊丰台发现。有待深入调查。

4*. 小叶丁香 四季丁香

Syringa microphylla Diels in Engl. Bot. Jahrb. 29：531，1901；Man. Cult. Trees and Shrubs ed. 2：780，1940；中国树木分类学，1051，图933，1953；黑龙江树木志，493，图版152：1~2，1986；树木学（北方本），465，1997；山东树木志，772，1984；中国树木志，4：4416，图2355：4~7，2004。

灌木。小枝、花序轴、花梗、花萼均紫色，被柔毛。叶卵形至近圆形，长1~3（4）cm，基部宽楔至圆形。花紫红色或淡紫红色，花冠筒近圆柱形。春秋两季开花，故名"四季丁香"。

乌鲁木齐、昌吉、石河子等地引种。产河北西南部、山东、山西、河南、湖北、陕西、宁夏、甘肃、青海等地区。北方习见栽培，为优质观赏花木。

5*. 毛叶丁香 玲珑花

Syringa pubescens Turcz. in Bull. Soc. Nat. Mosc. 13：73，1840；Man. Cult. Trees and Shrubs ed. 2：781，1940；中国树木分类学，1051，图934，1953；山东树木志，772，1984；黑龙江树木志，496，图版154：1~3，1986；树木学（北方本），465，1997；中国树木志，4：4415，图2355：1~3，2004。

灌木，高达4m，树皮灰褐色。小枝微有四棱，无毛或微毛。叶卵形、椭圆状卵形或菱状卵形，长3~8cm；顶端锐尖，基部阔楔形或近圆形，背面被柔毛，沿脉尤密。花序常侧生，长5~12cm；花序轴、花萼无毛；花冠紫色或淡紫色；花药紫色。蒴果长8~14mm，顶端钝，果皮具疣状突起。花期5~6月，果期8~9月。

乌鲁木齐、昌吉、石河子、奎屯等地引种。产辽宁、河北、山西、河南、陕西、甘肃等地区。喜光喜排水良好、疏松、湿润、肥沃土壤。花繁色艳，芳香宜人，丁香珍品。

6*. 什锦丁香

Syringa chinensis Willd. Berlin Baumz, 378，1796；中国树木分类学，1056，图939；1953；黑龙江树木志，490，图版150：4~5，1986；树木学（北方本），465，1997；中国树木志，4：4420，图2357：7，2004。

灌木，高可达5m。枝细长，开展，常弯曲，小枝无毛。叶卵状披针形或卵形，长2~6cm，基部楔形或近圆形，下面淡绿色；叶柄长0.5~1.5cm，无毛。圆锥花序直立，侧生，长4~12cm，径3~10cm；花序轴、苞片、花梗和花萼均无毛；花梗长2~5mm，花萼长约2mm；萼齿三角形；花冠紫或淡紫色，花冠筒细圆柱形，长约1cm，裂片卵形，直角开展，花药黄色。花期4~5月，果期8~9月。

乌鲁木齐、昌吉、石河子、奎屯等地引种。原产欧洲，黑龙江、辽宁有引种，多数学者认为是一种杂交种。但亲本意见不一。有白花什锦、淡红花什锦、重瓣什锦等。花美丽而芳香，是庭院珍贵观赏花木。

7*. 欧洲丁香 洋丁香 图284 彩图第54页

Syringa vulgaris Linn. Sp. Pl. 9，1753；Man. Cult. Trees and Shrubs ed. 2：781，1940；Фл. CCCP，18：506，1952；中国树木分类学，1054，图937，1953；山东树木志，772，1984；黑龙江树木志，501，图版150：6~7，1986；树木学（北方本），466，1997；中国树木志，4：4419，

图 284　欧洲丁香 Syringa vulgaris Linn.
1. 花枝　2. 花冠

图 285　紫丁香 Syringa oblata Lindl.
1. 果枝　2. 花冠　3. 果

图 2357：3 ~ 6，2004。

灌木或小乔木，高至 7m。小枝、叶柄、叶两面、花序轴、花梗和花萼均无毛或被腺毛。后秃净无毛。叶卵形、宽卵形或长卵形，长 3 ~ 13cm，基部平截，宽楔形或微心形；叶柄长约 2cm。圆锥花序近直立，侧生，长 10 ~ 20cm；花梗长 0.5 ~ 2mm；花萼齿尖；花冠紫或淡紫色，花冠筒细圆柱形，长约 0.6 ~ 1cm，裂片椭圆形、卵形或倒卵形，直角展开；花药黄色。蒴果倒卵状椭圆形、卵圆形或长椭圆形，长 1 ~ 2cm，先端渐尖，光滑，有光泽，褐色。花期 4 ~ 5 月，果期 7 ~ 8 月。

乌鲁木齐、昌吉、石河子、伊宁、察布查尔、巩留、新源、特克斯、阿克苏、库尔勒、喀什、莎车、叶城、和田等地均有栽培。原产东南欧，我国东北、华北、西北各地区多有栽培。有白花、紫花、淡紫花、蓝花、重瓣等变种及品种。

8*. 紫丁香　图 285

Syringa oblata Lindl. in Gard. Chron. 1850：868，1850；Man. Cult. Trees and Shrubs ed. 2：781，1940；中国树木分类学，1053，图 936，1953；山东树木志，768，图 771，1984；黑龙江树木志，494，图版 151：3 ~ 6，1986；树木学（北方本），466，图 323，1997；中国树木志，4：4418，图 2357：1 ~ 2，2004。

灌木或小乔木，高可至 5m，树皮暗灰褐色，浅沟裂。幼枝粗壮，淡灰色，无毛；2 年生枝黄褐色或灰褐色，具散生皮孔。冬芽球形，褐色，具多数芽鳞，无毛。单叶对生，厚纸质至革质，宽卵形至肾形，常宽大于长，长 4 ~ 9cm，宽 4 ~ 10cm，先端短渐尖，基部心形、圆截形至阔楔形，上面暗绿色，平滑，有光泽，下面淡绿色，两面无毛，全缘；叶柄长 1 ~ 3cm，无毛。圆锥花序自侧芽生出，长至 20cm，宽达 10cm，花大，紫红色；花萼 4 浅裂，裂片狭三角形至披针形，无毛；花冠 4 裂，花冠管细管状；雄蕊 2，着生于花冠筒中上部；子房卵形，花柱细长；花柄长约 2mm。蒴果长圆形，长约 1 ~ 5cm，先端渐尖，长嘴状；平滑，无疣点突起。花期 5 月，果期 8 ~ 9 月。

乌鲁木齐、昌吉、石河子、奎屯、伊宁等北疆城镇多有引种。生长良好。产东北、华北、西北(除新疆)、西南各地区。国外在朝鲜也有。模式标本自中国。栽培历史悠久,优良园艺品繁多。

9*. 羽叶丁香

Syringa pinnatifolia Hemsl.;中国树木分类学,1057,图940,1953;树木学(北方本),466,1997;中国树木志,4:4421,图2358:4~5,2004。

灌木,高至3m。叶为羽状复叶,长4~8cm,小叶7~11枚,无毛。花序侧生,长3~7cm;花白色,具紫斑,裂片反卷。蒴果四棱形或长卵形,长0.8~1.5cm,皮孔不明显。花期4~5月,果期8~9月。

乌鲁木齐植物园少量引种,生长良好。产于内蒙古西部和宁夏东部的贺兰山区、陕西、甘肃、青海、四川西部也有,生高山河谷、林缘、灌丛。华北及西北各地多有栽培,中国特有种。

10*. 花叶丁香 波斯丁香

Syringa persica Linn.;中国树木分类学,1055,图938,1953;树木学(北方本),466,1997;中国树木志,4:4420,2004。

灌木,高至2m,小枝无毛。叶椭圆形、长圆状椭圆形至披针形,长1.5~6cm,宽0.8~2cm,全缘,稀具1~2小裂片。花淡紫或白色;花药淡黄色。蒴果四棱形,长约1cm。

喀什、莎车、和田等地公园少量栽培。产甘肃、四川和西藏。北方各地区多有栽培。国外在伊朗和印度也有。模式标本可能自伊朗。

11*. 裂叶丁香(变种)

Syringa persica var. **laciniata**(Mill.)West;Man. Cult. Trees and Shrubs ed. 2:782,1940;中国树木分类学,1056,1953;树木学(北方本),466,1997;中国树木志,4:4421,2004。

跟花叶丁香很近似,但叶全部或大部分3~9裂,矮小而花序较小。

喀什、莎车、叶城、和田等城市公园少量栽培。产青海、甘肃等地。中国特有种,北方各城市多有栽培。

12*. 暴马丁香

Syringa amurensis Rupr. in Bull. Phys-Math Sci. St. Petersb. 15:371,1857;Фл. СССР,18:517, tab. 26, fig. 4, 1952;Man. Cult. Trees and Shrubs ed. 2:783,1940;中国树木分类学,1041,图423,1953;山东树木志,768,图769,198;黑龙江树木志,499,图版153:4~6,1986;树木学(北方本),467,1997;中国树木志,4:4422,图2359:1~2,2004。

灌木或小乔木,高达10m,胸径至20cm;树皮紫灰色或紫灰黑色,具细裂纹;枝条淡紫色,有光泽,皮孔灰白色;芽小,卵形,褐色具多数芽鳞,具睫毛。单叶对生,卵形或广卵形,稀卵状披针形,厚纸质至革质,长5~10cm,宽3~5cm,先端突尖或短渐尖,基部通常圆形,稀阔楔形,上面绿色,叶脉明显凹下,具皱褶,下面淡绿色,叶脉明显隆起,网状,两面无毛,全缘,叶柄长1~2cm,圆锥花序大而疏,长10~15cm,果期可至25cm,常侧生,顶芽缺;花白色;花萼4浅裂,裂片宽三角形,长约2mm,花冠4裂,裂片卵状长圆形,长4~5mm,宽3~4mm;花冠筒较萼稍长;雄蕊2,花丝伸出花冠外,子房卵圆形,花柱细长;花柄长1~2mm。蒴果长圆形,先端钝,长1.5~2cm,宽5~8mm,具疣点突起,2室,每室2种子。种子周围具翅。花期6月,果期9~10月。

乌鲁木齐、昌吉、石河子、奎屯、伊宁、库车、库尔勒、喀什等南北疆城市多有栽培,生长良好。我国东北、华北、西北及华中各省;朝鲜、日本、俄罗斯远东地区也有。模式标本自俄罗斯、远东阿穆尔地区。新疆珍贵城市绿化树种。

13*. 北京丁香

Syringa pekinensis Rupr. in Bull. Petersb. 15:371,1857;中国树木分类学,1040,图922,1953;Man. Cult. Trees and Shrubs ed. 2:782,1940;山东树木志,768,1984;黑龙江树木志,496,图版153:1~3,1986;树木志(北方本),466,1997;中国树木志,4:4422,图2359:3~

5，2004。

灌木至小乔木，高至8m，胸径至50cm。叶长卵形或卵形，长3~10cm，宽2~4cm，顶端长渐尖，基部楔形至圆形，纸质，叶面平坦，大型圆锥花序；花冠筒很短，与萼等长或稍长，花丝细长，伸出花冠外，花药黄色。蒴果长圆形，长1.8~2cm，顶端钝尖或长渐尖，花期6~7月，果期8~9月。

乌鲁木齐市少量引种栽培，生长良好。产河北、河南、山西、陕西、甘肃等省。模式标本采自北京，珍贵城市园林绿化树种。

（5）女贞属 Ligustrum Linn.

灌木或小乔木，落叶或常绿。单叶，对生，全缘。花两性，组成聚伞圆锥花序，顶生稀侧生；花萼钟形，4裂；花冠筒短有时较长；花冠4裂；雄蕊2；子房2室，每室2胚珠。浆果状核果，内果皮膜质或纸质，果黑色或蓝黑色。

约45种，分布于亚洲、欧洲及澳大利亚。中国约29种；新疆仅引入栽培。

分种检索表

1. 花冠筒与裂片近等长或较短；叶薄革质，长1.5~5cm，宽0.5~2cm，顶端钝或微凹，边缘微反卷；小枝被短柔毛 ……………………………………………………………………… 2*. 小叶女贞 L. quihoui Carr.
1. 花冠筒长于裂片2倍或更长，叶纸质，长圆形，长圆状披针形，长1.5~2.2cm，顶端钝圆或具小尖头，基部楔形，下面被短柔毛；顶生圆锥花序。果宽椭圆形。黑色 ………… 1*. 水蜡树 L. obtusifolium Sieb. et Zucc.

1*. 水蜡树

Ligustrum obtusifolium Sieb. et Zucc. —；中国树木分类学，1028，图912，1953；山东树木志，784，1984；黑龙江树木志，487，1986；树木学（北方本），469，1997；中国树木志，4：4491，图2398，2004。

落叶灌木或小乔木，幼枝被柔毛。叶纸质，长圆形、长圆状披针形，长3~8cm，宽1.5~2.5cm，先端钝或尖，基部楔形，上面有柔毛或无毛，下面有柔毛，沿中脉尤密，侧脉3~5对，叶柄长1~2mm，被毛。圆锥花序顶生，长1.5~4cm，径1.5~3cm，花密集；花序轴被毛，花梗长约2mm，被柔毛，花萼长1~2mm，被柔毛；花冠筒长于雄蕊伸出。核果宽椭圆形，长5~8mm，径4~6mm，黑色。花期5~6月，果期8~10月。

乌鲁木齐、昌吉、石河子、奎屯、伊宁等地引种，生长良好，分布于黑龙江、辽宁、山东、江苏、安徽、江西、湖南、陕西、甘肃等地区。日本、朝鲜半岛也有。模式标本自山东记载。

2*. 小叶女贞

Ligustrum quihoui Carr. in Rev. Hort. Paris, 1869：377，1859；中国树木分类学，1027，图911，1953；山东树木志，780，图783，1984；树木学（北方本），470，1997；中国树木志，4：4480，2004。

落叶或半常绿灌木。小枝被短柔毛。叶椭圆形至倒卵状矩圆形，长1.5~5cm，宽0.5~2cm，顶端钝微凹，边缘微反卷。花冠裂片与花冠筒近等长。果实宽椭圆形或倒卵形，长5~9mm，紫黑色。花期7~8月，果期9~10月。

乌鲁木齐、昌吉、石河子、奎屯、伊宁等地少量引种。分布于甘肃、陕西、河北、山东、江苏、安徽、浙江、江西、河南、湖北、湖南、广西、贵州、四川、云南、西藏等地区。北方常见栽培。

（6）素馨花属 Jasminum Linn.

落叶或常绿，直立或攀援状灌木。叶对生，互生稀轮生，三出复叶或奇数羽状复叶。花两性，组成聚伞花序，伞房花序稀单生；花萼钟形，顶端齿裂；花冠黄色、白色，稀粉红色，4~12裂，雄蕊内藏；子房2室，每室1~2胚珠，浆果常有2裂，有时仅发育1个果。

约300种，分布于东半球热带和亚热带。中国产47种；新疆仅引入2种栽培。

<h3 style="text-align:center">分种检索表</h3>

1. 复叶对生，小叶3，叶前开花 ·· **1. 迎春花 J. nudiflorum** Lindl.
1. 复叶互生；叶后开花。
　2. 小叶3(偶5)；萼齿与萼筒近等长 ··· **2. 探春花 J. floridum** Bunge
　2. 小叶3~7；萼齿短于萼筒 ·· **3. 矮探春 J. humile** Linn.

1*. 迎春花

Jasminum nudiflorum Lindl. in Journ. Hott. Soc. London，1：153，1846；中国树木分类学，1033，图917，1953；山东树木志，787，图789，1984；树木学(北方本)，471，图328，1997；中国树木志，4：4444，图2369：1~2，2004。

落叶灌木，高至4m。枝条细长，下部直立，上部拱形弯曲，稍4棱，光滑无毛。复叶对生，小叶3，卵形至长圆状卵形，长1~3cm，先端具小锐尖，基部楔形，边缘具短睫毛，下面无毛；叶柄长0.5~1cm。花单，黄色，径2~2.5cm，生上年枝叶腋，先叶开花；苞片狭长；萼片5~6，条形或长圆状披针形，长约2mm，与萼筒等长或稍长；花冠筒长10~15mm，6裂，裂片倒卵形或椭圆形；花梗长约6mm。浆果，椭圆形，花期3~4月。

乌鲁木齐少量引种。北方各城市多有栽培，耐寒，耐旱，喜肥沃，扦插，分株。压条繁殖，花期早，早春观赏。

2*. 探春花

Jasminum floridum Bunge in Mem. Acad. Sci. Petersb. Sav. Etrang. 2：116，1833；中国树木分类学，1034，图918，1953；山东树木志，790，图791，1984；树木学(北方本)，471，1997；中国树木志，4：4443，图2368：5~6，2004。

半常绿灌木，高1~3m。小枝光滑。叶对生，小叶3，偶5，无毛，仅边缘具睫毛，椭圆状卵形至卵状矩圆形，长约0.5~3.5cm，宽0.6~1.2cm，边缘反卷，先端凸尖，基部楔形，中脉在上面凹下，下面隆起，侧脉明显。顶生聚伞花序，后叶开花；萼裂片细长，披针形或钻形，与萼筒等长；花冠黄色，径约1.5cm，花冠筒长9~12mm，裂片5，卵形，先端尖，长4~6mm；花柱顶端弯曲。浆果，椭圆形或近球形。花期5~6月。

乌鲁木齐市植物园少量引种。产甘肃、陕西、河南、山东、湖北、四川等省。北方珍贵观赏花木。

3*. 矮探春

Jasminum humile Linn. Sp. Pl. 7，1753；中国树木分类学，1035，1953；山东树木志，790，图792，1984；中国树木志，4：4442，图2368：3~4，2004。

半常绿灌木，高可达3m。小枝圆柱形，被柔毛。奇数羽状复叶，互生，3小叶或5小叶，偶有7小叶，小叶近革质，卵形、椭圆形、长圆形或卵状披针形，长1.5~3cm，先端尖或渐尖，基部楔形或阔楔形，上面暗绿色，下面苍绿，沿边缘和中脉被柔毛。顶生聚伞花序，后叶开花；花梗长3~20mm；花萼无毛或近无毛；萼裂片三角形或钻形，长约1mm；花冠黄色，花冠筒长8~17mm，裂片长6~7mm。浆果椭圆形，熟时紫黑色，花期4~7月，果期6~10月。

乌鲁木齐、石河子等地少量引种栽培，分布于甘肃、四川、贵州、云南、西藏以及伊朗、阿富汗、缅甸以及喜马拉雅山区也有分布。山东各城市公园均有栽培。

唇形超目——LAMIANAE

XLIX. 玄参目——SCROPHULARIALES

草本或木本。叶对生，轮生稀互生，单叶或复叶；托叶常缺。花冠合瓣，二唇形或辐射对称，花被5数或4数；雄蕊4或2；子房上位稀半下位，不裂，2~4室，每室(1)2至多胚珠，单珠被，薄珠心。蒴果或核果和翅果，种子有或无胚乳。

15科，中国12科，新疆木本仅有2科。

66. 玄参科——SCROPHULARIACEAE Juss.，1789

木本或草本。单叶，互生，对生或轮生，无托叶。花两性，组成各种花序，花萼4~5裂，常宿存；花冠合瓣，4~5裂，二唇形或辐射对称，雄蕊常4枚，2长2短，子房上位，2室，具少数至多数胚珠。蒴果，稀浆果，种子含胚乳。

20属3000余种，分布全球，中国57属，引入3属，南北均有分布，新疆木本仅1属。

(1) 泡桐属 Paulownia Sieb. et Zucc.

新疆仅引入1种，特征同种。

1*. 毛泡桐

Paulownia tomentosa (Thunb.) Steud. Nomencl. Bot. 2：278，1841；东北木本植物志，492，图版157：393，1955；中国高等植物图鉴，4：12，图5437，1975。

乔木，高至15m，胸径达100cm，树冠宽卵形，树皮灰褐色，浅裂。幼枝被腺毛。叶阔卵形或卵形，长20~30cm，宽15~28cm，顶端渐尖或锐尖，基部心形，全缘或3~5浅裂，叶背部被腺毛及分枝状毛。花序宽大，花萼裂至萼筒中部；花冠紫色，长5~7cm。蒴果卵圆形，长3~4cm，径2~3cm，果皮薄。种子长3~4cm，花期4~5月，果期8~9月。

喀什至和田各县引种栽培，尤以莎车为多，生长良好。主产黄河流域，北方各省普遍栽培。朝鲜、日本早有栽培。是本属最耐寒的一种。木材具有较强的隔热防潮性，耐腐蚀，导音好，供乐器、航模、胶合板、家具等用材，根、花、叶入药，有散淤消肿，止痛祛风，化腐生肌等功效。

67. 紫葳科——BIGNONIACEAE Juss.，1789

木本，稀草本。羽状复叶，稀单叶，对生，轮生稀互生。花单生或组成圆锥或总状花絮，花两性；花萼2~5裂，花冠合生，钟形或漏斗形，4~5裂，二唇形；雄蕊与花冠裂片同数而互生，常4枚，稀2枚，具花盘，子房上位，2室或1室，中轴胎座或侧膜胎座，胚珠多数。蒴果，稀浆果。种子无胚乳。

100属800余种，产热带、亚热带，少数至温带，中国引入22属49种，新疆木本2属。珍贵观赏树种。

分属检索表

1. 乔木，单叶全缘；花淡黄色或洁白色，蒴果细长，种子两端具绒毛 ·························· **(1)梓树属 Catalpa** Scop.
1. 藤本，羽状复叶，小叶有粗锯齿，花大，红色或橙红色，蒴果，由隔膜上分裂为2果瓣，种子多数，具半透明膜质翅 ·········· **(2)凌霄属 Campsis** Lour.

(1) 梓树属 Catalpa Scop.

落叶乔木。单叶对生，稀3枚轮生，叶下面脉腋常具紫色腺点，花两性组成顶生圆锥花序，伞房花序或总状花序，花萼2唇形或不规则开裂；花冠钟状，二唇形，上唇二裂，下唇3裂；能育雄蕊2枚，内藏，生花冠基部，退化雄蕊存在；花盘明显；子房2室，具多数胚珠，蒴果长柱形，2瓣裂，果瓣薄而脆；隔膜纤细，圆柱形，种子多列，圆形，两端具束毛。

13种，分布于东亚和美洲。我国5种1变种，新疆引入3种。

分种检索表

1. 花淡黄色或洁白色。
  2. 淡黄色；花冠喉部具2黄色条纹及紫色细斑点，叶阔卵形，下面沿脉有毛，蒴果线形，长20～30cm，下垂…… 1*. 梓树 **C. ovata** G. Don
  2. 花洁白色；花冠喉部具2黄色条纹及紫色细斑，叶卵状长圆形，下面密被短柔毛，蒴果圆柱形，黑色长30～35cm，宽10～20mm …………………………………… 2*. 黄金树 **C. speciosa**(Warder ex Barney) Engelmann
1. 花淡红色至淡紫色，叶三角状卵心形，下面无毛；蒴果线形，长25～45cm，宽约6mm ……… 3*. 楸树 **C. bungei** C. A. Mey.

1*. **梓树**(植物名实图考) 图286 彩图第55页

Catalpa ovata G. Don. Syst. Gard. Bot. 4：230，1837；中国树木分类学，1111，图1000，1953；中国植物志，69：43，图版5：1～3，1990；树木学(北方本)，473，图330，1997；中国树木志，4：4701，图2553：1～3，2004。

乔木，高达15m，胸径达100cm，树冠宽卵形，树皮灰褐色，浅裂。嫩枝被短毛。叶宽卵形，长10～25cm，顶端急尖，基部心形，全缘或中部以上3～5裂，下面沿脉有柔毛，基部脉腋有紫斑，花冠淡黄色，有紫斑，蒴果线形，下垂，长20～30cm，粗5～7mm。种子长椭圆形，长6～8mm，宽约3mm，两端具开展长毛。花期4～6月，果期9～11月。

南北疆城镇引种栽培，分布长江以北地区，日本也有。多栽培，野生者已不可见。

喜光，喜温暖，喜深厚湿润土壤，抗SO_2、Cl_2和烟尘等有害气体，种子繁殖。

2*. **黄金树**(中国树木分类学)
彩图第55页

Catalpa speciosa (Warder ex Barney) Engelmann in Bot. Gaz. 5：1，1880；Rehd. Man. Cult. Trees and Schrubs，791，1927；中国树木分类学，1113，1953；中国高等植物图鉴，4：103，图5620，1975；中国植物志，

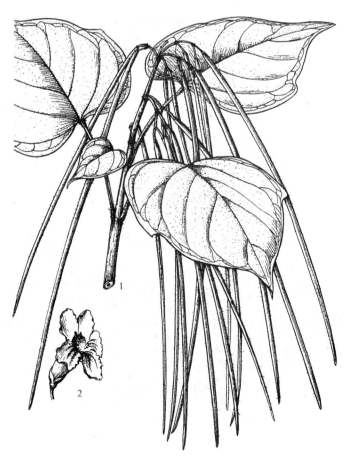

图286 梓树 Catalpa ovata G. Don.
1. 果枝 2. 花

69：16，1990；树木学(北方本)，474，1997；中国树木志，4：4703。

乔木，高至10m。叶长卵形，长15~30cm，全缘，稀1~2浅裂，上面无毛，下面密被毛，基部腺腋有绿色腺斑，叶柄长10~15cm。花白色，内有黄色条纹及紫色斑点。蒴果粗短，长20~55cm，径1~2cm，果片宽约1cm。种子连翅长4~5mm，宽6mm，两端具白色丝毛。花期5~6月，果期8~9月。

原产北美，南北疆城镇多有引种栽培。是珍贵园林绿化树种。华北、华南至西南各地亦有。

3*. 楸树

Catalpa bungei C. A. Mey. in Bull. Acad. Sci. St. Petersb. 2：49，1837；中国树木分类学，1112，1953；中国高等植物图鉴，4：102，图5618，1975；中国植物志，69：16，1990；树木学(北方本)，474，1997；中国树木志，4：4703，图2554，2004。

乔木，高达30m，胸径60cm，树冠狭长，树皮灰褐色，小枝无毛，叶三角状卵形，长6~15cm，顶端尾尖，基部截形或微心形，全缘或中下部有1~2浅裂，两面无毛，下面脉腋具紫斑，总状花序，顶生，呈伞房状，花萼2裂，花冠粉红色至白色，内有紫斑，蒴果线形，长25~45cm，宽约6mm，种子长椭圆形，长约1cm，两端生长毛。花期5~6月，果期6~10月。

伊宁市少量引种，常混入梓树中，生长良好。产河北、河南、山东、陕西、山西、甘肃、江苏、浙江、湖南等地。华南及西南地区有栽培。模式标本采自北京郊区。

（2）凌霄属 Campsis Lour.

落叶木质藤本，茎具气根。叶对生，奇数羽状复叶，小叶有锯齿。顶生聚伞花序或圆锥花序，花萼钟状，革质，5齿；花冠漏斗状，二唇形，5裂；雄蕊4，2长2短；子房2室。蒴果长如豆荚。种子多数，具膜质翅。

2种，1种产北美，另1种产我国和日本。

分种检索表

1. 小叶7~9枚，叶下面无毛；花萼5裂至中部；裂片披针形 ·············· 1*. 凌霄 C. grandiflora (Thunb.) Schum.
1. 小叶9~11枚，叶下面被毛；花萼5浅裂，裂片短，三角形 ·············· 2*. 美国凌霄 C. radicans(L.) Seem.

图287　凌霄 Campsis grandiflora (Thunb.) Schum.

1*. 凌霄　图287

Campsis grandiflora (Thunb.) Schum. in Engler. u. Prantl. Nat. Pflanzenfam, 4(36)：230，1894；中国树木分类学，1115，图1005，1953；中国高等植物图鉴，4：104，图5621，1974；中国植物志，69：33，图版1：1~3，1990；树木学(北方本)，475，图331，1997；中国树木志，4：4711，2004。

攀援藤本，茎木质，以气生根攀附于它物之上。叶对生，奇数羽状复叶；小叶7~9枚，卵形至卵状披针形，顶端尾状渐尖，基部阔楔形，两侧不对称，长3~6(9)cm，宽1.5~3(5)cm，两面无毛，边缘有粗锯齿；叶轴长4~13cm，小叶柄长约5(10)mm。

顶生圆锥花序，花序轴长 15~20cm；花萼钟形，长 3cm，分裂至中部，裂片披针形，长约 1~5cm，花冠内面鲜红色，外面橙黄色，长约 5cm，裂片半圆形，雄蕊生花筒近基部，花丝线形，长 2~2.5cm，花药黄色；花柱线形，长约 3cm，柱头扁平，2 裂。蒴果顶端钝，花期 6~8 月。

乌鲁木齐引种栽培，生长良好，花大，火红，甚富观赏。产长江流域各地，以及河北、山东、河南、陕西、福建、广东、广西等地，台湾也有栽培；日本也有分布，越南、印度、巴基斯坦也有栽培。

性喜湿润环境。用压条、扦插及分根等繁殖。

2*. 美国凌霄(中国树木分类学)

Campsis radicans(L.)Seem. in Journ. Bot. 5：372，1867；中国树木分类学，1115，1953；中国植物志，69：34，1990，树木学（北方本），475，1997；中国树木志，4：4713，2004。

藤本，长达 10m。小叶 9~11 枚，椭圆形或卵状椭圆形，长 3.5~6.5cm，先端尾尖，基部楔形，具齿，下面淡绿色，被毛，或仅沿脉被毛。花萼长约 2cm，5 浅裂，裂齿卵状三角形，微外卷；花冠筒细长，漏斗状，橙色至鲜红色，长 6~9cm，径约 4cm。蒴果长圆柱形，长 8~12cm，顶端具喙尖。花期 6~8 月。

乌鲁木齐四宫种苗场少量引种栽培。生长良好，原产北美，我国南北各地引种。

L. 马鞭草目——VERBENALES

草本至亚灌木，灌木，无毛或被单细胞毛。叶对生，稀轮生，互生，全缘或浅裂。花成头状，总状花序，常具有色苞片和小苞片，两性至部分单性；花萼 5 裂，或两侧对称，花冠 5 裂，狭管状，二唇形，雄蕊，2 强，着生花冠筒上，子房上位，由二心皮组成，2~5 室，每室 1~2 胚珠。核果或蒴果。

31~36 属，1100 种广布热带至亚热带少数至温带。

吴征镒系统(2003)，中国产 5 科，新疆木本仅 2 科，即马鞭草科和牡荆科。

68. 马鞭草科——VERBENACEAE Jaume St-Hilaire，1805

草本至亚灌木，灌木。叶对生，稀轮生，互生，全缘或粗锯齿。花两性，两侧对称，常组成各式花序；花萼 4~5 裂，宿存；花冠 4~5 裂，与萼裂片同数，覆瓦状排列，雄蕊 4，2 强；子房上位，由 2~5 心皮组成。核果或蒴果。

分属检索表

1. 单叶对生，全缘或有锯齿，常具黄色腺点；花萼花冠 5 裂，二唇形，蒴果裂成 4 果瓣 ……………………………………………………………………………………………… (1)莸属 Caryopteris Bunge
1. 掌状复叶，小叶 3~7，稀单叶，对生；花冠二唇形，浅蓝色，蓝紫色，黄色或白色。核果近球形，为宿萼所包 …………………………………………………………………………… (2)牡荆属 Vitex Linn.

(1)莸属 Caryopteris Bunge

半灌木。单叶，对生，全缘或有锯齿，常有黄色腺点，聚伞花序顶生或腋生，稀单生，花萼 5 深裂，花冠 5 裂，二唇形；雄蕊 4，2 强，伸出花冠；子房不完全 4 室，每室 1 胚珠。蒴果，成熟时裂成 4 果瓣。

15 种，产亚洲东部和中部。中国 13 种；新疆产 1 种，引入 1 种。

1. 蒙古莸 图 288

Caryopteris mongholica Bunge，Pl. Mongh. China，28，1835；中国植物志，65(1)，196，图 10，

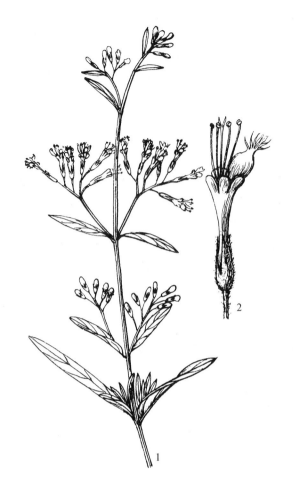

图 288　蒙古莸 Caryopteris mongholica Bunge
1. 花柱　2. 花萼花冠

1982；树木学（北方本），452，1997；中国树木志，4：4800，2004。

落叶小灌木，基部多分枝，嫩枝有毛，老枝秃净。叶厚纸质，条状披针形或条状长圆形，全缘，两面被绒毛；叶柄长约3mm。聚伞花序腋生，无苞片和小苞片；花萼5深裂，裂片长约1.5mm。外面密被灰白色绒毛；花冠蓝紫色，5裂，下唇中裂片流苏状；花冠筒内喉部具长柔毛；子房无毛；柱头2裂。蒴果椭圆形，无毛，果瓣具翅。花果期8~10月。

产巴里坤县。生荒漠至山地草原，灌丛，海拔1000~2000m。分布于河北、山西、陕西、内蒙古。蒙古也有。花和叶可提取芳香油，可栽培供观赏，全草入药，消食理气，祛风湿，活血化淤。

2*. 金叶莸

Caryopteris clandonensis = C. incana (Thunb.) Miq. × mongholica Bge. —；Man. Cult. Trees Shrubs ed. 2：806，1940。

叶卵状披针形至披针形，基部阔楔形，全缘或具三角形疏齿牙；花光亮蓝色，组成聚伞花序。

原产美国，由北京林业大学引进。乌鲁木齐县种苗场和宁夏林科院推广繁殖。新疆乌鲁木齐市各公园尤以乌鲁木齐市南湖广场多有栽培。开花结实，生长良好，有望选育出优良抗寒新品种，而丰富新疆城市园林绿化伟大事业。

69. 牡荆科 VITECACEAE A L de Jussieu，1789

乔灌木，亚灌木，叶对生至轮生，单叶或有时3~7小叶。花组成伞形花序，花辐射对称至两侧对称；花萼4~5裂至平截；雄蕊4，仅2枚能育，花粉单一，3沟稀5沟；子房2心皮，多少完全2室，每室分2小室，胚珠倒生或横生，稀直生。种子无胚乳，n＝12，15，16，18，23~26。

热带、亚热带广布，少数达温带，32属，400~800种，中国12属169种。新疆仅引入栽培1属。

牡荆属（荆条属）Vitex Linn.

灌木或小乔木。叶常为掌状复叶，稀单叶，对生。花小，两性，蓝紫色，蓝色，黄色或白色，组成圆锥花序或聚伞花序，顶生或腋生；花萼钟状，顶端具5齿或平截；花冠漏斗形，具5裂片，呈唇形，下唇中裂片较大；雄蕊4，二强，常伸出花冠外；子房2~4室，胚珠4；花柱2裂。核果球形或倒卵形，为宿萼所包。种子无胚乳。

250种，广布热带和亚热带，中国15种，新疆仅引入1变种。

1*. 荆条（中国高等植物图鉴）（变种）　图 289

Vitex negundo L. var. **heterophylla**（Franch.）Rehd. in Journ Arn. Arb. 28：258，1947；中国植

物志，65（1）：145，图 73，1982；树木学（北方本），453，图 314，1997；中国树木志，4：4779，2004。

灌木，高 1～2m。幼枝四棱形，老枝圆筒形，幼枝有微毛。掌状复叶具 5 小叶，有时 3，矩圆状卵形至披针形，长 3～7 cm，宽 0.7～2.5cm，先端渐尖，基部楔形，边缘有缺刻状锯齿，浅裂以至羽状深裂，上面绿色，光滑，下面被灰色绒毛；叶柄长 1.5～5cm，顶生圆锥花序，长 8～12cm，花小，蓝色，具短梗；花冠二唇形，长 8～10mm；花萼钟形，长约 2mm，先端具 5 齿，外被柔毛；雄蕊 4，二强，伸出花冠；子房上位，4 室，柱头 2 裂。核果径 3～4mm，包于宿萼内。花期 7～8 月，果期 9 月。

乌鲁木齐市植物园引种栽培。分布于辽宁、山西、山东、河南、安徽、陕西、甘肃、四川等地区。内蒙古亦有栽培，是珍贵城市园林绿化树种。开花结实，生长良好。

LI. 唇形目——LAMIALES

草本，半灌木，灌木，稀乔木。叶对生，轮生稀互生；无托叶。花冠合瓣，两侧对称，呈二唇状；雄蕊 4 或 2，稀 5；子房上位。坚果、核果或蒴果。

图 289　荆条 Vitex negundo L. var. **heterophylla** (Franch.) Rehd.

塔赫他间系统（1997）包括马鞭草目共 7 科，中国产 6 种；很混乱，吴征镒系统（2003）将马鞭草目分出另立，只剩 1 目 1 科。本志从吴征镒系统。

70. 唇形科——LAMIACEAE Lindley，1836

草本或半灌木，灌木。常含芳香油，茎及枝多为四棱形。叶对生、轮生，稀互生；无托叶。花两侧对称，稀辐射对称，花序各式；花萼常 5 裂，有时唇形，花萼宿存，萼内有时具毛环；花冠 5 裂，唇形，花冠筒常有毛环；雄蕊生于花冠筒上，4 或 2，离生，稀合生，稀在花冠上（后）面具退化雄蕊，花药 2 室，纵裂，花盘存在，雌蕊由 2 心皮合成。果实通常由 4 个小坚果组成，稀果皮肉质。种子含少量胚乳。

220 属 3500 余钟。广布全世界。中国 98 属 800 余种，全国广布；新疆木本 6 属 15 种。

分属检索表（木本部分）

1. 发育雄蕊 2 枚（另 2 枚退化或缺）··· 2
1. 发育雄蕊 4 枚··· 3
    2. 花冠上唇 4 浅裂······································（1）分药花属 Perovskia Kar.
    2. 花冠上唇全缘或 2 浅裂，聚伞花序无柄···········（2）新塔花属 Ziziphora Linn.
        3. 花萼 2 裂，细小，果期增大，上裂片背部常有椭圆形，内凹鳞片，子房具柄·········
        ·······································（4）黄芩属 Scutellaria Linn.
        3. 花萼果期不增大，或增大亦不形成附属物。

4. 前方雄蕊短于后方雄蕊，花萼二唇形，萼齿基部常具小瘤 ·················· **(3)青兰属 Dracocephalum** Linn.
4. 前方雄蕊长于后方雄蕊。

  5. 花萼具 10 脉，上萼齿三角形，甚短于下唇锥状齿 ·························· **(6)百里香属 Thymus** Linn.
  5. 花萼具 11～15 脉。花萼钟形，萼齿几等长，雄蕊甚伸出花冠，花冠蓝紫色，形成单侧总状花序········
  ·· **(5)神香草属 Hyssopus** Linn.

(1)分药花属 Perovskia Karel.

半灌木，具全缘或有时羽状分裂的对生叶，无毛或具单节毛或星状毛。或仅被星状毛，满布金黄色腺点。轮伞花序组成圆锥花序；花萼管状钟形，果时多少增大，密被单节毛或星状毛，具金黄色腺点，上唇近全缘或具不明显 3 齿，下唇 2 齿；花冠长于花萼 2 倍，管筒漏斗形，内具不完全毛环，冠檐二唇形，开裂，上唇具 4 裂片，裂片不等大，中央 2 裂片较侧裂片小，下唇椭圆状卵圆形，全缘；雄蕊 4，后对能育，前对不育，花药 2 室，室线形，平行，直立，药隔少；花柱先端不等 2 裂；花盘环状或前方指状膨大。小坚果倒卵圆形，顶端钝，无毛。

约 7 种，我国西藏产 2 种。新疆产 1 种。

1. 帕米尔分药花 图 290

Perovskia pamirica C. Y. Yang et B. Wang sp. n. in Bull. Botan Research Vol. 7, 1：95，图 1，1987。

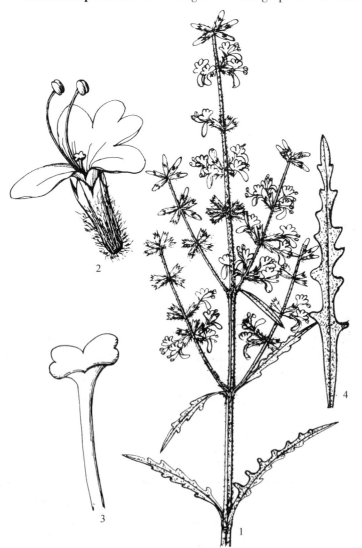

半灌木，高 50cm，常在基部分枝，具纵沟棱，密被星状毛和稀疏黄色腺点。叶狭窄，狭披针形，长 4～5(6)cm，宽 0.4～0.9cm，顶端钝，基部楔形，羽状深裂，裂片长圆形或卵形，长 2～4mm，宽 1～1.5mm，两面疏被星状毛和较密的黄色腺点；叶柄长 4～6mm；苞片线形，长 8～17mm，宽 0.8～3mm。花多数；花梗长 1～1.5mm，密被短柔毛，开展或下垂，由 2～6(8)花组成假轮伞花序，再由 10～15cm 的假轮伞花序组成疏稀的总状花序或圆锥花序；苞片淡紫色，小，膜质，易脱落，卵形或椭圆形，长约 0.7mm，宽约 0.4mm，边缘密被白色睫毛；花萼管状钟形，长 5～6mm，宽 1.5～2mm，淡紫色，具 6 脉，密被具多节的白色和淡紫色长单毛和黄色腺点。上部被疏短柔毛或几无毛，萼齿边缘具分枝的睫毛；萼筒长 4～5mm，宽 1.5～2mm，上唇长 1mm，宽约 2mm，具不明显 3 齿，下唇几等长于上唇，具 2 齿，花冠蓝色，长约 1cm，无毛，有稀疏腺点，

图 290 帕米尔分药花 **Perovskia pamirica** C. Y. Yang et B. Wang
1. 花枝 2. 花萼花冠 3. 花柱及柱头 4. 叶片

花冠筒长 5~6mm，宽约 2mm，管檐二唇形，上唇 4 裂，长 3~3.5mm，宽 4~4.5mm，具暗紫色条纹，基部色淡，裂片椭圆形或卵形，中裂片长 1.5mm，宽约 1mm，侧裂片长约 1mm，宽约 1.5mm，下唇长圆状椭圆形，全缘，钝，长 3mm，宽约 1mm，雄蕊 4，后对小，不育，前对伸出花冠，能育，花柱微伸出，柱头 2 裂。小坚果倒卵形，顶端钝，长 2mm，宽 1mm，淡褐色，无毛。花期 6~7 月。

本种以羽状深裂叶而区别于本属其他种。

产塔什库尔干自治区县，海拔 2700m，生于石质和砾质山河谷特有种。

（2）新塔花属 Ziziphora Linn.

半灌木，少一年生草本。单叶，对生，全缘或微有锯齿。花两性，花萼狭圆柱形或圆柱形，具 13 脉，直或微弯，具 5 枚几等长齿，花后稍闭合，萼喉常被绒毛，稀无毛，花萼毛被从稠密和细微到仅在扩大镜下能见到的毛；至稠密和长毛，花具长圆柱形在喉部扩展的管，二唇，具直扁平上唇和 3 浅裂的下唇，下唇中裂片短或长于其他侧裂片，雄蕊 4，2 枚具靠和的花药，另 2 枚具不发育的花药，呈小突起状；花柱无毛，具 2 枚不等长裂片。小坚果倒卵形，无毛或具腺。

23 种，中国 4 种均产新疆，其中木本仅 3 种。

分种检索表

1. 花萼被很细的仅在高倍扩大镜下能见的密毛 ·· 1. 新塔花 Z. bungeana Juz.
1. 花萼被毛在肉眼下就能见到。
  2. 花萼密被的绒毛，近等长或等长于花萼直径 1/2，茎上升，灰白色，密被蜡层状绒毛，有时微有毛。
  ·· 2. 香新塔花 Z. clinopodioides Lam.
  2. 花萼被的毛，等长于花萼直径，茎平铺，上升，叶长圆状卵形或近卵形 ··············
  ·· 3. 帕米尔新塔花 Z. pamioalaica Juz. ex Nevski

1. 新塔花

Ziziphora bungeana Juz. Фл. СССР，21：664，386，1954；Фл. Казахст，7：434，tab. 50，fig. 1，1964；Pl. Asiae Centr. 5：80，1970。

半灌木，高 10~40cm，茎多数，上升或直立，单或分枝，密被很短下弯的毛，因而植物有如被蜡层。叶长约 2mm，宽约 0.6cm，长大于宽 2.5~3 倍，下面或两面被细绒毛，明显布满有腺点，渐尖，基部渐狭成短柄；苞叶跟茎叶相似，但较小，无柄。花序着生茎和枝端，呈头状，长圆状，由多轮组成，花具短梗，每一轮基部具细小披针形苞片；花萼狭圆柱形，长 0.5~0.6cm，淡灰色，密被极短绒毛和细腺点，具 5 枚急尖细齿；花冠粉红色或粉色—淡紫色，长 0.8~1cm，微被绒毛，二唇形，上唇圆形，微凹缺，下唇 3 浅裂，具大的圆形侧裂片和有棱角的中裂片；2 枚能育雄蕊，具很短花丝和单室花药，明显从花冠伸出；花柱 2 裂。花期 6~8 月。

产青河、阿勒泰、阜康、乌鲁木齐、塔城、精河、霍城、察布查尔等地区。分布于碱海至里海流域、巴尔哈什湖流域、中亚、西伯利亚（南）等地。模式标本自哈萨克斯坦（斋桑湖）记载。

2. 香新塔花（新拟）

Ziziphora clinopodioides Lam. Illustr. 1：63，1791；Фл. СССР，21：398，1954；Фл. Казахст. 7：435，tab. 50，fig. 2，1964；Pl. Asiae Centr. 5：81，1979。

半灌木。茎直立或上升。茎叶长 0.6~2.5cm，宽 0.3~1.2cm，阔椭圆形或长圆状卵形，无毛，或两面被毛，但下面较密，苞片跟茎生叶相似，但较小，无柄，常下弯。花序顶生，头状，长圆形，由多数轮伞花序组成，每一轮花花序基部具小苞片；花萼长 5~8mm，圆柱形，绿色或淡紫色，外被直毛，近等长或长于花萼直径，萼齿尖三角形，短于管多倍；花冠长 10~12mm，粉红—淡紫色或淡紫色，近长于萼一倍半，外被短绒毛，二唇形，具大冠檐；2 枚能育雄蕊连同花柱远从花冠

图291 帕米尔新塔花 Ziziphora pamiroalaica Juz. ex Nevski
1. 植株 2. 叶片 3. 花萼

伸出，花期6~8月。

生荒漠灌木草原带前山，石质山坡，至中山带。

产青河、富蕴、阿勒泰、哈巴河、吉木乃和奇台、阜康、乌鲁木齐、马纳斯、塔城、托里、新源、巩乃斯等地。分布于西西伯利亚(阿尔泰山)和东西伯利亚。模式标本自西伯利亚记载。

3. 帕米尔新塔花 图291

Ziziphora pamiroalaica Juz. ex Nevski Тр. Бин. АН. СССР, Ser. 1, 4：328, 1937；Фл. СССР, 21：668, 399, 1954；Фл. Казахст. 7：436, 1964；Pl. Asiae Centr. 5：82, 1979。

半灌木。茎高约20cm，铺展或上升，之形弯曲，疏被短绒毛，微紫红色，单或分枝，具甚长的上部节间。叶长1~12mm，宽2~10mm，长圆状卵形或近圆形，具短柄，顶端钝或少近尖，全缘，绿色，无毛或近无毛，下面具稍显著的脉；苞片跟茎叶相同，但较小，常下弯，等长或稍长于叶柄。花序近球形或半球形，径1.2~2cm，稍稀疏，下部假轮伞花序稍开展，花梗短，长约1.5mm；花萼长4~5mm，密被开展白毛，毛近等长于花萼直径，通常暗紫色；花冠具微伸出的管和大的管檐，紫红色或粉色或粉红色至淡紫色；花药从花冠管伸出。花期6~8月。

产乌恰、阿克陶、塔什库尔干、昆仑山等地。分布于中亚。模式自阿赖依河谷记载。

(3) 青兰属 Dracocephalum Linn.

新疆约14种，多为草本，木本仅1种，特种同种。

1. 缘叶青兰

Dracocephalum integrifolium Bunge in Ldb. Fl. Alt. 2：387，1830；Фл. СССР, 20：457，1954；Фл. Казахст. 7：350，tab. 40，fig. 5，1964；Pl. Asiae Centr. 5：46，1979；中国植物志，65 (2)，1977。

半灌木，高15~60cm。茎多数，下部木质化，被灰褐色，条状剥落树皮，不多的分枝，草质枝直立状或上升，被很短，下向伏贴毛。叶披针形，顶端多少弯曲或稍近尖，近无柄或基部收缩成短柄，具3脉，全缘或很少每边具1~2齿，无毛或沿脉和边缘具短睫毛，长1.5~3(3.5)mm，宽1.5~6(8)mm，叶腋通常具短枝，具较小的叶。花每3朵成假轮伞花序，花梗短，生上部苞叶腋，形成甚密的花序，长2~8cm，果期伸长至12cm，宽约2.5cm；苞片稍短于花萼，椭圆形，基部收缩，顶端细长渐尖，每边具 1~3 对丝状浅裂片；花萼长 7~12mm，被短柔毛，常浅紫色，全部或上部以上稍弯，近二唇形，上唇中齿阔倒卵形或近圆形，顶端具芒，宽于披针形渐尖侧齿 2~3 倍，跟下唇齿等长，整个鄂齿具明显突出的横结网，具明显突出的横结网；花冠长 15~18mm，青蓝紫色，外部以及齿基部内部被短绒毛，上唇裂至 1/3 成半圆形裂片，下唇长于上唇 1.5 倍，具肾形中裂片，顶端微凹，边缘有钝锯齿，近宽于圆状卵形侧裂片 3~5 倍；花柱稍从上唇伸出。小坚果暗褐色，不明显三棱，卵形，长 2.5mm，宽约 1.5mm。花期 6~7 月，果期 7~8 月。

生于灌木带低山至中山带，生石质山坡、草原、灌丛，分布普遍。

产青河、福海、阿勒泰、布尔津、哈巴河、木垒、奇台、阜康、乌鲁木齐、玛纳斯、石河子、托里、塔城、和丰、精河、新源、巩留、特克斯、昭苏等地。分布于中亚、西伯利亚。模式自阿尔泰山记载。

（4）黄芩属 Scutellaria Linn.

草本半灌木，稀至灌木。茎叶具齿，或羽状分裂或全缘。花腋生，对生，组成顶生或侧生总状花序，花萼钟形，背腹扁压，二唇，唇片短宽而全缘，花果时闭合，最终沿缝合线开裂，达萼基部成为不等大的裂片，上裂片脱落而下裂片宿存，有时两裂均不脱落或一同脱落，上裂片在背上有一圆形，内凹的盾片或无盾片而明显呈囊状突起，冠筒伸出萼筒，前方基部膝曲呈囊状增大或囊状距，内无明显毛环，冠檐二唇形，上唇直伸，全缘或微凹，下唇 3 裂，中裂片宽而扁平；雄蕊 4，前对较长，花丝无齿突，花药成对靠合，后对花药 2 室，每室分明且锐尖，前对花药由于败育而退化为一室，药室裂口均具髯毛；花盘前方常呈指状，后方伸延成子房柄；花柱先端不等 2 浅裂。小坚果扁球形或卵圆形，背腹面不明显，被毛或无毛。

约 300 种，世界广布。中国 100 余种，新疆木本仅 3 种。

分种检索表

1. 比较大的山地和平原植物，叶具多数齿牙；花的基本色是黄色 ························ **1. 仰卧黄芩 S. supina** Linn.
1. 仰卧的高山植物，叶具少数齿牙，具圆齿状锯齿，锯齿较整齐不开展。
  2. 茎有腺毛，茎叶柄短，下部苞叶全缘 ························ **2. 疏齿黄芩 S. paulsenii** Briq.
  2. 茎无腺毛，茎叶柄长，下部苞片有锯齿 ·············· **3. 展毛黄芩 S. orthotricha** C. Y. Wu et H. W. Li

1. 仰卧黄芩

Scutellaria supina Linn. Sp. Pl. 598. 1753；Фл. CCCP, 20：183, 1954；Фл. Казахст. 7：316, tab. 37, fig. 3, 1964；中国植物志，65(2)，1977。

半灌木。高 10~45cm。根状径木质；茎上升或有时直立状，单或分枝，被短和长的单毛，而在花序常有腺毛。叶长 1~4cm，宽 0.6~2cm，长圆状卵形或卵形，钝，上部有时近尖，钝圆齿牙，每边 4~8 齿，上面被坚硬常基部肥大的毛，下面被腺点，有时仅沿脉被短和长的开展毛，下部叶柄长 1.5cm，上部叶近无柄，花序长 2.5~4cm，后伸长至 9cm；苞叶长 1.5~2cm，宽 0.5~1.2cm，卵形或长圆状卵形，钝或急尖，淡绿色或淡紫色，被长单毛和短腺毛，有时无毛，仅边缘有长睫毛；花萼长约 3mm，被单毛和腺毛；花冠长 2.2~2.5cm，黄色，有时具 3 条淡紫斑，外被单毛和腺毛。小坚果长约 1.5mm，三棱状卵形，被短的星状毛。花期 5~6 月，果期 7~8 月。

产阿尔泰山、塔城山地、天山山地。分布于俄罗斯欧洲部分，西部和东部西伯利亚，蒙古西部。模式自西伯利亚。

2. 疏齿黄芩

Scutellaria paulsenii Briq. in Bot. Tidsskr, 28：233, 1908；Фл. CCCP, 20：188, 1954；Pl. Asiae Centr. 5：19, 1970；中国植物志，65(2)，1977—*S. oligodonta* Juz；Фл. Казахст. 7：317, 1964。

半灌木，高6～20cm。茎上升或直立状，被开展毛，混生有柄腺毛，常发淡紫色。叶长0.4～2.4cm，宽0.2～1.4cm，卵形，中部以下最宽，基部圆，或叶上部有棱角，顶端钝，边缘具圆钝齿，每边具1～5齿，长约3mm，个别叶有时全缘，两面被单毛和腺毛；叶柄长1.5～6mm，花序长3～3.5cm，稠密，苞片（通常是下部）长1～1.5cm，宽0.5～1.2cm，近革质，卵状椭圆形或阔卵形，全缘或具疏齿，整个上表面被开展单毛或腺毛，常发淡紫色，花萼在花期长2～3mm，被单毛和甚多腺毛；花冠长2.5～3.5cm，黄色，具淡紫色上唇顶端和裂片，下唇也有淡紫色花纹，外被单毛和腺毛。花期6～7月。

产富蕴、玛纳斯、尤尔都斯、乌恰、塔什库尔干等地。国外分布于巴尔哈什湖流域、北天山和中天山、东帕米尔、蒙古。模式自中亚记载。

3. 展毛黄芩

Scutellaria orthotricha C. Y. Wu et H. W. Li，中国植物志，65(2)：587，1977。

半灌木，茎多数，高10～15cm，四棱形，密被平展疏柔毛及短柔毛。叶片卵圆形，长1.3～1.5cm，宽0.5～1.2cm，先端钝，基部宽楔形，上面疏被伏生疏柔毛，下面沿脉疏被短柔毛；叶柄长0.5～2cm，被疏柔毛，苞片卵形至宽倒卵形，最下部者长1.7cm，宽1.2cm，上部者全缘，先端短渐尖，花梗长约3mm，被柔毛及腺毛；花萼被疏柔毛及具柄之腺毛；花冠长约3cm，淡黄色，带紫斑，外被短柔毛及具柄腺毛，冠筒基部膝曲，冠檐二唇形，上唇盔状，先端微凹，两侧裂片短小，卵圆形，雄蕊4，前对较长，具能育花药，后对较短，具全药，花丝被短柔毛；子房4裂，裂片等大。小坚果三棱状卵球形，腹面基部被白色绒毛。花期6～8月，果期8～9月。

生于阿尔泰山及天山北坡山地、草原、林缘及阳坡。

产青河、富蕴、福海、阿勒泰、乌鲁木齐等地；模式产地新疆乌鲁木齐。

（5）神香花属（神香草属）**Hyssopus** Linn.

半灌木或多年生草本。叶线形，对生，全缘，边缘内卷，中肋在背面隆起，两面密被腺点。花序轮伞，在茎端聚成穗状花序；花萼管状钟形，具15脉，近等长，具5枚近等长的短或长的渐尖齿，密被腺点，常有色，喉部无毛；花冠二唇形，上唇近平扁，下唇3浅裂，具较大的中裂片；雄蕊4，具二室花药，伸出花冠；花柱具2裂柱头。小坚果卵状长圆形，3棱，顶端光滑或被绒毛。

约15种，自亚洲中部，经西亚至南欧及北非。中国2种，均产新疆。

分种检索表

1. 叶、苞片和萼齿具长锥状尖头，花冠长约11mm ·················· 1. 长尖神香花 **H. cuspidatus** Boriss.
1. 叶、苞片和萼齿无锥状尖头，花冠长约13～15mm ·················· 2. 大花神香花 **H. macranthus** Boriss.

1. 长尖神香花（新拟） 硬尖神香草 图292

Hyssopus cuspidatus Boriss. in Not. Syst. Inst. Bot. Acad. Sci. URSS，12：256，261，fig. 5，1950；Фл. СССР，21：455；Фл. Казахст. 7：441，1964；Pl. Asiae Centr. 5：83，1970；中国植物志，66：243，图版56，1977；新疆植物志，4：332，2004。

1a. 长尖神香花（原变种）**H. cuspidatus** var. **cuspidatus**

半灌木，高25～50cm，茎上升，多数，分枝，基部木质化，四棱形，无毛或近无毛。叶全缘，细线形，具不卷曲的边缘，顶端具锥状常断折的尖头，苞片跟茎叶相似，但较小，也具断折的尖头。花序多花，纤细，向上缩小，花聚成疏散轮状聚伞花序，下部间断；花萼近整齐，具5枚长的锥状渐尖齿；花冠蓝色，长约12mm，具短管，二唇形，上唇2浅裂，短于下唇，下唇3浅裂，具宽的中裂片；雄蕊4，其中2枚长于花冠，另2枚近等长于花冠；花柱甚长于花冠。小坚果三棱状长圆形，顶端具腺点和尖肋。花期6～8月，果期8～9月。

生于阿尔泰、塔城山地草原及石质山坡。

产青河、富蕴、福海、阿勒泰、布尔津、哈巴河、塔城、托里、额敏等地。中亚和西西伯利亚也有。模式自东哈萨克斯坦。

1b. **白花长尖神香花**(变种)

H. cuspidatus var. **albiflorus** C. Y. Wu et H. W. Li，中国植物志，66：243，1977；新疆植物志，4：332，2004。

该变种与变种不同之处，在于花冠白色。

产塔城。生塔尔巴哈台山砾石质山坡。

图 292 长尖神香花 Hyssopus cuspidatus Boriss.
1. 植株 2. 花枝 3. 花萼花冠

图 293 大花神香花 Hyssopus macranthus Boriss.
1. 植株 2. 花萼花冠

2. 大花神香花(新拟) 大花神香 图293

Hyssopus macranthus Boriss. in Not. Syst. Herb. Inst. Bot. Acad. Sci. URSS, 12：260，1950；Фл. СССР, 21：457，1954；Фл. Казахст. 7：442，1964；Pl. Asiae Centr. 5：83，1970；新疆植物志，4：332，图版113：13，2004—*H. lartilabiatus* C Y Wu et H W Li in Acta Phytotax. Sin. 10(3)：229，1965；Pl. Asiae Centr. 5：83，1970；pro syn. *H. macranthus* Boriss.；中国植物志，66：244，图版55，1977。

半灌木，高约20cm。茎基部木质，褐色，上部变绿色，四棱形。叶簇生，线形，长0.8～1.5cm，宽1～2mm，先端钝，基部楔形，两面无毛，苞片与茎叶同形但较短。穗状花序顶生，稀疏，排列于一侧，苞片及小苞片细小，短于花梗，花梗长2～4mm，被柔毛及腺点；花萼管状钟形，紫色，外被短柔毛及腺点，内面在齿上被疏短柔毛，具15脉，萼齿5，三角形，先端锐尖，具小尖头，花冠紫色，长约13mm，冠檐二唇形，上唇长圆形，长约5mm，外被短柔毛，先端2裂，裂片卵圆形，下唇3裂，中裂片宽约1cm，倒心形，基部急缩，先端凹陷，侧裂片卵形，宽约2mm；雄蕊4，前对稍长，甚伸出花冠，花丝丝状，花药紫色，2室；花柱丝状，长于雄蕊，先端2浅裂；花盘杯状。子房顶端被短柔毛。花期6~7月，果期8~9月。

产托里及布尔津等地。东哈萨克斯坦也有。国外分布于碱海里海流域、巴尔哈什湖流域、西西伯利亚等。模式自北哈萨克斯坦(阿克摩林司克)。

(6) 百里香属 Thymus Linn.

矮小半灌木。叶小，全缘或每侧具1~3细齿，苞片与叶同形，至顶端变成小苞片。轮伞花序紧密排成头状花序或疏松排成穗状花序；花具梗；花萼管状钟形或钟形，具10~13脉，二唇形，上唇开展或直立，3裂，裂片三角形或披针形，下唇2裂，裂片钻形，被硬睫毛，喉部被白色毛环；花冠筒内藏或外伸，冠檐二唇形，上唇直伸，微凹，下唇3裂，裂片近相等或中裂片较长；雄蕊4，分离，内藏外伸，前对较长，花药2室，药室平行或叉开，花盘平顶；花柱先裂，裂片钻形。小坚果卵形或长圆形，光滑。

约300~400种，广布于非洲、欧洲、亚洲温带地区。我国11种2变种。新疆11种。

分种检索表

1. 叶近无柄；茎在花序下被长毛；花序轮生，或在上部近头状，但在下部具2或几枚间断的假轮伞花序，通常多数，叶较大，长圆状椭圆形，长12~30mm，宽2.5~7.5 mm，疏毛或近无毛，基部具睫毛，广泛分布的草原种 …………………………………………………………………… **1. 异株百里香 Th. marschallianus** Willd.

1. 叶具柄，柄短或甚长，长于叶片之宽，茎在花序下被短绒毛；花序头状，或有1~2假轮伞花序间断，则花少数 ……………………………………………………………………………………………………… **2**

2. 茎干木质，上升；小枝坚硬，通常棱角状弯，有时生根，直立的无性枝和花枝从小枝上发出，非从主茎上发出 …………………………………………………………………………………………………… **9**

2. 茎干和小枝不坚硬，倾斜状弯曲，匍匐生根，有时某些发育弱的短的直立的花枝和无性枝，不仅从小枝发生，有时也从主茎上发生 …………………………………………………………………… **3**

3. 阿尔泰和天山地区植物 ……………………………………………………………………………… **4**

3. 帕米尔高原和昆仑山植物 ……………………………………………………………………………… **8**

4. 山地植物被短绒毛，叶边缘被睫毛，上部叶具圆顶 ……………………………………………… **5**

4. 荒漠和低山前山带植物 ……………………………………………………………………………… **7**

5. 花枝较高，长4~12cm，暗紫色，叶宽具柄 ……………… **2. 西伯利亚百里香 Th. sibirica**(Serg.)Klok. et Schost.

5. 花枝短，长4~5(7)cm，粉红色 ………………………………………………………………… **6**

6. 阿尔泰山高山植物；花枝疏被下展长短毛，叶卵形，钝，长3~7mm，宽1.5~3.5mm，柄上具多数睫毛，苞叶具睫毛，上萼齿边缘具短刚毛 …………………………………… **3. 阿尔泰百里香 Th. altaicus** Klok. et Schost.

6. 天山和阿尔泰山亚高山植物，花枝被短绒毛，叶较大，长13mm，宽3~5mm，上部叶较狭窄 …………………………………………………………………………………… **4. 拟百里香 Th. proximus** Serg.

7. 花萼上唇萼齿具细刚毛，顶端具疏睫毛 ………………… **5. 蒙古百里香 Th. mongolicus**(Ronniger)Ronniger

7. 花萼上唇萼齿具细刚毛，但无睫毛，上萼齿披针形，无毛；主茎纤细，发出结果枝和匍匐无性枝；花枝上升，高至12cm ………………………………………………………… **6. 额河百里香 Th. irtyschensis** Klok.

8. 叶长3~10mm，宽1~3mm，具2对侧脉，茎高2~4cm，具2~3对叶 … **7. 帕米尔百里香 Th. diminutus** Klok.

8. 叶长4~20mm，宽1~8.5mm，具3~4对侧脉，茎高2~10cm，具3~5对叶 …………………………………………………………………………………… **8. 乌恰百里香 Th. seravschanicus** Klok.

9. 花枝很短，长1~2.5cm，下部茎叶柄短于叶片宽之半 ……………………… **9. 玫瑰百里香 Th. roseus** Schip.

9. 花枝和下部叶柄较长 …………………………………………………………………………… **10**

10. 上唇萼齿边缘无毛，花序疏散，不大，常具间断下轮，茎生叶长圆形或长圆状椭圆形，长4~12mm，宽1~2mm，柄上具1对睫毛或缺 …………………………………… **10. 光叶百里香 Th. rasitatus** Klok.

10. 上唇萼齿具发达睫毛，茎叶柄具睫毛，达到叶片基部 ……………… **11. 石生百里香 Th. petraeus** Serg.

1. 异株百里香 图294

Thymus marschallianus Willd. Sp. Pl. 3：1140，1800；Фл. CCCP, 21：511，1954；Фл. Казахст. 7：447，tab. 51，fig. 1，1964；Pl. Asiae Centr. 5：88，1970；中国植物志，66：252，图版58，1977；新疆植物志，4：336，2004。

半灌木，具近不发达的主干和上升少直立的木质枝，当年生无性枝和花枝大部分直立状，高 12～25（37）cm，花序下面被开展毛，其他部分被短的下弯的绒毛。叶无柄，长圆状椭圆形，长 12.5～30mm，宽 2.5～5（8）mm，基部楔形，顶端渐尖，绿色，质薄，有腺点，无毛或有粗糙短刺毛，侧脉不显。花序长，长 4～20cm，具 2～7 间断下轮，上部花序靠近，有时近头状；花梗有毛，近等长于萼；花萼钟形，长 2～3mm，果期长约 3.5mm，具短的有毛的管；花萼上唇萼齿短尖头，近等长，边缘具长睫毛；花冠淡紫色，管短，漏斗形，长约5mm。小坚果球形，径约 0.5～0.5mm，近黑色。花期 5～8 月，果期 6～9 月。

生于阿尔泰山及天山山地石质坡地。

产阿尔泰山及天山山地。分布于欧洲、巴尔干、高加索、中亚、西西伯利亚。模式标本自东欧（乌克兰南部）。

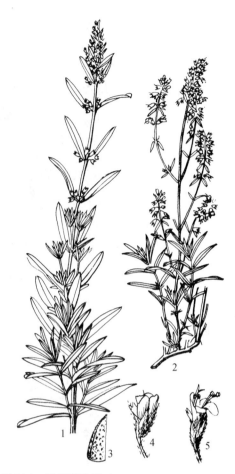

图294　异株百里香 Thymus marschallianus Willd.

1. 花枝　2. 果枝　3. 叶片一段示毛　4. 花　5. 花冠

2. 西伯利亚百里香

Thymus sibirica (Serg.) Klok. et Schost. in Journ. Inst. Bot. Acad. Sic. Ukranic. 10(18)：159，1936；Фл. CCCP, 21：539，1954；Фл. Казахст. 7：451，1964— *Th. serpyllum* var. *sibirica* Serg.

小半灌木，高 4～16cm，具有相当纤细的匍匐主干，着生平卧的无性枝，茎枝直立状，花序下被长短下弯的毛。叶具短柄，椭圆形或长圆状椭圆形，基部楔形，顶端钝，下部具几对睫毛。花序头状；花萼淡绿色或淡紫色，上唇萼齿边缘无睫毛，具很短刚毛，甚或齿的一面有一些较长的刚毛；花冠淡紫至粉红色，长 5～7mm。小坚果近球形，径约0.8mm。花期 5～8 月。

产富蕴、福海、阿勒泰、布尔津等地。生中山带河岸边、石缝中。俄罗斯西西伯利亚和东哈萨克斯坦也有，模式标本自西西伯利亚记载。

3. 阿尔泰百里香 图295

Thymus altaicus Klok. et Schost. in Journ. Inst. Bot. Acad. Sci. Ukranic. 10(18)：159，1936；Фл. CCCP, 21：540，1954；Фл. Казахст. 7：451，1964；Pl. Asiae Centr. 5：86，1970；中国植物志，66：256，1977；新疆植物志，4：339，图版116：4～7，2004。

小半灌木，高约2～8cm，平卧，具 1～2mm 粗的枝，生有无性枝；花枝淡红色，直或上升，疏被下展的短毛。叶多数密集，叶柄长 1～3mm，边缘有睫毛，每边 3～8 枚，卵形，或椭圆形，钝，上部叶近圆形，长 3～7（10）mm，宽 3～5mm，下面密被腺点，具 3 条突出脉；花萼 3.5～4mm，仅下部甚或周围被绒毛，淡紫色，上唇尖三角形，边缘短刚毛，有时具较长睫毛；花冠鲜粉红色，长 5～6mm。花期 7～8 月。

产阿尔泰山和萨乌尔山。国外分布俄罗斯西西伯利亚和东哈萨克斯坦。模式标本自阿尔泰山

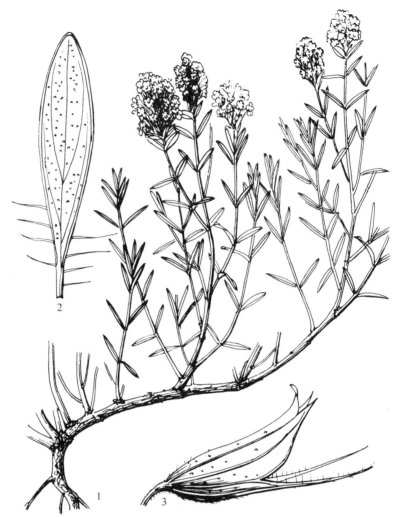

图 295 阿尔泰百里香 Thymus altaicus Klok. et Schost.

1. 花枝 2. 叶片 3. 花萼

记载。

4. 拟百里香

Thymus proximus Serg. in Animadv. Syst. Herb. Univ. Tomsk. 6 ~ 7：3，1936；Фл. СССР，21：545，1954；Фл. Казахст. 7：454，1964；中国植物志，66：255，1977；新疆植物志，4：336，2004。

小半灌木，高 4 ~ 5（12）cm，具平卧，不长的主干和直或弯淡红色花枝，被下展的短毛。叶椭圆状卵形，稍钝，柄长 2 ~ 3mm，无毛，有时微粗糙，基部每边具 1 ~ 2 睫毛，长 8 ~ 13mm，宽 3 ~ 5mm，上部叶较狭窄，无毛，下面满布腺点和 3 条突出的侧脉，边缘有时具稍明显钝齿；苞片阔圆卵形，下部有腺毛；花萼淡紫色，下部被绒毛。长 3.5 ~ 4mm；上唇萼齿边缘被短绒毛，具疏睫毛；花冠粉红色，长 5 ~ 6mm。花期 7 ~ 8 月。

产阿尔泰山和塔尔巴哈台山地，生低山至中山带干旱石坡。分布于俄罗斯西西伯利亚和东哈萨克斯坦。模式标本自阿尔泰山记载。

5. 蒙古百里香　百里香　亚洲百里香

Thymus mongolicus（Ronniger）Ronniger in Acta. Horti. Gotoburg，9：99，1934；Pl. As. Centr. 5：88，1970；中国植物志，66：256，图版 59：8 ~ 13，1977—*Th. serpyllum* L. var. *mongolicus* Ronnig in Notizbl Bot. Gard. u Mus. Berlin-Dahlen. 10：890，1930—*Th. asiaticus* Serg. in Animadv. Syst. Herb. Univ. Tomsk. 6 ~ 7：1，1937；Фл. СССР，21：535，1954；Фл. Казахст. 7：450，1964；新

疆植物志，4：339，图版115：7~9，2004。

小半灌木，高3~8cm，具纤细铺展干茎，粗1~2mm，具有上升的无性枝，花枝上升，近各面被下展短毛。叶有柄，卵形或椭圆形至长圆形，长3~9mm，宽1~3(3.5)mm，边缘下部具长睫毛，上面无毛，侧脉不突出，下部叶侧脉常不明显，腺点多数，细小，明显，下部茎叶远较小，具较圆的叶片及长叶柄，近等长于叶片，上部叶片较下部和中部者大，短柄。花序头状；苞片长圆状卵形，绿色；花梗短，密被短的弯曲绒毛；花萼长3.5~4mm，下部有毛，上部无毛，上唇萼齿披针形，渐尖，顶端具细刺毛和疏睫毛；花冠长约6mm，紫红至淡紫红色。花期6~8月。

产阿勒泰、和布克赛尔、塔城、乌鲁木齐南山、尤尔都斯、赛里木湖等地。分布于中国西北。西西伯利亚，巴尔哈什湖流域，模式标本自东哈萨克斯坦。

6. 额河百里香(新拟)

Thymus irtyschensis Klok. бот. Mat. репб. бин. AH. CCCP, 16, 317, 1954；Фл. CCCP, 21：589, 1954；Фл. Казахст. 7：460, 1964。

小半灌木，高7~12cm，具纤细主干茎，着生结实枝和从主干茎侧生出的匍匐无性枝；花枝上升，花序下被贴生下展短毛，具长节间，暗紫红色。叶具柄，长圆状椭圆形或长圆状倒卵形，长4~15mm，宽1.5~4mm，基部楔形，渐缩成柄，长至5mm，下部边缘具疏长睫毛和细小腺点，上面无毛，侧脉稍突出，质薄，下部和上部叶细小，短柄，下部和中部叶柄近等长于叶片。花序头状，常具间断少花的下轮，花梗长约2~3mm，被半贴生下展短毛；花萼管状钟形，长4~4.5mm，管被极小短绒毛；上唇萼齿披针形，边缘无毛或近光滑；花冠粉红色至淡紫色，不鲜。花期7月。

生阿尔泰山中山至低山带石坡，海拔900~1500m。

产布尔津、哈巴河县。分布于俄罗斯西西伯利亚和东哈萨克斯坦阿尔泰山。模式标本自阿尔泰山。

7. 帕米尔百里香 (新拟) 高山百里香 图296

Thymus diminutus Klok. in Not. Syst. Herb. Inst. Bot. Acad. Sci. URSS, 16：313, 1954；Фл. CCCP, 21：545, 1954；Фл. Таджик. 8：282, 1986；新疆植物志，4：340，图版116：1~3, 2004。

小半灌木，具纤细主干茎，着生匍匐无性枝长至4cm；花枝上升，高2~4cm，弯曲，花序下部被很细但开展的绒毛。叶具短柄，长圆状椭圆形，下部边缘具疏睫毛，长约1mm，上面无毛，侧脉2对，近不显著；腺点稀疏，细小，不甚显著。花序径约1cm，长圆

图296　帕米尔百里香 Thymus diminutus Klok.

1. 花枝　2. 花萼　3. 叶片

形，稀疏，有时下轮间断；花梗长 1.5～4mm，被开展短毛；花萼 3.7～5mm，狭钟形；萼管长约
2mm，暗紫色或绿色，下部被疏绒毛，上部无毛或近无毛；上唇长约 3mm，深裂成 3 枚三角形急尖
的近等长的齿，边缘具短刚毛和稀疏短睫毛，下唇长约 2mm，深裂至基部成 2 枚长圆状披针形，边
缘具刚毛的齿；花冠长 6～8mm，粉红—淡紫色；上唇长约 1～5mm，阔卵形，下唇长约 4mm，中
裂片长于侧裂片，长圆形，侧裂片宽三角形。小坚果径约 1mm，圆形，暗棕褐色。花期 7～8 月。

生帕米尔高原海拔 1500～3800m 的石质山坡。

产塔什库尔干。国外分布于中亚天山和阿富汗。模式标本自东帕米尔记载。

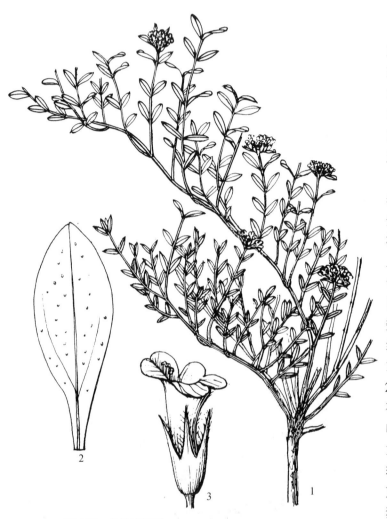

图 297　乌恰百里香 **Thymus seravschanicus** Klok.

1. 花枝　2. 叶片　3. 花萼花冠

8. 乌恰百里香　图 297

Thymus seravschanicus
Klok. in Not. Syst. Herb. Inst.
Bot. Acad. Sci. URSS, 16：312，
1954；Фл. CCCP, 21：542，
1954；Фл. Таджик. 8：280，
1986；新疆植物志，4：340，图
版 115：1～6，2004。

小半灌木，高 2～10cm。茎
基具多数分枝的短小枝。茎细，
分枝，皮灰色，着生无性枝；花
枝高 2～10cm，上升或直立状，
上部被短毛，下部绒毛较疏，有
色。叶具柄，长圆状椭圆形、椭
圆形或长圆状卵形，无毛，具多
数腺点，边缘有睫毛，具 3～4 对
细侧脉；下部茎叶长至 4mm，宽
1～1.5mm；中部和上部叶长 4～
20mm，宽 1～8.5mm，3～5 对；
苞片卵形或长圆状卵形；无性枝
叶等长于节间或较长。花序径
1.5～2cm，稠密，圆形，有时下
轮间断；花梗长 1～5mm，密被
灰白色短绒毛；花萼 4～5mm，
狭钟形；萼管长 2～2.5mm，绿
色或淡紫色，下部沿脉被长的开
展单毛，上部无毛或沿脉具疏长

毛；上唇长约 2.5mm，中齿长于侧齿，齿三角形，急尖，边缘具疏刚毛；下唇长约 3mm，齿长圆状
披针形；花冠长 7～9mm，粉色—紫色；花冠管长约 7mm，外被疏短单毛；上唇长约 2mm，卵形，
下唇长约 3.5mm，中裂片长圆形，侧裂片卵形。小坚果径约 1mm，圆形，棕色。花期 6～8 月，果
期 8～9 月。

生帕米尔高原亚高山至高山带石质坡地或干河谷。

产乌恰县。国外分布于塔吉克斯坦、吉尔吉斯斯坦和哈萨克斯坦。模式标本自泽拉夫鄯记载。

9. 玫瑰百里香

Thymus roseus Schip. БОТ. Мат. Герб. Гл. бот. сада, II, 24～25：95, 1921；Фл. CCCP,
21：564, 1954；Фл. Казахст. 7：456, tab. 51, fig. 3, 1964；Pl. Asiae Centr. 5：90, 1970；新疆植

物志，4：339，2004。

半灌木，高35cm，具分枝匍匐强木质化的主干茎和上升的小枝，花枝很短，高1～2.5cm，淡红色，花序和下部被短的下展伏贴绒毛；下部叶长圆状椭圆形或卵形，长约3.5mm，宽约1mm；茎生叶柄短，从长圆状倒卵形至匙形，长8～9mm，宽1.75～3.5mm，下部茎叶具柄，短于叶片之半，边缘具睫毛。花序头状，仅下部花稍间断；花梗短，长约1.5mm，密被下展细绒毛；花萼狭钟形，长3.5～4.2mm，下部具半伏贴短毛，上唇齿狭披针形，渐尖，边缘无毛；花冠长约5mm，淡紫色至粉红色或淡白色。花期6～7月。生低山带石坡。

产青河、阿勒泰、布尔津、和布克赛尔、塔城等地，国外分布于西西伯利亚、准噶尔塔尔巴哈台、巴尔哈什湖流域等地。模式标本自东哈萨克斯坦。

10. 光叶百里香(新拟)

Thymus rasitatus Klok. Бот. Мат. герб. БИН. АН. СССР，16：313，1954；Фл. СССР，21：562，1954；Фл. Казахст. 7：456，1964；Pl. Asiae Centr. 5：90，1970。

半灌木，高3～8cm。具有上升的强木质化分枝的干茎，花枝高3～8cm，花序下部被很短的下展绒毛，下部近无毛，淡紫色，有时暗紫色。叶具柄，多数为长圆状椭圆形，甚长和狭窄，长4～10mm，宽1～2mm，边缘下部或有时几达中部以下具疏睫毛，其他部分无毛，侧脉稍粗，下面甚突出，腺点很明显，下部叶较小，长圆状卵形，具宽短柄，下部茎叶具较长柄。花序头状，不大，常具间断的下轮；花梗长1.5～4(5)mm，密被下展细绒毛；花萼狭钟形，长3～4mm，下部被短或很短毛，上唇齿披针形或狭披针形，边缘无毛；花冠长约6mm，粉红至淡紫色，不鲜。小坚果椭圆形，长约1mm，褐色。花期6～8月。

生低山带石质和草原坡地。

产温泉、昭苏(阿克苏)等地。国外分布于西西伯利亚、准噶尔塔尔巴哈台、巴尔哈什湖流域等地。模式标本自东哈萨克斯坦记载。

11. 石生百里香(新拟)

Thymus petraeus Serg. in Animadv. Syst. ex Herb. Univ. Tomsk. 2：5，1937；Фл. СССР，21：590，1954；Фл. Казахст. 7：461，tab. 52，fig. 5，1964；Pl. Asiae Centr. 5：89，1970；Consp Fl. As. Med. 9：170，1987。

半灌木，高2～6cm，具较粗径约5mm分枝弯曲的主干茎，着生结实枝和密生叶的无性枝。花枝近直立状，径常分枝，被下展短毛。叶具短柄，多数为长圆状椭圆形，长4～8mm，宽1～2mm，淡绿色，仅在基部有睫毛，无毛，具突出叶脉和明显腺点。花序头状；萼长2.5～3mm，淡紫色，下部有毛，上部光滑，上唇萼齿边缘有时具睫毛；花冠甚长于萼，粉红色。小坚果长圆形，长约0.75mm。花期7～8月。

产阿勒泰、布尔津、哈巴河、吉木乃、托里、额敏、塔城等地。生山地草原带。分布于西西伯利亚、准噶尔塔尔巴哈台、巴尔哈什湖流域。模式标本自阿尔泰山记载。

参考文献

1. 钱崇澍等．中国植物志．北京：科学出版社，1959 - 2004.

2. 郑万钧．中国树木志(1，2，3，4卷)．北京：中国林业出版社，1983 - 2004.

3. 吴征镒等．中国种子植物科属综论．北京：科学出版社，2003.

4. 吴征镒等．西藏植物志(1，2，3，4)．北京：科学出版社，1983 - 1985.

5. 刘慎谔等．东北木本植物图志．北京：科学出版社，1955.

6. 周以良等．黑龙江树木志．哈尔滨：黑龙江科技出版社，1986.

7. 徐永椿．云南树木图志．昆明：云南科技出版社，1988.

8. 山东树木志编写组．山东树木志．济南：山东科技出版社，1984.

9. 任宪威．树木学(北方本)．北京：中国林业出版社，1997.

10. 王发祥等．深圳园林植物．北京：中国林业出版社，1998.

11. 祁承经．湖南树木志．长沙：湖南科技出版社，1998.

12. 刘媖心．中国沙漠植物志(1，2，3卷)，北京，科学出版社，1985，1987，1992.

13. Rehder. Manual Cultivated Trees and Shrubs. NEW YORK. 1940.

14. ФЛОРА СССР - М. - Л. ИЗД - BOAH СССР, 1933 - 1960, Т. 1 - 30.

15. ДЕРЕВБЯ И КУСТАРНИКИ СССР - М. - Л. ИЗД - BOAH СССР, 1949 - 1962, Т. 1 - 6.

16. РАСТНИЯ ЦЕНТРАЛЬНОЙ АЗИИ, ВЫП, 1. 2. 3. 4. 5. 6. 7. 8. 9. 10. 11.

17. АРМЕН ТАХТАДЖЯН, СИСТЕМА МАГНОЛИОФИТОВ, ЛЕНИНГРАД 1987, 1997.

18. БОТАНИЧЕСКИЕ МАТЕРИАЛЫ, ТОМ. 13, 14, 15, 16, 17, 18, 19.

19. НОВОСТИ СИСТЕМАТИКИ ВЫСШИХ РАСТЕНИИ, ТОМ. 1, 2, 3, 4, 5, 6, 7, 8, 9, 10, 11, 12, 13, 14, 15, 16, 17, 18, 19, 20, 21, 22, 23, 24, 25, 26, 27, 28, 29, 31, 32, 33, 34, 35, 36, 37, 38.

20. Р. В. КАМЕЛИН. ФЛОРОГЕНЕТИЧЕСКИИ АНАЛИЗ ЕСТЕСТВЕННОЙ ФЛОРЫ Горной СРЕДНЕЙ Азии, Ленинград, 1973.

21. N. Ю. КОРОПАЧИНСКИЙ. ДЕНДРОФЛОРА АЛТАИСКО—САЯНСКОЙ ГОРНОЙ ОБЛАСТИ, НОВОСИБИРСК, 1975.

22. Н. М. БОЛЬШАКОВ. ДЕНДРОФЛОРА Саур—Тарбагатайской ГОРНОЙ ОБЛАСТИ НОВОСИБИРСК. Наука, 1987.

23. В. П. ГОЛОСКОКОВ. ФЛОРА Джунгарского АЛАТАУ, АЛМА—АТА, 1984.

24. П. Н. ОВЧИННИКОВ. ФЛОРА ТАДЖИКСКОЙ СССР, ТОМ. 1, 2, 3, 4, 5, 6, 7.

25. Н. В. Павлов. ФЛОРА КАЗАХСТАНА АЛМА—АТА, ТОМ. 1, 2, 3, 4, 5, 6, 7, 8, 9.

26. Р. В. КАМЕЛИН. МАТЕРИАЛЫ ПО ИСТОРИИ ФЛОРЫ АЗИИ (Алтайская Горная Страна) БАРНАУЛ, 1998.

附　录：

新分类群特征集要
ADDENDA
DIAGNOSES TAXORUM NOVARUM

1. 新疆刺叶锦鸡儿（新变种）

Caragana acanthophylla Kom. var. Xinjiangensis

C. Y. Yang et N. Li var. nov. in Addenda.

A typo differt foliolis longioribus ca. 4 ~ 13mm longis，3 ~ 6mm latis，（nec 4 ~ 9mm longis，2 ~ 4latis）；floribus majoribus；calycibus ca. 10 ~ 12mm longis（nec 6.5 ~ 8mm longis）；corollis ca. 23 ~ 28mm longis（nec 20mm longis）；leguminibus ca. 30 ~ 41mm longis（nec27 ~ 32mm longis）.

Xinjiang（新疆），Fukang xian（阜康县），Tianchi Lake（天池），1200m，S. m. Cui Nairan（崔乃然），21. V. 1973. No：730090（Halotypus）；Urumqi xian（乌鲁木齐县），Li Nan（李楠），No：86 – 0178，10. Vl，1986（XJA）.

本变种与原变种区别：小叶较长，长 4 ~ 13mm，宽 3 ~ 6mm（非长 4 ~ 9mm，宽 2 ~ 4mm）；花较大；花萼长 10 ~ 12mm（非 6.5 ~ 8mm）；花冠长 23 ~ 28mm（非长 20mm）；荚果长 30 ~ 41mm（非 27 ~ 32mm），很好区别。

2. 毛果金雀花（新变种）

Caragana frutex（Lin.）C. Koch. var. lasiocarpa C. Y. Yang et N. Li var. nov. in Addenda.

A typo differt pedicellis，calycibus ovarisque pilosis；corollis 25 ~ 30mm longis（nec 18 ~ 25mm longis）；Vexillis late ovatis（nec obovatis）；alis sursum paulum dilatatis. Spongiocarpella potaninii Yakovl. In Journ. Bot. 72. 2：259. 1987.

本变种与原种区别：花梗、花萼和子房有疏柔毛；花冠长 25 ~ 30mm（非 18 ~ 25mm）；旗瓣阔卵形（非为倒卵形）；翼瓣向上稍扩展。

Xinjiang（新疆）. Altaj Mountain（阿尔泰山）. Fuhai-Linchang（福海林场）. 1900m. s. m. Yang Changyou（杨昌友）. No. 730699（XJA）.

3. 长柄吉尔吉斯锦鸡儿（新变种）

Cargana kirghisorum Pojark. var. longipedunculata C. Y. Yang var. nov. in Addenda.

A typo differt pedicellis longioribus ca. 18 ~ 20mm longis（nec 6 ~ 8mm longis）；calycibus brevioribus，8 ~ 10mm longis，Doliiformibus（nec tubiformibus）.

本变种以花梗较长，长 18 ~ 20mm（非为 6 ~ 8mm）；花萼较短，长 8 ~ 10mm，桶状（非管状），而很好区别。

Xinjiang（新疆）. Tekes xian（特克斯县），Xie Jingming（解景明）. No：90 – 047. holotypus（XJA），1990 年 5 月 28 日. in steppis et in lapidosis ap ripas fluminum，生草原石缝中。

4. 尼勒克锦鸡儿（新种）

Caragana pseudo kirghisorum C. Y. Yang et N. Li sp. nov. in Addenda.

木种与吉尔吉斯锦鸡儿 C. kirghisorum Pojark. 相似，但花较小，花冠长 25 ~ 27mm（非长 27 ~ 32mm），花梗长 14 ~ 16mm（非 6 ~ 8mm），花萼、花梗被毛，子房密被白柔毛，而易区别。

与伊犁锦鸡儿 C. camill-schneideri Kom. 也相似。但花萼基部具明显的囊状而很好区别。

多分枝的灌木，高 30 ~ 50cm；树皮黑灰色，光滑，幼枝暗灰色；具发育的木栓棱；托叶硬化成细针刺，长约 6mm；短枝叶柄脱落，长枝叶柄宿存，硬化成细针刺。小叶 4 枚，假掌状着生，具明显叶柄，小叶倒卵形或狭倒卵形，长8～15mm，宽2.5～6mm，顶端钝圆或稍尖，具长约1mm的针尖，基部楔形，上面鲜绿色，下面较淡，被疏柔毛。花梗单生，少对生，长14～16mm，被绒毛，中部具关节；花萼钟状管形，长11～13.5mm，基部突出成明显囊状，被短柔毛，萼齿狭三角形，具睫毛，先端刺化；花冠黄色，长25～27mm；旗瓣宽卵形，基部渐狭成爪，爪长约为瓣长的1/2；翼瓣椭圆形，两边几平行，爪长约瓣片1/2或稍长，耳齿形，长约2mm；龙骨瓣圆钝头，稍短于翼瓣，爪长约瓣片1/2；子房线形，密被白伏毛。花期4～7月。

Frutex ramosus humilis ca 30～50cm altus, cortice atrogriseo laevi nitidi; ramuli juniors tenues olivacei, striis longitudinalibus tenuibus suberosis ornate; stipulae indurate, in spinas tenues aciculares mutati, ca. 6mm longi; petiole in ramis brevibus caduci, nonnunquam ex parte persistentes; in ramis elongatorum longis vero induratae pungentes persistentes O Folia bijuga. pseudopalmata, petiolulata, feliola 8～15mm longa, 2.5～6mm lat, obovata, ve stenobovata, basi cuneata, superne laete viridian, inferne puberulua; pedunculi in ramulis abbreviates solitari, 14～16mm long., pilosi, prope midium articulati; Calyx tubuloso-campanu-latus, 11～13.5mm long., basi obliguus gibbosus puberulus, ad marginem truncatum ciliatis, dentibus spinu－liformibus; corolla lutea, 25～27mm long. vexilli lamina late ovata, ad basin subito angustata guam ungis aplo longiore, alis anguste oblongis, ungues 1/2 laminam aequiantes; auriculae alarum denti-formes ca. 2mm long.; carina apice obtusiuscula alis fere breviore, ungue lamina dimidio fere longiores; ovarium lineari－lanceolatum dense sericeo pilosum o legumen ignotum.

本种与吉尔吉斯锦鸡儿相似，但花梗较长，长14～16mm，（非长6～8mm）；花冠较短，长25～27mm（非27～32mm），花梗、花萼和子房密被白柔毛；

本种也与伊犁锦鸡儿相似，但花梗较长，长14～16mm（非5～9mm）；花萼较长，长11～13.5mm（非长8～10mm）；

本种与霍城锦鸡儿区别：花冠较短，长25～27mm（非33～37mm），枝黑灰色（非淡绿色）而很好区别。

Xinjiang(新疆). Nilka xian(尼勒克县)，1986年6月17日，You Yanming(游延明). No：0109(XJA).

Affinis C. kirghisoro Pojark. a quae differt pedicellis longioribus ca. 14～16mm long. (nec 6～8mm long.), corollis brevioribus ca. 25～27mm long. (nec 27～32mm long.); pedicellis calycibus ovariisque dense adpresse pilosis;

Affinis C. camili-schneidero Kom., Sed pedicellis longioribus, ca. 14～16mm long. (nec 5～9mm Iong.); Calycibus longioribus ca. 11～13.5mm long. (nec 8～10mm long.)differt;

Affinis C. suidingensi C. Y. Yang et N. Li, Sed corollis brevioribus ca. 25～27mm long. (nec 33～37mm long.); lamina alarum ad marginem subparallela(nec sursum manifeste dilatata); cortice atrogrisseo (nec olivaceo).

5. 霍城锦鸡儿(新种)

Caragana shuidingensis C. Y. Yang et N. Li Sp. nov. in Addenda

本种近似吉尔吉斯锦鸡儿 C. kirghisorum Pojark.，但花较大，花冠长33～37mm，花梗长11～16mm，被短绒毛；子房密被绒毛，而很好区别；

本种近似尼勒克锦鸡儿 C. pseudokirghisorum。但花冠较长，长33～37mm（非长25～27mm）而很好区别。

本种近似伊犁锦鸡儿 C. camilli-schneideri Kom.，但花梗较长，长10～17mm（非5～9mm），花萼较长，长10～12mm（非长8～10mm），花冠较长，长33～37mm（非长20～30mm），而很好区别。

Xinjiang(新疆)，Huocheng xian(霍城县)，Daxigou(大西沟)，20. vl. 1987，You Yanming(游延明)No. 0188.（Holotype, XJA－IAC）

Flutex circa 30 ~50cm. alt. Cortice atrogriseo o ramuli juniores tenues olivacei, suberoseo-striati, glabri; stipulae follorum ramorum elongatorum plerumque caducae raro persistentes in spinas tenues mutate, ca, 2. 5mm long.; Stipulae ramorum abbreviatorum caducae. Petioli foliorum ramorum sterilium indurate et spinescentes persistentes, in spinas curvatas mutate, ca. 6 ~14mm long.; Petioli foliorum ramorum abbreviatorum autem abbre-viati, caducae. Folia bijuga; foliola simper omnia digitatim approximate, manifeste distincte petiole, Obovatolanceolata, 5 ~24mm long. 2. 5 ~8mm lat., apice obtuse vel acuta, tenuiter spinoso-aristata, basi cuneata, superne viridia, glanra, inferne glabra pilosave. Pedunculi didymi raro solitarii, 10 ~17mm long. Pubescentes, supra medium articulates; Calyx anguste tubulosus 10 ~12mm long. Basi obliquus gibbosus, dentibus viridibus anguste deltoidibus, calycum dentibus tubis 3 ~4 plo previoribus intus cano pubescentibus; corolla flava 33 ~37mm long.; Vexillum late ovatum basi sensim in unguem crassum circa 18mm long. Subjto contractum; Alae lamina sursum palum digitata, ungue lamina circa 3/4 longiore; auricular calcariformis, ungue 3 plo brevior; Carina alis leviterbrevior, ungue laminam subae-qluilongo; Ovarium lineare dense adpresso breviterque pilosum. Fl. Jun-Jul.

多枝小灌木，高 30 ~50cm。嫩枝细，淡绿色，具发育的木栓质纵棱，光滑；长枝托叶经常脱落，少宿存，变成细刺，长约 2. 5mm；短枝托叶脱落。

营养枝叶柄(长枝)硬化成刺状，宿存，变成弯刺，长 6 ~14mm；短枝叶柄也缩短，但脱落。叶 2 对，小叶呈假掌状着生，具明显叶柄，倒披针形，长 5 ~24mm，宽 2. 5 ~4mm，顶端钝少锐尖，具细刺尖，基部楔形，上面绿色，无毛，下面无毛或有疏柔毛。花梗成对少单生，长 10 ~17mm，被绒毛，中部以上具关节；花萼狭管状，长 10 ~12mm，基部偏斜成囊状，萼齿绿色，狭三角形，短于萼筒 3 ~4 倍，内面有灰绒毛；花冠黄色，长 33 ~37mm；旗瓣阔卵形，基部急缩成长约 18mm 的爪；翼瓣片向上稍扩展，爪长约翼瓣 3/4，耳距状，短于爪 3 倍；龙骨瓣稍短于翼瓣，爪与瓣片 'h' 等长；子房线形，密被短伏毛。花期 6 ~7 月。

Affinis C. kirghisoro Pojark., Sed floribus mafioribus; corollis 33 ~37mm long. (nec 25 ~27mm long.); pedicellis calycibus ovariisque dense adpresse pilosis, bene differt;

Affinis C. pseudokirghisoro C. Y. Yang et N. Li, sed corollis longioribus 33 ~37mm long. (nec 25 ~27mm long.)differt;

Affinis C. camilli - schneider Kom. Sed pedicellis longioribus, 10 ~17mm long. (nec 5 ~9mm long.); calycibus longioribus 10 ~12mm long. (nec 8 ~10mm long.); corollis longioribus ca. 33 ~37mm long. (nec22 ~30mm long.) bene differt.

Xinjiang(新疆), Huocheng xian(霍城县), Daxigou(大西沟)。20. vl. 1987. You Yanming(游延明)No：0188.(Holotype, XJA - IAC)

补 遗

（20）雀儿豆属 Chesneya Lindl.

多年生草本或半灌木、灌木。羽状复叶，小叶 3～11，托叶宿存，与叶柄基部连合。花单生或 2～3 朵排成总状伞形花序；花萼管状，基部偏斜成囊状，萼齿 5，近等长；花冠紫红色至黄色，旗瓣背面常被绒毛；雄蕊 10，二体；子房无柄，胚珠多数。荚果倒卵形至条形，1 室，被柔毛，开裂果瓣扭曲。

本属约 25 种，分布于地中海—西亚—中亚，以中亚为中心。我国产 10 种，分布于西藏、云南、四川、甘肃、新疆和内蒙古等地。新疆现有资料是 2 种，半灌木仅 1 种。

1. 准噶尔雀儿豆（新疆植物检索表）

Chesneya dshungarica Golosk. in Not. Syst. Herb. inst. Bot. Acad. Sci. URSS, 18：117, 1957；Golosk. in Fl. Kazachst. 5：89, tab. 10, fig. 4. 1961；新疆植物检索表，3：72, 1985.

多年生至半灌木。茎高 10～15cm，铺展或升起，密被灰色短伏毛。奇数羽状复叶，小叶 3～4 对，小叶片倒卵形，长 8～12mm，基部楔形，顶端圆或宽凹缺。花梗腋生，单花，长 4～8cm，短于或等长于叶；花萼长 10～18mm，被伏贴白绒毛，萼齿披针状三角形；花冠紫色，旗瓣长约 30mm，翼瓣长约 28mm，龙骨瓣长约 26mm。荚果，倒披针形，长 6～9mm，上部宽 1～1.5cm，基部尖楔形，密被伏贴毛。花期 5～6 月。

分布于哈萨克斯坦准噶尔阿拉套山。故与之接壤的温泉县和博乐县阿拉套山的低山荒漠区，以及阿拉山丘地区，很可能有产，志此备查。

（21）槐属 Sophora Linn.

乔木，灌木，稀草本。奇数羽状复叶，小叶片对生；托叶小。总状或圆锥花序，花萼宽钟形，旗瓣圆形或长圆状倒卵形，雄蕊 10，分离，或基部稍连合；子房具柄，胚珠多数。荚果念珠状。

约 50 种，主产东亚、北美。我国 16 种，新疆木本习见 1 种，系引入栽培。

1*. 槐 国槐

Sophora japonica Linn. Mant. 1：68, 1767；DC. Prodr. 2：95, 1825；Rhed. Man. Cult. Trees and Schrubs ed. 2：489, 1940；中国树木分类学，524，图 420，1937；中国主要植物图说——豆科：134, 1955；中国高等植物图鉴，2：356，图 2441，1972；新疆植物检索表，3：7, 1983；中国植物志，40：92, 1994；新疆植物志，3：7, 2011.

落叶乔木，高至 25m，胸径 1.5m；树皮灰黑色，粗糙纵裂，1～2 年生枝绿色，皮孔明显淡黄色。小叶 7～17，卵形，长圆形，具短柄，先端尖，基部圆或宽楔形；托叶钻形，长 6～8mm，早落。圆锥花序顶生；花冠黄白色，长 1～1.5cm。荚果念珠状，长 2.5～8cm，肉质不裂，经冬不落。种子 1～6，深棕色，肾形。花期 6～8 月，果期 9～10 月。

原产中国，全国各地均有栽培。新疆引种栽培，以南疆各地较多，在乌鲁木齐地区，用作公园、庭园、林荫道和四旁绿化树种，开花结实，生长良好，个别极端寒冷年有冻害，需要保护越冬，是很好的观赏树种，夏日，白花满树，有色有香，令人赏心悦目，秋日，念珠荚果，挂满枝头，宛若神差鬼使，令人惊讶叫绝。常见以下变种。

1a*. 龙爪槐（变种）

Sophora japonica var. **pendula** Loud.；新疆植物志，3：8, 2011。

本变种以枝和小枝均下垂，并向不同方向弯曲盘旋而称奇，各公园习见栽培。

1b*. 毛叶槐(变种)

Sophora japonica var. **pubescens**(Tausch.)Boss.；新疆植物志，3：8，2011。

本变种以小叶柄和小叶片基部中脉密被长毛而不同于原变种。

（22）海绵豆属(中国新记录属) **Spongiocarpella** Yakovl. et Ulzij.

垫状小灌木，叶柄枯而不落，宿存于枝上。叶为奇数或偶数羽状复叶，具全缘或锐裂的，跟叶柄基部连合的托叶。花为腋生单花总状花序；花梗短，长至3mm，小苞片长约5mm，狭披针形，具突出纵脉过渡成短芒尖，长约5mm；花冠长2~2.5mm，旗瓣略为卵形或椭圆形，顶端凹缺，基部明显过渡成爪，上面被绒毛，翼瓣长约1.3cm，龙骨瓣长约0.9cm。荚果不知。

属模式：S. nubigena (D. Don)Yakovl.

具海绵质的一室荚果，密垫状生活型，具宿存叶轴的小灌木或半灌木，而很好区别于 Astragalinac 亚族。

本属9种，其中5种原属于雀儿豆属，其余4种属海绵豆属。新疆仅知1种，有待深入调查研究。

1. 哈密海绵豆(新拟)

Spongiocarpella potaninii Yakovl. in Journ. Bot. 72，2：259，1987。

小灌木，高10~15cm，形成不大的密垫丛。叶为奇数-偶数羽状复叶，长2~4cm，叶轴在上年生枝上宿存；托叶顶端不裂，跟叶柄基部连合；小叶片5~7枚，椭圆形或倒卵形，长3~6mm，宽2~3mm，顶端圆。具短尖，基部楔形或圆形，对称，两面密被绒毛。花单，腋生，花梗短，长3mm，苞片长约5mm，狭披针形，具突出纵脉，过渡成短轴，密被绒毛；花萼管状漏斗形，长8~10mm，基部具偏斜浅囊，萼齿狭三角形，顶端伸长成芒尖，长约5mm；花冠长2~2.5mm，旗瓣稍卵形，或椭圆形，顶端凹缺，爪瓣明显超过，上面被绒毛，翼瓣长，长约1.3cm，龙骨瓣长约0.9cm。荚果不知。

模式自东天山，南坡山麓，哈密附近石质山坡，29. v. 1877年，波坦宁(Potanin)标本藏，圣彼得堡植物研究所。本种近似于格鲁波夫海绵豆(S. grubovii)，但花较小，花长2~2.5cm(不是2.5~3cm)，花萼长0.8~1.0cm(不是长1.2cm)，小叶片5~7枚(不是7~11枚)。

本种仅根据原描述，未见标本，志之备查。

中文名称索引

拉丁学名索引

中文名称与维吾尔文名称对照

一画

一叶萩	چاتقال سبكۆرنبك
一品红	قزىل يالماڭۇلاق
一球悬铃木	شىمالىي ئامبرىكا چىنار دەرىخى

二画

二叶黄芪	قوش يوپۇرماقلىق كەترا
二色柳	ئالبىرت سۆگىتى
二球悬铃木	ئەنگلىيە چىنار دەرىخى
十字花科	كرست گۆللۆكلەر ئائلىسى
十姐妹	كارنىيە كۆپ گۆللۆك ئازغىنى
十蕊山莓草	ئون ئاتىلىقلىق يەر ياستۇقى
十蕊高山莓	ئون ئاتىلىقلىق يەر ياستۇقى
丁香属	سىرىنگۈل(قەلەمپۇر) ئۇرۇقدىشى
七姐妹	كارنىيە كۆپ گۆللۆك ئازغىنى
八仙花	چوغيوپۇرماقلىق گۆلچىمەن
八角金盘	ياپون فاتسىيە چاتقىلى
八角金盘属	فاتسىيە ئۇرۇقدىشى
九重葛	زەيتۈنگۈل، ياپراقگۈل
九重葛属	زەيتۈنگۈل(ياپراقگۈل) ئۇرۇقدىشى

三画

三角枫	ئۈچبۇرجەك يوپۇرماقلىق ئۇرەن
三角槭	ئۈچبۇرجەك يوپۇرماقلىق ئۇرەن
三刺皂荚	ئۈچئاچىماق تىكەنلىك سوپۇن دەرىخى
三春柳	تەگگىيوپۇرماقلىق بالغۇن
三洲野蒿	چۆللۆك ئەمنى
三球悬铃木	شەرق چىنار دەرىخى، فرانسىيە چىنار دەرىخى
三裂叶蒿	ئۈچقۇلاق يوپۇرماقلىق ئەمەن
三裂绣线菊	ئۈچ يبرىقيوپۇرماقلىق تبۇلغا
三蕊柳	ئۈچ ئاتىلىقلىق سۆگەت
土伦柳	تۇران سۆگىتى
土庄绣线菊	تۇۇتلىق تبۇلغا
大马士革蔷薇	دەمەشق ئەتىرگۈلى
大叶小檗	ئامۇر زىرىقى، خبلۇغجاك زىرىقى
大叶白麻	چوك چىچەكلىك لوپنۇر كەندىرى
大叶白蜡	ئامبرىكا ئەرمۇدۇنى
大叶白蜡树	ئامبرىكا ئەرمۇدۇنى
大叶绣线菊	چوك يوپۇرماقلىق تبۇلغا
大叶黄杨	ياپونىيە جنچاتقىلى

大叶榆	يبرىق يوپۇرماقلىق رەبدە (قارىياغاچ)
大头沙拐枣	چوك مبۆللىك جۆزغۇن
大红枣	سوقا چىلان، چوك چىلان
大花芒柄花	ئادەتتىكى قۇلان پۇرچىقى
大花罗布麻	چوك چىچەكلىك لوپنۇر كەندىرى
大花神香	چوك گۆللۆك زۇفا
大花神香花	چوك گۆللۆك زۇفا
大花塔城锦鸡儿	چوك گۆللۆك چوچەك سۆزگىنى
大花溲疏	چوك گۆللۆك دبئۇتزىيە
大花锦鸡儿	چوك گۆللۆك سۆزگەن
大齿山杨	چوك چىشلىقيوپۇرماقلىق تاغ تبرىكى
大果白刺	چوك مبۆللىك ئاقتىكەن
大果沙枣	نان جىگدە، يەمىشجىگدە
大果枸子	چوك مبۆللىك ئىرغاي
大果榆	چوك مبۆللىك قارىياغاچ
大果蔷薇	كۇئىنلون ئازغىنى
大戟目	يالماڭۇلاق ئەترەدى
大戟科	يالماڭۇلاق ئائلىس
大戟超目	يالماڭۇلاق ھالقىما ئەترەدى
大戟属	يالماڭۇلاق ئۇرۇقدىشى
大簇补血草	سمنوۋ بەهمەنى
万年蒿	گمبلىن ئەمنى
山川柽柳	قويۇق چىچەككلىك يۆلغۇن
山毛榉目	دوب ئەترەدى
山白蒿	ئاق ئەمەن
山羊柳	فبدشبنكوۇ سۆگىتى
山杏	سبسرىيە ئۇرۇكى
山杨	ئادەتتىكى تاغ تبرىكى، تاغ تبرىكى
山里红	چوك مبۆللىك كۆلى دولانىسى
山定子	ياۋا تاش ئالما، گىلاسسىمان ئالما
山荆子	ياۋا تاش ئالما، گىلاسسىمان ئالما
山茱萸目	كۇرنۇس ئەترەدى
山茱萸亚钢	كۇرنۇس كەنجى سنىپى
山茱萸科	كۇرنۇس ئائلىسى
山茱萸超目	كۇرنۇس ھالقىما ئەترەدى
山柑	كەپە، بۆرە قوغۇنى
山柑属	كەپە ئۇرۇقدىشى
山柏树	توزاڭلىق كوماروف ئارچىسى
山柳	تەگگىيوپۇرماقلىق بالغۇن
山莓草	ئادەتتىكى يەر ياستۇقى

无毛风箱果	تۆكسىز ئەلقيار	五月杨	مارالاند تېرىكى
无毛短舌菊	ئادەتتىكى تاغسىغىز	五叶地锦	مۆرەككەپپىيوپۆرماقلىق تامخور
无叶豆属	قولانقويرۇق ئورۇقدىشى	五加目	ئارالىيە ئەتردى
无叶假木贼	يوپۇرماقسىز ئىتسىيگەك	五加科	ئارالىيە ئائىلىسى
无花果	ئەنجۈر	五加超目	ئارالىيە ھالقما ئەتردى
无花果属	ئەنجۈر (فىكۇس) ئورۇقدىشى	五角叶葡萄	بەش بۆرجەكىيوپۆرماقلىق ئۈزۈم
无刺洋槐	تىكەنلىك ئاكاتسىيە تىكەنسىز فورمىسى	五角枫	ئادەتتىكى ئەپرەن
无刺槐	تىكەنلىك ئاكاتسىيە تىكەنسىز فورمىسى	五柱红砂	قەشقەر تەليپەرقى
无翅假木贼	قاناتسىز ئىتسىيگەك	五柱琵琶柴	قەشقەر تەليپەرقى
无患子目	ساپىندۇس ئەتردى	五莲杨	ۋۆلىيەن تېرىكى
无患子科	ساپىندۇس ئائىلىسى	五福花目	يانارئوت ئەتردى
元宝枫	يامبو ئەپرەن	五蕊柳	بەش ئاتىلقلىق سۆگەت
云杉	ئادەتتىكى شەمشاد	五桠果亚纲	دىللەن كەنجى سىنپى
云杉属	شەمشاد ئورۇقدىشى	犬齿蔷薇	كانىنا ئازغىنى
云实科	ئودھەندى ئائىلىسى	太平花	بىيجاك فىلادلفوسى
木本补血花	كەنجە چاتقال بەھمەن	太原枸杞	كەپسكسمان گۆلكاسسلىق ئالقات
木本猪毛菜	ياغاچگۈل قامقاق	尤金杨	يوۇگېنىر تېرىكى
木瓜属	كۆلى بېھسى ئورۇقدىشى	车梁木	قارا مېۋۇلۇك كورنۇس، ۋالتېر كورنۇسى
木兰	ئاقگۈللۈك ماگنولىيە	戈壁沙拐枣	چۆللۈك جوزغۇنى
木兰目	ماگنولىيە ئەتردى	戈壁锦鸡儿	چۆللۈك سۆزگىنى
木兰亚纲	ماگنولىيە كەنجى سىنپى	戈壁藜	بۇدارغان
木兰纲	ماگنولىيە سىنپى	戈壁藜属	بۇدارغان ئورۇقدىشى
木兰科	ماگنولىيە(مولان) ئائىلىسى	少花栒子	شالاڭگۈللۈك ئىرغاي
木兰超目	ماگنولىيە ھالقما ئەتردى	日本桤木	ياپونىيە ئالنۇس دەرىخى
木兰属	ماگنولىيە(مولان) ئورۇقدىشى	日本山杨	ياپونىيە تاغ تېرىكى
木地肤	ياغاچ غوللۇق ياۋا سۆپۆرگە	日本小檗	ياپونىيە زىرەقى، تۆنبرك زىرەقى
木芙蓉	ياغاچ غوللۇق پەرەڭگۈل	日本五针松	ياپونىيە قارغىيى
木香花	قۇستە گۈللۈك ئازغان	日本赤杨	ياپونىيە ئالنۇس دەرىخى
木盐蒿	شورلۇق ئەمنى	日本赤松	قىزىل قارغاي
木贼麻黄	قىرقبوغۇمسىمان چاكاندا	日本花柏	ياپونىيە ياپلاق ئارچىسى
木绣球	جۆڭگو بالنى	日本绣线菊	ياپونىيە تۆۋۈلغىسى
木黄芪	ياغاچ غوللۇق كەترا	日本落叶松	ياپونىيە بالقارغىيى
木梨	ئاچچىق ئاموت، ياۋا ئاموت	日本黑松	تۆنبرگكى قارغىيى
木旋花	چاتقال يۆگەي	中井樱桃	ناكاي جىنەستىسى
木犀目	ئۇلىيە ئەتردى	中东杨	بېرلىن تېرىكى، ئوتتۇرا شەرق تېرىكى
木犀科	ئۇلىيە ئائىلىسى	中亚光白英	ئوتتۇرا ئاسىيا پىدەگنى
木蓝属	ئىندگوفبرا ئورۇقدىشى	中亚旱蒿	مارشال ئەمنى، ئوتتۇرا ئاسىيا ئەمنى
木蓼属	ئاق ئوتۇن(تۆگە سەخرىرىن) ئورۇقدىشى	中亚沙冬青	ئوتتۇرا ئاسىيا يەرلغۇسى
木碱蓬	ياغاچ گۈل قۇراي	中亚柽柳	ئوتتۇرا ئاسىيا يۈلغۇنى
木槿	ئادەتتىكى پەرەڭگۈل	中亚圆柏	ئوتتۇرا ئاسىيا ئارچىسى، يەكەن ئارچىسى
木槿属	پەرەڭگۈل ئورۇقدىشى	中亚琵琶柴	ئوتتۇرا ئاسىيا تەليپەرقى
木霸王	قەشقەر ياغاچگۈل تۆگتاپىنى	中亚锦鸡儿	ئوتتۇرا ئاسىيا سۆزگىنى (قارغىنى)
木霸王属	ياغاچگۈل تۆگە تاپان ئورۇقدىشى	中国李	ئادەتتىكى ئالچا

中国丽豆	جۇڭگو ئۇزبويسى	分药花属	پروۋىسكى گۈلى ئۇرۇقدىشى
中国沙拐枣	جۇڭگو جۇزغۇنى، گەنسۇ جۇزغۇنى	月季花	جۇڭگو ئەترگۈلى
中麻黄	ئوتتۇرا بوي چاكاندا	风箱果	ئامور ئەلقىيارى، خلۇڭخجاك ئەلقىيارى
内蒙古旱蒿	چۆل ئەمەنى، بەنەم ئەمەنى	风箱果属	ئەلقىيار ئۇرۇقدىشى
毛山荆子	مانجۇر تاش ئالمىسى	乌什锦鸡儿	ئۇچتۇرپان سۆزگەنى
毛叶丁香	تۈكلۈك سىرەنگۈل	乌苏里鼠李	ئۇسسۇرى خوزۇرى
毛叶光白英	پارس پىدگنى	乌恰百里香	ئۇلۇغچات چۆل رەيھنى
毛叶紫菀木	تۈكلۈك چۆلسىغىز	乌恰彩花	ئۇلۇغچات ئاكانتولمونى
毛白杨	تۈكلۈك تەرەك	风尾柏	پەيسمان يوپۇرماقلىق ياپلاق ئارچا
毛白蜡	تۈكلۈك ئەرمۇدۇن	文冠果	پىندىك ياغاق
毛豆黄芪	قۇملۇق كەتراسى	文冠果属	پىندىك ياغاق ئۇرۇقدىشى
毛足假木贼	قاناتسىز ئىتسىيگەك	火炬树	مەشئەل دەرىخى، موزا دەرىخى
毛枝阿富汗杨	تۈكلۈكشاخلىق ئافغان تەرىكى	心叶驼绒藜	يۈرەكسىمان يوپۇرماقلىق تەسكەن
毛枝柳	تۈكلۈك سۆگەت	心叶密叶杨	يۈرەكسىمان يوپۇرماقلىق پاقا تەرەك
毛刺槐	تۈكلۈك- تىكەنلىك ئاكاتسىيە	心叶椴	يۈرەكسىمان يوپۇرماقلىق لېپا دەرىخى
毛果金雀花	تۈكلۈك مېۋىلىك سەبرەق سۆزگەن	巴旦	ئادەتتىكى بادام، بادام
毛泡桐	تۈكلۈك پاۋلوۋنىيە دەرىخى	巴旦属	بادام ئۇرۇقدىشى
毛茶藨	تۈكلۈك قارقات	巴尔喀什节节木	بالقاش بۇرگۈنى
毛茛目	ئپيق تاپان ئەترىدى	巴甫洛夫黄芪	پاۋلوف كەتراسى
毛茛亚纲	ئپيق تاپان كەنجى سىنپى	巴柏	كوماروف ئارچىسى
毛茛科	ئپيق تاپان ئائىلسى	双子叶植物纲	قوش پەلللىك ئۇسۇملۇكلەر سىنپى
毛茛超目	ئپيق تاپان ھالقما ئەترىدى	双花委陵菜	جۈپ گۈللۈك غازتاپان
毛柽柳	تۈكلۈك يۇلغۇن	双穗麻黄	يۇگمشاخلىق چاكاندا
毛莲蒿	تۈكلۈك ئەمەن	水曲柳	مانجۇر ئەرمۇدۇنى
毛黄栌	تۈكلۈك كوتىنۇس	水色树	ئادەتتىكى ئۈرەن
毛梾	قارا مۇۋلىك كورنۇس، ۋالتېر كورنۇسى	水杉	مېتاسېكۋويە دەرىخى
毛葡萄	بەش بۆرجەك يوپۇرماقلىق ئۈزۈم	水杉属	مېتاسېكۋويە ئۇرۇقدىشى
毛芯枸杞	تۈكلۈككىچىكگۈللۈك ئالقات، شىنجاك ئالقتى	水青冈目	دوب ئەترىدى
毛樱桃	تۈكلۈكيوپۇرماقلىق جەنەستە	水柏	ئۇزۇن باشاقلىق بالغۇن
长叶节节木	ئۇزۇن پاناياپراقلىق بۇرگۈن	水柏枝属	بالغۇن ئۇرۇقدىشى
长叶雪岭云杉	ئۇزۇن يوپۇرماقلىق تيانشان شەمشادى	水柽柳	ئۇزۇن باشاقلىق بالغۇن
长白松	ياۋروپا سۇپايە قارىغىيى	水蜡树	دنقماق يوپۇرماقلىق لىگۇسترۇم
长尖神香花	ئۇچلۇق يوپۇرماقلىق زۇفا		
长序水柏枝	ئۇزۇن باشاقلىق بالغۇن	**五画**	
长苞节节木	ئۇزۇن پاناياپراقلىق بۇرگۈن		
长枝木蓼	ئۇزۇن شاخلىق ئاق ئوتۇن	玉兰	ئاق گۈللۈك ماگنۇلىيە
长枝节节木	ئۇلى بۇرگۈنى	正木	ياپونىيە جىن چاتقلى
长刺棘豆	ئۇزۇن تىكەنلىك تەلۇەببدە	甘青铁线莲	توۋغۇت ماڭدارى
长梗吉尔吉斯锦鸡儿	قىرغىز سۆزگەنى	甘肃柽柳	گەنسۇ يۇلغۇنى
长梗郁李	ناكاي جەنەستىسى	甘草	چۇچۇك بۇيا
长穗柽柳	ئۇزۇن باشاقلىق يۇلغۇن	艾比湖小叶桦	ئەبىنۇر ئىنچىكە يوپۇرماقلىق قېيىنى
什锦丁香	جۇڭگو سىرەنگۈلى	艾比湖沙拐枣	ئەبىنۇر جۇزغۇنى
反折木蓼	سۇپايە ئاق ئوتۇن	节节木属	بۇرگۈن ئۇرۇقدىشى
		石生百里香	شىبغىللىق چۆل رەيھنى
		石生茶藨	ياتما قارقات

石生除虫菊	شېغىللىق ئاقرقەرھاسى	四喜牡丹属	ئاتراگىن(ئاۋۇك) ئۆرۆقدىشى
石竹目	چىنگۈل ئەتردى	四蕊山莓草	تۆت ئاتىلقلىق يەر ياستۇقى
石竹亚纲	چىنگۈل كەنجە سىنىپى	四蕊高山莓	تۆت ئاتىلقلىق يەر ياستۇقى
石竹科	چىنگۈل ئائىلىسى	仙女木	پەرىگۈل، سەككىز بەرگى
石竹超目	چىنگۈل ھالقما ئەتردى	仙女木属	پەرىگۈل (سەككىز بەرگى) ئۆرۆقدىشى
石松彩花	پىلائوتسمان ئاكانتولمون	白山蒿	ئاق ئەمەن
石蚕叶绣线菊	چوك يوپۇرماقلىق تېۆلقا	白云杉	كانادا شەمشادى
石棒绣线菊	ياۋرۇئازيا تېۆلغسى	白毛金露梅	تۆكلۈك چاتقال ئەبجەس
石榴	ئانار	白毛锦鸡儿	يىرىك تۆكلۈك سۆزگەن
石榴科	ئانار ئائىلىسى	白玉兰	ئاق گۈللۈك ماگنولىيە
石榴属	ئانار ئۆرۆقدىشى	白玉堂	ئاق كۆپ گۈللۈك ئازغان
布尔津柳	بۆرجون سۆگەتى	白兰花属	مىچپلىيە ئۆرۆقدىشى
龙爪柳	بۆدۈر شاخلىق چۆل سۆگەتى	白皮沙拐枣	ئاق غوللۇق جۇزغۇن
龙柏	ئەگرى شاخلىق جۆڭگۆ ئارچىسى	白皮锦鸡儿	ئاق تىكەنلىك سۆزگەن
龙胆超目	جبنتيانا ھالقما ئەتردى	白花长尖神香花	ئاق ئۇچلۇق چىچەكلىك زۇفا
平榛	چىلغوزا دەرخى	白花丹目	بەھمەن ئەتردى
东方铁线莲	شەرق ماخدارى	白花丹科	بەھمەن ئائىلىسى
东方猪毛菜	شەرق قامقغى	白花丹超目	بەھمەن ھالقما ئەتردى
东北山梅花	شەرقي شمال فىلادبلفۇسى	白花沼萎陵菜	ئاق چىچەكلىك غلدە
东北杏	مانجۇر ئۈرۈكى	白花盐豆木	ئاق چىچەكلىك قوڭغۇراق تىكەن
东北连翘	مانجۇر ئالتۇن قوڭغۇراقگۈلى	白花菜目	كەپە ئەتردى
东北岩高兰	شەرقي يشمال ئەمپىتراس	白花菜科	كەپە ئائىلىسى
东疆沙拐枣	شنجاك جۇزغۇنى	白花蔷薇	ئاق ئەترگۈل، ئاق گۈللۈك ئازغان
卡洛林杨	كانادا تېرىكى	白杆	مىيبر شەمشادى،ئاق شەمشاد
北极花	قۇتۇپگۈل	白沙蒿	يۇمۇلاق باشاقلىق ئەمەن
北极花属	قۇتۇپگۈل ئۆرۆقدىشى	白枝猪毛菜	ئاق غوللۇق قامقاق
北极果	ئەگىز تاغ ئەمبىركى	白刺	شوبىر ئاقتىكنى
北极果属	ئەمبىرك ئۆرۆقدىشى	白刺科	ئاق تىكەن (بۆرە تىكنى) ئائىلىسى
北极柳	شىمالى قۇتۇپ سۆگەتى	白刺属	ئاقتىكەن (بۆرە تىكنى) ئۆرۆقدىشى
北京丁香	بېيجاك سىرەنگۈلى	白刺锦鸡儿	ئاق تىكەنلىك سۆزگەن
北京山梅花	بېيجاك فىلادبلفۇسى	白柳	ئاق سۆگەت
北美草芙蓉	شىمالى ئامېرىكا پەرەڭگۈلى	白背五蕊柳	دۇمبەئاق يوپۇرماقلىق بەش ئاتىلقلىق سۆگەت
北美香柏	شىمالى ئامېرىكا تۇجا ئارچىسى		
北美野葡萄	شىمالى ئامېرىكا ئۈزۈمى	白桦	ئاق قېيىن
北美短叶松	بانكس قارىغىيى	白桑	ئاق ئۇژمە، جۇجەم
叶子花	زەيتۇنگۈل، ياپراقگۈل	白梭梭	پارس سۆكسۆكى، ئاق سۆكسۆك
叶子花属	زەيتۇنگۈل(ياپراقگۈل) ئۆرۆقدىشى	白梨	ئاق نەشپۈت، ئاق ئامۇت
叶底珠	چاتقال سېكۈرنبك	白麻	ئاق لوپنۇر كەندىرى
叶底珠属	سېكۈرنبك ئۆرۆقدىشى	白椿	ئاق ئېگىز چۆلۈك
叶城锦鸡儿	قاغىلىق سۆزگنى(قارغنى)	白榆	ئادەتتكى قارىياغاچ، ئاق ربدە
田芒柄花	ئادەتتكى قۇلان پۇرچقى	白滨藜	ئاق سۆرمۇق
四季丁香	كەچىك يوپۇرماقلىق سىرەنگۈل	白蔹	يابونىيە ياۋا ئۈزۈمى
四翅滨藜	بوز سۆرمۇق	白蜡树属	ئەرمۇۋۇن(ياسىن دەرخى) ئۆرۆقدىشى

白蜡属	ئەرمۇدۇن(ياسىن دەرىخى) ئۇرۇقدىشى
白蜡槭	مۇرەككەپ يوپۇرماقلىق ئۇرەن
冬青卫矛	ياپونىيە جىنچاتقلى
冬珊瑚	يىرۇسالىم جىن بىدەنگىنى
冬葡萄	قىشلىق ئۈزۈم
玄参目	چۇقا ئەتىردى
玄参科	چۇقا ئائىلسى
闪光蛇葡萄	بودىنبىر ياۋا ئۈزۈمى
半日花	جۇڭغار كۈنگۈلى
半日花目	كۈنگۈل ئەتىردى
半日花科	كۈنگۈل ئائىلسى
半日花属	كۈنگۈل ئۇرۇقدىشى
头状沙拐枣	چوك مبۇللك جۇزغۇن
汉白杨	نەغشا تبرىكى
宁夏枸杞	نەغشا ئالقىتى
尼特宛诺夫沙枣拐枣	لتۇنۇف جۇزغۇنى
尼勒克锦鸡儿	نىلقا سۇزگىنى
加杨	كانادا تبرىكى
加里忍冬	كارلبن ئۇچقتى، كارلبن شلۇسسى
加拿大云杉	كانادا شەمشادى
加拿大红枫	كانادا ئبرەنى
加拿大杨	كانادا تبرىكى
边塞锦鸡儿	باغغاردى سۇزگىنى
圣诞花	قىزىل يالمان قۇلاق
对叶黄芪	قوش يوپۇرماقلىق كەترا
辽东丁香	لياۋدۇك سرنگۈلى
辽东冷杉	لياۋدۇك ئاق قارغىيى
辽宁山楂	قىزىل مبۇللك دۇلانە
辽杏	مانجۇر ئۇرۈكى

六画

邦卡锦鸡儿	باغغاردى سۇزگىنى
吉木乃锦鸡儿	جىمۇنەي سۇزگىنى
吉尔吉斯短舌菊	تىيانشان تاغبغزى
吉尔吉斯锦鸡儿	قىرغىز سۇزگىنى
老鼠瓜	كەپە، بۇرە قوغۇنى
地肤属	ياۋا سۇپۇرگە ئۇرۇقدىشى
地锦	ئاددى يوپۇرماقلىق تامخور
地锦属	تامخور(تامپىلەك) ئۇرۇقدىشى
地锦槭	ئادەتتكى ئبرەن
地蔷薇属	پلدارە ئۇرۇقدىشى
耳柳	قۇلاقسىمان يوپۇرماقلىق سۇگەت
芍药属	مۇدەنگۈل (چوغلۇق) ئۇرۇقدىشى
芒柄花	ئادەتتكى قۇلان پۇرچقى

芒柄花属	قۇلان پۇرچقى ئۇرۇقدىشى
亚洲无心菜	ئاسىيا ئبرموگونى
亚洲百里香	موغغۇل چۇل رەيھنى
亚洲雪灵芝	ئاسىيا ئبرموگونى
亚洲稠李	ئاسىيا شۇمۇرتى
亚菊属	بەرنگۈل(ئاجانىيە) ئۇرۇقدىشى
朴属	سبلتس دەرىخى ئۇرۇقدىشى
再生杨	يبڭجە تبرەك
西北枸杞	غەربى شىمال ئالقىتى
西伯利亚小檗	سبىرىيە زىرىقى
西伯利亚云杉	سبىرىيە شەمشادى
西伯利亚五针松	سبىرىيە قارغىيى
西伯利亚四喜牡丹	سبىرىيە ئاتراگبنسى
西伯利亚白刺	سبىرىيە ئاقتىكنى
西伯利亚百里香	سبىرىيە چۇل رەيھنى
西伯利亚红松	سبىرىيە قارغىيى
西伯利亚花楸	سبىرىيە چبتنى
西伯利亚杏	سبىرىيە ئۇرۈكى
西伯利亚冷杉	سبىرىيە ئاق قارغىيى
西伯利亚忍冬	سبىرىيە ئۇچقتى
西伯利亚刺柏	سبىرىيە تكەنلك ئارچسى
西伯利亚泡泡刺	سبىرىيە ئاق تكنى
西伯利亚铁线莲	سبىرىيە ئاتراگبنسى
西伯利亚接骨木	سبىرىيە بوزۇنى
西伯利亚落叶松	سبىرىيە بال قارغىيى
西洋李	ياۋرۇپا ئالۇچسى
西黄松	سبرىق قارغاي
西敏补血花	سمنۇۋ بەھمەنى
西藏中麻黄	تبەت ئۇتنۇربوي چاكاندسى
西藏亚菊	تبەت بەرنگۈلى
西藏麻黄	تبەت ئۇتنۇربوي چاكاندسى
百叶蔷薇	ئۇششاق يوپۇرماقلىق ئەترگۈل
百里香	موغغۇل چۇل رەيھنى
百里香叶蓼	چۇلرەيھنسىمان قامچا ئۇتۇن
百里香属	چۇل رەيھنى ئۇرۇقدىشى
灰毛木地肤	بوزرەڭياغاچغوللۇق ياۋا سۇپۇرگە
灰毛忍冬	بوز تۇكلۇك ئۇچقات، بوز تۇكلۇك شلۇە
灰毛柳	بوز تۇكلۇك سۇگەت
灰毛葡萄	بوز تۇكلۇك ئۈزۈم
灰叶胡杨	بوز توغراق، قاپاق توغراق
灰皮雪岭云杉	بوز پوستلۇق تيانشان شەمشادى
灰杨	بوز توغراق، قاپاق توغراق
灰麻黄	كۇك شاخلىق چاكاندا

灰蓝柳	بوز سۆگەت	伊犁小檗	ئىلى زىرىقى
灰蓼	بوز قامچا ئوتۇن، ششكىن قامچا ئوتۇنى	伊犁节节木	ئىلى بۆرگۈنى
达乌里亚水柏枝	داغۇر بالغۇنى	伊犁四喜牡丹	ئىلى ئاتراگىبنسى
列氏柳	چۆچەك سۆگىتى	伊犁花	غۇسەل
列氏桦	رېزىنزىبنكۇۋا قىينى	伊犁花属	غۇسەل ئۇرۇقدىشى
列曼蒿	لېخمان ئەمەنى	伊犁杨	ئىلى تېرىكى
夹竹桃	ھىندىستان سۆگەتگۆلى	伊犁忍冬	ئىلى ئۇچقىتى، ئىلى شلۇسى
夹竹桃目	سۆگەتگۆل ئەتردىى	伊犁柳	ئىلى سۆگىتى
夹竹桃科	سۆگەتگۆل ئائىلىسى	伊犁铁线莲	ئىلى ئاتراگىبنسى
夹竹桃属	سۆگەتگۆل ئۇرۇقدىشى	伊犁黄芪	ئىلى كەترراسى
托木尔峰密叶杨	تۆمۈر چوقىسى پاقا تېرىكى	伊犁蒿	ئىلى ئەمەنى
扫帚柏	چاتقال سېرىق ئارچا	伊犁锦鸡儿	ئىلى سۆزگىنى
尖叶加杨	يۇۋگىنىر تېرىكى	伊犁蔷薇	ئىلى ئازغىنى
尖叶阿富汗杨	ئۇتكۈر يۇپۇرماقلىق ئافغان تېرىكى	伊塞克蒿	ئىسكۆلبىن ئەمەنى
尖叶盐爪爪	ئۇچلۇق يۇپۇرماقلىق زاغزاق	向日葵族	ئاپتاپپەرەس گۈرۈپپىسى
尖叶槭	چىنارسىمان ئېبرەن	全缘叶小檗	چىشسىز يۇپۇرماقلىق زىرىق
尖刺蔷薇	سىلق تىكەنلىك ئازغان	合头木	تۆگقەبرىن، قوشباش
尖果沙枣	قاغا جىگدە	合头木属	تۆگقەبرىن(قوشباش) ئۇرۇقدىشى
光叶百里香	سىلق يۇپۇرماقلىق چۆل رەيھەنى	合头草	تۆگقەبرىن، قوشباش
光叶柳	سىلق يۇپۇرماقلىق سۆگەت	合欢	ئالبىزىيە دەرخى،يىپەك دەرخى
光白英	جۇڭگو پىدگىنى	合欢属	ئالبىزىيە ئۇرۇقدىشى
光皮银白杨	سىلق پوستلۇق ئاق تېرەك	伞刺槐	كۆنلۈكسمان تاجلىق تىكەنلىك ئاكاتسىيە
光萼彩花	سىلق گۆلكاسسلىق ئاكانتولىمون	伞洋槐	كۆنلۈكسمان تاجلىق تىكەنلىك ئاكاتسىيە
吐兰柳	تۇران سۆگىتى	伞槐	كۆنلۈكسمان تاجلىق تىكەنلىك ئاكاتسىيە
吐曼特小叶桦	تۆمەنت كىچىك يۇپۇرماقلىق قىينى	多叶锦鸡儿	قويۇق يۇپۇرماقلىق سۆزگەن
吐曼特桦	تۆمەنت قىينى	多花柽柳	قويۇق چىچەكلىك يۇلغۇن
曲枝枸杞	ئەگرىشاخلىق ئالقات	多花枸子	قويۇق گۈللۈك ئىرغاي
吊橙花	مەجنۇن پەرەڭگۆل	多花蔷薇	كۆپ گۈللۈك ئازغان
刚毛忍冬	تۆكلۈك ئۇچقات، تۆكلۈك شلۇە	多枝柽柳	قويۇق شاخلىق يۇلغۇن
刚毛柽柳	تۆكلۈك يۇلغۇن	多刺棘豆	كۆپ تىكەنلىك تەلۇەببدە
乔木状沙拐枣	ئېبگىزبوي جۇزغۇن	多刺锦鸡儿	كۆپ تىكەنلىك سۆزگەن
伏毛木地肤	ياتماتۆكلۈك ياغاچگۆل ياۋا سۆپۈرگە	多刺蔷薇	كۆپ تىكەنلىك ئازغان
伏毛旋花	ياتماتۆكلۈك يۆگەي	多蕊莓	تلوسپىرما
延叶猪毛菜	چاپلاشما يۇپۇرماقلىق قامقاق	多蕊莓属	تلوسپىرما ئۇرۇقدىشى
华北卫矛	ماككى جىن چاتقلى	色木	ئادەتتكى ئېبرەن
华北驼绒藜	شىمالىي جۇڭگو تەسكنى	色木槭	ئادەتتكى ئېبرەن
华北珍珠梅	كەرىلوۋ سوربارىسى	羊茅	تىپچاق
华北绣线菊	شىمالىي جۇڭگو تبۇلغىسى	米仔兰	ئاگلايە گۆلى، مىزگۆل
华北落叶松	شىمالىي جۇڭگو بال قارغىيى	米仔兰属	ئاگلايە (مىزگۆل) ئۇرۇقدىشى
华丽豆	جۇڭگو ئۇزبويسى	米黄柳	مچبلسون سۆگىتى
华麻黄	جۇڭگو چاكاندىسى	灯芯蒿	ئۇچ قۇلاق يۇپۇرماقلىق ئەمەن
仰卧黄芩	ياتما قالانگۆل	兴安落叶松	گىمبلىن بال قارغىيى
伊犁小蓬	ئىلى تاشبۇرگۈنى	兴安鼠李	داغۇر خوزۇرى

异叶胡杨	تال توغراق	芬兰桦	ئالتاي قېيىنى، سۆگەللىك قېيىن
异花柽柳	نازۇك شاخلىق يۇلغۇن	苍白云杉	كانادا شەمشادى
异花枸子	غەيرى گۆللۈك ئىرغاي	芦苇	قومۇچ
异味蔷薇	سېسىق ئاتىرگۈل	克氏柳	كرىلوۋ سۆگىتى
异株百里香	غەيرى تۈپلۈك چۆل رەيھانى	杜仲	ئېۋكومىيە دەرىخى
羽叶丁香	پەيسمان يوپۇرماقلىق سىرىنگۈل	杜仲目	ئېۋكومىيە ئەترىدى
羽叶花柏	پەيسمان يوپۇرماقلىق ياپىلاق ئارچا	杜仲科	ئېۋكومىيە ئائىلسى
红丁香	قىزىل سىرىنگۈل	杜仲属	ئېۋكومىيە ئۇرۇقدىشى
红皮云杉	كورىيە شەمشادى	杜松	تىكەنلىك ئارچا
红皮沙拐枣	قىزىل غوللۇق جوزغۇن	杜香	لېدۇم چاتقىلى
红皮雪岭云杉	قىزىل پوست تىانشان شەمشادى	杜香属	لېدۇم ئۇرۇقدىشى
红肉苹果	قىزىل ئالما	杜梨	ياۋا ئامۇت، ياۋا تاش ئامۇت
红色黄栌	كوتنۇس دەرىخى، تاماكا دەرىخى	杜鹃花目	كاككۇك گۆل ئەترىدى
红花岩黄芪	قىزىل چىچەكلىك مۈنچاققۇراي	杜鹃花科	كاككۇك گۆل ئائىلسى
红花茶藨	قىزىل چىچەكلىك قارىقات	杜鹃花超目	كاككۇك گۆل ھالقىما ئەترىدى
红李	ئۆرۈكسىمان ئالۇچا، قىزىل ئالۇچا	杠柳	پېرىپلوكا چاتقىلى
红沙	جۇڭغار تېلياپرىقى	杠柳科	پېرىپلوكا ئائىلسى
红刺玫	جۇڭگو قويۇق گۆللۈك ئاتىرگۈل	杠柳属	پېرىپلوكا ئۇرۇقدىشى
红果山楂	قىزىل دولانا	杏	ئادەتتىكى ئۆرۈك، ئۆرۈك دەرىخى
红果小檗	قىزىل مېۋىلىك زىرىق	杏叶梨	ئۆرۈكيوپۇرماقلىق نەشپۈت
红果沙拐枣	قىزىل غوللۇق جوزغۇن	杏李	ئۆرۈكسىمان ئالۇچا
红果雪岭云杉	قىزىل مېۋىلىك تىانشان شەمشادى	杏属	ئۆرۈك ئۇرۇقدىشى
红果越橘	قىزىل مېۋىلىك ئېبىق ئۈزۈمى، رودوكوكۈم	杉松	لىاۋدوڭ ئاق قارىغىي
红果越橘属	رودوكوكۈم ئۇرۇقدىشى	杉科	تاكسودىيە ئائىلسى
红瑞木	ئاق مېۋىلىك كورنۇس	杨柳目	تېرەك سۆگەتلەر ئەترىدى
		杨柳科	تېرەك سۆگەتلەر ئائىلسى

七画

玛尔萨蒿	مارشال ئەمنى	杨属	تېرەك ئۇرۇقدىشى
赤杨属	ئالنۇس دەرىخى ئۇرۇقدىشى	权枝忍冬	ئاچىشخىلىق شلۆ (ئۇچقات)
赤松	قىزىل قارىغاي	李子	ئادەتتىكى ئالۇچا
壳斗目	دۇب ئەترىدى	李叶绣线菊	ئالۇچايوپۇرماقلىق تېۆلغا
壳斗科	دۇب ئائىلسى	李亚科	ئالۇچا كەنجى ئائىلسى
壳斗超目	دۇب ھالقىما ئەترىدى	李属	ئالۇچا ئۇرۇقدىشى
芙蓉葵	شىمالىي ئامېرىكا پەرەڭگۈلى	吾库扎克小枣	ئۇقۇزاق چىلنى
芸香目	سۆزاپ ئەترىدى	豆目	پۇرچاق ئەترىدى
芸香科	سۆزاپ ئائىلسى	豆超目	پۇرچاق ھالقىما ئەترىدى
芸香超目	سۆزاپ ھالقىما ئەترىدى	丽豆属	ئۇزبۇيا ئۇرۇقدىشى
花木蓝	چاتقال ئىندىگوفېرا	扶桑	ئەتىرگۈلسىمان پەرەڭگۈل، تاۋزەك چاتقىلى
花叶丁香	پارس سىرىنگۈلى	连翘	كاۋاكشاخلىق قارىدان (فورستىيە)
花曲柳	ئۈچلۇق يوپۇرماقلىق ئەرمۇدۈن	连翘属	قارىدان (فورستىيە) ئۇرۇقدىشى
花盖梨	ئۇسسۇرى نەشپۈتى	扭庭荠	تولغاش يوپۇرماقلىق خەرفە
花椒	كاۋۇچىن	拟百里香	تۈسداش چۆل رەيھانى
花椒属	كاۋۇچىن ئۇرۇقدىشى	坚刺木蓼	قاتتىق تىكەنلىك ئاق ئوتۇن
花楸属	چىتىن (چاڭگىز) ئۇرۇقدىشى	旱柳	چۆل سۆگىتى

旱蒿	چۆل ئەمەنى، بىنەم ئەمەنى
里海盐爪爪	كاسپى زاغزىقى
里普杨	لىپپىزىك تېرىكى
针刺棘豆	كۆپ تىكەنلىك تەلۆەبەھدە
牡丹	مۆدەنگۈل
牡丹目	مۆدەنگۈل(چوغلۇق) ئەترىدى
牡丹科	مۆدەنگۈل(چوغلۇق) ئائىلەسى
牡荆科	ۋىتبكس ئائىلەسى
牡荆属	ۋىتبكس(ھەرنۆۋە) ئۇرۇقدشى
秀丽水柏枝	ئۆزراخلىق بالغۇن
皂荚	جۇڭگو سوپۇن دەرىخى
皂荚属	سوپۇن دەرىخى ئۇرۇقدشى
谷柳	تارايكىن سۆگىتى
含笑花	سبرىق مەچبلىيە
含笑属	مەچبلىيە ئۇرۇقدشى
含羞草科	مموزا ئائىلەسى
卵叶连翘	تۇخۇمسىمان يوپۇرماقلىق فورستىيە
角黄芪	مۆڭگۈزلۈك كەترا
角萼铁线莲	مۆڭگۈزسىمان گۈل كاسسلىق ماۋدار
条叶庭荠	تارىيوپۇرماقلىق خەرفە
条果荠属	پارىيە ئۇرۇقدشى
条柳	مەجنۇن چۆل سۆگىتى
迎春花	سبرىق ياسمەنگۈل
库页岛树莓	ساخالىن مالىناسى
库页岛悬钩子	ساخالىن مالىناسى
库普曼卫矛	كوپمەن جىن چاتقىلى
怀槐	ئامور ماككىيە دەرىخى
冷杉属	ئاق قارغاي ئۇرۇقدشى
沙木蓼	قۇملۇق ئاق ئوتۇنى
沙生柽柳	تەكلىماكان يۇلغۇنى
沙丘黄芪	قۇملۇق كەترىسى
沙冬青	مۆڭگۈل يبربلغۇسى
沙冬青属	يبربلغا ئۇرۇقدشى
沙兰杨	ساكراۋ تېرىكى
沙地葡萄	شبغللىق ئۇزۇمى
沙枣	جىگدە، نانجىگدە
沙拐枣	مۆڭگۈللىيە جۇزغۇنى
沙拐枣属	جۇزغۇن (قازانيياردى) ئۇرۇقدشى
沙茜草	قۇملۇق رۇيانى
沙梨	كبپەك ئامۇت
沙麻黄	قۇملۇق چاكاندىسى
沙棘	جىغان، خوزۇرسىمان جىغان
沙棘属	جىغان ئۇرۇقدشى

沙蓬	قويانجىن
沙蒿	قۇملۇق ئەمەنى
沙槐属	توشقان سۆڭەك (گرمس) ئۇرۇقدشى
沙漠绢蒿	سانتول ئەمەنى
补血花属	بەھمەن ئۇرۇقدشى
补血草属	بەھمەن ئۇرۇقدشى
迟叶杨	كەنجپوتللىق تېرەك
阿月浑子	پىستە دەرىخى
阿尔泰山楂	ئالتاي دولانىسى، سبرىق مبۇلىك دولانا
阿尔泰方枝柏	شنجاك ئارچىسى، ئالتاي ئارچىسى
阿尔泰地蔷薇	ئالتاي پىلدارسى
阿尔泰百里香	ئالتاي چۆل رەيھنى
阿尔泰忍冬	ئالتاي ئۇچقتى، ئالتاي شلۈسى
阿尔泰香叶蒿	ئالتاي خۇشبۇي ئەمەنى
阿尔泰瑞香	ئالتاي مازارىيونى
阿尔泰塞勒花	ئالتاي سلبنگۈلى
阿尔泰蝇子草	ئالتاي سلبنگۈلى
阿尔泰鲜卑花	ئالتاي سبربياسى
阿勒克塞勒花	ئالبكسپى سلبنگۈلى
阿合奇杨	ئاخچى- پامىر تېرىكى
阿伯特	هوسۇللۇق ئالوچا
阿拉尔枣	ئارال يۇمۇلاق چوك چىلىن
阿拉尔圆脆枣	ئارال يۇمۇلاق چوك چىلنى
阿拉套柳	ئالاتاۋ سۆگىتى
阿拉套锦鸡儿	ئالاتاۋ سۆزگنى
阿拉善杨	ئالاتاۋ تېرىكى
阿特曼忍冬	ئالتمەن ئۇچقتى، ئالتمەن شلۈسى
阿富汗杨	ئافغان تېرىكى
忍冬	ياپون ئۇچقتى، ياپون شلۈسى
忍冬亚属	ئۇچقات كەنجى ئۇرۇقدشى
忍冬科	ئۇچقات(شلۈە) ئائىلەسى
忍冬属	ئۇچقات (شلۈە) ئۇرۇقدشى
鸡树条荚蒾	تىيەنمۇ بالنى

八画

青兰属	مەرزەنجۇش ئۇرۇقدشى
青杨	كۆك تېرەك، جۇڭگو تېرىكى
青杨亚属	كۆكتبرەك كەنجى ئۇرۇقدشى
青海云杉	چىغخەي شەمشادى
青海沙拐枣	چىغخەي جۇزغۇنى
玫瑰	ئادەتتكى ئەترگۈل
玫瑰百里香	ئەترگۈلسىياق چۆل رەيھنى
苦木科	چۇلۇك ئائىلەسى
苦艾蒿	سانتول ئەمەنى

苦杨	سايلىق تېرەكى
苦豆子	بۇيا
苦楝	ئاچچىق مېلىيە، ئاچچىق ئازادى دەرەخ
苹果	ئادەتتىكى ئالما
苹果亚科	ئالما كەنجى ئائىلىسى
苹果属	ئالما ئۇرۇقدىشى
英国悬铃木	ئەرەنسىمان چىنار دەرەخى،
	ئەنگىلىيە چىنار دەرەخى
直立旋花	تىك يۇغەي
直立紫杆柽柳	ئوتتۇرا ئاسىيا يۇلغۇنى
直穗柳	توز پوتللىق سۇگەت
茄目	پەدگەن ئەتتەردى
茄科	پەدگەن ئائىلىسى
茄超目	پەدگەن ھالقما ئەتتەردى
茄属	پەدگەن ئۇرۇقدىشى
苔草	قوغجاي
松毛翠	ئادەتتىكى فىللودىس
松毛翠属	فىللودىس ئۇرۇقدىشى
松叶猪毛菜	بالقارغاي يوپۇرماقلىق قامقاق
松杉目	قارغاي-كېپارىسلار ئەتتەردى
松杉纲	قارغاي-كېپارىسلار سىنپى
松科	قارغاي ئائىلىسى
松属	قارغاي ئۇرۇقدىشى
枫杨	لاچىن دەرەخى
枫杨属	لاچىن دەرەخى ئۇرۇقدىشى
刺山柑	كەپە، بۇرە قوغۇنى
刺木蓼	تىكەنلىك ئاق ئوتۇن
刺毛忍冬	تۇكلۇك ئۇچقات، تۇكلۇك شلۇە
刺叶小檗	سىبىرىيە زىرىقى
刺叶彩花	تىكەنسىمان يوپۇرماقلىق ئاكانتولىمون
刺叶棘豆	تىكەن يوپۇرماقلىق تەلۇەبىدە
刺叶锦鸡儿	تىكەن يوپۇرماقلىق سۇزگەن
刺芒柄花	كۇپ تىكەنلىك قۇلان پۇرچىقى
刺李	تىكەنلىك ئالوچا
刺针枝蓼	قاتتىق تىكەنلىك ئاق ئوتۇن
刺枝豆	ئۇپۇرسمانىيە
刺枝豆属	ئۇپۇرسمانىيە ئۇرۇقدىشى
刺旋花	تىكەنلىك يۇغەي، يانتاقسىمان يۇغەي
刺葡萄	تىكەنلىك ئۇزۇم
刺槐	تىكەنلىك ئاكاتسىيە
刺槐属	ئاكاتسىيە ئۇرۇقدىشى
刺榆	تىكەنلىك رەبدە، تىكەنلىك قارىياغاچ
刺榆属	تىكەنلىك رەبدە (تىكەنلىك قارىياغاچ) ئۇرۇقدىشى

刺蔷薇	كۇپ تىكەنلىك ئازغان
刺醋栗	تىكەنلىك قارلغان
枣属	چىلان ئۇرۇقدىشى
奇台沙拐枣	شىنجاك جوزغۇنى
欧亚荒花	ياۋروئاسىيا مازارىيونى
欧亚岩高兰	ياۋروئاسىيا ئىمپېتراسى
欧亚单子圆柏	بىر ئۇرۇقلۇق شىنجاك ئارچىسى
欧亚圆柏	ياۋروئاسىيا ئارچىسى، پەلەك ئارچا
欧亚绣线菊	ياۋروئاسىيا تۇۋلغىسى
欧亚黑杨	قارا تېرەك
欧杞柳	ياۋروپا سۇگەتى
欧李	پاكار جەنەستە
欧美杨	كانادا تېرەكى
欧洲丁香	ياۋروپا سىرەنگۈلى
欧洲大叶杨	ياۋروپا چوڭيوپۇرماقلىق تېرەكى
欧洲大叶榆	ياۋروپا قارىياغىچى(رەبدسى)
欧洲山杨	ياۋروپا تاغ تېرەكى
欧洲云杉	ياۋروپا شەمشادى
欧洲木莓	قارا مېۋىلىك مالىنە
欧洲白榆	ياۋروپا قارىياغىچى(رەبدسى)
欧洲白蜡	ياۋروپا ئەرمۇدۇنى
欧洲赤松	ياۋروپا قارغىي
欧洲李	ياۋروپا ئالوچىسى، قارا ئۇرۇك
欧洲莱蒾	ياۋروپا بالنى
欧洲甜樱桃	تاتلىق گىلاس
欧洲黑松	قارا قارغاي، ياۋروپا قارا قارغىيى
欧洲稠李	ياۋروپا شۇمۇرتى
欧洲酸樱桃	چۇچۇمەل گىلاس
欧根杨	يوۋگېنىر تېرەكى
欧越橘柳	توز پوتللىق سۇگەت
齿叶柳	چىشلىق يوپۇرماقلىق سۇگەت
虎耳草目	تاشيارغان ئەتتەردى
虎耳草超目	تاشيارغان ھالقما ئەتتەردى
昆仑山驼绒藜	كۇئەنلۇن تەسكىنى
昆仑方枝柏	كۇئەنلۇن ئارچىسى، قەشقەر ئارچىسى
昆仑沙拐枣	تارىم جوزغۇنى
昆仑沙蒿	كۇئەنلۇن ئەمنى
昆仑岩黄芪	كۇئەنلۇن مۇنچاققورايىي
昆仑驼绒藜	كۇئەنلۇن تەسكىنى
昆仑圆柏	ئوتتۇرا ئاسىيا ئارچىسى، يەكەن ئارچىسى
昆仑麻黄	قوش جىنسلىق چاكاندا
昆仑锦鸡儿	كۇئەنلۇن سۇزگىنى
昆仑蔷薇	كۇئەنلۇن ئازغنى

岩匹菊	تاشلىق ئاقرقەرهاسى	金缕梅超目	خامامىلس ھالقما ئەترىدى
岩高兰科	ئەمپىترا ئائىلىسى	金露梅	چاتقال ئەبجەس
岩高兰属	ئەمپىترا ئۇرۇقداشى	金露梅属	ئەبجەس (بەشقۇلاق) ئۇرۇقداشى
岩黄芪属	مۈنچاق قوراي ئۇرۇقداشى	鱼鳔槐	ئېڭگز بوي كولۇتپىيە
岩梅彩花	كىچىك يوپۇرماقلىق ئاكانتولۇمون	鱼鳔槐属	كولۇتپىيە ئۇرۇقداشى
罗布麻	ئادەتتىكى لوپنۇر كەندىرى	鱼鳞云杉	ئاجان شەمشادى
罗布麻属	لوپنۇر كەندىرى ئۇرۇقداشى	兔儿条	تار يوپۇرماقلىق تبۇلقا
罗萨超目	لوئاسا ھالقما ئەترىدى	卷毛木地肤	بۈدرەتۈك-ياغاچ غوللۇق ياۋا سۇپۇرگە
帕米尔分药花	پامىر پروۋسكى گۈلى	单子麻黄	يەككە ئۇرۇقلۇق چاكاندا
帕米尔白刺	پامىر ئاقتىكنى	单叶蔷薇	ئاددى يوپۇرماقلىق ئازغان
帕米尔百里香	ئېڭگزلىك چۆل رەيھنى	单叶蔷薇属	ئاددى يوپۇرماقلىق ئازغان ئۇرۇقداشى
帕米尔杨	پامىر تېرىكى	单头亚菊	خاس باش بەرىنگۈل
帕米尔金露梅	پامىر ئەبجەس	单花栒子	يەككە گۈللۈك ئىرغاي
帕米尔彩花	پامىر ئاكانتولۇمونى	法国梧桐	شەرق چىنار دەرىخى، فرانسىيە چىنار دەرىخى
帕米尔鼠李	پامىر خوزۇرى	法国蔷薇	فرانسىيە ئەترگۈلى
帕米尔新塔花	پامىر سۆزىسى	河岸葡萄	دەريا بويى ياۋا ئۇزۇمى
垂枝桦	ئالتاي قبىنى، سۆگەللىك قبىن	河南钻天榆	سۇۋادان قارىياغاچ، سۇۋادان رەبدە
垂枝雪岭云杉	مەجنۇنشاخ تيانشان شەمشادى	油加利杨	يېغېچە تېرەك
垂枝榆	مەجنۇن قارىياغاچ، مەجنۇن رەبدە	油松	مايلىق قارغاي
垂柳	مەجنۇن تال، مەجنۇن سۆگەت	油树	قارا مبۇللىك كورنۇس، ۋالتېر كورنۇسى
委陵菜属	غازتاپان ئۇرۇقداشى	油柴柳	كاسپى سۆگتى
侧花黄芪	يانباشچچەكلىك كەترا	油蒿	قارا ئەمەن
侧柏	سەبرق ئارچا، شەرق سەبرق ئارچىسى	泡果白刺	كۆپىمە مبۇللىك ئاقتىكەن
侧柏亚科	سەبرق ئارچا كەنجى ئائىلىسى	泡果沙拐枣	كۆپىمە مبۇللىك جۇزغۇن
侧柏属	سەبرق ئارچا ئۇرۇقداشى	泡泡刺	شوبىر ئاقتىكنى
爬山松	ياۋروئاسىيا ئارچىسى، پىلەك ئارچا	泡桐属	پاۋلوۇنىيە دەرىخى ئۇرۇقداشى
爬山虎	ئاددى يوپۇرماقلىق تامخور	泡萼黄花	كۆپۈك گۈلكاسسلىق كەترا
爬山虎属	تامخور(تامپىلەك) ئۇرۇقداشى	泡萼黄芪	كۆپۈك گۈلكاسسلىق كەترا
爬地柏	ياۋروئاسىيا ئارچىسى،پىلەك ئارچا	沼萎陵菜	ئادەتتىكى غلدە
金叶狓	سەبرق يوپۇرماقلىق پچانگۈل	沼萎陵菜属	غلدە ئۇرۇقداشى
金叶桧	سەبرقيوپۇرماقلىق جۇڭگۇ ئارچىسى	沼泽小叶桦	سازلىق كىچىك يوپۇرماقلىق قبىنى
金丝桃叶绣线菊	تار يوپۇرماقلىق تبۇلقا	沼泽忍冬	تار يوپۇرماقلىق ئۇچقات
金花忍冬	سەبرق چىچەكلىك ئۇچقات	沼泽柳	سازلىق سۆگتى
金苞蒿	سەبرق پانايارلىق ئەمەن	波兰 15 号杨	پولشا 15A ناملىق تېرىكى
金钟花	ئادەتتىكى فورستىيە	波斯丁香	پارس سىرەنگۈلى
金钢鼠李	رومبسمان خوزرۇ	线叶忍冬	تار يوپۇرماقلىق ئۇچقات
金盏菊族	تېرناق گۈل قەبىلىسى	线叶柳	كىيكتال ،كىيك سۆگتى
金雀花	سەبرق سۆزگەن	线柏	مەجنۇن ياپىلاق ئارچا
金雀花锦鸡儿系	سەبرق سۆزگەن توپى	细子麻黄	ئىنچكە ئۇرۇقلۇق چاكاندا
金银木	ماككى ئۇچقىتى، ماككى شلۇسى	细叶小檗	كىچىك يوپۇرماقلىق زىرق
金银花	ياپون ئۇچقىتى، ياپون شلۇسى	细叶水柏枝	تەڭگە يوپۇرماقلىق بالغۇن
金银藤	ياپون ئۇچقىتى، ياپون شلۇسى	细叶沼柳	ئىنچكە يوپۇرماقلىق سۆگەت
金缕梅目	خامامىلس ئەترىدى	细叶彩花	نازۇك يوپۇرماقلىق ئاكانتولۇمون

哈巴河黄芪	ماجۇۋسكى كەتراسى	美国葡萄	ئامېرىكا ئۈزۈمى
哈密大枣	قۇمۇل سوقى چىلنى	美国榆	ئامېرىكا قارىياغچى، ئامېرىكا ۆبدىسى
哈密海绵豆	قۇمۇل سوقى چىلنى	美国槭	مۆرەككەپ يوپۇرماقلىق ئەرەن
哈密锦鸡儿	قۇمۇل سۆزگىنى	美洲山杨	ئامېرىكا تاغ تېرىكى
贴梗海棠	پۇرمە يوپۇرماقلىق كۆلى بېھسى	美洲黑杨	ئامېرىكا تېرىكى
香水月季	خۇشبۇي ئەترگۈل	籽蒿	يۇمۇلاق باشاقلىق ئەمەن
香叶蒿	خۇشبۇي ئەمەن	洛氏锦鸡儿	ئوتتۇرا ئاسىيا سۆزگىنى
香荚蒾	خۇشبۇي گۈللۈك بالان	洋丁香	ياۋروپا سىرىنگۈلى
香茶藨	خۇشبۇي قارىقات	洋李	ياۋروپا ئالۇچىسى، قارا ئۇرۇك
香倒牛	خۇشبۇي بېبرىستىنيە	洋常春藤	خەبدىرا پېلكى، تاميبلەك
香椿	جۇڭگو تونا دەرىخى	洋梨	ياۋروپا نەشپۇتى، ياۋروپا ئامۇتى
香椿属	تونا دەرىخى ئۇرۇقدىشى	突厥蔷薇	دەمەشق ئەترگۈلى
香槐属	كلادراستىس ئۇرۇقدىشى	扁果木蓼	ياپىلاق مۆۈللىك ئاق ئۇتۈن
香新塔花	خۇشبۇي سۈزە	扁柏属	ياپىلاق ئارچا ئۇرۇقدىشى
秋子梨	ئۈسسۈۋرى نەشپۇتى	扁桃	ئادەتتىكى بادام، بادام
秋根子	ئۇرۇكسمان ئالوچا	神香花属	زۇفا(خىسسوپا) ئۇرۇقدىشى
秋葡萄	كۆزلۈك ئۈزۈم،كەنجى ئۈزۈم	神香草属	زۇفا(خىسسوپا) ئۇرۇقدىشى
重齿沙拐枣	تەكرار چىش يوپۇرماقلىق جۇزغۇن	费尔干桃	فورگەن شاپتۈلى، شىنجاك شاپتۈلى
复叶葡萄	مۆرەككەپ يوپۇرماقلىق ئۈزۈم	除虫菊属	ئاقرقەرھرا(پىرەتروم) ئۇرۇقدىشى
复叶槭	مۆرەككەپ يوپۇرماقلىق ئەرەن	柔毛杨	يۇمشاقتۆكۈلۈك تېرەك
笃斯越橘	كۆك مۆۈللۈك ئېبىق ئۈزۈمى	绒花树	ئالبىزىيە دەرىخى،يىپەك دەرىخى
修枝荚蒾	شەرقىي شىمال بالنى	骆驼刺	يانتاق
鬼见愁锦鸡儿	تۆگقۇيرۇق سۆزگەن، تۆگە قۇيرۇق	骆驼刺属	يانتاق ئۇرۇقدىشى
葡萄水柏枝	ياتما بالغۇن		
狭叶锦鸡儿	تار يوپۇرماقلىق سۆزگەن	**十画**	
庭荠属	خەرفە ئۇرۇقدىشى		
疣苞滨藜	سۆگەللىك پانايايراقلىق سۈرمۇق	秦岭忍冬	چىنلىن شلۈسسى(ئۈچقتى)
疣枝桦	ئالتاي قېيىنى، سۆگەللىك قېيىن	素馨花属	ياسمەنگۈل ئۇرۇقدىشى
疣点补血花	سۆگەللىك بەھمەن	盐爪爪	ئادەتتىكى زاغزاق
美人松	ياۋروپا سۇپايە قارغىي	盐爪爪属	زاغزاق (ياۋا كورۈك) ئۇرۇقدىشى
美丽木蓼	سۇپايە ئاق ئۇتۈن	盐节木	پۇزمان
美丽水柏枝	گۆزەل بالغۇن	盐节木属	پۇزمان ئۇرۇقدىشى
美丽绣线菊	كۆركەم تېۈلغا	盐生白刺	شوبىر ئاقتىكەننى
美国婴奥	ئامېرىكا ئۈزۈمى	盐生桦	شورلۇق قېيىنى
美国毛白蜡	تۆكلۈك ئەرمۇۆدۇن	盐生假木贼	شورلۇق ئېتسىيگىكى
美国白蜡	ئامېرىكا ئەرمۇۆدۇنى	盐豆木	قۇتغۇراق تىكەن
美国尖叶白蜡	تار يوپۇرماقلىق ئەرمۇۆدۇن	盐豆木属	قۇتغۇراق تىكەن ئۇرۇقدىشى
美国红梣	تۆكلۈك ئەرمۇۆدۇن	盐肤木属	موزا ئۇرۇقدىشى
美国皂荚	ئۈچئاچىماق تىكەنلىك سوپۇن دەرىخى	盐桦	شورلۈقيەر قېيىنى
美国凌霄	ئامېرىكا كامپىسسى	盐梭梭	قارا سۆكسۆك
美国黄松	سېرىق قارغاي	盐蒿	شورلۇق ئەمىنى
美国悬铃木	شىمالىي ئامېرىكا چىنار دەرىخى	盐穗木	كۆرۈك
美国绿梣	تار يوپۇرماقلىق ئەرمۇۆدۇن	盐穗木属	كۆرۈك ئۇرۇقدىشى
		埃及蝇子草	ئالبكسبى سلبنگۈلى(مسىر قاپاقئۇتى)
		莱比锡杨	لبپىزىك تېرىكى

中文名	维文名	中文名	维文名
荷花蔷薇	نىلوپەرسىمان قويۇق گۈللۈك ئازعان	圆锥绣球	كونۇسسىمانگۈلبرتىكلىك گۈلچەمەن
莸属	پىچانگۈل ئۇرۇقداشى	圆锥绣球花	كونۇسسىمان گۈلبرتىكلىك گۈلچەمەن
莎车柽柳	يەكەن يۇلغۇنى	圆醋栗	ياۋروپا قارلىغنى
梣叶槭	مۆرەككەپ يوپۇرماقلىق ئەرەن	钻天杨	ئىتالىيە قارا تېرىكى
桦木科	قېيىن دەرىخى ئائىلىسى	钻天榆	سۇۋادان قارياغاچ، سۇۋادان رەبدە
桦木属	قېيىن دەرىخى ئۇرۇقداشى	铁线莲属	ماڭدار ئۇرۇقداشى
桧状柽柳	قويۇق چىچەكلىك يۇلغۇن	铁锚刺	گۆرتشاكوۇ يۆگىيى
桧柏	جۇڭگو ئارچىسى	铃铛刺	قوڭغۇراق تىكەن
桃	پارس شاپتۇلى، ئادەتتىكى شاپتۇل	铃铛刺属	قوڭغۇراق تىكەن ئۇرۇقداشى
桃叶卫矛	بۇڭگان جىن چاتقىلى	特克斯锦鸡儿	تېكىس سۆزگىنى
桃色忍冬	تاتار ئۈچقەتى، تاتار شىلۆسى	倒栽柳	مەجنۇن چۆل سۆگىتى
桃金娘目	مىرتا ئەترەدى	倒榆	مەجنۇن قارياغاچ، مەجنۇن رەبدە
桃金娘超目	مىرتا ھالقىما ئەترەدى	健杨	قاۋۇل تېرەك،گېروي تېرەك
桃属	شاپتۇل ئۇرۇقداشى	臭茶藨	سېسىق قارىقات
枸子	ئىرغاي	臭椿	ئىگىز چۆلۈك، سېسىق چۆلۈك
枸子叶柳	كارلىن سۆزگىتى، ئىرغاييوپۇرماقلىق سۆگەت	臭椿属	چۆلۈك ئۇرۇقداشى
枸子属	ئىرغاي ئۇرۇقداشى	臭蔷薇	سېسىق ئازعان
格布黄芪	گەبلەر كەتراسى، جۇڭغار كەتراسى	翁恰玉助姆	ئۇششاق ئۈزۈم
格尔里杨	گەبلرى تېرىكى	胶黄芪棘豆	كەتراسىمان تەلۆە ببدە
格利卡杨	گەبلرى تېرىكى	皱纹柳	قورۇق يوپۇرماقلىق سۆگەت
格鲁德杨	گەبلرى تېرىكى	高大中亚紫菀木	ئۇتتۇرا ئاسىيا ئىگىز چۆل سەغزى
核桃	ئادەتتىكى ياڭاق	高山山莓草	تۆت ئاتسلقلىق يەر ياستۇقى
核桃属	ياڭاق ئۇرۇقداشى	高山老牛筋	مىيبىر ئەرمۇگونى
核桃楸	مانجۇر ياڭقى	高山百里香	ئىگىزلىك چۆل رەيھنى
唇形目	كالپۈكسىمانگۈللۈكلەر ئەترەدى	高山莓	ئادەتتىكى يەر ياستۇقى
唇形亚纲	كالپۈكسىمانگۈللۈكلەر كەنجى سىنىپى	高山莓属	يەر ياستۇقى ئۇرۇقداشى
唇形科	كالپۈكسىمانگۈللۈكلەر ئائىلىسى	高山绣线菊	ئىگىزتاغ تبۆلىغىسى
唇形超目	كالپۈكسىمانگۈللۈكلەر ھالقىما ئەترەدى	高枝假木贼	ئىگىزبۇي ئىتسىيگەك
夏季葡萄	يازلىق ئۈزۈم	高茶藨	ئىگىزبۇي قارىقات
夏橡	ياۋروپا دۇب دەرىخى	高假木贼	ئىگىز ئىتسىيگەك
鸭母树	شىبفلبرا دەرىخى	郭氏木旋花	گۆرتشاكوۇ يۆگىيى
圆叶山杨	يۇمۇلاق يوپۇرماقلىق تاغ تېرىكى	斋桑蝇子草	ئالبۇكسبى سىلبنگۈلى(مىسىر قاپاقوتى)
圆叶忍冬	يۇمۇلاق يوپۇرماقلىق ئۈچقات	唐古特白刺	توڭغۇت ئاق تىكەنى
圆叶盐爪爪	يۇمۇلاق يوپۇرماقلىق زاغزاق	唐棣属	ئەرگە ئۇرۇقداشى
圆叶桦	يۇمۇلاق يوپۇرماقلىق قېيىن	拳木蓼	قويۇقتۇپبلىك ئاق ئوتۇن
圆叶唐棣	يۇمۇلاق يوپۇرماقلىق ئەرگە	粉团蔷薇	جۇڭگو كۆپ گۈللۈك ئازعنى
圆头蒿	يۇمۇلاق باشاقلىق ئەمەن	粉花绣线菊	شىمالىي جۇڭگو تبۆلىغىسى
圆枝葡萄	يۇمىلاق شاخلىق ئۈزۈم	粉枝柳	توزاڭخور شاخلىق سۆگەت
圆枣	شىنجاڭ يۇمۇلاق چىلىسى	粉刺锦鸡儿	توزانلىق سۆزگەن
圆柏	جۇڭگو ئارچىسى	粉柏	توزاڭلىق كوماروف ئارچىسى
圆柏亚科	ئارچا كەنجى ئائىلىسى	粉绿铁线莲	بوزراڭ يوپۇرماقلىق ماڭدار
圆柏属	ئارچا ئۇرۇقداشى	凌霄	چوڭگۈللۈك كامپسىس
圆冠榆	سبدە، يۇمۇلاق تاجلىق قارياغاچ	凌霄属	كامپسىس ئۇرۇقداشى

准噶尔山楂	جۇڭغار دولاسى
准噶尔无叶豆	جۇڭغار قولانقويرۇقى
准噶尔柳	جۇڭغار سۆگىتى
准噶尔铁线莲	جۇڭغار ماغدىرى
准噶尔黄芪	گۈلبۇر كەتراسى، جۇڭغار كەتراسى
准噶尔雀儿豆	جۇڭغار حننسىيەتى
准噶尔猪毛菜	جۇڭغار قامغى
准噶尔蒿	جۇڭغار ئەمنى
准噶尔锦鸡儿	جۇڭغار سۆزگەنى
浩罕彩花	قوقاند ئاكانتولمونى
海仙花	كورىيە ياۋارگۈلى
海红	تاش ئالما
海桐	قوتلۇڭگۈل
海桐花目	قوتلۇڭگۈل ئەترىدى
海桐花科	قوتلۇڭگۈل ئائىلىسى
海桐花属	قوتلۇڭگۈل ئۇرۇقدىشى
海棠果	تاش ئالما
宽叶线柳	كەڭ يوپۇرماقلىق كىيكتال
宽叶蓝靛果	كەڭ يوپۇرماقلىق كۆك مۇۋۇللۇك ئۇچقات
宽苞小叶桦	كەڭ پانالىق كىچىك يوپۇرماقلىق قېيىن
宽苞水柏枝	ئۇزۇن باشاقلىق بالغۇن
宽刺蔷薇	كەڭ تىكەنلىك ئاتىرگان
宽果沙拐枣	كەڭ مېۋىلىك جوزغۇن
家榆	ئادەتتىكى قارياغاچ، ئاق ربدە
宾吉锦鸡儿	بۇڭغەي سۆزگىنى
窄膜麻黄	قۇملۇق چاكاندىسى
被子植物门	يىپىق ئۇرۇقلۇق ئۆسۈملۈكلەر تىپى
展毛木地肤	يىبىلما تۆكلۈكياچغۇل ياۋا سۈپۈرگە
展毛刺旋花	تۆكلۈك يانتاقسىمان يۇڭگەي
展毛黄芩	تۆكلۈك قالانگۈل
展枝假木贼	يىبىلما شاخلىق ئەتسىيگەك
桑科	ئۆژمە (جۇجەم) ئائىلىسى
桑属	ئۆژمە (جۇجەم) ئۇرۇقدىشى
绢毛锦鸡儿	تۈنتۈكلۈك سۆزگە
绢柳	تۈنتۈكلۈك سۆگەت
绢蒿亚属	شۇۋاق كەنجى ئۇرۇقدىشى
绣线菊	سۆگەت يوپۇرماقلىق تۇۋۇلغا
绣线菊亚科	تۇۋۇلغا كەنجى ئائىلىسى
绣线菊属	تۇۋۇلقا ئۇرۇقدىشى
绣球花	چوك يوپۇرماقلىق گۈلچىمەن
绣球花目	گۈلچىمەن ئەترىدى
绣球花科	گۈلچىمەن ئائىلىسى
绣球荚蒾	جۇڭگۇ بالنى

绣球绣线菊	گۈلچىمەنسىمان تۇۋۇلغا
绣球属	گۈلچىمەن ئۇرۇقدىشى

十一画

球序绢蒿	لەبمان ئەمنى
球柏	يۇمۇلاق تاجلىق جۇڭگۇ ئارچىسى
琐琐	ئادەتتىكى سۆكسۆك
琐琐葡萄	ئۇشاق ئۈزۈم
堆心菊族	خىلپنىيە گۇرۇپپىسى
堇菜超目	بەنپشە ھالقما ئەترىدى
黄毛葡萄	سېرىقتۈكلۈك ئۈزۈم
黄皮柳	ئۇران سۆگىتى، سېرىق سۆگەت
黄花夹竹桃	ھىندىستان سۆگەتگۈلى
黄花夹竹桃属	سېرىق سۆگەتگۈل ئۇرۇقدىشى
黄花柳	سېرىق پوتىلىق سۆگەت
黄花香水月季	سېرىق خوشھىد ئەترگۈل
黄花落叶松	ۋۆلگا بال قارغىيى
黄芩属	قالانگۈل ئۇرۇقدىشى
黄芪棘豆	كەتراسىمان تەلۆەبىدە
黄芪属	كەترا ئۇرۇقدىشى
黄芦木	ئامۇر زىرقى، خىلۇچجاك زىرقى
黄杨目	سەمشىت ئەترىدى
黄杨科	سەمشىت ئائىلىسى
黄杨超目	سەمشىت ھالقما ئەترىدى
黄杨属	سەمشىت دەرىخى ئۇرۇقدىشى
黄连木属	پىستە ئۇرۇقدىشى
黄刺条	سېرىق سۆزگەن
黄刺玫	قىزغۇچ تىكەنلىك ئاتىرگان
黄果山楂	ئالتاي دولانسى، سېرىق مېۋىلىك دولانا
黄金树	ئامېرىكا چوكا دەرىخى
黄波罗	ئامۇر بەرھات دەرىخى
黄线柳	ئىنچكە شاخلىق سۆگەت
黄栌	كوتىنۇس دەرىخى، تاماكا دەرىخى
黄栌属	كوتىنۇس دەرىخى ئۇرۇقدىشى
黄榆	سېرىق ربدە، چوك مېۋىلىك قارياغاچ
黄檗	ئامۇر بەرھات دەرىخى
黄檗木	ئامۇر بەرھات دەرىخى
黄檗属	بەرھات دەرىخى ئۇرۇقدىشى
菲氏柳	فېدشېنكوۋ سۆگىتى
菜蓟族	خوخا تىكەن قەبىلىسى
菊目	مۇرەككەپگۈللۈكلەر(يۈلتۈزگۈل) ئەترىدى
菊苣族	كاسنە گۇرۇپپىسى
菊亚纲	مۇرەككەپگۈللۈكلەر(يۈلتۈزگۈل) كەنجى سىنىپى
菊科	مۇرەككەپگۈللۈكلەر(يۈلتۈزگۈل) ئائىلىسى

混花柽柳	گەنسۆ يۇلغۇنى	落叶松属	بال قارغاي ئۆرۈقدىشى
淡枝沙拐枣	ئاق غوللۇق جوزغۇن	落花蔷薇	ببگبر ئازغنى
密毛木地肤	بۆدرەتۈكلۈك ياغاچگۈل ياۋا سۇپۆرگە	落萼蔷薇	ببگبر ئازغنى
密叶杨	تالاس تبركى، پاقا تبرەك	戟柳	يالمانقۇلاق سۆگەت
密叶锦鸡儿	قويۇق يوپۇرماقلىق سۆزگەن	朝鲜崖柏	كورىيە توجا ئارچىسى
密花柽柳	قويۇق چبچەكلىك يۈلغۇن	朝鲜槐	ئامۇر ماككىيە دەرخى
密枝喀什菊	قويۇق شاخلىق قەشقەر گىياھى	朝鲜锦带花	كورىيە ياۋارگۈلى
密刺沙拐枣	زبچ تكەنلىك جوزغۇن	棒叶节节木	كەربلۇۇ بۆرگۈنى، ياستۇقسىمان بۆرگۈن
密刺蔷薇	كەك تكەنلىك ئازغان	棱枝葡萄	قبرلىق شاخلىق ئۈزۈم
密穗柳	زبچ پوتلىلىق سۆگەت	榔榆	كەچىك يوپۇرماقلىق ربدە، كەچىك يوپۇرماقلىق قارياغاچ
密穗葡萄	زبچ ساپاقلىق ئۈزۈم	棘豆属	تەلۆببدە (تەلۆئوت) ئۆرۈقدىشى
隆荷夫健杨	نونخوف قاۋۇل تبرەكى	硬尖神香草	ئۈچلۈق يوپۇرماقلىق زۇفا
绿月季花	يوپۇرماقسىمان تاجلىق جۆڭگۇ ئەترگۈلى	硬苞藜	ئادەتتكى مەرھا
绿叶木地肤	يبشىل ياپراقلىق ياغاچگۈل ياۋا سۇپۆرگە	硬苞藜属	مەرھا ئۆرۈقدىشى
绿叶木蓼	يبشىل يوپۇرماقلىق ئاق ئوتۇن	裂叶丁香	يىرىق يوپۇرماقلىق پارس سرنگۈلى
绿叶柳	مچبلسون سۆگتى	裂叶榆	يىرىق يوپۇرماقلىق ربدە(قارياغاچ)
绿色硬苞藜	يبشىل مەرھا	紫丁香	سۆسۈن سرنگۈل
绿果雪岭云杉	يبشىل مبۆلۈك تيانشان شەمشادى	紫叶李	ببغررەك يوپۇرماقلىق ئالوچا
		紫花月季	سۆسۈن جۆڭگۇ ئەترگۈلى
十二画		紫杆柽柳	ئۇتتۇرا ئاسىيا يۈلغۇنى
		紫杏	بنەپشە ئۆرۈك، سۆسۈن ئۆرۈك
琵琶柴	جۆڭغار تلياپرقى	紫茉莉科	ھەپرەڭگۈل ئائىلىسى
琵琶柴科	تلياپراق (گۈرلەن) ئائىلىسى	紫果云杉	سۆسۈن مبۆلۈك شەمشاد
琵琶柴属	تلياپراق (گۈرلەن) ئۆرۈقدىشى	紫荆	جۆڭگۇ سبرسسى
斑叶稠李	ماككى شۇمۇرتى	紫荆属	سبرسس ئۆرۈقدىشى
塔尔巴哈台彩花	تارباغاتاي ئاكانتولمونى	紫菀木	ئادەتتكى چۆلسبغۇز
塔克拉玛干柽柳	تەكلماكان يۈلغۇنى	紫菀木属	چۆلسبغۇز ئۆرۈقدىشى
塔里木沙拐枣	تارىم جوزغۇنى	紫菀族	چۆلسبغۇز گۆرۈپپىسى(قەبىلىسى)
塔里木柽柳	تارىم يۈلغۇنى	紫葳科	بگنونىيە(چوكا دەرەخ) ئائىلىسى
塔枝圆柏	كوماروف ئارچىسى	紫萼金露梅	سۆسۈن گۈلكاسسلىق ئەبجەس
塔城柳	چۆچەك سۆگتى	紫椴	ئامۇر لپا دەرخى
塔城彩花	تارباغاتاي ئاكانتولمونى	紫穗槐	چاتقال جرمە،چاتقال ئامورفا
塔城锦鸡儿	چۆچەك سۆزگنى	紫穗槐属	جرمە (ئامورفا) ئۆرۈقدىشى
塔柏	ئۈچلۈق تاجلىق جۆڭگۇ ئارچىسى	喀什女蒿	قەشقە مەزلۆمگىياھى
越橘科	ئبيق ئۈزۈمى ئائىلىسى	喀什小枣	قەشقەر كەچىك سوقا چلنى
越橘属	ئبيق ئۈزۈمى ئۆرۈقدىشى	喀什小檗	قەشقەر زبرقى
博雅菊属	پولجاكوۋيە(مەزلۆمگىياھ) ئۆرۈقدىشى	喀什方枝柏	كوئنلون ئارچىسى، قەشقەر ئارچىسى
葛蕾葡萄	غۇنچە ئۈزۈم	喀什菊	قوشۇقسىمان يوپۇرماقلىق قەشقەر گىياھى
葡萄	ئۈزۈم، ئادەتتكى ئۈزۈم	喀什菊属	قەشقەر گىياھى ئۆرۈقدىشى
葡萄目	ئۈزۈم ئەترىدى	喀什彩花	قەشقەر ئاكانتولمونى
葡萄科	ئۈزۈم ئائىلىسى	喀什麻黄	قەشقەر چاكاندىسى
葡萄超目	ئۈزۈم ھالقىما ئەترىدى	喀什疏花蔷薇	قەشقەر شالاك گۈللۈك ئازغنى
葡萄属	ئۈزۈم ئۆرۈقدىشى	喀什博雅菊	قەشقەر پولجاكوۋيسى، قەشقەر مەزلۆمگىياھى
葱皮忍冬	فبردىيان ئۈچقتى، فبردىيان شلۆسى		
落叶松	گبمبلىن بال قارغىيى		

喀什膜果麻黄	قەشقەر چاكاندىسى
喀什噶尔小枣	قەشقەر كىچىك سوقا چىلنى
喀什霸王	قەشقەر ياغاچگۇل تۆگتاپنى
哈纳斯小叶桦	قاناس كىچىك يوپۇرماقلىق قىينى
黑加仑	قارا مۆلىك قارىقات
黑杨	قارا تېرەك
黑沙蒿	قارا ئەمەن
黑枝黄芪	قارا كەترا
黑松	تۆنبىرگىي قارىغىيى
黑刺	جىغان، خوزورسىمان جىغان
黑果小檗	قارا مۆلىك زرىق
黑果茶藨	قارا مۆلىك قارىقات
黑果枸杞	قارا مۆلىك ئالقات
黑果树莓	قارا مۆلىك مالىنە
黑果枸子	قارا مۆلىك ئۇرغاي
黑果悬钩子	قارا مۆلىك مالىنە
黑果越橘	قارا مۆلىك ئىيىق ئۈزۈمى
黑桑	قارا ئۆژمە، چپقىر ئۆژمە، شاتوتا
黑梭梭	قارا سۆكسۆك
黑弹木	كىچىك يوپۇرماقلىق سىپلتس دەرىخى
锐枝木蓼	قاتتىق تىكەنلىك ئاق ئوتۇن
短毛柽柳	كارىلىن يۇلغۇنى
短毛旋花	ياتما تۆكلۆك يۆگەي
短叶雪岭云杉	كالتا يوپۇرماقلىق تىيانشان شەمشادى
短叶假木贼	كالتا يوپۇرماقلىق ئىتسىگەك
短叶博乐蒿	قىسقا يوپۇرماقلىق ئەمەن
短舌菊	ئادەتتىكى تاغسبغز
短舌菊属	تاغ سبغز ئۇرۇقدشى
短针松	بانكس قارىغىيى
短柄卫矛	قىسقا ساپلىق گۆللۆك جىن چاتقال
短穗柽柳	شالاخباشاقلىق يۇلغۇن
策勒亚菊	چەرىيە بەرنگۆلى
鹅掌柴	شفلبرا دەرىخى
鹅掌柴属	شفلبرا ئۇرۇقدشى
奥尔忍冬	ئۇلگا ئۇچقتى، ئۇلگا شلۈسى
猩猩红	قزىل يالمانقۇلاق
敦煌大枣	قۇمۇل سوقا چىلنى
溲疏属	دېئۇتزىيە ئۇرۇقدشى
富蕴黄芪	ماجۆسكى كەتراسى
疏叶骆驼刺	شالاك يوپۇرماقلىق يانتاق
疏花蔷薇	شالاك گۆللۆك ئازغان
疏齿柳	شالاك چىشلىق يوپۇرماقلىق سۆگەت
疏齿黄芩	چىشلىق يوپۇرماقلىق قالانگۆل

疏穗柽柳	شالاك باشاقلىق يۇلغۇن
缘叶青兰	چىشسز يوپۇرماقلىق مەرزەنجۇش

十三画

瑞香目	مازارىيون ئەترىدى
瑞香科	مازارىيون ئائىلسى
瑞香属	مازارىيون ئۇرۇقدشى
蓝丁香	كۆك سرنگۆل، مىيىر سرنگۆلى
蓝叶柳	كاپۇس سۆگتى
蓝枝麻黄	كۆك شاخلىق چاكاندا
蓝刺头族	جاغجاق گۆزۈپپىسى
蓝果越橘	كۆك مۆلىك ئىيىق ئۈزۈمى
蓝麻黄	كۆك شاخلىق چاكاندا
蓝靛果忍冬	كۆك مۆلىك ئۇچقات
蒿叶猪毛菜	ئەمەنسىمان قامقاق
蒿柳	چۇپق سۆگەت
蒿属	ئەمەن ئۇرۇقدشى
蒺藜目	ئۇغرى تىكەن ئەترىدى
蒺藜科	ئۇغرى تىكەن ئائىلسى
蒙古小蓬	موغۇل تاشنۇرگۈنى
蒙古百里香	موغۇل چۆل رەيھنى
蒙古荒	موغۇل پچانگۆلى
蒙古短舌菊	موغۇل تاغ سبغزى
椿芽树	جۇڭگو تونا دەرىخى
楝树	ئاچچىق مبلىيە، ئاچچىق ئازادى دەرەخ
楝科	تونا دەرىخى(ئازادى دەرەخ) ئائىلسى
楝属	مبلىيە (ئازادى دەرەخ) ئۇرۇقدشى
楛梓	بھى، بھى دەرىخى
楛梓属	بھى(بىيە) ئۇرۇقدشى
楸子	تاش ئالما
楸树	قزغۇچ گۆللۆك چوكا دەرەخ
椴树科	لپا دەرىخى ئائىلسى
椴树属	لپا دەرىخى ئۇرۇقدشى
槐	تۆخۆمەك دەرىخى، ياپونىيە تۆخۆمەك دەرىخى
槐属	تۆخۆمەك دەرىخى ئۇرۇقدشى
榆	ئادەتتىكى قارىياغاچ، ئاق ربدە
榆叶梅	گۆل جنەستە
榆叶梅属	گۆل جنەستە ئۇرۇقدشى
榆树	ئادەتتىكى قارىياغاچ، ئاق ربدە
榆科	قارىياغاچ (ربدە) ئائىلسى
榆属	قارىياغاچ (ربدە) ئۇرۇقدشى
暖木条荚蒾	شەرقى شىمال بالنى
蜀柏	كوماروف ئارچىسى
蜀桧	كوماروف ئارچىسى

锦鸡儿属	سۆزگەن(قاراغان) ئۆرۈقدىشى
锦带花	ئادەتتىكى ياۋارگۈل
锦带花属	ياۋارگۈل(چىمەنگۈل) ئۆرۈقدىشى
锦葵目	لەيلىگۈل (تۈگمەگۈل) ئەترىدى
锦葵科	لەيلىگۈل (تۈگمەگۈل) ئائىلىسى
锦葵超目	لەيلىگۈل ھالقىما ئەترىدى
锦熟黄杨	سەبرىق شاخلىق سەمشىت دەرىخى
矮亚菊	قىسقا شاخلىق بەرنگۈل
矮忍冬	پاكار ئۈچقات، پاكار شلۆە
矮桦	پاكاربۇي قېيىن
矮探春	پاكار ياسمەنگۈل
矮紫叶小檗	سۆسۈن يوپۇرماقلىق ياپون زىرقى
矮锦鸡儿	پاكار سۆزگەن، ئالتاي سۆزگىنى
矮蔷薇	پاكاربۇي ئازغان
矮樱桃	پاكار جەنەستە
稠李属	شۆمۈرت (مويىل) ئۆرۈقدىشى
鼠李	داغۇر خوزۇرى
鼠李目	خوزۇر ئەترىدى
鼠李科	خوزۇر ئائىلىسى
鼠李超目	خوزۇر ھالقىما ئەترىدى
鼠李属	خوزۇر ئۆرۈقدىشى
腺毛蔷薇	بەزرسمانتۆكۈلۈك ئازغان، فبدشبنكوۋ ئازغنى
腺齿蔷薇	ئالبىرت ئازغنى
腺果蔷薇	بەزرسمانتۆكۈلۈك ئازغان، فبدشبنكوۋ ئازغنى
新生杨	يېڭىچە تبرەك
新塔花	ئادەتتىكى سۆزە
新塔花属	سۆزە ئۆرۈقدىشى
新疆大叶榆	ياۋروپا قارىياغاچى، ياۋروپا رەبدىسى
新疆小叶白蜡	شىنجاڭ ئەرمۇدۈنى، ئەرمۈدۈن
新疆小圆枣	شىنجاڭ يۆمۈلاق چىلنى
新疆云杉	سبربرىيە شەمشادى
新疆长圆枣	شىنجاڭ كەچىك سوقا چىلنى
新疆方枝柏	شىنجاڭ ئارچىسى، ئالتاي ئارچىسى
新疆杨	شىنجاڭ ئاق تبرەكى،سۆۋ\u200cئادان تبرەك
新疆丽豆	جۇڭغار ئۆزبۇيىسى
新疆冷杉	سبربرىيە ئاق قارغىيى
新疆沙冬青	شىنجاڭ يبرىلغۇسى، پاكار يبرىلغا
新疆沙拐枣	شىنجاڭ جۇزغۇنى
新疆忍冬	تاتار ئۈچقتى، تاتار شلۆسى
新疆刺叶锦鸡儿	شىنجاڭ تكەنيوپۇرماقلىق سۆزگىنى
新疆枸杞	تۆكلۈكچچەكلك ئالقات، شىنجاڭ ئالقتى
新疆桃	فۇرگەن شاپتۇلى، شىنجاڭ شاپتۇلى
新疆圆柏	ياۋروئاسىيا ئارچىسى، بلەك ئارچا ،ياتما ئارچا

新疆野苹果	شىنجاڭ ياۋا ئالمىسى، تيانشان ئالمىسى
新疆梨	شىنجاڭ نەشپۈتى، شخنجاك ئامۈتى
新疆琵琶柴	قەشقەر تىلياپرقى
新疆落叶松	سبربرىيە بال قارغىيى
新疆鼠李	جۇڭغار خوزۇرى، شىنجاك خوزۇرى
新疆藜	مەرھا
新疆藜属	مەرھا ئۆرۈقدىشى
意大利214杨	ئتاليە 214 تبرەكى
意大利黑杨	كەنجى پوتللىق تبرەك
滨藜属	سۆرمۈق ئۆرۈقدىشى
塞勒花属	سلبنگۈل (قاپاقئوت) ئۆرۈقدىشى
裸子植物门	ئۇچۇق ئۇرۇقلۇق ئۆسۈملۈكلەر تىپى
裸果木	مۆرسەت
裸果木科	مۆرسەت ئائىلىسى
裸果木属	مۆرسەت ئۆرۈقدىشى

十四画

嘉庆子	ئادەتتىكى ئالوچا
截萼忍冬	ئالتمەن ئۈچقتى، ئالتمەن شلۆسى
截萼枸杞	كبسكسمان گۈلكاسلسلق ئالقات
赫定彩花	خبدىن ئاكانتولمونى
蔷薇目	ئازغان(ئەتەرگۈل) ئەترىدى
蔷薇亚科	ئازغان كەنجە ئائىلسى
蔷薇亚纲	ئازغان كەنجى سىنپى
蔷薇科	ئازغان(ئەتەرگۈل) ئائىلسى
蔷薇超目	ئازغان(ئەتەرگۈل) ھالقغان ئەترىدى
蔷薇属	ئازغان (ئەتەرگۈل) ئۆرۈقدىشى
蔓生忍冬	سبمبنوۋ ئۈچقتى، سبمبنوۋ شلۆسى
蔓柳	ياتما سۆگەت
蓼子朴	قۆملۈق قارائەندزى
蓼目	قامچا ئوت ئەترىدى
蓼科	قامچا ئوت ئائىلسى
蓼超目	قامچا ئوت ھالقغان ئەترىدى
蓼属	قامچا ئوت ئۆرۈقدىشى
榛	چلغوزا دەرىخى
榛子	چلغوزا دەرىخى
榛目	چلغوزا ئەترىدى
榛科	چلغوزا ئائىلسى
榛属	چلغوزا ئۆرۈقدىشى
酸刺	جغان، خوزۇرسمان جغان
酸枣	قاغا چلان، يۆمۈلاق چلان
酸柳	جغان، خوزۇرسمان جغان
酸梅	ياۋروپا ئالوچىسى، قارا ئۆرۈك
酸梨	ئاچچىق ئامۈت، ياۋا ئامۈت

松 科 西伯利亚云杉

松 科 雪松

松　科　西伯利亚落叶松

松　科　西伯利亚红松

松 科 樟子松 P/23

杉 科 水杉 P/26

柏 科 侧柏 P/28

柏 科 千头柏 P/29

柏 科　西伯利亚刺柏　　　　　　　　　　　　　P/32

柏 科　昆仑圆柏　　　　　P/35　　　柏 科　欧亚圆柏　　　　　P/34

柏 科　昆仑方枝柏

柏 科　新疆方枝柏

麻黄科 喀什麻黄

麻黄科 蓝枝麻黄

麻黄科 中麻黄

小檗科 西伯利亚小檗

小檗科 黑果小檗

毛茛科 西伯利亚四喜牡丹 P/60

毛茛科 甘青铁线莲 P/62

毛茛科 粉绿铁线莲 P/64

裸果木科 裸果木 P/69

藜 科 木地肤 P/75

藜 科 囊果碱蓬 P/77

 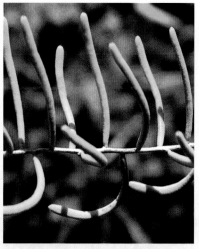 

藜 科 尖叶盐爪爪 P/99 **藜 科** 里海盐爪爪 P/100 **藜 科** 盐爪爪 P/98

| 藜 科 | 盐节木 | P/102 |

| 藜 科 | 盐穗木 | P/103 |

| 蓼 科 | 泡果沙拐枣 | P/116 |

| 蓼 科 | 白皮沙拐枣 | P/117 |

| 蓼 科 | 红皮沙拐枣 | P/118 |

白花丹科 岩梅彩花 P/126

白花丹科 乌恰彩花 P/126

白花丹科 石松彩花 P/126

悬铃木科 三球悬铃木 P/133

悬铃木科 二球悬铃木 P/134

壳斗科 夏橡 P/136

桦木科 小叶桦 P/141

桦木科 疣枝桦

桦木科 沼泽小叶桦 P/142

桦木科 天山桦 P/144

胡桃科 核桃 P/147

胡桃科 枫杨 P/148

越橘科 红果越橘 P/151

越橘科 黑果越橘 P/152

杨柳科 胡杨 P/156

杨柳科　　灰叶胡杨　　　　　　　　　　　　　　　P/158

杨柳科　　银白杨　　　　　　　　　　　　　　　P/159

杨柳科 欧洲山杨

P/166

杨柳科 黑 杨

杨柳科　　阿富汗杨　　　　　　　　　　　　　　　　P/169

杨柳科　　苦　杨　　　　　　　　　　　　　　　　P/179

杨柳科 托木尔峰密叶杨 P/181

杨柳科 密叶杨 P/180

杨柳科 柔毛杨 P/181

杨柳科 额河杨 P/170

杨柳科 五蕊柳 P/184

杨柳科 馒头柳 P/191

杨柳科 皱纹柳 P/192

杨柳科 北极柳 P/193

杨柳科 小穗叶柳 P/195

杨柳科 鹿蹄柳 P/197

杨柳科 黄花柳 P/199

杨柳科 黄皮柳 P/206

杨柳科 克氏柳 P/213

杨柳科　　粉枝柳

柽柳科　　长穗柽柳

柽柳科 秀丽水柏枝 P/224

白花菜科 刺山柑 P/228

半日花科 半日花 P/232

梧桐科 梧桐 P/235

锦葵科 木槿 P/237

榆科 白榆 P/240　**榆科** 欧洲大叶榆 P/240

榆　科　黄　榆　　　　　　　　　　　　　　　　　　　　P/241

榆　科　圆冠榆　　　　　　　　　　　　　　　　　　　　P/241

榆　科　裂叶榆　　　　　　　　　　P/243　　　　**榆　科**　刺　榆　　　　　　　　　　P/243

桑 科 无花果 P/244

桑 科 鞑靼桑 P/247

桑 科 白桑 P/246

桑 科 黑桑 P/246

大戟科　叶底珠　　　　　　　　　　　　　　　　　　　　　P/247

醋栗科　香茶藨　　　　　　　　　　　　　　　　　　　　　P/252

醋栗科　黑果茶藨　　　　　　　　　　　　　　　　　　　　P/253

| 醋栗科 | 臭茶藨 | P/252 |

| 醋栗科 | 刺醋栗 | P/255 |

| 蔷薇科 | 金丝桃叶绣线菊 | P/260 |

| 蔷薇科 | 大叶绣线菊 | P/260 |

蔷薇科 高山绣线菊 P/262

蔷薇科 珍珠梅 P/266

蔷薇科 天山野苹果 P/284

蔷薇科 榲桲 P/275

蔷薇科 杏 P/314

蔷薇科 欧洲稠李 P/321

蔷薇科 欧洲李 P/325

蔷薇科 单花栒子 P/268

蔷薇科 山楂 P/274

蔷薇科 黄果山楂 P/272

蔷薇科 准噶尔山楂 P/271

蔷薇科 杜 梨 P/281

蔷薇科 库尔勒香梨 P/281

蔷薇科 黑果树莓 P/288

蔷薇科 树 莓 P/289

蔷薇科　仙女木　　　　　　　　　　　　　　　　　　　　　　　　P/290

蔷薇科　金露梅　　　　　　　　P/292

蔷薇科　帕米尔金露梅　　　　　P/294

蔷薇科　白花沼委陵菜　　　　　P/297

蔷薇科　四蕊高山莓　　　　　　P/298

蔷薇科 阿尔泰地蔷薇 P/298

蔷薇科 单叶蔷薇 P/299

石榴科 石榴 P/331

豆 科　合 欢

豆 科　三刺皂荚

豆 科 准噶尔无叶豆 P/335

豆 科 紫穗槐 P/336

豆 科 银沙槐 P/337

豆 科　　沙冬青　　　　　　　　　　　　　　　　　　　　　　　　P/338

豆 科　　新疆沙冬青　　　　　　　　　　　　　　　　　　　　　P/338

| 豆 科 | 骆驼刺 | P/340 |

| 豆 科 | 小花香槐 | P/341 | | 豆 科 | 刺叶锦鸡儿 | P/348 |

| 豆 科 | 昆仑岩黄芪 | P/370 |

| 豆 科 | 盐豆木 | P/370 |

| 豆 科 | 鱼鳔槐 | P/371 |

| 豆 科 | 刺叶棘豆 | P/372 |

豆 科 马耶夫黄芪 P/381

槭树科 尖叶槭 P/383

槭树科 五角枫 P/384

槭树科 天山槭 P/385

槭树科 茶条槭 P/386

槭树科 复叶槭 P/387

槭树科 银边花叶复叶槭 P/387

芸香科 黄檗 P/388

苦木科 臭椿 P/389

漆树科 阿月浑子 P/392

漆树科 火炬树 P/394

蒺藜科 木霸王 P/395

白刺科 泡果白刺 P/397

白刺科 白刺 P/399

卫矛科 桃叶卫矛 P/401

鼠李科 哈密大枣 P/404

胡颓子科 尖果沙枣 P/412

胡颓子科 大果沙枣 P/412

胡颓子科 沙棘 P/413

葡萄科 五叶地锦 P/423

山茱萸科 红瑞木 P/428

杜仲科 杜仲 P/429

荚蒾科 欧洲荚蒾 P/433

接骨木科 接骨木 P/436

接骨木科 西伯利亚接骨木 P/435

忍冬科　　北极花 P/437

忍冬科　　阿尔泰忍冬 P/443　　忍冬科　　刺毛忍冬 P/445

忍冬科　　阿特曼忍冬 P/447

忍冬科 鞑靼忍冬 P/451

忍冬科 蝟实 P/455

夹竹桃科 罗布麻 P/479

茄 科 黑果枸杞 P/482

茄 科 宁夏枸杞 P/483

茄 科 毛蕊枸杞 P/484

| 茄 科 | 光白英 | P/487 |

| 旋花科 | 鹰爪柴 | P/488 |

| 旋花科 | 刺旋花 | P/489 |

| 木犀科 | 欧洲丁香 | P/499 |

木犀科 新疆小叶白蜡 P/495

紫薇科 梓 树 P/505

紫薇科 黄金树 P/505